经典译丛·电力电子学

电力电子学与能源变换系统

——概论与硬开关变换器

Power Electronics and Energy Conversion Systems

Volume 1　Fundamentals and Hard-switching Converters

[以色列]　Adrian Ioinovici　著

刘鹿生　吕建勋　弭寒光

郭　鑫　刘桂良　黄　操　译

袁海文　刘鹿生　审校

U0392703

電子工業出版社

Publishing House of Electronics Industry

北京·BEIJING

内 容 简 介

本书主要讲述电力电子学与能源变换的相关知识，包括理论、设计和应用，涉及基本知识、应用实践、电路设计和最新发展。阐述电力电子学的关键内容，从基本元器件及其工作原理，到当前经典的硬开关与软开关 DC-DC 变换器、整流器和逆变器。全书共分 4 章：第 1 章简要阐述能源变换的主要内容；第 2 章集中于开关型变换器建模的综合研究；第 3 章详细讨论了硬开关变换器，电压驱动与电流驱动的推挽，半桥和全桥变换器等器件；第 4 章主要讲述电流倍加、三倍与倍增整流器，电压倍加与倍增整流器。每章的内容都是逐步提高难度的，同时章末给出该章的小结和习题及答案。

本书可用于电气工程专业电力电子方向本科生、研究生教学或参考用书，也可供工业领域从事电力电子技术应用及微电子技术的工程技术人员作为参考资料。

Power Electronics and Energy Conversion Systems, Volume 1 Fundamentals and Hard-switching Converters, 9780470710999, Adrian Ioinovici

ⓒ2013，John Wiley & Sons. Ltd.

All rights reserved.

AUTHORIZED TRANSLATION OF THE EDITION PUBLISHED BY JOHN WILEY & SONS, LTD., NEWYORK., Chichester, Weinheim, Singapore, Brisbane, Toronto.

No part of this book may be reproduced in any form without the written permission of John Wiley & Sons, Ltd.

本书简体中文字版专有翻译出版权由 John Wiley & Sons, Ltd. 授予电子工业出版社，中文版权属于 John Wiley & Sons, Ltd 和电子工业出版社共有。未经许可，不得以任何手段和形式复制或抄袭本书内容。

版权贸易合同登记号　图字：01-2014-7992

图书在版编目（CIP）数据

电力电子学与能源变换系统：概论与硬开关变换器/（以）阿德里安·约伊诺维奇（Adrian Ioinovici）著；刘鹿生等译. —北京：电子工业出版社，2017.1
（经典译丛. 电力电子学）
书名原文：Power Electronics and Energy Conversion Systems, Volume 1 Fundamentals and Hard-switching Converters
ISBN 978-7-121-30166-7

I.①电… II.①阿… ②刘… III.①电力电子学 ②开关-变换器 IV.①TM1②TN624

中国版本图书馆 CIP 数据核字（2016）第 252965 号

策划编辑：杨　博
责任编辑：李秦华
印　　刷：三河市华成印务有限公司
装　　订：三河市华成印务有限公司
出版发行：电子工业出版社
　　　　　北京市海淀区万寿路 173 信箱　邮编　100036
开　　本：787×1092　1/16　印张：39　字数：998 千字
版　　次：2017 年 1 月第 1 版
印　　次：2017 年 1 月第 1 次印刷
定　　价：118.00 元

凡所购买电子工业出版社图书有缺损问题，请向购买书店调换。若书店售缺，请与本社发行部联系，联系及邮购电话：(010)88254888，88258888。

质量投诉请发邮件至 zlts@phei.com.cn，盗版侵权举报请发邮件至 dbqq@phei.com.cn。

本书咨询联系方式：yangbo2@phei.com.cn。

译　者　序

过去的 20 多年，以功率 MOSFET 和 IGBT 为基础的新一代电力电子技术，亦称功率电子技术，其应用范畴从传统的电机传动、金属冶炼等迅猛地开拓和扩展到消费电子设备、汽车电子系统、智能电网、航空航天和船舶等几乎所有的工业领域。

在此期间，全球又面临能源短缺，许多国家，包括我国都制订了以节能为重要的国策之一。据估计，世界上超过 50% 的用电量是通过功率器件来控制的，而控制这些功率器件的正是本书的主题：电力电子技术。又据估计，美国如果按 2009 年的用电水准发展，20 年后需要增加大约 50% 的电能；如果充分利用和发挥功率器件及其应用技术的话，届时需要的电能不但不需要增加，反而可以减少。不管其预测的精度如何，电力电子技术（包括它应用的功率器件）的作用及其潜能是不应低估的。还有未来学专家预测，再次工业革命将以信息互联网和能源互联网（智能电网）的融合为特征，现在是在等待能源互联网（智能电网）的成长和壮大。

但是，2012 年前还几乎没有一本针对近 20 年来以电力电子新技术发展前沿为主题的综合性教科书或参考书。

以色列霍龙工学院（Holon Institute of Technology）院长，中山大学信息科学与技术学院国家"千人计划"特聘专家，Ioinovici 教授在 DC-DC 变换器、开关电容变换器与逆变器、软开关变换器、全桥与多电平变换器等电力电子学方面的学术研究处于世界领先地位。曾担任 IEEE CASS 电力电子和电力系统技术委员会主席、IEEE Transactions on Power Electronics 副主编、多次担任 IEEE ISCAS 和 PESC 会议的主席或技术委员会委员。

本书是软开关变换器的基础，包括理论、设计和应用。其阐述由浅入深，由入门基本知识到技术开发前沿的探索。对现代电力电子电路中开关的复杂又常被忽略的瞬态工作过程、性能和影响做了详细、深入的阐述和探讨；强调对能源变换器的开发和选择的第一要求是效率；对各种电路的详细分析都给出周密的设计思路和最复杂实际情况的处理；对相同要求的各种解决方案进行比较，以便于对各种应用选取最合适方案思路的理解。

我国第十二个五年规划中，重点支持和发展的七大战略性新兴产业之一的"新一代信息技术产业"的基础和关键支撑技术是电力电子器件（亦称功率电子器件）、半导体集成电路和光电器件，其中电力电子器件（包括其应用技术）是首次列入国家五年发展规划的。因此，该书除了作为本学科综合性、系统性的教材外，对现代电力电子技术不太熟悉的相关学者、研究生、科技人员来说还是亟需的补充读物或案头参考书。

为了让本书尽快和读者见面，由原国家科委主持的"电力电子技术发展战略研究软课题组"成员，退休后担任"北京电力电子学会"秘书长和《电力电子》期刊主编的刘鹿生研究员推荐和翻译第 1 章，由北京航空航天大学自动化科学与电气工程学院袁海文教授、博导，负责总审校和组织、指导后三章的翻译。其中吕建勋博士翻译第 2 章，弭寒光、郭鑫博士翻译第 3 章，刘桂良硕士翻译第 4 章。另外，吕建勋协助统一汇总，刘鹿生协助审校。鉴于译者水平有限，翻译中难免有疏漏和欠佳之处，望读者赐教和见谅。

前　言

　　20 世纪的最后 10 年和 21 世纪的第一个 10 年，见证了电力电子电路的惊人发展和它们几乎扩展到我们生活的每一个领域：从消费电子和光电技术到航空航天和太空探索，从绿色能源到国防和交通运输行业。这些现代的能量变换系统从极低功耗的便携式电子装置到大功率的电气传动设备，覆盖了广阔的应用领域。节能意识更推动它为高效能量变换电路的探索进行持续的研究和创新。

　　上述多样性的应用需要广泛地使用电力电子技术。为此，研究人员开发了具有不同特点的新的变换器和逆变器。在越来越多的专业期刊和国际专业会议上发表的论文数量不停地增长。大量的多样化的新概念和解决方案已通过这些论文传播。

　　但是，近年来图书界对待电力电子的现代发展仍持谨慎态度。类似 1990 年之前出版的图书，它们主要阐述变换器和逆变器的基本知识。而本书注重阐述现代的主题——诸如软开关，开关电容和开关电感功率电路，具有直流增益大的电源，单级功率因数校正器，在高温和辐射等恶劣环境中工作的变换器，用集成电路(IC)技术在芯片上实现电源等。如果其中任何一项能用 IC 实现，都是很薄的。也许没有其他的技术领域出现这种具有大量的现代研究成果却没有多少人的成果形成专著书籍之间的矛盾。

　　今天，能源变换是任何严谨的电气和电子工程大学主修的课程。选修电力电子技术课程的本科生、研究生的数量，博士生、研究人员的数量和专业水平，以及电子变换器设计师的数量一直没有停止增长。可是，遗憾的是，市场上现有的书籍未能提供所需要的知识，那些有兴趣者只能通过众多期刊中的论文和公司的应用手册来搜索。

　　本书是一本电力电子学的综合教科书，覆盖理论、设计和应用，从基础知识开始到最新发展。它可以作为 21 世纪第二个 10 年伊始的电力电子学的现代技术，作为进一步开发与应用的文献与书目库。

　　第 1 章从能量变换主题的概况开始：DC-DC 变换的原理，AC-DC 整流器，DC-AC 逆变器，开关电容、准谐振、谐振变换器，软开关，PWM(脉宽调制)和开关频率控制。该章还简要阐述了电力电子电路的组成，特别关注新技术的发展，如碳化硅或砷化镓半导体开关，纵向结构的功率晶体管，单片(芯片)的电感器和超级电容器。在此概况性的章节中甚至还讨论了实践方面的状况，例如用于大电流应用的驱动晶体管的达林顿方案，为了控制晶体管的开启/关闭速度使用图腾对的栅极驱动电路，用于驱动高侧晶体管的自举电路，计算机电源用的同步整流器。还包括商业上提供的相关元器件的性能图表。

　　第 2 章是对开关型变换器建模的全面研究。除了降阶状态空间平均方程和平均 PWM 开关模型，这一部分的所有资料不会在其他的书籍中完全找到。考虑到电感电流动态，导出了工作在连续和断续模式的基本 PWM 变换器的全阶模型。还导出了零电流开关和零电压开关的降压，升压和降压-升压准谐振变换器的模型和开环小信号传递函数，并和以前未发表的这些电路模型进行比较。

　　第 3 章详细地讨论了传统硬开关的降压，升压，降压-升压，SEPIC，Ćuk，Zeta，以及电压驱动和电流驱动推挽式，半桥和全桥变换器。理论处理从连续和断续工作模式的基本分析开始，首先忽略寄生损耗，随后再做更准确的考虑。在此讨论了通常不能在现有图书中找到的主题：SEPIC，Ćuk，Zeta 转换器的断续电容器电压模式和实际的断续电感器电流模式及其在功率因数校正器中的应用；SEPIC，Ćuk，Zeta 转换器的交流小信号模型；寄生电阻实际对直流电压增益影响的研究（输出电流的纹波，电容器的等效串联电阻引起的纹波，电容器的等效串联电感引起的纹波，为负载阶跃响应需要的停顿时间）。其他特定的科目包括正向变换器的磁芯复位策略，如第三变压器绕组，有源和无源谐振箝位电路或双晶体管技术。同样，用不同的技术论述耦合电感器的泄漏电感对反激变换器的影响。

指出了以前对上述变换器的设计的误解和错误：深入的理论分析可以找到精确的方法来解释其为断续导通模式工作设计的效率值。在通常的实际技术参数下，全桥变换器无法进入断续导通模式。

变换器的许多数据范例研究，提供了完整的设计。但是，为了让学生能应用于实际需求和可选择的现实元件，以本书给出的公式为依据，添加和计算出了来自工业应用的案例。

第 4 章的内容在当前的图书市场上几乎难以找到。以电流倍加器、三倍器和多倍整流器的介绍开始，以及电压倍加器、多倍整流器，诸如 Greinacher、Cockroft-Wolton 或 Fibonacci 开关电容电路，它是为对高直流电压增益变换器做进一步研究的读者准备的。这些最新的变换器是用做电网前端的环保能源，或现代电信或汽车产业。分析和比较了一些特殊的变换器，如 Z 源降压-升压，间插（interleave）降压-升压和升压-降压，具有简单降压型控制规律的递升 KY，Watkins-Johnson 或 Sheppard-Taylor 变换器，并且指出了它们的优点和缺点。由于电压调节模块（VRM）以前作为计算机电源的重要性，在一个单独部分讨论了中心抽头电感降压和升压变换器。在高输入电压的应用方面，研究了来自具有低电压应力开关的全桥变换器的复杂结构，包括隔离三电平电压驱动变换器和非隔离三电平升压变换器。还有经常用于单相离线功率因数校正器。最后一部分探讨了中心抽头电感器的易控电流驱动的双桥转换器。

从教学的角度而言，每章的内容都是逐步提高难度的。本书开始于最基本的、最简单的阐述，接着一步一步地推导所有的方程式，对以前没有电力电子学知识基础的读者都可以理解。随后再做更精确的讨论，直到最复杂的实际问题。每章最后一节，都提示有要点和习题，便于读者学习。

本书第 1 章本身可成为一个独立单元，为任何选修电子学课程的大学生作为电力电子学的基础入门课程。书中用星号（＊）表示的章节或部分可以作为理工科学士教科书，对电气工程专业的大学生可安排一个或两个学期的课程。本章提供的所有资料可以作为研究生，在职的电力电子设计师和使用电力电子设备工程师的能量变换培训的教科书。本书的教辅资源包括各章要点和习题解答，采用本书作为教材的教师可登录 www.wiley.com//legacy/wileychi/ioinovici/注册下载。

诚挚地感谢很多帮助我完成本书著作的同事：Henry Chung 教授起草了第 1 章 1.3 节，1.6 节和 1.7 节的大部分纲要。Ivo Barbi 教授长时间讨论和澄清以前的错误，如对全桥变换器中 DCM 设计或 DCM 的效率提出核算方法。香港工业管理学院电力系的 Franki N. K. Poon（From Power-e SIM, Hong Kong）提供了第 2 章 2.8 节的工业级仿真实例。许多大学生帮助绘制图表，通过学习提出意见。香港城市大学和理工大学的 River Tin-Ho Li 指导学生绘制第 1 章 1.3 节的元器件规格表；Huai Wang 指导学生整理第 2 章和导出许多传递函数；Song Xiong 导出准谐振变换器的小信号模型。以色列 Holon 理工学院和 Sami Shamoon 工学院的 Martin Melincovsky 指导学生整理第 4 章。中山大学的 Alexei Komarov，Koby Hermony 和 Eran Saadya，以及 Yafei Hu 要感谢 Eti Rosenblum 女士绘制了第 3 章的图表。当然还要感谢位于英国 Chichester 的 John Wiley & Sons Ltd 出版公司的编辑：Nicky Skinner，Laura Bell，Peter Mitchell，Liz Wingett，Clarissa Lim 和 Saurov Dutta 等。

目　　录

第1章 概 论

1.1 能源变换电子电路的应用领域

随着电能应用在工业、运输、商业和住宅方面的进展，需要将电能变换成合适的用电形态，例如将交流电(AC)变换成直流电(DC)，或者将高压电变换成低压电等。因此，开发了基于电磁变换的变压器。但是，随后发现变压器本身就需要耗费很大的能量，占用很大的空间，需要很高的维护成本。除此之外，使用变压器还不能满足所有的实际需要。例如，如果初始电源是电池的话，电池的输出电压会随时间降低，而用户需要的是恒定电压。或者，如果使用发电机供电的话，它的有效电压是变化的，而用户需要的直流电必须是恒定的。因此，电能变换必须具有可控制的机能。

20世纪初，第一个解决方案是发明了水银整流器。在两次世界大战之间，开发了充气型固态开关装置，它们在能源可控的变换中使用，预示开创了电力电子学。接着产生饱和扼流圈磁性放大器，但是，真正的突破是1950年贝尔实验室发明的晶闸管和1956年通用电气公司对它的进一步开发。现代电力电子学是从使用新型功率半导体开关器件，如高频金属氧化物半导体场效应晶体管(MOSFET)、绝缘栅双极型晶体管(IGBT)和后来崛起的碳化硅(SiC)器件开始的。当前的工业电气应用或消费者电子设备几乎没有不使用电力电子电路的。电力电子电路的应用功率从毫瓦(mW)到吉瓦(GW)；它们将扩展成工业，公共设施和消费性电子产品。

根据1970 – 1990年间的进展，21世纪的"电力电子"具有更广泛的含义。因为电力电子电路已变成系统的内在组成部分，诸如不间断电源(UPS)，微处理器中的伺服器或电子消费品。它在整个系统中，除了变换电能之外，还是系统的优化者。通过排除干扰，电力电子电路还能为系统提供所需要的许多优化功能，例如，将AC电压变换为DC电压时，变换器能给出优化的电力品质，如提供高输入功率因数和高电磁兼容性。21世纪越来越多地突显电力电子电路必将承担更复杂的任务和要满足更严格的要求。因此，"电力电子"的称谓应该用"能源变换电子系统"来取代。

现在，让我们简要地观察电力电子的现代应用和传统应用。我们发现，日常生活中已广泛地应用了电力电子技术。回顾我们的童年就会想到无线电控制的玩具车辆，它首先使用了电力电子电路，因为它有一个可接收指令来控制玩具车辆速度的遥控器。以下列出了我们周围哪些领域应用了电力电子技术。

1.1.1 信息和电信产业的应用

一个典型的伺服器电源如图1.1所示。它将通用的90~264 V交流电(AC)变换成380 V/400 V直流电(DC)，然后再变换成为用电设备(例如微处理器)提供所需要的电压。而且不间断电源具有的后援时间(backup time)远短于高可靠性伺服器所需要的时间。

正如微处理器这样的用电设备不能没有电源。为了提供较长的反向时间(reverse time)，电信产业设置一个 –48 V的电源设备，需要时可随时给微处理器供电。如图1.1所示，这样的应用需要多种电力电子模块，每种模块必须满足不同的要求：第一种模块必须具有高值的功率因数将AC变换成DC；第二种模块必须将电池的48 V提升到DC电压总线要求的380 V，要实现如此大的 DC 电压比，同时又不能影响效率、可靠性、成本或者使用的空间，这就大大地增加了设计的困难；第三种变换器必须将 DC 电压总线的 380 V 变换成伺服器需要的电压。这些应用要注意的重点是避免或尽量减少电磁干扰。

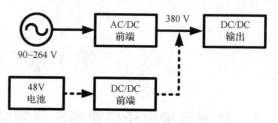

图 1.1　伺服器电源的方块图

当前，通信系统和台式计算机发展的热点是用深亚微米、低电压 CMOS 逻辑技术来设计微处理器和高速通信专用集成电路（ASIC）。它们工作在 GHz 级时钟频率，而且在低于 2 V 的电源电压时需要大电流。这需要多级严格的调节，也是对 DC/DC 变换电路提出困难的挑战。现代台式计算机使用混合的集中–分布式电源系统。它由集中的多路输出的 AC/DC 变换器（称为银盒）和分布式 12 V（或者 48 V）中转总线构成，供给靠近微处理器的变换器。这种变换器要在大电流时极精确地调节低电压，已开发了著名的电压调节模块（VRM）。

上述发明后的最初 10 年间，微处理器需要的功率低于 10 W；随后采用奔腾（Pentium）处理器，其功率一代代攀升，从 2000 年开始，一个芯片消耗 60 ~ 100 W。根据摩尔（Moore）定律，这些芯片的功率密度将产生不能接受的高温。较高的时钟频率和在单芯片设置更多的功能又暗示要求提供更大的负载电流。为了降低芯片的功耗及其引起的高温，解决方案是降低电源电压。按照 Intel 公司电源电压开发规划，微处理器的电源电压在 2014 年要低于 0.65 V（参见图 1.2）。针对 VRM 的需要，要求在 0.5 ~ 0.6 V 时供给负载 200 A，而且要严格监控在 100 A/μs 摆动时只允许 5 ~ 10 mV 的误差，这对电力电子设计来说无疑是新的挑战和新的机遇，因此，未来的能源变换科学家不得不拿出创新的方案。为了减小 VRM 的尺寸，开关频率必须从目前的几百 kHz 提高到 MHz 范畴。这样一来还必须开发低开关损耗的新型器件结构。一种解决方案是为了平均分配负载而将变换器并联起来。再用数字信号处理器（DSP）控制系统。其控制方法从传统的频率范畴的控制设计变为时间范畴的内–开关周期的控制。同时，固体开关器件产业需要生产影响改进栅极驱动效率和零反向恢复时间的更少寄生电容的 MOSFET。为了减小 MOSFET 与其驱动器之间的寄生电感还需要重新考虑封装。2013 年预测变换器的功率密度和性能价格比分别是 400 W/in³ 和 $ 0.058/W。一种 18 W 低功率，110 MHz 的谐振升压变换器早已验证。将开关频率提升到 300 MHz 的研究正在进行。

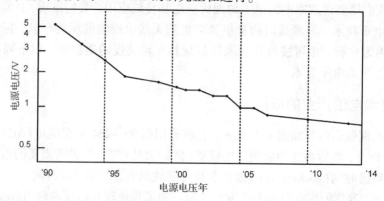

图 1.2　Intel 微处理器的电源电压开发规划［引自 Lidow and G. Sheridan，"Defining the future for microprocessor power delivery，"In Proc. Applied Power Electronics Conf.（APEC），2003，Miami Beach，EL，vol.1，pp.3 – 9 Ed Stanford，Intel Corporation"Power technology roadmap for microprocessor voltage regulators，"presentayion at Applied Power Electronics Conf.（APEC），2004］

正如所见，21 世纪的上半叶能源变换范畴需要很多研究和创新设计，以应对信息和电信产业不断提出的更高要求。

1.1.2　可再生能源变换的应用

几个世纪以来，世界经济一直依靠化石燃料来运转。除了传统能源的不足和所有的地缘政治问题之外，在过去几十年中它们对环境的负面影响变得清晰可见了。当前，为了实现能源多样化，人们期望从周围环境（太阳能或者风能，温度梯度，摆动，海洋潮汐能，生物能等）"获取"能源。可再生能源不仅有助于减小温室效应的影响还非常灵活和轻便：它们容易安装，已模块化，可安装在用户附近，从而节约能源传输的成本。这种对环境清洁的可再生能源强烈地依靠电力电子技术。

自然界中一种最可用的能源是太阳能。光伏发电系统将太阳光变换成电能，光伏电池有面板式和阵列式。为了获得更大的输出功率，将光伏电池单元串联起来提高输出电压，用增加表面面积或者并联电池来获得更大的输出电流。串联和/或并联光伏电池面板构成阵列。光伏电池本质上是半导体二极管，只是它的 p-n 结要接受光线的照射。光线照射电池产生电荷载流子，如果电池短路就会输出电流；换句话说，光伏电池吸收了太阳辐射就产生电荷载流子，而载流子在电池的端子被收集。电荷载流子的产生率取决于入射光的流量。由于在日照期间光流量的变化使产生的电能具有不同的参数。局部的阴影也会改变电池的输出。因此，每天的天气不同输出的功率也不同。光伏阵列的大量输出可以连接到电力电网。每个光伏发电站构成一个微电力电网。

个体光伏阵列的功率输出变动，诸如电压或频率严重偏离额定值，将使电力系统引发问题。为了平滑功率的变动和在任何日照条件下获得最大的输出功率，使用了所谓跟踪最大功率点的电力电子电路。该电路能从光伏电池提取最大功率。它们按以下方式工作。任何水平的太阳辐射和温度在阵列的功率-电压曲线上都有一个产生最大功率的工作点（称为最大功率点 MPP）。为了从太阳能电池提取最大功率，电力电子变换器的输入电阻必须等于在 MPP 时的太阳能电池的输出电阻。为了满足这样的条件变换器必须开发专用的控制技术。为了解决由于日照（"日照"指太阳辐射的能量）的变化而使频率偏离，现在使用了一种类似模糊（fuzzy）控制器的先进的控制方法。已使 DC 能量变换电子电路用于电力调节系统，其系统网络是基于连接个体光伏阵列，用以提高总效率。电力电子电路还需要储存来自太阳能电池的过剩能量，宛如电池银行。最后，电力电子电路还要将 DC 电力变换成大功率品质的 AC 电力反馈给电力网。一些类似孤岛的处理技术必须统一成整体，即如果主电网发生断开或中断供电，作为替补能源的微电网将继续以稳定的电压连续地供给用户。这些应用需要专门设计的电力电子电路。

将电力电子电路和光伏电池集成起来会带来成本和效率的优势，但是实现它并不简单。实际问题是：变换器必须工作在高温和高湿度环境，此外，其安装位置使维修困难。集成变换器-光伏电池必须用高可靠性（使用最可靠的元件）和长寿命的标准来设计，同时要永远铭记现代要求"美元/瓦"低的信条。

对低电压和低电流的用电设备可以采用环保能源。不过，即使像智能传感器和智能安保卡等极低功耗的用电设备，用直接供电的方式也是不能满足要求的。例如，考虑热电堆（一种将热能转换为电能的电子器件），它通常是以串联连接的方式构成热电偶。热电堆产生的输出电压正比于局部的温度差异。当出现低的温度梯度时就能输出电能，即使输出电压太低也可利用[例如 127 个小型珀尔帖（Peltier）电池在 5℃温度梯度时热电堆才产生 200 mV 电压]。为了将小功率生产者的电源电压变换到实用范围的公用电力网前端，需要稳定和数次提升可变的低电压。为此，开发和设计了定向的（purposely-oriented）电力电子电路。这样，要将200 mV输入电压变换到实用的，如1.2 V电压必须使用专用的变换器结构。参考小尺寸的便携式电子设备必须采用的集成技术，采用这种集成技术来实现上述的电力电子电路显然具有特别的吸引力。例如，必须使用低阈值电压的N沟道MOS，折中低寄生效应，低阈值电压和低沟道电阻之间的制约。或者还要基于协调占用面积和最大电压升压增量的结果来选择电容器。

海浪拥有巨大的可再生潜能。但是，为了使成本合理必须提取最大可能的能量。一种具有这种控制功能的电子变换器可以实现"最大能量点跟踪"工作。这种功能也是太阳能电池提取太阳能时必需的。但是，对于海浪，其能量是以稳态周期中长持续时间的时变正弦波传递的。为了最大限度地提取能量，系统必须针对缓慢变化的海况进行调整。

地球拥有巨大的风能资源。据测定，如果能将其10%转化为适用的电能就可以满足全世界的电力需求。美国期望将风能从当前分担总消耗能量的1%到2030年时提高到20%。但是，采用大型风力涡轮机（大于5 MW）需要基于模块化技术的新型电力变换器。类似交叉存取和多电平技术开发，这是电力电子新技术研究的重任。对于大型海上风力发电站，一种DC电传输系统对陆地上的用电设备是有利的。因为具有现代技术的DC传输线路能够消除AC电缆的趋肤效应的损耗。这样，对于传输相同量级的能源，DC系统占用的物理空间小于AC传输系统。这就增加了对能源的载运能力，又不影响稳定性。以新电力电子技术为基础的DC传输系统，对生产者，消费者双方和所用滤波器的小型化提供无功功率的全控制。如果涡轮机可变速运转就能转运出最大的风能，因此需要专用的变换器。风能的性质要求系统增加更多的应变性：需要对"电网友好"的风力发电站。

理想情况下，风能和太阳能产生的电能是互补的：白天使用太阳能，晚上使用风能，因为通常晚上的风力更强大。

这些替代能源除了供应当地的偏远用电设备外，大多数可再生能源必须连接到现有的国家电力网。新的理念是推荐创建"智能"电力网；例如，建立能源中心来管理多个能源载体（电力，汽油等）。在每个中心，能源变换器将能源流从一种能源形态转换成另一种能源形态。能源流的管理包括能量控制和信息流，使生产者（传统的或可再生能源的），储能设备和负载之间灵活互连，各方都对电力网的安全责任。当能源生产者断开与国家电力网的连接，供给"微电力网"几个成员组成"集群"模式中一个单一的负荷时，从这些独立的情况看，不同的工作模式是可能的。最后，这些分布式生产者形成一个事实上的高累积电能生产者，直接由监控信号进行实际操作。电力网整合新能源和智能电力网的工作，都需要专用的电力电子系统。

1.1.3　未来的能源变换——燃料电池

也许，最能普及的替代能源是目前的燃料电池。燃料电池是基于电化学过程——氢和氧反应产生电能的。此过程不排放污染物，仅有的副产品是水蒸气，它还可用来加热。燃料电池的功率密度高于其他可替代能源电池。燃料电池可用于能源网络，车辆或便携式应用装置的前端。2008年，波音公司使用氢燃料电池作为驱动力的小型载人飞机飞行了20分钟，开创了用氢或固体氧化物燃料电池的方法转变成小型载人或者无人驾驶飞机用的动力源的先例。

由于燃料电池的输出电压很低而且会跟随负载变化（其变化范围在满负载时的0.4 V到空负载时的0.8 V之间），因此必须将很多燃料电池串联堆叠起来才能成为有用的能源装置。例如，250个电池串联起来在满负载时才能达到100 V。影响每个电池产生电压的因素有：薄膜的湿度，基本元件的或空气的压力以及催化剂的状态。各个电池的薄膜湿度可能不同，取决于电池内部的热分布。薄膜更湿润的电池将产生较大的电压。这就在堆叠的电池之间产生不均衡的电压分布和出现可变的电压。因此，燃料电池堆可提供可变的低输出电压；而且，它的电流纹波很小，能确保最佳的工作状态。这就是为什么电力电子电路能够提升电压和稳定 DC 电池电压必须采用燃料电池堆的原因。因为在考虑这样的电力电子 DC-DC 变换器的困难时，由于需要低输入电流纹波而增加了难度。为了消除电流纹波而增加一个 LC 滤波器是得不偿失的，因为这将降低能源变换的效率。必须研究结合燃料电池的专用结构变换器。燃料电池堆的常见结构及其电子变换器如图 1.3（a）所示。这样的结构相当于串联连接电压源，如果其中一个电池出故障就能够将其从整个电池堆系统取出。图 1.3（b）所示的模块化电池堆已经将燃料电池堆在电学上分成具有容错性能的几个部分：如果一部分出错，这部分失去功能，而系统的剩余部分能够提供较低的功率继续工作。如果在汽车的末端应用，出现故障时司机还能够用剩余的动力驾驶车辆直到汽车修理站。但是，这样的解决方案给电力电子电路设计者提出新的挑战：必须用能够提高系统可靠性的模块化 DC-DC 变换器。

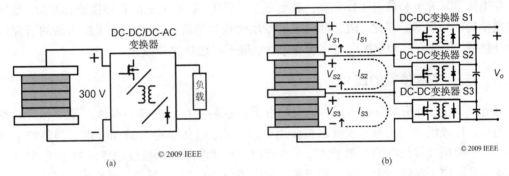

图 1.3 燃料电池堆及其电力电子变换器。（a）简单的实施；（b）模块化的实施（引自
L. Palma and P. N. Enjeti, "A modular fuel cell, modular DC-DC converter concept
for high performance and enhanced reliability," IEEE Trans. Power Electronics, June 2009）

燃料电池不能及时响应负载的快速变化。如在燃料电池和负载之间串联一个变换器并不可取，因为负载电流的起伏立刻变成电池电流的起伏，这会降低电池的寿命。一个可能的解决方案是在燃料电池和负载之间连接两个变换器：一个变换器与电池串联，另一个变换器与电池并联。当负载恒定时只有串联的变换器工作，执行输出电压的调节，保证高的能效，如同由燃料电池直接提供输出功率一样。当输出功率变化时与电池并联的变换器对快速变化的负载电流进行补偿。

1.1.4 电动车辆

混合动力车辆已获得极佳的知名度，因为它比传统汽油车辆使用的燃料少和排放污染环境的二氧化碳也少。它需要电池或者超级电容器给要加速的汽车或者列车的电气传动系统提供能量。最常用的是镍金属氢化物或者锂离子电池，用后显示它们具有较大的功率，较高的能量密度和较低的自放电率。电池是由许多电池单元组成的。21 世纪的前 10 年，市售电池的额定电压在 250 V 内；但是，它们的工作电压在 150 ~ 270 V 范围，取决于充电状况。大电池设施需要复杂的电池充电系统，以便电池获得最佳性能，延长电池的寿命，为消费者提供高效充电和保护高额金融投资；这样的电池充电系统是用电力电子电路使其能够自适应地调节充电电流和自始至终均衡地充电电池。

列车传动需要高达 100 kW 的功率，标称 DC 链电压是 400 V。因此，在加速期间，电池的 DC 电压必须提升到逆变器的 DC 链总线。而且，尽管电池的输出电压有变动，变换电子电路必须确保用电设备侧恒定的 DC 链电压。由于负载也具有可变的特性（例如，地面坡度的变化），甚至在没有控制电路时 DC 链电压也是可变的。因此，变换电路必须确保对电池电压和负载两者变化的调节。

混合动力车辆还有一个优点：再生制动。即当制动或者下坡时，车轮已具有的动能没有丢弃而是反馈给电池。这就要求在电池和 DC 链之间的变换电子电路在此阶段用做降压电路。一种新颖的制约因此要添加给电力电子电路：它必须能使输入电压在升压期间和在降压期间的功率能双向流动。另外，对汽车的应用，电力电子电路还需要满足更多的要求：低成本，元件尺寸小型化和预计质量轻，在宽泛的负载功率范围具有良好的变换效率，紧凑的设计和低的电磁干扰（EMI）。首先要确保可靠性和安全性。为了预防车辆爆炸或火灾，电池必须保持在允许的电压和电流限制的范围内。如果驱动电动机必需要高电压，可以使用串联的电池组。为了在电池重复充电和放电工作期间，避免充电不平衡，影响电池的总体性能和寿命，使用充电式电池均衡变换器。因此，构思针对车辆专用变换器意味着对电力电子提出新的研究课题和设计挑战：创建双向和双极电路使所有车辆能够平稳地加速和减速。

1.1.5　电子显示装置的应用

具有屏幕大、分辨率高和信息容量大的电子显示装置在信息和多媒体产业中有着日益增长的需求。传统低效的阴极射线管已被使用电致发光，气体放电和液晶技术等的各种平板显示器取代。使用气体放电的等离子体显示面板（PDP）和液晶显示板（LCD）在 21 世纪第一个 10 年结束时共同用于高清晰度电视机平板显示器市场（LCD 是光电器件，电流通过液晶的特定部分会引起晶体排列，阻挡光线通过）。

PDP 具有大的屏幕尺寸、宽的视角、高的对比率，既薄又轻还寿命长。但是价格还很昂贵。PDP 有三种类型的电极：在前玻璃基板上有持续电极 X 和扫描电极 Y，在后玻璃基板上是寻址电极 A。相对基板之间的空间充满加压的气体。在电极 X 和 Y 之间施加交流高压脉冲将使气体电离和产生等离子体。需要一种电力电子电路将 DC 电压持续地逆变成所需的 AC 高压，高频的方波。对这样专用的电力电子设计必然会遇到很多的其他挑战：例如，电极被介电质和氧化镁（MgO）覆盖，使 X 和 Y 电极之间出现寄生电容。从而使每个开关周期都产生正比于此电容和方脉冲幅度的能耗，此能量耗散在开关的固有寄生电阻上。因此，又需要一种专用的能量回收电路来避免这样的能耗。这样的电路要添加开关、二极管和电感器。无疑，这对电力电子研究人员来说是具有挑战性的问题。因为在创建能量回收电路的最佳结构的同时还要求低成本，要求减少额外的元件数量（以减小体积），开关器件要零开关损耗和减少流过逆变器开关的气体放电电流（为了减小显示板的导通损耗和提高发光吸效率）等。由于脉冲电压浪涌造成过度的充电和放电电流，产生的 EMI 噪声和发热问题变成干扰。具有能量回收功能的电力电子逆变器的设计还必须处理这些问题。一种简化的想法是在电力电子电路中嵌入有电感器的电流源，用减小显示板极性的转换时间来增加显示板的亮度。PDP 大约一半的成本用于驱动电路。降低成本，减小驱动器尺寸和功耗的新的解决方案将由电力电子科学家来解决。

许多信息显示，当今的显示器是基于液晶技术。因为 LCD 器件是非自身发光的，必须有背光源给出亮度。为此广泛使用冷阴极荧光灯和无汞平面荧光灯。为了驱动荧光灯和产生高压脉冲，设计和使用了专用的电力电子逆变器。灯用混合气体使电极对之间产生介质壁垒放电。逆变器不仅要产生脉冲维持辉光放电，还要提供能量回收功能。因此荧光灯必须有窄电压脉冲，还额外增用耦合电感器，这些应用呈现了电力电子电路的特征。

但是，冷阴极荧光灯和无汞平板荧光灯也有它们的问题。在 21 世纪的第一个 10 年后期出现的新趋向是使用发光二极管（LED）来提供必须有背光的液晶显示板。此方案的优点是：高效节能，使用寿命更长，无汞和功耗更低。采用这种技术的电视机（TV）被称为 LED 电视机。在稍后的 1.1.9 节将给出更详细的有关 LED 技术及其对电力电子的要求。

21 世纪的第二个 10 年开始就出现了 TV 用 OLED（有机发光二极管）显示器件的开发：有机（碳基）材料的薄膜置于两片导体之间。当施加电流时发射强光。OLED 材料发光，不需要背后照明。OLED 电视机较薄，亮度较强，功耗较低，比以前的显示器提供了更好的对比度。

1.1.6　音频放大器

传统的数字音频播放系统包括两个步骤：使用高精密度的数字-模拟转换器将数字音频数据转换成低电平模拟音频信号，接着用模拟功率放大器将模拟信号放大。从 20 世纪 80 年代初开始，许多研究致力于开发直接将数字音频数据进行放大的不同类型的数字放大器。这种放大器称为数字功率放大器，它有两个主要特性：消除数字对低电平模拟信号的变换和使用特种电力电子电路来改进放大器效率。

1.1.7　便携式电子设备

便携式电子设备，如数码照相机、手机、智能卡、PDA（个人数字助理）、MP3、国际网络电话（i-phone）、手持通信设备等，显示当前蓬勃发展的消费性电子产业。为了满足广大客户的需求，每天都有新设备出现。能源方面通常是电池。研究能源电路的工作目的是调节能源电压，例如，已使用 2.9 ~ 5.5 V 的锂电池，要电力电子变换器为便携式设备中 LED 模块在 48 mA 负载电流时提供恒定的 5 V 电压。生产这些设备的关注点是要微（小）型化和低的制备成本。功率变换器能够制成单芯片的或者集成为芯片上的系统（SoC）。硅片或者印制电路板面积的减小会将尺寸极小化。微电子电路的 CMOS 技术成就很受赞赏和应该借鉴。然而，像电容器和电感器这样的外部元件，它们的尺寸和高度要在印制电路板（PCB）上布局将受到限制，会影响电子变换器的占用空间。遗憾的是，很多电力电子电路要使用电感器和变压器。而电感器的尺寸大而且难于缩小。但是，便携式电子设备不需要 DC 隔离，可以不用变压器。为了避免使用电感器，可以使用特种电力电子电路：如开关电容（SC）变换器等。

事实上，SC 电源中功率级才有开关和电容器。不用电感器可以确保 SC 变换器具有尺寸小、质量小和功率密度高的特点。因此，针对便携式电子设备，SC 变换器是理想的电源。20 世纪90 年代开发的 SC 电路调节变换能源的理论，将在本章1.5 节介绍。困难的问题是，为了预防 EMI 噪声，需要电容器充电电流是无脉动输入电流和软变换，或者开发创新的结构和设计必须能提供可接受的效率。对变化范围大的输入电压和/或负载要给出特定的输出电压是挑战性的工作。

最近，SC 变换器已用于将光伏太阳能阵列提升其能源电压后供给超小型卫星（质量小于10 kg 的卫星）应用。能实现如此轻量的宇宙飞行物是基于卫星上的电机系统微型化，新型

MEMS(微机械电子系统)推力系统和小型传感器。发射和建造这两项成本都具有高成本效益。它们必须在小空间工作。光伏阵列只是能源。光伏面板的温度变化在没有日照时是 – 80℃和有日照时是 + 70℃之间。日照时光伏阵列提供卫星必需的能源和供日食时使用的电池充电。必须串联几个太阳能电池才能提供卫星需要的电压,这样就增加能源系统的质量。使用升高电压的 SC 电路,可以明显地减少必须的太阳能电池数量。作为应用例证,一个 8 kg 遥感卫星,其能源系统的总质量是 750 g,其中太阳能电池阵列质量是 300 g,充电电池是 100 g,SC 变换器是 350 g。

开关电容变换器还被提议用做便携式电子设备中光伏电源的最大功率点(MPP)跟踪器。例如,为了延长个人计算机电池的备用时间,75 g 的光伏阵列用 70 g,1 mm 厚的聚酯保护膜和 10 g 黏合剂构成笔记本电脑的机盖。大功率密度的 SC MPP 跟踪器的质量小于 50 g,可以安置在笔记本电脑中,这样的光伏阵列在日光直照时能产生 20 W 而在阴暗时大约能产生 4 W。

1.1.8 高电压物理实验和粒子加速器的应用

开关电容(SC)变换器是基于以前的电荷泵电路。J. D. Cockcroft 和 E. T. S. Walton(根据 1919 年 H. Greinacher 的倍压整流老概念)在 1932 年建成第一个 SC 电荷泵电路,并用它来获得第一台粒子加速器需要的 200 kV 电压。而且,随后该设备进行了人类历史上首次人工核裂变(1937 年在荷兰,Eindhoven 的 Philips 公司内建立了 Cockcroft-Walton 电压倍增器,它是准备以后发展原子弹用的早期粒子加速器的一部分)。第一台电压倍增器基本上是用电容器和二极管的梯形网络,将低电压步进到高电压。不同于变压器,SC 电荷泵消除了笨重的磁芯或绝缘的大体积,以便宜的和轻薄的电路取代。但是,它们也遇到很多问题,包括对输入电压的变化和输出电压中的大电压纹波调节不足,限制它们只能用于轻负载。除了用这种方法获得几百万伏电压在高能物理实验应用之外,电压倍增器已用于雷电安全测试、X 射线系统、离子泵、激光系统、复印机、示波器等。但是,为了达到当代 SC 变换器的要求,解决 SC 电荷泵电路的缺点,还需要进行很多研究。

用于粒子加速器的电力电子电路是在高辐射通量和固定的磁域等非常恶劣的环境中工作的。例如,在世界最大的粒子物理实验室——欧洲粒子物理研究所(CERN)(瑞士,日内瓦,欧洲核研究组织),为了降低功耗,变换器被放在中心设置中,要面临高达 4 特斯拉(Tesla)的本底磁场,这就排斥了电感器磁芯使用磁性材料的选择。只有无电感器的或高频(MHz)的变换器才可以考虑采用空气磁芯的变换器。

1.1.9 照明技术

一座商业大厦的照明用电大约占总能耗的 16% ~ 20%。针对人们对照明强度的不同要求和节能的需要,采用了调光技术。这样,对常用的线性荧光灯的阴极电压必须维持稳定而要降低灯的电弧电流。而灯用的镇流器基本上是将以下的电力电子电路串联起来构成的:EMI 滤波器,AC-DC 变换电路(称为整流器)并且确保高的功率因数,以及供给灯用电压的逆变器。镇流器产生高电压将灯点燃,然后稳定流过灯的电流。为了在整个调光范围保持足够高的灯丝温度(大于 850℃),镇流器必须保持灯丝电压稳定。为了提高效率,这是和输入功率,镇流器和灯相关亮度的问题,而灯的工作频率必须高于 20 kHz。而且,电子镇流器的能源利用必须高效率,因为它们产生的热量将增加空调系统的负担。

发光二极管(LED)的最新研发进展开创了照明的新时代。LED 是一种电光源。虽然它是

20 世纪 20 年代发明的，但是到 20 世纪 60 年代才变成实用的电子器件。现在的 LED 已实现多种多样的应用，从街道广告、交通光源、照明到远程控制、光隔离器、传感器和扫描器等。LED 是一种半导体二极管：当二极管被正向偏置时，电子能够和空穴复合，以光的形式发射能量。这种效应称为电致发光效应。光的颜色由半导体的禁带宽度来决定。第一个器件只发射低亮度红色光，但是现在已有从绿色，蓝色到紫外，红外很宽的彩色频谱可以应用。和传统光源相比，LED 具有寿命长，功耗低，开关更快，鲁棒性更强，尺寸更小，更能抗衡外部冲击的特点，它能聚焦其光线，每瓦产生更强的光，也就是说更有效。根据估计，与紧凑型荧光灯相比，LED 灯的能耗低 50%，寿命增长 5 倍。但是，它们需要更精细和更好的热管理，因为高的环境温度会导致过热和损害(有些 LED 有缺点，例如更多的蓝光发射对眼睛有损害)。类似于其他的二极管，LED 的电流是跟随电压指数倍增的，这就是说，很小的电压变动会引起电流大幅度的变化。这样，即使电压稍微越过它的标称值都会严重地恶化器件。因此，必须使用恒流电子电源。但是，建筑物内或是电池都不能提供恒定的电流，这样，任何 LED 必须有电力电子变换器相伴随，而且，它在这种应用中还必须承受高的工作温度。

1.1.10　AC-AC 变频器①

飞机上由交流同步发电机提供的可变频(360～800 Hz)能源变换成固定 400 Hz 电源，供给变速恒频系统。在大于 5 MW 级的带钢热轧机传动时需要大约 40 Hz 频率。这种电力电子电路称为 AC-AC 变频器或循环换流器(cycloconverter)，它要将公用电网提供的输入(线路)50/60 Hz 频率的 AC 波形变换成较高或较低的所需频率。

1.1.11　电力系统调节

基于固体开关器件的有源功率滤波器已在公用线路进行谐波滤波和无功补偿(Var compensation)等用做电力调节。例如，主要连接到 154 kV 公用电网的具有 12 MW 定额功率的高速列车，从变压器传入不稳定的可变的有功和无功功率，会在高电压公用系统的末端引起不平衡和严重恶化的电力品质，它可传入同一电网的其他用户。一个 48 MVA 量级采用 GTO(门极关断)晶闸管的逆变器组成的有源滤波器，可以补偿电压的骤然降落和维持网络的电力品质。

电力电子技术在电力系统已有许多应用。统一标准的功率流控制器是在高压传输网络上控制有功和无功功率流的装置，以确保系统的安全、稳定、电压和频率。

由于雷击或动物喧闹等对电力系统的瞬间干扰，引起电压骤降是难免的短暂电压降。而现在的主要问题是电源系统中断，导致严重的扰乱生产过程和重大的经济损失。公用网的客户一年普遍经历 5～10 次电压骤降事件。骤降的平均量是标称电压的 70%。这就是为何成本效益的解决方案相似于电力电子的动态电压还原器方案，它能帮助电压避免受短暂干扰的负载影响。

1.1.12　制造业的能源回收

气候变化促使全球经济和产业结构调整来应对全球变暖。环保电子产品可以使用较少的

---

① 原文是："航空航天的应用"，因标题与内容不符，文中只有两个变频系统，其中之一还是属于冶金工业系统。其实，在航空航天的应用很多，疑有误——译者注。

电力来帮助环境保护者和消费者节省费用。在能源产业链中，与其相关的工作及其产品生产本身的能耗构成的能源效率的重要性是不能忽略的。当一个产品首次制造，并且在向客户交货前，必须通过"高温老化"过程清除部件或系统的早期故障。在此过程中，要将该新产品做几小时的全负荷运行。这对提高产品的可靠性是有效的和重要的处理，但是，传统的高温老化过程要消耗大量能量，特别是能源密集型的制造业。典型实例是电源产业：制造商将出厂前的每个新电源要高温老化 4～24 小时。传统的老化方法是在电源的输出端连接电阻来模拟负载，这样很浪费，因为所有的电能将转化为热能。使用能量回收技术进行老化过程的概念在当前电源行业中已越来越受欢迎。这个想法是使用能量回收装置（ERD），通过互动电网的逆变器技术手段回收试验电源输出的能量：ERD 代替作为负载的电阻，连接到试验时电源的输出端而 ERD 的输出端连接到电网。市售的 ERD 可以回收高达 87% 由电源提供的电力。这可以有效地减少在老化过程中消耗的电力，从而间接地减少二氧化碳的排放。ERD 是由电力电子逆变器实现的，它要满足挑战性的要求：其输出波形的谐波含量必须很低，以免干扰主电网回收能量。

1.1.13　航空航天的应用[①]

征服宇宙对电力电子电路的研究提出了极其艰难的和多样化的要求：寿命长，可靠性高，批量/体积小，能量密度高，抗辐射和工作温度区域宽等。美国宇航局未来的目标包括对金星、土卫六（Titan）和月球的探索任务。在土卫六任务的电池系统中，电子变换器必须能在 $-100℃\sim$ $400℃$ 极端温度下工作，金星任务要高到 $500℃$，月球探索的跨度为 $-230℃\sim120℃$。对近地轨道航天器的可再充电的电化学电池系统必须具有超过 50 000 次充电/放电循环（等于 10 年工作寿命）的能力，而对地球同步轨道航天器则要超过 20 年工作寿命。为了提高电力电子器件执行未来太空任务的能力，先进的热控制和电磁屏蔽的电子封装是必需的。当前技术状态不能满足所有这些需求，要开拓为太空任务的热点研究领域专门设计的电力电子技术。

2009 年发射的移动火星科学实验室——火星车，包含抗 100 krad 辐射强度的强化抗辐射的电力电子设备，这是为了长期的任务：火星车登陆后，一个火星年等于两个地球年。

为模拟从 4.7～8 马赫的飞行条件创建测试背景，NASA 的超燃冲压发动机试验设施需要 20 MW 直流电源才能启动等离子弧加热引入的空气。

国际空间站（ISS）的电力系统由很多电力电子电路构成。能源是由光伏阵列和电池来保证的。在"日照"时期电池储存能量，在轨道日食时期供给负载。光伏阵列的输出电压被调节到一个特定单位。美国为 120 V，俄罗斯为 28 V，它们通过变换器装置的双向功率流进行网络交换。变换器将 160 V 电源降到 120 V 二次配电系统；再由远程电源控制器模块将配电到负载变换器。人造卫星使用了一套类似的电能分配结构：由光伏阵列，电池和电源控制装置组成系统的初级侧；由电池充电变换器，放电变换器和冗余 DC-DC 变换器的低电压变换器模块组成系统的二次侧，该 DC-DC 变换器作为电源分配装置的一部分馈入航天器负载。模块化有可能用增加或减少转换器模块的方法改变电池电压和输出功率电平。冗余度允许对不同的任务重新配置。电池充电/放电功能需要双向变换器，多负载的发展需要多输出电平，也需要双向变换器。

电力电子技术是航天器电力推进系统中电源处理装置的组成部分。该装置向航天器的

---

① 原文是："太空探索的应用"，因其内容还包含属于航空范畴的飞机用的变频系统，疑有误——译者注。

"推进器"提供动力[这是航天器或飞船用的小型推进装置，为了(a)保持位置，即保持航天器在指定的轨道上；(b)姿态控制，即控制航天器按参考框架的取向飞行；(c)长持续时间的低"推力"加速。此推力是由牛顿的第二和第三定律定量描述的反作用力。当系统朝一个方向射出或加速质量时，加速的质量将对系统产生成比例的反作用力]。用于该装置的电力电子变换器必须满足严格的要求；特别是它们必须迅速提供恒定的电流来抵消推力电压的变化，典型的是在启动时期。为了使"南北站"(north-south station)保持在轨道移动，这些装置必须要能产生高电压脉冲，以点燃四个电弧喷射推力器，从而降低推力系统的质量和降低运载火箭的要求("南北站"是用来校正人造卫星的倾角，以保持它在"地球同步轨道"上，使在地球上固定位置的观测者，每天都在几乎相同的时间观测到，在地球同步轨道的人造卫星返回到天空中精确的相同位置)。

在航天器/航空器上使用的电力电子电路也要解决变频驱动和固定 400 Hz 设备之间的不相容性，如同燃料和液压泵电机的不相容。变频驱动器比恒频驱动器优越，因为它们在电机启动时可以减少瞬态浪涌电流，或者，在燃油泵的情况下，变频驱动器可以确保提供只需要的燃油量。

1.1.14　国防应用

电力电子技术在国防工业中的应用日益广泛。混合动力战斗车辆是 21 世纪军队的首选车辆。在这种车辆上用的变换器必须具有最小的体积，多功能和高的电性能品质。如果在标准变换器中常见的滤波器部分能被淘汰的话可以节省大量空间。为了满足这方面的需求开发了一种新型变换器(矩阵变换器)。这种变换器像其他电力电子电路那样使用相同的元件但有不同的控制序列，可以执行不同的功能，从而减少车辆的后勤负担。作为军用车辆会面临加宽环境温度范围的严酷环境，电子变换器的热管理变得更加迫切。

在国防领域应用的其他恶劣环境条件还包括水分、灰尘和振动。参与电力电子系统设备中材料的电阻率取决于变化的环境条件。高湿度可能导致腐蚀。电力电子变转换器的性能取决于它在电路板上的布局。在高度敏感的系统中，为了减少不可避免的恶劣条件的影响，要考虑特殊的设计方案：可以改变印制电路板上元件的布置，或者修改暴露导电层的途径。

在危险的环境中，不应使用非隔离的变换器：变换器和电源电压之间的金属接触可以产生危险的电弧。包含变压器的无触点变换器存在大的空气间隙，将是首选的解决方案。

面对 21 世纪战场上的士兵，对他们的关键问题是电力供应。当长时间，长距离远离基地时，需要语音交流，数据和图像传输。多功能(multiperforming)的电力电子设备会陪伴着士兵。美国陆地勇士计划(USA Land Warrior Program)考虑分两个时间阶段——现在到 2015年的"21 世纪部队"(Force XXI)和 2015 – 2025 年间的"下一代陆军"(The Army After Next)，配备必要的先进的低功耗电路。据预计，对使命要求能量超过 1000 W 时，使用燃料电池代替原先的电池能够减少一个数量级的能源总质量。当然，为了使它们成为有用的装备，正如我们先前所表述的，燃料电池需要配备合适的电子变换器。如果士兵使用包括太阳能光伏板的便携式太阳能帐篷，还必须携带显示远程位置移动的电子装置。通常，这些帐篷附近会有树木或栅栏，这时太阳能电池将受到非均匀照射。阴影会导致电池性能受损，必须用电力电子电路来处理。

设想了全电动的航空母舰，从推进器，飞机起飞的弹射器到甲板舰炮，所有重要的装备都要电动。有两种特定的应用需要两种类型的电力电子技术：燃油泵和车辆传动需要变速电动机，以及对炮塔和飞行管理需要精密控制的"执行装置"（执行装置是一种以电能运作或控制的机械装置）。低功率负载和大功率设备，如雷达、行波管或电子对抗设备等将由配电系统提供电能。

美国海军有其特殊的需求。例如，用于检测海龟在海军基地附近的活动，避免海龟危及船舶，海军使用"水听器"。这是固定在海底的一种电子装置。原先它们是由电池供电，潜水员必须经常去更换电池，此过程既费用昂贵又危险。给水听器供电的新方法是使用微生物燃料电池，它能从有电化学反应产生电力的大量细菌的水中"获取"能量。只要花很少的维护费保证有活菌，这些细菌基的电池就能工作。但是，这些替代能源只能产生非常低的功率：电压输出小于 700 mV，输出电流小于 2 mA。水听器要求供电电压为 3.3 V，负载电流至少为 5 mA。在开阔的海洋，不可能像普通电池那样堆叠串联几个的微生物电池组，也不能采用增加电池的阳极和阴极的表面面积的方法来增加电池的电流容量，因为这将成为难以部署的电池。采用属于电力电子的解决方案是：电路可以提高电池的电压达到负载要求的电压等级，等电池积累能量后再将能量突发地供给负载。现有的电力电子电路可在低电压时引出大电流；而这时的电流将超过电池能提供的定额。因此，由电池提供的低电压，功率变换器甚至无法启动。针对这样的应用必须开发新型的变换器，它能够从它的输入源提升非常小的电流和使用从电池接收的能源来充电"超级电容器"。然后，超级电容器的电压用另外的 DC-DC 变换器来提升和稳定。

国防工业的特别需求和标准，需要定制电力电子技术的专用设计方法。

1.1.15　传动和大功率工业的应用

在电力电子现代的应用，特别是在消费电子，汽车行业或航空航天的应用探索时，不要忘记，最初，电力电子技术已用于工业和牵引机中的直流和交流电动机的传动。电力电子电路的作用不仅是提供电源。它还用来控制感应电机的转速。用于这一目的的大功率逆变器能确保在宽广范围控制电机的转速，具有良好的速度控制精度和在一个非常大的速度范围内能恒转矩运行。电力电子在许多传统工业的应用，包括加热、熔融和基于感应加热的方法需要使用逆变器的金属热处理。还有电化学方法的金属冶炼，电镀，化工生产气体和电子焊接等。中等功率范围的传动应用包括机床、造纸、纺织和水泵。兆瓦级大功率范围的应用有：油气生产线的压缩机，给水泵，船舶推进和水泥厂等。例如，水力发电站已使用 400 MW 量级的可调速抽水蓄能系统；其电机使用的三相低频交流电流，由交-交变频器（cycloconverter）通过升压变压器连接到 500 kV, 50/60 Hz 公用电网产生的。再如，在柴油-电力推进船舶用动力系统使用电力电子基的变频传动可以节省大量的燃料。据估计，美国电力网产生的能量约 60% ~ 65% 被电机传动消耗，其中约 75% 为风机、泵和压缩机类型的传动所消耗。连接风机或泵的感应电机用传统的恒频变速控制运转时会耗费大量能源，因为它会产生涡流。使用电机变频速度控制的系统替换它可以节约大量能量。使用专用电力电子得到空调泵的负载-速度按比例的控制方法，变频空调可以减少电能消耗。

本章一开始就给出极具吸引人的新应用，这并不意味传统的电力电子技术的应用不重要，只是今天比它们的过去更重要。

图 1.4 对上述不同的应用以树状形象化表述。

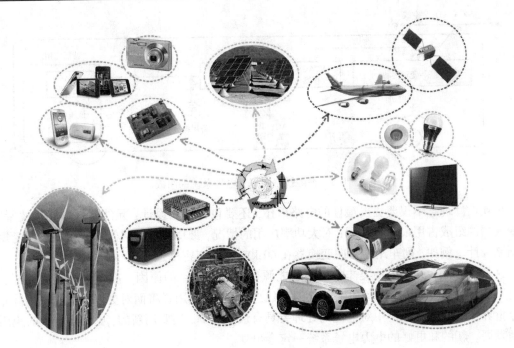

图 1.4   电力电子技术应用的树状形象化表述

1.1.16   电力电子电路的分类

如上所述，按照输入和输出（负载）功率的类型，基本的能源变换电子电路可以分为四组：

（1）DC-DC 变换器，它控制的变换是 DC 输入到 DC 输出，通常用做开关型 DC 电源。

（2）AC-DC 整流器，AC（单相或三相）输入能源变换成 DC 波形（通常除调节功能外还要完成功率因数修正功能。

（3）DC-AC 逆变器，用于控制 DC 电源变换成特定频率的单相或三相 AC 输出。

（4）AC-AC 变频器，它将给定频率 AC 电源（通常是 50/60 Hz 路线的频率）变换成另一种频率的 AC 电源（或者可变频率，此时，AC-AC 变频器用来控制 AC 电机的速度）。

最近，随着开关和模块技术的进步，传统的 AC-AC 变频器已不敌高效的 AC-DC-AC 变换器。具有多路输出的变换器很有用；例如 DC 电源就具有不同的负载电压。

现代电子系统包含大量的电力电子电路。例如图 1.5 所示的香港铁路列车上的电气网络。电力通过 1500 V DC 架空线传输到列车，接着逆变成 440 V，60 Hz AC 电压供给 AC 负载。为了供给 DC 负载，440 V AC 电压要再降压和整流成 110 V DC 电压。这些电压是用于充电备用电池和供给各种各样的控制部件。但是，为了将 1500 V DC 降到 110 V DC 要通过必将产生无功功耗的多级变换。现在正在研究寻找一级变换就能实现的方法。对于单独的应用（如车厢中的信息显示板）110 V DC 还要变换为 24V DC 和 12V DC。此外，将 1500 V 直接变换成 12 V/24 V 对电力电子研究人员来说是严峻的挑战。

从本节描述的应用可见，电力电子电路已渗透到我们生活的各个方面。这些应用从低于 1 W 功率的手持装置跨越到几百兆瓦特的工业生产设备，从供给集成电路用的低于 1 V 电压跨越到实验物理使用的几百 kV 电压。另外，还显示各类应用都有对电力电子电路要满足其专用的特性。

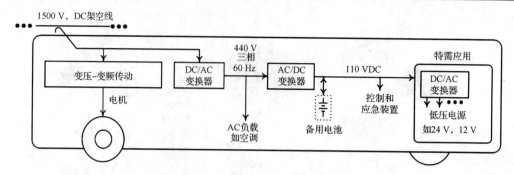

图 1.5　香港铁路列车上电气系统的组成

现代设计理念不仅要提出最佳的电路拓扑，还要包含空间设计：元件要尽可能排放紧凑，使变换器的组成占用最小的空间；对大功率应用的情况，液体冷却的热管理要以导热路径短为准则来设计。例如，列车用的双向变换器在 60 kW 时功率密度达成 40 kW/L。

这就是为什么开发了种类非常繁多的能源变换电子电路的原因。在探索最佳电路时，电力电子产业的研究者、设计者和生产者，以及这些电路的使用者将面对更多的挑战——首先在当今世界强烈的节能呼声中对电能的处理要具有最优效率，还要用新的，更严格要求的应用来推动发展。新的和更好的电力电子系统一定会出现。

1.2　电力电子电路工作的基本原理

在阐述不同的应用时，要记住电力电子电路的目的是要确保可控的输出特性，例如，供给可变的 DC 负载用的恒定输出电压，或者供给控制 AC 电机速度的可控的 AC 电压。因此，不管应用的类型，电力电子电路总是置于非调节的(例如 DC 或有效 AC 电压的参数会随意变化)输入和负载之间的。这说明所有能量是通过电路来输送的，亦即电力电子电路可以视为电力处理系统(不同于通信中的电子电路，它们是为信号处理服务的)。因为电力电子电路就是负载前的一个中间级，不能接受在处理阶段就要消耗大量电能，甚至消耗在负载前按要求已调节成型的电能。这就是为何对电路的第一要求是处理电能的效率。这首先意味着此电路结构决不能使用耗能的电阻器；此要求说起来容易实施起来却极其困难，因为可以不选用电阻器，但是，所用的其他元件都有寄生阻抗。有些设备应用的电流会达到几千安培，这意味很小的阻抗将产生不可忽视的能耗。例如 1 mΩ 阻抗的电流传感器在 100 A 电流测量时要消耗 10 W 功率。除了效率问题之外，在电阻器上消耗的能量将形成热，因而必须处理复杂的热问题，这就导致较高的生产成本和要求较大的物理空间。有时不可避免地要用电阻，如以控制为目的的电流传感器(现今正在实施不用电阻的电流传感器的新方案)或者某些辅助电路中用来消耗寄生能量的缓冲器(现今正在实施无阻抗缓冲器方案)，否则会损坏开关器件。这些功耗最后变成热。这使变换器中的器件在较高的温度中工作，会降低它们的寿命和可靠性。不过，对于较大功率的变换器必须用较大的冷却系统，即使增大了体积，能提高效率总是有益的措施。

为了阐明电力电子电路的工作原理，考虑以 DC-DC 变换器为例。此变换器的输入通常连接电池或整流后的 AC 线路电压。为了提供恒定的输出(负载)电压 V_{out}[1]，不管负载值 R 如何

---

① 本书原英文版中的下标符号较多且较乱。为不引起二次错误，在本翻译版中仅对不统一的地方进行了规范，其他下标未做调整——编者注。

变化，它必须处理可变的 DC(线路/电源)输入电压 V_{in}，如何实现这一目标呢? 根据基本电子学知识，在线性区工作的晶体管可以调节输出电压。但是，此时的晶体管等效一个电阻(作为电位器工作)。这样的电力电子技术将产生很大的能耗。另外，它还不能满足许多应用需要提高线路电压的要求。这就是电力电子必须寻找其他调节方法的原因。

一种解决方案是基于开关的工作。图 1.6(a)是一个最简单的 DC-DC 变换器的结构，它包含一个电感器 L，一个电容器 C 和一个单刀双掷开关(一个有两个位置的简单切换开关)。当开关接到位置(1)时，电能从线路传输到电感器 L，并将它充电[阶段1，参见图 1.6(b)]。这时电能存储在它的磁场中。当开关移到位置(2)时，电感器存储的电能传输到负载[阶段2，参见图 1.6(c)]，即电感器放电。开关位置周期地变动，这时电路就循环地工作。这两种循环的拓扑电路称为开关阶段。此时可以立即看到电容器的作用: 它能使输出电压不变。因为需要恒定的 V_{out}，这意味着电容 C 必须很大(电力电子电路常用几百 μF 的输出电容)，而且，为了防止 C 大量放电，这一阶段的持续时间必须很短。这预示开关转换必须具有高频率。实际上甚至最传统的变换器的工作频率都高于 10 kHz。在阶段 2 时电感器的电能还要再充电 C。因为，根据电路理论的基本定律: 变换瞬间的电感电流(i_L)不能改变方向，亦即 i_L 从 V_{in} 的反极性电压向电容器 C 充电。这样，图 1.6 所示变换器 V_{out} 的极性也相反于 V_{in}。

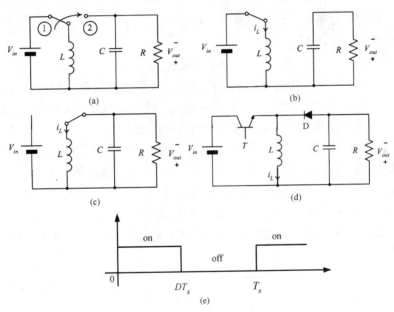

图 1.6　最简单的 DC-DC 变换器结构及其开关工作。(a)基本电路; (b)开关阶段1; (c)开关阶段2; (d)电子实施; (e)驱动信号

如果 V_{in} 变化怎样确保 V_{out} 不变呢? 为此，假定输入电压具有特定(标称)值和电感器充电阶段具有特定(标称)的持续时间，现要求获得不变的输出电压。首先，如果 V_{in} 已低于特定(标称)值，只要增加阶段 1 的持续时间，使传输到 L 的能量值和特定情况相同; 那么，在阶段 2 时 V_{out} 将保持相同。其次，类似地，如果 V_{in} 高于特定(标称)值则要减小对阶段 1 的持续时间，只要减小对 L 的充电时间(此时是 V_{in} 较大)，即减小累积在 L 的电磁场能量，效果再次是(以及因此 V_{out})相同的，不管 V_{in} 值如何。如果负载值变化将重复类似的工作: 用控制电感 L 充电的持续时间使传输到 L 的能量或多或少(为了应付可变的负载，从而保证恒定的 V_{out})。因此，开

关的作用是关键的,因为控制的持续时间可保证提供恒定电压,不受线路和/或负载的影响。这些变换器以开关型电源著称。电感器 L 的作用非常清楚:保证能源从线路到负载的可控制传输。当 V_{in} 和 R 为额定值时就称变换器在稳态工作。

为了用电子方式实现开关,需要外加控制元件:一个晶体管 T 和一个二极管 D[参见图 1.6(d)]。双极型晶体管和 MOSFET 型晶体管的驱动信号分别以 $d(t)$ 和 v_{GS} 表示。当驱动信号[参见图 1.6(e)]为逻辑(1)时,晶体管导通,电感器充电,二极管被反向极性关断。当驱动信号为逻辑(0)时,晶体管关断,电感器电流需要获得连续流动的途径,从而导通二极管。因此,二极管已作为自动同步晶体管的开关(稍后将看到具有低负载电压和高输出电流的一些现代应用,最好使用基于晶体管自驱动同步整流器取代二极管,因为导通时电压降更低)。图 1.6(d)所示的变换器称为降压–升压(Buck-Boost)变换器。

驱动信号以周期 T_s 重复。T_s 称为开关周期,它的倒数 $f_s = 1/T_s$ 称为开关频率。晶体管的导通时间 T_{on} 占 T_s 的分数称为占空比 D

$$D = T_{on}/T_s$$

这样

$$T_{on} = DT_s, \quad T_{off} = T_s - DT_s = (1-D)T_s$$

T_{on} 和 T_{off} 分别是构成开关周期 T_s 的开关阶段 1 和 2 的持续时间。

显然,D 的数值在 0 和 1 之间

$$0 < D < 1$$

因此,不管线路和负载如何变化,为了保持 V_{out} 不变,在恒定的周期 T_s 时改变占空比 D 就能达到目的。显然,当 V_{in} 和 R 是额定值时 D 也是额定值。这种用恒定开关频率来控制的方式称为占空比控制型。下文阐述改变开关频率来控制的其他控制方式。

图 1.7 和图 1.8 给出另外两种基本的 DC-DC 结构。图 1.7 是升压变换器。它的工作原理和升压–降压式相同:当开关位于(1)时,如图 1.7(a)所示,也就是图 1.7(d)中的晶体管导通,迫使二极管截止,电感器由线路电压 V_{in} 充电。这是开关的第一阶段,如图 1.7(b)所示。当开关位于(2),也就是晶体管截止时,电感器电流必须继续朝相同方向流动,导通二极管。这是开关的第二阶段,如图 1.7(c)所示。这时有来自线路的和电感器放电提供的两部分能量转送到负载,使 V_{out} 大于 V_{in}。

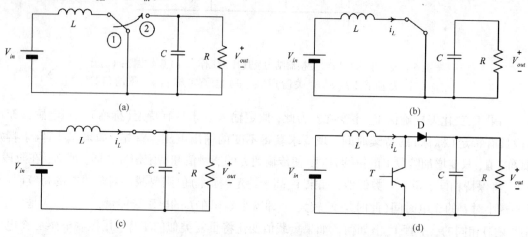

图 1.7　升压变换器。(a)基本结构;(b)开关阶段 1;(c)开关阶段 2;(d)电子实施

图 1.8 是降压变换器。当开关位于(1)时晶体管导通，二极管处于反偏置，输入能量连续地转送到电感器并对它充电，而且还转送到负载。这时的 V_{out} 低于 V_{in}。当开关位于(2)的开关第二阶段时，晶体管截止，电感器电流连续流过导通的二极管。通过上述开关工作的描述表明，在线路电压和负载变化情况下，改变电感器充电的持续时间，即调节占空比也可能使升压和降压变换器保持输出电压恒定。

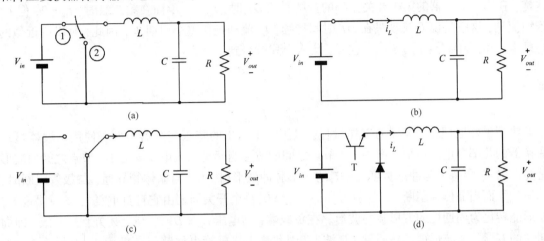

图 1.8 降压变换器。(a)基本结构；(b)开关阶段 1；(c)开关阶段 2；(d)电子实施

上述考虑的三种结构都是基本 DC-DC 变换器。升压变换器中的电感器在两个开关变换级中都是连接线路；这可以防止在开关周期时输入电流发生大的变化，因为输入电流等同电感电流。有串联电感的输入电压源在一阶近似时可看成电流源，因此，使升压变换器有所谓"电流驱动"特性(高频时近似值更精确。一个理想电流源可以用来控制它的端电压。用特殊电压符号"v"区别于由线路和 L 构成的电池的终端电压 V_{in}，电压差将施加在电感器两端，导致电感电流的增加或减少)。由于在一个周期内电容器可用来维持输出电压不变，根据一阶近似，电容器 C 和负载 R 的并联组合可以作为电压接收器(voltage sink)，如图 1.9 所示。另一方面，在没有电输出电容时，升压变换器的输出电流通过二极管的电流给出。只有 AC 电流能流过输出电容 C。在开关周期时升压变换器的输出电流具有高脉动特性。在降压变换器的情况，来自线路的输入电流通过晶体管的电流给出，因此在开关周期时具有很强的脉动特性(当晶体管截止时为零)。可是在一阶近似时输出电流由电感器电流给出，L,C 和 R 可看成电流接收器(如图 1.10 所示)。降压变换器具有"电压驱动"特性。曾错误地认为降压-升压变换器是降压变换器和升压变换器的组合。降压-升压变换器的实际情况是，电感器在每个开关周期由开关控制从连接线路到连接负载，对输入和输出电流都产生很大的脉动特性。另外，降压变换器和升压变换器的 V_{out} 具有和 V_{in} 相同的极性，而降压-升压变换器的 V_{out} 极性和 V_{in} 相反，这是这些变换器的特征。

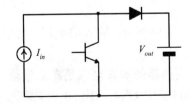

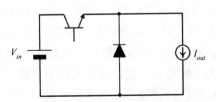

图 1.9   升压变换器(电流驱动变换器)
的一阶近似等效开关电路图

图 1.10   降压变换器(电压驱动变换器)
的一阶近似等效开关电路图

现在用近似的方法寻求降压变换器输出和输入电压之间的关系。尽管我们做了许多假定，但是，找到精确的方程式后惊奇地发现正确的结果在本节已经给出。假定效率是 100%，那么输出能量(或功率)等于输入能量(或功率)，即

$$V_{out}I_{out} = V_{in}I_{in}$$

这样，在降压变换器的第一开关拓扑的持续时间 DT_s 时，$I_{out} \approx I_{in}$，而在第二级时，$I_{in} = 0$，但 I_{out} 连续流动，这就是说 I_{in} 流动只在 DT_s 时间持续，I_{out} 流动是在整个周期 T_s，因此，可以说近似的 I_{in} 只是 I_{out} 的 D 部分：$I_{in} = DI_{out}$，这样，代入上式就得到

$$V_{out}I_{out} = V_{in}DI_{out}$$

即

$$V_{out} = DV_{in}$$

为了更好地理解变换器的工作过程，以图 1.1 示出的降压变换器为例。使用示波器显现变换器的几部分电压波形。图中 1-2 节点之间的波形当然是输入电压 V_{in}，3-4 节点之间的波形是高度为 V_{in} 和每个脉冲的宽度为 DT_s 的方形脉冲波形(因为，当晶体管导通，二极管阻断时，$v_{34} = V_{in}$，而当晶体管阻断，二极管导通时，$v_{34} = 0$，每个开关周期由它自身重复)，这就是说 DC 波形能转化为周期性的方形脉冲波形。在负载端，其电压 $v_{56} = DV_{in}$，与上述方程式一致，即周期性的方形脉冲波形被调整回到 DC 波形(因此输出二极管也称整流二极管)。这样一来，如果 V_{in} 变化又要 V_{out} 恒定的话，改变脉冲宽度 D 即可。在此只考虑近似情况，还未给出负载变化时如何保持 V_{out} 恒定；在下一节导出严密的公式后将变得很清楚。从图 1.11 可见，阻塞 LC 的输入波形是方形脉冲波，以及输出的是恒电压(因为变换器要执行 DC 电源的作用，它的输出必须是"干净"的 DC 波形)。如果运用方形脉冲波的傅里叶分析就会发现，它包含 DV_{in} 值的 DC 成分，基频 f_s 的谐波和奇数高频谐波。同样地，在输出端必须只得到 DC 成分，这就是说电感和电容还必须完成低通滤波器的任务。为了完全消除包括基频的谐波，该滤波器的角频率要满足的条件为

$$f_c = \frac{1}{2\pi\sqrt{LC}} \ll f_s$$

根据低通 LC 滤波器的伯德(Bode)图(如图 1.12 所示)，将确保上述条件，在频率 f_s 时，谐波的量级达到负几十分贝，这就是说，输出波形几乎可以完全抑制基频谐波(以及对较高频率的谐波要达到更负的量值)。输出的结果是谐波归零的 DC，这正是 DC 电源所需要的。

但是，以上的公式虽然简单，却对电力电子产生极大的挑战：因为为了满足它，必须：(a)设计大数值的电感和电容，这将出现我们极力规避的电源尺寸大和这些电抗元件产生较大的寄生阻抗能耗大的问题，或者(b)变换器要在很高开关频率下运转，即要高频地变换导通与关断，而每次这样的运转都要耗能，这些将在下一节阐述。过去几十年，如何实施以上的公式是电力电子开发的持久目标；下一章将阐述已找到的适当解法。

图 1.13 示出开关型功率变换器的通常结构。它包含四个主要部分：输入滤波器，功率处理电路，输出滤波器和控制器。它们的作用如下所述。

开关工作总会产生谐波并将污染供电系统。例如，降压变换器的输入电流是高度脉动的，它的频谱能广泛传播。其结果是变换器将产生电磁干扰(EMI)。图 1.14 示出 50 W 降压变换器在 115 kHz 开关时传输的 EMI(频率范围为 9 kHz～30 MHz 时通过连接线达到电源的 EMI)。就相同的变换器，图 1.15 示出辐射的 EMI(频率范围为 30～300 MHz 时从变换器辐射到周围

空气的 EMI）。法定标准严格限制由电气设备产生的谐波干扰进入电力系统。为了防止开关谐波干扰电源，使用了输入滤波器。

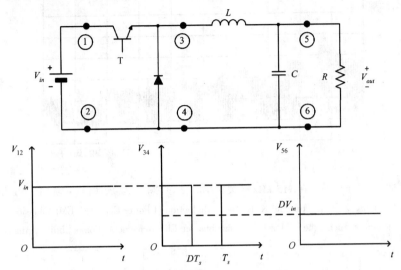

图 1.11　降压变换器工作原理的说明

开关电路是功率处理级，由功率半导体开关和无源电抗元件，诸如电容器与电感器组成。图 1.6(d)示出其开关电路由开关 T，电感器 L 和电容器 C 组成的降压-升压变换器。

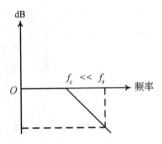

输出滤波器用来消除任何开关谐波使输出获得预期的输出波形。正如上文所述，降压变换器的 LC 部分起着输出滤波器的作用。其他变换器有时必须增加一个或更多的级联滤波器来提高输出波形的质量。

正如上文所讨论，功率处理级中不希望使用电阻器。但是，有

图 1.12　LC 低通滤波器的伯德（Bode）幅频特性

些实际应用为了衰减滤波器的固有振幅需要使用小的电阻器。例如，用于连接逆变器栅极（grid-connected inverter）的 L-C-L 输出滤波器中电容串联了一个小电阻。

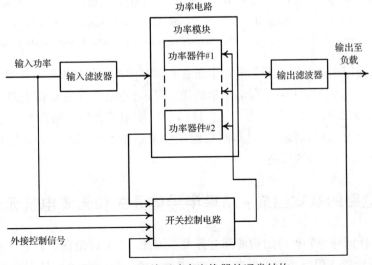

图 1.13　开关型功率变换器的通常结构

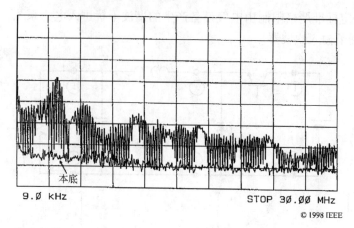

图 1.14　50 W 降压变换器在 115 kHz 开关频率时传导 EMI 的实验频谱(y 轴：10 dB/格)(引自 H. Chung,S. Y. R. Hui,and K. K. Tse,"Reduction of Power Converter EMI Emission Using Soft-Switching Technique",IEEE Transactions on Electromagnetic Compatibility,August 1998)

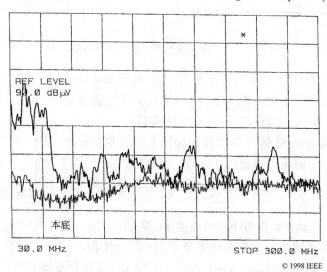

图 1.15　50 W 降压变换器在 115 kHz 开关频率时辐射 EMI 的实验频谱(y 轴：10 dB/格)(引自 H. Chung,S. Y. R. Hui,and K. K. Tse,"Reduction of Power Converter EMI Emission Using Soft-Switching Technique",IEEE Transactions on Electromagnetic Compatibility,August 1998)

　　最后，控制器用来产生供给开关电路中所有有源开关器件的栅极信号。过去，所有控制器都是用模拟电路来实施的。现在，微电子学的优点显示，包含数字和模拟电路的混合控制器越来越受欢迎。模拟部分以快速反应为特征。这因为它使用了类似短路保护功能或超快速瞬态控制回路。数字部分相对较慢，但对不同功能能够灵活地类似家务管理地顺序处理(起动顺序，警告)和缓慢反馈回路的控制。

1.3　功率电路的基本组成：功率半导体开关和无源电抗元件

　　如前所述，任何功率处理级的构成都有开关。因此，本节讨论在电力电子电路中，开关的关键特性所起的独特作用。功率半导体开关有三种类型：第一种类型是不可控开关。当它处于正向偏置时开关自动导通。偏置的条件由包含开关在内的电路决定。典型器件是二极管。当它处于正向偏置时将自动地处在通态。第二种类型是半可控开关。当它被外部控制极信号触发时开关导通。当通过开关的电流为零时就自动阻断。典型器件是晶闸管。第三种类型是可控开关。这类开关由外部控制极信号决定导通和关断。典型器件包括双极结型晶体管（BJT），金属氧化物半导体场效应晶体管（MOSFET）和绝缘栅双极型晶体管（IGBT），以及使用诸如砷化镓（GaAs），氮化镓（GaN）或碳化硅（SiC）等半导体材料制备的新型场效应晶体管。

1.3.1　不可控开关——功率二极管

　　二极管是一种只允许电流单向流动的两端器件。半导体二极管主要有两种结构：p-n 结二极管和肖特基（Schottky）二极管。

　　p-n 结二极管由两种不同类型的半导体材料联结而成，一种是 p 型材料，另一种是n 型材料［如图 1.16（a）所示］。p 型材料的多数载流子是空穴，而 n 型材料的多数载流子是电子。可移动的空穴和电子在两种材料交界处结合，结果在交界处产生耗尽层（即此区域的所有可动电荷载流子都已迁移，没有载运电流离去）。这时二极管两端产生一个势垒。如果对二极管施加正向偏置电势，如图 1.16（b）所示，耗尽区将变窄，降低对电流流通的阻抗。导通的二极管两端有电压降，称为正向偏置二极管的正向电压。典型的实例为：小电流电子电路用的 p-n 结二极管的正向电压是 0.7 V。但是，功率二极管的正向电压可达到 1.4 V。反向偏置电势引起耗尽区变宽［如图 1.16（c）所示］，增加对电流流通的阻抗。不过，实际上仍有少量电流能通过反向偏置二极管，称为（反向）漏泄电流。

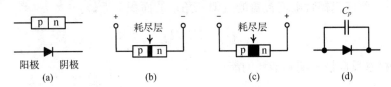

图 1.16　p-n 结二极管的符号和偏置条件。（a）符号；（b）正向偏置；（c）反向偏置；（d）反向偏置的等效电路

　　肖特基二极管使用金属−半导体联结，以获得低的正向电压降和高的开关速度。它的正向电压降为 0.15 ～ 0.45 V。但是，肖特基二极管的反向漏泄电流较高，而且随温度上升而增高。一种新型肖特基二极管是碳化硅（SiC）肖特基势垒二极管。它用宽禁带半导体材料代替硅半导体。它有较低的反向漏泄电流和很快的工作速度（SiC 二极管的电流变换率高到 1000 A/μs，比 p-n 结二极管或硅肖特基二极管快 5 ～ 10 倍）。但是，SiC 肖特基势垒二极管比硅 p-n 结二极管的漏泄电流大。不过，SiC 的电特性对温度变化不灵敏。

　　二极管的状态由连接二极管电路的电压和电流来决定。当二极管导通时，电流从阳极通过 p-n 结向阴极流动。当它关断时，它的阳极到阴极的电压是负的。二极管关态时的实际电压取决于二极管所属的电路（例如，工作在降压变换器中第一开关阶段时，关态二极管两端的电压等于电路的输入电压）。当二极管导通时，平均导通功耗等于正向电压和平均阳极电流的乘积。

　　在大功率应用时，除了要考虑选择适当的二极管电压和电流的定额外，关键是要关注它的关断特性。对该特性的要求明显地不同于 p-n 结二极管和肖特基二极管。此时二极管从导通状态（通态）转变为关断状态（关态）不是瞬间的；相反，它包含一个很复杂的过程。因为，当在正向导通时二极管的两个区域都有过剩少数载流子（即 n 区有空穴和 p 区有电子）。在关断时这些过剩载流子必须消除。而二极管要恢复到关断态必须重建耗尽层。对电力电子器件来说，就是要求二极管具有很高的开关速度。如果二极管的开关特性远离理想的开/关转换速度，它们将和其他电路元件一起产生能耗和热。这就是为什么在电力电子器件中二极管从导通态转变到关断态的所谓"反向恢复"，必须仔细研究和采取措施以避免二极管本身或变换器的其他元件产生的负面效应。在理想情况下，由导通转变到关断时，流过二极管的电流 I_D 将线性地降到零，二极管将达到关断态。但是，当电流达到零时，由于上述少数载流子的原因，电流并没有停止而是向反方向流动（如图 1.17 所示）。在时间 t_{r1} 末端，反向二极管电流将达到它的峰值 $I_{Dr(pk)}$。在 t_{r1} 期间，二极管没有出现关断状态，因为在它的两端还没有出现高的关断电压。因此，这会导致变换器中的其他元件必然保持额外电压，使功率电路中其他部分产生能耗和发热。特别是，如果在此期间出现大的 di/dt 时其他元件必须吸收较大的开关能量，这就阻碍了电力电子变换器在高开关频率工作。持续时间 t_{r1} 取决于将少数载流子清除所需要的时间。因此，t_{r1} 是给半导体二极管设计优化的方向。当耗尽层再形成时，二极管开始支持反向关断电压。t_{r1} 之后，反向电压立即达到它的过冲峰值（$V_{r(pk)}$）。在 t_{r2} 期间，反向电流降到接近零，也就是达到关断态的数值特征和反向电压达到它的关断值。过冲峰值和持续时间 t_{r1} 取决于半导体结的设计和二极管所在电路中电感的相互作用。因为在 t_{r2} 期间，二极管维持反向电压 V_r，电流 I_D 只是缓慢地降到它的反向值 I_{Dr}，它们的乘积就是重要的开关损耗，它是以二极管发热的形式耗损的。有时可能需要辅助电路（缓冲电路）来耗散这些能量。在高开关频率时，整流二极管发生的热过程必须考虑。总的反向恢复时间 t_{rr} 是 $t_{r1} + t_{r2}$。反向恢复时间小于 500 ns 时称为"快"而小于 100 ns 时称为"超快"二极管。超快二极管的电压可变范围是 100 ~ 1500 V。反向电荷 Q_{rr} 可用负向二极管电流覆盖的近似三角形的面积来近似：

$$Q_{rr} = \frac{I_{Dr(pk)}}{2} t_{rr}$$

该式还指出二极管反向恢复期间消耗的能量。

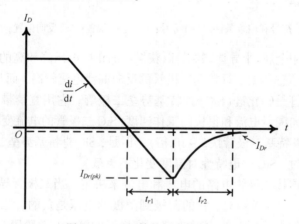

图 1.17   二极管的反向恢复过程

肖特基二极管截止导通比 p-n 结二极管快，因为没有反向恢复过程（肖特基二极管没有少数载流子和没有 p 型与 n 型载流子缓慢复合的问题。在半导体区域只有多数载流子，它们能迅速地注入连接恢复过程的金属导带）。功率肖特基二极管的开关时间可达到几十纳秒。

SiC 肖特基二极管的反向恢复电荷为零，所以与反向恢复特性有关的问题都不存在。但是，SiC 肖特基二极管的成本比硅 p-n 结二极管高几倍。

二极管在反向恢复过程期间，要建立耗尽层，它等效一个被反向恢复电流充电的电容。这就是为什么在反向恢复期间，二极管的等效电路和关态包含一个电容与一个理想二极管并联，如图 1.16(d)所示。电容值是二极管两端电压的非线性函数。此电容在电力电子学中产生许多实际问题。当二极管关断时，由于反向恢复电流，这个电容将和电路中的寄生电感共振，形成振荡(称为振铃)。结果在二极管上出现电压应力。

当设计电力电子电路要选择二极管时，应遵循以下程序：

(a)估计需要的关断电压(即关态时需要二极管承受的电压，由包含二极管的电路来确定；例如，降压变换器的输入电压)和流过二极管的最大电流。

(b)选择合适的二极管类型(例如，电压高时选用 SiC 肖特基二极管，其开关损耗可显著降低)。

(c)选定二极管的电压和电流额定值，最小要两倍于(a)项中的估计值。当然，选择二极管的击穿电压一定要高于它的电压额定值。

例如，常用二极管是超快速功率二极管，其元件型号为 MUR460。它具有以下特性：电流额定值为 4 A，电压额定值为 600 V，结温 150℃时的反向电流(I_{Dr})为 250 μA，阳极电流 3 A 时的正向电压为 1.05 V 和反向恢复时间(t_{rr})为 75 ns。

SiC 肖特基二极管的典型产品是 CSD10060。其电流额定值为 10 A，电压额定值为 600 V，结温 150℃时的反向电流(I_{Dr})为 1000 μA(最大值)，结温 175℃时的正向电压为 2.4 V(最大值)和阳极电流为 10 A。这种二极管的独特特征是零反向恢复电荷。

高压应用时通常使用串联二极管。由于二极管不可能完全相同，那么沿着成串的二极管的稳态电压分布是不均匀的。为了平衡每个二极管两端的电压，要对每个二极管并联一个很大的电阻。为了确保成串二极管相等的瞬变电压分布，要对每个二极管并联一个电阻-电容网络。

通常二极管只允许电流向一个(正向)方向流动。如果超过击穿电压，二极管将失效，并在反向通过大电流。这时，二极管将永久地损坏(击穿电压是在它崩溃和开始导通之前可以施加于半导体两端的最大电势。二极管的击穿电压是使二极管在反向导通的最小反向电压)。

齐纳二极管是一种独特类型的二极管。它的符号如图 1.18 所示。正常工作时，这个二极管不仅允许电流像通常的二极管那样向正向流动，如果电压大于击穿电压时电流还可以反向流动。齐纳二极管包含重掺杂的 p-n 结。它是专门设计的，所以显著降低的击穿电压，称谓齐纳电压。如果在反向偏置区施加大于击穿电压的电压，齐纳二极管不像普通二极管那样击穿而是允许电流在反向流动。无论多高的反向偏置电压，通过齐纳二极管导通反向电流的电压降总是等于齐纳电压值的。这就是在电子电路中齐纳二极管用来调节电压的原因。

在电力电子应用方面，齐纳二极管用做变换器控制电路的输出电压的基准，或者成为屏蔽开关栅极的保护电路的一部分，或者成为本身过压的开关，或者在缓冲器中为了降低开关器件上的电压应力用做电压箝位器件。除了以上的应用之外，由于导通时的功耗大，齐纳二极管很少用于电力电子电路。使用传导功耗大

阳极　　　　　　　　阴极

图 1.18　齐纳二极管的符号

的齐纳二极管作为电力流的电压调节器是不现实的。实际的齐纳二极管具有不同的击穿电压；例如，IN746A 的齐纳电压是 3.3 V，最大功耗是 0.5 W。开关栅极的保护电路常用 IN4744A，齐纳电压是 1.5 V，最大功耗是 1 W。开关过电压的保护电路使用 IN5278，它的齐纳电压是 170 V，功率额定值是 0.5 W。

1.3.2　半可控开关(晶闸管)

晶闸管是一个包含四层半导体的双极器件系列的名称。属于此类最常用的器件是可控硅整流器或简称可控硅(SCR),而交流三极管(TRIAC)是一个包含五层半导体的双向三端晶闸管,可视为逆导晶闸管(RCT)和门极可关断晶闸管(GTO)两个晶闸管结构的组合。SCR 可施加门极信号使它开通。除 GTO 之外,其他的晶闸管都不能用门极信号来关断。它们只能使阳极电流归零才能关断。

SCR 的典型结构和符号如图 1.19 所示。SCR 是 1950 年提出,1956 年首次制成。

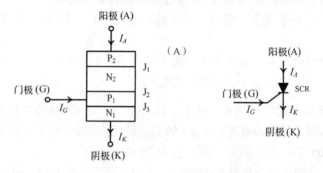

图 1.19　硅可控整流器(SCR)和它的符号

当 SCR 的阳极电压 V_{AK} 为正时,结 J_1 和 J_3 是正偏置,而结 J_2 是反偏置,漏泄电流从 A 流到 K。这时 SCR 称为处在正向阻断或关断状态,漏泄电流称为关态电流 I_D。如果 V_{AK} 增高到足够大——大于正向击穿电压 V_{FB}——使反偏置结 J_2 发生雪崩。由于其他结 J_1 和 J_3 早已处于正偏置,这时载流子可以自由地通过这三个结,结果形成大的正向阳极电流。器件处于导通状态(通态)。通过四层半导体的通态电压降等于两个串联的二极管。没有门极电流时,SCR 只能靠增高阳极电压 V_{AK} 直到超过击穿电压 V_{FB} 才能通导。施加正向门极电流 I_G 可以降低导通 SCR 的最小阳极电压值,如图 1.20 所示。由于阳极电压已是正向,可使用门极触发的或光照 SCR 激发的门极电流 I_G 来导通任何晶闸管。

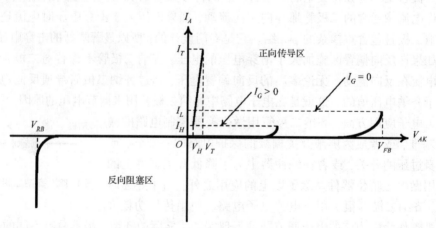

图 1.20　SCR 的导通特性

SCR 通态时的 I_A 取决于外部电路,如外部阻抗。但是,为了维持必要的流过结的载流子数量,阳极电流 I_A 必须大于所谓"掣住电流"(I_L),否则,如果 V_{AK} 降低的话,器件将恢复到阻塞状态。这就是说一旦器件导通了，只要 I_A 大于 I_L。器件就被揳住在通态。一旦 SCR 导通，它的特性就类似导通的二极管，器件将持续导通，不可控制。这是因为结 J_2 没有耗尽层，载流子可以自由流动。只要阳极保持正偏置，I_A 保持超过维持电流值 I_H，即使门极电流 $I_G > 0$，器件也不能关断。但是，只要正向阳极电流降到"维持电流"(I_H) 以下，由于在结 J_2 周围的载流子数量减少形成耗尽区，这时，SCR 将转到关断态。SCR 的导通特性示于图 1.20 中。SCR 导通后，根据电路要求，阳极电流在 I_H 和 I_T 值之间变化，正向电压在 V_H 和 V_T 之间取值。

对 SCR 施加大于 V_{RB}（反向击穿电压）的负电压（反向电压）时因反向偏置结 J_1 击穿而使 SCR 失效。因此，高压 SCR 为防止失效而加厚 N_2 层。

如前所述，关断晶闸管的方法是将阳极电流降到"维持电流"(I_H) 以下。对此有两种基本实施方式，而两者都要使用辅助开关。第一种方式是与晶闸管串联一个阻抗，将电流降到零。第二种方式是在晶闸管电流上叠加负电流，将电流降至零；这样，不管是对开关施加反向电压还是通过开关产生谐振路径都能实现。晶闸管被强制关断之后，在阳极再次正偏置之前，需要一段时间。在这期间，要将剩余载流子复合，重建耗尽层。这样长的过渡时间使晶闸管只适合低频(50 Hz 或 60 Hz)的应用。对于更高频率应用的必须选用快速晶闸管。为了获得这样的快速器件，可用重金属离子扩散到硅内以担当电荷复合中心，或者用中子辐照硅半导体。

在导通时，电荷载流子开始连续穿过结。如果已产生的载流子在达到足够的水平迁移之前，电流已非常陡峭地上升(di/dt 很大)，即大电流将要穿过小面积的结，结果会使温度快速上升和损坏器件。为了限制 di/dt，必须给开关串联一个电感器。在大功率应用时，为了触发开关要连接一个很大的门极信号。因此，要一个用小门极信号驱动的辅助的小功率晶闸管。

当晶闸管关断时，不允许有快速变化的电压波形通过；否则，甚至很小振幅的电压可能具有大的 dv/dt，引起门极-阴极电流 $[C(dv/dt)$ 效应$]$，导致无意识地触动开关。为了避免这些作用，可在门极和阴极之间插入一个辅助电路以抑制不需要的门极信号，或者插入与开关（阳极和阴极之间）并联的电容或电阻-电容电路以降低 dv/dt。

晶闸管的主要缺点是工作频率低(小于 1 kHz)。这导致它们在功率和频率范围被更有市场的可控开关取代。现在，晶闸管很少用于小功率场合，那里已被晶体管取代。但是它们仍用于保护电路，例如，变换器出现过流或过压时，辅助保护电路中的晶闸管被触发，将变换器自锁（揳住）。这时，晶闸管保持通态直到系统复位。晶闸管也用于低成本小功率场合，诸如高尔夫球手推车上电池充电器中的 AC-DC 可控整流器，或者照明用的低成本太阳能逆变器。大量使用晶闸管的领域是在高压直流传输(HVDC)中用做兆瓦量级的 AC-DC 整流。

最近，已开发了 SiC 晶闸管。它能在温度高达 350℃ 的高温环境下工作。已提出了基于 SiC 晶闸管的逆变器，它相对于硅基逆变器能够降低大于 50% 的变换能耗。这样的逆变器可用于热泵或者系统中将风力发电或太阳能发电的电力传输到公用电网。用 SiC 制备的 GTO 晶闸管很有用，它的开关损耗比硅基晶闸管低 20～50 倍，高于 6 kV 电压定额时通态电压降还很低。它们已用于脉冲功率系统或公用电网。SiC 的特征是具有较高的击穿电场，用它制备的晶闸管比硅基晶闸管可应用于更高电压的领域。

1.3.3　可控开关

电力电子系统用的可控开关有三种主要半导体器件。即双极结型晶体管(BJT)，金属氧化物半导体场效应晶体管(MOSFET)和绝缘栅双极晶体管(IGBT)。

1.3.3.1 双极结型晶体管(BJT)

双极结型晶体管(BJT)是用掺杂半导体材料构建的由电流控制的三端器件。其三端称为基极、集电极和发射极(如图 1.21 所示)。BJT 有两种类型：NPN 和 PNP 晶体管。两者都有三层。NPN 晶体管的三层按顺序安排是 n 型、p 型和 n 型半导体，如图 1.21 所示。PNP 晶体管的三层按顺序安排是 p 型，n 型和 p 型半导体，如图 1.22 所示。它们之间的不同是偏置/导通晶体管的方法不同。NPN 晶体管需要正电流注入基极。为了导通开关，必须对基极-发射极结施加正电压。相反，PNP 晶体管需要从基极拉出电流。为了导通开关，必须对基极-发射极结施加负电压。类似二极管，p 型和 n 型层之间的结有耗尽层，晶体管的 n-p 结和 p-n 结，或 p-n 和 n-p 的两个结也有耗尽层。这样，如图 1.16(d) 所示，两结之间分别形成电容 C_{be} 和 C_{bc}。

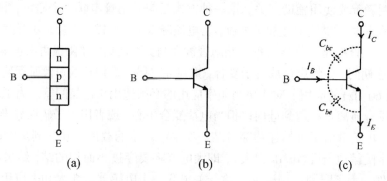

(a)   (b)   (c)

图 1.21 NPN 双极结型晶体管(BJT)。(a)结构；(b)符号；(c)相关结间电容

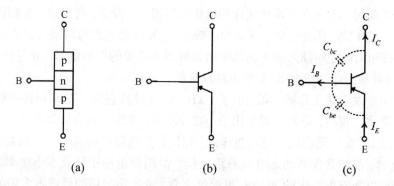

(a)   (b)   (c)

图 1.22 PNP 双极结型晶体管(BJT)。(a)结构；(b)符号；(c)相关结间电容

BJT 有三个工作区域：截止区，线性(或有源)区和饱和区。器件工作的区域由基极电流的大小来决定。如果基极电流 I_B 为零，集电极电流 I_C 也为零，晶体管处于关态。如果基极电流增加，集电极电流正比于基极电流增加，晶体管工作在线性区域：

$$I_C = \beta I_B$$

式中 β 是 DC 电流增益。当晶体管在线性区域导通时功耗很大(基极-发射极是正偏置，但是集电极-基极还是反偏置。所以集电极-发射极电压并不小，它由集电极电流值和外电路决定)。如果基极电流线性增加到使基极和集电极电流之间不再持有任何线性关系时，晶体管就在饱和区。然后，集电极电流由电路和维持高于 I_C/β 的基极电流来决定(实际上，维持的基极电流大约是 I_C/β 值的 1.5～2.0 倍，不宜过高。否则，基极中存储的电荷太多，会延长关断时间，因为关断时电荷必须全部从基极引出)。由于这两个半导体结是正偏置，所以集电极-发射极电压很低，工作在饱和区的晶体管的功耗很小。这就是为什么电力电子电路中晶体管的工作通常选在截止区或饱和区的原因。

BJT 是电流驱动器件。其基极[1]驱动电路必须连续提供足够的基极电流才能维持晶体管在通态。现在，多选用电压驱动开关，如下一节讨论的 MOSFET 在许多案例中已取代 BJT，因为它不需要连续的电流驱动。但是，在一些应用，例如电子镇流器用的自激振荡栅驱动电路中，使用 BJT 更好，因为电路中的谐振电感器能提供电流驱动信号。

集电极电流由负载电流确定，在电力电子电路中负载电流相当大。而基极电流在线性区正比于它的集电极电流，这意味着功率双极型晶体管要消耗相当大的基极[2]功率。因此，必须采用一个低功耗驱动晶体管来提升功率晶体管的基极电流。在大电流应用时，为了驱动主要的 NPN 功率开关 T(参见图 1.23)使用了达林顿结构。根据驱动晶体管 T_d 的类型，晶体管 T 和 T_d 互补连接的等效结构可以是 NPN 型[如图 1.23(a)所示]或是 PNP 型[如图 1.23(b)所示]。图 1.23 所示的反并联二极管是当晶体管关断时为负载电流提供放电路径。它被命名为反馈二极管或保护二极管。图 1.23 所示结构中的电阻有两个作用。第一个作用是当开关的温度上升时，转移一部分基极电流，稳定集电极电流。否则，基极和集电极电流将继续上升，引起温度进一步上升，随后电流又进一步上升，最后，晶体管被击穿。这种现象称为"热失控"(二次击穿)。第二个作用是当开关关断时为 B-E 结提供放电路径，加速关断速度。

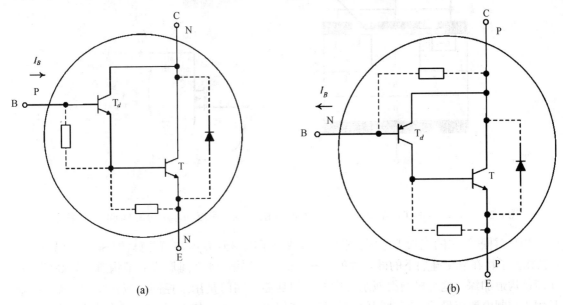

(a)   (b)

图 1.23 驱动功率双极结型晶体管的达林顿结构。(a)等效 NPN 结构；(b)等效 PNP 结构

当基极电流用来开启开关时，首先要充电 B-E 结电容，这段时间称为延迟时间，集电极电流仍为零。基极和发射极之间的电压达到它的阈值(典型是 0.7 V)之后，集电极电流开始增大直到它达到负载电流，这时集电极和发射极之间的电压开始降到它的饱和值。这段时间间隔称为上升时间，此时晶体管工作在有源区。通过提高基极电流的速率和大小能够显著地降低由延迟时间和上升时间组成的开启时间。开启过程完成后，晶体管进入饱和区工作。

---

① 原文是栅极驱动电路，疑有误——译者注。
② 原文是栅极功率，疑有误——译者注。

　　晶体管的关断过程由存储时间和下降时间组成。存储时间是进入有源区之前从基极清除电荷所需要的时间。在存储期间集电极电流保持它的数值。接着在有源区工作，集电极电流开始下降到零，而集电极-发射极电压开始增高到关断值。这段时间称为下降时间。例如，双极结型晶体管 BUL381D，对 2 A 的电阻负载和 250 V 的关态集电极-发射极电压，存储时间是 2.51 μs 和下降时间是 0.81 μs。这样长的瞬间开启时间使 BJT 只适合于低频应用。

1.3.3.2　功率金属氧化物半导体场效应晶体管(MOSFET)

　　MOSFET 是电压控制的三端器件。三端分别称为栅(极)，漏(极)和源(极)。MOSFET 执行和 BJT 相同的功能，两者的基本差异是：MOSFET 是电压控制的器件。功率 MOSFET 的结构不同于小功率电子电路使用的结构。前者是纵向结构，后者是横向结构。

　　纵向结构使晶体管可以承受更高阻塞电压和提供更大的电流。如图 1.24[①] 所示，MOSFET 由 n^+,p,n^- 和 n^+ 几层构成。低电阻重掺杂的 n^+ 层通过金属连接漏极。轻掺杂的 n^- 层在 n^+ 层之上。而 p 层又在 n^- 层之上。最后，另一重掺杂的 n^+ 层又在 p 层之上。源极通过金属连接到顶部的 n^+ 层。上标"＋"表示重掺杂区。绝缘层是整个器件结构所在的硅衬底上生长的二氧化硅(SiO_2)，二氧化硅的上侧通过金属连接形成栅极。

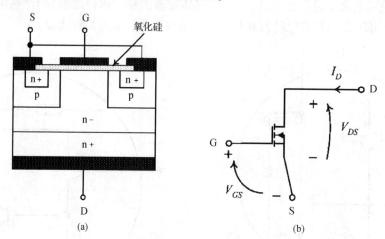

图 1.24　功率 MOSFET 的结构。(a)n 沟道 MOSFET 的纵向截面；(b)n 沟道 MOSFET 的符号

　　如果对栅-源之间施加正电压，栅将 n 型载流子吸引到 p 区与氧化硅的(Si-SiO_2)界面上。n 型载流子将在氧化硅层下的硅表面处积累，在 p 型层漏-源之间形成 n 型沟道。较高的栅电压能使沟道加深。这种机制类似水管中的阀门功能。阀门是用来控制水流流量的，类似地栅是用来控制电流流量的。变动阀门类似于改变栅电压。为了使 MOSFET 开始导通，沟道必须达到特定的深度。达到此深度的电压 V_{GS} 称为"阈值电压 V_T"。功率 MOSFET 的电流定额是全部利用的硅层给出的水平剖面面积的函数，而横向结构电流定额只由沟道宽度决定。类似地，功率 MOSFET 的电压定额和击穿电压是硅层的掺杂浓度和厚度的函数，而横向结构只由沟道宽度和长度决定。这就是为什么在功率应用时采用纵向型 MOSFET 的原因。

　　类似于增强型小功率 MOSFET，功率 MOSFET 也是常关态。当栅极有电压施于 MOSFET 时它才进入通态。

---

① 图 1.24 的(a)n 沟道 MOSFET 的纵向截面原理图有误，因栅极(G)未覆盖源极(S)与漏极(D)之间 P 区硅表面沟道区，不可能产生场效应——译者注。

MOSFET 有三种工作模式: 截止模式, 有源(饱和)模式和欧姆(三极管或线性)模式。MOSFET 工作在截止区的电阻最大, 即开关在关态。在饱和区的漏(极)电流是

$$I_D = K(v_{GS} - V_T)^2$$

式中 K 是取决于 MOSFET 物理参数, 漏–源电压和阈值电压 V_T。在欧姆模式时的漏–源电阻是:

$$r_{DS(on)} = \frac{1}{G\left[(v_{GS} - V_T) - \dfrac{v_{DS}}{2}\right]}$$

式中 G 是取决于 MOSFET 的物理参数和漏–源电压 v_{DS}。

p 型 MOSFET 的 $r_{DS(on)}$ 值比具有相同尺寸的 n 型 MOSFET 高三倍以上, 因为 p 型载流子的迁移率低。

在电力电子电路中, MOSFET 不是在截止模式就是在欧姆模式工作, 等效于开关分别工作在关态和通态。

由于存在氧化层, 栅–源之间有电容 C_{gs} 和栅–漏之间有电容 C_{gd}(也称"米勒电容")(如图 1.25 所示)。漏–源之间的 $n^+, -p, -n^-, -n^+$ 排列形成二极管结构。这个二极管称为"体二极管", C_{ds} 是结电容。此二极管允许电流反向流到漏电流。因此它也称为反向并联二极管。

体二极管的开关速度通常非常缓慢。在许多应用中是负电流需要流通的路径(即电流反向流动的漏电流)。如何才能防止这样的电流通过缓慢的体二极管流动? 可以插入一个和 MOSFET 串联的二极管来堵塞负电流, 而且和 MOSFET 并联一个快速二极管为负电流创建新路径。这样, 为了绕开体二极管的电路示于图 1.26 中, MOSFET 串联一个肖特基二极管和将快恢复二极管两端并联开关。肖特基二极管具有低的正向压降, 当 MOSFET 的漏电流流过它时产生低功耗。负电流只能通过具有良好关断特性的快恢复二极管。

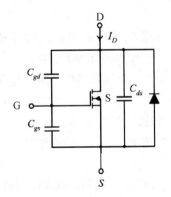
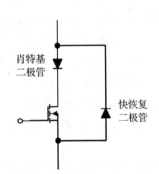

图 1.25　功率 MOSFET 的寄生电容和体二极管　　　图 1.26　MOSFET 绕开体二极管的电路

MOSFET 要通过饱和模式来完成从截止模式到欧姆模式之间开关的瞬时变换。变换的持续时间取决于与 MOSFET 相关的结电容(如图 1.25 所示)。为了说明 MOSFET 的开启和阻断过程, 现以降压变换器中晶体管为主开关的电路为例。从图 1.10 可见, 通态时流过开关的电流 I_{out} 是恒定的, 因为有输出电感器。图 1.27(a) 描述了开关开通过程。当开关处于关断时, 电容 C_{gd} 和 C_{ds} 充电, 开关两端的电压是关态电压 V_{DS}(对降压变换器是输入电压, 对升压变换器是输出电压), 电容 C_{gs} 通过栅电流放电。当施加了栅–源电压使开关开通时, 栅电流开始使 C_{gs} 充电和 C_{gd} 放电。漏极电流保持为零, 直到 V_{GS} 达到阈值电压 V_T。这段持续时间称为延迟时间 t_{r1}。随着 V_{GS} 进一步升高, MOSFET 开始导通。漏极电流开始增大。晶体管进入饱和模式。

这段持续时间 t_{r2}，由于降压变换器中有导通的续流二极管仍然输送 $(I_{out} - I_D)$ 部分负载电流，漏-源电压保持在关态电压 $V_{off\text{-}state}$ 不变。C_{gs} 充电和 C_{gd} 放电的过程继续。持续时间 t_{r2} 取决于 C_{gs}，C_{gd} 和栅电流值。当漏电流达到通态电流时(对降压变换器的情况是输出电流，对升压变换器是输入电流)，V_{DS} 开始降落直到通态电压。在持续时间 t_{r3} 期间，V_{GS} 保持在它的"台阶"电压不变。C_{ds} 放电和 C_{gd} 开始从反关态极性的方向充电。t_{r3} 的时间取决于漏极电流值。t_{r3} 结束时 MOSFET 在通态(线性模式)，而且等于由 MOSFET 的物理参数 V_{DS}，V_{GS} 来决定的电阻 $r_{DS(on)}$。此电阻的标称值非线性地取决于额定电压 V_{BV}(关态时 MOSFET 能承受的最大电压)。它由下式给出：

$$r_{DS(on\_nominal)} = kV_{BV}^{2.5\sim2.7}$$

式中 k 是由开关的几何结构决定的常数。

　　t_{r3} 之后，续流二极管开始进入关断过程，首先进入反向恢复过程。这将引起大的振荡漏极电流。这些附加电流(电流应力)的量级取决于变换器的结构(降压结构或升压结构等)，变换器的寄生(杂散)电感和电容，以及续流二极管的反向恢复特性。这些振荡电流将进入最后的通态电流。在施加低输入电压的降压变换器中，续流二极管的反向恢复电流较小。而对提供高电压的升压变换器时，类似 AC-DC 整流器，因为续流二极管跟随输出电压，这样的反向恢复电流的量级很大。不过，最近研发的 SiC 二极管技术，它的反向恢复电荷接近零，这个问题变得不重要了。今日阻碍 SiC 二极管在工业化电力电子中广泛使用的仍然是它的高昂成本。

　　当开关导通时，C_{gs} 和 C_{gd} 被 V_{GS} 充电，C_{ds} 存储的电荷很少。当将栅-源电压降至零而使开关阻断时，C_{gs} 和 C_{gd} 开始放电。为了关断变换器中有单开关的晶体管(如同降压，升压，降压-升压变换器)，可以施加负栅极驱动电压以推促栅极电流放电，加速栅-源电压降至零。在关断过程的第一时间间隔[如图 1.27(b)所示]，V_{DS} 不变。V_{GS} 降低到以下量值：

$$V_{GS\_sat} = V_T + \sqrt{\frac{I_D}{K}}$$

从此值开始，漏极电流满足方程描述的饱和模式。第一间隔的持续时间由延迟时间 t_{f1} 决定。而延迟时间取决于栅电流，C_{gs} 和 C_{gd} 值。t_{f1} 之后，MOSFET 工作在饱和模式，这时 C_{gs} 上的电压 V_{GS_sat} 保持不变，C_{gd} 放电，然后反极性充电，导致 V_{DS} 增高。在此间隔期间，漏电流保持不变。当 V_{DS} 达到关断态电压时持续时间 t_{f2} 结束。t_{f2} 的持续时间取决于栅极电流和 C_{gd}。在这一瞬间，V_{GS} 开始下降，漏电流跟随它下降，直到 V_{GS} 等于 V_T，这时漏极电流降到零，饱和模式结束。这期间的持续时间是 t_{f3}，它取决于栅极电流，C_{gs} 和 C_{gd} 值。接着 V_{GS} 进一步下降到零，开关工作在截止模式。

　　为了控制导通和关断过程的速度，也就是缩短这些过程的持续时间，通常使用两组栅电阻(如图 1.28 所示)。当开关要开启时栅电流流过 R_{g1}。当开关要关断时栅电流流过 R_{g2}。

　　MOSFET 具有正温度电阻系数(沟道电阻随温度上升而增高)。温度上升时漏电流减少。这就是为什么 MOSFET 不会遭遇二次击穿，而 BJT 却会是这样的原因。

　　为了提高开关速度，MOSFET 必须用电流源驱动其后的电压源。如图 1.29 所示，用两个双极晶体管 T_1 和 T_2 组成图腾对，给 MOSFET 提供栅电流。当栅信号施加给图腾对时，T_1 开启 T_2 关断，栅电压 V_g 高速地连接到栅极。由于 C_{gs} 未充电(因为 MOSFET 是关态)，V_g 产生大电流通过 T_1 和 R_{g1}。如果 C_{gs} 已充电(即 MOSFET 是开态)，栅电流为零和栅驱动电压保持恒定的栅-源电压。为了关断 MOSFET，给栅信号负值时，T_1 关断 T_2 开启。负电压 $(-V_g)$ 接到驱动电路的输出端，C_{gs} 通过 T_2 和 R_{g2} 放电，直到放完。

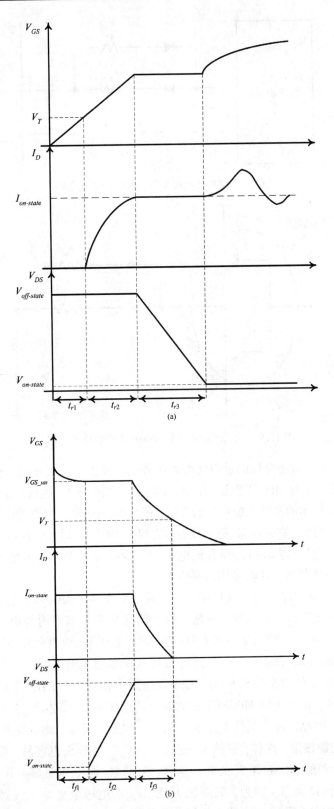

图 1.27　含有电感器的变换器中 MOSFET 的开关过程。(a)开启；(b)关断

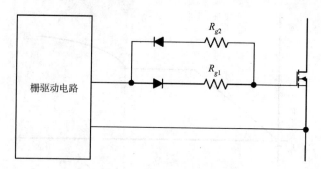

图 1.28　控制导通和关断速度的栅驱动电路

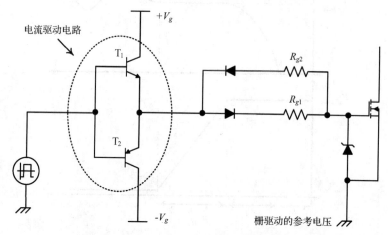

图 1.29　使用图腾对式的 MOSFET 栅极驱动电路

为了保护栅极,对来自击穿性的过电压必须用齐纳二极管。采用齐纳二极管是因为可以选择它的击穿电压等于开始对 MOSFET 栅产生威胁的电压。当电压 V_{GS} 达到大于齐纳二极管的击穿电压时,如图 1.29 中所示的齐纳二极管开始导通,箝位 V_{GS} 在齐纳二极管的击穿电压之内。

以上所述,为了保持开关在开态,施加在栅-源之间的电压必须大于台阶电压。如果栅电压参考的是不稳定的源电压(浮动的),那么栅电压 v_G 至少必须等于源电压加上台阶电压。如果源电压很高这是不能完成的。这时要用自举电路。

图 1.30 示出产生开关输出电压波形的自举电路。它由两个 MOSFET 组成。由此组成可立即看出,开通下侧的开关 S_2 没有问题,但是开通上侧的开关 S_1 需要附加电路。因为电源电路由 DC 电源 V_{dc} 供电,而 V_{dc} 是相对于参考 GND 的。输出电压 V_{out} 被两个互补工作的 MOSFET S_1 和 S_2 控制。当 S_1 开通则 S_2 关断时,V_{out} 等于 V_{dc}。当 S_1 关断则 S_2 开通时,V_{out} 等于零。栅驱动电路产生的栅信号 H_o 和 L_o 分别连接 S_1 和 S_2。栅驱动电路由相对于 V_{ss} 的电源 V_{cc} 供电。V_{ss} 连接下侧 MOSFET S_2 的源极。但是上侧 MOSFET S_1 的源极是连接 V_{out}。节点 V_{out} 是浮动的,因为它的电压电平是变化的。因此,如果 L_o 是 V_{cc},则 S_2 开启,如果 L_o 是零,则 S_2 关断。维持 S_2 在开态是容易的,因为它的源接地,这样,它的 V_{GS} 变成等于 V_{cc}。关断 S_1 也容易:栅驱动器中下侧的 MOSFET S_B 开通,上侧的 MOSFET S_A 关断。这样,S_1 的栅-源电压是零。困难的是对上侧的 MOSFET S_1 的开通和保持通态。因为,如果 S_1 开通,V_{out} 的电压电平是 V_{dc}。为了维持 S_1 通态,栅-源电压必须高于它的台阶电压。那么如何才能使栅驱动电路保持这样的栅-源电压呢?如果 H_o 的是相对于参考 GND 的 V_{cc}(如同 S_2 在导通时 L_o 的情况),它不足以导通 S_1,因为 V_{cc} 必须

大于台阶电压加上 S_1 源极相对于参考 GND 的电势 V_{dc}。因此，必须附加电路来创建达到的所需电压。由二极管 D_b 和电容 C_b 组成的自举电路能实现这样的功能。电容器的一个电极连接 S_1 的源极。当 S_2 导通时，通过二极管 D_b，C_b 和 S_2 的路径，自举电容 C_b 充电到 V_{cc}，其极性如图 1.30 所示。为了控制 S_1 开通，栅驱动电路中用 V_g 开通 S_A 和关断 S_B。通过 S_A，C_b 将 S_1 栅上的串接电阻及其栅-源极并联起来。因为 C_b 已充满电，有足够的电压施加给 S_1 的栅和源。这样，S_1 的开态能够保持。所以，无论 V_{out} 值如何变化，栅极驱动器都能对上侧自举电路中的 MOSFET 提供必需的栅-源电压。因此，没有自举电路，S_1 的栅极和 GND 之间施加的是 $V_{cc}(H_o)$，而需要的栅-源电压要高于 V_{cc}。使用了自举电路，V_{cc}（现在是叠加了 C_b 的电压）直接施加在串接有栅电阻的 S_1 的栅-源极，而需要的栅-源电压低于 V_{cc}。

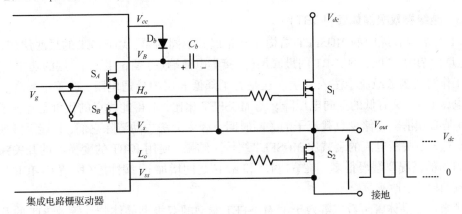

图 1.30　自举电路中驱动上部 MOSFET 用的产生开关波形的电路

栅极驱动器可用集成电路。例如，为了驱动降压，升压和降压-升压变换器的开关可选用栅极驱动器 MC34152，它的最大驱动电流是 1.5 A。如果需要自举驱动器可用 IR2110 基片。

MOSFET 的一种特别应用是用做同步整流器（二极管）。所有导通二极管，包括肖特基二极管都有较大的正向电压降。在低电压应用时，这样的正向电压降是造成比输出功率还要大的功耗，是效率恶化的重要因素。在这种情况下，最好用一种工作像二极管的 MOSFET（其特征是 $r_{DS(on)}$ 低）来替换（如图 1.31 所示）。此时，不同于通常 MOSFET 的工作方法，同步整流器的驱动器要连续地检测漏-源电压 V_{DS}。如果 V_{DS} 是正的，体二极管是反偏置，驱动器不产生任何栅信号，这表明 MOSFET 保持在关态。当 V_{DS} 变成负值时，体二极管是正偏置，漏极电流开始流过它。如果 V_{DS} 比"拐点电压"（它是体二极管正向电压，例如，-1 V）更负，驱动器将产生开通的栅极信号，接着，MOSFET 内将产生沟道。因此，驱动器和体二极管同步工作。由于 $r_{DS(on)}$ 比体二极管的正向等效电阻低，漏极电流将流过 MOSFET 的沟道。这样，同步整流器的功耗比普通二极管的低很多。典型应用是在计算机中微处理器用的开关型电源[所谓电压调节器模块（VRM），将在下节阐述]。

由于纵向 MOSFET 的纵向沟槽栅极结构产生高的栅电荷和栅电容，使它在非常高的开关

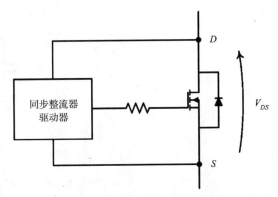

图 1.31　作为同步整流器的 MOSFET

频率工作时，导致栅驱动的损耗变成主要的，而通态电阻引起的低导通损耗倒变成次要的。用做同步整流器的 MOSFET，在低于 10 V 电压，远高于 1 MHz 开关频率时像电源似的为微处理器工作。在此情况下，横向倒装片（flip-chip lateral）MOSFET 呈现优越性能。因为横向 MOSFET 的多晶硅栅电极与 n^+ 漏区之间重叠面积小，因而米勒电容比纵向的 MOSFET 小。然而传统的横向 MOSFET 由于硅片利用率很差（电流沿着硅表面横向流动），导致通态电阻高。而且，由于金属互连产生的寄生电阻随着器件芯片的尺寸增大而增高。2006 年，美国 Great Wall 半导体公司为了弥补上述的不足，改进了横向晶体管的金属互连结构。它的 n 沟道功率 MOSFET 型产品 GWS24N07CS 是：在栅极电压 4.4 V 时，额定电流在 7～24 A，总的寄生通态电阻是 1.25 mΩ，总的栅电荷是 22 nC。击穿电压是 11.5 V。它能用于几兆赫兹开关频率工作的变换器。

1.3.3.3　绝缘栅双极晶体管（IGBT）

IGBT 的结构和纵向的 MOSFET 结构非常相似。不同的是，MOSFET 的最底层（连接漏极端点）是重掺杂的 n^+ 区，而 IGBT 的最底层（连接集电极端点）是 p^+ 区。p^+ 层的功能是当 IGBT 在通态工作时将少数载流子注入 n 层。这是为了降低 n 层的导通电阻，改善电导率。因此构建了高电压 IGBT 又有低的正向电压降。与 MOSFET 相比，取得此优点的代价是延长了开关时间，尤其是必须清除存储少数载流子的关断时间。因为无法主动清除它们，只能缓慢地通过复合除去。这样，关断电流的衰减比 MOSFET 缓慢。结果，使用 IGBT 的变换器的开关频率比使用 MOSFET 的情况要缓慢很多。在 p^+ 衬底和 n^- 区之间增加 n^+ 缓冲层（所谓 PT-IGBT）能缩减关断电流的尾巴，改善复合率。

绝缘栅双极晶体管可看成等效于由 MOSFET 驱动的双极型晶体管。等效 BJT 的基极实际上是 IGBT 的 n 层。IGBT 兼有 BJT 和 MOSFET 的特性。和 BJT 一样，它的额定电压和电流高于 MOSFET。类似 MOSFET，IGBT 是电压控制器件，而不像 BJT 是用电流控制的。在通态大电流时，IGBT 的功耗小于 MOSFET。另一方面，IGBT 的导通和关断瞬间，类似 BJT，比 MOSFET 慢。IGBT 的其他缺点（例如关断时的尾巴电流）将在下面讨论。

图 1.32 示出 IGBT 的符号和电路模型，图中用 MOSFET 驱动 PNP 晶体管来模拟 IGBT。按照此模型，BJT 的基极连接 MOSFET 的漏极。这两层（等效 BJT 的基极和等效 MOSFET 的漏极）有不同的掺杂水平。这就是为什么它们之间出现等效电阻的原因。IGBT 的端点表示为栅极、集电极和发射极。

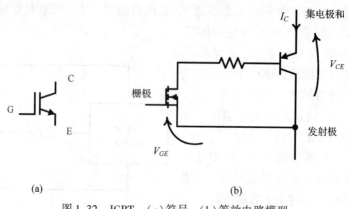

图 1.32　IGBT。（a）符号；（b）等效电路模型

上面已解释了 MOSFET 的开关过程，现在仍用降压变换器（如图 1.10 所示）为例来考虑 IGBT 的导通和关断过程。

图 1.33(a)示出 IGBT 的导通特性相当于驱动 MOSFET 和 BJT 导通特性的组合。当施加栅极–发射极电压 V_{GE} 使开关导通时，促使 MOSFET 的 C_{gs} 和 C_{gd} 开始分别被栅电流充电和放电。而 MOSFET 的漏极电流仍为零，直到 V_{GE} 达到阈值电压 V_T。这样，IGBT 的集电极电流也保持为零。这段持续时间用延迟时间 t_{r1} 表示。随着 V_{GE} 进一步增高，MOSFET 和 BJT 开始导通。集电极电流开始增加。这段持续时间 t_{r2}，IGBT 的集电极–发射极电压保持在它的关态 $V_{off\text{-}state}$ 不变。C_{gs} 充电和 C_{gd} 放电的过程继续。持续时间 t_{r2}，取决于 C_{gs}，C_{gd} 值和栅极电流。当 IGBT 的集电极电流达到通态电流 I_{out} 时，V_{CE} 开始减少。在持续时间 t_{r3} 期间，C_{ds} 放电和 C_{gd} 开始从关态反方向充电，t_{r3} 的持续时间取决于 MOSFET 的漏极电流值。t_{r3} 结束时，MOSFET 已在通态(线性模式)，它的漏极–源极电压已达到通态值，但是，由于较慢的开关速度，BJT 仍在有源区。这就降低了 IGBT 的集电极–发射极电压 V_{CE} 的还原速率。因此，还要再延续一段的持续时间 t_{r4} 才能使 BJT 完全导通，这样，整个 IGBT 才算导通。在 t_{r4} 结束时，IGBT 的集电极–发射极电压达到 $V_{on\text{-}state}$。

为了使开关关断，栅–源电压转到零。驱动 MOSFET 的 C_{gs} 和 C_{gd} 开始放电。在这过程的第一时间间隔，IGBT 的 V_{CE} 是恒定的，降低 V_{CE} 直到 MOSFET 进入饱和模式。第一间隔的持续时间称为延迟时间 t_{f1}。此延迟时间取决于栅极电流和 MOSFET 的 C_{gs}，C_{gd} 值。t_{f1} 之后，当 C_{gs} 上的 $V_{GE\text{-}sat}$ 保持不变，C_{gd} 放电接着又反极性充电，使驱动 MOSFET 的 V_{DS} 增加，MOSFET 工作在饱和模式，也就是 IGBT 的 V_{CE} 增加。在此间隔的持续时间，集电极电流不变。当 IGBT 的 V_{CE} 达到关态值时，持续时间 t_{f2} 的间隔结束。持续时间 t_{f2} 取决于栅极电流和 C_{gd}。施加在降压变换器(如图 1.10 所示)的续流二极管两端的电压由 $V_{in} - V_{CE}$ 给定，到目前为止，该二极管是反向偏置的。t_{f2} 间隔结束时该二极管变成正向偏置，开始通过部分负载电流($I_{out} - I_C$)。集电极电流和 MOSFET 的漏极电流开始减少，电压 V_{CE} 跟随它直到 V_{GE} 等于 V_T，当 MOSFET 的漏极电流达到零时，意味着饱和模式结束。这个周期的持续时间是 t_{f3}，它取决于栅极电流和 C_{gs}，C_{gd} 值。但是，IGBT 的集电极电流 I_C 还没有达到零，因为仍有一些电荷在 BJT 的基极。然后，V_{CE} 终于降到零和使 MOSFET 在关断模式工作。由于等效 MOSFET 已完全关断，存储在 BJT 基极的电荷不能全部消除。这样，在 t_{f3} 之后出现集电极电流的"尾巴"。尾巴周期 t_{f4} 要等到等效 BJT 基极的电荷全部在基极层复合才结束(实际是 IGBT 的 n 层)。

1.3.4　氮化镓(GaN)开关技术

正如以上所述，晶体管是电力电子技术的主开关。20 世纪下半叶，在其演变的过程中，从使用硅到使用砷化镓(GaAs)半导体的制造技术获得了不断提高。硅功率晶体管已接近它的物理极限，很小的改进需要花费很大的制造成本。21 世纪第一个 10 年，半导体新材料氮化镓(GaN)基的开关器件出现了。氮化镓器件能够在高频大功率下工作。它的能带隙是 3.4 eV，硅和砷化镓分别是 1.11 eV 和 1.43 eV(能带隙描述从外绕原子核的自由电子成为可移动的电荷载流子需要的能量，能量的单位是电子伏特，1 eV $= 1.6 \times 10^{-19}$ J)。较宽的能带隙表示不容易释放自由电子，甚至在高温下。结果，GaN 晶体管的性能比硅晶体管可工作在较高的温度(能带隙小其工作温度的极限就低，这样，较宽的能带隙就有更大的稳定界限)。因此，GaN 晶体管比硅晶体管可在更高的温度和电压下工作。对给定的反向电压性能，较高的传导电子密度，较高的电子迁移率和较宽的能带隙使 GaN 晶体管显出具有更低的通态电阻。GaN 基的功率器件开创高密度，高效率和成本合理的功率变换电路的新时代。它们能工作在炎热、嘈杂刺耳、辐射场和大功率的环境，将开关器件的应用扩展到以前硅晶体管不能承受而被禁用的领域。

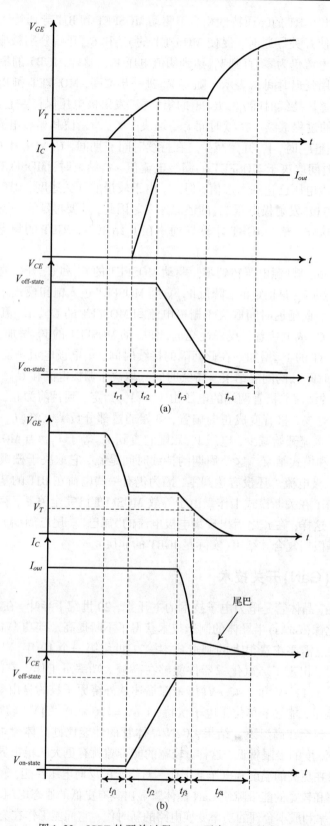

图 1.33　IGBT 的开关过程。(a)开启;(b)关断

1993 年已制备了基于单晶 GaN 的金属氧化物场效应晶体管。GaN 层是淀积在蓝宝石衬底上的。其栅极沟道长度是 4 μm。已发现 GaN 技术的问题是由于极高的功率密度和器件结构的大热阻引起的自热效应。此效应能在低偏置电压下引起局部温度急速地上升而导致热击穿。另一个技术问题是绝缘层(氧化物)和衬底材料之间的界面问题。2008 年制出了具有良好界面的新的 GaN MOSFET 原型。2009 年,开发了 n-GaN,AlN(氮化铝),n-GaN 三层结构的高电子迁移率晶体管(HEMT)。它能在栅极电压小于 2 V 时完全关断开关。这些 GaN HEMT 通态时的导通功耗据称小于同等硅晶体管的 1/5,除此之外还有卓越的高速特性,这表示开关功耗只有同等级硅晶体管的 1% [如图 1.34(a) 所示]。2009 年还报道了对给定反向电压性能,额定 30 V 的硅上氮化镓功率 MOSFET(GaNpowIR) 的通态电阻很低,据称采用它的变换器的开关频率可提升到 5 MHz,并保持效率不变。200 V 硅基的 GaN HEMT 预测它的 $r_{DS(on)}$ 为 5 mΩ。图 1.34(b) 给出硅 SiC 和 GaN 基晶体管的 $r_{DS(on)}$ 比较。GaN 基二极管性能和 SiC 二极管相似,由于没有少数载流子,都具有低的反向恢复电荷。GaN 技术设想用硅和氮化镓在同一芯片上制备分布式电源的混合集成电路。

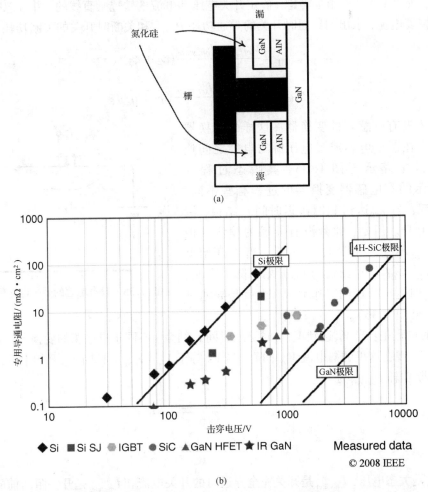

图 1.34 (a) 三层结构的 HEM-MOSFET;(b) Si-SiC-和 GaN-基晶体管的 $r_{DS(on)}$ 比较(引自 N . Ikeda et al ., " High power AlGaN / GaN HFET with a high breakdown voltage of over 1.8 kV on 4 inch Si substrates and the suppression of current collapse, "Proc. of the 20th Int. Symp. on Power Semiconductor Devices & ICs ,2008 Orlando ,FL, pp. 287 – 290)

我们期望在21世纪第二个10年氮化镓技术有更多的进展。从图1.34(b)可见，GaN基晶体管具有更高击穿电压的潜力，可用于因SiC基晶体管的通态电阻较大而不利的更高电压的应用场合。看来，在21世纪第一个10年，GaN晶体管的实际成就已远离其技术的局限性。

1.3.5　功率开关的能耗

一个理想的开关在通态时电阻为零，在关态时漏泄电流为零。它的导通和关断时间为零。因此，它的功耗也为零。但是，实际上，开关的非理想特性会产生功耗。这些功耗可分为以下四种类型。

1.3.5.1　开关的功耗

1.3.3.2节已阐述了，当开关从关态转变为通态时[如图1.27(a)所示]或者从通态转变为关态时[如图1.27(b)所示]，都要经过一段过渡时间才完全导通或关断。过渡转换期的持续时间分别是$t_{r2} + t_{r3}$和$t_{f2} + t_{f3}$，无论是开关电压和还是开关电流都是非零的。对于含有电感器的变换器，按照1.3.3.2节的考虑，假定开关电压和电流的轨迹是直线的，并且忽略续流二极管的反向恢复电流，求出的导通时开关的导通功耗$P_{sw(on)}$和关断时开关的关断功耗$P_{sw(off)}$为

$$P_{sw(on)} = \frac{V_{off\_state} I_{on\_state}}{2}(t_{r2} + t_{r3})f_S$$

$$P_{sw(off)} = \frac{V_{off\_state} I_{on\_state}}{2}(t_{f2} + t_{f3})f_S$$

下文将阐述没有电感器的变换器。这样的变换器每个开关只在两个电容或者电压源与电容之间连接，其等效电路示于图1.35。其瞬态过程与图1.27所示的有电感器变换器的过程有些不同。在导通过程，当V_{GS}达到V_T时延迟时间t_{r1}结束，漏电流开始上升。但是，此刻没有导通的续流二极管来维持V_{DS}不变。如图1.35所示，当I_D开始上升时，由$V_{in} - r_C I_D - V_C$给定的V_{DS}开始下降。当V_{DS}降到V_{on_state}时这个区域的工作完成，也就是导通过程结束(参见图1.36)。

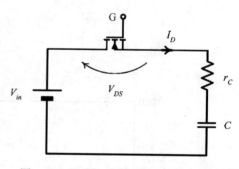

图1.35　没有电感的开关电路的等效图

关断的过程是：当V_{GS}达到V_{GS_sat}时延迟时间t_{f1}结束，不同于有电感的变换器，其电感能维持开关电流，现在这里的漏电流V_{DS}下降。当V_{DS}等于$V_{in} - r_C I_D - V_C$时V_{DS}开始上升。导通功耗$P_{sw(on)}$和阻断功耗$P_{sw(off)}$为

$$P_{sw(on)} = \frac{V_{off\_state} I_{on\_state1}}{6} t_{r2} f_S$$

$$P_{sw(off)} = \frac{V_{off\_state} I_{on\_state2}}{6} t_{f2} f_S$$

式中V_{off_state}是关态电压，I_{on_state1}是开关完全导通时的开关电流和I_{on_state2}是开关阻断前的开关电流(留给读者来证明以上公式)。

开关的功耗是以开关的热形态来逸散的。如何降低它是非常重要的。

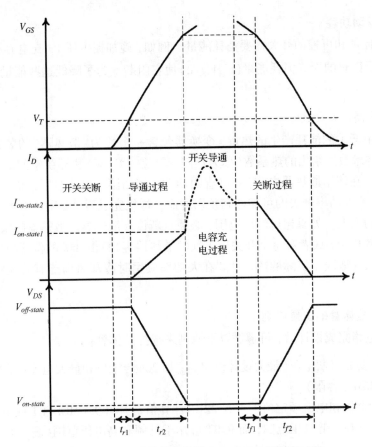

图 1.36 没有电感器的变换器中 MOSFET 的瞬变过程

1.3.5.2 关态时的漏泄功耗

当开关关断时它的等效电阻很大。但是，不是无限大。会有很小的漏泄电流流过开关，通常是被忽略的。然而，有些情况必须考虑这个问题；例如，肖特基二极管或者在特高频率工作的变换器。因为在高频工作时，开关结电容的影响变成主要的，它和电路中的杂散电感引起谐振，因此，产生高频振荡（振铃或尖峰）。例如，变换器中主开关的结电容和变压器初级侧的自感产生谐振（这种类型的变换器将在下一章阐述）。因此，在此情况下漏泄电流通过结电容产生漏泄功耗。

1.3.5.3 导通功耗

当开关通态时，其两端会有有限的电压降，以热的形式耗能。其功耗 P_{on} 为

$$P_{on} = \frac{1}{T_S} \int_0^{T_{sw}} i_{sw\_on}(t) v_{sw\_on}(t) \mathrm{d}t$$

式中 T_{sw} 是开关在通态时的时间（此时间称为占空时间），i_{sw_on} 是通过开关的电流，和 v_{sw_on} 是导通时在开关两端的电压。

为了降低导通功耗，开关器件的厂家已不断地降低 MOSFET 的通态电阻和 IGBT 通态压降。例如，对定额 30 V 的 MOSFET，2000 年第 7 代的 $r_{DS(on)}$ 是 5 mΩ，2005 年第 9 代降到 3 mΩ，2010 年第 11 代降到 1.7 mΩ。

1.3.5.4　栅驱动功耗

驱动半可控的和可控的开关需要消耗能量。例如，施加栅电压 V_{GS} 充电 C_{gs} 来驱动 MOSFET 使它开启，然后以热的形式消耗能量($C_{gs}V_{GS}^2/2$)使它阻断。为了降低这些能量，已开始引入先进的驱动技术。

1.3.5.5　散热器

为了逸散由开关的能耗产生的热量，变换器包含一个称为"散热器"的装置。通过求出的总功耗，开关技术数据给出的热系数(称为热阻，单位为℃/W)和环绕空间的温度，能够预测需要的散热器。在使用散热器之前，务必查明器件的表面温度保持在厂家指定的范围内，例如低于120℃，以确保功率开关的可靠性和预期寿命。样机完成后，要用热电偶或热成像摄像机测量每个开关的温度。如果超过温度范围，必须重新设计散热器。散热器的实际装配(如对所有开关用大的散热器，或者对每个开关用单独的散热器等)只由开关的位置决定。热逸散的效果和变换器的尺寸取决于实际的热设计。在大功率应用时冷却风扇能有效地将热量逸散到环境空间。

1.3.5.6　选择晶体管的主要原则

电力电子电路完成设计后，可遵循以下原则来选择晶体管：

(a) 计算需要的阻断电压(最大设计值 V_{off_state} 加 20% 容限)和最大电流(开关电流的最大设计值加 20% 容限)。

(b) 按所需电压和电流额定值的 1.5～2 倍计算值选择开关(MOSFET 或 IGBT)。MOSFET 应用于高频和低电压范围，而 IGBT 应用于低频和高电压范围(表 1.1 和表 1.2 可以查到)。

(c) 基于(b)项选择，选用具有最低通态电阻 $r_{DS(on)}$ 的 MOSFET 或者在开关两端具有最低通态压降 V_{on_state} 的 IGBT。

(d) 检查选用开关的导通和关断时间，确信总的开关时间远小于开关周期 T_s。

表 1.1　MOSFET 产品及其特性 *

击穿电压 (V_{BV})	厂商	产品名称	在25℃时的最大漏(极)电流 (I_D)(A)	$R_{ds(on)}$ (Ω)	t_{on} (ns)	t_r (ns)	t_{off} (ns)	t_f (ns)	P_d (W)	C_{gs} (pF)	C_{ds} (pF)	C_{gd} (pF)	(占空比: 0.15～0.85) (MHz)
30	On Semi	NTD4805N	88	0.005	10.8	20.5	30.8	4.4	66	2527	272	338	2.26
		MTP50P03HDL	50	0.025	22	340	90	218	125	2950	1000	550	0.22
		NTD4815N	35	0.015	6.3	17.6	18.4	2.3	32.6	662	73	108	3.36
		NTR4003N	0.56	1	16.7	47.9	65.1	64.2	0.83	12.9	11.6	8.1	0.77
		MTD20P03HDL	20	0.099	18	178	21	72	75	640	230	130	0.52
	Fairchild	FDP6030BL	40	0.018	9	11	23	8	60	1060	150	100	2.94
		FDMS7692	14	0.0075	8	2.7	17	2.3	27	970	280	45	5.00
		FDB8870	160	0.0039	10	98	75	47	160	4630	400	570	0.65
		FDB8832	80	0.0021	24	73	54	38	300	10 140	880	1260	0.79
		FDB8880	54	0.0116	18	107	47	51	55	1093	108	147	0.70
	IRF	IRFR3708	61	0.0125	7.2	50	17.6	3.7	87	2365	655	52	1.91
		IRLI3803	76	0.006	14	230	29	29	63	4120	920	880	0.49
		IRF6722M	56	0.0047	11	7.8	9.5	6.1	42	1150	340	150	4.36
		IRF6638	25	0.0022	19	45	28	6.2	89	3360	400	410	1.53
		IRLR7843	161	0.0033	25	42	34	19	140	3950	510	430	1.25

（续表）

击穿电压 (V_{BV})	厂 商	产品名称	在25℃时的最大漏（极）电流 (I_D)(A)	$R_{ds(on)}$ (Ω)	t_{on} (ns)	t_r (ns)	t_{off} (ns)	t_f (ns)	P_d (W)	C_{gs} (pF)	C_{ds} (pF)	C_{gd} (pF)	（占空比：0.15~0.85）(MHz)
60	Infineon	BSB053N03LP G	71	0.0053	4.2	4	19	3.4	42	1909	609	91	4.90
		BSB012N03LX3 G	180	0.0012	7.9	8.6	47	8.4	89	12 500	3100	200	2.09
		BSB017N03LX3 G	147	0.0017	5.8	6.4	35	6	57	5780	2180	120	2.82
		IPP070N08N3 G	80	0.0067	16	66	31	8	136	2860	750	30	1.24
		BSF024N03LT3 G	106	0.0024	5.7	5.6	29	4.8	42	4016	1646	84	3.33
	Microsemi	MSAEH50A06A	50	0.022	70	70	75	75	210	1900	1100	200	1.03
		MSAER45N06A	45	0.022	215	215	200	200	300	4260	1660	340	0.36
		MASEZ58N06A	58	0.018	290	290	900	900	300	NA	NA	NA	0.13
		FSE3506	35	0.03	NA	NA	NA	NA	125	NA	NA	NA	NA
		FSF2606	26	0.03	NA	NA	NA	NA	125	NA	NA	NA	NA
	IXYS	IXTQ150N06P	150	0.01	27	53	66	45	480	2150	1250	850	0.79
		IXTU12N06T	12	0.085	12	29	29	18	33	245.6	35.6	10.4	1.70
		IXTY12N06T	12	0.085	12	29	29	18	33	245.5	35.5	10.5	1.70
		IXTQ 200N06P	200	0.006	35	60	90	40	714	4040	2190	1360	0.67
	IRF	IRFIZ24E	14	0.071	4.9	34	19	27	29	305	75	65	1.77
		IRFS3006	293	0.0015	14	61	118	69	375	8325	482	525	0.57
		IRFZ44	55	0.0165	13	97	40	57	115	1707	290	103	0.72
		IRF1018	79	0.0071	13	35	55	46	110	2160	140	130	1.01
		IRF7749L2TR	200	0.0011	17	43	78	39	125	11 470	960	850	0.85
	Infineon	IPP048N06L G	100	0.0044	18	25	98	24	300	5350	1150	350	0.91
		IPB019N06L3 G	120	0.0019	35	79	131	38	250	20 860	3160	140	0.53
		IPB120N06N G	75	0.0117	14	27	34	26	158	1480	340	120	1.49
		IPB037N06N3 G	90	0.0037	30	70	40	5	188	7942	1642	58	1.03
		IPB065N06L G	80	0.0065	11	21	60	20	250	3580	670	220	1.34
100	Microsemi	MSAER57N10A	57	0.025	14	59	58	48	215	2800	850	300	0.84
		APT10M19BVRG	75	0.019	16	40	50	20	370	4300	1100	800	1.19
		APT10M25BVRG	75	0.025	13	22	40	10	300	3650	950	650	1.76
		APT10M07JVFR	225	0.007	25	60	80	20	700	15 200	4000	2800	0.81
		MSAFR38N10A	38	0.055	35	190	170	130	300	3500	900	200	0.29
	IXYS	DE150-101N09A	9	0.16	4	4	4	4	200	670	170	30	9.38
		IXFC110N10P	60	0.017	21	25	65	25	120	3110	930	440	1.10
		IXTA75N10P	75	0.025	27	53	66	45	360	1975	615	275	0.79
		IXTP60N10TM	33	0.019	27	40	43	37	60	2590	275	60	1.02
		IXFX420N10T	420	0.0026	47	155	115	255	1670	46 470	3860	530	0.26
	IRF	IRFB4410	96	0.008	24	80	55	50	250	4960	170	190	0.72
		IRF540N	33	0.044	11	35	39	35	130	1920	210	40	1.25
		IRF530N	17	0.09	9.2	22	35	25	70	901	111	19	1.64
		IRF6644	60	0.0103	17	26	34	16	89	2110	320	100	1.61
		IRF3710	57	0.023	12	58	45	47	200	3058	338	72	0.93
	Infineon	IPD49CN10N G	20	0.049	10	4	14	3	44	812	110	10	4.84
		IPI08CN10N G	95	0.0082	15	24	26	6	167	4967	714	43	2.11
		IPB05CN10N G	100	0.0051	28	42	64	21	300	8975	1295	75	0.97
		IPB042N10N3 G	100	0.0042	27	59	48	14	214	6279	1169	41	1.01
		IPB79CN10N G	13	0.078	9	4	13	3	31	530	68	8	5.17
200	Microsemi	APT20M11JLL	176	0.011	24	65	55	9	694	10 230	4130	90	0.98
		APT20M11JVR	175	0.011	20	40	75	10	700	16 650	2750	1350	1.03
		MSAER30N20A	30	0.085	35	190	170	130	300	3390	590	110	0.29
		MSAEZ30N20A	33	0.07	40	110	450	160	300	2370	270	230	0.20
		MSAFX50N20A	50	0.045	20	15	75	20	300	4115	515	285	1.15

（续表）

击穿电压 (V_{BV})	厂　商	产品名称	在25℃时的最大漏(极)电流 (I_D)(A)	$R_{ds(on)}$ (Ω)	t_{on} (ns)	t_r (ns)	t_{off} (ns)	t_f (ns)	P_d (W)	C_{gs} (pF)	C_{ds} (pF)	C_{gd} (pF)	(占空比：0.15~0.85) (MHz)
	IXYS	IXFT60N20F	60	0.038	15	14	42	7	315	2610	620	320	1.92
		IXTP50N20PM	20	0.06	26	35	70	30	90	2615	385	105	0.93
		IXTA32N20T	32	0.078	14	18	55	31	200	1729	181	31	1.27
		IXTP32N20T	32	0.078	14	18	55	31	200	1729	181	31	1.27
		IXFN230N20T	230	0.0075	41	35	104	29	1090	27 690	2230	310	0.72
	IRF	IRFR15N20	17	0.165	9.7	32	17	8.9	140	879	139	31	2.22
		IRFB4103	17	0.139	9.6	40	16	5.4	140	878	98	22	2.11
		IRF630N	9.3	0.3	7.9	14	27	15	82	550	64	25	2.35
		IRFI4227	26	0.021	17	19	11	29	46	4509	369	91	1.97
		IRFS38N20D	43	0.054	16	95	29	47	300	2827	377	73	0.80
	Infineon	IPD320N20N3 G	34	0.032	11	9	21	4	136	1766	131	4	3.33
		IPP110N20N3 G	88	0.0107	18	26	41	11	300	5335	396	5	1.56
		IPP320N20N3 G	34	0.032	11	9	21	4	136	1766	131	4	3.33
		IPB107N20N3 G	88	0.0107	18	26	41	11	300	5335	396	5	1.56
		IPI110N20N3 G	88	0.0107	18	26	41	11	300	5335	396	5	1.56
500	Microsemi	MSAEX8P50A	8	1.2	33	27	35	35	300	3225	275	175	1.15
		MSAFX11P50A	11	0.75	33	27	35	35	300	4565	295	135	1.15
		MSAFR12N50A	12	0.4	35	190	170	130	300	2460	360	240	0.29
	IXYS	IXZ318N50	19	0.34	4	4	5	6	880	1933	158	17	7.89
		IXFP3N50PM	2.7	2	25	28	63	29	36	402.9	41.9	6.1	1.03
		IXTP1R6N50P	1.6	6.5	20	26	45	23	43	137.4	17.4	2.6	1.32
		IXTH20N50D	20	0.33	35	85	110	75	400	6218	303	82	0.49
		IXTY02N50D	0.2	30	9	4	28	45	25	115	20	5	1.74
	Fairchild	FDA16N50	16.5	0.38	40	150	65	80	205	1475	215	20	0.45
		FDH15N50	15	0.38	9	5.4	26	5	300	1834	214	16	3.30
		FDH44N50	44	0.12	16	84	45	79	750	5295	605	40	0.67
		FDP18N50	18	0.265	55	165	95	90	235	2175	305	25	0.37
		FDP20N50	20	0.23	95	375	100	105	250	2373	328	27	0.22
	Infineon	IPB50R299CP	12	0.299	35	14	80	12	104	1187.5	50.5	2.5	1.06
		SPB12N50C3	11.6	0.38	10	8	45	8	125	1170	370	30	2.11
		IPB50R140CP	23	0.14	35	14	80	8	192	2537	107	3	1.09
		IPB50R250CP	13	0.25	35	14	80	11	114	1417.5	60.5	2.5	1.07
		IPB50R199CP	17	0.199	35	14	80	10	139	1797	77	3	1.08
800	Microsemi	MSAER07N80A	7.1	1.2	100	NA	105	NA	300	2600	200	200	0.73
		MSAFX11N80A	11	0.95	100	NA	150	NA	310	4100	260	100	0.60
		APT11N80BC3G	11	0.45	25	15	70	7	156	1567	752	18	1.28
		APT12M80B	13	0.8	14	20	60	18	335	2428	203	42	1.34
		APT24M80B	25	0.39	26	38	115	33	625	4515	375	80	0.71
	IXYS	IXFP7N80PM	3.5	1.44	28	32	55	24	50	1877	120	13	1.08
		IXFA7N80P	7	1.44	28	32	55	24	200	1790.5	118.5	9.5	1.08
		IXFC12N80P	7	0.00093	21	22	62	22	120	2781	191	19	1.18
		IXFI7N80P	7	1.44	28	32	55	24	200	1877	120	13	1.08
		IXFC20N80P	10	0.5	22	24	70	25	166	4652	332	28	1.06
	Fairchild	FQP7N80C	6.6	1.9	35	100	50	60	167	1280	110	10	0.61
		FQP3N80C	3	4.8	15	43.5	22.5	32	107	537.5	48.5	5.5	1.33
		FQP8N80C	8	1.55	40	110	65	70	178	1567	122	13	0.53
		FQP5N80	4.8	2.6	22	60	55	40	140	939	84	11	0.85
		FQPF6N80CT	5.5	2.5	26	65	47	44	158	1002	82	8	0.82

（续表）

击穿电压 (V_{BV})	厂商	产品名称	在25℃时的最大漏（极）电流（I_D）(A)	$R_{ds(on)}$ (Ω)	t_{on} (ns)	t_r (ns)	t_{off} (ns)	t_f (ns)	P_d (W)	C_{gs} (pF)	C_{ds} (pF)	C_{gd} (pF)	（占空比: 0.15~0.85） (MHz)
1000	Infineon	SPD06N80C3	6	0.9	25	15	72	8	83	765	13	20	1.25
		SPP17N80C3	17	0.29	25	15	72	12	227	2240	34	60	1.21
		SPP11N80C3	11	0.45	25	15	72	10	156	1560	25	40	1.23
		SPA02N80C3	2	2.7	25	15	72	18	30.5	284	7	6	1.15
		SPP04N80C3	4	1.3	25	15	72	12	63	558	13	12	1.21
	Microsemi	MSAER05N100A	5.6	2	75	NA	270	NA	300	2320	160	80	0.43
		MSAFA1N100D	1	12.5	6.3	5.9	315	2600	NA	275	21	15	0.05
		MSAFX10N100A	10	1	100	NA	150	NA	310	3930	240	70	0.60
		MSAFX13N110A	13	0.92	60	NA	150	NA	310	5550	250	150	0.71
		MSAFX14N100A	14	0.82	60	NA	150	NA	310	5550	250	150	0.71
	IXYS	IXFX24N100F	24	0.39	22	18	52	11	560	6370	530	230	1.46
		IXFP05N100M	0.7	17	11	19	40	28	25	252	14	8	1.53
		IXTU01N100	0.1	80	12	12	28	28	25	52	4.9	2	1.88
		IXTH10N100D	10	1.4	35	85	110	75	400	2400	200	100	0.49
		IXTY01N100D	0.4	80	7	10	34	64	25	98	10	2	1.30
	Infineon	IPI90R500C3	11	0.5	70	20	400	25	156	NA	NA	NA	0.29
		IPA90R340C3	15	0.34	70	20	400	25	35	NA	NA	NA	0.29
		IPW90R120C3	36	0.12	70	20	400	25	417	NA	NA	NA	0.29
		IPA90R1K2C3	5.1	1.2	70	20	400	40	31	NA	NA	NA	0.28
		IPI90R800C3	6.9	0.8	70	20	400	32	104	NA	NA	NA	0.29
	TOSHIBA	2SK1119	4	3	30	18	70	12	100	645	45	55	1.15
		2SK1120	8	1.5	40	25	100	20	150	1200	80	100	0.81
		2SK1489	12	0.8	140	100	500	150	200	1780	140	220	0.17
1200	Microsemi	APT12057B2LLG	22	0.57	11	20	36	21	690	5025	640	130	1.70
		APT14M120B	14	0.87	26	15	85	24	625	4710	295	55	1.00
		APT19M120J	19	0.53	50	31	170	48	545	9555	600	115	0.50
		APT22F120B2	23	0.7	45	27	145	42	1040	8270	515	100	0.58
		APT26F120B2	27	0.58	50	31	170	48	1135	9555	600	115	0.50
	IXYS	IXZR08N120B	8	1.5	4	5	4	6	250	1889	75	11	7.89
		IXFA3N120	3	4.5	17	15	32	18	200	1025	75	25	1.83
		IXTP02N120P	0.2	75	6	10	21	39	33	102.1	6.7	1.9	1.97
		IXFN32N120P	32	0.31	70	62	88	58	1000	20 923	1023	77	0.54
		IXFB30N120P	30	0.35	57	60	95	56	1250	22 472	922	28	0.56

* V_{BV}是击穿电压和$R_{ds(on)}$是在25℃时最大通态电阻。t_{on}是导通的延迟时间（正文中的t_{r1}），t_r是上升时间（正文中的t_{r2}），t_{off}是关断的延迟时间（正文中的$t_{f1}+t_{f2}$），t_f是下降时间（正文中的t_{f3}），P_d是开关总功耗的最大定额，f_s是开关频率（图表中的f_s用下式计算：$f_s=0.15/(t_{on}+t_r+t_{off}+t_f)$，而且，由厂商提供的实际值会算出不同的值。根据特定应用与实际热限制，相同的MOSFET可以允许有不同的开关频率范围。因为，在制造商的目录中，寄生电容没有我们定义的C_{gs}，C_{ds}，C_{gd}；这些MOSFET和IGBT的电容值已从目录的其他相关寄生电容数据计算）。

对下述公司帮助和允许从它们的目录中编辑相关数据表示感谢：SCILLC dba ON Semiconductor, 仙童, IR, 英飞凌, Microsemi。这些目录中的数据在编写当时是可用的。内容很丰富，但是没有精度的保证。在实际使用时，建议读者检查，更新目录数据的准确性。

表 1.2　IGBT 产品及其特性(fs 来自厂商的数据表) *

击穿电压 (V_{BV})	厂　商	产品名称	在25℃时的最大漏(极)电流 (I_D)(A)	R_{ds}(on) (Ω)	t_{on} (ns)	t_r (ns)	t_{off} (ns)	t_f (ns)	P_d (W)	C_{gs} (pF)	C_{ds} (pF)	C_{gd} (pF)	f_s (MHz)
300	IXYS	IXGH120N30C3	75	2.10	28.00	37.00	109.00	86.00	540.00	8505.00	520.00	195.00	0.1500
		IXGH100N30B3	75	1.70	27.00	51.00	110.00	33.00	460.00	4917.00	277.00	93.00	0.0400
		IXGK400N30A3	400	1.15	45.00	45.00	210.00	107.00	1000.00	18 810.00	1160.00	190.00	0.0100
		IXGA42N30C3	42	1.85	21.00	23.00	113.00	65.00	223.00	2080.00	158.00	60.00	0.1500
		IXGH85N30C3	75	1.90	25.00	34.00	100.00	70.00	333.00	5020.00	230.00	80.00	0.1500
	IRF	IRG6I320U	24	1.45	24.00	20.00	89.00	70.00	39.00	1122.00	23.00	38.00	NA
		IRGI4086	25	1.29	36.00	31.00	112.00	65.00	43.00	2192.00	52.00	58.00	NA
		IRGI4090	21	1.20	20.00	14.00	99.00	68.00	34.00	1126.00	32.00	27.00	NA
		IRGB4086	70	1.90	36.00	31.00	112.00	65.00	160.00	2192.00	52.00	58.00	NA
		IRGP4072D	70	1.46	18.00	36.00	144.00	95.00	180.00	2207.00	132.00	58.00	NA
	FAIRCHILD	FGA120N30D	25	1.10	30.00	270.00	100.00	130.00	290.00	2210.00	260.00	100.00	NA
		FGA180N30D	40	1.10	30.00	210.00	100.00	140.00	480.00	3270.00	370.00	150.00	NA
		FGA90N30D	20	1.10	30.00	200.00	110.00	140.00	219.00	1620.00	210.00	80.00	NA
		FGH50N3	75	1.40	20.00	15.00	135.00	12.00	463.00	NA	NA	NA	NA
600	IXYS	IXSA10N60B2D1	20	2.50	30.00	30.00	180.00	165.00	100.00	389.00	39.00	11.00	0.0200
		IXSH10N60B2D1	20	2.50	30.00	30.00	180.00	165.00	100.00	389.00	39.00	11.00	0.0200
		IXSP10N60B2D1	20	2.50	30.00	30.00	180.00	165.00	100.00	389.00	39.00	11.00	0.0200
		IXSP24N60B	48	2.50	50.00	50.00	150.00	170.00	150.00	1413.00	93.00	37.00	0.0200
		IXSH30N60B2D1	48	2.50	30.00	30.00	130.00	140.00	250.00	1178.00	68.00	42.00	0.0200
	IRF	IRG4PC30S	34	1.40	22.00	18.00	540.00	390.00	100.00	1087.00	59.00	13.00	0.0010
		IRGP4063	96	1.65	60.00	40.00	145.00	35.00	330.00	2935.00	155.00	90.00	NA
		IRG4PC40KD	42	2.10	53.00	33.00	110.00	100.00	160.00	1545.00	75.00	55.00	0.0250
		IRG4PSC71KD	85	1.83	82.00	107.00	282.00	97.00	350.00	6710.00	540.00	190.00	0.0250
		IRGP4068D	96	1.65	NA	NA	145.00	35.00	330.00	2935.00	155.00	90.00	NA
	Microsemi	APT50GN60B	107	1.45	20.00	25.00	230.00	100.00	366.00	3100.00	25.00	100.00	NA
		APT20GN60K	40	1.50	9.00	10.00	140.00	95.00	136.00	1065.00	15.00	35.00	NA
		MSAHX75L60C	75	1.80	50.00	210.00	600.00	500.00	300.00	3900.00	240.00	100.00	NA
		APT28GA60BD15	50	2.00	11.00	8.00	101.00	27.00	222.00	2083.00	188.00	26.00	NA
		APT50GS60BRG	93	2.80	16.00	33.00	225.00	37.00	415.00	2490.00	95.00	145.00	NA
	Infineon	SGP30N60HS	41	2.80	20.00	21.00	250.00	25.00	250.00	1408.00	58.00	92.00	0.1000
		SGP02N60	6	1.90	20.00	13.00	259.00	52.00	30.00	132.00	8.00	10.00	0.0400
		SGP20N60HS	36	2.80	18.00	15.00	207.00	13.00	178.00	1036.00	41.00	64.00	0.1000
		SGP15N60	31	2.80	32.00	23.00	234.00	46.00	139.00	748.00	32.00	52.00	0.0400
		IGP50N60T	100	1.50	26.00	29.00	299.00	29.00	333.00	3047.00	107.00	93.00	0.0200
900	IXYS	IXGT50N90B2	75	2.70	20.00	28.00	350.00	200.00	400.00	2425.00	105.00	75.00	0.0400
		IXGH50N90B2	75	2.70	20.00	28.00	350.00	200.00	400.00	2425.00	105.00	75.00	0.0400
		IXGH50N90B2D1	75	2.70	20.00	28.00	350.00	200.00	400.00	2425.00	130.00	75.00	0.0400
		IXGK50N90B2D1	75	2.70	20.00	28.00	350.00	200.00	400.00	2425.00	130.00	75.00	0.0400
		IXGT32N90B2	64	2.70	20.00	22.00	260.00	150.00	300.00	1741.00	72.00	49.00	0.0400
	IRF	IRG4PF50W	51	2.25	29.00	26.00	110.00	150.00	200.00	3255.00	155.00	45.00	0.1000
		IRG4PF50WD	51	2.25	71.00	50.00	150.00	110.00	200.00	3255.00	155.00	45.00	NA
	Microsemi	APT35GA90B	63	2.50	12.00	15.00	104.00	86.00	290.00	1906.00	145.00	28.00	NA
		APT43GA90BD30	78	2.50	12.00	16.00	82.00	57.00	337.00	2431.00	193.00	34.00	NA
		APT46GA90JD40	87	2.50	18.00	26.00	153.00	45.00	284.00	4107.00	375.00	63.00	NA
		APT27GA90BD15	48	2.50	9.00	8.00	98.00	84.00	223.00	1360.00	115.00	30.00	NA
		APT64GA90B	117	2.50	18.00	26.00	131.00	104.00	500.00	3472.00	265.00	53.00	NA
	Infineon	IGW30N100T	60	1.55	33.00	21.00	535.00	34.00	412.00	3499.00	22.00	76.00	0.0200
		IHW30N90R	60	1.50	NA	NA	511.00	24.00	454.00	2810.00	4.00	79.00	0.0600
		IHW30N90T	60	1.50	45.00	26.00	556.00	29.00	428.00	2579.00	58.00	38.00	0.0200

（续表）

击穿电压 (V_{BV})	厂商	产品名称	在25℃时的最大漏(极)电流 (I_D)(A)	R_{ds}(on) (Ω)	t_{on} (ns)	t_r (ns)	t_{off} (ns)	t_f (ns)	P_d (W)	C_{gs} (pF)	C_{ds} (pF)	C_{gd} (pF)	f_s (MHz)
1200	IXYS	IXSA15N120B	30	3.40	30.00	25.00	148.00	160.00	150.00	1363.00	61.00	37.00	0.0200
		IXST45N120B	75	3.00	36.00	27.00	360.00	380.00	300.00	3235.00	175.00	65.00	0.0200
		IXGX82N120A3	260	2.05	34.00	75.00	265.00	780.00	1250.00	7510.00	330.00	190.00	0.0400
		IXGX120N120A3	240	2.20	40.00	67.00	490.00	325.00	830.00	9660.00	415.00	240.00	0.0400
		IXGN82N120C3H1	130	3.90	30.00	77.00	194.00	100.00	595.00	7703.00	488.00	197.00	0.1500
	IRF	IRG4PH20KD	11	3.17	50.00	30.00	100.00	250.00	60.00	426.70	35.70	8.30	0.0200
		IRG7PH42U	90	1.70	25.00	32.00	229.00	63.00	385.00	3263.00	49.00	75.00	0.0400
	Microsemi	IRG7PH30K10	33	2.05	14.00	24.00	110.00	38.00	210.00	1044.00	37.00	26.00	0.0200
		IRG4PSH71UD	99	2.52	46.00	77.00	250.00	220.00	350.00	6580.00	360.00	60.00	0.0400
		IRGPS60B120KD	105	2.50	72.00	32.00	366.00	45.00	595.00	4140.00	235.00	160.00	NA
		APT15GN120BDQ1	45	1.70	10.00	9.00	150.00	110.00	195.00	1150.00	15.00	50.00	NA
		APT30GP60B2DL	100	2.20	13.00	18.00	55.00	46.00	463.00	3180.00	275.00	20.00	NA
	Infineon	MSAGZ52F120A	52	2.70	75.00	65.00	420.00	45.00	300.00	1540.00	140.00	110.00	NA
		PPNGZ52F120A	52	2.70	75.00	65.00	420.00	45.00	300.00	1540.00	140.00	110.00	NA
		APT100GT120JRDL	123	3.20	50.00	100.00	630.00	36.00	570.00	2320.00	2150.00	4380.00	NA
		IGW08T120	16	1.70	40.00	23.00	450.00	70.00	70.00	572.00	8.00	28.00	0.0200
		IGW15T120	30	1.70	50.00	30.00	520.00	60.00	110.00	1050.00	50.00	50.00	0.0200
		SGP02N120	6.2	3.10	23.00	16.00	260.00	61.00	62.00	193.00	8.00	12.00	0.0400
		IGB01N120H2	3.2	2.20	13.00	6.30	370.00	28.00	28.00	88.20	6.40	3.40	0.1000
		IGP03N120H2	9.6	2.20	9.20	5.20	281.00	29.00	62.50	198.00	17.00	7.00	0.1000
1700	IXYS	IXGX100N170	170	3.00	35.00	192.00	285.00	395.00	830.00	9050.00	305.00	150.00	NA
		IXGX32N170H1	75	3.30	45.00	38.00	270.00	250.00	350.00	3460.00	210.00	40.00	NA
		IXGT32N170	75	3.30	45.00	38.00	270.00	250.00	350.00	3460.00	125.00	40.00	NA
		IXGT16N170	32	3.50	45.00	48.00	400.00	770.00	190.00	1624.00	49.00	26.00	NA
		IXGT24N170AH1	24	6.00	21.00	36.00	336.00	40.00	250.00	2802.00	140.00	58.00	NA
	Infineon	SIGC42T170R2C	17	2.70	100.00	100.00	900.00	30.00	NA	NA	NA	NA	NA
		SIGC185T170R2C	100	2.70	100.00	100.00	900.00	30.00	NA	6700.00	NA	300.00	NA
		SIGC101T170R3	75	2.00	400.00	50.00	800.00	300.00	NA	6418.00	57.00	220.00	NA
		SIGC158T170R3	125	2.00	400.00	50.00	800.00	300.00	NA	10636.00	95.00	365.00	NA
		SIGC186T170R3	150	2.00	300.00	66.00	1000.00	300.00	NA	12758.00	111.00	438.00	NA
2200	IXYS	IXBH2N250	5	3.50	30.00	180.00	70.00	182.00	32.00	141.80	5.50	3.20	NA
		IXBT2N250	5	3.50	30.00	180.00	70.00	182.00	32.00	141.80	5.50	3.20	NA
		IXGH2N250	5.5	3.10	22.00	74.00	70.00	100.00	32.00	140.80	5.50	3.20	NA
		IXGF20N250	23	3.10	57.00	160.00	136.00	930.00	100.00	1172.00	35.00	18.00	NA
		IXGX75N250	180	2.30	50.00	255.00	245.00	175.00	735.00	9190.00	215.00	110.00	NA
4500	IXYS	T2400GA45E	2198	3.50	2100.00	3300.00	1400.00	1600.00	19000.00	NA	NA	NA	NA
		T1800GA45A	1808	3.60	2000.00	2000.00	2500.00	2200.00	20000.00	NA	NA	NA	NA
		T1200EB45E	1200	2.80	1800.00	3000.00	1600.00	2200.00	12500.00	NA	NA	NA	NA
		T0800TA45E	1267	3.60	1400.00	1900.00	1100.00	2900.00	8300.00	NA	NA	NA	NA
		T0600TA45A	776	3.50	1600.00	2100.00	1200.00	1200.00	6200.00	NA	NA	NA	NA
6500	Infineon	FZ750R65KE3	750	3.00	700.00	220.00	7300.00	400.00	14500	201 800.00	NA	3200.00	NA
		FZ600R65KE2	600	4.3	750	370	5500	400	11500	NA	NA	NA	NA
		FZ400R65KF2	400	4.3	750	370	5500	400	7350	NA	NA	NA	NA
		FZ200R65KF2	200	4.3	750	370	5500	400	3800	NA	NA	NA	NA

* 对下述公司帮助和允许从它们的目录中编辑相关数据表示感谢：SCILLC dba ON Semiconductor, 仙童, IR, 英飞凌, Microsemi。这些目录中的数据在编写当时是可用的。内容很丰富，但是没有精度的保证。在实际使用时，建议读者检查，更新目录数据的准确性。

ABB AG 半导体公司还生产高电压大功率 IGBT 1.7 kV（集电极电流从 800～3400 A）2.5 kV, 3.3 kV, 4.5 kV 和 5 kV（集电极电流从 400～750 A）。

在应用大电流开关时,可以并联几个 MOSFET 以降低总的等效通态电阻。当然,这需要增加更多驱动器的费用,但是,它提高了电流的驱动能力。选定的每个 MOSFET 只运载(b)项预测电流的一部分。众所周知的无线电遥控玩具车,它的速度控制器中的变换器使用了多达 8 个,甚至更多的 MOSFET。

可以用图解给出以上探讨 GTO, IGBT, MOSFET 等不同类型和不同技术的开关的可用功率和频率范围,如图 1.37 所示。SiC 基开关具有进一步改进的潜力。

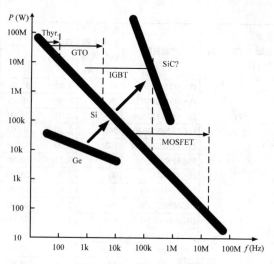

图 1.37 当前可用开关的功率和频率的范围

1.3.6 无源电抗元件

1.3.6.1 电容器

电容器是由两个导电板极之间夹着一层电介质构成的。电介质是绝缘体。电容器是一种能在其电场中储存能量的电路元件。它的电容 C 取决于电介常数 ε(电介常数是表示在给定体积时能储存多少电荷的材料特性),板极的横截面积 A 和两个导电板极之间的距离 d

$$C = \frac{\varepsilon A}{d}$$

每个实际的电容器都有损耗。实际电容器的模型之一是理想电容器串联一个电阻器 r_C,称为等效串联电阻(ESR),如图 1.38(a)所示。

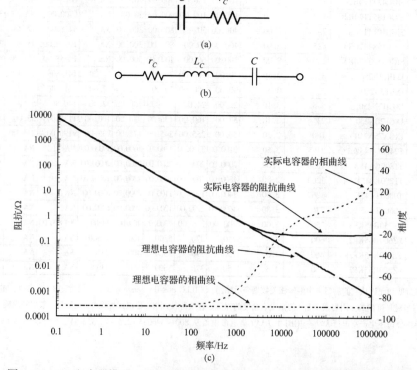

图 1.38 (a)电容器模型;(b)电容器的高频模型;(c)电解质电容器的阻抗特性

电容器的品质因数 Q 定义为电容阻抗和它的 ESR 之间无量纲的比率

$$Q = \frac{1}{\omega C r_C}$$

通常，为了突出电容器 ESR 的意义，使用另一个术语：损耗角，损耗因数或耗散因数[损耗因数定义为 ESR 过电抗(over reactance)，即 $1/Q$]。

电力电子电路常用的电容器有几种类型。它们的差别是电介质和物理结构不同。当为变换器设计选择电容器时，必须考虑电容器的额定电压、计算的电容值、工作频率、物理尺寸和预期寿命。为了避免由电介质和等效串联电阻的损耗引起器件过热，要确保流过电容器的电流纹波的均方根值在规格之内是重要的。相关电容器的术语如下：

- "电介质强度"是电容器能承受不被击穿的最大电场强度(即电介质性能还未出现失效的最大电场强度)。
- "漏泄电流"是指充电电容器的能量被逐渐流失。这是由于电介质材料的缺陷，不是理想的绝缘体，还有一些非零电导率，电介质允许小量电流流动，使电容器缓慢放电。但是，漏泄电流非常小，所以在电力电子的大多数应用中被忽略。
- "温度系数"是电容跟随温度的变化。
- "等效串联电感"(ESL)主要由连接外电路的导电板极的导线和导电板极互连的导线引起的。任何电容器在极高频率工作时的性能类似纯电容。它的等效模型如图 1.38(b)所示。例如，220 μF 铝电解质电容器，测出的 ESR 和 ESL 分别为 0.185 Ω 和 15 nH。这个电容器的阻抗特性如图 1.38(c)所示。由图 1.38(c)可见电容器的性能类似谐振电路，从 98 kHz 频率开始(称为谐振频率)ESL 不能再忽略。对于工作在高开关频率的现代变换器，电容器的寄生效应(ESR 和 ESL)使瞬态响应变得迟钝。最近，已提出消除 ESR 和 ESL 效应的方法。其方法是基于将 AC 电压源串接电容器以抵消 ESR 和 ESL 两端总的电压降。
- "纹波电流额定功率"是电容器具有最大的纹波电流额定功率。大的纹波电流流过它的 ESR 能在电容器内产生破坏性的热量。纹波电流额定功率取决于特定电容器的热极限。它由以下的功耗给出：

$$I_r = \sqrt{\frac{P_d}{r_C}}$$

式中 P_d 是最大功耗。纹波电流额定功率由厂家的产品数据表给出。

电力电子经常使用以下的几种电容器。

电解电容器　电解电容器是电容器的一种类型，其板极之一是电解质。对高压，大电流和低频的应用，电解电容器能提供非常大的电容。在不同类型的电容器中，电解电容器具有单位体积最大的电容。因此具有高的能量密度。电解电容器的主要缺点是大的等效串联电感和等效串联电阻，以及寿命短。电解质电容器主要用于变换器的输出滤波器，或是 AC-DC 整流器的中间电容器。通常，用于功率变换器的电解电容器在数十至数百千赫兹工作频率时 ESR 是 0.1 ~ 0.3 Ω。

低阻抗的铝电解电容器价廉和电容值大，但是 ESR 也高。有机半导体电解电容器(如导电聚合物)能提供大电容和低得多的 ESR，因此它们能用于变换器结构的电容器。

钽电容器　钽电容器的电介质是钽基材料的电解电容器。它的结构紧凑，能提供大电容值, 适合于低电压, 高频率和微型装置应用。它的特点是低的 ESR 和高的纹波电流容量。和其他电解电容器比较, 钽电容器在温度大幅度变化时电容量稳定和低的漏泄电流。它们应用于低电压范围(高到数十伏), 其他电解电容器可用于几百伏电压范围。

薄膜电容器　薄膜电容器通常应用于需要大电流但是电容相对小的场合, 诸如谐振回路和缓冲器。它们普遍具有高电压额定值和高纹波电流额定值。薄膜电容器的 ESR 较低和电容密度也较低, 也就是说, 对相同的电容值, 它们的体积较大。而且, 薄膜电容器更昂贵。薄膜电容器还可用于还没有电解电容器达到的高电压额定范围。薄膜电容器的两个板极用薄的绝缘薄膜隔开。绝缘材料有聚酯、聚丙烯、聚碳酸酯、聚苯乙烯或者其他介质材料。薄膜电容器内部不含酸和没有存储问题。依据它们的物理量, 聚酯薄膜电容器具有高的电介质常数和高的电介质强度。金属化聚酯薄膜能抵挡高脉冲电压而不会损坏电介质。聚丙烯薄膜电容器具有高的电介质强度和很低的损耗。还具有很低的漏泄电流和负的温度系数(电容跟随温度上升而下降)。因此, 它们是电力电子电路最常用的电容器。聚碳酸酯薄膜电容器具有很低的温度从属性, 很宽的工作温度界限, 很好的长期稳定性和低损耗。它们是电力电子电路的第二选择。聚苯乙烯薄膜电容器具有非常低的损耗, 低的电介质吸收, 很好的长期稳定性, 低的泄漏电流和小的负温度系数。例如, AVX 聚丙烯薄膜电容器, 串联 $160 \sim 390 \ \mu F$, ESR 是 $3.5 \sim 6.1 \ m\Omega$, ESL 是 $60 \sim 85 \ nH$。中等功率薄膜电容器应用的几个实例是: 公交运输系统的速度功率变换器中过滤来自变换器的高频纹波; 作为电动车辆中电池和变换器之间的电容器; 心脏除颤器中为了产生电脉冲必须储存的能量; 或者电机传动系统的 DC 链滤波器。

陶瓷电容器　陶瓷电容器是用一层陶瓷电介质构成的电容器。而多层陶瓷电容器包含多层交替的金属和陶瓷, 陶瓷材料用做电介质。这样能获得更高的电容值。电介质材料的最新进展能够生产额定电压高的多层陶瓷电容器。在相同物理尺寸下, 多层陶瓷电容器的电容值位于薄膜电容器和电解电容器之间。它的 ESR 和薄膜电容器相当。

云母电容器(银云母电容器)　银云母电容器使用银电极, 银板极直接镀在云母电介质上。
　　银云母电容器具有很低的 DC 阻抗和很高的精确度, 能提供很高的品质因数 Q 和它的数值几乎与频率无关。适合于谐振应用。但是它的成本很高, 尺寸很大。
　　表 1.3 和表 1.4 给出几种不同电容器及其特性。

表 1.3　电解电容器, 陶瓷电容器和钽电容器的数据表[*]

电解电容器							
厂　商	电压(V)	电容器(μF)	等效串联电阻(Ω)		最大温度 (℃)	频率范围 (Hz)	纹波电流 (A)
			@120 Hz	@20 kHz			@120 Hz
PANASONIC	200	270 ~ 2200	0.553 - 0.068	0.249 - 0.033	105	0 ~ 120	1.42 ~ 4.12
	250	220 ~ 1500	0.678 - 0.099	0.305 - 0.05	105	0 ~ 120	1.28 ~ 3.56
	400	82 ~ 560	1.617 - 2.35	0.728 - 0.107	105	0 ~ 120	0.8 ~ 2.35
	420	68 ~ 470	1.95 - 0.282	0.878 - 0.127	105	0 ~ 120	1.08 ~ 3.18
	450	56 ~ 470	2.368 - 0.282	1.066 - 0.127	105	0 ~ 120	0.67 ~ 2.47
TDK- EPC/EPCOS	200	220 ~ 2200	0.58 - 0.065	0.7 - 0.08	105	0 ~ 200	1.7 ~ 9.1
	250	220 ~ 1800	0.58 - 0.08	0.7 - 0.1	105	0 ~ 200	1.8 ~ 8.4
	400	47 ~ 680	1.86 - 0.13	2.31 - 0.16	105	0 ~ 200	0.79 ~ 5.16
	420	82 ~ 560	1.65 - 0.24	1.95 - 0.29	105	0 ~ 200	1.12 ~ 4.52
	450	68 ~ 470	1.99 - 0.29	2.35 - 0.34	105	0 ~ 200	1.01 ~ 4.24

（续表）

陶瓷电容器			
厂　商	电压(V_{DC}/V_{AC})	电容器(μF)	温度范围($^\circ C$)
AVX	100	390 ~ 4700	− 30 ~ 125
	500	390 ~ 4700	− 30 ~ 125
	1000	100 ~ 3900	− 30 ~ 125
	2000	100 ~ 3900	− 30 ~ 125
	3000	330 ~ 15 000	− 30 ~ 125
PANASONIC	4000	100 ~ 2200	− 25 ~ 85
	6000	100 ~ 2200	− 25 ~ 85
	8000	100 ~ 1500	− 25 ~ 85
	10 000	100 ~ 1000	− 25 ~ 85
	15 000	100 ~ 1000	− 25 ~ 85

钽电容器			
厂　商	电压(V_{DC}/V_{AC})	电容器(μF)	温度范围($^\circ C$)
NICHICON	6.3	2.2 ~ 100	− 55 ~ 125
	16	1.0 ~ 47	− 55 ~ 125
	20	0.68 ~ 22	− 55 ~ 125
	25	0.47 ~ 15	− 55 ~ 125
	35	0.33 ~ 10	− 55 ~ 125
Kemet	6	2.2 ~ 470	− 55 ~ 125
	16	1.0 ~ 150	− 55 ~ 125
	20	0.68 ~ 100	− 55 ~ 125
	25	0.33 ~ 47	− 55 ~ 125
	50	0.1 ~ 68	− 55 ~ 125

* 致谢：对下述公司帮助和允许从它们的目录中编辑相关数据表示感谢：Nichicon，Cornell Dubilier，TDK-EPC/EPCOS，AVX，Manufacturing Co. 这些目录中的数据在编写当时是可用的。内容很丰富，但是没有精度的保证。在实际使用时，建议读者检查，更新目录数据的准确性。

表 1.4　多层陶瓷，银云母和薄膜电容器的数据表 *

多层陶瓷电容器			
厂　商	电压(V_{DC}/V_{AC})	电容器(μF)	温度范围($^\circ C$)
AVX	50	0.68 ~ 1	− 55 ~ 125
	250	0.0001 ~ 0.1	− 55 ~ 125
	500	0.0001 ~ 0.1	− 55 ~ 125
	1500	0.1 ~ 1	− 55 ~ 125
	2000	0.027 ~ 1	− 55 ~ 125
TDK-EPC/EPCOS	16	22 ~ 47	− 55 ~ 125
	50	0.22 ~ 56	− 55 ~ 125
	100	0.1 ~ 2.2	− 55 ~ 125
	50	68 ~ 470	− 55 ~ 125
	100	22 ~ 150	− 55 ~ 125
NIPPON CHEMI-CON	25 ~ 250	0.033 ~ 470	− 55 ~ 125

系列	额定电压（V）	电容(μF)	尺寸($L \times W \times H$)(mm)	ESR(Ω)

（续表）

系列	额定电压	电容范围(µF)	尺寸	电容	100 kHz	1 MHz	2MHz
NTS（Chip type）	25	1~33(1.0, 1.5, 2.2, 3.3, 4.7,6.8, 10, 15, 22, 33)	3.2×1.6×1.8(1 µF)~5.7×5.0×3.0(33 µF)	@ 33 µF	0.0035	0.005	0.012
	50	0.33~15(0.33, 0.47,0.68, 1.0, 1.5, 2.2, 3.3 4.7, 6.8, 10, 15)	3.2×1.6×1.8(0.33 µF)~5.7×5.0×2.8(15 µF)	@ 15 µF	0.0045	0.005	0.012
	100	0.1~6.8(0.1, 0.15, 0.22, 0.33, 0.47, 0.68, 1.0, 1.5,2.2, 1.5, 2.2, 3.3, 4.7,6.8)	3.2×1.6×1.8(0.1 µF)~5.7×5.0×2.8(6.8 µF)	@ 6.8 µF	0.012	0.012	0.035
	250	0.033~1.5(0.033, 0.047, 0.068, 0.1, 0.15, 0.22, 0.33, 0.47, 0.68, 1.0, 1.5)	3.2×1.6×1.8(0.033 µF)~5.7×5.0×2.8(1.5 µF)	@ 1.0 µF	0.035	0.02	0.03
THC（Chip type）	25	0.33~47(0.33, 0.47, 0.68, 1.0, 1.5, 2.2, 3.3, 4.7, 6.8, 10, 15, 22, 33, 47)	2.0×1.25×1.25(0.33 µF) to 7.5×6.3×3.0(47 µF)	@ 10 µF	0.002	0.02	0.03
	50	0.1~22(0.1, 0.15, 0.22, 0.33, 0.47, 0.68, 1.0, 1.5, 2.2, 3.3, 4.7, 6.8, 10, 15,22)	2.0×1.25×1.25(0.1 µF)~7.5×6.3×2.5(22 µF)	@ 10 µF	0.011	0.01	0.025
	100	0.047~6.8(0.047, 0.068, 0.1, 0.15, 0.22, 0.33, 0.47, 0.68, 1.0, 1.5, 2.2,3.3, 4.7, 6.8)	2.0×1.25×1.25(0.047 µF)to 7.5×6.3×3.0(6.8 µF)	@ 2.2 µF	0.03	0.02	0.03
	200	0.047~2.2(0.047, 0.068, 0.1, 0.15, 0.22, 0.33, 0.47, 0.68, 1.0, 1.5, 2.2)	3.2×1.6×1.6(0.047 µF)to 7.5×6.3×3.0(2.2 µF)	@ 1.5 µF	0.035	0.02	0.03

多层陶瓷电容器			
系　列	额定电压(V)	电容(µF)	尺寸(L×W×H)(mm)
NTJ（Metal cap type）	25	33,47	6.0×5.3×5.5
	50	15, 22	6.0×5.3×5.5
	100	6.8,10	6.0×5.3×5.5
	250	1.5,2.2	6.0×5.3×5.5
NTD（Dipped radial lead type）	25	3.3~33(3.3, 4.7, 6.8, 10, 15, 22, 33)	5.0×6.0×3.5(3.3 µF)~7.5×9.0×4.5(33 µF)
	50	1.0~15(1.0, 1.5, 2.2, 3.3, 4.7, 6.8, 10,15)	5.0×6.0×3.5(1 µF)~7.5×9.0×4.5(15 µF)
	100	0.33~6.8(0.33,0.47, 0.68, 1.0,1.5, 2.2,3.3, 4.7, 6.8)	5.0×6.0×3.5(0.33 µF)~7.5×9.0×4.5(6.8 µF)
	250	0.1~1.5(0.1,0.15, 0.22, 0.33, 0.47,0.68, 1.0, 1.5)	5.06.0×3.5(0.1 µF)~7.5×9.0×4.5(1.5 µF)

（续表）

多层陶瓷电容器			
系 列	额定电压（V）	电容（μF）	尺寸（L×W×H）（mm）
THP（Metal cap type）	25	15～100（15，20，33，47，68，100）	4.8×3.5×5.5（15 μF）～7.8×6.6×6.5（100 μF）
	50	4.5～47（4.5，6.8，10，15，22，33，47）	4.8×3.5×5.5（4.5 μF）～7.8×6.6×6.5（47 μF）
	100	1.5～15（1.5，2.0，3.0，4.7，6.8，10，15）	4.8×3.5×5.5（1.5 μF）～7.8×6.6×6.5（15 μF）
	200	0.45～4.7（0.45，0.68，1.0，1.5，2.2，3.3，4.7）	4.8×3.5×5.5（0.45 μF）～7.8×6.6×6.5（4.7 μF）
THD（Dipped radial lead type）	25	3.3～470（3.3，4.7，6.8，10，15，22，33，47，68，100，150，220，330，470）	5.0×6.5×3.0（3.3 μF）～28.5×20.0×7.5（470 μF）
	50	1.0～220（1.0，1.5，2.2，3.3，4.7，6.8，10，15，22，33，47，68，100，150，220）	5.0×6.5×3.0（1 μF）～28.5×20.0×7.5（220 μF）
	100	0.33～100（0.33，0.47，0.68，1.0，1.5，2.2，3.3，4.7，6.8，10，15，22，33，47，68，100）	5.0×6.5×3.0（0.33 μF）～28.5×20.0×7.5（100 μF）
	250	0.1～15（0.1，0.15，0.22，0.33，0.47，0.68，1.0，1.5，2.2，3.3，4.7，6.8，10，15）	6.5×7.0×3.5（0.1 μF）～28.5×20.0×7.5（15 μF）

银云母电容器			
厂 商	电压（V_{DC}/V_{AC}）	电容器（μF）	温度范围（℃）
Cornell-Dubilier	100	330～91000	−55～125
	500	1～51 000	−55～125
	1000	5～13 000	−55～125
	2000	24～4300	−55～125
	2500	24～3000	−55～125
Ashcroft Capacitor Ltd（A.C.L.）	100	1～100 000	−40～85
	500	1～220 000	−40－～85
	1000	5～130 000	−40～85
	1500	5～62 000	−40～85
	2000	5～22 000	−40～85

薄膜电容器			
厂 商	电压（V_{DC}/V_{AC}）	电容器（μF）	温度范围（℃）
TDK-EPC/EPCOS	63/40	0.22～1.0	−55～125
	250/160	0.022～0.15	−55～125
	4000/450	0.001～0.01	−40～85
	8000/450	0.001～0.01	−40～85
	12 500/450	0.00068～0.0025	−40－85
Nichicon	100	0.001～0.47	−40～85
	250/125	0.047～3.3	−40～105
	400/160	0.022～1.5	−40～105
	630/200	0.01～0.68	−40～105
	800/250	0.01～0.47	−40～105

（续表）

系列	额定电压（V_{DC}）	电容（μF）	尺寸（$L \times W \times H$）(mm)	ESR(mΩ)	温度范围（℃）
AVX(FILFIM, dielectric: polypropylene)	6500	188 ~ 612（188，275，362，450，537，612）	315×350×185(188 μF)~770×350×185(770 μF)	3.4, 3.3, 3.2, 3.2, 3.1, 3.1	−55~85
	14 500	37.5 ~ 121(37.5, 55, 72, 89, 106, 121)	315×350×185(37.5 μF)~770×350×185(121 μF)	5.6, 4.9, 4.6, 4.4, 4.3, 4.2	−55~85
	28 000	5.8 ~21.5(5.8, 9, 12, 15.5, 18.3, 21.5)	315×350×185(5.8 μF)~770×350×185(21.5 μF)	6.8, 5.9, 5.5, 5.2, 5.1, 5.1	−55~85
	56 000	2.6 ~10.3(2.6, 4.2, 5.7, 7.3, 8.8, 10.3)	315×695×185(2.6 μF)~770×695×185(10.3 μF)	11.6, 9.2, 8.3, 7.8, 7.5, 7.4	−55~85
AVX (FFVS, dielectric: polypropylene)	600	22 ~ 195(22, 90, 140, 195)	34×101×71.7(22 μF) ~ 64×101×71.7(195 μF)	0.74, 0.60, 0.83, 1.04	−40~105
	800	58 ~ 128(58, 92, 128)	40×101×71.7(58 μF) ~ 60×101×71.7(128 μF)	0.72, 0.99, 1.25	−40~105
	1000	53 ~ 135(53, 95, 135)	40×101×71.7(53 μF) ~ 64×101×71.7(135 μF)	1.56, 1.98, 2.42)	−40~105
	1900	14 ~ 32 (14, 22, 32)	40×101×71.7(14 μF) ~ 64×101×71.7(32 μF)	(1.05, 1.26, 1.58	−40~105

系列	额定电压（V_{DC}/V_{AC}）	电容（μF）	尺寸（$L \times W \times H$）(mm)	温度范围（℃）
EPCOS(MKT-S, dielectric: polyester)	50/20	0.47 ~ 10 (0.47, 0.68, 1.0, 1.5, 2.2, 3.3, 4.7,6.8, 10)	7.4 × 18.5 (0.47 μF) ~ 12.7×21.0(10 μF)	−55~125
	100/35	0.10 ~100(0.10, 0.15, 0.22, 0.33, 0.47, 0.68, 1.0, 1.5, 2.2, 3.3, 4.7, 6.8, 10, 22, 47, 100)	7.4 × 18.5 (0.1 μF) ~ 29.7×34.0(100 μF)	−55~125
	160/60	0.10 ~10(0.10, 0.15, 0.22, 0.33, 0.47, 0.68, 1.0, 1.5, 2.2, 3.3, 4.7, 6.8, 10)	7.4 × 18.5 (0.10 μF) ~ 15.7×34.0(10 μF)	−55~125
	250/90	0.10 ~10(0.10, 0.15, 0.22, 0.33, 0.47, 0.68, 1.0, 1.5, 2.2, 3.3, 4.7, 6.8, 10)	7.4 × 18.5 (0.10 μF) ~ 20.7×34.0(10 μF)	−55~125

系列	额定电压（V）	电容（μF）	尺寸（$L \times W \times H$）(mm)	温度范围（℃）
Nichicon (EC, dielectric: polypropylene)	200 V(AC)	2.0 ~50 (2.0, 2.5, 3.0, 3.5, 4.0, 4.5, 5.0, 6.0,7.0, 8.0, 10.0, 12.0, 14.0, 15.0, 16.0,18.0, 20.0, 22.0, 25.0, 30.0, 40.0, 50.0)	25.0 ×37.0×11.5 (2.0 μF) ~49.0×58.0×34.0 (50 μF)	−25~85
	250 V(AC)	2.0 ~50(2.0, 2.5, 3.0, 3.5, 4.0, 4.5, 5.0, 6.0,7.0, 8.0, 10.0, 12.0, 14.0, 15.0, 16.0, 18.0, 20.0, 22.0, 25.0, 30.0, 40.0, 50.0)	25.0 ×37.0×11.5 (2.0 μF) ~49.0×58.0×34.0 (50 μF)	−25~85
	400 V(AC)	1.0 ~20 (1.0, 1.5, 2.0, 2.5, 3.0, 3.5, 4.0, 4.5, 5.0, 6.0, 7.0, 8.0, 10.0, 12.0, 14.0, 15.0, 16.0, 18.0, 20.0)	25.0 ×37.0×11.5 (1.0 μF) ~49.0×58.0×34.0(20 μF)	−25~85

（续表）

系列	额定电压 （V）	电容（μF）	尺寸 （L×W×H）（mm）	温度范围 （℃）
Kemet （PFR，dielectric： polypropylene）	63V（DC）/ 40 V（AC）	0.1～22（0.1，0.15，0.22，0.33， 0.47，0.68，1.0，1.5，2.2，3.3， 4.7，6.8，10，15，20，22）	6.0×7.2×4.5（0.1 nF）～8.0 ×7.2×6.5（22 nF）	−55～100
	100V（DC）/ 63V（AC）	0.1～10（0.1，0.15，0.22，0.33， 0.47，0.68，1.0，1.5，2.2，3.3， 4.7，6.8，10）	6.0×7.2×4.5（0.1 nF）～8.0 ×7.2×6.5（10 nF）	−55～100
	250V（DC）/ 160V（AC）	0.1～6.8（0.1，0.15，0.22，0.33， 0.47，0.68，1.0，1.5，2.2，3.3， 4.7，6.8）	6.0×7.2×4.5（0.1 nF）～8.0 ×7.2×6.5（6.8 nF）	−55～100
	400 V（DC）/ 220 V（AC）	0.1～6.8（0.1，0.15，0.22，0.33， 0.47，0.68，1.0，1.5，2.2，3.3， 4.7，6.8）	6.0×7.2×4.5（0.1 nF）～8.0 ×7.2×6.5（6.8 nF）	−55～100
	630V（DC）/ 250V（AC）	0.1～4.7（0.1，0.15，0.22，0.33， 0.47，0.68，1.0，1.5，2.2，3.3， 4.7）	6.0×7.2×4.5（0.1 nF）～8.0 ×7.2×6.5（4.7 nF）	−55～100
	1000 V（DC）/ 250 V（AC）	0.1～1.0（0.1，0.15，0.22，0.33， 0.47，0.68，1.0）	6.0×7.2×4.5（0.1 nF）～8.0 ×7.2×6.5（1.0 nF）	−55～100

系列	额定电压 （V）	电容（μF）	尺寸 （L×W×H）（mm）	温度范围 （℃）
Panasonic （ECWF（L）， dielectric： polypropylene）	400 V（DC）	0.022～2.4（0.022，0.024，0.027，0.030， 0.033，0.036，0.039，0.043，0.047， 0.051，0.056，0.062，0.068，0.075， 0.082，0.091，0.10，0.11，0.12，0.13， 0.15，0.16，0.18，0.20，0.22，0.24， 0.27，0.30，0.33，0.36，0.39，0.43， 0.47，0.51，0.56，0.62，0.68，0.75， 0.82，0.91，1.0，1.1，1.2，1.3，1.5， 1.6，1.8，2.0，2.2，2.4）	8.6×12.5×5.7 （0.022 μF）～24.8× 28.0×17.5（2.4 μF）	−40～105
	450 V（DC）	0.022 ～ 2.4（0.022，0.024，0.027， 0.030，0.033，0.036，0.039，0.043， 0.047，0.051，0.056，0.062，0.068， 0.075，0.082，0.091，0.10，0.11， 0.12，0.13，0.15，0.16，0.18，0.20， 0.22，0.24，0.27，0.30，0.33，0.36， 0.39，0.43，0.47，0.51，0.56，0.62， 0.68，0.75，0.82，0.91，1.0，1.1， 1.2，1.3，1.5，1.6，1.8，2.0，2.2，2.4）	8.6×12.5×5.7 （0.022 μF）～24.8× 28.0×17.5（2.4 μF）	−40～105
	630 V（DC）	0.010 ～ 1.3（0.010，0.011，0.012， 0.013，0.015，0.016，0.018，0.020， 0.022，0.024，0.027，0.030，0.033， 0.036，0.039，0.043，0.047，0.051， 0.056，0.062，0.068，0.075，0.082， 0.091，0.10，0.11，0.12，0.13，0.15， 0.16，0.18，0.20，0.22，0.24，0.27， 0.30，0.33，0.36，0.39，0.43，0.47， 0.51，0.56，0.62，0.68，0.75，0.82， 0.91，1.0，1.1，1.2，1.3）	8.0×12.5×5.2 （0.010 μF）～24.4× 28.0×17.6（1.3 μF）	−40～105

* 致谢：对下述公司帮助和允许从它们的目录中编辑相关数据表示感谢：Nichicon，Cornell Dubilier，TDK-EPC/EPCOS，AVX，Manufacturing Co. 这些目录中的数据在编写当时是可用的。内容很丰富，但是没有精度的保证。在实际使用时，建议读者检查，更新目录数据的准确性。

图 1.39(a)示出电解质、聚酯薄膜和陶瓷三种类型电容器的寿命随环境温度变化的特性比较。图 1.39(b)给出几种不同电容器常用的实例。

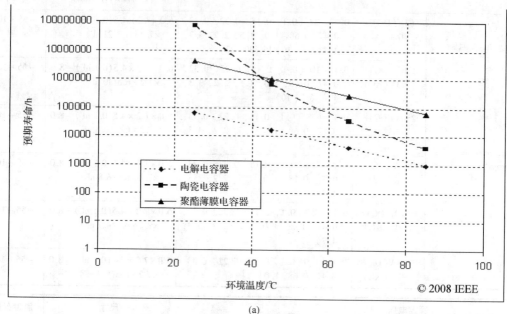

(a)

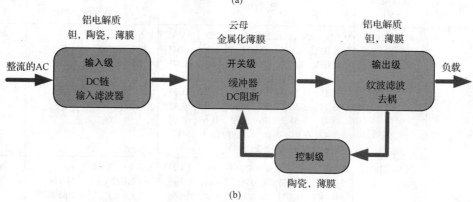

(b)

图 1.39　(a)几种电容器的寿命与环境温度关系的特性比较;(b)不同类型的电容器在电力
电子电路中不同部位的应用实例(引自 Y. X. Qin, H. Chung, D. Y. Lin, S. Y. R. Hui,
"Current source ballast for high power lighting emitting diodes without electrolytic capacitor,"
in Proc. 34th IEEE Annual Conf. Industrial Electronices, November 2008, pp. 1968 – 1973)

　　上述三种电容器中,单个封装的电解电容器具有最高的电容值。因此,它们广泛地在电力电子电路中用做能源储存器。但是,这个优点随工作温度升高将缩短寿命和快速衰减寿命的缺点相抵消。电解电容器的预期工作寿命 L_{op} 为

$$L_{op} = L_b M_v 2^{\frac{T_m - T_a}{10}}$$

式中 L_b 是在额定电压和温度时的预期工作寿命(小时), M_v 是降低额定值电压的电压乘数[降低额定值(de-rating)是电容器在低于它的最高额定电压下工作,通常 M_v 取值 0.8,是个有保证的安全系数], T_m 是由数据表给出的最大允许的内部工作温度(℃), T_a 是实际电容器内部工作温度(℃)。L_b 值由选定电容器的厂家提供。

如果工作温度升高 10℃，电解电容器的寿命将缩短一半。因此，在高环境温度下工作的应用，诸如在 LED 的驱动器中的应用，电解电容器的寿命变成决定整个应用装置的临界因子。

在预期寿命方面，聚酯薄膜电容器是最佳选择，尽管它的最大可用电容值不如电解质电容器高。流行的聚酯薄膜电容器是金属化聚酯薄膜电容器。它们特别适合于 AC 应用，因为它们具有很低的耗散因数，允许大的 AC 电流和用于中等幅度的电压范围。

1.3.6.2 电感器，变压器，耦合电感器

电感器是无源电子元件，它是用流过它的电流产生的电场来储存能量的。典型的电感器是用导线绕芯构成线圈，使用环状线圈是有助于在芯内产生强磁场。其导线绕的芯可以是空气也可以是用铁磁或铁氧体材料制成。不同的磁性材料具有不同的频率响应。如果已知变换器的开关频率，就能挑选在设定频率范围具有最佳性能的材料。最佳性能是指能产生最高的频率和最大的磁通密度 B_m。高磁导率的磁芯普遍能提高电感，但是将产生电感器的非线性特性(磁导率是材料对外加磁场反应的磁化程度)。而且，由于磁滞特性，随时间变化的电流通过有磁芯的电感器会在磁芯材料中产生能耗。

理想电感器应该没有能耗。但是，绕线阻抗的存在会产生热耗损。品质因数 Q 用来度量电感器的效率。其定义为

$$Q = \frac{\omega L}{r_L}$$

式中 r_L 是绕线阻抗。Q 值较高电感器的品质较好。实际电感器的模型常用理想电感器串联 r_L。频率很高时必须考虑内部绕线电容(参见图 1.40)。例如，EPCOS 贴片功率电感器系列(EPCOS SMT-Power-Inductor Series)100 μH 电感器的串联电阻 r_L 在 20℃ 测量时是 0.28 Ω。

当前开发电感器的新型方案是三维设计。每个电感器构成单独的芯片，这些子芯片再粘贴在变换器的主芯片上。在芯片上使用三维电感器可以降低变换器的总尺寸。为此付出的代价是需要增加芯片来制备电感器。

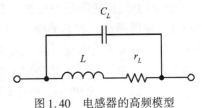

图 1.40 电感器的高频模型

最近几年，已生产了新型单片(芯片)电感器。它们在高频时具有较低的 DC 电阻和高的 Q 值。例如，由 MURATA 公司生产的功率电感器无论是磁屏蔽多层式还是绕线式的，它们的厚度都在 0.5~1.85 mm 之间，有降到 0.4 mm 的趋势。以下是一组用铁氧体磁屏蔽的有编号的元件：

	电感量程	额定电流	尺寸	DC 电阻
1. LQM21P	0.47~2.2 μH	600~1300 mA	2×1.25 mm	0.12~0.34 Ω
2. LQM2MP	0.47~4.7 μH	1100~1600 mA	2×1.6 mm	0.06~0.14 Ω
3. LQM2HP-J0	1~3.3 μH	1100~1500 mA	2.5×2 mm	0.09~0.12 Ω
4. LQM2HP-G0	0.47~4.7 μH	1100~1800 mA	2.5×2 mm	0.04~0.11 Ω
5. LQM2HP-E0	0.56 μH	1500 mA	2.5×2 mm	0.06 V
6. LQM31P-O0	0.47~4.7 μH	700~1400 mA	3.2×1.6 mm	0.007~0.3 Ω
7. LQM31P-C0	0.47~2.2 μH	900~1300 mA	3.2×1.6 mm	0.085~0.25 Ω

从以上给出的量值范围发现，通常电感器的量值是 0.47，1，1.5，2.2，3.3，4.7 μH。它们用于移动装置的 DC-DC 变换器中。

另一组绕线式没有磁屏蔽的元件有：

	电感量	额定电流	尺寸	DC 电阻
1. LQH2MC-02	1~82 μH	90~485 mA	2×1.6 mm	0.3~7.5 Ω
2. LQH2MC-52	1~22 μH	130~595 mA	2×1.6 mm	0.25~5.5 Ω

它们的离散值是：1.5，2.2，3.3，4.7，5.6，6.8，8.2，10，12，15，18，22，27，33，39，47，56，68，82 μH，当然，DC 电阻随电感器值的增加而增加，DC 电流（额定电流）随电感器值的增加而减小。以下是同一组，但是用树脂磁性粉末磁屏蔽的元件有：

	电感量	额定电流	尺寸	DC 电阻
3. LQH3NP-M0	1~100 μH	200~1400 mA	3×3 mm	0.044~3.5 Ω
4. LQH3NP-J0	1~47 μH	200~1620 mA	3×3 mm	0.044~1.3 Ω
5. LQH3NP-G0	1~250 μH	80~1525 mA	3×3 mm	0.08~15 Ω
6. LQH32P	0.47~22 μH	450~2550 mA	3.2×2.5 mm	0.03~0.081 Ω
7. LQH44P-P0	1~22 μH	790~2450 mA	4×4 mm	0.03~0.37 Ω
8. LQH44P-J0	1~47 μH	300~1530 mA	4×4 mm	0.048~1.014 Ω
9. LQH55P	1.2~22 μH	670~2600 mA	5.8×5.2 mm	0.021~0.26Ω
10. LQH6P	1~100 μH	800~4300 mA	6×6 mm	0.009~0.436 Ω
11. LQH88P	1~100 μH	1000~8000 mA	8×8 mm	0.006~0.265 Ω

TDK 公司供 DC-DC 变换器用的电感器有两种型号：多层型和绕线型。包括减小晶粒尺寸的铁氧体技术与配方（较小直径的未加工的铁氧体粉末烧制后具有较紧密的铁氧体结构）和低损耗导电材料组合，将有助于提高 MHz 级开关频率的性能。绕线型电感器在绕组线外面涂抹高迁移率 μ 铁氧体粉末的树脂材料，提供了低的 DC 电阻和高效的闭合磁路设计，实现低功耗（在绕组线上使用磁屏蔽胶黏剂包含现用的铁氧体粉末材料。由于这种混合物直接施加在绕组线上，使屏蔽材料和芯的绕组线之间没有缝隙。这样的好处是磁通量能量可以保持在元件内）。由于增加铁氧体材料的磁芯体积，绕线型通常能提供更高的额定电流。但是，这样改进的电流性能，最常见的结果是增大电感器的总的物理封装尺寸。

小尺寸的多层式和绕线式的功率电感器（简称 TDK-EPC）的产品特性示于表 1.5。

表 1.5　小尺寸多层式和绕线式功率电感器特性（TDK-EPC 公司）

结构型式	系　列	电感量程（μH）	额定电流（mA）	机械尺寸（L×W×T 量程）[T 是厚度（高度）](mm)	质量（mg）	DC 电阻-直流电阻（Ω）
多层式	MLP2012	0.47~4.7	700~1200	2.0×1.25×(0.5~0.85)	7~10	0.12~0.34
	MLP2520	1.0~4.7	700~1500	2.02.5(1.0~1.2)	15~25	0.085~0.18
绕线式	VLS2010E	0.56~22	330~2000	2.0×2.0×1.0	16(typ.)	0.06~2.04
	VLS2012E	0.47~22	330~2050	2.0×20×1.2	17(typ.)	0.059~1.764
	VLS201610E	0.47~10	400~1850	2.0×1.6×0.95	12(typ.)	0.065~1.38
	VLS201612E	0.47~10	470~1900	2.0×1.6×1.2	14(typ.)	0.063~1.026
	VLS252010E	0.47~10	560~2500	2.5×2.0×1.0	17(typ.)	0.046~0.854
	VLS252012E	0.47~10	730~2750	2.5×2.0×1.2	24(typ.)	0.056~0.756
	VLS252015E	1.0~10	720~1950	2.5×2.0×1.5	28(typ.)	0.082~0.588
	VLS3010E	1.0~22	350~1600	3.0×30×1.0	36(typ.)	0.072~0.9
	VLS3012E	1.0~47	310~1900	3.0×30×1.2	40(typ.)	0.068~1.5
	VLS3015E	1.0~47	320~2000	3.0×3.0×1.5	52(typ.)	0.058~1.5
	VLS4012E	1.0~47	410~2500	4.0×4.0×1.2	67(typ.)	0.06~1.02

TDK 生产的表面贴装式的绕线型功率电感器旧系列包括较大电感值的 VLF 系列,例如:

- VLF5014,电感: 1.5 ~ 100 μH, 在额定电流为 260 ~ 1700 mA 时,尺寸: 4.7 × 4.5 × 1.4 mm, DC 电阻: 0.059 ~ 2.7 Ω。

- VLF12060,电感: 1.8 ~ 330 μH, 额定电流为 1000 ~ 12 000 mA, 尺寸: 12 × 11.7 × 6 mm, DC 电阻: 4.4 ~ 464 Ω(464 Ω 是 330 μH 时)。

VLC 系列电感器的量程是 0.47 ~ 150 μH, VLCF 系列电感器的量程是 1.2 ~ 470 μH。例如:

- VLCF5028-2 电感的量程是 1.3 ~ 470 μH, 在额定电流为 140 ~ 2560 mA 时,尺寸: 5.0 × 5.3 × 2.8 mm, DC 电阻: 0.022 ~ 3.12 Ω。

SLF,CLF,VLF,RLF,SPM,VLM 和 VLB 系列特别适用于高额定电流的电感器。例如:

- RLF12560 电感的量程是 1.0 ~ 10 μH, 在额定电流为 7.5 ~ 14.4A 时,尺寸: 12.5 × 12.8 × 6.0 mm, DC 电阻: 2.8 ~ 12.4 Ω。

VLB 系列只有低值电感(最高到几百 nH)。根据该系列,电感器的量值有 0.47, 1.0, 1.3, 1.8, 2.2, 2.7, 3.3, 4.7, 6.8, 10, 15, 22, 33, 47, 56, 68, 100, 220 和 470 μH。DC 电阻随电感值的增加而增加,额定电流随电感值的增加而减小。

为电源线应用的,具有较大电感值的电感器有径向引线通孔(radial lead through hole)的 SL 或 TSL 系列。例如:

- SL1923 提供的电感器,它的量程是 470 ~ 15000 μH, 额定电流为 260 ~ 1500 mA。

- TSL1112 电感的量程是 1.0 ~ 15 000 μH, 额定电流为 120 ~ 7700 mA。

当然,这样大量值的电感器体积也很大,直径 11.2 mm, 高 12.2 mm, 质量 3.3 g, 它的 DC 电阻相当大。15 mH 电感器,适用于 0.13 A, 最大 DC 电阻是 24 Ω[①]。

DC-DC 变换器可以采用 TDK 的电感器,不管是磁屏蔽的还是非磁屏蔽的,其结构技术类型包括多层的、绕线的、表面贴装器件(smd)或者通孔结构。对于较低电感值和小尺寸的功率电感器要求的开关频率是 MHz 量级的。

在电力电子中,电感器用于输入和输出滤波器或者用做能量储存元件。一些小的像铁氧体磁珠的电感器,用于衰减诸如二极管反向恢复电流类的高频电流。

在同一个芯子上有两个或更多的绕线电感器,能量可以通过芯子从这个电感器转移到另一个电感器,以形成变压器或者耦合电感器。变压器和耦合电感器之间是有区别的。首先,耦合电感器的芯子有气隙而变压器没有,这是因为这两种装置的通量水平不同。其次,变压器的主要功能是能量分配。理想的变压器不储存能量。但是,由于变压器的每个绕组都有漏电感,这些装置就会储存能量。理论上,任何时候,进入变压器的能量等于从变压器释放的能量。耦合电感器的主要功能是在某一个时间间隔储存能量而在另一个时间间隔释放能量。因此,在某个给定时间进入耦合电感器的能量不等于从耦合电感器释放的能量。第三,变压器用直流隔离获得不同的输入-输出电压和电流比,实现多路输出。耦合电感器用于更复杂的 DC-DC 变换器(参见第 3 章)。

针对理想情况下的变压器,磁芯的磁导率认为是无限的。图 1.41 给出理想变压器的等效

---

① 对下述公司帮助和允许从它们的目录中编辑相关数据表示感谢:村田公司(不用于军事用途)和美国 TDK 公司。这些目录中的数据在编写当时是可用的。内容很丰富,但是没有精度的保证。在实际使用时,建议读者检查,更新目录数据的准确性。

电路，其中 n 是匝数比，根据图示，电压和电流的关系为

$$v_1 = n v_2$$

$$i_2 = n i_1$$

图 1.41 所示的点符号用来指显示初级绕组和次级绕组之间的极性。图中 i_2 显示次级绕组中实际电流的方向。

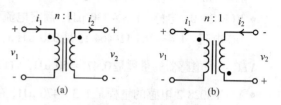

图 1.41　理想变压器的模型

　　由互感 L_{12} 和两个漏电感 L_{l1} 和 L_{l2} 组成双绕组变压器的等效电路（参见图 1.42）。每个绕组产生的磁通分为两部分。一部分进入磁芯和削减其他绕组，产生两个绕组的互感 L_{12}。互感为

$$L_{12} = \frac{L_m}{n}$$

式中磁化的电感量 L_m 取决于磁芯的磁导率和物理尺寸。如果磁芯的磁导率是无限的，L_m 也将是无限的，那么，就没有磁化电流 i_m（理想磁芯）（理想磁芯不同于理想变压器。理想磁芯的磁阻为零，但是变压器仍然有漏电感。此外，理想变压器的漏电感为零）。磁通的另一部分进入绕组周围的空气，产生该绕组的漏感。符号 L_{l1} 是原绕组的漏电感和 L_{l2} 是次绕组的漏电感。r_{L1} 和 r_{L2} 分别是原绕组和次绕组的绕组电阻。为了显示漏磁通对总磁通的比率，耦合系数 k 定义为

$$k = \frac{\frac{1}{n} L_m}{\sqrt{(L_m + L_{l1})\left(\frac{1}{n^2} L_m + L_{l2}\right)}}$$

如果一个绕组产生所有磁通量衰减其他绕组，也就是说，如果漏感为零，耦合系数就得到它的最大值 1。

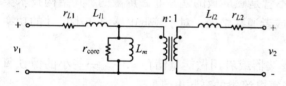

图 1.42　变压器的等效电路

如果反射到次级绕组的漏感等于初级绕组的漏感，即 $n^2 L_{l2} = L_{l1} = L_l$，那么，$k$ 等于

$$k = \frac{L_m}{L_m + L_l}$$

耦合电感的模型有一定的差异。首先，由于有空气间隙存在，磁导率是有限的，因此互感决不能忽视。其值主要由空气磁导率和气隙的物理尺寸决定。气隙增加磁阻[1]，这样，在磁芯达到饱和之前耦合电感器能够存储更多的磁场能量。下一章将讨论使用这些性能的变换器（如所谓的逆向变换器）。其次，在变压器的情况，输入电流 i_1 直接产生输出电流 i_2，如图 1.41 所示。但是，在耦合电感的情况，当 i_1 流入原绕组时次绕组没有电流。而且，当没有电流流入原绕组时 i_2 向相反方向流动，如图 1.41 所示。

　　实践中，为了减少变压器的电压降，更期望泄漏电感小。而且，在开关型功率变换器中，变压器有时被连接到半导体开关。如果电流流过变压器之前开关阻断，在开关转向的瞬间，在漏感两端将出现很高的电流尖峰 $L_l(\mathrm{d}i/\mathrm{d}t)$，结果会对开关施加很高的电压应力。因此，小的

---

[1]　磁阻（或磁电阻）是用磁路的概念。它是模拟电场阻力：电场使电流沿着阻力最小的路径流动。以此类推，磁场使磁通沿着磁阻最小的路径流动。磁阻的倒数称为磁导，磁阻和磁导率成反比。

漏感还是有益的。减少漏感的方法之一使用双股绕组(这种绕组由两股相互绝缘的线并排组成，电流从相对方向流过它们)。但是，如果原绕组和次绕组的电压相差悬殊，其他方法更有效，参见第3章有关变换器和变压器或耦合电感的讨论。

变压器和耦合电感的功耗由绕组电阻的传导损耗和磁芯损耗决定。磁芯损耗是由磁芯材料的磁滞特性引起的。磁滞损耗 P_m 的表示为

$$P_m = kf_s^a(B_m)^d$$

式中 k, a 和 d 是取决于磁芯材料的常数，f_s 是开关频率，B_m 是磁芯中最大磁通密度。平常计算时使用的单位，B_m 以千高斯(Gauss)表示，f_s 以 kHz 表示，那么功耗 P_m 以 mW 表示。为了模拟磁滞损耗，电阻 r_{core} 已包含在变压器的等效电路内(参见图1.42)。

磁滞(磁芯)损耗可用厂商给出的数据表计算。表1.6(a)给出特定尺寸(以34.3 mm 外径为例)磁芯的典型数据表。例如，根据此数据表，编号55585的MMP磁芯的磁导率 μ 是125。而且，它的开关频率是100 kHz 和 AC 磁通是0.4 kG(高斯)[①]。针对上述例证的磁芯，厂商给出的常数是：$k = 1.199$, $a = 1.40$, $d = 2.31$ [参见表1.6(b)]。利用这些数值可以计算出单位体积(cm^3)的功耗

$$P_{core/vol}(mW/cm^3) = 1.199 \times 0.4^{2.31} \times 100^{1.4} = 91.1 \, mW/cm^3$$

使用厂商给出的表1.6(b)的数据也能得出相同的结果：对磁通密度0.4 kG 和频率100 kHz，单位体积的磁芯损耗近似为90m W/cm^3。

表1.6(a)　34.3 mm 环形外径磁芯的典型数据

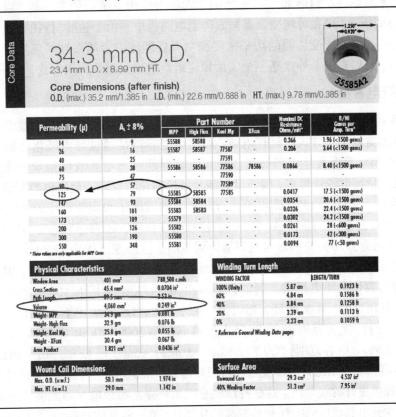

表 1.6(b) 计算磁芯(产品名称 MPP55585) 功耗用的图表

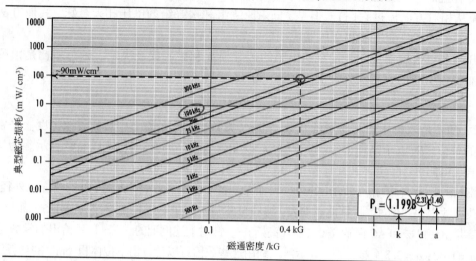

按照表 1.6(a) 给出的物理特性, 这个磁芯的体积是 4060 cm³, 这样, 总的磁芯损耗将为

$$P_{core} = 90 \times \frac{4060}{1000} = 365.4 \ \text{mW}$$

(用精确计算的磁芯损耗在 370 mW 时为 91.1 mW/cm³)。

最近, 纳米晶体磁材料诸如 FT-3M 已用于大功率应用系统中的变压器, 以前普遍需用又大又笨的铁心变压器, 现在可将变压器嵌入印制电路板中。由于这些材料的高饱和度, 高工作温度和高热导率, 提高了变压器的功率密度和功率处理能力。如果某些应用需要这些变压器具有大的漏感, 可以在磁芯外塑造一个大面积绕组是增加漏感的有效方法。

1.3.7 超级电容器

超级电容器也称为双层电容器, 是一种电化学器件, 像电池那样能储存能量。这两种器件不同的是:电池是以化学方式的储存电荷, 而超级电容器是通过静电极化电解溶液来储存电荷。在电极-电解质界面发生电荷分离。超级电容器能够充电和放电数十万次, 甚至数百万次, 而且释放能量比电池快得多, 因为没有涉及缓慢的化学反应。超级电容器储存的能量比常规电容器大得多, 因为它的多孔碳电极具有非常大的表面积和用非常小的和薄的介电分离器来产生电荷分离[通常, 大约 10 Å(埃)[①]]。超级电容器可以视为标准电容器的高能模型。

2010 年已制造了 5000 F 的超级电容器。同年的能量密度已达到 30 Wh/kg。但是, 大多数超级电容器是在 3 ~ 5 Wh/kg 范围, 而铅酸电池的常用范围是 30 ~ 40 Wh/kg; 因为每单位能量需用的超级电容器比电池更昂贵。例如, Maxwell Technology 提供的 MC 超级电容器的技术现况是:2.7 V 电压, 100 万次循环, 超过 10 年的寿命。LS 超级电容器生产的器件:2.8 V (LSUC 2.8V 系列), 电容范围:100 F(ESR 为 11 mΩ) ~ 3000 F(ESR 为 0.36 mΩ), 或者 2.5 V (LSHC 2.5V 系列), 电容范围:220 F(ESR 为 18 mΩ) ~ 5400 F(ESR 为 0.5 mΩ)。

超级电容器和电池相比有很多优点。它们寿命长, 很少退化。它们用无腐蚀性电解质或者无有毒物质, 提供更好的安全性。这些特性使它们很环保。超级电容器能够快速充电和 ESR 很低, 从而能减少充电和放电的能耗和具有高的功率比(单位质量的功率)。它们能够在电池性能

---

① 1 Å(埃) =0.1 nm——编者注。

受到极端温度的限制下有效工作。但是，它是电容器型器件，超级电容器的电压跟随储存的能量变化，为了充电和放电需要电子开关器件。它们的自放电速率相当高。这就是为何超级电容器的电路模型包括增加一个电容，电感和串联电阻，以及为了表征自放电的能耗还并联一个电阻。单个超级电容器电池的电压很低，实际应用时需要将它们串联起来，这就需要电压平衡机制。

由于它们的生态优势，现在越来越多地使用超级电容器。因为它们能使能量快速暴发，超级电容器能用于需要短的功率脉冲设备。现代混合或燃料电池的车辆大量需要它们：因为上坡时提供加速度和能量，回收制动能量时用做储存器。在汽车中结合电池使用时超级电容器能提供峰值功率，可延长电池寿命，小型化电池，减少更换和维修费用，特别是在城市驾驶环境下通过回收制动能量提高的燃料效率。即使在系统的 DC-DC 变换器需要同时使用电池和超级电容器而增加成本，可用当今世界为探索替代能源的这些益处来补偿。由于它的快速充电能力，超级电容器还可以用于家用太阳能电池能源系统。超级电容器在电力网的停电期间提供能源。

1.4　占空比控制的恒定开关频率变换器的基本稳态分析

1.4.1　基本 DC-DC 变换器的输入/输出电压比

在 1.2 节已阐述，为了保持变换器输出电压恒定，而不管输入电压和/或负载如何变化，就必须调整两个开关阶段的持续时间之间的相对比例：即能量从输入传输到电感器，同时又从电感器传输到负载的相对比例。在 1.2 节讨论的变换器是通过改变占空比和恒定的开关频率来完成的，因此，应当记住，这两种拓扑结构的持续时间是 $T_{on} = DT_s$ 和 $T_{off} = (1 - D) T_s$。

现在考虑 V_{in} 和 R 是恒定。当然，此时 D 也保持不变，这是要求对给定的 V_{in} 计算出特定的 V_{out}（要记得，在降压变换器的情况时，$V_{out} = DV_{in}$）。现在分析，当 V_{in}，R，和 D 都符合它们的"标称"值时变换器的工作过程。假定启动过程是变换器在"常规"开关周期结束后。为方便起见，通常考虑的周期起始时间为零。

作为范例，返回到图 1.43（a）所示的降压-升压变换器，因为本节仍然是介绍性的，忽略了元件的寄生电阻。这样，当晶体管处在通态时［参见图 1.43（b）］

$$v_L = V_{in}$$

即

$$L \frac{di_L}{dt} = V_{in}$$

得到①

---

① 以下的基准将用于全书：

　　一旦确定了通过电感器电流 i_L 的方向，就确定了它两端电压 v_L 的 +，- 极，并用箭头表示它和电流的方向相同的极性。根据此基准，$v_L = L \frac{di_L}{dt}$。如果电感器电流增加，这意味着电感器在充电过程中，$\frac{di_L}{dt} > 0$ 和 v_L 是正值。如果电感器电流减少，就意味着电感器放电，$\frac{di_L}{dt} < 0$ 和 v_L 将为负值（即它的实际极性和我们考虑的相反）。当写 KVL 回路中含有电感器，仍使用电感器电压极性的定义，不过电感器在充电还是在放电阶段。

　　一旦确定了电容器两端电压 v_C 的极性，就确定了它的电流 i_C 的方向，是从正端到负端。根据此基准，$i_C = C \frac{dv_C}{dt}$。如果电容器在充电过程中，$\frac{dv_C}{dt} > 0$ 和 i_C 是正值。如果电容器在放电阶段，$\frac{dv_C}{dt} < 0$ 和 i_C 将为负值。但是，实际上 i_C 从负端流向正端。当写 KVL 回路中含有电容器，仍使用定义电容器电流的取向，不过问电容器在充电还是放电阶段。

　　从已知的电路理论，电感电流和电容电压在开关瞬间不改变方向。

$$i_L(t) = I_{L\,min} + \frac{V_{in}}{L}t$$

式中 $I_{L\,min}$ 表示本拓扑阶段在所考虑的周期开始时的电感器电流值。

当 $t = DT_s$，能量传输到电感器的磁场结束时，电感器被最大限度地充电，即电感器电流达到它的最大值 $I_{L\,max}$。

显然，在这一阶段，晶体管的 v_{DS} 是理想的零值，二极管两端的电压绝对值是 $V_{in} + V_{out}$。

当晶体管处于"关态"时[参见图 1.43(c)]

$$v_L + V_{out} = 0, \ \text{即} \ v_L = L\frac{\mathrm{d}i_L}{\mathrm{d}t} = -V_{out}$$

得到

$$i_L(t) = I_{L\,max} - \frac{V_{out}}{L}(t - DT_s)$$

这时电感器放电，将其磁场能量传给负载，而且 i_L 减少。由于没有改变工作参数(V_{in}，R，D)，下一个周期的电感器电流将在相同值 $I_{L\,min}$ 开始，因为在本周期 i_L 减少直到本阶段末端到达 $I_{L\,min}$

$$I_{L\,min} = i_L(T_s) = I_{L\,max} - \frac{V_{out}}{L}(T_s - DT_s) = I_{L\,max} - \frac{V_{out}}{L}(1 - D)T_s$$

从图 1.43(c)看出，在这个拓扑中，晶体管的 $v_{DS} = V_{in} + V_{out}$。

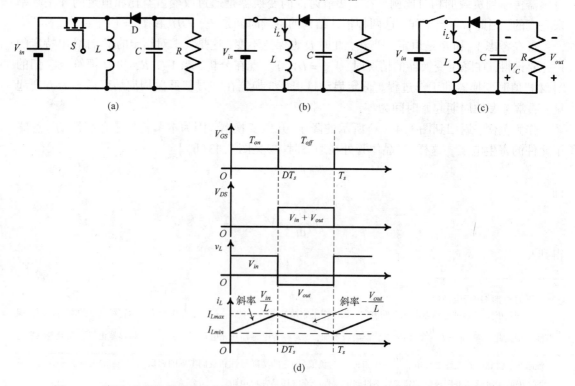

图 1.43　降压-升压变器的稳态分析。(a)一般结构；(b)T_{on}阶段；(c)T_{off}阶段；(d)开关图解

图 1.43(d)给出所分析周期中变换器的 v_{GS}，v_{DS}，v_L 和 i_L 的主要波形。此图称开关图解。

当变换器的参数(V_{in}，R，D)是它们的标称值时，其主要波形在每个开关周期都以相同的方式自身重复。这样的周期称为"稳态周期"。这样的定义可能会误导，因为电路理论认为，稳态 DC 电路中电感器是短路的,电容器是开路的。但是,在电力电子学中,此定义有另一种含意:当不出现失调时,它是指在"稳态"周期中变换器波形的相似性。从稳态周期电感器电流波形可以看到电感器进行充电和放电的过程,在开关周期结束时其电流返回到初始值。即稳态时的电感电流有 T_s 周期性(将在第 4 章看到,有稳态电流的周期大于开关周期的例外情况)。这样,可看到,在所谓的"稳态周期"内就有"瞬态"现象。因此,本书从现在开始,当提到有关"瞬态"周期时是指变换器的工作,由于输入和/或负载出现变化而导致占空比变化,使两个瞬态周期的开关图形看起来各不相同。当谈到稳态周期的参数时使用大写字母 D,瞬态周期用小写字母 d。因此,甚至在稳态周期,i_L,v_L,i_C 和 v_C 还是变量,对它们仍用小写字母表示。

根据以上的等式

$$\int_0^{T_s} v_L(t)\mathrm{d}t = \int_0^{T_s} L\frac{\mathrm{d}i_L}{\mathrm{d}t}\mathrm{d}t = \int_{i_L(0)}^{i_L(T_s)} L\mathrm{d}i_L = L[i_L(T_s) - i_L(0)] = 0$$

即电感器电压的积分在稳态周期为零,这表明,忽略了寄生电阻损耗,所有积累在电感器磁场的能量都转移到负载(相似的推理可以延伸到电容器电流)。

这是一个普遍的结果,适用于任何变换器,因为能量转移原理是一样的。因此,如果对每个拓扑阶段 v_L 的积分,得到

$$\int_0^{T_s} v_L(t)\mathrm{d}t = \int_0^{DT_s} v_L(t)\mathrm{d}t + \int_{DT_s}^{T_s} v_L(t)\mathrm{d}t = V_{in}DT_s + (-V_{out})(T_s - DT_s) = 0$$

式中

$$V_{in}DT_s + (-V_{out})(1 - D)T_s = 0$$

表示电感器的伏·秒平衡(volt-second balance)式。根据它的开关图形 $v_L(t)$ 的积分"面积"也可以直接写出上述电感器伏·秒平衡的条件[因为在整个周期中 v_L 的积分等于零,$V_{in}DT_s$ 和 $V_{out}(T_s - DT_s)$ 的"面积"必须相等]。

对于降压–升压变换器,根据此方程式可得

$$V_{out} = \frac{D}{1 - D}V_{in}$$

定义 $M = V_{out}/V_{in}$ 为 DC 输出–输入电压增益(也称 DC 电压变换比或 DC 电压增益)。类似地,还可以写出对降压变换器和升压变换器中电感器的伏·秒平衡式(这是留给读者的一个习题),结果如表 1.7 所示。

请注意,在表 1.7 中的降压–升压转换器的直流增益是负的,这是否与以前的结果比较是个错误。对此,我们一开始强调,输出电压对 V_{in} 具有相反的极性(由于电感器电流不能在开关的 DT_s 瞬间改变方向),因此,应根据方程式写出。根据表 1.7 可以认为,对所有变换器的 V_{in} 和 V_{out} 都具有相同极性。降压和升压变换器的输出电压的极性与输入电压相比不变,但是 Buck-Boost 变换器可以。因此,Buck-Boost 变换器的直流增益公式中的负号显示输出电压极性的改变。

从表 1.7 可见,由于 $0 < D < 1$,正如所预期的,降压变换器的输出电压只能降低输入电压 V_{in},升压变换器的输出电压只能提升输入电压 V_{in}。对于降压–升压变换器,如果 $D < 0.5$,将降低 V_{in},如果 $D > 0.5$,将提升 V_{in}。

因此,变换器的直流变换比可以使用称为电感器的伏·秒平衡的方法获得。按照二重性,也可以使用一个基于电容器电流特性等效的方法在稳态开关周期内积分为零而获得。

表1.7　基本变换器的直流变换比

变换器	降压	升压	降压-升压
M	D	$\dfrac{1}{1-D}$	$-\dfrac{D}{1-D}$

1.4.2　连续和断续导通工作模式

从上述的开关图[参见图1.43(d)]中发现，$i_L(t)$在开关周期间内不会下降到零。我们称这种工作模式为连续导通模式(CCM)。

但是，电感器有可能在T_{off}阶段结束之前对负载释放它所有的能量。如果L很小，或者T_{off}阶段时间很长(即T_S很长，开关频率f_S很低)，或者R很大(即负载电流很小)就会出现。在这种情况下，在第二拓扑阶段期间的某一时间，$i_L(t)$会下降到零[参见图1.44(a)]。从图上还可以看到，例如，如果在图1.43(d)中，通过减小L就可以提高$i_L(t)$曲线的斜率。因为在稳态周期，电感器电流的初始值和终止值是相同的，这说明$i_L(t)$从零值开始。从拓扑的角度来看，这意味着变换器在每个周期都经历三个开关阶段：第一阶段类似CCM工作，晶体管导通而二极管关断；第二阶段是晶体管关断而二极管导通；增加的第三阶段是$i_L=0$，意味着二极管也关断(和晶体管一起关断)[参见图1.44(b)~(d)]。当然，这样的运作会导致不同的直流电压变换比。我们将在下一章看到，变换器的动态行为也有在这种工作类型的变化。图1.44描述的工作模式称为断续导通工作模式(DCM)。由于DCM可以通过降低负载电流来达到，它又被称为"轻工作模式"(light operation mode)；然后CCM被称为"重工作模式"(heavy operation mode)。显然，DCM能以类似的方式在降压或升压变换器中出现。通过对L的相应值的设计，可以决定变换器工作在CCM还是在DCM。每种工作模式都有它的用处，当然，也有它的缺点。

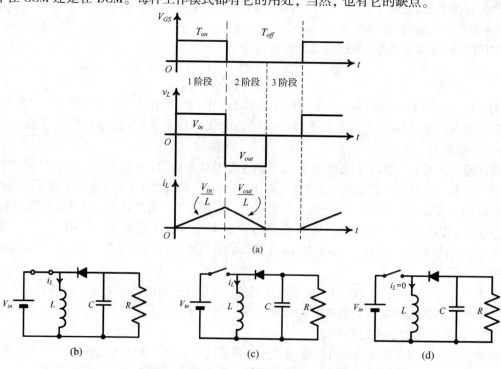

图1.44　(a)不连续导通模式(DCM)工作的电感器电流波形；
(b)~(d)DCM工作的降压-升压变换器的等效开关阶段

1.4.3 基本变换器的元件设计

基本变换器的功率级设计是简单的。晶体管和二极管将根据它们的额定电压和电流来选择。

电容器设计的目的是要限制输出电压的纹波。例如，对降压-升压变换器的第一拓扑阶段[参见图1.43(b)]，电容器必须"保持恒定"的输出电压，可以写为

$$v_C + RC\frac{\mathrm{d}v_C}{\mathrm{d}t} = 0$$

即

$$v_C(t) = V_{C\,\max}\mathrm{e}^{\frac{-t}{RC}}$$

式中 $V_{C\max}$ 是在一个新的稳态周期开始时的值，C 是在关断阶段期间由电感器电流充电，而且，在前一个稳态周期结束时达到最大值的 $V_{C\max}$。在导通阶段期间，C 对负载放电（由于 C 不是无限值，可以预期输出电压不能保持100%不变，作为理想的希望，将会出现一些变化，称为纹波），在 DT_s 期间达到其最小值 $V_{C\min}$。

$$V_{C\,\min} = V_{C\,\max}\mathrm{e}^{-\frac{DT_s}{RC}}$$

v_C 的变化（因此也是负载电压的变化）为

$$\Delta V_C = V_{C\,\max} - V_{C\,\min} = V_{C\,\max}\left(1 - \mathrm{e}^{\frac{-DT_s}{RC}}\right)$$

实际上，根据工业的需要，纹波小于负载电压的1%就认为在周期内的输出电压是不变的

$$\frac{\Delta V_C}{V_{C\,\max}} = 1 - \mathrm{e}^{\frac{-DT_s}{RC}} < 0.01$$

这个不等式表示，对特定的额定负载 R 可以选择 C 值，而且，根据所需的 D 特定的 f_s 工作来设计变换器（D 是根据客户提供的标称 V_{in} 和要求的输出电压 V_{out}，再根据表1.7来设计的）。

实际上，首选了一个近似的且使用简便的公式。从以上同一图形，$C\dfrac{\mathrm{d}v_{out}}{\mathrm{d}t} = -\dfrac{V_{out}}{R}$（如果忽略电容器的串联电阻，就有 $V_{out} = v_C$）和引入一阶近似 $\dfrac{\mathrm{d}v_{out}}{\mathrm{d}t} = \dfrac{\Delta V_{out}}{\Delta t}$，$\Delta t$ 是电容器电压发生下降间隔的持续时间，即导通阶段的持续时间，$(0 - DT_s) = -DT_s$（当在0瞬间达到最大值，而在 DT_s 瞬间达到最小值）

$$C\frac{\Delta V_{out}}{DT_S} = \frac{V_{out}}{R}$$

与标准要求 $\dfrac{\Delta V_{out}}{V_{out}} < 0.01$，得到

$$C > \frac{100DT_s}{R}$$

在这个相当精确的设计公式中，其指数用它的级数展开的前两个线性项替换。

设计电感值的设计不太严格。通常，L 在将电感器电流中的纹波定为该电流平均值的 10%~15% 来设计 L 值。此项要求对升压变换器非常重要，因它的电感器电流就是从电源通过变换器流进来的输入电流。以下举例说明这种类型的 DC-DC 转换器的设计；而留给读者设计降压和降压-升压转换器的 L 值。

根据图 1.7(b)，升压变换器的导通阶段在 DT_s 持续，此时电感器充电，电流由 $I_{L\min}$ 增加到 $I_{L\max}$：

$$\Delta I_L = I_{L\max} - I_{L\min} = \frac{V_{in}DT_s}{L}$$

忽视损耗，即假设 100% 的效率，可以写出

$$V_{in}I_{in} = V_{out}I_{out}$$

对于升压变换器，$V_{out} = \dfrac{V_{in}}{1-D}$，得到输入电流的平均值为

$$I_{L,av} = I_{in} = \frac{I_{out}}{1-D} = \frac{V_{out}}{R(1-D)} = \frac{V_{in}}{R(1-D)^2}$$

根据条件 $\Delta I_L = (10-15)\% I_{L,av}$，得到 L 值为

$$L = \frac{V_{in}DT_s}{(10-15)\% I_{L,av}} = \frac{D[(1-D)^2]RT_s}{0.1-0.15}$$

1.4.4　占空比控制(PWM)的控制器

到目前为止，我们只阐述了变换器的功率级，即能源流量通过该部件从能源到负载流通。上文阐述了通过改变占空比可以控制输出电压。现在将注意力集中在控制电路上。

首先，要了解占空比的标称值(D)是如何由控制电路决定的。图 1.45 只在原理上给出了控制电路的主要框图(在本书的后面将看到实际的电子电路)。这个框图是一个电子比较器。它有两个输入信号。其中一个输入是具有最大值为 V_M 和开关周期为 T_s 的锯齿波信号。变换器工作的开关频率由电子钟(振荡器)控制，它给出锯齿波信号的频率 f_s。另一个输入是电压值为 V_{ctr} 的直流信号。框图所示比较器的工作是：当锯齿波信号低于直流信号 V_{ctr} 时，输出的是一个高值的信号。当直流信号低于锯齿波信号时，输出信号是低值的，称为零。因此，框图的输出[记为 $d(t)$]是频率为 f_s 的脉冲波形。正是此信号要用来驱动晶体管(即用做MOSFET 的 v_{GS}，或用做 IGBT 的栅极信号)。

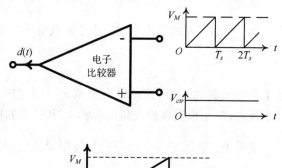
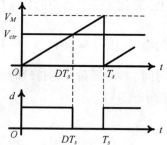

图 1.45　控制电路的主要框图的工作原理

因此，信号 $d(t)$ 的持续时间是"高"时就是 DT_s 时间。从三角形的相似性，可得到

$$\frac{DT_S}{T_S} = \frac{V_{ctr}}{V_M}$$

即

$$D = \frac{V_{ctr}}{V_M}$$

因此，电路设计者可以选择 V_{ctr} 值和使用厂商给出的 V_M 值，按表 1.7 计算出标称占空比。

实际上，电子比较器的第二输入端的信号 V_{ctr}，是具有转移函数 $A(s)$ 控制器的输出。图 1.46(a) 给出闭环控制的原理图。它对任何基本变换器都相同，图中所示的降压变换器只是例证。当出现失调时，测出的实际负载电压 V_{out} 和参考电压 E_{ref} 比较，会产生误差 $\varepsilon = E_{ref} - V_{out}$。这个信号将通过具有转移函数 $A(s)$ 的控制器来处理。通常，控制器有 PI(超前)或 PID(滞后)的类型，我们将在后面的内容中看到。在 PI 控制器的情况下，误差 ε 是放大的和整合的(根据控制理论，P 型控制器产生稳态误差，这就是为什么我们总是要添加整合功能。如果想提高动态响应，即具有较短的过渡期，需要添加一个导数函数。然而，这将产生噪声，必须通过控制器参数的适当设计来解决。同业者习惯称 PI 控制器为"II 型控制器"而 PID 控制器为"III 型控制器")。

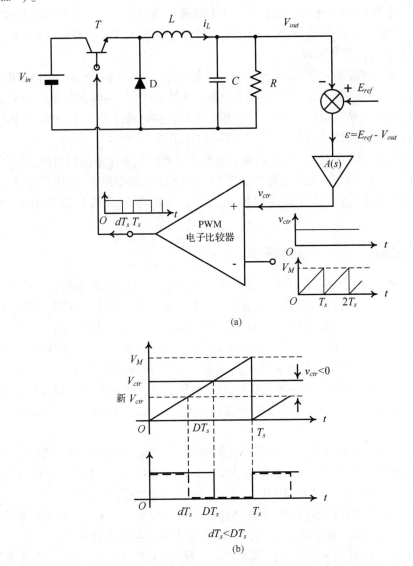

图 1.46　(a)闭环占空比控制的基本 DC-DC 变换器；(b)PWM 原理

在稳定状态下，输出电压为要求值 E_{ref}。这样，正如先前讨论的情况，误差 ε 是零时，v_{ctr} 值就是直流信号 V_{ctr}。如果误差是负的，v_{ctr} 是直流值 V_{ctr_new}，低于前值 V_{ctr} [参见图 1.46(b)]。如果误差是正的，新的 $V_{ctr\_new'}$ 值较高。作为例证，考虑干扰(失调)是输入电压 V_{in} 的变化。结果，在第一瞬间，V_{out} 有增加的倾向。如果 V_{in} 和 R 是标称值（稳态条件），误差 ε 为零，$v_{ctr} = V_{ctr}$。当实际输出电压 V_{out} 的增大到超过要求值 E_{ref} 时，误差变成负值。这时，电子比较器像往常一样继续工作。但是，当锯齿波形低于新的直流信号 V_{ctr_new} 时，给出高的输出信号；而当锯齿波形高于新的直流信号 V_{ctr_new} 时，输出信号低（零）。结果，导致脉冲的宽度由 DT_s 变到 dT_s。新的 $d(t)$ 的频率 f_s 和以前相同，但却用新的脉冲宽度 dT_s 驱动晶体管。在我们的例证中，$dT_s < DT_s$，通态拓扑阶段的持续时间缩短，电感 L 的充电时间也缩短，即转移到 L 的能量减小，输出电压开始下降。重复几个开关周期，直到实际 V_{out} 值返回到负值所要求的 E_{ref}，使 v_{ctr} 再次等于标称值 V_{ctr}，变换器重新回到稳态工作。显然，如果干扰是由于输入电压的降低，电子比较器的直流信号就会提高，给出较宽的脉冲，即增加通态拓扑阶段的持续时间。对于负载的变化其结果是相似的（如果负载电流减小，其控制机制类似于当输入电压增加时的情况）。由于其调整脉冲宽度的作用，电子比较器又被称为 PWM（脉宽调制）。它能用一片集成电路芯片实现。

为了改善系统的瞬态响应，许多变换器在外部电压反馈回路中增加一个内部电流反馈回路，参见图 1.46（a）。内环路是快环而外环路是慢环。在第 2 章中，我们会发现，当 DC-DC 变换器建模时，除了输入电压-负载电压和占空比-负载电压的转移函数之外，输入电压与占空比-电感电流的转移函数也能够设计外部和内部反馈回路的控制器。

已用集成电路（IC）实现 PWM 控制器，每种集成电路服务于不同的目的。例如，如果只要电压式控制（基于电压反馈回路），可以选择热门的集成电路 TL494，它还具有过电流保护。如果需要电流控制（基于内部电流反馈回路，除了输出电压反馈回路之外），可以选择芯片 UC3842。

1.4.5　变换效率，硬开关和软开关

在 1.3 节中，我们讨论了开关，电容器，电感器和变压器的损耗。可以看到，导通损耗是由 MOSFET 型开关器件的通态电阻的能耗，或无源元件和导线的寄生电阻产生的。二极管和 IGBT 的导通损耗是由其正向压降产生的。为了减少这些损耗，固态器件行业是永久追求生产更好的元件。一个良好的变换器布局设计要减少连接线长度和寄生电阻。上文已阐述，开关的寄生电阻标称值 r_{DSon} 是正比于开关额定电压的平方。通过使用新技术，如三电平拓扑，可能降低一半所需的额定电压，这意味通态电阻减少四倍以上。然而，这种优势被部分削弱，因为它需要使用更多的器件，增加了电路复杂性，或者需要增加通过开关的电流。

开关损耗是由于任何开关的非理想特性引起的。正如前文所述，从通态转换到关态，如同从关态转换到通态一样，需要一个有限的，甚至非常短的时间。在转换时，通过开关的电压和电流都不为零。一种开关，例如 MOSFET 类型的开关，它并联输出电容。如果开关导通前这些电容已充电，而在电容积累的能量只能将逸散在寄生电阻上，这是一种不必要的损耗。另一种少数载流子基的开关，如 IGBT，当开关关断时会出现扰乱的电流尾巴。

图 1.47（a）示出开关 S 的三个连续的状态：导通-关断-导通。当然，当开关导通时它的端电压理想地为零，而当开关断开时，接到电压 v_{off_state}。通常，开关的端电压用 V_S 表示，通过它的电流用 I_S 表示。前文的图 1.27 和图 1.36 示出，当开关从通态转换到关态时，电流不能瞬间降为零，电压不能瞬间达到它的关态值。实际上，电流转换过程需要一定的时间 t_f。同理，开关要经历转换时间 t_r 后电流才提升到通态值，电压才能从关态降到通态值。因此，

即使是非常短的周期，无论是 t_f 和 t_r 都有功耗，参见 1.3.5.1 节的计算。很明显，如果变换器在高开关频率下工作，这些重复的小功耗将会降低效率。这个伴随有开关损耗的过程称为硬开关。该电路的电流和电压波形是方波[参见图 1.47(a)]：转换时间 t_f 或 t_r 小于持续时间 T_{on}，T_{off} 数百甚至数千倍。这就是为什么占空比控制的硬开关变换器也被称为方波变换器的原因[为简单起见，图 1.47(a)示出的变换器的 MOSFET 没有电感器，但原理是相同于任何其他开关，参见图 1.27 和图 1.33]。硬开关变换器的研究构成第 3 章的主题。这些用占空比控制的变换器一直使用到 20 世纪 90 年代。不过，尽管它们由于有开关损耗使得效率低，它们还在许多应用中使用，只是在现代设备中使用减少了。我们将安排一章来研究它的原因是：它们构成理解和发展现代变换器的理论基础为消除开关损耗我们能做什么？我们可以看到，开关的损耗是发生在转换时期，通过开关的电压和电流都不是零的事实引起的。

如果能够在开关转换时使其中之一为零，显然能量损耗将为零。如果开关在关断前将 I_S 的轨迹改变为正弦轨迹呢？正弦波是自然衰减为零的。如何在变换器中建立这样一个正弦波？假设开关在通态，当驱动它关断前的极短瞬间，插入一个和开关串联的谐振块 $L_r - C_r$。众所周知，这样的电路是由二阶微分方程来描述的，其解是正弦电流。因此，如果谐振电路的谐振周期 T_r 非常小，即

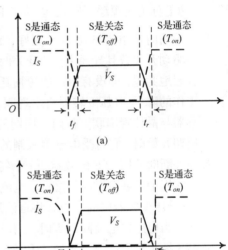

$$f_r = \frac{1}{2\pi\sqrt{L_r C_r}} \gg f_s$$

I_S 的线性特性将在通态拓扑的最后时刻转换为正弦特性[参见图 1.47(b)]。然后，当电流达到零值时才驱动开关器件关断，但在转换过程时开关上的电压将增加，而此时电流早已为零，因此功率损耗为零。同理，当开关再次导通时，有一个和它串联的电感器就足够了；因为电感器电流在转换瞬间不能跳变，这意味着，在转换瞬间 I_S 和当时电感器电流相等，保持为零，实际上是大部分的转换时间将保持为零，这就再次给出一个几乎为零的功率损耗。这种在转换时间通过开关的电流为零的工作模式，称为零电流开关(ZCS)。

类似地，如果将电容器与开关并联，因为在转换期间电容电压不能跳变，当开关关断时它的端电

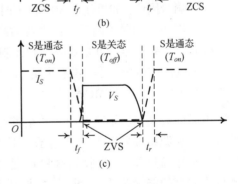

图 1.47 (a)硬开关；(b)软开关：零电流开关(ZCS)；(c)零电压开关(ZVS)

压等于当时电容器电压，在转换期间的大部分时间将为零[参见图 1.47(c)]。即使电流逐步下降到零，但在转换期间的功率损耗也几乎为零(在转换期间的末端，当电压上升时，电流已经很小)。如果把含有 C_r 的谐振块 $L_r - C_r$ 和开关并联，在特定的时间间隔期 T_{off}，线性直流电压 V_S 将转换为正弦曲线。如果在正弦电压自然地下降到零时才驱动开关，功耗也为零。这种在转换期间开关的端电压为零时的工作模式，称为零电压开关(ZVS)。

　　这种通过插入谐振电路实现 ZCS 和 ZVS 技术于 1984 年开发了准谐振变换器（QRC）。由于谐振元件 L_r 和 C_r 值非常小（正如前文所述，要保证 T_r 小），它们的寄生电阻引起的附加导通损耗完全被降低的开关损耗抵消。由于关断和导通过程必须在特定的瞬间，电流或电压在开关两端的电压达到零时进行，这些变换器可以不通过改变占空比来控制（占空比控制变换器的开关在瞬间由 PWM 关断，与当时的电流值没有关系）。

　　然而，ZCS 和 ZVS 在 1984 年之前已经用于所谓谐振变换器中，并与硬开关的 PWM 变换器并用。本章的 1.6 节将专门阐述这些开关频率控制的变换器。广泛使用它们主要在 20 世纪 80 年代之前的 10 年，当今仍对它关注，是由于其固有的零开关损耗的特异性能。

　　20 世纪 90 年代，经研究提出了新的解决方案：在占空比控制的变换器中实施零电流开关和/或零电压开关，创造了现代的软开关变换器。它除了使用基本的谐振块 $L_r - C_r$，零电压开关和/或零电流开关之外，还增加了一个开关（结构上称为有源缓冲器）或更多的无源元件和二极管（结构上称为无源缓冲器），创建了 PWM 控制的变换器。值得注意的是：

1. 在导通时使用 ZVS 比 ZCS 更好，特别是 MOSFET 型的开关，它的输出端有并联电容。当驱动开关致其导通之前，开关两端的电压为零。在导通瞬间，寄生电容中积累的能量理想地为零，即没有出现能源损耗。例如，稍后导通时，就能简单地实现 ZCS：在 DCM 工作的降压-升压变转器将出现固有的零电流开关（ZCS）导通，由于在导通阶段它和电感器与晶体管串联。在前一周期的最后开关阶段，通过电感器的电流为零，在一个新的周期开始时，它将受电感值限制的斜率缓慢地从零增加。

2. 在关断时使用 ZCS 的效益更好，特别是对少数载流子的晶体管，如 IGBT，因为 ZCS 帮助它们消除在关断瞬间之前，电流早已通过零而还带着的尾巴电流。在 DCM 工作的降压-升压变转器中的二极管将自然地跟随 ZCS 关断，因为它在第二开关阶段和电感器串联。当电感器电流降到零时，二极管自然地关断。

3. ZVS 易于实现关闭。例如，任何 MOSFET 都有并联的电容，这对 ZVS 关断自然地产生影响。因此，如果使用 MOSFET 时宁愿用 ZVS 消除电容导通损耗，如果使用 IGBT 时宁愿用 ZCS 消除关断后尾巴电流的影响。

4. 软开关变换器特点是效率高和控制简单。由于软开关变换器中的开关轨迹修改成正弦的电流或电压波形，没有大的 di/dt 和 dv/dt，这说明，与硬开关方波变换器相比较，减少了电磁干扰（EMI）软开关变换器的研究已经在 21 世纪的第一个 10 年达到成熟。

　　就元件数来说，无源缓冲器是最简单的一种，因为它不需要附加相关栅驱动电路的额外开关。无源缓冲器的典型结构示于图 1.48。电感器 L_s 与开关串联的作用是保证在 ZCS 时导通。在导通过程，L_s 吸收能量和 C_s 通过能源复位电路放电（复位电路的目的是促使在电抗元件中储存的能量为零）。电容 C_s 与开关并联的作用是保证在 ZVS 时关闭。在关断过程，存储在 L_s 的能量被转移到 C_s。过去，能源复位电路只由电阻组成。这样的缓冲器最简单但有能耗。今天，耗能的缓冲器仍用于低成本装置，因为损失的效率由节省元件的数量来缓解。现代低能耗复位电路用电抗性元件组成，它在变换器的另一部分的复位过程中，为再循环的能量构成储能回路（energy tank）。图 1.49 是一个 1 kW 的升压转换器，它使用无源低能耗缓冲器。

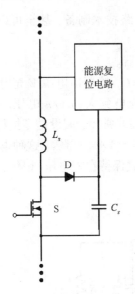

图 1.48　无源缓冲器的典型结构

图 1.49　有缓冲器的升压变换器

1.5　开关电容(SC)变换器简介

在 1.2 节中强调了电力电子电路中电感器的重要作用：用控制方式将能量从干线传输到负载。但是，磁性元件(电感器或变压器)的体积大。即使在高频工作时，电感器仍然是体积庞大的元件。在电力电子电路中考虑用集成电路实现电感器的价值太小。即使出现新的，薄的，单片(芯片)的电感器不再笨重，而在许多的应用中，磁性元件还是不可取的；例如，心脏起搏器的电源。用集成电路技术还不能达到电感器实际应用的量值范围，这就阻碍了用单芯片集成技术来实现电感器。而且，电感器的品质因数 Q 随其尺寸的减少而降低。由于电感器的这些特点，我们宁愿变换器是无磁性装置。电源与负载之间需要 DC-DC 隔离的应用，必须使用变压器。但在许多情况下，这种隔离是不需要的，这就可能要问是否可以用电容器取代电感器来控制传递能量。第一个答案似乎是否定的：充电时电感器磁场中的能量积聚是缓慢增加的，由于缓慢，电流($\mathrm{d}i_L/\mathrm{d}t$)的可控性增加；因此，通过改变占空比，可以很容易地控制这一过程。另一方面，电容器能迅速地充电达到饱和状态，使其充电过程难以控制。如果电容器用电流源充电来缓慢此过程，但其他的缺点又限制使用此方法。从电路理论揭示：当电容器充电到电压 V 的能量转移到无电荷的电容器时[①]，能量将散失 50%。因此，这种能量转移是高度无效率的。

尽管有上述看似不能逾越的困难，可是，只用电容器和开关就能转移电能的想法太有吸引力，使研究者不能不奋力去探求。开关电容(SC)电源体积小、质量小、功率密度大，作为印制电路板(PCB)上的组件，电容器的高度和成本比电感器和变压器小得多。开关电容电路是便携式电子设备的理想电源，不需要 DC-DC 隔离。由于没有磁性元件和磁场，电磁干扰可以避

---

① 考虑电容 C_1 充电电压 V，另一电容 C_2 未充电($C_1 = C_2 = C$)。它们的总能量是 $C_1 V^2/2 + 0 = CV^2/2$，其电荷 q 为 $C_1 V + 0 = CV$。通过一个开关并联后，因为总电荷保持不变(根据电荷守恒定律)，每个电容器将有电荷 $q_1 = q_2 = CV/2$，而且，每个电容器充电到 $V/2$。因此，两个电容器电场积累的总能量是 $C_1 (V/2)^2/2 + C_2 (V/2)^2/2 = CV^2/4$，这意味着一半的能源在转换过程中消耗了。

免。SC 电源能在很高的开关频率工作，电容器可以用集成电路技术制备，甚至可以想象，只用一块芯片实现整个电子调节器。

以下是设想只用开关和电容器组成的降压型 DC-DC 变换器。

图 1.50(a)是串联 N 个等值的电容器 $C_1 = C_2 = \cdots = C_n = C$，接着由电源 V 充电。极短时间之后，根据充电电路不同的寄生电阻值，每个电容器将被充电到大约 V/n 电压。现在移动电容器使它们与电阻 R 并联[参见图 1.50(b)]：如果放电时间非常短，假设是零损耗，结果是负载上的电压几乎等同于电容器，也就是说，负载电压几乎等于 V/n。当然，这种电子电路仍然远不是功率变换器，首先，理由很简单，充电电容器时，负载保持在零电压(记住，必须保持恒定的输出电压)。

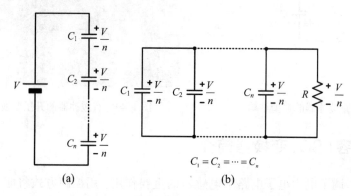

图 1.50　(a)n 个等值电容器的串联充电和(b)并联放电

为了弥补此不足，可以用两组等值的电容器，C：$C_1, C_2, \cdots, C_n$ 和 $C'_1, C'_2, \cdots, C'_n$(参见图 1.51)。在半周期 $T_S/2$ 时，第一组电容 $C_1, C_2, \cdots, C_n$，从电源 V 开始充电过程，而第二组电容器 C'_1，$C'_2, \cdots, C'_n$，(在前半周期充电)则处在对负载 R 放电的状态[参见图 1.51(a)和(b)]。它们在第二个半周期交换作用[图 1.51(c)和(d)]。用这种方法可使负载始终处在稍低于 V/n 电源电压。然而，我们还没有使用电源：如果 V 增大或减小，负载电压 V/n 将跟随它变化。

如果 V 和 R 变化，怎样才能确保负载电压保持不变？换句话说，如何在这样的充电-放电过程中引入一个控制单元？到现在为止，为了使它们达到 V/n，需要有足够的时间来充电电容器，即能使它们充电到饱和(理论上此值需要在无限时间之后才能达到，但实际上，在短时间内就获得几乎饱和的电压值，因为充电电路的等效电阻是由小数值的串联寄生电阻组成的)。但是，如果决定要控制此过程，对电容器只充电到小于 V/n 的值，例如定为 V_x 值(参见图 1.52)，那就是用明显小于 $T_s/2$ 的 t_{ch} 时间充电它们。在典型的电阻器-电容器电路中，电容器电压充电特性在图中用实线示出。现在考虑，例如，电源电压发生下降：V 降到 V_{new}。上述的充电特性将移到虚线。如果想保持 V_x 不变，可以简单地通过增加充电时间到 t_{ch_new}。显然，如果 V 增加就得减少充电时间。如果电源电压发生大范围变化，要充分地调节输出电压，选定(t_{ch}，V_x)是最好的设计点，此点尽可能在电容器充电特性的线性部分的中间：跟随 V 的变化，有足够的空间向左或向右移动 t_{ch}，而还未进入饱和区和未达到 $T_s/2$。同样，如果负载电流增加或减少，控制 t_{ch} 可获得恒定的负载电压(在这种情况下，V_x 增加或减少要面对变化的负载)。换句话说，我们创造了用 t_{ch}/T_s 比来描述占空比。V 和 R 的标称(稳态)值将是标称占空比 D。其电路工作如图 1.53 所示。在第一个半周期，电容 $C_1, C_2, \cdots, C_n$ 在时间 t_{ch} 被充电到 V_x，然后与电源断开，直到该半周期的结束。这时，在前一周期充电到 V_x 的 $C'_1, C'_2, \cdots, C'_n$，放电至负载，给出

输出电压 V_x'($V_x' < V_x$)。在第二个半周期，两组电容器的作用相互交换。不管 V 和 R 的如何变化，充电时间由 V_x' 控制。

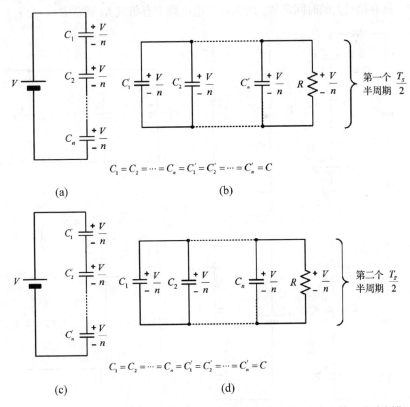

$$C_1 = C_2 = \cdots = C_n = C_1' = C_2' = \cdots = C_n' = C$$

(a)　　　　　　　　　　　　　　　(b)

$$C_1 = C_2 = \cdots = C_n = C_1' = C_2' = \cdots = C_n' = C$$

(c)　　　　　　　　　　　　　　　(d)

图 1.51　(a)在第一个半周期时第一组电容器的串联充电；(b)在第一个半周期时第二组电容器对负载的并联放电；(c)在第二个半周期时第二组电容器的串联充电；(d)在第二个半周期时第一组电容器对负载的并联放电

现以图 1.54(a)所示的电路来说明上述降压变换器的工作，它是专为将 12 V 电源电压降到 5 V 的负载电压设计的。该电路在开关周期内通过 4 个拓扑阶段进行[参见图 1.54(b)至(e)]。图 1.54(f)示出在稳态周期时变换器的开关波形(4 个晶体管 $S_1 \sim S_4$ 的驱动信号 $d_{S1} \sim d_{S4}$，4 个电容器的两端的电压 $V_{C1} - V_{C4}$，和负载电压 V_R)。功率阶段是由两组 C 值的电容 C_1，C_2 和 C_3，C_4 组成，$r_{C1} \sim r_{C4}$ 是 4 个晶体管 $S_1 \sim S_4$ 的直流电阻，$r_{s1} \sim r_{s4}$ 是它们的通态电阻，以及 6 个二极管 $D_1 \sim D_6$。在第一个拓扑阶段的持续时间 t_{ch}，S_1 和 S_4 是导通的，S_2 和 S_3 是关断的[在图 1.54(b)中，标出了开关导通时的通态电阻和电容器的直流电阻；在开关电容变换器

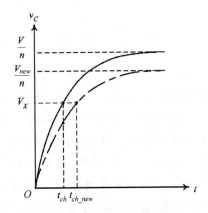

图 1.52　典型的电容器-电阻器电路充电电容器的电压特性

中这些电阻不可忽略，否则电容器的充电过程会被认为似乎是瞬间的，代表一个不可接受的近似]。因此，C_1 和 C_2 串联线电压被充电，时间常数非常小，因为 $r_{ch} = r_{S1} + r_{C1} + r_{C2}$，$D_2$ 由充电电流导通，D_3 和 D_1 分别被 V_{C1} 和 V_{C2} 反向偏置。C_1 和 C_2 的电压从最小值 v_{Cmin} 增加(这是不同于从

零增加的, 因为在稳态周期和不在启动过程的第一瞬态周期), 在这个拓扑阶段结束时达到最大值 V_{Cmax}。在这段时间, D_5 被 V_{C3}, V_{C4} 和 C_3, C_4 反偏置(在前一周期结束时的电压 V_{Cmax} 时充电)放电和负载并联放电, 具有相对大的时间常数, 因为在放电电路中有负载 R(通常 $R \gg r_C$, r_S)。

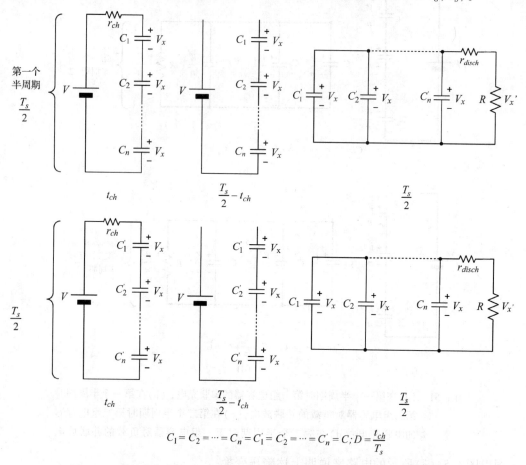

$$C_1 = C_2 = \cdots = C_n = C_1' = C_2' = \cdots = C_n' = C; D = \frac{t_{ch}}{T_s}$$

图 1.53　开关电容变换器控制周期工作的原理(r_{ch} 为电容器充电电路的等效
DC 电阻；r_{disch} 为电容器放电电路对负载的等效 DC 寄生电阻)

　　用(PWM 型)控制电路关断第一阶段的工作是：根据占空比, 关断 S_1[参见图 1.54(c)]。在第二拓扑阶段, 阻断 C_1 和 C_2 充电。但是保持在充电的最大电压 V_{Cmax}, C_3 和 C_4 继续向负载放电, 在此阶段($T_s/2$)结束时达到电压最小值 v_{Cmin}。在第一个半周期, 负载电压 V_R 被并联的 C_3 和 C_4 电容器放电, 由于放电电路的导通损耗, 使 V_R 比 $V_{C3}(V_{C4})$ 电压略低。在第三开关拓扑, S_2 和 S_3 导通, S_1 和 S_4 关断[参见图 1.54(d)]。因此, C_3 和 C_4 和电源连接, 充电到 V_{Cmax}, 而 C_1 和 C_2 在前半周期充电到它们的最大电压 V_{Cmax}, 现在并联负载放电。根据 PWM, 在时间 t_{ch} 之后 S_3 关断[参见图 1.54(e)], C_3 和 C_4 保持在它们充电的最大电压, 准备在下一个周期供给负载, C_1, C_2 并联负载, 继续放电。在 T_s 周期结束时它们将达到最小电压 V_{Cmin}。在第二个半周期时, 负载电压由电压 V_{C1} 和 V_{C2} 决定, 由于放电电路的导通损耗, 它们稍低于负载电压。从图 1.54(f) 可见, 负载电压因变换半周期, 使其供电电源由完成放电阶段的电容器改变为由刚开始放电阶段的电容器供给而受损。输出电压的纹波可以通过相应的 C 和 T_s 设计, 维持在预期的限额之下, 而且, 添加一个和负载并联的电容器还能进一步降低。但是, 负载电压的一些纹波是必要的,因为没有它,电容器将不再能循环地充电和放电,即不会将能量转移,负载相当于无限值。

类似的升压 DC-DC 变换器的情况将留给读者去思考。

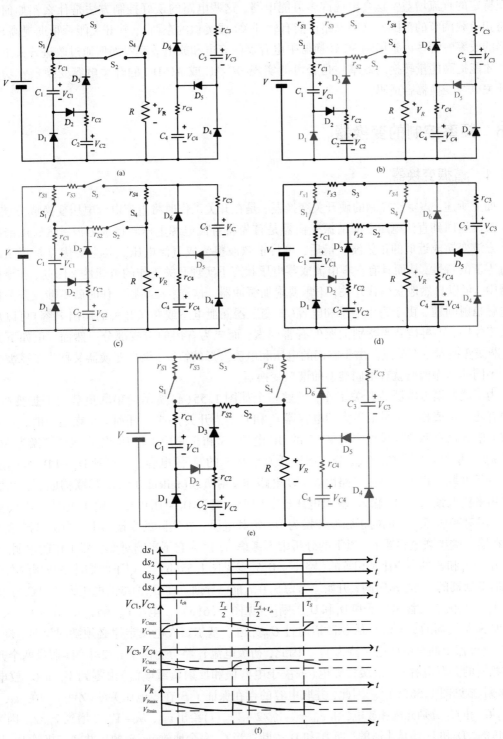

图 1.54 (a)SC 将 12 V 降到 5 V 的 DC-DC 降压变换器;(b) ~ (e)拓扑阶段;(f)开关图

开关电容电力电子技术的研究提出了许多关于直流电压增益，效率，电压纹波，调节和优化设计的问题。由于电容器充电电流 di/dt 很大，会产生电磁干扰，而且已经找到减少电磁干扰的方法。类似的问题还有，什么是 SC 电路的最佳结构？如何能用最小数量的开关和电容来实现特定的直流增益？这会出现许多可能电路，这些电路的最好控制方法是什么？如何扩大线路和负载调节的范围？这些电路可能有软开关（或类似的东西），软开关能否帮助提高 SC 转换器的效率？哪些因素影响 SC 转换器中电容器的充电和放电效率？如何通过改进开关电容变换器才能提高能量转换的效率？是否可能实现 DC-AC 或 AC-DC 的开关电容变换器？功率级用开关电容变换器合适吗？

1.6　频率控制的变换器

1.6.1　谐振变换器

如上所述，占空比控制的硬开关变换器，是在开关工作时将直流电源电压变换成方波，随后再整流返回到直流电压。而谐振变换器是首先将直流电源电压转换成方波，然后用谐振回路将方波变换成近似的正弦波。最后，再将正弦波整流成直流电压。其主要优点是正弦波具有过零值的特性，从而具有在零电流或零电压状态下实现开关工作的可能性。因此，在谐振变换器中，可以自然地获得软开关，不需要附加缓冲器。这样，在高频工作时就不涉及开关损耗和电磁辐射问题。由于寄生电感和电容（如变压器漏泄电感或并联开关的输出电容）可以加入谐振工作中，不再是需要特别关照的有害因素，而成为有用的组成部分。然而，正如下文所述，谐振变换器也有缺点。由于它们的电压和电流波形的特征，谐振变换器又称为正弦波变换器。不同的谐振回路就有不同类型的谐振变换器。

为了说明谐振电源的开关工作，考虑一个如图 1.55（a）所示的串联负载的谐振变换器。图中有两个量值相等和量值很大的电容器 C_1 和 C_2，当开关 S_1 或 S_2 任何一个在通态时，它们是用来对输入谐振回路提供稳定的 $V_{in}/2$ 的 DC 电压，S_1 和 S_2 是用来将 DC 输入电压变换为 AC 方波形 v_{AB}。并联电容器 C_{S1} 和 C_{S2} 分别增加开关 S_1 和 S_2 的漏-源电容。二极管 D_{S1} 和 D_{S2} 分别是 S_1 或 S_2 的反并联二极管。谐振电路由 $L_r - C_r$ 电路和反射负载（reflected load）串联构成。高频变压器是用来获取预期的 DC 输入-输出电压比。四个二极管 $D_1 \sim D_4$ 电桥和输出电容 C 组成整流器，实现对变压器二次侧的正弦波转换为 DC 负载电压。在实际的变换器中，为了平滑输入电流，在输入端串联电感器 L。以下的分析中不考虑 L，因为它不影响对变换器工作的说明。

开关 S_1 和 S_2 的占空比是相等的，略小于 0.5[参见图 1.55（b）]。以下的描述是典型的在稳态周期时变换器的工作，从时间 t_0 开始。考虑 S_2 在 t_0 前已导通。在 C_{S2} 两端的电压为零和 C_{S1} 上的电压是 V_{in}。整流二极管 S_2 导通和 D_1 和 D_4 关断[参见图 1.56（a）]。电压 v_{AB} 是 $v_{AB} = -V_{in}/2(i_L < 0)$。在 t_0 时 S_2 是关断的。电流将从 S_2 改道通过 C_{S2} 充电。基尔霍夫电压定律必须随时满足，即 C_{S1} 和 C_{S2} 电容器上的总电压应保持为 V_{in}。因此，初级电流 i_L 将分为两个 $i_L/2$ 电流（假设两个开关具有相同的并联电容），C_{S2} 缓慢充电（取决于电容值和反射负载电流）由零到 V_{in} 而 C_{S1} 放电由 V_{in} 到零[参见图 1.56（b）]。因此，并联电容的存在保证了 S_2 在零电压关断（ZVS）。在 $[t_0, t_1]$ 区间，C_{S2} 和 C_{S1} 分别充电和放电，由 $v_{AB} = -V_{in}/2 + V_{CS2}(t)$ 给出 v_{AB}，从 $-V_{in}/2$ 增到 $V_{in}/2$。因为 i_L 仍为负的，D_2 和 D_3 还是导通的，而 D_1 和 D_4 关断。当 C_{S1} 完全地放电，S_1 的反并联二极管 D_{S1} 开始自然导通，通过全部电流 i_L。C_{S2} 的电压保持 V_{in}。电压 v_{AB} 等于 $V_{in}/2$[参见图 1.56（c）]。整流器

二极管 $D_1 \sim D_4$ 保持它们的状态。t_1 之后，在 D_{S1} 导通间隔期间，对 S_1 施加导通的栅极信号。从 1.3 节中看到，开关的关断过程不是瞬间的。这意味着，实际上，在 t_0 时，S_2 可能没有完成关断过程。如果在 t_1 间隔期间 S_1 正在导通，可能 S_1 和 S_2 同时导通，使电源短路，造成巨大的输入电流脉冲(称为直通开关)。为了避免直通，在 S_2 关断和 S_1 导通之间插入一段"停滞时间"。当初级电流 i_L 在 t_2 达到零时，D_{S1} 停止导电和 S_1 得到电流 i_L，从而改变它的方向[参见图 1.56(d)]。因此，通过 C_{S1} 放电，S_1 实现零电压导通。在区间 $[t_2, T_s/2]$，$v_{AB} = V_{in}/2$，i_L 由下式给出：

$$i_L(t) = \frac{\frac{V_{in}}{2} - v_{Cr}(t_2)}{\omega_r L_r} e^{-\frac{R'}{2L_r}t} \sin \omega_r t$$

式中

$$\omega_r = \sqrt{\frac{1}{L_r C_r} - \frac{R'^2}{4L_r^2}}$$

R' 是对初级侧的反射负载电阻 R。

在 t_2 时随着 i_L 变成正的，D_2 和 D_3 关断和 D_1 和 D_4 开始导通。可以看到正弦电流 i_L 达到峰值，其值可以大于额定输入电流多倍，由于 i_L 流过开关的通态电阻和流过电路中的寄生电阻，这样的正弦电流会引起大的导通损耗。这是谐振变换器的主要缺点。

在 $T_s/2$ 时，由于 C_{S1} 的存在 S_1 跟随 ZVS 关断：电流 i_L 充电 C_{S1} 从零到 V_{in} 和 C_{S2} 放电从 V_{in} 到零，准备零电压以后 S_2 导通[参见图 1.56(e)]。接着这些电容器分别充电和放电，v_{AB} 减小从 $V_{in}/2$ 到 $-V_{in}/2$。$D_1 \sim D_4$ 保持它们的状态。当 C_{S2} 在 t_3 时完全放电，D_{S2} 开始自然导通。电压 v_{AB} 变成等于 $-V_{in}/2$[参见图 1.56(f)]。$D_1 \sim D_4$ 保持它们的状态。电流 i_L 从先前的时间间隔继续其正弦波。t_3 后，立刻将导通信号施加到开关 S_2。再次，实际上，当 S_1 导通和 S_2 关断时在其瞬间必须应用停滞时间。当在 t_4 时 i_L 达到零，D_{S2} 停止导通。现在在相反方向的 i_L 由 S_2 接收，再次回到图 1.56(a)所示的拓扑阶段。i_L 方程给出类似前面对间隔时间 $[t_2, t_4]$ 的公式，只是它有一个负号。当类似的新周期开始时，在这个阶段工作的变换器直到周期 T_s 结束。

以上对变换器详细描述的目的是要指出，在新的周期开始前，i_L 没有结束它正弦的负向部分(否则，当 S_2 关断 i_L 将是正的，D_{S1} 在 t_1 时不能开始导电)。同样，当在 $T_s/2$，S_1 关断时 i_L 必须仍然是正的(否则，D_{S2} 在 t_3 时不能开始导电)。这表明电流 i_L 滞后于电压 v_{AB}。图 1.57 给出了变换器的等效交流模型。由于 $I_L(j\omega_s)$ 滞后 $V_{AB}(j\omega_s)$，我们需要负载角

$$\theta = \arctan \frac{\omega_s L_r - \frac{1}{\omega_s C_r}}{R'}$$

是正的。这样就要求

$$\omega_s > \frac{1}{\sqrt{L_r C_r}}$$

换句话说，开关频率 ω_s 必须高于谐振频率。这样的工作被称为"超谐振工作"。因为电流 i_L 滞后电压 v_{AB}，这种类型的工作也被称为"滞后功率因数模式"。上述谐振工作的优点是显而易见的：ZVS 开关的导通和关断，以及在高开关频率工作，这意味着变压器和无源元件的尺寸可以缩小。该方法适用于使用 MOSFET 的谐振变换器；而对于高电源电压 V_{in} 的变换器就不适用，因为没有高压 MOSFET 可用(当在关态时开关必须承受输入的高电压 V_{in})。另一种类型的工作是"低谐振"或"超前功率因数模式"，其中开关频率低于谐振频率和 i_L 超前电压 v_{AB}。在这样的工作中，开关是在 ZCS 时的导通和关断，这些谐振变换器有别的优点和缺点以及其他应用。

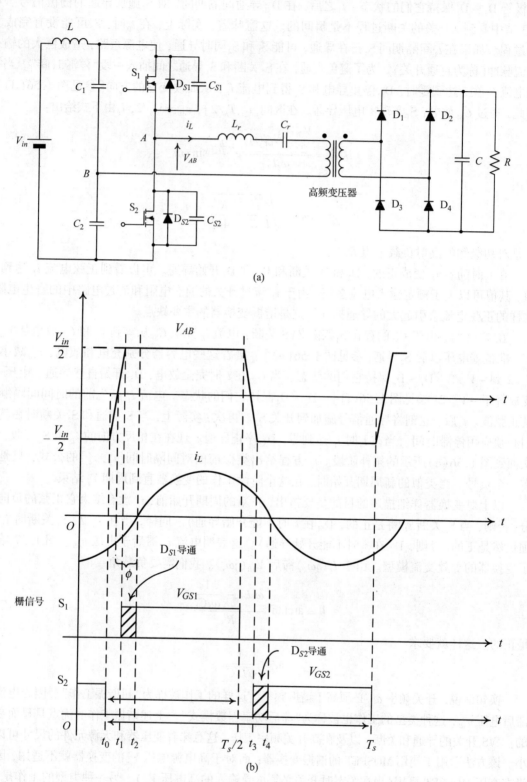

图 1.55 串联负载的谐振变换器。(a)功率级电路；(b)主要的稳态波形

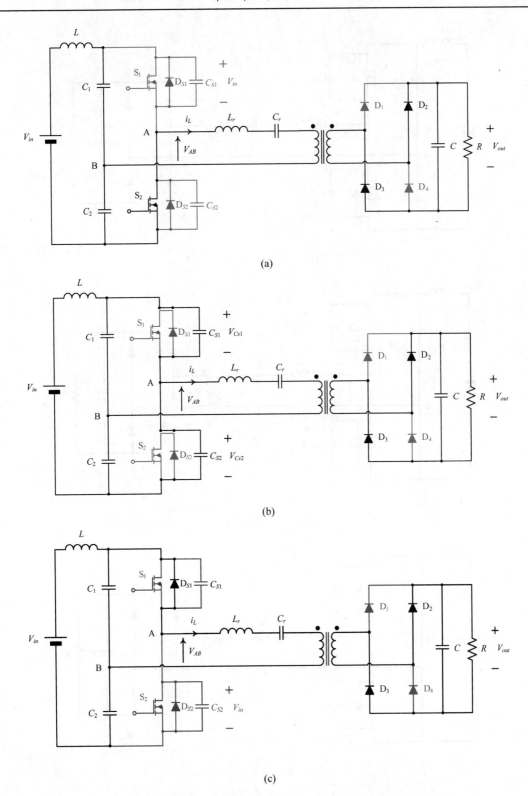

图 1.56　串联负载的谐振变换器的开关阶段。(a)在 t_0 之前；(b)$[t_0,t_1]$；
(c)$[t_1,t_2]$；(d)$[t_2,T_s/2]$；(e)$[T_s/2,t_3]$；(f)$[t_3,t_4]$

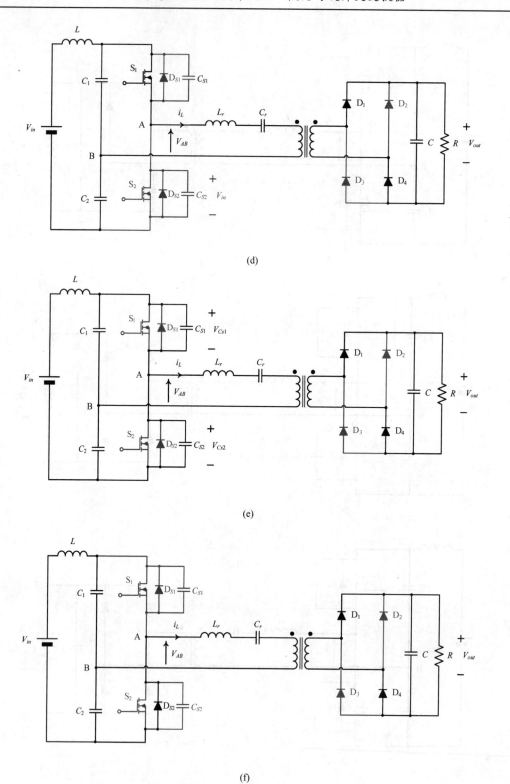

图 1.56(续)　串联负载的谐振变换器的开关阶段。(a)在 t_0 之前；(b)[t_0 , t_1]；
(c)[t_1 , t_2]；(d)[t_2 , $T_S/2$]；(e)[$T_S/2$, t_3]；(f)[t_3 , t_4]

除了上述的系列之外, 还可以使用其他的谐振回路。例如并联谐振型, 其中谐振电容器与负载并联连接; 或者串-并联 LCC 谐振型, 其中一个电容器和电感器串联而其他电容器与负载并联; 或者串-并联 LLC 谐振型, 其中有两个电感与电容串联, 其中之一是与负载并联的。用这些不同的振荡回路得到的各种变转换器都有它的优点和它的应用。

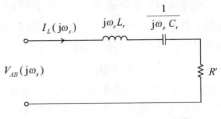

图 1.57　串联具有反映初级侧负载 R' 的谐振变换器的等效电路

由于谐振变换器能够基于控制特定开关的导通时间将来自电源的能量流不中断地供给负载, 可以利用不需要限定占空比和不可能调节输出电压。为了控制从电源到负载的能量流量, 只要控制瞬时功率 $v_{AB}i_L$ 的平均值。从图 1.55(b) 中可以看到, 在设计的变换器只能通过扩展或压缩 v_{AB} 和 i_L 的波形, 即通过延长或缩短 T_s 来实现控制。因此, 为了调节谐振变换器的输出电压, 必须控制开关频率。例如, 意法半导体的 L6598 是谐振变换器用的集成电路的频率控制器。它的开关频率的可变范围是 240 ~ 60 kHz, 功率变化范围是 25 ~ 150 W。

频率控制的缺点是设计变换器的滤波器隐含的困难。当选择滤波器电路的元件时, 必须知道变换器的工作频率, 因为每个无源元件都有特定的频率响应。而且, 如果以可能的最低工作频率来选择磁性元件, 在控制频率范围内所有其他频率, 这些元件将是超大号的。如果以所需的线路和负载调节用的可能最高工作频率来选择磁性元件, 在控制范围较低的频率时, 这些元件可能变成饱和的。实际上, 当设计频率控制变换器中的电感器时, 选择的铁心材料要在厂家提供的数据表范围才能达到设计的控制频率范围。所选择的磁性材料在所要求频率范围内必须具有最高性能因数。性能因数与频率是相关的, 因此, 即使特定频率已优化设计, 对考虑范围内的其他频率, 性能也会变化。

1.6.2　准谐振变换器(QRC)

我们看到, 占空比控制的变换器具有简单和强健的 PWM 控制的优点。根据不同类型的变换器, 通过电压和电流的开关必须分别承受输入或输出电压值, 输入或输出电流值(例如, Buck 变换器的开关必须承受输入电压和输出电流; Boost 变换器的开关必须承受输入电压和输出电压; 最坏的情况是 Buck-Boost 变换器在关态时开关两端出现输入和输出电压之和)。上述的基本变换器没有出现额外的电压或电流应力。这些变换器的主要缺点是它们属于硬开关。谐振变换器是自然的软开关。但是, 它们的频率控制需要一个很复杂的磁性元件的设计。而且, 在谐振过程, 变换器的电压和电流波形达到正弦顶峰时, 这对开关造成较大的应力, 需要超安全标准设计(overdesign)。理想的变换器应将 PWM 和谐振变换器的优点结合起来, 并消除它们的缺点。

针对上述变换器的需求, 1984 年提出了准谐振变换器(QRC)。在 1971 - 1983 年间, 有关一些先进构思来自专利和会议论文。其出发点是使用简单的, 如上所述的(降压, 升压或降压-升压)硬开关变换器, 在紧靠开关处, 嵌入用两个非常小的无源元件 L_r 和 C_r 构成谐振块, 其谐振周期 T_r 比 T_s 小得多

$$T_r = 2\pi \sqrt{L_r C_r} \ll T_s$$

由于使用小值元件, L_r 和 C_r 的串联电阻可忽略不计; 因此, 额外的导通损耗不大。

谐振电路可以嵌入与开关串联的电感器[参见图 1.58(a) 和(b)]或与开关并联的电容器[参见图 1.59(a) 和(b)]。图 1.58 描述的结构创建了 ZCS 条件。记得，MOSFET 有一个本征的，内在的反并联二极管。因此，MOSFET 允许电流双向流动。如果想要单向流的话，可以嵌入一个与开关串联的二极管，即常说的开关在"半波模式"工作。记住，体二极管有恢复问题。实际上，如果想要双向流(称为"全波模式"工作)，可增加一个和 MOSFET 并联的二极管。我们早已知道，当开关导通时有串联电感器的话会减缓电流的上升。谐振过程中 L_r 和 C_r 电路将创建正弦电流；当正弦值达到零值时，可以用 ZCS 关断开关。

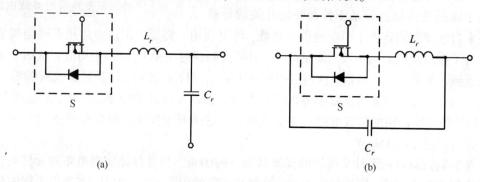

图 1.58　产生 ZCS 条件的开关谐振电路结构

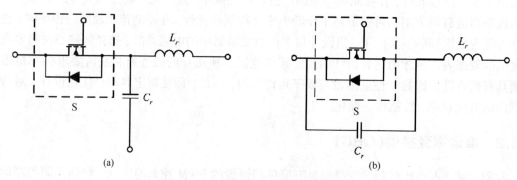

图 1.59　产生 ZVS 条件的开关谐振电路结构

图 1.59 所示的结构是用来创建 ZVS 条件的。正如已提醒的，当开关关断时，与开关并联的电容器会减缓开关两端电压的上升。谐振电路中产生的电容器电压的正弦波会自然地通过零。在那瞬间，开关的反并联二极管开始导通，为开关导通创造了零电压条件。开关的反并联二极管只允许正半周的正弦谐振电容器电压通过，因为在负半周时这一电压被二极管箝位到零。这种情况表示有谐振电路的双向开关在半波模式工作。如果使用单向开关，C_r 两端的电压能在正的和负的两个半周期振荡，给出全波模式工作。

在谐振变换器中，谐振电路的能量流始终进行着，导致能量的大循环。谐振模块是电源变换电路的主要部分。不同于谐振变换器，准谐振变换器中的谐振电路仅在需要使用 ZCS 或 ZVS 时才使用。换句话说，在准谐振变换器中的谐振块连接到开关和使用它只为了创建零开关(ZCS 或 ZVS)条件——这是为什么图 1.58 和图 1.59 的结构也叫"谐振开关"的原因。

为了阐述准谐振变换器的工作，考虑将谐振电路嵌入降压转换器的情况，电路中开关与电感器串联，如图 1.58(a) 所示。为了获得单向能量流，图中增加一个串联二极管 D_s。这样就获得了在半波模式工作的 ZCS 准谐振的降压转换器[参见图 1.60(a)]。正如在图 1.10 中看到的,由 $L-C$ 和负载电阻 R 组成的输出滤波器可作为接收电流 I_{out} 的第一近似值[参见图 1.60(b)]。为了将无源元件的数量从四个降到两个,我们将使用这个等效电路来求解,这样只需要解二阶差分方程。因为 L_r 和 C_r 值非常小,不会影响精度。由于 $T_r \ll T_s$,i_{Lr} 和 v_{Cr} 可以在一个开关周期内得到完整的正弦曲线,在此期间,输出电流 I_{out} 可认为是近似恒定的。

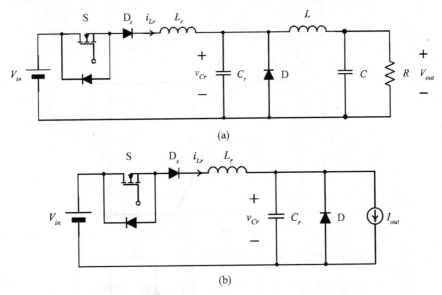

图 1.60　(a)半波模式工作的 ZCS QRC 降压变换器;(b)它的近似简化结构

在一个稳态周期内,变换器将经过几个开关阶段(拓扑)。图 1.61(a)给出开关包含主要的稳态波形图(有开关的驱动信号,谐振电感器电流 i_{Lr} 和谐振电容器电压 v_{Cr})。各开关阶段的等效电路如图 1.61(b)至(e)所示。当分析电路时总是要在新的开关周期前,从前一周期最后的开关拓扑状态开始。然后,在稳态周期工作分析结束时,如果假设是正确的,应该返回到初始状态。现在分析的电路是降压转换器,它的最后开关阶段是续流二极管工作状态[参见图 1.61(b)]:开关 S 关断和负载电流 I_{out} 通过二极管 D 续流。很显然,在这阶段,$i_{Lr}(t) = 0$,$v_{Cr}(t) = 0$。

一个新的稳态开关周期在 t_0 时由开关 S 导通开始。由于 L_r 的存在,开关电流 i_L 缓慢上升,给出零电流开关导通的特性。从图 1.61(c)得到

$$V_{in} = L_r \frac{\mathrm{d}i_{Lr}}{\mathrm{d}t}$$

其解是

$$i_{Lr} = \frac{V_{in}}{L_r} t$$

式中,为简单起见取 t_0 等于零。

开关电流上升的斜率受 L_r 限制。只要 i_{Lr} 小于输出电流 I_{out},二极管 D 导通,它的电流是 $i_D(t) = I_{out} - i_{Lr}$。结果是

$$v_{Cr}(t) = 0$$

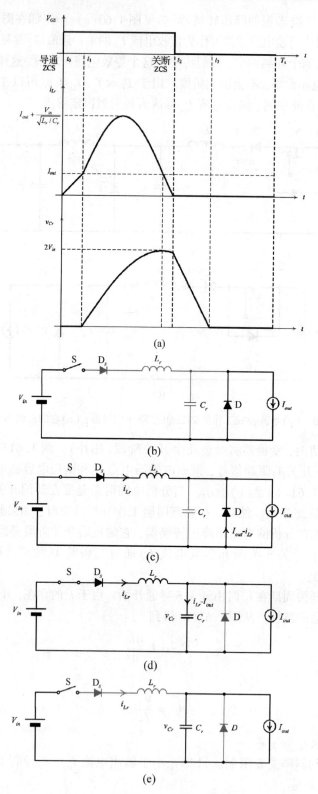

图 1.61　(a)半波模式工作的 ZCS QRC 的开关波形和(b)~(e)开关阶段，它们的时间间隔分别是：(b)$<t_0$；(c)$[t_0,t_1]$；(d)$[t_1,t_2]$；(e)$[t_2,t_3]$

当 $i_{Lr}(t)$ 达到输出电流 I_{out} 值，即在 t_1 瞬间，通过二极管的电流下降到零，二极管自然关断，即具有 ZCS 特性，$i_D(t_{1-}) = i_D(t_{1+}) = 0$。变换器开关进入第二阶段，如图 1.61(d) 所示。现在，由于二极管 D 已关闭，电流将通过电容器 C_r 流动。在图 1.61(d) 所示电路的基尔霍夫方程给出

$$\begin{cases} V_{in} & = L_r \dfrac{\mathrm{d}i_{Lr}}{\mathrm{d}t} + v_{Cr} \\[2mm] i_{Lr} - I_{out} = C_r \dfrac{\mathrm{d}v_{Cr}}{\mathrm{d}t} \end{cases}$$

微分后得到

$$\begin{cases} 0 & = L_r \dfrac{\mathrm{d}^2 i_{Lr}}{\mathrm{d}t^2} + \dfrac{\mathrm{d}v_{Cr}}{\mathrm{d}t} \\[2mm] \dfrac{\mathrm{d}i_{Lr}}{\mathrm{d}t} = C_r \dfrac{\mathrm{d}^2 v_{Cr}}{\mathrm{d}t^2} \end{cases}$$

在以上方程中引入 $\mathrm{d}i_{Lr}/\mathrm{d}t$ 和 $\mathrm{d}v_{Cr}/\mathrm{d}t$，得到

$$\begin{cases} V_{in} & = L_r C_r \dfrac{\mathrm{d}^2 v_{Cr}}{\mathrm{d}t^2} + v_{Cr} \\[2mm] i_{Lr} - I_{out} = C_r \left(-L_r \dfrac{\mathrm{d}^2 i_{Lr}}{\mathrm{d}t^2} \right) \end{cases}$$

或

$$\begin{cases} \dfrac{\mathrm{d}^2 v_{Cr}}{\mathrm{d}t^2} + \dfrac{1}{L_r C_r} v_{Cr} = \dfrac{1}{L_r C_r} V_{in} \\[2mm] \dfrac{\mathrm{d}^2 i_{Lr}}{\mathrm{d}t^2} + \dfrac{1}{L_r C_r} i_{Lr} = \dfrac{1}{L_r C_r} I_{out} \end{cases}$$

用初始条件

$$i_{Lr}(t_1) = I_{out}, v_{Cr}(t_1) = 0$$

这些方程的解是

$$\begin{cases} i_{Lr}(t) = I_{out} + \dfrac{V_{in}}{\sqrt{\dfrac{L_r}{C_r}}} \sin \dfrac{1}{\sqrt{L_r C_r}}(t - t_1) \\[4mm] v_{Cr}(t) = V_{in} \left[1 - \cos \dfrac{1}{\sqrt{L_r C_r}}(t - t_1) \right] \end{cases}$$

从上式可见，谐振电流 i_{Lr} (不要忘记此电流也通过开关)有一个正弦峰值

$$\dfrac{V_{in}}{\sqrt{\dfrac{L_r}{C_r}}}$$

这就是硬开关 Buck 变换器中开关必须承受的输入电流，在准谐振 ZCS 降压变换器中，除了由输入电压决定的组成部分之外，开关还必须传导由输出电流给出的最大电流值。对于高值输入电压，该峰值可以达到比标称输入电流更高的量值。谐振电容器电压 v_{Cr} 可以达到输入电压的两倍。由于 C_r 和输出二极管 D 并联，它意味着 D 也必须承受输入电压的两倍，这是硬开关降压变换器中的二极管必须承受的。

从图 1.61(a) 看到，在 t_2 瞬间正弦谐振电感器电流达到零。如果要利用 ZCS 关断开关 S，就必须在此瞬间进行。这意味着，对硬开关变换器的情况，从电源到负载，能量流的中

断无法按 PWM 型控制电路的指令来瞬间控制。对准谐振变换器的情况，当传感器指示，谐振电感器电流达到零时 S 必须关闭。因此，在准谐振变换器中，用"占空比"型的控制是不可能的。

在 t_2 瞬间通过关断开关 S，变换器进入第三开关阶段，在图 1.61（e）的描述中

$$C_r \frac{\mathrm{d}v_{Cr}}{\mathrm{d}t} + I_{out} = 0$$

得到

$$v_{Cr}(t) = v_{Cr}(t_2) - \frac{I_{out}}{C_r}(t - t_2)$$

这时谐振电容器线性地放电到负载。

当谐振电容器电压 $v_{Cr}(t)$ 达到零时，和 C_r 并联的二极管 D 开始通过 ZVS 导通，因为

$$v_D(t_{2-}) = v_D(t_{2+}) = 0$$

变换器进入典型的降压续流开关阶段，如图 1.61（b）所示。

如果变换器不增加二极管 D_s 的话，在第二开关阶段的谐振电感器电流将通过开关的反并联二极管，在相反的方向继续流动，直到负半正弦曲线结束，才再次到零。在负半正弦曲线时可以在任何时刻关断开关，实现 ZCS（关断它之前晶体管没有电流）和 ZVS（由于它的体二极管导通）。

注意 i_{Lr} 的图示（即通过 S 的电流）[参见图 1.61（a）]，就容易理解开关在关断和导通时的 ZCS

$$i_{Lr}(t_{0-}) = i_{Lr}(t_{0+}) = 0$$

即在 t_0 之后 i_{Lr} 开始缓慢增高

$$i_{Lr}(t_{2-}) = i_{Lr}(t_{2+}) = 0$$

而在 t_2 之前 i_{Lr} 达到零。

正如所见，在准谐振变换器中不用占空比控制是可能的。因为谐振电容器和输出电路并联，这意味着变换器的输出电压按比例地跟随谐振电容器的平均电压变化。因此，为了调节输出电压可以变成调整 v_{Cr} 的平均电压。在图 1.61（a）示出，实现此目标的方法之一是改变 T_s。因此，如同控制谐振变换器一样，对准谐振变换器也使用开关频率控制，使用这种类型的控制隐含的损耗已在前面讨论过。不过，增加了一个正弦曲线峰值高的缺点，它增加对开关和输出二极管的应力，为此要求超安全标准的设计，这又导致较大的导通损耗，这是为什么准谐振转换器没有在实际应用的原因。

但是，在现代变换器的发展中准谐振变换器的创建是一个重要的里程碑。经过详细的 ZCS 和 ZVS 准谐振变换器的论述后，将对解决准谐振变换器的两个主要的缺点——频率控制和正弦曲线峰值的问题展开阐述。第一个问题的解决方案很简单，我们想创建类似的占空比的控制。怎样才能实现呢？由于零开关状态出现的瞬间主开关必须关闭，这就不得不添加一个外部控制的开关，用它来阻断从能源到负载所需的能量通量。因此，两个开关导通瞬间之间的相对持续时间成为允许使用 PWM 控制的新控制参数。通过添加一个或多个二极管和无源元件的辅助开关的缓冲器，在 1.4 节讨论时已提出了。现代的软开关 PWM 变换器就是这样出现的。一个具有简单而强健的 PWM 控制的，软开关频率极高的，理论上是零开关损耗和导通损耗略高于硬开关变换器的变换器，在行业中迅速传播。由于软开关 PWM 变换器是一个大比例的 DC-DC 变换器，在 20 世纪 90 年代已开始使用，然而，现代软开关 PWM 变换器基本上是

具有无源或有源缓冲器的硬开关变换器，对其工作原理的理解和它们的设计是基于经典的硬开关变换器的深入认识。

1.7　AC-DC 整流器和 DC-AC 逆变器概述

1.7.1　整流器

在日常生活中，我们只能在插座的输出中找到单相或三相交流电源。采用单相交流主电源的有：欧洲或亚洲的工频是 50 Hz，220 V 或 230 V；澳大利亚是 240 V；美国是 60 Hz，110 V 或 120 V。然而，设备内部的工作电压通常是低电压直流电。例如，一台台式计算机的工作电压在 1.7 V，3.3 V，5 V，12 V 等。因此，必须使用 AC-DC 整流器将来自插座的交流电变换成应用的直流电源。将交流电压 v_s 变换成直流电压 V_{dc}，可以使用简单的二极管桥式电路和电容来实现，如图 1.62(a) 所示。二极管 D_1，D_3 和二极管 D_2，D_4 互补地工作。在 v_s 的正半周期[参见图 1.62(b)]，当 $v_s > V_{dc}$ 时 D_1 和 D_3 导通。输出电容将由交流干线充电。输出电压跟随电源电压。在 v_s 的负半周期，如图 1.62(c) 所示，当 $-v_s > V_{dc}$ 时 D_2，D_4 将导通。再次，输出电容将由交流干线充电，输出电压跟随电源电压。V_{dc}，$V_{dc,pk}$ 的峰值然后等于 v_s 的峰值

$$V_{dc,pk} = \sqrt{2}\, V_{s,rms}$$

式中 $V_{s,rms}$ 是 v_s 的均方根值。

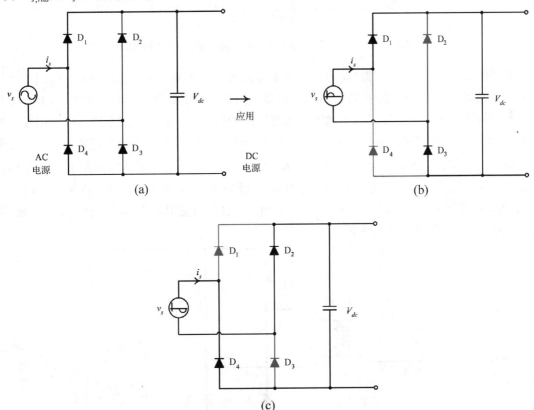

图 1.62　(a) 使用有输出电容器的二极管桥电路的简单整流器；
(b) 当 $v_s > V_{dc}$ 时的电路工作；(c) 当 $-v_s > V_{dc}$ 时的电路工作

当电源电压值开始下降，而且其值小于直流电压 V_{dc} 时，二极管将停止导通。电容器将能量供给负载。图 1.63 示出 v_s 和 V_{dc} 的波形。

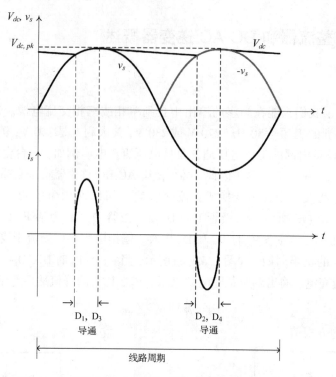

图 1.63　二极管电桥-电容器组成的整流器电压和电流的波形

如果电源电压为 220 V，得到的 DC 电压的峰值等于 311 V。这样高的电压可以用于诸如紧凑型荧光灯和电子镇流器的装置。但是，许多家用电器需要低电压供电，例如，15 V 电池充电器。如何将 311 V 变换为 15 V？而不是在直流侧变换电压，最简单的方法可以使用变压器首先将 220 V AC 电压降到 10.6 V AC 电压，如图 1.64 所示。然后，低压交流电源通过二极管桥式电路整流。因此，直流电压等于 $\sqrt{2} \times 10.6 = 15$ V。实际上，变压器将给出高于 10.6 V 以补偿二极管的电压降。然而，为了提供低电压而用低频变压器是有缺点的。因为在 50 Hz 或 60 Hz 运行的变压器，它的物理尺寸太大，质量也大，当今的应用需要小尺寸和轻质量。此外，在实践中，低频变压器转换效率低。

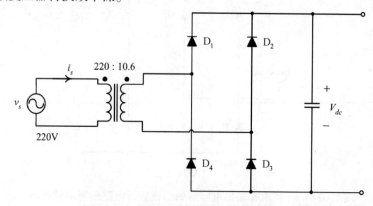

图 1.64　具有 AC 变压器的简单整流器

　　而且，变压器有上述缺点之外，上述简单的电路还有另一个缺点。由于从交流电源引入的电流是脉动的。如图 1.63 和图 1.62(b)的说明，当 $v_s > V_{dc}$，只在线路周期短的时间间隔期，D_1 和 D_3 导通。同样地，如图 1.62(c)所示，D_2、D_4 也只当 $-v_s > V_{dc}$，在线路周期的短的时间间隔期才导通。从能量的观点来看，在线路周期的两个时间间隔期间，负载所需的能量将从交流电源被转移到负载。为了得到高质量的直流电压，要用较大的输出电容值 C，两个时间间隔的持续时间较短和更高的电流脉冲幅度。高的电流脉冲有什么副作用？

　　首先，对于相同的输出功率，连接交流电源和应用装置的电缆尺寸比常规需要的更大，因为它还要载运增添的高的电流脉冲。除了利用率低，电缆损耗也会增加。

　　其次，供电的电流脉冲会引起供电电压的波动而影响应用。如图 1.65 所示，应用装置是和同一 AC 干线并联的。这样，不可避免地存在干线电源配电变压器的泄漏电感和传输电缆的杂散电感，它们作为交流电源和应用之间的源阻抗 Z_s。这样一个高度脉动电源电流还富含谐波。在图 1.66 中可以看到，如果应用含有谐波的输入电流 i_o，电源电流 i_s，其应用电源也含有谐波。作为终端电压 $V_s'(s)$ 由下式给出：

$$V_s'(s) = V_s(s) - I_s(s)Z_s$$

(大写字母的变量表示是拉普拉斯变换变量)电源电流的谐波将在终端电压 v_s' 中也产生谐波，这是所有应用端共有的。这意味着输入一个应用装置中的输入电流波动，会影响其他应用装置。这被认为是一种通过导体的干扰，即传导电磁干扰。

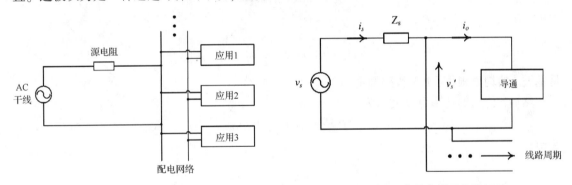

图 1.65　干线电源并联各个应用设备　　　　　　图 1.66　传导电磁干扰的解释

　　第三，电流脉冲还引起辐射，因为 $Ldi = dt$ 效应，其中 L 是网络的杂散电感。因此，如果脉冲电流是快速变化的，它会增加辐射电磁干扰。

　　由于以上的不良影响，许多国家都制定了限制输入设备电流的谐波含量的本国国家电磁兼容性标准(在基波振幅的百分比)。产品进入某个国家必须符合该国的国家标准。例如，表 1.8 示出 IEC 标准 IEC-61000-3-2，用于输入电流小于 16 A 设备的谐波电流限制标准。

表1.8　IEC-61000-3-2 谐波电流限制标准(输入电流小于等于 16 A)

(a) C 类设备，如照明设备					
谐波	2	3	5	7	9	$11 \leqslant n \leqslant 39$
IEC 限制(%)	2	$30\lambda^*$	10	7	5	3
(b) D 类设备——设备具有显著的效果上的电力供应系统，功率可达 600 W，如个人计算机或电视接收机					
谐波	3	5	7	9	11	$13 \leqslant n \leqslant 39 \ (n-\text{odd})$
IEC 限制(%)	2.3	1.14	0.77	0.4	0.33	$0.15(15/n)$

　　* λ 是电路的功率因数。

那么，什么是理想的电源电流波形？让我们做一个定量分析。假设电源电压是完美的正弦波

$$v_s(t) = V_m \sin \omega t$$

式中，V_m 是 v_s 的峰值，$\omega = 2\pi f$ 是线路频率 f 的角频率。

假设可以用傅里叶级数来描述电源电流；这是有效的，因为电源电流是典型的周期波形

$$i_s(t) = I_{m1}\sin(\omega t - \theta_1) + \sum_{n=2}^{\infty} I_{mn}\sin(n\omega t - \theta_n)$$

式中 I_{mn} 和 θ_n 是电源电流第 n 级谐波的峰值和相位角，I_{m1} 和 θ_1 是电源电流基波的峰值和相位角。

v_s，$V_{s,rms}$，和 i_s，$I_{s,rms}$ 的均平方根值等于

$$V_{s,rms} = \frac{V_m}{\sqrt{2}}$$

$$I_{s,rms} = \frac{1}{\sqrt{2}}\sqrt{\sum_{n=1}^{\infty} I_{mn}^2}$$

从电源干线传送到应用的平均功率 P 是 $v_s \times i_s$ 对线路周期 T 的积分的平均值。因此

$$P = \frac{1}{T}\int_0^T v_s(t)i_s(t)\mathrm{d}t$$

$$= V_{s,rms} I_{m1,rms} \cos\theta_1$$

式中

$$I_{m1,rms} = \frac{1}{\sqrt{2}} I_{m1}$$

是基波 i_s 的均方根值，T 是线路周期 $(1/f)$。

然后，传送的功率可以表示为

$$P = V_{s,rms} I_{s,rms} K_d K_p$$

式中

$$K_d = \frac{I_{m1,rms}}{I_{s,rms}}$$

称为失真因数

$$K_p = \cos\theta_1$$

称为位移因数。

失真因数是电源电流基波的均方根和电源电流均方根之比。这显示电源电流波形的质量，此值越高，越接近电源电流的正弦波形。K_d 的最大值是 1。

位移因数是表示电源电流的基波分量和干线电压之间的（相位差）位移因数。K_p 的最大值是 1，这意味着电源电流的基波分量和干线电压是同相位的。

应用的输入功率因数 K_{PF} 为

$$K_{PF} = \frac{\text{有功功率}}{\text{视在功率}}$$

$$= \frac{V_{s,rms} I_{s,rms} K_d K_p}{V_{s,rms} I_{s,rms}}$$

$$= K_d K_p$$

对给定的功率，如果 K_{PF} 等于 1，需要 $K_d = 1$ 和 $K_p = 1$，均方根电流 $I_{s,rms}$ 是最小的。在这种情况下，供电电缆将是最佳使用的 。因此，理想的电源电流波形是正弦的并且和电源电压同相位。这样的电流输入应用是无谐波的，因此不干扰其他共用相同电源的其他应用。

怎样才能提高如图 1.62 所示电路的输入功率因数？可用图 1.63 所示的电源电流波形以另一种方法求解此问题。如果输入电流脉冲的持续时间增加则输入功率因数也增加。最简单的方法是使用输入电感器作为滤波器，以改变波形（参见图 1.67）。但是，这个方案不实用：这个电感器要衰减较宽频率范围内的谐波，它所需的量值和物理尺寸就太大了。

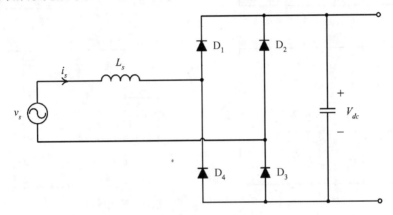

图 1.67　改进整流器输入电流的可能方案

回到图 1.62 所示产生整流器功率因数的根式；如果增加二极管的导通间隔可以改善畸变因数 K_d。一种实用的解决方案已被广泛应用于低功率应用装置，如紧凑型荧光灯，如图 1.68(a) 所示。输出电容器由一个二极管-电容网络所取代，其中 C_1 和 C_2 具有相同的值。V_C 表示每个电容器两端的电压。电容 C_1, C_2 和电源干线串联充电要通过 D_6。它们的最大电压是 V_m（即 v_s 的峰值）。这样，每个电容器都能充电到最大电压 $V_m/2$。它们的放电要通过 D_5、D_7 并联地接到负载。在线路周期开始时，$V_C = V_m/2$。然而，电源电压值稍小于 V_C。二极管 $D_1 \sim D_4$ 不导通。两个电容通过二极管 D_5、D_7 放电给负载 [参见图 1.68(b)]。在这段时间，负载电压等于电容电压 $V_m/2$。当正弦的电源电压达到 $V_m/2$ 值时，工作在这样结构的电路直到 $\omega t = 30°$（即 $\pi/6$）。显然，在这段工作期间没有电流从电源干线流入。实际上，这种结构的工作结束之前，ωt 已达到 30°。这是因为电容 C_1 和 C_2 在现实中不可能达到无限值而是有限值，因此，在它们两端的电压在放电过程中不可能保持不变。当电源电压达到 V_C，二极管 D_5、D_7 停止导通。二极管 D_1 和 D_3 开始导通。负载电压 V_{dc} 跟随电源电压 [参见图 1.68(c)]。C_1 和 C_2 串联一起的电压高于电源电压，D_6 不能导通。当电源电压达到等于 C_1 和 C_2 串联一起的电压时，D_6 开始导通 [参见图 1.68(d)]。干线的能量连续供给应用，这样 V_{dc} 跟随干线电压，同时，C_1 和 C_2 充电到 $V_m/2$（这些电容器给第一种配置在 0°~30° 角度期间的负载放电，所以它们的电压下降到低于 $V_m/2$）。在这段时间中，由于电容器的充电过程，输入电流出现峰值。串联在干线上的 C_1 和 C_2 的电压值立即降低，D_6 关断，即电路返回到图 1.68(c) 描述的工作。当干线电压低于 $V_m/2$ 时，电路继续在这种配置下工作直到 ωt 达到 150°（即 $5\pi/6$）。然后，该电路工作再次如图 1.68(b) 所示的配置。在干线电压的负半周期重复此过程，D_1，D_3 作用现由 D_2，D_4 承担。波形的输入电流 i_s 和负载电压 V_{dc} 的波形示于图 1.68(e) 中。

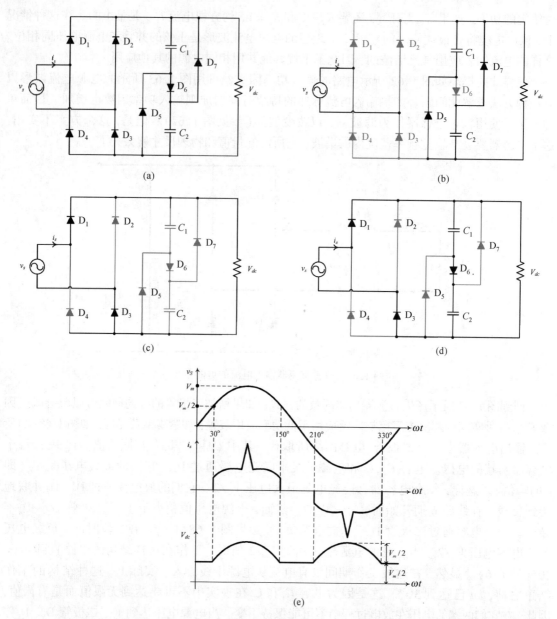

图 1.68　填谷功率因数校正(PFC)。(a)电路;(b)角度 $\omega t[0°,30°]$ 和 $[150°,180°]$ 时的等效电路结构;
　　　　(c)角度 $\omega t[30°,150°]$ 时的等效电路结构,除了电容器充电时间;(d)电容器在角度 $\omega t[30°,$
　　　　 $150°]$ 内充电周期时的等效电路结构;(e)干线电压 v_s 波形输入电流 i_s 和负载电压 V_{dc} 的波形

　　使用二极管-电容网络的目的是为了延长二极管 $D_1 \sim D_4$ 的等效的导通时间间隔。如图 1.68(e)
所示,电流从输电干线在30°~150°取得,然后又在210°~330°取得。而在0°~30°,150°
~210°和330°~360°等区间没有馈入电流。该电路可以有效地提高导通角。它叫做"填谷
凹部"(valley-fill)功率因数校正(PFC)。为了在某些时间间隔电容器 C_1 和 C_2 必须给负载提
供能量,它们应跟随负载功率的增加而增加,因此,填谷 PFC 不适合大功率应用(在电力应
用中,通常使用电解电容器,但它寿命短,解决方案又需要增加额外的电容器,因此填谷电
路不受欢迎)。

当 C_1 和 C_2 在填谷功率因数校正器充电时会发生大的电流脉冲，不过也有方法降低脉冲幅度。最流行的方法是将限流电阻与 D_6 串联，可以降低电容器充电电流和电源电流峰值。虽然输入电流的波形可以通过填谷 PFC 方案得到改进，但是，输出电压仍然是个问题，因为它不是一个真正的直流而是整流的交流分量叠加在直流电压上。电压纹波的大小等于供电干线电压峰值的一半，即 $V_m/2$。因此，除非输出电压的质量不重要，直流负载不能直接连接到填谷 PFC 的输出。填谷 PFC 和负载之间必须插入 DC-DC 变换器，以便紧密地调节所需的负载电压。

让我们重新审视 AC-DC 变换器的要求。首先，它的输入电流必须是正弦的。其次，输出电压必须严格控制。然后的问题是"用怎样的电路接入输电干线的正弦电流"？回到简单的 AC-DC 电压变换结构——二极管电桥电路。如果要接入输电干线的正弦电流，二极管电桥式电路的输出电流必须整流成正弦波。v_{in} 和 i_{in} 分别表示整流正弦波所需的二极管电桥式电路的输出电压和电流。数学式为

$$v_{in}(t) = V_m|\sin \omega t|$$

和

$$i_{in}(t) = I_m|\sin \omega t|$$

接着第二个问题是"如何处理来自二极管电桥的整流的正弦输入电压，并在输出端给出紧密地调节直流电压的电路"？

记得，DC-DC 变换器可以处理变量的非负值的输入电压和提供恒定的直流输出电压。随时间变化的输入电压，DC-DC 变换器的输入电流可以整形到与输入电压同相位。这意味着需要在二极管桥式整流器的输出和负载之间插入一个 DC-DC 变换器[参见图 1.69(a)]。v_{in} 和 i_{in} 所需的波形如图 1.69(b)所示。已提出了用于 AC-DC 转换的许多 DC-DC 变换器的拓扑结构。然而，无论用何种方法处理电源，最终的目的是相同的。在此使用 1.2 节中基本 DC-DC 变换器的讨论来说明如何进行 AC-DC 转换。在三个基本 DC-DC 变换器中，升压变换器的主要优点是：可以设计使它具有连续的输入电流，而降压和降压－升压变换器的输入电流总是脉动的。这就是为什么以下的探讨总是使用升压转换器。然而，应该指出，降压和降压-升压转换器也可以实现所需的目的。

使用 DC-DC 升压变换器的 AC-DC 变换器的方块图如图 1.70 所示。它必须(a)形成输入电流 i_{in} 与整流的正弦电压 v_{in} 同相位；(b)调节输出电压 V_{out}。控制器检测和按比例降低输入电压 v_{in}，并且将它与来自输出电压误差控制器的误差的信号 v_{ctr} 并联。由此产生的信号通过电压/电流变换器 V/I 产生作为参考电流 i_{ref} 的信号。针对 DC-DC 变换器类似的控制电路如 1.4 节所述，输出电压误差的控制是一个典型的 PI 控制器，它放大和综合误差 ε 在实际输出 V_{out} 和 V_{ref} 之间。它具有传递函数 $A(s)$。按比例减小的电阻网络具有降低功率级电压 v_{in} 和 V_{out}，使它适用于控制电路的较小值的目的。由于 DC-DC 变换器在稳态时，v_{ctr} 是相对恒定的。如果 V_{out} 低于 V_{ref}，v_{ctr} 增加。然后，i_{ref} 将增加。相反，如果 V_{out} 高于 V_{ref}，v_{ctr} 降低。然后，i_{ref} 下降。截止频率 $A(s)$ 比线路频率低得多，通常小于线路频率的十分之一，以避免线路频率信号进入("干扰")控制回路。

输入电流 i_{in} 的波形跟随 i_{ref}，即因为整流的正弦波和 v_{in} 同相位。控制方法是基于 i_{in} 和 i_{ref} 的比较。如果 i_{in} 小于 i_{ref}，MOSFET 将导通。如果 i_{in} 大于 i_{ref}，MOSFET 将关断。实际上，当 MOSFET 的占空比大于 0.5 时，为了确保控制系统的稳定性，在比较器中补充一个稳定的斜坡信

号。用这种控制方法，使输入电流跟随整流的输入电压变成低频波形，并被高频电流纹波叠加。高频纹波是由于升压变换器的开关动作引起的：记得在 DC-DC 变换器 T_s 周期的每个循环中，电感器的充电和放电产生电感器电流，也是输入电流中产生频率为 f_s 的纹波。为了衰减会干扰供电干线的高频电流纹波，高频的丙烯或陶瓷电容器 C_{in} 可用来为高频电流纹波提供低阻抗路径。这个电容值要小，这样在低频率时它的阻抗非常大。结果，它不会畸变电流的基本分量，防止它流经 C_{in}。在高频时，即使 C_{in} 的量值很小，ωC_{in} 也很大，即 C_{in} 的阻抗较小，对高频创建路径，这样将高频从输入电流中消除。供电电流和供电干线电压同相位，在图 1.70 所示的 AC-DC 变换器中又称为功率因数预调节器或功率因数校正器，因为它有时是连接在另一个功率变换器的前方以保持线电流为正弦量。

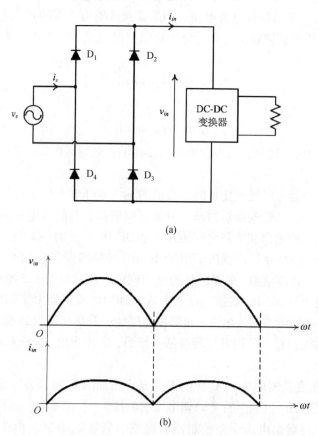

(a)

(b)

图 1.69　AC-DC 变换中使用二极管桥电路的 DC-DC 变换器。
(a)电路；(b)二极管桥输出需要的电压和电流

1.7.2　逆变器

电力行业发展的新兴趋势是从大的集中式能源转变为位于消费点的小的分布式能源（DER）。DER 相比传统的能源技术有许多优点，包括提高资产利用率，改善电能质量和提高电力系统的可靠性和容量。生态能源，如太阳能电池和燃料电池，产生的是直流电源。因此，必须用逆变器将直流电转换为交流电源才能并入电网。有些标准，如 IEEE-1547，对与电力系统互连的逆变器有特定的性能要求。即使生态能源不并入电网但却供应本地负载，交流电压仍然是许多应用所需要的。所以，必须将直流电压逆变为交流电压。

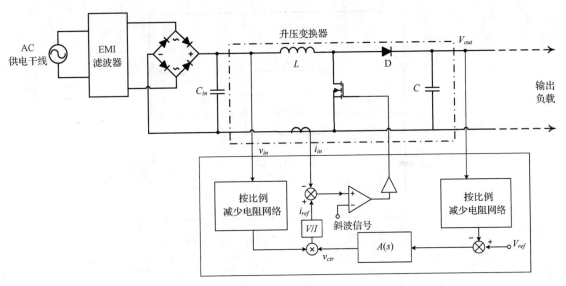

图 1.70　使用升压型 DC-DC 变换器的 AC-DC 变换器的电路图

用于生产的 DC-AC 变换器，称为逆变器，最理想的是将 DC 电源逆变成纯正的正弦波。如图 1.71 所示，理想的输出电压 v_{out} 是幅度为 V_m 和角频率为 $\omega = 2\pi/T$ 的正弦波。数学式为

$$v_{out}(t) = V_m \sin \omega t$$

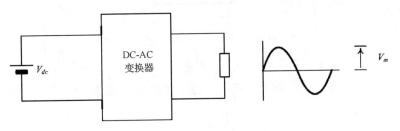

图 1.71　理想的逆变器功能

现在阐述将直流电压变换成交流电压的基本原理。图 1.72 示出一个简单的有两个直流源电路结构。每个源提供电压 V_{in}。用两个 MOSFET 做开关，S_1 和 S_2，并且连接成图腾对。它们是反相位工作的。即当 S_1 导通 S_2 就关断，反之亦然。输出负载连接在 S_1 与 S_2 之间的中间节点和两直流电源之间的中间节点。输出负载电压 v_{out} 的量值取决于 S_1 与 S_2 状态。当 S_1 导通 S_2 关断时，v_{out} 等于 V_{in}。当 S_1 关断 S_2 导通时 v_{out} 等于 $-V_{in}$。

图 1.73 示出 v_{out} 的波形，它是个方波——最简单的交流输出波形。然而，得到的波形是远远偏离理想的正弦。那么如何才能从方波得到一个正弦波形？直接的方法是使用输出低通滤波器来衰减高频谐波。然而，方波富于低频谐波。图 1.74 示出方波的频谱。n 次谐波输出电压 $v_{out,n}$，的大小为

$$v_{out,n} = \frac{1}{n} v_{out,1}$$

式中 $v_{out,1}$ 是基波分量的幅值。

为了得到负载上唯一的基本谐波，输出滤波器应具有较低的截止频率。然而在滤波器中使用的元件数量和物理尺寸都是很大的。

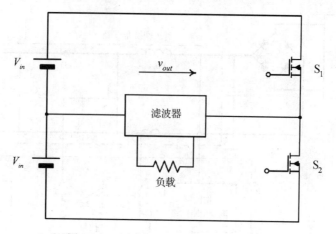

图 1.72　有两个 DC 源的简单的逆变器

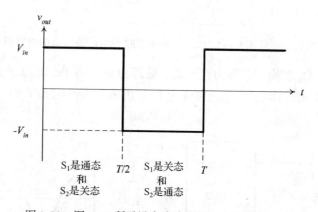

图 1.73　图 1.72 所示没有滤波器的电路的输出波形

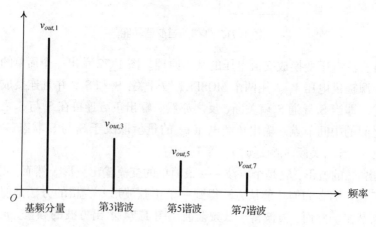

图 1.74　图 1.73 所示波形的谐波频谱

　　如何修改逆变器电路才能减少滤波器所需要的元件数量？考虑变换器的基本工作及其输出波形和理想输出波形相比较。图 1.75 示出正半周期的理想的输出电压波形 $v_{out,ideal}$。理想输出电压波形的幅值 $v(t_1)$ 为

$$v_{out,ideal}(t_1) = V_m \sin \omega t_1$$

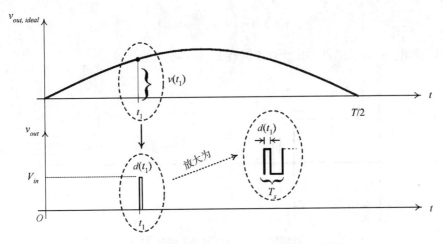

图 1.75　理想的输出电压波形和实际的输出电压波形

然而，当 S_1 导通时，对应于图 1.75 考虑的正半周期，实际的输出电压是 V_{in}。如何将 V_{in} 变换为 $v_{out,ideal}(t_1)$？参考 1.2 节，可以简单地利用 DC-DC 变换器的概念，例如一个降压型，如何将某一 DC 电压变换成其他不同量值 DC 电压。如图 1.75 所示，如果 S_1 是高频开关(S_2 仍然关断)和 S_1 的占空比在 t_1 时是 $d(t_1)$，在 t_1 时 v_{out} 的平均值为

$$v_{out,avg}(t_1) = d(v_1)V_{in}$$

占空比 $d(t_1)$ 必须加以控制，使 $v_{out,avg}(t_1) = v_{out,ideal}(t_1)$，因此

$$d(t_1) = \frac{v_{out,ideal}(t_1)}{V_{in}} = \frac{V_m}{V_{in}}\sin\omega t_1$$

从上述方程可以看到，占空比是随时间变化的，换句话说就是"调制"。占空比的最大值取决于理想输出电压的峰值 V_m 和 DC 电压之间的比率。这个比率也被称为"调制指数"，用 M 表示

$$M = \frac{V_m}{V_{in}}$$

上述技术中，v_{out} 包括基本频率(50/60 Hz)和开关谐波。取决于逆变器的功率电平和开关的特性，开关 S_1 和 S_2 的频率可以高于输出基本频率的 100 倍甚至 1000 倍。开关谐波的频率比基本频率高得多；它们可以用截止频率低于开关频率的低通滤波器来衰减。因为截止频率仍然很高，滤波器需用的元件数量及其物理尺寸比图 1.73 所示的 AC 方波为了消除谐波所需要的有所减小。

因为 v_{out} 的原始值(无调制，参见图 1.72)在正半周期要么是零或 V_{in}，在负半周期要么是零或 $-V_{in}$，上面所描述的调制方法被称为单极性脉冲宽度调制技术。开关的占空比从 v_{out} 的零交叉点的零开始(请记住 $v_{out}(t) = V_m\sin\omega t$)在正弦波的峰值处达到它的最大值，即在 90° 时。

还有另一种调制技术，称为双极性脉冲宽度调制技术。它的 v_{out} 值在 V_{in} 和 $-V_{in}$ 之间切换。其波形如图 1.76 所示。在 t_1 时，开关 S_1 的占空比是 $d(t_1)$，而开关 S_2 的占空比是 $[1-d(t_1)]$。因此，v_{out} 的平均值为

$$v_{out,avg}(t_1) = d(t_1)V_{in} + (1-d(t_1))(-V_{in})$$
$$= (2d(t_1) - 1)V_{in}$$

而且，控制占空比 $d(t_1)$ 使 $v_{out,avg}(t_1) = v_{out,ideal}(t_1)$，暗示

$$d(t_1) = \frac{1}{2}\left(1 + \frac{V_m}{V_{in}}\sin \omega t_1\right)$$

从上式可以看出，S_1 和 S_2 的占空比为 0.5 时在 v_{out} 的零交叉点。

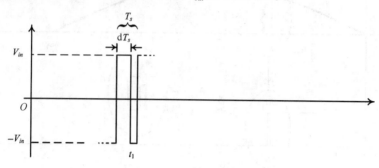

图 1.76　双极型开关波形

　　使用单极性调制技术的理想输出波形具有低的开关损耗，因为只有一个开关可以随时导通，而且总谐波失真也较低。在零电压区域附近的脉冲（即 v_{out} 的零交叉点附近）对开关器件的响应实际上太窄，而且在实际输出时它们将消失：跟随 $\omega t = 0$，π，…，电压 $v_{out}(t) = V_m\sin\omega t$ 值很小。d 值很小，实际上，实际的开关没有足够的时间开通，接着很快地又关闭。脉冲下降也发生在调制信号的峰值附近。双极脉冲宽度调制的优点是近零电压区域的脉冲占空比大约 0.5。在这个区域的输出波形失真度低。然而，在双极脉冲宽度调制的开关损耗比单极脉冲宽度调制高，因为在任何时间都需要两个开关。为了降低总谐波失真，除了以上两种调制技术之外，还提出了许多其他的调制技术。

　　对于某些应用，必须要产生高频正弦量。例如荧光灯用的电子镇流器。在高频（20 kHz 以上）工作的效率（流明/瓦特）高于工频工作的效率约 10%。此外，镇流器的物理尺寸和质量采用高频工作后可以极度降低。可以使用上面描述的脉冲宽度调制技术产生一个高频正弦波吗？让我们看一个实例。如果必须要 20 kHz AC 正弦波形的话，使用上述的脉宽调制技术，需要的开关频率至少高于 100 倍输出波形的频率。这样，所需的开关频率就等于 100×20 kHz = 2 MHz。由于开关是硬开关，在如此高的开关频率时开关损耗极大。因此，必须找到其他方法从给定的直流电压来产生高频 AC 电压波形。

　　要产生高频正弦波可能利用谐振技术，正如 1.6 节讨论的谐振变换器。一个典型的电子镇流器电路示于图 1.77 中。它由两个 MOSFET 组成，它们的工作是反相的。S_1 和 S_2 开关的占空比相等和略小于 0.5。增加了一个大值的电容器 C。在开关周期期间，它两端的直流电压可以认为是恒定的。它的作用是防止电流的直流分量流过荧光灯。这就是为什么 C 被称为隔直电容器。流过荧光灯的电流将只含有 AC 分量。电路在稳定状态下，由于没有 DC 电流通过 C，当 S_1 在通态而 S_2 在关态时，即大约周期的 1/2，C 连接电压 V_{dc}，而当 S_1 在关态而 S_2 在通态时，即近似周期的另一半，C 连接零电压。C 值很大。S_1 和 S_2 的开关频率很高，为了在荧光灯的两端获得高频 AC 电压，开关周期小。因此，在稳态周期，C 上的电压变化不大。可以假设它两端的电压等于其平均值 $V_{dc}/2$。让我们首先阐述荧光灯关闭时变频器的工作。在这种情况下，荧光灯的行为像一个开路无穷电阻。如果 S_1 和 S_2 的开关频率接近由 L_r 和 C_r 构成的谐振电路的谐振频率，在荧光灯两端的电压理论上是无限的。这时就能够用高电压点燃荧光灯。

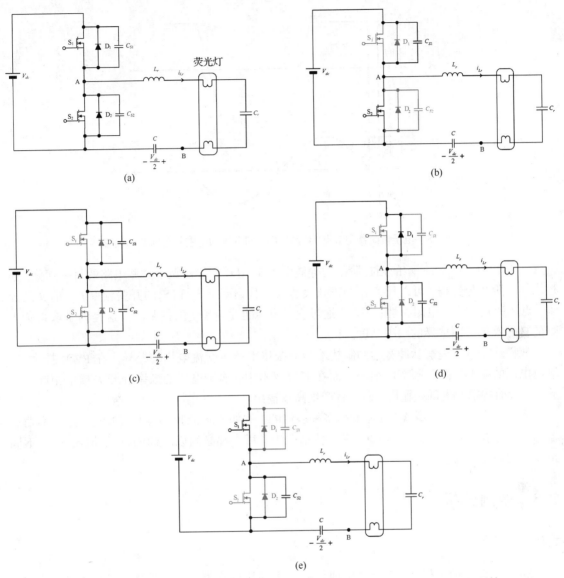

图 1.77 电子镇流器电路。(a)电路图；(b)t_0前；(c)$[t_0,t_1]$；(d)$[t_1,t_2]$；(e)t_2开始

当荧光灯被点燃后，它的行为就像一个电阻。为了分析该电路在典型的稳态周期中工作，考虑在时刻 t_0，S_2 导通[参见图 1.77(b)]。此时开关 S_2 的寄生电容 C_{S2} 上的电压为零，而开关 S_1 的 C_{S1} 上的电压为 V_{dc}。电压 v_{AB} 是 $v_{AB} = -V_{dc}/2$。在 t_0 时，S_2 是关断的。谐振电感电流 i_{Lr} 将分为两个 $i_{Lr}/2$ 电流(因为假定 $C_{S1} = C_{S2}$)，缓慢充电(取决于电容和负载电流值)C_{S2} 从零到 V_{dc}，而 C_{S1} 放电从 V_{dc} 到零[参见图 1.77(c)]。因此，并联电容的存在保证了 S_2 的零电压(ZVS)关断。在$[t_0,t_1]$区间，C_{S2} 和 C_{S1} 接着分别充电和放电，电压 v_{AB} 是由 $v_{AB} = -V_{dc}/2 + v_{CS2}(t)$ 给定的，是从 $-V_{dc}/2$ 增加至 $V_{dc}/2$。当 C_{S1} 在时间 t_1 放完电，S_1 的反平行二极管 D_1 开始自然导通。电压 v_{AB} 变为等于 $v_{AB} = V_{dc}/2$[参见图 1.77(d)]。t_1之后，D_1导通间隔期间，对S_1的栅极施加导通信号。就像谐振转换器，S_1 导通至零电压。当 i_{Lr} 达到零，在 t_2 时，D_1停止导通和S_1接到 i_{Lr}，改变了它的方向[参见图 1.77(e)]。关断 S_1 和开通 S_2 具有类似的工作。图 1.78 示出 v_{AB} 电压的和电感器电流 $i_{Lr}/$的波形。

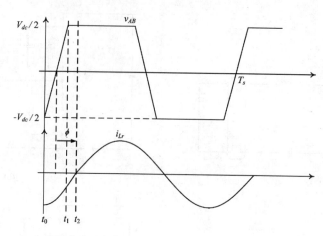

图 1.78　电子镇流器中节点"A"与"B"之间电压和电感器电流 i_{Lr} 的波形

图 1.77(b)至(e)所示的拓扑阶段的等效电路是 RLC 网络。调节这些电路的每一部分，通过求解二阶微分方程，可以找到 i_L 的正弦表达式。其频率是 S_1 和 S_2 的开关频率 f_s。前文已提到，点燃荧光灯具有电阻特性；因此，通过它的电压也是频率 f_s 的正弦波。这是为了取得荧光灯的良好效果必须选择的频率高度。

我们现在可以理解脉冲宽度调制技术和谐振技术产生交流电压的差异。在 PWM 技术中，输出电压的频率比开关频率低很多。而在谐振技术中，输出电压的频率和开关频率相同。因此，前者的技术产生低频输出，而后者产生高频输出。

实际应用需要 DC 到 AC 的逆变是多种多样的，例如要求低频-大功率输出，高频-小功率输出，小功率-高压输出以及更多。在这些情况中，每人都必须以不同的方式处理，产生不同拓扑结构的逆变器。

1.8　范例分析

1.8.1　范例1

Keith 是新来的工程师，上司要求他设计一个降压变换器。变换器的规格由表 1.9 给出。要求变换器在连续导通模式工作。两周后，Keith 拿出的设计如图 1.79 所示。遗憾的是，该电路不能正常工作。

(a)讨论为什么该电路不能正常工作。

(b)修改电路结构，使其满足规格要求。

(c)分别导出 I_{in} 的峰值和输出电压纹波的表达式，使用的参数如下：MOSFET 的占空比 D，输入电压 V_{in}，输出电流 I_{out}，输出电压 V_{out}，L，C，和 f_s（参见表 1.9）。

(d)为什么输出电容 C 和输出电感 L 必须是最小值？

表 1.9　降压变换器的规格

输入电压，V_{in}	9 ~ 12 V	输出功率	2.5 ~ 5 W
输出电压，V_{out}	5 V	输出电压纹波	1%
开关频率，f_s	100 kHz		

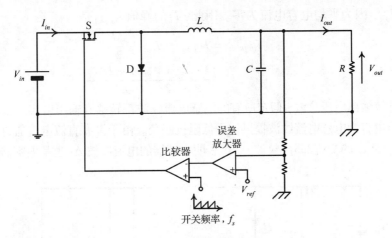

图 1.79　Keith 设计的电路示意图

解答

（a）该电路不能正常工作的原因如下：

(1) MOSFET 的连接错误。如图 1.80 所示，电源电压通过 MOSFET 的体二极管和续流二极管 D 短路了。应该将 MOSFET 的漏极和源极短路，续流二极管的阳极和阴极的连接互换，如图 1.81 所示。

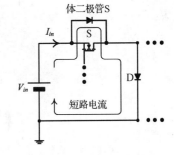

图 1.80　在图 1.79 所示的电路中由体二极管 S 和续流二极管 D 形成的短路电流途径

(2) 比较器的反相和同相输入要互换。在 Keith 的电路中，如果输出电压 V_{out} 低于输出参考电压 V_{ref}，MOSFET 的占空比将减小，这显然是错误的。

(3) 该电路需要一个浮动栅极驱动器，因为 MOSFET 在通态时，续流二极管的电压 V_D 等于 V_{in}（假设 MOSFET 的导通电阻为零）。因此，为了保持 MOSFET 的状态，栅极电压必须为 12 V + 4.5 V（台阶电压）= 16.5 V。这就需要将 12 V 提升到 16.5 V! 这样的技术挑战可以通过使用自举电容电路来解决，如图 1.30 所示。

（b）图 1.81 示出推荐的降压转换器结构。读者可能还会有其他的建议。

（c）图 1.82 示出的栅极信号 v_g，输出电压 v_{out}，电感电流 i_L 和电容电流 i_C 的波形。在 DT_s 时间间隔，i_L 在充电，即 i_L 从它的最小值增加到最大值。在 $(1-D)T_s$ 时间间隔，MOSFET 关断，i_L 从它的最大值下降到最小值。用 ΔI 表示稳态周期的电感电流纹波，即 i_L 的最大和最小值之差是

$$V_{out} = L\frac{\Delta I}{(1-D)T_s}$$

得到

$$\Delta I = \frac{V_{out}(1-D)T_s}{L}$$

输入电流 I_{in} 的峰值等于电感电流 i_L 的峰值 $I_{L,peak}$。在稳态时，平均电感电流等于输出

电流 I_{out}，因为平均电容电流为零。因此，I_{in} 的峰值 $I_{in,peak}$ 是

$$I_{in,peak} = I_{L,peak} = I_{out} + \frac{\Delta I}{2}$$

$$= \frac{V_{out}}{R} + \frac{1}{2}\frac{V_{out}(1-D)T_s}{L}$$

为了计算输出电压纹波，假定所有的电感电流纹波都转移到输出电容。这是有效的，因为输出电容为电感电流纹波提供一个低阻抗路径。由于没有直流电流通过 C，这意味着电流 i_C 是 i_L 的交流部分（纹波）。这表明电感器的电流纹波 ΔI 也是电容器的电流纹波。

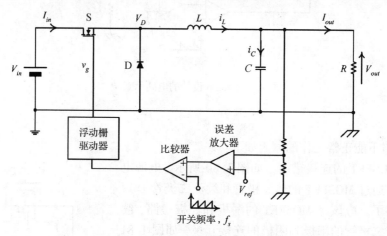

图 1.81　修改图 1.79 所示的电路

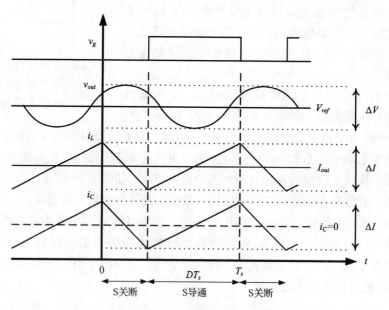

图 1.82　降压变换器的主要波形

在 $[0, DT_s]$ 时间间隔，0 表示在考虑的稳态周期时开关 S 导通的瞬间，i_C 可以用以下方程描述：

$$i_C(t) = \frac{\Delta I}{DT_s}t - \frac{\Delta I}{2}$$

和

$$i_c(0) = -\frac{\Delta I}{2}, \text{表示 } i_c \text{ 的最小值}$$

$$i_c\left(\frac{DT_s}{2}\right) = 0, \text{表示 } i_c \text{ 第一个零交点}$$

$$i_c(DT_s) = \frac{\Delta I}{2}, \text{表示 } i_c \text{ 的最大值}$$

积分后得到 v_c 方程式

$$v_C(t) = v_C(0) + \frac{1}{C}\left(\frac{\Delta I}{2DT_s}t^2 - \frac{\Delta I}{2}t\right)$$

和

$$v_C\left(\frac{DT_s}{2}\right) = v_C(0) - \frac{\Delta I}{8C}DT_s$$

得到 v_c 的最小值(因为在 $DT_s/2$ 时微分 v_c,i_c 为零,v_c 的二阶导数是正的)

$$v_C(DT_s) = v_C(0)$$

在区间 $[DT_s, T_s]$,i_c 可用以下方程描述:

$$i_C(t) = \frac{\Delta I}{2} - \frac{\Delta I}{(1-D)T_s}(t - DT_s)$$

和

$$i_C\left[DT_s + \frac{(1-D)T_s}{2}\right] = 0 , \text{指示 } i_c \text{ 的第二个零交点}$$

$$i_C(T_s) = -\frac{\Delta I}{2} , \text{指示 } i_c \text{ 的最小值}$$

得到 v_c 方程式

$$v_C(t) = v_C(0) + \frac{1}{C}\left[-\frac{\Delta I}{2(1-D)T_s}(t - DT_s)^2 + \frac{\Delta I}{2}(t - DT_s)\right]$$

和

$$v_C\left[DT_s + \frac{(1-D)T_s}{2}\right] = v_C(0) + \frac{\Delta I}{8C}(1-D)T_s$$

表示 v_c 的最大值

$$v_C(T_s) = v_C(DT_s) = v_C(0)$$

忽略对 C 的等效串联电阻,结果表明,输出电压 v_{out} 的解析表达式在两个开关阶段和 v_c 相同(注意,此处是指的 v_c 和 v_{out} 的交流部分,不是各自的电压瞬时值)。因此,图 1.82 中也画上 v_{out}(注意,波形不是正弦波,但它是由表达式的 t^2 形成)。输出电压纹波 ΔV 可以根据 v_c 的最大值与最小值之差计算出来

$$\Delta V = \frac{\Delta I}{8C}T_s$$

从图 1.82 可以看到,在导通阶段开始时,i_c 是负的,表明电容给负载放电。在这期间,源(V_{in})的能量被转移到电感器和负载。DT_s 间隔的后半部分,i_c 是正的,显示出源能量除了充电 L 和给负载供电之外还充电 C。在关断间隔的前半期,i_c 是正的,这

表明电感的能量，除了供电负载之外还充电电容器。在关断拓扑的后半期，i_C 变成负的，这表明 L 和 C 都给负载放电。

i_C 两次通过零的时间间隔是 $T_s/2$。根据图 1.82，当 $i_C > 0$ 时电容器电流的平均值 $I_{C,avg,ch}$ 是

$$I_{C,avg,ch} = \frac{1}{2} \frac{T_s}{2} \frac{\Delta I}{2} \frac{1}{T_s/2} = \frac{\Delta I}{4}$$

另一种方式计算输出电压纹波 ΔV 是在 $T_s/2$ 对 $I_{C,avg,ch}$ 积分

$$\Delta V = \frac{T_s}{2} \frac{1}{C} I_{C,avg,ch} = \frac{V_{out}(1-D)}{8LC} T_s^2$$

(d) 电感 L 的量值是根据本范例的要求，该变换器工作在 CCM 模式，必须 $i_{Lmin} > 0$，或者根据图 1.82，得到

$$\frac{\Delta I}{2} < I_{out}$$

$$\frac{1}{2} \frac{V_{out}(1-D)T_s}{L} < I_{out}$$

$$L > \frac{R}{2} T_s (1-D)$$

因此，上述方程给出电感的最小值，可以保证工作在连续导通模式。出现 CCM 和 DCM 之间的边界条件是：在开关周期的结束时，电感电流完全降到零。达到边界条件时将上述不等式改变为等式可以得到 L 值。

输出电容 C 的量值选定是根据从本范例要求 V_{out} 的输出电压纹波小于 1%（即"百分比输出电压纹波"）

$$\frac{\Delta V}{V_{out}} = \frac{(1-D)}{8LC} T_s^2 < 0.01$$

$$C > \frac{(1-D)}{8(0.01)L} T_s^2$$

上述方程给出了输出电容的最小值。

12 V 的输入电压时计算的最小占空比 D_{min} 为

$$D_{min} = \frac{5}{12} = 0.4167$$

用 9 V 的输入电压时计算的最大占空比 D_{max} 为

$$D_{max} = \frac{5}{9} = 0.5556$$

结果表明，在 CCM 工作的变换器，要求负载功率从 2.5 ~ 5 W，输出电压纹波小于 1%，计算出需要电感和输出电容的最小值在表 1.10 列出。

表 1.10　对本范例的电感器和电容器计算的最小值

输出功率（W）	负载电阻（Ω）	V_{in}（V）	D	L 最小值（μH）	C 最小值（μF）
2.5	10	9	0.5556	22.22	25
		12	0.4167	**29.17**	25
5	5	9	0.5556	11.11	50
		12	0.4167	14.58	**50**

　　基于上述结果，所需最小的 L 和 C 值分别是 29.17 μH 和 50 μF，因此，在整个负载变化范围，变换器工作在连续导通模式，其输出电压纹波会小于 1%。

1.8.2　范例 2

　　一个用于汽车电气系统的双向 DC-DC 变换器的电路如图 1.83 所示。汽车的电池要提供 12 V 直流电压 V_{dc}。此直流干线还要连接几个负载。该电池的目的之一是供电给发动机点火。点火发动机时，需要非常大的电流（200～300 A），这将需要非常大的电池。而在汽车的整个运行工作中，点火时间是短暂的，采用大电池的解决方案不合理。另一种可能方案是使用一个辅助电源（如一个小电池或超级电容器）；它的电压在图 1.83 中用 V_B 表示。辅助电源是将一个双向变换器连接到直流干线。此变换器具有两种工作模式：充电模式和放电模式。点火时，电源 V_B 对直流干线供电。变换器在放电模式时，它的功能是一个升压转换器（箭头由右向左指向）：V_B 现在是变换器的输入电压。变换器提供的电压大于 V_B。而汽车在正常运行过程时，电池 V_B 被直流干线充电。变换器工作在充电模式时，它的功能是一个降压转换器（其输出电压是 V_B）。

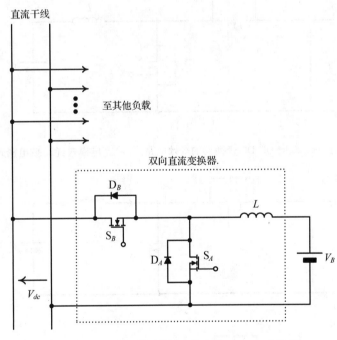

图 1.83　汽车电气系统使用的双向 DC-DC 变换器

　　(a) 描述变换器在充电模式时的工作。

　　(b) 描述变换器在放电模式时的工作。

　　(c) 如果变换器的开关周期是 T_s，确定 L 的最小值，使电感电流在放电模式时不为零。

　　(d) 建议修改上述电路实现软开关。讨论这样修改的优点和缺点。

解答

　　(a) 当变频器在充电模式时，它作为降压变换器工作。如图 1.84(a) 所示，S_A 是阻断还是导通将和二极管 D_A 同步（称为同步整流器）。充电电流由 S_B 的占空比控制。

(b)当变频器在放电模式时,它作为升压转换器工作。如图1.84(b)所示,S_B是阻断还是导通将和二极管 D_B 同步(称为同步整流器)。放电电流由 S_A 的占空比控制。

(c)当变换器在放电模式时,要通过两个开关阶段。如图1.85所示。

当称为 S_A 的 MOSFET 导通时

$$V_B = L\frac{\Delta I}{DT_s}$$

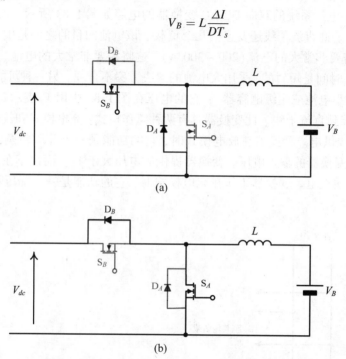

图1.84　双向 DC-DC 变换器的等效电路。(a)充电模式;(b)放电模式

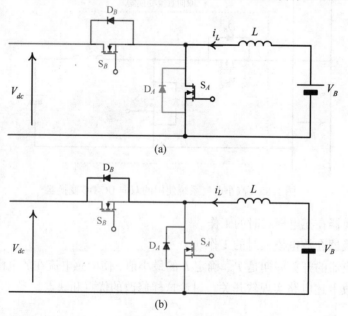

图1.85　放电模式时双向 DC-DC 变换器的开关阶段。(a)S_A导通;(b)S_A关断

D 是 S_A 的占空比。得到

$$\Delta I = \frac{D V_B T_s}{L}$$

图 1.86 示出施加在 S_A 开关 MOSFET 的栅极信号 v_g 和电感电流 i_L 的波形。

为了保证电感电流不为零，平均电池电流 I_B 必须大于 1/2 电感纹波电流 ΔI。即

$$I_B > \frac{\Delta I}{2}$$

$$> \frac{D V_B T_s}{2L}$$

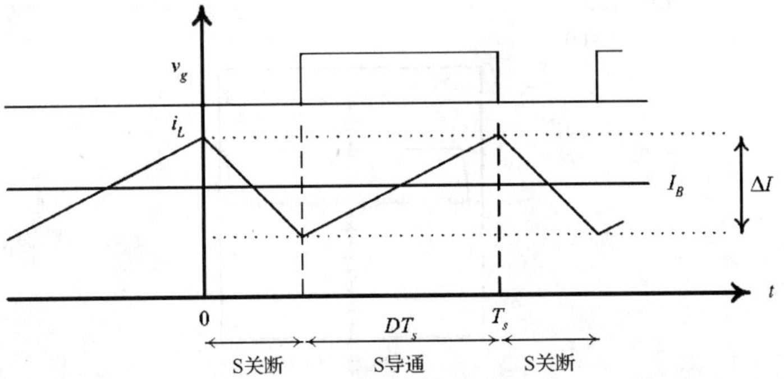

图 1.86　图 1.86 示出施于 S_A 开关 MOSFET 的栅极信号 v_g 和电感电流 i_L 的波形

假定变换器的效率是 100%，即

$$V_{dc} I_{dc} = V_B I_B$$

输出电流 I_{dc} 为

$$I_{dc} = (1 - D) I_B$$

这表明

$$I_{dc} > \frac{D(1 - D) V_B T_s}{2L}$$

$$L > \frac{D(1 - D) V_B T_s}{2 I_{dc}}$$

以上方程给出了电感的最小值，因此，在放电模式时变换器工作在连续导通模式。

(d) 正如 1.6.2 节所述，将变换器修改为软开关是可行方法之一，这要给每个开关(谐振开关)增加一个 LC 谐振回路。其主要优点是低开关损耗和低电磁干扰。主要的缺点是有限的软开关范围，增加无源元件和在开关上增加额外电流/电压的应力，以及变频运行。

1.8.3　范例 3

某公司需要生产一个新的直流电源。在设计过程中，公司收到属下的工程师一份研究变换器开关特性的实验报告。它包含有一个 MOSFET 的变换器常规方案，如图 1.87(a) 所示。该工程师特别感兴趣的是研究开关的瞬态持续时间和测定开关损耗值。如果开关损耗太大，他考虑可能要增加一个软开关缓冲器，而且，经多次重复实验，用新的开关损耗轨迹来验证开关损耗。图 1.87(b) 示出 MOSFET 的电压和电流的实验 X-Y 坐标图，图 1.87(c) 示出在示波器上得到的 MOSFET 的电流-时间波形。为简单起见，假定 MOSFET 的通态电阻为零。

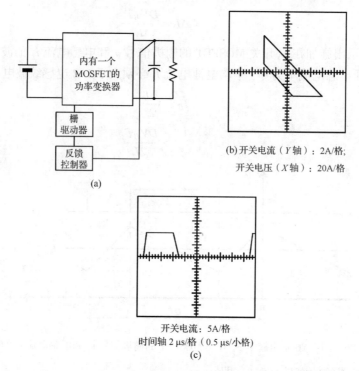

(b) 开关电流（Y 轴）: 2A/格;
开关电压（X 轴）: 20A/格

开关电流: 5A/格
时间轴 2 μs/格（0.5 μs/小格）
(c)

图 1.87　内有一个 MOSFET 的功率变换器的实验结果。(a) 变换器方块
图;(b) 开关电压和电流的 X-Y 坐标图;(c) 开关电流的波形

(a) 根据实验图，工程师必须确定:
　　(1) MOSFET 的导通和关断时间
　　(2) MOSFET 的开关频率
(b) 描述 MOSFET 电压和电流的时间波形图
(c) 计算 MOSFET 的开关损耗
(d) 探讨降低 MOSFET 关断时间的方法

解答

(a) 为了分别解析这些问题，必须使用开关轨迹来确定 MOSFET 的工作状况。基于
　　图 1.87(b)，用图 1.88 说明 MOSFET 的开/关状态。这位年轻工程师在此必须处理他在
　　大学没有学过的技巧:当在实验室出现随手可取的开关瞬间过程的轨迹时，需要正确地
　　处理这些在显示页面中心的轨迹，避免流失它。接着，应该从他理解的开关工作找出实
　　际的轴线:当开关导通时，大约为零的电压轴，而当开关关断时，电流为零的轴线。根
　　据这一观察，必须将 X-Y 轴线的零点移到图的左下方，如图 1.88 中虚线所示。
　　(1) 基于图 1.87(c)，导通时间（取自从关态到通态的时间）从每小格等于 0.5 μs 的坐
　　　　标读出（图中每格等于 2 μs，分为 4 小格）。关断时间（取自从通态到关态的时间）
　　　　从两个小格等于 1 μs 的坐标读出。
　　(2) 基于图 1.87(c)，MOSFET 的开关频率为 1/(9 格 ×2 μs/格) 等于 55.56 kHz。
(b) 图 1.89 是取自图 1.87(b)，(c) 的数据，综合后导出 MOSFET 的电压和电流-时间
　　的波形图。它以 MOSFET 完全导通时为起点。根据图 1.88(虚线)，当电压为零时
　　电流是 10 A(5 个 2 A/格)。当开关关断时，它的电流线性下降到零，而其电压升高

到 100 V(5 个 20 V/格),然后降低到完全关态电压 50 V(2.5 格)。在导通时,电压降低到零,电流增加到 5 A(电压下降到零时),然后,全导通时增加到 10 A。

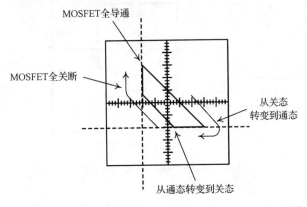

图 1.88 图 1.87 所示电路中,MOSFET 的状态图(开关电流(Y 轴):2A/格;开关电压(X 轴):20 V/格)

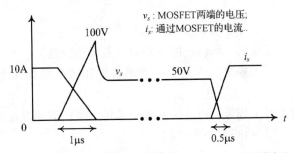

图 1.89 图 1.87 所示的变换器中,MOSFET 的开关踪迹

(c)正如在 1.3.5.1 节的讨论,MOSFET 的导通损耗($P_{SW(on)}$)和关断损耗($P_{SW(off)}$)由下式给出:

$$P_{sw(on)} = \frac{V_{off\_state}I_{on\_state}}{6}t_r f_s$$

$$P_{sw(off)} = \frac{V_{off\_state}I_{on\_state}}{6}t_f f_s$$

在计算导通损耗时要注意:在 0.25 μs 后电压才降到零后。在那瞬间,电流为 5 A。当计算关断损耗时要注意,1 μs 的电流瞬变期间电流从 10 A 下降到零,电压从零增加到 100 V。因此,总的功耗 P_{loss} 等于:

$$P_{loss} = P_{sw(on)} + P_{sw(off)}$$
$$= \frac{1}{6}(50 \times 5 \times 0.25 \times 10^{-6} + 100 \times 10 \times 1 \times 10^{-6}) \times 55.56 \times 10^3$$
$$= 9.84\,W$$

(d)为了降低 MOSFET 的关断时间,必须迅速地消除存储在栅-源电容的电荷。一个简单的方法是使用一个 PNP 晶体管(参见图 1.90)。当其栅极信号是逻辑低时,晶体管为栅-源电容提供短路路径,中和它的存储电荷。这种电路还具有消除误触发 MOSFET 的优点:如果变换器的其他部分引起 MOSFET 的漏极电压急速变化,将通过栅-漏电容产生栅极电流。添加的 PNP 晶体管将为栅-漏电容电流创建一个旁路,因此,不需要的电流不会进入栅极。另一个降低关断时间的方法是在关态时使用负栅极电压。然而,这一解决方案需要产生负电压的附加电路。

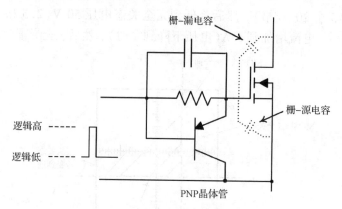

图1.90　降低 MOSFET 关断时间的方法

1.9　本章小结

- 电力电子电路已广泛应用于我们生活中的许多实用领域。
- 电力电子学是变换能量的, 所以它的变换效率是最重要的。
- 电力电子电路是以开关模式工作的。不管电源电压或负载如何变化, 它们必须保证提供可控的输出电压。
- 调节功能是在每个开关周期, 通过控制从能源传送到负载的能量来实现的; 调节的方法是占空比(PWM)控制和开关频率控制。
- 选择开关器件和无源元件要满足电压和电流的最大电平要求, 亦即器件必须承受它们附加了安全系数的工作条件。对相同的电压和电流额定值的元器件, 要选择导通和/或开关损耗较少的和预期寿命更长的元器件。
- 能量损耗以热形态来逸散, 因此, 更高的效率意味着有一个更小的冷却系统。
- DC-DC 硬开关变换器是用其简单性和鲁棒性。它们还是 DC-DC 软开关变换器, AC-DC 整流器和 DC-AC 逆变器发展的基本拓扑结构。

习题

1.1　导出器件的开关损耗公式。

（提示：对无电感器的变换器, 写出在 t_{f2} 和 t_{f2} 期间 I_D 和 V_{DS} 的时间函数和计算平均功率）。

1.2　已知降压变换器的输出电流是 4 A, 输入电压 300 V, 开关频率是 100 kHz。计算英飞凌（公司）SPP17N80C3 开关的开关损耗$\left[\text{答案：} P_{SW(on)}=0.9\text{W}, P_{SW(off)}=0.36\text{ W}\right]$（提示：使用图1.10和表1.1, 而忽略了 t_{r3} 与 t_{f3} ）？

1.3　应用伏·秒平衡方法, 对 Boost 变换器的电感器, 推导其直流转换比（提示：参见表1.7）。

1.4　用伏·秒平衡方法, 对 Buck 变换器的电感器, 推导其直流转换比。

1.5　对基本 DC-DC 变换器中的电容器, 推导出安培·秒平衡（提示：类似电感器的伏·秒平衡的推导）。

1.6　用安培·秒平衡方法对基本变换器再推导直流电压变换比和直流电流变换比。

1.7　根据图1.7的升压转换器, 已知输入电压 $V_{in}=48$ V, 负载电阻 $R=12$ Ω。需要平均输出电压是 120 V。电感 L 值是 290 μH, 电容 C 是 330 μF。该变换器在 100 kHz 的开关频率工作。请计算(a)开关的占空比, (b)平均输入电流。

[答案：(a)0.6，(b)25 A]。

1.8　与上题相同的已知条件，请计算(a)电感电流纹波，(b)电感电流的最大值和最小值。

[答案：(a)0.993 A，(b)24.503 A，25.497 A]。

1.9　已知升压转换器的 $V_{in}=48$ V，$V_{out}=120$ V，$L=290$ μH 和 $f_s=100$ kHz。请计算 Boost 变换器进入 DCM 的 R 值。

（提示：在 CCM 和 DCM 之间的边界，平均输入电流是最大电感电流值的一半）。

[答案：603.6 Ω]。

1.10　已知升压转换器的 $V_{in}=48$ V，$V_{out}=120$ V，$f_s=100$ kHz 和输出功率的变化从 120 W ~ 1.2 kW。请设计变换器工作在 CCM 的功率额定值内，所需电感的最小值。

[答案：57.6 μH]。

1.11　已知升压变换器的 $V_{in}=48$ V，$V_{out}=120$ V，$f_s=100$ kHz 和 $R=12$ Ω，请设计 1% 输出电压纹波和 15% 的输入电流纹波的电感和电容的数值。

[答案：76.8 μH，50 μF]。

1.12　已知降压-升压转换器(参见图 1.6)的输入电压 $V_{in}=48$ V，负载电阻 $R=120$ Ω。需要平均输出电压是 120 V。电感 L 是 1000 μH 电容 C 是 10 μF。开关频率 100 kHz。请计算(a)开关的占空比，(b)平均输入电流。

[答案：(a)0.714，(b)2.5 A]。

1.13　与上题相同的已知条件，请计算(a)电感电流纹波，(b)电感电流的最大值和最小值。

[答案：(a)0.343 A，(b)3.33 A，3.67 A]。

1.14　已知 Buck-Boost 变换器的 $V_{in}=48$ V，$V_{out}=120$ V，$f_s=100$ kHz，$L=1000$ μH，为了使升压变换器进入 DCM，求 R 值。

[答案：2450 Ω]。

1.15　Buck-Boost 变换器的 $V_{in}=48$ V，$V_{out}=120$ V，$f_s=100$ kHz，输出功率变化从 12 ~ 120 W。为了使变换器工作在 CCM 的功率范围。请设计所需的最小值的电感器。

[答案：489.6 μH]。

1.16　降压转换器(参见图 1.8)的输入电压 $V_{in}=48$ V，负载电阻 $R=4.8$ Ω。要求平均输出电压为 24 V。电感器 L 的值是 400 μH，电容 C 是 330 μF。开关频率是 100 kHz。请计算(a)开关的占空比，(b)平均输入电流。

[答案：(a)0.5，(b)2.5 A]。

1.17　与上题相同的已知条件。请计算(a)电感器电流纹波，(b)电感器电流的最大值和最小值。

[答案：(a)0.3 A，(b)4.85 A，5.15 A]。

1.18　降压转换器的 $V_{in}=48$ V，$V_{out}=24$ V，$L=400$ μH 和 $f_s=100$ kHz，要求将 Buck 变换器进入 DCM。求 R 值。

（提示：在 CCM 和 DCM 之间的边界，平均输出电流为最大电感器电流的一半）。

[答案：160 Ω]。

1.19　降压变换器的 $V_{in}=48$ V，$V_{out}=24$ V 和 $f_s=100$ kHz 和输出功率从 12 ~ 120 W。为了能使转换器工作在 CCM 功率量程内。请设计所需电感器的最小值。

[答案：120 μH]。

1.20　如图 1.54 中的电路，每组使用两个电容器，它的电压可能从 12 V 降到 6 V 吗？为什么不呢？

1.21　与上题相同的电路，它可能下降到 5.7 V？为什么不呢？

（提示：考虑调节问题）。

1.22　设计一个类似图 1.54 中的电路，将 12 V 降到：(a)4 V 和(b)是 3.3 V。

请问这两个电路有什么不同？它们有对电源电压 ±10% 变化的调节能力吗？

1.23　为了实现如图 1.54 所示(给定 R 值)的特定需要的输出电压纹波，探讨一个设计 C 和 T_s 的公式。

1.24　说明提升电源电压的 SC 电路原理。

1.25　画出将电压从 5 V 提升到 9 V 的 SC DC-DC 变换器。

1.26　画出提升电压的 SC DC-DC 变换器：（a）从 5 V 升到 12 V，（b）从 6 V 升到 12 V。这两个电路有什么不同吗？它们的调节能力怎么样？

1.27　考虑一个升压准谐振 ZCS 变换器及其周期性开关工作。画出开关图和拓扑阶段（提示：使用图 1.9 等效的硬开关升压变换器方案。新的稳态周期开始之前，升压转换器是在关态拓扑；因此，它的输出二极管是导通，在谐振电容上的电压是 V_{out}。当开关导通时，输出二极管的电流是 $I_{in} - i_{L_r}(t)$，直到电流为零，二极管保持在通态，箝位谐振电容电压在 V_{out}。只有当输出二极管关断，谐振电容器与谐振电感器才开始谐振过程）。

1.28　AC-DC 变换器的电源电压 v_s 和输入电流 i_{in} 表示为

$$v_s(t) = 311 \sin 2\pi(50)t$$

$$i_{in}(t) = 10 \cos[2\pi(50)t - 20°] + 1 \sin[2\pi(150)t + 30°] + 0.5 \sin[2\pi(250)t + 40°]$$

求解：

　（a）v_s 和 i_{in} 的均方根值[答案：220 V，7.11 A]。

　（b）变换器的输入功率[答案：532 W]。

　（c）i_{in} 的位移和变形的因数[答案：0.342，0.995]。

　（d）功率因数[答案：0.340]。

参考文献

ABB Power Electronics to power the NASA Arc-heated Scramjet Test Facility. ABB Press Release (June 25, 2003).

Akagi, H. (1998) The state-of-the-art of power electronics in Japan. *IEEE Transactions on Power Electronics*, **13** (2), 345–356.

Ames, B. (2009) Power electronics drive next-generation vehicles, Military @ Aerospace Electronics Web Exclusive, http://www.nampet.org/resources/new_4.htm.

Amon, E.A., Schacher, A.A., and Brekken, T.K.A. (2009) A novel maximum power point tracking algorithm for ocean wave energy devices. Proc. IEEE Energy Conversion Congress and Exposition (ECCE'09), San Jose, CA, September 2009, pp. 2635–2641.

Blake, C. (2009) Power technology roadmap trends 2008–2013. Proc. Applied Power Electronics Conf. (APEC), Washington, DC (Plenary session communication).

Bose, B.K. (1980) Power electronics – an emerging technology. *IEEE Transactions* on *Industrial* Electronics, **36** (3), 403–413.

Bose, B.K. (2010) Global warming. Energy, environmental pollution, and the impact of power electronics. *IEEE Industrial* Electronics *Magazine*, **4** (1), 6–17.

British Standards Institution, Electromagnetic compatibility (EMC) – Part 3-2: Limits – Limits for harmonic current emissions (equipment input current up to and including 16 A per phase), BS EN 61000-3-2 Ed.2:2001 IEC 61000-3-2 Ed.2:2000.

Buchanan, E.E. and Miller, E.J. (1975) Resonant switching power conversion technique. Proc. IEEE Power Electronics Specialists Conf., pp. 188–193.

Bush, S. (2009) Fujitsu reveals GaN transistor for power supplies. *ElectronicsWeekly.com*, http://www.electronicsweekly.com/Articles/2009/07/02/46422 (accessed November 30, 2009).

Buso, S., Spiazzi, G., Faccio, F., and Michelis, S. (2009) Comparison of DC-DC converter topologies for future SLHC experiments. Proc. IEEE Energy Conversion Congress and Exposition (ECCE'09), San Jose, CA, September 2009, pp. 1775–1782.

CETS (Commission on Engineering and Technical Systems) (1997) Energy-Efficient Technologies for the Dismounted Soldier, The National Academies Press, Washington, DC, http://books.nap.edu.

Chen, J. and Ioinovici, A. (1996) Switching-mode DC-DC converter with switched capacitor based resonant circuit. *IEEE Transactions* on *Circuits* and *Systems – Part* I, **43** (11), 933–938.

Cheong, S.V., Chung, H., and Ioinovici, A. (1992) Development of power electronics based on switched-capacitor circuits. Proc. International Symposium on Circuits and Systems (ISCAS '92), San Diego, CA, May 1992, pp. 1907–1911.

Cheong, S.V., Chung, H., and Ioinovici, A. (1994) Inductorless DC-to-DC converter with high power density. *IEEE Transactions* on *Power* Electronics, **41** (22), 208–215.

Chung, H. and Yan, W.T. (2010) Method and apparatus for suppressing noise caused by parasitic inductance and/or resistance in an electronic circuit or system. US Patent Application Serial No. 12/435,954.

Ciprian, R. and Lehman, B. (2009) Modeling effects of relative humidity, moisture, and extreme environmental conditions on power electronic performance. Proc. IEEE Energy Conversion Congress and Exposition (ECCE'09), San Jose, CA, September 2009, pp. 1052–1059.

Datta, M., Senjyu, T., Yona, A. *et al.* (2009) Smoothing output power variations of isolated utility connected multiple PV systems by coordinated control. *Journal of* Power *Electronics*, **9** (2), 320–333.

Nano-Device Laboratory, GaN transistor technology: problems of self-heating, traps and flicker noise, University of California, Riverside, http://ndl.ee.ucr.edu/GaN-devices.htm (accessed May 7, 2012).

GaN transistor bets silicon (2008) http://www.photonics.com/Content/ReadArticle.aspx?ArticleID=33765 (accessed November 30, 2009).

Han, S.K. and Youn, M.J. (2007) High-performance and low-cost single-switch current-fed energy recovery circuit for AC plasma display panel. *IEEE Transactions* on *Power Electronics*, **22** (4), 1089–1097.

Han, S.K., Moon, G.W., and Youn, M.J. (2007) Cost-effective zero-voltage and zero-current switching current-fed energy recovery display driver for AC plasma display panel. *IEEE Transactions* on *Power* Electronics, **22** (4), 1081–1088.

Hashimoto, T., Shiraishi, M., Akiyama, N. *et al.* (2009) System in package (SiP) with reduced parasitic inductance for future voltage regulator. *IEEE Transactions* on *Power Electronics*, **24** (6), 1547–1553.

Huang, M.H., Fan, P.C., and Chen, K.H. (2009) Low-ripple and dual-phase charge pump circuit regulated by switched-capacitor-based bandgap reference. *IEEE Transactions* on *Power Electronics*, **24** (5), 1161–1172.

Ikeda, N., Kaya, S., Li, J. *et al.* (2008) High power AlGaN/GaN HFET with a high breakdown voltage of over 1.8kV on 4 inch Si substrates and the suppression of current collapse. Proc. of the 20th Int. Symp. on Power Semiconductor Devices & ICs, May 2008, Orlando, FL, pp. 287–290.

Ioinovici, A. (2001) Switched-capacitor power electronics circuits. *IEEE Circuits* and *Systems Magazine*, **1** (3), 37–42.

Kankam, M.D. and Elbuluk, M.E. (Nov. 2001) A survey of power electronics applications in aerospace technologies. NASA Report, TM-2001-211298, http://gltrs.grc.nasa.gov/GLTRS.

Khan, M.A., Kuznia, J.N., Bhattarai, A.R., and Olson, D.T. (1993) Metal semiconductor field effect transistor based on single crystal GaN. *Applied Physics Letters*, **62**, 1786.

Kim, J.H., Lim, J.G., Chung, S.K., and Song, Y.J. (2009) DSP-based digital controller for multi-phase synchronous buck converters. *Journal of* Power *Electronics*, **9** (3), 410–417.

Kim, C.H., Park, H.S., Kim, C.E. *et al.* (2009) Individual charge equalization converter with parallel primary winding of transformer for series connected lithium-ion battery strings in an HEV. *Journal of* Power *Electronics*, **9** (3), 472–480.

Kwon, J.M. and Kwon, B.H. (2009) High step-up active-clamp converter with input-current doubler and output-voltage doubler for fuel cell power systems. *IEEE Transactions* on *Power Electronics*, **24** (1), 108–115.

Lam, E., Bell, R., and Ashley, D. (2003) Revolutionary advances in distributed power systems. Proc. Applied Power Electronics Conf. (APEC), Miami Beach, FL, Vol. 1, pp. 30–36.

Lee, J.P., Min, B.D., Kim, T.J. *et al.* (2009) Design and control of novel topology for photovoltaic DC/DC converter with high efficiency under wide load ranges. *Journal of* Power *Electronics*, **9** (2), 300–307.

Lidow, A. and Sheridan, G. (2003) Defining the future for microprocessor power delivery. Proc. Applied Power Electronics Conf. (APEC), Miami Beach, FL, vol. 1, pp. 3–9.

Liserre, M., Sauter, T., and Hung, J.Y. (2010) Future energy systems. Integrating renewable energy sources into the smart power grid through industrial electronics. *IEEE Industrial* Electronics *Magazine*, **4** (1), 18–37.

Liu, K.H. and Lee, F.C. (1984) Resonant switches – a unified approach to improved performances of switching converters. Proc. of the International Telecommunication Energy Conf., New Orleans, LA, November 1984, pp. 344–351.

Liu, K.H., Oruganti, R., and Lee, F.C. (1985) Resonant switches – topologies and characteristics. Proc. IEEE Power Electronics Specialists Conf., Toulouse, France, June 1985, pp. 62–67.

Ma, G., Qu, W., Yu, G. *et al.* (2009) A zero-voltage-switching bidirectional DC-DC converter with state analysis and soft-switching-oriented design consideration. *IEEE Transactions* on *Industrial Electronics*, **56** (6), 2174–2184.

Mak, O.C., Wong, Y.C., and Ioinovici, A. (1995) Step-up DC power supply based on a switched-capacitor circuit. *IEEE Transactions* on *Power Electronics*, **42** (1), 90–97.

McDonald, T. (April, 2009) GaN based power technology stimulates revolution in conversion electronics. www.bodospower.com.

Meehan, A., Gao, H., and Lewandowski, Z. (2009) Energy harvest with microbial fuel cell and power management system. Proc. IEEE Energy Conversion Congress and Exposition (ECCE'09), San Jose, CA, September 2009, pp. 3558–3563.

Moschytz, G.S. (2010) From printed circuit boards to systems-on-a-chip. *IEEE Circuits* and *Systems Magazine*, **10** (2), 19–29.

Murata Products (2010) PDF Catalog Inductors, http://www.murata.com/products/inductor/catalog/index.html (accessed April 25, 2012).

Ng, V.W., Seeman, M.D., and Sanders, S.R. (2009) Minimum PCB footprint point-of-load DC-DC converter realized with Switched-Capacitor architecture. IEEE Energy Conversion Congress and Exposition (ECCE'09), San Jose, CA, September 2009, pp. 1575–1581.

Orikawa, K. and Itoh, J.I. (2010) A comparison of the series – parallel compensation type DC-DC converters using both a fuel cell and a battery. Proc. IEEE Energy Conversion Congress and Exposition (ECCE '10), Atlanta, GA, September 2010, pp. 1414–1421.

Palma, L. and Enjeti, P.N. (2009) A modular fuel cell, modular DC-DC converter concept for high performance and enhanced reliability. *IEEE Transactions* on *Power Electronics*, **24** (6), 1437–1443.

Park, J.H., Cho, B.H., Lee, J.K., and Whang, K.W. (2009) Performance evaluation of 2-dimensional light source using mercury-free flat fluorescent lamps for LCD backlight applications. *Journal of* Power *Electronics*, **9** (2), 164–172.

Pavlovsky, M., Tsuruta, T., and Kawamura, A. (2009) Fully bi-directional DC-DC converter for EV power train with power density of 40kW/l. Proc. IEEE Energy Conversion Congress and Exposition (ECCE'09), San Jose, CA, September 2009, pp. 1768–1774.

Perreault, D.J., Hu, J., Rivas, J.M. *et al.* (2009) Opportunities and challenges in very high frequency power conversion. Proc. Applied Power Electronics Conf. and Expo. (APEC), Washington, DC, pp. 1–14.

Peter, P. and Agarwal, V. (2010) PV fed boost type switched capacitor power supply for a nano satellite. Proc. IEEE Energy Conversion Congress and Exposition (ECCE '10), Atlanta, GA, September 2010, pp. 3241–3246.

Podlesak, T.F., Stewart, A.G., and Tuttle, J.E. (1998) Matrix converters for hybrid vehicle applications, SAE International, http://www.sae.org/technical/papers/981901.

Silicon Carbide Inverter Demonstrates Higher Power Output, *Power Electronics Technology* (Feb 1, 2006) http://power-electronics.com/news/silicon-carbide-inverter.

NASA (2009) Power Management and Storage. SBIR, Topic S3 Spacecraft and Platform Subsystems, http://sbir.gsfc.nasa.gov/SBIR/sbirsttr2009/solicitation.

Qin, Y.X., Chung, H., Lin, D.Y., and Hui, S.Y.R. (2008) Current source ballast for high power lighting emitting diodes without electrolytic capacitor. Proc. 34th IEEE Annual Conference on Industrial Electronics, November 2008, pp. 1968–1973.

Renesas Electronics Corporation (2010) Renesas Power MOSFETs, IGBTs, Triacs, and Thyristors, http://documentation.renesas.com/eng/products/transistor/rej13g0003_pmfe.pdf (accessed December 2010).

Richelli, A., Colalongo, L., Tonoli, S., and Kovacs-Vajna, Z.M. (2009) A 0.2–1.2 V DC/DC boost converter for power harvesting applications. *IEEE Transactions* on *Power Electronics*, **24** (6), 1541–1546.

Savage, N. (2009) Building an on-chip high-voltage transmission grid is one way researchers think they could distribute power better. *IEEE Spectrum*, **46** (12), 15.

Schwarz, F. (Nov. 1971) Load insensitive electrical device, US Patent 3,621,362.

Schwarz, F.C. (1975) An improved method of resonant current pulse modulation for power converters. Proc. IEEE Power Electronics Specialists Conf., pp. 194–204.

Shen, Z.J., Okada, D.N., Lin, F., Anderson, S., and Cheng, X. (2006) Lateral power MOSFET for megahertz-frequency, high-density dc/dc converters. *IEEE Trans. on* Power *Electronics*, **21** (1), 11–17.

Stanford, E. (2004) Power technology roadmap for microprocessor voltage regulators, http://www.apec-conf.org/2004/APEC04_SP1-1_Intel.pdf (accessed October 2009).

TDK USA Corp., TDK Inductor Products, http://www.tdk.com/inductors.php (accessed April 25, 2012).

Villalva, M.G., Gazoli, J.R., and Filho, E.R. (2009) Comprehensive approach to modeling and simulation of photo-voltaic arrays. *IEEE Transactions* on *Power Electronics*, **24** (5), 1198–1208.

Vinciarelli, P. (Nov. 1983) Forward converter switching at zero current, US Patent 4,415,959.

Waffler, S. and Kolar, J.W. (2009) A novel low-loss modulation strategy for high-power bidirectional buck + boost converters. *IEEE Transactions* on *Power Electronics*, **24** (6), 1589–1599.

Walters, K., Rectifier reverse switching performance. MicroNote Series 302, Microsemi Corp. (www.microsemi.com/micnotes/302.pdf; accessed October 2009).

Wang, H., Vladan Stankovic, A., Nerone, L., and Kachmarik, D. (2009) A novel discrete dimming ballast for linear fluorescent lamps. *IEEE Transactions* on *Power Electronics*, **24** (6), 1453–1461.

Wang, Y., de Haan, S.W.H., and Ferreira, J.A. (2010) Design of low-profile nanocrystalline transformer in high current phase-shifted DC-DC converter. IEEE Energy Conversion Congress and Exposition (ECCE'10), Atlanta, GA, September 2010, pp. 2177–2181.

Witulski, A.F. (1995) Introduction to modeling of transformers and coupled inductors. *IEEE Transactions* on *Power Electronics*, **10** (3), 349–357.

Yi, K.H., Choi, S.W., and Moon, G.W. (2009) Comparative study of a single sustaining driver (SSD) with single- and dual-energy recovery circuits for plasma display panels (PDPs). *IEEE Transactions on Power Electronics*, **24** (2), 540–547.

Zhao, Q., Tao, F., and Lee, F.C. (2001) A front-end DC/DC converter for network server applications. Proc. IEEE Power Electronics Specialists Conference, Vancouver, BC, Canada, pp. 1535–1539.

Zhu, G. and Ioinovici, A. (1997) Steady-state characteristics of switched-capacitor electronic converters. *Journal of* Circuits *Systems and Computers*, **7** (2), 69–91.

第2章 DC-DC变换器建模

符号列表

A, B, C:状态空间矩阵

$\quad A$:$n \times n$ 阶矩阵,其中 n 通常是电抗元件数量

$\quad B$:通常为 $n \times 1$ 阶矩阵

$\quad C$:通常为 $1 \times n$ 阶矩阵

U:$n \times n$ 阶的单位矩阵

$x(t)$:瞬时状态空间可变向量,例如 $[i_L(t), v_C(t)]$

X:$x(t)$ 的稳态量,例如 $[I_L, V_C]$,$n = 2$ 时

$\hat{x}(t)$:X 的干扰(扰动)向量,例如 $[\hat{i}_L(t), \hat{v}_C(t)]$

$v_{in}(t)$:输入(电源)电压瞬时值 D:$d(t)$ 的直流(稳态)值

V_{in}:$v_{in}(t)$ 的直流(稳态)值 $\hat{d}(t)$:占空比的干扰(扰动)

$\hat{v}_{in}(t)$:输入电压的干扰(扰动) $\hat{X}(s)$:$\hat{x}(t)$ 的拉普拉斯变换

$v_{out}(t)$:输出(负载)电压瞬时值 $\hat{V}_{in}(s)$:$\hat{v}_{in}(t)$ 的拉普拉斯变换

V_{out}:$v_{out}(t)$ 的直流(稳态)值 $\hat{V}_{out}(s)$:$\hat{v}_{out}(t)$ 的拉普拉斯变换

$\hat{v}_{out}(t)$:输出电压的干扰(扰动) $\hat{D}(s)$:$\hat{d}(t)$ 的拉普拉斯变换

$d(t)$:开关器件占空比的瞬时值

2.1 功率级建模的目的

回顾第1章的内容,开关型电源的目的是无论电源电压或负载是否变化,都要提供可控的输出电压(如在直流变换器情况下提供恒定的电流)。只要变换器工作在稳态,也就是在标称输入电压和负载下,良好的设计要确保向负载输出期望的电压。在理想情况下,输出电压必须不受被任何外部干扰影响。然而,实际上,如果输入电压或负载出现改变(扰动),控制电路必须应对它以保证这些干扰不被传播到负载上。例如,在脉冲宽度调制(PWM)控制情况下,调整开关装置的占空比,能使输出电压尽快恢复到标称值。

为了设计控制电路,必须"了解"功率级,也就是必须获得它的传递函数。任何电力电子变换器在开关周期内都要经历几个开关阶段,也就是说变换器具有周期开关工作的特征。回顾Buck-Boost, Boost, 或 Buck 变换器的相应开关阶段[参见图 1.6(b)和图 1.6(c),图 1.7(b)和图 1.7(c),图 1.8(b)和图 1.8(c)]。这些开关拓扑结构中的任何一个都是非常简单的线性电路。这 3 种基本的 DC-DC 变换器包含两种电抗元件,一种是电感,另一种是电容。后面会看到,即便在最复杂的变换器中,电抗元件的数量依然很少。因此,利用从线性电路理论中所学到的方法来分析开关阶段是非常简单的。然而,分析电力电子电路的复杂性在于,功率级在每个开关拓扑结构下运行的时间都很短(在上面的例子中,当晶体管处于导通状态时变换器

工作在第一种拓扑结构，当晶体管处于截止状态时变换器工作在第二种拓扑结构，这个过程将会不断地周期性重复）。因此，电力电子电路是一个开关的、时变电路[1]。

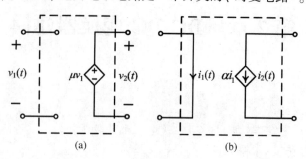

图2.1　受控源。（a）电压控制的电压源；（b）电流控制的电流源

一种最常见的误解是，开关工作不会造成电路非线性。开关电路仅是一种分段线性电路，在电子学（通信等）中遇到很多类似的情况。除了由变压器、固态器件引入的非线性在多数分析中，其他非线性通常可以忽略，电力电子变换器可以是线性时变电路。在周期的稳态运行中也确实是这样：PWM控制的变换器在确定的时间从一个开关状态变换到下一个开关状态，取决于一个常数，一个已知的标称占空比。然而，在输入电压或负载有干扰发生时的瞬态周期中，各个拓扑结构的持续时间是变化的。就像在讨论PWM运行时所看到的，占空比的变化与输入电压或负载的变化并不全呈线性关系。也就是说，在瞬态周期中，变换器从一个开关状态变换到下一个开关状态的时间在每个周期都不同，这些时间不能事先

---

① 因为在这一章将广泛使用状态空间方程（简称状态方程），所以要牢记几个基本问题。在这里将不会以常规方式展示这些材料，它们可以在如参考文献所引用的电路理论书籍中找到。将列举在电力电子中所遇到情况来讨论。用 n 表示状态变量的个数，$x_1(t)$，$x_2(t)$，…，$x_n(t)$，它们由变换器中的电感电流和电容电压给出。在电路理论中发现，存在不是所有电感电流和电容器上的电压都被包含在状态空间变量的向量 $\boldsymbol{x}$ 中的特殊情况。但是这些情况在实际变换器中不会出现。一个系统的状态空间表达式是由两个向量方程组成的：一个是将 $\boldsymbol{x}(t)$ 的时间导数与 $\boldsymbol{x}(t)$ 和 $v_{in}(t)$ 联系起来，另一个是将 v_{out} 和 $\boldsymbol{x}(t)$ 联系起来（在实际变换器中，v_{in} 不会出现在第二个方程中）

$$\begin{cases} \dot{\boldsymbol{x}}(t) = \boldsymbol{A}\boldsymbol{x}(t) + \boldsymbol{B}v_{in}(t) \\ v_{out}(t) = \boldsymbol{C}\boldsymbol{x}(t) \end{cases}$$

其中矩阵 $\boldsymbol{A}, \boldsymbol{B}, \boldsymbol{C}$ 的系数由电路元件来决定。对非线性电路，微分向量方程可以写为

$$\dot{\boldsymbol{x}}(t) = f[\boldsymbol{x}(t), v_{in}(t)]$$

状态空间变量的初值由向量 $\boldsymbol{x}(t_0)$ 给出。线性方程组的解可以表示为

$$\begin{cases} \boldsymbol{x}(t) = \mathrm{e}^{\boldsymbol{A}(t-t_0)}\boldsymbol{x}(t_0) + \boldsymbol{A}^{-1}[\mathrm{e}^{\boldsymbol{A}(t-t_0)} - \boldsymbol{U}]\boldsymbol{B}V_{in} \\ v_{out}(t) = \boldsymbol{C}\boldsymbol{x}(t) \end{cases}$$

如果输入电压是直流常量，其中

$$\mathrm{e}^{\boldsymbol{A}t} = \boldsymbol{U} + \frac{\boldsymbol{A}t}{1!} + \frac{\boldsymbol{A}^2 t^2}{2!} + \cdots + \frac{\boldsymbol{A}^n t^n}{n!} + \cdots$$

是无穷级数。

记得电路理论中还包括电感电流和电容电压在开关瞬时是连续的，也就是 $\boldsymbol{x}(t_{0+}) = \boldsymbol{x}(t_{0-})$。这也是选取电感电流和电容电压作为状态空间变量的一个原因。

电路理论中需要牢记的另一个主题是受控源（被控源）。一个电压控制的电压源是一个双端器件，它的输出电压与输入电压直接成比例（也就是，对电路中另一个器件上的电压，包括开路）[参见图2.1（a）]

$$v_2(t) = \mu\, v_1(t)$$

一个电流控制的电流源是一个双端器件，它的输出电流与输入电流直接成比例（也就是，对流过电路中另一个器件的电流，包括短路电流）[参见图2.1（b）]

$$i_2(t) = \alpha\, i_1(t)$$

确定，而是取决于对"阈值"条件的满足度。每个瞬态周期的占空比是通过固定阈值水平和模拟误差信号比较来确定的。另一个阈值条件是通过控制类型给出的，它可指定开关频率是常数，或指定由一些内部参数决定的通态拓扑的持续时间，或其他限制来确定。如果变换器工作在非连续导通模式（DCM），另一个阈值（非线性）情况确定变换器从第二个开关拓扑结构变换到第三个拓扑结构的时刻（显然，电感电流到达 0 值的时间非线性地决定于负载的值）。所有这些阈值条件的存在让电力电子变换器成为非线性电路。后面部分中，当描绘的变换器微分方程中出现表示扰动的变量是时域函数的乘积时，将给出非线性特性的分析图像。

在第 4 章给出设计非线性控制系统的方法。然而，因为电力电子电路是开关（分段线性）系统，而不是用连续时间非线性函数描述的典型非线性系统，因此非线性控制在变换器中通常是被复杂化而且是有限执行的。最流行的设计方法依然是基于拉普拉斯变换或 z 变换，因为它们很简单：在 s 域或 z 域获得电子电路的传递函数，然后设计控制器来阻止输入的干扰传递给负载。控制器必须按照要求设计，例如满足相关目标对瞬态波形的响应（调节）时间和过冲时间的要求。但是，s 变换和 z 变换都是线性算子，它们只能应用于线性时不变网络。例如，可以很容易在 s 域获得图 1.6，图 1.7 和图 1.8 中每个开关阶段的传递函数，但是怎样才能更好地表述呢？一个在所有周期都有效的变换器的传递函数，不能由所有开关阶段的传递函数派生出来，因为每个开关拓扑都有其自身结构，应由各自的微分方程来描述。因此，在应用拉普拉斯变换（或 z 变换）之前，必须找到一个方程组来管理整个开关周期中变换器的作用。如果不能找到精确的方法，就用近似的方法。除非能找到一个独特的在变换器整个工作时间都有效的线性时不变微分方程，否则将不能为功率级找到独特的有效传递函数，而且也不能设计控制器。

2.2　平均状态空间方程和低纹波近似（时间线性化）

我们的目的是用单组线性方程组来描述在整个变换周期都有效的变换器的动态特性。为此，假设图 1.6,图 1.7 和图 1.8 所描述的变换器，在全周期经历的两个拓扑阶段都在连续导通模式。因此，在通常的周期 k 就意味着变换器在 $[kT_s, kT_s + dT_s]$ 间隔内运行在第一种拓扑阶段，而在 $[kT_s + dT_s, (k+1)T_s]$ 运行在第二种拓扑阶段。其中 d 表示控制电路所确定的占空比，d 在动态过程的不同周期是不断变化的。由于每个开关阶段都是一个线性的时不变电路，因此可以用一系列的状态空间方程来描述

$$\begin{cases} \dot{\boldsymbol{x}}_1(t) = \boldsymbol{A}_1 \boldsymbol{x}_1(t) + \boldsymbol{B}_1 v_{in} \\ v_{out}(t) = \boldsymbol{C}_1 \boldsymbol{x}_1(t) \end{cases}$$

当

$$kT_s \leqslant t \leqslant kT_s + dT_s$$

而且

$$\begin{cases} \dot{\boldsymbol{x}}_2(t) = \boldsymbol{A}_2 \boldsymbol{x}_2(t) + \boldsymbol{B}_2 v_{in} \\ v_{out}(t) = \boldsymbol{C}_2 \boldsymbol{x}_2(t) \end{cases}$$

当

$$kT_s + dT_s \leqslant t \leqslant (k+1)T_s$$

式中，A_1，B_1，C_1 和 x_1 表示状态空间矩阵，分别对应第一种开关拓扑阶段的状态可变向量，同样，A_2，B_2，C_2 和 x_2 表示状态空间矩阵，分别对应第二种开关拓扑阶段的状态可变向量。由于实际上变换器只在从一个阶段变换为另一个阶段时才改变它的拓扑结构（不同器件的连接关系），但是不会改变它的电抗元件，因此，状态可变向量在所有阶段都是一样的。在此，我们用两个不同的符号（x_1，x_2）只是为了帮助理解后续的方程，但是在最后一步，我们会用一个符号来替代它们。

为了简化方程，将用 0 替代 kT_s，dT_s 替代 $kT_s + dT_s$，并用 T_s 替代 $(k+1)T_s$。即使表面上看来是在讨论瞬变状态的第一个周期，我们将继续参考周期 k。在最后一步，会回归最初的符号。在一个开关周期中，可以将 DC 输入看成是恒定的。用 $x_1(0)$ 表示 $t_0 = 0$ 时的初始状态（实际上，这就是周期 k 开始的状态，也就是为什么 $x_1(0) \neq 0$），第一个开关阶段的状态空间方程的解表示为

$$x_1(t) = \mathrm{e}^{A_1 t} x_1(0) + A_1^{-1}[\mathrm{e}^{A_1 t} - U]B_1 V_{in}$$

式中，$0 \leqslant t \leqslant dT_s$。

用 $x_2(dT_s)$ 表示第二拓扑阶段开始的状态，第二开关阶段的解表示为

$$x_2(t) = \mathrm{e}^{A_2(t-dT_s)} x_2(dT_s) + A_2^{-1}[\mathrm{e}^{A_2(t-dT_s)} - U]B_2 V_{in}$$

式中，$dT_s \leqslant t \leqslant T_s$。

因此，解 $x_1(t)$ 描述了第一个阶段的状态变化。在第一个开关阶段结束，其状态为

$$x_1(dT_s) = \mathrm{e}^{A_1 dT_s} x_1(0) + A_1^{-1}(\mathrm{e}^{A_1 dT_s} - U)B_1 V_{in}$$

类似地，$x_2(t)$ 描述了第二阶段一般工作状态的变化，这对于任何周期形式上都是有效的。在第二开关阶段结束后，其状态为

$$x_2(T_s) = \mathrm{e}^{A_2(T_s - dT_s)} x_2(dT_s) + A_2^{-1}[\mathrm{e}^{A_2(T_s - dT_s)} - U]B_2 V_{in}$$

然而，既然 $x_2(t)$ 和 $x_1(t)$ 表示了同样的向量，从现在开始记为 $x(t)$。考虑到状态空间变量在开关瞬间是连续的，在最后一个方程中的 $x_2(dT_s)$ 减去之前获得的 $x_1(dT_s)$ 表达式

$$x(T_s) = \mathrm{e}^{A_2(1-d)T_s}[\mathrm{e}^{A_1 dT_s} x(0) + A_1^{-1}(\mathrm{e}^{A_1 dT_s} - U)B_1 V_{in}] + A_2^{-1}[\mathrm{e}^{A_2(1-d)T_s} - U]B_2 V_{in}$$

要记住我们的目标是找到电路的传递函数，也就是需要找到单个线性方程来描述变换器所有周期的运行。而且这个方程必须是线性的，从而可以应用拉普拉斯算子。现在，第一个阻碍就是上面的方程由多个非线性矩阵指数来表示的。为了达到目标，必须引入一个近似：用其无穷级数的前两个线性项替换表达式中的指数项

$$\mathrm{e}^{A_1 dT_s} \approx U + A_1 dT_s; \quad \mathrm{e}^{A_2(1-d)T_s} \approx U + A_2(1-d)T_s$$

可以得到

$$x(T_s) = [U + A_2(1-d)T_s][(U + A_1 dT_s)x(0) + A_1^{-1}(U + A_1 dT_s - U)B_1 V_{in}]$$
$$+ A_2^{-1}[U + A_2(1-d)T_s - U]B_2 V_{in}$$

因此，我们忽略 $A_1 T_s$ 和 $A_2 T_s$ 的高次项。显然，如果 T_s 越小，即变换器在高开关频率工作时，时间线性化就更精确。然而，由于被忽略的项是矩阵的幂，其元素是电路元件值、时间 T_s 的表达式，因此所有 $A_1 T_s$ 和 $A_2 T_s$ 项都必须考虑，以便检查给定的变换器的近似是可接受还是太粗略。下文将阐述矩阵 A 的元素对于变换器所具有的物理意义，而且我们必须远小于 f_s，从而验证这些近似。在研究不同变换器并描述它们的状态空间方程式时，将讨论这一点。

对上一个方程中进行简单代数运算得到

$$\boldsymbol{x}(T_s) = [\boldsymbol{U} + \boldsymbol{A}_2(1-d)T_s][(\boldsymbol{U} + \boldsymbol{A}_1 dT_s)\boldsymbol{x}(0) + dT_s\boldsymbol{B}_1 V_{in}] + (1-d)T_s\boldsymbol{B}_2 V_{in}$$

或者, 通过再次忽略包含 T_s^2 的项

$$\boldsymbol{x}(T_s) = [\boldsymbol{U} + \boldsymbol{A}_1 dT_s + \boldsymbol{A}_2(1-d)T_s]\boldsymbol{x}(0) + dT_s\boldsymbol{B}_1 V_{in} + (1-d)T_s\boldsymbol{B}_2 V_{in}$$

可以进一步变换为

$$\frac{\boldsymbol{x}(T_s) - \boldsymbol{x}(0)}{T_s} = [\boldsymbol{A}_1 d + \boldsymbol{A}_2(1-d)]\boldsymbol{x}(0) + [\boldsymbol{B}_1 d + \boldsymbol{B}_2(1-d)]V_{in}$$

现在已经得到一个足够简单的表达式, 可以回到周期 k 的原始边界条件, 正如本章开始的约定: kT_s 将替代常数 0, 而 $(k+1)T_s$ 将替代常数 T_s, 可以得到

$$\frac{\boldsymbol{x}[(k+1)T_s] - \boldsymbol{x}(kT_s)}{T_s} = [\boldsymbol{A}_1 d + \boldsymbol{A}_2(1-d)]\boldsymbol{x}(kT_s) + [\boldsymbol{B}_1 d + \boldsymbol{B}_2(1-d)]V_{in}$$

发现上面向量方程的左边是向量 $\boldsymbol{x}$ 的时间导数的离散近似。因此, 通过将差分方程转换为微分方程, 可以得到

$$\dot{\boldsymbol{x}}(t) = [\boldsymbol{A}_1 d + \boldsymbol{A}_2(1-d)]\boldsymbol{x}(t) + [\boldsymbol{B}_1 d + \boldsymbol{B}_2(1-d)]V_{in}$$

记住, $\boldsymbol{A}_1$ 是针对变换器工作在第一种开关拓扑阶段的时间间隔 dT_s 时的状态空间方程, 而 $\boldsymbol{A}_2$ 则是针对工作在第二种开关拓扑阶段的时间间隔 $(1-d)T_s$ 的情况。因此, 表达式 $[\boldsymbol{A}_1 dT_s + \boldsymbol{A}_2(1-d)T_s]/T_s$ 可以看成是一种"平均值"矩阵。对于表达式 $[\boldsymbol{B}_1 dT_s + \boldsymbol{B}_2(1-d)T_s]/T_s$ 也是一样的

$$\boldsymbol{A}_{av} = \boldsymbol{A}_1 d + \boldsymbol{A}_2(1-d)$$

$$\boldsymbol{B}_{av} = \boldsymbol{B}_1 d + \boldsymbol{B}_2(1-d)$$

这样就可以将之前的向量状态空间方程写成简化形式

$$\dot{\boldsymbol{x}}(t) = \boldsymbol{A}_{av}\boldsymbol{x}(t) + \boldsymbol{B}_{av}v_{in}$$

式中 $\boldsymbol{x}$ 是指从现在开始的平均状态空间变量。通过观察依赖于 d 值的 $\boldsymbol{A}_{av}$ 和 $\boldsymbol{B}_{av}$, 他们是随着不同周期的瞬态状态不断变化的, 可以说上面的线性近似方程描述了整个变换器的工作过程。为了获得此方程来控制变换器整个周期性开关工作以替代之前的两个方程, 必须使用上面推导中所介绍的近似。上式方程的解 $\boldsymbol{x}$ 并不是准确的瞬时波形, 而是其平均值。

通过描述代数向量方程, 将每一种开关拓扑的 v_{out} 用 $\boldsymbol{x}$ 来描述

$$v_{out}(t) = \boldsymbol{C}_1\boldsymbol{x}(t), \ kT_s \leqslant t \leqslant kT_s + dT_s$$

$$v_{out}(t) = \boldsymbol{C}_2\boldsymbol{x}(t), \ kT_s + dT_s \leqslant t \leqslant (k+1)T_s$$

将它们做平均, 获得了第二个变换器整个工作时间的代数状态空间方程, 如

$$v_{out}(t) = \boldsymbol{C}_{av}\boldsymbol{x}(t)$$

式中

$$\boldsymbol{C}_{av} = \boldsymbol{C}_1 d + \boldsymbol{C}_2(1-d)$$

这个新的近似可以描述变换器整个工作时间的向量状态空间方程被称为平均状态空间方程。它们可以用做变换器动态响应的快速仿真。然而, 这不是它们的首要优点。最后, 一个计算机程序将在一个很长但仍可以接受的时间内给出精确解。这个程序基于适合于每个开关拓扑的精确解, 其中每个周期的占空比也都是通过控制电路仿真来计算的。这个平均状态空间

方程的重要性在于,拉普拉斯算子可以用于这些线性方程,也因此可以获得功率级的传递函数。这种方法是由 S. Ćuk 和 R. D. Middlebrook 所设计的。

　　本节将尝试寻找该近似的几何描述。图 2.2 是变换器可能的阶跃响应。细线显示输出电压在每个周期的精确计算值,解第一个开关周期的方程从而把状态从 kT_s 瞬时推进到 $kT_s + dT_s$ 瞬时,解第二个开关周期的方程从而使状态从 $kT_s + dT_s$ 瞬时变化到 $(k+1)T_s$。结果显示,输出电压的纹波和第 1 章描述变换器的相关理论一致。然而,如果解连续线性平均状态空间方程,方程中从一个开关拓扑到下一个的瞬时没有出现,图中用粗线显示其近似波形。也就是说,用平均方法计算的结果"消除"了纹波。这就是为什么这节所采用的时间线性化被称为低纹波近似。当然,如果 T_s 很小,近似就更好,这就和之前所描述的很吻合。由于变换器元件的设计要使纹波最小,这意味着如果设计合理,低纹波近似对任何讨论的变换器通常是有效的。例如,在 1.4.3 节发现为了限制输出电压纹波小于标称电压的 1%,需要一个比 DT_s/R 大 100 倍的电容。这意味着,在这样一个基于占空比值的设计中,开关频率 f_s 比固有频率 $1/(2RC)$ 大 200 倍左右。在计算 Buck-Boost 变换器的矩阵 A_1 时,我们得到系数 $1/CR$ 作为它的界限。因此,将得到 $T_s(1/CR)$ 比 $0.01/D$ 小,也就是小于 0.1,能如前所述确保时间线性化的精度。

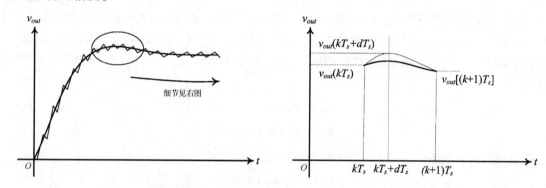

图 2.2　变换器可能的瞬态响应(细线:精确波形,基于方程描述的每
个开关拓扑的计算;粗线:基于平均状态空间方程计算的波形)

　　到目前为止,只考虑了连续导通模式(CCM)工作。在 1.4.2 节已知,如果变换器工作在断续导通模式(DCM),它将周期性的经历三种开关拓扑阶段。用 dT_s,d_2T_s 和 d_3T_s(当然 $d + d_2 + d_3 = 1$)表示在这些阶段中每个阶段的工作持续时间。用类似之前分析 CCM 模式工作的方法,考虑到在开关瞬时状态空间方程的连续性并用低纹波近似,得到相同的平均状态空间方程

$$A_{av} = A_1 d + A_2 d_2 + A_3 d_3$$
$$B_{av} = B_1 d + B_2 d_2 + B_3 d_3$$
$$C_{av} = C_1 d + C_2 d_2 + C_3 d_3$$

　　如何证明这些方程留给读者作为练习。以类似的方式,这些方法可以推广到变换器周期性的经历更多转换阶段的情况。要注意的是,对于状态空间变量的数量没有强制约束。在第 1 章所讨论的变换器仅有两个变量(电感电流 i_L 和电容电压 v_C),但是对于其他包含更多电感电容的变换器,状态空间变量的数量将更多。原则上,平均状态空间方程可以应用于任何变换器,然而处理更大的矩阵将更复杂,这就使这方法在此情况下不实用。

2.3　针对 CCM 工作的变换器，基于平均状态空间方程的直流电压增益和交流小信号开环传递函数

2.3.1　直流电压增益和交流开环干线–负载电压的传递函数

在上一节给出如下形式的平均状态空间方程：

$$\dot{\boldsymbol{x}}(t) = \boldsymbol{A}_{av}\boldsymbol{x}(t) + \boldsymbol{B}_{av}v_{in}$$

$$v_{out}(t) = \boldsymbol{C}_{av}\boldsymbol{x}(t)$$

考虑到变换器的反馈电路无效，而输入电压 V_{in} 有扰动 $\hat{v}_{in}(t)$ 出现（为了研究变换器的频率响应，通常在直流标称值上叠加一个正弦低频扰动 $\hat{v}_{in}$），这样瞬时输入电压可以表示为 $v_{in}(t) = V_{in} + \hat{v}_{in}(t)$。这将导致电感电流 $I_L(\hat{i}_L(t))$ 和电容电压 $V_C(\hat{v}_C(t))$ 的稳态值的变化（扰动），因为变换器工作在没有控制的开环情况，所以输出电压 $V_{out}(\hat{v}_{out}(t))$ 同样有扰动。瞬时状态空间变量向量 $\boldsymbol{x}(t)$ 和 $v_{out}(t)$ 可以写为

$$\boldsymbol{x}(t) = \boldsymbol{X} + \hat{\boldsymbol{x}}(t)$$

$$v_{out}(t) = V_{out} + \hat{v}_{out}(t)$$

式中 $\boldsymbol{X}$ 代表 $\boldsymbol{x}(t)$ 的直流值，$\hat{\boldsymbol{x}}(t)$ 表示 $\boldsymbol{X}$ 中的扰动。用平均状态空间方程替换这些表达式，可得到

$$\begin{cases} \overline{\dot{\boldsymbol{X} + \hat{\boldsymbol{x}}(t)}} = \boldsymbol{A}_{av}[\boldsymbol{X} + \hat{\boldsymbol{x}}(t)] + \boldsymbol{B}_{av}[V_{in} + \hat{v}_{in}(t)] \\ V_{out} + \hat{v}_{out}(t) = \boldsymbol{C}_{av}[\boldsymbol{X} + \hat{\boldsymbol{x}}(t)] \end{cases}$$

注意：在开环工作时占空比是常数，因此矩阵 $\boldsymbol{A}_{av}, \boldsymbol{B}_{av}, \boldsymbol{C}_{av}$ 不会改变。由于常数 $\boldsymbol{X}$ 的导数为 0，上面的方程也可以写为

$$\begin{cases} \dot{\hat{\boldsymbol{x}}}(t) = \boldsymbol{A}_{av}\boldsymbol{X} + \boldsymbol{B}_{av}V_{in} + \boldsymbol{A}_{av}\hat{\boldsymbol{x}}(t) + \boldsymbol{B}_{av}\hat{v}_{in}(t) \\ V_{out} + \hat{v}_{out}(t) = \boldsymbol{C}_{av}\boldsymbol{X} + \boldsymbol{C}_{av}\hat{\boldsymbol{x}}(t) \end{cases}$$

现在可以将直流部分从上述方程的交流部分中分离出来，因为线性系统（诸如平均方程所描述的）包含叠加原理

直流部分 $\begin{cases} 0 = \boldsymbol{A}_{av}\boldsymbol{X} + \boldsymbol{B}_{av}V_{in} \\ V_{out} = \boldsymbol{C}_{av}\boldsymbol{X} \end{cases}$　　交流部分 $\begin{cases} \dot{\hat{\boldsymbol{x}}}(t) = \boldsymbol{A}_{av}\hat{\boldsymbol{x}}(t) + \boldsymbol{B}_{av}\hat{v}_{in}(t) \\ \hat{v}_{out}(t) = \boldsymbol{C}_{av}\hat{\boldsymbol{x}}(t) \end{cases}$

直流部分的解是

$$\boldsymbol{X} = -\boldsymbol{A}_{av}^{-1}\boldsymbol{B}_{av} \cdot V_{in}$$

$$V_{out} = -\boldsymbol{C}_{av}\boldsymbol{A}_{av}^{-1}\boldsymbol{B}_{av} \cdot V_{in}$$

这提供了一种新的计算变换器电感电流和电容电压的平均稳态值和直流输入到负载电压增益（直流电压转换增益）M 的方法

$$M = \frac{V_{out}}{V_{in}} = -\boldsymbol{C}_{av}\boldsymbol{A}_{av}^{-1}\boldsymbol{B}_{av}$$

上式是基于低纹波近似推导的平均状态空间矩阵。它可以很容易地在模型中引入所有的寄生电阻，给出合理的准确结果。

对交流部分应用拉普拉斯变换，并考虑以前学过的电路理论，必须将所有初始状态设为 0

（电感和电容上没有磁场和电场的初始累计能量），可得到

$$s\hat{X}(s) \quad = A_{av}\hat{X}(s) + B_{av}\hat{V}_{in}(s)$$
$$\hat{V}_{out}(s) = C_{av}\hat{X}(s)$$

其结果为

$$\hat{X}(s) \quad = (sU - A_{av})^{-1}B_{av}\hat{V}_{in}(s)$$
$$\hat{V}_{out}(s) = C_{av}(sU - A_{av})^{-1}B_{av}\hat{V}_{in}(s)$$

　　如果变换器包含单独的电感和单独的电容，那么从开环输入电压到电感电流的传递函数 $G_{ig}(s)$ 可以由第一个式子推算 $\hat{X}(s)/\hat{V}(s)$ 获得。其交流开环输入输出电压传递函数也可以得到

$$G_{vg}(s) \triangleq \frac{\hat{V}_{out}(s)}{\hat{V}_{in}(s)} = C_{av}(sU - A_{av})^{-1}B_{av}$$

　　上述传递函数展示了输入电压扰动是如何传播到输出电压的，闭环工作的目的是尽可能快地消除负载上的干扰。

　　至今为止的所有推导对于 CCM 或 DCM 模式工作的变换器都是有效的，因为平均状态空间矩阵是按照常数考虑的（开环工作）。

2.3.2　小信号近似的占空比-输出电压的交流传递函数

　　现在考虑：变换器仍有控制回路缺陷，有扰动 $\hat{d}(t)$ 影响标称占空比 D。在闭环电路中，占空比的改变是 PWM 工作的结果，这是因为输入电压或者负载的扰动导致输出电压的改变。

$$d(t) = D + \hat{d}(t)$$

　　由于状态空间矩阵的值将会因此受影响，以下的方程对 CCM 模式工作的变换器有效，它们在每个周期都经历两个转换阶段：

$$A_{av} = A_1 d(t) + A_2[1 - d(t)] = (A_1 - A_2)[D + \hat{d}(t)] + A_2$$
$$B_{av} = B_1 d(t) + B_2[1 - d(t)] = (B_1 - B_2)[D + \hat{d}(t)] + B_2$$
$$C_{av} = C_1 d(t) + C_2[1 - d(t)] = (C_1 - C_2)[D + \hat{d}(t)] + C_2$$

　　就如前节的处理，将所有的扰动都加进平均状态空间方程的变量中，可得到

$$\begin{cases} \overline{X + \hat{x}(t)} = \{(A_1 - A_2)[D + \hat{d}(t)] + A_2\}[X + \hat{x}(t)] + \{(B_1 - B_2)[D + \hat{d}(t)] + B_2\}[V_{in} + \hat{v}_{in}(t)] \\ V_{out} + \hat{v}_{out}(t) = \{(C_1 - C_2)[D + \hat{d}(t)] + C_2\}[X + \hat{x}(t)] \end{cases}$$

　　与前节的步骤类似，将 DC 部分和 AC 部分分开。显然，DC 部分是不受扰动影响的，所以 DC 电压增益的公式与以前的相同。经过简单的代数运算，AC 部分结果如下：

$$\begin{cases} \dot{\hat{x}}(t) = [(A_1 - A_2)D + A_2]\hat{x}(t) + [(B_1 - B_2)D + B_2]\hat{v}_{in}(t) + (A_1 - A_2)\hat{d}(t)X + (B_1 - B_2)\hat{d}(t)V_{in} \\ \qquad + (A_1 - A_2)\hat{d}(t)\hat{x}(t) + (B_1 - B_2)\hat{d}(t)\hat{v}_{in}(t) \\ \hat{v}_{out}(t) = [(C_1 - C_2)D + C_2]\hat{x}(t) + (C_1 - C_2)\hat{d}(t)X + (C_1 - C_2)\hat{d}(t)\hat{x}(t) \end{cases}$$

　　以上的方程中，注意代表平均状态空间矩阵的稳态变量的符号：$A_{av} = (A_1 - A_2)D + A_2$，$B_{av} = (B_1 - B_2)D + B_2$，$C_{av} = (C_1 - C_2)D + C_2$，因此在任何后续 AC 传递函数估计中，平均状态空间矩阵的值必须是在公式中用标称值 D 计算得到。

接着，对上述 AC 方程应用拉普拉斯变换。然而，由于扰动变量获得的方程中包含非线性项：$\hat{d}(t)\hat{v}_{in}(t)$，$\hat{d}(t)\hat{x}(t)$。它们是变换器工作中 PWM 效应引入非线性特征的证据（如前所述，瞬态的占空比变化引起阈值条件的变化，使拓扑结构变化）。因此我们的目标是要找到 s 域的传递函数，除了忽略这些非线性项没有其他选择。其物理意义是，相对稳态值，扰动值较小：$\hat{v}_{in}(t) \ll V_{in}$，$\hat{x}(t) \ll X$，$\hat{d}(t) \ll D$。因此，在计算变换器 AC 传递函数时引入一个新的近似：小信号近似。需要注意在描述平均状态空间方程时不要混淆信号线性化和时间线性化。在稳态工作点附近，信号线性化等值于变量动态轨迹的线性化。当然，基于小信号传递函数获得的结果仅在输入电压或者负载的扰动相当小时是精确的。变换器的控制器是基于这些功率级的传递函数设计的。因此，实际上没人可以断定，小信号近似不再有效的扰动幅度的限制。在基于小信号开环传递函数的反馈设计后，一些大扰动的仿真必须在批准设计和制造样品前完成。一些设计者甚至更喜欢考虑输入电压、负载、占空比的不同值的一系列工作点，按最差条件来设计控制器。具体步骤将在第 4 章介绍。

对以前的方程应用拉普拉斯变换并忽略包含时域函数结果的项，可得到

$$\begin{cases} s\hat{\boldsymbol{X}}(s) = \boldsymbol{A}_{av}\hat{\boldsymbol{X}}(s) + \boldsymbol{B}_{av}\hat{V}_{in}(s) + [(\boldsymbol{A}_1 - \boldsymbol{A}_2)\boldsymbol{X} + (\boldsymbol{B}_1 - \boldsymbol{B}_2)V_{in}]\hat{D}(s) \\ \hat{V}_{out}(s) = \boldsymbol{C}_{av}\hat{\boldsymbol{X}}(s) + (\boldsymbol{C}_1 - \boldsymbol{C}_2)\boldsymbol{X}\hat{D}(s) \end{cases}$$

其解为

$$\begin{cases} \hat{\boldsymbol{X}}(s) = (s\boldsymbol{U} - \boldsymbol{A}_{av})^{-1}\boldsymbol{B}_{av}\hat{V}_{in}(s) + (s\boldsymbol{U} - \boldsymbol{A}_{av})^{-1}[(\boldsymbol{A}_1 - \boldsymbol{A}_2)\boldsymbol{X} + (\boldsymbol{B}_1 - \boldsymbol{B}_2)V_{in}]\hat{D}(s) \\ \hat{V}_{out}(s) = \boldsymbol{C}_{av}\hat{\boldsymbol{X}}(s) + (\boldsymbol{C}_1 - \boldsymbol{C}_2)\boldsymbol{X}\hat{D}(s) \end{cases}$$

由此可得到

$$\left.\frac{\hat{\boldsymbol{X}}(s)}{\hat{V}_{in}(s)}\right|_{\hat{d}=0} = (s\boldsymbol{U} - \boldsymbol{A}_{av})^{-1}\boldsymbol{B}_{av}$$

此式首行给出了包含单独电感变换器的 AC 小信号输入电压及电感电流间的传递函数

$$G_{ig}(s) \stackrel{\Delta}{=} \frac{\hat{I}_L(s)}{\hat{V}_{in}(s)}, \qquad \hat{d} = 0$$

而且

$$\left.\frac{\hat{\boldsymbol{X}}(s)}{\hat{D}(s)}\right|_{\hat{v}_{in}=0} = (s\boldsymbol{U} - \boldsymbol{A}_{av})^{-1}[(\boldsymbol{A}_1 - \boldsymbol{A}_2)\boldsymbol{X} + (\boldsymbol{B}_1 - \boldsymbol{B}_2)V_{in}]$$

给出了 AC 小信号占空比及电感电流间的传递函数

$$G_{id}(s) \stackrel{\Delta}{=} \frac{\hat{I}_L(s)}{\hat{D}(s)}, \qquad \hat{v}_{in} = 0$$

因为变换器包含单独的电感，因此可以定义

$$G_{vg}(s) \stackrel{\Delta}{=} \left.\frac{\hat{V}_{out}(s)}{\hat{V}_{in}(s)}\right|_{\hat{d}=0} = \boldsymbol{C}_{av}(s\boldsymbol{U} - \boldsymbol{A}_{av})^{-1}\boldsymbol{B}_{av}$$

$$G_{vd}(s) \stackrel{\Delta}{=} \left.\frac{\hat{V}_{out}(s)}{\hat{D}(s)}\right|_{\hat{v}_{in}=0} = \boldsymbol{C}_{av}(s\boldsymbol{U} - \boldsymbol{A}_{av})^{-1}[(\boldsymbol{A}_1 - \boldsymbol{A}_2)\boldsymbol{X} + (\boldsymbol{B}_1 - \boldsymbol{B}_2)V_{in}] + (\boldsymbol{C}_1 - \boldsymbol{C}_2)\boldsymbol{X}$$

当然，第一式 $G_{vg}(s)$ 也是 AC 输入及输出电压（或输入电压及负载电压）间的开环传递函

数，前节是按照占空比没有扰动的情况来计算的。第二式 $G_{vd}(s)$ 是输入电压没有扰动时 AC 占空比及输出电压(或控制及负载电压)间的开环小信号传递函数。它显示了占空比的变化是如何传递到负载电压上的。

然后，通过这两个传递函数模拟开环功率级，像图 2.3 所示，就可以得到：

$$\hat{V}_{out}(s) = G_{vg}(s)\hat{V}_{in}(s) + G_{vd}(s)\hat{D}(s)$$

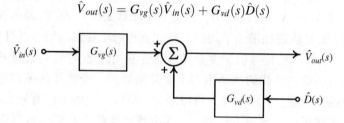

图 2.3　具有开环小信号传递函数的变换器功率级仿真

2.3.3　CCM 工作的 Boost、Buck 以及 Buck-Boost 变换器的直流增益和交流小信号开环传递函数

2.3.3.1　Boost 变换器

CCM Boost 变换器的直流分析　将前节获得的公式应用于第 1 章的基本变换器。Boost 变换器在 CCM 工作的每个周期经历两种转换阶段(参见图 2.4)。为简单起见，导通状态下开关的直流电阻包含在电感的直流电阻 r_L 内。电容的直流电阻用 r_C 表示。向量 $\boldsymbol{x}$ 由 $[\,i_L, v_C\,]$ 给出。

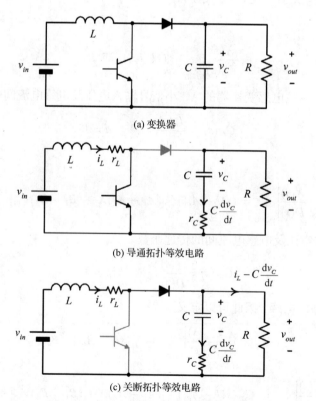

(a) 变换器

(b) 导通拓扑等效电路

(c) 关断拓扑等效电路

图 2.4　CCM 工作的 Boost 变换器及等效开关拓扑，含导通状态的开关直流电阻和电抗元件

在开通状态拓扑对电感和电容应用基尔霍夫电压定律得到

$$
\begin{cases}
v_{in} = L\dfrac{\mathrm{d}i_L}{\mathrm{d}t} + r_L i_L \\[2mm]
v_C + r_C C\dfrac{\mathrm{d}v_C}{\mathrm{d}t} + RC\dfrac{\mathrm{d}v_C}{\mathrm{d}t} = 0
\end{cases}
$$

应用

$$
v_{out} = -RC\frac{\mathrm{d}v_C}{\mathrm{d}t}
$$

得到第一种开关拓扑阶段的状态空间方程为

$$
\frac{\mathrm{d}}{\mathrm{d}t}\begin{bmatrix} i_L \\ v_C \end{bmatrix} =
\begin{bmatrix} -\dfrac{r_L}{L} & 0 \\[3mm] 0 & -\dfrac{1}{C(R+r_C)} \end{bmatrix}
\begin{bmatrix} i_L(t) \\ v_C(t) \end{bmatrix} +
\begin{bmatrix} \dfrac{1}{L} \\[2mm] 0 \end{bmatrix} v_{in}
$$

$$
v_{out} = -R\left(-\frac{v_C}{R+r_C}\right) =
\begin{bmatrix} 0 & \dfrac{R}{R+r_C} \end{bmatrix}
\begin{bmatrix} i_L(t) \\ v_C(t) \end{bmatrix}
$$

这就是

$$
\boldsymbol{A}_1 = \begin{bmatrix} -\dfrac{r_L}{L} & 0 \\[3mm] 0 & -\dfrac{1}{C(R+r_C)} \end{bmatrix};\quad
\boldsymbol{B}_1 = \begin{bmatrix} \dfrac{1}{L} \\[2mm] 0 \end{bmatrix};\quad
\boldsymbol{C}_1 = \begin{bmatrix} 0 & \dfrac{R}{R+r_C} \end{bmatrix}
$$

在关断状态拓扑阶段应用基尔霍夫电压定律得到

$$
\begin{cases}
v_{in} = L\dfrac{\mathrm{d}i_L}{\mathrm{d}t} + r_L i_L + v_C + r_C C\dfrac{\mathrm{d}v_C}{\mathrm{d}t} \\[2mm]
v_C + r_C C\dfrac{\mathrm{d}v_C}{\mathrm{d}t} - R\left(i_L - C\dfrac{\mathrm{d}v_C}{\mathrm{d}t}\right) = 0
\end{cases}
$$

而

$$
v_{out} = R\left(i_L - C\frac{\mathrm{d}v_C}{\mathrm{d}t}\right)
$$

这样就可以简化第二种开关拓扑阶段的状态空间方程为

$$
\frac{\mathrm{d}}{\mathrm{d}t}\begin{bmatrix} i_L \\ v_C \end{bmatrix} =
\begin{bmatrix} -\dfrac{r_L + \dfrac{Rr_C}{R+r_C}}{L} & -\dfrac{R}{L(R+r_C)} \\[5mm] \dfrac{R}{C(R+r_C)} & -\dfrac{1}{C(R+r_C)} \end{bmatrix}
\begin{bmatrix} i_L(t) \\ v_C(t) \end{bmatrix} +
\begin{bmatrix} \dfrac{1}{L} \\[2mm] 0 \end{bmatrix} v_{in}
$$

$$
v_{out} = \begin{bmatrix} \dfrac{Rr_C}{R+r_C} & \dfrac{R}{R+r_C} \end{bmatrix}
\begin{bmatrix} i_L(t) \\ v_C(t) \end{bmatrix}
$$

可以表达这个拓扑结构的状态空间矩阵如下：

$$
\boldsymbol{A}_2 = \begin{bmatrix} -\dfrac{r_L + \dfrac{Rr_C}{R+r_C}}{L} & -\dfrac{R}{L(R+r_C)} \\[5mm] \dfrac{R}{C(R+r_C)} & -\dfrac{1}{C(R+r_C)} \end{bmatrix},\quad
\boldsymbol{B}_2 = \begin{bmatrix} \dfrac{1}{L} \\[2mm] 0 \end{bmatrix},\quad
\boldsymbol{C}_2 = \begin{bmatrix} \dfrac{Rr_C}{R+r_C} & \dfrac{R}{R+r_C} \end{bmatrix}
$$

现在，可以计算平均状态空间方程 $A_{av} = A_1 d + A_2(1-d)$，$B_{av} = B_1 d + B_2(1-d)$ 和 $C_{av} = C_1 d + C_2(1-d)$

$$A_{av} = \begin{bmatrix} -\dfrac{r_L d + (r_L + \dfrac{Rr_C}{R+r_C})(1-d)}{L} & -\dfrac{R(1-d)}{L(R+r_c)} \\ \dfrac{R(1-d)}{C(R+r_c)} & -\dfrac{d}{C(R+r_c)} - \dfrac{(1-d)}{C(R+r_c)} \end{bmatrix}$$

$$= \begin{bmatrix} -\dfrac{r_L + \dfrac{Rr_C}{R+r_C}(1-d)}{L} & -\dfrac{R(1-d)}{L(R+r_C)} \\ \dfrac{R(1-d)}{C(R+r_C)} & -\dfrac{1}{C(R+r_C)} \end{bmatrix}$$

$$B_{av} = \begin{bmatrix} \dfrac{1}{L} \\ 0 \end{bmatrix} d + \begin{bmatrix} \dfrac{1}{L} \\ 0 \end{bmatrix}(1-d) = \begin{bmatrix} \dfrac{1}{L} \\ 0 \end{bmatrix}$$

$$C_{av} = \begin{bmatrix} \dfrac{Rr_C}{R+r_C}(1-d) & \dfrac{R}{R+r_C}d + \dfrac{R}{R+r_C}(1-d) \end{bmatrix}$$

$$= \begin{bmatrix} \dfrac{Rr_C}{R+r_C}(1-d) & \dfrac{R}{R+r_C} \end{bmatrix}$$

矩阵 B_{av} 的计算结果令人关注：它与 B_1 和 B_2 完全相同，因此得到相同的矩阵作为平均值矩阵。显然，数值项之间的平均值和它完全相同的数值项是相同的数值项（同样的结果适用于 A_{av} 的第四项以及 C_{av} 第二项）。毕竟，这是平均矩阵的含义。

现在需要简单的代数运算来获得直流解 $X = -A_{av}^{-1} B_{av} V_{in}$（用 D 代替 d，因为直流计算适用于稳态值）：

$$X = -\begin{bmatrix} -\dfrac{r_L + \dfrac{Rr_C}{R+r_C}(1-D)}{L} & -\dfrac{R(1-D)}{L(R+r_C)} \\ \dfrac{R(1-D)}{C(R+r_C)} & -\dfrac{1}{C(R+r_C)} \end{bmatrix}^{-1} \begin{bmatrix} \dfrac{1}{L} \\ 0 \end{bmatrix} V_{in}$$

$$= -\dfrac{1}{\dfrac{r_L + \dfrac{Rr_C}{R+r_C}(1-D)}{LC(R+r_C)} + \dfrac{R^2(1-D)^2}{LC(R+r_C)^2}} \begin{bmatrix} -\dfrac{1}{C(R+r_C)} & \dfrac{R(1-D)}{L(R+r_C)} \\ -\dfrac{R(1-D)}{C(R+r_C)} & -\dfrac{r_L + \dfrac{Rr_C}{R+r_C}(1-D)}{L} \end{bmatrix} \begin{bmatrix} \dfrac{1}{L} \\ 0 \end{bmatrix} V_{in}$$

$$= \dfrac{1}{r_L + \dfrac{Rr_C}{R+r_C}(1-D) + \dfrac{R^2(1-D)^2}{R+r_C}} \begin{bmatrix} 1 \\ R(1-D) \end{bmatrix} V_{in}$$

考虑到 X 是用平均法所获得的，它的分量是平均稳态值

$$I_{L_{av}} = \cfrac{V_{in}}{r_L + \cfrac{Rr_C}{R + r_C}(1 - D) + \cfrac{R^2(1 - D)^2}{R + r_C}}$$

$$V_{C_{av}} = \cfrac{R(1 - D)V_{in}}{r_L + \cfrac{Rr_C}{R + r_C}(1 - D) + \cfrac{R^2(1 - D)^2}{R + r_C}}$$

(为了简单起见，以后方程中的平均电感电流和电容电压，将不用符号"av"，仅用 I_L 和 V_C 表示)。

随后使用公式 $V_{out} = C_{av}X$ 计算输出电压

$$V_{out} = \left[\cfrac{Rr_C}{R + r_C}(1 - D) \quad \cfrac{R}{R + r_C} \right] \cfrac{V_{in}}{r_L + \cfrac{Rr_C}{R + r_C}(1 - D) + \cfrac{R^2(1 - D)^2}{R + r_C}} \left[\begin{array}{c} 1 \\ R(1 - D) \end{array} \right]$$

$$= \cfrac{R(1 - D)V_{in}}{r_L + \cfrac{Rr_C}{R + r_C}(1 - D) + \cfrac{R^2(1 - D)^2}{R + r_C}}$$

这意味着 CCM 模式工作的 Boost 变换器的直流电压增益 M 是

$$M \triangleq \cfrac{V_{out}}{V_{in}} = \cfrac{1}{1 - D} \cfrac{R(1 - D)^2}{r_L + \cfrac{Rr_C}{R + r_C}(1 - D) + \cfrac{R^2(1 - D)^2}{R + r_C}}$$

通过忽略上面公式中寄生直流电阻 r_C 和 r_L，很容易识别平均电感电流的表达式

$$I_{L_{av}} = \cfrac{V_{in}}{R(1 - D)^2}$$

以及直流增益 M，因为它已在 1.4 节近似得到。这说明，尽管使用了低纹波近似，如果低纹波条件能够被满足，也可以获得精确结果。在实例中，通过计算矩阵 A_1、A_2 的平方可以发现，在忽略包含直流寄生电阻以及本身就很小的数值项之后，精确的低纹波近似的要求是 $(1/RC)T_s$ 和 $(1/LC)T_s$ 两项远小于 1。通过设计 C 可使第一个条件得以满足，设计方式是保证输出电压纹波最大值是输出电压的 1%。对于第二个条件，意味着 LC 电路起到低通滤波的作用。记住，一个好的设计必须确保

$$f_c = \cfrac{1}{2\pi\sqrt{LC}} << f_s$$

CCM 工作的 Boost 变换器小信号开环传递函数　交流小信号开环传递函数推导如下：

(a) CCM 模式下 Boost 变换器的输入(干线)及输出(负载电压)间的小信号传递函数

$$G_{vg}(s) = C_{av}(sU - A_{av})^{-1}B_{av}$$

$$= \left[\cfrac{Rr_C(1 - D)}{R + r_C} \quad \cfrac{R}{R + r_C} \right] \left\{ s\left[\begin{array}{cc} 1 & 0 \\ 0 & 1 \end{array} \right] - \left[\begin{array}{cc} -\cfrac{r_L + \cfrac{Rr_C}{R + r_C}(1 - D)}{L} & -\cfrac{R(1 - D)}{L(R + r_C)} \\ \cfrac{R(1 - D)}{C(R + r_C)} & -\cfrac{1}{C(R + r_C)} \end{array} \right] \right\}^{-1} \left[\begin{array}{c} \cfrac{1}{L} \\ 0 \end{array} \right]$$

$$= \begin{bmatrix} \dfrac{Rr_C(1-D)}{R+r_C} & \dfrac{R}{R+r_C} \end{bmatrix} \begin{bmatrix} s + \dfrac{r_L + \dfrac{Rr_C}{R+r_C}(1-D)}{L} & \dfrac{R(1-D)}{L(R+r_C)} \\ -\dfrac{R(1-D)}{C(R+r_C)} & s + \dfrac{1}{C(R+r_C)} \end{bmatrix}^{-1} \begin{bmatrix} \dfrac{1}{L} \\ 0 \end{bmatrix}$$

$$= \cfrac{\dfrac{Rr_C(1-D)}{(R+r_C)L}\left[s + \dfrac{1}{(R+r_C)C}\right] + \dfrac{R^2(1-D)}{(R+r_C)^2 LC}}{s^2 + \left[\dfrac{r_L + \dfrac{Rr_C}{R+r_C}(1-D)}{L} + \dfrac{1}{C(R+r_C)}\right] s + \dfrac{r_L + \dfrac{Rr_C}{R+r_C}(1-D)}{LC(R+r_C)} + \dfrac{R^2(1-D)^2}{LC(R+r_C)^2}}$$

可轻易得到

$$G_{vg}(s) = \frac{Rr_C(1-D)}{(R+r_C)L} \cdot \cfrac{s + \dfrac{1}{Cr_C}}{s^2 + \dfrac{C[r_L(R+r_C) + Rr_C(1-D)] + L}{LC(R+r_C)} s + \dfrac{r_L(R+r_C) + Rr_C(1-D) + R^2(1-D)^2}{LC(R+r_C)^2}}$$

式中，如前节所述，使用了稳态值 D 来计算平均状态空间矩阵的表达式。注意 $G_{vg}(s)$ 包含 1 个左半平面零点和 2 个左半平面极点，证明了功率级开关稳定性。

忽略直流寄生电阻，其表达式为

$$G_{vg}(s)\big|_{r_L=0,\,r_C=0} = \cfrac{\dfrac{1-D}{LC}}{s^2 + \dfrac{1}{RC}s + \dfrac{(1-D)^2}{LC}}$$

因此，$G_{vg}(0) = 1/(1-D)$，我们又找到直流电压增益值，因为频率为 0 时就是直流值。考虑 r_L 和 r_C 不会带来质的区别，上面 $G_{vg}(s)$ 的表达式这可以写为

$$G_{vg}(s)\big|_{r_L=0,\,r_C=0} = \frac{1}{1-D} \cdot \cfrac{1}{1 + \dfrac{1}{\dfrac{1-D}{\sqrt{LC}}} \dfrac{\sqrt{\dfrac{L}{C}}}{R(1-D)} s + \dfrac{s^2}{\left(\dfrac{1-D}{\sqrt{LC}}\right)^2}}$$

也就是

$$G_{vg}(s)\big|_{r_L=0,\,r_C=0} = \frac{1}{1-D} \cdot \cfrac{1}{1 + 2\xi \dfrac{s}{\omega_o} + \left(\dfrac{s}{\omega_o}\right)^2}$$

式中 ω_0 叫做角频率或者无阻尼固有角频率，ξ 叫做阻尼系数

$$\omega_o \overset{\Delta}{=} \frac{1-D}{\sqrt{LC}}; \quad \xi \overset{\Delta}{=} \frac{\sqrt{\dfrac{L}{C}}}{2R(1-D)}$$

当占空比从 0 增加到 1 时，角频率减小，而阻尼系数将跟随占空比同样变化而增大。

（b）CCM 工作的 Boost 变换器的占空比（控制）及输出（负载电压）间的小信号开环传递
函数

对于这种变换器 $\boldsymbol{B}_1 = \boldsymbol{B}_2$，上节的公式 $G_{vd}(s)$ 变为

$$G_{vd}(s) = \boldsymbol{C}_{av}(s\boldsymbol{U} - \boldsymbol{A}_{av})^{-1}[(\boldsymbol{A}_1 - \boldsymbol{A}_2)\boldsymbol{X} + (\boldsymbol{B}_1 - \boldsymbol{B}_2)V_{in}] + (\boldsymbol{C}_1 - \boldsymbol{C}_2)\boldsymbol{X}$$

$$= \begin{bmatrix} \dfrac{Rr_C(1-D)}{R+r_C} & \dfrac{R}{R+r_C} \end{bmatrix} \begin{bmatrix} s + \dfrac{r_L + \dfrac{Rr_C}{R+r_C}(1-D)}{L} & \dfrac{R(1-D)}{L(R+r_C)} \\ -\dfrac{R(1-D)}{C(R+r_C)} & s + \dfrac{1}{C(R+r_C)} \end{bmatrix}^{-1}$$

$$\times \left\{ \begin{bmatrix} -\dfrac{r_L}{L} & 0 \\ 0 & -\dfrac{1}{C(R+r_C)} \end{bmatrix} - \begin{bmatrix} -\dfrac{r_L + \dfrac{Rr_C}{R+r_C}}{L} & -\dfrac{R}{L(R+r_C)} \\ \dfrac{R}{C(R+r_C)} & -\dfrac{1}{C(R+r_C)} \end{bmatrix} \right\}$$

$$\times \dfrac{1}{r_L + \dfrac{Rr_C}{R+r_C}(1-D) + \dfrac{R^2(1-D)^2}{R+r_C}} \begin{bmatrix} 1 \\ R(1-D) \end{bmatrix} V_{in}$$

$$+ \left\{ \begin{bmatrix} 0 & \dfrac{R}{R+r_C} \end{bmatrix} - \begin{bmatrix} \dfrac{Rr_C}{R+r_C} & \dfrac{R}{R+r_C} \end{bmatrix} \right\} \dfrac{1}{r_L + \dfrac{Rr_C}{R+r_C}(1-D) + \dfrac{R^2(1-D)^2}{R+r_C}} \begin{bmatrix} 1 \\ R(1-D) \end{bmatrix} V_{in}$$

上式通过一些简单的代数运算，可以得到

$$G_{vd}(s) = \dfrac{r_C}{R+r_C} \dfrac{R}{r_L + \dfrac{Rr_C}{R+r_C}(1-D) + \dfrac{R^2(1-D)^2}{R+r_C}} V_{in}$$

$$\times \dfrac{\left(s + \dfrac{1}{Cr_C}\right)\left[\dfrac{(1-D)^2 R^2 - r_L(R+r_C)}{L(R+r_C)} - s\right]}{s^2 + \dfrac{C[r_L(R+r_C) + Rr_C(1-D)] + L}{LC(R+r_C)}s + \dfrac{r_L(R+r_C) + Rr_C(1-D) + R^2(1-D)^2}{LC(R+r_C)^2}}$$

如果忽略直流寄生电阻 r_C 和 r_L，上式可简化为

$$G_{vd}(s)|_{r_L=0,r_C=0} = \dfrac{\left[1 - \dfrac{s}{\dfrac{R(1-D)^2}{L}}\right]\dfrac{1}{LC}}{s^2 + \dfrac{1}{RC}s + \dfrac{(1-D)^2}{LC}} V_{in}$$

对于和 $G_{vg}(s)$ 相同的左半平面极点，也可找到对应的一个右半平面零点 Z_p

$$z_p = \dfrac{R(1-D)^2}{L}$$

因此，Boost 变换器是一个非最小相位系统。这个零点不代表开环控制传递函数的问
题；然而，它提供一种在设计闭环时的特殊技能，能确保闭环稳定性。右半平面的零
点将影响动态响应，因为非最小相位系统由于输入输出信号间大的相位滞后所导致的
响应缓慢。从 Boost 变换器的工作描述，可以预料到这个右半平面零点的存在：就是

说一个负的扰动出现在输入电压中。作为结果，在最初时刻输出电压的值也会经历一个跌落。这将导致 PWM 控制器输出的占空比的增加。现在，导通拓扑经历的时间将更长，允许电感更多的充电时间来补偿电源电压的跌落。然而，由于导通拓扑期间输出电压仅是由输出电容能量提供，更长的导通拓扑时间意味着在动态响应的第一个循环内输出电压有更大的跌落。作为 PWM 动作的响应只有在随后的周期，输出电压才会上升到它的稳态值。因此，由于控制变量 d 值的增加（比如一个正向改变），在第一时刻响应曲线的斜率 $\mathrm{d}v_{out}/\mathrm{d}t$ 是负的，证明了控制函数中右半平面零点的存在。可以看到占空比很小时，右半平面零点的值很大。当占空比从 0 增大到 1 时，零点不断靠近纵轴。在这种情况下，寄生直流电阻起作用，因为表达式 $r_L(R+r_C)$ 伴随着 Z_p 值而减小；当占空比向 1 变化时，表达式 Z_p 趋近于一个负值 r_L/L，也就是说控制传递函数的分子的根移动到左半平面。

(c) CCM 工作的 Boost 变换器的干线（输入电压）及电感电流间的小信号开环传递函数

正如前节所述，输入电压及电感电流间的传递函数可以通过矩阵的首行得到 $(s\boldsymbol{U}-\boldsymbol{A}_{av})^{-1}\boldsymbol{B}_{av}$:

$$G_{ig}(s) \triangleq \left.\frac{\hat{I}_L(s)}{\hat{V}_{in}(s)}\right|_{\hat{d}=0} = \frac{\dfrac{1}{L}\left[s+\dfrac{1}{C(R+r_C)}\right]}{s^2 + \dfrac{C[r_L(R+r_C)+Rr_C(1-D)]+L}{LC(R+r_C)}s + \dfrac{r_L(R+r_C)+Rr_C(1-D)+R^2(1-D)^2}{LC(R+r_C)^2}}$$

上式忽略直流电阻 r_L 和 r_C 后可以简化为

$$\left.\frac{\hat{I}_L(s)}{\hat{V}_{in}(s)}\right|_{\hat{d}=0,r_L=0,r_C=0} = \frac{\dfrac{1}{L}\left(s+\dfrac{1}{CR}\right)}{s^2 + \dfrac{1}{CR}s + \dfrac{(1-D)^2}{LC}}$$

(d) CCM 工作的 Boost 变换器的等效开环输入阻抗

对于 Boost 变换器，由于电感电流也是输入电流，上面函数的倒数就代表了变换器的开环输入阻抗 $Z_{in}(s)$

$$Z_{in}(s) \triangleq \left.\frac{\hat{V}_{in}(s)}{\hat{I}_{in}(s)}\right|_{\hat{d}=0} = \frac{s^2 + \dfrac{C[r_L(R+r_C)+Rr_C(1-D)]+L}{LC(R+r_C)}s + \dfrac{r_L(R+r_C)+Rr_C(1-D)+R^2(1-D)^2}{LC(R+r_C)^2}}{\dfrac{1}{L}\left[s+\dfrac{1}{C(R+r_C)}\right]}$$

上式在频率为零时的值就是开环输入电阻 R_{in}，也就是

$$Z_{in}(0) = R_{in} = \frac{r_L(R+r_C)+Rr_C(1-D)+R^2(1-D)^2}{R+r_C}$$

如果忽略 r_L 和 r_C，上式可简化为 $R_{in}=R(1-D)^2$。输入阻抗在高频情况下为高阻态：$Z_{in}(\infty)=\infty$。

(e) CCM 工作的 Boost 变换器的占空比（控制）及电感电流间的开环小信号传递函数

考虑本例中 $\boldsymbol{B}_1=\boldsymbol{B}_2$，占空比到电感电流开环传递函数 $G_{id}(s)$ 是通过矩阵 $(s\boldsymbol{U}-\boldsymbol{A}_{av})^{-1}(\boldsymbol{A}_1-\boldsymbol{A}_2)\boldsymbol{X}$ 的首行获得

$$G_{id}(s) \triangleq \left.\frac{\hat{I}_L(s)}{\hat{D}(s)}\right|_{\hat{v}_{in}=0} = V_{in}\frac{Rr_C + R^2(1-D)}{L\left[r_L(R+r_C) + Rr_C(1-D) + R^2(1-D)^2\right]}$$

$$\times \frac{s + \dfrac{Rr_C + 2R^2(1-D)}{Rr_C + R^2(1-D)}\dfrac{1}{C(R+r_C)}}{s^2 + \dfrac{C[r_L(R+r_C)+Rr_C(1-D)]+L}{LC(R+r_C)}s + \dfrac{r_L(R+r_C)+Rr_C(1-D)+R^2(1-D)^2}{LC(R+r_C)^2}}$$

忽略直流电阻 r_C 和 r_L 后，上面的公式可以简化为

$$\left.\frac{\hat{I}_L(s)}{\hat{D}(s)}\right|_{\hat{v}_{in}=0,r_L=0,r_C=0} = \frac{V_{in}}{L(1-D)}\frac{s+\dfrac{2}{CR}}{s^2 + \dfrac{1}{CR}s + \dfrac{(1-D)^2}{LC}}$$

它在零频率时

$$G_{id}(0) = \frac{V_{in}}{R}\frac{2}{(1-D)^3}$$

通过四个开环传递函数 $G_{vg}(s)$，$G_{vd}(s)$，$G_{iv}(s)$，$G_{id}(s)$ 描述功率级，可以将变换器表示成一个双入双出系统（参见图 2.5）

$$\hat{V}_{out}(s) = G_{vg}(s)\,\hat{V}_{in}(s) + G_{vd}(s)\hat{D}(s)$$
$$\hat{I}_L(s) = G_{ig}(s)\,\hat{V}_{in}(s) + G_{id}(s)\hat{D}(s)$$

图 2.5　双入双出的变换器功率级示意图

2.3.3.2　Buck 变换器

描述图 2.6（a）和图 2.6（b）中的状态方程可以得到下面的状态空间矩阵：

$$\boldsymbol{A}_1 = \boldsymbol{A}_2 = \begin{bmatrix} -\dfrac{Rr_C + Rr_L + r_L r_C}{L(R+r_C)} & -\dfrac{R}{L(R+r_C)} \\ \dfrac{R}{C(R+r_C)} & -\dfrac{1}{C(R+r_C)} \end{bmatrix}$$

$$\boldsymbol{B}_1 = \begin{bmatrix} \dfrac{1}{L} \\ 0 \end{bmatrix}, \boldsymbol{B}_2 = \begin{bmatrix} 0 \\ 0 \end{bmatrix}$$

$$\boldsymbol{C}_1 = \boldsymbol{C}_2 = \begin{bmatrix} \dfrac{Rr_C}{R+r_C} & \dfrac{R}{R+r_C} \end{bmatrix}$$

可以计算平均状态空间方程：

$$\boldsymbol{A}_{av} = \begin{bmatrix} -\dfrac{Rr_C + Rr_L + r_L r_C}{L(R+r_C)} & -\dfrac{R}{L(R+r_C)} \\ \dfrac{R}{C(R+r_C)} & -\dfrac{1}{C(R+r_C)} \end{bmatrix}$$

$$\boldsymbol{B}_{av} = \begin{bmatrix} \dfrac{d}{L} \\ 0 \end{bmatrix}$$

$$\boldsymbol{C}_{av} = \begin{bmatrix} \dfrac{Rr_C}{R+r_C} & \dfrac{R}{R+r_C} \end{bmatrix}$$

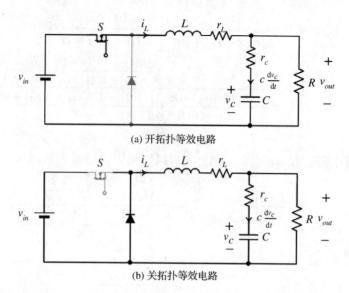

(a) 开拓扑等效电路

(b) 关拓扑等效电路

图 2.6 CCM 模式工作的 Buck 变换器的开关拓扑，包含开关导通的直流电阻以及电抗元件

CCM 工作的 Buck 变换器的直流分析 通过与 Boost 变换器相同的步骤(详细计算留给读者去计算)，可以获得稳态空间平均状态变量的向量 X 以及直流电压变比 M

$$X = \frac{DV_{in}}{R + r_L} \begin{bmatrix} 1 \\ R \end{bmatrix}$$

$$M \triangleq \frac{V_{out}}{V_{in}} = \frac{RD}{R + r_L}$$

平均稳态空间电感电流和平均稳态空间电容电压可以由下式给出:

$$I_{L_{av}} = \frac{DV_{in}}{R + r_L}; V_{C_{av}} = \frac{RD}{R + r_L} V_{in}$$

忽略直流串联电阻 r_L，可以再次获得在第 1 章所推导的 CCM 模式下 Buck 变换器的公式

$$M = D$$

以及

$$I_{L_{av}}\big|_{r_L=0} = \frac{DV_{in}}{R}$$

在后续方程中为了方便起见，将把平均稳态电感电流简写为 I_L。

CCM 工作的 Buck 变换器开环小信号传递函数 CCM 模式工作的 Buck 变换器的开环小信号传递函数推导如下:

(a)CCM 工作的 Buck 变换器的输入(干线)及输出(负载电压)间的小信号传递函数

$$G_{vg}(s) \triangleq \frac{\hat{V}_{out}(s)}{\hat{V}_{in}(s)}\bigg|_{\hat{d}=0} = \boldsymbol{C}_{av}(s\boldsymbol{U} - \boldsymbol{A}_{av})^{-1}\boldsymbol{B}_{av}$$

通过 MATLAB 获得:

(R*rc/(R+rc))*L*(s*C*R+s*C*rc+1)/(rc*s^2*L*C+rc*rl*s*C+R*s*C*rc+s*L+R*rl*s*C+s^2*L*R*C+R+rl)+R^2/(R+rc))/(rc*s^2*L*C+rc*rl*s*C+R*s*C*rc+s*L+R*rl*s*C+s^2*L*R*C+R+rl)*L)*D/L

$$= \frac{Rr_C D}{L(R+r_C)} \left[\frac{s + \dfrac{1}{Cr_C}}{s^2 + s\dfrac{L + C(Rr_L + r_L r_C + Rr_C)}{LC(R+r_C)} + \dfrac{R+r_L}{LC(R+r_C)}} \right]$$

表明

$$G_{vg}(0) = \frac{DR}{R+r_L}$$

如果忽略 r_L 和 r_C，$G_{vg}(s)$ 变为

$$G_{vg}(s) = \frac{\dfrac{D}{LC}}{s^2 + s\dfrac{1}{RC} + \dfrac{1}{LC}}$$

此表达式也可以写成无量纲形式

$$G_{vg}(s) = \frac{D}{1 + 2\xi\dfrac{s}{\omega_o} + \left(\dfrac{s}{\omega_o}\right)^2}$$

其中所使用符号

$$\xi = \frac{\sqrt{\dfrac{L}{C}}}{2R}; \omega_o = \frac{1}{\sqrt{LC}}$$

注意到，与 Boost 变换器的结果对比，在 Buck 变换器中，阻尼系数和角频率都不取决于占空比的值。

(b) CCM 工作的 Buck 变换器的占空比(控制)及输出(负载电压)间的小信号开环传递函数

$$G_{vd}(s) \overset{\Delta}{=} \frac{\hat{V}_{out}(s)}{\hat{D}(s)}\bigg|_{\hat{v}_{in}=0} = \boldsymbol{C}_{av}(s\boldsymbol{U} - \boldsymbol{A}_{av})^{-1}[(\boldsymbol{A}_1 - \boldsymbol{A}_2)\boldsymbol{X} + (\boldsymbol{B}_1 - \boldsymbol{B}_2)V_{in}] + (\boldsymbol{C}_1 - \boldsymbol{C}_2)\boldsymbol{X}$$

$$G_{vd}(s) = \boldsymbol{C}_{av}(s\boldsymbol{U} - \boldsymbol{A}_{av})^{-1}\boldsymbol{B}_1 V_{in}$$

通过 MATLAB 获得：

Vin*(R*rc/(R+rc)*L*(s*C*R+s*C*rc+1)/(rc*s^2*L*C+rc*rl*s*C+R*s*C*rc+s*L+R*rl*s*C+s^2*L*R*C+R+rl)
+R^2/(R+rc)/(rc*s^2*L*C+rc*rl*s*C+R*s*C*rc+s*L+R*rl*s*C+s^2*L*R*C+R+rl)*L)/L

$$= \frac{V_{in}Rr_C}{L(R+r_C)} \left[\frac{s + \dfrac{1}{Cr_C}}{s^2 + s\dfrac{L + C(Rr_L + r_L r_C + Rr_C)}{LC(R+r_C)} + \dfrac{R+r_L}{LC(R+r_C)}} \right]$$

$$G_{vd}(0) = \frac{RV_{in}}{R+r_L}$$

如果忽略 r_L 和 r_C，$G_{vd}(s)$ 变为

$$G_{vd}(s)\big|_{r_L=0,r_C=0} = \frac{\dfrac{V_{in}}{LC}}{s^2 + s\dfrac{1}{RC} + \dfrac{1}{LC}}$$

（c）CCM 工作的 Buck 变换器的线（输入电压）到电感电流小信号开环传递函数

输入电压及电感电流间的传递函数可以仅仅通过矩阵的首行得到

$$\left.\frac{\hat{X}(s)}{\hat{V}_{in}(s)}\right|_{\hat{d}=0} = (sU - A_{av})^{-1}B_{av}$$

通过使用 MATLAB，可以得到

(s*C*R+s*C*rc+1)/(rc*s^2*L*C+rc*rl*s*C+R*s*C*rc+s*L+R*rl*s*C+s^2*L*R*C+R+rl)*D

也就是

$$G_{ig}(s) \overset{\Delta}{=} \left.\frac{\hat{I}_L(s)}{\hat{V}_{in}(s)}\right|_{\hat{d}=0} = \left[\frac{s + \dfrac{1}{C(R+r_C)}}{s^2 + s\dfrac{L + C(Rr_L + r_Lr_C + Rr_C)}{LC(R+r_C)} + \dfrac{R+r_L}{LC(R+r_C)}}\right]\frac{D}{L}$$

且

$$G_{ig}(s) \overset{\Delta}{=} \left.\frac{\hat{I}_L(s)}{\hat{V}_{in}(s)}\right|_{\hat{d}=0,r_L=0,r_C=0} = \left(\frac{s + \dfrac{1}{RC}}{s^2 + s\dfrac{1}{RC} + \dfrac{1}{LC}}\right)\frac{D}{L}$$

$$G_{ig}(0) = \frac{D}{R+r_L}$$

（d）CCM 工作的 Buck 变换器的等效开环输入阻抗

对于 Buck 变换器，由于 $I_{in}(s) = DI_L(s)$，可以得到开环小信号输入阻抗表达式如下：

$$Z_{in}(s) \overset{\Delta}{=} \left.\frac{\hat{V}_{in}(s)}{\hat{I}_{in}(s)}\right|_{\hat{d}=0} = \left[\frac{s^2 + s\dfrac{L + C(Rr_L + r_Lr_C + Rr_C)}{LC(R+r_C)} + \dfrac{R+r_L}{LC(R+r_C)}}{s + \dfrac{1}{C(R+r_C)}}\right]\frac{L}{D^2}$$

或

$$Z_{in}(s) \overset{\Delta}{=} \left.\frac{\hat{V}_{in}(s)}{\hat{I}_{in}(s)}\right|_{\hat{d}=0,r_L=0,r_C=0} = \left[\frac{s^2 + s\dfrac{1}{RC} + \dfrac{1}{LC}}{s + \dfrac{1}{RC}}\right]\frac{L}{D^2}$$

同时

$$Z_{in}(0) = \frac{R+r_L}{D^2}$$

（e）CCM 工作的 Buck 变换器的占空比（控制）及电感电流间的开环小信号传递函数

占空比及电感电流间的开环传递函数 $G_{id}(s)$ 是通过下面的矩阵的首行获得：

$$\left.\frac{\hat{X}(s)}{\hat{D}(s)}\right|_{\hat{v}_{in}=0} = (sU - A_{av})^{-1}[(A_1 - A_2)X + (B_1 - B_2)V_{in}] = (sU - A_{av})^{-1}(B_1V_{in})$$

通过 MATLAB 获得

Vin*(s*C*R+s*C*rc+1)/(rc*s^2*L*C+rc*rl*s*C+R*s*C*rc+s*L+R*rl*s*C+s^2*L*R*C+R+rl)

$$G_{id}(s) \overset{\Delta}{=} \left.\frac{\hat{I}_L(s)}{\hat{D}(s)}\right|_{\hat{v}_{in}=0} = \left[\frac{s + \dfrac{1}{C(R+r_C)}}{s^2 + s\dfrac{L + C(Rr_L + r_Lr_C + Rr_C)}{LC(R+r_C)} + \dfrac{R+r_L}{LC(R+r_C)}}\right]\frac{V_{in}}{L}$$

而且式中

$$G_{id}(s) \overset{\Delta}{=} \frac{\hat{I}_L(s)}{\hat{D}(s)}\bigg|_{\hat{v}_{in}=0, r_L=0, r_C=0} = \left(\frac{s + \dfrac{1}{RC}}{s^2 + s\dfrac{1}{RC} + \dfrac{1}{LC}} \right) \frac{V_{in}}{L}$$

且

$$G_{id}(0) = \frac{V_{in}}{R + r_L}$$

注意到 Buck 变换器开环小信号传递函数存在两个左半平面极点。控制器到输出的传递函数不存在右半平面零点，这将使 Buck 变换器在与 Boost 变换器相比时有优势。

2.3.3.3　Buck-Boost 变换器

通过图 2.7 所示等效电路的状态方程，可以得到状态空间矩阵以及平均状态空间矩阵

$$A_1 = \begin{bmatrix} -\dfrac{r_L}{L} & 0 \\ 0 & -\dfrac{1}{C(R+r_C)} \end{bmatrix}, \qquad B_1 = \begin{bmatrix} \dfrac{1}{L} \\ 0 \end{bmatrix}, \quad C_1 = \begin{bmatrix} 0 & \dfrac{R}{R+r_C} \end{bmatrix}$$

$$A_2 = \begin{bmatrix} -\dfrac{r_L + \dfrac{Rr_C}{R+r_C}}{L} & -\dfrac{R}{L(R+r_C)} \\ \dfrac{R}{C(R+r_C)} & -\dfrac{1}{C(R+r_C)} \end{bmatrix}, \qquad B_2 = \begin{bmatrix} 0 \\ 0 \end{bmatrix}, \quad C_2 = \begin{bmatrix} \dfrac{Rr_C}{R+r_C} & \dfrac{R}{R+r_C} \end{bmatrix}$$

$$A_{av} = \begin{bmatrix} -\dfrac{r_L + \dfrac{Rr_C}{R+r_C}(1-d)}{L} & -\dfrac{R(1-d)}{L(R+r_C)} \\ \dfrac{R(1-d)}{C(R+r_C)} & -\dfrac{1}{C(R+r_C)} \end{bmatrix}, \quad B_{av} = \begin{bmatrix} \dfrac{d}{L} \\ 0 \end{bmatrix}, \quad C_{av} = \begin{bmatrix} \dfrac{Rr_C}{R+r_C}(1-d) & \dfrac{R}{R+r_C} \end{bmatrix}$$

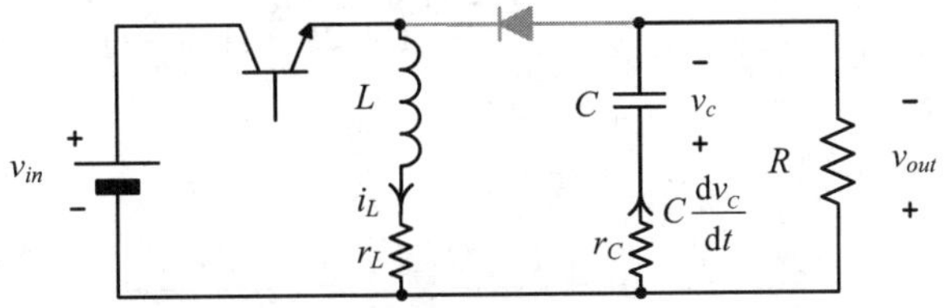

(a) 导通扑等效电路

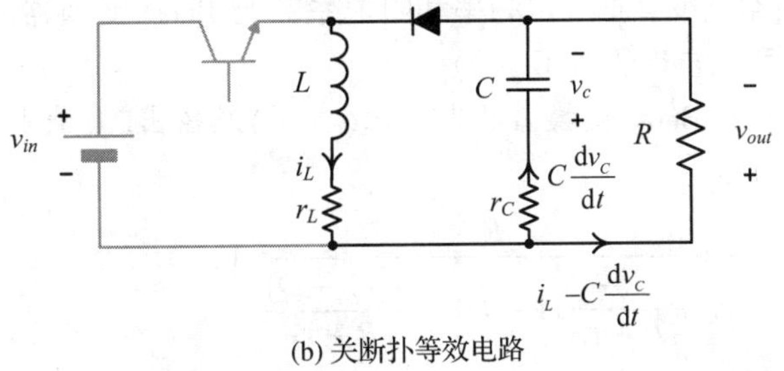

(b) 关断扑等效电路

图 2.7　CCM 工作的 Buck-Boost 变换器的开关拓扑，包含开关导通的直流电阻以及电抗元件

CCM 工作的 Buck-Boost 变换器的直流分析　　留给读者来完成具体计算，方法与 Boost 和 Buck 变换器相同，可得到

$$X = \frac{1}{r_L + \dfrac{Rr_C}{R+r_C}(1-D) + \dfrac{R^2(1-D)^2}{R+r_C}}\begin{bmatrix} D \\ R(1-D)D \end{bmatrix}V_{in}$$

$$M \overset{\Delta}{=} \frac{V_{out}}{V_{in}} = \frac{D}{1-D}\frac{R(1-D)^2}{r_L + \dfrac{Rr_C}{R+r_C}(1-D) + \dfrac{R^2(1-D)^2}{R+r_C}}$$

$$I_{L\,av} = \frac{D}{r_L + \dfrac{Rr_C}{R+r_C}(1-D) + \dfrac{R^2(1-D)^2}{R+r_C}}V_{in}$$

忽略 r_L 和 r_C，方程变为

$$\frac{DV_{in}}{R(1-D)^2}$$

CCM 工作的 Buck 变换器开环小信号传递函数

（a）CCM 工作的 Buck-Boost 变换器的输入（线）及输出（负载电压）间的小信号传递函数

$$G_{vg}(s) = \frac{Rr_C(1-D)D}{(R+r_C)L}\frac{s+\dfrac{1}{Cr_C}}{s^2 + \dfrac{C[r_L(R+r_C)+Rr_C(1-D)]+L}{LC(R+r_C)}s + \dfrac{r_L(R+r_C)+Rr_C(1-D)+R^2(1-D)^2}{LC(R+r_C)^2}}$$

$$G_{vg}(s)\big|_{r_L=0,\,r_C=0} = \frac{\dfrac{(1-D)D}{LC}}{s^2 + \dfrac{1}{RC}s + \dfrac{(1-D)^2}{LC}}$$

上式可以整理为

$$G_{vg}(s) = \frac{D}{1-D}\frac{1}{1 + 2\xi\dfrac{s}{\omega_o} + \left(\dfrac{s}{\omega_o}\right)^2}$$

其中

$$\omega_o = \frac{1-D}{\sqrt{LC}}; \quad \xi = \frac{\sqrt{\dfrac{L}{C}}}{2R(1-D)}$$

这就是说在占空比变化时，角频率和阻尼系数与 Boost 变换器的情况相同。正如预料的，$s=0$ 时，我们再次得到 $G_{vg}(0) = M$。

（b）CCM 工作的 Buck-Boost 变换器的占空比（控制）及输出（负载电压）间的小信号开环传递函数

$$G_{vd}(s) = \frac{r_C}{R+r_C}\frac{R}{r_L + \dfrac{Rr_C}{R+r_C}(1-D) + \dfrac{R^2(1-D)^2}{R+r_C}}V_{in}$$

$$\times \frac{D\left[\dfrac{(1-D)^2R + (1-2D)r_L}{DL} - s\right]\left(\dfrac{1}{r_cC} + s\right)}{s^2 + \dfrac{C[r_L(R+r_C)+Rr_C(1-D)]+L}{LC(R+r_C)}s + \dfrac{r_L(R+r_C)+Rr_C(1-D)+R^2(1-D)^2}{LC(R+r_C)^2}}$$

$$G_{vd}(s)\big|_{r_L=0,\,r_C=0} = \dfrac{D\left[\dfrac{1}{D} - \dfrac{\dfrac{s}{R(1-D)^2}}{L}\right]\dfrac{1}{LC}}{s^2 + \dfrac{1}{RC}s + \dfrac{(1-D)^2}{LC}} V_{in}$$

呈现明显的一个右半平面零点

$$z_p = \frac{R(1-D)^2}{LD}$$

当占空比减小时，它将向右移（其值增大）。因此，就像 Boost 变换器的控制传递函数或者 Buck-Boost 变换器的开环控制到输出传递函数一样，它也是一个最小相位函数。

令上式 $s=0$，可以得到

$$G_{vd}(0) = \frac{\left[(1-D)^2 R + (1-2D)r_L\right]RV_{in}}{\left[r_L + \dfrac{Rr_C}{R+r_C}(1-D) + \dfrac{R^2(1-D)^2}{R+r_C}\right]^2}$$

$$G_{vd}(0)_{r_L=0,\,r_C=0} = \frac{V_{in}}{(1-D)^2}$$

（c）CCM 工作的 Buck-Boost 变换器的线（输入电压）到电感电流小信号开环传递函数

$$G_{ig}(s) \triangleq \frac{\hat{I}_L(s)}{\hat{V}_{in}(s)}\bigg|_{\hat{d}=0} = \frac{\dfrac{D}{L}\left(s + \dfrac{1}{C(R+r_C)}\right)}{s^2 + \dfrac{C[r_L(R+r_C)+Rr_C(1-D)]+L}{LC(R+r_C)}s + \dfrac{r_L(R+r_C)+Rr_C(1-D)+R^2(1-D)^2}{LC(R+r_C)^2}}$$

$$\frac{\hat{I}_L(s)}{\hat{V}_{in}(s)}\bigg|_{\hat{d}=0,\,r_L=0,\,r_C=0} = \frac{\dfrac{D}{L}\left(s + \dfrac{1}{CR}\right)}{s^2 + \dfrac{1}{CR}s + \dfrac{(1-D)^2}{LC}}$$

（d）CCM 工作的 Buck-Boost 变换器的等效开环输入阻抗

由于 $\hat{I}_{in}(s) = D\,\hat{I}_L(s)$：

$$Z_{in}(s) \triangleq \frac{\hat{V}_{in}(s)}{\hat{I}_{in}(s)}\bigg|_{\hat{d}=0} = \frac{s^2 + \dfrac{C[r_L(R+r_C)+Rr_C(1-D)]+L}{LC(R+r_C)}s + \dfrac{r_L(R+r_C)+Rr_C(1-D)+R^2(1-D)^2}{LC(R+r_C)^2}}{\dfrac{D^2}{L}\left(s + \dfrac{1}{C(R+r_C)}\right)}$$

所以

$$Z_{in}(0) = \frac{1}{D^2}\left[r_L + \frac{Rr_C}{R+r_C}(1-D) + \frac{R^2(1-D)^2}{R+r_C}\right]$$

和

$$Z_{in}(s)\big|_{\hat{d}=0,\,r_L=0,\,r_C=0} = \frac{s^2 + \dfrac{1}{CR}s + \dfrac{(1-D)^2}{LC}}{\dfrac{D^2}{L}\left(s + \dfrac{1}{CR}\right)}$$

（e）CCM 工作的 Buck-Boost 变换器的占空比（控制）与电感电流间的开环小信号传递函数

$$G_{id}(s) = \frac{V_{in}}{L} \frac{r_L(R+r_C) + Rr_C + R^2(1-D)}{r_L(R+r_C) + Rr_C(1-D) + R^2(1-D)^2}$$

$$\times \frac{s + \dfrac{1}{C(R+r_C)} \dfrac{r_L(R+r_C) + Rr_C + R^2(1-D^2)}{r_L(R+r_C) + Rr_C + R^2(1-D)}}{s^2 + \dfrac{C[r_L(R+r_C) + Rr_C(1-D)] + L}{LC(R+r_C)} s + \dfrac{r_L(R+r_C) + Rr_C(1-D) + R^2(1-D)^2}{LC(R+r_C)^2}}$$

$$\left.\frac{\hat{I}_L(s)}{\hat{D}(s)}\right|_{\hat{v}_{in}=0,\, r_L=0,\, r_C=0} = \frac{V_{in}}{L(1-D)} \frac{s + \dfrac{1+D}{CR}}{s^2 + \dfrac{1}{CR}s + \dfrac{(1-D)^2}{LC}}$$

因此

$$G_{id}(0)_{r_L=0,\, r_C=0} = \frac{V_{in}}{R} \frac{1+D}{(1-D)^3}$$

2.3.4 * CCM 工作的 Boost、Buck 以及 Buck-Boost 变换器的图解平均模型

通过使用平均状态空间方程，可以获得之前讨论过的变换器的等效平均模型。

2.3.4.1 Boost 变换器

对于 Boost 变换器，有如下状态空间方程：

$$\begin{bmatrix} \dfrac{\mathrm{d}i_L}{\mathrm{d}t} \\[2mm] \dfrac{\mathrm{d}v_C}{\mathrm{d}t} \end{bmatrix} = \begin{bmatrix} -\dfrac{r_L + \dfrac{Rr_C}{R+r_C}(1-d)}{L} & -\dfrac{R(1-d)}{L(R+r_C)} \\[4mm] \dfrac{R(1-d)}{C(R+r_C)} & -\dfrac{1}{C(R+r_C)} \end{bmatrix} \begin{bmatrix} i_L(t) \\[2mm] v_C(t) \end{bmatrix} + \begin{bmatrix} \dfrac{1}{L} \\[2mm] 0 \end{bmatrix} v_{in}(t)$$

$$v_{out}(t) = \begin{bmatrix} \dfrac{Rr_C}{R+r_C}(1-d) & \dfrac{R}{R+r_C} \end{bmatrix} \begin{bmatrix} i_L(t) \\[2mm] v_C(t) \end{bmatrix}$$

从输出方程得到

$$v_C(t) = \frac{R+r_C}{R} v_{out}(t) - r_C(1-d)i_L(t)$$

代入差分方程得到

$$\begin{cases} \dfrac{\mathrm{d}i_L}{\mathrm{d}t} = -\dfrac{r_L + \dfrac{Rr_C}{R+r_C}(1-d)}{L} i_L(t) - \dfrac{1-d}{L} v_{out}(t) + \dfrac{Rr_C(1-d)^2}{L(R+r_C)} i_L(t) + \dfrac{1}{L} v_{in}(t) \\[5mm] \dfrac{\mathrm{d}v_C}{\mathrm{d}t} = \dfrac{R(1-d)}{C(R+r_C)} i_L(t) - \dfrac{1}{CR} v_{out}(t) + \dfrac{r_C(1-d)}{C(R+r_C)} i_L(t) \end{cases}$$

经过简单代数运算

$$\begin{cases} \dfrac{\mathrm{d}i_L}{\mathrm{d}t} = -\dfrac{r_L + \dfrac{Rr_C}{R+r_C}(1-d)[1-(1-d)]}{L} i_L(t) - \dfrac{1-d}{L} v_{out}(t) + \dfrac{1}{L} v_{in}(t) \\[5mm] \dfrac{\mathrm{d}v_C}{\mathrm{d}t} = \dfrac{(R+r_C)(1-d)}{C(R+r_C)} i_L(t) - \dfrac{1}{CR} v_{out}(t) \end{cases}$$

$$\begin{cases} \dfrac{\mathrm{d}i_L}{\mathrm{d}t} = -\dfrac{r_L + \dfrac{Rr_C}{R+r_C}d(1-d)}{L}i_L(t) - \dfrac{1-d}{L}v_{out}(t) + \dfrac{1}{L}v_{in}(t) \\[4mm] \dfrac{\mathrm{d}v_C}{\mathrm{d}t} = \dfrac{1-d}{C}i_L(t) - \dfrac{1}{CR}v_{out}(t) \end{cases}$$

由此得到系统方程

$$\begin{cases} v_{in}(t) = L\dfrac{\mathrm{d}i_L}{\mathrm{d}t} + \left[r_L + \dfrac{Rr_C}{R+r_C}d(1-d)\right]i_L(t) + (1-d)v_{out}(t) \\[4mm] (1-d)i_L(t) = C\dfrac{\mathrm{d}v_C}{\mathrm{d}t} + \dfrac{1}{R}v_{out}(t) \end{cases}$$

输出方程也可以被写为

$$(1-d)i_L(t) = \frac{R+r_C}{Rr_C}v_{out}(t) - \frac{1}{r_C}v_C(t) = \frac{v_{out}(t) - v_C(t)}{r_C} + \frac{1}{R}v_{out}(t)$$

让我们试着在电路元素帮助下重新表示上述方程

$$r_L + \frac{Rr_C}{R+r_C}d(1-d)$$

可以被看成等效电阻,其中包含了"平均"寄生电阻。其值取决于 d。表达式 $(1-d)v_{out}(t)$ 可以看成依赖电压源的电压,控制变量是 $v_{out}(t)$。表达式 $(1-d)i_L(t)$ 可以被看成依赖电流源的电流,控制变量是 $i_L(t)$。最后两个方程的右边指向流过并联支路的两个电流:一个是电容 C 和电阻 r_C 的串联,另一个是电阻 R。描述上述三个方程的电路如图2.8(a)所示。现在试着理解此模型的意义。已知道占空比 d 可在 0 和 1 之间取值。当 d 取最小值 0 时,电路变为图2.8(b)所示,也可以再画成图2.8(c)的形式。当 d 取最大值 1 时,受控电压源短路(因为其电压值变为0),而受控电流源开路(因为其电流值变为0),就如图2.8(d)所示。但是图2.8(d)的电路却是 Boost 变换器开关关断拓扑的等效电路,而图2.8(c)的电路可以认为是变换器的开关导通拓扑的等效电路。在变换器正常开关工作时,占空比既不是 0 也不是 1,而是在 0 和 1 之间的一个确定值。对于时间 $\mathrm{d}T_s$,变换器工作在导通拓扑,而在 $(1-d)T_s$ 时刻工作在关断拓扑。因此,图2.8(a)的模型表示导通和关断状态等效电路之间的取决于 d 实际值的"平均"。这对所有开关周期都是有效的。这些图解的表述给出对平均方程组的更好理解:最初定义它们是在导通拓扑方程和关断拓扑方程之间的平均。现在,可以理解为什么不管其开关动作如何,图2.8描述了整个变换器工作的特性。

还可以定义一个"DC + AC 变压器"(参见图2.9)来继续简化图2.8的电路。这是假设的电路元件,它同时允许 DC 和 AC 成分的转换。它可以用方程定义

$$v_a(t) = \chi v_b(t)$$
$$i_b(t) = \chi i_a(t)$$

式中电压和电流变量可以包含直流和交流两成分。这样,Boost 变换器新的平均模型如图2.10所示,通过将变压器的"匝数比"选成 $\chi = (1-d)$。根据变压器的定义,它的初级电压将是次级电压(等于 $v_{out}(t)$)的 χ 倍,同时,次级电流将是一次电流(等于 $i_L(t)$)的 χ 倍。

如果只为了明确平均方程的意义就不必推导平均模型。它是有实际用处的。一旦获得了平均模型,就肯定能找到变换器的直流电压变换比以及开环传递函数。在图2.10所示电路中,就像我们之前做的一样,可以将平均瞬时变量 $v_{in}(t)$,$i_L(t)$,$d(t)$,$v_C(t)$ 和 $v_{out}(t)$ 表示为其直流值和扰动值之和

$$v_{in}(t) = V_{in} + \hat{v}_{in}(t),\ i_L(t) = I_L + \hat{i}_L(t),\ d(t) = D + \hat{d}(t)$$
$$v_C(t) = V_C + \hat{v}_C(t),\ v_{out}(t) = V_{out} + \hat{v}_{out}(t)$$

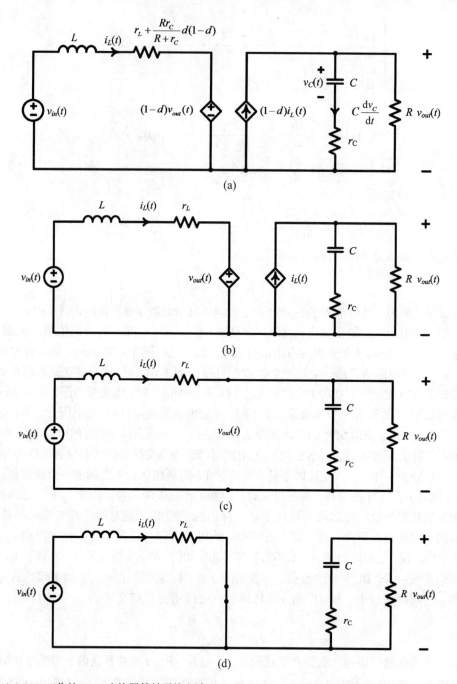

图 2.8 （a）CCM 工作的 Boost 变换器等效平均电路；（b）和（c）$d = 0$ 时的等效示意图；（d）$d = 1$ 时的等效示意图

可以看到，我们得到了一些非线性表达式。为了随后可以应用拉普拉斯变换，必须摆脱非线性项，也就是必须使用小信号近似。忽略掉包含两个时变扰动项

$$d(t)[1 - d(t)] i_L(t) = [D + \hat{d}(t)]\{1 - [D + \hat{d}(t)]\}[I_L + \hat{i}_L(t)] \approx D(1 - D)I_L + D(1 - D)\hat{i}_L(t)$$
$$+ (1 - 2D)I_L \hat{d}(t)$$

$$[1 - d(t)] v_{out}(t) = \{1 - [D + \hat{d}(t)]\}[V_{out} + \hat{v}_{out}(t)] \approx (1 - D)V_{out} + (1 - D)\hat{v}_{out}(t) - V_{out}\hat{d}(t)$$

$$[1 - d(t)] i_L(t) = \{1 - [D + \hat{d}(t)]\}[I_L + \hat{i}_L(t)] \approx (1 - D)I_L + (1 - D)\hat{i}_L(t) - I_L\hat{d}(t)$$

因此，在写图 2.10 电路的 KVL 时，可以看到表达式

$$\frac{Rr_C}{R+r_C}d(1-d)i_L$$

作为一个电压源，电压值为

$$\frac{Rr_C}{R+r_C}\left[D(1-D)I_L + D(1-D)\hat{i}_L(t) + (1-2D)I_L\hat{d}(t)\right]$$

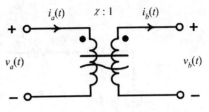

图 2.9　一个假设电路元件定义：直流 + 交流变压器

这样电路就变为图 2.11(a) 所示。在图 2.11(a) 的线性电路上应用叠加原理，我们可以分开直流部分 [参见图 2.11(b)] 和交流部分。在 s 域，交流电路变为图 2.11(c) 所示。

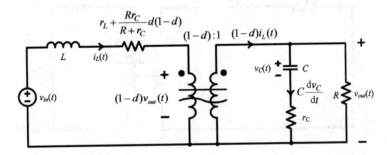

图 2.10　在 CCM 工作的使用"直流 + 交流变压器"的 Boost 变换器的等效平均电路

在图 2.11(b) 中应用 KVL 得到

$$\begin{cases} V_{in} = r_L I_L + \dfrac{Rr_C}{R+r_C}D(1-D)I_L + (1-D)V_{out} \\ V_{out} = R(1-D)I_L \end{cases}$$

通过将第二个方程的 I_L 代入第一个方程，得到

$$V_{in} = \left[r_L + \frac{Rr_C}{R+r_C}D(1-D)\right]\frac{V_{out}}{R(1-D)} + (1-D)V_{out}$$

从中可以再次得到直流电压变比 M 为

$$M = \frac{V_{out}}{V_{in}} = \frac{R(1-D)}{r_L + \dfrac{Rr_C}{R+r_C}D(1-D) + R(1-D)^2}$$

此式可以轻易地变换成以前章节已推导的形式

$$M = \frac{R(1-D)}{r_L + \dfrac{R(1-D)}{R+r_C}\left[r_C D + (R+r_C)(1-D)\right]} = \frac{1}{1-D}\frac{R(1-D)^2}{r_L + \dfrac{Rr_C(1-D)}{R+r_C} + \dfrac{R^2(1-D)^2}{R+r_C}}$$

基尔霍夫电压和电流定律应用于 s 域交流等效电路获得如下三个方程：

$$\begin{cases} \hat{V}_{in}(s) = (sL+r_L)\hat{I}_L(s) + \dfrac{Rr_C}{R+r_C}D(1-D)\hat{I}_L(s) + \dfrac{Rr_C}{R+r_C}(1-2D)I_L\hat{D}(s) + (1-D)\hat{V}_{out}(s) - V_{out}\hat{D}(s) \\ (1-D)\hat{I}_L(s) - I_L\hat{D}(s) = sC\hat{V}_C(s) + \dfrac{1}{R}\hat{V}_{out}(s) \\ \hat{V}_C(s) + r_C sC\hat{V}_C(s) = \hat{V}_{out}(s) \end{cases}$$

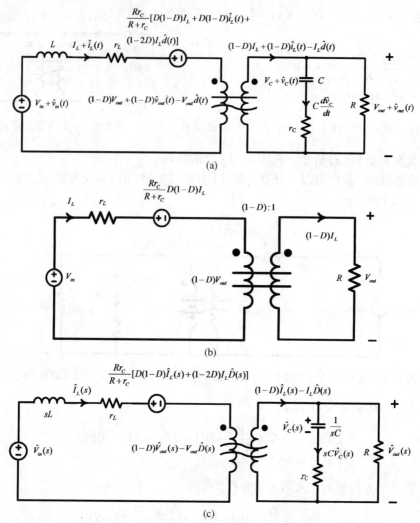

图 2.11 （a）CCM 工作的 Boost 变换器使用直流和小信号扰动量的平均电路；（b）直流部分；（c）s 域交流部分

对后两个方程消去 $\hat{V}_C(s)$，得到 $\hat{I}_L(s)$

$$\hat{I}_L(s) = \frac{1}{1-D} I_L \hat{D}(s) + \frac{1}{1-D} \frac{sC(R+r_C)+1}{(1+sCr_C)R} \hat{V}_{out}$$

将其代入第一个方程得到

$$\hat{V}_{in}(s) = \left[sL + r_L + \frac{Rr_C}{R+r_C} D(1-D) \right] \left[\frac{1}{1-D} I_L \hat{D}(s) + \frac{sC(R+r_C)+1}{(1-D)(1+sCr_C)R} \hat{V}_{out} \right]$$
$$+ \frac{Rr_C}{R+r_C}(1-2D) I_L \hat{D}(s) + (1-D)\hat{V}_{out}(s) - V_{out}\hat{D}(s)$$

重新组织后得到方程（∗）

$$\hat{V}_{in}(s) = \left\{ \left[sL + r_L + \frac{Rr_C}{R+r_C} D(1-D) \right] \frac{sC(R+r_C)+1}{(1-D)(1+sCr_C)R} + (1-D) \right\} \hat{V}_{out}(s)$$
$$+ \left\{ \left[sL + r_L + \frac{Rr_C}{R+r_C} D(1-D) \right] \frac{1}{1-D} I_L + \frac{Rr_C}{R+r_C}(1-2D) I_L - V_{out} \right\} \hat{D}(s) \quad (\ast)$$

它将被用来计算小信号传递函数 $G_{vg}(s)$ 和 $G_{vd}(s)$。

作为一种选择，从上面 $\hat{I}_L(s)$ 的方程，可以得到 $\hat{V}_{out}(s)$

$$\hat{V}_{out}(s) = \left[(1-D)\hat{I}_L(s) - I_L\hat{D}(s)\right] \frac{(1+sCr_C)R}{sC(R+r_C)+1}$$

将它代入 KVL 方程(之前含三个方程的系统中的第一个方程)，得到

$$\hat{V}_{in}(s) = \left[sL + r_L + \frac{Rr_C}{R+r_C}D(1-D)\right]\hat{I}_L(s) + \frac{Rr_C}{R+r_C}(1-2D)I_L\hat{D}(s)$$

$$+ (1-D)\left[(1-D)\hat{I}_L(s) - I_L\hat{D}(s)\right]\frac{(1+sCr_C)R}{sC(R+r_C)+1} - V_{out}\hat{D}(s)$$

重新合并参数，我们得到方程(∗∗)：

$$\hat{V}_{in}(s) = \left[sL + r_L + \frac{Rr_C}{R+r_C}D(1-D) + (1-D)^2\frac{(1+sCr_C)R}{sC(R+r_C)+1}\right]\hat{I}_L(s)$$

$$(\ast\ast)$$

$$+ \left[\frac{Rr_C}{R+r_C}(1-2D)I_L - (1-D)\frac{(1+sCr_C)R}{sC(R+r_C)+1}I_L - V_{out}\right]\hat{D}(s)$$

它将用来计算小信号传递函数 $G_{ig}(s)$ 和 $G_{id}(s)$。

在方程(∗)中 $\hat{d}=0$ 时，得到 $G_{vg}(s)$ 为

$$G_{vg}(s) = \left.\frac{\hat{V}_{out}(s)}{\hat{V}_{in}(s)}\right|_{\hat{d}=0} = \frac{1}{\left[sL + r_L + \frac{Rr_CD(1-D)}{R+r_C}\right]\frac{sC(R+r_C)+1}{(1-D)(1+sCr_C)R} + (1-D)}$$

$$= \frac{(1-D)(1+sCr_C)R}{LC(R+r_C)s^2 + \left[r_LC(R+r_C) + Rr_CCD(1-D) + L + Cr_CR(1-D)^2\right]s + r_L + \frac{Rr_C}{R+r_C}D(1-D) + R(1-D)^2}$$

$$= \frac{(1-D)(1+sCr_C)R}{LC(R+r_C)s^2 + \left[r_L(R+r_C)C + Rr_CC(1-D) + L\right]s + r_L + \frac{Rr_C(1-D)}{R+r_C} + \frac{R^2(1-D)^2}{R+r_C}}$$

$$= \frac{Rr_C(1-D)}{(R+r_C)L} \frac{s + \frac{1}{Cr_C}}{s^2 + \frac{C[r_L(R+r_C) + Rr_C(1-D)] + L}{LC(R+r_C)}s + \frac{r_L(R+r_C) + Rr_C(1-D) + R^2(1-D)^2}{LC(R+r_C)^2}}$$

正如预期的一样，它和以前章节获得的表达式相同。

在方程(∗)中 $\hat{v}_{in}=0$ 时，可以得到 $G_{vd}(s)$ 为

$$G_{vd}(s) = \left.\frac{\hat{V}_{out}(s)}{\hat{D}(s)}\right|_{\hat{v}_{in}=0} = -\frac{\left[sL + r_L + \frac{Rr_C}{R+r_C}D(1-D)\right]\frac{1}{1-D}I_L + \frac{Rr_C}{R+r_C}(1-2D)I_L - V_{out}}{\left[sL + r_L + \frac{Rr_C}{R+r_C}D(1-D)\right]\frac{sC(R+r_C)+1}{(1-D)(1+sCr_C)R} + 1 - D}$$

由于 $G_{vg}(s)$ 和 $G_{vd}(s)$ 的分母相同，考虑到之前所推导的直流平均 I_L 和 V_{out} 表达式，有必要重新组织分子的 $\mathrm{NUM\_}G_{vd}(s)$ 项

$$\mathrm{NUM\_}G_{vd}(s) = V_{out} - \left[\frac{sL + r_L + \frac{Rr_C}{R+r_C}D(1-D)}{1-D} + \frac{Rr_C}{R+r_C}(1-2D)\right]I_L$$

$$= \frac{R(1-D)V_{in}}{r_L + \dfrac{Rr_C}{R+r_C}(1-D) + \dfrac{R^2(1-D)^2}{R+r_C}} - \left[\frac{sL + r_L + \dfrac{Rr_C}{R+r_C}D(1-D)}{1-D} + \frac{Rr_C}{R+r_C}(1-2D) \right]$$

$$\times \frac{V_{in}}{r_L + \dfrac{Rr_C}{R+r_C}(1-D) + \dfrac{R^2(1-D)^2}{R+r_C}}$$

$$= \frac{V_{in}}{r_L + \dfrac{Rr_C}{R+r_C}(1-D) + \dfrac{R^2(1-D)^2}{R+r_C}} \frac{R(1-D)^2 - r_L - \dfrac{Rr_C}{R+r_C}D(1-D) - \dfrac{Rr_C}{R+r_C}(1-D)(1-2D) - sL}{1-D}$$

$$= \frac{V_{in}}{r_L + \dfrac{Rr_C}{R+r_C}(1-D) + \dfrac{R^2(1-D)^2}{R+r_C}} \frac{\dfrac{R^2(1-D)^2 - r_L(R+r_C)}{R+r_C} - sL}{1-D}$$

因此得到 $G_{vd}(s)$ 为

$$G_{vd}(s) = \frac{\dfrac{V_{in}}{r_L + \dfrac{Rr_C}{R+r_C}(1-D) + \dfrac{R^2(1-D)^2}{R+r_C}} \dfrac{1}{1-D} \left[\dfrac{R^2(1-D)^2 - r_L(R+r_C)}{R+r_C} - sL \right]}{\dfrac{LC(R+r_C)s^2 + [r_LC(R+r_C) + Rr_C(1-D)C + L]s + r_L + \dfrac{Rr_C(1-D)}{R+r_C} + \dfrac{R^2(1-D)^2}{R+r_C}}{(1-D)(1+sCr_C)R}}$$

$$= \frac{Rr_C}{R+r_C} \frac{V_{in}}{r_L + \dfrac{Rr_C}{R+r_C}(1-D) + \dfrac{R^2(1-D)^2}{R+r_C}} \frac{\left(s + \dfrac{1}{Cr_C} \right) \left[\dfrac{(1-D)^2R^2 - r_L(R+r_C)}{L(R+r_C)} - s \right]}{\left\{ s^2 + \dfrac{C[r_L(R+r_C) + Rr_C(1-D)] + L}{LC(R+r_C)}s + \dfrac{r_L(R+r_C) + Rr_C(1-D) + R^2(1-D)^2}{LC(R+r_C)^2} \right\}}$$

在方程($**$)中 $\hat{d}=0$ 时，可以得到 $G_{ig}(s)$ 为

$$G_{ig}(s) \triangleq \left. \frac{\hat{I}_L(s)}{\hat{V}_{in}(s)} \right|_{\hat{d}=0} = \frac{1}{sL + r_L + \dfrac{Rr_C}{R+r_C}D(1-D) + (1-D)^2 \dfrac{(1+sCr_C)R}{sC(R+r_C)+1}}$$

$$= \frac{sC(R+r_C)+1}{\left[sL + r_L + \dfrac{Rr_C}{R+r_C}D(1-D) \right][sC(R+r_C)+1] + (1-D)^2(1+sCr_C)R}$$

从中再次发现它与 $G_{vg}(s)$ 有相同的分母，可直接获得 $G_{ig}(s)$ 最终的表达式：

$$G_{ig}(s) = \frac{1}{L} \frac{s + \dfrac{1}{C(R+r_C)}}{s^2 + \dfrac{C[r_L(R+r_C) + Rr_C(1-D)] + L}{LC(R+r_C)}s + \dfrac{r_L(R+r_C) + Rr_C(1-D) + R^2(1-D)^2}{LC(R+r_C)^2}}$$

在方程($**$)中 $\hat{v}_{in}=0$ 时，可以得到 $G_{id}(s)$：

$$G_{id}(s) = \left.\frac{\hat{I}_L(s)}{\hat{D}(s)}\right|_{\hat{V}_{in}=0} = -\frac{\dfrac{Rr_C}{R+r_C}(1-2D)I_L - (1-D)\dfrac{(1+sCr_C)R}{sC(R+r_C)+1}I_L - V_{out}}{sL + r_L + \dfrac{Rr_C}{R+r_C}D(1-D) + (1-D)^2\dfrac{(1+sCr_C)R}{sC(R+r_C)+1}}$$

按照之前推导 $G_{vd}(s)$ 相同的步骤，在表达式中发现了与 $G_{ig}(s)$ 相同的分母，如此导致仅需要使用直流平均 I_L 和 $V_{out} = R(1-D)I_L$ 的表达式以一个简单形式的 NUM_$G_{id}(s)$ 即可表达

$$\text{NUM\_}G_{id}(s) = -\left[\frac{Rr_C}{R+r_C}(1-2D) - (1-D)\frac{(1+sCr_C)R}{sC(R+r_C)+1} - R(1-D)\right]$$

$$\times \frac{V_{in}}{r_L + \dfrac{Rr_C}{R+r_C}(1-D) + \dfrac{R^2(1-D)^2}{R+r_C}}$$

$$= -\frac{\begin{array}{l}Rr_C(1-2D)sC(R+r_C) + Rr_C(1-2D) - (1-D)(R+r_C)sCr_CR - (1-D)(R+r_C)R-\\ -R(1-D)(R+r_C)sC(R+r_C) - R(1-D)(R+r_C)\end{array}}{(R+r_C)[sC(R+r_C)+1]}$$

$$\times \frac{V_{in}}{r_L + \dfrac{Rr_C}{R+r_C}(1-D) + \dfrac{R^2(1-D)^2}{R+r_C}}$$

$$= R\frac{sC(R+r_C)[R(1-D)+r_C] + [2(1-D)R+r_C]}{(R+r_C)[sC(R+r_C)+1]} \times \frac{V_{in}}{r_L + \dfrac{Rr_C}{R+r_C}(1-D) + \dfrac{R^2(1-D)^2}{R+r_C}}$$

因此，$G_{id}(s)$ 表达式为如下形式：

$$G_{id}(s) = \frac{RV_{in}}{r_L + \dfrac{Rr_C}{R+r_C}(1-D) + \dfrac{R^2(1-D)^2}{R+r_C}} \frac{sC(R+r_C)[R(1-D)+r_C] + [2(1-D)R+r_C]}{(R+r_C)[sC(R+r_C)+1]}$$

$$\times \frac{1}{sL + r_L + \dfrac{Rr_C}{R+r_C}D(1-D) + (1-D)^2\dfrac{(1+sCr_C)R}{sC(R+r_C)+1}}$$

$$= \frac{RV_{in}}{r_L + \dfrac{Rr_C}{R+r_C}(1-D) + \dfrac{R^2(1-D)^2}{R+r_C}} \frac{C(R+r_C)[R(1-D)+r_C]}{(R+r_C)LC(R+r_C)}$$

$$\times \frac{s + \dfrac{2(1-D)R+r_C}{[R(1-D)+r_C]C(R+r_C)}}{s^2 + \dfrac{C[r_L(R+r_C)+Rr_C(1-D)]+L}{LC(R+r_C)}s + \dfrac{r_L(R+r_C)+Rr_C(1-D)+R^2(1-D)^2}{LC(R+r_C)^2}}$$

$$= \frac{V_{in}}{L}\frac{R^2(1-D)+Rr_C}{R+r_C} \frac{1}{r_L + \dfrac{Rr_C}{R+r_C}(1-D) + \dfrac{R^2(1-D)^2}{R+r_C}}$$

$$\times \frac{s + \dfrac{2(1-D)R+r_C}{(1-D)R+r_C}\dfrac{1}{C(R+r_C)}}{s^2 + \dfrac{C[r_L(R+r_C)+Rr_C(1-D)]+L}{LC(R+r_C)}s + \dfrac{r_L(R+r_C)+Rr_C(1-D)+R^2(1-D)^2}{LC(R+r_C)^2}}$$

这样，就再次获得了以前章节所发现的公式。

CCM 工作的 Boost 变换器等效开环输出阻抗　当导出输出阻抗 $Z_{out}(s)$ 公式时图解平均电路也有用。通过发生器来产生电压扰动 $\hat{v}_{out}(t)$ 从而注入扰动 $\hat{i}_{out}(t)$，而且考虑输入电压和占空比没有扰动，也就是 $\hat{v}_{in}=0$ 和 $\hat{d}=0$。这样电路就从图 2.11 变成图 2.12。在此电路中应用基尔霍夫电压定律（KVL）和基尔霍夫电流定律（KCL），可以得到系统方程

$$\begin{cases} (sL+r_L)\hat{I}_L(s) + \dfrac{Rr_C}{R+r_C}D(1-D)\hat{I}_L(s) + (1-D)\hat{V}_{out}(s) = 0 \\ (1-D)\hat{I}_L(s) = \dfrac{sC(R+r_C)+1}{(sCr_C+1)R}\hat{V}_{out}(s) - \hat{I}_{out}(s) \end{cases}$$

从中可以消掉 $\hat{I}_L(s)$

$$\left[sL+r_L+\frac{Rr_C}{R+r_C}D(1-D)\right]\left[\frac{sC(R+r_C)+1}{(sCr_C+1)R(1-D)}\hat{V}_{out}(s) - \frac{1}{1-D}\hat{I}_{out}(s)\right] + (1-D)\hat{V}_{out}(s) = 0$$

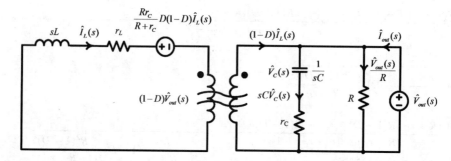

图 2.12　CCM 工作的含输出电流扰动但无输入以及占空比扰动的 Boost 变换器的平均等效电路

经过简单的代数运算，可以得到

$$\left\{\left[sL+r_L+\frac{Rr_C}{R+r_C}D(1-D)\right][sC(R+r_C)+1] + R(1-D)^2(sCr_C+1)\right\}\hat{V}_{out}(s)$$

$$= \left[sL+r_L+\frac{Rr_C}{R+r_C}D(1-D)\right](sCr_C+1)R\hat{I}_{out}(s)$$

这样可以推导开环输出阻抗为

$$Z_{out}(s) \triangleq \frac{\hat{V}_{out}(s)}{\hat{I}_{out}(s)}\bigg|_{\hat{v}_{in}=0,\hat{d}=0} = \frac{(sCr_C+1)R\left[sL+r_L+\dfrac{Rr_C}{R+r_C}D(1-D)\right]}{\left[sL+r_L+\dfrac{Rr_C}{R+r_C}D(1-D)\right][sC(R+r_C)+1] + R(1-D)^2(sCr_C+1)}$$

$$= \frac{Rr_C}{R+r_C}\frac{\left(s+\dfrac{1}{Cr_C}\right)\left[s+\dfrac{r_L+\dfrac{Rr_C}{R+r_C}D(1-D)}{L}\right]}{s^2 + \dfrac{C[r_L(R+r_C)+Rr_C(1-D)]+L}{LC(R+r_C)}s + \dfrac{r_L(R+r_C)+Rr_C(1-D)+R^2(1-D)^2}{LC(R+r_C)^2}}$$

可以看到，这个方程由于寄生电阻存在，导致包含了 2 个左半平面零点。分母也就是极点与所有 Boost 变换器的小信号开环传递函数相同。0 频率时开环输出阻抗的值，也就是等效输出电阻 R_{out} 为

$$Z_{out}(0) = R_{out} = \frac{R\left[r_L + \dfrac{Rr_C}{R+r_C}D(1-D)\right]}{r_L + \dfrac{Rr_C(1-D)}{R+r_C} + \dfrac{R^2(1-D)^2}{R+r_C}}$$

使用与我们获得直流电压增益 M 相同的代数运算，可以将 R_{out} 表达为

$$R_{out} = \frac{R\left[r_L + \dfrac{Rr_C}{R+r_C}D(1-D)\right]}{r_L + \dfrac{Rr_C}{R+r_C}D(1-D) + R(1-D)^2} = \frac{R\dfrac{r_L + \dfrac{Rr_C}{R+r_C}D(1-D)}{(1-D)^2}}{R + \dfrac{r_L + \dfrac{Rr_C}{R+r_C}D(1-D)}{(1-D)^2}}$$

由此式可见，输出电阻由负载输出电阻 R 和寄生直流阻抗的等效电阻值

$$\frac{r_L + \dfrac{Rr_C}{R+r_C}D(1-D)}{(1-D)^2}$$

并联构成的。如果观察图 2.11(b)并将等效电阻

$$r_L + \frac{Rr_C}{R+r_C}D(1-D)$$

反射到副边，结果可以预见。因为 r_L 和 r_C 的值很小，CCM 工作的 Boost 变换器的输出等效电阻值也很小。

类似地，

$$Z_{out}(\infty) = \frac{Rr_C}{R+r_C}$$

这就是 CCM 工作的一个 Boost 变换器在高频时的输出等效电阻 $Z_{out}(\infty)$。可以看到，它是由电阻 R 和直流寄生电阻 r_C 并联得到的，$Z_{out}(\infty)$ 的值同样很小。

最后，使用"直流＋交流"变压器还有另外一个好处——它允许图 2.10 的平均电路中原边的电感和电阻反射到变压器副边(参见图 2.13)。在这种方式，电感和电容的低通滤波功能将更加明显。

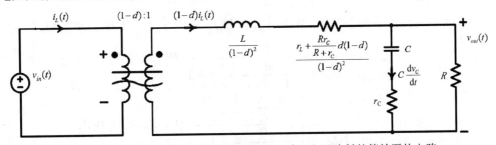

图 2.13　CCM 工作的 Boost 变换器副边含电感和电阻映射的等效平均电路

2.3.4.2　Buck 变换器

类似方式，我们从 Buck 变换器平均状态空间方程开始研究

$$\begin{cases} \dfrac{\mathrm{d}i_L}{\mathrm{d}t} = -\dfrac{Rr_L + Rr_C + r_Lr_C}{L(R+r_C)}i_L - \dfrac{R}{L(R+r_C)}v_C + \dfrac{d}{L}v_{in} \\[2mm] \dfrac{\mathrm{d}v_C}{\mathrm{d}t} = \dfrac{R}{C(R+r_C)}i_L - \dfrac{1}{C(R+r_C)}v_C \\[2mm] v_{out} = \dfrac{Rr_C}{R+r_C}i_L + \dfrac{R}{R+r_C}v_C \end{cases}$$

将第三个方程所得到的 v_C 代入前两个方程中

$$\begin{cases} d(t)v_{in}(t) = L\dfrac{\mathrm{d}i_L}{\mathrm{d}t} + r_L i_L(t) + v_{out}(t) \\ C\dfrac{\mathrm{d}v_C}{\mathrm{d}t} = i_L(t) - \dfrac{1}{R}v_{out}(t) \end{cases}$$

可以看到这个方程组适用于图 2.14 的电路,其中引入了图 2.9 中所定义的假想器件"直流 + 交流变压器"。如果考虑 $d(t)$ 的两个极端值,当 $d=1$ 时图 2.14 的电路变为 Buck 变换器等效第一个开关阶段,而在 $d=0$ 时为等效第二开关阶段。因此,该电路表示一个开关型 Buck 变换器的平均模型。在图 2.14 中电路变量中加入扰动,我们得到图 2.15(a)电路。此电路可以分成图 2.15(b)的直流电路以及图 2.15(c)的交流电路。如果首先通过忽略时间域变量 $\hat{d}(t)\hat{i}_L(t)$ 和 $\hat{d}(t)\hat{v}_{in}(t)$ 的项来线性化模型,也就是通过应用小信号近似,然后在线性系统利用叠加原理。现在,可以直接在 s 域表示交流电路,因为我们已经对其步骤很熟悉了。从直流电路,可以获得平均稳态电感电流,可写为 I_L

$$I_L = \frac{V_{out}}{R}$$

然后,KVL 得到

$$DV_{in} = r_L\frac{V_{out}}{R} + V_{out}$$

得到以前已经知道的直流(稳态)解

$$M = \frac{V_{out}}{V_{in}} = D\frac{R}{R+r_L}; \quad I_L = \frac{DV_{in}}{R+r_L}$$

将 KCL 和 KVL 应用于图 2.15(c)的 s 域电路可以得到

$$\begin{cases} \hat{I}_L(s) = sC\hat{V}_C(s) + \dfrac{1}{R}\hat{V}_{out}(s) = \left(\dfrac{sC}{1+sCr_C} + \dfrac{1}{R}\right)\hat{V}_{out}(s) \\ D\hat{V}_{in}(s) + V_{in}\hat{D}(s) = (sL+r_L)\left(\dfrac{sC}{1+sCr_C} + \dfrac{1}{R}\right)\hat{V}_{out}(s) + \hat{V}_{out}(s) \end{cases}$$

解以上方程可以得到以下两个方程,其中 $\hat{V}_{out}(s)$ 和 $\hat{I}_L(s)$ 与 $\hat{V}_{in}(s)$ 和 $\hat{D}(s)$ 直接相关

$$\begin{cases} \hat{V}_{out}(s) = \dfrac{1}{(sL+r_L)\left(\dfrac{sC}{1+sCr_C} + \dfrac{1}{R}\right) + 1}\left[D\hat{V}_{in}(s) + V_{in}\hat{D}(s)\right] \\ \hat{I}_L(s) = \dfrac{\dfrac{sC}{1+sCr_C} + \dfrac{1}{R}}{(sL+r_L)\left(\dfrac{sC}{1+sCr_C} + \dfrac{1}{R}\right) + 1}\left[D\hat{V}_{in}(s) + V_{in}\hat{D}(s)\right] \end{cases}$$

考虑四个开环小信号传递函数 $G_{vg}(s)$、$G_{vd}(s)$、$G_{ig}(s)$ 和 $G_{id}(s)$ 的计算。通过上述的简单练习,可以得到与前节相同的公式。

CCM 工作的 Buck 变换器等效开环输出阻抗　为了计算开环小信号输出阻抗,注入一个扰动 $\hat{i}_{out}(t)$,通过一个值为 $\hat{v}_{out}(t)$ 的输出电压源。因此,当计算开环阻抗时,并不关心输入电压和占空比中的扰动,图 2.15(c)的 s 域等效平均电路如图 2.16 所示。

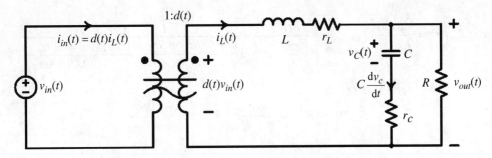

图 2.14　CCM 工作的 Buck 变换器图解平均开关模型

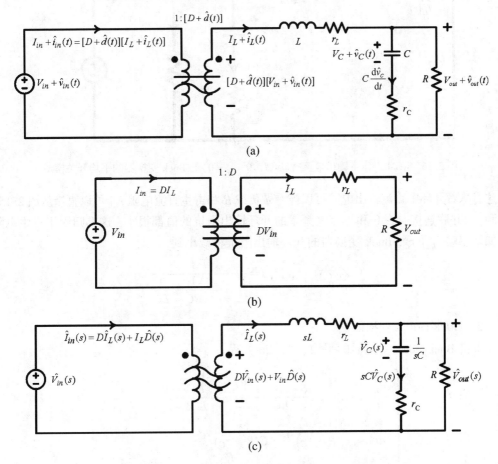

图 2.15　（a）CCM 工作的 Buck 变换器平均电路（以稳态和小信
　　　　号扰动为参数）；（b）直流部分；（c）s 域中的交流部分

当在此电路中应用 KCL 和 KVL 后

$$\hat{I}_{out}(s) = -\hat{I}_L(s) + sC\hat{V}_C(s) + \frac{1}{R}\hat{V}_{out}(s)$$

$$\hat{I}_{out}(s) = \frac{1}{sL + r_L}\hat{V}_{out}(s) + \frac{sC}{1 + sCr_C}\hat{V}_{out}(s) + \frac{1}{R}\hat{V}_{out}(s)$$

计算开环输出阻抗 $Z_{out}(s)$ 很容易得到

$$Z_{out}(s) = \frac{\hat{V}_{out}(s)}{\hat{I}_{out}(s)}\bigg|_{\hat{v}_{in}=0,\hat{d}=0} = \frac{Rr_C}{R+r_C}\frac{(s+\frac{r_L}{L})(s+\frac{1}{Cr_C})}{s^2+s\frac{L+C(Rr_L+Rr_C+r_Lr_C)}{LC(R+r_C)}+\frac{R+r_L}{LC(R+r_C)}}$$

当频率为 0 和无穷大时的值为

$$Z_{out}(0) = R_{out} = \frac{Rr_L}{R+r_L}; \quad Z_{out}(\infty) = \frac{Rr_C}{R+r_C}$$

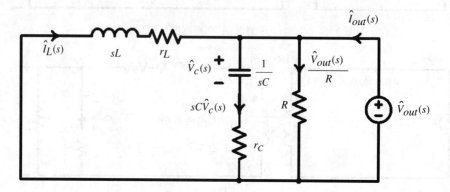

图 2.16　CCM 工作带输出电流扰动($\hat{d}=0$，$\hat{v}_{in}=0$)的 Buck 变换器的平均开关模型

这意味着开环中直流输出电阻可以被看做负载 R 和寄生直流电阻 r_L[可以直接从图 2.15(b)中找到]的并联连接。在 0 和无穷大频率的开环输出阻抗的值都很小，这都归因于寄生电阻。

如果忽略 r_L 和 r_C，Buck 变换器的开环输出阻抗将减小到

$$Z_{out}(s)|_{r_L=0,r_C=0} = \frac{1}{C}\frac{s}{s^2+s\frac{1}{RC}+\frac{1}{LC}}$$

2.3.4.3　Buck-Boost 变换器

如果将 Buck-Boost 变换器的平均状态空间方程

$$\begin{cases} \dfrac{\mathrm{d}i_L}{\mathrm{d}t} = -\dfrac{r_L+\dfrac{Rr_C}{R+r_C}(1-d)}{L}i_L - \dfrac{R(1-d)}{L(R+r_C)}v_C + \dfrac{d}{L}v_{in} \\[4mm] \dfrac{\mathrm{d}v_C}{\mathrm{d}t} = \dfrac{R(1-d)}{C(R+r_C)}i_L - \dfrac{1}{C(R+r_C)}v_C \\[4mm] v_{out} = \dfrac{Rr_C}{R+r_C}(1-d)i_L + \dfrac{R}{R+r_C}v_C \end{cases}$$

与 Boost 变换器进行比较，发现在数值方面唯一的区别是第一个方程中 v_{in} 的系数是(d/L)，而在 Boost 变换器中则是($1/L$)。通过对比 Boost 变换器的推导，可以发现这个区别仅仅导致 KVL 平均方程很小的改变

$$dv_{in} = L\frac{\mathrm{d}i_L}{\mathrm{d}t} + \left[r_L+\frac{Rr_C}{R+r_C}d(1-d)\right]i_L + (1-d)v_{out}$$

这说明 Buck-Boost 图解平均模型的输入部分将与 Buck 变换器类似。对其他部分，Boost 变换器的图解模型依然有效。考虑到这个原因，当推导上面的平均状态空间方程时，可以定义输出电压和输入电压的极性相反。在这个模型中必须引入的另一个改变是：替换"直流 + 交流"假

想变压器为一个反向"直流 + 交流"假想变压器。基于上面的考虑, Buck-Boost 变换器的图解平均模型可以直接画出(参见图 2.17)。

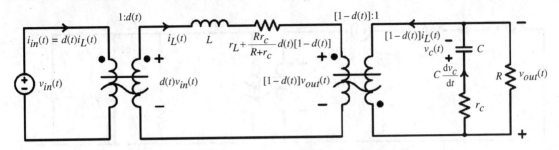

图 2.17　CCM 工作的 Buck-Boost 变换器图解平均模型

可以应用相同的步骤: 在时间域变量引入扰动, 然后小信号线性化, 得到图解模型的等效直流(稳态)部分和 s 域部分[分别是图 2.18(a)和图 2.18(b)]。

下面留给读者一个简单的电路理论问题, 就是从图 2.18(a)和图 2.18(b)中推导直流电压转换增益和开环小信号传递函数。

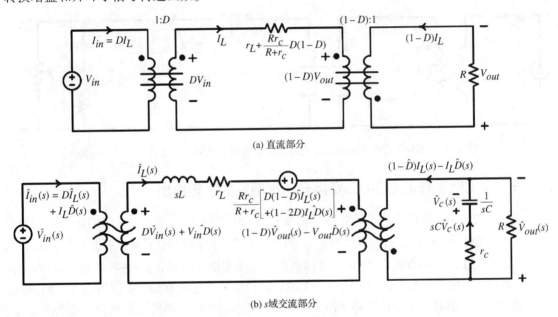

(a) 直流部分

(b) s 域交流部分

图 2.18　CCM 工作的 Buck-Boost 变换器平均电路。(a)直流部分; (b)s 域交流部分

CCM 工作的 Buck-Boost 变换器等效开环输出阻抗　为了计算输出阻抗, 注入一个扰动 $\hat{i}_{out}(t)$。因为现在 $\hat{d} = 0$, $\hat{v}_{in} = 0$, 等效图解平均模型几乎与 Boost 变换器相同, 唯一区别是使用了反向假想变压器(参见图 2.19)。归因于所选 $\hat{V}_{out}(s)$ 的极性, 开环输出阻抗的定义将变为 $-\hat{V}_{out}(s)/\hat{I}_{out}(s)$, 获得与 CCM Boost 变换器相同的结果

$$Z_{out}(s) = \frac{Rr_C}{R + r_C} \frac{\left(s + \dfrac{1}{Cr_C}\right)\left[s + \dfrac{r_L + \dfrac{Rr_C}{R + r_C}D(1 - D)}{L}\right]}{s^2 + \dfrac{C[r_L(R + r_C) + Rr_C(1 - D)] + L}{LC(R + r_C)}s + \dfrac{r_L(R + r_C) + Rr_C(1 - D) + R^2(1 - D)^2}{LC(R + r_C)^2}}$$

如果忽略 r_L 和 r_C，结果可以解释，因为三个通路的阻抗 $(1/R)$，sC 和 $(1/sL_{eq})$，$L_{eq} = L/(1-D)^2$ 是并联连接(其中)。

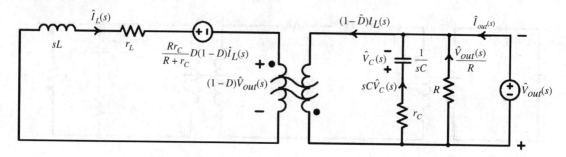

图 2.19   CCM 工作的带输出电流扰动($\hat{d} = 0$，$\hat{v}_{in} = 0$)的 Buck-Boost 变换器平均等效电路

就如 Boost 变换器的步骤一样，对 Buck-Boost 变换器，一样可以将电阻和电感从右边变压器(参见图 2.17)的原边映射到副边，从而获得图 2.20 的等效平均模型。因此，$L-C$ 低通滤波器角色也可以明显地在 Buck-Boost 变换器实现。

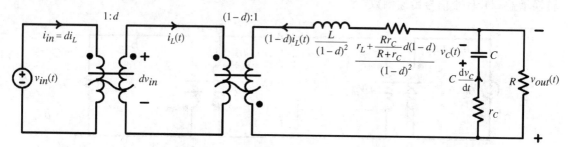

图 2.20   CCM 工作的 Buck-Boost 变换器电感和电阻映射到副边的等效平均电路

2.3.5*   CCM 工作的 DC-DC 变换器正则图解的平均模型

在之前的章节，我们获得了基本 DC-DC 变换器的平均图解模型。发现它们包含相同的部件：功率级元件(L，C 和它们的寄生电阻)；"DC + AC"变压器$\chi:1$，其中 χ 是忽略电阻损耗的输入和输出电压之间的直流比率(如 χ 是理想直流电压变换比的倒数)；一些依赖于 $\hat{d}(t)$ 的控制源，即变换器的控制变量。如果能用一个独特的模型来描述所有的变换器将是令人期待的。

虽然寄生电阻对于动态特性影响很小，但是会使小信号传递函数的解析公式变得很复杂，为简单起见，本节将其忽略。

图 2.21(a)是试绘制的正则平均模型，看看对于每个已知的变换器能否确定此图中的所有元件。图 2.21(a)包括三个主要部件：由两个独立源 $E(s)\hat{d}$ 和 $J(s)\hat{d}$ 组成的部件，代表 $\hat{d}$ 的控制功能；$\chi:1$ 的"直流 + 交流"变压器；以及无源部件 $L_{eq}-C$，代表功率级无源元件。在正则模型中，部件 $L_{eq}-C$ 潜在的第二任务是低通滤波器，正如第 1 章所述，它在功率级由电感和电容组成。当忽略扰动时的直流值，模型可以简化为图 2.21(b)，给出理想直流电压增益。

按照图 2.5，我们之前将变换器描述成一个双入双出系统，其特性由下面的方程决定：

$$\hat{V}_{out}(s) = G_{vg}(s)\,\hat{V}_{in}(s) + G_{vd}(s)\,\hat{D}(s)$$
$$\hat{I}_L(s) = G_{ig}(s)\,\hat{V}_{in}(s) + G_{id}(s)\,\hat{D}(s)$$

尝试用在 s 域[参见图 2.21(c)]表示的交流变量来描述正则平均模型的等效电路, 将其表示为一个双入双出系统, 其中输入为变量 $\hat{V}_{in}(s)$ 和 $\hat{D}(s)$, 输出变量为 $\hat{V}_{out}(s)$ 和 $\hat{I}_{in}(s)$:

$$\hat{V}_{out}(s) = G_{vg}(s)\,\hat{V}_{in}(s) + G_{vd}(s)\,\hat{D}(s)$$
$$\hat{I}_{in}(s) = G_{in,g}(s)\,\hat{V}_{in}(s) + G_{in,d}(s)\,\hat{D}(s)$$

式中 $G_{in,g}(s)$ 和 $G_{in,d}(s)$ 的定义分别是 $\hat{I}_{in}(s)$ 和 $\hat{V}_{in}(s)$ 之间以及 $\hat{I}_{in}(s)$ 和 $\hat{D}(s)$ 之间的比率, 其他扰动都设为 0。

对于 Boost 变换器, 输入电流是由电感电流给出, $G_{in,g}(s) = G_{ig}(s)$ 而且 $G_{in,d}(s) = G_{id}(s)$。

对于 Buck 变换器, $I_{in}(t) = d(t)i_L(t)$, 或者 $\hat{I}_{in}(s) = D\,\hat{I}_L(s) + I_L\,\hat{D}(s)$, 意味着 $G_{in},g(s) = D\,G_{ig}(s)$ 和 $G_{in},d(s) = D\,G_{id}(s) + I_L$。

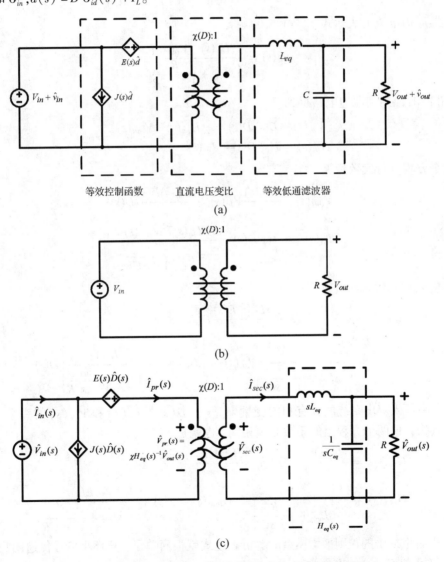

图 2.21　(a) DC-DC 变换器的正则平均模型(忽略直流寄生电阻 r_L 和 r_C);
(b) 直流变量下的正则模型; (c) s 域小信号正则模型($C_{eq} = C$)

得到的部件 $L_{eq} - C$ 的传递函数 $H_{eq}(s)$ 是

$$H_{eq}(s) = \frac{\hat{V}_{out}(s)}{\hat{V}_{sec}(s)} = \frac{1}{s^2 L_{eq}C + s\dfrac{L_{eq}}{R} + 1} = \frac{1}{L_{eq}C} \frac{1}{s^2 + s\dfrac{1}{CR} + \dfrac{1}{L_{eq}C}}$$

表明通过变压器副边的电压 $\hat{V}_{sec}(s) = H_{eq}(s)^{-1}\hat{V}_{out}(s)$，其映射到变压器原边变为 $\hat{V}_{pr}(s) = \chi H_{eq}(s)^{-1}\hat{V}_{out}(s)$。

电路的副边电流 $\hat{I}_{sec}(s)$ 可以表示为

$$\hat{I}_{sec}(s) = \frac{\hat{V}_{sec}(s)}{sL_{eq} + \dfrac{R}{1 + sCR}} = \frac{H_{eq}(s)^{-1}\hat{V}_{out}(s)}{sL_{eq} + \dfrac{R}{1 + sCR}}$$

给出变压器原边电流的表达式 $\hat{I}_{pr}(s)$

$$\hat{I}_{pr}(s) = \frac{1}{\chi} \frac{H_{eq}(s)^{-1}\hat{V}_{out}(s)}{sL_{eq} + \dfrac{R}{1 + sCR}}$$

将 KVL 和 KCL 应用到原边电路得到

$$\hat{V}_{in}(s) + E(s)\hat{D}(s) = \chi H_{eq}(s)^{-1}\hat{V}_{out}(s)$$
$$\hat{I}_{in}(s) = J(s)\hat{D}(s) + \hat{I}_{pr}(s)$$

对上面三个方程进行代数运算

$$\hat{V}_{out}(s) = \frac{H_{eq}(s)}{\chi}\hat{V}_{in}(s) + \frac{H_{eq}(s)E(s)}{\chi}\hat{D}(s)$$

$$\hat{I}_{in}(s) = J(s)\hat{D}(s) + \frac{1}{\chi}\frac{H_{eq}(s)^{-1}\hat{V}_{out}(s)}{sL_{eq} + \dfrac{R}{1 + sCR}}$$

将 $\hat{V}_{out}(s)$ 的表达式代入电流方程

$$\hat{V}_{out}(s) = \frac{H_{eq}(s)}{\chi}\hat{V}_{in}(s) + \frac{H_{eq}(s)E(s)}{\chi}\hat{D}(s)$$

$$\hat{I}_{in}(s) = \frac{1}{\chi^2}\frac{1}{sL_{eq} + \dfrac{R}{1 + sCR}}\hat{V}_{in}(s) + \left[J(s) + \frac{1}{\chi^2}\frac{E(s)}{sL_{eq} + \dfrac{R}{1 + sCR}}\right]\hat{D}(s)$$

这是图 2.5 中双入双出系统的具有相同变量 $\hat{V}_{in}(s)$，$\hat{D}(s)$，$\hat{I}_{in}(s)$ 和 $\hat{V}_{out}(s)$ 的一个不同表达式。这就意味着这两个方程组的系数必须相同，也就是

$$G_{vg}(s) = \frac{H_{eq}(s)}{\chi}; \quad G_{vd}(s) = \frac{H_{eq}(s)E(s)}{\chi}$$

$$G_{in,g}(s) = \frac{1}{\chi^2}\frac{1}{sL_{eq} + \dfrac{R}{1 + sCR}}; \quad G_{in,d}(s) = J(s) + \frac{1}{\chi^2}\frac{E(s)}{sL_{eq} + \dfrac{R}{1 + sCR}}$$

现在得到图 2.21 的正则平均模型的解析表达式就很简单了，开环小信号传递函数 $G_{vg}(s)$、$G_{vd}(s)$、$G_{ig}(s)$ 和 $G_{id}(s)$ 的方程为

$$H_{eq}(s) = \chi(D)\,G_{vg}(s)$$
$$E(s) = G_{vd}(s)/G_{vg}(s)$$
$$J(s) = G_{in,d}(s) - E(s)G_{in,g}(s)$$

就像之前章节所推导的 Buck、Boost 和 Buck-Boost 变换器的开环小信号传递函数，它是用来详细说明每种变换器正则模型的直接材料。

回忆一下，Boost 变换器的理想直流增益为 $1/(1-D)$，也就是 $\chi(D)=(1-D)$。忽略直流电阻 r_L 和 r_c，Boost 变换器的小信号传递函数在 2.3.3 节得到

$$G_{vg}(s)\big|_{r_L=0,\,r_C=0}=\dfrac{\dfrac{1-D}{LC}}{s^2+\dfrac{1}{RC}s+\dfrac{(1-D)^2}{LC}}$$

$$G_{vd}(s)\big|_{r_L=0,\,r_C=0}=\dfrac{\left[1-\dfrac{s}{\dfrac{R(1-D)^2}{L}}\right]\dfrac{1}{LC}}{s^2+\dfrac{1}{RC}s+\dfrac{(1-D)^2}{LC}}V_{in}$$

$$G_{ig}(s)=\dfrac{\hat{I}_L(s)}{\hat{V}_{in}(s)}\bigg|_{\hat{d}=0,\,r_L=0,\,r_C=0}=\dfrac{\dfrac{1}{L}\left(s+\dfrac{1}{CR}\right)}{s^2+\dfrac{1}{CR}s+\dfrac{(1-D)^2}{LC}}$$

$$G_{id}(s)=\dfrac{\hat{I}_L(s)}{\hat{D}(s)}\bigg|_{\hat{v}_{in}=0,\,r_L=0,\,r_C=0}=\dfrac{V_{in}}{L(1-D)}\dfrac{s+\dfrac{2}{CR}}{s^2+\dfrac{1}{CR}s+\dfrac{(1-D)^2}{LC}}$$

这意味着

$$H_{eq}(s)=(1-D)\dfrac{\dfrac{1-D}{LC}}{s^2+\dfrac{1}{RC}s+\dfrac{(1-D)^2}{LC}}=\dfrac{1}{L_{eq}C}\dfrac{1}{s^2+\dfrac{1}{RC}s+\dfrac{1}{L_{eq}C}}$$

$$E(s)=\dfrac{\left[1-\dfrac{s}{\dfrac{R(1-D)^2}{L}}\right]\dfrac{1}{LC}V_{in}}{\dfrac{(1-D)}{LC}}=\dfrac{1-s\dfrac{L_{eq}}{R}}{1-D}V_{in}=\left(1-s\dfrac{L_{eq}}{R}\right)V_{out}$$

$$\begin{aligned}J(s)&=\dfrac{1}{s^2+\dfrac{1}{RC}s+\dfrac{(1-D)^2}{LC}}\left[\dfrac{V_{in}}{L(1-D)}\left(s+\dfrac{2}{CR}\right)-\dfrac{1-\dfrac{sL}{(1-D)^2R}}{1-D}V_{in}\dfrac{1}{L}\left(s+\dfrac{1}{CR}\right)\right]\\[2mm]&=\dfrac{1}{s^2+\dfrac{1}{RC}s+\dfrac{(1-D)^2}{LC}}\dfrac{V_{in}}{(1-D)L}\left[s^2\dfrac{L}{(1-D)^2R}+s\dfrac{L}{(1-D)^2R^2C}+\dfrac{1}{CR}\right]\\[2mm]&=\dfrac{V_{in}}{(1-D)^3R}=\dfrac{V_{out}}{(1-D)^2R}\end{aligned}$$

其中

$$L_{eq}=\dfrac{L}{(1-D)^2}$$

Buck 变换器的理想直流增益为 D，得到 $\chi(D)=1/D$。忽略 r_L 和 r_c 后，之前的小信号传递函数变为

$$G_{vg}(s) = \frac{D}{LC}\frac{1}{s^2 + \dfrac{1}{RC}s + \dfrac{1}{LC}}; \quad G_{vd}(s) = \frac{V_{in}}{LC}\frac{1}{s^2 + \dfrac{1}{RC}s + \dfrac{1}{LC}}$$

$$G_{ig}(s) = \frac{D}{L}\frac{s + \dfrac{1}{RC}}{s^2 + \dfrac{1}{RC}s + \dfrac{1}{LC}}; \quad G_{id}(s) = \frac{V_{in}}{L}\frac{s + \dfrac{1}{RC}}{s^2 + \dfrac{1}{RC}s + \dfrac{1}{LC}}$$

从而得到 Buck 变换器的正则模型推导

$$H_{eq}(s) = \frac{1}{D}\frac{D}{LC}\frac{1}{s^2 + \dfrac{1}{RC}s + \dfrac{1}{LC}} = \frac{1}{LC}\frac{1}{s^2 + s\dfrac{1}{RC} + \dfrac{1}{LC}}$$

$$E(s) = \frac{\dfrac{V_{in}}{LC}}{\dfrac{D}{LC}} = \frac{V_{in}}{D} = \frac{V_{out}}{D^2}$$

$$J(s) = G_{in,d}(s) - E(s)G_{in,g}(s) = DG_{id}(s) + I_L - E(s)DG_{ig}(s), \quad I_L = \frac{V_{out}}{R}$$

也就是

$$J(s) = \frac{D}{s^2 + \dfrac{1}{RC}s + \dfrac{1}{LC}}\left[\frac{V_{in}}{L}\left(s + \frac{1}{RC}\right) - \frac{V_{in}}{D}\frac{D}{L}\left(s + \frac{1}{RC}\right)\right] + \frac{V_{out}}{R} = \frac{V_{out}}{R}$$

其中 $L_{eq} = L$。

对于 Buck-Boost 变换器，其输出电压极性由一种对所有变换器都相同的方式来定义（如图 2.21 所示）。对理想直流增益为 $-D/(1-D)$，得到 $\chi(D) = -(1-D)/D$。此输出电压的极性，在忽略 r_L 和 r_C 后，前节所推导的小信号传递函数变为

$$G_{vg}(s) = -\frac{D(1-D)}{LC}\frac{1}{s^2 + s\dfrac{1}{RC} + \dfrac{(1-D)^2}{LC}}$$

$$G_{vd}(s) = -\frac{V_{in}}{LC}\left[1 - s\frac{DL}{R(1-D)^2}\right]\frac{1}{s^2 + s\dfrac{1}{RC} + \dfrac{(1-D)^2}{LC}}$$

$$G_{ig}(s) = \frac{D}{L}\left(s + \frac{1}{RC}\right)\frac{1}{s^2 + s\dfrac{1}{RC} + \dfrac{(1-D)^2}{LC}}$$

$$G_{id}(s) = \frac{V_{in}}{L(1-D)}\frac{s + \dfrac{D+1}{RC}}{s^2 + s\dfrac{1}{RC} + \dfrac{(1-D)^2}{LC}}$$

从而获得 Buck-Boost 变换器的正则模型

$$H_{eq}(s) = \left(-\frac{1-D}{D}\right)\left(-\frac{D(1-D)}{LC}\right)\frac{1}{s^2 + s\dfrac{1}{RC} + \dfrac{(1-D)^2}{LC}} = \frac{(1-D)^2}{LC}\frac{1}{s^2 + s\dfrac{1}{RC} + \dfrac{(1-D)^2}{LC}}$$

$$= \frac{1}{L_{eq}C}\frac{1}{s^2 + s\dfrac{1}{RC} + \dfrac{1}{L_{eq}C}}$$

$$E(s) = \frac{-\dfrac{V_{in}}{LC}\left[1 - s\dfrac{DL}{R(1-D)^2}\right]}{-\dfrac{D(1-D)}{LC}} = \frac{V_{in}}{D(1-D)}\left[1 - s\dfrac{DL}{R(1-D)^2}\right] = -\frac{V_{out}}{D^2}\left(1 - s\dfrac{DL_{eq}}{R}\right)$$

$$J(s) = G_{in,d}(s) - E(s)G_{in,g}(s) = DG_{id}(s) + I_L - E(s)D\,G_{ig}(s)$$

$$I_L = \frac{DV_{in}}{R(1-D)^2} = -\frac{V_{out}}{R(1-D)}$$

因此

$$J(s) = \frac{D}{s^2 + s\dfrac{1}{RC} + \dfrac{(1-D)^2}{LC}}\left\{\frac{V_{in}}{L(1-D)}\left(s + \frac{D+1}{RC}\right) - \frac{V_{in}}{D(1-D)}\left[1 - s\dfrac{DL}{R(1-D)^2}\right]\frac{D}{L}\left(s + \frac{1}{RC}\right)\right\} -$$

$$\frac{V_{out}}{R(1-D)}$$

$$= \frac{D}{s^2 + s\dfrac{1}{RC} + \dfrac{(1-D)^2}{LC}}\frac{V_{in}}{L(1-D)}\left[s^2\frac{DL}{R(1-D)^2} + s\frac{DL}{(1-D)^2R^2C} + \frac{D}{RC}\right] - \frac{V_{out}}{R(1-D)}$$

$$= D\frac{DV_{in}}{(1-D)^3R} - \frac{V_{out}}{R(1-D)} = -\frac{DV_{out}}{R(1-D)^2} - \frac{V_{out}}{R(1-D)} = -\frac{V_{out}}{R(1-D)^2}$$

式中

$$L_{eq} = \frac{L}{(1-D)^2}$$

当然，任何后续所讨论的更复杂变换器的平均小信号模型都可以以相似方法变为正则形式。

2.4　针对 DCM 工作的变换器，基于平均状态空间方程的直流电压增益和交流小信号开环传递函数

2.4.1　降阶的平均模型

在 2.2 节获得 DCM 工作的变换器的平均状态空间方程的通式为

$$\dot{\boldsymbol{x}}(t) = \boldsymbol{A}_{av}\boldsymbol{x}(t) + \boldsymbol{B}_{av}v_{in}$$
$$v_{out}(t) = \boldsymbol{C}_{av}\boldsymbol{x}(t)$$

式中

$$\boldsymbol{A}_{av} = \boldsymbol{A}_1 d + \boldsymbol{A}_2 d_2 + \boldsymbol{A}_3 d_3$$
$$\boldsymbol{B}_{av} = \boldsymbol{B}_1 d + \boldsymbol{B}_2 d_2 + \boldsymbol{B}_3 d_3$$
$$\boldsymbol{C}_{av} = \boldsymbol{C}_1 d + \boldsymbol{C}_2 d_2 + \boldsymbol{C}_3 d_3$$

dT_s, $d_2 T_s$ 和 $d_2 T_s$ 分别是变换器周期工作的三个开关拓扑阶段的持续时间（$d + d_2 + d_3 = 1$）。

下文将逐一叙述第 1 章所述 Boost，Buck，Buck-Boost 变换器的方程。为了以后的开发简化解析表达式，忽略无源元件和通态开关的直流电阻。

2.4.1.1　Boost 变换器

DCM 工作的 Boost 变换器的平均状态空间方程　DCM 工作的 Boost 变换器的开关拓扑如

图 2.22(a)～(c)所示,已经在第 1 章描述过的 $i_L(t)$ 波形在图 2.22(d)中重现。电感上的电压 $v_L(t)$ 示于图 2.22(e)。

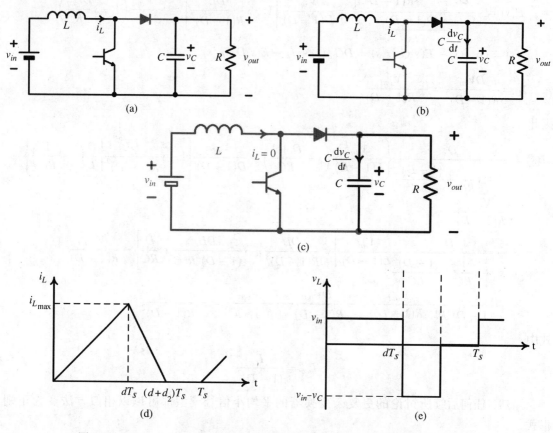

图 2.22　(a)～(c)DCM 工作的 Boost 变换器的开关拓扑(忽略无源元件和导通
状态的开关的直流电阻);(d)电感电流特性;(e)电感电压特性

　　工作在前两个开关阶段的变换器的空间方程已经在 2.3.3 节获得,从而可以进一步获得矩阵 $\boldsymbol{A}_1$,$\boldsymbol{B}_1$,$\boldsymbol{A}_2$ 和 $\boldsymbol{B}_2$

$$\boldsymbol{A}_1 = \begin{bmatrix} 0 & 0 \\ 0 & -\dfrac{1}{CR} \end{bmatrix}; \quad \boldsymbol{B}_1 = \begin{bmatrix} \dfrac{1}{L} \\ 0 \end{bmatrix}; \quad \boldsymbol{A}_2 = \begin{bmatrix} 0 & -\dfrac{1}{L} \\ \dfrac{1}{C} & -\dfrac{1}{CR} \end{bmatrix}; \quad \boldsymbol{B}_2 = \begin{bmatrix} \dfrac{1}{L} \\ 0 \end{bmatrix}$$

第三个开关阶段$(i_L = 0)$的状态空间方程是

$$\begin{cases} \dfrac{\mathrm{d}i_L}{\mathrm{d}t} = 0 \\ \dfrac{\mathrm{d}v_C}{\mathrm{d}t} = -\dfrac{1}{CR}v_C \end{cases}$$

预示着

$$\boldsymbol{A}_3 = \begin{bmatrix} 0 & 0 \\ 0 & -\dfrac{1}{CR} \end{bmatrix}; \quad \boldsymbol{B}_3 = \begin{bmatrix} 0 \\ 0 \end{bmatrix}$$

　　显然,通过忽略 r_C,可以得到 $v_C(t) = v_{out}(t)$。$\boldsymbol{A}_{av}$ 和 $\boldsymbol{B}_{av}$ 如下:

$$\boldsymbol{A}_{av} = \begin{bmatrix} 0 & -\dfrac{d_2}{L} \\ \dfrac{d_2}{L} & -\dfrac{1}{CR} \end{bmatrix}; \quad \boldsymbol{B}_{av} = \begin{bmatrix} \dfrac{d+d_2}{L} \\ 0 \end{bmatrix}$$

这样就可以用平均变量 i_L 和 v_C（要记住在本节的其余部分从现在开始 i_L 和 v_C 是表示平均波形）来描述平均状态空间方程

$$\begin{cases} \dfrac{\mathrm{d}i_L}{\mathrm{d}t} = -\dfrac{d_2}{L}v_C + \dfrac{d+d_2}{L}v_{in} \\ \dfrac{\mathrm{d}v_C}{\mathrm{d}t} = \dfrac{d_2}{C}i_L - \dfrac{1}{RC}v_C \end{cases}$$

然而，这种方法只能在 d_2 是独立变量时才是正确的。但是从第 1 章知道，电感电流降为 0 的瞬间标志着 DCM 工作的第二个开关阶段结束，而这个时间是取决于 L，T_s 和 R 的值。这意味着 d_2 取决于电感电流或者说平均电感电流取决于 d_2。如果计算基于图 2.22(d) 中的平均电感电流的表达式，然后就像 1.4 节所学到的那样表达 $i_{L\max}$，将得到

$$i_L(t)_{average} = \frac{1}{T_s}\int_0^{T_s} i_L(t)\mathrm{d}t = \frac{1}{T_s}\left(\frac{1}{2}dT_s i_{L\max} + \frac{1}{2}d_2 T_s i_{L\max}\right) =$$

$$\frac{d+d_2}{2}i_{L\max} = \frac{d+d_2}{2}\frac{v_{in}dT_s}{L}$$

为了简明起见，从现在开始用 $i_L(t)$ 表示平均电感电流 $i_L(t)_{average}$。

因此，当用平均状态空间方程系统来描述各开关阶段时，必须用像 $d_2(i_L)i_L$ 的平均表达式。也就是说，之前在 DCM 中所用的平均方法忽略了 d_2 对于 i_L 的依赖。

P. T. Krein 等人（1990）和 J. Sun 等人（2001）提出了更精确的方法。该方法列出在每个开关阶段时每个能量存储装置的 KCL 和 KVL 方程，并在最终方程中求平均值。对于电容，这意味着首先对每个开关阶段用公式列出电容的电荷守恒方程。就 Boost 变换器而言，电容在第一和第三阶段不会从电感获得电流，除了第二阶段例外（参见图 2.22）。在第二个开关阶段也就是 $d_2 T_s$ 期间，电容从电感获得的电量表达为

$$\int_{dT_s}^{(d+d_2)T_s} i_L(t)\mathrm{d}t = \frac{1}{2}i_{L\max}d_2 T_s$$

由于另两个开关阶段电容不充电，这就是说一个周期中电容的平均充电电流为

$$\frac{1}{T_s}\left(\frac{1}{2}i_{L\max}d_2 T_s\right) = \frac{1}{2}i_{L\max}d_2 = \frac{1}{2}\frac{v_{in}dT_s}{L}d_2$$

因此，真正的每个开关周期的三个 KCL 平均方程为

$$\frac{\mathrm{d}v_C}{\mathrm{d}t} = -\frac{1}{RC}v_C; \quad \frac{\mathrm{d}v_C}{\mathrm{d}t} = \frac{1}{C}i_L - \frac{1}{RC}v_C; \quad \frac{\mathrm{d}v_C}{\mathrm{d}t} = -\frac{1}{RC}v_C$$

（其中，i_L 依然表示第二个开关阶段的电感电流，而不是平均电感电流）

$$\frac{\mathrm{d}v_C}{\mathrm{d}t} = \frac{1}{2}\frac{v_{in}dT_s}{LC}d_2 - \frac{1}{RC}v_C$$

或者，考虑之前获得的平均电感电流表达式

$$i_L(t) = (d+d_2)\frac{v_{in}dT_s}{2L}$$

电容的平均 KCL 方程变为

$$\frac{\mathrm{d}v_C}{\mathrm{d}t} = \frac{1}{C}\frac{d_2}{d+d_2}i_L - \frac{1}{RC}v_C$$

如果把它和本节开头基于状态空间矩阵直接平均所计算的 KCL 方程相比较

$$\frac{\mathrm{d}v_C}{\mathrm{d}t} = \frac{d_2}{C}i_L - \frac{1}{RC}v_C$$

可以发现,区别在于参量$(1/d+d_2)$,它乘以平均电感电流 i_L。当然,现在所采取的平均步骤对 CCM 工作的变换器也有效,但是在这种情况下,结果不会有什么差别,因为在 CCM,$d+d_2 = d+(1-d) = 1$。

由新方法得到的电感平均 KVL 方程,即对每个开关阶段的三个 KVL 方程求平均

$$\frac{\mathrm{d}i_L}{\mathrm{d}t} = \frac{1}{L}v_{in}; \qquad \frac{\mathrm{d}i_L}{\mathrm{d}t} = \frac{1}{L}(v_{in}-v_C); \qquad \frac{\mathrm{d}i_L}{\mathrm{d}t} = 0$$

这和用状态空间矩阵所得到的结果相同,因为在这些方程中没有 d_2 与 i_L 之间的乘法运算。

因此,工作在 DCM 的 Boost 变换器的平均状态空间方程组就是

$$\begin{cases} \dfrac{\mathrm{d}i_L}{\mathrm{d}t} = -\dfrac{d_2}{L}v_C + \dfrac{d+d_2}{L}v_{in} \\ \dfrac{\mathrm{d}v_C}{\mathrm{d}t} = \dfrac{d_2}{C(d+d_2)}i_L - \dfrac{1}{RC}v_C \end{cases}$$

如果把 i_L 用 $i_L(t) = (d+d_2)v_{in}dT_s/2L$ 表示,这些方程就变为

$$\begin{cases} \dfrac{\mathrm{d}i_L}{\mathrm{d}t} = -\dfrac{d_2}{L}v_C + \dfrac{d+d_2}{L}v_{in} \\ \dfrac{\mathrm{d}v_C}{\mathrm{d}t} = \dfrac{d_2}{C(d+d_2)}\dfrac{d+d_2}{2}\dfrac{v_{in}dT_s}{L} - \dfrac{1}{RC}v_C = \dfrac{d_2}{C}\dfrac{v_{in}dT_s}{2L} - \dfrac{1}{RC}v_C \end{cases}$$

通过将 d_2 用下面的公式替换

$$d_2 = \frac{v_{in}}{v_C - v_{in}}d$$

这个公式是通过在电感上应用伏·秒平衡获得,是用在 DCM 工作按照之前 1.4 节所解释的步骤：$v_{in}d + (v_{in}-v_C)d_2 = 0$,平均状态空间方程变为

$$\begin{cases} \dfrac{\mathrm{d}i_L}{\mathrm{d}t} = -\dfrac{\dfrac{v_{in}}{v_C - v_{in}}d}{L}v_C + \dfrac{d+\dfrac{v_{in}}{v_C - v_{in}}d}{L}v_{in} \\ \dfrac{\mathrm{d}v_C}{\mathrm{d}t} = \dfrac{\dfrac{v_{in}}{v_C - v_{in}}d}{C}\dfrac{v_{in}dT_s}{2L} - \dfrac{1}{RC}v_C \end{cases}$$

而且,经过简单的代数运算可得

$$\begin{cases} \dfrac{\mathrm{d}i_L}{\mathrm{d}t} = 0 \\ \dfrac{\mathrm{d}v_C}{\mathrm{d}t} = \dfrac{v_{in}^2 d^2}{v_C - v_{in}}\dfrac{T_s}{2LC} - \dfrac{1}{RC}v_C \end{cases}$$

DCM 工作的 Boost 变换器的直流分析和小信号开环传递函数　　现在可以用标准的扰动方法来推导直流电压变比和交流开环小信号传递函数,就如已经研究过的 CCM 模式工作的变换器一样。可以将上面微分方程组的瞬态平均变量表示为

$$v_{in}(t) = V_{in} + \hat{v}_{in}(t),\ d(t) = D + \hat{d}(t),\ v_C(t) = V_C + \hat{v}_C(t)$$

获得

$$\frac{\mathrm{d}}{\mathrm{d}t}[V_C + \hat{v}_C(t)] = \frac{[V_{in} + \hat{v}_{in}(t)]^2\big[D + \hat{d}(t)\big]^2}{\{[V_C + \hat{v}_C(t)] - [V_{in} + \hat{v}_{in}(t)]\}}\frac{T_s}{2LC} - \frac{1}{RC}[V_C + \hat{v}_C(t)]$$

此目的是获得一个线性方程，然后分离直流和交流部分，并且对后者应用拉普拉斯变换。为了达成这个目的，需要使用小信号近似，即忽略时间变量的产物。分母依旧包含时间变量表达式的事实使情况更复杂，分母包括一般形式 $A + \hat{a}(t)$。如果给分子和分母同乘 $A - \hat{a}(t)$，通过忽略时间变量的平方我们将在分母得到 $A^2 - \hat{a}(t)^2 \approx A^2$。通过观察，可以得到

$$\frac{\mathrm{d}}{\mathrm{d}t}[V_C + \hat{v}_C(t)] = \frac{[V_{in} + \hat{v}_{in}(t)]^2\big[D + \hat{d}(t)\big]^2\{(V_C - V_{in}) - [\hat{v}_C(t) - \hat{v}_{in}(t)]\}}{\{(V_C - V_{in}) + [\hat{v}_C(t) - \hat{v}_{in}(t)]\}\{(V_C - V_{in}) - [\hat{v}_C(t) - \hat{v}_{in}(t)]\}}\frac{T_s}{2LC} - \frac{1}{RC}[V_C + \hat{v}_C(t)]$$

更进一步

$$\frac{\mathrm{d}}{\mathrm{d}t}[\hat{v}_C(t)] = \frac{V_{in}^2 D^2(V_C - V_{in}) + (2V_C - V_{in})V_{in}D^2\hat{v}_{in}(t) - V_{in}^2 D^2\hat{v}_C(t) + (V_C - V_{in})2V_{in}^2 D\hat{d}(t)}{(V_C - V_{in})^2}\frac{T_s}{2LC}$$
$$- \frac{1}{RC}V_C - \frac{1}{RC}\hat{v}_C(t)$$

现在得到一个基于叠加原理的线性方程，可以将直流部分从交流中分离出来。

（a）DCM 工作的 Boost 变换器的直流分析。工作在 CCM 和 DCM 边界条件

直流方程是

$$0 = \frac{V_{in}^2 D^2(V_C - V_{in})}{(V_C - V_{in})^2}\frac{T_s}{2LC} - \frac{1}{RC}V_C$$

依旧用 $M\,(M = V_{out}/V_{in} = V_C/V_{in})$ 表示直流电压增益，这个方程变为

$$M(M - 1) = \frac{T_s D^2 R}{2L}$$

或者引入标记

$$k = \frac{2L}{RT_s}$$

方程变为

$$M^2 - M - \frac{D^2}{k} = 0$$

其解为

$$M = \frac{1 + \sqrt{1 + \dfrac{4D^2}{k}}}{2}$$

（当然，只考虑了二次方程的正数解。平方根之前的负号意味着一个负数解，这是没有物理意义的：对于 Boost 变换器，输出和输入电压有相同极性，即 M 一定是一个正数）

然后，D_2 变为

$$D_2 = \frac{V_{in}}{V_C - V_{in}}D = \frac{1}{M - 1}D = \frac{M}{M(M-1)}D = \frac{M}{\dfrac{D^2}{k}}D = \frac{Mk}{D} = \frac{k}{D}\frac{1 + \sqrt{1 + \dfrac{4D^2}{k}}}{2}$$

而稳态循环的平均电感电流 I_{Lav} 或者简写 I_L 是

$$I_L = (D + D_2)\frac{V_{in}DT_s}{2L} = \left(D + \frac{1}{M-1}D\right)\frac{V_{in}DT_s}{2L} = \frac{MV_{in}D^2T_s}{2(M-1)L}$$

在 DCM 工作，区间 D_2T_s 必须小于 $(1-D)T_s$。如果变换器工作在两个导通模式的边界状态，这就意味着 $D_2 = (1-D)$。从这个等式可获得 k_{bound} 的值，此为变换器工作在 CCM 和 DCM 界限。

等式

$$\frac{k_{bound}}{D}\frac{1 + \sqrt{1 + \dfrac{4D^2}{k_{bound}}}}{2} = 1 - D$$

可以简化为

$$k_{bound} = D(1-D)^2$$

在占空比为 $[0,1]$ 时图解如图 2.23 所示。通过计算 $k_{bound}(D)$ 的一阶导数

$$\frac{\mathrm{d}k_{bound}}{\mathrm{d}t} = 1 - 4D + 3D^2 = (1-3D)(1-D)$$

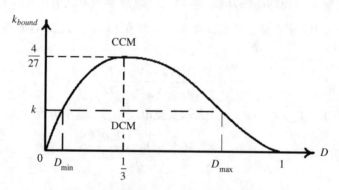

图 2.23　依赖于变换器参数和占空比的 Boost 变换器工作的导通模式

发现 $k_{bound}(D)$ 在 $D = 1/3$ 时具有最大值 $k_{bound}(1/3) = 4/27$。因此，如果参数 L，T_s 和 R 是 k 大于 $4/27$ 的对应值，变换器在整个工作周期内将工作在 CCM。或者，考虑到 k 的定义，这意味着如果 $R < 27(2Lf_s)/4$，变换器将工作在 CCM。如果 $k < 4/27$，在特定占空比范围 $[D_{min}, D_{max}]$，依赖于 k 值，变换器将工作在 DCM，剩余范围将工作在 CCM。在实际问题中存在这样一个现象：在启动时，为了使输出电压达到其稳态值，占空比将被控制回路推高到 CCM 范围。也就是说，即使变换器是被设计为在 DCM 稳态工作，它的反馈回路的补偿也必须确保在 CCM 稳定工作，从而保证给出一个稳定的启动瞬态过程。

可以证明 Boost 变换器的直流电压增益在 DCM 比 CCM 大，也就是需要证明下式：

$$\frac{1 + \sqrt{1 + \dfrac{4D^2}{K}}}{2} > \frac{1}{1-D}$$

不等式可以很容易地变换为

$$k < D(1-D)^2$$

前面看到了如果 $k < k_{bound} = D(1-D)^2$，那么变换器是工作在 DCM 的，因此，验证了之前的结论。

（b）DCM 工作的 Boost 变换器的开环小信号传递函数

现在，分析平均状态空间方程的交流部分

$$\frac{\mathrm{d}}{\mathrm{d}t}[\hat{v}_C(t)] = \left[-\frac{V_{in}^2 D^2 T_s}{(V_C - V_{in})^2 2LC} - \frac{1}{RC}\right]\hat{v}_C(t) + \frac{(2V_C - V_{in})V_{in}D^2}{(V_C - V_{in})^2}\frac{T_s}{2LC}\hat{v}_{in}(t)$$

$$+ \frac{(V_C - V_{in})2V_{in}^2 D}{(V_C - V_{in})^2}\frac{T_s}{2LC}\hat{d}(t)$$

然后应用拉普拉斯变换

$$\left[s + \frac{V_{in}^2 D^2 T_s}{2LC(V_C - V_{in})^2} + \frac{1}{RC}\right]\hat{V}_C(s) = \frac{(2V_C - V_{in})V_{in}D^2}{(V_C - V_{in})^2}\frac{T_s}{2LC}\hat{V}_{in}(s)$$

$$+ \frac{V_{in}^2 D}{V_C - V_{in}}\frac{T_s}{LC}\hat{D}(s)$$

试着简化出现在上面 s 域方程中的表达式。定义 M 为 V_C/V_{in}，发现 $M(M-1) = T_s D^2 R / 2L$，s 域方程的第一项可以写为

$$\frac{V_{in}^2 D^2 T_s}{2LC(V_C - V_{in})^2} + \frac{1}{RC} = \frac{D^2 T_s}{2LC(M-1)^2} + \frac{1}{RC} = \frac{M(M-1)}{CR(M-1)^2} + \frac{1}{RC}$$

$$= \frac{1}{RC}\frac{2M-1}{M-1}$$

乘上 $\hat{V}_{in}(s)$ 的项可以写为

$$\frac{(2V_C - V_{in})V_{in}}{(V_C - V_{in})^2}\frac{D^2 T_s}{2LC} = \frac{2M-1}{(M-1)^2}\frac{M(M-1)}{RC} = \frac{(2M-1)M}{M-1}\frac{1}{RC}$$

乘上 $\hat{D}(s)$ 的项可以写为

$$\frac{V_{in}^2 D}{V_C - V_{in}}\frac{T_s}{LC} = \frac{V_C D}{M(M-1)}\frac{T_s}{LC} = \frac{V_C}{M(M-1)}\frac{T_s}{LC}\sqrt{\frac{2L}{T_s R}M(M-1)}$$

$$= \frac{V_{out}}{C\sqrt{M(M-1)}}\sqrt{\frac{2T_s}{LR}}$$

因此 s 域方程可以变为

$$\left(s + \frac{1}{RC}\frac{2M-1}{M-1}\right)\hat{V}_{out}(s) = \frac{(2M-1)M}{M-1}\frac{1}{RC}\hat{V}_{in}(s) + \frac{V_{out}}{C\sqrt{M(M-1)}}\sqrt{\frac{2T_s}{LR}}\hat{D}(s)$$

其中，可以利用与 CCM 工作的变换器相同的方式推导开环小信号传递函数

$$G_{vg}(s) = \frac{\dfrac{(2M-1)M}{M-1}\dfrac{1}{RC}}{s + \dfrac{1}{RC}\dfrac{2M-1}{M-1}} = \frac{M}{1 + sRC\dfrac{M-1}{2M-1}}$$

$$G_{vd}(s) = \frac{\dfrac{V_{out}}{C\sqrt{M(M-1)}}\sqrt{\dfrac{2T_s}{LR}}}{s + \dfrac{1}{RC}\dfrac{2M-1}{M-1}} = \frac{2V_{out}}{2M-1}\sqrt{\frac{M-1}{M}}\frac{1}{\sqrt{\dfrac{2L}{RT_s}}}\frac{1}{1 + sRC\dfrac{M-1}{2M-1}}$$

由于第一平均状态空间方程 $\mathrm{d}i_L/\mathrm{d}t = 0$ 的事实，可获得一阶传递函数，其中一个极点位于左半平面

$$p = -\frac{1}{RC}\frac{2M-1}{M-1}$$

2.4.1.2　Buck-Boost 变换器

DCM 工作的 Buck-Boost 变换器的平均状态空间方程　对于 Buck-Boost 变换器（参见图 2.24），可以得到与 Boost 变换器相同的 KCL 方程，因为电容充电过程是类似的。同样通过平均电感的 KVL 方程，可以得到平均状态方程组

$$\begin{cases}\dfrac{\mathrm{d}i_L}{\mathrm{d}t} = -\dfrac{d_2}{L}v_C + \dfrac{d}{L}v_{in} \\[2mm] \dfrac{\mathrm{d}v_C}{\mathrm{d}t} = \dfrac{d_2}{C(d+d_2)}i_L - \dfrac{1}{RC}v_C\end{cases}$$

Buck-Boost 变换器的电感电流的平均值与 Boost 变换器类似

$$i_L(t) = (d+d_2)\frac{v_{in}dT_s}{2L}$$

由图 2.24(d) 给出伏·秒平衡方程：

$$v_{in}d + (-v_{out})d_2 = 0$$

也就是

$$d_2 = d\frac{v_{in}}{v_{out}} = d\frac{v_{in}}{v_C}$$

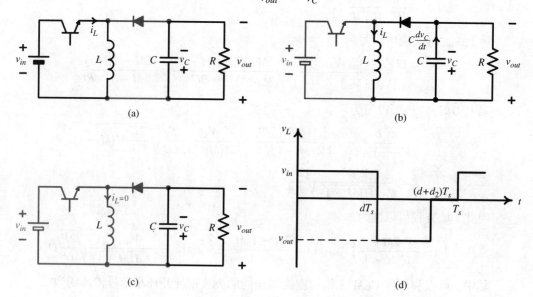

图 2.24　(a) ~ (c) DCM 的 Buck-Boost 变换器的开关阶段（忽略无源器件的直流电阻以及开关传导）；(d) 电感电压特性

考虑到这些公式，前面描述 Buck-Boost 变换器的平均时间域小信号方程组变为

$$\begin{cases}\dfrac{\mathrm{d}i_L}{\mathrm{d}t} = 0 \\[2mm] \dfrac{\mathrm{d}v_C}{\mathrm{d}t} = \dfrac{d^2v_{in}^2}{v_C}\dfrac{T_s}{2LC} - \dfrac{1}{RC}v_C\end{cases}$$

DCM 工作的 Buck-Boost 变换器的直流分析和小信号开环传递函数。在 CCM 与 DCM 之间的边界工作条件, 遵循与 Boost 变换器相同的步骤计算可得到

$$\frac{d\hat{v}_C}{dt} = \frac{[D + \hat{d}(t)]^2 [V_{in} + \hat{v}_{in}(t)]^2}{V_C + \hat{v}_C(t)} \frac{T_s}{2LC} - \frac{1}{RC}[V_C + \hat{v}_C(t)]$$

在其中使用标记

$$k = \frac{2L}{RT_s}$$

可得到直流解

$$M = \frac{D}{\sqrt{k}}$$

或者

$$D^2 = kM^2, \quad D_2 = \frac{DV_{in}}{V_{out}} = \frac{D}{M} = \sqrt{k}$$

并且获得 s 域方程

$$\left(s + \frac{T_s}{2LC} \frac{V_{in}^2 D^2}{V_C^2} + \frac{1}{RC}\right) \hat{V}_C(s) = \frac{T_s}{2LC} \frac{2V_{in} D^2}{V_C} \hat{V}_{in}(s) + \frac{T_s}{2LC} \frac{2DV_{in}^2}{V_C} \hat{D}(s)$$

考虑到 $D^2 = kM^2$ 以及 $k = 2L/RT_s$, 上面方程中的各项可以化简为

$$\frac{T_s}{2LC} \frac{V_{in}^2 D^2}{V_C^2} + \frac{1}{RC} = \frac{1}{RC} \frac{1}{k} \frac{D^2}{M^2} + \frac{1}{RC} = \frac{2}{RC}$$

$$\frac{T_s}{2LC} \frac{2V_{in} D^2}{V_C} = \frac{1}{RC} \frac{1}{k} \frac{2D^2}{M} = \frac{2}{RC} M$$

$$\frac{T_s}{2LC} \frac{2DV_{in}^2}{V_C} = \frac{1}{RC} \frac{1}{k} \frac{2DV_C}{M^2} = \frac{1}{RC} \frac{2}{\sqrt{k}M} V_C = \frac{2}{RC} \frac{1}{\sqrt{k}M} V_{out}$$

因此, DCM Buck-Boost 变换器的开环小信号传递函数可以表示为

$$G_{vg}(s) = \frac{\hat{V}_{out}(s)}{\hat{V}_{in}(s)}\bigg|_{\hat{d}=0} = \frac{\frac{2}{RC}M}{s + \frac{2}{RC}} = \frac{2M}{sRC + 2} \qquad G_{vd}(s) = \frac{\hat{V}_{out}(s)}{\hat{D}(s)}\bigg|_{\hat{v}_{in}=0} = \frac{\frac{2}{RC} \frac{1}{\sqrt{k}M} V_{out}}{s + \frac{2}{RC}} = \frac{\frac{2}{\sqrt{k}M} V_{out}}{sRC + 2}$$

发现所得到的一阶传递函数具有左半平面极点:

$$p = -\frac{2}{RC}$$

从直流解中得到, Buck-Boost 变换器工作在 CCM 和 DCM 间的边界条件是 $D^2 = (1 - D)$

$$\sqrt{k_{bound}} = 1 - D$$

或者 $k_{bound} = (1 - D)^2$, 这就意味着 Buck-Boost 变换器在 $k > 1$ 也就是 $R < 2Lf_s$ 的情况下, 将一直工作在 CCM。对于 k 值小于 1 的情况, Buck-Boost 变换器将工作在 DCM, 直到达到特定的占空比 D_{bound}, 然后在 $[D_{bound}, 1]$ 区间工作在 CCM。在 Buck-Boost 变换器的启动阶段, D 开始增大以达到稳态值。因此, 与 Boost 变换器不同, 如果一个 Buck-Boost 变换器被设计成稳态时工作在 DCM, 那么它在启动瞬时也将同样工作在 DCM, 而且它的反馈回路不需要额外的 CCM 工作的补偿。

2.4.1.3 Buck 变换器

DCM 工作的 Buck 变换器的平均状态空间方程   最后，考虑 Buck 变换器（参见图 2.25）。它的三个开关阶段的 KVL 方程分别是

$$\frac{\mathrm{d}i_L}{\mathrm{d}t} = \frac{v_{in} - v_C}{L}; \quad \frac{\mathrm{d}i_L}{\mathrm{d}t} = -\frac{v_C}{L}; \quad \frac{\mathrm{d}i_L}{\mathrm{d}t} = 0$$

它的三个开关阶段的 KCL 方程分别是

$$C\frac{\mathrm{d}v_C}{\mathrm{d}t} = i_L - \frac{v_C}{R}; \quad C\frac{\mathrm{d}v_C}{\mathrm{d}t} = i_L - \frac{v_C}{R}; \quad C\frac{\mathrm{d}v_C}{\mathrm{d}t} = -\frac{v_C}{R}$$

考虑图 2.25（d），其平均电感电流 $i_L(t)_{average}$ 可以采用与 Boost 变换器相同的方法获得

$$i_L(t)_{average} = \frac{1}{T_s}\int_0^{T_s} i_L(t)\mathrm{d}t = \frac{1}{T_s}\left(\frac{1}{2}dT_s i_{L\,\max} + \frac{1}{2}d_2 T_s i_{L\,\max}\right)$$

$$= \frac{d + d_2}{2}i_{L\max}$$

如第 1 章那样计算 $i_{L\max}$，而平均电感电流从现在起用 $i_L(t)$ 表示，那么可以得到

$$i_L(t) = \frac{d + d_2}{2}\frac{v_{in} - v_C}{L}dT_s$$

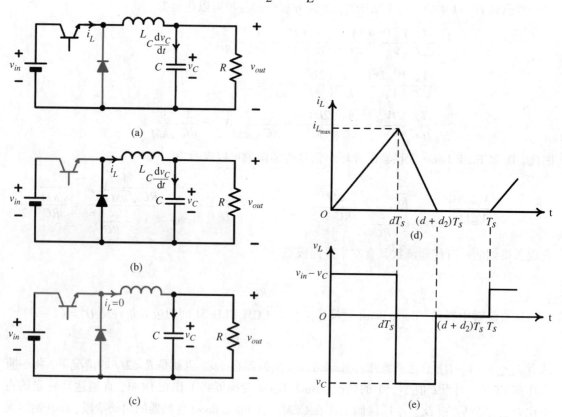

图 2.25　（a）～（c）DCM 下 Buck 变换器的各个开关阶段（忽略无源器件的
直流电阻以及开关传导）；（d）电感电流特性；（e）电感电压特性

根据图 2.25(e)可以获得电感的伏·秒平衡

$$d(v_{in} - v_C) + (-v_C)d_2 = 0$$

从而获得 d_2 的表达式

$$d_2 = \frac{v_{in} - v_C}{v_C}d$$

在前两个开关阶段 Buck 变换器中电容从电感处接收到的总电量为

$$\int_0^{(d+d_2)T_s} i_L(t)\mathrm{d}t = \frac{1}{2}dT_s i_{L\max} + \frac{1}{2}d_2 T_s i_{L\max} = \frac{d+d_2}{2}T_s \frac{v_{in}-v_C}{L}dT_s$$

其每个开关周期的平均充电电流等效为

$$\frac{d+d_2}{2}\frac{v_{in}-v_C}{L}dT_s$$

通过计算平均 KVL 方程(方程很简洁,因为没有像 $d_2(i_L)i_L(t)$ 的项存在),并且考虑电容的平均充电电流公式,可以得到 Buck 变换器的平均状态空间方程

$$\begin{cases} \dfrac{\mathrm{d}i_L}{\mathrm{d}t} = -\dfrac{d+d_2}{L}v_C + \dfrac{d}{L}v_{in} \\[2mm] \dfrac{\mathrm{d}v_C}{\mathrm{d}t} = \dfrac{1}{C}\dfrac{d+d_2}{2}\dfrac{v_{in}-v_C}{L}dT_s - \dfrac{1}{RC}v_C \end{cases}$$

通过将 d_2 用下式替换:

$$d_2 = \frac{v_{in} - v_C}{v_C}d$$

平均状态空间方程可以写为

$$\begin{cases} \dfrac{\mathrm{d}i_L}{\mathrm{d}t} = 0 \\[2mm] \dfrac{\mathrm{d}v_C}{\mathrm{d}t} = \dfrac{v_{in}-v_C}{2LC}\dfrac{v_{in}}{v_C}d^2 T_s - \dfrac{1}{RC}v_C \end{cases}$$

DCM 工作的 Buck 变换器的直流分析和小信号开环传递函数。在 CCM 与 DCM 之间的边界工作条件 上述方程可以通过使用已经很了解的标准技术注入扰动

$$\frac{\mathrm{d}\hat{v}_C}{\mathrm{d}t} = \frac{(V_{in} + \hat{v}_{in} - V_C - \hat{v}_C)(V_{in} + \hat{v}_{in})(V_C - \hat{v}_C)(D + \hat{d})^2}{2LC(V_C + \hat{v}_C)(V_C - \hat{v}_C)}T_s - \frac{1}{RC}(V_C + \hat{v}_C)$$

上述方程的直流部分可以被提取出来

$$0 = \frac{(V_{in} - V_C)V_{in}V_C D^2}{2LCV_C^2}T_s - \frac{V_C}{RC}$$

这样可以在几步之内得到直流电压增益 M($M = V_{out}/V_{in} = V_C/v_{in}$),包括使用符号 $k = 2L/RT_s$

$$\frac{\left(1 - \dfrac{V_C}{V_{in}}\right)D^2}{\dfrac{2L}{RT_s}} = \left(\frac{V_C}{V_{in}}\right)^2$$

$$(1 - M)D^2 = kM^2$$

为了得到一个更简洁的结果采取一个方法:定义 $M = 1/N$,然后解二次方程再代回 M 得到

$$M = \frac{2}{1 + \sqrt{1 + \dfrac{4k}{D^2}}}$$

在稳态的第二个开关阶段期间，可以计算得到 D_2

$$D_2 = \frac{V_{in} - V_C}{V_C}D = \frac{1-M}{M}D = \frac{(1-M)D^2}{MD} = \frac{kM^2}{MD} = \frac{k}{D}M$$

$$= \frac{k}{D}\frac{2}{1 + \sqrt{1 + \dfrac{4k}{D^2}}}$$

让 D_2 和 $(1-D)$ 相等，可以得到变换器工作在 CCM 和 DCM 边界的 k_{bound} 值

$$\frac{k_{bound}}{D}\frac{2}{1 + \sqrt{1 + \dfrac{4k_{bound}}{D^2}}} = 1 - D$$

结果是

$$k_{bound} = 1 - D$$

也就是图 2.26 中所表示的特性。这意味着如果 $k > 1$，不管占空比的值如何变化，变换器都工作在 CCM。而对于 $k < 1$，变换器在 0 和 D_{bound} 之间时工作在 DCM，在 D_{bound} 和 1 之间时工作在 CCM。与 Buck-Boost 变换器类似，如果变换器被设计为稳态工作在 DCM，那么在启动阶段也就是 D 值增加到预定的稳态前，变换器是工作在 DCM 的。

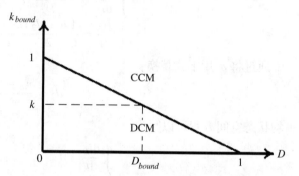

图 2.26　Buck 变换器工作导通模式 DCM 模式与变换器参数和占空比的关系

对于 Buck 变换器，DCM 的直流电压增益比 CCM 大，也就是

$$\frac{2}{1 + \sqrt{1 + \dfrac{4k}{D^2}}} > D$$

证明这个不等式很简单，因为它可以变换为

$$k < 1 - D$$

此式是 Buck 变换器工作在 DCM 的条件。

忽略了包含时变函数的非线性项，含扰动项的平均状态空间方程的交流部分可以分离出来

$$\frac{\mathrm{d}\hat{v}_C}{\mathrm{d}t} = \left\{\frac{T_s}{2LC}\left[-\frac{V_{in}V_C D^2 + (V_{in} - V_C)V_{in}D^2}{V_C^2}\right] - \frac{1}{RC}\right\}\hat{v}_C(t)$$

$$+ \frac{T_s}{2LC}\frac{V_{in}V_C D^2 + (V_{in} - V_C)V_C D^2}{V_C^2}\hat{v}_{in}(t) + \frac{T_s}{2LC}\frac{2D(V_{in} - V_C)V_{in}V_C}{V_C^2}\hat{d}(t)$$

考虑到 k 的定义以及前面所获得的公式 $(1-M)D^2 = kM^2$，可以计算

$$\frac{T_s}{2LC}\frac{V_{in}V_C D^2 + (V_{in} - V_C)V_{in}D^2}{V_C^2} + \frac{1}{RC} = \frac{T_s}{2LC}\frac{D^2}{\left(\frac{V_C}{V_{in}}\right)^2} + \frac{1}{RC} = \frac{1}{kRC}\frac{D^2}{M^2} + \frac{1}{RC}$$

$$= \frac{1}{RC}\frac{D^2}{(1-M)D^2} + \frac{1}{RC} = \frac{2-M}{1-M}\frac{1}{RC}$$

$$\frac{T_s}{2LC}\frac{V_{in}V_C D^2 + (V_{in} - V_C)V_C D^2}{V_C^2} = \frac{T_s}{2LC}\frac{\left(2 - \frac{V_C}{V_{in}}\right)D^2}{\frac{V_C}{V_{in}}} = \frac{1}{kRC}\frac{(2-M)D^2}{M}$$

$$= \frac{1}{RC}\frac{2-M}{kM}\frac{kM^2}{1-M} = \frac{1}{RC}\frac{2-M}{1-M}M$$

$$\frac{T_s}{2LC}\frac{2D(V_{in} - V_C)V_{in}V_C}{V_C^2} = \frac{1}{kRC}\frac{2D\left(1 - \frac{V_C}{V_{in}}\right)}{\left(\frac{V_C}{V_{in}}\right)^2}V_C = \frac{1}{RC}\frac{1-M}{kM^2}2DV_C$$

$$= \frac{1}{RC}\frac{1-M}{kM^2}2\sqrt{\frac{k}{1-M}}MV_C = \frac{2}{RC}\sqrt{\frac{1-M}{k}}\frac{1}{M}V_{out}$$

可以应用拉普拉斯变换到方程中从而获得

$$\left(s + \frac{1}{RC}\frac{2-M}{1-M}\right)\hat{V}_C(s) = \frac{1}{RC}\frac{2-M}{1-M}M\hat{V}_{in}(s) + \frac{2}{RC}\sqrt{\frac{1-M}{k}}\frac{1}{M}V_{out}\hat{D}(s)$$

从而 DCM 工作的 Buck 变换器的开环小信号传递函数可以简单推导如下：

$$G_{vg}(s) = \frac{\dfrac{1}{RC}\dfrac{2-M}{1-M}M}{s + \dfrac{1}{RC}\dfrac{2-M}{1-M}} = \frac{M}{sRC\dfrac{1-M}{2-M} + 1}$$

$$G_{vd}(s) = \frac{\dfrac{2}{RC}\sqrt{\dfrac{1-M}{k}}\dfrac{1}{M}V_{out}}{s + \dfrac{1}{RC}\dfrac{2-M}{1-M}}$$

其具有明显的左半平面极点

$$p = -\frac{1}{RC}\frac{2-M}{1-M}$$

让我们更深入地分析本节所获得的结果。由于设定方程 $di_L/dt = 0$，即平均电感电流的导数为 0，得到 DCM 工作的基本变换器的一阶模型。这也意味着平均电感电流失去了其状态空间变量的地位。也就是说，这是含蓄的假设，DCM 电感电流的动态是极快的。当将实验结果和这些计算出来的 DCM 工作的变换器的一阶模型进行比较时，立刻发现低频时（如小于开关频率的十分之一）吻合得很好，但是高频时会严重偏离。现在可以明白这种行为发生的原因：假设电感电流在开关周期中具有很好的动态特性，达到 $di_L/dt = 0$，这就意味着在频率远低于开关频率时可以忽略其瞬态过程。然而，在高频时电感电流的动态特性就不能忽略了。也许应记住平均法是基于两个近似，其中一个是低纹波近似。当时假设变换器的固有频率远低于开关频率。这也就是为什么没有人会期待基于平均模型在达到开关频率时可以给出精确结果。

甚至 CCM 工作的变换器的二阶模型可以在稍大于三分之一开关频率时准确预测其动态行为。然而，在后续章节将看到，这个问题不会严重影响变换器控制回路的实际设计。

2.4.1.4* 另一种通过忽略动态的电感电流动态性以获得 DCM 工作变换器一阶平均状态空间方程的方法

使用电感伏·秒平衡方程得到前述的平均状态空间方程。据此，从方程中消除 d_2 并得到 $di_L/dt = 0$。另一种可选择的方法是忽略动态的电感电流并替换电容器的三个开关阶段 KCL 方程中电感电流的表达式。

例如，对 DCM 工作的 Boost 变换器，其电容的 KCL 方程为

$$\frac{dv_C}{dt} = -\frac{1}{RC}v_C; \quad \frac{dv_C}{dt} = \frac{1}{C}i_L - \frac{1}{RC}v_C; \quad \frac{dv_C}{dt} = -\frac{1}{RC}v_C$$

每个方程代表一个开关拓扑。第二个拓扑（KCL 方程中唯一出现 i_L 的开关阶段）的电感电流是由第 1 章已知的公式给出，也就是 KVL 方程

$$L\frac{di_L}{dt} = v_{in} - v_C, \quad i_L(dT_s) = i_{L\max}, \quad t \in [dT_s, (d+d_2)T_s]$$

的解

$$i_L(t) = i_{L\max} + \frac{v_{in} - v_C}{L}(t - dT_s) = \frac{v_{in}dT_s}{L} + \frac{v_{in} - v_C}{L}(t - dT_s)$$

$$t \in [dT_s, (d+d_2)T_s]$$

在把它在电容的第二开关阶段的 KCL 方程替换后，可以将电容整个开关周期的三个 KCL 方程进行平均

$$\left.\frac{dv_C}{dt}\right|_{averaged} = \frac{1}{T_s}\int_0^{T_s}\frac{dv_C}{dt}dt = \frac{1}{T_s}\left\{\int_0^{dT_s}\left(-\frac{1}{RC}\right)v_C dt\right.$$

$$\left. + \int_{dT_s}^{(d+d_2)T_s}\left\{\frac{1}{C}\left[\frac{v_{in}dT_s}{L} + \frac{v_{in} - v_C}{L}(t - dT_s)\right] - \frac{1}{RC}v_C\right\}dt + \int_{(d+d_2)T_s}^{T_s}\left(-\frac{1}{RC}\right)v_C dt\right\}$$

$$= -\frac{1}{RC}v_C + \frac{v_{in}dT_s}{LC}d_2 + \frac{v_{in} - v_C}{LC}\frac{1}{2}d_2^2 T_s$$

将该式中的 d_2 用在电感上通过伏·秒平衡推导得到的表达式替换，重新得到了 DCM 工作的 Boost 变换器的平均状态空间方程。

$$\frac{dv_C}{dt} = -\frac{1}{RC}v_C + \frac{v_{in}dT_s}{LC}\frac{v_{in}}{v_C - v_{in}}d + \frac{v_{in} - v_C}{LC}\frac{1}{2}\left(\frac{v_{in}}{v_C - v_{in}}d\right)^2 T_s = -\frac{1}{RC}v_C + \frac{v_{in}^2 d^2 T_s}{2LC(v_C - v_{in})}$$

相似地，对于 Buck-Boost 变换器，第二开关阶段的电感电流为

$$i_L(t) = \frac{v_{in}dT_s}{L} - \frac{v_C}{L}(t - dT_s), \quad t \in [dT_s, (d+d_2)T_s]$$

d_2 是 dv_{in}/v_C，同样的电容的 KCL 方程在整个开关周期的平均操作会获得与之前 DCM 模式 Buck-Boost 变换器相同的状态空间方程

$$\left.\frac{dv_C}{dt}\right|_{averaged} = \frac{1}{T_s}\left[\int_0^{dT_s}\left(-\frac{1}{RC}\right)v_C dt + \int_{dT_s}^{(d+d_2)T_s}\left(\frac{1}{C}i_L - \frac{1}{RC}v_C\right)dt\right]$$

$$+ \int_{(d+d_2)T_s}^{T_s} \left(-\frac{1}{RC} \right) v_C \mathrm{d}t \bigg] = -\frac{1}{RC} v_C + \frac{v_{in} d T_s}{LC} d_2 - \frac{v_C}{LC} \frac{d_2^2 T_s}{2}$$

$$= -\frac{1}{RC} v_C + \frac{v_{in}^2 d^2 T_s}{2LC v_C}$$

最后, 对 Buck 变换器, 电容的 KCL 方程为

$$C \frac{\mathrm{d}v_C}{\mathrm{d}t} = i_L - \frac{v_C}{R}; \quad C \frac{\mathrm{d}v_C}{\mathrm{d}t} = i_L - \frac{v_C}{R}; \quad C \frac{\mathrm{d}v_C}{\mathrm{d}t} = -\frac{v_C}{R}$$

电感电流出现在这些方程中的前两个, 所以必须用它在第一和第二开关拓扑阶段的等效方程替代它, 它们是由图 2.25(a)、(b)和(d)得到。

$$i_L(t) = \frac{v_{in} - v_C}{L} t, \quad t \in [0, d T_s]$$

$$i_L(t) = i_{L\max} - \frac{v_C}{L}(t - d T_s) = \frac{v_{in} - v_C}{L} d T_s - \frac{v_C}{L}(t - D T_s)$$

$$t \in [d T_s, (d + d_2) T_s]$$

将一个开关周期中电容器的三个 KCL 方程进行平均得到

$$\frac{\mathrm{d}v_C}{\mathrm{d}t} \bigg|_{averaged} = \frac{1}{T_s} \left[\frac{1}{C} \int_0^{d T_s} \left(\frac{v_{in} - v_C}{L} t - \frac{v_C}{R} \right) \mathrm{d}t \right.$$

$$\left. + \frac{1}{C} \int_{d T_s}^{(d+d_2)T_s} \left[\frac{v_{in} - v_C}{L} d T_s - \frac{v_C}{L}(t - d T_s) - \frac{v_C}{R} \right] \mathrm{d}t + \frac{1}{C} \int_{(d+d_2)T_s}^{T_s} \left(-\frac{v_C}{R} \right) \mathrm{d}t \right]$$

$$= -\frac{1}{RC} v_C + \frac{v_{in} - v_C}{LC} \frac{d^2 T_s}{2} + \frac{v_{in} - v_C}{LC} d T_s d_2 - \frac{v_C}{LC} \frac{d_2^2 T_s}{2}$$

将 d_2 用下式替换:

$$d_2 = \frac{v_{in} - v_C}{v_C} d$$

可以重构 DCM 工作的 Buck 变换器的平均状态空间方程

$$\frac{\mathrm{d}v_C}{\mathrm{d}t} = -\frac{1}{RC} v_C + \frac{v_{in} - v_C}{LC} \frac{d^2 T_s}{2} + \frac{v_{in} - v_C}{LC} d T_s \frac{v_{in} - v_C}{v_C} d - \frac{v_C}{LC} \frac{(v_{in} - v_C)^2 d^2 T_s}{2 v_C^2}$$

$$= -\frac{1}{RC} v_C + \frac{(v_{in} - v_C) v_{in}}{2LC v_C} d^2 T_s$$

当然, 对于所有考虑的变换器, 可以重新获得相同的降阶模型(一阶平均状态空间方程)。

2.4.2* 全阶平均模型

2.4.2.1 不忽略动态电感电流的平均状态空间方程

DCM 工作的变换器的一阶模型仅可以精确预测变换器的直流和低频工作。通过从状态空间变量组中消除快速变化的电感电流, 该模型在高频时不能捕捉变换器的动态特性。任何 DCM 工作的基本变换器的电感电流在每个开关周期都会重置为 0, 这意味着电感不能将任何信息从一个周期带入下一个周期。然而, 每个开关周期中电感电流都有其自身的快速动态特性。如果想要获得更高频率的精确模型, 在描写平均状态空间方程时必须避免消除电感电流, 也就是必须考虑其对变换器动态特性的影响。

回到前节得到的三种基本变换器的状态空间方程，它们还保留着变量 i_L 和 d_2。

对于 DCM 工作的 Boost 变换器，有以下方程：

$$\begin{cases} \dfrac{\mathrm{d}i_L}{\mathrm{d}t} = -\dfrac{d_2}{L}v_C + \dfrac{d+d_2}{L}v_{in} \\[3mm] \dfrac{\mathrm{d}v_C}{\mathrm{d}t} = \dfrac{d_2}{C(d+d_2)}i_L - \dfrac{1}{RC}v_C \end{cases}$$

电感电流的平均值如下：

$$i_L(t) = (d+d_2)\dfrac{v_{in}dT_s}{2L}$$

从而得到

$$d_2 = \dfrac{2Li_L}{v_{in}dT_s} - d$$

把之前的状态空间方程中的 d_2 用这个表达式替换，可得到

$$\begin{cases} \dfrac{\mathrm{d}i_L}{\mathrm{d}t} = \dfrac{-\left(\dfrac{2Li_L}{v_{in}dT_s} - d\right)}{L}v_C + \dfrac{\dfrac{2Li_L}{v_{in}dT_s}}{L}v_{in} \\[6mm] \dfrac{\mathrm{d}v_C}{\mathrm{d}t} = \dfrac{\dfrac{2Li_L}{v_{in}dT_s} - d}{C\dfrac{2Li_L}{v_{in}dT_s}}i_L - \dfrac{1}{RC}v_C \end{cases}$$

可以简化为

$$\begin{cases} \dfrac{\mathrm{d}i_L}{\mathrm{d}t} = \dfrac{1}{L}dv_C + \dfrac{2}{dT_s}\left(1 - \dfrac{v_C}{v_{in}}\right)i_L \\[3mm] \dfrac{\mathrm{d}v_C}{\mathrm{d}t} = \dfrac{1}{C}i_L - \dfrac{d^2T_s}{2LC}v_{in} - \dfrac{1}{RC}v_C \end{cases}$$

从而得到了非线性形式的状态空间方程，但是由两个平均状态空间变量 i_L 和 v_C 来说明。

同样地，对于 DCM 工作的 Buck-Boost 变换器，可以得到平均状态空间方程如下：

$$\begin{cases} \dfrac{\mathrm{d}i_L}{\mathrm{d}t} = -\dfrac{d_2}{L}v_C + \dfrac{d}{L}v_{in} \\[3mm] \dfrac{\mathrm{d}v_C}{\mathrm{d}t} = \dfrac{d_2}{C(d+d_2)}i_L - \dfrac{1}{RC}v_C \end{cases}$$

平均电感电流的表达式与 Boost 变换器相同，预示着相同的 d_2 方程

$$d_2 = \dfrac{2Li_L}{v_{in}dT_s} - d$$

将其在平均状态空间方程组中替换掉后得到

$$\begin{cases} \dfrac{\mathrm{d}i_L}{\mathrm{d}t} = \dfrac{1}{L}d(v_{in} + v_C) - \dfrac{2i_Lv_C}{dT_sv_{in}} \\[3mm] \dfrac{\mathrm{d}v_C}{\mathrm{d}t} = \dfrac{1}{C}i_L - \dfrac{d^2T_s}{2LC}v_{in} - \dfrac{1}{RC}v_C \end{cases}$$

最后，对于 DCM 工作的 Buck 变换器，可以得到

$$\begin{cases} \dfrac{\mathrm{d}i_L}{\mathrm{d}t} = -\dfrac{d+d_2}{L}v_C + \dfrac{d}{L}v_{\mathrm{in}} \\[3mm] \dfrac{\mathrm{d}v_C}{\mathrm{d}t} = \dfrac{1}{C}\dfrac{d+d_2}{2}\dfrac{v_{in}-v_C}{L}dT_s - \dfrac{1}{RC}v_C \end{cases}$$

或者

$$\begin{cases} \dfrac{\mathrm{d}i_L}{\mathrm{d}t} = -\dfrac{d+d_2}{L}v_C + \dfrac{d}{L}v_{\mathrm{in}} \\[3mm] \dfrac{\mathrm{d}v_C}{\mathrm{d}t} = \dfrac{1}{C}i_L - \dfrac{1}{RC}v_C \end{cases}$$

平均电感电流结果如下：

$$i_L(t) = \frac{d+d_2}{2}\frac{v_{in}-v_C}{L}dT_s$$

表示

$$d_2 = \frac{2L}{(v_{in}-v_C)dT_s}i_L - d$$

将其在平均状态空间方程组中替换掉，可以得到由两个平均状态空间变量 i_L 和 v_C 来表示的平均状态空间方程

$$\begin{cases} \dfrac{\mathrm{d}i_L}{\mathrm{d}t} = \dfrac{d}{L}v_{in} - \dfrac{2i_L v_C}{(v_{in}-v_C)dT_s} \\[3mm] \dfrac{\mathrm{d}v_C}{\mathrm{d}t} = \dfrac{1}{C}i_L - \dfrac{1}{RC}v_C \end{cases}$$

2.4.2.2　不忽略动态电感电流和电感充电过程寄生电阻的平均状态空间方程

在推导 Boost、Buck-Boost 和 Buck 变换器的上述方程时忽略了等效开关电路的寄生电阻。可以考虑电感有寄生电阻 r_L。甚至还包括导通阶段的开关直流电阻（第一个开关拓扑阶段的晶体管，第二个开关拓扑阶段的二极管）；将其加入 r_L 中，那么第一开关阶段的寄生电阻就是 r_{on}，第二阶段就是 r_{off}。这将引起上述方程的一系列变化，就像 Davoudi 和 Jatskevich 在 2007 年展示的。

为了理解它们，回到 2.4 节开始所推导的方程。其中，通过限定电感在第一个开关阶段线性充电计算了 i_{Lmax}。例如，对于 Boost 变换器（参见图 2.22），可以得到 $v_{in}dT_s/L$。然而，如果在第一个开关拓扑 [参见图 2.22（a）] 的等效电路中插入一个寄生电阻 r_L，那么电感的充电过程就不再是线性的。其 KVL 方程

$$v_{in} = L\frac{\mathrm{d}i_L}{\mathrm{d}t} + r_L i_L(t), \quad 0 \leqslant t \leqslant dT_s, \quad i_L(0) = 0$$

由此将得到下面的 i_{Lmax} 的表达式：

$$i_{L\max} = i_L(dT_s) = \frac{v_{in}}{r_L}\left(1 - \mathrm{e}^{-\frac{r_L}{L}dT_s}\right)$$

（如果也想考虑晶体管的导通电阻，可以用 r_{on} 替换 r_L。方程对于 Buck-Boost 变换器一样有效。对 Buck 变换器，必须用 $v_{in}-v_{out}$ 来替换 v_{in}）。现在我们已经理解，平均行为包含一个线性化的过程。真实的充电电感电流的指数特性被近似线性特性替代。问题就是在平均方程中电感电流峰值 i_{Lmax} 的正确值将是多少。如果真实非线性曲线面积和近似线性部分相等，那么充电电感电流的两种特性（指数和线性化）将是等效的。指数曲线面积是由电感电流在区间 $[0, dT_s]$

的闭环积分给出。可以通过平均上面的 KVL 方程计算得到

$$\frac{1}{T_s}\int_0^{dT_s} v_{in}\mathrm{d}t = \frac{1}{T_s}L\int_0^{dT_s}\frac{\mathrm{d}i_L}{\mathrm{d}t}\mathrm{d}t + \frac{1}{T_s}r_L\int_0^{dT_s}i_L(t)\mathrm{d}t$$

也就是

$$dv_{in} = \frac{1}{T_s}Li_{L\max} + \frac{r_L}{T_s}\int_0^{dT_s}i_L(t)\mathrm{d}t$$

获得电感电流在第一个开关阶段的积分如下：

$$\int_0^{dT_s}i_L(t)\mathrm{d}t = \frac{v_{in}}{r_L}dT_s - \frac{L}{r_L}i_{L\max} = \frac{v_{in}}{r_L}dT_s - \frac{Lv_{in}}{r_L^2}\left(1 - \mathrm{e}^{-\frac{r_L}{L}dT_s}\right)$$

另一方面，线性段下方的三角形面积将是 $i_{L\max,av}dT_s/2$，其中 $i_{L\max,av}$ 是在平均计算中所使用的充电电流峰值。线性化方程，让两个面积相等得到

$$i_{L\max,av} = 2\left[\frac{v_{in}}{r_L} - \frac{Lv_{in}}{r_L^2 dT_s}\left(1 - \mathrm{e}^{-\frac{r_L}{L}dT_s}\right)\right]$$

第二个开关阶段采用相同的步骤，因为如果考虑图 2.22(b)中的等效电路的寄生电阻，电感放电也将是一个非线性过程。

作为电感电流峰值的新表达式的结果，如果想要考虑寄生电阻，那么之前使用的平均电感电流公式 $i_L(t) = (d + d_2)v_{in}\mathrm{d}t_s/2L$ 必须实现。然而在这种情况下，方程变得更加复杂，不能获得变换器传递函数的进一步明确的解析表达式。这种方法仅限定在频域特性的计算机仿真推导时才有效。这也是为什么在这一节中也必须继续忽略变换器的寄生电阻。

2.4.2.3　DCM 工作的变换器的全阶小信号传递函数

平均方程具有两个状态空间变量，很显然，现在必须寻找 DCM 工作的基本变换器的二阶传递函数。

(a)再次以 Boost 变换器开始并应用前述章节所用的程序

在 DCM 工作的 Boost 变换器的平均状态空间方程引入所有的时域平均变量，可以得到方程组

$$\begin{cases} \dfrac{\mathrm{d}[I_L + \hat{i}_L(t)]}{\mathrm{d}t} = \dfrac{1}{L}[D + \hat{d}(t)][V_C + \hat{v}_C(t)] + \dfrac{2}{T_s}\left[1 - \dfrac{V_C + \hat{v}_C(t)}{V_{in} + \hat{v}_{in}(t)}\right]\dfrac{I_L + \hat{i}_L(t)}{D + \hat{d}(t)} \\ \dfrac{\mathrm{d}[V_C + \hat{v}_C(t)]}{\mathrm{d}t} = \dfrac{1}{C}[I_L + \hat{i}_L(t)] - \dfrac{T_s}{2LC}[V_{in} + \hat{v}_{in}(t)]\left[D + \hat{d}(t)\right]^2 - \dfrac{1}{RC}[V_C + \hat{v}_C(t)] \end{cases}$$

为了将方程线性化，通过忽略时变扰动并变换如 $1/[A + \hat{a}(t)]$ 和 $[A + \hat{a}(t)]^2$ 的表达式

$$1/[A + \hat{a}(t)] = [A - \hat{a}(t)]/[A^2 - \hat{a}(t)^2] \approx [A - \hat{a}(t)]/A^2$$
$$[A + \hat{a}(t)]^2 \approx A^2 + 2A\hat{a}(t)$$

来进行小信号近似。基于叠加原理，在线性方程组中区分直流和交流部分。

直流部分如下：

$$\begin{cases} 0 = \dfrac{DV_C}{L} + \dfrac{2}{T_s}\dfrac{(V_{in} - V_C)V_{in}I_L D}{V_{in}^2 D^2} \\ 0 = \dfrac{I_L}{C} - \dfrac{T_s}{2LC}V_{in}D^2 - \dfrac{1}{RC}V_C \end{cases}$$

通过解这两个代数方程，如预料的那样可以得到直流转换增益相同的解，$M = V_{out}/V_{in} = V_C/V_{in}$，就如从降阶模型开始得到的那样。通过忽略降阶模型中电感电流的快速动态性，假定结果仅在高频而不是直流解。更进一步，使用全阶模型推导的代数方程的解给出了稳态平均电感电流的表达式 I_{Lav}，简写为 I_L。为了得到该式，从第二个方程的直流量得到

$$M^2 - M - \frac{D^2}{k} = 0$$

并且将第一个方程变形

$$I_L|_{average} = \frac{V_{in}}{R} M^2 = \frac{V_{out}}{R} M$$

方程组的交流部分为

$$\frac{\mathrm{d}\hat{i}_L(t)}{\mathrm{d}t} = \frac{2}{T_s} \frac{(V_{in} - V_C)V_{in}D}{V_{in}^2 D^2} \hat{i}_L(t) + \left(\frac{D}{L} - \frac{2}{T_s} \frac{V_{in}I_L D}{V_{in}^2 D^2} \right) \hat{v}_C(t)$$

$$+ \frac{2}{T_s} \left[\frac{V_{in}I_L D}{V_{in}^2 D^2} - \frac{(V_{in} - V_C)I_L D}{V_{in}^2 D^2} \right] \hat{v}_{in}(t) + \left[\frac{V_C}{L} - \frac{2}{T_s} \frac{(V_{in} - V_C)V_{in}I_L}{V_{in}^2 D^2} \right] \hat{d}(t)$$

$$\frac{\mathrm{d}\hat{v}_C(t)}{\mathrm{d}t} = \frac{1}{C} \hat{i}_L(t) - \frac{1}{RC} \hat{v}_C(t) - \frac{T_s}{2LC} D^2 \hat{v}_{in}(t) - \frac{T_s}{2LC} V_{in} 2D \hat{d}(t)$$

为了简化这些方程中的系数，需要进行一些操作。正如下面所详细展示，通过几个表达式的使用：M 的定义（$M = V_C/V_{in}$），I_L 的解（$V_{in}M^2/R$），k 的定义（$k = 2L/RT_s$），以及之前章节中所推导的 DCM 模式下 Boost 变换器的直流解 $D^2 = kM(M - 1)$

$$\frac{2}{T_s} \frac{(V_{in} - V_C)V_{in}D}{V_{in}^2 D^2} = \frac{2(1 - M)}{DT_s}$$

$$\frac{D}{L} - \frac{2}{T_s} \frac{V_{in}I_L D}{V_{in}^2 D^2} = \frac{D}{L} - \frac{2}{T_s} \frac{V_{in} \dfrac{V_{in}}{R} M^2 D}{V_{in}^2 D^2} = \frac{D}{L} \left(1 - \frac{2L}{RT_s} \frac{M^2}{D^2} \right)$$

$$= \frac{D}{L} \left(1 - \frac{kM^2}{D^2} \right) = \frac{D}{L} \left[1 - \frac{kM^2}{kM(M - 1)} \right] = -\frac{D}{L} \frac{1}{M - 1}$$

$$= -\frac{D}{L} \frac{kM}{D^2} = -\frac{2M}{RT_s D}$$

$$\frac{2}{T_s} \left[\frac{V_{in}I_L D}{V_{in}^2 D^2} - \frac{(V_{in} - V_C)I_L D}{V_{in}^2 D^2} \right] = \frac{2}{T_s} \frac{V_C \dfrac{V_{in}}{R} M^2 D}{V_{in}^2 D^2} = \frac{2}{T_s R} \frac{M^3}{D}$$

$$= \frac{2}{T_s R} \frac{M}{D} M^2 = \frac{2}{T_s R} \frac{D^2}{k(M - 1)} \frac{M^2}{D} = \frac{D}{L} \frac{M^2}{M - 1}$$

$$\frac{V_C}{L} - \frac{2}{T_s} \frac{(V_{in} - V_C)V_{in}I_L}{V_{in}^2 D^2} = \frac{V_C}{L} - \frac{2}{T_s} \frac{\left(1 - \dfrac{V_C}{V_{in}} \right) V_{in}^2 \dfrac{V_{in}}{R} M^2}{V_{in}^2 D^2}$$

$$= \frac{V_C}{L} - \frac{2}{T_s} \frac{(1 - M)V_{in}M^2}{RD^2} = \frac{V_C}{L} - \frac{2(1 - M)V_{in}M^2}{T_s RkM(M - 1)}$$

$$= \frac{V_C}{L} + \frac{V_{in}}{L} M = 2\frac{V_{out}}{L} = 2\frac{V_{in}}{L} M$$

可得到

$$\frac{\mathrm{d}}{\mathrm{d}t}\begin{bmatrix}\hat{i}_L(t)\\\hat{v}_C(t)\end{bmatrix}=\begin{bmatrix}\dfrac{2(1-M)}{DT_s}&-\dfrac{2M}{RT_sD}\\[2mm]\dfrac{1}{C}&-\dfrac{1}{RC}\end{bmatrix}\begin{bmatrix}\hat{i}_L(t)\\\hat{v}_C(t)\end{bmatrix}+\begin{bmatrix}\dfrac{DM^2}{L(M-1)}&\dfrac{2V_{in}M}{L}\\[2mm]-\dfrac{T_sD^2}{2LC}&-\dfrac{T_sV_{in}D}{LC}\end{bmatrix}\begin{bmatrix}\hat{v}_{in}(t)\\\hat{d}(t)\end{bmatrix}$$

这些线性时不变差分方程的 s 域解为

$$\begin{bmatrix}\hat{I}_L(s)\\\hat{V}_C(s)\end{bmatrix}=\begin{bmatrix}s-\dfrac{2(1-M)}{DT_s}&\dfrac{2M}{RT_sD}\\[2mm]-\dfrac{1}{C}&s+\dfrac{1}{RC}\end{bmatrix}^{-1}\begin{bmatrix}\dfrac{DM^2}{L(M-1)}&\dfrac{2V_{in}M}{L}\\[2mm]-\dfrac{T_sD^2}{2LC}&-\dfrac{T_sV_{in}D}{LC}\end{bmatrix}\begin{bmatrix}\hat{V}_{in}(s)\\\hat{D}(s)\end{bmatrix}$$

可以简单推导 DCM 工作的 Boost 变换器的开环小信号传递函数($\hat{V}_{out}(s)=\hat{V}_C(s)$)

$$G_{ig}(s)=\left.\frac{\hat{I}_L(s)}{\hat{V}_{in}(s)}\right|_{\hat{d}=0}=\frac{\dfrac{DM^2}{L(M-1)}\left(s+\dfrac{2M-1}{RCM}\right)}{s^2+s\left[\dfrac{1}{RC}+\dfrac{2(M-1)}{DT_s}\right]+\dfrac{2(2M-1)}{RCDT_s}}$$

$$G_{id}(s)=\left.\frac{\hat{I}_L(s)}{\hat{D}(s)}\right|_{\hat{v}_{in}=0}=\frac{\dfrac{2V_{in}M}{L}\left(s+\dfrac{2}{RC}\right)}{s^2+s\left[\dfrac{1}{RC}+\dfrac{2(M-1)}{DT_s}\right]+\dfrac{2(2M-1)}{RCDT_s}}$$

$$G_{vg}(s)=\left.\frac{\hat{V}_{out}(s)}{\hat{V}_{in}(s)}\right|_{\hat{d}=0}=\frac{\dfrac{D^2T_s}{2LC}\left(\dfrac{2}{DT_s}\dfrac{2M-1}{M-1}-s\right)}{s^2+s\left[\dfrac{1}{RC}+\dfrac{2(M-1)}{DT_s}\right]+\dfrac{2(2M-1)}{RCDT_s}}$$

$$G_{vd}(s)=\left.\frac{\hat{V}_{out}(s)}{\hat{D}(s)}\right|_{\hat{v}_{in}=0}=\frac{\dfrac{T_sV_{in}D}{LC}\left(\dfrac{2}{DT_s}-s\right)}{s^2+s\left[\dfrac{1}{RC}+\dfrac{2(M-1)}{DT_s}\right]+\dfrac{2(2M-1)}{RCDT_s}}$$

让我们在至少有可能的地方试着检查结果。$G_{ig}(0)$ 必须给出在输入电压上的平均电感电流的直流值，实际上

$$G_{ig}(0)=\frac{DM(2M-1)}{RCL(M-1)}\frac{RCDT_s}{2(2M-1)}=\frac{D^2M}{\dfrac{2L}{RT_s}(M-1)R}=\frac{kM(M-1)M}{k(M-1)R}=\frac{M^2}{R}$$

$G_{vg}(0)$ 必须给出直流电压增益。实际上

$$G_{vg}(0)=\frac{D^2T_s}{2LC}\frac{2}{DT_s}\frac{2M-1}{M-1}\frac{RCDT_s}{2(2M-1)}=\frac{D^2}{\dfrac{2L}{RT_s}}\frac{1}{M-1}=\frac{kM(M-1)}{k(M-1)}=M$$

另一个可检查的可能性是看公式是否从单位(测量)角度而言是有意义的。看看上面推导的 $G_{id}(s)$ 的公式。它的定义(在拉普拉斯域)是一个电流的无量纲变量。分母系数的单位是：复频率 s^2 为秒$^{-2}$，$1/RC$ 以及 $1/T_s$ 单位是秒$^{-1}$乘以秒$^{-1}$，$1/RCT_s$ 单位是秒$^{-2}$(D 和 M 无量纲)。分子的因子可以写为 $(2V_{in}M/R)/(L/R)$，因此分子的单位，对于 s 和 $1/RC$ 是(伏/欧)(秒$^{-1}$)乘以秒$^{-1}$。因此，变化率的单位是[(伏/欧)(秒$^{-1}$)(秒$^{-1}$)]/(秒$^{-2}$)=安。

上面传递函数的分母可以近似写为

$$s^2 + s\left[\frac{1}{RC} + \frac{2(M-1)}{DT_s}\right] + \frac{2(2M-1)}{RCDT_s}$$

$$\approx s^2 + s\left[\frac{1}{RC}\frac{2M-1}{M-1} + \frac{2(M-1)}{DT_s}\right] + \frac{2(2M-1)}{RCDT_s}$$

$$= \left(s + \frac{1}{RC}\frac{2M-1}{M-1}\right)\left[s + \frac{2(M-1)}{DT_s}\right]$$

具有两个明显的极点

$$\begin{cases} p_1 \approx -\frac{1}{RC}\frac{2M-1}{M-1} \\ p_2 \approx -\frac{2(M-1)}{DT_s} = -\frac{2(M-1)}{D}f_s \end{cases}$$

　　发现极点 p_1 是由一阶平均模型得到。在任何设计良好的变换器中为确保小的输出电压纹波，需要 $RC \gg T_s$，也就是说极点 p_1 适用于相对于开关频率 f_s 而言较低频的情况。另一方面，极点 p_2 与开关频率相同数量级，这也就是为什么它仅在考虑电感电流快速动态性的全阶模型中出现的原因。

　　同时注意到控制到输出开环传递函数的右半平面零点

$$z = \frac{2}{DT_s} = \frac{2}{D}f_s$$

其值与 f_s 是相同数量级。然而，这个零点并没有带来如 CCM 模式工作的 Boost 变换器的右半平面零点所引入的设计问题。在之前讲述控制的章节，通常将控制器的截止频率设计的远低于开关频率。所以，第二极点 p_2 或者零点都不会真正影响闭环性能。

　　DCM 模式工作的 Boost 变换器的开环小信号输入阻抗可以直接写为

$$Z_{in}(s) \overset{\Delta}{=} \left.\frac{\hat{V}_{in}(s)}{\hat{I}_{in}(s)}\right|_{\hat{d}=0} = \left.\frac{\hat{V}_{in}(s)}{\hat{I}_L(s)}\right|_{\hat{d}=0} = \frac{s^2 + s\left[\dfrac{1}{RC} + \dfrac{2(M-1)}{DT_s}\right] + \dfrac{2(2M-1)}{RCDT_s}}{\dfrac{DM^2}{L(M-1)}\left(s + \dfrac{2M-1}{RCM}\right)}$$

等效输入电阻为 $R_{in} = Z_{in}(0) = R/(M^2)$。

DCM 工作的 Boost 变换器的等效开环输出阻抗　为了推导开环输出阻抗，必须回到平均模型：引入一个输出电压源 $v_{out}(t)$ 以产生电流 $i_{out}(t)$（参见图 2.27）。将这个电流引入电容的 KCL 方程。因为它出现在所有三个开关拓扑阶段，这会导致第二个时域平均状态空间方程的小的修改

$$\frac{\mathrm{d}v_C}{\mathrm{d}t} = \frac{1}{C}i_L - \frac{d^2 T_s}{2LC}v_{in} - \frac{1}{RC}v_C + \frac{1}{C}i_{out}$$

　　当计算开环输出阻抗时，将其他电路扰动设为 0，也就是 $\hat{v}_{in} = 0$，$\hat{d} = 0$。在这些条件下，之前的交流扰动的平均方程组变为

$$\begin{cases} \dfrac{\mathrm{d}\hat{i}_L}{\mathrm{d}t} = \dfrac{2(1-M)}{DT_s}\hat{i}_L(t) - \dfrac{2M}{RT_s D}\hat{v}_C(t) \\ \dfrac{\mathrm{d}\hat{v}_C}{\mathrm{d}t} = \dfrac{1}{C}\hat{i}_L(t) - \dfrac{1}{RC}\hat{v}_C(t) + \dfrac{1}{C}\hat{i}_{out}(t) \end{cases}$$

或者在拉普拉斯域

$$\begin{cases} s\hat{I}_L(s) = \dfrac{2(1-M)}{DT_s}\hat{I}_L(s) - \dfrac{2M}{RT_sD}\hat{V}_C(s) \\[3mm] s\hat{V}_C(s) = \dfrac{1}{C}\hat{I}_L(s) - \dfrac{1}{RC}\hat{V}_C(s) + \dfrac{1}{C}\hat{I}_{out}(s) \end{cases}$$

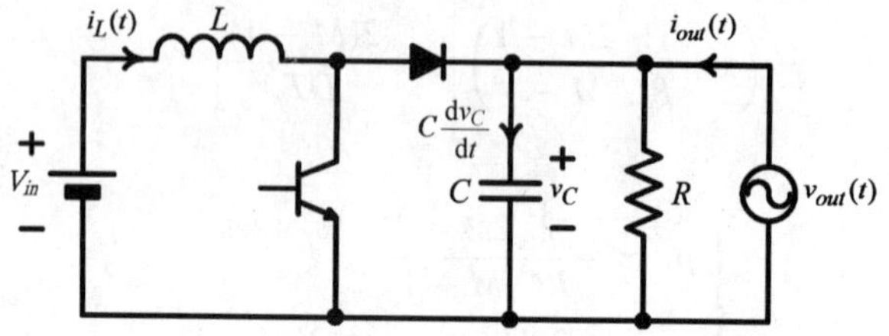

图 2.27　在 Boost 变换器中引入输出电流来计算开环输出阻抗

第一个方程的结果是

$$\hat{I}_L(s) = \dfrac{\dfrac{-2M}{RT_sD}\hat{V}_C(s)}{s - \dfrac{2(1-M)}{DT_s}}$$

将其代入第二个方程

$$\left[s + \dfrac{1}{RC} + \dfrac{1}{C}\dfrac{\dfrac{2M}{RT_sD}}{s + \dfrac{2(M-1)}{DT_s}} \right]\hat{V}_C(s) = \dfrac{1}{C}\hat{I}_{out}(s)$$

从中可以得到 DCM 工作的 Boost 变换器的开环小信号输出阻抗

$$Z_{out}(s) \overset{\Delta}{=} \left.\dfrac{\hat{V}_{out}(s)}{\hat{I}_{out}(s)}\right|_{\substack{\hat{v}_{in}=0 \\ \hat{d}=0}} = \left.\dfrac{\hat{V}_C(s)}{\hat{I}_{out}(s)}\right|_{\substack{\hat{v}_{in}=0 \\ \hat{d}=0}} = \dfrac{1}{C\left[s + \dfrac{1}{RC} + \dfrac{1}{C}\dfrac{\dfrac{2M}{RT_sD}}{s + \dfrac{2(M-1)}{DT_s}} \right]}$$

$$= \dfrac{\dfrac{1}{C}\left[s + \dfrac{2(M-1)}{DT_s} \right]}{s^2 + s\left[\dfrac{1}{RC} + \dfrac{2(M-1)}{DT_s} \right] + \dfrac{2(2M-1)}{RCDT_s}}$$

DCM 工作的 Boost 变换器的等效输出电阻为

$$R_{out} = Z_{out}(0) = \dfrac{\dfrac{2(M-1)}{CDT_s}}{\dfrac{2(2M-1)}{RCDT_s}} = R\dfrac{M-1}{2M-1}$$

(b) DCM 工作的 Buck-Boost 变换器的全阶小信号传递函数

现在回到 Buck-Boost 变换器的平均状态空间全模型

$$\begin{cases} \dfrac{\mathrm{d}i_L}{\mathrm{d}t} = \dfrac{1}{L}d(v_{in} + v_C) - \dfrac{2i_Lv_C}{dT_sv_{in}} \\[3mm] \dfrac{\mathrm{d}v_C}{\mathrm{d}t} = \dfrac{1}{C}i_L - \dfrac{d^2T_s}{2LC}v_{in} - \dfrac{1}{RC}v_C \end{cases}$$

并且在每个时间变量中引入扰动。由于第二个方程与 Boost 变换器完全相同，只需要对第一个方程进行处理

$$\frac{\mathrm{d}}{\mathrm{d}t}\left[I_L + \hat{i}_L(t)\right] = \frac{1}{L}\left[D + \hat{d}(t)\right]\left[V_{in} + \hat{v}_{in}(t) + V_C + \hat{v}_C(t)\right] - \frac{2[I_L + \hat{i}_L(t)][V_C + \hat{v}_C(t)]}{[D + \hat{d}(t)]T_s[V_{in} + \hat{v}_{in}(t)]}$$

它的直流部分给出了稳态平均电感电流

$$I_L = \frac{D^2(V_{in} + V_C)V_{in}T_s}{2LV_C} = \frac{D^2(1 + M)V_{in}T_s}{2LM}$$

与上面的平均状态空间全模型的第二个方程的直流部分一起，经过若干代数运算，可以得到

$$M^2 = \frac{D^2}{k}, \quad I_L = M(1 + M)\frac{V_{in}}{R}$$

其中用到了与之前相同的标记：$k = 2L/T_s R$。与预期的一样，可以得到与之前章节的降阶模型相同的直流电压增益表达式。

由于已经从之前 Boost 变换器的研究中知道了推导开环小信号传递函数的步骤，所以其数学细节留给读者自己完成，下面只给出主要结果。交流扰动的平均方程如下：

$$\begin{bmatrix} \dfrac{\mathrm{d}\hat{i}_L}{\mathrm{d}t} \\ \dfrac{\mathrm{d}\hat{v}_C}{\mathrm{d}t} \end{bmatrix} = \begin{bmatrix} -\dfrac{2M}{T_s D} & -\dfrac{D}{LM} \\ \dfrac{1}{C} & \dfrac{-1}{RC} \end{bmatrix} \begin{bmatrix} \hat{i}_L(t) \\ \hat{v}_C(t) \end{bmatrix} + \begin{bmatrix} \dfrac{D}{L}(2 + M) & 2\dfrac{1 + M}{L}V_{in} \\ -\dfrac{T_s D^2}{2LC} & -\dfrac{T_s D}{LC}V_{in} \end{bmatrix} \begin{bmatrix} \hat{v}_{in}(t) \\ \hat{d}(t) \end{bmatrix}$$

其 s 域的解为

$$\begin{bmatrix} \hat{I}_L(s) \\ \hat{V}_C(s) \end{bmatrix} = \frac{1}{\Delta} \begin{bmatrix} s + \dfrac{1}{RC} & -\dfrac{D}{LM} \\ \dfrac{1}{C} & s + \dfrac{2M}{DT_s} \end{bmatrix} \begin{bmatrix} \dfrac{D}{L}(2 + M) & 2\dfrac{1 + M}{L}V_{in} \\ -\dfrac{T_s D^2}{2LC} & -\dfrac{T_s D}{LC}V_{in} \end{bmatrix} \begin{bmatrix} \hat{V}_{in}(s) \\ \hat{D}(s) \end{bmatrix}$$

$$\Delta = s^2 + s\left(\frac{1}{RC} + \frac{2M}{DT_s}\right) + \frac{4M}{RCDT_s}$$

DCM 工作的 Buck-Boost 变换器的开环小信号传递函数如下：

$$G_{vg}(s) = \frac{\hat{V}_{out}(s)}{\hat{V}_{in}(s)}\bigg|_{\hat{d}=0} = \frac{\dfrac{2D}{LC} - \dfrac{T_s D^2}{2LC}s}{s^2 + s\left(\dfrac{1}{RC} + \dfrac{2M}{DT_s}\right) + \dfrac{4M}{RCDT_s}} = \frac{\dfrac{T_s D^2}{2LC}\left(\dfrac{4}{T_s D} - s\right)}{s^2 + s\left(\dfrac{1}{RC} + \dfrac{2M}{DT_s}\right) + \dfrac{4M}{RCDT_s}}$$

从而

$$G_{vg}(0) = \frac{2D}{LC}\frac{RCDT_s}{4M} = \frac{D^2}{kM} = \frac{kM^2}{kM} = M$$

$$G_{vd}(s) = \frac{\hat{V}_{out}(s)}{\hat{D}(s)}\bigg|_{\hat{v}_{in}=0} = \frac{\dfrac{T_s DV_{in}}{LC}\left(\dfrac{2}{DT_s} - s\right)}{s^2 + s\left(\dfrac{1}{RC} + \dfrac{2M}{DT_s}\right) + \dfrac{4M}{RCDT_s}}$$

$$G_{ig}(s) = \frac{\hat{I}_L(s)}{\hat{V}_{in}(s)}\bigg|_{\hat{d}=0} = \frac{\dfrac{D}{L}(2 + M)\left(s + \dfrac{2}{RC}\dfrac{M + 1}{M + 2}\right)}{s^2 + s\left(\dfrac{1}{RC} + \dfrac{2M}{DT_s}\right) + \dfrac{4M}{RCDT_s}}$$

从而

$$G_{ig}(0) = \frac{\dfrac{D}{L}(2+M)\dfrac{2}{RC}\dfrac{M+1}{M+2}}{\dfrac{4M}{RCDT_s}} = \frac{D^2(M+1)T_s}{2LM}$$

这些可以很容易被证明,因为 $G_{ig}(0)$ 没有比之前求得的表达式 I_L/V_{in} 更合适(为了检验,在 $G_{ig}(0)$ 中将 D^2 用 kM^2 替换就够了,并且使用了 k 的定义)。

$$G_{id}(s) = \frac{\hat{I}_L(s)}{\hat{D}(s)}\bigg|_{\hat{v}_{in}=0} = \frac{2\dfrac{1+M}{L}V_{in}\left(s + \dfrac{1}{RC}\dfrac{2M+1}{M+1}\right)}{s^2 + s\left(\dfrac{1}{RC} + \dfrac{2M}{DT_s}\right) + \dfrac{4M}{RCDT_s}}$$

分母可以近似写为

$$\Delta \approx \left(s + \frac{2}{RC}\right)\left(s + \frac{2M}{DT_s}\right)$$

给出明显的两个左半平面极点

$$p_1 = -\frac{2}{RC}, \quad p_2 = -\frac{2M}{DT_s}$$

第一个极点位于远低于 f_s 的频率,该极点已经由一阶平均模型得到。第二个极点和控制到输出开环传递函数 $G_{vd}(s)$ 的右半平面零点

$$z = \frac{2}{DT_s}$$

都处于 f_s 同样数量级的频率上,仅能通过目前的二阶平均模型获得。这些高频极点和零点将不会影响高频的幅频特性,但是在高频会对相频特性有很大影响。然而,对于 Boost 变换器,反馈回路的补偿器实际设计以及所有闭环特性将会受到一点影响。

DCM 工作的 Buck-Boost 变换器的等效开环输入阻抗　为了得到开环输入阻抗,寻找平均输入电流的表达式。如图 2.24 所示,在第一个开关阶段输入电流 i_{in} 与电感电流 i_L 相等,其他时刻均为 0。因此,其开关周期的平均值可以表示为

$$i_{in}(t)_{average} = \frac{1}{T_s}\int_0^{dT_s} i_L(t)\mathrm{d}t = \frac{1}{T_s}\left(\frac{1}{2}dT_s i_{L\,\max}\right) = \frac{1}{T_s}\left(\frac{1}{2}dT_s\frac{v_{in}dT_s}{L}\right) = \frac{v_{in}d^2T_s}{2L}$$

这种计算平均值的方法与直接计算上面的积分等效

$$i_{in}(t)_{average} = \frac{1}{T_s}\int_0^{dT_s} i_L(t)\mathrm{d}t = \frac{1}{T_s}\int_0^{dT_s}\frac{v_{in}t}{L}\mathrm{d}t = \frac{1}{T_s}\frac{v_{in}d^2T_s^2}{2L}$$

已知 Buck-Boost 变换器的平均电感电流可以表达为

$$\frac{d+d_2}{2}\frac{v_{in}dT_s}{L}$$

上面所推导的平均输入电流公式——从现在开始简单记为 i_{in}。预示一个明显的 DCM 模式的 Buck-Boost 变换器平均电流的关系

$$i_{in} = \frac{d}{d+d_2}i_L$$

在 i_{in} 的方程中引入小信号扰动,在将交流部分线性化后,可得到

$$\hat{i}_{in} = \frac{D^2 T_s}{2L}\hat{v}_{in} + \frac{V_{in}T_s}{L}D\hat{d}$$

从而可以直接计算输入阻抗

$$Z_{in}(s) = \left.\frac{\hat{V}_{in}(s)}{\hat{I}_{in}(s)}\right|_{\hat{d}=0} = \frac{2L}{D^2 T_s} = \frac{2L}{kM^2 T_s} = \frac{2L}{\frac{2L}{RT_s}M^2 T_s} = \frac{R}{M^2}$$

很明显，这个也是 DCM 模式工作的 Buck-Boost 变换器的等效输入电阻表达式。

（c）DCM 工作的 Buck 变换器的全阶小信号传递函数

最后，对 DCM 工作的 Buck 变换器重复之前的步骤。其平均二阶模型为

$$\begin{cases} \dfrac{\mathrm{d}i_L}{\mathrm{d}t} = \dfrac{d}{L}v_{in} - \dfrac{2i_L v_C}{(v_{in} - v_C)dT_s} \\[3mm] \dfrac{\mathrm{d}v_C}{\mathrm{d}t} = \dfrac{1}{C}i_L - \dfrac{1}{RC}v_C \end{cases}$$

通过引入时变变量扰动，可以得到

$$\begin{cases} \dfrac{\mathrm{d}}{\mathrm{d}t}\big[I_L + \hat{i}_L(t)\big] = \dfrac{[D + \hat{d}(t)][V_{in} + \hat{v}_{in}(t)]}{L} - \dfrac{2[I_L + \hat{i}_L(t)][V_C + \hat{v}_C(t)]}{[V_{in} + \hat{v}_{in}(t) - V_C - \hat{v}_C(t)][D + \hat{d}(t)]T_s} \\[3mm] \dfrac{\mathrm{d}}{\mathrm{d}t}\big[V_C + \hat{v}_C(t)\big] = \dfrac{1}{C}\big[I_L + \hat{i}_L(t)\big] - \dfrac{1}{RC}\big[V_C + \hat{v}_C(t)\big] \end{cases}$$

推导可得到其直流解

$$I_L = \frac{D^2 V_{in}(1 - M)T_s}{2LM}$$

并且

$$kM^2 = D^2(1 - M)$$

从中可以找到与之前章节使用一阶平均模型所得到相同的直流增益的解。通过这个方程，静态平均电感电流的表达式可以简化为

$$I_L = \frac{MV_{in}}{R}$$

交流扰动时的平均状态空间方程可以表示为

$$\begin{bmatrix} \dfrac{\mathrm{d}\hat{i}_L}{\mathrm{d}t} \\[3mm] \dfrac{\mathrm{d}\hat{v}_C}{\mathrm{d}t} \end{bmatrix} = \begin{bmatrix} -\dfrac{2M}{DT_s(1 - M)} & -\dfrac{2M}{DT_s(1 - M)^2 R} \\[3mm] \dfrac{1}{C} & -\dfrac{1}{RC} \end{bmatrix} \begin{bmatrix} \hat{i}_L(t) \\[3mm] \hat{v}_C(t) \end{bmatrix} + \begin{bmatrix} \dfrac{D}{L}\dfrac{2 - M}{1 - M} & \dfrac{2V_{in}}{L} \\[3mm] 0 & 0 \end{bmatrix} \begin{bmatrix} \hat{v}_{in}(t) \\[3mm] \hat{d}(t) \end{bmatrix}$$

（详细推导同样留给读者完成）给出了 s 域的解

$$\begin{bmatrix} \hat{I}_L(s) \\[3mm] \hat{V}_C(s) \end{bmatrix} = \frac{1}{\Delta}\begin{bmatrix} s + \dfrac{1}{RC} & -\dfrac{2M}{DT_s(1 - M)^2 R} \\[3mm] \dfrac{1}{C} & s + \dfrac{2M}{DT_s(1 - M)} \end{bmatrix} \begin{bmatrix} \dfrac{D}{L}\dfrac{2 - M}{1 - M} & \dfrac{2V_{in}}{L} \\[3mm] 0 & 0 \end{bmatrix} \begin{bmatrix} \hat{V}_{in}(s) \\[3mm] \hat{D}(s) \end{bmatrix}$$

$$\Delta = s^2 + s\left(\frac{1}{RC} + \frac{2M}{DT_s(1 - M)}\right) + \frac{2M(2 - M)}{RCDT_s(1 - M)^2}$$

$$\approx \left(s + \frac{1}{RC}\frac{2 - M}{1 - M}\right)\left(s + \frac{1}{DT_s}\frac{2M}{1 - M}\right)$$

分母表达式所用的近似可以给出两个明显的左半平面极点

$$p_1 = -\frac{1}{RC}\frac{2-M}{1-M}; \quad p_2 = -\frac{1}{DT_s}\frac{2M}{1-M}$$

第一个频率远低于开关频率，它与平均一阶模型所得极点完全相同。而第二个极点位于与 f_s 同样数量级的频率上。

DCM 工作的 Buck 变换器的开环小信号传递函数可以推导如下：

$$G_{vg}(s) = \frac{\hat{V}_{out}(s)}{\hat{V}_{in}(s)}\bigg|_{\hat{d}=0} = \frac{\dfrac{D}{LC}\dfrac{2-M}{1-M}}{s^2 + s\left[\dfrac{1}{RC} + \dfrac{2M}{DT_s(1-M)}\right] + \dfrac{2M(2-M)}{RCDT_s(1-M)^2}}$$

与预期相同，可获得直流电压增益 M

$$G_{vg}(0) = \frac{D}{LC}\frac{2-M}{1-M}\frac{RCDT_s(1-M)^2}{2M(2-M)} = \frac{RT_sD^2(1-M)}{2LM} = \frac{1}{k}\frac{kM^2}{M} = M$$

$$G_{vd}(s) = \frac{\hat{V}_{out}(s)}{\hat{D}(s)}\bigg|_{\hat{v}_{in}=0} = \frac{\dfrac{2}{LC}V_{in}}{s^2 + s\left[\dfrac{1}{RC} + \dfrac{2M}{DT_s(1-M)}\right] + \dfrac{2M(2-M)}{RCDT_s(1-M)^2}}$$

$$G_{ig}(s) = \frac{\hat{I}_L(s)}{\hat{V}_{in}(s)}\bigg|_{\hat{d}=0} = \frac{\dfrac{D}{L}\dfrac{2-M}{1-M}\left(s+\dfrac{1}{RC}\right)}{s^2 + s\left[\dfrac{1}{RC} + \dfrac{2M}{DT_s(1-M)}\right] + \dfrac{2M(2-M)}{RCDT_s(1-M)^2}}$$

预示着直流值（如 I_L/V_{in}）为

$$G_{ig}(0) = \frac{M}{R}$$

它确认了之前所得到的平均电感电流直流表达式，而且

$$G_{id}(s) = \frac{\hat{I}_L(s)}{\hat{D}(s)}\bigg|_{\hat{v}_{in}=0} = \frac{\dfrac{2V_{in}}{L}\left(s+\dfrac{1}{RC}\right)}{s^2 + s\left[\dfrac{1}{RC} + \dfrac{2M}{DT_s(1-M)}\right] + \dfrac{2M(2-M)}{RCDT_s(1-M)^2}}$$

DCM 工作的 Buck 变换器的等效开环输入阻抗　为了获得等效输入阻抗，仿照 Buck-Boost 变换器首先获得平均输入电流表达式，用来描述 DCM 模式工作的 Buck 变换器。与 Buck-Boost 变换器类似，Buck 变换器的第一个开关阶段的输入电流与电感电流相等，其他阶段均为 0。所以，可以获得相同的平均电流方程

$$i_{in} = \frac{d}{d+d_2}i_L$$

前面发现对于 Buck 变换器

$$i_L = \frac{d+d_2}{2}\frac{v_{in}-v_C}{L}dT_s = \frac{d+d_2}{2}\frac{v_{in}-v_{out}}{L}dT_s$$

所以

$$i_{in} = \frac{T_s}{2L}d^2(v_{in}-v_{out})$$

可以直接推导以交流小信号扰动为参数的线性方程

$$\hat{i}_{in} = \frac{T_s}{2L}D^2(\hat{v}_{in} - \hat{v}_{out})\Big|_{\hat{d}=0}$$

或者

$$\frac{\hat{v}_{in}}{\hat{i}_{in}} - \frac{\hat{v}_{out}}{\hat{v}_{in}}\frac{\hat{v}_{in}}{\hat{i}_{in}} = \frac{2L}{T_sD^2}$$

根据等效输入阻抗的定义

$$Z_{in}(s) = \frac{\hat{V}_{in}(s)}{\hat{I}_{in}(s)}\Big|_{\hat{d}=0}$$

之前的方程可以变为

$$Z_{in}(s)\big[1 - G_{vg}(s)\big] = \frac{2L}{T_sD^2}$$

从中可以推导得到

$$Z_{in}(s) = \frac{2L}{D^2T_s}\cfrac{1}{1 - \cfrac{\dfrac{D}{LC}\dfrac{2-M}{1-M}}{s^2 + s\left[\dfrac{1}{RC} + \dfrac{2M}{DT_s(1-M)}\right] + \dfrac{2M(2-M)}{RCDT_s(1-M)^2}}}$$

通过利用等式

$$\frac{2M(2-M)}{RCDT_s(1-M)^2} - \frac{D}{LC}\frac{2-M}{1-M} = \frac{2-M}{1-M}\frac{1}{LC}\left[\frac{2ML}{RDT_s(1-M)} - D\right]$$

$$= \frac{2-M}{1-M}\frac{1}{LC}\left(\frac{k}{D}\frac{M}{kM^2} - D\right) = \frac{2-M}{1-M}\frac{D}{LC}\left(\frac{1}{M} - 1\right) = \frac{2-M}{M}\frac{D}{LC}$$

可以得到

$$Z_{in}(s) = \frac{2L}{D^2T_s}\cfrac{s^2 + s\left[\dfrac{1}{RC} + \dfrac{2M}{DT_s(1-M)}\right] + \dfrac{2M(2-M)}{RCDT_s(1-M)^2}}{s^2 + s\left[\dfrac{1}{RC} + \dfrac{2M}{DT_s(1-M)}\right] + \dfrac{2-M}{M}\dfrac{D}{LC}}$$

等效输入电阻可以表示为

$$R_{in} = Z_{in}(0) = \frac{2L}{D^2T_s}\cfrac{\dfrac{2M(2-M)}{RCDT_s(1-M)^2}}{\dfrac{2-M}{M}\dfrac{D}{LC}} = \frac{2L}{D^2T_s}\cfrac{\dfrac{2-M}{1-M}\dfrac{D}{LC}\dfrac{1}{M}}{\dfrac{2-M}{M}\dfrac{D}{LC}} = \frac{Rk}{D^2}\frac{1}{1-M} = \frac{Rk}{kM^2} = \frac{R}{M^2}$$

注意，可以用另一种方式获得 R_{in} 相同的表达式

$$R_{in} = \frac{V_{in}}{I_{in}} = \frac{V_{in}}{I_L}\frac{I_L}{I_{in}} = \frac{V_{in}}{I_L}\frac{I_{out}}{I_{in}}$$

$$I_L = \frac{MV_{in}}{R}$$

$$\frac{I_{out}}{I_{in}} = \frac{1}{M}$$

同样得到

$$R_{in} = \frac{R}{M^2}$$

在 2.3.4 节和 2.3.5 节中，从状态空间方程开始推导了工作在连续导通模式的变换器的图解模型。按照相同的步骤，从状态空间方程开始，可以推导工作在非连续导通模式的变换器的图解模型。然而，下文中将从另一种方式（例如不从状态空间方程出发）来开发工作在非连续导通模式的变换器的图解模型。

2.5* 平均 PWM 开关模型

状态空间求平均值的方法提供了一种系统化的方法来获得不同的 s 域小信号开关变换器的传递函数。在这种方法中，状态空间方程所描述的整个电路以及其整个周期的开关工作都是线性化的。因为设计都是在电路层面，它涉及了大量矩阵运算。最重要的是，由于整个过程都是纯数学运算（电路使用不同矩阵表达），这样就很难理解这个过程中的变换器工作细节。

在电子电路分析中，使用如晶体管等替代开关。通过简单线性化模型，然后计算电路的直流工作点和小信号传递特性。这种思路也可以用于电力电子中：识别变换器的开关部分，用线性平均模型代替它，在近似线性电路中应用线性分析工具从而获得结果。注意到目前为止所研究的变换器中存在一个由有源和无源开关（在 Buck、Boost 和 Buck-Boost 变换器中的一个晶体管和二极管）组成的共同单元。这个单元可以被认为是一个三端开关元件，它的平均线性等效模型可以通过仅平均该单元的方程获得。因此，就获得了一个平均 PWM 开关模型。然后，这个对很多 PWM 变换器都适用的模型就可以被引入到实际变换器电源电路中，从而替代三端开关单元。明显地，除掉开关元件，变换器的其他部分都是线性时间无关的。当用平均 PWM 开关模型替换开关单元后，可以得到平均线性电路。因此，如果在平均状态空间过程中必须平均每个实际变换器的方程以获得开关平均模型，在平均 PWM 开关过程，一旦获得 PWM 开关模型，就可以使用相同的开关结构来分析任何变换器。这个方法是由 Vorperian 在 1990 年提出的。通过使用该方法，不需要将变换器转换成数学模型，而是在每一步中保持了电子电路结构。而且可以使用标准的电子电路分析软件来推导不同变换器的等效平均电路的特性。

无论开关数量以及每个循环周期所经历的开关拓扑的数量如何，平均状态空间方程方法都可以被用于任何变换器。平均 PWM 开关方法可以用于包含相同开关单元的特殊变换器。当然，平均状态空间方法和平均 PWM 开关方法都是基于变换器的平均开关动作的。所以，在低于开关频率的一定频率下时，它们对直流变比、输入和输出小信号特性、或者小信号传递函数将给出相同精确度时相同的结果。

2.5.1 连续导通模式（CCM）工作的变换器的平均 PWM 开关模型

图 2.28 重复了之前所讨论过的三个 DC-DC 变换器的电路示意图。可以从每个电路图中指出包含有源和无源开关的三端单元。晶体管和二极管的共同节点被定义为 y。节点 y 也连接到一个电流源（一个电感）。晶体管的另一端被定义为 x。节点 x 连接到一个电压源。无源开关的另一端被定义为节点 z。它连接到由电容 C 和其等效串联电阻（ESR）以及负载 R 所组成的输出电路。将 x、y、z 开关单元称为"PWM 开关"，因为其运行是周期性的 PWM 控制。

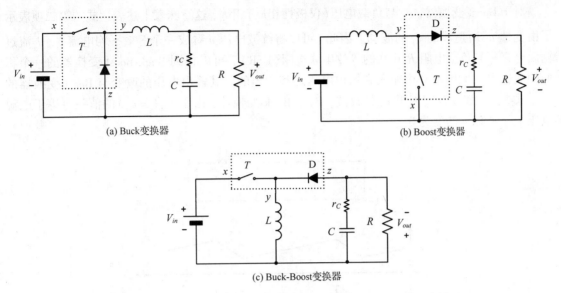

图 2.28　具有三端开关单元的三个基本 DC-DC 变换器电路示意图

可以将 PWM 开关如图 2.29(a)表示。当图 2.28 中变换器的有源开关打开时,在时间间隔 DT_s,节点 x 和 y 是连通的。当二极管导通时,在间隔 $(1-D)T_s$ 中,节点 y 和 z 是连通的。分别定义流过节点 x 和 y 的瞬时电流为 $\tilde{i}_x$ 和 $\tilde{i}_y$,定义节点 y 和 z 之间以及节点 x 和 z 之间的瞬时电压分别为 $\tilde{v}_{yz}$ 和 $\tilde{v}_{xz}$,可以得到

$$\tilde{i}_x(t) = \begin{cases} \tilde{i}_y(t), & 0 < t \leqslant dT_s \\ 0, & dT_s < t \leqslant T_s \end{cases}$$

$$\tilde{v}_{yz}(t) = \begin{cases} \tilde{v}_{xz}(t), & 0 < t \leqslant dT_s \\ 0, & dT_s < t \leqslant T_s \end{cases}$$

如 2.29(b)所示与图 2.29(a)中开关相关的波形,用 i_x、i_y、v_{xz} 和 v_{yz} 分别表示 $\tilde{i}_x$、$\tilde{i}_y$、$\tilde{v}_{xz}$ 和 $\tilde{v}_{yz}$。在所有三个基本变换器中,当晶体管导通时,电流 $\tilde{i}_x$ 增大,而 $\tilde{i}_y$ 跟随它。当晶体管关断时,$\tilde{i}_x$ 为 0,而电感电流 $\tilde{i}_y$ 将随着电感的放电而逐渐减小。因此,由于节点 y 连接到电感(电流端),电流 $\tilde{i}_y$ 的波形将包含一个直流成分和一个交流三角波成分。这个类型的波形在关于 Buck-Boost 变换器的图 1.43(d)中有显示。由于电流纹波,一个电压纹波 v_r 出现在 $\tilde{v}_{xz}$ 中。由于节点 z 连接到输出电容和负载,v_r 的量级与输出电路有关。首先,计算 Boost 变换器的方法。正如第 1 章所讨论的那样,可以将电容近似为一个电压源 v_C,将电感近似为一个电流源 $\tilde{i}_y$。根据图 2.30(a),当 Boost 变换器的开关导通时,输出电压 v_{out} 可以表示为

$$v_{out} = \frac{R}{R + r_C} v_C$$

从图 2.30(b)可知,当开关关断时,输出电压可以表示为

$$v_{out} = v_C \frac{R}{R + r_C} + \tilde{i}_y \frac{R r_C}{R + r_C}$$

对于 Boost 变换器，$\tilde{v}_{xz}$ 与负载电压(仅极性相反)相等，这意味着上述表达式的第二项表示了由变量 $\tilde{i}_y$ 所造成的 $\tilde{v}_{xz}$ 的波动。因此，可以将纹波电压 v_r 看成一个等效平均电流 i_y。i_y 流过输出电容 r_C 与负载电阻 R 并联的等效串联电阻(ESR)。可以得到 Buck-Boost 变换器的一个相似的表达式，因为 $\tilde{v}_{xz}$ 是由输入和输出电压之和给出的。其输出电压的改变与 Boost 变换器的表达式类似，该改变归因于 $\tilde{v}_{xz}$ 的纹波。对于 Buck 变换器，由于 $\tilde{v}_{xz}(=v_{xz})$ 的值一直等于电源电压 V_{in}，所以 v_r 的值为 0。

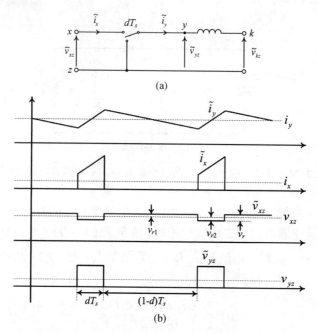

图 2.29　CCM 工作的(a)PWM 开关和(b)相关波形

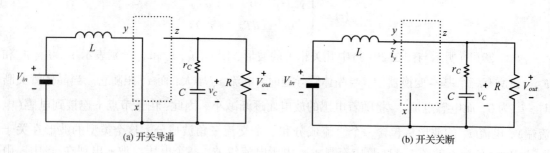

图 2.30　CCM 工作的 Boost 变换器的等效电路

因此，v_r 可以表示为

$$v_r = i_y r_e$$

其中表达式 r_e 对于不同的 PWM 变换器会选取不同值(Buck 变换器中 $r_e = 0$，Boost 变换器和 Buck-Boost 变换器中 $r_e = r_C /\!/ R = r_C R / (r_C + R)$，对于其他包含类似三端开关单元的变换器将具有其他值)。

$\tilde{v}_{xz}$ 的纹波分量在关断拓扑 $(1-d)T_s$ 期间用 v_{r1} 表示，在导通拓扑 dT_s 期间用 v_{r2} 表示。根据图 2.29(b)，一个平均平衡给出

$$v_{r2} d = v_{r1} (1-d)$$

因为
$$v_{r1} + v_{r2} = v_r$$

可以得到
$$v_{r2} = v_r(1 - d)$$

开关导通时，$\tilde{v}_{xz}$ 的值等于
$$\begin{aligned}\tilde{v}_{xz} &= v_{xz} - v_{r2} \\ &= v_{xz} - (1 - d)v_r\end{aligned}$$

因为开关导通时 $\tilde{v}_{yz}$ 与 $\tilde{v}_{xz}$ 相同，在 dT_s 期间都为 0，在其他开关阶段
$$\begin{aligned}v_{yz} &= d\tilde{v}_{xz} \\ &= d[v_{xz} - v_r(1 - d)]\end{aligned}$$

上述方程代表了之前的瞬时电压方程平均的结果
$$\tilde{v}_{yz}(t) = \begin{cases} \tilde{v}_{xz}(t), & 0 < t \leqslant dT_s \\ 0, & dT_s < t \leqslant T_s \end{cases}$$

平均端电流方程可以简单地通过平均之前的瞬时电流关系
$$\tilde{i}_x(t) = \begin{cases} \tilde{i}_y(t), & 0 < t \leqslant dT_s \\ 0, & dT_s < t \leqslant T_s \end{cases}$$

得到
$$i_x = di_y$$

因此，方程组为
$$i_x = di_y$$
$$v_{yz} = d[v_{xz} - (1 - d)\, i_y\, r_e]$$

代表用平均端电流和电压 i_x，i_y，v_{yz} 和 v_{xz} 表示的 PWM 开关的平均方程。

为了得到 PWM 开关的直流和小信号模型，使用标准方法：通过给 v_{yz}、d、v_{xz}、i_y 和 i_x 在它们对应的直流值 V_{yz}、D、V_{xz}、I_y 和 I_x 中分别注入扰动 $\hat{v}_{yz}$、$\hat{d}$、$\hat{v}_{xz}$、$\hat{i}_y$、$\hat{i}_x$
$$v_{yz} = V_{yz} + \hat{v}_{yz}$$
$$d = D + \hat{d}$$
$$v_{xz} = V_{xz} + \hat{v}_{xz}$$
$$i_y = I_y + \hat{i}_y$$
$$i_x = I_x + \hat{i}_x$$

然后将它们替换到之前电压和电流平均方程中，可以得到
$$V_{yz} + \hat{v}_{yz} = (D + \hat{d})\{(V_{xz} + \hat{v}_{xz}) - (I_y + \hat{i}_y)r_e[1 - (D + \hat{d})]\}$$
$$I_x + \hat{i}_x = (D + \hat{d})(I_y + \hat{i}_y)$$

在线性方程中通过忽略二阶系数并将直流和交流系数分开，可以得到

DC 部分：　　$V_{yz} = DV_{xz} - D(1 - D)r_e\, I_y$
$$I_x = DI_y$$

AC 部分：　　$\hat{v}_{yz} = D\hat{v}_{xz} - D(1 - D)r_e\hat{i}_y + [V_{xz} + (2D - 1)r_e\, I_y]\,\hat{d}$
$$\hat{i}_x = D\hat{i}_y + I_y\,\hat{d}$$

如果想要创造一个唯一的平均直流和交流小信号模型，基于叠加原理可以利用平均端电流和电压将直流和交流线性方程合在一起

$$v_{yz} = Dv_{xz} - i_y r_e DD' + V_k \hat{d}$$

$$i_x = Di_y + I_y \hat{d}$$

其中 $D' = 1 - D$ 和 $V_k = V_{xz} + I_y r_e (D - D')$。

可以用图 2.31 中的电路表示上述两个方程。

因此，图 2.31 表示图 2.29(a)中所考虑的 PWM 开关的平均直流和小信号模型。现在用上述模型替换每个基本变换器的三端开关单元来得到各自功率级的平均模型就很简单了。

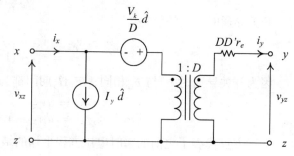

图 2.31　CCM 工作的 PWM 开关的等效平均直流和小信号模型

（a）Boost 变换器的平均直流和交流小信号模型在图 2.32(a)中可以得到，并且

$$r_e = r_C // R = \frac{r_C R}{r_C + R}, \ i_y = -i_L, \ V_{xz} = -V_{out}$$

由于图 2.32 中的电路是一个平均模型，v_{in}、i_L 和 v_{out} 是可以用一个直流值和一个交流小信号扰动的叠加来表示平均时间函数。考虑到这些方程，在图 2.32(b)中得到模型。其中将绕组(b)上电流的表达式写为 D 乘以绕组(a)的电流，然后用 KCL 来表示输出电流。由于与等效电压源串联的变压器副边并联连接到输出上，二次电压 v_b 可以表示为

$$v_b = (V_{out} + \hat{v}_{out}) - \frac{-V_{out} - I_L \dfrac{Rr_C}{R + r_C}(2D - 1)}{D} \hat{d}$$

$$= V_{out} + \hat{v}_{out} + \frac{V_{out} - I_L \dfrac{Rr_C}{R + r_C}(1 - 2D)}{D} \hat{d}$$

原边电压 v_a 表达式为

$$v_a = Dv_b = DV_{out} + D\hat{v}_{out} + \left[V_{out} - I_L \frac{Rr_C}{R + r_C}(1 - 2D) \right] \hat{d}$$

因此，节点 1 和节点 2 之间的电压为

$$v_{12} = D(1 - D)\frac{Rr_C}{R + r_C}(I_L + \hat{i}_L) - v_a + V_{out} + \hat{v}_{out}$$

$$= D(1 - D)\frac{Rr_C}{R + r_C}(I_L + \hat{i}_L) + (1 - D)V_{out} + (1 - D)\hat{v}_{out} - \left[V_{out} - I_L \frac{Rr_C}{R + r_C}(1 - 2D) \right] \hat{d}$$

$$= \left[D(1 - D)\frac{Rr_C}{R + r_C}(I_L + \hat{i}_L) + I_L \frac{Rr_C}{R + r_C}(1 - 2D)\hat{d} \right] + (1 - D)V_{out} + (1 - D)\hat{v}_{out} - V_{out}\hat{d}$$

可将图 2.32(b)的电流变形为图 2.32(c)。现在仅剩一步就可以将这个电路变形成图 2.8(a)那样。正如所预料的那样，通过使用平均 PWM 开关方法，可以得到与使用平均状态空间方法相同的直流和交流小信号模型。

（b）由于对于 Buck 变换器 $r_e = 0$，将平均 PWM 开关模型在图 2.28(a)中替换，得到图 2.33 的电路，其中 $i_y = i_L, V_{xz} = V_{in}$。我们可以看到输入电流是 $i_{in} = I_L \hat{d} + Di_L = I_L \hat{d} + D(I_L + \hat{i}_L)$，而原边绕组上的电压是 $v_{in} + (V_{in}/D)\hat{d}$，从而得到副边电压为 $Dv_{in} + V_{in}\hat{d} = D(V_{in} + \hat{v}_{in}) + V_{in}\hat{d}$。这完

全就是 CCM 模式工作的 Buck 变换器的平均直流和交流小信号模型，它是采用平均状态空间方法由图 2.15 得到的[为了对比，图 2.15(a)中的非线性项被忽略掉了]。

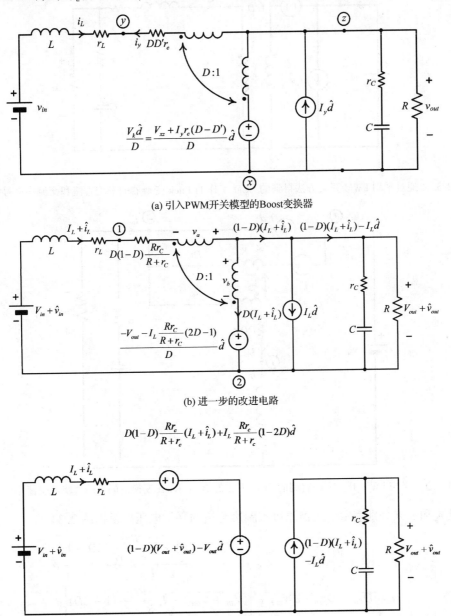

(a) 引入PWM开关模型的Boost变换器

(b) 进一步的改进电路

(c) 进一步的改进电路

图 2.32　通过平均 PWM 开关方法得到的 CCM 工作的 Boost 变换器的平均直流和交流小信号模型

（c）最后，用 PWM 开关平均模型替代 Buck-Boost 变换器中三端开关单元。可以得到图 2.34 的电路。可以看到，$i_y = i_L$ 和 $V_{xz} = V_{in} + V_{out}$。电流 i_{in} 和 i_{out} 结果如下：

$$i_{in} = I_y \hat{d} + D i_y = I_L \hat{d} + D i_L = I_L \hat{d} + D I_L + D \hat{i}_L$$

$$i_{out} = -I_y \hat{d} - D i_y + i_y = -I_L \hat{d} - D I_L - D \hat{i}_L + I_L + \hat{i}_L = (1-D)I_L + (1-D)\hat{i}_L - I_L \hat{d}$$

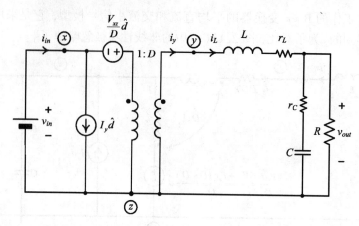

图 2.33　通过平均 PWM 开关方法得到的 CCM 工作的 Buck 变换器的平均直流和交流小信号模型

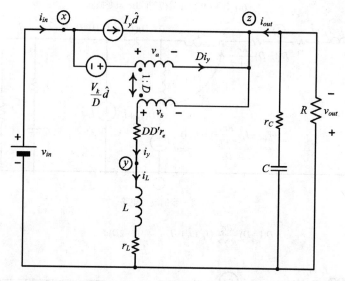

图 2.34　通过平均 PWM 开关方法得到的 CCM 工作的 Buck-Boost 变换器的平均直流和交流小信号模型

通过 v_a 和 v_b 来分别表示变压器原边和副边绕组的平均电压。根据图 2.34

$$v_a = v_{xz} + \frac{V_k}{D}\hat{d} = v_{in} + v_{out} + \frac{(V_{in} + V_{out}) + I_L \dfrac{Rr_C}{R + r_C}(2D - 1)}{D}\hat{d}$$

$$v_b = Dv_a = Dv_{in} + Dv_{out} + \left[(V_{in} + V_{out}) - I_L \frac{Rr_C}{R + r_C}(1 - 2D)\right]\hat{d}$$

写由副边和电感以及输出负载串联组成的环路 KVL 方程

$$-v_b + D(1 - D)\frac{Rr_C}{R + r_C}i_L + L\frac{di_L}{dt} + r_L i_L + v_{out} = 0$$

或者，将瞬时平均值表示成一个直流分量和交流扰动的和，结果如下：

$$-D(V_{in} + \hat{v}_{in}) - D(V_{out} + \hat{v}_{out}) - \left[(V_{in} + V_{out}) - I_L \frac{Rr_C}{R + r_C}(1 - 2D)\right]\hat{d}$$

$$+ D(1 - D)\frac{Rr_C}{R + r_C}(I_L + \hat{i}_L) + L\frac{d\hat{i}_L}{dt} + r_L(I_L + \hat{i}_L) + V_{out} + \hat{v}_{out} = 0$$

重新组织可得

$$- DV_{in} - D\hat{v}_{in} - V_{in}\hat{d} + L\frac{\mathrm{d}i_L}{\mathrm{d}t} + \left[r_L + D(1-D)\frac{Rr_C}{R+r_C}\right]I_L + \left[r_L + D(1-D)\frac{Rr_C}{R+r_C}\right]\hat{i}_L$$

$$+ I_L\frac{Rr_C}{R+r_C}(1-2D)\hat{d} + (1-D)V_{out} + (1-D)\hat{v}_{out} - V_{out}\hat{d} = 0$$

但是上面的 KCL 和 KVL 方程完全满足图 2.18（a）和 2.18（b）中的电路，这就意味着图 2.34 中的模型可以被变成图 2.18 中的电路，也就是在通过平均状态空间方法得到的 CCM 模式工作的 Buck-Boost 变换器的平均模型中。

当然，因为通过平均 PWM 开关方法获得了与 2.3.4 节相同的直流和交流小信号模型，没有必要重新推导 2.3.4 节中所计算的直流增益和小信号输入、输出和传递函数的表达式。

2.5.2　断续导通模式（DCM）工作的变换器的平均 PWM 开关模型

在 1.4.2 节（图 1.44 是 Buck-Boost 变换器的示例）中看到，在非连续导通模式工作的变换器中，电感电流在第一个开关拓扑阶段的结尾达到峰值 i_{pk}，持续时间为 dT_s；在第二个开关阶段结尾降为 0 之前的持续时间 d_2T_s；然后，直到开关周期结束一直保持 0 值。在任何一个基本变换器——Buck、Boost 和 Buck-Boost（参见图 2.35）中，可以找到一个由有源开关、二极管和电感组成的三端 PWM 开关单元（x、z、w）。这个单元在图 2.36 中重新进行了表示，其中可以看到瞬时端电流 $\hat{i}_x$、$\hat{i}_z$ 和 $\hat{i}_L$。它们一个周期内的平均值分别为 i_x、i_z 和 i_L。这些端电流的波形表示在图 2.37 中：在时间间隔 dT_s 中 $\hat{i}_x$ 从 0 增大到 i_{pk}，因为该间隔内它和电感电流相等；同时，$\hat{i}_z$ 在时间间隔 d_2T_s 中，从 i_{pk} 减小到 0，因为在第二个时间段，和 $\hat{i}_z$ 电感电流相等。

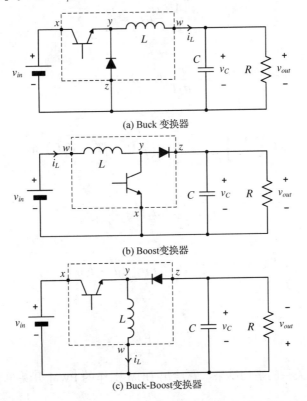

(a) Buck 变换器

(b) Boost变换器

(c) Buck-Boost变换器

图 2.35　具有 DCM 三端开关单元的三种基本 DC-DC 变换器电路示意图

$\tilde{v}_{xz}$、$\tilde{v}_{yz}$和 $\tilde{v}_{uz}$定义为瞬时端电压，它们一个周期内的平均时域值分别表示为 v_{xz}、v_{yz} 和 v_{uz}。根据图 2.36 和图 2.37，端电压和端电流的瞬时值在一个开关周期内可用下面关系式描述：

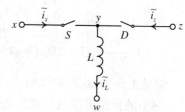

图 2.36　DCM 分析用的三端PWM开关单元

$$\tilde{i}_x = \begin{cases} \tilde{i}_L & t \in [0, dT_s] \\ 0 & t \in [dT_s, (d+d_2)dT_s] \\ 0 & t \in [(d+d_2)dT_s, T_s] \end{cases}$$

$$\tilde{v}_{yz} = \begin{cases} \tilde{v}_{xz} & t \in [0, dT_s] \\ 0 & t \in [dT_s, (d+d_2)dT_s] \\ \tilde{v}_{wz} & t \in [(d+d_2)dT_s, T_s] \end{cases}$$

由图 2.37，可以计算 $\hat{i}_x$ 和 $\hat{i}_z$ 的平均值

$$\tilde{i}_x = \frac{i_{pk}}{dT_s} t$$

那么

$$i_x = \frac{1}{T_s} \int_0^{dT_s} \frac{i_{pk}}{dT_s} t \, dt$$

或者

$$i_x = \frac{1}{T_s} \frac{i_{pk}}{2} dT_s = \frac{i_{pk}}{2} d$$

而且

$$\tilde{i}_z = -\frac{i_{pk}}{d_2 T_s}(t - dT_s - d_2 T_s)$$

意味着

$$i_z = \frac{1}{T_s} \int_{dT_s}^{dT_s + d_2 T_s} \left[-\frac{i_{pk}}{d_2 T_s}(t - dT_s - d_2 T_s) \right] dt$$

或者

$$i_z = \frac{1}{T_s} \frac{i_{pk}}{2} d_2 T_s = \frac{i_{pk}}{2} d_2$$

类似地，可以得到

$$i_L = \frac{(d+d_2)T_s i_{pk}}{2T_s} = \frac{(d+d_2)i_{pk}}{2}$$

很容易注意到

$$i_x = \frac{d}{d+d_2} i_L$$

这个方程代表端电流关系的平均结果。它给出 DCM 工作的 PWM 开关单元的平均时域端电流方程。

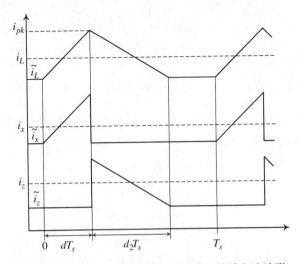

图 2.37　图 2.36 中所定义的开关单元的端电流波形

对端电压关系式求平均，在一个稳态循环中 $\tilde{v}_{yz}$ 的平均值是

$$v_{yz} = \frac{\int_0^{dT_s} \tilde{v}_{xz}\mathrm{d}t + \int_{(d+d_2)T_s}^{T_s} \tilde{v}_{wz}\mathrm{d}t}{T_s}$$

对每个变换器，一个循环中 v_{in} 和 v_{out} 的平均值可以认为与其各自的瞬时值相等。从图 2.35 中可以观察到，对于 Buck 变换器，$\tilde{v}_{xz}$ 与 v_{in} 相等；对于 Boost 变换器，$\tilde{v}_{xz}$ 等于 $-v_{out}$；对于 Buck-Boost 变换器，$\tilde{v}_{xz}$ 等于 $v_{in}+v_{out}$；对于同样的变换器，$\tilde{v}_{wz}$ 分别等于 v_{out}、$v_{in}-v_{out}$ 和 v_{out}。对三个变换器，$\tilde{v}_{xw}$ 分别等于 $v_{in}-v_{out}$、$-v_{in}$ 和 v_{in}。这就预示着

$$v_{xz} = \tilde{v}_{xz}$$
$$v_{wz} = \tilde{v}_{wz}$$
$$v_{xw} = \tilde{v}_{xw}$$

代入到 v_{yz} 方程，可以得到下面的以平均时域端电压为参数的方程：

$$v_{yz} = \frac{v_{xz}dT_s + v_{wz}(1-d-d_2)T_s}{T_s} = dv_{xz} + (1-d-d_2)v_{wz}$$

通过考虑上面所推导的平均端电流和电压的方程，可以得到 DCM 模式工作的三端 PWM 开关单元平均时域模型，如图 2.38 所示。

可以得到一个描述 d_2 的附加方程。因为电感电流在上述任何一个变换器的第一个开关阶段末达到 i_{pq}，可以有

$$i_{pk} = \frac{\tilde{v}_{xw}}{L}dT_s$$

或者，就像之前讨论过

$$i_{pk} = \frac{v_{xw}}{L}dT_s$$

（方程 $v_{xw} = \tilde{v}_{xw}$ 等效于平均电感电压 $v_L = v_{yw}$ 在一个开关周期内为 0）因为 i_L 之前表示为

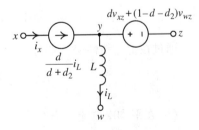

图 2.38　DCM 工作的三端 PWM
开关单元的平均模型

$$i_L = \frac{(d + d_2)i_{pk}}{2}$$

所以

$$d_2 = \frac{2Li_L}{v_{xw}dT_s} - d$$

为了得到 DCM 模式的 PWM 开关的直流小信号模型，通过在每个变量的直流值上叠加小信号扰动为时域平均方程中引入扰动

$$i_L = I_L + \hat{i}_L$$
$$v_{xw} = V_{xw} + \hat{v}_{xw}$$
$$v_{xz} = V_{xz} + \hat{v}_{xz}$$
$$v_{wz} = V_{wz} + \hat{v}_{wz}$$
$$v_{yz} = V_{yz} + \hat{v}_{yz}$$
$$d = D + \hat{d}$$
$$d_2 = D_2 + \hat{d}_2$$

（a）将 d_2 公式中的每个平均时域变量用上述表达式替代，并且忽略非线性项（小信号扰动产物）可得到

$$D + D_2 + \hat{d} + \hat{d}_2 = \frac{2L(i_L + \hat{i}_L)}{(V_{xw} + \hat{v}_{xw})(D + \hat{d})T_s}$$

从中

$$D(D + D_2)V_{xw} + D(D + D_2)\hat{v}_{xw} + (D + D_2)V_{xw}\hat{d} + DV_{xw}(\hat{d} + \hat{d}_2) = \frac{2L(i_L + \hat{i}_L)}{T_s}$$

在上述线性方程中应用叠加原理，分离直流解

$$D + D_2 = \frac{2LI_L}{V_{xw}DT_s}$$

交流部分

$$D(D + D_2)\hat{v}_{xw} + (D + D_2)V_{xw}\hat{d} + DV_{xw}(\hat{d} + \hat{d}_2) = \frac{2L\hat{i}_L}{T_s}$$

通过在上述线性交流部分中替换扰动系数的直流解，可以得到

$$\hat{d} + \hat{d}_2 = \frac{D + D_2}{I_L}\hat{i}_L - \frac{D + D_2}{V_{xw}}\hat{v}_{xw} - \frac{D + D_2}{D}\hat{d}$$

（b）在平均端电流方程

$$d_2 = \frac{2Li_L}{v_{xw}dT_s} - d$$

中替换

$$i_x = \frac{d}{d + d_2}i_L$$

可以得到方程

$$i_x = di_L \frac{v_{xw} d T_s}{2 L i_L} = \frac{d^2 v_{xw} T_s}{2L}$$

其中，在平均时域变量的稳态值中引入扰动

$$I_x + \hat{i}_x = \frac{(D + \hat{d})^2 (V_{xw} + \hat{v}_{xw}) T_s}{2L}$$

可以得到直流解

$$I_x = \frac{D^2 V_{xw} T_s}{2L}$$

以及线性交流解

$$\hat{i}_x = \frac{(2 D V_{xw} \hat{d} + D^2 \hat{v}_{xw}) T_s}{2L}$$

考虑到直流解，该式可以变形为 DCM 下 PWM 开关的平均输入电流扰动的小信号方程

$$\hat{i}_x = \frac{I_x}{V_{xw}} \hat{v}_{xw} + \frac{2 I_x}{D} \hat{d}$$

（c）在平均端电压方程中的时域变量的稳态值上叠加小信号扰动

$$v_{yz} = d v_{xz} + (1 - d - d_2) v_{wz}$$

可以得到

$$V_{yz} + \hat{v}_{yz} = (D + \hat{d})(V_{xz} + \hat{v}_{xz}) + (1 - D - D_2 - \hat{d} - \hat{d}_2)(V_{wz} + \hat{v}_{wz})$$

其直流解为

$$V_{yz} = D V_{xz} + (1 - D - D_2) V_{wz}$$

其直流模型如图 2.39（a）所示。

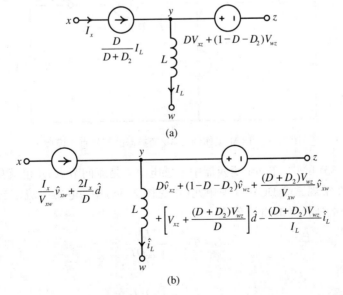

(a)

(b)

图 2.39 DCM 工作的平均 PWM 开关单元的（a）等效直流和（b）小信号模型

经过线性化的交流解为

$$\hat{v}_{yz} = D\hat{v}_{xz} + V_{xz}\hat{d} + (1 - D - D_2)\hat{v}_{wz} - V_{wz}(\hat{d} + \hat{d}_2)$$

用之前所推导的表达式代替$(\hat{d} + \hat{d}_2)$

$$\hat{d} + \hat{d}_2 = \frac{D + D_2}{I_L}\hat{i}_L - \frac{D + D_2}{V_{xw}}\hat{v}_{xw} - \frac{D + D_2}{D}\hat{d}$$

可以得到 DCM 工作的 PWM 开关的端电压的小信号扰动间的关系

$$\hat{v}_{yz} = D\hat{v}_{xz} + (1 - D - D_2)\hat{v}_{wz} + \frac{(D + D_2)V_{wz}}{V_{xw}}\hat{v}_{xw}$$

$$+ \left[V_{xz} + \frac{(D + D_2)V_{wz}}{D}\right]\hat{d} - \frac{(D + D_2)V_{wz}}{I_L}\hat{i}_L$$

根据上述用平均端电流和电压的小信号扰动表示的方程，DCM 工作的三端 PWM 开关单元的小信号模型如图 2.39(b) 所示。

用上述 DCM 工作的 PWM 开关的平均等效模型代替 Boost、Buck 和 Buck-Boost 变换器（参见图 2.35）中的三端 PWM 开关单元，从而得到它们在 DCM 工作时的平均模型。

2.5.2.1　DCM 工作的 Boost 变换器的直流分析

从图 2.35(b) 可知，$V_{xz} = -V_{out}$ 且 $V_{wz} = V_{in} - V_{out}$。用图 2.38(a) 所得到的直流模型替换图 2.35(b) 中的开关单元 w、z、x，可以得到 DCM 模式工作的 Boost 变换器的等效直流模型（参见图 2.40）。由 KVL 方程给出

$$V_{in} - (1 - D - D_2)V_{in} + (1 - D_2)V_{out} = V_{out}$$

从中得到

$$M = \frac{V_{out}}{V_{in}} = \frac{D + D_2}{D_2}$$

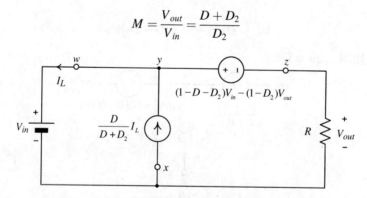

图 2.40　DCM 工作的 Boost 变换器的等效直流模型

注意到在图 2.35(b) 中，Boost 变换器中电感电流 I_L 是流向节点 w（也就是说从节点 w 进入开关单元），但是在常规三端 DCM 开关单元（参见图 2.36）中，电感电流定义是从节点 w 离开开关单元的。在一般所推导的直流公式

$$D + D_2 = \frac{2LI_L}{V_{xw}DT_s}$$

中 $V_{xz} = -V_{in}$，得到

$$D + D_2 = -\frac{2LI_L}{V_{in}DT_s}$$

通过在节点 y 引入 KCL 方程

$$I_L = \frac{D}{D + D_2} I_L - \frac{V_{out}}{R}$$

也就是

$$I_L = -\frac{V_{out}}{R} \frac{D + D_2}{D_2} = -\frac{V_{out}}{R} M$$

可以得到

$$D + D_2 = -\frac{2LI_L}{V_{in}DT_s} = -\frac{2L}{V_{in}DT_s} \left(-M\frac{V_{out}}{R} \right) = \frac{kM^2}{D}$$

其中 k 被定义为 $k = 2L/(RT_s)$。考虑到之前从 KVL 方程所推导的 M 的表达式

$$M = \frac{D + D_2}{D_2}$$

可以得到

$$M = \frac{1 + \sqrt{1 + 4D^2/k}}{2}$$

再次获得之前与 2.4.1.1 节中通过平均状态空间方程方法所得到的相同公式，其中用 $-I_L$ 替换 I_L。

2.5.2.2　DCM 工作的 Boost 变换器的小信号分析

为了得到等效小信号模型，还需要一些代数运算。在小信号电压方程中用 kM^2/D 代替 $(D + D_2)$

$$\hat{v}_{yz} = D\hat{v}_{xz} + \left(1 - \frac{kM^2}{D} \right)\hat{v}_{wz} + \frac{kM^2 V_{wz}}{DV_{xw}}\hat{v}_{xw} + \left[V_{xz} + \frac{kM^2 V_{wz}}{D^2} \right]\hat{d} - \frac{kM^2 V_{wz}}{DI_L}\hat{i}_L$$

对 Boost 变换器，满足下列关系：

$$\hat{v}_{xz} = -\hat{v}_{out}, \quad \hat{v}_{wz} = \hat{v}_{in} - \hat{v}_{out}, \quad \hat{v}_{xw} = -\hat{v}_{in},$$
$$V_{xz} = -V_{out}, \quad V_{wz} = V_{in} - V_{out}, \quad V_{xw} = -V_{in}$$

意味着

$$\hat{v}_{yz} = -D\hat{v}_{out} + \left(1 - \frac{kM^2}{D} \right)(\hat{v}_{in} - \hat{v}_{out}) - \frac{kM^2(V_{out} - V_{in})}{DV_{in}}\hat{v}_{in}$$
$$\quad - \left[\frac{kM^2(V_{out} - V_{in})}{D^2} + V_{out} \right]\hat{d} + \frac{kM^2(V_{out} - V_{in})}{DI_L}\hat{i}_L$$
$$= \left(1 - \frac{kM^2 V_{out}}{DV_{in}} \right)\hat{v}_{in} - \left(1 + D - \frac{kM^2}{D} \right)\hat{v}_{out}$$
$$\quad - \left[\frac{kM^2(V_{out} - V_{in})}{D^2} + V_{out} \right]\hat{d} + \frac{kM^2(V_{out} - V_{in})}{DI_L}\hat{i}_L$$
$$= \left(1 - \frac{kM^3}{D} \right)\hat{v}_{in} - \left(1 + D - \frac{kM^2}{D} \right)\hat{v}_{out} - V_{out}\left[\frac{kM(M - 1)}{D^2} + 1 \right]\hat{d} - \frac{k(M - 1)R}{D}\hat{i}_L$$

其中考虑到 $I_L = -MV_{out}/R$。表达式

$$M = \frac{1 + \sqrt{1 + 4D^2/k}}{2}$$

也可以写为 $kM^2 - kM = D^2$，这样上面的方程可以进一步简化为

$$\hat{v}_{yz} = \left(1 - \frac{kM^3}{D}\right)\hat{v}_{in} - \left(1 - \frac{kM}{D}\right)\hat{v}_{out} - 2V_{out}\hat{d} - \frac{RD}{M}\hat{i}_L$$

同样地，小信号电流方程

$$\hat{i}_x = \frac{I_x}{V_{xw}}\hat{v}_{xw} + \frac{2I_x}{D}\hat{d}$$

考虑到 Boost 变换器（参见图 2.40）中

$$I_x = I_L + I_{out} = -\frac{MV_{out}}{R} + \frac{V_{out}}{R}$$

也可以简化为

$$\hat{i}_x = \frac{(I_L + I_{out})}{-V_{in}}(-\hat{v}_{in}) + \frac{2(I_L + I_{out})}{D}\hat{d}$$

$$= -\frac{M(M-1)}{R}\hat{v}_{in} - \frac{2(M-1)V_{out}}{RD}\hat{d}$$

根据上面两个方程，DCM 工作的 Boost 变换器的等效小信号模型可以表示为图 2.41 所示。为了可以计算小信号输出阻抗，其中加入了一个额外的输出电流扰动。

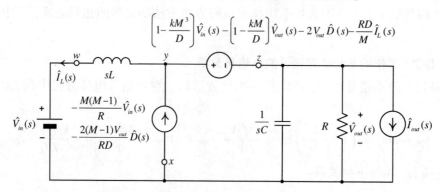

图 2.41　DCM 工作的 Boost 变换器的小信号模型

现在，DCM 工作的 Boost 变换器的小信号传递函数可以简单计算如下：

(a) DCM 工作的 Boost 变换器的占空比到输出的传递函数

考虑到 $\hat{V}_{in}(s) = 0$ 和 $\hat{I}_{out}(s) = 0$，在图 2.41 中应用 KVL 和 KCL 可以得到

$$\begin{cases} sL\hat{I}_L(s) + \left(1 - \frac{kM}{D}\right)\hat{V}_{out}(s) + \frac{RD}{M}\hat{I}_L(s) = \hat{V}_{out}(s) \\ -\frac{2(M-1)V_{out}}{RD}\hat{D}(s) = \left(sC + \frac{1}{R}\right)\hat{V}_{out}(s) + \hat{I}_L(s) \end{cases}$$

变化上述方程可以得到

$$-sL\left[\frac{2(M-1)V_{out}}{RD}\hat{D}(s) + \left(sC + \frac{1}{R}\right)\hat{V}_{out}(s)\right] + \left(1 - \frac{kM}{D}\right)\hat{V}_{out}(s) + 2V_{out}\hat{D}(s)$$

$$-\frac{RD}{M}\left[\frac{2(M-1)V_{out}}{RD}\hat{D}(s) + \left(sC + \frac{1}{R}\right)\hat{V}_{out}(s)\right] = \hat{V}_{out}(s)$$

或者

$$\left[LCs^2 + \left(\frac{L}{R} + \frac{RCD}{M}\right)s + \left(\frac{kM}{D} + \frac{D}{M}\right)\right]\hat{V}_{out}(s) = \left[\frac{2V_{out}}{M} - \frac{2(M-1)LV_{out}}{RD}s\right]\hat{D}(s)$$

回忆 k 的定义以及 $kM^2 - kM = D^2$，可得下面的方程：

$$\frac{kM}{D} + \frac{D}{M} = \frac{kM^2 + D^2}{MD} = \frac{kM^2 + kM^2 - kM}{MD} = \frac{k(2M-1)}{D}$$

$$\frac{2(M-1)LV_{out}}{RD} = \frac{2\dfrac{D^2}{kM}LV_{out}}{RD} = \frac{2DLV_{out}}{MkR} = \frac{2DLV_{out}}{M\dfrac{2L}{T_s}} = \frac{DT_sV_{out}}{M}$$

$$\frac{k(2M-1)}{D} = \frac{2L(2M-1)}{RDT_s}$$

因此，可以将上面方程变形为

$$\left[LCs^2 + \left(\frac{L}{R} + \frac{RCD}{M}\right)s + \frac{2L(2M-1)}{RDT_s}\right]\hat{V}_{out}(s) = \left[\frac{2V_{out}}{M} - \frac{DT_sV_{out}}{M}s\right]\hat{D}(s)$$

或者更进一步

$$\left[s^2 + \left(\frac{1}{RC} + \frac{D}{M}\frac{R}{L}\right)s + \frac{2(2M-1)}{RCDT_s}\right]\hat{V}_{out}(s) = \frac{DT_sV_{out}}{MLC}\left(\frac{2}{DT_s} - s\right)\hat{D}(s)$$

因此，占空比到输出的传递函数表示为

$$G_{vd}(s) = \left.\frac{\hat{V}_{out}(s)}{\hat{D}(s)}\right|_{\hat{V}_{in}(s)=0,\hat{I}_{out}(s)=0} = \frac{\dfrac{DT_sV_{out}}{MLC}\left(\dfrac{2}{DT_s} - s\right)}{s^2 + \left(\dfrac{1}{RC} + \dfrac{D}{M}\dfrac{R}{L}\right)s + \dfrac{2(2M-1)}{RCDT_s}}$$

注意到这个结果与使用平均状态空间方程方法(参见 2.4.2.3 节)所得的结果相同，因为

$$\frac{2(M-1)}{DT_s} = \frac{2\dfrac{D^2}{kM}}{DT_s} = \frac{2D}{kMT_s} = \frac{2D}{\dfrac{2L}{RT_s}MT_s} = \frac{D}{M}\frac{R}{L}$$

(b) DCM 工作的 Boost 变换器的线到输出的传递函数

考虑到 $\hat{D}(s)$ 和 $\hat{I}_{out}(s) = 0$，在图 2.41 中应用 KVL 和 KCL 可以得到

$$\begin{cases}\hat{V}_{in}(s) + sL\hat{I}_L(s) - \left(1 - \dfrac{kM^3}{D}\right)\hat{V}_{in}(s) + \left(1 - \dfrac{kM}{D}\right)\hat{V}_{out}(s) + \dfrac{RD}{M}\hat{I}_L(s) = \hat{V}_{out}(s) \\[3mm] -\dfrac{M(M-1)}{R}\hat{V}_{in}(s) = \left(sC + \dfrac{1}{R}\right)\hat{V}_{out}(s) + \hat{I}_L(s)\end{cases}$$

经过简单代数运算可得

$$\hat{V}_{in}(s) - sL\left[\frac{M(M-1)}{R}\hat{V}_{in}(s) + \left(sC + \frac{1}{R}\right)\hat{V}_{out}(s)\right] - \left(1 - \frac{kM^3}{D}\right)\hat{V}_{in}(s) + \left(1 - \frac{kM}{D}\right)\hat{V}_{out}(s)$$

$$-\frac{RD}{M}\left[\frac{M(M-1)}{R}\hat{V}_{in}(s) + \left(sC + \frac{1}{R}\right)\hat{V}_{out}(s)\right] = \hat{V}_{out}(s)$$

或者

$$\left[LCs^2 + \left(\frac{L}{R} + \frac{RCD}{M}\right)s + \left(\frac{kM}{D} + \frac{D}{M}\right)\right]\hat{V}_{out}(s) = \left[\frac{kM^3}{D} - (M-1)D - \frac{M(M-1)L}{R}s\right]\hat{V}_{in}(s)$$

通过再次使用 Boost 变换器的典型公式 $kM^2 - kM = D^2$，可以得到新的等式

$$\frac{kM^3}{D} - (M-1)D = \frac{kM^3 - (M-1)D^2}{D} = \frac{kM^3 - (M-1)kM(M-1)}{D}$$

$$= \frac{\dfrac{2L}{RT_s}M(2M-1)}{D} = \frac{2LM(2M-1)}{RDT_s}$$

以及

$$\frac{M(M-1)L}{R} = \frac{D^2L}{kR} = \frac{D^2L}{\dfrac{2L}{T_s}} = \frac{D^2T_s}{2}$$

这样，加上之前所推导的等式

$$\frac{kM}{D} + \frac{D}{M} = \frac{k(2M-1)}{D}$$

可以得到

$$\left[s^2 + \left(\frac{1}{RC} + \frac{D}{M}\frac{R}{L}\right)s + \frac{2(2M-1)}{RCDT_s}\right]\hat{V}_{out}(s) = \frac{1}{LC}\left[\frac{2LM(2M-1)}{RDT_s} - \frac{D^2T_s}{2}s\right]\hat{V}_{in}(s)$$

$$= \frac{D^2T_s}{2LC}\left[\frac{2LM(2M-1)}{RDT_s}\frac{R}{M(M-1)L} - s\right]\hat{V}_{in}(s)$$

$$= \frac{D^2T_s}{2LC}\left(\frac{2}{DT_s}\frac{2M-1}{M-1} - s\right)\hat{V}_{in}(s)$$

因此，输入到输出的传递函数如下：

$$G_{vg}(s) = \frac{\hat{V}_{out}(s)}{\hat{V}_{in}(s)}\Bigg|_{\hat{D}(s)=0,\hat{I}_{out}(s)=0} = \frac{\dfrac{D^2T_s}{2LC}\left(\dfrac{2}{DT_s}\dfrac{2M-1}{M-1} - s\right)}{s^2 + \left(\dfrac{1}{RC} + \dfrac{D}{M}\dfrac{R}{L}\right)s + \dfrac{2(2M-1)}{RCDT_s}}$$

（c）DCM 工作的 Boost 变换器的占空比到电感电流的传递函数

在 $\hat{V}_{in}(s)$ 和 $\hat{I}_{out}(s) = 0$ 的条件下，重写了（a）点中所得到的 KVL 和 KCL 方程，消掉两个方程的 $\hat{V}_{out}(s)$，可以得到

$$sL\hat{I}_L(s) - \left(1 - \frac{kM}{D}\right)\frac{\dfrac{2(M-1)V_{out}}{RD}\hat{D}(s) + \hat{I}_L(s)}{(sC + 1/R)} + 2V_{out}\hat{D}(s)$$

$$+ \frac{RD}{M}\hat{I}_L(s) = -\frac{\dfrac{2(M-1)V_{out}}{RD}\hat{D}(s) + \hat{I}_L(s)}{(sC + 1/R)}$$

考虑到

$$\frac{M(M-1)L}{R} = \frac{D^2T_s}{2}$$

之前的方程可以变为

$$(sC + 1/R)sL\hat{I}_L(s) - \left(1 - \frac{kM}{D}\right)\left[\frac{DT_sV_{out}}{ML}\hat{D}(s) + \hat{I}_L(s)\right]$$

$$+ 2V_{out}(sC + 1/R)\hat{D}(s) + \frac{RD}{M}(sC + 1/R)\hat{I}_L(s) = -\frac{DT_sV_{out}}{ML}\hat{D}(s) - \hat{I}_L(s)$$

因此

$$\left[LCs^2 + \left(\frac{L}{R} + \frac{RCD}{M}\right)s + \left(\frac{kM}{D} + \frac{D}{M}\right)\right]\hat{I}_L(s) = -\left(\frac{kT_sV_{out}}{L} + \frac{2V_{out}}{R} + 2CV_{out}s\right)\hat{D}(s)$$

得到

$$\left[s^2 + \left(\frac{1}{RC} + \frac{D}{M}\frac{R}{L}\right)s + \frac{2(2M-1)}{RCDT_s}\right]\hat{I}_L(s) = -\frac{1}{LC}\left(\frac{2V_{out}}{R} + \frac{2V_{out}}{R} + 2CV_{out}s\right)\hat{D}(s)$$

$$= -\frac{2V_{out}}{L}\left(\frac{2}{RC} + s\right)\hat{D}(s)$$

就像之前所提到的，图 2.41 中电感电流的方向与能量从电源到负载的流向相反。因此，为了符合通常的定义，占空比到电感电流的传递函数可以表述为

$$G_{id}(s) = -\frac{\hat{I}_L(s)}{\hat{D}(s)}\bigg|_{\hat{V}_{in}(s)=0,\hat{I}_{out}(s)=0} = \frac{\frac{2V_{out}}{L}\left(\frac{2}{RC} + s\right)}{s^2 + \left(\frac{1}{RC} + \frac{D}{M}\frac{R}{L}\right)s + \frac{2(2M-1)}{RCDT_s}}$$

（d）DCM 工作的 Boost 变换器的输入电压到电感电流的传递函数

在 $\hat{D}(s)$ 和 $\hat{I}_{out}(s) = 0$ 的条件下，在上面的（b）中已经得到了图 2.41 中电路的 KVL 和 KCL 方程。可以消掉两个方程中的 $\hat{V}_{out}(s)$

$$\hat{V}_{in}(s) + sL\hat{I}_L(s) - \left(1 - \frac{kM^3}{D}\right)\hat{V}_{in}(s) - \left(1 - \frac{kM}{D}\right)\frac{\frac{M(M-1)}{R}\hat{V}_{in}(s) + \hat{I}_L(s)}{(sC + 1/R)}$$

$$+ \frac{RD}{M}\hat{I}_L(s) = -\frac{\frac{M(M-1)}{R}\hat{V}_{in}(s) + \hat{I}_L(s)}{(sC + 1/R)}$$

可以进一步简化表达式

$$\frac{kM^3}{D}(sC + 1/R)\hat{V}_{in}(s) + (sC + 1/R)sL\hat{I}_L(s) - \left(1 - \frac{kM}{D}\right)\left[\frac{M(M-1)}{R}\hat{V}_{in}(s) + \hat{I}_L(s)\right]$$

$$+ \frac{RD}{M}(sC + 1/R)\hat{I}_L(s) = -\frac{M(M-1)}{R}\hat{V}_{in}(s) - \hat{I}_L(s)$$

或者，更进一步

$$\left[LCs^2 + \left(\frac{L}{R} + \frac{RCD}{M}\right)s + \left(\frac{kM}{D} + \frac{D}{M}\right)\right]\hat{I}_L(s) = -\left[\frac{kM^2(2M-1)}{RD} + \frac{kM^3C}{D}s\right]\hat{V}_{in}(s)$$

得到

$$\left[s^2 + \left(\frac{1}{RC} + \frac{D}{M}\frac{R}{L}\right)s + \frac{2(2M-1)}{RCDT_s}\right]\hat{I}_L(s) = -\frac{kM^3}{LD}\left(\frac{2M-1}{MRC} + s\right)\hat{V}_{in}(s)$$

因此

$$G_{ig}(s) = -\frac{\hat{I}_L(s)}{\hat{V}_{in}(s)}\Bigg|_{\hat{D}(s)=0,\hat{I}_{out}(s)=0} = \frac{\dfrac{kM^3}{LD}\left(\dfrac{2M-1}{MRC}+s\right)}{s^2+\left(\dfrac{1}{RC}+\dfrac{D}{M}\dfrac{R}{L}\right)s+\dfrac{2(2M-1)}{RCDT_s}}$$

再一次注意到

$$\frac{DM^2}{L(M-1)} = \frac{DM^2}{L\dfrac{D^2}{kM}} = \frac{kM^3}{LD}$$

可以发现，获得了与使用平均状态空间方法相同的结果。

（e）DCM 工作的 Boost 变换器的小信号输入阻抗

$$Z_{in}(s) = 1/G_{ig}(s) = \frac{s^2+\left(\dfrac{1}{RC}+\dfrac{D}{M}\dfrac{R}{L}\right)s+\dfrac{2(2M-1)}{RCDT_s}}{\dfrac{kM^3}{LD}\left(\dfrac{2M-1}{MRC}+s\right)}$$

（f）DCM 工作的 Boost 变换器的小信号输出阻抗

通过在图 2.41 中使用 $\hat{D}(s)$ 和 $\hat{V}_{in}(s)=0$ 的条件，可以得到方程

$$\begin{cases} sL\hat{I}_L(s) + \left(1-\dfrac{kM}{D}\right)\hat{V}_{out}(s) + \dfrac{RD}{M}\hat{I}_L(s) = \hat{V}_{out}(s) \\[2mm] \left(sC+\dfrac{1}{R}\right)\hat{V}_{out}(s) + \hat{I}_L(s) + \hat{I}_{out}(s) = 0 \end{cases}$$

从中可以消除 $\hat{I}_L(s)$

$$-sL\left[\hat{I}_{out}(s) + \left(sC+\frac{1}{R}\right)\hat{V}_{out}(s)\right] + \left(1-\frac{kM}{D}\right)\hat{V}_{out}(s)$$

$$-\frac{RD}{M}\left[\hat{I}_{out}(s) + \left(sC+\frac{1}{R}\right)\hat{V}_{out}(s)\right] = \hat{V}_{out}(s)$$

进一步地

$$\left[LCs^2 + \left(\frac{L}{R}+\frac{RCD}{M}\right)s + \frac{2L(2M-1)}{RDT_s}\right]\hat{V}_{out}(s) = -\left(\frac{RD}{M}+sL\right)\hat{I}_{out}(s)$$

或者

$$\left[s^2 + \left(\frac{1}{RC}+\frac{D}{M}\frac{R}{L}\right)s + \frac{2(2M-1)}{RCDT_s}\right]\hat{V}_{out}(s) = -\frac{1}{C}\left(\frac{RD}{LM}+s\right)\hat{I}_{out}(s)$$

因此，开环输出阻抗可表示为

$$Z_{out}(s) = -\frac{\hat{V}_{out}(s)}{\hat{I}_{out}(s)}\Bigg|_{\hat{D}(s)=0,\hat{V}_{in}(s)=0} = \frac{\dfrac{1}{C}\left(\dfrac{RD}{LM}+s\right)}{s^2+\left(\dfrac{1}{RC}+\dfrac{D}{M}\dfrac{R}{L}\right)s+\dfrac{2(2M-1)}{RCDT_s}}$$

和预想的一样，它和使用平均状态空间方法所得到的结果一致，因为就像之前所注意到的

$$\frac{2(M-1)}{DT_s} = \frac{RD}{LM}$$

2.5.2.3 DCM 工作的 Buck 变换器的直流分析

用图 2.39(a)中所得到等效直流模型替代 Buck 变换器[参见图 2.35(a)]中的三端开关单元,得到 DCM 工作的 Buck 变换器的等效直流模型(参见图 2.42)。其中我们考虑了对于 Buck 变换器, $V_{xz} = V_{in}$ 和 $V_{wz} = V_{out}$ 。

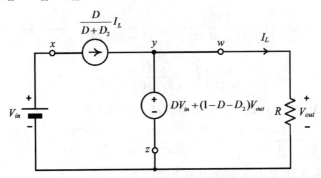

图 2.42 DCM 工作的 Buck 变换器的等效直流模型

在上图中,可以得到

$$I_L = I_{out}$$
$$DV_{in} + (1 - D - D_2) V_{out} = V_{out}$$

预示着

$$M = \frac{V_{out}}{V_{in}} = \frac{D}{D + D_2}$$

或者

$$D + D_2 = \frac{D}{M}$$

对于一个 Buck 变换器, $V_{xw} = V_{in} - V_{out}$,PWM DCM 开关的普遍方程

$$D + D_2 = \frac{2LI_L}{V_{xw}DT_s}$$

可以详解如下:

$$D + D_2 = \frac{2LI_L}{(V_{in} - V_{out})DT_s} = \frac{2LV_{out}}{(V_{in} - V_{out})RDT_s} = \frac{kM}{(1 - M)D}$$

从之前两个直流方程中消去 $(D + D_2)$ 得到

$$kM^2 = (1 - M)D^2$$

得到直流电压变比 M

$$M = \frac{2}{1 + \sqrt{1 + 4k/D^2}}$$

2.5.2.4 DCM 工作的 Buck 变换器的小信号分析

由于 $\hat{v}_{xz} = \hat{v}_{in}$, $\hat{v}_{wz} = \hat{v}_{out}$, $\hat{v}_{xw} = (\hat{v}_{in} - \hat{v}_{out})$,以及 $D + D_2 = kM/(1 - M)D$,平均 PWM DCM 开关的端电压方程

$$\hat{v}_{yz} = D\hat{v}_{xz} + (1 - D - D_2)\hat{v}_{wz} + \frac{(D + D_2)V_{wz}}{V_{xw}}\hat{v}_{xw}$$

$$+ \left[V_{xz} + \frac{(D + D_2)V_{wz}}{D}\right]\hat{d} - \frac{(D + D_2)V_{wz}}{I_L}\hat{i}_L$$

对 Buck 变换器可以变为

$$\hat{v}_{yz} = D\hat{v}_{in} + \left[1 - \frac{kM}{(1 - M)D}\right]\hat{v}_{out} + \frac{kMV_{out}}{(1 - M)D(V_{in} - V_{out})}(\hat{v}_{in} - \hat{v}_{out})$$

$$+ \left[V_{in} + \frac{kMV_{out}}{(1 - M)D^2}\right]\hat{d} - \frac{kMV_{out}}{(1 - M)DI_{out}}\hat{i}_L$$

使用其直流解 $kM^2 = (1 - M)D^2$，方程可以进一步简化为

$$\hat{v}_{yz} = \frac{(2 - M)D}{1 - M}\hat{v}_{in} + \left[1 - \frac{D}{M(1 - M)}\right]\hat{v}_{out} + \frac{2V_{out}}{M}\hat{d} - \frac{RD}{M}\hat{i}_L$$

由于 $I_x = I_{in}$，平均 PWM DCM 开关的端电流方程

$$\hat{i}_x = \frac{I_x}{V_{xw}}\hat{v}_{xw} + \frac{2I_x}{D}\hat{d}$$

对于 Buck 变换器变为

$$\hat{i}_x = \frac{I_{in}}{V_{in} - V_{out}}(\hat{v}_{in} - \hat{v}_{out}) + \frac{2I_{in}}{D}\hat{d}$$

$$= \frac{D^2}{kR}(\hat{v}_{in} - \hat{v}_{out}) + \frac{2MV_{out}}{RD}\hat{d}$$

其中考虑到 $V_{in}I_{in} = V_{out}I_{out} = V_{out}I_L = V_{out}^2/R$ 和 $kM^2 = (1 - M)D^2$。

从图 2.39(b)中得到的平均 PWM DCM 开关的小信号模型，对 Buck 变换器根据上面两个方程细化，然后插入到 Buck 变换器[参见图 2.35(a)]中替换三端单元 x、z、w，这样就得到了 Buck 变换器的小信号模型(参见图 2.43)。为了能进一步计算小信号输出阻抗，在模型中引入一个附加电流源代表输出电流扰动。

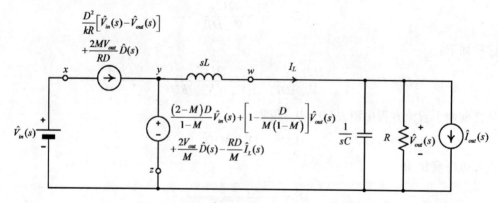

图 2.43 DCM 工作的 Buck 变换器的小信号模型

(a)DCM 工作的 Buck 变换器的占空比到输出的传递函数

考虑到在图 2.43 中 $\hat{V}_{in}(s) = 0$ 和 $\hat{I}_{out}(s) = 0$，可以得到 KVL 和 KCL 方程

$$\begin{cases} \left[1 - \dfrac{D}{M(1-M)}\right]\hat{V}_{out}(s) + \dfrac{2V_{out}}{M}\hat{D}(s) - \dfrac{RD}{M}\hat{I}_L(s) - sL\hat{I}_L(s) = \hat{V}_{out}(s) \\[3mm] \hat{I}_L(s) = \left(sC + \dfrac{1}{R}\right)\hat{V}_{out}(s) \end{cases}$$

从上面两个方程中消掉 $\hat{I}_L(s)$，得到占空比到输出的传递函数为

$$G_{vd}(s) = \dfrac{\hat{V}_{out}(s)}{\hat{D}(s)}\Bigg|_{\hat{V}_{in}(s)=0,\hat{I}_{out}(s)=0} = \dfrac{\dfrac{2}{LCM}V_{out}}{s^2 + \left(\dfrac{1}{RC} + \dfrac{D}{M}\dfrac{R}{L}\right)s + \dfrac{D}{LC}\dfrac{2-M}{M(1-M)}}$$

考虑到之前所推导的直流方程 $kM^2 = (1-M)D^2$，进行下面的变换：

$$\dfrac{2M}{DT_s(1-M)} = \dfrac{2M}{\dfrac{kM^2}{D}T_s} = \dfrac{2D}{kMT_s} = \dfrac{2D}{\dfrac{2L}{RT_s}MT_s} = \dfrac{D}{M}\dfrac{R}{L}$$

和

$$\dfrac{2M(2-M)}{RCDT_s(1-M)^2} = \dfrac{2M(2-M)}{RCT_s(1-M)\dfrac{kM^2}{D}} = \dfrac{2D(2-M)}{kRCT_sM(1-M)}$$

$$= \dfrac{2D(2-M)}{\dfrac{2L}{RT_s}RCT_sM(1-M)} = \dfrac{D}{LC}\dfrac{2-M}{M(1-M)}$$

可以看到，由平均 PWM DCM 开关方法所计算的方程与 2.4.2.3 节通过平均状态空间方程方法所得结果完全相同。

（b）DCM 工作的 Buck 变换器的输入到输出的传递函数

考虑到在图 2.43 中 $\hat{D}(s)$ 和 $\hat{I}_{out}(s) = 0$，KVL 和 KCL 可以写成

$$\begin{cases} \dfrac{(2-M)D}{1-M}\hat{V}_{in}(s) + \left[1 - \dfrac{D}{M(1-M)}\right]\hat{V}_{out}(s) - \dfrac{RD}{M}\hat{I}_L(s) - sL\hat{I}_L(s) = \hat{V}_{out}(s) \\[3mm] \hat{I}_L(s) = \left(sC + \dfrac{1}{R}\right)\hat{V}_{out}(s) \end{cases}$$

从中可以得到输入到输出的传递函数为

$$G_{vg}(s) = \dfrac{\hat{V}_{out}(s)}{\hat{V}_{in}(s)}\Bigg|_{\hat{D}(s)=0,\hat{I}_{out}(s)=0} = \dfrac{\dfrac{D}{LC}\dfrac{2-M}{1-M}}{s^2 + \left(\dfrac{1}{RC} + \dfrac{D}{M}\dfrac{R}{L}\right)s + \dfrac{D}{LC}\dfrac{2-M}{M(1-M)}}$$

（c）DCM 工作的 Buck 变换器的占空比到电感电流的传递函数

在 $\hat{V}_{in}(s) = 0$ 和 $\hat{I}_{out}(s) = 0$ 的条件下，已经得到了 $G_{vd}(s)$；因而

$$G_{id}(s) = \dfrac{\hat{I}_L(s)}{\hat{D}(s)} = \dfrac{\hat{I}_L(s)}{\hat{V}_{out}(s)}G_{vd}(s) = \left(sC + \dfrac{1}{R}\right)G_{vd}(s)$$

所以，其占空比到电感电流的传递函数为

$$G_{id}(s) = \dfrac{\hat{I}_L(s)}{\hat{D}(s)}\Bigg|_{\hat{V}_{in}(s)=0,\hat{I}_{out}(s)=0} = \dfrac{\dfrac{2V_{out}}{LM}\left(\dfrac{1}{RC} + s\right)}{s^2 + \left(\dfrac{1}{RC} + \dfrac{D}{M}\dfrac{R}{L}\right)s + \dfrac{D}{LC}\dfrac{2-M}{M(1-M)}}$$

（d）DCM 工作的 Buck 变换器的输入电压到电感电流的传递函数

在 $\hat{D}(s)$ 和 $\hat{I}_{out}(s) = 0$ 的条件下，我们已经得到了 $G_{vg}(s)$；因而

$$G_{ig}(s) = \frac{\hat{I}_L(s)}{\hat{V}_{in}(s)} = \frac{\hat{I}_L(s)}{\hat{V}_{out}(s)} G_{vg}(s) = \left(sC + \frac{1}{R} \right) G_{vg}(s)$$

可以计算输入电压到电感电流的传递函数如下：

$$G_{ig}(s) = \frac{\hat{I}_L(s)}{\hat{V}_{in}(s)}\bigg|_{\hat{D}(s)=0,\hat{I}_{out}(s)=0} = \frac{\dfrac{D}{L}\dfrac{2-M}{1-M}\left(\dfrac{1}{RC}+s\right)}{s^2 + \left(\dfrac{1}{RC} + \dfrac{D}{M}\dfrac{R}{L}\right)s + \dfrac{D}{LC}\dfrac{2-M}{M(1-M)}}$$

（e）DCM 工作的 Buck 变换器的开环输入阻抗

根据图 2.43，平均输入电流的扰动符合如下公式：

$$\hat{I}_{in}(s) = \frac{D^2}{kR}\left[\hat{V}_{in}(s) - \hat{V}_{out}(s)\right] = \frac{D^2}{kR}\left[1 - G_{vg}(s)\right]\hat{V}_{in}(s)$$

意味着

$$Z_{in}(s) = \frac{kR}{D^2}\frac{1}{1 - G_{vg}(s)} = \frac{2L}{D^2 T_s}\frac{1}{1 - G_{vg}(s)}$$

因此，Buck 变换器的开环等效输入阻抗如下：

$$Z_{in}(s) = \frac{\hat{V}_{in}(s)}{\hat{I}_{in}(s)}\bigg|_{\hat{D}(s)=0,\hat{I}_{out}(s)=0} = \frac{2L}{D^2 T_s}\frac{s^2 + \left(\dfrac{1}{RC} + \dfrac{D}{M}\dfrac{R}{L}\right)s + \dfrac{D}{LC}\dfrac{2-M}{M(1-M)}}{s^2 + \left(\dfrac{1}{RC} + \dfrac{D}{M}\dfrac{R}{L}\right)s + \dfrac{D}{LC}\dfrac{2-M}{M}}$$

从中可以得到等效输入电阻：

$$R_{in} = Z_{in}(0) = \frac{2L}{D^2 T_s(1-M)} = \frac{kR}{D^2(1-M)} = \frac{Rk}{kM^2} = \frac{R}{M^2}$$

（f）DCM 工作的 Buck 变换器的开环输出阻抗

考虑到 $\hat{D}(s)$ 和 $\hat{V}_{in}(s) = 0$ 的条件，可以得到图 2.43 中电路的 KVL 和 KCL 方程如下：

$$\begin{cases} \left[1 - \dfrac{D}{M(1-M)}\right]\hat{V}_{out}(s) - \dfrac{RD}{M}\hat{I}_L(s) - sL\hat{I}_L(s) = \hat{V}_{out}(s) \\[4mm] \hat{I}_L(s) = \left(sC + \dfrac{1}{R}\right)\hat{V}_{out}(s) + \hat{I}_{out}(s) \end{cases}$$

从中得到等效开环输出阻抗

$$Z_{out}(s) = -\frac{\hat{V}_{out}(s)}{\hat{I}_{out}(s)}\bigg|_{\hat{D}(s)=0,\hat{V}_{in}(s)=0} = \frac{\dfrac{1}{C}\left(\dfrac{RD}{LM}+s\right)}{s^2 + \left(\dfrac{1}{RC} + \dfrac{D}{M}\dfrac{R}{L}\right)s + \dfrac{D}{LC}\dfrac{2-M}{M(1-M)}}$$

得到等效输出电阻

$$R_{out} = Z_{out}(0) = \frac{\dfrac{1}{C}\dfrac{RD}{LM}}{\dfrac{D}{LC}\dfrac{2-M}{M(1-M)}} = \frac{1-M}{2-M}R$$

2.5.2.5 DCM 工作的 Buck-Boost 变换器的直流分析

在 Buck-Boost 变换器中，$V_{xz} = V_{in} + V_{out}$ 和 $V_{wz} = V_{out}$。根据图 2.35(c) 和图 2.39(a)，可以得到 Buck-Boost 变换器的等效直流模型，如图 2.44 所示。可以立刻发现

$$DV_{in} + (1 - D_2)V_{out} - V_{out} = 0$$

意味着

$$M = \frac{V_{out}}{V_{in}} = \frac{D}{D_2}$$

通过把 $V_{xz} = V_{in}$ 替换到平均 PWM DCM 开关模型的一般方程 $D + D_2 = 2LI_L / V_{xw}DT_s$ 中，并且用根据图 2.44 中电路的 KCL 方程所得到的表达式替换 I_L

$$I_L = \frac{(D + D_2)V_{out}}{D_2 R}$$

得到

$$D_2 = \frac{kM}{D}$$

从上面关于 D、D_2 两个方程中，以及 M

$$M = \frac{D}{\sqrt{k}}$$

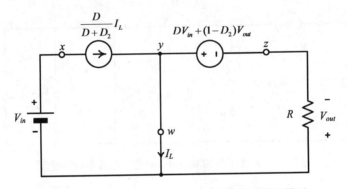

图 2.44　DCM 工作的 Buck-Boost 变换器的直流模型

注意到下面的等式：

$$D + D_2 = D + \frac{kM}{D} = D + \frac{D^2/M}{D} = \frac{D(1 + M)}{M}$$

意味着

$$I_L = \frac{(D + D_2)V_{out}}{D_2 R} = \frac{D(1 + M)}{\frac{kM}{D}M} \frac{V_{out}}{R} = (1 + M)\frac{V_{out}}{R}$$

2.5.2.6 DCM 工作的 Buck-Boost 变换器的小信号分析

通过在 PWM DCM 开关模型[参见图 2.39(b)]的小信号模型的端电压方程中用

$$\hat{v}_{xz} = (\hat{v}_{in} + \hat{v}_{out}), \quad \hat{v}_{wz} = \hat{v}_{out}, \quad \hat{v}_{xw} = \hat{v}_{in}$$

替代上面的两个直流方程，可以得到

$$\hat{v}_{yz} = D(\hat{v}_{in} + \hat{v}_{out}) + \left[1 - \frac{D(1+M)}{M}\right]\hat{v}_{out} + \frac{D(1+M)V_{out}}{MV_{in}}\hat{v}_{in}$$

$$+ \left[V_{in} + V_{out} + \frac{D(1+M)V_{out}}{DM}\right]\hat{d} - \frac{D(1+M)V_{out}}{M(1+M)I_{out}}\hat{i}_L$$

可以进一步简化为

$$\hat{v}_{yz} = D(M+2)\hat{v}_{in} + \left(1 - \frac{D}{M}\right)\hat{v}_{out} + \frac{2(M+1)V_{out}}{M}\hat{d} - \frac{RD}{M}\hat{i}_L$$

采用与图 2.39(b) 中电路的端电流方程相似的处理办法, 并考虑到根据图 2.44

$$I_x = \frac{D}{D+D_2}I_L$$

可以得到

$$\hat{i}_x = \frac{M^2}{R}\hat{v}_{in} + \frac{2MV_{out}}{RD}\hat{d}$$

基于两个关于小信号端电压和电流扰动的方程, 可以得到 DCM 模式工作的 Buck 变换器的小信号模型如图 2.45 所示。同样地, 引入一个附加电流源代表输出电流的扰动, 从而可以计算开环输出阻抗。

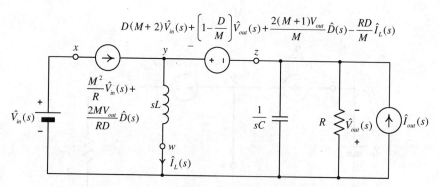

图 2.45　DCM 工作的 Buck-Boost 变换器的小信号模型

（a）DCM 工作的 Buck-Boost 变换器的占空比到输出的传递函数

考虑到在图 2.45 中 $\hat{V}_{in}(s) = 0$ 和 $\hat{I}_{out}(s) = 0$, 可以得到

$$\begin{cases} \left(1 - \frac{D}{M}\right)\hat{V}_{out}(s) + \frac{2(M+1)V_{out}}{M}\hat{D}(s) - \frac{RD}{M}\hat{I}_L(s) - sL\hat{I}_L(s) = \hat{V}_{out}(s) \\ \hat{I}_L(s) = \left(sC + \frac{1}{R}\right)\hat{V}_{out}(s) + \frac{2MV_{out}}{RD}\hat{D}(s) \end{cases}$$

消掉这两个方程中的 $\hat{I}_L(s)$, 占空比到输出的传递函数表示为

$$G_{vd}(s) = \frac{\hat{V}_{out}(s)}{\hat{D}(s)}\bigg|_{\hat{V}_{in}(s)=0,\hat{I}_{out}(s)=0} = \frac{\dfrac{DT_s V_{out}}{MLC}\left(\dfrac{2}{DT_s} - s\right)}{s^2 + \left(\dfrac{1}{RC} + \dfrac{D}{M}\dfrac{R}{L}\right)s + \dfrac{4M}{RCDT_s}}$$

这与之前通过状态空间方程方法（参见 2.4.2.3 节）所得结果相同, 因为

$$\frac{2M}{DT_s} = \frac{2M}{\dfrac{kM^2}{D}T_s} = \frac{2D}{kMT_s} = \frac{2D}{\dfrac{2L}{RT_s}MT_s} = \frac{D}{M}\frac{R}{L}$$

其中考虑到对于 Buck-Boost 变换器 $M = D/\sqrt{k}$。

（b）DCM 工作的 Buck-Boost 变换器的输入到输出的传递函数

考虑到在图 2.45 中 $\hat{D}(s)$ 和 $\hat{I}_{out}(s) = 0$，可以得到

$$\begin{cases} D(M+2)\hat{V}_{in}(s) + \left(1 - \dfrac{D}{M}\right)\hat{V}_{out}(s) - \dfrac{RD}{M}\hat{I}_L(s) - sL\hat{I}_L(s) = \hat{V}_{out}(s) \\[3mm] \hat{I}_L(s) = \left(sC + \dfrac{1}{R}\right)\hat{V}_{out}(s) + \dfrac{M^2}{R}\hat{V}_{in}(s) \end{cases}$$

该方程的解给出了输入到输出的传递函数

$$G_{vg}(s) = \frac{\hat{V}_{out}(s)}{\hat{V}_{in}(s)}\bigg|_{\hat{D}(s)=0,\hat{I}_{out}(s)=0} = \frac{\dfrac{D^2 T_s}{2LC}\left(\dfrac{4}{DT_s} - s\right)}{s^2 + \left(\dfrac{1}{RC} + \dfrac{D}{M}\dfrac{R}{L}\right)s + \dfrac{4M}{RCDT_s}}$$

（c）DCM 工作的 Buck 变换器的占空比到电感电流的传递函数

在 $\hat{V}_{in}(s) = 0$ 和 $\hat{I}_{out}(s) = 0$ 的条件下，已经在（a）中得到了一系列方程。相应地，占空比到电感电流的传递函数可以表示为

$$G_{id}(s) = \frac{\hat{I}_L(s)}{\hat{D}(s)}\bigg|_{\hat{V}_{in}(s)=0,\hat{I}_{out}(s)=0} = \frac{\dfrac{2(M+1)V_{out}}{LM}\left(\dfrac{2M+1}{M+1}\dfrac{1}{RC} + s\right)}{s^2 + \left(\dfrac{1}{RC} + \dfrac{D}{M}\dfrac{R}{L}\right)s + \dfrac{4M}{RCDT_s}}$$

（d）DCM 工作的 Buck-Boost 变换器的输入电压到电感电流的传递函数

在 $\hat{D}(s)$ 和 $\hat{I}_{out}(s) = 0$ 的条件下，已经在（b）中得到了一系列方程。因而，输入电压到电感电流的传递函数可以表示为

$$G_{ig}(s) = \frac{\hat{I}_L(s)}{\hat{V}_{in}(s)}\bigg|_{\hat{D}(s)=0,\hat{I}_{out}(s)=0} = \frac{\dfrac{D(M+2)}{L}\left(\dfrac{M+1}{M+2}\dfrac{2}{RC} + s\right)}{s^2 + \left(\dfrac{1}{RC} + \dfrac{D}{M}\dfrac{R}{L}\right)s + \dfrac{4M}{RCDT_s}}$$

（e）DCM 工作的 Buck-Boost 变换器的开环输入阻抗

在 $\hat{D}(s)$ 的条件下，从图 2.45 可以导出

$$\hat{I}_{in}(s) = \frac{M^2}{R}\hat{V}_{in}(s)$$

因此，Buck-Boost 变换器的等效输入阻抗为

$$Z_{in}(s) = \frac{\hat{V}_{in}(s)}{\hat{I}_{in}(s)}\bigg|_{\hat{D}(s)=0,\hat{I}_{out}(s)=0} = \frac{R}{M^2}$$

（f）DCM 工作的 Buck-Boost 变换器的开环输出阻抗

在图 2.45 中考虑到 $\hat{D}(s)$ 和 $\hat{V}_{in}(s) = 0$ 的条件下，可以得到

$$\begin{cases} \left(1 - \dfrac{D}{M}\right)\hat{V}_{out}(s) - \dfrac{RD}{M}\hat{I}_L(s) - sL\hat{I}_L(s) = \hat{V}_{out}(s) \\ \hat{I}_L(s) = \left(sC + \dfrac{1}{R}\right)\hat{V}_{out}(s) + \hat{I}_{out}(s) \end{cases}$$

因为

$$\frac{2D}{MLC} = \frac{2}{MLC}\frac{M^2 k}{D} = \frac{4M}{RCDT_s}$$

从上面两个方程可以得到开环输出阻抗为

$$Z_{out}(s) = -\frac{\hat{V}_{out}(s)}{\hat{I}_{out}(s)}\bigg|_{\hat{D}(s)=0,\hat{v}_{in}(s)=0} = \frac{\dfrac{1}{C}\left(\dfrac{RD}{LM} + s\right)}{s^2 + \left(\dfrac{1}{RC} + \dfrac{D}{M}\dfrac{R}{L}\right)s + \dfrac{4M}{RCDT_s}}$$

2.6　开关电阻和二极管正向电压的平均模型，PWM 平均模型

2.6.1　开关直流电阻和二极管正向电压的平均模型

在之前章节对变换器进行仿真时，从 2.3.3 节开始，考虑了电感直流电阻 r_L，为了简单起见，r_L 值包含在开关导通状态的直流电阻。然而，即使这种近似意味着在实际设计中可以忽略非常小的误差，还是可以找到一种考虑开关导通状态寄生电阻的更好方式。需要使用能量守恒定律来确定每个开关周期中开关导通状态所对应的平均电阻，就像 Czarkowski 和 Kazimierczuk 所提出的那样。

（a）首先考虑 CCM 工作。在任何变换器中，工作在第一个开关阶段也就是 dT_s 期间，瞬时开关电流 $\tilde{i}_S(t)$ 与电感电流相等。工作在第二个开关阶段也就是 $(1-d)T_s$ 期间，瞬时二极管电流 $\tilde{i}_D(t)$ 与电感电流相等。因此

$$\tilde{i}_S(t) = \begin{cases} i_L(t) & 0 < t \leqslant dT_s \\ 0 & dT_s < t \leqslant T_s \end{cases}$$

$$\tilde{i}_D(t) = \begin{cases} 0 & 0 < t \leqslant dT_s \\ i_L(t) & dT_s < t \leqslant T_s \end{cases}$$

可以计算一个稳态周期的均方根（rms）值 $I_{S,rms}$ 和 $I_{D,rms}$

$$I_{S,rms} = \sqrt{\frac{1}{T_s}\int_0^{T_s}\left[\tilde{i}_S(t)\right]^2 \mathrm{d}t} = \sqrt{\frac{1}{T_s}\int_0^{DT_s} i_L^2 \mathrm{d}t} = I_L\sqrt{D}$$

$$I_{D,rms} = \sqrt{\frac{1}{T_s}\int_0^{T_s}\left[\tilde{i}_D(t)\right]^2 \mathrm{d}t} = \sqrt{\frac{1}{T_s}\int_{DT_s}^{T_s} i_L^2 \mathrm{d}t} = I_L\sqrt{1-D}$$

考虑到在 CCM 下电感电流纹波较小，在这个计算中，使用了稳态时电感电流的平均值 I_L 替代瞬时值 i_L。

很直观地得到一个开关周期的平均二极管电流

$$I_D = (1-D)I_L$$

导通状态的晶体管直流电阻 $r_{DS(on)}$ 上的功耗如下：

$$P_{ON}[r_{DS(on)}] = r_{DS(on)}I_{S,rms}^2 = r_{DS(on)}I_L^2 D$$

可以用等效导通电阻 $r_{DS(on)}$ 的形式或者正向电压 V_F 的形式（推荐第二种形式，因为为了达到高精度，必须将导通电阻看成一个依赖于通过二极管的电流的非线性方程）来描述正向偏压导通二极管的压降。如果使用等效导通电阻形式，功耗可以表示为

$$P_{ON}[r_{D(on)}] = r_{D(on)}I_{D,rms}^2 = r_{D(on)}I_L^2(1-D)$$

如果使用正向电压 V_F，二极管上的导通功耗可以表示为

$$P_{ON}(V_F) = V_F I_D = V_F(1-D)I_L$$

考虑到平均模型中开关在导通状态的直流电阻，可以引入一个电阻 r_{av}，与电感导通电阻 r_L 串联。这样，这个电阻上的功耗就可以表示为

$$P_{ON}(r_{av}) = r_{av}I_L^2$$

根据能量守恒定律，在开关导通电阻上浪费的能量 $P_{ON}[r_{DS(on)}]$ 和 $P_{ON}[r_{D(on)}]$ 必须与在平均电阻上浪费的能量相等。从这个等式

$$r_{av} = Dr_{DS(on)} + (1-D)r_{D(on)}$$

因此，通过用表达式 $r_L + Dr_{DS(on)} + (1-D)r_{D(on)}$ 替换 r_L，现在可以在 CCM 工作的变换器的所有推导中考虑开关导通电阻。

如果使用二极管正向电压 V_F，那么，在平均模型中，基于正向电压的平均值 $V_{F,av}$ 的功率损耗将表示为

$$P_{ON}(V_{F,av}) = V_{F,av}I_L$$

让 $P_{ON}(V_F)$ 等于 $P_{ON}(V_{F,av})$ 意味着在平均模型中，必须引入一个与电感串联的其值为 $V_F(1-D)$ 的电压源，从而考虑由二极管导通状态的正向电压所产生的损耗。

（b）对 DCM，得到了变换器开环传递函数的很长的表达式，甚至是不考虑寄生电阻的情况。然而，如果需要，也可以在平均模型中引入寄生电阻。

根据 2.5.2 节的图 2.37，可以表示 DCM 模式工作的变换器的瞬时电感电流如下：

$$\tilde{i}_L(t) = \begin{cases} \dfrac{i_{pk}t}{dT_s} & 0 < t \leqslant dT_s \\[2mm] -\dfrac{i_{pk}}{d_2T_s}(t - dT_s - d_2T_s) & dT_s < t \leqslant dT_s + d_2T_s \\[2mm] 0 & dT_s + d_2T_s < t \leqslant T_s \end{cases}$$

从而可以计算其稳态时的均方根值

$$I_{L,rms} = \sqrt{\frac{1}{T_s}\int_0^{T_s}\left[\tilde{i}_L(t)\right]^2 dt} = \sqrt{\frac{1}{T_s}\left\{\int_0^{DT_s}\left(\frac{I_{pk}t}{DT_s}\right)^2 dt + \int_{DT_s}^{DT_s+D_2T_s}\left[-\frac{I_{pk}}{D_2T_s}(t - DT_s - D_2T_s)\right]^2 dt\right\}}$$

$$= \sqrt{\frac{1}{T_s}\left\{\frac{1}{3}I_{pk}^2 DT_s + \frac{1}{3}I_{pk}^2\left[0 - \frac{(-D_2T_s)^3}{(D_2T_s)^2}\right]\right\}} = I_{pk}\sqrt{\frac{D+D_2}{3}}$$

在第一个开关拓扑工作时，也即是 dT_s 期间，流过开关的瞬时电流与电感电流相等，其他时候均为 0。二极管上的瞬时电流在第二开关间隔 $[dT_s, dT_s + d_2T_s]$ 期间与电感电流相等，其他时刻为 0。因此，在稳态时，开关电流和二极管电流的均方根如下：

$$I_{S,rms} = \sqrt{\frac{1}{T_s}\int_0^{DT_s}\left[\tilde{i}_L(t)\right]^2 \mathrm{d}t} = \sqrt{\frac{1}{T_s}\int_0^{DT_s}\left(\frac{I_{pk}t}{DT_s}\right)^2 \mathrm{d}t} = I_{pk}\sqrt{\frac{D}{3}}$$

$$I_{D,rms} = \sqrt{\frac{1}{T_s}\int_{DT_s}^{DT_s+D_2T_s}\left[-\frac{I_{pk}}{D_2T_s}(t-DT_s-D_2T_s)\right]^2 \mathrm{d}t} = I_{pk}\sqrt{\frac{D_2}{3}}$$

在 2.5.2 节, 证明了

$$I_L = \frac{D+D_2}{2}I_{pk}$$

其中 I_L 是平均电感电流的稳态值。将这个表达式记在脑中就可以将电感、开关和二极管的均方根电流重写, 如下所示:

$$I_{L,rms} = 2\sqrt{\frac{1}{3(D+D_2)}}I_L$$

$$I_{S,rms} = 2\frac{1}{D+D_2}\sqrt{\frac{D}{3}}I_L$$

$$I_{D,rms} = 2\frac{1}{D+D_2}\sqrt{\frac{D_2}{3}}I_L$$

电感 r_L 的寄生电阻, 导通状态下开关的直流电阻 $r_{DS(on)}$ 以及导通状态下二极管等效电阻 $r_{D(on)}$ 上的功耗可以分别表示为

$$P_{ON}(r_L) = r_L I_{L,rms}^2 = r_L\frac{4}{3}\frac{1}{D+D_2}I_L^2$$

$$P_{ON}\left[r_{DS(on)}\right] = r_{DS(on)}I_{S,rms}^2 = r_{DS(on)}\frac{4}{3}\frac{D}{(D+D_2)^2}I_L^2$$

$$P_{ON}\left[r_{D(on)}\right] = r_{D(on)}I_{D,rms}^2 = r_{D(on)}\frac{4}{3}\frac{D_2}{(D+D_2)^2}I_L^2$$

如果在平均模型中引入电阻 r_{av} 与电感串联, 它上面的功耗将是

$$P_{ON}(r_{av}) = r_{av}I_L^2$$

因此, 根据能量守恒定律, 如果想用电阻来计算电感、导通状态的开关以及导通二极管的电阻性损耗, 它的表达式为

$$r_{av} = \frac{4}{3}\frac{1}{D+D_2}r_L + \frac{4}{3}\frac{D}{(D+D_2)^2}r_{DS(on)} + \frac{4}{3}\frac{D_2}{(D+D_2)^2}r_{D(on)}$$

其中对不同类型的变换器, D_2 是根据 2.5.2 节给出的公式来计算的。

如果更倾向于把导通状态二极管的功耗用它的正向电压表达, 可以这样计算:

$$P_{ON}(V_F) = V_F I_D$$

在 2.5.2 节 (它被记为 i_z), 二极管上的平均电流计算如下:

$$I_D = \frac{I_{pk}}{2}D_2 = \frac{D_2}{D+D_2}I_L$$

所以

$$P_{ON}(V_F) = V_F\frac{D_2}{D+D_2}I_L$$

如果通过引入一个与电感串联的电压源 $V_{F,av}$ 来解释二极管的正向电压, 功耗将表示为

$$P_{ON}(V_{F,av}) = V_{F,av} I_L$$

让 $P_{ON}(V_F)$ 等于 $P_{ON}(V_{F,av})$，这就导致在平均模型中，必须引入一个与电感串联的值为 $V_F(D_2/(D+D_2))$ 的电压源，从而考虑导通状态下二极管正向电压所产生的损耗。

当然，为了解释电容的 ESR，可以在平均模型中简单引入一个与电容阻抗串联的电阻，因为电容不会受到开关单元平均过程的影响。

2.6.2　PWM 平均模型

回忆 1.4.4 节，讨论过一个控制电路的结构模块 PWM 的工作方式，认为 PWM 扮演着一个比较器的角色。比较器输入是一个峰值为 V_M 的锯齿波以及一个控制器的输出波形 V_{ctr}。该控制器处理实际输出电压和基准电压之间的误差。在图 1.46 中，可以看到当控制信号具有稳态值 V_{ctr} 时，PWM 输出是一个频率 f_s 的脉冲波形，脉冲宽度为 DT_s。牢记 $T_s = 1/f_s$，并且在占空比控制的变换器中是一个常量。当误差存在时，V_{ctr} 变为 V_{ctr_new}。可以将这个变换看做 V_{ctr} 中的干扰

$$v_{ctr}(t) = V_{ctr} + \hat{v}_{ctr}(t)$$

这将引起一个改变，也就是占空比的一个扰动 $\hat{d}$

$$d(t) = D + \hat{d}(t)$$

在图 1.46(b)中应用简单的几何学原理(两个相似三角形具有相同的相似比)，可以得到

$$\frac{DT_s}{T_s} = \frac{V_{ctr}}{V_M}$$

在直流值上叠加干扰得到

$$D + \hat{d}(t) = \frac{V_{ctr} + \hat{v}_{ctr}(t)}{V_M}$$

对时域扰动应用拉普拉斯变换，可以得到

$$\hat{D}(s) = \frac{\hat{V}_{ctr}(s)}{V_M}$$

这就是说，PWM 模块的控制电压到占空比的传递函数是 $1/V_M$。

然而，在 1.4.4 节，考虑最简单的 PWM 结构，也就是 PWM 是一个简单的比较器。这个比较器包含一个自然采样调制器(工作循环以频率 f_s 周期性启动，从每个时钟脉冲开始，到瞬时电压 V_{ctr} 达到斜坡信号结束)。然而，PWM 可以包含更多复杂调制器(例如，V_{ctr} 采样并保持的均匀采样，延迟采样，正弦采样，每种类型都有其作用)。现在，为了考虑其他类型的调制器，可以通过增加一个函数 $f_m(s)$($f_m(0)=1$)，来更新控制到占空比的传递函数，也就是

$$\frac{\hat{D}(s)}{\hat{V}_{ctr}(s)} = \frac{f_m(s)}{V_M}$$

其他非理想因素，例如比较器延迟，也可以通过将它们包含在函数 $f_m(s)$ 中来进行考虑。

现在，知道了变换器的开路功率级以及 PWM 模块的仿真。当如图 1.46(a)来设计闭环变换器时，还要设计控制器 $A(s)$ 以达到预期的动态性能。

2.7[*] 准谐振变换器的直流和小信号分析用平均谐振开关模型

在1.6.2节中,我们阐述了准谐振变换器(QRC)。其开关的开/关过程在 ZCS 或 ZVS 下进行。为了得到软关断效果我们采用了谐振开关[参见图 1.58 和图 1.59]。通过使用这样的结构,可以得到在半波或全波模式下的准谐振(ZCS 或 ZVS)Buck、Boost 或 Buck-Boost 变换器。正如上一节阐述的 PWM 变换器,它隔离了 PWM 开关,用等效平均模型取代它,也获得谐振开关,它也是三端器件,要设法找到它的等效平均模型。变换器的剩余部分仅包含线性电路元件。通过平均终端电压和谐振开关单元电流之间的关系确定等效模型。用谐振开关的平均模型(零电流 ZC 或零电压 ZV 型开关)代替开关单元,得到准谐振变换器的平均模型。这种方法是由 Vorperian, Tymerski 和 Lee 提出的。

2.7.1 零电流(ZC)谐振开关的平均模型

根据1.6.2节已阐述的 ZCS Buck 变换器的工作,本节将导出 ZC 模型。首先,通过使用能量平衡方式获得 ZCS Buck 变换器的直流增益公式:输入能量等于输出能量。为了计算这两个量,回到1.6.2节所讨论的开关阶段。

我们发现,第一种开关拓扑持续时间为 $t_{d1} = t_1 - t_0$,谐振电感电流表示为

$$i_{L_r}(t) = \frac{V_{in}}{L_r}(t - t_0)$$

在 t_1 时刻,谐振电感器的电流达到了输出电流值

$$i_{L_r}(t_1) = \frac{V_{in}}{L_r}(t_1 - t_0) = I_{out}$$

第一种开关阶段的时间间隔如下:

$$t_{d_1} = \frac{L_r I_{out}}{V_{in}}$$

第二种开关拓扑持续时间为 t_{d2},谐振电感器的电流和谐振电容器的电压如下:

$$\begin{cases} i_{Lr}(t) = I_{out} + \dfrac{V_{in}}{\sqrt{\dfrac{L_r}{C_r}}} \sin \dfrac{1}{\sqrt{L_r C_r}}(t - t_1) \\ v_{Cr}(t) = V_{in}\left[1 - \cos \dfrac{1}{\sqrt{L_r C_r}}(t - t_1)\right] \end{cases}$$

可以看到,i_{L_r} 在 t_1 时刻以 I_{out} 为初值的正弦曲线。经正半周期的正弦波后,也就是 π 弧度后,返回 I_{out}。之后,它还会继续下降。如果该变换器在半波模式下工作,在其正半周正弦波[参见图 1.61(a)]后,即弧度 π 和 3π/2 之间,i_{L_r} 达到零时开关关断。当开关被关断时,第二种拓扑阶段结束。如果变换器是全波结构,i_{L_r} 还是负半周期正弦波,即弧度在 3π/2 和 2π 之间,当电流几乎完成整个正弦曲线后,再次从现在的负值达到零时第二种拓扑阶段结束

$$i_{L_r}(t_2) = I_{out} + \frac{V_{in}}{\sqrt{\dfrac{L_r}{C_r}}} \sin \frac{1}{\sqrt{L_r C_r}}(t_2 - t_1) = 0$$

第二阶段的时间间隔如下:

$$t_{d_2} = t_2 - t_1 = \sqrt{L_r C_r} \arcsin\left(-\sqrt{\frac{L_r}{C_r}}\frac{I_{out}}{V_{in}}\right)$$

定义以下两个变量：

$$\alpha \overset{\Delta}{=} \arcsin\left(-\sqrt{\frac{L_r}{C_r}}\frac{I_{out}}{V_{in}}\right)$$

$$\alpha_c \overset{\Delta}{=} \sqrt{\frac{L_r}{C_r}}\frac{I_{out}}{V_{in}}$$

根据上述讨论

$$\pi < \alpha < \frac{3\pi}{2}\ \text{半波操作模式}$$

$$\alpha_c < \alpha < 2\pi\ \text{全波操作模式}$$

或者，全波和半波模式分别为

$$\alpha = \begin{cases} \pi + \arcsin\left(\sqrt{\dfrac{L_r}{C_r}}\dfrac{I_{out}}{V_{in}}\right) = \pi + \arcsin\alpha_c \\[3mm] 2\pi - \arcsin\left(\sqrt{\dfrac{L_r}{C_r}}\dfrac{I_{out}}{V_{in}}\right) = 2\pi - \arcsin\alpha_c \end{cases}$$

根据下式计算：

$$v_{C_r}(t_2) = V_{in}\left(1 - \cos\frac{1}{\sqrt{L_r C_r}}t_{d_2}\right) = V_{in}\left(1 - \cos\frac{1}{\sqrt{L_r C_r}}\sqrt{L_r C_r}\alpha\right) = V_{in}(1 - \cos\alpha)$$

考虑到 α 的变化，当变压器处于半波模式工作时，$\cos\alpha$ 的值会因此变负。当变压器处于全波模式工作时，该值会变为正值。这表明

$$\cos\alpha = (-1)^n\sqrt{1 - \frac{L_r}{C_r}\left(\frac{I_{out}}{V_{in}}\right)^2} = (-1)^n\sqrt{1 - \alpha_c^2}$$

$n = 1$ 表示半波模式，$n = 2$ 表示全波模式。

在第三开关阶段，持续时间为 $t_{d3} = t_3 - t_2$ 时，谐振电容器电压的表达式如下：

$$v_{Cr}(t) = v_{Cr}(t_2) - \frac{I_{out}}{C_r}(t - t_2)$$

开关拓扑的末端在 V_{CR} 下降到零时的时刻被标记，间隔时间如下所示：

$$t_{d3} = \frac{C_r}{I_{out}}V_{in}(1 - \cos\alpha)$$

现在，考虑输入电流和谐振电感器的电流相同时，计算其输入能量。随着第三种和第四种开关拓扑 i_{L_r} 为零时，考虑到上述等式，可以得到：

$$W_{in} = V_{in}\left[\int_{t_0}^{t_1} i_{L_r}(t)\mathrm{d}t + \int_{t_1}^{t_2} i_{L_r}(t)\mathrm{d}t\right]$$

$$= V_{in}\left[\int_{t_0}^{t_1}\frac{V_{in}}{L_r}(t - t_0)\mathrm{d}t + \int_{t_1}^{t_2}\left[I_{out} + \frac{V_{in}}{\sqrt{\dfrac{L_r}{C_r}}}\sin\frac{1}{\sqrt{L_r C_r}}(t - t_1)\right]\mathrm{d}t\right]$$

$$= V_{in}\left[\frac{1}{2}\frac{V_{in}}{L_r}t_{d_1}^2 + I_{out}t_{d_2} - C_r V_{in}\cos\frac{1}{\sqrt{L_rC_r}}(t-t_1)\Big|_{t_1}^{t_2}\right]$$

$$= V_{in}\left[\frac{1}{2}\frac{V_{in}}{L_r}\frac{L_r I_{out}}{V_{in}}t_{d_1} + I_{out}t_{d_2} - C_r V_{in}\left(\cos\frac{1}{\sqrt{L_rC_r}}t_{d_2} - \cos 0\right)\right]$$

$$= V_{in}\left[\frac{1}{2}I_{out}t_{d_1} + I_{out}t_{d_2} - C_r V_{in}(\cos\alpha - 1)\right]$$

$$= V_{in}\left[\frac{1}{2}I_{out}t_{d_1} + I_{out}t_{d_2} + I_{out}t_{d_3}\right]$$

输出功率 W_{out} 可通过下式计算：

$$W_{out} = V_{out}I_{out}T_s$$

根据输入和输出能量(假定效率为100%)相等，可以得到直流电压增益 M 为

$$M = \frac{V_{out}}{V_{in}} = \frac{\frac{1}{2}t_{d_1} + t_{d_2} + t_{d_3}}{T_s}$$

通过使用先前 α 和 α_c 的定义，以及 α 和 $\cos\alpha$ 的公式，可以将 t_{d1}，t_{d2} 和 t_{d3} 表示为

$$t_{d_1} = \frac{L_r I_{out}}{V_{in}} = \sqrt{L_rC_r}\sqrt{\frac{L_r}{C_r}}\frac{I_{out}}{V_{in}} = \sqrt{L_rC_r}\,\alpha_c$$

$$t_{d_2} = \sqrt{L_rC_r}\arcsin\left(-\sqrt{\frac{L_r}{C_r}}\frac{I_{out}}{V_{in}}\right) = \sqrt{L_rC_r}\,\alpha = \sqrt{L_rC_r}\left[n\pi - (-1)^n\arcsin\alpha_c\right]$$

$$t_{d_3} = \frac{C_r}{I_{out}}V_{in}(1-\cos\alpha) = \sqrt{L_rC_r}\sqrt{\frac{C_r}{L_r}}\frac{V_{in}}{I_{out}}\left[1-(-1)^n\sqrt{1-\alpha_c^2}\right] = \sqrt{L_rC_r}\frac{1}{\alpha_c}\left[1-(-1)^n\sqrt{1-\alpha_c^2}\right]$$

将其代入直流电压增益式可以得到

$$M = \frac{\sqrt{L_rC_r}}{T_s}\left[\frac{1}{2}\alpha_c + n\pi - (-1)^n\arcsin\alpha_c + \frac{1}{\alpha_c} - (-1)^n\sqrt{\frac{1}{\alpha_c^2}-1}\right]$$

如上述讨论，式中 n 取 1 或 2。

通过引入以下符号：

$$f(\alpha_c, n) = \frac{1}{2}\alpha_c + n\pi - (-1)^n\arcsin\alpha_c + \frac{1}{\alpha_c} - (-1)^n\sqrt{\frac{1}{\alpha_c^2}-1}$$

考虑到谐振频率 f_r，$f_r = 1/2\pi\sqrt{L_rC_r}$，直流电压变比 M 为

$$M = \frac{1}{2\pi}\frac{f_s}{f_r}f(\alpha_c, n)$$

重新绘制的降压 ZCS QRC 如图 2.46 所示。可以看到它与 PWM 变换器具有相同的开关三端单元的 x，y 和 z，都由有源和无源开关组成。然而，调节其终端电压和电流的方程与 PWM 开关有所不同。这就是为什么在该单元图中加 ZC 符号予以区分。从图中可以看到，理想的平均终端电压和电流满足下面的时域关系：$v_{xz} = v_{in}$，

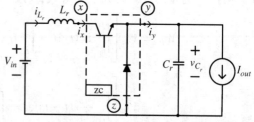

图 2.46　具有零电流谐振开关的 ZCS 降压 QRC

$v_{yz} = v_{out}$ 和 $i_y = i_{out}$（这与 2.5.2 节对 PWM 开关的讨论是一样的。v_{xz}，v_{yz} 和 i_y 表示平均的变量，这些关系的含义是，在理想情况下，一个开关周期的电感器 L_r 和平均电流，通过电容器 C_r 的平均电压为零）引入下列定义：

$$\mu_c \overset{\Delta}{=} \frac{v_{yz}}{v_{xz}}$$

之前的直流电压转换率可以变为

$$\frac{v_{yz}}{v_{xz}} = \frac{1}{2\pi}\frac{f_s}{f_r}f(\alpha_c, n) = \mu_c$$

式中

$$f(\alpha_c, n) = \frac{1}{2}\alpha_c + n\pi - (-1)^n \arcsin \alpha_c + \frac{1}{\alpha_c} - (-1)^n \sqrt{\frac{1}{\alpha_c^2} - 1}$$

$$\alpha_c = \frac{i_y}{v_{xz}}Z_r$$

$$Z_r = \sqrt{\frac{L_r}{C_r}}$$

$$n = \begin{cases} 1 & \text{半波模式} \\ 2 & \text{全波模式} \end{cases}$$

假定开关具有 100% 的效率，可以得到

$$\frac{i_x}{i_y} = \frac{v_{yz}}{v_{xz}} = \mu_c$$

通过 PWM 开关的例子，建立直流模型如下：

$$\mu_C = \frac{1}{2\pi}\frac{F_s}{f_r}F(\alpha_C, n) = \frac{I_x}{I_y} = \frac{V_{yz}}{V_{xz}}$$

$$\alpha_C = \frac{I_y}{V_{xz}}Z_r$$

在上述公式中，使用 α_C 作为直流 α_c 值，μ_C 作为直流 μ_c 值，$F(\alpha_C, n)$ 作为直流 $f(\alpha_c, n)$，F_s 作为的稳态值 f_s（注意准谐振变换器由开关频率控制，即瞬时开关频率 f_s 可以在其稳态值 F_s 的基础上上下变化）。以这些直流等式为基础绘制 ZC 谐振开关的直流等效模型，如图 2.47 所示。

随着我们越来越习惯于推导小信号传递函数，现将扰动平均时间域方程式

$$v_{yz} = \frac{1}{2\pi}\frac{f_s}{f_r}f(\alpha_c, n)v_{xz}$$

$$\alpha_c = \frac{i_y}{v_{xz}}Z_r$$

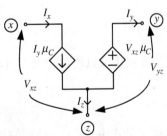

而且仅考虑小信号扰动的线性项：$\hat{v}_y$，$\hat{v}_{xz}$，$\hat{i}_y$，$\hat{f}_s$ 和 $\hat{\alpha}_c$。

我们可以对 α_c 做近似无穷小变化，也就是用 $d\alpha_c$ 表示 $\hat{\alpha}_c$ 的小变换。可以得到

图 2.47　ZC 谐振开关的等效 DC 模型

$$\hat{v}_{yz} = \frac{1}{2\pi}\frac{F_s}{f_r}F(\alpha_C, n)\hat{v}_{xz} + \frac{V_{xz}}{2\pi}\frac{1}{f_r}F(\alpha_C, n)\hat{f}_s + \frac{V_{xz}}{2\pi}\frac{F_s}{f_r}\frac{\partial f}{\partial \alpha_c}d\alpha_c$$

$$\hat{\alpha}_c = \frac{Z_r}{V_{xz}}\hat{i}_y - \frac{Z_r I_y}{V_{xz}^2}\hat{v}_{xz}$$

把 $\hat{\alpha}_c = d\alpha_c$ 代入第一个等式，对后两个方程进行代数变换后可以得到

$$\hat{v}_{yz} = \frac{1}{2\pi}\frac{F_s}{f_r}F(\alpha_C, n)\hat{v}_{xz} + \frac{V_{xz}}{2\pi}\frac{1}{f_r}F(\alpha_C, n)\hat{f}_s + \frac{V_{xz}}{2\pi}\frac{F_s}{f_r}\frac{\partial f}{\partial \alpha_c}\left(\frac{Z_r}{V_{xz}}\hat{i}_y - \frac{Z_r I_y}{V_{xz}^2}\hat{v}_{xz}\right)$$

或

$$\hat{v}_{yz} = \frac{1}{2\pi}\frac{F_s}{f_r}F(\alpha_C, n)\hat{v}_{xz} + \frac{V_{xz}}{2\pi}\frac{1}{f_r}F(\alpha_C, n)\hat{f}_s + \frac{1}{2\pi}\frac{F_s}{f_r}\frac{\partial f}{\partial \alpha_c}Z_r\hat{i}_y - \frac{V_{xz}}{2\pi}\frac{F_s}{f_r}\frac{\partial f}{\partial \alpha_c}\frac{Z_r I_y}{V_{xz}^2}\hat{v}_{xz}$$

进而得到

$$\hat{i}_y = \frac{1}{\frac{1}{2\pi}\frac{F_s}{f_r}\frac{\partial f}{\partial \alpha_c}Z_r}\hat{v}_{yz} - \frac{\frac{1}{2\pi}\frac{F_s}{f_r}F(\alpha_C, n)}{\frac{1}{2\pi}\frac{F_s}{f_r}\frac{\partial f}{\partial \alpha_c}Z_r}\hat{v}_{xz} + \frac{I_y}{V_{xz}}\hat{v}_{xz} - \frac{\frac{V_{xz}}{2\pi}F(\alpha_C, n)}{\frac{1}{2\pi}\frac{F_s}{f_r}\frac{\partial f}{\partial \alpha_c}Z_r}\frac{F_s\hat{f}_s}{f_r F_s}$$

引入定义

$$g_o \overset{\Delta}{=} -\frac{1}{\frac{1}{2\pi}\frac{F_s}{f_r}\frac{\partial f}{\partial \alpha_c}Z_r}$$

考虑直流等式

$$\mu_C = \frac{1}{2\pi}\frac{F_s}{f_r}F(\alpha_C, n) = \frac{I_x}{I_y} = \frac{V_{yz}}{V_{xz}}$$

可以得到

$$\hat{i}_y = -g_o\hat{v}_{yz} + g_o\mu_C\hat{v}_{xz} + \frac{I_y}{V_{xz}}\hat{v}_{xz} + g_o V_{xz}\mu_C\frac{\hat{f}_s}{F_s}$$

由于 $V_{yz} = \mu_C V_{xz}$，定义归一化扰动开关频率如下：

$$\hat{f}_n \overset{\Delta}{=} \frac{\hat{f}_s}{F_s}$$

结合等式

$$g_f \overset{\Delta}{=} g_o\mu_C + \frac{I_y}{V_{xz}}$$

$$k_0 \overset{\Delta}{=} g_0 V_{yz}$$

先前的方程式可以简化为如下所示的形式，即平均 ZC 谐振开关输出电流小信号扰动的最终表达式为

$$\hat{i}_y = -g_o\hat{v}_{yz} + g_f\hat{v}_{xz} + k_0\hat{f}_n$$

在 g_0 的定义式中，$f(\alpha_c, n)$ 的偏导数计算公式为

$$\frac{\partial f(\alpha_c, n)}{\partial \alpha_c} = \frac{1}{2} - (-1)^n\frac{1}{\sqrt{1-\alpha_c^2}} - \frac{1}{\alpha_c^2} - (-1)^n\frac{1}{2}\frac{1}{\sqrt{\frac{1}{\alpha_c^2}-1}}(-2)\frac{1}{\alpha_c^3}$$

$$= \frac{1}{2} - (-1)^n \frac{1}{\sqrt{1-\alpha_c^2}} - \frac{1}{\alpha_c^2} + (-1)^n \frac{1}{\sqrt{1-\alpha_c^2}} \frac{1}{\alpha_c^2}$$

$$= \frac{1}{2} - \frac{1}{\alpha_c^2} + (-1)^n \frac{1}{\sqrt{1-\alpha_c^2}} \left(\frac{1}{\alpha_c^2} - 1 \right)$$

$$= \frac{1}{2} - \frac{1}{\alpha_c^2} + (-1)^n \frac{1}{\sqrt{1-\alpha_c^2}} \frac{1-\alpha_c^2}{\alpha_c^2}$$

$$= \frac{1}{2} - \frac{1}{\alpha_c^2} + (-1)^n \frac{\sqrt{1-\alpha_c^2}}{\alpha_c^2}$$

平均时间域电流公式为

$$i_x = \mu_c i_y$$

隔离交流小信号线性项之后，引入小信号扰动，得到

$$\hat{i}_x = \mu_C \hat{i}_y + I_y \hat{\mu}_c = \mu_C \hat{i}_y + I_y \left[\frac{1}{2\pi} \frac{F_s}{f_r} \frac{\partial f}{\partial \alpha_c} d\alpha_c + \frac{1}{2\pi} \frac{1}{f_r} F(\alpha_C, n) \hat{f}_s \right]$$

进一步可以得到

$$\hat{i}_x = \mu_C \hat{i}_y + I_y \mu_C \hat{f}_n + \frac{I_y}{2\pi} \frac{F_s}{f_r} \frac{\partial f}{\partial \alpha_c} d\alpha_c$$

考虑先前归一化频率的定义和 μ_c 的直流表达式，用 $d\alpha_c$ 代替前面的等式，可得到

$$\hat{i}_x = \mu_C \hat{i}_y + I_y \mu_C \hat{f}_n + \frac{I_y}{2\pi} \frac{F_s}{f_r} \frac{\partial f}{\partial \alpha_c} \left(\frac{Z_r}{V_{xz}} \hat{i}_y - \frac{Z_r I_y}{V_{xz}^2} \hat{v}_{xz} \right)$$

或

$$\hat{i}_x = \mu_C \hat{i}_y + \frac{I_y}{2\pi} \frac{F_s}{f_r} \frac{\partial f}{\partial \alpha_c} \frac{Z_r}{V_{xz}} \hat{i}_y - \frac{I_y}{2\pi} \frac{F_s}{f_r} \frac{\partial f}{\partial \alpha_c} \frac{Z_r I_y}{V_{xz}^2} \hat{v}_{xz} + I_y \mu_C \hat{f}_n$$

引入如下定义

$$g_i \overset{\Delta}{=} -\frac{1}{2\pi} \frac{F_s}{f_r} \frac{\partial f}{\partial \alpha_c} \frac{I_y^2 Z_r}{V_{xz}^2} = -\frac{1}{2\pi} \frac{F_s}{f_r} \frac{\partial f}{\partial \alpha_c} \alpha_C^2 \frac{1}{Z_r}$$

上述的等式可以简化为

$$\hat{i}_x = \mu_C \hat{i}_y - g_i \frac{V_{xz}}{I_y} \hat{i}_y + g_i \hat{v}_{xz} + I_y \mu_C \hat{f}_n$$

又定义

$$k_r \overset{\Delta}{=} \mu_C - g_i \frac{V_{xz}}{I_y} = \mu_C - g_i \frac{Z_r}{\alpha_C}$$

$$k_i \overset{\Delta}{=} I_y \mu_C = I_x$$

得到 ZC 谐振开关输出电流的小信号扰动的最终表达式为

$$\hat{i}_x = g_i \hat{v}_{xz} + k_r \hat{i}_y + k_i \hat{f}_n$$

$\hat{i}_y$ 和 $\hat{i}_x$ 的方程式可以用小信号等效电路表示，如图 2.48 所示，它代表了平均 ZC 谐振开关的小信号模型。

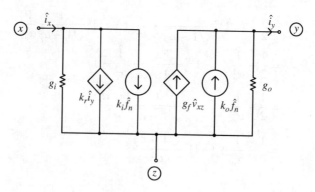

图 2.48　ZC 谐振开关的等效小信号模型

2.7.2　零电压(ZV)谐振开关的平均模型

　　ZVS 变换器结构中的三端开关单元可以从前节 ZCS 变换器中提取。在图 2.49 中指定 ZV 单元专用于 ZVS 变换器。

　　在详细介绍准谐振变换器时,可发现端电压和 ZV 开关单元的电流之间的关系, ZV 开关单元可以调控 ZVS 变换器的周期性开关工作。它们的关系与应用于 ZCS 变换器中的在 ZC 单元很相似。发现 ZV 开关单元可以由下面输入输出方程中的平均时域端电压和电流来描述:

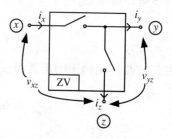

图 2.49　ZVS 变换器的三端开关单元

$$\frac{i_x}{i_y} = \frac{v_{yz}}{v_{xz}} = 1 - \frac{1}{2\pi}\frac{f_s}{f_r}f(\alpha_v, n) = \mu_v$$

其中

$$\alpha_v = \frac{v_{xz}}{i_y}\frac{1}{Z_r}, \quad Z_r = \sqrt{\frac{L_r}{C_r}}$$

$f(\alpha_v, n)$ 与 $f(\alpha_c, n)$ 具有相同的结构。注意,在上述公式中使用 α_v 和 μ_v,表示为 ZV 模型。

　　由等效直流模型可以得到

$$\frac{I_x}{I_y} = \frac{V_{yz}}{V_{xz}} = 1 - \frac{1}{2\pi}\frac{F_s}{f_r}F(\alpha_V, n) = \mu_V$$

式中

$$\alpha_V = \frac{V_{xz}}{I_y}\frac{1}{Z_r}$$

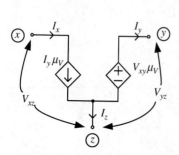

图 2.50　零电压谐振开关的等效直流模型

$F(\alpha_V, n)$ 表示直流 $f(\alpha_v, n)$ 的值, α_V 表示直流 α_v 的值, μ_V 表示 μ_v 直流值。因此,可以得出 ZV 谐振开关的直流等效模型,如图 2.50 所示。

　　为了得到小信号模型,将 ZV 谐振开关的端电压方程重新表述如下:

$$v_{yz} = v_{xz} - \frac{1}{2\pi}\frac{f_s}{f_r}f(\alpha_v, n)v_{xz}$$

将小信号扰动引入时域的平均电压、电流和切换频率,并分离线性小信号，得出如下等式：

$$\hat{v}_{yz} = \hat{v}_{xz} - \frac{1}{2\pi}\frac{V_{xz}}{f_r}F(\alpha_V, n)\hat{f}_s - \frac{V_{xz}}{2\pi}\frac{F_s}{f_r}\frac{\partial f(\alpha_v, n)}{\partial \alpha_v}d\alpha_v - \frac{1}{2\pi}\frac{F_s}{f_r}F(\alpha_V, n)\hat{v}_{xz}$$

$$\hat{\alpha}_v = d\alpha_v = \frac{1}{Z_r}\frac{\hat{v}_{xz}}{I_y} - \frac{1}{Z_r}\frac{V_{xz}}{I_y^2}\hat{i}_y$$

将第二个等式中的 $d\alpha_v$ 带入第一个等式，得到

$$\hat{v}_{yz} = \hat{v}_{xz} - \frac{1}{2\pi}\frac{V_{xz}}{f_r}F(\alpha_V, n)\hat{f}_s - \frac{V_{xz}}{2\pi}\frac{F_s}{f_r}\frac{\partial f(\alpha_v, n)}{\partial \alpha_v}\left(\frac{1}{Z_r}\frac{\hat{v}_{xz}}{I_y} - \frac{1}{Z_r}\frac{V_{xz}}{I_y^2}\hat{i}_y\right) - \frac{1}{2\pi}\frac{F_s}{f_r}F(\alpha_V, n)\hat{v}_{xz}$$

或

$$\hat{v}_{yz} = \left[1 - \frac{1}{2\pi}\frac{F_s}{f_r}F(\alpha_V, n) - \frac{1}{Z_r}\frac{1}{2\pi}\frac{F_s}{f_r}\frac{\partial f(\alpha_v, n)}{\partial \alpha_v}\frac{V_{xz}}{I_y}\right]\hat{v}_{xz} - \frac{1}{2\pi}\frac{V_{xz}}{f_r}F(\alpha_V, n)\hat{f}_s + \frac{1}{Z_r}\frac{1}{2\pi}\frac{F_s}{f_r}\frac{\partial f(\alpha_v, n)}{\partial \alpha_v}\frac{V_{xz}^2}{I_y^2}\hat{i}_y$$

其中

$$-\frac{1}{Z_r}\frac{1}{2\pi}\frac{F_s}{f_r}\frac{\partial f(\alpha_v, n)}{\partial \alpha_v}\frac{V_{xz}^2}{I_y^2}\hat{i}_y = -\hat{v}_{yz} + \left[1 - \frac{1}{2\pi}\frac{F_s}{f_r}F(\alpha_V, n) - \frac{1}{Z_r}\frac{1}{2\pi}\frac{F_s}{f_r}\frac{\partial f(\alpha_v, n)}{\partial \alpha_v}\frac{V_{xz}}{I_y}\right]\hat{v}_{xz} - \frac{1}{2\pi}\frac{V_{xz}}{f_r}F(\alpha_V, n)\hat{f}_s$$

考虑直流增益 μ_V，可以从上面的等式中得到 $\hat{i}_y$

$$\hat{i}_y = -\frac{1}{-\frac{1}{Z_r}\frac{1}{2\pi}\frac{F_s}{f_r}\frac{\partial f(\alpha_v, n)}{\partial \alpha_v}\frac{V_{xz}^2}{I_y^2}}\hat{v}_{yz} + \frac{\mu_V - \frac{1}{Z_r}\frac{1}{2\pi}\frac{F_s}{f_r}\frac{\partial f(\alpha_v, n)}{\partial \alpha_v}\frac{V_{xz}}{I_y}}{-\frac{1}{Z_r}\frac{1}{2\pi}\frac{F_s}{f_r}\frac{\partial f(\alpha_v, n)}{\partial \alpha_v}\frac{V_{xz}^2}{I_y^2}}\hat{v}_{xz} - \frac{V_{xz}\frac{1}{2\pi}\frac{F_s}{f_r}F(\alpha_V, n)}{-\frac{1}{Z_r}\frac{1}{2\pi}\frac{F_s}{f_r}\frac{\partial f(\alpha_v, n)}{\partial \alpha_v}\frac{V_{xz}^2}{I_y^2}}\frac{\hat{f}_s}{F_s}$$

通过定义

$$g_0 \overset{\Delta}{=} -\frac{1}{\frac{1}{Z_r}\frac{1}{2\pi}\frac{F_s}{f_r}\frac{\partial f(\alpha_v, n)}{\partial \alpha_v}\frac{V_{xz}^2}{I_y^2}} = -\frac{\frac{1}{Z_r}}{\frac{1}{2\pi}\frac{F_s}{f_r}\frac{\partial f(\alpha_v, n)}{\partial \alpha_v}\frac{1}{Z_r^2}\frac{V_{xz}^2}{I_y^2}}$$

代入 α_v 的表达式

$$g_0 = -\frac{\frac{1}{Z_r}}{\frac{\alpha_V^2}{2\pi}\frac{F_s}{f_r}\frac{\partial f(\alpha_v, n)}{\partial \alpha_v}}$$

得到

$$\hat{i}_y = -g_0\hat{v}_{yz} + \left(\mu_V g_0 + \frac{I_y}{V_{xz}}\right)\hat{v}_{xz} - g_0 V_{xz}\frac{1}{2\pi}\frac{F_s}{f_r}F(\alpha_V, n)\frac{\hat{f}_s}{F_s}$$

代入到 μ_V 的直流增益公式，上述等式可以化为

$$\hat{i}_y = -g_0\hat{v}_{yz} + \left(\mu_V g_0 + \frac{I_y}{V_{xz}}\right)\hat{v}_{xz} - g_0 V_{xz}(1 - \mu_V)\frac{\hat{f}_s}{F_s}$$

经过一系列计算得到

$$V_{xz}(1 - \mu_V) = V_{xz} - V_{xz}\mu_V = V_{xz} - V_{yz} = V_{xy}$$

且有

$$\hat{i}_y = -g_0\hat{v}_{yz} + \left(\mu_V g_0 + \frac{I_y}{V_{xz}}\right)\hat{v}_{xz} - g_0 V_{xy}\frac{\hat{f}_s}{F_s}$$

定义

$$g_f \stackrel{\Delta}{=} \mu_V g_0 + \frac{I_y}{V_{xz}}$$

$$k_o \stackrel{\Delta}{=} -g_0 V_{xy}$$

运用端电压的小信号扰动及开关频率的归一化小信号扰动的形式，可以得到输出电流小信号扰动的最终公式

$$\hat{i}_y = -g_0\hat{v}_{yz} + g_f\hat{v}_{xz} + k_0\frac{\hat{f}_s}{F_s}$$

即

$$\hat{i}_y = -g_0\hat{v}_{yz} + g_f\hat{v}_{xz} + k_0\hat{f}_n$$

回到 ZV 谐振开关的端电流方程

$$i_x = i_y - \frac{1}{2\pi}\frac{f_s}{f_r}f(\alpha_v, n)i_y$$

对平均时域变量施加小信号扰动，并提取线性小信号项，可以得到

$$\hat{i}_x = \hat{i}_y - \frac{1}{2\pi}\frac{I_y}{f_r}F(\alpha_V, n)\hat{f}_s - \frac{I_y}{2\pi}\frac{F_s}{f_r}\frac{\partial f(\alpha_v, n)}{\partial \alpha_v}d\alpha_v - \frac{1}{2\pi}\frac{F_s}{f_r}F(\alpha_V, n)\hat{i}_y$$

用之前推导的表达式代替 $d\alpha_v$，可以得到

$$\hat{i}_x = \hat{i}_y - \frac{1}{2\pi}\frac{I_y}{f_r}F(\alpha_V, n)\hat{f}_s - \frac{I_y}{2\pi}\frac{F_s}{f_r}\frac{\partial f(\alpha_v, n)}{\partial \alpha_v}\left(\frac{1}{Z_r}\frac{\hat{v}_{xz}}{I_y} - \frac{1}{Z_r}\frac{V_{xz}}{I_y^2}\hat{i}_y\right) - \frac{1}{2\pi}\frac{F_s}{f_r}F(\alpha_V, n)\hat{i}_y$$

或

$$\hat{i}_x = \left[1 - \frac{1}{2\pi}\frac{F_s}{f_r}F(\alpha_V, n) + \frac{1}{Z_r}\frac{1}{2\pi}\frac{F_s}{f_r}\frac{\partial f(\alpha_v, n)}{\partial \alpha_v}\frac{V_{xz}}{I_y}\right]\hat{i}_y - \frac{1}{Z_r}\frac{I_y}{2\pi}\frac{F_s}{f_r}\frac{\partial f(\alpha_v, n)}{\partial \alpha_v}\frac{\hat{v}_{xz}}{I_y} - \frac{1}{2\pi}\frac{I_y}{f_r}F(\alpha_V, n)\hat{f}_s$$

代入直流增益表达式 μ_V，等式可进一步写为

$$\hat{i}_x = -\frac{1}{Z_r}\frac{1}{2\pi}\frac{F_s}{f_r}\frac{\partial f(\alpha_v, n)}{\partial \alpha_v}\hat{v}_{xz} + \left[\mu_V + \frac{1}{Z_r}\frac{1}{2\pi}\frac{F_s}{f_r}\frac{\partial f(\alpha_v, n)}{\partial \alpha_v}\frac{V_{xz}}{I_y}\right]\hat{i}_y - \frac{1}{2\pi}\frac{I_y}{f_r}F(\alpha_V, n)\hat{f}_s$$

或

$$\hat{i}_x = -\frac{1}{Z_r}\frac{1}{2\pi}\frac{F_s}{f_r}\frac{\partial f(\alpha_v, n)}{\partial \alpha_v}\hat{v}_{xz} + \left[\mu_V + \frac{1}{Z_r}\frac{1}{2\pi}\frac{F_s}{f_r}\frac{\partial f(\alpha_v, n)}{\partial \alpha_v}\frac{V_{xz}}{I_y}\right]\hat{i}_y - I_y\frac{1}{2\pi}\frac{F_s}{f_r}F(\alpha_V, n)\frac{\hat{f}_s}{F_s}$$

引入定义

$$g_i \stackrel{\Delta}{=} -\frac{1}{Z_r}\frac{1}{2\pi}\frac{F_s}{f_r}\frac{\partial f(\alpha_v, n)}{\partial \alpha_v}$$

得到

$$\hat{i}_x = g_i\hat{v}_{xz} + \left(\mu_V - g_i\frac{V_{xz}}{I_y}\right)\hat{i}_y - I_y(1 - \mu_V)\frac{\hat{f}_s}{F_s}$$

用以下公式继续简化上述表达式：

$$k_r \triangleq \mu_V - g_i \frac{V_{xz}}{I_y} = \mu_V - \alpha_V g_i Z_r$$

$$k_i \triangleq -I_y(1 - \mu_V) = \mu_V I_y - I_y = I_x - I_y = I_z$$

可以得到平均输入电流小信号扰动的最终表达式为

$$\hat{i}_x = g_i \hat{v}_{xz} + k_r \hat{i}_y + k_i \hat{f}_n$$

根据上述两个等式中的 $\hat{i}_x$，$\hat{i}_y$，得出 ZV 谐振开关的小信号等效模型，如图 2.51 所示。

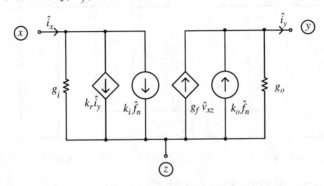

图 2.51　ZV 谐振开关的等效小信号模型

2.7.3　ZCS 准谐振变换器的直流分析和开环小信号传递函数

2.7.3.1　ZCS QR Buck 变换器

　　回到准谐振 Buck 变换器的零电流开关三端单元 (x, y, z)（参见图 2.52）。对于直流分析，应当用图 2.47 中的一般直流等效模型替代 ZC 单元。将电感用短路代替、将电容用开路代替，得到 ZCS QR Buck 变换器（参见图 2.53）的直流等效模型。

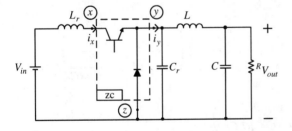

图 2.52　ZCS QR Buck 变换器

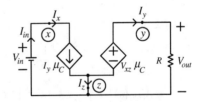

图 2.53　ZCS QR Buck 变换器的直流等效模型

根据图 2.53 可得

$$V_{in} = V_{xz}; \quad V_{yz} = V_{out}; \quad I_y = I_{out}$$

利用 2.7.1 节里的结论，根据 ZC 开关单元的直流增益，可以得到

$$\mu_C = \frac{V_{out}}{V_{in}}$$

和

$$\mu_C = \frac{1}{2\pi} \frac{F_s}{f_r} F(\alpha_C, n)$$

$$\alpha_C = \frac{I_y Z_r}{V_{xz}} = \frac{I_{out} Z_r}{V_{in}} = \frac{M Z_r}{R}$$

根据在 2.7.1 节中给出的公式计算出 $F(\alpha_c, n)$。

对于小信号分析，在 QR Buck 变换器中加入 ZC 单元，形成一般小信号等效模型，如图 2.48 所示的推导过程。输入电压 V_{in}，换成了小信号扰动 $\hat{v}_{in}$。为了推导出从线（输入电压）到负载（输出）电压的开环传递函数，禁用含有 $\hat{f}_n$ 的电流源，即设置 $\hat{f}_n = 0$。可以得到图 2.54 所示的等效电路。

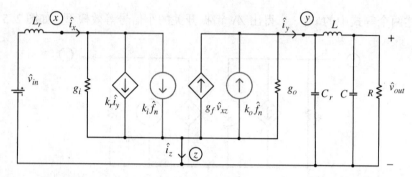

图 2.54　为推导开环小信号输入到输出传递函数的 ZCS QR Buck 变换器的等效电路

在上述电路使用 KVL 和 KCL，得到方程组

$$\hat{V}_{xz}(s) = \hat{V}_{in}(s) - \hat{I}_x(s)L_r s$$

$$\frac{\hat{V}_{yz}(s) - \hat{V}_{out}(s)}{sL} = \hat{V}_{out}(s)\left(\frac{1}{R} + sC\right)$$

其中

$$\hat{V}_{yz}(s) = \hat{V}_{out}(s)\left(1 + \frac{L}{R}s + LCs^2\right)$$

且有

$$\hat{I}_y(s) = \hat{V}_{yz}(s)\left(C_r s + \frac{1}{sL + \dfrac{1}{\dfrac{1}{R} + sC}}\right) = \hat{V}_{out}(s)\left(1 + \frac{L}{R}s + LCs^2\right)\left(C_r s + \frac{1}{sL + \dfrac{R}{1 + sRC}}\right)$$

$$= \hat{V}_{out}(s)\left(1 + \frac{L}{R}s + LCs^2\right)\left(C_r s + \frac{1 + sRC}{R + sL + RLCs^2}\right)$$

$$= \hat{V}_{out}(s)\left(\frac{1}{R} + sC + C_r s + \frac{LC_r}{R}s^2 + LCC_r s^3\right)$$

由图 2.54，可以用拉普拉斯变换表示小信号扰动的端电流 $\hat{I}_x(s)$，$\hat{I}_y(s)$

$$\hat{I}_y(s) = -g_o\hat{V}_{yz}(s) + g_f\hat{V}_{xz}(s)$$

$$\hat{I}_x(s) = g_i\hat{V}_{xz}(s) + k_r\hat{I}_y(s)$$

代入前面等式中的 $\hat{V}_{xz}(s)$

$$\hat{I}_x(s) = g_i\hat{V}_{xz}(s) + k_r\hat{I}_y(s) = k_r\hat{I}_y(s) + g_i\left[\hat{V}_{in}(s) - \hat{I}_x(s)sL_r\right]$$

即

$$\hat{I}_x(s) = \frac{1}{1 + g_iL_r s}\left[k_r\hat{I}_y(s) + g_i\hat{V}_{in}(s)\right]$$

且有

$$\hat{I}_y(s) = g_f\hat{V}_{xz}(s) - g_o\hat{V}_{yz}(s) = -g_o\hat{V}_{yz}(s) + g_f\left[\hat{V}_{in}(s) - \hat{I}_x(s)sL_r\right]$$

即

$$\hat{I}_y(s) + g_o\hat{V}_{yz}(s) = g_f\hat{V}_{in}(s) - g_fsL_r\hat{I}_x(s)$$

用 $\hat{I}_x(s)$ 代替原先的等式

$$\hat{I}_y(s) + g_o\hat{V}_{yz}(s) = g_f\hat{V}_{in}(s) - g_fL_rs\frac{1}{1+g_iL_rs}\left[k_r\hat{I}_y(s) + g_i\hat{V}_{in}(s)\right]$$

对先前导出的关系式 $\hat{I}_y(s)$ 和 $\hat{V}_{yz}(s)$ 进行简单的代数运算，可得到

$$(1+g_iL_rs)\hat{I}_y(s) + g_o(1+g_iL_rs)\hat{V}_{yz}(s) = g_f(1+g_iL_rs)\hat{V}_{in}(s) - g_fL_rs\left[k_r\hat{I}_y(s) + g_i\hat{V}_{in}(s)\right]$$

$$(1+g_iL_rs + g_fk_rL_rs)\hat{I}_y(s) + g_o(1+g_iL_rs)\hat{V}_{yz}(s) = g_f\hat{V}_{in}(s)$$

$$(1+g_iL_rs + g_fk_rL_rs)\left(\frac{1}{R} + sC + C_rs + \frac{LC_r}{R}s^2 + LCC_rs^3\right)\hat{V}_{out}(s) + g_o(1+g_iL_rs)\left(1+\frac{L}{R}s + LCs^2\right)\hat{V}_{out}(s)$$

$$= g_f\hat{V}_{in}(s)$$

推导 ZCS QR Buck 变换器开环小信号输入到输出电压的传递函数 $G_{vg}(s)$，可得到

$$\frac{\hat{V}_{out}(s)}{\hat{V}_{in}(s)} = \frac{g_f}{A + Bs + Ds^2 + Es^3 + Fs^4}$$

式中

$$A = g_o + \frac{1}{R}$$

$$B = \left(g_og_i + \frac{g_i + k_rg_f}{R}\right)L_r + C_r + C + \frac{g_oL}{R}$$

$$D = \frac{L}{R}C_r + (g_i + k_rg_f)(C + C_r)L_r + g_oLC + \frac{g_og_i}{R}L_rL$$

$$E = LCC_r + g_og_iLCL_r + \frac{g_i + k_rg_f}{R}LL_rC_r$$

$$F = (g_i + k_rg_f)LCL_rC_r$$

上述方程中 g_0，g_i，g_f 和 k_r 根据它们在 2.7.1 节的定义计算，考虑到该 Buck 变换器 $I_y = I_{out}$，$V_{xz} = V_{in}$ 和 $V_{yz} = V_{out}$。

检查该输入到输出的小信号传递函数（即 $s = 0$ 的值）的直流增益 μ_C 可以简单地验证公式的正确与否。对于 $s = 0$，上面的传递函数可以简化为

$$G_{vg}(s)\big|_{s=0} = \frac{\hat{V}_{out}(s)}{\hat{V}_{in}(s)}\bigg|_{\substack{\hat{I}_n = 0 \\ s = 0}} = \frac{g_f}{g_o + \frac{1}{R}}$$

代入 g_f 的表达式，需要得到

$$\frac{g_f}{g_o + \frac{1}{R}} = \frac{g_o\mu_C + \frac{I_y}{V_{xz}}}{g_o + \frac{1}{R}} = \frac{g_o\mu_C + \frac{I_{out}}{V_{in}}}{g_o + \frac{1}{R}} = \frac{g_o\mu_C + \frac{I_{out}}{V_{out}}\frac{V_{out}}{V_{in}}}{g_o + \frac{1}{R}} = \frac{g_o\mu_C + \frac{1}{R}\mu_C}{g_o + \frac{1}{R}} = \mu_C$$

为了得到规范化的开环开关频率（控制）输出电压的传递函数，在 ZCS QR Buck 变换器（参见图 2.55）的等效小信号电路中使 $\hat{v}_{in} = 0$。

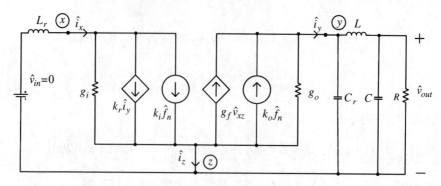

图 2.55　为计算开环控制到输出传递函数的 ZCS QR Buck 变换器的小信号模型

在上述等效电路的输入侧利用 KVL 可以得出

$$\hat{V}_{xz}(s) = -\hat{I}_x(s)L_rs$$

之前计算输入到输出电压的传递函数时推导的 $\hat{I}_y(s)$ 和 $\hat{V}_{yz}(s)$ 的表达式保持不变。根据图 2.55 可以得到

$$\hat{I}_y(s) = -g_o\hat{V}_{yz}(s) + g_f\hat{V}_{xz}(s) + k_o\hat{F}_n(s)$$

$$\hat{I}_x(s) = g_i\hat{V}_{xz}(s) + k_r\hat{I}_y(s) + k_i\hat{F}_n(s)$$

替换 $\hat{V}_{xz}(s)$ 得到如下表达式:

$$\hat{I}_x(s) = k_r\hat{I}_y(s) + g_i\hat{V}_{xz}(s) + k_i\hat{F}_n(s) = k_r\hat{I}_y(s) - g_iL_rs\hat{I}_x(s) + k_i\hat{F}_n(s)$$

其中

$$\hat{I}_x(s) = \frac{1}{1 + g_iL_rs}\left[k_r\hat{I}_y(s) + k_i\hat{F}_n(s)\right]$$

且有

$$\hat{I}_y(s) = -g_o\hat{V}_{yz}(s) - g_fL_rs\hat{I}_x(s) + k_o\hat{F}_n(s) = -g_o\hat{V}_{yz}(s) - g_fL_rs\frac{1}{1 + g_iL_rs}\left[k_r\hat{I}_y(s) + k_i\hat{F}_n(s)\right] + k_o\hat{F}_n(s)$$

令

$$(1 + k_rg_fL_rs + g_iL_rs)\hat{I}_y(s) + g_o(1 + g_iL_rs)\hat{V}_{yz}(s) = (k_o + k_og_iL_rs - k_ig_fL_rs)\hat{F}_n(s)$$

代入 $\hat{I}_y(s)$ 和 $\hat{V}_{yz}(s)$ 的表达式可以得到

$$(1 + k_rg_fL_rs + g_iL_rs)\left(\frac{1}{R} + sC + C_rs + \frac{LC_r}{R}s^2 + LCC_rs^3\right)\hat{V}_{out}(s) + g_o(1 + g_iL_rs)\left(1 + \frac{L}{R}s + LCs^2\right)\hat{V}_{out}$$
$$= (k_o + k_og_iL_rs - k_ig_fL_rs)\hat{F}_n(s)$$

利用最后一个等式, 可以推出 ZCS QR Buck 变换器的开环小信号归一化的开关频率 – 负载电压传递函数 $G_{vf}(s)$ 如下:

$$\frac{\hat{V}_{out}(s)}{\hat{F}_n(s)} = \frac{k_o + (g_ik_o - k_ig_f)L_rs}{A + Bs + Ds^2 + Es^3 + Fs^4}s$$

系数 A, B, D, E, F 与输入输出传递函数一致, 根据 2.7.1 节的定义, $k_i = I_{in}$, $k_0 = g_0V_{out}$。

2.7.3.2　ZCS QR Boost 变换器

这一小节将介绍 QR Boost 变换器的谐振 ZC 开关的三端子(参见图 2.56)。用图 2.47 所示的等效通用直流模型来替代它，电感由短路代替、电容由开路代替，得到一个 ZCS 准谐振 Boost 变换器(参见图 2.57)的直流模型。

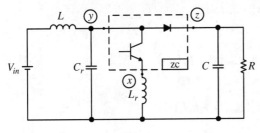

图 2.56　ZCS 准谐振 Boost 变换器

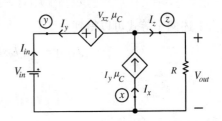

图 2.57　ZCS 准谐振 Boost 变换器直流模型

在这个电路中可以很容易得到

$$V_{in} = V_{xz}\mu_C + V_{out}$$

$$V_{xz} = -V_{out}$$

这意味着直流电压比 M 是

$$M = \frac{V_{out}}{V_{in}} = \frac{1}{1 - \mu_C}$$

或

$$\mu_C = 1 - \frac{1}{M}$$

其中

$$\mu_C = \frac{1}{2\pi}\frac{F_s}{f_r}F(\alpha_C, n)$$

$$\alpha_C = \frac{I_y Z_r}{V_{xz}} = \frac{-I_{in} Z_r}{-V_{out}} = \frac{M Z_r}{R}$$

由图 2.48 所示的小信号模型替代现有的 ZC 开关三端单元，得出 ZCS 准谐振 Boost 变换器的等效小信号模型，其中 V_{in} 和 V_{out} 由小信号扰动取代，分别用 $\hat{v}_{in}(t)$ 和 $\hat{v}_{out}(t)$ 表示。计算输入到输出的小信号传递函数，在此模型中禁用含 $\hat{f}_n$ 的受控源，即设置 $\hat{f}_n$ 为零，得到如图 2.58 所示的电路。

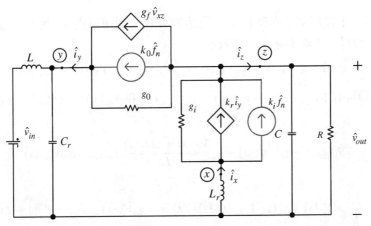

图 2.58　ZCS QR Boost 变换器的用于开环小信号输入到输出传递函数推导的等效电路

写出这个回路的 KVL 和 KCL 方程

$$\hat{V}_{xz}(s) = -\hat{V}_{out}(s) - sL_r\hat{I}_x(s)$$

$$\hat{I}_x(s) = g_i\hat{V}_{xz}(s) + k_r\hat{I}_y(s)$$

由上述两个等式可以得到

$$\hat{I}_x(s) = -g_iL_rs\hat{I}_x(s) - g_i\hat{V}_{out}(s) + k_r\hat{I}_y(s)$$

即

$$(1 + g_iL_rs)\hat{I}_x(s) = -g_i\hat{V}_{out}(s) + k_r\hat{I}_y(s)$$

利用 KCL，可以得到

$$\hat{I}_y(s) = \hat{I}_x(s) - \left(\frac{1}{R} + sC\right)\hat{V}_{out}(s)$$

从之前推导的公式中得到

$$(1 + g_iL_rs)\hat{I}_x(s) = -g_i\hat{V}_{out}(s) + k_r\left[\hat{I}_x(s) - \left(\frac{1}{R} + sC\right)\hat{V}_{out}(s)\right]$$

从而得出 $\hat{I}_x(s)$ 的表达式

$$\hat{I}_x(s) = -\frac{g_i + k_r\left(\dfrac{1}{R} + sC\right)}{(1 - k_r) + g_iL_rs}\hat{V}_{out}(s)$$

通过替换上面公式中的 $\hat{I}_x(s)$，可以得到先前 KCL 方程里的 $\hat{I}_y(s)$ 的表达式

$$\hat{I}_y(s) = -\frac{g_i + k_r\left(\dfrac{1}{R} + sC\right)}{(1 - k_r) + g_iL_rs}\hat{V}_{out}(s) - \left(\frac{1}{R} + sC\right)\hat{V}_{out}(s)$$

$$= -\frac{g_i + k_r(\dfrac{1}{R} + sC) + [(1 - k_r) + g_iL_rs]\left(\dfrac{1}{R} + sC\right)}{(1 - k_r) + g_iL_rs}\hat{V}_{out}(s)$$

$$= -\frac{g_i + (1 + g_iL_rs)\left(\dfrac{1}{R} + sC\right)}{(1 - k_r) + g_iL_rs}\hat{V}_{out}(s)$$

目标是得到一个仅用 $\hat{V}_{in}(s)$ 和 $\hat{V}_{out}(s)$ 表达的方程。利用节点 y，用 KCL 方程可以得到另一个方程，该方程可以消除不必要的变量：

$$\hat{I}_y(s) = g_f\hat{V}_{xz}(s) - g_0\hat{V}_{yz}(s) = g_f\hat{V}_{xz}(s) - g_0[\hat{V}_{Cr}(s) - \hat{V}_{out}(s)]$$

使用先前计算出的 $\hat{V}_{xz}(s)$，$[-\hat{V}_{out}(s) - sL_r\hat{I}_x(s)]$ 和 $\hat{V}_{Cr}(s)$ 的表达式，解左侧回路给出的 KVL 方程

$$\hat{I}_y(s) = -g_fL_rs\hat{I}_x(s) - g_o\frac{\hat{V}_{in}(s) + sL\hat{I}_y(s)}{1 + LC_rs^2} + (g_o - g_f)\hat{V}_{out}(s)$$

或

$$(1 + sg_oL + LC_rs^2)\hat{I}_y(s) + g_fL_rs(1 + LC_rs^2)\hat{I}_x(s) = -g_o\hat{V}_{in}(s) + (g_o - g_f)(1 + LC_rs^2)\hat{V}_{out}(s)$$

$\hat{I}_x(s)$ 和 $\hat{I}_y(s)$ 的表达式，带入先前最后一个等式中的 $\hat{V}_{out}(s)$，可得到

$$-(1 + sg_oL + LC_rs^2)\frac{g_i + (1 + g_iL_rs)\left(\dfrac{1}{R} + sC\right)}{(1 - k_r) + g_iL_rs}\hat{V}_{out}(s) - g_fL_rs(1 + LC_rs^2)\frac{g_i + k_r\left(\dfrac{1}{R} + sC\right)}{(1 - k_r) + g_iL_rs}\hat{V}_{out}(s)$$

$$= -g_o\hat{V}_{in}(s) + (g_o - g_f)(1 + LC_rs^2)\hat{V}_{out}(s)$$

重新排列一下可以得到

$$-(1 + sg_oL + LC_rs^2)\left[g_i + (1 + g_iL_rs)\left(\frac{1}{R} + sC\right)\right]\hat{V}_{out}(s) - g_fL_rs(1 + LC_rs^2)\left[g_i + k_r\left(\frac{1}{R} + sC\right)\right]\hat{V}_{out}(s)$$

$$= -g_o[(1 - k_r) + g_iL_rs]\hat{V}_{in}(s) + (g_o - g_f)(1 + LC_rs^2)[(1 - k_r) + g_iL_rs]\hat{V}_{out}(s)$$

进一步简化为

$$g_o[(1 - k_r) + g_iL_rs]\hat{V}_{in}(s)$$
$$= (g_o - g_f)(1 + LC_rs^2)[(1 - k_r) + g_iL_rs]\hat{V}_{out}(s)$$
$$+ (1 + sg_oL + LC_rs^2)\left[g_i + (1 + g_iL_rs)\left(\frac{1}{R} + sC\right)\right]\hat{V}_{out}(s)$$
$$+ g_fL_rs(1 + LC_rs^2)\left[g_i + k_r\left(\frac{1}{R} + sC\right)\right]\hat{V}_{out}(s)$$

从而得到 ZCS 准谐振 Boost 变换器的开环小信号输入（线）电压到输出（负载）电压的传递函数 $G_{vg}(s)$（$\hat{f}_n = 0$）形式如下：

$$\frac{\hat{V}_{out}(s)}{\hat{V}_{in}(s)} = \frac{g_o(1 - k_r) + g_og_iL_rs}{A + Bs + Ds^2 + Es^3 + Fs^4}$$

式中

$$A = (g_o - g_f)(1 - k_r) + \left(\frac{1}{R} + g_i\right)$$

$$B = g_og_i(L_r + L) + C + \frac{(g_i + k_rg_f)L_r + g_oL}{R}$$

$$D = \left[(g_o - g_f)(1 - k_r) + \left(\frac{1}{R} + g_i\right)\right]LC_r + (g_i + k_rg_f)L_rC + g_oLC + \frac{g_ig_o}{R}L_rL$$

$$E = \left(g_og_i + \frac{g_i + k_rg_f}{R}\right)LL_rC_r + LCC_r + g_og_iL_rLC$$

$$F = (g_i + k_rg_f)LCL_rC_r$$

通过验证每部分系数的单位是否有意义，从而检查这个长表达式是否正确。上式中自由项的单位满足 $[g_o][k_r] = [1/R]$，k_r 无量纲 [这里，我们用(…)表示量纲，或者一个元素的单位]。A 的部分与 $[1/R]$ 相同，因为 $[g_f] = [1/R]$。因此，对于 $s = 0$，可以得到一个无量纲的表达式，其预期是电压的比值。表达式中第二项系数的单位是 $[g_0][g_i][L_r] = [L]/[R]^2$。由于第二项是复频率 s 的表达式，其系数的单位必须是 $[L]/[R]$ 或 $[C][R]$，与 s^0 成正比，这点必须满足。系数 B 中的项单位是 $[L]/[R]^2$ 或 $[C]$，而这又满足所述规则。系数 D 的所有单位（即 s^2 的单位）是 $[L][C]/[R]$，显然 $[C][R]$ 或 $[L]/[R]$ 是 s^1 的整数倍（或，是 s^0 的 $[L][C]$ 倍）。系数 E（即 s^3 的系数）的单位为 $[L]^2[C]/[R]^2[L][C]^2$，所以规则继续成立。最后，在 s^4 项的系数，即 F 的单位是 $[L]^2[C]^2/[R]$，与单位的预期规则相同。

还有一种更简单的检查方法，即小信号的输入电压到输出电压的传递函数（对于 $s = 0$ 获得)的直流值必须与直流分析得到的直流电压增益是相同的。虽然这样的验证相当费力，但是必须做，因为它可以增加传递函数计算的正确性。可以发现 $G_{vg}(0)$ 为

$$G_{vg}(0) = \frac{g_o(1-k_r)}{(g_o-g_f)(1-k_r)+\dfrac{1}{R}+g_i} = \frac{1}{1-\dfrac{g_f}{g_o}+\dfrac{1}{R}\dfrac{1}{g_o(1-k_r)}+\dfrac{g_i}{g_o(1-k_r)}}$$

对于 ZCS Boost 变换器来说，根据图 2.57，$I_y = -I_{in}$ 或 $V_{xz}-V_{out}$，根据 2.7.1 节它们的定义，计算 $G_{vg}(0)$ 的系数

$$g_f = g_o\mu_C + \frac{I_y}{V_{xz}} = g_o\mu_C + \frac{-I_{in}}{-V_{out}} = g_o\mu_C + \frac{1}{R(1-\mu_C)}$$

$$\alpha_C = \frac{I_y}{V_{xz}}Z_r = \frac{Z_r}{R(1-\mu_C)}$$

$$k_r = \mu_C - g_i\frac{V_{xz}}{I_y} = \mu_C - g_i R(1-\mu_C)$$

$$g_i = \alpha_C^2\frac{1}{g_o Z_r^2} = \frac{1}{g_o R^2(1-\mu_C)^2}$$

这意味着

$$k_r = \mu_C - \frac{1}{g_o R(1-\mu_C)}$$

因此

$$G_{vg}(0) = \frac{1}{1-\mu_C - \dfrac{1}{g_o R(1-\mu_C)} + \dfrac{1}{g_o R\left[1-\mu_C+\dfrac{1}{g_o R(1-\mu_C)}\right]} + \dfrac{1}{g_o^2 R^2(1-\mu_C)^2\left[1-\mu_C+\dfrac{1}{g_o R(1-\mu_C)}\right]}}$$

$$= \frac{1}{1-\mu_C - \dfrac{g_o R(1-\mu_C)\left[1-\mu_C+\dfrac{1}{g_o R(1-\mu_C)}\right] - g_o R(1-\mu_C)^2 - 1}{g_o^2 R^2(1-\mu_C)^2\left[1-\mu_C+\dfrac{1}{g_o R(1-\mu_C)}\right]}}$$

$$= \frac{1}{1-\mu_C} = M$$

也就是说，可以重新获得直流电压增益。

为了得到控制到输出的小信号传递函数，在 ZC 准谐振 Boost 变换器的等效小信号模型中设定 $\hat{v}_{in} = 0$，可以得到图 2.59 所示的电路。

推导输入到输出传递函数时发现下述等式仍然是无效的。

$$\hat{V}_{xz}(s) = -\hat{V}_{out}(s) - sL_r\hat{I}_x(s)$$

对节点 x 应用 KCL 公式，可得到

$$\hat{I}_x(s) = g_i\hat{V}_{xz}(s) + k_r\hat{I}_y(s) + k_i\hat{F}_n(s)$$

带入前面推出的 $\hat{V}_{xz}(s)$ 节点利用 KCL 等式得出 $\hat{I}_y(s)$，可得出

$$\hat{I}_x(s) = -g_i L_r s\hat{I}_x(s) - g_i\hat{V}_{out}(s) + k_r\left[\hat{I}_x(s) - \left(\frac{1}{R}+sC\right)\hat{V}_{out}(s)\right] + k_i\hat{F}_n(s)$$

即只有通过小信号输出电压和标准化开关频率扰动的拉普拉斯变换，才可以得到 $\hat{I}_x(s)$ 的表达式

$$\hat{I}_x(s) = -\frac{g_i + k_r\left(\dfrac{1}{R}+sC\right)}{1-k_r+g_i L_r s}\hat{V}_{out}(s) + \frac{k_i}{1-k_r+g_i L_r s}\hat{F}_n(s)$$

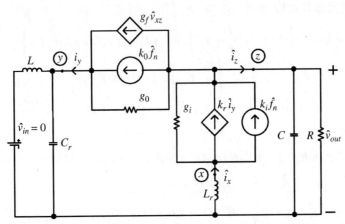

图 2.59　ZCS QR Boost 变换器用于开环小信号控制到输出传递函数推导的等效电路

KCL 公式

$$\hat{I}_y(s) + \frac{\hat{V}_{out}(s)}{R} + sC\hat{V}_{out}(s) = \hat{I}_x(s)$$

发现当导出输入到输出传递函数时也仍然有效。通过用先前计算的公式取代 $\hat{I}_x(s)$，仅通过小信号输出电压和归一化开关频率扰动的拉普拉斯变换可得到 $\hat{I}_y(s)$

$$\hat{I}_y(s) = -\frac{g_i + k_r\left(\frac{1}{R} + sC\right)}{1 - k_r + g_iL_rs}\hat{V}_{out}(s) + \frac{k_i}{1 - k_r + g_iL_rs}\hat{F}_n(s) - \left(\frac{1}{R} + sC\right)\hat{V}_{out}(s)$$

$$= -\frac{g_i + \left(\frac{1}{R} + sC\right)(1 + g_iL_rs)}{1 - k_r + g_iL_rs}\hat{V}_{out}(s) + \frac{k_i}{1 - k_r + g_iL_rs}\hat{F}_n(s)$$

通过在节点 y 应用 KCL 得到一个附加的公式

$$\hat{I}_y(s) = g_f\hat{V}_{xz}(s) - g_0\hat{V}_{yz}(s) + k_0\hat{F}_n(s) = g_f\hat{V}_{xz}(s) - g_0[\hat{V}_{Cr}(s) - \hat{V}_{out}(s)] + k_0\hat{F}_n(s)$$

利用先前得到的表达式 $\hat{V}_{xz}(s)\left[-\hat{V}_{out}(s) - sL_r\hat{I}_x(s)\right]$，可得到

$$\hat{I}_y(s) = -g_fL_rs\hat{I}_x(s) - g_0\frac{sL\hat{I}_y(s)}{1 + LC_rs^2} + (g_o - g_f)\hat{V}_{out}(s) + k_o\hat{F}_n(s)$$

也可以写为

$$(1 + g_osL + LC_rs^2)\hat{I}_y(s) + g_fL_rs(1 + LC_rs^2)\hat{I}_x(s) = (g_o - g_f)(1 + LC_rs^2)\hat{V}_{out}(s) + k_o(1 + LC_rs^2)\hat{F}_n(s)$$

代入之前公式中推导的 $\hat{I}_x(s)$ 和 $\hat{I}_y(s)$ 的表达式，可得到

$$(1 + g_osL + LC_rs^2)\left[-\frac{g_i + \left(\frac{1}{R} + sC\right)(1 + g_iL_rs)}{1 - k_r + g_iL_rs}\hat{V}_{out}(s) + \frac{k_i}{1 - k_r + g_iL_rs}\hat{F}_n(s)\right]$$

$$+ g_fL_rs(1 + LC_rs^2)\left[-\frac{g_i + k_r(\frac{1}{R} + sC)}{1 - k_r + g_iL_rs}\hat{V}_{out}(s) + \frac{k_i}{1 - k_r + g_iL_rs}\hat{F}_n(s)\right]$$

$$= (g_o - g_f)(1 + LC_rs^2)\hat{V}_{out}(s) + k_o(1 + LC_rs^2)\hat{F}_n(s)$$

通过简单的代数运算可以得到

$$(1 + g_o sL + LC_r s^2)\left\{-\left[g_i + \left(\frac{1}{R} + sC\right)(1 + g_i L_r s)\right]\hat{V}_{out}(s) + k_i \hat{F}_n(s)\right\}$$

$$+ g_f L_r s(1 + LC_r s^2)\left\{-\left[g_i + k_r\left(\frac{1}{R} + sC\right)\right]\hat{V}_{out}(s) + k_i \hat{F}_n(s)\right\}$$

$$= (g_o - g_f)(1 + LC_r s^2)(1 - k_r + g_i L_r s)\hat{V}_{out}(s) + k_o(1 + LC_r s^2)(1 - k_r + g_i L_r s)\hat{F}_n(s)$$

重新排列可以得到

$$(1 + g_o sL + LC_r s^2)k_i \hat{F}_n(s) + g_f L_r s(1 + LC_r s^2)k_i \hat{F}_n(s) - k_o(1 + LC_r s^2)(1 - k_r + g_i L_r s)\hat{F}_n(s)$$

$$= (g_o - g_f)(1 + LC_r s^2)(1 - k_r + g_i L_r s)\hat{V}_{out}(s)$$

$$+ (1 + g_o sL + LC_r s^2)\left[g_i + \left(\frac{1}{R} + sC\right)(1 + g_i L_r s)\right]\hat{V}_{out}(s)$$

$$+ g_f L_r s(1 + LC_r s^2)\left[g_i + k_r\left(\frac{1}{R} + sC\right)\right]\hat{V}_{out}(s)$$

从这里可以很容易地看到 ZCS 准谐振 Boost 变换器的开环小信号控制(归一化的开关频率)到输出的电压传递函数

$$\frac{\hat{V}_{out}(s)}{\hat{F}_n(s)} = \frac{[k_i - k_o(1 - k_r)] + [(g_f k_i - k_o g_i)L_r + k_i g_o L]s + [k_i - k_o(1 - k_r)]LC_r s^2 + (k_i g_f - k_o g_i)LL_r C_r s^3}{A + Bs + Ds^2 + Es^3 + Fs^4}$$

其中 A, B, D, E 和 F 由所得到的输入到输出的传递函数表达式给出。

同样,利用检查单位来确定公式是否正确。根据 2.7.1 节引入的定义,k_0 和 k_i 的单位是 $[V]/[R]$。A 的单位是 $[1/R]$,对于 $s = 0$ 的传递函数,得到一个电压为单位的值,这应该是电压和一个(无量纲)标准化频率之间的比值。在分子中,s 项系数的单位是 $[V][L]/[R]^2$,因为 g_f 和 g_i 的单位是 $[1/R]$。S^2 项系数的单位是 $[V][L][C]/[R]$,$[V][L]^2[C]/[R]^2$ 是 s^3 项的系数。因此,我们在推导的输入到输出传递函数时所讨论的规则满足控制到输出传递函数的系数。

2.7.3.3　ZCS QR Buck-Boost 变换器

用直流等效模型替代 QR Buck-Boost 变换器(参见图 2.60)的 ZC 三端开关单元。根据直流分析,将电感支路短路和电容支路开路,获得准谐振 ZCS Buck-Boost 变换器的直流等效模型,如图 2.61 所示。

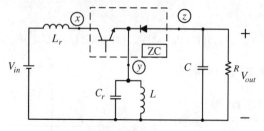

图 2.60　ZC 三端开关单元的准
谐振 Buck-Boost 变换器

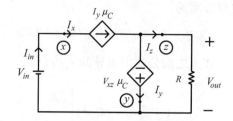

图 2.61　ZCS 准谐振 Buck-Boost
变换器直流等效模型

对该电路应用 KVL,可得到

$$V_{in} = V_{xz} + V_{out}$$

$$\mu_C V_{xz} = -V_{out}$$

因此

$$V_{out} = -\frac{\mu_C}{1-\mu_C}V_{in}$$

极性如图 2.61 所示, 其直流增益为

$$M = -\frac{\mu_C}{1-\mu_C}$$

其中

$$\mu_C = \frac{1}{2\pi}\frac{F_s}{f_r}f(\alpha_C,n)$$

$$\alpha_C = \frac{I_y Z_r}{V_{xz}} = \frac{(I_{in}-I_z)Z_r}{V_{in}-V_{out}} = \frac{(I_{in}+I_{out})Z_r}{V_{in}-V_{out}}$$

对于 Buck-Boost 变换器来说, $I_{out} = -I_z$。

因此

$$\frac{I_y}{V_{xz}} = \frac{I_{in}+I_{out}}{V_{in}-V_{out}} = \frac{\dfrac{I_{in}}{I_{out}}+1}{\dfrac{V_{in}}{V_{out}}\dfrac{V_{out}}{I_{out}}-\dfrac{V_{out}}{I_{out}}} = \frac{-M+1}{\dfrac{1}{M}(-R)-(-R)} = -\frac{M}{R}$$

这意味着

$$\alpha_C = -\frac{MZ_r}{R}$$

用小信号等效电路替代现在的 ZC 开关单元, 用小信号扰动取代瞬时输入和输出电压, 使其分别为 $\hat{v}_{in}$ 和 $\hat{v}_{out}$。计算输入到输出的小信号传递函数时, 设 $\hat{f}_n$ 为零, 得到电路如图 2.62 所示。

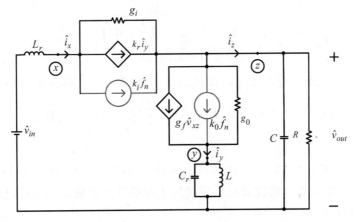

图 2.62　ZCS QR Buck-Boost 用于开环输入到输出传递函数计算的小信号模型

在图 2.62 的电路中, 用独立的方式在左侧和右侧的回路中应用 KVL, 并在三个节点: x, y 和接地节点上应用 KCL。目的是消除这 5 个方程中除输入和输出电压扰动的拉普拉斯变换外的所有变量。由 KVL 可得到

$$\hat{V}_{xz}(s) = \hat{V}_{in}(s) - \hat{I}_x(s)L_r s - \hat{V}_{out}(s)$$

$$\hat{V}_{yz}(s) = \frac{sL\hat{I}_y(s)}{1+LC_r s^2} - \hat{V}_{out}(s)$$

节点 y 和 x 的 KCL 方程分别为

$$\hat{I}_y(s) = -g_o\hat{V}_{yz}(s) + g_f\hat{V}_{xz}(s)$$

$$\hat{I}_x(s) = g_i\hat{V}_{xz}(s) + k_r\hat{I}_y(s)$$

将电压的 KVL 表达式代入上式，可得到

$$\hat{I}_x(s) = g_i\left[\hat{V}_{in}(s) - \hat{I}_x(s)L_rs\right] - g_i\hat{V}_{out}(s) + k_r\hat{I}_y(s)$$

进而可以得到

$$(1 + g_iL_rs)\hat{I}_x(s) = g_i\hat{V}_{in}(s) - g_i\hat{V}_{out}(s) + k_r\hat{I}_y(s)$$

对地节点使用 KCL 方程可以得到

$$\hat{I}_y(s) = \hat{I}_x(s) - \left(\frac{1}{R} + sC\right)\hat{V}_{out}(s)$$

代入前面的方程得到

$$\hat{I}_x(s) = \frac{g_i}{(1 - k_r) + g_iL_rs}\hat{V}_{in}(s) - \frac{g_i + k_r\left(\dfrac{1}{R} + sC\right)}{(1 - k_r) + g_iL_rs}\hat{V}_{out}(s)$$

仅通过输入输出电压扰动的拉普拉斯变换，得到 $\hat{I}_y(s)$ 方程

$$\hat{I}_y(s) = \frac{g_i}{(1 - k_r) + g_iL_rs}\hat{V}_{in}(s) - \frac{g_i + k_r\left(\dfrac{1}{R} + sC\right)}{(1 - k_r) + g_iL_rs}\hat{V}_{out}(s) - \left(\frac{1}{R} + sC\right)\hat{V}_{out}(s)$$

$$= \frac{g_i}{(1 - k_r) + g_iL_rs}\hat{V}_{in}(s) - \frac{g_i + k_r\left(\dfrac{1}{R} + sC\right) + \left[(1 - k_r) + g_iL_rs\right]\left(\dfrac{1}{R} + sC\right)}{(1 - k_r) + g_iL_rs}\hat{V}_{out}(s)$$

$$= \frac{g_i}{(1 - k_r) + g_iL_rs}\hat{V}_{in}(s) - \frac{g_i + (1 + g_iL_rs)\left(\dfrac{1}{R} + sC\right)}{(1 - k_r) + g_iL_rs}\hat{V}_{out}(s)$$

代入由 KCL 方程得到的电压 $\hat{V}_{yz}(s)$ 和 $\hat{V}_{xz}(s)$，之前由节点 y 得到 KVL 方程如下：

$$\hat{I}_y(s) = g_f\hat{V}_{in}(s) - g_fL_rs\hat{I}_x(s) - g_o\frac{sL\hat{I}_y(s)}{1 + LC_rs^2} + (g_o - g_f)\hat{V}_{out}(s)$$

其中

$$(1 + g_oLs + LC_rs^2)\hat{I}_y(s) + g_fL_rs(1 + LC_rs^2)\hat{I}_x(s) = g_f(1 + LC_rs^2)\hat{V}_{in}(s) + (g_o - g_f)(1 + LC_rs^2)\hat{V}_{out}(s)$$

在最后一个方程中，电流扰动的拉普拉斯变换用上面的输入和输出电压扰动的拉普拉斯变换表达式替换，可以得到

$$(1 + sg_oL + LC_rs^2)\left[\frac{g_i}{(1 - k_r) + g_iL_rs}\hat{V}_{in}(s) - \frac{g_i + (1 + g_iL_rs)\left(\dfrac{1}{R} + sC\right)}{(1 - k_r) + g_iL_rs}\hat{V}_{out}(s)\right]$$

$$+ g_fL_rs(1 + LC_rs^2)\left[\frac{g_i}{(1 - k_r) + g_iL_rs}\hat{V}_{in}(s) - \frac{g_i + k_r\left(\dfrac{1}{R} + sC\right)}{(1 - k_r) + g_iL_rs}\hat{V}_{out}(s)\right]$$

$$= g_f(1 + LC_rs^2)\hat{V}_{in}(s) + (g_o - g_f)(1 + LC_rs^2)\hat{V}_{out}(s)$$

进一步简化为

$$g_i(1 + g_o Ls + LC_r s^2)\hat{V}_{in}(s) + g_i g_f L_r s(1 + LC_r s^2)\hat{V}_{in}(s) - g_f(1 + LC_r s^2)[(1 - k_r) + g_i L_r s]\hat{V}_{in}(s)$$

$$= (g_o - g_f)(1 + LC_r s^2)[(1 - k_r) + g_i L_r s]\hat{V}_{out}(s)$$

$$+ (1 + sg_o L + LC_r s^2)\left[g_i + (1 + g_i L_r s)\left(\frac{1}{R} + sC\right)\right]\hat{V}_{out}(s)$$

$$+ g_f L_r s(1 + LC_r s^2)\left[g_i + k_r\left(\frac{1}{R} + sC\right)\right]\hat{V}_{out}(s)$$

ZCS 准谐振 Buck-Boost 变换器的开环小信号输入输出电压传递函数为

$$\frac{\hat{V}_{out}(s)}{\hat{V}_{in}(s)} = \frac{g_i - g_f(1 - k_r) + g_o g_i Ls + [g_i - g_f(1 - k_r)]LC_r s^2}{A + Bs + Ds^2 + Es^3 + Fs^4}$$

其中

$$A = (g_o - g_f)(1 - k_r) + \left(\frac{1}{R} + g_i\right)$$

$$B = g_o g_i(L_r + L) + C + \frac{(g_i + k_r g_f)L_r + g_o L}{R}$$

$$D = \left[(g_o - g_f)(1 - k_r) + \left(\frac{1}{R} + g_i\right)\right]LC_r + (g_i + k_r g_f)L_r C + g_o LC + \frac{g_i g_o}{R}L_r L$$

$$E = \left(g_o g_i + \frac{g_i + k_r g_f}{R}\right)LL_r C_r + LCC_r + g_o g_i L_r LC$$

$$F = (g_i + k_r g_f)LCL_r C_r$$

注意到系数单位规则已经满足，检查第二个规则，也满足 $G_{vg}(0) = M$。

对于 Buck-Boost 变换器(参见图 2.61)

$$\frac{I_y}{V_{xz}} = \frac{M - 1}{\frac{1}{M}R - R} = -\frac{M}{R}$$

从直流解可得

$$\mu_C = -\frac{M}{1 - M}$$

或

$$1 - \mu_C = \frac{1}{1 - M}$$

利用直流分析时得出的表达式，$\alpha_C = -MZ_r/R$，下面所详细阐述从 2.7.1 节 Buck-Boost 变换器 ZCS 单元的等效模型推导出的 g_i，g_f，k_r 的表达式

$$g_i = \frac{1}{g_o}\frac{\alpha_C^2}{Z_r^2} = \frac{1}{g_o}\frac{M^2}{R^2}$$

$$g_f = g_o \mu_C + \frac{I_y}{V_{xz}} = g_o \mu_C - \frac{M}{R} = -g_o\frac{M}{1 - M} - \frac{M}{R}$$

$$1 - k_r = 1 - \mu_C + g_i\frac{Z_r}{\alpha_C} = 1 - \mu_C - \frac{1}{g_o}\frac{M}{R} = \frac{1}{1 - M} - \frac{1}{g_o}\frac{M}{R}$$

根据之前所获得的 $G_{vg}(s)$ 表达式，得到 $G_{vg}(0)$ 的计算公式为

$$G_{vg}(0) = \frac{g_i - g_f(1 - k_r)}{(g_o - g_f)(1 - k_r) + \dfrac{1}{R} + g_i}$$

$$= \frac{\dfrac{1}{g_o}\dfrac{M^2}{R^2} + \left(g_o \dfrac{M}{1 - M} + \dfrac{M}{R}\right)\left(\dfrac{1}{1 - M} - \dfrac{1}{g_o}\dfrac{M}{R}\right)}{\left(g_o + g_o\dfrac{M}{1 - M} + \dfrac{M}{R}\right)\left(\dfrac{1}{1 - M} - \dfrac{1}{g_o}\dfrac{M}{R}\right) + \dfrac{1}{R} + \dfrac{1}{g_o}\dfrac{M^2}{R^2}}$$

$$= \frac{g_o \dfrac{M}{(1 - M)^2} + \dfrac{M}{R(1 - M)} - \dfrac{M^2}{R(1 - M)}}{\dfrac{g_o}{(1 - M)^2} - \dfrac{M}{R(1 - M)} + \dfrac{M}{R(1 - M)} + \dfrac{1}{R}}$$

$$= M$$

为得到开环控制到输出的传递函数，用短路替代输入电压源，这意味着在 ZCS 准谐振 Buck-Boost 变换器(参见图 2.63)的等效小信号模型中设置 $\hat{v}_{in} = 0$。

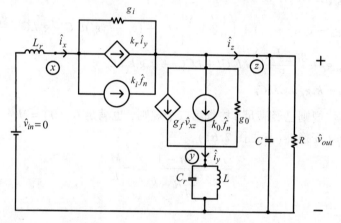

图 2.63　用于计算开环控制到输出传递函数的 ZCS QR 升降压小信号模型

得到 KVL 方程

$$\hat{V}_{xz}(s) = -\hat{I}_x(s)L_r s - \hat{V}_{out}(s)$$

$$\hat{V}_{yz}(s) = \frac{sL\hat{I}_y(s)}{1 + LC_r s^2} - \hat{V}_{out}(s)$$

节点 x 的 KCL 方程为

$$\hat{I}_x(s) = g_i \hat{V}_{xz}(s) + k_r \hat{I}_y(s) + k_i \hat{F}_n(s)$$

考虑到先前 KVL 公式中的 $\hat{V}_{xz}(s)$，KCL 方程可以表示为

$$\hat{I}_y(s) = \hat{I}_x(s) - \left(\frac{1}{R} + sC\right)\hat{V}_{out}(s)$$

进一步变化为

$$\hat{I}_x(s) = -g_i L_r s\hat{I}_x(s) - g_i \hat{V}_{out}(s) + k_r\left[\hat{I}_x(s) - \left(\frac{1}{R} + sC\right)\hat{V}_{out}(s)\right] + k_i \hat{F}_n(s)$$

只用必要的变量表达 $\hat{I}_x(s)$

$$\hat{I}_x(s) = -\frac{g_i + k_r\left(\dfrac{1}{R} + sC\right)}{1 - k_r + g_i L_r s}\hat{V}_{out}(s) + \frac{k_i}{1 - k_r + g_i L_r s}\hat{F}_n(s)$$

代入地节点的 KCL 方程，从而得到可以仅用所希望变量的 $\hat{I}_y(s)$ 表达式为

$$\hat{I}_y(s) = -\frac{g_i + k_r\left(\dfrac{1}{R} + sC\right)}{1 - k_r + g_i L_r s}\hat{V}_{out}(s) + \frac{k_i}{1 - k_r + g_i L_r s}\hat{F}_n(s) - \left(\frac{1}{R} + sC\right)\hat{V}_{out}(s)$$

$$= -\frac{g_i + \left(\dfrac{1}{R} + sC\right)(1 + g_i L_r s)}{1 - k_r + g_i L_r s}\hat{V}_{out}(s) + \frac{k_i}{1 - k_r + g_i L_r s}\hat{F}_n(s)$$

写出另一个独立的方程：节点 y 的 KCL 方程为

$$\hat{I}_y(s) = -g_o \hat{V}_{yz}(s) + g_f \hat{V}_{xz}(s) + k_o \hat{F}_n(s)$$

考虑 KVL 方程，可以得到

$$\hat{I}_y(s) = -g_f L_r s \hat{I}_x(s) - g_o \frac{sL\hat{I}_y(s)}{1 + LC_r s^2} + (g_o - g_f)\hat{V}_{out}(s) + k_o \hat{F}_n(s)$$

或

$$(1 + g_o sL + LC_r s^2)\hat{I}_y(s) + g_f L_r s(1 + LC_r s^2)\hat{I}_x(s) = (g_o - g_f)(1 + LC_r s^2)\hat{V}_{out}(s) + k_o(1 + LC_r s^2)\hat{F}_n(s)$$

代入 $\hat{I}_x(s)$ 和 $\hat{I}_y(s)$ 的最终表达式，之前的方程可以变为

$$(1 + g_o sL + LC_r s^2)\left[-\frac{g_i + \left(\dfrac{1}{R} + sC\right)(1 + g_i L_r s)}{1 - k_r + g_i L_r s}\hat{V}_{out}(s) + \frac{k_i}{1 - k_r + g_i L_r s}\hat{F}_n(s)\right]$$

$$+ g_f L_r s(1 + LC_r s^2)\left[-\frac{g_i + k_r\left(\dfrac{1}{R} + sC\right)}{1 - k_r + g_i L_r s}\hat{V}_{out}(s) + \frac{k_i}{1 - k_r + g_i L_r s}\hat{F}_n(s)\right]$$

$$= (g_o - g_f)(1 + LC_r s^2)\hat{V}_{out}(s) + k_o(1 + LC_r s^2)\hat{F}_n(s)$$

可以推导出以下方程：

$$(1 + g_o sL + LC_r s^2)k_i\hat{F}_n(s) + g_f L_r s(1 + LC_r s^2)k_i\hat{F}_n(s) - k_o(1 + LC_r s^2)(1 - k_r + g_i L_r s)\hat{F}_n(s)$$

$$= (g_o - g_f)(1 + LC_r s^2)(1 - k_r + g_i L_r s)\hat{V}_{out}(s)$$

$$+ (1 + g_o sL + LC_r s^2)\left[g_i + \left(\frac{1}{R} + sC\right)(1 + g_i L_r s)\right]\hat{V}_{out}(s)$$

$$+ g_f L_r s(1 + LC_r s^2)\left[g_i + k_r\left(\frac{1}{R} + sC\right)\right]\hat{V}_{out}(s)$$

从其中可以得到开环小信号控制（归一化的开关频率）到负载（输出电压）的 ZCS 准谐振 Buck-Boost 变换器的传递函数：

$$\frac{\hat{V}_{out}(s)}{\hat{F}_n(s)} = \frac{[k_i - k_o(1 - k_r)] + \left[(g_f k_i - k_o g_i)L_r + k_i g_o L\right]s + [k_i - k_o(1 - k_r)]LC_r s^2 + (k_i g_f - k_o g_i)LL_r C_r s^3}{A + Bs + Ds^2 + Es^3 + Fs^4}$$

系数 A，B，D，E 和 F 与输入到输出传递函数中的一样。

得到 ZCS QR Buck 和 Buck-Boost 变换器相同的控制到输出的传递函数并不是偶然：观察图 2.56 和图 2.60，两个变换器也有类似的输出电路(二极管，C 和 R)。

2.7.4　ZVS 准谐振变换器的直流分析和开环小信号传递函数

2.7.4.1　ZVS QR Buck 变换器

ZVS 准谐振 Buck 变换器如图 2.64 所示，其中 ZV 开关单元具有三端子 x，y 和 z。用图 2.50 所示的零电压谐振单元的等效一般直流模型代替三端单元，并用短路替代电感，用开路代替电容，得到 ZVS 准谐振 Buck 变换器的直流模型，如图 2.65 所示。

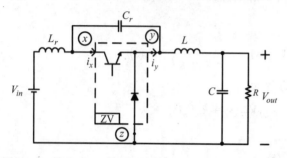
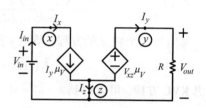

图 2.64　带有 ZV 三端子开关单元的准谐振 Buck 变换器　　图 2.65　ZVS QR Buck 变换器的直流等效模型

根据图 2.65

$$V_{in} = V_{xz}; \quad V_{yz} = V_{out}; \quad V_{xz}\mu_V = V_{out}$$
$$I_x = I_{in}; \quad I_y = I_{out}$$

根据 2.7.2 节的定义，可以得到

$$\mu_V = \frac{V_{out}}{V_{in}}$$

即

$$M = \mu_V$$

且

$$\mu_V = 1 - \frac{1}{2\pi}\frac{F_s}{f_r}F(\alpha_V, n)$$

2.7.2 节计算了 $F(\alpha_V, n)$，并且

$$\alpha_V = \frac{V_{xz}}{I_y Z_r} = \frac{V_{in}}{I_{out} Z_r} = \frac{R}{M Z_r}$$

根据上述公式，在推导出 ZVS QR Buck 变换器的直流工作点时，可以通过使用图 2.51 中的一般小信号模型的 ZVS 单元进行小信号分析，并且将其在 ZVS Buck 变换器的小信号模型的三端单元 x，y 和 z 中插入。为计算小信号输入到输出的传递函数，设置 $\hat{f}_n$ 为零，由此得到如图 2.66 的等效电路。

研究 ZCS QR 变换器时，对等效电路写其 KCL 和 KVL 方程。

节点 x 的 KCL 方程为

$$\frac{\hat{V}_{in}(s) - \hat{V}_{xz}(s)}{sL_r} = \hat{I}_x(s) + sC_r\hat{V}_{xy}(s)$$

输出滤波器节点的 KCL 方程为

$$\frac{\hat{V}_{yz}(s) - \hat{V}_{out}(s)}{sL} = \hat{V}_{out}(s)\left(\frac{1}{R} + sC\right)$$

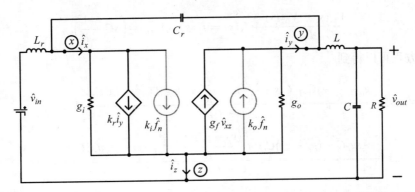

图 2.66　推导开环小信号输入到输出传递函数的 ZVS QR Buck 变换器等效电路

y 节点的 KCL 方程为

$$\hat{I}_y(s) = \hat{V}_{out}(s)\left(sC + \frac{1}{R}\right) - C_r s \hat{V}_{xy}(s)$$

其中

$$\hat{I}_x(s) = g_i \hat{V}_{xz}(s) + k_r \hat{I}_y(s)$$
$$\hat{I}_y(s) = -g_o \hat{V}_{yz}(s) + g_f \hat{V}_{xz}(s)$$

且 KVL 方程为

$$\hat{V}_{xy}(s) = \hat{V}_{xz}(s) - \hat{V}_{yz}(s)$$

解上述 6 个方程, 并进行简单的线性变换可以得到

$$\hat{V}_{xz}(s) = \frac{g_o + \dfrac{1}{R} + sC + C_r s + \dfrac{g_o L}{R}s + \dfrac{LC_r}{R}s^2 + g_o LCs^2 + LCC_r s^3}{g_f + C_r s}\hat{V}_{out}(s)$$

$$\hat{I}_y(s) = -\left(g_o + \frac{g_o L}{R}s + g_o LCs^2\right)\hat{V}_{out}(s) + g_f \frac{g_o + \dfrac{1}{R} + sC + C_r s + \dfrac{g_o L}{R}s + \dfrac{LC_r}{R}s^2 + g_o LCs^2 + LCC_r s^3}{g_f + C_r s}\hat{V}_{out}(s)$$

$$= \frac{g_f g_o + \dfrac{g_f}{R} + sg_f C + g_f C_r s + \dfrac{g_f g_o L}{R}s + \dfrac{g_f LC_r}{R}s^2 + g_f g_o LCs^2 + g_f LCC_r s^3}{g_f + C_r s}\hat{V}_{out}(s)$$

$$- \frac{g_f g_o + \dfrac{g_f g_o L}{R}s + g_f g_o LCs^2 + g_o C_r s + \dfrac{g_o LC_r}{R}s^2 + g_o LCC_r s^3}{g_f + C_r s}\hat{V}_{out}(s)$$

$$= \frac{\dfrac{g_f}{R} + sg_f C + (g_f - g_o)C_r s + \dfrac{(g_f - g_o)LC_r}{R}s^2 + (g_f - g_o)LCC_r s^3}{g_f + C_r s}\hat{V}_{out}(s)$$

$$\hat{I}_x(s) = \frac{g_i g_o + \dfrac{g_i + k_r g_f}{R} + s(g_i + k_r g_f)C + \left[g_i + k_r(g_f - g_o)\right]C_r s + \dfrac{g_i g_o L}{R}s}{g_f + C_r s}\hat{V}_{out}(s)$$

$$+ \frac{\dfrac{\left[g_i + k_r(g_f - g_o)\right]LC_r}{R}s^2 + g_i g_o LCs^2 + \left[g_i + k_r(g_f - g_o)\right]LCC_r s^3}{g_f + C_r s}\hat{V}_{out}(s)$$

先前得到的节点 x 和 y 的 KCL 方程为

$$\frac{\hat{V}_{in}(s) - \hat{V}_{xz}(s)}{L_r s} + \hat{I}_y(s) = \hat{I}_x(s) + \hat{V}_{out}(s)\left(sC + \frac{1}{R}\right)$$

代入上面的方程可以得到

$$\hat{V}_{in}(s) - \frac{g_o + \dfrac{1}{R} + sC + C_r s + \dfrac{g_o L}{R}s + \dfrac{LC_r}{R}s^2 + g_o LCs^2 + LCC_r s^3}{g_f + C_r s}\hat{V}_{out}(s)$$

$$+ L_r s \frac{\dfrac{g_f}{R} + sg_f C + (g_f - g_o)C_r s + \dfrac{(g_f - g_o)LC_r}{R}s^2 + (g_f - g_o)LCC_r s^3}{g_f + C_r s}\hat{V}_{out}(s)$$

$$= L_r s \frac{g_i g_o + \dfrac{g_i + k_r g_f}{R} + s(g_i + k_r g_f)C + [g_i + k_r(g_f - g_o)]C_r s + \dfrac{g_i g_o L}{R}s}{g_f + C_r s}\hat{V}_{out}(s)$$

$$+ L_r s \frac{\dfrac{[g_i + k_r(g_f - g_o)]LC_r}{R}s^2 + g_i g_o LCs^2 + [g_i + k_r(g_f - g_o)]LCC_r s^3}{g_f + C_r s}\hat{V}_{out}(s)$$

$$+ \hat{V}_{out}(s)\left(L_r Cs^2 + \frac{L_r}{R}s\right)$$

进一步化简为

$$(g_f + C_r s)\hat{V}_{in}(s)$$

$$= \left(g_o + \frac{1}{R}\right)$$

$$+ \left[C + C_r + \frac{g_o L}{R} + \left(g_i g_o + \frac{g_i + k_r g_f}{R}\right)L_r\right]s$$

$$+ \left\{g_o LC + \frac{LC_r}{R} + (g_i + k_r g_f)L_r C + \left[g_i + \frac{1}{R} + (1 - k_r)(g_o - g_f)\right]L_r C_r + \frac{g_i g_o LL_r}{R}\right\}s^2$$

$$+ \left\{LCC_r + L_r CC_r + \frac{[g_i + (1 - k_r)(g_o - g_f)]LL_r C_r}{R} + g_i g_o LL_r C\right\}s^3$$

$$+ [g_i + (1 - k_r)(g_o - g_f)]LL_r CC_r s^4$$

推导出开环小信号的输入电压到输出电压的传递函数为

$$\frac{\hat{V}_{out}(s)}{\hat{V}_{in}(s)} = \frac{g_f + C_r s}{A + Bs + Ds^2 + Es^3 + Fs^4}$$

其中

$$A = g_o + \frac{1}{R}$$

$$B = C + C_r + \frac{g_o L}{R} + \left(g_i g_o + \frac{g_i + k_r g_f}{R}\right)L_r$$

$$D = g_o LC + \frac{LC_r}{R} + (g_i + k_r g_f)L_r C + \left[g_i + \frac{1}{R} + (1 - k_r)(g_o - g_f)\right]L_r C_r + \frac{g_i g_o LL_r}{R}$$

$$E = LCC_r + L_r CC_r + \frac{[g_i + (1 - k_r)(g_o - g_f)]LL_r C_r}{R} + g_i g_o LL_r C$$

$$F = [g_i + (1 - k_r)(g_o - g_f)]LL_r CC_r$$

系数 g_0, g_i, g_f, 和 k_r 是根据 2.7.2 节的定义计算的。检查传递函数系数的规则, 注意 g_0, g_i 和 g_f 的单位是 $[1/R]$, k_r 无量纲。

根据直流解可以很容易地得到

$$g_f = \mu_V g_o + \frac{I_y}{V_{xz}} = M g_o + \frac{M}{R}$$

因此

$$G_{vg}(0) = \frac{g_f}{g_o + \dfrac{1}{R}} = \frac{M g_o + \dfrac{M}{R}}{g_o + \dfrac{1}{R}} = M$$

为了得到开环控制到输出的小信号传递函数, 在小信号等效电路中设置 $\hat{v}_{in} = 0$。得到如图 2.67 所示的电路。

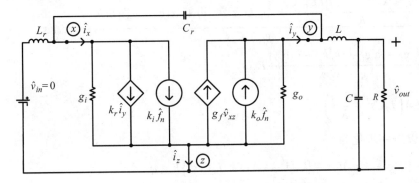

图 2.67　推导 ZVS QR Buck 变换器的开环小信号控制到输出传递函数的等效电路

与图 2.66 电路的 KCL 和 KVL 方程相比, 两者的唯一差别在于第一个方程, 因为现在 $\hat{V}_{in}(s) = 0$, 而且 $\hat{I}_x(s)$ 和 $\hat{I}_y(s)$ 的表达式现在变为

$$\hat{I}_x(s) = g_i \hat{V}_{xz}(s) + k_r \hat{I}_y(s) + k_i \hat{F}_n(s)$$
$$\hat{I}_y(s) = -g_o \hat{V}_{yz}(s) + g_f \hat{V}_{xz}(s) + k_o \hat{F}_n(s)$$

相应地, 可以得到

$$\hat{V}_{xz}(s) = \frac{g_o + \dfrac{1}{R} + sC + C_r s + \dfrac{g_o L}{R} s + \dfrac{LC_r}{R} s^2 + g_o LC s^2 + LCC_r s^3}{g_f + C_r s} \hat{V}_{out}(s) - \frac{k_o}{g_f + C_r s} \hat{F}_n(s)$$

$$\hat{I}_y(s) = \frac{\dfrac{g_f}{R} + s g_f C + (g_f - g_o) C_r s + \dfrac{(g_f - g_o) LC_r}{R} s^2 + (g_f - g_o) LCC_r s^3}{g_f + C_r s} \hat{V}_{out}(s) + \frac{k_o C_r s}{g_f + C_r s} \hat{F}_n(s)$$

$$\hat{I}_x(s) = \frac{g_i g_o + \dfrac{g_i + k_r g_f}{R} + s(g_i + k_r g_f) C + \left[g_i + k_r(g_f - g_o)\right] C_r s + \dfrac{g_i g_o L}{R} s}{g_f + C_r s} \hat{V}_{out}(s)$$

$$+ \frac{\dfrac{\left[g_i + k_r(g_f - g_o)\right] LC_r}{R} s^2 + g_i g_o LC s^2 + \left[g_i + k_r(g_f - g_o)\right] LCC_r s^3}{g_f + C_r s} \hat{V}_{out}(s)$$

$$+ \frac{k_i g_f - k_o g_i + (k_o k_r + k_i) C_r s}{g_f + C_r s} \hat{F}_n(s)$$

替换为以下等式:

$$\frac{-\hat{V}_{xz}(s)}{L_r s} + \hat{I}_y(s) = \hat{I}_x(s) + \hat{V}_{out}(s)\left(sC + \frac{1}{R}\right)$$

得到

$$-\frac{g_o + \dfrac{1}{R} + sC + C_r s + \dfrac{g_o L}{R}s + \dfrac{LC_r}{R}s^2 + g_o LC s^2 + LCC_r s^3}{g_f + C_r s}\hat{V}_{out}(s) + \frac{k_o}{g_f + C_r s}\hat{F}_n(s)$$

$$+ L_r s \frac{\dfrac{g_f}{R} + sg_f C + (g_f - g_o)C_r s + \dfrac{(g_f - g_o)LC_r}{R}s^2 + (g_f - g_o)LCC_r s^3}{g_f + C_r s}\hat{V}_{out}(s) + L_r s \frac{k_o C_r s}{g_f + C_r s}\hat{F}_n(s)$$

$$= L_r s \frac{g_i g_o + \dfrac{g_i + k_r g_f}{R} + s(g_i + k_r g_f)C + \left[g_i + k_r(g_f - g_o)\right]C_r s + \dfrac{g_i g_o L}{R}s}{g_f + C_r s}\hat{V}_{out}(s)$$

$$+ L_r s \frac{\dfrac{\left[g_i + k_r(g_f - g_o)\right]LC_r}{R}s^2 + g_i g_o LC s^2 + \left[g_i + k_r(g_f - g_o)\right]LCC_r s^3}{g_f + C_r s}\hat{V}_{out}(s)$$

$$+ L_r s \frac{k_i g_f - k_o g_i + (k_o k_r + k_i)C_r s}{g_f + C_r s}\hat{F}_n(s)$$

$$+ \hat{V}_{out}(s)\left(L_r C s^2 + \frac{L_r}{R}s\right)$$

等式可以进一步化为

$$\left\{k_o + (k_o g_i - k_i g_f)L_r s + \left[k_o(1 - k_r) - k_i\right]L_r C_r s^2\right\}\hat{F}_n(s)$$

$$= \left(g_o + \frac{1}{R}\right)$$

$$+ \left[C + C_r + \frac{g_o L}{R} + \left(g_i g_o + \frac{g_i + k_r g_f}{R}\right)L_r\right]s$$

$$+ \left\{g_o LC + \frac{LC_r}{R} + (g_i + k_r g_f)L_r C + \left[g_i + \frac{1}{R} + (1 - k_r)(g_o - g_f)\right]L_r C_r + \frac{g_i g_o LL_r}{R}\right\}s^2$$

$$+ \left\{LCC_r + L_r CC_r + \frac{\left[g_i + (1 - k_r)(g_o - g_f)\right]LL_r C_r}{R} + g_i g_o LL_r C\right\}s^3$$

$$+ \left[g_i + (1 - k_r)(g_o - g_f)\right]LL_r CC_r s^4$$

开环控制到输出的小信号传递函数表示为

$$\frac{\hat{V}_{out}(s)}{\hat{F}_n(s)} = \frac{k_o + (k_o g_i - k_i g_f)L_r s + \left[k_o(1 - k_r) - k_i\right]L_r C_r s^2}{A + Bs + Ds^2 + Es^3 + Fs^4}$$

其中 A, B, D, E 和 F 与 ZVS QR Buck 变换器的输入到输出的传递函数中的相同。检查系数单位的规则，注意 k_0 和 k_i 的单位是 $[V/R]$。

2.7.4.2　ZVS QR Boost 变换器

图 2.68 显示了带开关三端单元的 ZVS 准谐振 Boost 变换器。在计算直流解时，用图 2.50 所示的等效直流模型代替 ZV 开关单元，并用短路替代电感，用开路替代电容，可以得到等效模型(参见图 2.69)。

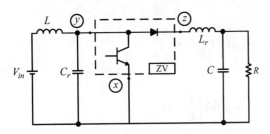

图 2.68　具有 ZV 三端开关单元的准谐振 Boost 变换器

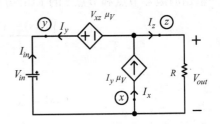

图 2.69　ZVS QR Boost 变换器的等效直流模式

由图 2.69，可以得到

$$V_{in} = V_{xz}\mu_V + V_{out}$$

$$V_{xz} = -V_{out}$$

$$M = \frac{V_{out}}{V_{in}} = \frac{1}{1 - \mu_V}$$

令

或

$$\mu_V = 1 - \frac{1}{M}$$

其中

$$\mu_V = 1 - \frac{1}{2\pi}\frac{F_s}{f_r}F(\alpha_V, n)$$

$$\alpha_V = \frac{1}{Z_r}\frac{V_{xz}}{I_y} = \frac{1}{Z_r}\frac{-V_{out}}{-I_{in}} = \frac{1}{Z_r}\frac{V_{out}}{I_{out}}\frac{I_{out}}{I_{in}} = \frac{R}{MZ_r}$$

用图 2.51 所示 ZVS 单元的一般小信号模型进行小信号分析，并且将其插入到 ZVS Buck 变换器的小信号模型的三端单元 x, y 和 z 的位置。为了计算小信号输入到输出的传递函数，设 $\hat{f}_n$ 为零，由此得到等效电路(参见图 2.70)。

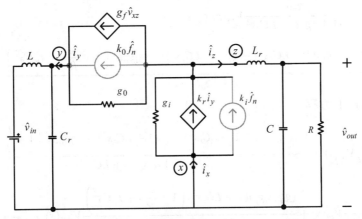

图 2.70　ZVS QR Boost 变换器用于开环小信号输入到输出传递函数推导的等效电路

从上面的等效电路，可以得到以下 KCL 和 KVL 方程式。

节点 y 的 KCL 方程为

$$\frac{\hat{V}_{in}(s) - \hat{V}_{yx}(s)}{sL} + \hat{I}_y(s) = \hat{V}_{yx}(s)C_r s$$

输出滤波器节点和节点 z 的 KCL 方程为

$$\frac{\hat{V}_{zx}(s) - \hat{V}_{out}(s)}{L_r s} = \hat{V}_{out}(s)\left(\frac{1}{R} + sC\right)$$

或

$$\hat{I}_z(s) = \hat{I}_x(s) - \hat{I}_y(s) = \hat{V}_{out}(s)\left(\frac{1}{R} + sC\right)$$

节点 y 的 KCL 方程为

$$\hat{I}_y(s) = -g_o\hat{V}_{yz}(s) + g_f\hat{V}_{xz}(s)$$

节点 x 的 KCL 方程为

$$\hat{I}_x(s) = g_i\hat{V}_{xz}(s) + k_r\hat{I}_y(s)$$

KVL 方程为

$$\hat{V}_{yz}(s) = \hat{V}_{yx}(s) + \hat{V}_{xz}(s)$$

通过解上述方程，可以得到

$$\hat{I}_y(s) = -\frac{g_o}{1 + sg_oL + LC_r s^2}\hat{V}_{in}(s) + \frac{(g_o - g_f)(1 + LC_r s^2)\left(1 + \dfrac{L_r}{R}s + L_r C s^2\right)}{1 + sg_oL + LC_r s^2}\hat{V}_{out}(s)$$

$$\hat{I}_x(s) = -g_i\left(1 + \frac{L_r}{R}s + L_r C s^2\right)\hat{V}_{out}(s)$$
$$+ k_r\left[-\frac{g_o}{1 + sg_oL + LC_r s^2}\hat{V}_{in}(s) + \frac{(g_o - g_f)(1 + LC_r s^2)\left(1 + \dfrac{L_r}{R}s + L_r C s^2\right)}{1 + sg_oL + LC_r s^2}\hat{V}_{out}(s)\right]$$

或

$$\hat{I}_x(s) = -\frac{k_r g_o}{1 + sg_oL + LC_r s^2}\hat{V}_{in}(s)$$
$$+ \frac{[k_r(g_o - g_f)(1 + LC_r s^2) - g_i(1 + LC_r s^2) - sg_ig_oL]\left(1 + \dfrac{L_r}{R}s + L_r C s^2\right)}{1 + sg_oL + LC_r s^2}\hat{V}_{out}(s)$$

在节点 z 上使用 KCL 方程

$$-\frac{k_r g_o}{1 + sg_oL + LC_r s^2}\hat{V}_{in}(s) + \frac{[k_r(g_o - g_f)(1 + LC_r s^2) - g_i(1 + LC_r s^2) - sg_ig_oL]\left(1 + \dfrac{L_r}{R}s + L_r C s^2\right)}{1 + sg_oL + LC_r s^2}\hat{V}_{out}(s)$$

$$= -\frac{g_o}{1 + sg_oL + LC_r s^2}\hat{V}_{in}(s) + \frac{(g_o - g_f)(1 + LC_r s^2)\left(1 + \dfrac{L_r}{R}s + L_r C s^2\right)}{1 + sg_oL + LC_r s^2}\hat{V}_{out}(s) + \left(\frac{1}{R} + sC\right)\hat{V}_{out}(s)$$

该等式可以经过一系列步骤进行简化

$$g_o(1 - k_r)\hat{V}_{in}(s)$$

$$= \left[(g_o - g_f)(1 - k_r) + g_i + \frac{1}{R}\right]\hat{V}_{out}(s)$$

$$+ \left[(g_o - g_f)(1 - k_r)\frac{L_r}{R}s + sC + \frac{g_iL_r}{R}s + sg_ig_oL + \frac{g_oL}{R}s\right]\hat{V}_{out}(s)$$

$$+ \left[(g_o-g_f)(1 - k_r)L_rCs^2 + (g_o-g_f)(1-k_r)LC_rs^2 + g_iL_rCs^2 + g_oLCs^2 + \frac{g_ig_oLL_r}{R}s^2 + g_iLC_rs^2 + \frac{LC_r}{R}s^2\right]\hat{V}_{out}(s)$$

$$+ \left[(g_o - g_f)(1 - k_r)\frac{LL_rC_r}{R}s^3 + g_ig_oLL_rCs^3 + LCC_rs^3 + \frac{g_iLL_rC_r}{R}s^3\right]\hat{V}_{out}(s)$$

$$+ \left[(g_o - g_f)(1 - k_r)LL_rCC_rs^4 + g_iLL_rCC_rs\right]\hat{V}_{out}(s)$$

ZVS QR Boost 变换器的小信号开环输入到输出传递函数 $G_{vg}(s)$ 可以表示为

$$\frac{\hat{V}_{out}(s)}{\hat{V}_{in}(s)} = \frac{g_o(1 - k_r)}{A + Bs + Ds^2 + Es^3 + Fs^4}$$

其中

$$A = \left[g_i + (g_o - g_f)(1 - k_r)\right] + \frac{1}{R}$$

$$B = \left[g_i + (g_o - g_f)(1 - k_r)\right]\frac{L_r}{R} + C + g_o\left(g_i + \frac{1}{R}\right)L$$

$$D = \left[g_i + (g_o - g_f)(1 - k_r)\right]L_rC + \left[g_i + (g_o - g_f)(1 - k_r)\right]LC_r + g_oLC + \frac{g_ig_oLL_r}{R} + \frac{LC_r}{R}$$

$$E = \left[g_i + (g_o - g_f)(1 - k_r)\right]\frac{LL_rC_r}{R} + g_ig_oLL_rC + LCC_r$$

$$F = \left[g_i + (g_o - g_f)(1 - k_r)\right]LL_rCC_r$$

相应地

$$G_{vg}(0) = \frac{g_o(1 - k_r)}{(g_o - g_f)(1 - k_r) + \frac{1}{R} + g_i}$$

值得注意的是，此时得到了与 ZCS QR Boost 变换器的 $G_{vg}(0)$ 相同的表达式，只是这一次的系数是由 2.7.2 节的 ZV 谐振开关模型的定义给出的。因此，用与 ZCS QR Boost 变换器相同的变换可以表明，$G_{vg}(0) = M$。

为得到控制到输出的小信号传递函数，将 ZV 准谐振 Boost 变换器的等效小信号模型设定为 $\hat{v}_{in} = 0$，可获得如图 2.71 所示的电路。

基尔霍夫方程支配的电路如图 2.71 所示，与图 2.70 的电路类似，不同的是节点 y 的 KCL 方程中 $\hat{V}_{in}(s) = 0$，$\hat{I}_x(s)$ 和 $\hat{I}_y(s)$ 由下式给出：

$$\hat{I}_x(s) = g_i\hat{V}_{xz}(s) + k_r\hat{I}_y(s) + k_i\hat{F}_n(s)$$

$$\hat{I}_y(s) = -g_o\hat{V}_{yz}(s) + g_f\hat{V}_{xz}(s) + k_o\hat{F}_n(s)$$

因此，可以得到

$$\hat{I}_y(s) = \frac{(g_o - g_f)(1 + LC_rs^2)\left(1 + \frac{L_r}{R}s + L_rCs^2\right)}{1 + sg_oL + LC_rs^2}\hat{V}_{out}(s) + \frac{k_o(1 + LC_rs^2)}{1 + sg_oL + LC_rs^2}\hat{F}_n(s)$$

$$\hat{I}_x(s) = -g_i\left(1 + \frac{L_r}{R}s + L_rCs^2\right)\hat{V}_{out}(s) + \frac{k_r(g_o - g_f)(1 + LC_rs^2)\left(1 + \frac{L_r}{R}s + L_rCs^2\right)}{1 + sg_oL + LC_rs^2}\hat{V}_{out}(s)$$

$$+ \frac{k_rk_o(1 + LC_rs^2)}{1 + sg_oL + LC_rs^2}\hat{F}_n(s) + k_i\hat{F}_n(s)$$

$$= \frac{k_r(g_o - g_f)(1 + LC_rs^2)\left(1 + \frac{L_r}{R}s + L_rCs^2\right) - g_i\left(1 + \frac{L_r}{R}s + L_rCs^2\right)(1 + sg_oL + LC_rs^2)}{1 + sg_oL + LC_rs^2}\hat{V}_{out}(s)$$

$$+ \frac{k_rk_o(1 + LC_rs^2) + k_i(1 + sg_oL + LC_rs^2)}{1 + sg_oL + LC_rs^2}\hat{F}_n(s)$$

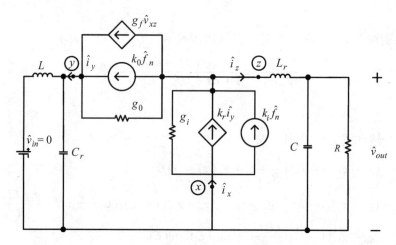

图 2.71　ZVS QR Boost 变换器用于开环小信号控制到输出的传递函数推导的等效电路

根据等式

$$\hat{I}_x(s) = \hat{I}_y(s) + \hat{I}_z(s) = \hat{I}_y(s) + \hat{V}_{out}(s)\left(\frac{1}{R} + sC\right)$$

我们有

$$\frac{k_r(g_o - g_f)(1 + LC_rs^2)\left(1 + \frac{L_r}{R}s + L_rCs^2\right) - g_i\left(1 + \frac{L_r}{R}s + L_rCs^2\right)(1 + sg_oL + LC_rs^2)}{1 + sg_oL + LC_rs^2}\hat{V}_{out}(s)$$

$$+ \frac{k_rk_o(1 + LC_rs^2) + k_i(1 + sg_oL + LC_rs^2)}{1 + sg_oL + LC_rs^2}\hat{F}_n(s)$$

$$= \frac{(g_o - g_f)(1 + LC_rs^2)\left(1 + \frac{L_r}{R}s + L_rCs^2\right)}{1 + sg_oL + LC_rs^2}\hat{V}_{out}(s) + \frac{k_o(1 + LC_rs^2)}{1 + sg_oL + LC_rs^2}\hat{F}_n(s)$$

$$+ \hat{V}_{out}(s)\left(\frac{1}{R} + sC\right)$$

重新排列为

$$[k_rk_o(1 + LC_rs^2) + k_i(1 + sg_oL + LC_rs^2)]\hat{F}_n(s) - k_o(1 + LC_rs^2)\hat{F}_n(s)$$

$$= (g_o - g_f)(1 + LC_rs^2)\left(1 + \frac{L_r}{R}s + L_rCs^2\right)\hat{V}_{out}(s)$$

$$+\left(\frac{1}{R}+sC\right)(1+sg_oL+LC_rs^2)\hat{V}_{out}(s)$$

$$-\left[k_r(g_o-g_f)(1+LC_rs^2)\left(1+\frac{L_r}{R}s+L_rCs^2\right)-g_i\left(1+\frac{L_r}{R}s+L_rCs^2\right)(1+sg_oL+LC_rs^2)\right]\hat{V}_{out}(s)$$

得到 ZVS QR Boost 变换器小信号开环控制到输出的传递函数

$$\frac{\hat{V}_{out}(s)}{\hat{F}_n(s)}=\frac{k_i-k_o(1-k_r)+sk_ig_oL+[k_i-k_o(1-k_r)]LC_rs^2}{A+Bs+Ds^2+Es^3+Fs^4}$$

系数 A, B, D, E 和 F 的表达式与同一变换器输入到输出的传递函数中的相同。

2.7.4.3　ZVS QR Buck-Boost 变换器

ZVS 准谐振 Buck-Boost 变换器如图 2.72 所示。

按照与前面相同的步骤，可以得到如图 2.73 所示的直流等效模型，图 2.74 的等效电路用于计算小信号开环输入输出函数的传递函数，图 2.75 用于计算控制到输出的传递函数。

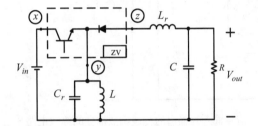

图 2.72　带 ZV 三端开关单元的准谐振升降压型变换器

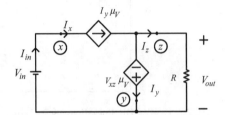

图 2.73　ZVS QR Buck-Boost 变换器的直流等效模型

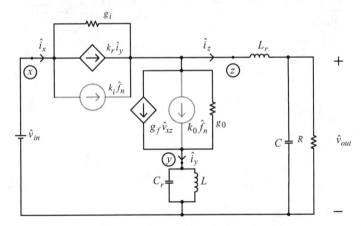

图 2.74　ZVS QR Buck-Boost 变换器用于开环小信号输入到输出的传递函数推导的等效电路

由图 2.73 可知

$$I_z=-I_{out}=V_{out}/R$$

$$V_{in}=V_{xz}+V_{out}$$

$$\mu_V V_{xz}=-V_{out}$$

令

$$V_{out} = -\frac{\mu_V}{1 - \mu_V} V_{in}$$

其中

$$\mu_V = 1 - \frac{1}{2\pi} \frac{F_s}{f_r} F(\alpha_V, n)$$

$$\alpha_V = \frac{1}{Z_r} \frac{V_{xz}}{I_y} = \frac{1}{Z_r} \frac{V_{in} - V_{out}}{I_{in} + I_{out}} = \frac{1}{Z_r} \frac{V_{out}}{I_{out}} \frac{\frac{V_{in}}{V_{out}} - 1}{\frac{I_{in}}{I_{out}} + 1} = \frac{(-R)}{Z_r} \frac{\frac{1}{M} - 1}{-M + 1} = -\frac{R}{M Z_r}$$

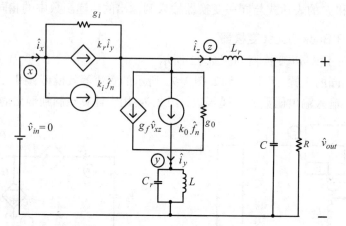

图 2.75　ZVS QR Buck-Boost 变换器用于开环小信号输入到输出的传递函数推导的等效电路

小信号开环输入到输出传递函数如下(详细推导作为练习留给读者完成):

$$\frac{\hat{V}_{out}(s)}{\hat{V}_{in}(s)} = \frac{g_i - (1 - k_r)g_f + s g_i g_o L + [g_i - (1 - k_r)g_f] L C_r s^2}{A + Bs + Ds^2 + Es^3 + Fs^4}$$

其中

$$A = \frac{1}{R} + g_i + (1 - k_r)(g_o - g_f)$$

$$B = g_o L \left(g_i + \frac{1}{R} \right) + C + \frac{[g_i + (1 - k_r)(g_o - g_f)] L_r}{R}$$

$$D = g_o L C + \frac{g_i g_o L L_r}{R} + [g_i + (1 - k_r)(g_o - g_f)] L_r C + \left[g_i + \frac{1}{R} + (1 - k_r)(g_o - g_f) \right] L C_r$$

$$E = L C_r C + g_i g_o L L_r C + \frac{[g_i + (1 - k_r)(g_o - g_f)] L L_r C_r}{R}$$

$$F = [g_i + (1 - k_r)(g_o - g_f)] L L_r C C_r$$

小信号开环控制到输出的传递函数结果如下:

$$\frac{\hat{V}_{out}(s)}{\hat{F}_n(s)} = \frac{k_i - (1 - k_r)k_o + s k_i g_o L + [k_i - (1 - k_r)k_o] L C_r s^2}{A + Bs + Ds^2 + Es^3 + Fs^4}$$

系数 A, B, D, E 和 F 与输入到输出的传递函数相同。

　　通过讨论 ZCS QR 变换器的模型,发现了 ZVS QR Boost 变换器和 Buck-Boost 变换器具有相同的控制传递函数。

2.8　电力电子电路仿真和计算机辅助设计

　　在模拟开关型电力电子电路中引入两种近似：小纹波和小信号近似。结果显示基于平均法导出传递函数应用于电源设计时，实际结果与预期结果不完全相符。对 DCM 工作的变换器的仿真情况更加严重。注意，在小纹波近似中，假设变换器的角频率远低于开关频率。讨论了在 CCM 工作的任何精心设计的变换器满足这一条件。但是，发现由全阶平均模型导出在 DCM 工作的变换器的传递函数呈现两个极点，其中之一接近开关频率。模拟结果预测的角频率并不远低于开关频率。

　　另一个问题出现在变换器包含多于一个电感器和一个电容器时。到目前为止，列举的所有 Buck 变换器，Boost 变换器和 Buck-Boost 变换器都只包含一个单独的电感 L 和一个单独的电容 C。然而，更复杂的变换器会包含多个电抗器件。即使是含有用于消除输入电流中的高频谐波的输入滤波器 L_f 和 C_f 的 Buck 变换器也包含有两个电感和两个电容。在这样的电路中，除去电流在开关周期结束之前通过电感器 L 达到零的可能性，还将产生第三种开关状态，也就是两个开关都关闭，这将产生其他的工作情况。其中一种情况是，输入电容 C_f 上所加的电压在三极管的导通期间变为零，这使得二极管导通，从而产生另一种所有的开关都导通的新开关状态。当 C_f 足够小时，上述情况将会出现。其中，前面所说的第三种开关级的周期性工作被称为断续电感电流模式（DICM），后面所说的三个开关级的周期性工作被称为断续电容器电压模式（DCVM）。除了这两种，还存在另一种情况，四级开关周期工作：在一个新的周期开始时接通该三极管，会使变换器工作在第一开关状态（三极管导通，二极管截止）。当 C_f 足够小时，在晶体管导通期间它的电压将达到零，二极管开始导通（具有零电压开关，因为当 V_{Cf} 达到零时它两端的电压也达到零）。也就是说，变换器进入第二开关阶段，两个开关都导通。当晶体管截止时，变换器进入第三开关拓扑结构（晶体管截止，二极管导通）。如果 L 足够小，通过它的电流在周期结束之前达到零，二极管截止（零电流关断），变换器进入第四开关阶段（两个开关均截止）。当新的周期开始时，晶体管由于电流路径中的电感 L 而导通（零电流关断）。这种四级开关工作被称为断续的准谐振模式（DQRM）。因为 L 和 C_f 在拓扑结构中组成一个谐振电路。在变换器的直流电源模式下推导传递函数时，我们假设 DICM 是可能的。因此，闭环设计将基于这种工作类型来设计。

　　因此，基于本章中所述方法的闭环设计并不总能保证实际变换器具有良好的动态性能。使用它之前，必须通过计算机程序来进行电路仿真。这样的仿真不仅仅能让我们检查所设计的变换器的正确工作或它的动态稳定性，以及允许存在计算误差，在"试错"的过程中，通过稍稍变化参数的值来优化电路性能。为了使获得的结果尽可能接近变换器实际工作得到的结果，需要建立一个虚拟的环境。即通过仿真器，使得在描述电路器件或推导电路的解决方案时包含尽可能少的近似值。一个好的仿真器需要符合现实生活中的工业要求和规定。从市场现有的器件所收集的信息（如参数、规格、成本等），建成一个用来支撑的数据库。比如 SPICE 可用于计算功率电子电路的瞬态响应。但是 SPICE 的初衷并不是电力电子方面，所以它缺乏研究不同类型的变换器所需的灵活性。根据得出的每个开关拓扑的精确解析解和一个开关状态/周期过渡到下一个状态的阈值状态，可以写一个仿真程序来计算变换器的瞬态和稳态时域波形特征。这种非常费力费时的仿真可以避免因为平均的方式所引入的近似值，其精确度仅取决于模拟变换器器件的精度。另外，也可以将控制各开关拓扑的微分方程变成差分方程，然后在派生出的采样数据模型里，用离散代数计算出时域响应。

不同的商业模拟器可用于有目的性的设计，研究和优化电力电子电路。我们将详细讲述怎样用 PowerEsim 仿真软件。这种基于互联网的计算机辅助设计工具可以完成多种功能：

(a) 根据用户的规格，选择变换器(功率级)的拓扑结构及其器件，这提供了第一个可能的设计。设计过程始于设计者选择一个变换器的拓扑结构(该软件库包含 32 个拓扑结构，这些结构经常应用于工业电源设备，包括我们在第 1 章中介绍的 Buck 变换器，Boost 变换器和 Buck-Boost 变换器)。通过指定的要求，设计人员将通过该软件获得一系列的初步分量值。设计人员还可以使器件可视化，以获取它们的物理特性，特点和生产厂家。该器件的值可以进一步调整以优化设计。根据不同的优化标准，一些器件甚至可以改变特性。

(b) 损耗的计算。这个软件模块提供一个排序列表，降序排列先前选择的器件对总功耗的贡献。设计者可以尝试改变一些，特别是那些损耗最大的器件。例如，可以用另一种类型的二极管取代现有的，该软件将立即提供更新的损耗计算结果。

(c) 未来产品的电路和器件级热分析。该软件提供了一个平台，像三维图解界面工具一样，为设计者提供在印制电路板(PCB)上初步对器件进行布置。设计人员可以根据自己的喜好编辑印制电路板层的面积和高度，在初期阶段移动所有的器件。设计师也可以根据自己的喜好(根据以往的经验)放置散热片。在对所得到初步布局进行热分析的过程中，允许用热点标识。由于这种原因，使用彩色刻度映射器件的温度，从表示低温的紫罗兰色到表示高温的粉红色。通过精确定位各器件的操作温度，计算出它的设计值和在印制电路板上的实际位置，该软件模块可以用于基于热标准的优化。通过改变粉红色(高温)的器件的位置，使得其热损耗面更靠近散热片的最大表面面积，可降低器件的温度。设计布局的热分析具有可重复性，直至获得满意的散热性能。

(d) 每个器件实际电应力的验证测试。对每个器件进行验证，以确保其能承受的峰值电压应力、电流的均方根值以及实际操作温度。为防止某次实验中会出现错误，需要替换某些器件。该试验以四种可能的情况不断重复：输入电压和输出电流都达到极小值，输入电压和输出电流都达到极大值，输入电压最大时输出电流最小，输入电压最小时输出电流最大。

(e) 如前面计算所示，考虑到器件的实际工作温度，计算所设计变换器的寿命。软件模块将提供：总体故障率，它表示在 100 万小时的操作后，系统无法计算出的数目；平均无故障工作时间和系统的预期寿命。系统的预期寿命即最短寿命的器件寿命。对于个别成分分析，各个故障率用在 100 万小时的操作后，失效器件的数目来表示。

(f) 频率分析，闭环设计和瞬态分析。该软件模块产生开环电路的伯德图。设计者输入的增益、相位裕度以及截止频率，并且软件模块提供补偿块反馈回路中的一个可能的设计。对于所设计的控制器，该软件提供闭环系统的伯德图，得到增益和相位余量。它也可以执行不同的瞬态分析。例如，设计者可以输入一定的负载电流特性，该模块将提供相应的模拟瞬态输出电压响应。

(g) 绘制主要器件的电压及电流波形。

(h) 计算所设计的电源产生的谐波失真。设计人员可以按照国家的标准，为那些检查的产品选择 EMI 限制，并验证其是否符合这些限制。

(i)设计新的磁性器件，通过选择不同的铁氧体磁芯和线圈的设计方法。例如，设计者可以为所期望的变压器选择尺寸、形状、磁芯类型、原边和副边线圈的圈数和绕线的类型。软件模块将提供用户设计的变压器的磁芯损耗，导通损耗和磁通损耗。

现举例解释如何使用此软件设计客户要求的 Buck 变换器：$V_{in}=12$ V，$V_{out}=5$ V，$I_{out}=8$ A，也就是所需的输出功率为 40 W。软件产生的初始设计如图 2.76 所示。它是一个实用性很强的 Buck 变换器，比理论 Buck 变换器包含更多器件（晶体管 M1，二极管 D1，电感 T1，电容 C11）。两个缓冲电路由 R3，C9 构成，再加上 R6，C10 分别与晶体管 M1 和二极管 D1 结合。它们可能需要抑制 dv/dt，以减少瞬变和 EMI。由 C7，L4 和 C8 形成的输入滤波器用于平滑脉动的输入电流（注意，Buck 变换器的输入电流具有很大的脉动）。电阻器 R2 和 R5 用于电流检测。R4 是栅极驱动串联电阻。电阻 R7 是一个所谓的假负载，它可以预载 Buck 变换器，并在变换器被关断后，对输出电容放电。

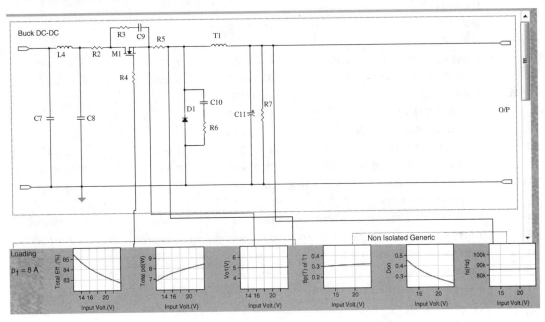

图 2.76　使用 PowerESIM 软件设计实际 Buck 变换器并选择性能图表（引自"PowerESIM laboratory manual"，Power ELab Ltd.，Hong Kong）

一些图表显示，设计的变换器在不同线路条件下的性能特性也可以由软件提供，如图 2.76 中电路原理图的下方所示。根据用户的产品规格，第一个图表给出了变换器的效率，第二个图表是变换器的输入电压在范围[12 V，24 V]区间的总损耗。下一图显示了输出电压与输入电压的关系。可以看到，输出电压保持在 5 V，变化不大。第四个图是电感 T1 在不同的输入电压下的峰值磁通量。从第五个图可以看出如何通过占空比变化来调节输出电压保持在 5 V 线左右变化。如第一个图表所示，开关频率保持在 88 kHz。所有的测试在额定负荷下执行，即 I_{o1} 为 8 A，如左下角图所示。

该软件也提供了器件损耗（参见表 2.1）的详细计算。假设该用户还没有用热模拟估计操作温度，软件已经根据默认设定的器件温度进行了损耗计算的 MOSFET、二极管和功率磁性器件为 100℃，电容器和电阻器为 60℃。该软件包含额外的工具以修改温度设定或同时考虑损耗和温度影响。

表 2.1　基于本节例子中出现的客户规格要求，计算图 2.76 中所示的变换器中每个元件的损耗计算（引自"PowerESIM laboratory manual"，Power ELab Ltd.，Hong Kong）

元件符号	参数	损耗（次损耗）	百分比损耗	数量	单个器件损耗
D1	10 A 100V PED10A100 PowerEsim TO220AB	2.583 W	38.02	1	2.583W
	导通损耗	(2.583 W)			
	开关及反转损耗	(92.25 μW)			
T1	6.82μH EC－44119 功率电感	1.053 W	15.51	1	1.053W
	磁芯损耗	(1.003 W)			
	直流铜（导通）损耗	(35.33 mW)			
	交流铜（边缘和漏磁通）损耗	(14.95 mW)			
C8	2.2μF 40 VDC 100° 10.2×5.5×9.1 mm SMD4036 WIMA 20%	0.979 W	14.41	1	0.979W
M1	16.6 mΩ 30 V 8.8 A BSO200N03S INFINEON SO8	0.82 W	12.07	1	0.82W
	导通损耗	(0.66 W)			
	开关损耗	(0.161 W)			
R5	18 mΩ 1W CF 5% LPRC201 PHYCOMP	0.558 W	8.216	1	0.558W
L4	9.89 μH T50D 输入差模扼流圈	0.398 W	5.859	1	0.398W
	磁芯损耗	(0.349 W)			
	直流铜（导通）损耗	(38.22 mW)			
	直流铜（边缘和漏磁通）损耗	(11.13 mW)			
R7	75Ω 0.5W CF 5% PRC101 PHYCOMP	0.334 W	4.915	1	0.334W
R2	1 mΩ 5W WW 5% 低欧姆 PowerESIM	31.01 mW	0.4564	1	31.01mW
C11	1 mF 10V DC 11 mΩ105° 2000 h 10×16× mm HN NICHICON 20%	16.89 mW	0.2486	1	16.89mW
R4	33Ω 0.5W CF 5% PRC101 PHYCOMP	13.57 mW	0.1998	1	13.57mW
R6	100Ω 5W MO 5% RSF500 YAGEO	3.041 mW	0.04476	1	3.041 mW
R3	100Ω 5W MO 5% RSF500 YAGEO	3.04 mW	0.04476	1	3.04mW
C10	270 pF 3kVDC 125° 8.4×8.4×5.2 mm 3DFO VISHAY 10%	285.3 μW	0.0042	1	285.3 μW
C9	270 pF 3kVDC 125° 8.4×8.4×5.2 mm 3DFO VISHAY 10%	285.2 μW	0.004199	1	285.2μW
C7	2.2 μF 40VDC 100° 10.2×5.5×9.1 mm SMD4036 WIMA 20%	12.12 μW	0.0001784	1	12.12μW
HS300	U 形散热片	0 W	0	1	0W
PCB300	PCB(128 mm, 79 mm, 1 mm)	0 W	0	1	0W
	总损耗（效率）	6.793 W (85.49%)	100	17	

可以看到，这四大损耗是由续流二极管 D1、输出电感 T1、输入滤波电容 C8 和主开关 M1 产生的。该软件有一个器件查找模块，可以更换器件并重新计算器件的损耗。MOSFET 的损耗取决于开关本身的特性和栅极驱动器的电阻值。例如，可以通过检查，用 200 V 的器件替换 33 V 的电阻 R4。可以发现，由该器件引起的损耗依然是 12.57 mW，但是由于 M1 的额外损耗，总的损耗从 6.793 W 增加至 7.216 W。此模块易于研究设计中使用错误器件所产生的影响。例如，如果不使用快速二极管 D1（反向恢复时间 60 ns）而是使用低速二极管 1N4002GP，将会立即看到 D1 的损耗从 2.583 W 增加到 38.68 W。这是由于开关损耗急剧增加，导致在二

极管关断时，较大反向电流与逐渐增大的二极管两端的电压重叠。在所有器件的损耗计算时有一个有趣的结果：选择错误二极管，M1 的总损耗也越来越多。这是由于 D1 关闭时 M1 被接通，所以当 D1 关断，慢速二极管的高反向电流将流过 M1。我们可以模拟晶体管和二极管的主要波形。图 2.77(a)给出了一个快速二极管的设计，图 2.77(b)给出了慢速二极管的设计方案。注意到在后一种情况下，由于缓慢二极管的高反向电流尖峰的影响，反向电流也会在晶体管导通时流过，且比正向电流大得多。这将会改变通过晶体管的电流波形。除了增加晶体管的损耗，慢速二极管的高反向电流改变充电二极管的寄生并联电容，使其两端产生高电压尖峰。

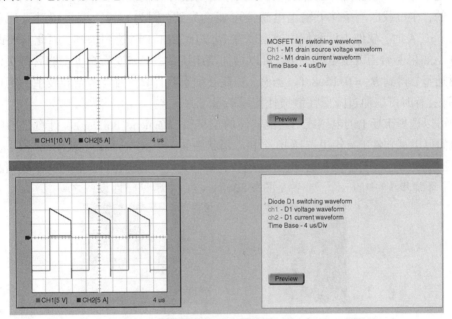

(a) 使用高速二极管

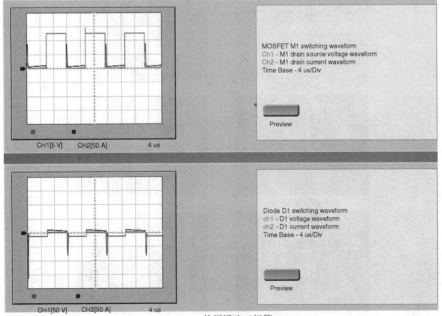

(b) 使用慢速二极管

图 2.77　主晶体管和二极管的电压和电流特性(引自"PowerESIM laboratory manual"，Power ELab Ltd.，Hong Kong)

　　磁性器件的设计需要特别注意。在我们的例子中，电感器 T1 为 6.82 μH，贡献了总功耗的 15.5%。但是其他变换器也可能包含变压器。磁性器件的特性复杂，因为波形激发，工作磁通水平，温度，频率，缠绕方法，导线的尺寸和绝缘方法可以影响其整体性能。可用所谓的"磁生成器"（Magnetic Builder）这一特殊接口设计所需的电感器。例如，磁性器件的一个非常重要的参数是它的工作磁通密度 B_m。对于上述的初步设计，额定输出电流 8 A 时磁通密度由软件计算 $B_m = 0.3004$。最大功率铁氧体的饱和磁通密度在 100℃ 时大约是 0.3 T 至 0.4 T。在大多数情况下，功率磁性器件设计在 100℃ 操作时为最坏的情况。虽然 $I_0 = 8$ A 时，输出电感器是安全的，在过载电流条件下输出电感器可能会失效，因为磁通密度将超过设计余量。例如，在 $I_0 = 10$ A 时，软件告诉我们磁通密度在 $B_m = 0.3381$ T 时达到饱和，因此需要改变电感器的设计。如果不希望改变电感的值，可以增加绕组匝数，例如变为 5 匝。然后再次计算额定输出的磁通量，得到 $B_m = 0.1568$ T。当然，功耗必须重新计算，因为多余导线中的铜可能导致额外的损耗；有时可以通过降低耗散损耗使磁通量下降。

　　用户可以选择市场上的电感或用其他软件的工具箱（Magnetic Builder）设计自己的电感或变压器。他们可以从软件工具箱里选择 10 个核心形状中的一个 [C/U 核心，或图 2.78（a）～（h）的核心] 或图 2.79（a）～（d）中四种套环（套环是装有磁性元件核心的器件。它定义了线圈的环绕形状，简化了环绕步骤）中的一个，或者是图 2.80（a）～（f）中常见磁性设备之一。

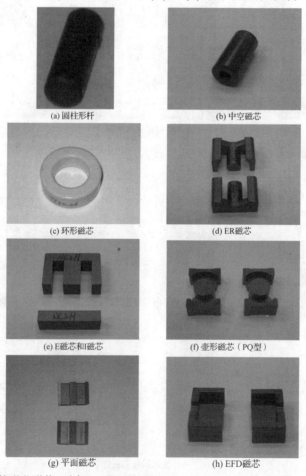

(a) 圆柱形杆　　　　　　　　　(b) 中空磁芯

(c) 环形磁芯　　　　　　　　　(d) ER磁芯

(e) E磁芯和I磁芯　　　　　　　(f) 壶形磁芯（PQ型）

(g) 平面磁芯　　　　　　　　　(h) EFD磁芯

图 2.78　常见类型的磁芯形状（引自"PowerESIM laboratory manual"，Power ELab Ltd.，Hong Kong）

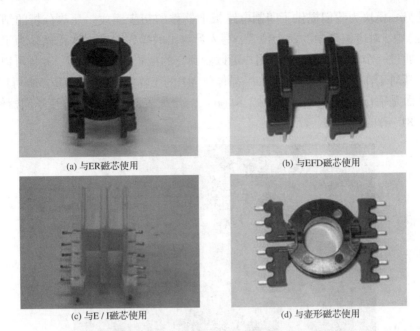

(a) 与ER磁芯使用

(b) 与EFD磁芯使用

(c) 与E/I磁芯使用

(d) 与壶形磁芯使用

图 2.79　常见类型线轴(引自"PowerESIM laboratory manual", Power ELab Ltd., Hong Kong)

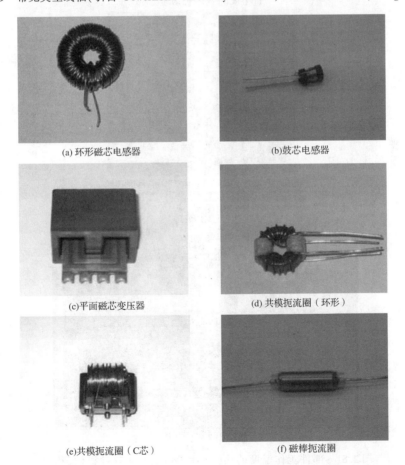

(a) 环形磁芯电感器

(b)鼓芯电感器

(c)平面磁芯变压器

(d) 共模扼流圈（环形）

(e)共模扼流圈（C芯）

(f) 磁棒扼流圈

图 2.80　常用磁性器件举例(引自"PowerESIM laboratory manual", Power ELab Ltd., Hong Kong)

该软件的另一模块为我们提供了印制电路板上器件的初步摆放。从热分析的结果可以看出,图2.81(a)中,对应组件中的每个位置,写入计算出的操作温度。这样做是为了对元件进行初步摆放。通过一个个地拾取组件,用户可以看到它的位置和工作温度,并且可以尝试通过改变位置研究其对工作温度的影响。例如,晶体管 M1 的工作温度为 159℃。M1 可以转动,使得其热损失表面是平行于散热器[参见图2.81(b)]的最大表面积。通过改变不同器件的位置,可以得出图2.81(c)的热图谱。

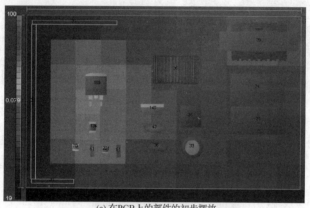

(a) 在PCB上的部件的初步摆放

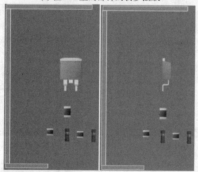

(b) 转动PCB上一个部件(晶体管M1)得到的图像

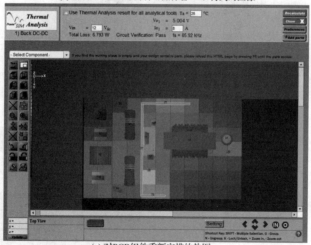

(c) 对PCB组件重新安排的热图

图2.81 部件工作温度的热图,由 PowerESIM 软件提供(引自
"PowerESIM laboratory manual", Power ELab Ltd. , Hong Kong)

打开一个新的软件模块，进入反馈回路设计界面。该模块的"非隔离通用反馈模块"（参见图 2.82）提供通用控制器的结构，这基本上相当于一个通用误差放大器电路，用于控制输出电压 V_{out} 的变化。电阻器 R200 ~ R204 和电容器 C200 ~ C202 组合形成了误差放大器的通用补偿网络。对这些电阻和电容元件选择不同的阻值或容值，可以形成整个范围的补偿网络。当然，也可以只使用其中的一些部件以得到不同类型的补偿器。放大器的输出馈送到图上侧的 PWM 比较器的正端子，将其标记为"通用 I-mode 高侧驱动器的 PWM 块"，其中经由缓冲器（X1），分压器网络（R104 和 R105）和一个电压箝位二极管（在 V_{cs} 处）。该 PWM 比较器的负引脚连接增益放大器 G_{cs}，其输入对应斜率补偿（斜坡信号）和滤波电感电流的总和。电感电流滤波器是由 R106，R107 和 C102 形成。PWM 比较器的输出给出了离散的切换脉冲，并供给到 RS 触发器的复位端。触发器的设定引脚连接到一个方波振荡器。

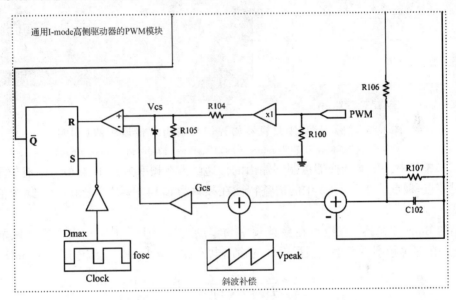

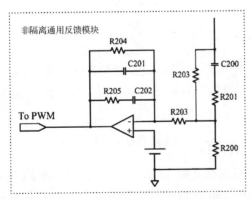

图 2.82　控制电路的原理和通用反馈块（引自"PowerESIM laboratory manual"，Power ELab Ltd.，Hong Kong）

图 2.82 的反馈结构相当普遍，允许选择任一电压控制模式或电流模式控制。第 1 章中，只学习了电压模式控制（以后将学习其他控制方式）。电压模式控制也是 Buck 变换器优选的控制方式，我们将在下一章讨论。因此，在以下的设计中，通过选择一个阻值非常高的电阻器 R106 来禁用电感电流链路。如 1.4 节讨论，反馈结构只包含一个简单的 PWM 模块。采用典型的电流模式控制，禁用通用 I-mode 高侧驱动器的 PWM 模块电路的剩余部分。

　　设置 PWM 和反馈模块为虚拟单位增益,其中调节器的开环响应(即降压功率级连同反馈模块)代表 Buck 变换器的传递函数。以下值均选用通用补偿网络的部件:C200 = 0.1 pF,R204 = 20 MΩ,R205 = 41 kΩ,R201 = 20 MΩ,C201 = 0.1 pF,C202 = 100 μF,R106 = 10 MΩ,R107 = 1 Ω 和 Vpeak = 333 mV。图 2.83 给出了所设计的变换器传递函数的增益和相位的频率特性,该传递函数是开环、从控制到输出的传递函数。

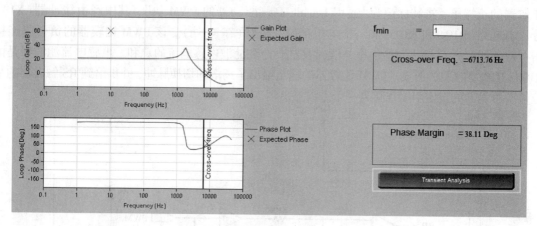

图 2.83　伯德图设计变换器的控制到输出的传递函数(引自
"PowerESIM laboratory manual",Power ELab Ltd.,Hong Kong)

　　在 2.3.3 节中,Buck 变换器控制到输出的传递函数在频率为 $f_z(1/2\pi Cr_c)$ 时有位于左半平面的一对零点-极点。在图 2.83 中的增益特性在频率为 6714 Hz 时穿越 0 dB。这个值被称为穿越频率。

　　典型的 Buck 变换器,双极点在穿越频率和零点之间产生。由于输出电容串联电阻的影响,双极点在穿越频率后发生。根据设计的输出电容 C11 为 1 mF、直流电阻为 11 mΩ,可得到

$$f_z = \frac{1}{2\pi \times 11\,m\Omega \times 1\,mF} = 14468.6\,Hz$$

可发现

$$G_{vd}(0) = \frac{RV_{in}}{R + r_L}$$

　　因此,在低频,增益和单位必须围绕在 V_{in} 值左右。事实上,我们获得了 20 log 12 = 21.6 dB 的增益,频率高达 800 Hz。我们也看到在频率 1927 Hz 时突然有增益。这对应于变换器的 LC 模块(输出滤波器)的固有频率

$$f_0 = \frac{1}{2\pi\sqrt{6.82\,\mu H \times 1\,mF}} = 1927\,Hz$$

由于双极点的原因,双极点之后的增益每十倍频程下降 40 dB。经过零点的频率(14 468 Hz)之后,斜率降为 20 dB 每十倍频程。根据该相位特性,存在 38°的相位裕度。在设计反馈回路时,应改善开环设计裕度。

　　下一步设计反馈环路,使其在瞬态负载过冲和下冲电压、瞬态负载的压摆率(即"转换率"表示的电流的变化率,单位为 A/μs,指示瞬态响应的快速程度)等方面满足用户要求。之后,我们要学习变换器的电感和电容的值对闭环电源动态性能的影响。例如,我们将发现 L 或 C 值越小,动态响应越快。因为小的能量存储元件存储和释放能量所需要的时间较短。从功率级(参见 1.4 节)的稳态分析可知,L 值越小纹波电感电流越高,输出过冲和下冲电压在负载电

流激增或骤降时越小。C 值越大，输出过冲电压在负载电流激增时越小或输出下冲电压在负载电流骤降时越小。

该软件可以自动设计控制器。设计者必须输入所需的直流增益、预计相位裕度和预期穿越频率，模块将尝试在自动补偿过程中改变不同器件的通用反馈模块。例如，假设要求闭环电源提供 60 dB 的直流增益、60° 的相位裕度以及 10 kHz 的穿越频率。需要告诉计算机在自动补偿过程中哪个器件可以改变，允许改变的范围是哪些。例如，我们可以设定电容器 C200、C201 及 C202 在 [0.01 pF ~ 0.01 mF] 的范围内，且电阻器 R201 和 R205 在 [1 V 至 20 MΩ] 的范围内。该软件将确定这些电容和电阻值，以尽可能满足预期的闭环性能。如图 2.84，计算机为补偿电路提供了以下值：C200 = 4.76 nF，C201 = 433.2 pF，C202 = 4.081 nF，R201 = 2.918 kΩ，R205 = 9.303 kΩ。图 2.84 还展示了所设计的闭环电源的增益和相位频率特性。我们看到，10 Hz 处的直流增益为 60 dB，相位裕度为 60.28，穿越频率是 9.96 kHz。在本书的后半部分将看到对变换器的瞬态响应来说，穿越频率、增益和相位裕度的值的含义。我们将明白为什么通过增加直流增益，即增至 80 dB 和穿越频率至 18 kHz，会减少瞬时建立时间和输出电压过冲，从而改善负载扰动的瞬态响应。或者说，为什么通过增加穿越频率为 25 kHz，即使有设计良好的相位裕度，变换器输出的响应还是会变得振荡。我们将学习实际规则来设置在约四分之一的开关频率（在上述设计中，开关频率被选择为 88 kHz）时的穿越频率。

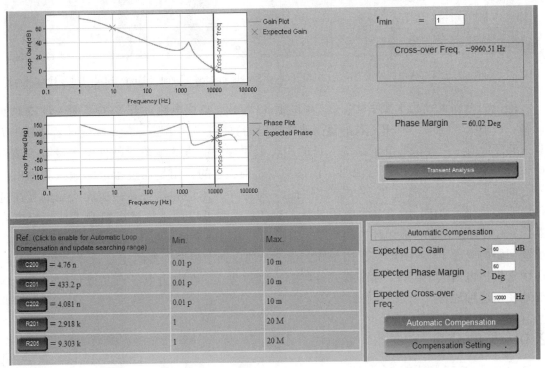

图 2.84　设计降压电源模拟闭环频率特性（引自 "PowerESIM laboratory manual"，Power ELab Ltd.，Hong Kong）

最后，通过选择补偿反馈电路进行瞬态仿真。例如，考虑随时间变化的负载扰动在负载电流 0.8 A 和 8 A（参见图 2.85 上）之间变化。图 2.85 下提供模拟输出电压的瞬态响应。注意大约需要 280 μs 以便使系统在负载电流下降和上升时达到稳定状态。然而，由于负载电流的转换速率在下降和上升这两种情况时不同，输出电压瞬态脉动也不同：电流下降相对较慢时，V_{out}围绕 30 mV 的超调，电流上升很快时，V_{out}几乎达到 80 mV。

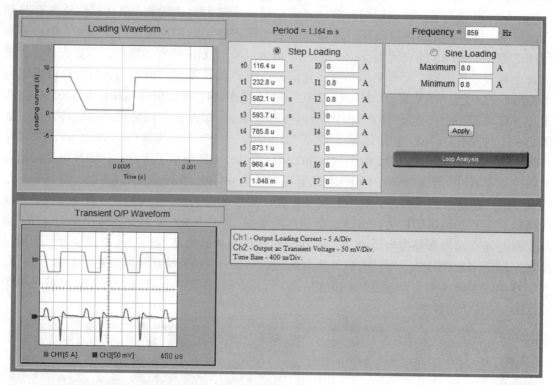

图 2.85　模拟加载设计降压电源的瞬态响应(引自"PowerESIM laboratory manual"，Power ELab Ltd.，Hong Kong)

　　如今的电路设计趋于数字化。在 20 世纪 80 年代，集成电路的开发主要用一种特殊的语言：VHDL，全称是 VHSIC(表示超高速集成电路)硬件描述语言。它允许设计者建模、仿真，最终合成一个复杂的电子系统。目的用类似原理图的方式来描绘硬件电子设备。该系统在行为水平和结构水平进行说明。在行为水平时，它的作用是通过指定的输入和输出信号之间的关系来进行描述的。在结构层面上，对器件的术语和执行某一功能所需的互连进行说明。后来，VHDL 用于电力电子设计。VHDL 模型可以用于描述电源开关或超级电容器。VHDL 可以用于合成闭环控制系统，因为它可以很容易地模拟传递函数，更不用说包含反馈回路的电源了。VHDL 编程用于确定开关脉冲序列中桥逆变器的正弦脉冲宽度调制器。还用来模拟电力电子设备，如推挽式变换器。随着发展，在电力电子产品设计中将会更广泛地使用这种语言。

2.9　范例分析

　　青年工程师 Keith 接到一个新任务：设计一个 900 W 用于网络应用程序的服务器电源。电信公司的需求是，添加新设备到现有的基础设施上，并且提供互联网服务。电信公司使用 −48 V 直流电池备用，防止正常供应的交流电中断。在使用备用电池时，其电压必须升高到常用电压，即 375 ~ 380 V，它需要提供一个多路输出变换器，能够向不同的网络设备，如服务器、路由器、调制解调器提供专用电平的电压。

确切的用户规格分别为：前端输入电压范围设计为 $V_{in} = 40 \sim 75$ V，输出电压 $V_{out} = 375$ V，输出功率范围为 $P_{out} = 50 \sim 1200$ W。

Keith 发现问题非常简单，令他更惊讶的是需要一个星期完成。经过不到一个小时，他提出了解决方案，按照他在本书的第 1 章所学的知识。

他注意到需要设计一个 Boost 变换器。选择 112 kHz 开关频率并进行计算

负载电流：$I_{out\_min} = 0.1333$ A，$I_{out\_max} = 3.2$ A

负载电阻：$R_{min} = 117.19$ Ω，$R_{max} = 2813$ Ω，$R_{nom} = 156.25$ Ω

占空比：$D_{min} = 1 - (75/375) = 0.8$，$D_{max} = 1 - (40/375) = 0.893$

标称占空比：$D_{nom} = 1 - (48/375) = 0.872$

通过假设的 90% 的效率，他发现最小输入电流 $V_{in} = 75$ V、$P_{out} = 50$ W，最大输入电流为 $V_{in} = 40$ V、$P_{out} = 1200$ W

$$I_{in,min} = 0.74 \text{ A}, \quad I_{in,max} = 33.33 \text{ A}$$

考虑到最大输入（电感）电流值和最大占空比，他算出通过主变换器开关的最大平均电流和最大 r_{ms} 的电流

$$I_{S\,max,av} = 29.76 \text{ A}, \quad I_{S\,max,rms} = I_{in,max}\sqrt{D_{max}} = 31.5 \text{ A}$$

还有流过二极管变换器的最大平均电流：

$$I_{Dmax,av} = I_{in,max}(1 - D_{max}) = 3.566 \text{ A}$$

同时也要考虑施加在开关上的电压，Keith 选择了 MOSFET SPW52N50C3560 V/52A 作为主开关，$r_{DS(on)} = 70$ mΩ，二极管 IDP06E60 600 V/6A 提供 1.5 V 的正向电压。

为计算电容器，采用 1.4.3 节的方法，利用公式 $C > 100DT_S/R$ 求出最大占空比值和最小负载电阻，从而获得的 $C_{min} = 6.8$ μH。考虑到输出电容上的电压值和该电容 10 A 左右的最大纹波电流，Keith 建议使用四种电解电容中的任意一个，型号为 CG241T450V4C450 V/240 μF，它有 2.4 A 的纹波电流，$r_C = 330$ mV（他需要大电容来响应纹波电流要求），或型号为 FFB36J0825K528V/8.2μF 的薄膜电容器，额定纹波电流为 10.9 A。当使用四个并联电容时，电容的总 ESR 为 82.5 mΩ。

他用如下公式计算电感：

$$L = \frac{V_{in}DT_S}{(10 \sim 15)\% I_{L,av}} = \frac{D(1 - D)^2 RT_S}{0.1 - 0.15}$$

对于负载电阻的最大值，他使电感电流纹波低于 $(10 \sim 15)\% I_{L,av}$，即平均电感（输入）电流在其可能的范围内的较低值，为 0.74 A。电感器值的范围为 $[5.33 \cdots 8]$ mH 或 $[4.82 \cdots 7.2]$ mH，同时也要考虑效率因素（在我们的例子中为 0.9），1.4 节并没有讲到。Keith 选择电感 $L = 7.2$ mH，使用磁芯 55908-A2。它的寄生电阻 $r_L = 74.4$ mΩ。这样的值确保了变换器的 CCM 工作模式，而不用考虑负载的变化是否在其规定的范围（参见习题 1.10 和习题 1.11）内。

然而，即使 Keith 全部按本书的第 1 章来做，他的导师马上告诉他错了。错误在于当我们开始设计和计算占空率时，使用了理想式 $M \triangleq V_{out}/V_{in} = 1/(1 - D)$。这样做很正常，因为当我们还没有设计电感器和电容器时，不可能知道它们的寄生电阻值。然而，现在我们知道 r_L 的值（电感上的是 0.0744 Ω，加在开关的导通电阻上的电压值必须是 0.070 V，因为这两个器件是串联在第一开关阶段；如先前所讨论的，在第二切换阶段，我们要考虑二极管的电阻甚至比晶

体管要大）。我们也知道 $r_C(0.0825\ \text{V})$ 的值。所以，可以通过使用在 2.3.3 节的确切公式重新计算直流增益

$$M \triangleq \frac{V_{out}}{V_{in}} = \frac{R(1-D)}{r_L + \dfrac{Rr_C}{R+r_C}(1-D) + \dfrac{R^2(1-D)^2}{R+r_C}}$$

额定功率 900 W（$R_{nom} = 156.25\ \Omega$）和标称占空比 0.872 时，得到 $M = 7.37$。很显然，所设计的 Boost 变换器仅超过标称线 48 V 达到 353 V，而不是要求的 375 V。让我们看看如果输入电压降至标称值以下，比如 40 V 时会发生什么。按照第 1 章讨论的，控制器将增加占空比使输出电压升至先前值。然而，如果再次计算此时输入电压且 $D_{new} = 0.893$ 时的 M 值，我们发现 $M_{new} = 8.61$，也就是 $V_{out} = 344\ \text{V}$。这意味着变换器无法将负载电压升至以前的 353 V。并且如果控制器还需应对增加的负载电流，例如通过减少 R 值至其最小可能值 117.19 Ω，得到的 M 为 8.39，这意味着输出电压为 336 V。在这种情况下，该 PWM 控制器将工作在它"指定"的方式：它将进一步加大占空比以提升输出电压至其稳态值。然而，在某一点之后，可以发现 M 甚至开始迅速下降。

为了了解发生了什么，列出了对于上述设计 M 的精确公式：$R = 156.25\ \Omega$，$r_L = 0.1444\ \Omega$，$r_C = 0.0825\ \Omega$［参见图 2.86（a）］。注意，不同于理想公式，它表示一个随占空比无限增加增益，由于寄生电阻，实际特性在占空比约为 0.95 时达到峰值，然后向零减小。这意味着我们通过 Boost 变换器加的电压是有一定限度的。从理论上讲，如果需要如此大的转换增益，可以选择一个公称占空比使其等于或接近于给出的最高电压增益。然而，除了在稳定状态下使其具有高占空比是不切实际的，在调节过程中也会出现问题：为应付输入电压减少至低于其标称值或负载电流增加的状况，PWM 控制器需要增加占空比。但是这将促使变换器的操作位于增益特性之后，也就是说，在下一瞬时周期，提高占空比将降低输出电压，从而要求占空比在下一切换周期比以前增加更多并依此类推，直到 D 达到 1，导致变换器的操作被中断。这就是为什么我们从来没有设计标称占空比接近给定最大直流增益的那一点。因此，随我们的需要增加的电压是有限的。当然，最大可达到的增益依赖于变换器的寄生电阻值。在图 2.86（b）中，可看到另一个例子，$r_L = r_C = (1\%)R$。在这个设计中，最大直流增益为 4.78 时，达到 $D = 0.88$。

也不能因为设计的效率问题，设定标称占空比接近最大直流增益工作点。在 2.3.3 节，一个 Boost 变换器在 CCM 模式工作的平均电感电流为 $I_L = V_{in}/(R(1-D)^2)$。在 2.6.1 节中看到 MOSFET 导通损耗是由 $P_{ON}[r_{DS(on)}] = r_{DS(on)}I_L^2 D$ 给出。因此，在传导过程中，电感器和晶体管寄生电阻的传导损耗随标称占空比增加而快速增加，这意味着在高占空比处操作具有低能量处理效率。

因此，设计一个 Boost 变换器能够升压 48 ～ 375 V 并不是一个简单的任务。它不可能通过简单的增加标称占空比，使其超过 0.872 来完成。二极管的导通时间 $[(1-D)T_s]$ 将变得过短，从而限制了开关频率。这种方式还会与 $M(D)$ 特性曲线的峰值靠得太近。给 Keith 的问题通过使用两个 Boost 变换器级联得到了解决：第一个使用 0.636 的最大占空比升压 48 V 至 110 V，第二变换器用 0.707 的占空比升压 110 V 到 375 V。然而，级联变换器会导致低效率，因为总效率由每个变换器效率的乘积来确定。另一个解决办法是使用含有变压器的变换器，这种类型将在下一章学习。我们将看到，任何一个解决办法都不是很理想。变压器会引入其他问题，从而导致效率降低。最新发展的替代能源如太阳能或燃料电池，可以产生低电压能量，要

求对激增的电压有更好的解决方案。下一章节的很大一部分将专门介绍一些国家最先进的解决方案，在保证高的直流增益的情况下获得高效率的变换器。

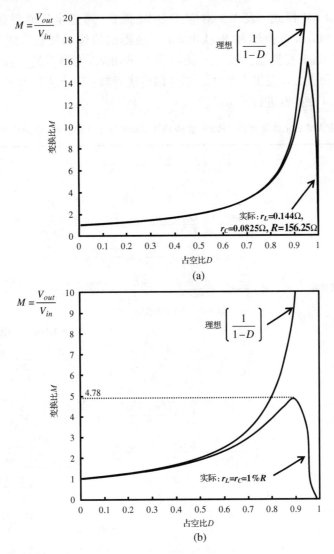

图 2.86　理想直流增益和 Boost 变换器。(a)$R = 156.25$ V 的实际
的直流增益，$r_L = 0.1444$V，$r_C = 0.0825$V；(b)$r_L = r_C = 1\%$

2.10　本章小结

- 开关模式变换器使用平均化方法进行分析，如平均状态空间方程或平均 PWM/谐振开关模型。
- 小纹波和小信号的近似会影响平均模型的整体精度。
- 基于平均模型的设计需根据实际情况进行模拟验证。
- 电路中的寄生电阻使得 Buck 和 Buck-Boost 变换器存在有限的直流增益。
- Buck、Boost 和 Buck-Boost 变换器在 CCM 和 DCM 模式时具有二阶传递函数，并有左半平面极点。

- 在 CCM 和 DCM 模式时，Buck、Boost 和 Buck-Boost 变换器小信号的控制到输出的传递函数存在右半平面零点。

表 2.2 对应于 CCM 模式、表 2.3 对应于 DCM 模式（通过全阶模型获得），分别列出了 PWM Buck 变换器、Boost 变换器和 Buck-Boost 变换器的传递函数表达式列。表 2.4 对应于 DCM 模式，列出了 Buck 变换器、Boost 变换器和 Buck-Boost 变换器的一般小信号模型的参数表达方式。表 2.5 和表 2.6 列出了准谐振 ZVS 的传递函数，并分别对 ZCS Buck 变换器，Boost 变换器和 Buck-Boost 变换器进行了总结。

表 2.2　PWM Boost 变换器、Buck 变换器和 Buck-Boost 变换器（CCM）的传递函数

Δ	Buck变换器	$s^2 + s\dfrac{L + C(Rr_L + r_L r_C + Rr_C)}{LC(R+r_C)} + \dfrac{R+r_L}{LC(R+r_C)}$
		$r_L = 0, r_C = 0: \xi = \dfrac{\sqrt{\frac{L}{C}}}{2R}; \omega_o = \dfrac{1}{\sqrt{LC}}$
	Boost变换器	$s^2 + \dfrac{C[r_L(R+r_C) + Rr_C(1-D)] + L}{LC(R+r_C)}s + \dfrac{r_L(R+r_C) + Rr_C(1-D) + R^2(1-D)^2}{LC(R+r_C)^2}$
		$r_L = 0, r_C = 0: \xi = \dfrac{\sqrt{\frac{L}{C}}}{2R(1-D)}; \omega_o = \dfrac{1-D}{\sqrt{LC}}$
	Buck-Boost变换器	$s^2 + \dfrac{C[r_L(R+r_C) + Rr_C(1-D)] + L}{LC(R+r_C)}s + \dfrac{r_L(R+r_C) + Rr_C(1-D) + R^2(1-D)^2}{LC(R+r_C)^2}$
		$r_L = 0, r_C = 0$: 同Boost变换器

	Buck变换器	Boost变换器	Buck-Boost变换器
M	$\dfrac{RD}{R+r_L}$	$\dfrac{1}{1-D}\dfrac{R(1-D)^2}{r_L + \frac{Rr_C}{R+r_C}(1-D) + \frac{R^2(1-D)^2}{R+r_C}}$	$\dfrac{D}{1-D}\dfrac{R(1-D)^2}{r_L + \frac{Rr_C}{R+r_C}(1-D) + \frac{R^2(1-D)^2}{R+r_C}}$
$G_{vd}(s)$	$\dfrac{V_{in}Rr_C}{L(R+r_C)}\dfrac{s+\frac{1}{Cr_C}}{\Delta}$	$\dfrac{r_C}{R+r_C}\dfrac{R}{r_L + \frac{Rr_C}{R+r_C}(1-D) + \frac{R^2(1-D)^2}{R+r_C}}V_{in}$	$\dfrac{r_C}{R+r_C}\dfrac{R}{r_L + \frac{Rr_C}{R+r_C}(1-D) + \frac{R^2(1-D)^2}{R+r_C}}V_{in}$
		$\times\left(s+\dfrac{1}{Cr_C}\right)\dfrac{\left[\frac{(1-D)^2R^2 - r_L(R+r_C)}{L(R+r_C)} - s\right]}{\Delta}$	$\times\dfrac{D\left[\frac{(1-D)^2R + (1-2D)r_L}{DL} - s\right]}{\Delta}\left(\dfrac{1}{r_C C} + s\right)$
		$r_L = 0, r_C = 0: z_p = \dfrac{R(1-D)^2}{L}$	$r_L = 0, r_C = 0: z_p = \dfrac{R(1-D)^2}{DL}$
$G_{vg}(s)$	$\dfrac{Rr_C D}{L(R+r_C)}\dfrac{s+\frac{1}{Cr_C}}{\Delta}$	$\dfrac{Rr_C(1-D)}{L(R+r_C)}\dfrac{s+\frac{1}{Cr_C}}{\Delta}$	$\dfrac{Rr_C(1-D)D}{(R+r_C)L}\dfrac{s+\frac{1}{Cr_C}}{\Delta}$
$G_{id}(s)$	$\dfrac{V_{in}}{L}\dfrac{s+\frac{1}{C(R+r_C)}}{\Delta}$	$\dfrac{V_{in}}{L}\dfrac{Rr_C + R^2(1-D)}{[r_L(R+r_C) + Rr_C(1-D) + R^2(1-D)^2]}$	$\dfrac{V_{in}}{L}\dfrac{r_L(R+r_C) + Rr_C + R^2(1-D)}{r_L(R+r_C) + Rr_C(1-D) + R^2(1-D)^2}$
		$\times\dfrac{s+\frac{r_C + 2R(1-D)}{r_C + R(1-D)}\frac{1}{C(R+r_C)}}{\Delta}$	$\times\dfrac{s+\frac{1}{C(R+r_C)}\frac{r_L(R+r_C) + Rr_C + R^2(1-D^2)}{r_L(R+r_C) + Rr_C + R^2(1-D)}}{\Delta}$
$G_{ig}(s)$	$\dfrac{D}{L}\dfrac{s+\frac{1}{C(R+r_C)}}{\Delta}$	$\dfrac{1}{L}\dfrac{\left[s+\frac{1}{C(R+r_C)}\right]}{\Delta}$	$\dfrac{D}{L}\dfrac{\left(s+\frac{1}{C(R+r_C)}\right)}{\Delta}$
$Z_{in}(s)$	$\dfrac{L}{D^2}\dfrac{\Delta}{s+\frac{1}{C(R+r_C)}}$	$\dfrac{1}{L}\dfrac{\Delta}{\left[s+\frac{1}{C(R+r_C)}\right]}$	$\dfrac{D^2}{L}\dfrac{\Delta}{\left(s+\frac{1}{C(R+r_C)}\right)}$
$Z_{out}(s)$	$\dfrac{Rr_C}{R+r_C}\dfrac{\left(s+\frac{r_L}{L}\right)\left(s+\frac{1}{Cr_C}\right)}{\Delta}$	$\dfrac{Rr_C}{R+r_C}\dfrac{\left(s+\frac{1}{Cr_C}\right)\left[s+\frac{r_L + \frac{Rr_C}{R+r_C}D(1-D)}{L}\right]}{\Delta}$	$\dfrac{Rr_C}{R+r_C}\dfrac{\left(s+\frac{1}{Cr_C}\right)\left[s+\frac{r_L + \frac{Rr_C}{R+r_C}D(1-D)}{L}\right]}{\Delta}$

表2.3 PWM Boost 变换器、Buck 变换器和 Buck-Boost 变换器（DCM 全阶模型）的传递函数

	Buck变换器	Boost变换器	Buck-Boost变换器
M	$\dfrac{2}{1+\sqrt{1+4k/D^2}}$ $kM^2=(1-M)D^2$ $I_L=\dfrac{MV_{in}}{R}$ $k_{bound}=1-D$	$\dfrac{1+\sqrt{1+4D^2/k}}{2}$ $kM^2-kM=D^2$ $I_L=\dfrac{V_{out}}{R}M$ $k_{bound}=D(1-D)^2$	$\dfrac{D}{\sqrt{k}}$ $D^2=kM^2$ $I_L=M(1+M)\dfrac{V_{in}}{R}$ $k_{bound}=(1-D)^2$
Δ	$s^2+s\left(\dfrac{1}{RC}+\dfrac{2M}{DT_s(1-M)}\right)+\dfrac{2M(2-M)}{RCDT_s(1-M)^2}$	$s^2+s\left[\dfrac{1}{RC}+\dfrac{2(M-1)}{DT_s}\right]+\dfrac{2(2M-1)}{RCDT_s}$	$s^2+s\left(\dfrac{1}{RC}+\dfrac{2M}{DT_s}\right)+\dfrac{4M}{RCDT_s}$
poles ($\approx$)	$p_1=-\dfrac{1}{RC}\dfrac{2-M}{1-M}$ $\quad p_2=-\dfrac{1}{DT_s}\dfrac{2M}{1-M}$	$p_1=-\dfrac{1}{RC}\dfrac{2M-1}{M-1}$ $\quad p_2=\dfrac{2(M-1)}{D}f_s$	$p_1=-\dfrac{2}{RC}$ $\quad p_2=-\dfrac{2M}{DT_s}$
$G_{vd}(s)$	$\dfrac{\frac{2}{LC}V_{in}}{\Delta}$	$\dfrac{\frac{T_sV_{in}D}{LC}\left(\frac{2}{DT_s}-s\right)}{\Delta}$	$\dfrac{\frac{T_sDV_{in}}{LC}\left(\frac{2}{DT_s}-s\right)}{\Delta}$
$G_{vg}(s)$	$\dfrac{\frac{D}{LC}\frac{2-M}{1-M}}{\Delta}$	$\dfrac{\frac{D^2T_s}{2LC}\left(\frac{2}{DT_s}\frac{2M-1}{M-1}-s\right)}{\Delta}$	$\dfrac{\frac{T_sD^2}{2LC}\left(\frac{4}{T_sD}-s\right)}{\Delta}$
$G_{id}(s)$	$\dfrac{\frac{2V_{in}}{L}\left(s+\frac{1}{RC}\right)}{\Delta}$	$\dfrac{\frac{2V_{in}M}{L}\left(s+\frac{2}{RC}\right)}{\Delta}$	$\dfrac{2\frac{1+M}{L}V_{in}\left(s+\frac{1}{RC}\frac{2M+1}{M+1}\right)}{\Delta}$
$G_{ig}(s)$	$\dfrac{\frac{D}{L}\frac{2-M}{1-M}\left(s+\frac{1}{RC}\right)}{\Delta}$	$\dfrac{\frac{DM^2}{L(M-1)}\left(s+\frac{2M-1}{RCM}\right)}{\Delta}$	$\dfrac{\frac{D}{L}(2+M)\left(s+\frac{2}{RC}\frac{M+1}{M+2}\right)}{\Delta}$
$Z_{in}(s)$	$\dfrac{2L}{D^2T_s}\dfrac{\Delta}{s^2+s\left[\frac{1}{RC}+\frac{2M}{DT_s(1-M)}\right]+\frac{2-M}{M}\frac{D}{LC}}$	$\dfrac{\Delta}{\frac{DM^2}{L(M-1)}\left(s+\frac{2M-1}{RCM}\right)}$	$\dfrac{R}{M^2}$
$Z_{out}(s)$	$\dfrac{\frac{1}{C}\left(\frac{RD}{LM}+s\right)}{\Delta}$	$\dfrac{\frac{1}{C}\left[s+\frac{2(M-1)}{DT_s}\right]}{\Delta}$	$\dfrac{\frac{1}{C}\left(\frac{RD}{LM}+s\right)}{\Delta}$

表2.4 Boost 变换器、Buck 变换器和 Buck-Boost 变换器参数

变换器	g_i	g_o	k_i	m_i	m_o	k_o	r_f
Buck	$\dfrac{D^2}{kR}$	$-\dfrac{D^2}{kR}$	$\dfrac{2MV_{out}}{RD}$	$\dfrac{(2-M)D}{1-M}$	$1-\dfrac{D}{M(1-M)}$	$\dfrac{2V_{out}}{M}$	$-\dfrac{RD}{M}$
Boost	$-\dfrac{M(M-1)}{R}$	0	$-\dfrac{2(M-1)V_{out}}{RD}$	$1-\dfrac{kM^3}{D}$	$\dfrac{kM}{D}-1$	$-2V_{out}$	$-\dfrac{RD}{M}$
Buck-boost	$\dfrac{M^2}{R}$	0	$\dfrac{2MV_{out}}{RD}$	$D(M+2)$	$1-\dfrac{D}{M}$	$\dfrac{2(M+1)V_{out}}{M}$	$-\dfrac{RD}{M}$

* M 为变换比, $k=2Lf_s/R$。

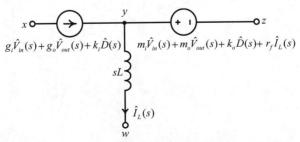

图2.87 DCM 模式下一般小信号模型的 PWM 开关单元

表2.5　QR ZVS Boost变换器、Buck变换器和Buck-Boost变换器的传递函数

	Buck变换器	Boost变换器	Buck-Boost变换器
M	μ_V	$\dfrac{1}{1-\mu_V}$	$-\dfrac{\mu_V}{1-\mu_V}$
A	$g_o + \dfrac{1}{R}$	$[g_i + (g_o - g_f)(1-k_r)] + \dfrac{1}{R}$	$\dfrac{1}{R} + g_i + (1-k_r)(g_o - g_f)$
B	$C + C_r + \dfrac{g_o L}{R} + \left(g_i g_o + \dfrac{g_i + k_r g_f}{R}\right)L_r$	$[g_i + (g_o - g_f)(1-k_r)]\dfrac{L_r}{R} + C + g_o\left(g_i + \dfrac{1}{R}\right)L$	$g_o L\left(g_i + \dfrac{1}{R}\right) + C + \dfrac{[g_i + (1-k_r)(g_o - g_f)]L_r}{R}$
D	$g_o LC + \dfrac{LC_r}{R} + (g_i + k_r g_f)L_r C$ $+ \left[\dfrac{g_i}{R} + (1-k_r)(g_o - g_f)\right]L_r C_r$ $+ \dfrac{g_i g_o LL_r}{R}$	$[g_i + (g_o - g_f)(1-k_r)]L_r C$ $+ [g_i + (g_o - g_f)(1-k_r)]LC_r$ $+ g_o LC + \dfrac{g_i g_o LL_r}{R} + \dfrac{LC_r}{R}$	$g_o LC + \dfrac{g_i g_o LL_r}{R} + [g_i + (1-k_r)(g_o - g_f)]L_r C$ $+ \dfrac{[g_i + (1-k_r)(g_o - g_f)]LC_r}{R}$ $\quad + \left[\dfrac{1}{R} + (1-k_r)(g_o - g_f)\right]LC_r$
E	$\dfrac{LCC_r + L_r CC_r}{R}$ $+ [g_i + (1-k_r)(g_o - g_f)]\dfrac{LL_r C_r}{R} + g_i g_o LL_r C$	$[g_i + (g_o - g_f)(1-k_r)]\dfrac{LL_r C_r}{R}$ $+ g_i g_o LL_r C + LCC_r$	$LC_r C + g_i g_o\dfrac{LL_r C}{R}$ $+ \dfrac{[g_i + (1-k_r)(g_o - g_f)]LL_r C_r}{R}$
F	$[g_i + (1-k_r)(g_o - g_f)]LL_r CC_r$	$[g_i + (g_o - g_f)(1-k_r)]LL_r CC_r$	$[g_i + (1-k_r)(g_o - g_f)]LL_r CC_r$
$G_{vg}(s)$	$\dfrac{g_f + C_r s}{A + Bs + Ds^2 + Es^3 + Fs^4}$	$\dfrac{g_o(1-k_r)}{A + Bs + Ds^2 + Es^3 + Fs^4}$	$\dfrac{g_i - (1-k_r)g_f + sg_i g_o L + [g_i - (1-k_r)g_f]LC_r s^2}{A + Bs + Ds^2 + Es^3 + Fs^4}$
$G_{vf}(s)$	$\dfrac{k_o + (k_o g_i - k_i g_f)s + [k_o(1-k_r) - k_i]L_r C_r s^2}{A + Bs + Ds^2 + Es^3 + Fs^4}$	$\dfrac{k_i - k_o(1-k_r) + sk_i g_o L + [k_i - k_o(1-k_r)]LC_r s^2}{A + Bs + Ds^2 + Es^3 + Fs^4}$	$\dfrac{k_i - (1-k_r)k_o + sk_i g_o L + [k_i - (1-k_r)k_o]LC_r s^2}{A + Bs + Ds^2 + Es^3 + Fs^4}$

表2.6　QR ZCS Boost变换器、Buck变换器和Buck-Boost变换器的传递函数

	Buck变换器	Boost变换器	Buck-Boost变换器
M	μ_C	$\dfrac{1}{1-\mu_C}$	$-\dfrac{\mu_C}{1-\mu_C}$
A	$g_o + \dfrac{1}{R}$	$(g_o - g_f)(1-k_r) + \left(\dfrac{1}{R} + g_i\right)$	$(g_o - g_f)(1-k_r) + \left(\dfrac{1}{R} + g_i\right)$
B	$\left(g_o g_i + \dfrac{g_i + k_r g_f}{R}\right) L_r + C_r + C + \dfrac{g_o L}{R}$	$g_o g_i (L_r + L) + C + \dfrac{(g_i + k_r g_f) L_r + g_o L}{R}$	$g_o g_i (L_r + L) + C + \dfrac{(g_i + k_r g_f) L_r + g_o L}{R}$
D	$\dfrac{L}{R} C_r + (g_i + k_r g_f)(C + C_r) L_r$ $+ g_o LC + \dfrac{g_o g_i}{R} L_r L$	$\left[(g_o - g_f)(1-k_r) + \left(\dfrac{1}{R} + g_i\right)\right] LC_r$ $+ (g_i + k_r g_f) L_r C + g_o LC + \dfrac{g_i g_o}{R} L_r L$	$\left[(g_o - g_f)(1-k_r) + \left(\dfrac{1}{R} + g_i\right)\right] LC_r$ $+ (g_i + k_r g_f) LC + g_o LC + \dfrac{g_i g_o}{R} L_r L$
E	$LCC_r + g_o g_i LCL_r + \dfrac{g_i + k_r g_f}{R} LL_r C_r$	$\left(g_o g_i + \dfrac{g_i + k_r g_f}{R}\right) LL_r C_r$ $+ LCC_r + g_o g_i L_r LC$	$\left(g_o g_i + \dfrac{g_i + k_r g_f}{R}\right) LL_r C_r$ $+ LCC_r + g_o g_i L_r LC$
F	$(g_i + k_r g_f) LCL_r C_r$	$(g_i + k_r g_f) LCL_r C_r$	$(g_i + k_r g_f) LCL_r C_r$
$G_{vg}(s)$	$\dfrac{g_f}{A + Bs + Ds^2 + Es^3 + Fs^4}$	$\dfrac{g_o(1-k_r) + g_o g_i L_r s}{A + Bs + Ds^2 + Es^3 + Fs^4}$	$\dfrac{g_i - g_f(1-k_r) + g_o g_i sL + [g_i - g_f(1-k_r)] LC_r s^2}{A + Bs + Ds^2 + Es^3 + Fs^4}$
$G_{vf}(s)$	$\dfrac{k_o + (g_i k_o - k_i g_f) L_r s}{A + Bs + Ds^2 + Es^3 + Fs^4}$	$\dfrac{[k_i - k_o(1-k_r)] + [(g_i k_i - k_o g_i) L_r + k_i g_o L] s}{A + Bs + Ds^2 + Es^3 + Fs^4}$ $+ \dfrac{[k_i - k_o(1-k_r)] LC_r s^2 + (k_i g_f - k_o g_i) LL_r C_r s^3}{A + Bs + Ds^2 + Es^3 + Fs^4}$	$\dfrac{[k_i - k_o(1-k_r)] + [(g_i k_i - k_o g_i) L_r + k_i g_o L] s}{A + Bs + Ds^2 + Es^3 + Fs^4}$ $+ \dfrac{[k_i - k_o(1-k_r)] LC_r s^2 + (k_i g_f - k_o g_i) LL_r C_r s^3}{A + Bs + Ds^2 + Es^3 + Fs^4}$

习题

2.1　推导在 DCM 模式下，变压器的平均状态空间方程。

2.2　Boost 变换器 $V_{in} = 12$ V，$V_{out} = 24$ V，$R = 40$ Ω，设定 $L = 156$ μH，$r_L = 0.19$ Ω，$C = 68$ μF，$r_C = 0.111$ Ω，工作在 DCM 模式下。

　　(a)计算标称占空比 D(考虑电感和电容的寄生电阻)。

　　(答案：0.5111)

　　(b)计算两种情况下开环小信号传递函数的极点：(i)考虑寄生电阻；(ii)忽略 r_L 和 r_c，在忽略寄生电阻的情况下，计算 ω_0(转折角频率)和 ξ(阻尼系数)。

　　(答案：$p_{1,2} = -965.7434 \pm 4695.623$j，$-183.8235 \pm 4743.265$j)；$\omega_0 = 4746.8$，$\xi = 0.0387$)。

　　(c)计算两种情况下开环小信号传递函数的零点 $G_{vg}(s)$，$G_{vd}(s)$，$G_{ig}(s)$，$G_{id}(s)$，输出阻抗 $Z_{out}(s)$：(i)考虑寄生电阻；(ii)忽略 r_L 和 r_c。

　　[答案：例子 G_{vg} 中 -132485.4266 和 -132485.4266。例子(i)中为 59900.4503。例子(ii)中的 G_{vd} 为 $6.1288e \pm 004$；例子(i)和例子(ii)中的 G_{ig} 为 -366.6297 和 -367.6471；例子(i)和例子(ii)中的 G_{id} 为 -731.1901 和 -735.2941；例子(i)和例子(ii)中的 Z_{out} 为 $-1.3249e + 005$ 和 $-1.3953e + 003$]。

　　(d)考虑：(i)$D = 0.25$；(ii)$D = 0.5$；(iii)$D = 0.75$。在这三种情况下为达到一样的输出电压即 24 V，需要多大的 V_{in}(考虑电感和电容的寄生电阻)？

　　(答案：18.168，12.261，6.505)。

　　(e)画三种情况下的伯德图，标明 $G_{vg}(s)$，$G_{vd}(s)$，$G_{ig}(s)$，$G_{id}(s)$，$Z_{in}(s)$，$Z_{out}(s)$：(i)$D = 0.25$；(ii)$D = 0.5$；(iii)$D = 0.75$。当 D 增加时，讨论每个传递函数的幅值、转折角频率、阻尼系数、极点、控制到输出传递函数的右半平面零点。

　　(答案：$G_{vg}(s)$，$G_{vd}(s)$，$G_{ig}(s)$，$G_{id}(s)$，$Z_{out}(s)$ 的幅值，j 增值；$Z_{in}(s)$ 增长的幅度；v_0 的值，极点的绝对值和右半平面零点的增值)。

2.3　Buck 变换器 $V_{in} = 24$ V，$V_{out} = 12$ V，$R = 10$ Ω，设定 $L = 40$ μH，$r_L = 0.05$ Ω，$C = 100$ μF，和 $r_C = 0.05$ Ω 工作在开环频率 $f_s = 100$ kHz 模式下。

　　(a)计算标称占空比 D(考虑电感和电容的寄生电阻)。

　　(答案：0.5025)

　　(b)计算两种情况下开环小信号传递函数的极点：(i)考虑寄生电阻；(ii)忽略 r_L 和 r_C，在忽略寄生电阻的情况下，计算 ω_0(转折角频率)和 ξ(阻尼系数)。

　　[答案：例子(i)中极点为 $-1.7444e + 003 \pm 1.5715e + 004$j，例子(ii)中的为 $-5.0000e + 002 \pm 1.5803e + 004$j，$\omega_o = 1.5811e + 004$，$\xi = 0.0316$]。

　　(c)计算两种情况下开环小信号传递函数的零点 $G_{vg}(s)$，$G_{vd}(s)$，$G_{ig}(s)$，$G_{id}(s)$，输出阻抗 $Z_{out}(s)$：(i)考虑寄生电阻；(ii)忽略 r_L 和 r_c

　　[答案：例子(i)中 $G_{vg}(s)$，$G_{vd}(s)$ 为 $-200\ 000$ 和 -995.0249。例子(ii)中 $G_{ig}(s)$ $G_{id}(s)$ 为 -1000，例子(i)中为 $-200\ 000$ 和 -1250，例子(ii)中 Z_{out} 为 0]。

　　(d)画三种情况下的伯德图，标明 $G_{vg}(s)$，$G_{vd}(s)$，$G_{ig}(s)$，$G_{id}(s)$，$Z_{in}(s)$，$Z_{out}(s)$：(i)$D = 0.25$；(ii)$D = 0.5$；当 D 增加时，讨论每个传递函数的幅值。对于 Boost 变换器，哪个变量随 D 变化而变化？

　　(答案：$G_{vg}(s)$ 和 $G_{ig}(s)$ 幅值增大，$Z_{in}(s)$ 幅值减少，其他变量保持不变)。

2.4　Boost 变换器 $V_{in} = 24$ V，$V_{out} = 12$ V，$R = 10$ V，设定 $L = 40$ μH，$r_L = 0.05$ Ω，$C = 2.2$ mF，$r_C = 0.006$ Ω，工作在开环频率 $f_s = 100$ kHz 模式下。

　　(a)计算标称占空比 D(考虑电感和电容的寄生电阻)。

　　(答案：0.3359)。

（b）计算两种情况下开环小信号传递函数的极点：（i）考虑寄生电阻；（ii）忽略 r_L 和 r_C，在忽略寄生电阻的情况下，计算 ω_0（转折角频率）和 ξ（阻尼系数）。

　　［答案：例子（i）中为 $-6.9749\mathrm{e}+002 \pm 2.1402\mathrm{e}+003\mathrm{j}$，例子（ii）中为 $-2.2727\mathrm{e}+001 \pm 2.2386\mathrm{e}+003\mathrm{j}$，$\omega_o = 2.2387\mathrm{e}+003$，$\xi = 0.0102$］。

（c）计算两种情况下开环小信号传递函数的零点 $G_{vg}(s)$，$G_{vd}(s)$，$G_{ig}(s)$，$G_{id}(s)$，输出阻抗 $Z_{out}(s)$：（i）考虑寄生电阻；（ii）忽略 r_L 和 r_C。

　　［答案：例子（i）中 $G_{vg}(s)$ 为 -75757.5758；例子（i）中 $G_{vd}(s)$ 为 -75757.5758 和 329465.4734，例子（ii）中 $G_{vd}(s)$ 为 328244.1277；例子（i）中 $G_{ig}(s)$ 为 -45.4273 和例子（ii）中 $G_{ig}(s)$ 为 45.4545；例子（i）中 $G_{id}(s)$ 为 -60.5587，例子（ii）中 $G_{id}(s)$ 为 -60.7227；例子（i）中 $Z_{in}(s)$ 为 $-697.4913 \pm 2140.2091\mathrm{j}$，例子（ii）中 $Z_{in}(s)$ 为 $-22.7273 \pm 2238.5653\mathrm{j}$，例子（i）中 $Z_{out}(s)$ 为 -75757.5758 和 -1283.4406，例子（ii）中 $Z_{out}(s)$ 为 0］。

（d）考虑：（i）$D = 0.2$；（ii）$D = 0.4$；（iii）$D = 0.6$；（iv）$D = 0.8$。在这四种情况下为达到一样的输出电压，即 24 V，需要多大的 V_{in}（考虑电感和电容的寄生电阻）？

　　（答案：96.7644，36.5144，16.5144，6.7644）。

（e）画四种情况下的伯德图，标明 $G_{vg}(s)$，$G_{vd}(s)$，$G_{ig}(s)$，$G_{id}(s)$，$Z_{in}(s)$，$Z_{out}(s)$：（i）$D = 0.2$；（ii）$D = 0.4$；（iii）$D = 0.6$；（iv）$D = 0.8$。当 D 增加时，讨论每个传递函数的幅值、转折角频率、阻尼系数、极点、控制到输出传递函数的右半平面零点。

　　（答案：$G_{vg}(s)$，$G_{vd}(s)$，$G_{ig}(s)$，$G_{id}(s)$，$Z_{out}(s)$ 的幅值增长，ξ 增值；$Z_{in}(s)$ 幅值减少；ω_o 的值、极点的绝对值和右半平面零点的值减小）。

2.5　比较 Buck-Boost 变换器得到的值与 Buck 变换器的值。

2.6　根据降压 Boost 变换器的图解平均模型，找到开环小信号传递函数 $G_{vg}(s)$，$G_{vd}(s)$，$G_{ig}(s)$，$G_{id}(s)$。

　　［提示：比较图 2.18（b）和图 2.11（c），用第 2.3.3 节验证结果］。

2.7　证明降压 Boost 变换器在 DCM 模式下直流电压变比比 CCM 模式下大。

　　（提示：与 Boost 变换器按照相同的步骤）。

2.8　推导 Buck-Boost 变换器在 DCM 模式下开环输出阻抗的表达公式。

　　［提示：按照与 Boost 变换器相同的程序，通过在 KCL 平均方程引入输出电流 $i_{out}(t)$］。

$$\left(\mathrm{A}:\ Z_{out}(s) = -\left.\frac{\hat{V}_{out}(s)}{\hat{I}_{out}(s)}\right|_{\hat{D}(s)=0,\hat{V}_{in}(s)=0} = \frac{\dfrac{1}{C}\left(\dfrac{RD}{LM} + s\right)}{s^2 + \left(\dfrac{1}{RC} + \dfrac{D}{M}\dfrac{R}{L}\right)s + \dfrac{4M}{RCDT_s}} \right)$$

2.9　推导 Buck 变换器在 DCM 模式下开环输出阻抗的表达公式。

　　［提示：按照与 Boost 变换器相同的程序，通过在 KCL 平均方程引入输出电流 $i_{out}(t)$］。

$$\left(\mathrm{A}:\ Z_{out}(s) = -\left.\frac{\hat{V}_{out}(s)}{\hat{I}_{out}(s)}\right|_{\hat{D}(s)=0,\hat{V}_{in}(s)=0} = \frac{\dfrac{1}{C}\left(\dfrac{RD}{LM} + s\right)}{s^2 + \left(\dfrac{1}{RC} + \dfrac{D}{M}\dfrac{R}{L}\right)s + \dfrac{D}{LC}\dfrac{2-M}{M(1-M)}} \right)$$

2.10　用图 2.23 的数据解决习题 1.9 的问题。

　　（提示：得出准确的数据）。

2.11　给定一个 Boost 变换器，其参数为：$L = 5\ \mu\mathrm{H}$，$C = 40\ \mu\mathrm{F}$，$R = 20\ \Omega$ 和 $V_{in} = 5\ \mathrm{V}$，在 $f_s = 100\ \mathrm{kHz}$ 时具有稳态占空比 $D = 0.6$。

　　（a）它运行在何种模式下？V_{out} 为多少？平均电感电流 I_L 是多少？

　　（b）负载 R 多大会改变所述变换器的操作模式？

　　（c）对于 $R = 20\ \Omega$ 的额定负载，电感值是多少可以使得它工作在 CCM 和 DCM 模式的边界？

　　（d）对于 $R = 20\ \Omega$ 的额定负载，开关频率是多少可以使得它工作在 CCM 和 DCM 模式的边界？

(e)对于初始设计值，利用二阶平均模型计算控制到输出开环传递函数的零极点。

［提示：(a)DCM。$k_{bound}=0.096$；$V_{out}=16.1$ V；$D_2=0.27$；2.61 A；(b)10.416 Ω；(c)9.6 μH；(d)192 kHz；$p_1\approx-3.06$ e003，$p_2\approx-7.43$ e005，极点的精确值为：$p_1=-3.068\times10^3$，$p_2=-7.413\times10^5$，the...=3. 333e05］。

2.12 用图 2.26 的数据解决习题 1.18 的问题。

（提示：得出准确的数据）。

2.13 给定一个 Boost 变换器具有以下参数：$L=5$ μH，$C=40$ μF，$V_{in}=5$ V，$D=0.6$ 和 $f_s=100$ kHz。当 R 为以下值：1 Ω，31 Ω，71 Ω，91 Ω 时，计算 V_{out}。直流电压增益如何随负载 R 的变化而变化？

（答案：12.5 V，19.4 V，27.9 V；31.25 V）。

2.14 给定一个 Boost 变换器具有以下参数：$L=380$ μH，$C=29$ μF，$V_{in}=12$ V，$D=0.24$ 和 $f_s=20$ kHz。考虑负荷值：$R=1$ Ω，31 Ω，71 Ω，91 Ω。

(a)哪一个阻值会使 Buck 变换器处于 CCM 模式，哪一个阻值会使 Buck 变换器处于 DCM 模式？

(b)计算每种情况下的 V_{out}。直流电压增益如何随负载 R 变化？

(c)哪一个 R 值使得变换器工作在 CCM 和 DCM 模式的边界？

［答案：(a)CCM $k=15.2$，DCM k=0.49，DCM k=0.21，DCM k=0.17；(b)2.88 V，3.47 V，4.85 V，5.25 V；(c)20 Ω］。

2.15 给定一个 Buck 变换器具有以下参数：$L=380$ μH，$C=29$ μF，$V_{in}=12$ V，$D=0.24$ 和 $f_s=20$ kHz。选择 R 值使其工作在 DCM 模式。计算该值的开环小信号传递函数的极点。

（答案：$R=20$ Ω，$p_1=-4.189\times10^3$，$p_2=-5.017\times10^4$，近似解为 $p_1\approx-3992.7$，$p_2\approx-52631.6$）。

2.16 画一个与图 2.23 中的 Boost 变换器类似的 Buck-Boost 变换器解决习题 1.14 的问题。

2.17 给定一个 Buck-Boost 变换器，其参数为：$C=40$ μF，$R=20$ Ω，$V_{in}=5$ V，并且工作在 $f_s=100$ kHz。

(a)设计 L 和 D，使得变换器工作在 DCM 模式。

(b)计算选择的 L 和 D 的输出电压和平均电感电流。

(c)计算控制到输出的小信号传递函数的零极点。

［答案：(a)选择 $D=0.6$，$L=12$ μH；(b)$M=1.71$，$V_{out}=-8.66$ V，$D_2=0.350877$，$I_{Lav}=1.198$ A；(c) $p_1=-2505$，$p_2\approx-5.7\times10^5$，$z=3.333\times10^5$，极点的精确值为：$p_1=-2505.5$，$p_2=-5.761\times10^5$］。

2.18 推导用于 ZVS 准谐振 Buck-Boost 变换器的小信号传递函数。证明 $G_{vg}(0)=M$。检查系数单位。

参考文献

Czarkowski, D. and Kazimierczuk, M.K. (1993) Energy-conservation approach to modeling PWM DC-DC converters. *IEEE Transactions on Aerospace and Electronic Systems*, **29**, 1059–1063.

Davoudi, A. and Jatskevich, J. (2007) Parasitics realization in state-space average-value modeling of PEM DC-DC converters using an equal area method. *IEEE Transactions on Circuits and Systems I*, **54** (9), 1960–1967.

Huber, L. and Jovanovic, M.M. (2000) A design approach for server power supplies for networking applications. Proc. IEEE Applied Power Electronics Conf., New Orleans, LA, February 2000, pp. 1163–1169.

Ioinovici, A. (1990) *Computer-Aided Analysis of Active Circuits*, M. Dekker, Inc., New York.

Krein, P.T., Bentsman, J., Bass, R.M., and Lesieutre, B.C. (1990) On the use of averaging for the analysis of power electronic systems. *IEEE Transactions on Power Electronics*, **5**, 182–190.

Maksimović, D. and Ćuk, S. (1991) A unified analysis of PWM converters in discontinuous modes. *IEEE Transactions on Power Electronics*, **6** (3), 476–490.

Maksimović, D. and Ćuk, S. (1991) A unified analysis of PWM converters in discontinuous modes. *IEEE Transactions on Power Electronics*, **6** (3), 476–490.

Middlebrook, R.D. and Ćuk, S. (1976) A general unified approach to modelling switching-converter power stages. Proc. IEEE Power Electronics Specialists Conf., Cleveland OH, June 1976, pp. 18–34.

Middlebrook, R.D. and Ćuk, S. (1977) Modelling and analysis methods for DC-to-DC switching converters. Proc. IEEE International Semiconductor Power Converter Conf., Lake Buena Vista, FL, March 1977, pp. 90–111.

Moussa, W.M. and Morris, J.E. (1990) Comparison between state space averaging and PWM switch for switch mode power supply analysis. Proc. IEEE Southern Tier Technical Conference, Binghamton, NY, pp. 15–21.

Randewijk, P.J. and Mouton, H.duT. (2006) Using VHDL-AMS for electrical, electromechanical, power electronic and DSP- algorithm simulations. Proceedings of the South African Universities Power Engineering Conference, Durban (SAUPEC 2006).

Sun, J. and Grotstollen, H. (1997) Symbolic analysis methods for averaged modeling of switching power converters. *IEEE Transactions on Power Electronics*, **12**, 537–546.

Sun, J., Mitchell, D.M., Greuel, M.F. *et al.* (2001) Averaged modeling of PWM converters operating in discontinuous mode. *IEEE Transactions on Power Electronics*, **16** (4), 482–549.

Tan, S.C., Tse, C.K., Lai, Y.M. *et al.* (May 2007) Exploring DC/DC Converters with PowerESIM Laboratory Manual. Power ELab Ltd., Hong Kong.

Vorperian, V. (1990) Simplified analysis of PWM converters using model of PWM switch. Part I: continuous conduction mode. *IEEE Transactions on Aerospace and Electronic Systems*, **26**, 490–496.

Vorperian, V. (1990) Simplified analysis of PWM converters using model of PWM switch. Part II: discontinuous conduction mode. *IEEE Transactions on Aerospace and Electronic Systems*, **26**, 497–505.

Vorperian, V., Tymerski, R., and Lee, F.C.Y. (1989) Equivalent circuit models for resonant and PWM switches. *IEEE Transactions on Power Electronics*, **4** (2), 205–214.

Wester, W. and Middlebrook, R.D. (1972) Low-frequency characterization of switched DC-DC converters. Proc. IEEE Power Processing and Electronics Specialists Conf., Atlantic City, NJ, pp. 9–20.

Transformer Design, PowerELab Ltd. www.powerEsim.com (accessed April 29, 2012).

第3章 传统 DC-DC PWM 硬开关变换

在前两章中,我们已经学习了三种基本的非隔离变换器:Buck、Boost 和 Buck-Boost 变换器,它们通常应用在小功率电源变换中。如果工业应用中需要输入供电和输出负载隔离的大功率直流变换,可以用含有变压器/耦合电感器的基本变换器:正激和反激变换器。通常,正激和反激变换器用于功率在 200 W 左右功率变换中,一般为 50 ~ 500 W。另外一类变换器的主功率变换中包含两个电感器和两个电容器:Ćuk、SEPIC 和 Zeta 变换器。在中型功率变换的应用中,变换电路有多个主开关管:推挽、半桥(变换功率在 200 W ~ 1 kW)和全桥,其主要应用的功率变换约为 1 kW(通常为 500 W ~ 5 kW)。对于更大功率等级的变换,特别对于高压输入(大于 1 kV),可以用三电平变换器或者是多电平变换器。

3.1 Buck DC-DC PWM 硬开关变换器

我们已经学习了降压型(Buck)变换器的连续电流模式(CCM)和断续电流模式(DCM)的两种工作模式。在本节中,除了更深入地学习 Buck 变换器的主要工作特点,还将介绍合成材料方面的内容。

3.1.1 电感器直流阻抗的影响

降压型变换器的原理如图 3.1 所示。考虑了电感器的寄生电阻 r_L(包括开关管在导通状态的导通电阻),并由此进行定性分析。忽略电容器的等效串联电阻,这并不影响变换器的直流特性。我们看看在第 1 章中,考虑到 r_L 的影响,Buck 变换器在 CCM 下中是如何工作的。

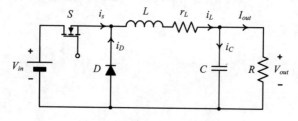

图 3.1 硬开关 Buck 变换器

开关管在导通和截止状态时的 KVL 方程如下:

$$v_{in} = L\frac{\mathrm{d}i_L}{\mathrm{d}t} + r_L i_L + v_{out}, \quad 0 \leqslant t \leqslant DT_s$$

$$0 = L\frac{\mathrm{d}i_L}{\mathrm{d}t} + r_L i_L + v_{out}, \quad DT_s \leqslant t \leqslant T_s$$

得到如下结论:

$$i_L(t) = i_S(t) = I_{L\min}\mathrm{e}^{-\frac{r_L}{L}t} + \frac{V_{in} - V_{out}}{r_L}\left(1 - \mathrm{e}^{-\frac{r_L}{L}t}\right), \quad 0 \leqslant t \leqslant DT_s$$

和

$$I_{L\max} = i_L(DT_s)$$

$$i_L(t) = i_D(t) = I_{L\max}e^{-\frac{r_L}{L}(t-DT_s)} - \frac{V_{out}}{r_L}\left[1 - e^{-\frac{r_L}{L}(t-DT_s)}\right] \quad DT_s \leqslant t \leqslant T_s$$

和

$$I_{L\min} = i_L(T_s)$$

得出电源的工作状态中电流实际指数特性如图 3.2 所示。

寄生电阻 r_L 起着直流转换比的作用，影响 Buck 变换器的占空比控制。在 2.3.3.2 节中，对于 CCM 工作下得出下式：

$$M = \frac{V_{out}}{V_{in}} = \frac{RD}{R + r_L}$$

也就是

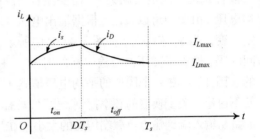

图 3.2　考虑 r_L 时，Buck 变换器在 CCM 下的功率变换电流的实际指数特性

$$D = \left(1 + \frac{r_L}{R}\right)\frac{V_{out}}{V_{in}} = \left(1 + \frac{r_L}{R}\right)M$$

由于占空比的最大值为 1，上述公式表明，对于恒定负载电阻 R，当下式成立时，通过控制占空比可以保证一个稳定的输出电压。

$$V_{in} > \left(1 + \frac{r_L}{R}\right)V_{out}$$

（上式说明 Buck 变换器就是一个降压型电路）。对于一个恒定的输入电压 V_{in}，当下式成立时，通过控制占空比可以保证一个稳定的输出电压：

$$R > \frac{M}{1 - M}r_L$$

对非常大功率的电源（即输出电阻 R 非常小），R 影响电源的调节能力。上述方程的占空比 D 的曲线图如图 3.3（a）所示，r_L 对占空比的影响（如果忽略 r_L，显而易见上述关于输入电压和负载电阻的控制的限制将不存在）曲线如图 3.3（b）所示。图 3.3（b）曲线图为负载电阻在 Buck 变换器从 CCM 到 DCM 工作时所对应的曲线。从 2.4.1.3 节中，当 $k > k_{bound} = 1 - D$，此时 k 定义为 $k = \frac{2L}{RT_s}$ 时，得到 Buck 变换器工作在 CCM。当然，随着 R 的增大，当 R 达到 R_{bound} 时，之前的不等式将不成立。从关于占空比 D 的表达式或者从图 3.3（b）中，由于负载 R 在占空比 D 的公式中通常以一个较小项 $\frac{r_L}{R}$ 出现，也能得到变换器自身的负载调节能力。

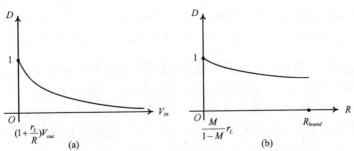

图 3.3　对于 CCM 工作下的 Buck 变换器：（a）为占空比 D 对输入电压的变化曲线；（b）为占空比 D 对负载 R 的变化曲线

直流电压增益公式 $V_{out} = \dfrac{RD}{R + r_L} V_{in}$ 中出现两个可变参数(V_{in} 和 R),给出电源在 Buck 变换中的开关模式状态下调节原理示意图。在一个恒定的开关频率,通过占空比(PWM)控制驱动开关管 S,宽脉冲得到低电压输入或者大负载电流[参见图 3.4(a)],窄脉冲得到高电压输入或者小负载电流。v_{GS} 的电压与通过二极管 v_D 的电压相似。一个周期内的输出电压平均值等于二极管 v_D 的平均电压减去 r_L(需要注意,在稳定的开关周期内,电感上的平均电压为零)的平均电压,由图中可以看出,根据输出电压或负载大小调节脉冲宽度,保持输出的电压平均值恒定不变。当 T_s 连续时,如图 3.4(b)中所示,减小脉宽意味着减少从输入到输出的能量转移时间间隔,增加了变压器传输中断的时间。在两种条件下,由于 v_D 脉冲宽度所占的面积是相同的。因此,v_D 在一个周期的平均电压值是不变的。即平均输出电压保持恒定。在本章节中,即使不讨论有关变换器的频率控制,也可以得出,占空比控制的原理同样也适用于频率控制,控制能量从输入端到输出负载端传递的大小。在第一种拓扑中,当能量从电源端传送的时候,保持恒定的持续时间 t_{on}。如果线电压较小或者输出负载电流较大,必须增大脉冲的频率[如图 3.4(c)所示]。同样,如果线电压较大或者输出负载电流较小,则需要降低脉冲的频率[如图 3.4(d)所示]。由于 $t_{on} = $ 常数 $ = T_{on}$,也就意味着时间间隔内增大 t_{off} 的持续时间,从电源侧的能量传送是断续的,从而保证输出电压保持稳定。

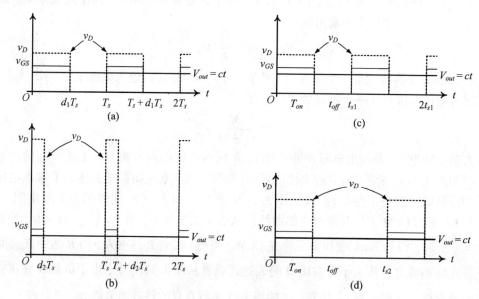

图 3.4　Buck 变换器驱动开关的控制脉冲。(a)为低压输入 V_{in} 或者/和负载 R 时的占空比控制(T_s 恒定);(b)为高压输入 V_{in} 或者/和负载 R 时的占空比控制(T_s 恒定);(c)为低压输入 V_{in} 或者/和负载 R 时的开关频率控制(T_{on} 恒定);(d)为高压输出 V_{in} 或者/和负载 R 时的开关频率控制(T_{on} 恒定)

图 3.4(a)至图 3.4(d)给出了相同负载下的驱动脉冲波形示意图,在 t_{on} 过程中,v_D 的高度反应了不同输入电压的值。一个周期内 v_D 的平均电压是不变的,也就是输出电压的平均值保持稳定。如果同样也能够反应负载的变化,v_D 脉冲宽度的面积也同样发生变化。因此,在这种情况下,考虑负载电流和 r_L 上的平均压降变化,为了保持输出电压稳定,必须改变二极管的平均压降。

在稳态周期内,可以计算得出电感器电流的波动公式。从之前计算的在两个开关状态下的电感器电流的表达式中，可以得出在第一种开关阶段末时的电感电流表达式，$I_{L\max} = i_L(DT_s)$，和在循环周期末时 $I_{L\min} = i_L(T_s)$

$$I_{L\max} = I_{L\min}\mathrm{e}^{-\frac{r_L}{L}DT_s} + \frac{V_{in} - V_{out}}{r_L}\left(1 - \mathrm{e}^{-\frac{r_L}{L}DT_s}\right)$$

$$I_{L\min} = I_{L\max}\mathrm{e}^{-\frac{r_L}{L}(1-D)T_s} - \frac{V_{out}}{r_L}\left[1 - \mathrm{e}^{-\frac{r_L}{L}(1-D)T_s}\right]$$

很容易解出这两个方程。再由公式 $V_{out} = \dfrac{RD}{R + r_L}$，可以得出

$$V_{in} - V_{out} = \left(\frac{R + r_L}{RD} - 1\right)V_{out} = \frac{R(1-D) + r_L}{RD}V_{out}$$

然后，上述两方程的解为

$$I_{L\min} = \frac{-\dfrac{1}{r_L} - \dfrac{R(1-D) + r_L}{RDr_L}\mathrm{e}^{-\frac{r_L}{L}T_s} + \dfrac{R + r_L}{RDr_L}\mathrm{e}^{-\frac{r_L}{L}(1-D)T_s}}{1 - \mathrm{e}^{-\frac{r_L}{L}T_s}}V_{out}$$

$$I_{L\max} = \frac{\dfrac{R(1-D) + r_L}{RDr_L} - \dfrac{R + r_L}{RDr_L}\mathrm{e}^{-\frac{r_L}{L}DT_s} + \dfrac{1}{r_L}\mathrm{e}^{-\frac{r_L}{L}T_s}}{1 - \mathrm{e}^{-\frac{r_L}{L}T_s}}V_{out}$$

因此，根据电感电流的纹波 $\Delta I_L = I_{L\max} - I_{L\min}$，得出

$$\Delta I_L = \frac{R + r_L}{RDr_L}V_{out}\frac{1 - \mathrm{e}^{-\frac{r_L}{L}DT_s} - \mathrm{e}^{-\frac{r_L}{L}(1-D)T_s} + \mathrm{e}^{-\frac{r_L}{L}T_s}}{1 - \mathrm{e}^{-\frac{r_L}{L}T_s}}$$

$$= \frac{R + r_L}{RDr_L}V_{out}\frac{\left(1 - \mathrm{e}^{-\frac{r_L}{L}DT_s}\right)\left[1 - \mathrm{e}^{-\frac{r_L}{L}(1-D)T_s}\right]}{1 - \mathrm{e}^{-\frac{r_L}{L}T_s}}$$

再考虑直流电压增益的公式，也可以写为

$$\Delta I_L = \frac{V_{in}}{r_L}\frac{\left(1 - \mathrm{e}^{-\frac{r_L}{L}DT_s}\right)\left[1 - \mathrm{e}^{-\frac{r_L}{L}(1-D)T_s}\right]}{1 - \mathrm{e}^{-\frac{r_L}{L}T_s}}$$

当然，由公式可以看出，在 1.8 节所得出的方程中忽略了 r_L：从上述公式推导出准确的公式为 $\Delta I_L = \dfrac{V_{out}(1-D)T_s}{L} = \dfrac{V_{in}D(1-D)T_s}{L}$。若 r_L 足够小，在准确的公式 ΔI_L 中，对两个线性项进行近似指数

$$\begin{cases} \mathrm{e}^{-\frac{r_L}{L}DT_s} \approx 1 - \frac{r_L}{L}DT_s \\ \mathrm{e}^{-\frac{r_L}{L}(1-D)T_s} \approx 1 - \frac{r_L}{L}(1-D)T_s \\ \mathrm{e}^{-\frac{r_L}{L}T_s} \approx 1 - \frac{r_L}{L}T_s \end{cases}$$

得出

$$\Delta I_L = \frac{V_{in}}{r_L}\frac{\left(1 - 1 + \frac{r_L}{L}DT_s\right)\left[1 - 1 + \frac{r_L}{L}(1-D)T_s\right]}{1 - 1 + \frac{r_L}{L}T_s} = \frac{D(1-D)T_s}{L}V_{in}$$

3.1.2 边界控制

通过使用上述公式，可以得出一种新的区别于前节讨论的控制方式，也就是基于负载电流的调制方式，如图3.5所示。该方法由 I. Barbi 做了相关论述。在这种类型控制方式中，ΔI_L 保持恒定。图3.5 中给出了瞬态负载电流 I_{ref} 的变化特性。直流输出电流为电感电流的直流分量。电感电流的上下边界如下：

$$I_{L\max} = I_{ref} + \frac{\Delta I_L}{2}$$

和

$$I_{L\min} = I_{ref} - \frac{\Delta I_L}{2}$$

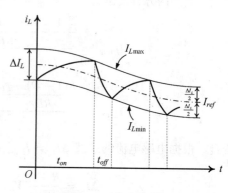

图 3.5　带宽控制

在一个新的开关周期开始，当开关 S 接通时，电感电流开始增加。当它到达边界上限（$I_{L\max}$）时，开关断开，定义该段开关信号为 t_{on}。当开关 S 关断时，电感电流开始下降，直至达到电流的边界下限（$I_{L\min}$）。此时，开关 S 再次接通，定义该段开关信号为 t_{off}，也就下一个开关周期的开始时间。显然，通过这样的边界控制方法，在暂态过程中，既不是整个开关周期时间 t_s，也不是持续 t_{on} 开关阶段，而是整个过程都在不断变化。一般来说，这样的控制方法提出了一个快速瞬态响应问题。这是变换器中使用的第一种控制方法，这里仅描述它用于 Buck 变换器的一些特性。关于 ΔI_L 衍生描述的表达式如下：

$$\frac{\Delta I_L L f_s}{V_{in}} = D(1-D)$$

定义函数

$$f(D) \triangleq D(1-D)$$

它的一阶导数是 $1-2D$，二阶导数是 $-2 < 0$，表示 $f(D)$ 在 $D = 0.5$ 时的最大值为 0.25。这个函数的图形表示如图3.6所示。因此，表达式 $\dfrac{\Delta I_L L f_s}{V_{in}}$ 的最大值为 0.25。这意味着，在设计 L 时，其最大电感电流纹波为

$$(\Delta I_L)_{\max} = \frac{V_{in}}{4 L f_s}$$

从 ΔI_L 的表达中得到

$$f_s = \frac{V_{in} D(1-D)}{L(\Delta I_L)}$$

当 $D = 0.5$ 时，这意味着对于给定的输入电压 V_{in} 和 ΔI_L，开关频率为 $\dfrac{V_{in}}{4L(\Delta I_L)}$。并且，当 D 为其他值时，开关频率将变小。即

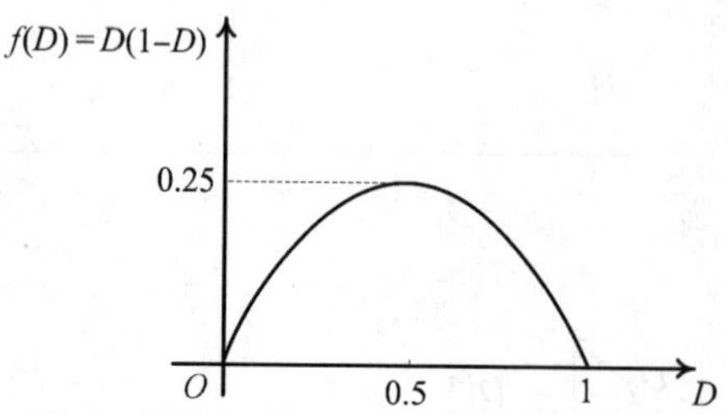

图 3.6　函数 $f(D) = D(1-D)$ 的图形表示

$$f_{s,\max} = \frac{V_{in}}{4L(\Delta I_L)}$$

在 f_s 的公式中，第一个开关阶段的持续时间 $t_{on} = DT_s$ 可表示为

$$t_{on} = \frac{L(\Delta I_L)}{V_{in}(1-D)}$$

在 $D = 0$ 时，t_{on} 达到最小值为

$$t_{on,\min} = \frac{L(\Delta I_L)}{V_{in}}$$

第二开关阶段 $t_{off} = (1-D)T_s$ 表示为

$$t_{off} = \frac{L(\Delta I_L)}{V_{in}D}$$

当 D 接近于 1 时，其达到最小值，即

$$t_{off,\min} = \frac{L(\Delta I_L)}{V_{in}}$$

3.1.3　考虑电感电流纹波以及电容 ESR 时，CCM 工作的 Buck 变换器的损耗计算

为方便起见，在这里重复说明图 1.82 中包含了 Buck 变换器的主要波形，其稳态下的波形如图 3.7 所示。输出电容 C 支路的串阻抗 r_C 远小于负载电阻 R 支路的阻抗，假设，电感电流的所有交流分量均流经电容器，即电容器的波纹电流 ΔI 等于电感器的波纹电流 ΔI_L。显然，电感电流中所有的直流分量均流过负载，也就是 $I_L = I_{out}$。

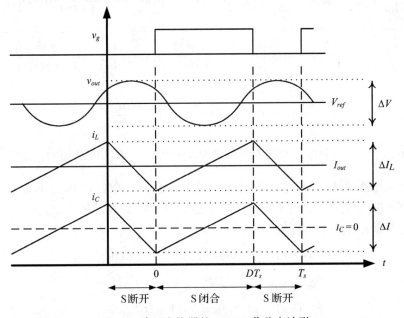

图 3.7　降压变换器的 CCM 工作稳态波形

在 2.6.1 节中，计算了变换器的传导损耗。在这里，忽略电感器的纹波电流后计算流过主开关管和二极管的电流有效值。为了更精确计算，对于第一开关阶段，写出瞬时开关电流的表达式为

$$i_S(t) = i_L(t) = I_{out} + i_C(t) = I_{out} + \frac{\Delta I_L}{DT_s}t - \frac{\Delta I_L}{2} \qquad 0 \leq t \leq DT_s$$

对于第二个开关阶段中，二极管瞬时电流的值为

$$i_D(t) = i_L(t) = I_{out} + i_C(t) = I_{out} + \frac{\Delta I_L}{2} - \frac{\Delta I_L}{(1-D)T_s}(t - DT_s) \qquad DT_s \leq t \leq T_s$$

得到下列有效值：

$$I_{S,rms} = \sqrt{\frac{1}{T_s}\int_0^{T_s} i_S^2(t)\mathrm{d}t} = \sqrt{\frac{1}{T_s}\int_0^{DT_s}\left(I_{out} + \frac{\Delta I_L}{DT_s}t - \frac{\Delta I_L}{2}\right)^2\mathrm{d}t}$$

$$= \sqrt{\frac{1}{T_s}\int_0^{DT_s}\left[I_{out}^2 + 2I_{out}\Delta I_L\left(\frac{t}{DT_s} - \frac{1}{2}\right) + (\Delta I_L)^2\left(\frac{t}{DT_s} - \frac{1}{2}\right)^2\right]\mathrm{d}t}$$

$$= \sqrt{\frac{1}{T_s}\left[I_{out}^2 DT_s + 2I_{out}\Delta I_L\left(\frac{t^2}{2DT_s} - \frac{1}{2}t\right)\Big|_0^{DT_s} + (\Delta I_L)^2\left(\frac{t^3}{3D^2T_s^2} - \frac{t^2}{2DT_s} + \frac{1}{4}t\right)\Big|_0^{DT_s}\right]}$$

$$= \sqrt{I_{out}^2 D + \frac{1}{12}(\Delta I_L)^2 D} = I_{out}\sqrt{D}\sqrt{1 + \frac{1}{12}\left(\frac{\Delta I_L}{I_{out}}\right)^2}$$

$$I_{D,rms} = \sqrt{\frac{1}{T_s}\int_0^{T_s} i_D^2(t)\mathrm{d}t} = \sqrt{\frac{1}{T_s}\int_{DT_s}^{T_s}\left[I_{out} + \frac{\Delta I_L}{2} - \frac{\Delta I_L}{(1-D)T_s}(t - DT_s)\right]^2\mathrm{d}t}$$

$$= \sqrt{\frac{1}{T_s}\int_{DT_s}^{T_s}\left\{I_{out}^2 + 2I_{out}(\Delta I_L)\left[\frac{1}{2} - \frac{1}{(1-D)T_s}(t - DT_s)\right] + (\Delta I_L)^2\left[\frac{1}{2} - \frac{1}{(1-D)T_s}(t - DT_s)\right]^2\right\}\mathrm{d}t}$$

$$= \sqrt{\frac{1}{T_s}\left\{I_{out}^2(1-D)T_s + 2I_{out}(\Delta I_L)\left[\frac{1}{2}t - \frac{(t - DT_s)^2}{2(1-D)T_s}\right]\Big|_{DT_s}^{T_s} + (\Delta I_L)^2\left[\frac{1}{4}t - \frac{(t-DT_s)^2}{2(1-D)T_s} + \frac{(t-DT_s)^3}{3(1-D)^2T_s^2}\right]\Big|_{DT_s}^{T_s}\right\}}$$

$$= \sqrt{I_{out}^2(1-D) + (\Delta I_L)^2\frac{1}{12}(1-D)} = I_{out}\sqrt{1-D}\sqrt{1 + \frac{1}{12}\left(\frac{\Delta I_L}{I_{out}}\right)^2}$$

从上式可以看出，电感电流纹波对功率损耗的计算不具有实质的影响，分量 $\left(\dfrac{\Delta I_L}{12I_{out}}\right)^2$ 几乎为零，考虑到电感器设计时，电感电流纹波为其直流电流的 10% ~ 20%。从2.6.1节，对于工作在 CCM 下的 Buck 变换器，且 $I_L = I_{out}$，再次进行计算得到在晶体管 $r_{DS(on)}$、二极管 $r_{D(on)}$ 或 V_F、电感寄生电阻 r_L 上的功率损耗如下：

$$P_{ON}[r_{DS(on)}] = r_{DS(on)}I_{S,rms}^2 = r_{DS(on)}I_{out}^2 D$$

$$P_{ON}[r_{D(on)}] = r_{D(on)}I_{D,rms}^2 = r_{D(on)}I_{out}^2(1-D)$$

$$P_{ON}(V_F) = V_F I_D = V_F(1-D)I_{out}$$

$$P_{ON}[r_L] = r_L I_{out}^2$$

根据所选元件手册的数据，计算晶体管和二极管的开关损耗（如1.3节所述）。

在1.8节中，计算了输出电压纹波 ΔV 如下：

$$\Delta V = \frac{\Delta I}{8C} T_s$$

上述公式中忽略了电容器的直流串联电阻 r_C。如果需要非常准确，需要考虑直流串联电阻 r_C 的影响：在这样的情况下的输出电压纹波 ΔV，结合电容器上的交流电压，并根据 1.8 节的计算公式得到

$$\left[v_C(0) + \frac{\Delta I}{8C}(1 - D)T_s \right] - \left[v_C(0) - \frac{\Delta I}{8C}DT_s \right]$$

由于纹波电流 ΔI 通过电容器 r_C 后得到的纹波电压，即 $[\, r_C \Delta I\,]$，得到

$$\Delta V = \frac{\Delta I}{8C} T_s + r_C \Delta I$$

或者，考虑到 1.8 节的公式得到

$$\Delta I = \frac{V_{out}(1 - D)T_s}{L}$$

有

$$\Delta V = \frac{V_{out}(1 - D)}{8LCf_s^2} + r_C \frac{V_{out}(1 - D)}{Lf_s}$$

由于 $V_{out} \approx DV_{in}$，我们已经得到的函数 $f(D) = D(1 - D)$，当 $D = 0.5$ 时，其达到最大值为 0.25，也就意味着 Buck 变换器的最大输出电压纹波为

$$\Delta V_{\max} = \frac{V_{in}}{32LCf_s^2} + r_C \frac{V_{in}}{4Lf_s}$$

该公式适用于所有的电容器或开关频率值。当然，如前所述，需要设计合适的 C 以限制输出电压的纹波小于直流输出电压的 1% 。

需要注意的是，当考虑 r_C 时，输出电压的波形与图 3.7 所示有所不同。在区间 $[0, DT_s]$，输出电压的交流分量 $\hat{v}_{out}$ 可以写为通过电容器两端的交流电压，其推理过程如 1.8 节论述。$v_C(t) = v_C(0) + \frac{1}{C}\left(\frac{\Delta I}{2DT_s}t^2 - \frac{\Delta I}{2}t \right)$。通过 r_C 两端的交流分量为 $r_C : r_C i_C(t) = r_C\left(\frac{\Delta I}{DT_s}t - \frac{\Delta I}{2} \right)$

$$\hat{v}_{out}(t) = v_C(0) + \frac{1}{C}\left(\frac{\Delta I}{2DT_s}t^2 - \frac{\Delta I}{2}t \right) + r_C\left(\frac{\Delta I}{DT_s}t - \frac{\Delta I}{2} \right) \qquad 0 \leq t \leq DT_s$$

上述函数的时间导数为

$$\frac{\mathrm{d}\hat{v}_{out}}{\mathrm{d}t} = \frac{1}{C}\left(\frac{\Delta I}{DT_s}t - \frac{\Delta I}{2} \right) + r_C \frac{\Delta I}{DT_s}$$

当它的二阶时间导数为正时，表示 $v_{out}(t)$ 的瞬时波形是由方程 $\dfrac{\mathrm{d}\hat{v}_{out}}{\mathrm{d}t} = 0$ 解出的，在 $t_{\min}$ 时达到最小值。

$$t_{\min} = \frac{DT_s}{2} - r_C C$$

在区间 $[DT_s, T_s]$ 时，输出电压的交流分量 $\hat{v}_{out}$ 可以写为在 1.8 节推导得到的通过电容两端的交流电压值，为 $v_C(t) = v_C(0) + \frac{1}{C}\left[-\frac{\Delta I}{2(1 - D)T_s}(t - DT_s)^2 + \frac{\Delta I}{2}(t - DT_s) \right]$ 加上通过 r_C 两端的交流分量 $r_C i_C(t) = r_C\left[\frac{\Delta I}{2} - \frac{\Delta I}{(1 - D)T_s}(t - DT_s) \right]$

$$\hat{v}_{out}(t) = v_C(0) + \frac{1}{C}\left[-\frac{\Delta I}{2(1-D)T_s}(t-DT_s)^2 + \frac{\Delta I}{2}(t-DT_s)\right]$$

$$+ r_C\left[\frac{\Delta I}{2} - \frac{\Delta I}{(1-D)T_s}(t-DT_s)\right] \qquad DT_s \leqslant t \leqslant T_s$$

它对时间的导数为

$$\frac{\mathrm{d}\hat{v}_{out}}{\mathrm{d}t} = \frac{1}{C}\left[-\frac{\Delta I}{(1-D)T_s}(t-DT_s) + \frac{\Delta I}{2}\right] - r_C\frac{\Delta I}{(1-D)T_s}$$

其二阶时间导数为负时，表示 $v_{out}(t)$ 的瞬时波形在由方程 $\dfrac{\mathrm{d}\,\hat{v}_{out}}{\mathrm{d}t}=0$ 解出在 t_{max} 时达到最大值。

$$t_{max} = DT_s + \frac{(1-D)T_s}{2} - r_C C$$

在不考虑 r_C 的情况下，比较上述结论与 1.8 节推导得出的结果可以看出几乎没有差别，但 v_{out} 波形在图 3.7 中的时间轴变为 $-r_C C$，也就是达到最小值。另外，它会在 i_C 过零点之前很短的瞬间达到最大值。

为了计算 r_C 上的功率损耗，得到 $I_{C,rms}$ 的表达为

$$I_{C,rms} = \sqrt{\frac{1}{T_s}\int_0^{T_s} i_C^2(t)\mathrm{d}t} = \sqrt{\frac{1}{T_s}\left\{\int_0^{DT_s}\left(\frac{\Delta I}{DT_s}t - \frac{\Delta I}{2}\right)^2\mathrm{d}t + \int_{DT_s}^{T_s}\left[\frac{\Delta I}{2} - \frac{\Delta I}{(1-D)T_s}(t-DT_s)\right]^2\mathrm{d}t\right\}}$$

$$= \sqrt{\frac{1}{T_s}\left\{\int_0^{DT_s}\left[\frac{(\Delta I)^2}{D^2T_s^2}t^2 - \frac{(\Delta I)^2}{DT_s}t + \frac{(\Delta I)^2}{4}\right]\mathrm{d}t\right.}$$

$$\overline{\left. + \int_{DT_s}^{T_s}\left[\frac{(\Delta I)^2}{4} - \frac{(\Delta I)^2}{(1-D)T_s}(t-DT_s) + \frac{(\Delta I)^2}{(1-D)^2T_s^2}(t-DT_s)^2\right]\mathrm{d}t\right\}}$$

$$= (\Delta I)\sqrt{\left(\frac{1}{3}D - \frac{1}{2}D + \frac{1}{4}D\right) + \left[\frac{1}{4}(1-D) - \frac{1}{2}(1-D) + \frac{1}{3}(1-D)\right]} = \frac{\Delta I}{\sqrt{12}}$$

再考虑到 $\Delta I = \dfrac{V_{out}(1-D)T_s}{L}$

$$I_{C,rms} = \frac{V_{out}(1-D)T_s}{\sqrt{12}L}$$

得到 r_C 上的功率损耗为

$$P_{ON}[r_C] = r_C I_{C,rms}^2 = r_C\frac{V_{out}^2(1-D)^2}{12L^2 f_s^2}$$

通过分析在 Buck 变换器中的寄生元件的导通损耗，得到晶体管的导通电阻的功耗会随着 D 的增大而增大（也就是说，较大的 D 表示较长的导通时间）；在二极管上的功率损耗将随着 D 的增大而减小（同样，也就是说 D 越大二极管的持续导通时间就越短）；电感器上寄生电阻的功率损耗仅取决于负载电流的大小；电容器上直流电阻的功率损耗随着 D 的增大而减小。同样需要注意的是开关管和电感器的直流电阻损耗与负载电流的平方成正比。所以，Buck 变换器的效率随着负载的增大而降低。从其物理结构中更容易能够解释：较大的负载电流即表示负载电阻 R 较小，串联电阻在能量传递回路中占据的比例变大，功率损失的比例也较大。

因此，也就是变换器在最轻载时其效率最高，该结论的前提是不论负载大小其控制电路消耗的功率不变。在低输出功率时，控制电路所消耗的能量相比功率级的寄生元件消耗的能量将变大，影响了轻载下的整体效率。因此，在全负载范围内的电源效率来看，从轻载到一个最佳负载时，效率变高，然后随着负载的增加效率降低。

通过传导功率损耗和开关功率损耗，可以计算出变换器的转换效率。然而，有趣的是在设计变换器时，该计算方法能够提供的帮助是有限的。为了计算功率损耗，需要首先清楚使用的元器件。所以，在开始设计变换器时，基于类似的变换器（即具有大致相同的功率等级、输入电压和输出电压）可以估计出其转换效率。在设计完成后，按照上述公式可以计算出变换器的最终效率。

3.1.4　CCM 工作的 Buck 变换器设计

在设计一个 Buck 变换器时，用户需求的规格形式为：额定输入电压 V_{in} 及其工作范围 $[V_{in,\min}, V_{in,\max}]$，额定输出电压 V_{out}，额定输出功率 P_{out}，以及可能的功率范围 $[P_{out,\min}, P_{out,\max}]$。由此，可以计算出负载的额定电流及其范围。

$$I_{out} = \frac{P_{out}}{V_{out}}; \quad I_{out,\min} = \frac{P_{out,\min}}{V_{out}}; \quad I_{out,\max} = \frac{P_{out,\max}}{V_{out}}$$

相应的标称负载电阻及其范围：

$$R_{out} = \frac{V_{out}}{I_{out}}; \quad R_{out,\min} = \frac{V_{out}}{I_{out,\max}}; \quad R_{out,\max} = \frac{V_{out}}{I_{out,\min}}$$

假设变换器的效率恒定为 η，计算出输入电流

$$I_{in} = \frac{P_{out}}{\eta V_{in}}; \quad I_{in,\min} = \frac{P_{out,\min}}{\eta V_{in,\max}}; \quad I_{in,\max} = \frac{P_{out,\max}}{\eta V_{in,\min}}$$

晶体管在截止状态下承受的最大电压 $V_{in,\max}$，同样，二极管工作在截止状态。通过晶体管的最大电流为

$$I_{S\max} = I_{out,\max} + \frac{\Delta I_{L,\max}}{2}$$

同样，通过二极管的最大电流为 $I_{D\max}$。

通过晶体管的平均电流为 $I_{Sav} = DI_{out}$。通过二极管的平均电流为 $I_{Dav} = (1-D)I_{out}$。然后，可以通过 1.3.1 节和 1.3.3 节所列出的过程选择晶体管和二极管。

由于 $V_{out}I_{out} = \eta V_{in}I_{in}$，无论是计算输入电流（上述）或者是计算占空比，在计算过程中引入了效率系数。在这种情况下，标称及其极限值的占空比计算如下：

$$D = \frac{V_{out}}{\eta V_{in}}; \quad D_{\max} = \frac{V_{out}}{\eta V_{in,\min}}; \quad D_{\min} = \frac{V_{out}}{\eta V_{in,\max}}$$

在 Buck 变换器的设计公式中，表达式中没有使用输入电流而使用了占空比，所以在计算过程中将考虑效率 η。

需要注意的是，在计算过程中没有包括电感器的直流电阻，原因很简单，就是电感器在设计时不知道占空比初始值。

开关频率的值确定后，通过假设电感器上的纹波电流进行电感器的设计。通常，电感器的纹波电流为其稳态电流的 10%～20%（它等于额定负载电流）。显然，这样选择纹波电流满足

条件 $\dfrac{\Delta I_L}{2} < I_{out}$，以确保变换器工作在 CCM。得出

$$\Delta I_L = \frac{V_{out}(1-D)T_s}{L}$$

也就是说，$D = D_{\min}$（最大输入电压）时的纹波电流比 $D = D_{\max}$（最小输入电压）时的纹波电流大。

因此

$$L = \frac{V_{out}(1-D)T_s}{\Delta I_L} = \frac{V_{out}(1-D_{\min})}{[10\% - 20\%]I_{out,\min}f_s}$$

选择最小的占空比和最小的负载电流值以确保在任何电压和负载条件下，电感器的纹波电流不大于其应用范围。

需要注意的是，负载电流流过 Buck 变换器的电感器。因此，通过一个降压性质的变换器中，输出电压降低意味着负载电流过大。必须谨慎选择电感器的磁芯，避免工作过程中的饱和。为了避免磁芯饱和，对磁芯留有一定的气隙，且选择磁芯具有足够大的体积。

输出电容的计算使得输出电压纹波小于输出直流电压的 1%，输出电压纹波的计算公式如 1.8 节所述

$$\Delta V_{out} = \frac{V_{out}(1-D)}{8LC}T_s^2$$

（同样，我们不能使用包含 r_C 的确切公式，主要是因为还没有选择电容器）。由

$$\frac{\Delta V_{out}}{V_{out}} < 0.01$$

得到

$$C > \frac{12.5(1-D_{\min})}{Lf_s^2}$$

发现电容器上的纹波电流与电感器 $\Delta I = \Delta I_L = \dfrac{V_{out}(1-D)T_s}{L}$ 是一样的。也就是必须承受最大的纹波电流为

$$\Delta I_{C,\max} = \frac{V_{out}(1-D_{\min})T_s}{L}$$

通常，使用电容器电流的有效值作为选择电容器的一个条件。由前述公式得到

$$I_{C,rms} = \frac{\Delta I}{\sqrt{12}}$$

电容器的端电压为 V_{out}，当选择电容器的额定耐压时，需要至少增加 20% 的电压余量。通过这些数据，才能够选择一个合适的电容器。

在之前的小节中得到精确的输出电压纹波等于所有电容器电压纹波和 r_C 上的电压纹波，即 $[r_C\Delta I]$。也就是对于所选择的电容器必须满足下面的不等式：

$$\Delta V_{out} = \frac{V_{out}(1-D)}{8LC}T_s^2 + r_C\Delta I = \frac{\Delta I}{8C}T_s + r_C\Delta I < 0.01\,V_{out}$$

选择电容器时，还需满足下述不等式：

$$r_C < \frac{(1\%)V_{out}}{\Delta I}$$

并且，如果需要非常准确的计算，需要考虑杂散电感的纹波，比如电容器的等效串联电感和印制电路板走线电感，作为 ΔV_{out} 中的一个附加项。由于电流纹波与 $1/L$ 成比例，可以大致计算由杂散电感 L_{stray} 引起的纹波，作为附加项 $\dfrac{L_{stray}}{L}$ 乘以电压。

为了满足纹波电流和 r_C 上限的要求，通常需要多个电容器并联使用，等效电容 C 比计算值大。将在下一节推荐使用并联的电解电容器为陶瓷电容器。

电压 V_{out} 相对于 Buck 变换器电容器的电压较低。Buck 变换器电容器的纹波电流也较小，等于电感器电流纹波，用于过滤降压变换器在 CCM 模式下较小的输出电流，所以可以选择使用容量更小耐压较低的电容器。

如 2.8 节中所述，从暂态的角度来看，希望用更小电容器和电感器以获得更快的瞬态响应。在上述电感器的设计中，仅考虑了稳态状态下的需求。然而，存在另外一种关于瞬变状态的相关约束：负载瞬态输出电压需要保持在一定的范围内 $\Delta V_{out,trans}$。极为重要的是将 Buck 变换器用在微处理器的电源中，其负载电流变化率 $\dfrac{di_{out}}{dt}$ 非常大，且 $V_{out} \ll V_{in}$，也就是，$D < 0.5$。电感电流的变化率 $\dfrac{di_L}{dt}$ 小于负载电流变化率（且由于 $\dfrac{di_L}{dt} = -\dfrac{V_{out}}{L}$ 的降压瞬变慢于 $\dfrac{di_L}{dt} = \dfrac{V_{in} - V_{out}}{L}$ 的升压瞬变，在考虑最差情况下选取前者）。这两个电流之间的差流经电容器。因此，在负载电流最大变化 $\Delta I_{out,max}$ 下，为了保持输出电压在 $\Delta V_{out,trans}$ 内，电容器的应用必须满足以下条件（Panov and Jovanović，2001）：

$$C > \frac{1}{2} \frac{\Delta I_{out,max}^2}{\Delta V_{out,trans}} \left(\frac{L}{V_{out}} - \frac{1}{di_{out}/dt} \right)$$

在瞬态负载下，较小的电感器和较小的电容器 C 带来更快的瞬态响应。但是，如上所述，较小的电感器将增大电感纹波电流、寄生电阻的导通损耗和开关管的关断损耗（因为关断时刻电感电流处于最大值）。

设计实例

Buck 变换器工作在 CCM 中，输入规格为 $V_{in} = 24$ V［电压范围为（20 V, 28 V）］，$V_{out} = 12$ V，$P_{out} = 50$ W［范围为（12 W, 120 W）］。选择 $f_s = 100$ kHz。根据上述公式，得到

$$I_{out} = 4.166 \text{ A}; \quad I_{out,min} = 1 \text{ A}; \quad I_{out,max} = 10 \text{ A}$$
$$R_{out} = 2.88 \ \Omega; \quad R_{out,min} = 1.2 \ \Omega; \quad R_{out,max} = 12 \ \Omega$$

假设 $\eta = 85\%$，计算得出

$$D = 0.588; \quad D_{min} = 0.504; \quad D_{max} = 0.706$$

$$L = \frac{V_{out}(1 - D_{min})}{[10\% - 20\%] I_{out,min} f_s} \approx 300 \ \mu\text{H}$$

选择一个 300 μH，12 A 的电感器，磁芯为 Metglas 7089 MPFC，线径为 12 AWG，$r_L = 16.3$ mΩ。

需要注意的是，如果能够允许更大的纹波电流，可以选择使用更小的电感器。因为目前还远没有达到 CCM/DCM 运行的边界条件，$L_{bound} = \dfrac{V_{out}(1 - D_{min})}{2 I_{out,min} f_s} = 29.77$ μH。如前所述，在设

计电感器时，必须考虑通过电感器的直流电流也为 10 A。

$$C > \frac{12.5(1 - D_{\min})}{L f_s{}^2} = 2.066\ \mu F$$

$$\Delta I_{C,\max} = \frac{V_{out}(1 - D_{\min}) T_s}{L} = 0.199\ A$$

$$I_{C,rms,\max} = \frac{\Delta I_{C,\max}}{\sqrt{12}} = 0.057\ A$$

$$V_{out} = 12\ V$$

相应地，选择电容器为 EEEFP1E220AR 22 μF, 0.24 A（也满足纹波电流要求）其 ESR = 0.36 Ω，这也完全满足要求：$r_C < \dfrac{(1\%)\,V_{out}}{\Delta I} = \dfrac{0.12}{0.199} = 0.6\ \Omega$。

如果允许较大的电感电流纹波，我们可以使用更小的电感器，但随后需要更大的电容器以过滤电感器电流并滤除较大的纹波电流。

LC 的谐振频率为 $f_c = \dfrac{1}{2\pi\sqrt{LC}} = 2\ kHz$，很明显低于开关频率 100 kHz，这也就能够满足 Buck 变换器的预期设计。

左半平面零点的控制-输出小信号的开环传递函数为

$$z = \frac{1}{2\pi C r_C} = 20\ kHz$$

和

$$I_{S\max} = I_{D\max} = I_{out,\max} + \frac{\Delta I_{L,\max}}{2} = 10.1\ A$$

$$V_{S\max} = V_{D\max} = V_{in,\max} = 28\ V$$

可以选择（1.3 节中表 1.1）的功率 MOSFET IRF540N，击穿电压为 100 V，最大漏极电流为 33 A，$r_{DS(on)} = 0.044\ \Omega$，肖特基二极管 MBR4040 的额定电压为 40 V，额定电流为 40A，在 25℃时，其正向压降为 0.7 V。

3.1.5 带输入滤波器的 Buck 变换器

Buck 变换器的输入电流同开关电流一样是脉动电流。电流中含有大量无用的谐波且对输入电源造成不良影响。例如，如果电源端由电池供电，这种电流将缩短电池的使用寿命。这就是通常在设计 Buck 变换器时需要输入滤波器（参见图 3.8）。输入滤波器的电感还具有另外一个功能，隔离变换器的开关噪声。例如，如果它和其他开关模式的变换器接入同一个供电电源时，可以隔离它们之间的开关噪声，在 2.8 节中已经遇到了这样的结构。为简单起见，在图 3.8 和下面的计算中，将不考虑寄生的直流电阻。

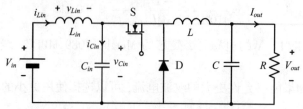

图 3.8 带输入滤波器的 Buck 变换器

为了设计滤波器中的电感器 L_{in} 和电容器 C_{in}，需要进行类似整流滤波器 L、C 的分析。由于电感电压在一个稳态的开关周期内的积分为零，意味着电压 v_{Lin} 的直流分量为零，即 v_{Lin} 的瞬时波形只有交流分量(纹波)。当开关 S 闭合时，L_{in} 对输出电路放电；当开关 S 断开时，L_{in} 由供电电源 V_{in} 充电。假设线性轨迹(忽略电感器的寄生电阻)在开关 S 闭合导通时，$v_{Lin}(t)$ 从最大值 $\dfrac{\Delta V_{Lin}}{2}$ 到最小值 $-\dfrac{\Delta V_{Lin}}{2}$ 线性降低；在开关 S 断开时，它线性增大到 $\dfrac{\Delta V_{Lin}}{2}$ (参见图 3.9)。总之，通过 L_{in} 电压总的纹波为 ΔV。因此，$v_{Lin}(t)$ 的描述方程如下：

$$v_{Lin}(t) = -\frac{\Delta V}{DT_s}t + \frac{\Delta V}{2} \qquad 0 \leqslant t \leqslant DT_s$$

$$v_{Lin}(t) = -\frac{\Delta V}{2} + \frac{\Delta V}{(1-D)T_s}(t - DT_s) \qquad DT_s \leqslant t \leqslant T_s$$

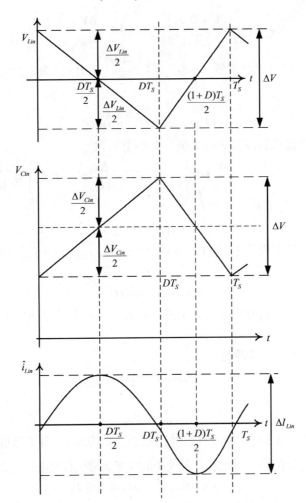

图 3.9　Buck 变换器输入滤波器的稳态波形

通过积分得到在两个开关周期内通过 L_{in} 电流交流分量的两个方程：

$$\hat{i}_{Lin}(t) = \hat{i}_{Lin}(0) + \frac{1}{L_{in}}\left(-\frac{\Delta V}{2DT_s}t^2 + \frac{\Delta V}{2}t\right) \qquad 0 \leqslant t \leqslant DT_s$$

和

$$\hat{i}_{Lin}\left(\frac{DT_s}{2}\right) = \hat{i}_{Lin}(0) + \frac{\Delta V}{8L_{in}}DT_s$$

上述表明 i_{Lin} 的最大值为 i_{Lin} 的差，v_{Lin} 在 $\frac{DT_s}{2}$ 时为零，且瞬态时对时间的二阶导数为负。因此有

$$\hat{i}_{Lin}(DT_s) = \hat{i}_{Lin}(0)$$

和

$$\hat{i}_{Lin}(t) = \hat{i}_{Lin}(0) + \frac{1}{L_{in}}\left[\frac{\Delta V}{2(1-D)T_s}(t-DT_s)^2 - \frac{\Delta V}{2}(t-DT_s)\right] \qquad DT_s \leqslant t \leqslant T_s$$

和

$$\hat{i}_{Lin}\left[DT_s + \frac{(1-D)T_s}{2}\right] = \hat{i}_{Lin}(0) - \frac{\Delta V}{8L_{in}}(1-D)T_s$$

表示 i_{Lin} 的最小值为 i_{Lin} 对时间的倒数，在 $DT_s + \dfrac{(1-D)T_s}{2}$ 时 v_{Lin} 为零，且瞬态时对时间的二阶导数为正。同样有

$$\hat{i}_{Lin}(T_s) = \hat{i}_{Lin}(DT_s) = \hat{i}_{Lin}(0)$$

因此，输入电感电流总的波纹为最大值与最小值的差

$$\Delta I_{Lin} = \left[\hat{i}_{Lin}(0) + \frac{\Delta V}{8L_{in}}DT_s\right] - \left[\hat{i}_{Lin}(0) - \frac{\Delta V}{8L_{in}}(1-D)T_s\right] = \frac{\Delta V}{8L_{in}f_s}$$

输入电路的 KVL 方程瞬时表达式为

$$v_{in}(t) = v_{Lin}(t) + v_{Cin}(t)$$

忽略直流寄生电阻，在稳态周期中，$v_{in}(t) = V_{in}$，$V_{Lin} = 0$，$v_{Cin}(t) = V_{Cin} + \hat{v}_{Cin}$，因此，上述 KVL 方程的交流部分为

$$\hat{v}_{Lin}(t) = -\hat{v}_{Cin}(t)$$

也就是说，通过输入电容上的电压纹波等于流过输入电感器上的电压纹波。因此，输入端电容电压的纹波为 ΔV。

假设转换效率为 100%，可得到

$$V_{in}I_{Lin,av} = V_{out}I_{out}$$

即

$$I_{Lin,av} = DI_{out}$$

在第二个开关周期，当 S 处于断开状态时，通过 C_{in} 的电流 i_{Cin} 等于通过 L_{in} 的电流，$i_{Lin}(t) = I_{Lin,av} + \hat{i}_{Lin(t)}$。$L_{in}$ 和 L 的目的是确保电流具有较小的纹波，相比直流电压可以忽略 i_{Lin}，就是

$$i_{Cin}(t) \approx DI_{out} \qquad DT_s \leqslant t \leqslant T_s$$

由于

$$i_{Cin} = C_{in}\frac{\mathrm{d}v_{Cin}}{\mathrm{d}t}$$

在 $(1-D)T_s$ 时间间隔内，由于输入电容电压的变化为 ΔV，可以写出

$$i_{Cin} = C_{in}\frac{\Delta V}{(1-D)T_s}$$

或者

$$DI_{out} = C_{in}\frac{\Delta V}{(1-D)T_s}$$

意味着

$$\Delta V = \frac{D(1-D)I_{out}}{f_s C_{in}}$$

通过设定输入电容的电压脉动的期望值 ΔV，可以计算出需要 C_{in} 的值。

在第一个开关状态内，通过 L_{in} 的电流减去通过输出电感器 i_L 的电流即为通过 C_{in} 的电流。在第二个开关状态内，通过 L_{in} 的电流即为通过 C_{in} 的电流。可以计算纹波电流由输入电容维持。表达式 $\Delta I_{Lin} = \dfrac{\Delta V}{8L_{in}f_s}$ 中的 ΔV 为 $\Delta V = \dfrac{D(1-D)I_{out}}{f_s C_{in}}$，得到

$$\Delta I_{Lin} = \frac{D(1-D)I_{out}}{8L_{in}C_{in}f_s^2}$$

根据 Buck 变换器的应用需求，通过选择输入电流的纹波值设计 L_{in}。

回想一下，在图 3.6 中，函数 $f(D) = D(1-D)$ 的最大值为 0.25。也就意味着输入端电容电压的纹波和输入电感器电流的纹波总会被限定在一定的值。

$$\Delta V_{Cin} < \frac{I_{out}}{4f_s C_{in}}$$

$$\Delta I_{Lin} < \frac{I_{out}}{32L_{in}C_{in}f_s^2}$$

在输入滤波器的电容器设计中，为了避免造成过大的电应力，导致过热和电容器的早期失效，必须考虑电流纹波的有效值。通常情况下，使用陶瓷电容与电解电容并联使用实现滤波电容。陶瓷电容器呈现较低的直流串联电阻，这也就是其单独使用时可以作为振荡过滤器的原因。电解电容器具有比陶瓷电容器大得多的容量，承担着较大比例的纹波电流。如果电解电容器的承受纹波电流不够大，该器件将很快失效。

为了计算 Buck 变换器纹波电流有效值，可以用一个快速的、近似的方法。假设电感器足够大以抑制所有的电感电流纹波，可以说输入电感器电流等于它的直流值 DI_{out}。如上所述，在第一个开关阶段中，通过 C_{in} 的电流为

$$i_{Cin}(t) = DI_{out} - I_{out} \qquad 0 \le t \le DT_s$$

并且，在第二个阶段中，它与电感器的电流相等

$$i_{Cin}(t) = DI_{out} \qquad DT_s \le t \le T_s$$

有

$$I_{Cin,rms} = \sqrt{\frac{1}{T_s}\int_0^{T_s} i_{Cin}^2 \mathrm{d}t} = \sqrt{\frac{1}{T_s}\left[\int_0^{DT_s}(DI_{out}-I_{out})^2\mathrm{d}t + \int_{DT_s}^{T_s}(DI_{out})^2\mathrm{d}t\right]} = I_{out}\sqrt{D(1-D)}$$

当 $D = 0.5$ 时，输入电容的最大纹波电流有效值为

$$I_{Cin,rms} < 0.5 I_{out}$$

3.1.6　DCM 工作的 Buck 变换器的稳态分析综述

Buck 变换器工作在 DCM 下的等效开关拓扑及主要波形如 2.4.1.3 节中图 2.25 所示。当

开关管处于导通状态时（第一开关阶段），二极管两端的电压为 V_{in}，通过开关管的电流为电感器的电流，在 DT_s 时达到最大值

$$I_{L,\max} = \frac{V_{in} - V_{out}}{L} DT_s$$

当开关管处于截止状态时，二极管导通（第二开关阶段），开关管两端的电压为 V_{in}，通过二极管的电流为电感器的电流从 $I_{L,\max}$ 降到 0。在第三个开关周期内，当两个开关管和二极管都关断时，开关管两端的电压为 $V_{in} - V_{out}$，二极管的端电压为 V_{out}（参见图 3.10）。

忽略直流寄生电阻，在 2.4.1.3 节中，闭环下的直流电压变换增益 $M(V_{out}/V_{in})$，第二个开关阶段的持续时间 D_2

$$M = \frac{2}{1 + \sqrt{1 + \frac{4k}{D^2}}}; \quad D_2 = \frac{k}{D} M = \frac{k}{D} \frac{2}{1 + \sqrt{1 + \frac{4k}{D^2}}}; \quad k = \frac{2L}{RT_s}; \quad (1 - M)D^2 = kM^2$$

通过以下简单的电路分析代替使用空间状态方程也可以得到上述直流方程。根据图 3.10 中开关电流特性，得到

$$I_{Sav} = \frac{1}{T_s} \int_0^{DT_s} i_S(t)\mathrm{d}t = \frac{1}{T_s} \frac{I_{S\max} DT_s}{2} = \frac{1}{T_s} \frac{(V_{in} - V_{out})DT_s}{L} \frac{DT_s}{2} = \frac{(V_{in} - V_{out})D^2 T_s}{2L}$$

当平均输入电流与平均开关电流相同时，并假设效率为 100%，写出功率平衡方程

$$V_{in} \frac{(V_{in} - V_{out})D^2 T_s}{2L} = \frac{V_{out}^2}{R}$$

同时除以 V_{in}^2 得到

$$\frac{\left(1 - \frac{V_{out}}{V_{in}}\right)D^2 T_s}{2L} = \frac{V_{out}^2}{V_{in}^2 R}$$

因此

$$(1 - M)D^2 = M^2 k$$

在图 2.26 中，已经给出了 CCM 和 DCM 运行的边界，由定义 $k_{bound} = 1 - D$。在边界处，$D_2 T_s = (1 - DT_s)$ 和 $I_{out} = I_L = \frac{\Delta I_L}{2} = \frac{V_{out}(1 - D)T_s}{2L}$，在 CCM/DCM 边界处，$L$ 的边界值为

$$L_{bound} = \frac{(1 - D)V_{out}}{2I_{out}f_s}$$

变换器在任何输入电压和负载条件下工作在 DCM 时，对于任何的占空比 D 和 I_{out}，L 必须小于 L_{bound}。也就是，L 的最大值保证了变换器工作在 DCM。

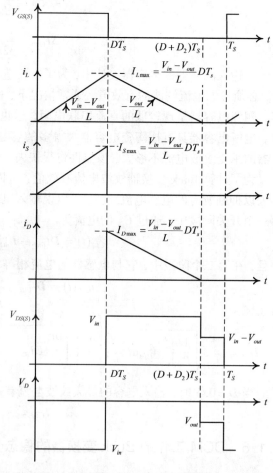

图 3.10 在 DCM 模式下 Buck 变换器的主要稳态波形

$$L_{\max}(\text{工作在 DCM 模式下}) = \frac{(1 - D_{\max})V_{out}}{2I_{out,\max}f_s}$$

在 $V_{in} = V_{in,\min}$ 时的占空比为 $D_{\max}$。

D 取 0 至 1 之间的值，意味着 k_{bound} 的值也在 $0(D = 1)$ 和 $1(D = 0)$ 之间。假设寄生电阻为零，图 3.11 中表示当 k 和占空比 D 变化时所对应的直流电压转换比(M)的图形。从图 2.26 中，变换器在 CCM 下的工作区域和 DCM 模式下的工作区域之间的边界由 $k_{bound} = 1 - D$ 确定的一条直线。当 k_{bound}，变换器工作在 DCM，$D(k)$ 的曲线根据公式 $(1 - M)D^2 = kM^2$ 得到的曲线如图 3.11 所示。当 $k > k_{bound}$ 时，变换器工作在 CCM，在 1.2 节中得到，当忽略电感器的寄生电阻时，$D(k)$ 的曲线根据公式 $M = D$ 得到，其不随负载的变化而变化。

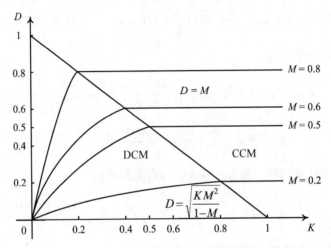

图 3.11　Buck 变换器(忽略寄生电阻)在不同直流电压转换率下负载调整所需的占空比

忽略寄生电阻，Buck 变换器的负载特性及在系统开环(恒定 D)运行下，直流电压增益 k(负载)函数的系列曲线如图 3.12 所示。上述关于 $M(k,D)$ 的表达式已经应用到在 DCM 工作区域的图形绘制；$M = D$ 应用于在 CCM 工作区域的图形绘制。从两个图中可以得出，当变换器在 DCM 下工作时，直流电压增益与负载大小极其相关，需要大幅度调节占空比以实现稳定的输出电压，这与变换器在 CCM 工作下的负载自调整特性完全不同。

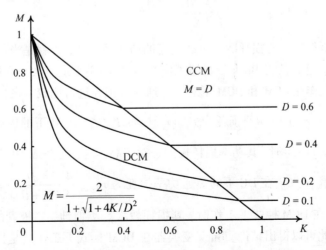

图 3.12　Buck 变换器不同占空比下的开环负载特性(忽略寄生电阻)

在 2.6 节中计算的变换器工作在 DCM 下的导通功率损耗

$$P_{ON(r_L)} = r_L I_{L,rms}^2 = r_L \frac{4}{3} \frac{1}{D+D_2} I_L^2$$

$$P_{ON}[r_{DS(on)}] = r_{DS(on)} I_{S,rms}^2 = r_{DS(on)} \frac{4}{3} \frac{D}{(D+D_2)^2} I_L^2$$

$$P_{ON}[r_{D(on)}] = r_{D(on)} I_{D,rms}^2 = r_{D(on)} \frac{4}{3} \frac{D_2}{(D+D_2)^2} I_L^2$$

$$P_{ON}(V_F) = V_F \frac{D_2}{D+D_2} I_L$$

针对 Buck 变换器，由于 $D_2 = \frac{k}{D} M$ 和 $(1-M)D^2 = kM^2$，上述表达式变为

- 晶体管的导通功率损耗

$$P_{ON}\left[r_{DS(on)}\right] = r_{DS(on)} \frac{4}{3} \frac{D}{(D+D_2)^2} I_L^2 = r_{DS(on)} \frac{4}{3} \frac{D^3}{(D^2+kM)^2} I_{out}^2$$

$$= r_{DS(on)} \frac{4}{3} \sqrt{\frac{(1-M)M^2}{k}} I_{out}^2$$

- 二极管的导通功率损耗，表达为等效导通电阻的损耗

$$P_{ON}\left[r_{D(on)}\right] = r_{D(on)} \frac{4}{3} \frac{D_2}{(D+D_2)^2} I_L^2 = r_{D(on)} \frac{4}{3} \sqrt{\frac{(1-M)M^2}{k}} I_{out}^2$$

或者根据传导过程中的正向压降得到功率损耗

$$P_{ON}(V_F) = V_F \frac{D_2}{D+D_2} I_L = V_F \frac{kM}{D^2+kM} I_{out} = V_F(1-M) I_{out}$$

- 根据直流电阻得到电感器的导通功率损耗

$$P_{ON(r_L)} = r_L \frac{4}{3} \frac{1}{D+D_2} I_L^2 = r_L \frac{4}{3} \frac{D}{D^2+kM} I_{out}^2$$

$$= r_L \frac{4}{3} \sqrt{\frac{(1-M)}{k}} I_{out}^2$$

可以注意到，所有的导通损耗随着负载电流的增加而增加，也就是当负载电阻最小时，系统的功率损耗最大。这就使得 Buck 变换器工作在 DCM 时不太适应大功率场合应用。

同一个变换器工作在 CCM 和 DCM 下对其导通功率损耗进行比较。在 3.1.3 节中得到变换器在 CCM 模式下的在 r_L 上的功率损耗为 $P_{ON}[r_L] = r_L I_{out}^2$，在 DCM 下的损耗为 $r_L \frac{4}{3} \frac{1}{D+D_2} I_{out}^2$。DCM 模式下当 $(D+D_2)<1$ 时，其功率损耗较大。对于晶体管，在 CCM 模式下的导通功率损耗为 $P_{ON}[r_{DS(on)}] = r_{DS(on)} I_{out}^2 D$，在 DC 下的导通功率损耗为 $r_{DS(on)} \frac{4}{3} \frac{D}{(D+D^2)^2} I_{out}^2$。由于同样的原因，当 Buck 变换器在 DCM 模式下工作时，其损耗较大。类似地，二极管的功率损耗在 DCM 模式下也较大。因此可以得出结论，Buck 变换器在 DCM 模式下工作总是比在 CCM 模式下工作的效率低。

3.1.7 DCM 工作的 Buck 变换器设计

在 CCM 模式下，利用 3.1.4 节中方程同样可以得到负载电流的最大值和最小值、负载电阻和输入电流值。

对于 DCM 工作中，根据前述章节公式设计电感器

$$L_{max}(\text{工作在 DCM 模式下}) = \frac{(1 - D_{max})V_{out}}{2I_{out,max}f_s}$$

其中，D_{max} 选择要小于对应 CCM 下的最大值（这将是在 CCM/ DCM 运行边界处的最大值）$\frac{V_{out}}{\eta V_{in,min}}$。

根据图 3.10，在晶体管和二极管上的最大电压和电流应力为

$$V_{Smax} = V_{Dmax} = V_{inmax}$$

$$I_{Smax} = I_{Dmax} = \frac{V_{in,max} - V_{out}}{Lf_s}D(\text{工作在 } V_{in,max}, R_{min} \text{ 模式下})$$

其中，从方程 $(1 - M)D^2 = kM^2$，并考虑效率 η [①] 计算出占空比 $D(V_{in,max}, R_{min})$

$$D(\text{工作在 } V_{in,max}, R_{min} \text{ 模式下}) = \left.\sqrt{\frac{kM^2}{1 - M}}\right|_{\substack{V_{in,max} \\ R_{min}}} = \sqrt{\frac{2Lf_s\left(\dfrac{V_{out}}{\eta V_{in,max}}\right)^2}{R_{min}\left(1 - \dfrac{V_{out}}{\eta V_{in,max}}\right)}}$$

电感器在变换器工作于 DCM 模式下相比其工作于 CCM 模式下的值要小，导致电源工作于 DCM 模式下的开关管的电流应力要高，也就意味着在设计变换器工作于 DCM 模

---

① 在科学界，关于效率系数的计算方法仍然是一个有争议的问题。

举例说明，Barbi 建议包括输出二极管的所有类型的损耗。然而，他通过假设 Buck 变换器输入电路效率为 100% 的条件下计算平均输入电流，再考虑效率系数，从而获得前述章节中得到的方程

$$I_{in} = I_{Sav} = \frac{(V_{in} - V_{out})D^2T_s}{2L}$$

从 $P_{out} = \eta P_{in}$，得到 $\frac{V_{out}^2}{R} = \eta V_{in}I_{in}$ 或者

$$\frac{V_{out}^2}{R} = \eta V_{in}\frac{(V_{in} - V_{out})D^2T_s}{2L}$$

给出用于计算 D 的公式

$$D = \sqrt{\frac{1}{\eta}\frac{2Lf_s}{R}\frac{\left(\dfrac{V_{out}}{V_{in}}\right)^2}{\left(1 - \dfrac{V_{out}}{V_{in}}\right)}}$$

在本节方法的讨论中，输入能量的一部分包含了变换器的所有能量损失，这就是在公式中用输入电压 V_{in} 乘以 η，也就是说变换器只有 $(\eta V_{in})I_{in}$ 的输入功率传递到了负载，剩余的能量都损耗掉了。

然而，所有的方法即使得到的 D 略微不同，但是最终的结果是相同的。为了涵盖损耗能量，必须增加电感器的充电时间，即增大占空比 D。而后，更多的能量将会在第一个开关周期内存储在电感器中，以便能够弥补损失。

需要注意的是这点仅是学术讨论方面的问题，并不影响实际中变换器的设计。在开始一个变换器的设计时，我们并不知道最终的效率，对于已经使用的该类变换器来假设变换效率的值。因此，在公式 D 中变换效率 η 是一个近似值，得到所用到公式中 D 的初始假设值。只有当变换器设计完成后，才能够计算出能量的损耗值（通过使用的模型计算，不是 100% 准确）。如果得到的效率 η 与之前假设的相差很大，有必要再进行一次设计。

式时，需要选择耐额定电流更大的开关管。较大的电流通过开关管也将导致更大的功率损耗。

正如我们所知，电容器的设计容量要保证在开关阶段当输入电压从负载断开时，输出电压不会降低到稳态值的99%。在 CCM 模式下，当开关管处于断开时，输出电路包括电感器、电容器和负载。在 DCM 模式下，在处于第三个开关阶段时，两个开关管和二极管均在关断状态，由电容器单独为负载提供能量。因此，有必要选择较大的电容值以保证稳压精度。忽略 r_C，电容器电流纹波等于电感器电流纹波，电感器电流的直流分量流过负载的电流为 I_{out}（参见图3.13）。在前两个开关阶段的部分持续时间内（时间间隔 BD，如图3.13 所示），电容器在充电状态；前两个开关阶段剩余的时间以及后续第三个开关阶段，电容器对电阻 R 释放能量。因此，以类似于1.8 节中 CCM 状态工作的方法，电容器电压的纹波 ΔV_C 由其平均充电电流 $I_{C,avg,ch}$（即当 $i_C > 0$ 时，i_C 的平均值）在一个开关周期内将电容器电压由最小值充到最大值。

$$\Delta V_C = (\text{BD 持续时间})\frac{1}{C}I_{C,avg,ch}$$

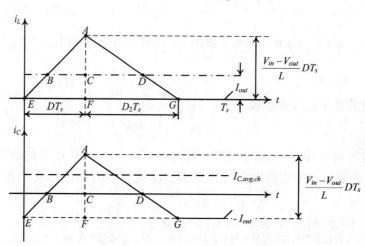

图3.13　在 DCM 模式下 Buck 变换器电感和电容的稳态电流

不同于 CCM 的情况，由于 $D_2 T_s$ 依赖于很多因素，还不能说 $I_{C,avg,ch} = \frac{\Delta I_L}{4}$ 成立。然而，表达式（BD 持续时间）$I_{C,avg,ch}$ 代表 ABD 三角形的面积，由初等的几何公式得到

$$\text{三角形的面积} = \frac{BDxAC}{2} = \frac{EGxACxAC}{2AF} = \frac{EGxAFxACxAC}{2AFxAF}$$

$$= \text{三角形的面积} AEG x \frac{(AF-CF)x(AF-CF)}{AFxAF}$$

$$\Delta V_C = \frac{1}{C}\frac{1}{2}(D+D_2)T_s\frac{V_{in}-V_{out}}{L}DT_s\left[1 - \frac{I_{out}^2}{\left(\frac{V_{in}-V_{out}}{L}DT_s\right)^2}\right]$$

其中，D_2 的计算公式为 $D_2 = \frac{k}{D}M = \frac{(1-M)D}{M}$，对于任何的输入电压 V_{in} 和输出电流 I_{out}，电容 C 值的计算，使得其波纹 ΔV_C 均小于希望其所占的输出电压百分比。

DCM 模式下纹波电流高于 CCM 模式下的纹波电流

$$\Delta I_{C,\max} = \Delta I_{L,\max} = \frac{V_{in,\max} - V_{out}}{L f_s} D(\text{工作在} V_{in,\max}, R_{\min} \text{ 模式下})$$

Buck 变换器在 DCM 模式下需要更大容量的电容器。$I_{C,rms}$ 的计算如图 3.13 所示。

$$I_{C,rms} = \sqrt{\frac{1}{T_s} \int_0^{T_s} [i_C(t)]^2 \, \mathrm{d}t}$$

$$= \sqrt{\frac{1}{T_s} \left\{ \int_0^{DT_s} \left(\frac{(V_{in} - V_{out})t}{L} - I_{out} \right)^2 \mathrm{d}t + \int_{DT_s}^{DT_s + D_2 T_s} \left\{ \left[\frac{(V_{in} - V_{out})DT_s}{L} - \frac{V_{out}}{L}(t - DT_s) \right] - I_{out} \right\}^2 \mathrm{d}t + \int_{DT_s + D_2 T_s}^{T_s} I_{out}^2 \mathrm{d}t \right\}}$$

设计一个 CCM 工作的 Buck 变换器，由已知条件完成电容设计：最大纹波 ΔV_C，通过它的最大输出电压和最大有效电流，其等效串联电阻，还需要估算以下公式成立：

$$\Delta V_C + r_C \Delta I_C < \Delta V_{out}$$

设计实例

对于工作在 DCM 下的 Buck 变换器，要求为 $V_{in} = 24$ V，范围为 $[20$ V$, 28$ V$]$，$V_{out} = 12$ V，$P_{out} = 50$ W，范围为 $[12$ W$, 120$ W$]$。选择频率 $f_s = 100$ kHz，根据上述公式得到

$$I_{out} = 4.166 \, \text{A}; \quad I_{out,\max} = 10 \, \text{A}; \quad R = 2.88 \, \Omega; \quad R_{\min} = 1.2 \, \Omega$$

假设 $\eta = 85\%$，意味着工作在 CCM 时的最大占空比为 $\dfrac{12}{(85\%)20} = 0.7$，选择最大占空比 $D_{\max} = 0.6$。然后

$$L = \frac{(1 - D_{\max}) V_{out}}{2 I_{out,\max} f_s} = 2.4 \, \mu\text{H}$$

$$D(\text{工作在} V_{in,\max}, R_{\min} \text{ 模式下}) = 0.45, \text{相应地}, D_2 = 0.44$$

$$\Delta I_{C,\max} = 28 \, \text{A}$$

欲使输出电压的纹波为 1% 输出负载电压，也就是 $\Delta V_C = 0.12$ V，根据前述关于 ΔV_C 的公式，得出需要的电容值为 $C = 1.14$ mF。

3.1.8* 　Buck 变换器动态响应的特点

如果 Buck 变换器处于导通状态，其开关管处于断开状态，输入电压 V_{in} 带来的冲击电流的大小仅由输入滤波器的元件限定。在每一个瞬时开关周期内，第一个开关阶段末的电感电流取决于 t_{on} 的持续时间，开通瞬间的浪涌电流通过缓慢增加占空比进行控制，直到变换器达到稳定的工作状态。当变换器关断时，占空比逐渐缩小以使得输出电压慢慢降低到零。为了实现这一点，控制电路的关断时间必须大于输出电路的 RC 时间。

如果 Buck 变换器的输出短路，第一个开关阶段内的输入电流 $\dfrac{v_{in} - V_{out}}{L} \mathrm{d}T_s = \dfrac{v_{in}}{L} \mathrm{d}T_s$ 将开始增大。在这种状况下，通过一系列电流传感器激活辅助控制电路关闭开关管。如果变换器的负载突然去除，输出电压 V_{out} 将升高至 V_{in}，控制电路将降低占空比，直至完全关闭开关管。

因此，Buck 变换器在输出故障时，可以很容易控制其通断。

如果输入电压突然发生变化时，在第一个开关周期内，V_{in} 在相同的 L 和负载电路下，电感电流和负载电压都会发生瞬间变化。因此，如 1.4 节所述（参见图 1.46），利用单一电压控制

更快, 而不需要使用电流控制。在第 2 章中得出, Buck 变换器由于 r_C, 其输出小信号开环传递函数包含两个左半平面极点和一个左半平面零点, 很容易设计这种功率级传递函数的闭环控制回路。

为了设计反馈回路控制器, Buck 变换器的 s 域等效电路如图 2.3 所示, 其 $G_{vg}(s)$ 和 $G_{vd}(s)$ 在第 2 章中解析得到 CCM 和 DCM 工作。图 1.46 为电压模式控制闭环电路。实际上, 控制电路不用满足 v_{out}, 而是用一个更小的合适值 βv_{out}, 如电位器。在图 1.46 中, 通过在 2.6.2 节中 $\dfrac{f_m(s)}{V_M}$, 通过 s 域传递函数 $\hat{D}(s) = \dfrac{f_m(s)}{V_M}\hat{V}_{ctr}(s)$ 来描述 PWM 电路。

从图 1.46 中控制模块 $A(s)$, 在 2.8 节图 2.82 中, 通过由多个元件(电阻和电容)组成的补偿电路 $Z_1(s)$ 和 $Z_2(s)$ 设计误差放大器。根据 $Z_1(s)$ 和 $Z_2(s)$ 的设计, 可以得到一个 PI 或 PID 类型(PID 控制中的微分项降低了瞬间过冲, 但却放大噪声)的控制。

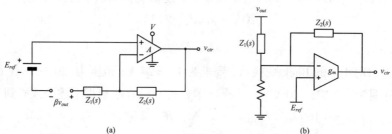

图 3.14 控制器电压模式控制。(a)用运算放大器; (b)用跨导放大器[1]

根据图 2.3

$$\hat{V}_{out}(s) = G_{vg}(s)\hat{V}_{in}(s) + G_{vd}(s)\hat{D}(s)$$

$\hat{D}(s)$ 可由 $\dfrac{f_m(s)}{V_M}\hat{V}_{ctr}(s)$ 表示。在图 1.46 中的稳定状态下, 负载无扰动电压, 即 $v_{out}(t) = V_{out} = E_{ref}$。当在输出电压中出现扰动 $\hat{v}_{out}(t)$, 得到 $\hat{V}_{ctr}(s) = -A(s)\beta\hat{V}_{out}(s)$, 其中, $A(s)$ 的多项表达式取决于 $Z_1(s)$ 和 $Z_2(s)$ 的表达式, 即

$$\hat{V}_{out}(s) = G_{vg}(s)\hat{V}_{in}(s) + G_{vd}(s)\frac{f_m(s)}{V_M}\hat{V}_{ctr}(s) = G_{vg}(s)\hat{V}_{in}(s) - G_{vd}(s)\frac{f_m(s)}{V_M}A(s)\beta\hat{V}_{out}(s)$$

得到

$$\hat{V}_{out}(s) = \frac{G_{vg}(s)}{1 + \beta A(s)\dfrac{f_m(s)}{V_M}G_{vd}(s)}\hat{V}_{in}(s)$$

$\dfrac{\hat{V}_{out}(s)}{\hat{V}_{in}(s)}$ 表示变换器闭环小信号输入至输出电压传递函数的比率, 称为小音频敏感性。该公式说明了输入电压扰动如何通过变换器传递到负载。当然, 精心设计的反馈环路将确保快速回到稳态值。

---

① 所述的跨导运算放大器(OTA)类似于运算放大器, 区别在于它的差分输入电压产生一个输出电流。在电路理论中, 它可以通过一个电压控制的电流源(VCCS)来表示。它的输出电流和所述差分输入电压的比率为 g_m。负载电流和输出电阻乘积为输出电压。g_m 和输出电阻的乘积为其开环电压增益。采用 MOSFET 可以实现相关的集成电路。

用 $T(s)$ 表示的开环增益为

$$T(s) = G_{vd}(s)\frac{f_m(s)}{V_M}A(s)\beta$$

音频敏感性函数为

$$\frac{\hat{V}_{out}(s)}{\hat{V}_{in}(s)} = \frac{G_{vg}(s)}{1 + T(s)}$$

即相比开环状态下, 因子 $[1 + T(0)]$ 影响闭环线路和负载调节性能。较宽的闭环带宽将会得到更快的阶跃响应。

通过从控制理论得到的知识, 设计 $A(s)$ 确保适当的直流增益、单位增益带宽和相位裕度。从控制理论得到, 单位增益带宽或者增益转折频率处的频率增益幅值曲线相等, 即 0 dB。典型地, 该转折频率被选择在 1/10 到 1/5 的开关频率。转折频率越高, 瞬态响应越快。转折频率附近的环路增益斜率特性为 – 20 dB/十倍频。该频率处的增益幅度导数为增益裕度, 其相位角达到 – 180°; 较好的增益裕度为 6 ~ 12 dB。相位裕度在转折频率处的相位特性和 180° 之间差是以度为单位测量的; 这些告诉我们如何远离不稳定较低的相位裕度并提供更快的瞬态响应, 但在瞬态反应中具有较高的过冲/下降。

需要一个反馈电路来降低直流误差, 实现对线路电压或负载的突变进行快速的瞬态响应, 同时降低环路输出阻抗。在 Buck 变换器中, $G_{vd}(s)$ 不论对于 CCM 模式或者是 DCM 模式, 都没有右半平面零点。这易于控制器的设计, 并能够获得良好的整体增益裕度、相位裕度 (45° ~ 60°) 和良好的稳定性。

较大的转折频率虽能导致更快的瞬态响应, 但也受实际条件的限制。为了消除反馈电压中的开关频率尖峰, 要求最大的转折频率应为开关频率的四分之一。并且, 过大的转折频率也将噪声同时放大。

如果 Buck 变换器的输出电容为电解质类型, 其直流串联电阻较大。开环控制方程中的左半平面零点小于转折频率 (大约数 kHz), 且在系统闭环控制中能够获得较好的稳定性 [转折频率处的开环斜率特性有如下条件: (零点处 + 20 dB) – (由输出滤波 LC 得到 $G_{vd}(s)$ 二阶分母 40 dB) = – 20 dB]。然而, 如果选择一个具有较小直流电阻的陶瓷电容时, 零点通过直流寄生电阻的引入提高了系统转折频率, 采用 PID 类型的控制在该状态下能够保证更好的稳定性 (其零点和极点, 再加上功率状态下的 $G_{vd}(s)$, 得到闭环增益转折频率处所希望的斜率 – 20 dB)。如果这个零点的值较大, 如大于 $f_s/2$, PID 控制器中不同的零极点图能够实现所希望的增益特性斜率。

在 DCM 工作中, 开环控制传递函数中的第二个极点与 f_s 的值相同, 因此, 在转折频率附近, 开环传递函数的分母引入了一个 – 20 dB (CCM 工作时为 – 40 dB) 增益, 以优化闭环设计。

市场上已经供应了大量的电压型 PWM 控制器。用于低功率、低电压同步降压变换器, 如 IR 公司的 IRU3037、IRU3038、IRU3046 或 IRU3055 控制器。或者安森美半导体研制的具有非常快速瞬态响应的 NCP5210 同步 Buck 控制器。该芯片采用了带有一个极点和两个零点的补偿器, 极点位于伯德图的起点, 零点用来消除由 LC 控制电路的传递函数的两个极点导致的 – 40 dB 处的初始斜率, 同时零点还减少 – 180° 的相移。因此, 控制器的结构和价格都变得更加多样化, 获得了更好的单位带宽增益, 也不会降低系统的相位裕度。

3.2 Boost DC-DC PWM 硬开关变换器

3.2.1 稳态 CCM 工作的 Boost 变换器

在 2.3 节中得到，在 CCM 的 Boost 变换器的直流电压变换比表达式为

$$M \triangleq \frac{V_{out}}{V_{in}} = \frac{1}{1-D} \frac{R(1-D)^2}{r_L + \dfrac{Rr_C}{R+r_C}(1-D) + \dfrac{R^2(1-D)^2}{R+r_C}}$$

其中，忽略寄生直流电阻 r_L 和 r_C，上式可以简化为

$$M_{ideal} = \frac{V_{out}}{V_{in}} = \frac{1}{1-D}$$

我们还发现，Boost 变换器的平均电感电流，也同样代表着输入电流，表达式如下：

$$I_{L_{av}} = I_{in_{av}} = \frac{V_{in}}{r_L + \dfrac{Rr_C}{R+r_C}(1-D) + \dfrac{R^2(1-D)^2}{R+r_C}}$$

其中，忽略寄生直流电阻 r_L 和 r_C，上式可以简化为

$$I_{L_{av},ideal} = I_{in_{av},ideal} = \frac{V_{in}}{R(1-D)^2}$$

在 2.9 节（参见图 2.86）的实例得到，直流电压增益在占空比函数中，直流电阻起着定性的非常重要的作用：忽略寄生直流电阻 r_L 和 r_C 后的理想公式给出了错误的印象，即 Boost 变换器通过简单地增加占空比 D 即可实现尽可能多倍的提升电压。精确的公式告诉我们，在它达到最大值之后，直流电压增益随着 D 的增大将逐渐减小，直到 D 为 1 时，直流电压增益下降到零。

后续，我们将更为详尽地研究 Boost 变换器。通过忽略直流寄生电阻，得到电感电流的稳态波形如图 3.15 所示。$[0, DT_s]$ 区间为开关管电流的波形；$[DT_s, T_s]$ 区间为二极管的电流波形，平均电感电流的表达式为

$$I_{L_{av}} = \frac{V_{in}}{R(1-D)^2} = \frac{V_{out}}{R(1-D)} = \frac{I_{out}}{1-D}$$

当然这个公式也可通过该电路的分析直接得出，同时，电感器的平均电流等于平均输入电流：$I_{L_{av}} = I_{in} = \dfrac{V_{out}I_{out}}{V_{in}} = \dfrac{I_{out}}{1-D}$。

开关管和二极管的平均电流为

$$I_{Sav} = DI_{Lav} = \frac{DI_{out}}{1-D}; \quad I_{Dav} = (1-D)I_{Lav} = I_{out}$$

它们的有效值为

$$I_{S,rms} = \sqrt{\frac{1}{T_s}\int_0^{T_s}[i_S(t)]^2\,\mathrm{d}t} = \sqrt{\frac{1}{T_s}\int_0^{DT_s}i_L^2\,\mathrm{d}t} \approx \sqrt{\frac{1}{T_s}\int_0^{DT_s}I_{Lav}^2\,\mathrm{d}t} = I_{Lav}\sqrt{D}$$

$$I_{D,rms} = \sqrt{\frac{1}{T_s}\int_0^{T_s}[i_D(t)]^2\,\mathrm{d}t} = \sqrt{\frac{1}{T_s}\int_{DT_s}^{T_s}i_L^2\,\mathrm{d}t} \approx \sqrt{\frac{1}{T_s}\int_{DT_s}^{T_s}I_{Lav}^2\,\mathrm{d}t} = I_{Lav}\sqrt{1-D}$$

即

$$I_{Srms} = \sqrt{D}\,\frac{I_{out}}{1-D}; \quad I_{Drms} = \frac{I_{out}}{\sqrt{1-D}}$$

此处忽略电感纹波电流。

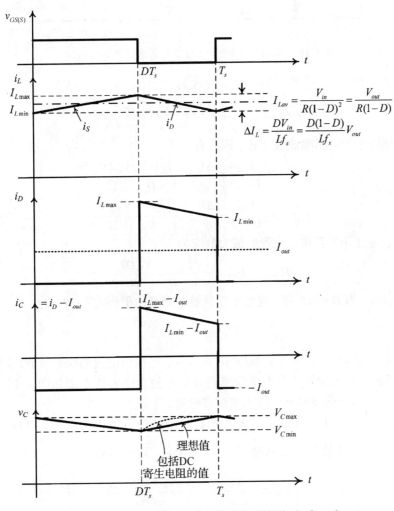

图 3.15　Boost 变换器 CCM 工作的稳态主要波形(忽略 r_L 和 r_C)

考虑到两个开关拓扑结构(参见图 3.16),忽略 r_L 和 r_C,得到电感器电流表达式为

$$i_L(t) = I_{L\min} + \frac{V_{in}}{L}t, \quad 0 \leqslant t \leqslant DT_s$$

和

$$I_{L\max} = i_L(DT_s)$$

$$i_L(t) = I_{L\max} + \frac{V_{in}-V_{out}}{L}(t-DT_s), \quad DT_s \leqslant t \leqslant T_s$$

和

$$I_{L\min} = i_L(T_s)$$

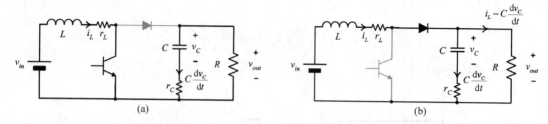

图 3.16　Boost 变换器的 CCM 工作等效开关拓扑结构

因此，忽略 r_L 和 r_C，电感器(输入)电流纹波为

$$\Delta I_L = I_{L\max} - I_{L\min} = \frac{V_{in}DT_s}{L} = \frac{V_{out}D(1-D)}{Lf_s}$$

考虑到前述的平均电感电流表达式，因此有

$$I_{L\max} = \frac{I_{out}}{1-D} + \frac{\Delta I_L}{2} = \frac{I_{out}}{1-D} + \frac{V_{in}DT_s}{2L}$$

$$I_{L\min} = \frac{I_{out}}{1-D} - \frac{\Delta I_L}{2} = \frac{I_{out}}{1-D} - \frac{V_{in}DT_s}{2L}$$

由图 3.15，通过开关管和二极管的最大电流为

$$I_{S\max} = I_{D\max} = \frac{I_{out}}{1-D} + \frac{V_{in}DT_s}{2L}$$

我们还注意到，当 $D = 0.5$ 时，电感电流纹波达到最大值(由图 3.6 知)

$$\Delta I_{L\max} = \frac{V_{out}}{4Lf_s}$$

考虑到支路 $C - r_C$ 的阻抗远远小于负载(R)，可以说，二极管电流的所有纹波(交流分量)流经电容器和二极管的平均电流等于负载电流流经 R 的电流。电容器电流如图 3.15 所示。因此，Boost 变换器的电容器必须能够承受较大的纹波电流。

在第一个开关阶段，电容器提供给负载的电流为 I_{out}。在这段时间内，电容器电压从它的最大值 $V_{C,\max}$ 降低到最小值 $V_{C,\min}$。从公式 $i_C(t) = C\dfrac{\mathrm{d}v_C}{\mathrm{d}t}$ 可以得到

$$-I_{out} \approx C\frac{\Delta V_C}{\Delta t} = C\frac{V_{C,\max} - V_{C,\min}}{-DT_s}$$

或者

$$\Delta V_C = \frac{I_{out}DT_s}{C}$$

如果忽略 r_C，这同样也是输出电压纹波 ΔV_{out}。如果要非常精确地考虑电容器的 ESR，可以说输出电压纹波为电容器电压纹波加上作用在 r_C 上的峰–峰值电压(如图 3.16 所示)

$$\Delta V_{out} = \Delta V_C + r_C I_{D\max}$$

通过输出电容的电流有效值为(根据图 3.15)

$$I_{Crms} = \sqrt{\frac{1}{T_s}\int_0^{T_s} i_C^2 \mathrm{d}t}$$

$$= \sqrt{\frac{1}{T_s}\left\{\int_0^{DT_s} I_{out}^2 \mathrm{d}t + \int_{DT_s}^{T_s}\left[I_{L\max} - \frac{\Delta I_L(t-DT_s)}{T_s - DT_s} - I_{out}\right]^2 \mathrm{d}t\right\}}$$

或者，在第二个开关阶段的整个操作过程中，电容器电流在最大值（最差情况）处为常数 $I_{Lmax} - I_{out}$，公式可简化为

$$I_{Crms} = \sqrt{\frac{1}{T_s} \int_0^{T_s} i_C^2 \mathrm{d}t} = \sqrt{\frac{1}{T_s}\left[I_{out}^2 DT_s + \left(\frac{I_{out}}{1-D} + \frac{V_{in}DT_s}{2L} - I_{out} \right)^2 (1-D)T_s \right]}$$

如果忽略电感器电流纹波，上式可近似为

$$I_{Crms} \approx \sqrt{\frac{1}{T_s}\left[I_{out}^2 DT_s + \left(\frac{I_{out}}{1-D} - I_{out} \right)^2 (1-D)T_s \right]} = I_{out}\sqrt{\frac{D}{1-D}}$$

当要鉴别 r_C 上的损耗时，可以近似处理为

$$P_{ON}[r_C] = r_C I_{Crms}^2 = r_C \frac{D}{1-D} I_{out}^2$$

通过近似忽略输入（电感器）电流纹波（由于 L 的作用，该值很小），也就是，在任何时刻都认为电感电流等于其平均值，可以计算出通过电感器（输入电流的有效值）的电流有效值

$$I_{Lrms} = I_{Lav} = \frac{I_{out}}{1-D}$$

电感直流电阻的传导功耗表达式为

$$P_{ON}[r_L] = r_L \frac{I_{out}^2}{(1-D)^2}$$

从 2.6.1 节中可知，晶体管的导通电阻功耗为

$$P_{ON}[r_{DS(on)}] = r_{DS(on)} I_{S,rms}^2 = r_{DS(on)} I_{Lav}^2 D$$

或者，用 $\dfrac{I_{out}}{1-D}$ 替代电感电流，得到

$$P_{ON}[r_{DS(on)}] = r_{DS(on)} \frac{D}{(1-D)^2} I_{out}^2$$

同样，可以得到二极管的导通功耗表达式，用二极管的正向压降表示其导通电阻 $r_{D(on)}$：

$$P_{ON}[r_{D(on)}] = r_{D(on)} I_{D,rms}^2 = r_{D(on)} I_{Lav}^2 (1-D) = r_{D(on)} \frac{1}{1-D} I_{out}^2$$

或用正向电压 V_F 表示为

$$P_{ON}(V_F) = V_F I_D = V_F (1-D) I_{Lav} = V_F I_{out}$$

通过分析，可以得到随着占空比和负载电流的增大，传导损耗也在增大。也就意味着 Boost 变换器在大占空比模式下工作比在重载条件下，其效率下降更为显著（也就是 R 值较小，即系统的寄生电阻相比 R 的作用增强）。这也就是在 2.9 节中讨论的不要让 Boost 变换器在大占空比下工作的另一个原因。因此，一定要注意 Boost 变换器的升压上限。

基于上述分析设计升压电源的工作状态。

占空比的标称值、最小值和最大值的计算需要考虑输入电压的范围。根据类似的功率和电压的变换器来假设变换器的转换效率，再计算输入（电感）电流的最大值。

$$D = 1 - \frac{V_{in}}{V_{out}}; \quad D_{\min} = 1 - \frac{V_{in,\max}}{V_{out}}; \quad D_{\max} = 1 - \frac{V_{in,\min}}{V_{out}}$$

$$I_{in,av,\max} = I_{Lav,\max} = \frac{P_{out,\max}}{\eta V_{in,\min}}$$

通过有源开关和二极管的最大平均电流值

$$I_{Sav,max} = D_{max}I_{Lav,max}; \quad I_{Dav,max} = (1 - D_{max})I_{Lav,max} = I_{out,max}$$

其最大有效值为

$$I_{Srms,max} = \sqrt{D_{max}}I_{in,av,max}; \quad I_{Drms,max} = \frac{I_{out,max}}{\sqrt{1 - D_{max}}}$$

需要注意的是，在计算过程中不使用输入电流的表达式，仅估计转换效率系数，占空比的表达式为

$$D = 1 - \frac{\eta V_{in}}{V_{out}}; \quad D_{min} = 1 - \frac{\eta V_{in,max}}{V_{out}}; \quad D_{max} = 1 - \frac{\eta V_{in,min}}{V_{out}}$$

由基本公理 $V_{out}I_{out} = \eta V_{in}I_{in}$，当然在同一方程中，转换效率不计算两次，也就是，一次为输入电流的计算，另一次为占空比的计算。

当输入电压和负载电流在范围内最大值时，流经晶体管和二极管的电流也为最大。也就是考虑电感电流纹波后计算开关管的电流应力为

$$I_{S\,max} = I_{D\,max} = \frac{I_{out,max}}{1 - D_{max}} + \frac{V_{out}D_{max}(1 - D_{max})T_s}{2L}$$

两个晶体管和二极管均承受的电压为 V_{out}。

假设输入电流纹波为其平均电感电流最大值的 $10\% \sim 15\%$，根据公式 $\Delta I_L = I_{L\,max} - I_{L\,min} = \frac{V_{in}DT_s}{L} = \frac{V_{out}D(1 - D)}{Lf_s}$ 计算电感为

$$L = \frac{V_{in,min}D_{max}}{(0.1 \sim 0.15)I_{Lav,max}f_s}$$

根据选择的电感值 L，必须核算满足变换器在 CCM 下工作的所有条件。也就是说，根据图 2.23，在计算范围内 $k_{min} > k_{bound} = D(1 - D)^2$，所有的 D 必须满足 $k_{min} = \frac{2L}{R_{max}T_s}$。在选择电感器时，还必须注意电流通过的开关频率值。如果电感器的工作频率超过其额定频率，或者过电流使用，均能导致电感过热或饱和现象发生。

在计算电感时可以使用更为严格的要求，施加电感器的电流纹波为电感电流最小值的 $10\% \sim 15\%$。然而，这样的设计能够使晶体管和二极管的最大电流 $I_{S\,max}$ 和 $I_{D\,max}$ 应力降低一点，但将增大电感器的尺寸，也并不一定满足所有的工作条件。

电容的计算不用使用精确的公式 $\Delta V_{out} = \Delta V_C + r_C I_{D\,max}$。原理很简单，我们还不知道 r_C，所以通过假设 $\Delta V_{out} = \Delta V_C$，并要求电压纹波小于输出电压 V_{out} 的 1% 来计算 C

$$C > \frac{I_{out}DT_s}{0.01V_{out}} = 100\frac{D_{max}}{R_{min}f_s}$$

在确定了 C 之后，必须考虑其额定电压（考虑安全余量，选择大于通过电容的电压 V_{out}）和额定电流（大于利用先前推导出的公式计算得到的纹波电流）。忽略电感器纹波电流得到最大纹波电流为

$$I_{Crms,max} = \sqrt{I_{out,max}^2 D_{max} + (I_{in,av,max} - I_{out,max})^2(1 - D_{max})}$$

在 C 确定后，必须首先核算满足 $r_C < \frac{\Delta V_{out}}{\Delta I_C} = \frac{\Delta V_{out}}{I_{D\,max}}$ 和 $\Delta V_{out} = \Delta V_C + r_C I_{D\,max} < 0.01V_{out}$。

设计实例

设计一个 Boost 变换器，规格为 $V_{in} = 48$ V，范围为 $[40$ V，75 V$]$，$V_{out} = 110$ V，$P_{out} = 900$ W，范围为 $[150$ W，1200 W$]$。选择 $f_s = 100$ kHz，并假设效率 $\eta = 85\%$

$$I_{in,av,\max} = I_{Lav,\max} = \frac{P_{out,\max}}{\eta V_{in,\min}} = \frac{1200}{0.85 \times 40} = 35.29 \text{ A}$$

$$D = 0.56; \quad D_{\min} = 0.318; \quad D_{\max} = 0.636$$

（在占空比的公式中，如果考虑效率，得到 $D = 0.63$，$D_{\min} = 0.42$，$D_{\max} = 0.69$）。

$$L = \frac{V_{in,\min}D_{\max}}{(0.1 \sim 0.15) \times I_{Lav,\max}f_s} = \frac{40 \times 0.636}{(0.1 \sim 0.15) \times 35.29 \times 100000} = 72 \text{ μH}$$

有

$$k_{\min} = \frac{2L}{R_{\max}T_s} = \frac{2LP_{out,\min}}{V_{out}^2 T_s} = \frac{2 \times 72 \times 10^{-6} \times 150}{110^2 \times 10^{-5}} = 0.178$$

即由图 2.23，在变换器 $\left(k_{\min} > \dfrac{4}{27}\right)$ 工作在 CCM 下计算电感器。用两个 Kool Mμ77071-A7（参见图 2.78）环形磁芯，用 AWG14 铜线绕 23 圈即可。

$$I_{Srms,\max} = \sqrt{D_{\max}}I_{in,av,\max} = \sqrt{0.636} \times 35.29 = 28 \text{ A}$$

用公式 $I_{S\max} = \dfrac{I_{out,\max}}{1 - D_{\max}} + \dfrac{V_{out}D_{\max}(1 - D_{\max})T_s}{2L} = 36.79$ A，计算最大开关电流（显然，术语 $\dfrac{\Delta I_{L\max}}{2}$ 与 5% 最大电感电流并没有区别。$D = 0.69$ 的计算过程中考虑了转换效率）。当输出电压为 110 V 时，用三个额定电压为 150 V，额定电流为 43A 的 IRF3415 MOSFET 并联使用作为主功率开关管（三个晶体管并联使用能够降低等效导通电阻）。

$I_{Dav,\max} = (1 - D_{\max})I_{Lav,\max} = (1 - 0.636)35.29 = 12.84$ A，$V_{out} = 110$ V 选择一个额定电压为 150 V，额定电流为 30A 的 IR 30CPQ150 肖特基二极管。

$$C > 100\frac{D_{\max}}{R_{\min}f_s} = 63 \text{ μF}$$

$$I_{Crms,\max} = \sqrt{I_{out,\max}^2 D_{\max} + (I_{in,av,\max} - I_{out,\max})^2(1 - D_{\max})} = 16.3 \text{ A}$$

$$V_{out} = 110 \text{ V}$$

选择用四个电容器并联使用实现该纹波电流：三个 160 V/330 μF 铝电解电容器和一个 150 V/47 μF 的聚酯薄膜电容器。

上述元器件的实现由 Huber and Jovanović 提出，他同时也提出了使用一个由 7 英寸长的铝板，面积为 69 mm×4 mm，10 个散热翅为 10 mm×2 mm 进行散热。

3.2.2　稳态 DCM 工作的 Boost 变换器

对于 DCM 下工作的 Boost 变换器（等效开关阶段及开关示意图如图 2.22 所示，为方便起见，此时如图 3.17 所示），在 2.4.1 节中得到 DC 电压转换比为

$$M = \frac{1 + \sqrt{1 + \dfrac{4D^2}{k}}}{2}, \qquad k = \frac{2L}{RT_s}, \qquad M^2 - M - \frac{D^2}{k} = 0$$

第二开关阶段 $D_2 T_s / T_s$ 的相对持续时间表示为

$$D_2 = \frac{V_{in}}{V_{out} - V_{in}} D = \frac{1}{M-1} D = \frac{M}{M(M-1)} D = \frac{M}{\dfrac{D^2}{k}} D = \frac{Mk}{D} = \frac{k}{D} \frac{1 + \sqrt{1 + \dfrac{4D^2}{k}}}{2}$$

平均电感电流也就是输入电流为

$$I_{Lav} = I_{in,av} = \frac{D + D_2}{2} I_{L\max} = (D + D_2) \frac{V_{in} D T_s}{2L} = \left(D + \frac{1}{M-1} D\right) \frac{V_{in} D T_s}{2L} = \frac{M V_{in} D^2 T_s}{2(M-1)L}$$

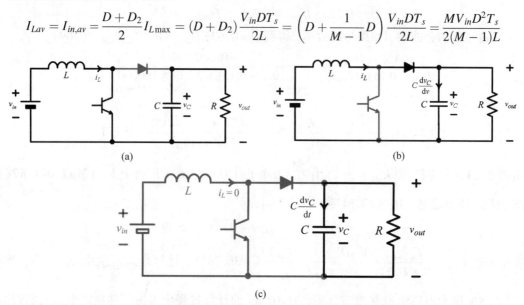

图 3.17　Boost 变换器在 DCM 的等效开关拓扑结构(忽略 DC 寄生电阻)

同样得到在 CCM 和 DCM 运行边界处时，系数 k 的值为 $k_{bound} = D(1-D)^2$，如图 2.23 所示，当 $k < k_{bound}$ 时，系统工作在 DCM。变换器在 CCM/DCM 模式运行边界处的波形如图 3.18 所示。

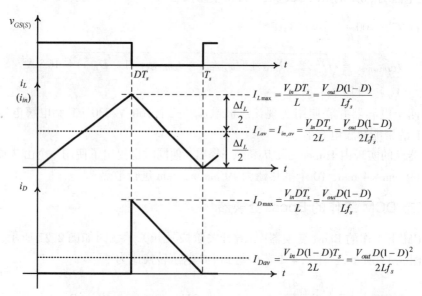

图 3.18　Boost 变换器在 CCM/DCM 运行边界处的主要波形(忽略 DC 寄生电阻)

不使用平均状态空间方程，仅通过简单的电路分析也可以得出上述直流方程。根据 DCM 下电感电流特性如图 2.22(d) 和稳态状态下图 3.18 的 $I_{L\max}$ 方程，得到

$$I_{L_{av}} = \frac{1}{T_s}\left(\frac{I_{L\max}DT_s}{2} + \frac{I_{L\max}D_2T_s}{2}\right) = \frac{1}{T_s}\frac{V_{in}DT_s}{L}(D + D_2)\frac{T_s}{2} = \frac{V_{in}DT_s}{2L}(D + D_2)$$

假设转换效率为 100%，可以得到

$$V_{in}I_{in} = V_{in}I_{L_{av}} = V_{out}I_{out} = \frac{V_{out}^2}{R}$$

有

$$V_{in}\frac{V_{in}DT_s}{2L}(D + D_2) = \frac{V_{out}^2}{R}$$

由于

$$M^2 = \left(\frac{V_{out}}{V_{in}}\right)^2 = \frac{RT_s}{2L}D(D + D_2) = \frac{D(D + D_2)}{k}$$

由电感的伏·秒平衡得到 $D_2 = \dfrac{Mk}{D}$，将其代入前述直流电压增益方程式，得

$$M^2 = \frac{D\left(D + \dfrac{Mk}{D}\right)}{k} = \frac{D^2 + Mk}{k}$$

在边界处，$D_2 = 1 - D$ 和

$$I_{Lav} = I_{in,av} = \frac{1}{2}I_{L\max} = \frac{1}{2}\Delta I_L = \frac{V_{in}DT_s}{2L} = \frac{V_{out}D(1 - D)}{2Lf_s}$$

有另一种方式计算 k_{bound}

$$I_{Lav} = \frac{I_{out}}{1 - D} = \frac{V_{out}}{R(1 - D)} = \frac{V_{out}D(1 - D)}{2Lf_s}\ /\ \text{临界值}$$

即

$$k_{bound} = D(1 - D)^2$$

在边界处，同样有

$$I_{Dav} = (1 - D)I_{Lav} = \frac{V_{in}D(1 - D)T_s}{2L} = \frac{V_{out}D(1 - D)^2}{2Lf_s}$$

当 $D = 0.25$ 时，$f(D) = D(1 - D)$ 最大值为 0.25，且当 $D = 1/3$ 时，$g(D) = D(1 - D)^2$ 的最大值为 $4/27$。因此，当电感设计为变换器 CCM/DCM 运行边界处，平均输入电流总是小于 $\dfrac{V_{out}}{8Lf_s}$，且二极管的平均电流(忽略电容器的 r_c，其等于直流输出电流)也小于 $\dfrac{2V_{out}}{27Lf_s}$，从 $k_{bound} = D(1 - D)^2$ 中得，在 CCM/DCM 运行边界处的电感临界值为

$$L_{bound} = \frac{RD(1 - D)^2}{2f_s} = \frac{V_{out}D(1 - D)^2}{2I_{out}f_s} = \frac{V_{in}D(1 - D)}{2I_{out}f_s}$$

变换器不论工作在 CCM 或者 DCM，当负载变化时，通过改变占空比 D 可以保持 V_{out} 输出恒定。然后，对于一些负载，k 值在 k_{bound} 的一侧，对于另一些负载，k 值在 k_{bound} 的另一侧。这意味着，对于其他值的负载将不是我们希望设计的实际工作状态(参见图 2.23)。

通过方程 $M^2 - M - \dfrac{D^2}{k} = 0$，对于不同负载($k$)(参见图3.19)和不同 D(参见图3.20)时的负载特性 $M(k)$ 下的保持恒定的直流变换比，可以得出需要的 D 的特性。

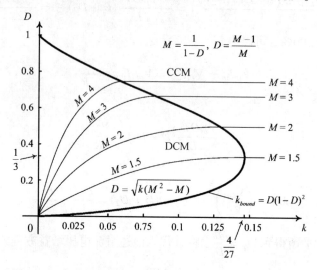

图3.19　负载调节所需的占空比变化(忽略 DC 寄生电阻)

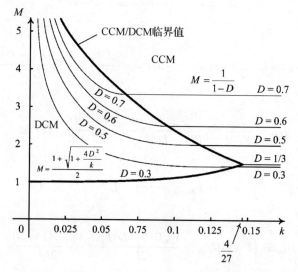

图3.20　Boost 变换器(忽略 DC 寄生电阻)的负载特性(直流电压增益作为负载的函数)

为了计算的导通损耗，在2.6.1节中，得到了变换器在 DCM 下的通用表达式

$$P_{ON}(r_L) = r_L \frac{4}{3} \frac{1}{D+D_2} I_{Lav}^2$$

$$P_{ON}[r_{DS(on)}] = r_{DS(on)} \frac{4}{3} \frac{D}{(D+D_2)^2} I_{Lav}^2$$

$$P_{ON}[r_{D(on)}] = r_{D(on)} \frac{4}{3} \frac{D_2}{(D+D_2)^2} I_{Lav}^2 \quad 或 \quad P_{ON}(V_F) = V_F \frac{D_2}{D+D_2} I_{Lav}$$

应用前述 Boost 变换器的 I_{Lav} 和 D_2 的公式，得

$$I_{Lav} = \frac{MV_{in}D^2T_s}{2(M-1)L} = \frac{V_{out}D^2T_s}{2(M-1)L} \quad D_2 = \frac{1}{M-1}D$$

有

$$P_{ON}(r_L) = r_L\frac{4}{3}\frac{1}{D+D_2}\frac{V_{out}^2D^4T_s^2}{4(M-1)^2L^2} = r_L\frac{1}{3}\frac{1}{D+\dfrac{1}{M-1}D}\frac{V_{out}^2D^4}{(M-1)^2L^2f_s^2}$$

$$= r_L\frac{1}{3}\frac{M-1}{DM}\frac{V_{out}^2D^2kM(M-1)}{(M-1)^2L^2f_s^2} = r_L\frac{1}{3}\frac{V_{out}^2Dk}{L^2f_s^2} = r_L\frac{1}{3}\frac{V_{out}^2D2Lf_s}{L^2f_s^2R}$$

$$= r_L\frac{2}{3}\frac{V_{out}^2D}{Lf_sR} = r_L\frac{2}{3}\frac{D}{Lf_s}P_{out}$$

$$P_{ON}[r_{DS(on)}] = r_{DS(on)}\frac{4}{3}\frac{D}{\left(D+\dfrac{1}{M-1}D\right)^2}\frac{V_{out}^2D^4T_s^2}{4(M-1)^2L^2} = r_{DS(on)}\frac{V_{out}^2D^3}{3L^2f_s^2M^2}$$

$$P_{ON}[r_{D(on)}] = r_{D(on)}\frac{4}{3}\frac{\dfrac{1}{M-1}D}{\left(D+\dfrac{1}{M-1}D\right)^2}\frac{V_{out}^2D^4T_s^2}{4(M-1)^2L^2} = r_{D(on)}\frac{V_{out}^2Dk}{3ML^2f_s^2}$$

$$= r_{D(on)}\frac{2V_{out}^2DLf_s}{3ML^2f_s^2R} = r_{D(on)}\frac{2D}{3MLf_s}P_{out}$$

$$P_{ON}(V_F) = V_F\frac{\dfrac{1}{M-1}D}{D+\dfrac{1}{M-1}D}\frac{V_{out}D^2T_s}{2(M-1)L} = V_F\frac{V_{out}kM(M-1)T_s}{2M(M-1)L} = V_F\frac{V_{out}}{R} = V_F\frac{P_{out}}{V_{out}}$$

为了使变换器在 DCM 下适应所有电路电压和负载，对于所有可能范围内的 $D[D_{\min}, D_{\max}]$（参见图 2.23），设计电感 L 满足不等式 $k = \dfrac{2L}{RT_s} < k_{bound} = D_{bound}(1-D_{bound})^2$。在 CCM/ DCM 运行边界处

$$D_{bound,\min} = 1 - \frac{V_{in,\max}}{V_{out}}; \quad D_{bound,\max} = 1 - \frac{V_{in,\min}}{V_{out}}$$

所以

$$L < \min\left[\frac{R_{\min}T_s}{2}D_{bound,\min}(1-D_{bound,\min})^2, \quad \frac{R_{\min}T_s}{2}D_{bound,\max}(1-D_{bound,\max})^2\right]$$

L 在变换器工作在 DCM 比 CCM 下的设计值要小，$I_{L\max}$、$I_{S\max}$ 和 $I_{D\max}$ 的值将变大，电容纹波电流也同样变大。因此，必须选用更大额定电流的晶体管和二极管。

在 CCM 工作下，在快速开关阶段，当输出电流仅有电容器提供时，电容器的设计必须满足输出电压纹波不超过额定输出电压的 1%。在 DCM 工作中有两个开关阶段，第一阶段持续时间为 DT_s，第三阶段持续时间为 $(1-D-D_2)T_s$，期间输出电流仅由电容器提供。需要更大容量的电容器满足输出电压纹波的要求，其绝对值为

$$I_{out} \approx C\frac{\Delta V_C}{\Delta t} = C\frac{V_{C,\max}-V_{C,\min}}{(1-D-D_2)T_s + DT_s}$$

或者

$$\Delta V_C = \frac{I_{out}(1-D_2)T_s}{C}$$

为了使输出纹波电压小于输出电压的 1%，必有

$$C > 100 \frac{1-D_2(\text{对于 } R_{\min})}{R_{\min} f_s}$$

在完成电容器 C 的设计满足上述计算值和最大纹波电流，还必须检查满足 $\Delta V_{out} = \Delta V_C + r_C I_{L\max} < 0.01 V_{out}$。

我们知道，一个电容器的准确模型还需要包含一个等效串联电感，它可以形成一个数兆赫兹的低频振荡。为了避免这些，最好将几个小电容并联使用代替一个较大的电容器。

设计实例

以 3.2.1.1 节同样的例子设计一个工作在 CCM 下的升压变换器（$V_{in} = 48$ V，范围为 $[40$ V，75 V$]$，$V_{out} = 110$ V，$P_{out} = 900$ W，最大输出功率为 1200 W），占空比的极限值为 $D_{\min} = 0.318$，$D_{\max} = 0.636$，这两个占空比在 CCM 下都是有的。因此，CCM 和 DCM 运行边界处的有效值为极限值 D_{bound}。最小负载电阻为 $R_{\min} = \dfrac{110 \times 110}{1200} = 10.08$ Ω，对于任何输入电压和负载，确保变换器工作在 DCM 下的电感最大值 $L = \min(7.45~\mu\text{H}, 4.25~\mu\text{H}) = 4.25~\mu\text{H}$。选择 $L = 3.5~\mu\text{H}$。

由 $M^2 - M - \dfrac{D^2}{k} = 0$，$k = \dfrac{2L}{RT_s}$，得出

$$D_{\max} = \sqrt{\frac{2Lf_s}{R_{\min}} \frac{V_{out}}{V_{in,\min}} \left(\frac{V_{out}}{V_{in,\min}} - 1\right)} = 0.58$$

如果考虑系统的转换效率[①]，它能提高到 0.62。

由于 $D_2 = \dfrac{1}{M-1}D$，得到

$$D_{2\min} = \frac{1}{\dfrac{V_{out}}{V_{in,\min}} - 1} D_{\max} = 0.35$$

$$I_{S\max} = I_{D\max} = \frac{V_{in,\min}D_{\max}}{Lf_s} = 71~\text{A}$$

正如我们看到的，开关管相比 CCM 承受了更大的电流应力。这也同样是电容器纹波电流值，因此相比 CCM 需要更大的电容器。有趣的是，如果将变换器设计工作在 CCM/DCM 运行边界处，且为最大负载，将会有什么结果发生。此时，$I_{S\max,bound} = I_{D\max,bound} = \dfrac{V_{out}D_{\max}(1-D_{\max})}{Lf_s} =$

---

① 在 3.1 节中已经讨论对于 Buck 变换器的效率系数计算公式

$$D = \sqrt{\frac{2Lf_s}{R} \frac{V_{out}}{\eta V_{in}} \left(\frac{V_{out}}{\eta V_{in}} - 1\right)}$$

对于 Buck 变换器，通过输出电路损耗计算，Barbi 得到了同样的计算公式

$$D = \sqrt{\frac{2Lf_s}{R} \frac{V_{out}}{\eta V_{in}} \left(\frac{V_{out}}{V_{in}} - \eta\right)}$$

$\dfrac{110 \times 0.636 \times (1 - 0.636)}{4.25 \times 10^{-6} \times 10^{5}} = 60$ A，当 L 设计为 72 μH 时，电感电流相比变换器工作在 CCM 时更大。

这个例子就是告诉我们在大功率应用中，希望 Boost 变换器工作在 CCM 而不是 DCM，因为后者的功率损耗更大。另一方面，在 DCM 中的一些开关损耗较小：每一个开关周期(参见图 3.17)，当开关接通时，通过开关管的电流与电感电流相等，从零开始，以 L 限制的斜率缓慢增大，也就是开关工作在自然 ZCS。在 CCM 中，开关电流直接从零跳变到电感电流。DCM 中，在第二个拓扑结束时电感电流下降到零，二极管自然关断。在 CCM 中，当开关管导通时，二极管硬关断(因为此时仍然有输出电流)。

3.2.3* Boost 变换器动态响应的特点

启动时输入电压施加到电路中，当开关管在第一开关阶段导通时，电感电流将以 V_{in}/L 的斜率从零增大。在充电电路中，只有小的寄生电阻 r_L 限制电流的增加。这就是电感电流可以达到非常危险的值(Boost 变换器的状况远不如 Buck 变换器，Buck 变换器在第一个开关周期后，输出电压开始增加，在后续循环的电路中以 $(V_{in} - V_{out})/L$ 充电限制了电感电流的增加)。如果瞬间大浪涌电流通过时电感磁芯发生饱和，此时，情况将变得更加糟糕：电感将表现为更小的阻抗，为短路状态，输入电流将变得更大。

Boost 变换器的直流电压增益特性带来了系统启动时的另外一个问题。在第一个周期输出电压 $V_{out} = 0$，在后续的循环周期，输出电压 V_{out} 仍然低于其稳态值，根据近似式 $V_{out} = \dfrac{1}{1-D} V_{in}$，PWM 控制电路使得 D 变得更大，比稳态值还要大，甚至大于准确的直流电压增益所能达到的最大值(参见图 2.86)。当达到图 2.86 中 $M(D)$ 下降部分的特性值时，控制电路仍然向 1 方向增大 D，并锁定变换器。另外，控制电路限制浪涌电流和 $M(D)$ 特性中传递的最大直流电压增益点所必需的占空比。实际上，有不同的方法启动 Boost 变换器。最简单的是在输入电压 V_{in} 和输出电容之间插入二极管。当输入电压 V_{in} 施加启动时，通过输入和负载之间的二极管电路直接实现，输出电压降立即设置为输入电压值。在接下来的循环周期内，由于输出电压从大于 V_{in} 的电压开始增加，该二极管反向截止，实际电路已经不起作用。更复杂的方法如采用模糊逻辑的机制实现一个 PI 控制器，保证输出电压调节和良好的瞬态启动响应，或者使用滑膜控制，使得电感电流和电容电压均按照给定的轨迹运行，在启动完成后，再改变控制规则。由 Garcia 和 Martinez 提出的这种方法，既能保证稳定性也能保证启动过程中的最小能量损耗。这些将在后续的电力电子变换控制部分章节详细论述。

Boost 变换器防止瞬态故障的能力较差。如果输出发生短路，占空比立刻减小到零，但其输出电压仍然等于输入电压，其最大输出电流仅由系统串联寄生电阻限制(源、电感器和二极管的导通等效电阻)。如果 Boost 变换器的控制不存在负载，或者负载突然移除(输出开路)，能量便存储在输出电容中，可能导致系统出现故障。另外，控制电路必须具有这些异常操作的检测能力，并减小占空比为零。

如果比较 Boost 和 Buck 变换器的典型平均模型(参见图 2.21)，可以看到，Buck 变换器的等效输出滤波器由电源形成的元件 L 和 C，但在 Boost 变换器中这个滤波器包含了除电容外，还有随着占空比变换而变化的等效电感 L_{eq}。

Boost 变换器的闭环设计遵循了类似于 Buck 变换器的反馈电路设计。然而，Boost 变换器出现了较复杂的地方：小信号开环控制到输出传递函数的右半平面零点。实际上右半平面零点不影响系统的开环稳定性，对于降功率级时 Boost 变换器的开环传递函数极点都位于左半平面。

然而，在3.1节中发现闭环传递函数(音频敏感性)的分母为 $1 + T(s) = 1 + G_{vd}(s)\dfrac{f_m(s)}{V_M}A(s)\beta$。显然，如果不特别设计控制 $A(S)$，如 $G_{vd}(s)$ 的分子表达式 $(s - z)$ 可导致右半平面的根多项式 $[1 + T(s)]$，也就是，导致闭环传递函数中的一个右半平面极点，进而导致调节器不稳定。右半平面零点区别控制到输出的相位特性传递函数更接近 $-180°$ 或者甚至超过 $-180°$。如果右半平面零点的值比由电容器寄生电阻引入的左半平面零点小，则上述现象更为突出。在第 2 章中，变换器在 CCM 工作时，右半平面零点为 $\dfrac{R(1-D)^2}{L}$，DCM 模式时为 $\dfrac{2}{DT_s}$。由于 CCM 时，这种零点在频率附近加重了相位特性，系统获得一个良好的相位裕度并确保整体稳定性，同时也导致补偿器 $A(S)$ 的设计更为困难。对于 DCM 工作时，右半平面零点出现在一个频率处比开关频率处的几率要大。正如在 2.3.3 节所述，在占空比对输出电压传递函数的零点物理解释为：如果输出电压下降，控制器将增大占空比，即增大第一个开关拓扑时间。对于 Boost 变换器，也就意味着在第一个开关周期后会出现扰动，当负载仅由电容器提供能量时，第一个开关周期的持续时间将更长，输出电压降低也更多。Buck 变换器此时的情况完全不同，能量能直接从输入电源端到负载，增大开关持续时间能立刻提高输出电压值。

电压模式控制并不太适合 Boost 变换器。当输出电压出现扰动时，将导致占空比变化，影响开关导通持续时间。在 Buck 变换器中，第一开关阶段包含了将输入电压通过变压器传导和电感提供给负载，在导通的持续时间内能够立即调整输出电压。然而，如果升压功率开关在负载变化时没有相应的电路，也就意味着负载电压下降不能通过反馈回路立即调节。甚至，正如上面所讨论的，其反向也是正确的。如果输出电压下降，在第一个开关周期内有扰动发生，即使在较长的开关周期，当输入电压通过开关导通为电感充电，输出能量仅由从主电路断开的电容器提供，输出电压也会进一步降低。只有在第二个开关阶段中，将增加电感器能量以提高负载电压。

如果希望得到更快的瞬态响应，一个较好的方法就是检测电感器的电流。输入电压的任何扰动即使在晶体管的导通期间发生，均能够立即反映在电感器的电流中，在第二个开关阶段便能够影响输出电压。这也就引出了基于电感器电流控制方法：电流控制环路在扰动到达负载之前便发挥作用，该方法即为电流控制模式。如 2.8 节中图 2.82 所示，即为该类型的反馈电路。它包含了两个闭环，一个快速的电流内环和一个慢速的电压外环。电压环的电压反馈点在输出电压端。输出端电压经电阻电路分压器分压后乘以一个系数，使该电压适应控制使用的电平，并和控制中的参考电压进行比较后产生控制电压 $v_{ctr}(t)$。该电压接到电压比较器 COMP 的反相输入端(" $-$ ")。内环由电流检测电路检测输入(电感)电流。最简单的方法就是用一个小串联电阻检测电流，然而，该电阻放置在输入至负载能量传递的所有开关周期中，期间损失的能量不可忽视。电阻 R_s 接在比较器 COMP 同相输入端(" $+$ ")和地之间。通过该电阻器的电流为 $i_{ctr} = \dfrac{v_{ctr}}{R_s}$，它可以作为电流内环的参考电流。$v_{ctr}$ 和 i_{ctr} 值的大小也依赖于输出电压的值，$R_s i_L$ 的值送到比较器 COMP 的同相输入端。比较器 COMP，v_R 接到复位锁存器的"R"端(图 2.82 所示的触发器电路)。将脉冲发生器发出的一组信号(时钟)施加在复位锁存器的输入端"S"。在这种条件下，可以使用不同的控制策略。例如，峰值电流控制模式，利用脉冲发生器设定恒定的所期望的脉冲频率 f_s。当产生一个脉冲时，触发器电路的 Q 输出为逻辑值"高电平"，从而得到一个高脉冲使晶体管 v_{GS} 导通。在首个开关周期中，只要 $R_s i_L < v_{ctr}$，电源功率传送过程中电感电流增加。当电感峰值电流产生的电压 $R_s i_L$ 达到控制电压 v_{ctr}，施加在触发器输入端 R 的电压 v_R 复位触发器使其输出 Q 为零，v_{GS} 电平变低，晶体管关断。该 Boost 变换器在第二个开关拓扑结构中，电感器电流降低，直到该脉冲发生器再次发送一个新脉冲，也为新的开关周期开始。电感峰值电流跟随控制电流 $\dfrac{v_{ctr}}{R_s}$，电感平均电流 $\left(i_{Lav} = i_{L\max} - \dfrac{\Delta I_L}{2} \right)$ 也将跟随控制电流。

电流内环速度较快。然而，当变换器工作在占空比大于 0.5 时，电流控制模式可能因为噪声问题造成控制系统不稳定。为了避免这种现象发生，很有必要增加额外的控制电路（参见图 2.82 中斜率补偿部分），也使得电流控制模式比电压控制模式更为复杂。但是，电流控制模式也具有一些独特的优点：(a) 对输入电压的任何扰动能够快速进行调整；(b) 具有能够限制输入 (电感) 电流的能力，使得功率级元件 (电感器、晶体管、二极管) 不会达到危险值，否则将导致这些器件失效；(c) 能够变相控制输出电流，从而提供短路和过载保护；(d) 在使用电流控制模式时，通过参考 (控制) 电流来控制负载电流。这就使得电流控制模式变换器并联运行较为容易，通过为每个变换器设置参考电流解决负载均分问题。

Maxim 公司生产的 MAX1932 为电压控制模式的 Boost 变换器集成控制芯片。其内部参考电压为 1.25 V，且内部包含了一个能够检测输出电流的电阻。如果负载电流达到危险值时，PWM 电路关闭。MAX668 为电流控制模式的升压变换器集成控制芯片。利用电阻器采样电感电流，该电阻也是限流电路的一部分。利用阻容滤波滤除电阻器上的开关噪声，以防止误触发输入电流限制保护电路。

最后，Boost 变换器对比 Buck 变换还具有很多优势：因为门极参考地的原因，升压 MOSFET 的驱动很容易设计。

3.3 Buck-Boost DC-DC PWM 硬开关变换器

在第 1 章中，Buck-Boost 变换器根据输入电压的不同调整占空比（$D < 0.5$ 或 $D > 0.5$）的值进行降压或升压变换。输出电压的极性总是与输入电压的极性相反。该特性主要运用于希望输出电压的极性相反于输入电压极性的场合。例如，在运算放大器的一个输入端必须施加一个负电压。

Buck-Boost 变换器的输入端是源类型的电压，而它的输出是一个灌电压类型，也就是说，Buck-Boost 变换器从源电压向负载端电压提供能量。这个特点与 Boost 变换器或者 Buck 变换是不同的。相同类型的源和负载不能够直接相连。相同类型下为了控制从源向负载的流出能量，能量的传递通过元件储能来间接实现。在 Buck-Boost 变换器中，元件 (电感器) 电流源类型通过电压负载与电压源相连接。因此，同样可以解释 Buck-Boost 变换器的电感连接特性：它不能与输入 (如在 Boost 变换器中) 或者与负载 (如在 Buck 变换器中) 直接相连。在 Buck-Boost 变换器中，开通阶段中电感存储能量在相同的输入源电路中，在关断状态下如果输出连接负载则对负载放电。

3.3.1 稳态 CCM 工作的 Buck-Boost 变换器

为方便起见，1.4 节中图 1.43 重复出现，如图 3.21 所示。

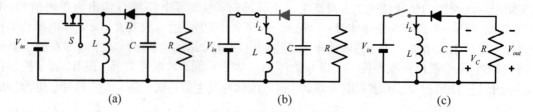

图 3.21 (a)Buck-Boost 变换器及(b)，(c)在 CCM 模式工作下开关拓扑(忽略寄生直流电阻)

在 2.3 节中得到，CCM 下的直流电压转换比率由下式给出：

$$M = \frac{V_{out}}{V_{in}} = \frac{D}{1-D} \frac{R(1-D)^2}{r_L + \frac{Rr_C}{R+r_C}(1-D) + \frac{R^2(1-D)^2}{R+r_C}}$$

其中，通过忽略寄生直流电阻 r_L 和 r_C，可以简化为

$$M_{ideal} = \frac{V_{out}}{V_{in}} = \frac{D}{1-D}$$

平均电感电流为

$$I_{L,av} = \frac{D}{r_L + \frac{Rr_C}{R+r_C}(1-D) + \frac{R^2(1-D)^2}{R+r_C}} V_{in}$$

其中，忽略寄生直流电阻 r_L 和 r_C，可简化为

$$I_{Lav,ideal} = \frac{DV_{in}}{R(1-D)^2}$$

Buck-Boost 变换器中寄生直流电阻对直流增益 M 的影响与升压功率特别相似。所以，在占空比达到一定值(大于0.5，逐渐达到最大值1)时，直流电压增益达到最大值并逐渐降低到零。这意味着，由于 Buck-Boost 变换器，限制了输入电压的上升可能性，也就是升压功率的限制。由于 D 存在分子，当 D 达到零时，Buck-Boost 变换器的直流电压增益也下降到零。

根据图 3.21

$$i_L(t) = I_{L\min} + \frac{V_{in}}{L}t \qquad 0 \leqslant t \leqslant DT_s$$

和

$$I_{L\max} = i_L(DT_s)$$

$$i_L(t) = I_{L\max} - \frac{V_{out}}{L}(t - DT_s) \qquad DT_s \leqslant t \leqslant T_s$$

和

$$I_{L\min} = i_L(T_s)$$

再进行详细的说明。忽略直流寄生电阻，得到电感器稳态电流波形如图 3.22 所示。在 $[0, DT_s]$ 内，它与开关管的电流波形相同；在 $[DT, T_s]$ 内，它与二极管的电流波形相同。平均电感电流可以进一步表达为

$$I_{Lav} = \frac{DV_{in}}{R(1-D)^2} = \frac{V_{out}}{R(1-D)} = \frac{I_{out}}{1-D}$$

$$\Delta I_L = I_{L\max} - I_{L\min} = i_L(DT_s) - i_L(0) = \frac{DV_{in}}{Lf_s} = \frac{(1-D)V_{out}}{Lf_s}$$

基于 Buck-Boost 变换器稳态波形(参见图 3.22)和 Boost 变换器(参见图 3.15)的相似之处,可以说,在晶体管和二极管的平均电流可以写为

$$I_{Sav} = DI_{Lav} = \frac{DI_{out}}{1-D}; \quad I_{Dav} = (1-D)I_{Lav} = I_{out}$$

其有效值为

$$I_{Srms} = \sqrt{D}\frac{I_{out}}{1-D}; \quad I_{Drms} = \frac{I_{out}}{\sqrt{1-D}}$$

忽略电感纹波电流。

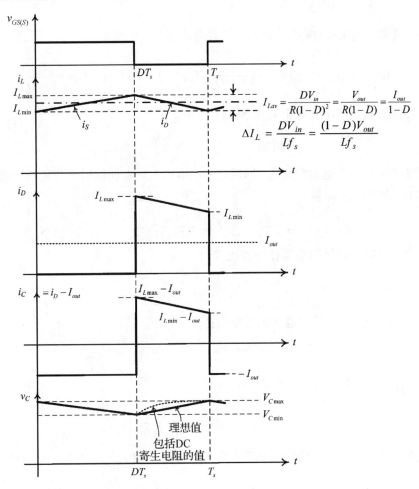

图 3.22　Buck-Boost 变换器的 CCM 工作稳态主要波形(忽略 r_L 和 r_C)

考虑到前述平均电感电流的表达式,可以说

$$I_{L\max} = \frac{I_{out}}{1-D} + \frac{\Delta I_L}{2} = \frac{I_{out}}{1-D} + \frac{V_{in}DT_s}{2L}$$

$$I_{L\min} = \frac{I_{out}}{1-D} - \frac{\Delta I_L}{2} = \frac{I_{out}}{1-D} - \frac{V_{in}DT_s}{2L}$$

因此,开关电流的最大值值为

$$I_{S\max} = I_{D\max} = \frac{I_{out}}{1-D} + \frac{V_{in}DT_s}{2L} = \frac{I_{out}}{1-D} + \frac{V_{out}(1-D)T_s}{2L}$$

可以看出，得到了很多与 Boost 变换器有效的完全相同的公式。这也是意料之中的，Buck-Boost 变换器在充电阶段结束后，与 Boost 变换器是相同的。在 3.2 节中所有关于电容值的计算讨论此时也适用，所以在这里可以直接使用在 3.2 节中得到的最终结果

$$\Delta V_C = \frac{I_{out}DT_s}{C}$$

$$\Delta V_{out} = \Delta V_C + r_C I_{D\max}$$

$$I_{Crms} = \sqrt{\frac{1}{T_s}\int_0^{T_s} i_C^2 \mathrm{d}t} = \sqrt{\frac{1}{T_s}\left[I_{out}^2 DT_s + \left(\frac{I_{out}}{1-D} + \frac{V_{in}DT_s}{2L} - I_{out}\right)^2 (1-D)T_s\right]}$$

或者，忽略电感器纹波电流(关断阶段的二极管电流等)

$$I_{Crms} \approx \sqrt{\frac{1}{T_s}\left[I_{out}^2 DT_s + \left(\frac{I_{out}}{1-D} - I_{out}\right)^2 (1-D)T_s\right]} = I_{out}\sqrt{\frac{D}{1-D}}$$

此时可以计算电容器直流串联电阻的功率损耗

$$P_{ON}[r_C] = r_C I_{Crms}^2 = r_C \frac{D}{1-D} I_{out}^2$$

用类似忽略电感纹波电流的方法，即通过考虑电感电流在任何时刻与其平均值相等，可以计算出通过电感器的有效电流

$$I_{Lrms} = I_{Lav} = \frac{I_{out}}{1-D}$$

计算出电感直流电阻的传导功率损耗的表达式

$$P_{ON}[r_L] = r_L \frac{I_{out}^2}{(1-D)^2}$$

在 2.6.1 节中，得到晶体管的导通电阻功率损耗为

$$P_{ON}[r_{DS(on)}] = r_{DS(on)} I_{S,rms}^2 = r_{DS(on)} I_{Lav}^2 D$$

或者，用 $\dfrac{I_{out}}{1-D}$ 取代电感电流的表达式，得到

$$P_{ON}[r_{DS(on)}] = r_{DS(on)} \frac{D}{(1-D)^2} I_{out}^2$$

同样，通过模拟一个正向偏置二极管作为等效导通电阻 $r_{D(on)}$，得到二极管的导通功率损耗为

$$P_{ON}[r_{D(on)}] = r_{D(on)} I_{D,rms}^2 = r_{D(on)} I_{Lav}^2 (1-D) = r_{D(on)} \frac{1}{1-D} I_{out}^2$$

或以正向电压 V_F 的形式

$$P_{ON}(V_F) = V_F I_D = V_F(1-D) I_{Lav} = V_F I_{out}$$

然而，在 Buck-Boost 变换器中施加在晶体管和二极管上的电压应力与 Boost 变换器不同。如 1.4 节对导通阶段(参见图 3.21)所讨论

$$V_D = -(V_{in} + V_{out}) = -\frac{V_{out}}{D}$$

在关断阶段中

$$V_{DS(S)} = V_{in} + V_{out} = \frac{1-D}{D} V_{out} + V_{out} = \frac{V_{out}}{D}$$

Buck-Boost 变换器的输入电流与 Boost 变换器也有很大区别。在 Buck-Boost 变换器功率阶段，输入电流与开关电流相同，因此，这就像 Buck 变换器的输入电流一样，其脉动非常厉害。也就意味着，在实际应用中 Buck-Boost 变换器前端需要接入滤波器以过滤输入电流。

假定效率为 100%，得到 $V_{in} I_{in} = V_{out} I_{out}$，也就是

$$\frac{I_{in}}{I_{out}} = \frac{V_{out}}{V_{in}} = \frac{D}{1-D}$$

通过分析传导损耗，可以看到能够得出类似于 Boost 变换器的一些表述，因此可以得出同样的结论：导通损耗随着占空比和负载电流的增大而增大。对于 Buck-Boost 变换器，其晶体管和二极管上的电压应力比 Boost 变换器的大，这就意味着，在相同的输入电压和功率等级下，必须选择具有较高电压等级的开关管，同时也增大了直流寄生电阻，因此相比 Boost 变换器，这更进一步降低了 Buck-Boost 变换器的转换效率。如果 Buck-Boost 变换器在大占空比下工作，其效率下降较为明显，在输出负载非常大的情况下，效率的下降非常突出。因此，Buck-Boost 变换器与 Boost 变换器一样，在设计时不能在大占空比下工作。

通过上述分析，可以建立设计 Buck-Boost 变换器的设计要点。根据类似的具有相同电压和功率等级的 Buck-Boost 变换器，假设其转换效率为 η。

最大平均输入电流为

$$I_{in,av,\max} = \frac{P_{out,\max}}{\eta V_{in,\min}}$$

然而，如上所述，输入电流的计算公式中并没有出现功率元件。这就是为什么在 ηV_{in} 项中包换转换效率，以此计算占空比。这就是在直流电压转换表达式中考虑到寄生电阻，像 r_C 和 r_L 这些未知参数（此时还未选择功率器件）。从 $\dfrac{V_{out}}{\eta V_{in}} = \dfrac{D}{1-D}$ 中，得到

$$D = \frac{V_{out}}{\eta V_{in} + V_{out}}; \quad D_{\min} = \frac{V_{out}}{\eta V_{in,\max} + V_{out}}; \quad D_{\max} = \frac{V_{out}}{\eta V_{in,\min} + V_{out}}$$

从电感器电流纹波表达式中计算电感

$$\Delta I_L = \frac{(1-D)V_{out}}{Lf_s}$$

选择一定的纹波，例如为最大平均电感器电流的 20%

$$L = \frac{V_{out}(1 - D_{\max})}{0.2 x I_{Lav,\max} f_s} = \frac{V_{out}(1 - D_{\max})^2}{0.2 x I_{out,\max} f_s}$$

用该方法选择电感器保证使用元件具有较小的值。然而，在变换器工作在 DCM 模式下，有可能在轻载和/或较高输入电压（较小的 D），$\dfrac{\Delta I_L}{2}$ 等于用 I_{Lav}，$I_{L\min} = \dfrac{I_{out}}{1-D} - \dfrac{\Delta I_L}{2}$ 为零。出现这种情况的条件为

$$\frac{I_{out}}{1-D} = \frac{(1-D)V_{out}}{2L_{bound}f_s}$$

对于任务书要求（如果这是强加的要求）的任何输入电压和负载功率，为了确保设计的变换器工作在 CCM 下，必须确保计算的 L 满足不等式

$$L > L_{bound,\max} = \frac{(1-D_{\min})^2 V_{out}}{2I_{out,\min}f_s}$$

如果电感 L 的设计值小于 $L_{bound,\max}$，选择 $L_{bound,\max}$ 为最终电感 L 的值。在选择电感器中，必须注意流过电感器的电流和开关频率。如果频率超过其额定频率，或者电流超过额定电流，均能导致电感器过热或饱和。

开关管上的电压和电流应力可以计算为

$$I_{S\max} = I_{D\max} = \max\left\{ \frac{I_{out,\max}}{1-D_{\max}} + \frac{V_{out}(1-D_{\max})}{2Lf_s}, \quad \frac{I_{out,\max}}{1-D_{\min}} + \frac{V_{out}(1-D_{\min})}{2Lf_s} \right\}$$

$$= \frac{I_{out,\max}}{1-D_{\max}} + \frac{V_{out}(1-D_{\max})}{2Lf_s}$$

$$V_{DS(S)\max} = V_{D\max} = V_{in,\max} + V_{out}$$

其最大有效值为

$$I_{Srms,\max} = \sqrt{D_{\max}} \frac{I_{out,\max}}{1-D_{\max}}; \quad I_{Drms,\max} = \frac{I_{out,\max}}{\sqrt{1-D_{\max}}}$$

正如 Boost 变换器中所讨论的，选择较大的电感能够降低电感器电流纹波，开关管和二极管上的电流应力以及电容器的纹波电流也较小，但是将增大电感器的体积。另一方面，当设计 Buck-Boost 变换器在 CCM 时，不建议选择 L 靠近 CCM/DCM 运行边界处，因为如此小的电感将增大开关管电流 $I_{L\max}$ 的应力值。

电容的计算既要满足输出电压纹波限制的要求，也要考虑到电容器所承受的电压值（输出电压 + 安全余量），以及电容器串联电阻的功率损耗。由于不知道 r_C 的值，因此不能利用公式 $\Delta V_{out} = \Delta V_C + r_C I_{D\max}$（如图 3.22 所示，Buck-Boost 变换器中 $I_{D\max}$ 等于 i_C 的纹波）精确计算电容器的值。通过假设 $\Delta V_{out} = \Delta V_C$，同时要求输出电压纹波小于输出电压 V_{out} 的 1%

$$C > \frac{I_{out}DT_s}{0.01V_{out}} = 100\frac{I_{out,\max}D_{\max}}{V_{out}f_s}$$

通常，纹波电流的有效值要比参与上述公式计算的值大，所以满足以下条件：$\Delta V_C + r_C I_{D\max} < 0.01V_{out}$。

另一种可能为均分计算的输出电压纹波，例如 50% 为 ΔV_C，另 50% 为电流纹波作用在 r_C 上形成的电压纹波，一般通过规定电容器电压纹波小于输出电压的 1%，来计算电容器 C 的值。无论选择哪种方法，最后必须检查下述不等式成立：$\Delta V_C + r_C I_{D\max} < 0.01V_{out}$。

忽略电感纹波电流，电容器最大纹波电流可以计算为

$$I_{Crms,\max} = I_{out,\max}\sqrt{\frac{D_{\max}}{1-D_{\max}}}$$

3.3.1.1　范例设计

设计一个用来驱动 5.5 W 功率 LED 的 Buck-Boost 电源。它实际应用于驱动 LED 灯泡，LED 灯泡是 21 世纪第一个 10 年末时出现的，其效率是白炽灯泡的 5 倍，且具有可以长达 20 年的寿命，这些优势也使得其各组成部分的成本较高。虽然简单、效率非常低的线性调节器或运放组成的恒定电流源可以用于功率非常低的 LED 驱动器（小于 1 W），但对于较高的功率，需要使用效率更高的开关模式变换器。对于典型的电池来说，电源电压 V_{in} 的范围为 6 ~ 14 V。一

个功率 LED 需要的驱动电流为 350～700 mA；意味着满功率运行时所需要的电压为 5.5/0.7 = 7.85 V。因此，需要设计变换器的输出电压为 V_{out} = 8 V。可以看出，负载电压在输入电压的范围内，也就意味着当输入电压低于 8 V 时，变换器工作在升压模式；当变换器高于 8 V 时，变换器工作在降压模式。换句话说，不能使用单独的降压变换器或者升压变换器。为了减小无源器件尺寸，选择开关频率为 250 kHz。

为了满足上述电源电压范围，得到占空比为

$$D_{\min} = \frac{V_{out}}{V_{in,\max} + V_{out}} = 0.36; \quad D_{\max} = \frac{V_{out}}{V_{in,\min} + V_{out}} = 0.57$$

$$I_{Lav,\max} = \frac{I_{out,\max}}{1 - D_{\max}} = 1.63\,\text{A}$$

为了满足在最大占空比时电感器的电流纹波为 138 mA，选择电感器为 100 μH。在最小占空比处，ΔI_L 为 $\Delta I_{L,\max} = \frac{(1 - D_{\min})V_{out}}{Lf_s} = 205\,\mu\text{A}$。很显然，此时电流纹波 $I_{L\min}$ 永远不会下降到零，也就是变换器始终工作在 CCM。

根据最大电压和电流应力，选择开关管

$$I_{S\max} = I_{D\max} = \frac{I_{out,\max}}{1 - D_{\max}} + \frac{V_{out}(1 - D_{\max})}{2Lf_s} = 1.7\,\text{A}$$

$$V_{DS(S)\max} = V_{D\max} = \frac{V_{out}}{D_{\min}} = 22\,\text{V}$$

$$I_{Srms,\max} = \sqrt{D_{\max}}\frac{I_{out,\max}}{1 - D_{\max}} = 1.22\,\text{A}; \quad I_{Drms,\max} = \frac{I_{out,\max}}{\sqrt{1 - D_{\max}}} = 1.06\,\text{A}$$

为了使输出电压纹波为 36 mV，选择 47 μF 的电容。

Microchip 科技公司的 PIC16F785 的微控制器集成了这种 Buck-Boost 型电源功率 LED 驱动器。其中，为了简化 MOSFET 驱动电路，引入了 Buck-Boost 的变形拓扑结构，且允许使用低压侧开关管(参见图 3.23)。因此，变换器的输出电压是相对于所述电池的电压而不是大地。在全电压-电流范围内，LED 几乎是纯电阻特性。

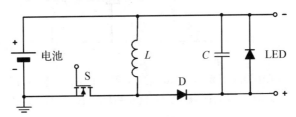

图 3.23　Buck-Boost 型的 LED 驱动电源

3.3.1.2　四开关同向 Buck-Boost 变换器

实际上 Buck-Boost 变换器输出反相电压阻碍了它的一些应用。这个问题在一些设计师应用过程中通过使用同步四开关拓扑(参见图 3.24)代替一个晶体管和一个二极管并得到了解决。当开关 S_1 和 S_4 在导通状态时，S_2 和 S_3 处于关断状态，输入电压为电感器充电。当 S_2 和 S_3 处于导通状态，S_1 和 S_4 处于关断状态时，电感器向负载放电。这种结构能够使得输出电压的极性与输入相同。例如，Linear 公司生产的 LTC 3785 芯片使输入电压为 2.7～10 V 变换为输出为 3.3 V，3 A。

这样范围的输入电压特性其应用能量来源于一节或两节锂离子电池或多节镍氢、镍镉电池或碱性电池。再次，可以看到 Buck-Boost 变换器的一个典型应用为：输出电压在输入电压的范围之内。LTC 3785 芯片提供了软启动、过载、短路、过流故障保护等功能。当输入电压高于输出电压时，变换器工作在降压功率阶段，S_3 导通（所有循环中，L 与负载相连），S_4 关断，S_1 和 S_2 开关导通和关断用来对电感器充放电。当输入电压接近于负载

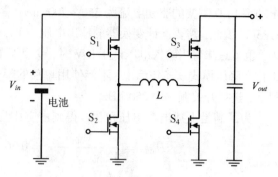

图 3.24　四开关同相 Buck-Boost 型变换器

电压时，降压功率阶段的占空比达到最大值，变换器启动运行前述的四个同步开关。当输入电压比负载电压低得多时，变换器工作在升压功率阶段：所有循环中电感器与输入电压相连，且 S_1 保持开通，S_2 保持关断，S_3 和 S_4 通过整流实现典型的升压开关拓扑。

3.3.2　稳态 DCM 工作的 Buck-Boost 变换器

为方便起见，图 2.24（DCM 工作下 Buck-Boost 变换器的三个开关拓扑结构）此时重复为图 3.25。

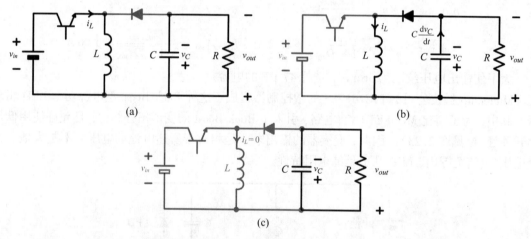

图 3.25　DCM 模式下 Buck-Boost 变换器开关拓扑，忽略 DC 寄生电阻。
$(a) 0 \leqslant t < DT_s ;(b) DT_s \leqslant t < (D+D_2)T_s ;(c)(D+D_2)T_s \leqslant t < T_s$

在 3.3.1 节中已经得到变换器进入 DCM 的条件为 $I_{L\min}$，$I_{L\min} = \dfrac{I_{out}}{1-D} - \dfrac{\Delta I_L}{2}$ 在开关周期末尾处达到零，即在边界处

$$\frac{I_{out}}{1-D} = \frac{(1-D)V_{out}}{2L_{bound}f_s}$$

通过运用 2.4.1.2 节中 Buck-Boost 变换器结论可以得到同样的公式：在 CCM/DCM 运行边界处

$$\sqrt{k_{bound}} = 1 - D$$

也就是

$$\sqrt{\frac{2L_{bound}f_s}{R}} = 1 - D, \quad \text{或} \quad \sqrt{\frac{2L_{bound}f_s I_{out}}{V_{out}}} = 1 - D$$

如果 $k < k_{bound}$，变换器工作在 DCM。

在 2.4.1.2 节中得到，对于 DCM 工作下的 Buck-Boost 变换器，M 和 D_2 的表达式为

$$M = \frac{D}{\sqrt{k}}; \quad D_2 = \frac{D}{M} = \sqrt{k}, \quad \text{其中} \quad k = \frac{2L}{RT_s}$$

在降压变换工作状态下，通过 DCM 中与输入电流相同的开关电流的直接稳态等效开关拓扑结构和特性分析(参见图 3.25)可以得到上述的直流公式

$$I_{in,av} = I_{Sav} = \frac{1}{T_s}\int_0^{DT_s} i_S(t)\mathrm{d}t = \frac{1}{T_s}\frac{I_{S\max}DT_s}{2} = \frac{1}{T_s}\frac{V_{in}DT_s}{L}\frac{DT_s}{2} = \frac{V_{in}D^2 T_s}{2L}$$

根据理想的 Buck-Boost 变换器的输入 – 输出功率平衡，得到

$$V_{in}\frac{V_{in}D^2 T_s}{2L} = \frac{V_{out}^2}{R}$$

根据

$$M^2 = \frac{V_{out}^2}{V_{in}^2} = \frac{D^2}{k}$$

在 CCM／DCM 运行边界处，$D_{2bound} = 1 - D$ 即 $1 - D = \sqrt{k_{bound}}$，或者

$$M = \frac{1 - \sqrt{k_{bound}}}{\sqrt{k_{bound}}} = \frac{1}{\sqrt{k_{bound}}} - 1$$

需要注意的是：Buck-Boost 变换器的特性，第二开关的持续时间阶段 $D_2 T_s$ 与占空比 D 的值是各自独立的。

平均电感电流为

$$I_{Lav} = \frac{D + D_2}{2}I_{L\max} = (D + D_2)\frac{V_{in}DT_s}{2L} = \left(D + \frac{D}{M}\right)\frac{V_{in}DT_s}{2L} = \frac{V_{in}D^2(1 + M)T_s}{2ML}$$

通过使用方程 $D = \sqrt{k}M$，可以得出不同负载(k)条件下的给定直流电压转换比 M 所需要的占空比 D 的图形(参见图 3.26)和不同占空比 D 下的负载特性 $M(k)$(参见图 3.27)。

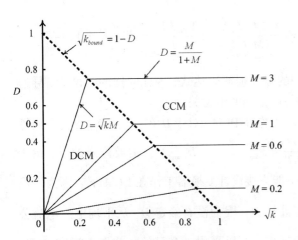

图 3.26　负载调节所需要的不同占空比(忽略DC寄生电阻)

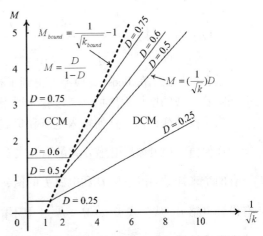

图 3.27　Buck-Boost 变换器(忽略 DC 寄生电阻)的负载特性(负载函数的直流电压增益)

为了计算导通损耗，再次使用 2.6.1 节中在 DCM 下变换器的一般表达式

$$P_{ON}(r_L) = r_L \frac{4}{3} \frac{1}{D + D_2} I_{Lav}^2$$

$$P_{ON}[r_{DS(on)}] = r_{DS(on)} \frac{4}{3} \frac{D}{(D + D_2)^2} I_{Lav}^2$$

$$P_{ON}[r_{D(on)}] = r_{D(on)} \frac{4}{3} \frac{D_2}{(D + D_2)^2} I_{Lav}^2 \quad \text{或} \quad P_{ON}(V_F) = V_F \frac{D_2}{D + D_2} I_{Lav}$$

将之前 I_{Lav} 和 D_2 的公式应用于 Buck-Boost 变换器中

$$I_{Lav} = \frac{V_{in} D^2 (1+M) T_s}{2ML} = \frac{V_{out} D^2 (1+M) T_s}{2M^2 L} \qquad D_2 = \frac{D}{M}$$

由于 $D = \sqrt{k}M$，可得到

$$P_{ON}(r_L) = r_L \frac{4}{3} \frac{1}{D + \frac{D}{M}} \frac{V_{out}^2 D^4 (1+M)^2}{4M^4 L^2 f_s^2} = r_L \frac{4}{3} \frac{V_{out}^2 D^3 (1+M)}{4M^3 L^2 f_s^2}$$

$$= r_L \frac{4}{3} \frac{V_{out}^2 D(1+M)}{4M^3 L^2 f_s^2} kM^2 = r_L \frac{2}{3} \frac{V_{out}^2 D(1+M)}{MLf_s R} = r_L \frac{2}{3} \frac{D(1+M)}{MLf_s} P_{out}$$

$$P_{ON}[r_{DS(on)}] = r_{DS(on)} \frac{4}{3} \frac{D}{\left(D + \frac{D}{M}\right)^2} \frac{V_{out}^2 D^4 (1+M)^2}{4M^4 L^2 f_s^2} = r_{DS(on)} \frac{V_{out}^2 D^2 D}{3L^2 f_s^2 M^2}$$

$$= r_{DS(on)} \frac{2V_{out}^2 D}{3Lf_s R} = r_{DS(on)} \frac{2D}{3Lf_s} P_{out}$$

$$P_{ON}[r_{D(on)}] = r_{D(on)} \frac{4}{3} \frac{\frac{D}{M}}{\left(D + \frac{D}{M}\right)^2} \frac{V_{out}^2 D^4 (1+M)^2}{4M^4 L^2 f_s^2} = r_{D(on)} \frac{V_{out}^2 D^3}{3M^3 L^2 f_s^2}$$

$$= r_{D(on)} \frac{2V_{out}^2 D L f_s}{3ML^2 f_s^2 R} = r_{D(on)} \frac{2D}{3MLf_s} P_{out} = r_{D(on)} \frac{2\sqrt{k}}{3Lf_s} P_{out} = r_{D(on)} \frac{2\sqrt{2}}{3\sqrt{Lf_s R}} P_{out}$$

$$P_{ON}(V_F) = V_F \frac{\frac{D}{M}}{D + \frac{D}{M}} \frac{V_{out} D^2 (1+M) T_s}{2M^2 L} = V_F \frac{V_{out} D^2 T_s}{2M^2 L} = V_F \frac{V_{out} k T_s}{2L} = V_F \frac{V_{out}}{R} = V_F \frac{P_{out}}{V_{out}}$$

很有趣的是，在 Boost 变换器下得到了相同的导通损耗表达式，因此同样的结论为：导通损耗随着负载的增加而增加。二极管导通损耗与占空比的值无关。

为了设计变换器在任何输入电压和负载下均工作在 DCM，对于 D 在范围 $[D_{min}, D_{max}]$ 内可能的任何值，必须选择电感 L 满足不等式 $k = \frac{2L}{RT_s} < k_{bound} = (1 - D_{bound})^2$。需要注意的是，由于还有两个未知数：占空比 D 和电感 L 的值，并不能直接设计变换器工作在 DCM 下。因为还没有设计电感 L，从公式 $D = \sqrt{k}M = \sqrt{k} \frac{V_{out}}{V_{in}}$ 中不能够计算 D。因为没有确定 D，从平均电感电流公式中无法计算 L。在这种情况下，设计 Boost 变换器，可以采用一个窍门。首先计算在 CCM/DCM 运行边界处 L_{bound} 的值。据此，用对应于 CCM 下的 D 的值。接着选择小于 L_{bound} 的 L 值，

电感的值越小其尺寸也越小, 但是将导致开关管承受更大的开关应力, 电容器承受更大的纹波电流。

在 CCM/DCM 运行边界处

$$D_{bound,\max} = \frac{V_{out}}{\eta V_{in,\min} + V_{out}}$$

$$k_{bound,\max} = \frac{2L_{bound,\max}}{R_{\min} T_s} = (1 - D_{bound,\max})^2$$

$$L_{bound,\max} = \frac{R_{\min}(1 - D_{bound,\max})^2}{2f_s}$$

由于 $L_{bound,\max}$ 值是在最小输入电压和最小负载电阻下推导出来的, 也就意味着通过选择电感 $L < L_{bound,\max}$, 对于大于其最小值任何输入电压和大于其最小值的任何负载电阻, 变换器均工作在 DCM。

确定了 L 的值, 可以计算出占空比的值以及工作条件下的可能范围(输入电压和输出功率范围)[①]

$$D_{nom} = \sqrt{k_{nom}} \frac{V_{out}}{\eta V_{in,nom}} = \sqrt{\frac{2Lf_s}{R_{nom}}} \frac{V_{out}}{\eta V_{in,nom}}$$

$$D_{\min} = \sqrt{\frac{2Lf_s}{R_{\max}}} \frac{V_{out}}{\eta V_{in,\max}} = \sqrt{\frac{2Lf_s I_{out,\min}}{V_{out}}} \frac{V_{out}}{\eta V_{in,\max}}$$

(如果客户的要求是负载范围从空载开始, 即 $I_{out,\min} = 0$, 应在上述公式中使用 $I_{out,nom}$ 值计算 $D_{\min}$。因为如果变换器在额定负载电阻下工作在 DCM, 对于任意大于 R_{nom} 的 R, 变换器均工作在 DCM)。

$$D_{\max} = \sqrt{\frac{2Lf_s}{R_{\min}}} \frac{V_{out}}{\eta V_{in,\min}} = \sqrt{\frac{2Lf_s I_{out,\max}}{V_{out}}} \frac{V_{out}}{\eta V_{in,\min}}$$

$$D_{2nom} = \sqrt{k_{nom}} = \sqrt{\frac{2Lf_s}{R_{nom}}}; \quad D_{2\max} = \sqrt{\frac{2Lf_s}{R_{\min}}} = \sqrt{\frac{2Lf_s I_{out,\max}}{V_{out}}}$$

当然, 必须选择 $L < L_{bound,\max}$, 可得到

$$D_{\max} + D_{2\max} < 1$$

(因为在所有输入电压和负载范围内, 设计的变换器均工作在 DCM)。

在 DCM 中, 电感电流纹波由电感电流的最大值得到, 类似于 Boost 变换器的情况下, 这也是通过晶体管和二极管电流的最大值(参见图 3.28)

$$I_{S\max} = I_{D\max} = \Delta I_{L,\max} = \frac{D_{\min} V_{in,\max}}{Lf_s}$$

(由于 $D_{\min}$ 对应于 $V_{in,\max}$)且开关管所承受的电压应力与 CCM 下相同

---

① 根据所述的 Buck 变换器相同的开发, Barbi 得到了稍微不同的公式

$$D = \sqrt{\frac{1}{\eta} \frac{2Lf_s}{R} \frac{V_{out}}{V_{in}}}$$

$$V_{DS(S)\,max} = V_{D\,max} = V_{in,\,max} + V_{out}$$

进行开关管的选择。由于电感 L 的值在变换器工作在 DCM 下比 CCM 下的值要小，$I_{L,\,max}$ 和相应的 $I_{S,\,max}$、$I_{D,\,max}$ 均要大；当然，电容器纹波电流也大。选用的晶体管和二极管具有较大的额定电流，也导致了 Buck-Boost 变换器在 DCM 模式下的效率低于 CCM 下的转换效率。

由于 Buck-Boost 变换器第一和第三开关阶段和 Boost 变换器电路很相似，再考虑到这些拓扑中由电容器单独向负载提供能量，结果就是使用 3.2.2 节中 Boost 变换器相同的公式选择电容器。绝对值为

$$I_{out} \approx C\frac{\Delta V_C}{\Delta t} = C\frac{V_{C,\,max} - V_{C,\,min}}{(1 - D - D_2)T_s + DT_s}$$

或者

$$\Delta V_C = \frac{I_{out}(1 - D_2)T_s}{C}$$

为了使 ΔV_C 小于输出电压 V_{out} 的 1%，需要

$$C > 100\frac{1 - D_2(\text{对于 } R_{min})}{R_{min}f_s}$$

由于 $i_C(t) = i_D(t) - I_{out}$，可以计算出电容电流的有效值

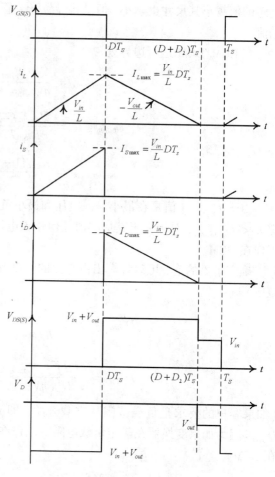

图 3.28　Buck-Boost 型变换器 DCM 运行的稳态主要波形

$$I_{C,rms} = \sqrt{\frac{1}{T_s}\int_0^{T_s}[i_C(t)]^2\mathrm{d}t}$$

$$= \sqrt{\frac{1}{T_s}\left\{\int_0^{DT_s}I_{out}^2\mathrm{d}t + \int_{DT_s}^{DT_s+D_2T_s}\left\{\left[\frac{V_{in}DT_s}{L} - \frac{V_{out}}{L}(t - DT_s)\right] - I_{out}\right\}^2\mathrm{d}t + \int_{DT_s+D_2T_s}^{T_s}I_{out}^2\mathrm{d}t\right\}}$$

为简单起见，如果不考虑电容器 C 的一些设计余量，通过在所有 D_2T_s 时间段内上述电流 $i_D(t)$ 的积分为其最大值，可以计算出 $I_{C,rms}$

$$I_{C,rms} = \sqrt{\frac{1}{T_s}\int_0^{T_s}[i_C(t)]^2\mathrm{d}t} \approx \sqrt{I_{out}^2(1 - D_2) + \left(\frac{V_{in}DT_s}{L} - I_{out}\right)^2 D_2}$$

对于 Boost 变换器在 DCM 工作下，这个公式也是有效的。

考虑上述计算出的值和最大纹波电流，完成 C 设计后，必须检查 $\Delta V_{out} = \Delta V_C + r_C I_{L\,max} < 0.01V_{out}$ 成立。

类似地，对于 Boost 变换器，也必须考虑电容器模型的等效串联电感，因为这可能造成低

于 MHz 的振荡频率。为了避免这些，最好是使用多个小容量的电容器并联使用代替一个大电容器。

给读者留下一个设计实例作为练习。

3.3.3* Buck-Boost 变换器动态响应的特点

在 2.3.3.3 节可以得到，CCM 下 Buck-Boost 变换器控制-输出开关传递函数包含一个右半平面零点 $z = \dfrac{R(1-D)^2}{LD}$。在 2.4.2.3 节中得到，DCM 下 Buck-Boost 变换器传递函数同样包含一个右半平面零点 $z = \dfrac{2}{DT_s}$。这和 Boost 变换器的结果非常相似，所以在 3.2.3 节中所讨论的所有预防措施在该情况下均可应用与稳定的闭环调节系统。

并且，由于 Buck-Boost 变换器的输入部分与 Buck 变换器很相似，也遇到了类似的关于晶体管的问题：MOSFET 的源和栅极均不以大地为参考点。

3.4   Ćuk 升-降压型(Boost-Buck) DC-DC PWM 硬开关变换器

到目前为止，已经研究了三个基本的变换器，每一个都包含了一个有源开关，一个无源开关，一个用于控制能量转移的电感和一个输出电容。也得到了 Buck-Boost 变换器的很多优点，输入电压通过简单地调整占空比既能够实现升压也能够实现降压。然而，该变换器也有缺点，首先输入和输出电流的脉动性非常大，这使得在很多应用中必须使用额外的 LC 滤波器。在接下来的章节中，三种变换器——Ćuk，SEPIC 和 Zeta 与 Buck-Boost 变换器具有同样的性能，对其存在的问题进行研究。代价就是在功率变换阶段用两个电感器和两个电容器以提升性能。

3.4.1   Ćuk 变换器的推导和开关工作

下面来一步一步地讲述Ćuk变换器的发展过程。Boost 变换器作为负载(输出)连接在 Buck 变换器上[参见图 3.29(a)]。Boost 变换器的元件为 S_1、D_1、L_1 和 C_1，Buck 变换器的元件为 S_2、D_2、L_2 和 C_2。两个有源开关同时操作：在相同的时间间隔内 S_1 和 S_2 处于导通状态。当两个变换器均在导通阶段中时，得到等效开关状态如图 3.29(b)所示。当它们处于关断阶段中时(S_1 和 S_2 均处于关断状态)，得到等效开关状态如图 3.29(c)所示。对比这两个开关阶段，可以看到元件 L_1、L_2 和 C_2 并没有改变位置。电容器 C_1 仅由开关元件在导通状态下连接输出部分到关断状态下连接输入部分。然后，一个自然的问题是：仅仅为了开关转变是否真的需要两个晶体管和两个二极管？答案是否定的。通过仅使用一个单刀双掷(SPDT)开关与表示为零的公共端如图 3.29(d)，即可实现开关 C_1 的功能。当 SPDT 处于位置 1 时，图 3.29(d)中所示的输入部分等效电路与 3.29(b)中输入部分电路相同。两个图中输出部分的结构也是相同的，区别是通过 C_1 两端的电压极性相反：通过开关连接 $1-0$，C_1 接到公共端 0。C_1 放电，导致 i_{L2} 如图 3.29(a)至图 3.29(c)所示以相反方向流动。需要注意的是 C_1 必须在这个开关阶段放电，因为可以看出在其他开关阶段它将从电源端充电。同时，变换器中的无源器件不可能在所有的开关拓扑中都处于充电状态或放电状态。因此，图 3.29(d)中 V_{out} 极性与图 3.29(a)至图 3.29(c)中不同。当 SPDT 处于位置 2 时，图 3.29(d)中输入电路部分与图 3.29(c)中关断阶段电路是相同的，此时 C_1 充电。由于 SPDT 在位置1通过开关连接到 $2-0$(从基本网络理论知道，电感电流在开关切换时刻不改变方向。类似地，电容器电压在开关切换时刻极性不能改变)，电流 i_{l2} 继续向同一个方向流动。SPDT 开关可以由外部控制开关和同步开关[参见图 3.29(e)]进行电子实现。这就是Ćuk变换器。

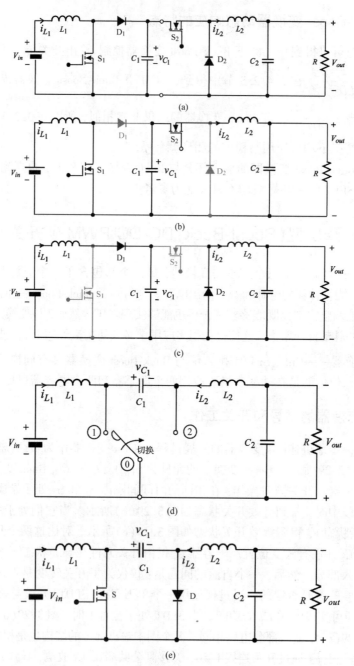

图 3.29　Ćuk变换器的一步步推导。(a)Boost 变换器接 Buck 变换器负载；(b)Buck-Boost 导通阶段结构；(c)Buck-Boost关断阶段结构；(d)用单刀双掷开关的Buck-Boost结构的等效实现；(e)Ćuk变换器

　　如在 1.4 节中讨论，可以认为近似值(纹波电流忽略不计)输入电路由一个电压源和一个串联电感器作为等效直流电流源构成，输出电路作为等效电流源。因此，Ćuk变换器从电流源

到输出产生的能量像通过电压型(电容器 C_1)元件变换能量的电流源。从这个角度来看,Ćuk 变换器为 Buck-Boost 型双端变换器。然后,除此相似之外,两种变换器还包含了不同数量的无源元件。

3.4.2　CCM 工作的 Ćuk 变换器的稳态分析及设计

为了分析 Ćuk 变换器稳态工作下的两个开关状态[参见图 3.31(a)和(b)]。当开关 S 处于导通状态时,电感器 L_1 从 V_{in} 端充电,也就是电感电流 $i_{L1}(t)$ 从最小值 $i_{L1\min}$ 开始增大到最大值 $i_{L1\max}$,此时该阶段结束。二极管 D 由通过 C_1 两端的电压形成偏置。电容器 C_1 向电感 L_2 和负载释放能量。因此,$i_{L2}(t)$ 从它的最小值 $i_{L2\min}$ 增加到它的最大值 $i_{L2\max}$。如果忽略直流寄生电阻,电感电流的充电特性是线性的。电流 $i_{L1}(t)$ 和 $i_{L2}(t)$ 的总和流过开关管

$$i_S(t) = i_{L1}(t) + i_{L2}(t) \qquad 0 \leqslant t < DT_s$$

二极管上的电压等于 C_1 两端的电压:

$$v_D(t) = v_{C1}(t) \qquad 0 \leqslant t < DT_s$$

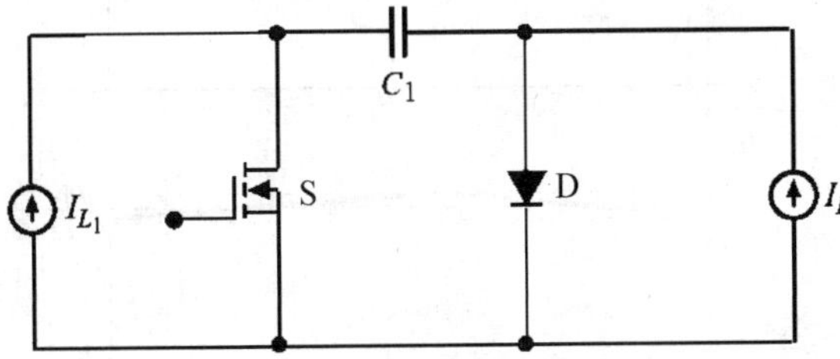

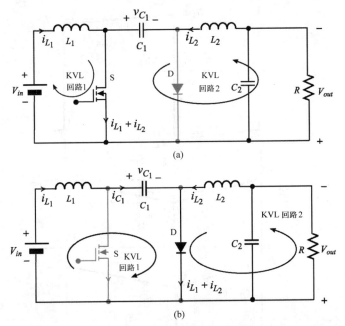

图 3.30　Ćuk 变换器电流源的电流吸收负载结构

(a)

(b)

图 3.31　CCM 下 Ćuk 变换器的开关状态。(a)等效导通阶段($0 \leqslant t < DT_s$);(b)等效关断阶段($DT_s \leqslant t < T_s$)

当开关 S 处于关断状态时,电感 L_1 和输入源的能量被转移到 C_1 中。电感 L_1 放电,$i_{L1}(t)$ 从最大值降低到最小值,电容 C_1 从最小值 $V_{C1\min}$ 充电到最大值 $V_{C1\max}$,至此该拓扑完成了实现过

程。由于二极管阳极电势高于其阴极，二极管处于正向偏置。电感器 L_2 为负载放电，$i_{L2}(t)$ 从最大值降低到最小值。通过同步开关的全部电感器电流为

$$i_D(t) = i_{L1}(t) + i_{L2}(t) \qquad DT_s \leqslant t < T_s$$

晶体管两端的电压 $v_{DS}(t)$ 等于 C_1 的端电压：

$$v_{DS}(t) = v_{C1}(t) \qquad DT_s \leqslant t < T_s$$

　　注意，如前所述的无源器件充放电状态条件为：在第一开关阶段中，L_1 和 L_2 处于充电状态，C_1 处于放电状态。在第二个开关阶段中，二者交换角色。因为Ćuk变换器的输出部分与 Buck 变换器相同，不必讨论 C_2 的状态。所以，C_2 的电压和电流特性如 Buck 变换器中的图 3.7 所示。Ćuk变换器以及输出电容的稳态波形如图 3.32 所示。

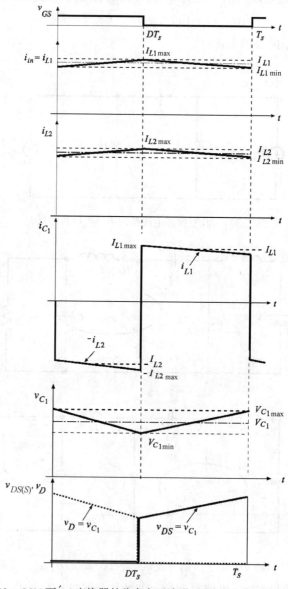

图 3.32　CCM 下Ćuk变换器的稳态主要波形（忽略寄生电阻。假设 i_{C1} 每个周期约为常数，每个开关周期 v_{C1} 的波形为直线）

如果忽略元件的寄生电阻，在两个等效开关拓扑中，根据选择的方向环路 1 和环路 2，可以列出 KVL 方程为

$$V_{in} = v_{L1}(t); \qquad v_{L2}(t) - v_{C1}(t) + V_{out} = 0, \qquad 0 \leqslant t < DT_s$$
$$V_{in} = v_{L1}(t) + v_{C1}(t); \quad v_{L2}(t) + V_{out} = 0, \qquad DT_s \leqslant t < T_s$$

由于

$$v_{L1}(t) = V_{in}, \qquad 0 \leqslant t < DT_s \quad \text{和} \quad v_{L1}(t) = V_{in} - v_{C1}(t), \qquad DT_s \leqslant t < T_s$$
$$v_{L2}(t) = v_{C1}(t) - V_{out}, \qquad 0 \leqslant t < DT_s \quad \text{和} \quad v_{L2}(t) = -V_{out}, \qquad DT_s \leqslant t < T_s$$

在 1.4 节已经证明，对于开关变换器的任何电感器，一个稳态循环周期内的电感电压积分为零。这就意味着 $\int_0^{T_s} v_{L1}(t)\mathrm{d}t = 0$ 和 $\int_0^{T_s} v_{L2}(t)\mathrm{d}t = 0$。因此，考虑电容器的平均电压为 $V_{C1} = \frac{1}{T_s}\int_0^{T_s} v_{C1}(t)\mathrm{d}t$，在每个电感上应用伏·秒平衡方程，可得到

$$V_{in}DT_s + (V_{in} - V_{C1})(1-D)T_s = 0$$
$$(V_{C1} - V_{out})DT_s + (-V_{out})(1-D)T_s = 0$$

其解为

$$V_{C1} = \frac{1}{1-D}V_{in}$$
$$V_{out} = DV_{C1}$$

有

$$V_{out} = \frac{D}{1-D}V_{in}$$

首先，注意到的是这些解的意义为：Ćuk 变换器的输入部分为 Boost 变换器，且 C_1 为其输出电容。所以，它两端的电压作为 Boost 变换器的输出电压。Ćuk 变换器的输出部分来源于 Buck 变换器，其输入电压为 V_{C1}。因此，Buck 变换器的输出为其输出电压。

其次，需要注意的是通过 V_{out} 的反极性定义 KVL 方程得到 V_{out} 的真实表达如图 3.31 所示。因此，Ćuk 变换器像 Buck-Boost 变换器一样是反相变换器。由于两种变换器呈现相同的理想直流电压变换功能，即它们的用法很相似，因此很有必要对它们之间的区别加以讨论。Ćuk 变换器没有脉动的输入和输出电流。为了得到相同的特性，Buck-Boost 变换器需要使用输入和输出滤波器。Ćuk 变换器中晶体管和二极管的电流较大（输入和输出电流的总和），而在 Buck-Boost 变换器中晶体管电流为其输入电流，二极管电流为其输出电流。Buck-Boost 变换器功率级进行的输入和输出电压的总和，$V_{in} + V_{out} = V_{in} + \frac{D}{1-D}V_{in} = \frac{1}{1-D}V_{in}$，Ćuk 变换器为 $V_{C1} = \frac{1}{1-D}V_{in}$，所以，Buck-Boost 变换器的开关管在同样的电压应力下承受的电流较小。Ćuk 变换器的主要缺点为通过 C_1 的电流纹波较大。如图 3.32 所示，其范围为 $-I_{L2\max}$ 至 $+I_{L1\max}$。另一方面，因为类似于 Buck 变换器的情况，其承受的纹波电流较小，Ćuk 变换器的输出电容也较小。

用电容器的安·秒平衡法也能够得到同样的直流电压增益公式，这作为练习留给读者。如果继续忽略所有的寄生电阻，也就是认为转换效率为 100%，从公式 $V_{in}I_{in} = V_{out}I_{out}$，得到平均输入电流和输出电流 I_{out} 的理想关系式

$$I_{in} = \frac{D}{1-D} I_{out}$$

当然，如图 3.31(a) 和图 3.31(b) 的电流的方向，这个方程是有效的。

在导通阶段中，根据图 3.31(a) 和图 3.32，得

$$V_{in} = v_{L1}(t) = L_1 \frac{\mathrm{d}i_{L1}}{\mathrm{d}t} \qquad 0 \leqslant t < DT_s$$

由于

$$i_{L1}(t) = I_{L1\min} + \frac{V_{in}}{L_1}t, \quad I_{L1\max} = I_{L1\min} + \frac{V_{in}}{L_1}DT_s$$

因此，输入电流纹波可以表示为

$$\Delta I_{L1} = \frac{V_{in}}{L_1}DT_s = \frac{V_{in}D}{L_1 f_s}$$

这意味着对Ćuk变换器的升压功率级，与 Boost 变换器相似，设计输入电感器

$$L_1 = \frac{V_{in}D}{\Delta I_{L1} f_s}$$

在关断阶段中[参见图 3.31(b)]，从 $v_{L2}(t)$ 公式中得到

$$v_{L2}(t) = L_2 \frac{\mathrm{d}i_{L2}}{\mathrm{d}t} = -V_{out} \qquad DT_s \leqslant t < T_s$$

由于

$$i_{L2}(t) = I_{L2\max} - \frac{V_{out}}{L_2}(t - DT_s); \quad I_{L2\min} = I_{L2\max} - \frac{V_{out}}{L_2}(1-D)T_s$$

因此，输出电感电流纹波可以表示为

$$\Delta I_{L2} = \frac{V_{out}}{L_2}(1-D)T_s = \frac{V_{out}}{L_2 f_s}(1-D)$$

也就是说，它是类似于 Buck 变换器中电感电流纹波的表达，这意味着像降压功率级设计一样设计Ćuk变换器的输出电感。对于Ćuk变换器

$$L_2 = \frac{V_{out}}{\Delta I_{L2} f_s}(1-D) = \frac{DV_{in}}{\Delta I_{L2} f_s}$$

现在，可以计算电容 C_1 两端的纹波电压。从图 3.31(b) 中可以得到，在关断阶段阶段有 $i_{C1}(t) = i_{in}(t)$。因此

$$i_{in}(t) = i_{C1}(t) = C_1 \frac{\mathrm{d}v_{C1}}{\mathrm{d}t} \qquad DT_s \leqslant t < T_s$$

上述公式忽略输入电感器的纹波电流，可以得到

$$v_{C1}(t) = V_{C1\min} + \frac{1}{C_1}I_{in}(t - DT_s); \quad V_{C1\max} = V_{C1\min} + \frac{1}{C_1}I_{in}(1-D)T_s$$

输入电容的允许电压纹波为

$$\Delta V_{C1} = \frac{1}{C_1}I_{in}(1-D)T_s = \frac{I_{in}(1-D)}{C_1 f_s}$$

C_1 纹波电流有效值可以计算为

$$I_{C1rms} = \sqrt{\frac{1}{T_s} \int_0^{T_s} i_{C1}^2 \mathrm{d}t} = \sqrt{\frac{1}{T_s} \left[\int_0^{DT_s} i_{L2}^2(t)\mathrm{d}t + \int_{DT_s}^{T_s} i_{L1}^2(t)\mathrm{d}t \right]}$$

由于电感器的纹波电流较小，可以通过用上述公式的平均值或者考虑安全余量，用它们的最大值代替电感电流的瞬时值

$$I_{C1rms, \max} = \sqrt{\frac{1}{T_s} \left(\int_0^{DT_s} I_{L2\max}^2 \mathrm{d}t + \int_{DT_s}^{T_s} I_{L1\max}^2 \mathrm{d}t \right)} = \sqrt{I_{L2\max}^2 D + I_{L1\max}^2 (1-D)}$$

通过使用电流平均值能够得到一个较易使用的公式。忽略所有的寄生电阻及电流纹波，I_{C1rms} 可以计算为

$$I_{C1rms} \approx \sqrt{I_{L2av}^2 D + I_{L1av}^2 (1-D)} = \sqrt{I_{out}^2 D + I_{in}^2 (1-D)} = \sqrt{\frac{D}{1-D}} I_{out}$$

晶体管和二极管的电流有效值可以推导为

$$I_{S,rms} = \sqrt{\frac{1}{T_s} \int_0^{T_s} [i_S(t)]^2 \mathrm{d}t} = \sqrt{\frac{1}{T_s} \int_0^{DT_s} [i_{L1}(t) + i_{L2}(t)]^2 \mathrm{d}t} \approx \sqrt{\frac{1}{T_s} \int_0^{DT_s} (I_{L1av} + I_{L2av})^2 \mathrm{d}t} = (I_{L1av} + I_{L2av})\sqrt{D}$$

$$I_{D,rms} = \sqrt{\frac{1}{T_s} \int_0^{T_s} [i_D(t)]^2 \mathrm{d}t} = \sqrt{\frac{1}{T_s} \int_{DT_s}^{T_s} [i_{L1}(t) + i_{L2}(t)]^2 \mathrm{d}t} \approx (I_{L1av} + I_{L2av})\sqrt{1-D}$$

在进行基本变换器的设计中，计算输入电流（也就是输入电感器的平均电流）时考虑到了变换效率

$$I_{in,av} = I_{L1av} = \frac{V_{out} I_{out}}{\eta V_{in}}$$

或在计算占空比时

$$D = \frac{V_{out}}{\eta V_{in} + V_{out}}; \quad D_{\min} = \frac{V_{out}}{\eta V_{in,\max} + V_{out}}; \quad D_{\max} = \frac{V_{out}}{\eta V_{in,\min} + V_{out}}$$

$[V_{in,\min}, V_{in,\max}]$ 为线电压的范围。

最大输入电感电流由下述公式给出

$$I_{in,av,\max} = I_{L1av,\max} = \frac{P_{out,\max}}{\eta V_{in,\min}}$$

电流有效值近似等于其平均电流。然后，L_1 的计算公式为

$$L_1 = \frac{V_{in,\max} D_{\min}}{\Delta I_{L1\max} f_s}$$

如之前 Boost 变换器所述，通过施加一定的输入电流纹波，考虑通过电感器的最大电流和开关频率选择电感器。

如 Buck 变换器中电感器一样，在电感电流中施加一定的纹波设计输出电感器 L_2

$$L_2 = \frac{V_{out}}{\Delta I_{L2} f_s} (1 - D_{\min})$$

考虑通过电感器的最大电流和频率选择相应的电感器。

根据 Buck 变换器同样的过程选择电容器 C_2。

使用公式 $\Delta V_{C1} = \dfrac{I_{in}(1-D)}{C_1 f_s}$，设计电容 C_1，因此

$$C_1 = \frac{I_{in}(1-D)}{\Delta V_{C1} f_s}$$

可以看出，目前 C_1 不需要输出滤波(滤波器)电容，但实际上发生了能量传递。然而，并不需要注意非常小的电容电压纹波。如果这个纹波为零，意味着 C_1 不充放电，也就是没有发生能量传递。通过选择一定的 ΔV_{C1} 并考虑计算纹波电流有效值 $I_{C1rms,max}$，就可以进行电容器的选择。

开关管承受的最大电压为

$$V_{DS\max} = V_{D\max} = V_{C1\max} = \frac{1}{1 - D_{forVin,\max}} V_{in,\max}$$

最大电流有效值为

$$I_{S,rms,\max} = (I_{L1\max} + I_{L2\max})\sqrt{D_{\max}}$$
$$I_{D,rms,\max} = (I_{L1\max} + I_{L2\max})\sqrt{1 - D_{\min}}$$

考虑到功率损耗，计算总的传导损耗和开关损耗，如电压和电流应力(峰值)，可以选择满足这些特性的开关管。

3.4.3* 存在寄生电阻的 Ćuk 变换器直流电压增益和交流小信号特性

按照第 2 章中描述的方法得到 Ćuk 变换器的直流电压变换比和小信号开环传递函数。当然，Ćuk 变换器包换四个无源器件，其传递函数的分母为四阶。

例如，在 2.5.1 节(参见图 2.29)中所讨论可以在开关单元中去除晶体管和二极管，y 定义为两个开关管的公共节点，x 为在开关管、C_1 和 L_1 之间的节点，z 为在二极管、C_1 和 L_2 之间的节点[参见图 3.33(a)]。由于 v_{xz} 的脉动电压等于 v_{C1}，脉动电流被 C_1 吸收，可以说对于 Ćuk 变换器，如图 2.31 中在 PWM 开关的平均方程中等价的 r_e 为 $r_e = r_{C1}$（C_1 的等效串联电阻）。Ćuk 变换器的开关单元经过通用的图 2.31 中 PWM 开关平均模式替换后，可以分离出直流部分如图 3.33(b)所示。电阻 r_{L1} 和 r_{L2} 分别代表输入和输出电感器的直流寄生电阻。电阻 r_{C1} 代表输入电容的等效串联电阻。可以看出，在导通阶段，两个电感器电流流过开关管的导通电阻。在关断阶段，它们流过二极管的等效导通电阻。从传导损耗的角度来看，可以添加开关管传导到电感器的寄生电阻。或者通过增加串联等效电阻 $D(1-D)r_{C1}$，来考虑晶体管和二极管的导通直流电阻。如图 2.6.1 节所述，增加的电阻值为 $r_{av} = Dr_{DS(on)} + (1-D)r_{D(on)}$。在图 3.33(b) 中，$V_a$ 表示在等效 $(1:D)$ 变压器的初级绕组电压，次级绕组的电压为 DV_a。

写出节点 z 的 KCL 方程为

$$I_{in} + \frac{V_{out}}{R} = \frac{I_{in}}{D}$$

由

$$I_{in} = \frac{D}{1-D} \frac{V_{out}}{R}$$

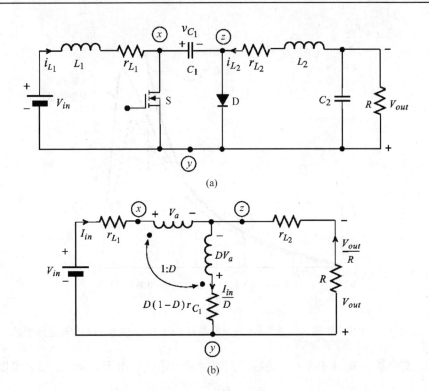

图 3.33　(a)具有 x, y 和 z 开关单元的Ćuk变换器；(b)在 CCM 模式下，基于平均PWM开关模型，包含寄生电阻的Ćuk变换器的直流等效模型

写出左侧环 KVL 方程写为

$$V_{in} = r_{L1}I_{in} + V_a - DV_a + D(1-D)r_{C1}\frac{1}{D}I_{in}$$

即，通过代入之前 I_{in} 公式为

$$V_{in} = r_{L1}\frac{D}{1-D}\frac{V_{out}}{R} + V_a - DV_a + D(1-D)r_{C1}\frac{1}{D}\frac{D}{1-D}\frac{V_{out}}{R}$$

得到

$$V_a = \frac{1}{1-D}\left[V_{in} - r_{L1}\frac{D}{1-D}\frac{V_{out}}{R} - r_{C1}D\frac{V_{out}}{R}\right]$$

写出右侧环 KVL 方程写为

$$-DV_a + D(1-D)r_{C1}\frac{1}{D}\frac{D}{1-D}\frac{V_{out}}{R} + V_{out} + r_{L2}\frac{V_{out}}{R} = 0$$

从最后两个等式消除 V_a 得到直流电压变换率的表达式为

$$\frac{V_{out}}{V_{in}} = \frac{D}{1-D}\frac{R}{r_{L1}\dfrac{D^2}{(1-D)^2} + r_{L2} + \dfrac{D}{1-D}r_{C1} + R}$$

对于 Boost 和 Buck-Boost 变换器，由于寄生元件，不能希望增加占空比来无限制地增加直流增益。当占空比接近 1 时，直流增益趋向于零。这意味着对于一定的 D 值能够使得直流电压增益达到最大值。

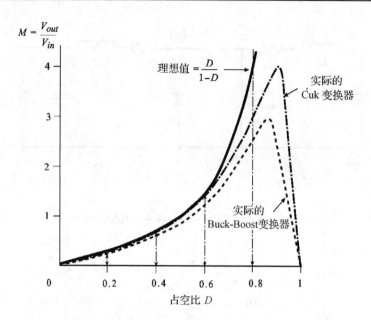

图 3.34　CCM 下带输入滤波器的Ćuk变换器和 Buck-Boost 变换器的直流电压增益

比较Ćuk变换器和 Buck-Boost 变换器的直流增益表达式。由于 $r_C \ll R$，后者可以简化为

$$\left.\frac{V_{out}}{V_{in}}\right|_{Buck-Boost} = \frac{D}{1-D}\frac{R(1-D)^2}{r_L + \frac{Rr_C}{R+r_C}(1-D) + \frac{R^2(1-D)^2}{R+r_C}} \approx \frac{D}{1-D}\frac{R}{\frac{r_L}{(1-D)^2} + \frac{r_C}{1-D} + R}$$

Buck-Boost 变换器如果增加必要的输入滤波器，直流增益表达式的分母包含了滤波器的寄生电阻，因此通过观察两个表达式可以得出结论，Ćuk变换器的直流增益比带输入滤波器的 Buck-Boost 变换器直流增益高一点（如图 3.34 所示）。

通过用图 2.31 中通用平均模式 PWM 开关代替Ćuk变换器的开关单元，得到变换器的等效交流模式，并推导出小信号开环传递函数。或者，可以用平均状态空间方程就得到该变换器的特定典型模型。由于电路中有四个无源元件，需要控制状态方程中的状态变量为 i_{L1}、i_{L2}、v_{C1} 和 v_{C2}。无论选择何种方式，都会有简单的但需要漫长的代数计算。如第 2 章中，对于开关模式功率变换建模用必要的详细代数，在本章中，我们将只给出由 Middlebrook 和Ćuk以及其实际应用得到的最终结果。

首先，在功率级忽略所有的寄生电阻。Ćuk变换器的平均模型如图 3.35(a) 所示（考虑到将升压和降压功率级进行级联得到新的变换器，这也是符合逻辑的）。通过用叠加在小信号交流变量上直流变量所形成的条件替代状态空间变量的瞬时值，并结合标准的小信号线性化，写出平均状态空间方程，得到Ćuk变换器的平均线性模型如图 3.35(b) 所示。通过传输所有受控源初级侧和反映所有的以 2.3.4 节图 2.9 定义的"DC + AC"右侧无源元件，得到进一步的规范形式如图 3.35(c) 所示。

在图 3.35 中

$$L_{eq} = \left(\frac{D}{1-D}\right)^2 L_1; \quad C_{eq} = \left(\frac{1}{D}\right)^2 C_1$$

$$E(s) = \frac{V_{out}}{D^2}\left(1 - \frac{L_{eq}}{R}s + L_{eq}C_{eq}(1-D)s^2\right)$$

$$J(s) = \frac{V_{out}}{(1-D)^2R}\left[1 - C_{eq}R(1-D)s\right]$$

比较该结果与图 2.21 中用一般平均典型模型绘制的任意的忽略寄生电阻的 DC-DC 变换器，可以看出由两个低通滤波器电路构成的等效低通滤波器部分，C_1 在功率级电路显示为一系列的元素。该部分电路的传递函数 $H_{eq}(s)$ 为

$$H_{eq}(s) = \frac{1}{1 + \frac{L_{eq}+L_2}{R}s + (L_{eq}C_{eq} + L_{eq}C_2 + L_2C_2)s^2 + \frac{L_{eq}L_2C_{eq}}{R}s^3 + L_{eq}L_2C_2C_{eq}s^4}$$

由图中可以得出二阶低通滤波器 L_2C_2 是第一个部分 $L_{eq}C_{eq}$ 的负载。然而，在一些实际的设计，特别是在高输入电流的应用中，发生 $C_{eq} >> C_2$ 和 $C_{eq} >> \frac{L_2}{R^2}$。在这种情况下，两个低通滤波器可以分离，即

$$H_{eq}(s) \approx \frac{1}{\left(1 + \frac{L_{eq}}{R}s + L_{eq}C_{eq}s^2\right)\left(1 + \frac{L_2}{R}s + L_2C_2s^2\right)}$$

两个低通部分的转折频率

$$f_{c1} = \frac{1}{2\pi\sqrt{L_{eq}C_{eq}}}; \quad f_{c2} = \frac{1}{2\pi\sqrt{L_2C_2}}$$

利用 2.3.5 节得到的并通过使用一般的表达式推导出小信号开环传递函数。例如，该输入到输出的传递函数的结果如下：

$$G_{vg}(s) = \frac{H_{eq}(s)}{\chi}$$

$$= \frac{D}{1-D}\frac{1}{1 + \frac{L_{eq}+L_2}{R}s + (L_{eq}C_{eq} + L_{eq}C_2 + L_2C_2)s^2 + \frac{L_{eq}L_2C_{eq}}{R}s^3 + L_{eq}L_2C_2C_{eq}s^4}$$

得到占空比（控制）-输出的传递函数为

$$G_{vd}(s) = \frac{H_{eq}(s)E(s)}{\chi} = \frac{D}{1-D}\frac{V_{out}}{D^2}\left(1 - \frac{L_{eq}}{R}s + L_{eq}C_{eq}(1-D)s^2\right)$$

$$\times \frac{1}{1 + \frac{L_{eq}+L_2}{R}s + (L_{eq}C_{eq} + L_{eq}C_2 + L_2C_2)s^2 + \frac{L_{eq}L_2C_{eq}}{R}s^3 + L_{eq}L_2C_2C_{eq}s^4}$$

从等式 $E(s) = \frac{V_{out}}{D^2}\left(1 - \frac{L_{eq}}{R}s + L_{eq}C_{eq}(1-D)s^2\right) = 0$ 中，得到右半平面存在一对复零点。

然而，如果在如图 3.35(a) 中电感器的直流寄生电阻引入模型 r_{L1} 和 r_{L2}，在图 3.35(c) 的规范模型中得到两个附加的电阻元件 $r_{L1eq} = \left(\frac{D}{1-D}\right)^2 r_{L1}$ 和 L_{eq} 串联，r_{L2} 和 L_2 串联，在 $E(s)$ 和 $J(s)$ 的表达式中也将导致一些变化

$$E(s) = \frac{V_{out}}{D^2}\left\{1 + \frac{r_{L2}-r_{L1eq}}{R} - \left[\frac{L_{eq}}{R} - r_{L1eq}\left(1 + \frac{r_{L2}}{R}\right)C_{eq}(1-D)\right]s + \left(1 + \frac{r_{L2}}{R}\right)L_{eq}C_{eq}(1-D)s^2\right\}$$

$$J(s) = \frac{V_{out}}{(1-D)^2R}\left[1 - C_{eq}R\left(1 + \frac{r_{L2}}{R}\right)(1-D)s\right]$$

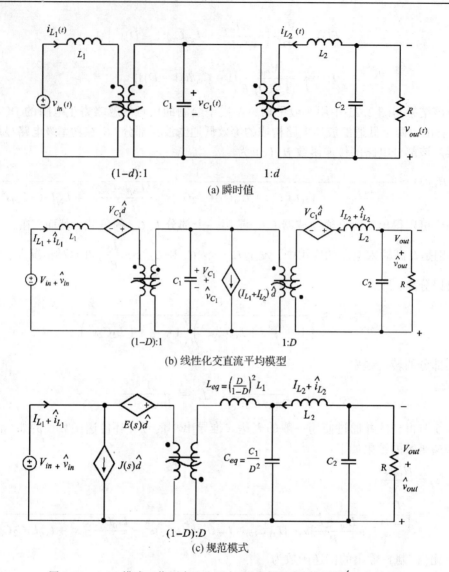

(a) 瞬时值

(b) 线性化交直流平均模型

(c) 规范模式

图 3.35 CCM 模式工作下寄生电阻忽略不计的平均模型的Ćuk变换器

可以看出，电感器的寄生电阻具有可以移动小信号开环控制到输出传递函数移动的零点从右半平面到左半平面产生积极影响，这意味着最小相位响应。因此，Boost 变换器和 Buck-Boost 变换器的不同之处为控制系统传递函数的右半平面零点为稳定的系统方程$\frac{1}{1+T(s)}$（$T(s)$在 3.1.8 节已经定义为开环增益）带来的很多困难，Ćuk变换器从这个角度来看像 Buck 变换器，能够呈现出最小相位动态响应。此外，Ćuk变换器的输入输出特性为一个四阶函数，对于音频敏感特性方面具有更好的功能，缓解了控制器的设计。

R. D. Middlebrook 通过操纵另一种方式的平均模型如图 3.35（b）和图 3.35（c）得到了Ćuk变换器的特性证据：变压器的输入电压反映到另一侧，得到等效输入电压$\frac{D}{1-D}v_{in}$，同时带来了Ćuk变换器的其他各种各样的平均模型，如图 3.36 所示。

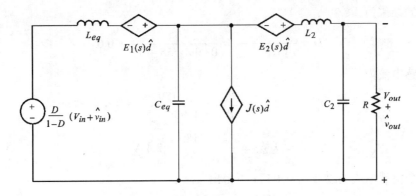

图 3.36 Ćuk 变换器的另一种平均模型

在这个模型中

$$E_1(s) = \frac{V_{out}}{1-D}; \quad E_2(s) = \frac{V_{out}}{D}; \quad J(s) = \frac{V_{out}}{D(1-D)R}$$

该模型看上去像带输入滤波器 $L_{eq} - C_{eq}$ 并依据占空比和两个受控电压源的降压变换器，提高了 Ćuk 变换器的可观测特性。

对于开环占空比到输出电压变换方程的最小相位特性同样可以给出物理解释：例如输入电压发生瞬间跌落，意味着负载电压瞬间跌落，PWM 将增加占空比，在第一个开关阶段内提供足够的时间去操作。在 Boost 和 Buck-Boost 变换器中，这导致了输出电压的进一步下降。然而，根据图 3.31(a)，Ćuk 变换器在导通阶段，C_1 的作用类似于电压源(如 Buck 变换器的输入电压)。在这个开关阶段中，这种较长的持续操作为负载提供了更多的能量，使得输出电压 V_{out} 立即增长，也使得通过 C_1 两端电压纹波增大。

最后，考虑到输出电容的等效串联电阻 r_{C2}，另一个左半平面零点可以有效地放置在 Ćuk 变换器的输入到输出和控制到输出开环传递函数中，类似于 Buck 变换器的值 $\frac{1}{r_{C2}C_2}$。在文献中讨论的输入到输出开环传递函数中 $\frac{D(1-D)}{[Dr_{DS}(on) + (1-D)r_{D(on)}]C_1}$ 出现了一个附加的零点。这个右半平面零点能够恶化新的零点附近的输入电压干扰。然而，当开关的寄生电阻在传导过程中值非常小时，特别是利用现代设备，这种零点出现的频率非常高。另外，还出现了一个更多的寄生电阻并改变之前讨论的关于零点的表达式

$$\frac{D(1-D)}{\left[Dr_{DS}(on) + (1-D)r_{D(on)} + \frac{R_m}{D}\right]C_1}$$

等效电阻 R_m 来自开关的物理特性：当晶体管关断时，漏电流并没有立即下降(参见图 1.27)。由于 R_m 有负值，分母的值减少得更快，或者零点甚至完全在左半平面。在这两种情况下，由于该零点出现的频率非常高，所以不会影响到变换器中操作的频率点，关于此不做更多叙述。

3.4.4 设计实例和市售 Ćuk 变换器

设计一个 Ćuk 变换器具有如下规格：$V_{in} = 55$ V，$V_{out} = 75$ V，$P_{out} = 180$ W，工作频率 $f_s = 100$ kHz，假设效率 $\eta = 90.9\%$。

占空比的结果为

$$D = \frac{V_{out}}{\eta V_{in} + V_{out}} = \frac{75}{0.909 \times 55 + 75} = 0.6$$

平均电感电流为

$$I_{in,av} = I_{L1av} = \frac{P_{out}}{\eta V_{in}} = \frac{180}{0.909 \times 55} = 3.6\,\mathrm{A}$$

$$I_{out,av} = I_{L2av} = \frac{P_{out}}{V_{out}} = \frac{180}{75} = 2.4\,\mathrm{A}$$

假设两个电感电流的纹波为 0.05 A 可得出

$$L_1 = L_2 = \frac{V_{in}D}{\Delta I_L f_s} = \frac{55 \times 0.6}{0.05 \times 100 \times 10^3} = 6.6\,\mathrm{mH}$$

晶体管和二极管电流为

$$I_S = I_D = I_{L1av} + I_{L2av} = 6\,\mathrm{A}$$

$$I_{S,rms} = (I_{L1av} + I_{L2av})\sqrt{D} = 4.64\,\mathrm{A}; \quad I_{D,rms} = (I_{L1av} + I_{L2av})\sqrt{1-D} = 3.8\,\mathrm{A}$$

开关承受的电压为 137 V。

为了设计 C_1，计算通过它的纹波电流为

$$\Delta I_{C1} = I_{L2\max} + I_{L1\max} = I_{L2} + \frac{\Delta I_{L2}}{2} + I_{L1} + \frac{\Delta I_{L1}}{2} = 6.1\,\mathrm{A}$$

和

$$I_{C1rms} \approx \sqrt{\frac{D}{1-D}} I_{out} = \sqrt{\frac{0.6}{1-0.6}} 2.4 = 2.9\,\mathrm{A}; \quad V_{C1} = 130\,\mathrm{V}$$

假设输入端电容电压的纹波为 10%，可得出

$$C_1 = \frac{I_{out}D}{\Delta V_{C1} f_s} = \frac{2.4 \times 0.6}{13 \times 100 \times 10^3} = 1.1\,\mathrm{\mu F}$$

通过使用三种设计条件选择电容器，所以电容器的最终结果可能大于 1.1 μF 才满足电流有效值和电压等级的要求。

为了设计 C_2，假设输出电压的纹波为 1%

$$C_2 > \frac{1-D}{8(0.01)L_2} T_s^2 = \frac{1-0.6}{8 \times 0.01 \times 6600 \times 10^{-6} \times (100 \times 10^3)^2} = 0.0757\,\mathrm{\mu F}$$

并且，在选择一个电容器时，还要考虑到类似于一个 Buck 变换器，所述纹波电流非常小（它等于 L_2 中电流，即 0.05 A）。

基于 NS(美国国家半导体公司) LM2611 电流型控制器的 Ćuk 变换器设计

美国国家半导体公司提出了电流模式控制 Ćuk 变换器 LM2611。它可以将 2.7 ~ 14 V 输入电压转换为负电压输出。这款产品的一些变换为：标称 5 V 到输出 – 5 V/300 mA，标称 9 V 转换为 – 5 V，标称 12 V 转换为 – 5 V。该种功率(1.5 W)的变换器能够提供在数码相机偏置 CCD 和 LCD[数码相机使用的电荷耦合器件(CCD)，用于图像记录，以代替传统的基于银的照相胶片光子检测器；采用液晶 LCD 显示器专为光学显微镜设计的几款数码相机系统]需要稳定的电压，偏压为砷化镓场效应管，或者到 MR(磁阻)磁头偏磁(例如，在磁阻传感器伺服中使用)。

该变换器工作的开关频率非常高，$f_s = 1.4$ MHz，以便能够使用非常小的无源器件。对于 5 ~ −5 V 的变换器，它们为 $L_1 = 15$ μH，$L_2 = 47$ μH，$C_1 = 1$ μF，$C_2 = 22$ μF。对于 9 ~ −5 V 的变换器，它们为 $L_1 = 10$ μH，$L_2 = 10$ μH，$C_1 = 1$ μF，$C_2 = 22$ μF。对于 12 ~ −5 V 的变换器，它们为 $L_1 = 22$ μH，$L_2 = 22$ μH，$C_1 = 2.2$ μF，$C_2 = 22$ μF。附加的输入电容 C_{in} 用来防止输入电压阻抗的相互作用，$C_{in} = 22$ μF。输出电压纹波为 1 mV。输出电压通过 29.4 kΩ 和 10 kΩ 两个电阻分压后反馈到控制电路。该变换器的最大工作占空比为 0.88。晶体管的导通电阻 $r_{DS}(on)$ 在 25℃ 时全电压范围为 0.45 ~ 0.39 Ω。当输入电压为 5 V 时，晶体管的电阻变换从 0℃ 的 0.43 Ω 到 120℃ 的 0.8 Ω。在非常轻的负载下，为了避免输出电压超调，控制模式为跳脉冲控制模式，此时的输出电压纹波略有增加。如果结温超过 163℃，该变换器进入热关断，驱动处于无效状态，因此开关处于关断状态。需要大约 10 ms 的时间，且温度降低到 155℃ 时，开关管能够再次进行操作。

3.4.5* Ćuk 变换器的 DCM 工作

在实际中，Ćuk 变换器有三种类型的不连续导通模式：(i) 可能在导通阶段，在开关转换之前 C_1 对负载完全放电，这是一个不连续电容电压模式(DCVM)；(ii) 在关断阶段之前 L_1 或 L_2 完全放电(DCM 下的 Ćuk 变换器不论是升压或者是降压部分)；然而，由于升压或降压变换均在 DCM 下工作，在这些情况中的每一个二极管的状态都没有变化；(iii) 对于 Ćuk 变换器，一个真正感性的 DCM(DICM)，二极管的状态有一个变化：$i_{L1}(t)$ 与 $i_{L2}(t)$ 之和在关断之前变为零，导致二极管关断。变换器将进入第三个开关阶段，该阶段中晶体管和二极管均处于关断状态。

(i) 我们从一个不连续电容器电压模式下的操作开始。如图 3.37 所示，在 DT_s 持续时间内的开关导通阶段，在 t_{disch} 时刻，电容器电压将为零，即电容器向输出电路释放所有能量。由于 C_1 电压不再是二极管两端的反向极性电压，D 将导通。这就意味着变换器进入一个新的开关拓扑结构，两个开关管均处于导通状态[参见图 3.38(b)]。然后，在时间 $T_s − DT_s = (1 − D)T_s$ 的关断阶段，电容器再次从零开始充电，直至达到最大电压 $V_{C1 \max}$。本节中将忽略所有的寄生电阻，同时假设输入和输出电感电流纹波足够小，以便可以忽略。这就意味着，通过输入电感器的平均输入电流为 I_{in}，通过输出电感器的平均输出电流为 I_{out}。

根据图 3.30 和图 3.38(a)，当开关处于导通状态时，C_1 由平均输出电流从它的最大电压 $V_{C1 \max}$ 放电，根据公式

$$v_{C1}(t) = V_{C1 \max} - \frac{1}{C_1} \int_0^t I_{out} \mathrm{d}\tau$$

$$v_{C1}(t_{disch}) = V_{C1 \max} - \frac{1}{C_1} \int_0^{t_{disch}} I_{out} \mathrm{d}\tau = 0$$

得出

$$V_{C1 \max} = \frac{I_{out} t_{disch}}{C_1}$$

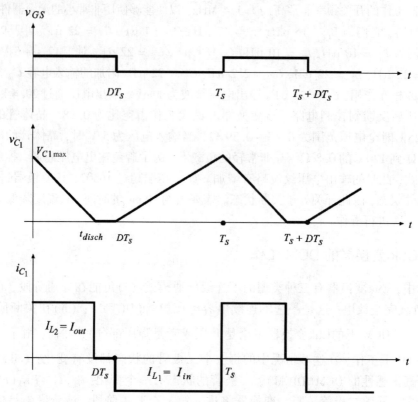

图 3.37　不连续电容电压模式(DCVM)的电容电压和电流的能量转移
（寄生电阻忽略不计；输入和输出电感电流纹波假设为零）

　　根据图 3.30 和图 3.38(c)，当该开关处于断开状态时，C_1 由平均输入电流从零充电达到其最大电压 $V_{C1\,max}$，根据公式

$$v_{C1}(t) = \frac{1}{C_1} \int_{DT_s}^{t} I_{in} d\tau$$

得出

$$V_{C1\,max} = \frac{I_{in}(1-D)T_s}{C_1}$$

从上述关于 $V_{C1\,max}$ 的两个方程中，或从 C_1 上的安·秒平衡，得

$$I_{out}t_{disch} + (-I_{in})(1-D)T_s = 0$$

得到 DCVM 下 Ćuk 变换器的电流变换比 M_{DCVM}，有

$$M_{DCVM} = \frac{I_{in}}{I_{out}} = \frac{t_{disch}}{(1-D)T_s}$$

　　根据图 3.30（忽略电感器纹波电流）和图 3.38，与先前假设为零的寄生电阻，输出电压为 v_{C1} 在时间间隔 $[0, t_{tisch}]$ 的平均电压。并且，根据图 3.37 该平均电压为 $\frac{1}{T_s}\left(\frac{1}{2}V_{C1\,max}t_{disch}\right)$，也就是

$$V_{out} = \frac{1}{2T_s}V_{C1\,max}t_{disch}$$

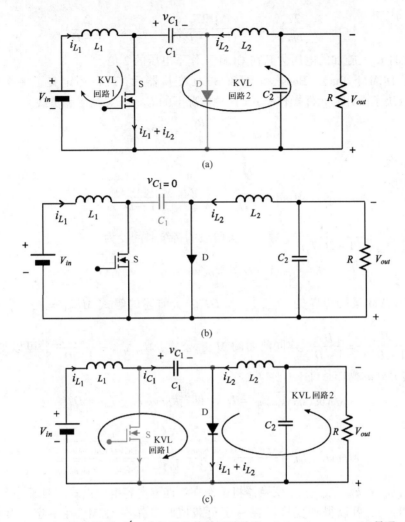

图 3.38 DCVM 操作模式下 Ćuk 变换器的等效开关阶段。(a) $0 \leqslant t < t_{tisch}$(S 导通,D 截止);(b) $t_{tisch} \leqslant t < DT_s$(S 导通,D 截止);(c) $DT_s \leqslant t < T_s$(S 关断,D 导通)

用 $\dfrac{C_1 V_{C1\,max}}{I_{out}}$ 代替 t_{tisch},然后用 $V_{C1\,max} = \dfrac{I_{in}(1-D)T_s}{C_1}$ 代入到以前的方程,得

$$V_{out} = \frac{1}{2T_s} V_{C1\,max} \frac{C_1 V_{C1\,max}}{I_{out}} = \frac{1}{2T_s} \frac{C_1}{I_{out}} \left[\frac{I_{in}(1-D)T_s}{C_1} \right]^2 = I_{out} \left(\frac{I_{in}}{I_{out}} \right)^2 \frac{(1-D)^2 T_s}{2C_1}$$

由于

$$\left(\frac{I_{in}}{I_{out}} \right)^2 = \frac{2RC_1}{(1-D)^2 T_s}$$

也就是

$$M_{DCVM} = \frac{\sqrt{\dfrac{2RC_1}{T_s}}}{1-D} = \frac{\sqrt{2RC_1 f_s}}{1-D}$$

从等式 $V_{out} = \dfrac{1}{2T_s} V_{C1\,max} t_{disch}$ 和 $M_{DCVM} = \dfrac{V_{out}}{V_{in}} = \dfrac{I_{in}}{I_{out}} = \dfrac{t_{disch}}{(1-D)T_s}$ 得出 C_1 上的最高电压

$$V_{C1\max} = \frac{2T_s}{t_{disch}}V_{out} = \frac{2T_s}{(1-D)T_s V_{out}}V_{in}V_{out} = \frac{2}{1-D}V_{in}$$

也就是说，此时 C_1 上施加的电压为其在 CCM 工作下电压的 2 倍。

在研究了 DCM 下 Buck、Boost 和 Buck-Boost 变换器后，现在还定义了一个非常量系数 $k_{DCVM,Cuk}$，仅取决于设计时元件操作模式（这种情况下的 C_1、开关频率和负载）

$$k_{DCVM,Cuk} = \frac{2RC_1}{T_s} = 2RC_1 f_s$$

直流变换增益为

$$M_{DCVM} = \frac{I_{in}}{I_{out}} = \frac{V_{out}}{V_{in}} = \frac{\sqrt{k_{DCVM,Cuk}}}{1-D}$$

从 $M_{DCVM} = \dfrac{I_{in}}{I_{out}} = \dfrac{t_{disch}}{(1-D)T_s}$ 中，第一开关阶段的持续时间变为

$$t_{disch} = (1-D)T_s M_{DCVM} = \sqrt{k_{DCVM,Cuk}}\,T_s$$

在 CCM/DCVM 运行边界处，$t_{disch,bound} = DT_s$。从前述的等式 $M_{DCVM} = \dfrac{t_{disch}}{(1-D)T_s}$ 中，得出 $M_{DCVM,bound} = \dfrac{DT_s}{(1-D)T_s} = \dfrac{D}{1-D}$。连同前面的 M_{DCVM} 公式，$M_{DCVM} = \dfrac{\sqrt{k_{DCVM,Cuk}}}{1-D}$，可以得到在 CCM/DCVM 运行边界处的操作条件

$$\sqrt{k_{DCVM,Cuk,bound}} = D, \quad 即 \quad k_{DCVM,Cuk,bound} = D^2$$

也可以得出

$$M_{DCVM,bound} = \frac{\sqrt{k_{DCVM,Cuk,bound}}}{1-D} = \frac{\sqrt{k_{DCVM,Cuk,bound}}}{1-\sqrt{k_{DCVM,Cuk,bound}}}$$

如果 $k_{DCVM,Cuk} < k_{DCVM,Cuk,bound}$，变换器将工作在不连续电容电压模式。对于一个给定的设计（一定的 C_1 和 f_s），可以得到变换器在一定负载值时工作在 CCM，在一定负载值时工作在 DCVM。同样地，在知道负载的范围后，就可以根据我们的期望设计出 C_1 使变换器工作在 CCM DCVM。对于 DCVM 操作模式，可以根据下述公式设计 C_1。

$$C_1 < \frac{D^2}{2Rf_s}$$

例如，有 $V_{out} = 75$ V，$I_{out} = 24$ A，$R = 75/24 = 3.125$ Ω，$D = 0.6$，$f_s = 100$ kHz。因此，只要 $k_{DCVM,Cuk} = 2RC_1 f_s > D^2$，该变换器将工作在 CCM。这要求输入电容足够大，使得其能量不在所述的第一个开关周期结束之前释放到负载，即 $C_1 > \dfrac{D^2}{2Rf_s} = 0.576$ μF。因此，保证之前设计（在 $R = 31.25$）处使变换器工作在 CCM。从等式 $k_{DCVM,Cuk,bound} = D^2$，可以看出，对于一个设计的电容器 C_1 和给定的负载，当 $k_{DCVM,Cuk} = 2RC_1 f_s < D^2$ 时，变换器可能以一个很高的占空比工作在 DCVM。例如，根据下列要求设计 Ćuk 变换器：$V_{in} = 5$ V，$L_1 = 645.4$ μH，$r_{L1} = 0.29$ Ω，$L_2 = 996.3$ μH，$r_{L2} = 0.375$ Ω，$C_1 = 0.217$ μF，$r_{C1} = 0.05$ Ω，$C_2 = 14.085$ μF，$f_s = 30$ kHz，$R = 40$ Ω，晶体管 IRF540 的 $r_{DS(on)} = 0.08$ Ω，二极管 8TQ080 的 $r_{D(on)} = 0.1$ Ω，$V_F = 0.5$ V，工作在 DCVM，占空比 $D = 0.75$，当 $k_{DCVM,Cuk} = 0.52$，小于 $0.75^2 = 0.56$。同样，变换在轻载条件下，即使占空比很小也将工作在 DCVM 下：$R = 4$ Ω，$k_{DCVM,Cuk} = 0.052$，$D = 0.3$，DCVM 下能够满足 $k_{DCVM,Cuk} = 2RC_1 f_s < 0.3^2$。

有趣的是，3.3 节研究的 Buck-Boost 变换器的感性 DCM 与Ćuk变换器的不连续电容电压模式（参见表 3.1）具有二元性。

表 3.1 DCM 下 Buck-Boost 变换器和 DVCM 下的Ćuk变换器的比较

Buck-Boost 感性 DCM	Ćuk DCVM
$k = \dfrac{2Lf_s}{R}$	$k_{DCVM,Cuk} = 2RC_1 f_s$
$M_{DCM,Buck-Boost} = \dfrac{D}{\sqrt{k}}$	$M_{DCVM,Cuk} = \dfrac{\sqrt{k_{DCVM,Cuk}}}{1-D}$
$\sqrt{k_{Bound}} = 1 - D$	$\sqrt{k_{DCVM,Cuk,Bound}} = D$
$M_{DCM,Buck-Boost} = \dfrac{1-\sqrt{k_{Bound}}}{\sqrt{k_{Bound}}}$	$M_{DCVM,Cuk,Bound} = \dfrac{\sqrt{k_{DCVM,Cuk,Bound}}}{1-\sqrt{k_{DCVM,Cuk,Bound}}}$

可以看出，常数 k 和 $k_{DCVM,Cuk}$ 具有相同的含义：$2\tau f_s$ 和 $\tau = L/R$ 在当能量转移通过电感器时，且变换器在 $\tau = RC_1$，保证能量转移由输入部分的电容器提供。

Ćuk变换器在 DCVM 工作的一个典型应用为功率因数校正电路。优先操作的解释是立即的。从 $\dfrac{I_{in}}{I_{out}} = \dfrac{t_{disch}}{(1-D)T_s}$，$t_{disch} = \sqrt{k_{DCVM,Cuk}}\,T_s$ 和 $\dfrac{V_{out}}{V_{in}} = \dfrac{\sqrt{k_{DCVM,Cuk}}}{1-D}$，得到

$$I_{in} = \frac{t_{disch}}{(1-D)T_s}I_{out} = \frac{\sqrt{k_{DCVM,Cuk}}\,T_s}{(1-D)T_s}\frac{V_{out}}{R} = \frac{\sqrt{k_{DCVM,Cuk}}\,T_s}{(1-D)T_s}\frac{\sqrt{k_{DCVM,Cuk}}\,V_{in}}{R(1-D)} = \frac{2RC_1 f_s}{R(1-D)^2}V_{in} = \frac{2C_1 f_s}{(1-D)^2}V_{in}$$

因此，DCVM 下Ćuk变换器对于设计 D 的等效输入阻抗为 $R_{in,eq} = \dfrac{(1-D)^2}{2C_1 f_s}$常数。

这就意味着 DCVM 下的Ćuk变换器具有固有功率因数校正能力，达到几乎为 1 的功率因数，这也就是大家乐于这种应用的原因。在Ćuk变换器 DCVM 下必须增加其他有效的特性：(1)电感电流纹波几乎为零，最大电感电流的值较小，也就是说开关管的电流应力较小，从而降低传导损耗；(2)由于同样的理由为输入电流的纹波几乎为零，没有必要使用输入滤波器；(3)自然软开关：当开关管在Ćuk变换器 CCM（参见图 3.1）下关断时，通过开关的电压从零跳变到 $v_{C1}(DT_s)$。在 DCVM 时，当开关瞬间关断时，也就是变换器工作等效拓扑从图 3.38(b)变换到图 3.38(c)，通过开关的电压由 C_1 上的电压箝位在零（需要注意的是电容器电压不能在开关瞬间跳变），在开关时刻后开始慢慢增加。然而，DCVM 也有明显的缺点：C_1 上的电压应力非常大（是在 CCM 下的两倍多）。这就使得我们更乐于在低电压大电流场合下使用 DCVM。

(ii)由于Ćuk变换器的输入部分源于 Boost 变换器，输出部分为 Buck 变换器，能够遇到在第二个开关阶段［参见图 3.31(b)］结束时，电感器电流 i_{L1} 降低到零，或者在相同拓扑结束之前电感器电流 i_{L2} 降低到零的情况。当 L_1 或者 L_2 设计值很小时，使得它们的电流纹波非常大。在 Boost 或者 Buck 变换器中，这种情况将导致二极管导通中断。

然而，在Ćuk变换器中，如果在开关关断结束之前，一个电感器电流降低到零将不会导致二极管的状态变化。因此，由于没有开关的状态变换，不讨论不连续导通模式。从实际应用的角度来看，我们并不关心这种状况的发生，正如在 3.1 节和 3.2 节所述，将设计 L_1 和 L_2 使得电流在放电阶段不能够降低到零。

（iii）在Ćuk变换器中，当 $i_{L1}(t)$ 和 $i_{L2}(t)$ 在第二个开关阶段降低到零时，二极管处于导通状态，将遇到一种特殊的不连续导通状态。在这种情况下，由于二极管电流由 $i_{L1}(t)$ + $i_{L2}(t)$ 给出，二极管在 T_s 时刻前将断开，导致了一个不连续导通模式。变换器接着进入第三个开关阶段，此时两个开关管均处于关闭状态。这种类型的控制称为 DICM（不连续电感电流模式）。需要注意的是电感器电流的总和达到零，在某个时刻并不意味着它们中每一个均达到零。这并不意味着在第三个开关阶段它们同时达到零。事实上，如后续所述只有在非常特别的情况下设计时才会发生。DICM 下电感电流纹波如图 3.39，其对应的开关阶段如图 3.40 所示。

再理解一下如何进行 DICM。认为变换器工作在 CCM（即每个循环周期有两个开关阶段）且负载电阻 R 逐渐增大。结果是在某一时刻 $I_{L2\,min}$（即 $I_{L2av} - \Delta I_{L2}/2$）在周期 T_s 结束前变为零，逐渐变负，也就是 i_{L2} 如图 3.39 所示开始向反方向流动（因为负载的极性由输出电容的极性决定，因此负载的极性并没有改变。由于正向 $i_{L1}(t)$ 的绝对值大于 $i_{L2}(t)$，二极管继续导通）。到目前为止，二极管的状态没有变化。然而，如果负载电阻进一步增大，i_{L2} 的负值更大，直到 $i_{L1}(t) + i_{L2}(t)$ 的值为零（即两个电感电流的绝对值相等），且在当开关断开的时间内二极管停止导通。变换器进入第三个开关阶段，并以恒定的电流 I 流过两个电感器。当然，从电感电流的值 $+I$ 到 i_{L1} 和 $-I$ 到 i_{L2} 的时间内，也进入了一个新的开关周期。

在所有后续的推导中，将忽略所有的寄生电阻，也就是将假设效率为100%：$V_{in}I_{in} = V_{out}I_{out}$，其中 I_{in} 和 I_{out} 均表示平均电流。因此

$$V_{in}I_{L1av} = V_{out}I_{L2av}$$

其中 I_{L1av} 和 I_{L2av} 代表电感器电流的平均值。

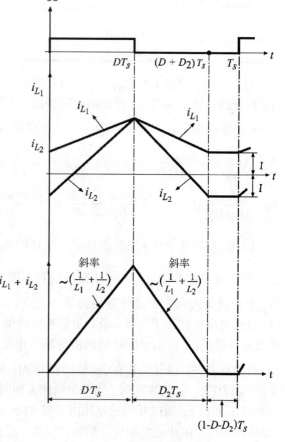

图 3.39　DICM Ćuk变换器波形图（ $I_{L1\,max} = I_{L2\,max}$ ）

为了计算直流电压比，与在 CCM 下类似，写出两个电感器的伏·秒平衡方程

$$v_{L1}(t) = V_{in}, \qquad 0 \leqslant t < DT_s \quad 和 \quad v_{L1}(t) = V_{in} - v_{C1}(t), \qquad DT_s \leqslant t < DT_s + D_2 T_s$$

$$v_{L2}(t) = v_{C1}(t) - V_{out}, \qquad 0 \leqslant t < DT_s \quad 和 \quad v_{L2}(t) = -V_{out}, \qquad DT_s \leqslant t < DT_s + D_2 T_s$$

$$v_{L1}(t) = 0, \quad v_{L2}(t) = 0, \qquad DT_s + D_2 T_s \leqslant t < T_s$$

这意味着，平均值

$$V_{in}D + (V_{in} - V_{C1})D_2 = 0$$

$$(V_{C1} - V_{out})D + (-V_{out})D_2 = 0$$

平均输入电容的电压和负载电压为

$$V_{C1} = \frac{D + D_2}{D_2} V_{in}$$

$$V_{out} = \frac{D}{D + D_2} V_{C1} = \frac{D}{D_2} V_{in}$$

DICM 下 Ćuk 变换器的电压转换比为

$$M_{DICM} = \frac{D}{D_2}$$

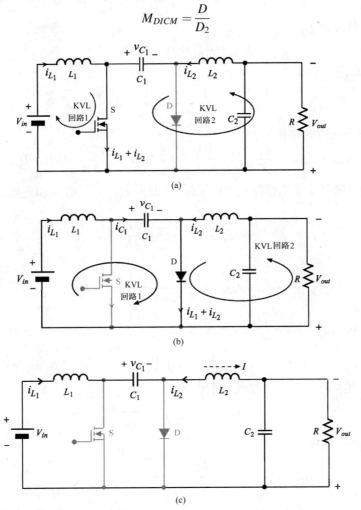

图 3.40　DICM 模式下 Ćuk 变换器的开关阶段。(a) $0 \leqslant t < DT_s$ (S 导通，D 截止)；
(b) $DT_s \leqslant t < (D+D_2)T_s$ (S 关断，D 导通)；(c) $(D+D_2)T_s \leqslant t < T_s$ (S 关断，D 截止)

为了计算输入电感器平均电流，写出三种拓扑下的瞬时电感电流的方程

$$i_{L1}(t) = I + \frac{V_{in}}{L_1} t, \qquad 0 \leqslant t < DT_s, \qquad i_{L1}(DT_s) = I + \frac{V_{in}}{L_1} DT_s$$

$$i_{L1}(t) = I + \frac{V_{in}}{L_1} DT_s + \frac{V_{in} - V_{C1}}{L_1}(t - DT_s) = I + \frac{V_{in}}{L_1} DT_s - \frac{D}{D_2}\frac{V_{in}}{L_1}(t - DT_s),$$

$$DT_s \leqslant t < DT_s + D_2 T_s$$

$$i_{L1}(t) = I, \qquad DT_s + D_2 T_s \leqslant t < T_s$$

在整个开关周期内取平均值

$$I_{L1av} = \frac{1}{T_s} \left\{ \int_0^{DT_s} \left(I + \frac{V_{in}}{L_1} t \right) \mathrm{d}t + \int_{DT_s}^{DT_s+D_2T_s} \left[I + \frac{V_{in}}{L_1} DT_s - \frac{D}{D_2} \frac{V_{in}}{L_1} (t - DT_s) \right] \mathrm{d}t + \int_{(D+D_2)T_s}^{T_s} I \mathrm{d}t \right\}$$

$$= ID + \frac{V_{in}}{2L_1} D^2 T_s + ID_2 + \frac{V_{in}}{L_1} DT_s D_2 - \frac{D}{D_2} \frac{V_{in}}{2L_1} D_2^2 T_s + I(1 - D - D_2) = \frac{V_{in}}{2L_1} D(D + D_2) T_s + I$$

同样，可以计算出 I_{L2av}

$$I_{L2av} = \frac{V_{in}}{2L_2} D(D + D_2) T_s - I$$

通过使用符号

$$\frac{1}{L_1} + \frac{1}{L_2} = \frac{1}{L_{eq}}$$

两个平均电感电流的和如下：

$$I_{L1av} + I_{L2av} = \frac{V_{in}}{2} \left(\frac{1}{L_1} + \frac{1}{L_2} \right) D(D + D_2) T_s = \frac{V_{in}}{2} \frac{1}{L_{eq}} D(D + D_2) T_s$$

通常，由设计者确定了工作模式下的元件（此时的 L_{eq}、开关频率和负载，并定义了无常量 $k_{DICM,Cuk}$）

$$k_{DICM,Cuk} = \frac{2L_{eq}}{RT_s} = \frac{2L_{eq}}{R} f_s$$

可得出

$$I_{L1av} + I_{L2av} = \frac{V_{in}}{R} \frac{1}{k_{DICM,Cuk}} D(D + D_2)$$

从 $V_{in} I_{L1av} = V_{out} I_{L2av}$ 和 $V_{out} = \frac{D}{D_2} V_{in}$，可得到

$$I_{L1av} = \frac{D}{D_2} I_{L2av}$$

通过求解上述平均电感电流方程，可得到

$$I_{L2av} = D_2 \frac{V_{in}}{R} \frac{1}{k_{DICM,Cuk}} D$$

但是，忽略寄生电阻为

$$I_{L2av} = \frac{V_{out}}{R}$$

可得到

$$D_2 = \frac{V_{out}}{V_{in}} \frac{k_{DICM,Cuk}}{D} = M_{DICM} \frac{k_{DICM,Cuk}}{D} = \frac{D}{D_2} \frac{k_{DICM,Cuk}}{D} = \frac{k_{DICM,Cuk}}{D_2}$$

由

$$D_2^2 = k_{DICM,Cuk} \quad \text{或} \quad D_2 = \sqrt{k_{DICM,Cuk}}$$

DICM 下 Ćuk 变换器的直流电压变换增益最终表示为

$$M_{DICM} = \frac{D}{D_2} = \frac{D}{\sqrt{k_{DICM,Cuk}}}$$

可以看出，得到了与 DCM 下 Buck-Boost 变换器相同的公式，不同之处为用 Buck-Boost 变换器中的 L 代替了目前公式 k 中的 L_{eq}。对于 Buck-Boost 变换器，第二个开关阶段 $D_2 T_s$ 持续时间并不依赖于占空比的值。

如果 $D_2 < 1 - D$，也就是如果 $k_{DICM,Cuk} < (1 - D)^2$，Ćuk 变换将工作在 DICM。这意味着不

论占空比的值为多少，如果 $k_{DICM,Cuk} > 1$，Ćuk 变换器将永远不能进入 DICM。可以看出 DICM 更适用于较小占空比值(当 $(1 - D)^2$ 较大)，或者对于一个设计好的 Ćuk 变换器(L_{eq} 和 D 均以给出)，如果负载电阻变大，也就是在轻载时(当 $k_{DICM,Cuk}$ 非常小)将出现 DICM 模式。给定的负载范围，就可以根据上述不等式设计需要的工作模式(CCM 或者 DCM)时的 L_{eq}。

如果再回到之前在(i)中给定的例子——DCVM 工作($L_1 = 645.4$ μH，$L_2 = 996.3$ μH，如果 $L_{eq} = 391.67$ μH，$f_s = 30$ kHz，$R = 40$ Ω)，可以得到，如果设计变换器的额定占空比为 0.2，$k_{DICM,Cuk} = \dfrac{2L_{eq}}{RT_s} = \dfrac{2L_{eq}}{R}f_s = 0.587 < (1 - D)^2 = 0.64$，也就是在如此小的占空比下，变换器将工作在 DICM。

从平均电感电流的表达式 $I_{L1av} = \dfrac{V_{in}}{2L_1}D(D + D_2)T_s + I$ 和 $I_{L2av} = \dfrac{V_{in}}{2L_2}D(D + D_2)T_s - I$，当 $L_1 = L_2$ 可得到

$$I = \frac{I_{L1av} - I_{L2av}}{2} = I_{L2av}\frac{\dfrac{I_{L1av}}{I_{L2av}} - 1}{2} = I_{L2av}\frac{M_{Cuk} - 1}{2}$$

得到一个有趣的结论：Ćuk 变换器如果满足两个条件：直流增益和输入及输出电感器等式 $I = 0$，也就是，仅对于这种极其特殊的情况下，在第三个开关阶段，DICM 下两个电感器电流为零。否则，正如我们已经看到，DICM 并不意味着两个电感器的不连续工作。

在 DICM 工作，每个开关管的电压应力为

$$V_{C1} = \frac{D + D_2}{D_2}V_{in} = \left(\frac{D}{D_2} + 1\right)V_{in} = \left(\frac{D}{\sqrt{k_{DICM,Cuk}}} + 1\right)V_{in}$$

当 $D_2 < 1 - D$，也就意味着 DICM 模式比 CCM 下的电压应力要高。如果要设计变换器工作在 DICM，需要选择一个相对较小的 L_{eq}。但是，通过开关管的平均电流 $I_{L1av} + I_{L2av} = \dfrac{V_{in}}{2}\dfrac{1}{L_{eq}}D(D + D_2)T_s$ 也变大。

如果比较 Ćuk 变换器的 DCVM 和 DICM 下两种可能的非连续导通模式，可以得到 DICM 可以工作在相对较小的占空比，DCVM 工作的占空比较大。在设计一个变换器时，DICM 可以工作在负载较重的状态，DICM 工作的负载较轻。DCVM 模式下电容器 C_1 上的电压应力(大于 CCM 模式工作) $\left(\dfrac{2}{1 - D}V_{in}，D 大\right)$ 远大于 DICM 模式 $\left(\left(\dfrac{D}{\sqrt{k_{DICM,Cum}}} + 1\right)V_{in}，D 小\right)$。DICM 下的电流应力大于 DCVM(此时与 CCM 类似)。这也就是为什么得出 DICM 更适用于高电压、低电流的应用场合。

DICM 下 Ćuk 变换器也呈现良好的功率因数校正能力。当变换器使用在功率因数校正的应用中——例如用于改善独立电源或 AC-DC 变换器。通常，Ćuk 变换器简单地通过元器件的设计能够使其输入电流的谐波含量较低，使得变换器在不连续模式工作的应用中具有很大的优点。实际上，不连续导通模式下 Ćuk 模式的 AC-DC 变换还需要一个控制环路(无须额外的控制环用于控制输入电流波形，并能够调节输出电压)使得该电路更具有吸引力。

3.4.6* 带耦合电感的 Ćuk 变换器

目前讨论得到一种变型结构，就是使用一个耦合电感器（参见图 3.41）用 L_{12} 表示互感 $L_{12} = \dfrac{n_2}{n_1}L_m$，$L_m$ 表示磁化电感。用如下模型表示耦合电感器：L_{l1} 为初级绕组的漏感，L_{l2} 为次级绕组的漏感，L_{12} 为互感，理想变压器的匝比 $n_1:n_2$，可以定义耦合系数 k 和有效匝比 n_{eff} 为

$$k = \frac{L_{12}}{\sqrt{(L_m + L_{l1})\left[\left(\dfrac{n_2}{n_1}\right)^2 L_m + L_{l2}\right]}} = \frac{\dfrac{n_2}{n_1}L_m}{\sqrt{(L_m + L_{l1})\left[\left(\dfrac{n_2}{n_1}\right)^2 L_m + L_{l2}\right]}}$$

$$n_{eff} = \sqrt{\frac{L_m + L_{l1}}{\left(\dfrac{n_2}{n_1}\right)^2 L_m + L_{l2}}}$$

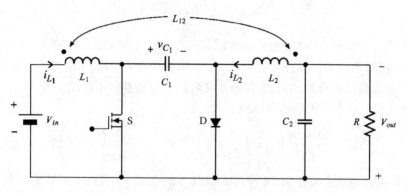

图 3.41 带耦合电感的 Ćuk 变换器以降低电感电流纹波

$\left(\dfrac{n_2}{n_1}\right)^2$ 项表示反射到次级的互感。等效电感 $L_{11} = L_m + L_{l1}$ 和 $L_{22} = \left(\dfrac{n_2}{n_1}\right)^2 L_m + L_{l2}$ 可分别认为是初级和次级绕组的自感。

考虑当匝数比为 1:1 的特定情况。从前述关于 n_{eff} 的定义以及此时的 k

$$n_{eff} = \sqrt{\frac{L_{11}}{L_{22}}}, \quad k = \frac{L_m}{\sqrt{L_{11}L_{22}}}$$

漏感可以表示为

$$L_{l1} = L_{11} - L_m = n_{eff}^2 L_{22} - k n_{eff} L_{22} = n_{eff}(n_{eff} - k)L_{22}$$
$$L_{l2} = L_{22} - L_m = L_{22} - k n_{eff} L_{22} = (1 - k n_{eff})L_{22}$$

由于漏电感必须是正值，则意味着我们要选择耦合电感器的互感，使得

$$k < n_{eff} \quad 和 \quad \frac{1}{k} > n_{eff}, \quad 即 \quad k < n_{eff} < \frac{1}{k}$$

在计算变换器电感电流纹波时，将用 L_{11} 和 L_{12} 代替没有耦合感的变换器公式中的 L_1 和 L_2。耦合电感器的作用是降低输入和输出电感电流纹波，且不会增加太大的电感器。由于初级和次级等效绕组自感相等（$L_{11} = L_{12}$，$n_{eff} = 1$），两个电感器电流纹波同比例降低。然而，通过

k 和 n_{eff} 之间的比率可以改变 L_{11} 和 L_{12} 的比率，以第二个电感电流纹波为代价并或多或少能够降低变换器另一个电感电流纹波。通过改变耦合电感器空气隙，也就是改变 L_m 的值很容易改变 k。然而，为了能够降低输入电流和输出电流的纹波，使用一个耦合电感器增加电路的复杂性和额外的损耗，直至二者之一电流纹波达到零。

最后，通过将电容器 C_1 分为两个电容器 C_{1a} 和 C_{1b}，并插入一个极性相反的隔离变压器，可以得到一个隔离型的Ćuk变换器如图 3.42 所示。因此，可以得到负载电压的极性与输入电压的极性相同。在本章后续关于隔离变换器部分将进行单独的更详细讨论。

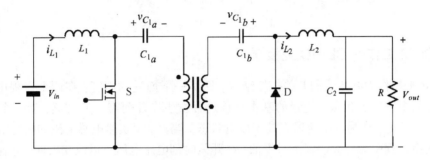

图 3.42　隔离的Ćuk变换器

3.5　SEPIC PWM 硬开关变换器

在Ćuk变换器提出的同时也提出了 SEPIC 变换器(单端初级电感变换器)。两个变换器有很多相似之处：二者均包含了两个电感器和两个电容器；并依赖于占空比的值均能实现降压和升压变换；作为理想变换器在很多应用中均能够实现非脉动电流；二者工作在非连续模式中，均是功率因数校正电路的优选方案；二者 MOSFET 的源极均连接到地。而且，Ćuk变换器提供的输出电压极性与输入电压相反，SEPIC 是一个非反相变换器。这种优势也是需要花费成本的：它的输出特性像 Boost 变换器，需要较大的电容器滤除脉动非常大的输出电流。

SEPIC 变换器的非隔离电路如图 3.43 所示。也可以将 C_1 移到下边如图 3.44 所示。C_1 的存在起到输入和负载的直流隔离作用。

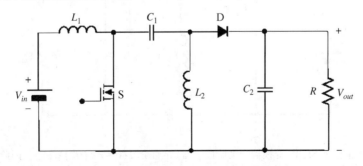

图 3.43　基本的非隔离式 SEPIC 变换器

注意的是该变换器的输入部分类似于 Boost 变换器，能够具有输入电流源特性(称之为电流驱动变换器)。SEPIC 变换器的输出部分也类似于 Boost 变换器，即它具有灌电压的特性。输出的升压型为控制到输出开环小信号传输的非最小相位特性功能的"元凶"。

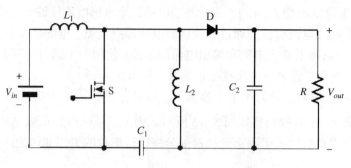

图 3.44 非隔离 SEPIC 变换器模型

3.5.1 CCM 工作的 SEPIC 变换器

以 CCM 工作作为开始绘制开关拓扑结构，回忆一下前述的内容：在两个进程中，无源器件不能全为充电或放电状态。能量的基本转移过程发生在任何需要的时刻，当一个无源器件在开关阶段中充电，在另一个阶段它处于放电状态。当然，事实是电感电流和电容电压在两个开关阶段变换过程中为连续的。另一方面，在开关时刻电感电压可以改变极性，电容电流可以改变方向。当 S 导通，电感 L_1 从 V_{in} 充电［参见图 3.45（a）］。然而，我们不知道通过 C_1 的电压极性，也不知道通过 L_2 的电流方向，因此不能确定二极管 D 在开关过程中的状态。所以，不得不分开画出此时的图 3.45（a），并画出当开关 S 在关断过程中的等效拓扑。

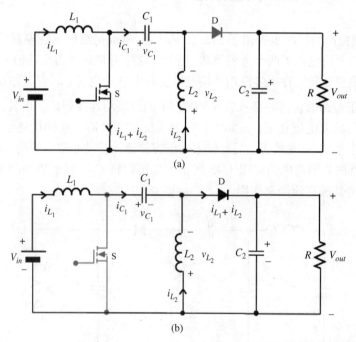

图 3.45 CCM 模式工作下 SEPIC 变换器开关阶段。（a）导通阶段（$0 \leqslant t < DT_S$）；（b）关闭阶段（$DT_S \leqslant t < T_S$）

由图 3.45（a）知，i_{L1} 的方向保持到图 3.45（b）中 S 关断时。电流 i_{L1} 在关断阶段对 C_1 充电，得出 v_{C1} 的极性如图 3.45（b）所示。由于不知道通过电感 L_2 的电流，不能再接着画出图 3.45（b），因此也不知道关断状态下 D 的状态。然而，现在再回到图 3.45（a）以及从图 3.45（b）中得到的 v_{C1} 极性。由于 C_1 在关断阶段充电，也就意味着它在导通阶段放电，其能量将转移到 L_2，L_2

处于充电过程。电流 i_{C1} 与在图 3.45(a) 中参考选择的真实方向的相反方向对 C_1 放电，意味着由于二极管 D 的方向 C_1 不能向负载放电，与 i_{C1} 的真实方向相同。导通拓扑中二极管 D 的极性由于 v_{C1} 和 v_{L2} 的极性发生翻转。电流 $i_{L1} + i_{L2}$ 的和流过开关 S。知道了 i_{L2} 的方向，就可以完成图 3.45(b) 的绘制：即使 v_{C1} 的极性与导通阶段相同，由于 L_2 在关断阶段必须处于放电状态(在导通阶段充电)，通过它的实际电压将发生极性与之前图中的参考极性反向，也就是反向极性出现在导通阶段，因此，D 将正向偏置且 $i_{L1} + i_{L2}$ 电流之和流过 D 并为 C_2 充电提供给负载。在导通阶段，由于 D 为关断状态，C_2 向负载放电以保证输出电压，这是一个典型的 Boost 变换器。需要注意的是，有两个能量转移元件 C_1 和 L_2。还要注意负载没有连接到 PWM 控制拓扑结构的输入电压(当开关导通时)。所以，如在 Boost 变换器中所讨论的在输入电压 V_{in} 变换的瞬间，PWM 最初将对期望的负载电压产生不利的变换：例如，SEPIC 变换器的非最小相位响应，如果 V_{out} 根据输入 V_{in} 的下跌而下跌，在开始时刻 PWM 将导致 V_{out} 进一步下跌。

3.5.2 CCM 工作的 SEPIC 变换器的稳态分析

正如 Ćuk 变换器的分析过程，首先忽略电路中的寄生电阻。根据图 3.45(a) 和图 3.45(b)，写出方程

$$V_{in} = v_{L1}(t); \quad v_{L2}(t) - v_{C1}(t) = 0, \quad 0 \leqslant t < DT_s$$
$$V_{in} = v_{L1}(t) + v_{C1}(t) + V_{out}; \quad v_{L2}(t) + V_{out} = 0, \quad DTs \leqslant t < T_s$$

由于

$$v_{L1}(t) = V_{in}, \quad 0 \leqslant t < DT_s \quad 和 \quad v_{L1}(t) = V_{in} - v_{C1}(t) - V_{out}, \quad DT_s \leqslant t < T_s$$
$$v_{L2}(t) = v_{C1}(t), \quad 0 \leqslant t < DT_s \quad 和 \quad v_{L2}(t) = -V_{out}, \quad DT_s \leqslant t < T_s$$

由 $\int_0^{T_s} v_{L1}(t)\,dt = 0$ 和 $\int_0^{T_s} v_{L2}(t)\,dt = 0$，考虑电容器平均电压可以计算为 $V_{C1} = \dfrac{1}{T_s}\int_0^{T_s} v_{C1}(t)\,dt$，在每个电感器上应用伏·秒平衡方程，得到等式

$$V_{in}DT_s + (V_{in} - V_{C1} - V_{out})(1 - D)T_s = 0$$
$$V_{C1}DT_s + (-V_{out})(1 - D)T_s = 0$$

得出

$$V_{C1} = \frac{1 - D}{D} V_{out}$$

$$V_{out} = \frac{D}{1 - D} V_{in}$$

可见，理想情况下

$$V_{C1} = V_{in}$$

施加在 S 和 D(绝对值)的电压应力为

$$V_{DS(S)} = V_D = V_{C1} + V_{out} = V_{in} + V_{out} = \frac{1}{1 - D} V_{in} = \frac{V_{out}}{D}$$

可以看出，得到了与 Buck-Boost 变换器和 Ćuk 变换器相同的理想的直流电压比表达式，不同之处为目前的负载电压与输入电压的极性相同。如果考虑电路中的寄生电阻，也得到了与 Buck-Boost 变换器和 Ćuk 变换类似的实际图形(参见图 3.34)。

从上述等式中，也得到电感电流的表达式

$$V_{in} = v_{L1}(t) = L_1 \frac{\mathrm{d}i_{L1}}{\mathrm{d}t} \qquad 0 \leqslant t < DT_s$$

这意味着

$$i_{L1}(t) = I_{L1\min} + \frac{V_{in}}{L_1}t, \quad I_{L1\max} = I_{L1\min} + \frac{V_{in}}{L_1}DT_s$$

和

$$V_{in} = v_{L1}(t) + v_{C1}(t) + V_{out} \approx L_1 \frac{\mathrm{d}i_{L1}}{\mathrm{d}t} + V_{in} + V_{out} \qquad DT_s \leqslant t < T_s$$

得

$$i_{L1}(t) = I_{L1\max} - \frac{V_{out}}{L_1}(t - DT_s) \qquad DT_s \leqslant t < T_s$$

因此，在输入电感器电流纹波表示为

$$\Delta I_{L1} = \frac{V_{in}}{L_1}DT_s = \frac{V_{in}D}{L_1 f_s} = \frac{(1-D)V_{out}}{L_1 f_s}$$

与 Boost 变换器类似，如升压功率级一样将设计 SEPIC 变换器的输入电感器

$$L_1 = \frac{V_{in}D}{\Delta I_{L1} f_s}$$

和

$$v_{L2}(t) = L_2 \frac{\mathrm{d}i_{L2}}{\mathrm{d}t} = V_{in} \qquad 0 \leqslant t < DT_s$$

意味着

$$i_{L2}(t) = I_{L2\min} + \frac{V_{in}}{L_2}t \qquad 0 \leqslant t < DT_s, \quad I_{L2\max} = I_{L2\min} + \frac{V_{in}}{L_2}DT_s$$

和

$$v_{L2}(t) = L_2 \frac{\mathrm{d}i_{L2}}{\mathrm{d}t} = -V_{out} \qquad DT_s \leqslant t < T_s$$

由

$$i_{L2}(t) = I_{L2\max} - \frac{V_{out}}{L_2}(t - DT_s); \quad I_{L2\min} = I_{L2\max} - \frac{V_{out}}{L_2}(1-D)T_s$$

因此，能量转移电感电流纹波可以表示为

$$\Delta I_{L2} = \frac{V_{out}}{L_2}(1-D)T_s = \frac{V_{out}}{L_2 f_s}(1-D)$$

通过公式设计 L_2：

$$L_2 = \frac{V_{out}}{\Delta I_{L2} f_s}(1-D) = \frac{DV_{in}}{\Delta I_{L2} f_s}$$

并假设一定的电流纹波。

平均电感电流 $I_{L1,av}$ 和 $I_{L2,av}$，以及已经使用的 I_{L1} 和 I_{L2}，可以很容易地计算为

$$I_{L1} = \frac{1}{T_s}\left\{ \int_0^{DT_s}\left(I_{L1\min} + \frac{V_{in}}{L_1}t\right)\mathrm{d}t + \int_{DT_s}^{T_s}\left[I_{L1\max} - \frac{V_{out}}{L_1}(t - DT_s)\right]\mathrm{d}t \right\} =$$

$$= \frac{1}{T_s}\left\{ \int_0^{DT_s}\left(I_{L1\min} + \frac{V_{in}}{L_1}t\right)\mathrm{d}t + \int_{DT_s}^{T_s}\left[I_{L1\min} + \frac{V_{in}}{L_1}DT_s - \frac{D}{1-D}\frac{V_{in}}{L_1}(t - DT_s)\mathrm{d}t\right] \right\} = I_{L1\min} + \frac{V_{in}}{2L_1}DT_s$$

$$I_{L2} = \frac{1}{T_s} \left\{ \int_0^{DT_s} \left(I_{L2\min} + \frac{V_{in}}{L_2}t \right) \mathrm{d}t + \int_{DT_s}^{T_s} \left[I_{L2\max} - \frac{V_{out}}{L_2}(t - DT_s) \right] \mathrm{d}t \right\} =$$

$$= \frac{1}{T_s} \left\{ \int_0^{DT_s} \left(I_{L2\min} + \frac{V_{in}}{L_2}t \right) \mathrm{d}t + \int_{DT_s}^{T_s} \left[I_{L2\min} + \frac{V_{in}}{L_2}DT_s - \frac{D}{1-D}\frac{V_{in}}{L_2}(t - DT_s) \right] \mathrm{d}t \right\} = I_{L2\min} + \frac{V_{in}}{2L_2}DT_s$$

稳态主要波形图如图 3.46 所示。原则上，在开关周期中，$i_{L2}(t)$ 也可以变为负值。这依赖于 C_1 和 L_2 的实际值，意味着 C_1 的充电/放电过程和 L_2 的充电/放电过程分别进行，和开关导通阶段及关断阶段并不同步。在 Buck 变换器的输出滤波中也会发生同样的过程(参见 1.8 节)。

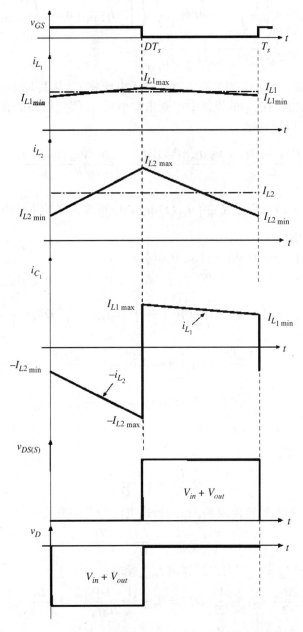

图 3.46　CCM 工作 SEPIC 变换器的主要稳态波形

考虑通过电容器 C_1 的电流

$$i_{C1}(t) = -i_{L2}(t) = -\left(I_{L2\min} + \frac{V_{in}}{L_2}t\right) \qquad 0 \leqslant t < DT_s,\ I_{C1}(DT_s) = -I_{L2\max}$$

$$i_{C1}(t) = i_{L1}(t) = I_{L1\max} - \frac{V_{out}}{L_1}(t - DT_s) \qquad DT_s \leqslant t < T_s,\ I_{C1}(DT_s) = I_{L1\max}$$

通过 C_1 的纹波电流 $\Delta I_{C1} = I_{L1\max} + I_{L2\max}$。在开关阶段中，用上述关于 $i_{C1}(t)$ 的两个表达式可以计算出流过 C_1 的电流有效值。然而，为简单起见，通过 i_{L1} 和 i_{L2} 的平均值对其近似表示，或者，如果不在意一点点过度设计，它们的最大值为

$$I_{C1,rms,\max} = \sqrt{\frac{1}{T_s}\int_0^{T_s} i_{C1}^2(t)\mathrm{d}t} \approx \sqrt{\frac{1}{T_s}\left\{\int_0^{DT_s}(I_{L2\max})^2\mathrm{d}t + \int_{DT_s}^{T_s}(I_{L1\max})^2\mathrm{d}t\right\}}$$

$$= \sqrt{DI_{L2\max}^2 + (1-D)I_{L1\max}^2}$$

考虑到在关断阶段，输入电感电流也就是输入电流将 C_1 从其最小值 $v_{C1\min}$ 充电到最大值 $v_{C1\max}$。忽略该电流的纹波（在 L_1 的设计中该值非常小），并假定电路的寄生电阻为零，也就是转换效率为 100%，可以计算出

$$\Delta V_{C1} = \frac{1}{C_1}\int_{DT_s}^{T_s} I_{in}\mathrm{d}t = \frac{I_{in}(1-D)T_s}{C_1} = \frac{V_{out}I_{out}(1-D)T_s}{V_{in}C_1} = \frac{D}{1-D}\frac{V_{out}}{R}\frac{(1-D)T_s}{C_1} = \frac{DV_{out}}{RC_1f_s} = \frac{D^2V_{in}}{(1-D)RC_1f_s}$$

从电容器 C_1 的安·秒平衡方程 $\frac{1}{T_s}\int_0^{T_s} i_{C1}(t)\mathrm{d}t = 0$，可发现平均电感电流间的关系为

$$\frac{1}{T_s}\int_{0_s}^{T_s} i_{C1}(t)\mathrm{d}t = \frac{1}{T_s}\left\{\int_0^{DT_s}[-i_{L2}(t)\mathrm{d}t] + \int_{DT_s}^{T_s} i_{L1}(t)\mathrm{d}t\right\}$$

$$= \frac{1}{T_s}\left\{\int_0^{DT_s}\left[-\left(I_{L2\min} + \frac{V_{in}}{L_2}t\right)\mathrm{d}t\right] + \int_{DT_s}^{T_s}\left[I_{L1\min} + \frac{V_{in}}{L_1}DT_s - \frac{D}{1-D}\frac{V_{in}}{L_1}(t - DT_s)\right]\mathrm{d}t\right\}$$

$$= -\left(DI_{L2\min} + \frac{V_{in}D^2T_s}{2L_2}\right) + \left[(1-D)I_{L1\min} + \frac{V_{in}D(1-D)T_s}{L_1} - \frac{DV_{in}(1-D)T_s}{2L_1}\right]$$

$$= -D\left(I_{L2\min} + \frac{\Delta I_{L2}}{2}\right) + (1-D)\left(I_{L1\min} + \frac{\Delta I_{L1}}{2}\right)$$

$$= -DI_{L2} + (1-D)I_{L1} = 0$$

说明平均电感器电流的比率为

$$\frac{I_{L1}}{I_{L2}} = \frac{D}{1-D}$$

因此，通过假设 100% 的转换效率，得到转换电流的平均值关系为

$$\frac{V_{out}}{V_{in}} = \frac{I_{in}}{I_{out}} = \frac{I_{L1}}{I_{L2}} = \frac{D}{1-D}$$

有了这个公式，并牢记 $I_{in} = I_{L1}$，可以计算出 $I_{L1\min}$ 和 $I_{L2\min}$

$$I_{L1\min} = I_{L1} - \frac{\Delta I_{L1}}{2} = I_{L1} - \frac{V_{in}}{2L_1}DT_s = I_{in} - \frac{(1-D)V_{out}}{2L_1f_s} = \frac{D}{1-D}I_{out} - \frac{(1-D)V_{out}}{2L_1f_s}$$

$$I_{L2\min} = I_{L2} - \frac{\Delta I_{L2}}{2} = I_{L2} - \frac{V_{out}}{2L_2}(1-D)T_s = I_{out} - \frac{V_{out}}{2L_2f_s}(1-D)$$

导通阶段通过开关 S 的电流由下式给出的电感器电流的和：

$$i_S(t) = i_{L1}(t) + i_{L2}(t) = I_{L1\min} + \frac{V_{in}}{L_1}t + I_{L2\min} + \frac{V_{in}}{L_2}t = I_{L1\min} + I_{L2\min} + V_{in}\left(\frac{1}{L_1} + \frac{1}{L_2}\right)t \quad 0 \leqslant t < DT_s$$

或者，用符号

$$\frac{1}{L_{eq}} = \frac{1}{L_1} + \frac{1}{L_2}$$

可以写为

$$i_S(t) = I_{L1\min} + I_{L2\min} + V_{in}\frac{1}{L_{eq}}t \qquad 0 \leqslant t < DT_s$$

它的最大值可以写为

$$I_{S\max} = I_{L1\max} + I_{L2\max} = I_{L1} + \frac{\Delta I_{L1}}{2} + I_{L2} + \frac{\Delta I_{L2}}{2}$$

$$= \frac{D}{1-D}I_{out} + \frac{(1-D)V_{out}}{2L_1 f_s} + I_{out} + \frac{V_{out}}{2L_2 f_s}(1-D) = \frac{1}{1-D}I_{out} + \frac{(1-D)V_{out}}{2L_{eq}f_s}$$

开关管电流的有效值通常可以写为

$$I_{S,rms} = \sqrt{\frac{1}{T_s}\int_0^{T_s} i_S^2(t)\mathrm{d}t} = \sqrt{\frac{1}{T_s}\left[\int_0^{DT_s}\left(I_{L1\min} + I_{L2\min} + V_{in}\frac{1}{L_{eq}}t\right)^2\mathrm{d}t\right]}$$

$$= \sqrt{(I_{L1\min} + I_{L2\min})^2 D + (I_{L1\min} + I_{L2\min})V_{in}\frac{1}{L_{eq}}D^2 T_s + V_{in}^2\frac{1}{L_{eq}^2}\frac{D^3 T_s^2}{3}}$$

$$= \sqrt{D\left[(I_{L1\min} + I_{L2\min})^2 + (I_{L1\min} + I_{L2\min})V_{out}\frac{1}{L_{eq}}(1-D)T_s + V_{out}^2\frac{1}{L_{eq}^2}\frac{(1-D)^2 T_s^2}{3}\right]}$$

$$= \sqrt{D\left[(I_{L1\min} + I_{L2\min})\left(I_{L1\min} + I_{L2\min} + V_{out}\frac{1}{L_{eq}}(1-D)T_s\right) + V_{out}^2\frac{1}{L_{eq}^2}\frac{(1-D)^2 T_s^2}{3}\right]}$$

和

$$I_{L1\min} + I_{L2\min} = \frac{D}{1-D}I_{out} - \frac{(1-D)V_{out}}{2L_1 f_s} + I_{out} - \frac{V_{out}}{2L_2 f_s}(1-D) = \frac{1}{1-D}I_{out} - \frac{(1-D)V_{out}}{2L_{eq}f_s}$$

$I_{S,rms}$ 之前的表达式为

$$I_{S,rms} = \sqrt{D\left[\left(\frac{1}{1-D}I_{out} - \frac{(1-D)V_{out}}{2L_{eq}f_s}\right)\left(\frac{1}{1-D}I_{out} + \frac{(1-D)V_{out}}{2L_{eq}f_s}\right) + V_{out}^2\frac{1}{L_{eq}^2}\frac{(1-D)^2}{3f_s^2}\right]}$$

$$= \sqrt{D\left[\left(\frac{1}{1-D}I_{out}\right)^2 + \frac{1}{12}V_{out}^2\frac{1}{L_{eq}^2}\frac{(1-D)^2}{f_s^2}\right]}$$

通过二极管的电流为

$$i_D(t) = i_{L1}(t) + i_{L2}(t) = I_{L1\max} - \frac{V_{out}}{L_1}(t - DT_s) + I_{L2\max} - \frac{V_{out}}{L_2}(t - DT_s) \qquad DT_s \leqslant t < T_s$$

在 DT_s 时刻，它的最大值等于开关管 S 电流

$$I_{D\max} = I_{S\max} = I_{L1\max} + I_{L2\max} = \frac{1}{1-D}I_{out} + \frac{(1-D)V_{out}}{2L_{eq}f_s}$$

通过二极管、I_{Dav} 的平均电流或者简称 I_D，通常计算为

$$I_D = \frac{1}{T_s} \int_{DT_s}^{T_s} [i_{L1}(t) + i_{L2}(t)] \mathrm{d}t = \frac{1}{T_s} \int_{DT_s}^{T_s} \left[I_{L1\max} - \frac{V_{out}}{L_1}(t - DT_s) + I_{L2\max} - \frac{V_{out}}{L_2}(t - DT_s) \right] \mathrm{d}t$$

$$= \left[\frac{1}{1-D} I_{out} + \frac{(1-D)V_{out}}{2L_{eq}f_s} \right] (1-D) - \frac{V_{out}}{2L_{eq}} (1-D)^2 T_s = I_{out}$$

当然，这也是期望得到的结果。

SEPIC 变换器的设计遵循前面的章节中所讨论的轮廓。知道了输入电压和负载范围参数，并假设在一定的效率，就可以计算占空比范围。假设一定的电感电流纹波并考虑通过它们的最大电流以及工作频率，就可以计算输入和输出电感器。类似于 Boost 变换器设计的输出电容。如前所讨论，电容器能够滤除非常大的脉动电流(i_D)，电容器 C_1 受制于电压 V_{in} (相对于Ćuk 变换器的能量转移，电容电压受制于电压 $V_{in} + V_{out}$ 来说，这是个优点)。甚至一个相对较小的电容值可以满足电容电压纹波条件，但该电容必须能够承受较大的纹波电流。

3.5.3* CCM 工作的 SEPIC 变换器的小信号分析

为了在 SEPIC 变换器中明显地提出 PWM 开关单元，如图 3.47 一样应当重新绘制变换器配置图(如图 3.44 所示)。

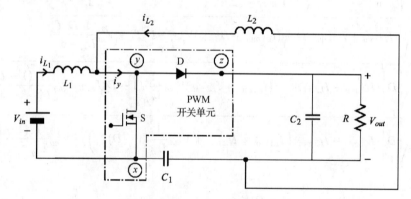

图 3.47　强调 PWM 开关单元(x, y, z)的 SEPIC 变换器

由图 2.31 推导出的等效平均模型代替开关单元的 x, y 和 z，得到 CCM 工作 [参见图 3.48(a)] 下 SEPIC 变换器的平均 DC 和小信号模型。通过简单但很费力的代数可以计算出直流电压变换比和传递函数，引用本章的参考文献，在 Vorperian 的工作中，得到一个完整的推导。可发现

$$r_e = r_{C1} + \frac{r_{C2}R}{r_{C2} + R}$$

通过开放式电路替代由电感器短路电流和电容器开路电压，在图 3.48(b)中的平均变量中得到等效直流模型。两个环路的 KVL 为

$$V_{in} = r_{L1}I_{L1} + r_e D(1-D)(I_{L1} + I_{L2}) + V_a - V_b$$

$$r_{L2}I_{L2} + r_e D(1-D)(I_{L1} + I_{L2}) + V_a = -V_{out}$$

我们发现，根据前一节内容，平均电感器电流可以计算为

$$I_{L2} = \frac{V_{out}}{R}; \quad I_{L1} = \frac{D}{1-D}I_{L2} = \frac{D}{1-D}\frac{V_{out}}{R}$$

考虑

$$V_a = DV_b$$

CCM 工作下 SEPIC 变换器由 KVL 方程得到的直流电压增益表达式为

$$M = \frac{V_{out}}{V_{in}} = \frac{D}{1-D}\frac{1}{1 + \frac{r_{L1}}{R}\left(\frac{D}{1-D}\right)^2 + \frac{r_{L2}}{R} + \frac{r_e}{R}\frac{D}{1-D}}$$

从 KVL 方程，可以得到

$$V_{xz} = V_b = -(V_{in} + V_{out} - r_{L1}I_{L1} + r_{L2}I_{L2}) = -V_{in} - V_{out}\left(1 - \frac{r_{L1}}{R}\frac{D}{1-D} + \frac{r_{L2}}{R}\right)$$

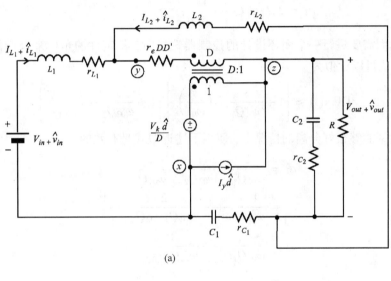

(a)

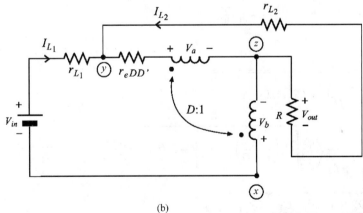

(b)

图 3.48　(a) CCM 工作下的 SEPIC 变换器平均 DC 和小信号模型；(b) 等效平均 DC 模型

　　如先前所讨论，在占空比 D 较大时，由寄生电阻得到的直流增益函数：类似于 Boost 变换器、Buck-Boost 变换器和Ćuk变换器，当 D 趋于 1 时，直流增益下降到零。

　　为了得到开环小信号输入至输出电压的传递函数，将只考虑等效平均模型的交流部分。

当然，由于存在四个电抗性元件，传递函数为四阶。由于其表达非常复杂，将忽略寄生电阻。表达式中分母为

$$\text{DEN}(s) = 1 + a_1 s + a_2 s^2 + a_3 s^3 + a_4 s^4$$

由

$$a_1 = \left[L_1 \left(\frac{D}{1-D} \right)^2 + L_2 \right] \frac{1}{R}$$

$$a_2 = L_1 \left[C_2 \left(\frac{D}{1-D} \right)^2 + C_1 \right] + L_2(C_1 + C_2)$$

$$a_3 = L_1 L_2 C_1 \frac{1}{R(1-D)^2}$$

$$a_4 = L_1 L_2 C_1 C_2 \frac{1}{(1-D)^2}$$

当按照我们需要进行一个闭环设计的控制器选择时，从定性的角度来分析传递函数的特性，上述多项式可以近似为

$$\text{DEN}(s) \approx \left[1 + \frac{s}{\omega_{01} Q_1} + \left(\frac{s}{\omega_{01}} \right)^2 \right] \left[1 + \frac{s}{\omega_{02} Q_2} + \left(\frac{s}{\omega_{02}} \right)^2 \right]$$

在两个谐振频率能够很好分离的情况下，使用下述近似式是有效的：

$$a_1 = \frac{1}{\omega_{01} Q_1} + \frac{1}{\omega_{02} Q_2} \approx \frac{1}{\omega_{01} Q_1}$$

$$a_2 = \frac{1}{\omega_{01}^2} + \frac{1}{\omega_{02}^2} + \frac{2}{\omega_{01} Q_1 \omega_{02} Q_2} \approx \frac{1}{\omega_{01}^2}$$

$$a_3 = \frac{1}{\omega_{01} Q_1 \omega_{02}^2} + \frac{1}{\omega_{02} Q_2 \omega_{01}^2}$$

$$a_4 = \frac{1}{\omega_{01}^2 \omega_{02}^2}$$

得到

$$\omega_{01} = \frac{1}{\sqrt{L_1 \left[C_2 \left(\dfrac{D}{1-D} \right)^2 + C_1 \right] + L_2(C_1 + C_2)}}$$

$$Q_1 = \frac{R}{L_1 \left(\dfrac{D}{1-D} \right)^2 + L_2} \sqrt{L_1 \left[C_2 \left(\frac{D}{1-D} \right)^2 + C_1 \right] + L_2(C_1 + C_2)}$$

$$\omega_{02} = \sqrt{\frac{C_1(1-D)^2 + C_2 D^2}{C_1 C_2 L_2} + \frac{C_1 + C_2}{L_1 C_1 C_2}(1-D)^2}$$

$$Q_2 = \frac{R}{(L_1 + L_2) \dfrac{C_1}{C_2}} \left\{ L_1 \left[C_2 \left(\frac{D}{1-D} \right)^2 + C_1 \right] + L_2(C_1 + C_2) \right\} \sqrt{\frac{C_1(1-D)^2 + C_2 D^2}{C_1 C_2 L_2} + \frac{C_1 + C_2}{L_1 C_1 C_2}(1-D)^2}$$

输入–输出的传递函数为

$$G_{vg}(s) = \frac{D}{1-D}\frac{N_1(s)}{\mathrm{DEN}(s)}$$

其中，包括寄生电阻，分子 $N_1(s)$ 可以准确地表述为

$$N_1(s) = (1 + r_{C2}C_2 s)\left[1 + C_1(Dr_{C1} + r_{L2})s + L_2 C_1 s^2\right]$$

注意，类似于 Buck 变换器，由输出电容导致典型的高频左半个平面零点。对于 SEPIC 变换器，有两个更复杂的左半平面零点。

控制到输出的传递函数为

$$G_{vd}(s) = \frac{1}{(1-D)^2}\frac{N_2(s)}{\mathrm{DEN}(s)}$$

$$N_2(s) = (1 + r_{C2}C_2 s)\left[1 - \frac{L_1}{R}\left(\frac{D}{1-D}\right)^2 s + (L_1 + L_2)C_1 s^2 - \frac{L_1 L_2 C_1}{R}\left(\frac{D}{1-D}\right)^2 s^3\right]$$

在上面的表达式中，我们再次看到由于输出电容寄生电阻导致出现的高频左半平面零点。此外，得到一个三阶表达式指向多个位于右半平面零点，给出了 SEPIC 变换器的非最小相位响应。表达式中不得不忽略所有的寄生电阻，否则就太复杂了，也有碍于我们理解这种特性的行为。近似为

$$N_2(s) \approx (1 + r_{C2}C_2 s)\left[1 - \frac{L_1}{R}\left(\frac{D}{1-D}\right)^2 s\right]\left[1 - \frac{(L_1 + L_2)C_1 R}{L_1}\left(\frac{1-D}{D}\right)^2 s + \frac{L_2 C_1}{D}s^2\right]$$

对于额定负载条件下，或为

$$N_2(s) \approx (1 + r_{C2}C_2 s)\left[1 - \frac{L_1 L_2}{(L_1 + L_2)R}\frac{D}{(1-D)^2}s\right]\left[1 - \frac{L_1}{R}\left(\frac{D}{1-D}\right)^2 s + (L_1 + L_2)C_1 s^2\right]$$

非常小的负载。

在 3.5.1 节中描述了 SEPIC 变换器的工作，也预料到类似于在 Boost 变换器或者 Buck-Boost 变换器中一样，会出现第一个右半平面零点。可以看出它的值取决于 L_1 和 R，这也在预料之中：由于在导通阶段，电感器 L_1 从负载分离并开始从 V_{in} 充电，导致了零点出现。由于在导通阶段，电感器 L_2 在 C_1 的充电过程中，也与负载断开，导致了右半平面出现复杂零点的事实。

3.5.4　市售 SEPIC 变换器：实例研究

3.5.4.1　基于 NS(美国国家半导体公司) LM3478 控制器的 SEPIC 变换器

美国国家半导体公司提出基于如下规格要求的 SEPIC 变换器设计：$V_{in} = [\,3\text{ V} - 5.7\text{ V}\,]$，$V_{out} = 3.3$ V，$P_{out} = 8.25$ W(即 $I_{out} = 2.5$ A)，开关频率为 330 kHz，使用 LM3478 控制器。设计时，假定转换效率为 100% 且二极管的压降为 0.5 V，对于输入给定的电压范围得到占空比范围为

$$D_{\min} = 0.4, \quad D_{\max} = 0.56$$

在最小输入电压下，计算出最大平均输入电感器电流等于输入电流

$$I_{L1} = \frac{8.25}{3} = 2.75\text{ A}$$

在最大电流下，输入电感电流纹波为 40%，$\Delta I_{L1} = 1.1$ A，意味着 $I_{L1\,\max} = 3.3$ A，$I_{L1\min} =$

2.2 A。在最大输入电压时,输入电感器电流的范围在 1.45 A 附近的最小平均值为 $[1.45 - 0.55, 1.45 + 0.55] = [0.9\ A, 2A]$。

$$L_1 = \frac{V_{in,\min}D_{\max}}{\Delta I_{L1}f_s} = \frac{3 \times 0.56}{1.1 \times 330 \times 10^3} = 4.63\ \mu H$$

电感器 L_2 的计算也为一个电流纹波 $\Delta I_{L2} = 1.1\ A$,意味着电感电流的范围为 $[1.95\ A, 3.05\ A]$。可以看到,没有一个条件下都可以使电感器电流之和为零,即变换器将一直在 CCM 模式下工作。

$$L_2 = \frac{D_{\max}V_{in,\min}}{\Delta I_{L2}f_s} = 4.63\ \mu H$$

L_1 和 L_2 均选择标准的 4.7 μH 电感器。

通过开关管的最大电流为电感电流的最大值的和 $3.3 + 3.05 = 6.35$ A。由于 $L_{eq} = L_1/2 = L_2/2$,开关管电流的最大有效值(即在最小输入电压时的电流有效值)为

$$I_{S,rms,\max} = \sqrt{D_{\max}\left[\left(\frac{1}{1-D_{\max}}I_{out}\right)^2 + \frac{1}{12}V_{out}^2\frac{1}{L_{eq}^2}\frac{(1-D_{\max})^2}{f_s^2}\right]} = 4.25\ A$$

开关管必须承受的最大电压 $V_{in,\max} + V_{out} = 9$ V。选择 Si4442DY 开关管,其导通电阻 $r_{DS(on)} = 8$ mΩ。控制器 LM3478 的栅极驱动电流为 0.3 A。二极管也要承受相同的电压;它的最大平均电流为输出电流(如果给出了负载的范围,则在满负载下)。

考虑到设计条件,设计耦合(能量转移)电容器 C_1

$$I_{C1,rms} = \sqrt{D_{\max}I_{L2}^2 + (1-D_{\max})I_{L1}^2} = 2.6\ A$$

$$\Delta V_{C1\max} = \frac{D_{\max}V_{out}}{RC_1f_s} = \frac{D_{\max}I_{out}}{C_1f_s}$$

意味着

$$C_{1\min} = \frac{D_{\max}I_{out}}{\Delta V_{C1\max}f_s} = 10\ \mu F$$

对于假设的电压纹波 0.42 V,约为输入电压的 10% 时,输入电压也为通过 C_1 两端的平均电压。

假设最大输出电压纹波为负载电压的 1%,即为 0.033 V,选择输出电容

$$C_{2\min} = \frac{D_{\max}I_{out}}{\Delta V_{C2\max}f_s} = 128.5\ \mu F$$

由于二极管最大的电流为最大电感电流的总和

$$r_{C2\min} = \frac{\Delta V_{C2\max}}{I_{D\max}} = 5.2\ m\Omega$$

三个 100 μF 陶瓷电容器的等效串联电阻为 6 mΩ。检查电容器的选择

$$\Delta V_{out} = \Delta V_C + r_C I_{D\max} = 0.026\ V < 0.01\ V_{out}$$

控制器的参考电压是 1.26 V。负载电压 3.3 V 通过两个电阻器 20 kΩ 和 12.4 kΩ 构成的分压器分压后反馈到参考电压端。用 19 mΩ 的电阻器与 MOSFET 串联连接检测电流,并使用峰值电流模式控制方式。

在控制到输出传递函数的右半平面零点的频率大约为

$$f_{z,RHP} \approx \frac{R(1-D_{\max})^2}{2\pi L D_{\max}^2} = 27.6\ kHz$$

$C_1 - L_2$ 单元的谐振频率为

$$f_{r,C1\_L2} \approx \frac{1}{2\pi\sqrt{C_1 L_2}} = 23 \text{ kHz}$$

在上述两个频率最小值的 1/6 处设计为转折频率,也就是 3.8 kHz。控制的设计有三个要素(参见图 3.49)($R_c = 523 \ \Omega$,$C_{c1} = 1.2$ nF 和 $C_{c2} = 330$ nF)实现在 1/4 转折频率处能够达到零,其极点在原点,在控制到输出传递函数中,由输出电容等效串联电阻产生的与零点对消的极点。

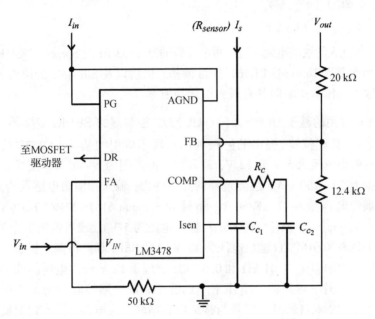

图 3.49　SEPIC 变换器的 LM3478 控制芯片(美国国家半导体)反馈环路

3.5.4.2　基于 Unitrode(TI)UCC3803 控制器的 SEPIC 变换器

由 Unitrode(德州仪器)提出了 UCC3803 控制器的另一种 SEPIC 变换器设计。它主要用于电池供电和汽车应用方面的设计。变换器在输入电压范围为 2.5 ~ 13.5 V,输出电压为 5 V,满负载电流为 100 mA 条件下工作。开关频率为 500 kHz,允许的最大输出电压纹波为 150 mV。

忽略损耗,占空比范围的计算为

$$D_{\max} = \frac{V_{out}}{V_{out} + V_{in,\max}} = \frac{5}{5 + 13.5} = 0.27; \quad D_{\max} = \frac{V_{out}}{V_{out} + V_{in,\min}} = \frac{5}{5 + 2.5} = 0.666$$

在相同条件下(假定 100% 转换效率),平均输入电流(即平均输入电感电流)的范围为

$$I_{in,\min} = \frac{V_{out}I_{out}}{V_{in,\max}} = \frac{0.1 \times 5}{13.5} = 0.037 \text{ A}, \quad I_{in,\max} = \frac{V_{out}I_{out}}{V_{in,\min}} = \frac{0.1 \times 5}{2.5} = 0.2 \text{ A}$$

选择两个 220 μH 的电感器,型号为 COILCRAFT DT3316-102-224。需要注意的是,由于 $I_{out} = 100$ mA,$I_{in,\min} = 37$ mA(输入电感电流的最小平均值 $I_{L1av,\min}$),变换器将不能进入 DCM 工作(即在该条件下通过二极管的电流永远不能下降到零)。

$$\Delta I_{L1\max} = \Delta I_{L2\max} = \frac{(1 - D_{\min})V_{out}}{L_1 f_s} = \frac{(1 - 0.27)5}{220 \times 10^{-6} \times 500 \times 10^3} = 0.033 \text{ A}$$

也就是

$$I_{L1\min} + I_{L2\min} = I_{L1\min} - \frac{\Delta I_{L1\max}}{2} + I_{L2} - \frac{\Delta I_{L2\max}}{2} = 104\,\text{mA} > 0$$

对于选择耦合(能量转移)的电容,用公式

$$I_{C1,rms,\max} = \sqrt{D_{\max}I_{L2}^2 + (1 - D_{\max})I_{L1\max}^2} = \sqrt{0.666 \times 0.1^2 + (1 - 0.666)0.2^2} = 0.14\,A$$

$$\Delta V_{C1\max} = \frac{D_{\max}V_{out}}{RC_1f_s} = \frac{D_{\max}I_{out}}{C_1f_s}$$

$$V_{C1,\max} = V_{in,\max} = 13.5\,\text{V}$$

为了能够适应如此大的纹波电流,选择两个并联的25 V/33 μF的 Sprague 293D336X0025E2T 电容器。选择使用两个并联 Unitrode UC3612D 肖特基二极管以及 Siliconix 公司的 Si9410DY 晶体管。通过测量,输入电压为 7 V 时具有最大的转换效率。

3.5.4.3　用于汽车应用的基于 Unitrode(TI)UC2577 控制器的 SEPIC 变换器

由 Unitrode 公司(德州仪器)提出的另一种用于汽车应用的基于 UC2577 控制器的 SEPIC 变换器:变换器的输出电压为 5 V 或 12 V,输入电压的范围为 3~40 V。变换器的工作频率为 52 kHz。负载范围为 50~250 mA。主要选择的元器件为:输入和输出电感器为 100 μH,型号为 ECI#M1088,耦合电容器为 47 μF/50 V,型号为 Sprague 515D227M050CD6A,输出电容为 220 μF/6 V,型号为 Sprague 595D227X9006D7(输出电压为 5 V),或者输出电容为 68 μF/16 V,型号为 Sprague 293D686X0016D2T(输出电压为 12 V),UC3612 双肖特基二极管。通过 3.01 kΩ 和 1 kΩ 对应于 5 V 输出电压、3.01 kΩ 和 0.33 kΩ 对应于 12 V 输出电压的两个电阻将负载电压分压后反馈到控制芯片。如果输入电压下降到低于集成电路控制器的工作电压范围,可以通过两个并联的 UC3612 双肖特基二极管与接地电容串联形成电路,接入到变换器的输入电感器和控制电路之间,以形成自举电路。

3.5.4.4　基于 TI TPS61175 IC 控制器的 SEPIC 变换器

德州仪器[①]的 2010 应用文档描述了 SEPIC 配置下使用 TPS61175Boost 变换器控制芯片。开关管集成在控制芯片中。其应用为 9~15 V 的输入电压范围变换为 12 V 输出的电压变换器。

开关频率设定为 1 MHz,环境温度设为 55℃。负载范围为[1 mA,800 mA]。在 800 mA 负载时输出电压纹波最大为 100 mV。瞬态响应必须满足如下要求:负载变化率(以时间为单位变化的负载电流):0.20 A/μs,最大负载电压下跌幅度(电压下跌):负载阶跃变化 400 mA 时为 400 mV。

考虑到二极管的正向导通电压为 0.5 V,需要添加到输出电压 V_{out},可以计算出

$$D_{\min} = 0.45, \quad D_{\max} = 0.58$$

在假设 $V_{in,\min} = 9$ V 时的转换效率为 85%,$V_{in,\max} = 15$ V 时的转换效率为 90%,$I_{in,\min} = 0.74$ A,$I_{in,\max} = 1.31$ A 的条件下计算平均输入电流。假设在最大输入电感电流时的纹波为 20%,得到最大输入电感电流为 $I_{L1,\max} + \dfrac{20\% I_{L1,\max}}{2} = 1.44$ A。在同样比例的输出电感电流纹波

---

① 德州仪器(TI)产品只有由 TI 特别设计为"军工级"或"增强型塑料级",才能够在军事/航空航天应用中使用,且只有在特别授权下才能在关键安全的电路中应用。

下，得到输出电感电流为 $I_{L2,\max} + \dfrac{20\% I_{L2,\max}}{2} = 0.93$ A。因此，通过开关管和二极管的最大电流为 2.37 A。如果两个电感器耦合在一个磁芯上，需用不同的计算公式。

选择电感器为 15 μH，还要考虑电感电流额定值要低于饱和电流值。耦合电感的选择要满足以下条件：绕线工艺为 MSD1260-153，每个绕组额定电流为 2.06 A，直流寄生电阻为 85 mΩ。由于负载瞬变带来的电流纹波尖峰，选择额定电流的 20% 添加到之前计算的最大电感电流。

耦合电容计算值为 0.48 μF，根据两端的最大电压纹波为 5%（$V_{in,\max} = 15$ V），选择 1 μF/25 V 的电容器。

考虑到可能的振荡，肖特基二极管为 B320-13，耐压为 20 V。

输出电容选择具有较小等效串联电阻的陶瓷电容器。最严格的要求是在负载瞬态变化时，输出电容的计算公式为

$$C_{2\min} = \frac{\Delta I_{trans}}{2\pi f_{BW} \Delta V_{trans}} = \frac{0.4}{2\pi \times 5 \times 10^3 \times 0.4} = 32 \text{ μF}$$

其中，f_{BW} 是控制环路的单位增益带宽（交叉频率）。输出电容选择为两个 22 μF/50 V 电容器并联使用。它可以很容易检查出所选择的电容器满足所有用来设计 SEPIC 变换器输出电容的其他准则。

控制电路中的软启动电容器为 0.047 μF/6.3 V，有助于减缓启动过程中的输出电压上升时间和最大限度地减少浪涌电流。

输出电压通过电阻器分压后反馈到控制器，设计值为 $R_2 = 10.7$ kΩ，$R_1 = 93.1$ kΩ，能够匹配 1.229 V 的基准电压（该设计从通常推荐 R_2 为 10 kΩ 开始，逐步得到 10.7 kΩ 的值，同样 R_1 的值也要接近常用的电阻器的值）。

为了避免开环控制传递函数的计算较为繁琐，提出了一种对补偿器反馈回路的简单设计方式：通过仿真得到的电源功率级的占空比-输出的传递函数（也可以在实验室中通过使用增益相位分析仪来获得）。右半平面零点的最低频率为 83 kHz。在 3.5.3 节中，得到了分子 $N_2(s)$ 中零点的近似解析表达式

$$N_2(s) \approx \cdots \times \left[1 - \frac{L_1}{R} \left(\frac{D}{1-D} \right)^2 s \right] \times \cdots$$

也就是

$$f_{z,RHP} = \frac{1}{2\pi} \frac{R_{\min}}{L_1} \left(\frac{1 - D_{\max}}{D_{\max}} \right)^2 = 83.5 \text{ kHz}$$

为了避免控制回路中右半平面零点的影响，确保交叉频率低于右半平面零点的最低频率的十分之一。零点补偿器大约为交叉频率的五分之一。补偿器（将在专门的音频控制部分学习）是由 2.69 kΩ 电阻器和 0.039 μF 电容器串联网络组成。在电流模式控制器中选择跨导型运算放大器 TPS61175。在非常小负载（低于 50 mA）时，测量变换器的效率非常低，随着负载电流的增大（50 mA 负载时效率为 80%，350 mA 负载时效率为 90%，$V_{in} = 9$ V 时的效率略高于 $V_{in} = 15$ V 时的效率），在 750 mA 满载时转换效率达到 90%，在增大负载，转换效率开始降低（在非常大的负载电流时，两个开关管电流和电容的纹波电流过大）。

3.5.5* DCM 工作的 SEPIC 变换器

像Ćuk变换器, DCM 模式工作下的 SEPIC 变换器同样有两种可能的类型:

(ⅰ) 在导通阶段[参见图3.45(a)], 在 DT_s 时间点前, 电容 C_1 对电感 L_2 可能完全放电。因此, 在这种情况下, 二极管 D 由于 L_2 上电压降变为正向偏置。D 导通后允许电感电流 i_{L2} 不间断流动, 标志着一个新的开关阶段, 此时两个开关管均处于导通状态: 不连续电容器电压模式(DCVM)。从电路理论的角度来看, 该拓扑结构和图 3.38(b) 所示的Ćuk变换器的等效开关阶段是相同的。如 SEPIC 变换器的 DCVM 分析, Ćuk变换器 DCVM 的设计公式是理想状态(参见 3.4.5 节), 将不会在本节赘述。

(ⅱ) 在关断阶段, 通过二极管电流 $(i_{L1}(t) + i_{L2}(t))$ 在 T_s 周期结束前降低到零, 二极管 D 截止, 标志着 SEPIC 变换器一个新的开关周期开始, 此时两个开关管均处于断开状态, 如图 3.50(c) 所示。称为 DCM 连续电感电流模式(DICM)。DICM 下稳态电流波形示如图 3.51 所示。

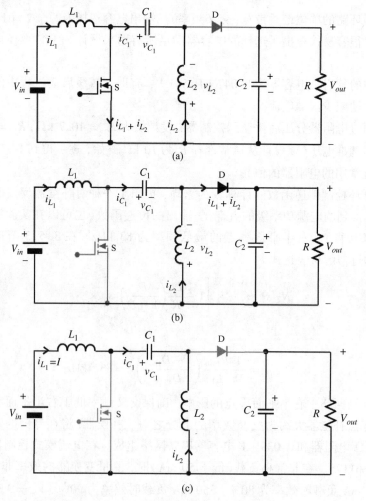

图 3.50　DICM 模式的 SEPIC 变换器的等效开关拓扑。(a) $0 \leqslant t < DT_s$(S 导通, D 截止);
(b) $DT_s \leqslant t < (D+D_2)T_s$(S断开, D导通); (c) $(D+D_2)T_s \leqslant t < T_s$(S断开, D截止)

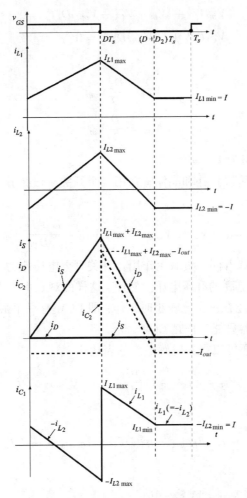

图 3.51　DICM 模式的 SEPIC 变换器稳态波形

根据图 3.50(a)至图 3.50(c)，写出等效拓扑的 KVL 方程

$$V_{in} = v_{L1}(t); \quad v_{L2}(t) - v_{C1}(t) = 0, \quad 0 \leqslant t < DT_s$$

$$V_{in} = v_{L1}(t) + v_{C1}(t) + V_{out}; \quad v_{L2}(t) + V_{out} = 0, \quad DT_s \leqslant t < DT_s + D_2T_s$$

$$V_{in} = v_{C1}(t); \quad v_{L1}(t) = 0; \quad v_{L2}(t) = 0, \quad DT_s + D_2T_s \leqslant t < T_s$$

由

$$v_{L1}(t) = V_{in}, \quad 0 \leqslant t < DT_s, \quad v_{L1}(t) = V_{in} - v_{C1}(t) - V_{out}, \quad DT_s \leqslant t < DT_s + D_2T_s$$

和

$$v_{L1}(t) = 0, \quad (D + D_2)T_s \leqslant t < T_s$$

$$v_{L2}(t) = v_{C1}(t), \quad 0 \leqslant t < DT_s, \quad v_{L2}(t) = -V_{out}, \quad DT_s \leqslant t < DT_s + D_2T_s$$

和

$$v_{L2}(t) = 0, \quad (D + D_2)T_s \leqslant t < T_s$$

由于 $\int_0^{T_s} v_{L1} \mathrm{d}t = 0$ 和 $\int_0^{T_s} v_{L2} \mathrm{d}t = 0$，对于每一个电感器应用伏·秒平衡方程。如在 CCM 分析，V_{C1} 表示电容器电压的平均值。得到公式

$$V_{in}DT_s + (V_{in} - V_{C1} - V_{out})D_2T_s = 0$$

$$V_{C1}DT_s + (-V_{out})D_2T_s = 0$$

得到

$$V_{C1} = \frac{D_2}{D}V_{out}$$

$$V_{out} = \frac{D}{D_2}V_{in}$$

可见，在 DICM 下理想状态为 $V_{C1} = V_{in}$。

二极管在第一个开关阶段拓扑和晶体管在第二个开关阶段拓扑中，通过它们的电压最大。因此，S 和 D 的电压应力为

$$V_{DS(S)\max} = V_{D\max} = V_{C1} + V_{out} = V_{in} + V_{out} = \frac{D+D_2}{D_2}V_{in} = \frac{D+D_2}{D}V_{out}$$

由于 $D_2 < 1 - D$，意味着同一负载上作用在开关管上电压应力 DCM 小于 CCM。同时，可以得到 DCM 比 CCM 得到更高的升压电压。然而，这样的观点由于下述的结论立即变得简单：对于给定的设计，DCM 仅能在占空比较小时工作，即 DCM 有一个最大极限占空比。如果占空比大于最大极限值，变换器只能工作在 CCM。

从上述等式中，我们还可以得到电感电流的表达式

$$V_{in} = v_{L1}(t) = L_1\frac{\mathrm{d}i_{L1}}{\mathrm{d}t} \qquad 0 \leqslant t < DT_s$$

这意味着

$$i_{L1}(t) = I_{L1\min} + \frac{V_{in}}{L_1}t, \quad I_{L1\max} = i_{L1}(DT_s) = I_{L1\min} + \frac{V_{in}}{L_1}DT_s \qquad 0 \leqslant t < DT_s$$

又有

$$V_{in} = v_{L1}(t) + v_{C1}(t) + V_{out} = L_1\frac{\mathrm{d}i_{L1}}{\mathrm{d}t} + V_{in} + V_{out} \qquad DT_s \leqslant t < DT_s + D_2T_s$$

因此

$$i_{L1}(t) = I_{L1\max} - \frac{V_{out}}{L_1}(t - DT_s) = I_{L1\min} + \frac{V_{in}}{L_1}DT_s - \frac{V_{out}}{L_1}(t - DT_s) \qquad DT_s \leqslant t < DT_s + D_2T_s$$

和

$$i_{L1}(t) = I_{L1\min} = I \qquad DT_s + D_2T_s \leqslant t < T_s$$

类似地，对于该输出电感电流

$$v_{L2}(t) = L_2\frac{\mathrm{d}i_{L2}}{\mathrm{d}t} = V_{C1} = V_{in} \qquad 0 \leqslant t < DT_s$$

意味着

$$i_{L2}(t) = I_{L2\min} + \frac{V_{in}}{L_2}t, \quad I_{L2\max} = I_{L2\min} + \frac{V_{in}}{L_2}DT_s \qquad 0 \leqslant t < DT_s$$

又有

$$v_{L2}(t) = L_2\frac{\mathrm{d}i_{L2}}{\mathrm{d}t} = -V_{out} \qquad DT_s \leqslant t < DT_s + D_2T_s$$

从

$$i_{L2}(t) = I_{L2\max} - \frac{V_{out}}{L_2}(t - DT_s) = I_{L2\min} + \frac{V_{in}}{L_2}DT_s - \frac{V_{out}}{L_2}(t - DT_s) \qquad DT_s \leqslant t < DT_s + D_2T_s$$

并且，在第三开关阶段中电感电流总和为零，有

$$i_{L2}(t) = I_{L2\min} = -I \qquad DT_s + D_2T_s \leqslant t < T_s$$

平均电感电流 $I_{L1,av}$（简称 I_{L1}）和 $I_{L2,av}$（简称 I_{L2}）可以计算出

$$I_{L1} = \frac{1}{T_s}\left\{\int_0^{DT_s}\left(I_{L1\min} + \frac{V_{in}}{L_1}t\right)\mathrm{d}t + \int_{DT_s}^{DT_s+D_2T_s}\left[I_{L1\min} + \frac{V_{in}}{L_1}DT_s - \frac{V_{out}}{L_1}(t-DT_s)\right]\mathrm{d}t + \int_{(D+D_2)T_s}^{T_s} I_{L1\min}\mathrm{d}t\right\}$$

$$= \frac{1}{T_s}\left\{\int_0^{DT_s}\left(I + \frac{V_{in}}{L_1}t\right)\mathrm{d}t + \int_{DT_s}^{DT_s+D_2T_s}\left[I + \frac{V_{in}}{L_1}DT_s - \frac{D}{D_2}\frac{V_{in}}{L_1}(t-DT_s)\right]\mathrm{d}t + \int_{(D+D_2)T_s}^{T_s} I\mathrm{d}t\right\}$$

$$= ID + \frac{V_{in}}{2L_1}D^2T_s + ID_2 + \frac{V_{in}}{L_1}DT_sD_2 - \frac{D}{D_2}\frac{V_{in}}{2L_1}D_2^2T_s + I(1-D-D_2) = \frac{V_{in}}{2L_1}D(D+D_2)T_s + I$$

和

$$I_{L2} = \frac{1}{T_s}\left\{\int_0^{DT_s}\left(I_{L2\min} + \frac{V_{in}}{L_2}t\right)\mathrm{d}t + \int_{DT_s}^{DT_s+D_2T_s}\left[I_{L2\min} + \frac{V_{in}}{L_2}DT_s - \frac{V_{out}}{L_2}(t-DT_s)\right]\mathrm{d}t + \int_{(D+D_2)Ts}^{T_s} I_{L2\min}\mathrm{d}t\right\}$$

$$= \frac{1}{T_s}\left\{\int_0^{DT_s}\left(-I + \frac{V_{in}}{L_2}t\right)\mathrm{d}t + \int_{DT_s}^{DT_s+D_2T_s}\left[-I + \frac{V_{in}}{L_2}DT_s - \frac{D}{D_2}\frac{V_{in}}{L_2}(t-DT_s)\right]\mathrm{d}t + \int_{(D+D_2)Ts}^{T_s} (-I)\mathrm{d}t\right\}$$

$$= \frac{V_{in}}{2L_2}D(D+D_2)T_s - I$$

根据图 3.51，在电容器 C_1 上应用安·秒平衡（一个周期的平均电容器电流 I_{Cav}，或简称电流 I_C 为零）得到

$$0 = I_C = \frac{1}{T_s}\int_0^{T_s} i_C(t)\mathrm{d}t = \frac{1}{T_s}\left\{\int_0^{DT_s}[-i_{L2}(t)]\mathrm{d}t + \int_{DT_s}^{DT_s+D_2T_s} i_{L1}(t)\mathrm{d}t + \int_{(D+D_2)Ts}^{T_s} I\mathrm{d}t\right\}$$

$$= \frac{1}{T_s}\left\{\int_0^{DT_s}\left[-\left(-I + \frac{V_{in}}{L_2}t\right)\right]\mathrm{d}t + \int_{DT_s}^{DT_s+D_2T_s}\left[I + \frac{V_{in}}{L_1}DT_s - \frac{V_{out}}{L_1}(t-DT_s)\right]\mathrm{d}t + \int_{(D+D_2)Ts}^{T_s} (I)\mathrm{d}t\right\}$$

$$= ID - \frac{V_{in}D^2T_s}{2L_2} + ID_2 + \frac{V_{in}DT_sD_2}{L_1} - \frac{V_{out}D_2^2T_s}{2L_1} + I(1-D-D_2)$$

$$= I - \frac{V_{in}D^2T_s}{2L_2} + \frac{V_{in}DT_sD_2}{2L_1} = I - (I_{L2} + I)\frac{D}{D+D_2} + (I_{L1} - I)\frac{D_2}{D+D_2}$$

$$= -I_{L2}\frac{D}{D+D_2} + I_{L1}\frac{D_2}{D+D_2}$$

也就是

$$I_{L1} = \frac{D}{D_2}I_{L2}$$

假设转换效率为 100% 时，SEPIC 变换器在 DICM 工作时，可以得出下列关系满足：

$$\frac{V_{out}}{V_{in}} = \frac{I_{in}}{I_{out}} = \frac{I_{L1}}{I_{L2}} = \frac{D}{D_2}$$

由于输入电感器电流等于输入电流，上述公式还表明平均输出电感电流等于输出电流的平均值。

通过开关管或通过二极管的最大电流为

$$I_{S\max} = I_{D\max} = I_{L1\max} + I_{L2\max} = \left(I + \frac{V_{in}}{L_1}DT_s\right) + \left(-I + \frac{V_{in}}{L_2}DT_s\right) = \frac{V_{in}}{L_{eq}}DT_s$$

此时使用符号

$$\frac{1}{L_1} + \frac{1}{L_2} = \frac{1}{L_{eq}}$$

从图 3.51 中，可以计算出通过二极管平均电流 $I_{D,av}$ 或者简称 I_D 如下：

$$I_D = \frac{1}{T_s}\frac{I_{D\max}D_2T_s}{2} = \frac{V_{in}DD_2T_s}{2L_{eq}}$$

考虑到通过二极管的平均电流的表达式，两个平均电感器电流的和如下：

$$I_{L1} + I_{L2} = \frac{V_{in}}{2}\left(\frac{1}{L_1} + \frac{1}{L_2}\right)D(D + D_2)T_s = \frac{V_{in}}{2}\frac{1}{L_{eq}}D(D + D_2)T_s = \frac{D + D_2}{D_2}I_D$$

另一方面，从方程 $I_{L1} = \frac{D}{D_2}I_{L2}$ 中得到

$$I_{L1} + I_{L2} = \left(1 + \frac{D}{D_2}\right)I_{L2} = \frac{D + D_2}{D_2}I_{out}$$

得到预期的结果为平均二极管电流等于平均输出电流：$I_{out} = I_D$。由 $I_{out} = \frac{V_{out}}{R}$ 和 $I_D = \frac{V_{in}DD_2T_s}{2L_{eq}}$，可得到

$$\frac{V_{out}}{R} = \frac{V_{in}DD_2T_s}{2L_{eq}}$$

或

$$\frac{V_{out}}{V_{in}} = \frac{RDD_2T_s}{2L_{eq}}$$

又由于 $\frac{V_{out}}{V_{in}} = \frac{D}{D_2}$，前述的公式可得到

$$D_2^2 = \frac{2L_{eq}}{RT_s}$$

随着前述变换器的讨论，将定义一个非常数系数 $k_{DICM,SEPIC}$ 只取决于设计变换器工作模式的参数——在这种情况下的 L_{eq}。开关频率和负载

$$k_{DICM,SEPIC} = \frac{2L_{eq}}{RT_s} = \frac{2L_{eq}}{R}f_s$$

也就是

$$D_2 = \sqrt{k_{DICM,SEPIC}}$$

可以看出，得到了如Ćuk变换器同样的公式，D_2 为独立于 D 的值。而且也像Ćuk变换器一样，得到了 DICM 工作下 SEPIC 变换器的直流电压变换率的表达式

$$M_{DICM} = \frac{D}{D_2} = \frac{D}{\sqrt{k_{DICM,SEPIC}}}$$

如果 $D_2 < 1 - D$，SEPIC 变换器工作在 DICM，也就是

$$k_{DICM,SEPIC} < (1 - D)^2$$

这意味着不论占空比的值为多少，如果 $k_{DICM,SEPIC} > 1$，SEPIC 变换器将永远不会进入 DICM。换句话说，DICM 工作更适用于占空比较低的情况（当 $(1 - D)^2$ 较大）。或者，对于一个设计好的变换器（给定 L_{eq} 和 D），如果负载电阻增大，也就是在轻载条件下（当 $k_{DICM,SEPIC}$ 变得非常小），将发生 DICM。给出负载范围，对于所期望的变换模式（CCM 或者 DICM），根据上述不等式就可以设计 L_{eq}。

DICM 工作条件 $k_{DICM,SEPIC} < (1 - D)^2$ 也可以写为变换器工作在 DICM 时的占空比最大值

$$\sqrt{k_{DICM,SEPIC}} < 1 - D$$
$$D_{\max\_for\_DICM} = 1 - \sqrt{k_{DICM,SEPIC}}$$

从等式 $I_{L1} + I_{L2} = \dfrac{V_{in}}{2}\dfrac{1}{L_{eq}}D(D + D_2)T_s$ 和 $I_{L1} + I_{L2} = \left(1 + \dfrac{D}{D_2}\right)I_{L2}$，也得到

$$I_{L2} = \frac{V_{in}}{2}\frac{1}{L_{eq}}DD_2T_s, \quad I_{L1} = \frac{D}{D_2}I_{L2} = \frac{V_{in}}{2}\frac{1}{L_{eq}}D^2T_s$$

意味着等效输入电阻为

$$R_{in,eq} = \frac{V_{in}}{I_{in}} = \frac{V_{in}}{I_{L1}} = \frac{2L_{eq}f_s}{D^2}$$

对于 DICM 工作，根据方程 $M_{DICM} = \dfrac{D}{\sqrt{k_{DICM,SEPIC}}}$ 和 $M = \dfrac{D}{1 - D}$ 对于 CCM 工作，如图 3.52 所示。如先前所讨论，由于实际上 DICM 出现在占空比较低的条件下，输入电压的阶跃响应要大于 CCM 工作。当占空比从零开始增大，变换器将首先工作在 DICM，而后根据实际的设计再进入 CCM。

为了设计电感器和电容器，需要考虑在开关周期开始时，输入和输出电感器电流从最小值增加到其最大值，直至达到导通阶段的末尾。根据之前讨论，两个电感器的波纹电流表示为

$$\Delta I_{L1} = I_{L1\max} - I_{L1\min} = \frac{V_{in}}{L_1}DT_s$$

$$\Delta I_{L2} = I_{L2\max} - I_{L2\min} = \frac{V_{in}}{L_2}DT_s$$

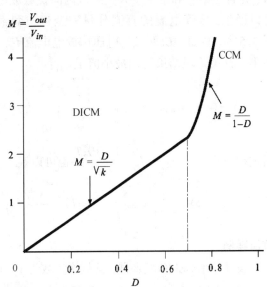

图 3.52 SEPIC 变换器的直流电压增益对占空比图（对于 $k_{DICM,SEPIC} = 0.09$，即 $D_{\max\_for\_DICM} = 0.7$）

在第二个和第三个开关阶段，电容器 C_1 处于充电状态，并且在几乎所有的导通阶段处于放电状态（根据图 3.51，电流 i_{L2} 在一个周期开始后不久便通过零点），当它两端的电压从最大值 $V_{C1\max}$ 减小，大约在一个周期的结尾处达到最小值 $V_{C1\min}$，到达 DT_s 时刻。电容器由电流 $i_{C1} = -i_{L2}$ 放电。电容器电压的总变化（纹波）可以表示为

$$(-\Delta V_{C1}) = V_{C1\min} - V_{C1\max} = \frac{1}{C_1}\int_0^{DT_s} i_{C1}(t)\mathrm{d}t = \frac{1}{C_1}\left\{\int_0^{DT_s}[-i_{L2}(t)]\mathrm{d}t\right\} = \frac{1}{C_1}\left\{\int_0^{DT_s}\left[-\left(-I+\frac{V_{in}}{L_2}t\right)\right]\mathrm{d}t\right\}$$

$$= \frac{1}{C_1}\left(IDT_s - \frac{V_{in}D^2T_s^2}{2L_2}\right)$$

但是由 $I_{L2} = \dfrac{V_{in}}{2L_2}D(D+D_2)T_s - I$ 和 $I_{L2} = I_{out} = \dfrac{V_{out}}{R}$，也就是

$$I = \frac{V_{in}}{2L_2}D(D+D_2)T_s - \frac{V_{out}}{R} = \frac{V_{out}}{2L_2}D_2(D+D_2)T_s - \frac{V_{out}}{R}$$

因此可以进一步写出

$$\Delta V_{C1} = \frac{1}{C_1}\frac{V_{in}D^2T_s^2}{2L_2} - \frac{DT_s}{C_1}I = \frac{1}{C_1}\frac{V_{out}DD_2T_s^2}{2L_2} - \frac{DT_s}{C_1}\left[\frac{V_{out}}{2L_2}D_2(D+D_2)T_s - \frac{V_{out}}{R}\right]$$

$$= \frac{1}{C_1}\frac{V_{out}DD_2T_s^2}{2L_2}(1-D-D_2) + \frac{DT_s}{C_1}\frac{V_{out}}{R}$$

C_1 的计算公式为

$$\Delta V_{C1} = V_{out}\frac{D}{RC_1f_s}\left[\frac{RD_2}{2L_2f_s}(1-D-D_2)+1\right]$$

几乎在所有的第二个开关阶段，电容器 C_2 处于充电状态，直到电流 $(i_{L1}+i_{L2}-I_{out})$ 变为负值，并且在第一和第三个开关阶段内向负载放电。假设电容器的寄生电阻可以忽略不计，我们可以说，二极管电流的直流分量完全通过负载(输出电流 I_{out})，且交流分量通过 C_2(参见图 3.51)。因此，C_2 两端的电压由放电电流 I_{out} 从在第二个开关阶段末的最大值 $V_{C2\max}$ 减小到在第一开关阶段结束时的最小值 $V_{C2\min}$：

$$\Delta V_{C2} = V_{C2\max} - V_{C2\min} = \frac{1}{C_2}\int_{(D+D_2)T_s}^{T_s+DT_s} i_{C2}(t)\mathrm{d}t = \frac{1}{C_2}\left[\int_{(D+D_2)T_s}^{T_s+DT_s} I_{out}\mathrm{d}t\right] = \frac{1}{C_2}I_{out}(1-D_2)T_s$$

用过程公式 $I_{out} = I_D$ 和 $I_D = \dfrac{V_{in}DD_2T_s}{2L_{eq}}$ 也可以表示 ΔV_{C2} 的另一种形式

$$\Delta V_{C2} = \frac{1}{C_2}I_{out}(1-D_2)T_s = \frac{1}{C_2}\frac{V_{in}DD_2T_s}{2L_{eq}}(1-D_2)T_s = \frac{1}{C_2}\frac{V_{out}D_2^2(1-D_2)}{2L_{eq}f_s^2}$$

数值案例

设计一个 SEPIC 变换器，其规格参数为 $V_{in} = 30$ V，$R = 200$ Ω。其他为：$L_1 = L_2 = 150$ μH，$C_1 = C_2 = 50$ μF，$D = 0.45$，工作频率为 50 kHz。检查它将在何种模式下工作。

由于

$$\frac{1}{L_1}+\frac{1}{L_2} = \frac{1}{L_{eq}}, \quad L_{eq} = \frac{150\times10^{-6}}{2} = 75\times10^{-6}\text{ H}$$

$$k_{DICM,SEPIC} = \frac{2L_{eq}}{R}f_s = \frac{2\times75\times10^{-6}}{200}50\times10^3 = 0.0375$$

也就是 $\sqrt{k_{DICM,SEPIC}} = 0.194 < 1-D = 0.55$，意味着变换器将工作在 DICM 模式。变换器将在第二个开关阶段时间内 $D_2T_s = \sqrt{k_{DICM,SEPIC}}T_s = 0.194\times20$ μs 工作。

输出电压为

$$V_{out} = \frac{D}{\sqrt{k_{DICM,SEPIC}}} V_{in} = \frac{0.45}{0.194} 30 = 69.8\ \text{V}$$

平均输入(电感)电流和输入电流纹波为

$$I_{in} = I_{L1} = \frac{V_{out}^2}{R V_{in}} = \frac{69.8^2}{200 \times 30} = 0.81\ \text{A}$$

或者，当然同样的结果可以通过使用下面的公式得到

$$I_{L1} = \frac{V_{in}}{2} \frac{1}{L_{eq}} D^2 T_s = \frac{30}{2} \frac{1}{75 \times 10^{-6}} \frac{0.45^2}{50 \times 10^3} = 0.81\ \text{A}$$

和

$$\Delta I_{L1} = \frac{V_{in}}{L_1} D T_s = \frac{30 \times 0.45}{150 \times 10^{-6} \times 50 \times 10^3} = 1.8\ \text{A}$$

平均输出电感电流和输出电感电流纹波为

$$I_{L2} = \frac{D_2}{D} I_{L1} = \frac{0.194}{0.45} 0.81 = 0.35\ \text{A}$$

即，如所期望的等于 $I_{out} = \dfrac{V_{out}}{R} = \dfrac{69.8}{200} = 0.35\ \text{A}$

$$\Delta I_{L2} = \frac{V_{in}}{L_2} D T_s = 1.8\ \text{A}$$

通过开关管的最大电流为

$$I_{S\max} = I_{D\max} = I_{L1\max} + I_{L2\max} = \frac{V_{in}}{L_{eq}} D T_s = \frac{30}{75 \times 10^{-6}} \frac{0.45}{50 \times 10^3} = 3.6\ \text{A}$$

我们可能会倾向于计算 $I_{L\max}$ 为 $I_L + \Delta I_L / 2$；然而，这仅在 CCM 模式下才是正确的。在 DCM 中，电感器电流的平均值还要考虑到第三开关阶段的电流恒定值。

最小输入电感器电流 I 的公式为

$$I = \frac{V_{in}}{2L_2} D(D + D_2) T_s - \frac{V_{out}}{R} = \frac{30}{2 \times 150 \times 10^{-6}} 0.45(0.45 + 0.194) \frac{1}{50 \times 10^3} - \frac{69.8}{200} = 0.23\ \text{A}$$

能够计算出电感电流的最大值：

$$I_{L1\max} = I + \frac{V_{in}}{L_1} D T_s = I + \Delta I_{L1} = 2.03\ \text{A}$$

$$I_{L2\max} = -I + \frac{V_{in}}{L_1} D T_s = -I + \Delta I_{L2} = 1.57\ \text{A}$$

当然，现在又得到了通过开关管最大电流的正确值，3.6 A。

开关管的最大电压为

$$V_{DS(S)\max} = V_{D\max} = V_{in} + V_{out} = \frac{D + D_2}{D_2} V_{in} = \frac{D + D_2}{D} V_{out} = 99.8\ \text{V}$$

通过 C_1 的平均电压为 $V_{C1} = V_{in} = 30$ V。通过电容器的电压纹波设计为

$$\Delta V_{C1} = V_{out} \frac{D}{R C_1 f_s} \left[\frac{R D_2}{2 L_2 f_s} (1 - D - D_2) + 1 \right]$$

$$= \frac{69.8 \times 0.45}{200 \times 50 \times 10^{-6} \times 50 \times 10^3} \left[\frac{200 \times 0.194}{2 \times 150 \times 10^{-6} \times 50 \times 10^3} (1 - 0.45 - 0.194) + 1 \right] = 0.12\ \text{V}$$

$$\Delta V_{C2} = \frac{1}{C_2} I_{out} (1 - D_2) T_s = \frac{1}{50 \times 10^{-6}} 0.35 (1 - 0.194) \frac{1}{50 \times 10^3} = 0.113\ \text{V}$$

3.5.6* DICM 工作的 SEPIC 变换器的交流分析

为了计算 DCMSEPIC 变换器的交流小信号开环传递函数，可以使用平均 PWM 开关的方法，用平均开关模型代替 SEPIC 变换器的三端开关元件。此处（由 Vorperian 研发）使用类似于图 2.51 的简化平均 PWM 开关模型，受控源由 $k_i\hat{d}$ 代替 $k_r\hat{i_y}$，PWM 电路在开关频率处受扰动的受控源是不存在的，并有一个输出控制源 $k_0\hat{d}$ 代替 $k_0\hat{f_n}$。忽略不计寄生电阻，经过实验室复杂推导后得到了变换器的最终平均模型方程，可以在发表的文献中得到相关结果。

四阶传递函数的分母表达为

$$\text{DEN}(s) = 1 + a_1 s + a_2 s^2 + a_3 s^3 + a_4 s^4$$

其中

$$a_1 = g_i L_1 + \frac{1}{2} g_0 L_2 + \frac{C_2}{2g_0}$$

$$a_2 = (L_1 + L_2)C_1 + \frac{1}{2} g_0 g_i L_1 L_2 + \frac{C_2(g_i L_1 + g_0 L_2)}{2g_0}$$

$$a_3 = \frac{1}{2}(g_0 + 2g_i + g_f)L_1 L_2 C_1 + C_2 \left[\frac{(L_1 + L_2)C_1}{2g_0} + \frac{1}{2} g_i L_1 L_2 \right]$$

$$a_4 = \frac{(g_0 + g_i + g_f)L_1 L_2 C_1 C_2}{2g_0}$$

与 SEPIC 变换器平均模型有关的系数为

$$g_0 = \frac{1}{R}, \quad g_i = \frac{M^2}{R}, \quad g_f = 2\frac{M}{R}$$

这些系数的计算需要考虑

$$I_D = I_{out} = \frac{V_{out}}{R} = \frac{MV_{in}}{R}$$

而且，根据图 3.51，通过开关管的平均电流 I_S 如下：

$$I_S = \frac{D}{D_2} I_D = \frac{M^2 V_{in}}{R}$$

通过开关管的平均电压 $V_{DS(S),av}$，或者简称 V_S，公式的结果为

$$V_S = \frac{1}{T_s} \int_0^{T_s} v_{DS(S)}(t)\mathrm{d}t = \frac{1}{T_s}\left[\int_0^{DT_s} 0\mathrm{d}t + \int_{DT_s}^{DT_s+D_2 T_s} (V_{in} + V_{out})\mathrm{d}t + \int_{DT_s+D_2 T_s}^{T_s} V_{in}\mathrm{d}t \right]$$

$$= (V_{in} + V_{out})D_2 + V_{in}(1 - D - D_2) = V_{in}\frac{D}{D_2}D_2 + V_{in}(1 - D) = V_{in}$$

二极管上的平均电压 V_{Dav}，或者简称 V_D，从等式

$$V_D = \frac{1}{T_s} \int_0^{T_s} v_D(t)\mathrm{d}t = \frac{1}{T_s}\left[\int_0^{DT_s} \left[-(V_{in} + V_{out})\right]\mathrm{d}t + \int_{DT_s}^{DT_s+D_2 T_s} 0\mathrm{d}t + \int_{DT_s+D_2 T_s}^{T_s} (-V_{out})\mathrm{d}t \right]$$

$$= -(V_{in} + V_{out})D - V_{out}(1 - D - D_2) = -\frac{D_2}{D}V_{out}D - V_{out}(1 - D_2) = -V_{out}$$

意味着

$$g_0 = \frac{-I_D}{V_D} = \frac{-\dfrac{MV_{in}}{R}}{-V_{out}} = \frac{1}{R}, \quad g_i = \frac{-I_S}{-V_S} = \frac{M^2}{R}, \quad g_f = \frac{-2I_D}{-V_S} = 2\frac{M}{R}$$

输入–输出和控制–输出的小信号开环传递函数推导为

$$G_{vg}(s) = M\frac{1 + L_2 C_1\left(1 + \dfrac{g_0}{g_f}\right)s^2}{\text{DEN}(s)}$$

$$G_{vd}(s) = -\frac{k_0}{2g_0}\frac{1 + \dfrac{L_1\left(k_0 g_i - k_i g_f\right)}{k_0}s + (L_1 + L_2)C_1 s^2 + L_1 L_2 C_1 \dfrac{k_0 g_i - k_i(g_0 + g_f)}{k_0}s^3}{\text{DEN}(s)}$$

等效开环输入阻抗为

$$Z_{in}(s)$$
$$= \frac{1}{g_i}\frac{\text{DEN}(s)}{1 + \left(\dfrac{1}{2}g_0 L_2 + \dfrac{C_1}{g_i} + \dfrac{1}{2}\dfrac{C_2}{g_0}\right)s + \dfrac{1}{2}\left[\dfrac{L_2 C_1(g_0 + g_i + g_f)}{g_i} + L_2(C_1 + C_2) + \dfrac{C_1 C_2}{g_0 g_i}\right]s^2 + \dfrac{L_2 C_1 C_2(g_0 + g_i + g_f)}{2g_0 g_i}s^3}$$

等效开环输出阻抗为

$$Z_{out}(s) = \frac{1}{2g_0}\frac{1 + (g_0 L_2 + g_i L_1)s + [g_0 g_i L_1 L_2 + (L_1 + L_2)C_1]s^2 + (g_0 + g_i + g_f)L_1 L_2 C_1 s^3}{\text{DEN}(s)}$$

其中

$$k_0 = \frac{2I_D}{D} = \frac{2MV_{in}}{DR}, \quad k_i = \frac{2I_S}{D} = \frac{2M^2 V_{in}}{DR}$$

随着 CCM 的分析(参见 3.5.3 节),可以因式分解的分母为

$$\text{DEN}(s) \approx \left[1 + \frac{s}{\omega_{01}Q_1} + \left(\frac{s}{\omega_{01}}\right)^2\right]\left[1 + \frac{s}{\omega_{02}Q_2} + \left(\frac{s}{\omega_{02}}\right)^2\right]$$

其中,运用下述的近似值时,这两个谐振频率能够很好分离的情况下有效

$$a_1 = \frac{1}{\omega_{01}Q_1} + \frac{1}{\omega_{02}Q_2} \approx \frac{1}{\omega_{01}Q_1}$$

$$a_2 = \frac{1}{\omega_{01}^2} + \frac{1}{\omega_{02}^2} + \frac{2}{\omega_{01}Q_1\omega_{02}Q_2} \approx \frac{1}{\omega_{01}^2}$$

$$a_3 = \frac{1}{\omega_{01}Q_1\omega_{02}^2} + \frac{1}{\omega_{02}Q_2\omega_{01}^2}$$

$$a_4 = \frac{1}{\omega_{01}^2\omega_{02}^2}$$

DCM 下的 SEPIC 变换器类似于该类型条件下的Ćuk变换器,由于它能够抑制输入电流的低次谐波含量,非常适用于功率因数校正的场合应用。当 DCM 下的 SEPIC 变换器或者Ćuk变换器用于电源的功率因数校正,由于输入电感器的平均电流正比于输入电压 $I_{L1} = \dfrac{V_{in}}{2}\dfrac{1}{L_{eq}}D^2 T_s$,输入电流(即输入电感电流)为固有正弦电压波形,能够提供一种自然良好的功率因数校正功能。在 DCM 下使用升压或者 Buck-Boost 变换器作为功率因数校正器具有明显的优势,因为在 DCM 下最

后出现一点失真的输入电流(在第三个开关阶段甚至在升压变换器中输入电流降低到零,这不会在 SEPIC 或者 Ćuk变换器中出现)。这也意味着,DCM 的 SEPIC 或Ćuk变换器用于功率因数校正器也就是电压跟随器方法,需要一个单独的控制环路来调节输出电压。

DCM 下 SEPIC 和Ćuk变换器的新应用出现与新能源环境连接在一起:这些变换器,以总线的形式运用在光伏板和负载中间,可以很容易地提供最大功率点追踪以最大限度地跟踪太阳能。

在上一节中发现,在 DICM 的 SEPIC 和Ćuk变换器的等效输入电阻为 $R_{in,eq} = \dfrac{2L_{eq}f_s}{D^2}$,在 DCVM 下为 $R_{in,eq} = \dfrac{(1-D)^2}{2C_i f_s}$。因此,通过调整占空比,变换器的等效输入阻抗可以等于太阳能电池板的等效输出阻抗,这就是最大功率变换的条件。正如 3.4 节所讨论,对于相同的太阳能电池板的端电压和相同的电压转换比,DCVM 下的开关管电压应力比 DICM 高。且 DICM 下的开关电流应力比 DCVM 高。因此,当在太阳能电池并联连接时,更乐于使变换器工作在 DCVM,并且在太阳能电池串联连接时使用 DICM。

3.5.7* 隔离型 SEPIC 变换器

SEPIC 变换器最初提出为隔离变换器结构(参见图 3.53)。但是,也没有必要单独分析这个拓扑结构,因为从变压器的次级反射到初级的所有元素,得到如图 3.43 的 SEPIC 变换器。主要反射的元件值为

$$R = n^2 R_o \quad C_2 = \frac{C_{2o}}{n^2}; \quad V_{out} = nV'_{out}$$

其中,$n = \dfrac{N_p}{N_s}$和 L_2 为变压器的磁化电感。

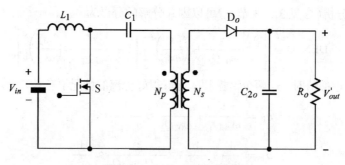

图 3.53 SEPIC 隔离变换器

3.6 Zeta(反向 SEPIC)PWM 硬开关变换器

目前,我们要学习 20 世纪 80 年代末出现的第六个 DC-DC 变换器,分别由 Kazimierczuk 研究的双 SEPIC,由 Barbi 研究的 Zeta 变换器(在古希腊字母表中为第六个字母,称为"第六个"变换器)。

该变换器的非隔离形式如图 3.54 所示。可以把它看成是一个 Buck-Boost 级联一个降压阶段,其中,所述中去除了冗余的开关管。因此,Zeta 变换器是电压驱动,它的输出呈现一个电流吸收特性。这些特征连同电压升降步进能力,取决于占空比值,也使得 Zeta 变换器在像电池充电

器应用中非常有用。近日, Zeta 变换器用于驱动 LED 灯: 使用白色 LED 为显示器提供背光或其他照明应用, 为它们提供恒定电流增加了效率, 并改善了发光强度和色度。

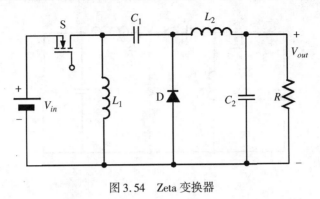

图 3.54　Zeta 变换器

需要注意的是该开关管放置在 Buck 变换器处。无论是 MOSFET 的源极或者是门极都不以地为参考, 这意味着驱动电路需要增加其他电路。

3.6.1　CCM 工作的 Zeta 变换器

到现在为止研究的所有变换器, 开关管操作在 CCM 下 Zeta 变换器的两种拓扑结构之间发生。当开关管导通时, 输入端电源的能量传送到 L_1 为其充电。画出其等效开关拓扑如图 3.55(a) 所示。然而, 由于不知道 C_1 上电压的极性, 也就是不知道在开关过程中 C_1 在充电还是放电, 以至于不能画出后续的状态。因此, 继续画出第二个开关阶段的拓扑结构: 如图 5.55(b) 所示, 其中开关管 S 处于断开状态。电感器 L_1 之前处于充电阶段, 而现在处于放电阶段。电流 i_{L1} 必须以原来的方向继续流动, 通过二极管找到一个无阻止的路径流动, 所以 D 处于导通状态(从以前的阶段通过开关过程后, v_{L1} 的极性发生翻转, 因此 L_1 处于放电状态, 二极管处于正向偏置状态)。在 $L_1 - C_1$ 的环路中, 不可能存在两个无源器件都处于放电状态, 因此 C_1 必须由具有磁性能量的 L_1(电流 i_{L1})充电, 得到 v_{C1} 的极性如图 3.55 所示。显然, i_{C1}(由 i_{L1} 给定)以反方向流动, 如图 3.55(b) 所示。图中, 因为它可以从一个拓扑变换到另一个拓扑, 也可以任意定义 i_{C1} 的方向。如果实际的电流方向与图中所选择的方向相反, 也就是在开关过程 $i_{C1}(t) = -i_{L1}(t)$。此时, 可以再次进行图 3.55(a) 的后续绘制。由于 C_1 和 L_1 的极性, 在开关管导通阶段, D 截止, 电容器 C_1 将由 i_{L2} 放电($i_{C1} = i_{L2}$)。输入端和 C_1 的能量一起变换充电到 L_2 和负载及与之并联的 C_2 中, 这是典型的降压功率阶段。所有的充电电流均流过开关管 S。此时也可以完成图 3.55(b) 的绘制。在开关管关断阶段, L_2 处于放电阶段。由于 D 处于导通状态, 电流 i_{L2} 流过二极管。因此, 放电电感器电流的总和在开关管关断阶段均流过二极管 D。输出电容 C_2 的充放电情况和典型的 Buck 变换器一样。

3.6.2　CCM 工作的 Zeta 变换器的稳态分析

可以写出电感器的伏·秒平衡方程。根据图 3.55, 忽略变换器的直流寄生电阻, 写出 KVL 方程

$$V_{in} = v_{L1}(t); \quad V_{in} = -v_{C1}(t) + v_{L2}(t) + V_{out}, \quad 0 \leqslant t < DT_s$$

$$v_{L1}(t) + v_{C1}(t) = 0; \quad v_{L2}(t) + V_{out} = 0, \quad DT_s \leqslant t < T_s$$

其中

$$v_{L1}(t) = V_{in}, \qquad 0 \leqslant t < DT_s \quad 和 \quad v_{L1}(t) = -v_{C1}(t), \qquad DT_s \leqslant t < T_s$$

$$v_{L2}(t) = V_{in} + v_{C1}(t) - V_{out}, \qquad 0 \leqslant t < DT_s \quad 和 \quad v_{L2}(t) = -V_{out}, \qquad DT_s \leqslant t < T_s$$

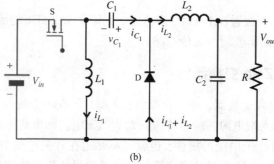

(a)

(b)

图 3.55　CCM 模式下的 Zeta 变换器等效开关阶段。(a) 导通拓扑 ($0 \leqslant t < DT_s$)；(b) 关断拓扑 ($DT_s \leqslant t < T_s$)

由于 $\int_0^{T_s} v_{L1}(t)\,\mathrm{d}t = 0$ 和 $\int_0^{T_s} v_{L2}(t)\,\mathrm{d}t = 0$，考虑到电容器电压的平均值计算为 $V_{C1} = \frac{1}{T_s}\int_0^{T_s} v_{C1}(t)\,\mathrm{d}t$，对每个电感器应用一个伏·秒平衡方程，可得到

$$V_{in}DT_s + (-V_{C1})(1-D)T_s = 0$$

$$(V_{in} + V_{C1} - V_{out})DT_s + (-V_{out})(1-D)T_s = 0$$

得出

$$V_{C1} = \frac{D}{1-D}V_{in}$$

$$V_{out} = \frac{D}{1-D}V_{in}$$

可见，理想情况下

$$V_{C1} = V_{out}$$

在导通阶段，还可以得到 $v_{L1}(t) = V_{in}$ 和 $v_{L2}(t) = V_{in} + V_{C1} - V_{out} = V_{in}$，在关断阶段得到 $v_{L1}(t) = -V_{C1} = -V_{out}$ 和 $v_{L2}(t) = -V_{out}$。

然后，写入包含开关在断开状态的开关回路 KVL 方程，意味着施加在 S 和 D 的电压应力 (绝对值) 为

$$V_{DS(S)} = V_D = V_{in} + V_{out} = \frac{1}{1-D}V_{in} = \frac{V_{out}}{D}$$

可以看到，得到了与 SEPIC 变换器相同的理想的直流电压比表达式。而且，和 SEPIC 变换器一样，Zeta 变换器提供同相供电。从上述等式中，还可以得到电感电流的表达式

$$V_{in} = v_{L1}(t) = L_1 \frac{\mathrm{d}i_{L1}}{\mathrm{d}t} \qquad 0 \leqslant t < DT_s$$

意味着

$$i_{L1}(t) = I_{L1\min} + \frac{V_{in}}{L_1}t, \quad I_{L1\max} = I_{L1\min} + \frac{V_{in}}{L_1}DT_s$$

和

$$L_1 \frac{\mathrm{d}i_{L1}}{\mathrm{d}t} = -V_{out} \qquad DT_s \leqslant t < T_s$$

意味着

$$i_{L1}(t) = I_{L1\max} - \frac{V_{out}}{L_1}(t - DT_s) \qquad DT_s \leqslant t < T_s$$

因此，通过能量转移(输入)电感电流纹波可以表示为

$$\Delta I_{L1} = \frac{V_{in}}{L_1}DT_s = \frac{V_{in}D}{L_1 f_s} = \frac{(1-D)V_{out}}{L_1 f_s}$$

类似于 SEPIC 变换器，这意味着像 SEPIC 变换器功率级的输出电感器设计一样来设计 Zeta 变换器的能量转移电感器

$$L_1 = \frac{V_{in}D}{\Delta I_{L1} f_s}$$

平均输入电感器电流 I_{L1} 可以写为

$$I_{L1} = I_{L1\min} + \frac{\Delta I_{L1}}{2} = I_{L1\min} + \frac{V_{in}D}{2L_1 f_s} = I_{L1\min} + \frac{(1-D)V_{out}}{2L_1 f_s}$$

而且，对于输出电感器可以写为

$$v_{L2}(t) = L_2 \frac{\mathrm{d}i_{L2}}{\mathrm{d}t} = V_{in} \qquad 0 \leqslant t < DT_s$$

意味着

$$i_{L2}(t) = I_{L2\min} + \frac{V_{in}}{L_2}t \qquad 0 \leqslant t < DT_s, \quad I_{L2\max} = I_{L2\min} + \frac{V_{in}}{L_2}DT_s$$

和

$$v_{L2}(t) = L_2 \frac{\mathrm{d}i_{L2}}{\mathrm{d}t} = -V_{out} \qquad DT_s \leqslant t < T_s$$

其中

$$i_{L2}(t) = I_{L2\max} - \frac{V_{out}}{L_2}(t - DT_s); \quad DT_s \leqslant t < T_s; \quad I_{L2\min} = I_{L2\max} - \frac{V_{out}}{L_2}(1-D)T_s$$

因此，输出电感电流纹波可以表示为

$$\Delta I_{L2} = \frac{V_{out}}{L_2}(1-D)T_s = \frac{V_{out}}{L_2 f_s}(1-D)$$

意味着可以用下述公式设计 L_2：

$$L_2 = \frac{V_{out}}{\Delta I_{L2} f_s}(1-D) = \frac{DV_{in}}{\Delta I_{L2} f_s}$$

假设一定的电流纹波。

平均输出电感电流 I_{L2} 为

$$I_{L2} = I_{L2\min} + \frac{\Delta I_{L2}}{2} = I_{L2\min} + \frac{V_{in}D}{2L_2 f_s} = I_{L2\min} + \frac{(1-D)V_{out}}{2L_2 f_s}$$

导通阶段电感电流的总和为通过开关管 S 的电流

$$i_S(t) = i_{L1}(t) + i_{L2}(t) = I_{L1\min} + \frac{V_{in}}{L_1}t + I_{L2\min} + \frac{V_{in}}{L_2}t = I_{L1\min} + I_{L2\min} + V_{in}\left(\frac{1}{L_1} + \frac{1}{L_2}\right)t \qquad 0 \leqslant t < DT_s$$

或者, 用符号

$$\frac{1}{L_{eq}} = \frac{1}{L_1} + \frac{1}{L_2}$$

它可写为

$$i_S(t) = I_{L1\min} + I_{L2\min} + V_{in}\frac{1}{L_{eq}}t \qquad 0 \leqslant t < DT_s$$

在 DT_s 时刻, 开关电流达到最大值

$$I_{S\max} = I_{L1\min} + I_{L2\min} + V_{in}\frac{1}{L_{eq}}DT_s = I_{L1\max} + I_{L2\max}$$

关断阶段电感电流的总和为通过二极管 D 的电流

$$i_D(t) = i_{L1}(t) + i_{L2}(t) = I_{L1\max} - \frac{V_{out}}{L_1}(t - DT_s) + I_{L2\max} - \frac{V_{out}}{L_2}(t - DT_s)$$

$$= I_{L1\max} + I_{L2\max} - V_{out}\left(\frac{1}{L_1} + \frac{1}{L_2}\right)(t - DT_s)$$

或者, 用之前的写法, 该二极管电流可以表示为

$$i_D(t) = I_{L1\max} + I_{L2\max} - V_{out}\frac{1}{L_{eq}}(t - DT_s) \qquad DT_s \leqslant t < T_s$$

在关断阶段开始时, 该电流达到最大值

$$I_{D\max} = I_{L1\max} + I_{L2\max}$$

CCM 下 Zeta 变换器的电感器和开关管的稳态波形如图 3.56(a) 所示。

根据图 3.55, 通过 C_1 的电流等于导通阶段的 $i_{L2}(t)$ 和关断阶段的 $-i_{L1}(t)$

$$i_{C1}(t) = i_{L2}(t) = I_{L2\min} + \frac{V_{in}}{L_2}t \qquad 0 \leqslant t < DT_s$$

$$i_{C1}(t) = -i_{L1}(t) = -\left[I_{L1\max} - \frac{V_{out}}{L_1}(t - DT_s)\right] = -\left[I_{L1\min} + \frac{V_{in}}{L_1}DT_s - \frac{V_{out}}{L_1}(t - DT_s)\right]$$

$$= -I_{L1\min} - \frac{V_{in}}{L_1}DT_s + \frac{D}{1-D}\frac{V_{in}}{L_1}(t - DT_s) \qquad DT_s \leqslant t < T_s$$

其波形如图 3.56(b) 所示。电容器 C_1 的安培·秒平衡方程为: $\frac{1}{T_s}\int_0^{T_s} i_{C1}\mathrm{d}t$, 可以发现, 平均电感电流之间的关系

$$\frac{1}{T_s}\int_{0_s}^{T_s} i_{C1}(t)\mathrm{d}t = \frac{1}{T_s}\left\{\int_0^{DT_s} i_{L2}(t)\mathrm{d}t + \int_{DT_s}^{T_s}[-i_{L1}(t)\mathrm{d}t]\right\}$$

$$= \frac{1}{T_s}\left\{\int_0^{DT_s}\left(I_{L2\min} + \frac{V_{in}}{L_2}t\right)\mathrm{d}t - \int_{DT_s}^{T_s}\left[I_{L1\min} + \frac{V_{in}}{L_1}DT_s - \frac{D}{1-D}\frac{V_{in}}{L_1}(t - DT_s)\right]\mathrm{d}t\right\}$$

$$= \left(DI_{L2\min} + \frac{V_{in}D^2T_s}{2L_2}\right) - \left[(1-D)I_{L1\min} + \frac{V_{in}D(1-D)T_s}{L_1} - \frac{DV_{in}(1-D)T_s}{2L_1}\right]$$

$$= DI_{L2} - (1-D)I_{L1} = 0$$

这意味着 Zeta 变换器的平均电感电流的比率表达式与 SEPIC 变换器相同

$$\frac{I_{L1}}{I_{L2}} = \frac{D}{1-D}$$

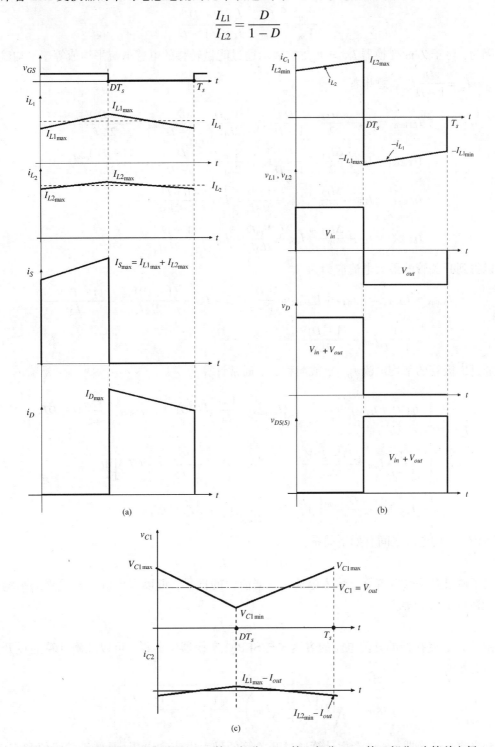

图 3.56　Zeta 变换器的稳定波形。(a)第一部分；(b)第二部分；(c)第三部分(为简单方便
　　　起见，V_{C1} 波形在每一个开关阶段均以线性方式绘制，每个开关间隔 i_{C1} 约等于恒
　　　定值。需要注意的是，违背了通常的引用，我们定义图 3.55 中 i_{C1} 与 V_{C1} 极性相反)

因此，假设转换效率为 100%，变换器电流的平均值之间的关系为

$$\frac{V_{out}}{V_{in}} = \frac{I_{in}}{I_{out}} = \frac{I_{L1}}{I_{L2}} = \frac{D}{1-D}$$

因为，对于 Zeta 变换器 $I_{L2} = I_{out}$，它表示通过能量转移的电感电流平均值等于平均输入电流，$I_{L1} = I_{in} = \dfrac{D}{1-D}I_{out}$，意味着

$$I_{L1\,min} = I_{L1} - \frac{\Delta I_{L1}}{2} = \frac{D}{1-D}I_{out} - \frac{V_{in}D}{2L_1 f_s} = \frac{D}{1-D}I_{out} - \frac{(1-D)V_{out}}{2L_1 f_s}$$

$$I_{L1\,max} = I_{L1} + \frac{\Delta I_{L1}}{2} = \frac{D}{1-D}I_{out} + \frac{V_{in}D}{2L_1 f_s} = \frac{D}{1-D}I_{out} + \frac{(1-D)V_{out}}{2L_1 f_s}$$

$$I_{L2\,min} = I_{L2} - \frac{\Delta I_{L2}}{2} = I_{out} - \frac{V_{in}D}{2L_2 f_s} = I_{out} - \frac{(1-D)V_{out}}{2L_2 f_s}$$

$$I_{L2\,max} = I_{L2} + \frac{\Delta I_{L2}}{2} = I_{out} + \frac{V_{in}D}{2L_2 f_s} = I_{out} + \frac{(1-D)V_{out}}{2L_2 f_s}$$

也可以得到开关管的最大电流应力为

$$I_{S\,max} = I_{D\,max} = I_{L1\,max} + I_{L2\,max} = \frac{D}{1-D}I_{out} + I_{out} + \frac{(1-D)V_{out}}{2L_1 f_s} + \frac{(1-D)V_{out}}{2L_2 f_s}$$

$$= \frac{1}{1-D}I_{out} + \frac{(1-D)V_{out}}{2L_{eq} f_s}$$

通过二极管的平均电流 $I_{D,\,av}$，或简称 I_D，通常计算为

$$I_D = \frac{1}{T_s}\int_{DT_s}^{T_s}[i_{L1}(t) + i_{L2}(t)]\mathrm{d}t = \frac{1}{T_s}\int_{DT_s}^{T_s}\left[I_{L1\,max} - \frac{V_{out}}{L_1}(t - DT_s) + I_{L2\,max} - \frac{V_{out}}{L_2}(t - DT_s)\right]\mathrm{d}t$$

$$= \frac{1}{T_s}\int_{DT_s}^{T_s}\left[\frac{1}{1-D}I_{out} + \frac{(1-D)V_{out}}{2L_{eq} f_s} - \frac{V_{out}}{L_1}(t - DT_s) - \frac{V_{out}}{L_2}(t - DT_s)\right]\mathrm{d}t$$

$$= \left[\frac{1}{1-D}I_{out} + \frac{(1-D)V_{out}}{2L_{eq} f_s}\right](1-D) - \frac{V_{out}}{2L_{eq}}(1-D)^2 T_s = I_{out}$$

也就是说，平均电流之间有如下关系：

$$I_D = I_{L2} = I_{out}$$

由于通过开关的电流等于输入电流，根据前面的推导，可以写出流过开关管的平均电流 I_{Sav}，或简称电流 I_S 等于

$$I_S = I_{L1} = I_{in}$$

由于 Zeta 变换器的开关电流的表达式与 SEPIC 变换器中一样，可以准确计算通过开关管的电流有效值

$$I_{S,rms} = \sqrt{D\left[\left(\frac{1}{1-D}I_{out}\right)^2 + \frac{1}{12}V_{out}^2 \frac{1}{L_{eq}^2}\frac{(1-D)^2}{f_s^2}\right]}$$

和之前的变换器一样，考虑计算通过开关管的最大电流和电压(晶体管的峰值和有效值，二极管的峰值和平均值)设计开关管和二极管。使用之前关于 $V_{DS(S),max}$、$V_{D,max}$、$I_{S,max}$、$I_{D,max}$ 的公式，写出它们在输入电压和负载范围内的最大应力。当计算输入电流或占空比时，应考虑在 3.2 节中得到效率值。

为了设计能量转移电容器 C_1（并不是很准确的称法，一些作者称为耦合电容器，有时甚至为飞跨电容器），将计算通过它的纹波电流[参见图 3.56(b)]和纹波电压 $\Delta V_{C1} = V_{C1max} - V_{C1min}$ [参见图 3.56(c)]。正如在 SEPIC 变换器中所进行的，为了简化起见，忽略电感电流纹波（比较小）并在每一个周期中电感电流以其平均值为恒定值，计算 i_{C1} 的纹波

$$I_{C1,rms} = \sqrt{\frac{1}{T_s}\int_0^{T_s} i_{C1}^2(t)\,dt} = \sqrt{\frac{1}{T_s}\left\{\int_0^{DT_s} [i_{L2}(t)]^2\,dt + \int_{DT_s}^{T_s} [-i_{L1}(t)]^2\,dt\right\}} \approx \sqrt{\frac{1}{T_s}\left\{\int_0^{DT_s} (I_{L2})^2\,dt + \int_{DT_s}^{T_s} (-I_{L1})^2\,dt\right\}}$$

$$= \sqrt{I_{out}^2 D + \left(\frac{D}{1-D}I_{out}\right)^2 (1-D)} = \sqrt{\frac{D}{1-D}}I_{out}$$

对于一个非常精确的结果，可以在上面的方程中整合瞬时电感电流的表达式。通过考虑在关断阶段 C_1 由输入电感电流 $i_{L1}(t)$ 将电压由最小值 V_{C1min} 充电到最大值 V_{C1max}，可以计算出电容器电压 V_{C1} 纹波 ΔV_{C1}。忽略电感器电流纹波，也就是说，假设通过能量转移电感的电流等于其平均值，很明显能证明其等于平均输入电流，像 SEPIC 变换器一样得到表达式

$$\Delta V_{C1} = \frac{DV_{out}}{RC_1 f_s} = \frac{D^2 V_{in}}{(1-D)RC_1 f_s}$$

在最大占空比（最小输入电压）和最小负载电阻时产生的最大纹波为

$$\Delta V_{C1,max} = \frac{D_{max}V_{out}}{R_{min}C_1 f_s}$$

通过施加一定的波动值正比于 V_{C1}（$= V_{out}$），并使用电流纹波的表达式设计电容器。然后，通过知道所选择电容器的等效串联电阻，检查总电压纹波，$r_{C1}\Delta I_{C1} + \dfrac{D_{max}V_{out}}{R_{min}C_1 f_s}$ 和 $\Delta I_{C1} = I_{L2max} + I_{L1max}$，小于 V_{C1} 的所期望的比例。

也可以得到 C_2 的设计公式，但是，正如已经指出的那样，Zeta 变换器的输出电路与 Buck 变换器相同；因此，可以按照 3.1 节中所讨论的 Buck 变换器的输出电容计算方法计算 C_2。可以假设通过 C_2 的电流 $i_{L2}(t)$ 所有的交流纹波分量为

$$i_{C2}(t) = i_{L2}(t) - I_{L2} = i_{L2}(t) - I_{out}$$

在 3.1.3 节中得到输出电压的总纹波表达式为

$$\Delta V_{out,max} = \frac{V_{out}(1-D_{min})}{8L_2 C_2 f_s^2} + r_{C2}\frac{V_{out}(1-D_{min})}{L_2 f_s}$$

纹波电流表达式为

$$I_{C2,rms,max} = \frac{V_{out}(1-D_{min})}{\sqrt{12}L_2 f_s}$$

通过在最大输入电压时（D_{min}）的输出电压中施加一定的纹波，如负载电压峰峰值的 1%，来设计输出电容。

3.6.3* CCM 工作的 SEPIC 变换器的小信号分析

可以利用第 2 章中介绍的方法得到的 Zeta 变换器小信号模型。正如引用中一样，由于计算非常繁杂，仅在这里介绍最终结果。考虑电容器 r_{C1} 与 r_{C2} 的等效串联电阻，得到开环的小信号输入–输出电压和占空比–输出电压的传递函数如下，其分母为

$$DEN(s) = a_0 + a_1 s + a_2 s^2 + a_3 s^3 + a_4 s^4$$

其中

$$a_0 = (1-D)[Dr_{C1} + (1-D)R]$$

$$a_1 = D^2 L_1 + (1-D)[(1-D)(L_2 + r_{C2}RC_2) + (r_{C2} + R)Dr_{C1}C_2 + (Dr_{C1} + R)r_{C1}C_1]$$

$$a_2 = (1-D)\big[(1-D)(r_{C2}+R)L_2 C_2 + r_{C1}L_2 C_1 + Dr_{C1}^2 r_{C2}C_1 C_2 + r_{C1}r_{C2}RC_1 C_2 + Dr_{C1}^2 RC_1 C_2\big] +$$
$$\qquad + L_1\big[(Dr_{C1}+R)C_1 + (r_{C2}+R)D^2 C_2\big]$$

$$a_3 = (1-D)(r_{C2}+R)r_{C1}L_2 C_1 C_2 + L_1 C_1[L_2 + r_{C2}RC_2 + (r_{C2}+R)r_{C1}DC_2]$$

$$a_4 = (r_{C2}+R)L_1 L_2 C_1 C_2$$

输入-输出的电压传递函数的计算公式为

$$G_{vg}(s) = DR\frac{[1-D+(1-D)r_{C1}C_1 s + L_1 C_1 s^2](1 + r_{C2}C_2 s)}{DEN(s)}$$

意味着直流电压增益 $M = \dfrac{V_{out}}{V_{in}}$ 为

$$M = \frac{DR(1-D)}{(1-D)[Dr_{C1} + (1-D)R]} = \frac{DR}{Dr_{C1} + (1-D)R}$$

控制-输出的传递函数为

$$G_{vd}(s) = \frac{R}{(1-D)[r_{C1}D + (1-D)R]}\frac{N_1(s)N_2(s)}{DEN(s)}$$

$$N_1(s) = RV_{in}(1-D)^2 + V_{in}\big[(1-D)^2 r_{C1}RC_1 - D^2 L_1\big]s + V_{in}(1-D)RL_1 C_1 s^2$$

$$N_2(s) = 1 + r_{C2}C_2 s$$

例如，元件设计值主要参数为：$L_1 = 100\ \mu H$，$L_2 = 55\ \mu H$，$C_1 = 100\ \mu F$（$r_{C1} = 0.19\ \Omega$），$C_2 = 200\ \mu F$（$r_{C2} = 0.095\ \Omega$），$R = 1\ \Omega$，$V_{in} = 15\ V$，$V_{out} = 5\ V$（即 $D = 0.25$），得到左半平面内两个共轭复极点：$-2500 + j9400$，$-2500 - j9400$，$-1700 + j7000$，$-1700 - j7000$，$G_{vg}(s)$ 的三个左半平面零点：-52631，$-700 + j8600$，$-700 - j8600$，$G_{vd}(s)$ 的三个右半平面零点：-52631，$-300 + j8600$，$-300 - j8600$。如降压输出特性变换器所期望的，控制-输出的传递函数有最小相位特性。通常情况下，由于输出电容的寄生电阻出现高频零点。

3.6.4　设计案例和范例分析

在 Zeta 变换器首次发布论文中提出的例子：必须满足的设计规格为 $V_{in} = 28\ V$，$V_{out} = 12\ V$，$I_{out} = [\,0.5\ A \cdots 5\ A\,]$，变换器工作在 CCM 模式。选择开关频率 $f_s = 100\ kHz$。得到占空比 $D = 0.3$，设计 $L_1 = L_2 = 120\ \mu H$。平均输入电感电流的最大值和最小值为

$$I_{L1,av,\min} = I_{in,av,\min} = \frac{D}{1-D}I_{out,\min} = 0.2143\ A$$

$$I_{L1,av,\max} = I_{in,av,\max} = \frac{D}{1-D}I_{out,\max} = 2.143\ A$$

电感器电流的最小值为

$$I_{L1\min} = I_{L1,av,\min} - \frac{\Delta I_{L1}}{2} = \frac{D}{1-D}I_{out,\min} - \frac{V_{in}D}{2L_1 f_s} = 0.2143 - 0.35 = -0.1357\ A$$

$$I_{L2\min} = I_{L2,av,\min} - \frac{\Delta I_{L2}}{2} = I_{out,\min} - \frac{V_{in}D}{2L_2 f_s} = 0.5 - 0.35 = 0.15\ A$$

即使在最小负载，CCM 模式工作点通过二极管最小电流 $I_{L1\min} + I_{L2\min} = 0.0143\,A$ 为正。电感电流的最大值为

$$I_{L1\max} = I_{L1,av,\max} + \frac{\Delta I_{L1}}{2} = \frac{D}{1-D}I_{out,\max} + \frac{V_{in}D}{2L_1 f_s} = 2.143 + 0.35 = 2.493\,A$$

$$I_{L2\max} = I_{L2,av,\max} + \frac{\Delta I_{L2}}{2} = I_{out,\max} + \frac{V_{in}D}{2L_2 f_s} = 5 + 0.35 = 5.35\,A$$

（在上述公式中必须使用完整符号 I_{Lav} 表示平均电流以区分在负载范围的高端算出的最大平均电感电流和在第一开关阶段结束得到的电感器电流的最大瞬时值）。

开关管的最大电流应力为 $I_{L1\max} + I_{L2\max} = 7.843\,A$，开关管的最大电压应力为 $V_{in} + V_{out} = 40\,V$。二极管具有承受比这个值大的反向电压能力。

增加通过 C_1 两端 10% 的纹波电压，由 $V_{C1} = V_{out} = 12\,V$，可得到

$$C_1 = \frac{DV_{C1}}{\Delta V_{C1}R_{\min}f_s} = 12.5\,\mu F; \quad I_{C1,rms,\max} = \sqrt{\frac{D}{1-D}}I_{out,\max} = 3.27\,A$$

选择完电容后，便知道它的直流电阻，必须检查 $r_{C1}\Delta I_{C1} + \frac{DV_{out}}{RC_1 f_s}$ 小于 $10\% \times 12 = 1.2\,V$。

输出电压的纹波为 1%，以下条件设计 C_2：

$$C_2 \geqslant \frac{V_{out}(1-D)}{8\Delta V_{out}L_2 f_s^2} = \frac{100(1-D)}{8L_2 f_s^2} = 7.29\,\mu F$$

$$I_{C2,rms} = \frac{V_{out}(1-D)}{\sqrt{12}L_2 f_s} = 0.2\,A$$

$$V_{C2} = V_{out} = 12\,V$$

并且，选择电容之后，将检查

$$\Delta V_{out,\max} = \frac{V_{out}(1-D)}{8L_2 C_2 f_s^2} + r_{C2}\frac{V_{out}(1-D)}{L_2 f_s} \leqslant 0.12\,V$$

这是一个很容易满足的条件，因为在 Zeta 变换器中，像在 Buck 变换器一样，输出电容的纹波电流非常小。这也是为什么输出电容元件的值很小的原因。

3.6.4.1　基于 Sipex SP6126 控制器的 Zeta 变换器

在应用文档中，由 Sipex 提出了一种基于 Sipex SP6126 控制的 Zeta 变换器设计。控制器的工作频率为 600 kHz，且能够直接驱动 p 沟道 MOSFET 开关管。设计规格为：输入电压范围为 10 ~ 18 V，输出电压为 12 V，输出电流为 0.7 A。输出电容 C_{in} 增加到图 3.54 所提出的原理图中。要求负载电压纹波不大于输出电压的 1%。

假设转换效率为 85%，则

$$D_{\min} = \frac{V_{out}}{V_{out} + \eta V_{in,\max}} = 0.44; \quad D_{\max} = \frac{V_{out}}{V_{out} + \eta V_{in,\min}} = 0.585$$

我们允许通过能量转移电感电流的纹波最大在 50% 的负载电流条件下设计电感器。其他设计师一般假定输入电感电流纹波为平均输入电感电流的 20% ~ 40%。

$$L_1 = \frac{V_{in,\max}D_{\min}}{\Delta I_{L1}f_s} = 37.7\,\mu H$$

最大平均输入电流等于最大平均输入电感器电流，计算为

$$I_{in,av,\max} = I_{L1,av,\max} = \frac{V_{out}I_{out}}{\eta V_{in,\min}} = 0.988 \text{ A}$$

将最大平均电感电流增加15%计算出饱和电流为1.15 A。考虑到负载瞬变可能导致比稳态工作时更高的电流。如之前的例子一样，更保守的设计为考虑计算电感电流在第一个开关周期末达到最大值。选择10 μH Wurth Electronik 双电感#744877100，额定电流1.1 A，饱和电流2.8 A。如这种设计中应用的耦合电感器，其互感使得 L_1 的有效值加倍，即 L_1 的等效电感为20 μH。虽然电感值小于设计值，核算变换器仍然工作在 CCM。重要的是所需电感的功率等级和饱和电流。设计电感电流纹波较大时会增加 EMI 且使大电感器减小的尺寸不多。如果选择紧耦合电感器，同一磁芯上每个电感器的圈数相同，纹波电流在两个耦合电感之间均分。即使实际上的分担并不是准确的50%:50%，如果耦合电感器有两个独立的电感器，仍然可以估算耦合电感器中的电感作为实际需要的一半。

选择 $L_2 = L_1$。

对于能量转移电容器的选择，假设电容器电压的最大纹波为输出平均电压的1%。

$$C_1 = \frac{D_{\max}V_{C1}}{\Delta V_{C1}Rf_s} = \frac{D_{\max}V_{out}}{0.01V_{out}\frac{V_{out}}{I_{out}}f_s} = 5.69 \text{ μF}, \quad V_{C1} = 12 \text{ V}, \quad I_{C1,rms,\max} = \sqrt{\frac{D_{\max}}{1-D_{\max}}}I_{out} = 0.83 \text{ A}$$

为了满足所有条件，包括全部的电压纹波，保守选择22 μF 的陶瓷电容器。

开关管上的电压应力为 $V_{in,\max} + V_{out} = 30$ V，电流应力为

$$I_{L1\max} + I_{L2\max} = \frac{D_{\max}}{1-D_{\max}}I_{out} + \frac{V_{in,\min}D_{\max}}{2L_1f_s} + I_{out} + \frac{V_{in,\min}D_{\max}}{2L_2f_s} = 2.17 \text{ A}$$

（通过使用输入电压的最大值可以检查，即为最小占空比，得到一个更小的值：电流应力为1.91 A）。一个留有余量的设计为，在第一个阶段中，开关电流约等于上述计算的最大值（开关导通阶段的最后所达到的值），且有

$$I_{S,rms} = \sqrt{D_{\max}}I_{S,\max} = 1.66 \text{ A}$$

选择 Vishay/Siliconix p 沟道型 MOSFET Si2319DS，其额定电压为40 V，导通电阻为0.13 Ω。选择安森美公司的二极管 MBRA340T3，其额定电压为40 V，导通电流为3 A。

建议保证输入电压纹波小于最大输入电压的1.5%，例子中应小于0.18 V。为了计算 C_{in} 的值，假设选择的电容器具有非常小的等效串联电阻，选择陶瓷或钽电容器。用3.1.5节中说明的方法来设计输入电容，并且，为了简化设计，假定占空比为0.5，得到 $I_{C1} = 0.5 \times I_{out}$，选择一个4.7 μF 陶瓷电容器。

计算所述输出电容的值第一个条件为

$$C_2 \geqslant \frac{100(1-D_{\min})}{8L_2f_s^2} = 0.97 \text{ μF}$$

而

$$I_{C2,rms} = \frac{V_{out}(1-D_{\min})}{\sqrt{12}L_2f_s} = 0.161 \text{ A}$$

然而，选择一个更高容量的电容值：为了解决瞬间需求，选择22 μF 陶瓷电容器。

上述设计类型的实测，在输入电压10 V 时，0.1 A 的负载电源效率为83%，0.5 A 的负载电源效率为90.5%。

3.6.4.2 基于 AD 公司双通道同步电流型开关控制器 ADP1877 的 Zeta 变换器

ADP1877 控制器允许用双向 MOSFET 代替二极管设计的 Zeta 变换器。在这种方式 Zeta 变换器中，通常用最好具有低正向电压降的肖特基二极管代替高损耗功率二极管提高效率，以简化电路。ADP1877 是集成驱动双通道控制器，可驱动 n 沟道 MOSFET。为了使用 n 沟道晶体管作为电源开关管 S，如上所述，它既没有栅极也没有源极以地线为参考，利用如下的方法可以解决。开关节点在导通阶段为 0 和关断阶段为 $V_{in,max} + V_{out}$ 中发生翻转。在导通时间内，电荷泵电容 C_{BST} 在内部驱动高端侧通过自举方式施加了等于 $V_{in,max} + V_{out} + 5\ \text{V}$ 的电压。电路包括一个电容器 C_{BLK1}，一个箝位二极管 D_{DRV} 和一个可忽略不计的功率耗散电阻 R_{DRV}，并防止开关 S 的栅极–源极电压大于其关断阶段中的阈值(参见图 3.57)。

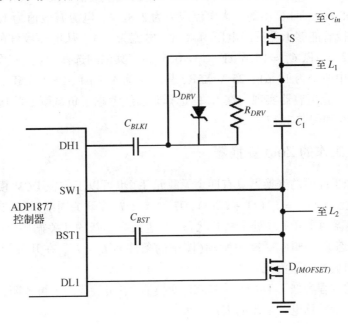

图 3.57 Zeta 变换器的 ADP1877 控制器驱动的同步开关管

该控制器的特点为：软启动、输出过压保护、外部可调电流限制器。它可以工作的开关频率范围为 200 kHz ~ 1.5 MHz。控制器还具有跳脉冲工作模式，如果启用，可以降低在极轻负载时的转换率。能量传递到负载后就调整到良好的调节状态，降低了开关损耗。

对于 3.3 V 和 5 V 输入的 ADP1877 控制器设计的 Zeta 换器，输出电压 5 V 时，得到负载从轻载增加时，效率也增加，当负载在 1 ~ 2 A 范围时，效率大于 90%，负载再增大时效率开始降低。两个选择的晶体管为仙童半导体公司的 FDS6572A（$r_{DSmax} = 6\ \text{m}\Omega$）。使用的耦合电感为 TDK PCA20EFD-U10S002，每一个绕组为 3.4 μH，最大直流电阻为 35.8 mΩ，匝比为 1:1。在闭环设计中，交叉频率必须约等于或小于主功率谐振频率(由电感器和 C_1 的值给出)的十分之一，以避免基波频率等于谐振频率导致输出响应衰减。通过耦合电感器，上述计算的谐振频率增加到 $f_r = \dfrac{1}{2\pi\sqrt{L_{lk}C_1}}$。这也使得我们选择一个更高的交叉频率(最小值在 $\dfrac{f_r}{10}$ ~ $\dfrac{f_s}{10}$ 之间)，这将产生一个更大的闭环带宽。因此，使用一个耦合电感器代替两个不同磁芯电感器 L_1 和 L_2，有助于降低电感电流纹波，如之前例子中所讨论的还能够提高瞬态响应。通过电容器并联一个电阻电容的分支形成一个简单的补偿电路，能够具有补偿功能 A(S)，如图 1.46 所示，具有一个零点和两个极点。

3.6.4.3 基于 TI TPS40200 非同步电压型控制器的 Zeta 变换器

下面的设计示例提出的应用规格为：输入电压范围为 9 ~ 15 V，输出电压为 12 V，提供 1 W 输出时具有最大效率为 90%。能量转移电容器上允许的最大纹波电压为最大输出电压的 1%。最大输出电压纹波为 25 mV。最高环境温度为 55℃。选择德州仪器 TPS40200 控制器，它的工作开关频率为 340 kHz。电感电流允许的最大纹波为：最小输入电压时的 30%，这将导致增加 EMI。

通过使用 Coilcraft 公司 MSD1260 设计为耦合结构的电感器，电感量为 22 μH，每个绕组的电流有效值额定为 1.76 A，饱和电流为 5 A。此时，输入电感纹波电流为 0.45 A。高压侧开关管选择仙童半导体公司的 p 沟道的 MOSFET FDC365P，额定电压为 35 V，额定电流为 4.3 A，直流导通电阻为 55 mΩ。计算出的最大电流应力为 2.82 A，电流有效值为 1.96 A。选择的二极管 MBRS340 二极管能够承受反向电压为 40 V，电流为 3 A。从电压纹波的考虑，电容器的值计算为：$C_{in} = 12.4$ μF，$C_1 = 15.6$ μF，$C_2 = 6.5$ μF。其他的选择为：用三个并联的陶瓷电容实现 C_{in} 和 C_2，其中两个为 10 μF，25 V X5R，另一个为 4.7 μF，25 V X5R。C_1 由三个并联的 10 μF，25 V X5R 陶瓷电容器实现。在 C_2 的选择时已经考虑了负载瞬态响应性能。更详细的计算参见习题 3.16 和习题 3.17。

3.6.5* DCM 工作的 Zeta 变换器

Zeta 变换类似于前面的变换器具有四个无源元件，也可以工作在 DCM 模式。在关断阶段中，如果二极管电流 $i_D(t) = i_{L1}(t) + i_{L2}(t)$，$DT_s \leqslant t < T_s$ 在开关周期循环结束之前降低到零，二极管截止，变换器两个开关均处于断开状态，将进入一个新的开关循环[参见图 3.58(c)]。DICM 模式下的稳态波形如图 3.59 中所示(图中的条件为 $L_1 < L_2$，在开关周期循环中，$i_{L1}(t)$ 具有一个更陡的斜坡并趋于负值)。

由于大部分的方程类似于 DICM 下 SEPIC 变换器，在此，我们不再证明，仅给出结果。

电感电流和能量转移电容电流的表达式为

$$i_{L1}(t) = I_{L1\min} + \frac{V_{in}}{L_1}t, \quad I_{L1\max} = i_{L1}(DT_s) = I_{L1\min} + \frac{V_{in}}{L_1}DT_s \qquad 0 \leqslant t < DT_s$$

$$i_{L1}(t) = I_{L1\max} - \frac{V_{out}}{L_1}(t - DT_s) = I_{L1\min} + \frac{V_{in}}{L_1}DT_s - \frac{V_{out}}{L_1}(t - DT_s) \qquad DT_s \leqslant t < DT_s + D_2T_s$$

$$i_{L1}(t) = I_{L1\min} = -I \qquad DT_s + D_2T_s \leqslant t < T_s$$

$$i_{L2}(t) = I_{L2\min} + \frac{V_{in}}{L_2}t, \quad I_{L2\max} = I_{L2\min} + \frac{V_{in}}{L_2}DT_s \qquad 0 \leqslant t < DT_s$$

$$i_{L2}(t) = I_{L2\max} - \frac{V_{out}}{L_2}(t - DT_s) = I_{L2\min} + \frac{V_{in}}{L_2}DT_s - \frac{V_{out}}{L_2}(t - DT_s) \qquad DT_s \leqslant t < DT_s + D_2T_s$$

$$i_{L2}(t) = I_{L2\min} = I \qquad DT_s + D_2T_s \leqslant t < T_s$$

$$i_{C1}(t) = i_{L2}(t) = I + \frac{V_{in}}{L_2}t \qquad 0 \leqslant t < DT_s$$

$$i_{C1}(t) = -i_{L1}(t) = I - \frac{V_{in}}{L_1}DT_s + \frac{V_{out}}{L_1}(t - DT_s) \qquad DT_s \leqslant t < DT_s + D_2T_s$$

$$i_{C1}(t) = i_{L2}(t) = I \qquad DT_s + D_2T_s \leqslant t < T_s$$

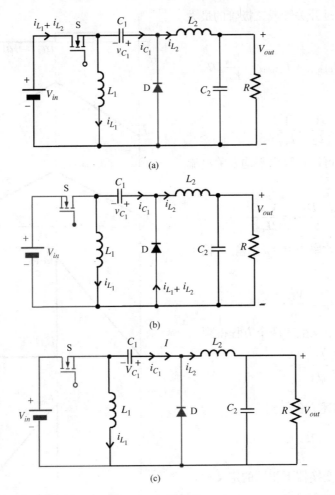

图 3.58　DICM 模式下 Zeta 变换器的等效开关拓扑：（a）$0 \leqslant t < DT_s$（S 导通，D 截止）；
（b）$DT_s \leqslant t < (D+D_2)T_s$（S 截止，D 导通）；（c）$(D+D_2)T_s \leqslant t < T_s$（S 截止，D 截止）

平均电感电流 $I_{L1,av}$（简称 I_{L1}）和 $I_{L2,av}$（简称 I_{L2}）为

$$I_{L1} = \frac{V_{in}}{2L_1}D(D+D_2)T_s - I; \quad I_{L2} = \frac{V_{in}}{2L_2}D(D+D_2)T_s + I$$

从电感器的伏·秒平衡方程，得到

$$V_{out} = \frac{D}{D_2}V_{in}; \quad V_{C1} = V_{out}$$

假定转换效率为 100%，可得到

$$\frac{V_{out}}{V_{in}} = \frac{I_{in}}{I_{out}} = \frac{I_{L1}}{I_{L2}} = \frac{D}{D_2}$$

由于 $I_{L2} = I_{out}$，也可以得出 $I_{L1} = I_{in} = I_S$，其中，I_S 为通过开关管的平均电流（从图 3.58 中，在所有开关阶段有 $i_{in}(t) = i_S(t)$）。

在第一个开关阶段中的二极管和第二开关阶段中的晶体管，流过它们的电压为其最大值。因此，S 和 D 的电压应力为

$$V_{DS(S)\max} = V_{D\max} = V_{C1} + V_{out} = V_{in} + V_{out} = \frac{D+D_2}{D_2}V_{in} = \frac{D+D_2}{D}V_{out}$$

在 DT_s 时刻通过开关管或二极管的最大电流为

$$I_{S\max} = I_{D\max} = I_{L1\max} + I_{L2\max} = \frac{V_{in}}{L_{eq}}DT_s$$

此时，使用符号

$$\frac{1}{L_1} + \frac{1}{L_2} = \frac{1}{L_{eq}}$$

根据图 3.59，可以计算出平均开关电流为

$$I_S = \frac{1}{T_s}\frac{I_{S\max}DT_s}{2} = \frac{V_{in}D^2}{2L_{eq}f_s}$$

继续假设转换效率为 100%，输入-输出功率平衡方程为

$$V_{in}I_{in} = \frac{V_{out}^2}{R}$$

或者，由于 $I_{in} = I_S$，从上述两个方程得到

$$V_{in}\frac{V_{in}D^2}{2L_{eq}f_s} = \frac{V_{out}^2}{R}$$

由于 $\dfrac{V_{out}}{V_{in}} = \dfrac{D}{D_2}$，从前述方程得到

$$D_2^2 = \frac{2L_{eq}f_s}{R}$$

使用在 SEPIC 变换器下相同的定义

$$k_{DICM,Zeta} = \frac{2L_{eq}}{RT_s} = \frac{2L_{eq}}{R}f_s$$

得到

$$D_2 = \sqrt{k_{DICM,Zeta}};\quad M_{DICM} = \frac{D}{D_2} = \frac{D}{\sqrt{k_{DICM,Zeta}}}$$

（通过 SEPIC 变换器中同样的方法，能够得到同样的方程，观察得到二极管平均电流 $I_D = \dfrac{V_{in}DD_2T_s}{2L_{eq}}$ 等于平均输出电流 $I_{out} = \dfrac{V_{out}}{R}$）。

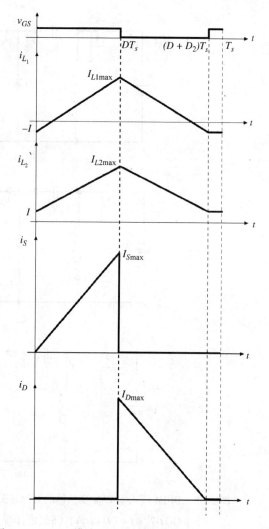

图 3.59　DICM 模式下 Zeta 变换器的 $(L_1 < L_2)$ 稳态波形（像 DICM 模式下 Ćuk 和 SEPIC 变换器一样，由于忽略了电路中的寄生电阻，电流看上去均为线性。实际上，即使在第三开关阶段，电流值也不是恒定值 I，包含一个交流纹波。C_1 两端的电压，以及该拓扑中的 L_1 和 L_2 中均包含一个交流纹波）

类似于 SEPIC 变换器的情况，D_2 的结果与 D 的值无关。如果 $D_2 < 1 - D$，Zeta 变换器将工作在 DICM，也就是如果 $k_{DICM,Zeta} < (1 - D)^2$，得到 DICM 下的设计条件为

$$\frac{2L_{eq}}{R}f_s < (1 - D)^2$$

即

$$L_{eq} < \frac{R}{2f_s}(1 - D)^2$$

变换器工作在 DICM 下占空比的最大值为

$$D_{\max\_for\_DICM} = 1 - \sqrt{k_{DICM,Zeta}} = 1 - \frac{D_{\max\_for\_DICM}}{M}$$

即

$$D_{\max\_for\_DICM} = \frac{1}{1 + \dfrac{1}{M}}$$

用公式 $M_{CCM} = \dfrac{D}{1-D}$ 和 $M_{DICM} = \dfrac{D}{D_2}$ 表示 CCM 和 DCM 的直流电压增益。在 CCM/DCM 运行边界处 $D_2 = 1 - D$，对不同 D 值下的图形如图 3.60 所示。

从方程 $I_{L1} = \dfrac{V_{in}}{2L_1}D(D + D_2)T_s - I$ 和 $I_{L1} = I_{in} = I_S$ 和 $I_S = \dfrac{V_{in}D^2}{2L_{eq}f_s}$，可以得到最小电感电流为

$$I = \frac{V_{in}}{2L_1}D(D+D_2)T_s - I_{L1} = \frac{V_{in}}{2L_1 f_s}D(D+D_2) - \frac{V_{in}D^2}{2L_{eq}f_s} = \frac{V_{out}}{2L_1 f_s}D_2(D+D_2) - \frac{V_{out}DD_2}{2L_{eq}f_s}$$

如果 Zeta 变换器的电流计算非常相似于之前研究的 SEPIC 变换器，由于不同于 DICM 下 Zeta 变换的电容器充电/放电进程，因此电容器电压纹波的计算也是不同的。

根据图 3.58，C_1 在第一和第三开关阶段放电，并在几乎所有的第二阶段中充电（直到 i_{L1} 变为负值），从在 DT_s 时刻的最小值 $V_{C1\min}$，到 $(D + D_2)T_s$ 时刻达到最大值 $V_{C1\max}$。电容器由电流 $i_{C1} = -i_{L1}$ 充电。注意，图中所定义的电容器电流方向与定义的电容器电压极性方向相反，也就是 $i_{C1}(t) = -\dfrac{\mathrm{d}v_{C1}}{\mathrm{d}t}$。电容器电压总变化（纹波）可以表示为

$$\Delta V_{C1} = V_{C1\max} - V_{C1\min} = -\frac{1}{C_1}\left\{ \int_{DT_s}^{(D+D_2)T_s} [-i_{L1}(t)]\mathrm{d}t \right\}$$

$$= -\frac{1}{C_1}\left\{ \int_{DT_s}^{(D+D_2)T_s} \left[-\left(-I + \frac{V_{in}}{L_1}DT_s - \frac{V_{out}}{L_1}(t - DT_s) \right) \right]\mathrm{d}t \right\}$$

$$= \frac{1}{C_1}\left(-ID_2 T_s + \frac{V_{in}DD_2 T_s^2}{L_1} - \frac{V_{out}D_2^2 T_s^2}{2L_1} \right) = \frac{1}{C_1}\left(-ID_2 T_s + \frac{V_{out}D_2^2 T_s^2}{L_1} - \frac{V_{out}D_2^2 T_s^2}{2L_1} \right)$$

$$= \frac{1}{C_1}\left(-\frac{ID_2}{f_s} + \frac{V_{out}D_2^2}{2L_1 f_s^2} \right)$$

由先前的计算表达式表示 I 的结果为

$$I = \frac{V_{out}}{2L_1 f_s}D_2(D+D_2) - \frac{V_{out}DD_2}{2L_{eq}f_s}，\text{可得出}$$

$$\Delta V_{C1} = \frac{1}{C_1}\left\{ -\frac{D_2}{f_s}\left[\frac{V_{out}}{2L_1 f_s}D_2(D+D_2) - \frac{V_{out}DD_2}{2L_{eq}f_s} \right] + \frac{V_{out}D_2^2}{2L_1 f_s^2} \right\}$$

$$= \frac{1}{C_1}\frac{V_{out}D_2^2}{2L_1 f_s^2}\left[1 - (D+D_2) + D\frac{L_1}{L_{eq}} \right]$$

和 $D_2 = \sqrt{\dfrac{2L_{eq}f_s}{R}}$。

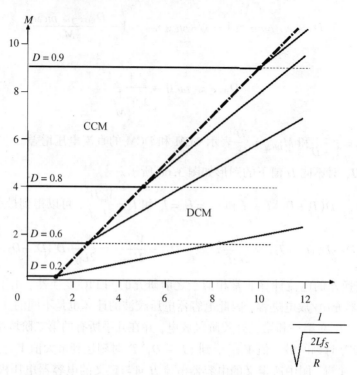

图 3.60 对于不同的 D 和 $\sqrt{k_{DICM,Zeta}}\left(M_{CCM}=\dfrac{D}{1-D}$ 和 $M_{DICM}=\dfrac{D}{D_2}\right)$，Zeta 变换器的直流电压变换增益

在 3.1.7 节中，可以准确地计算出输出电容上的电压纹波。为简单起见，假设纹波的大概值。忽略 C_2 的等效直流电阻，也就是说，纹波电流 $i_{C2}(t)$ 等于 $i_{L2}(t)$ 中的纹波。考虑到 $v_{C2}(t)$ 在区间 $[0,DT_s]$ 内由最小值变化到最大值，也就是说，C_2 在第一开关阶段内充电，在第二和第三开关阶段内放电。有了这些假设，可以得出

$$\Delta V_{C2}=\frac{1}{C_2}(\Delta IL_2)DT_s=\frac{1}{C_2}\left(\frac{V_{in}}{L_2}DT_s\right)DT_s=\frac{1}{C_2}\frac{V_{in}D^2}{L_2f_s^2}=\frac{1}{C_2}\frac{V_{out}DD_2}{L_2f_s^2}$$

和 $D_2=\sqrt{\dfrac{2L_{eq}f_s}{R}}$。

数值案例

Zeta 变换器设计规格为：$V_{in}=311$ V，$R=5$ kΩ，$L_1=10$ mH，$L_2=5$ mH，$C_1=1$ μF，$C_2=0.3$ μF，$D=0.4$，工作的开关频率为 100 kHz。计算最大平均电感电流，电感电流纹波，开关管电压和电流应力，电容器纹波电压，并检查其工作模式。

由于

$$\frac{1}{L_1}+\frac{1}{L_2}=\frac{1}{L_{eq}}$$

得到

$$L_{eq}=\frac{10\times10^{-3}\times5\times10^{-3}}{10\times10^{-3}+5\times10^{-3}}=3.33\times10^{-3}\ \text{H}$$

也就是

$$k_{DICM,Zeta} = \frac{2L_{eq}}{R}f_s = \frac{2 \times 3.33 \times 10^{-3}}{5 \times 10^3}100 \times 10^3 = 0.1332$$

意味着 $\sqrt{k_{DICM,Zeta}} = 0.365 < 1 - D = 0.6$，即该变换器将工作在 DICM。如果 R 继续减小到 1.85 kΩ，变换器仍将继续工作在 DICM。如果负载增加超过限值（即 R 进一步下降），变换器将进入 CCM。

输出电压为

$$V_{out} = \frac{D}{\sqrt{k_{DICM,Zeta}}}V_{in} = \frac{0.4}{0.365}311 = 340.82\,\text{V}$$

假设转换效率为 100%，通过能量转移电感的平均电流等于所述的平均输入电流和它的电流纹波分别是

$$I_{in} = I_{L1} = \frac{V_{out}^2}{RV_{in}} = \frac{340.82^2}{5 \times 10^3 \times 311} = 0.0747\,\text{A}$$

或者，当然，使用下述公式可以得到同样的结果：

$$I_{L1} = \frac{V_{in}}{2}\frac{1}{L_{eq}}D^2T_s = \frac{311}{2}\frac{1}{3.33 \times 10^{-3}}\frac{0.4^2}{100 \times 10^3} = 0.0747\,\text{A}$$

和

$$\Delta I_{L1} = \frac{V_{in}}{L_1}DT_s = \frac{311 \times 0.4}{10 \times 10^{-3} \times 100 \times 10^3} = 0.124\,\text{A}$$

电感电流的最小值为

$$I = \frac{V_{in}}{2L_1}D(D + D_2)T_s - I_{L1} = \frac{311}{2 \times 10 \times 10^{-3} \times 100 \times 10^3}0.4(0.4 + 0.365) - 0.0747 = -0.027\,\text{A}$$

也就是说，$I_{L1\min} = -I = 0.027$ A，意味着输入电感（能量转移）电流在一个开关周期内不会为负值。

最大输入电感电流将为

$$I_{L1\max} = -I + \Delta I_{L1} = 0.151\,\text{A}$$

第二开关阶段持续时间 $(D_2T_s)/T_s$ 为

$$D_2 = \sqrt{k_{DICM,Zeta}} = 0.365$$

平均输出电感电流与输出电感电流纹波为

$$I_{L2} = \frac{D_2}{D}I_{L1} = \frac{0.365}{0.4}0.0747 = 0.068\,\text{A}$$

即如所预期的等于 $I_{out} = \frac{V_{out}}{R} = \frac{340.82}{5 \times 10^3} = 0.068$ A 和

$$\Delta I_{L2} = \frac{V_{in}}{L_2}DT_s = \frac{311 \times 0.4}{5x10^{-3} \times 100 \times 10^3} = 0.2488\,\text{A}$$

最大输出电感电流为

$$I_{L2\max} = I_{L2\min} + \Delta I_{L2} = I + \Delta I_{L2} = 0.222\,\text{A}$$

也可以得到 $I_{L2\min} = I = -0.027$ A，也就是说，在一个开关周期内输出电感电流进入负值，因为 $L_1 > L_2(i_{L2}(t)$ 较陡)，这也是所预期的结果。

我们可能更倾向于计算 $I_{L\max}$ 为 $I_L + \Delta I_L/2$。然而，这仅在 CCM 模式下是正确的。在 DCM 下，电感电流的平均值考虑到在第三开关阶段的电流恒定值。

通过开关管的最大电流为

$$I_{S\max} = I_{D\max} = I_{L1\max} + I_{L2\max} = \frac{V_{in}}{L_{eq}}DT_s = \frac{311}{3.33 \times 10^{-3}} \frac{0.4}{100 \times 10^3} = 0.373\ \text{A}$$

开关管的最大电压为

$$V_{DS(S)\max} = V_{D\max} = V_{in} + V_{out} = \frac{D + D_2}{D_2}V_{in} = \frac{0.4 + 0.365}{0.365}311 = \frac{D + D_2}{D}V_{out} = 651.82\ \text{V}$$

C_1 两端的平均电压为 $V_{C1} = V_{out} = 341\ \text{V}$，对于给定的设计通过电容器的电压波纹为

$$\Delta V_{C1} = \frac{1}{C_1}\frac{V_{out}D_2^2}{2L_1f_s^2}\left[1 - (D + D_2) + D\frac{L_1}{L_{eq}}\right]$$

$$= \frac{340.82 \times 0.365^2}{10^{-6} \times 2 \times 10^{-3} \times (100 \times 10^3)^2}\left(1 - 0.4 - 0.365 + 0.4\frac{10 \times 10^{-3}}{3.33 \times 10^{-3}}\right) = 0.326\ \text{V}$$

和

$$\Delta V_{C2} = \frac{1}{C_2}\frac{V_{in}D^2}{L_2f_s^2} = \frac{1}{C_2}\frac{V_{out}DD_2}{L_2f_s^2} = \frac{311 \times 0.4^2}{0.3 \times 10^{-6} \times 5 \times 10^{-3} \times (100 \times 10^3)^2} = 3.317\ \text{V}$$

得到的纹波约为输出电容电压的 1%。

3.6.6* 隔离型 Zeta 变换器

隔离形式的 Zeta 变换器如图 3.61。然而，没有必要单独对其进行分析，因为，通过将所有变压器二次侧参数反射到初级侧，得到的 Zeta 变换器如图 3.54。主要反射的元件为

$$R = n^2R_o; \quad L_2 = n^2L_{2o}; \quad C_2 = \frac{C_{2o}}{n^2}; \quad C_1 = \frac{C_{1o}}{n^2}; \quad V_{out} = nV'_{out}$$

当 $n = \dfrac{N_p}{N_s}$ 时，L_1 将为变压器的磁化电感。

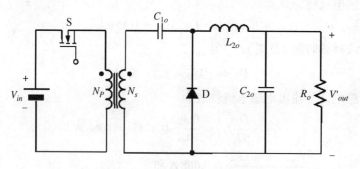

图 3.61　隔离形式的 Zeta 变换器

3.7　正激变换器（正向变换器）

3.7.1　DC-DC 变换器结构中高频变压器的作用

现在开始研究另一种引入高频变压器的变换器。因为它的输入源和负载之间有直流隔离，称之为隔离变换器。

例如，这种功能在离线应用需要由国家管理机构认证，变换器的输入端连接到交流电源系

统的整流电压。最常见的安全范围为 1.5 kV 直流隔离。相应的标准由美国保险商实验室监管。国际标准 IEC60950 是在国际电工委员会的主持下编写的，并采取了不同形式的国家标准：美国和加拿大的 UL 1950/CSA22.2No.950，欧盟 EN60950 等。电源输入（称为离线供电的"前端"）最大输入电压等于经交流整流电压最大值，也就是交流有效值的 $\sqrt{2}$ 倍。考虑到不同的国家有不同的电网（例如，日本的有效值为 100 V，美国的有效值为 110/220 V，欧洲和大多数亚洲国家的有效值为 220 V，澳大利亚和印度的有效值为 230 V）电压变换范围为 ±10%。可以说，通用输入电源的有效值范围为 90 ~ 270 V。这意味着，一个通用电源必须设计为输入电压 $V_{in,max}$ 范围为 127 ~ 381 V。

在大功率密度的应用中，当不同的电源设备连接在一个系统中时，接地电位的微小变化可引起地环路电流。在开关设备中的电源也能看到瞬时噪声。通过中断接地环路和共模噪声，DC 隔离可以防止这种干扰。如果电源放置在危险的环境（如易爆、辐射等环境），隔离的要求变得更加严格。

具有多个输出绕组的变压器实现电源多路输出的相互隔离。每个次级绕组提供一个次级侧电路。不同的二次侧变比允许为每个次级侧电路具有不同的输出电压。然而，多路输出变换器的负载调节不是一个简单的操作。由于变压器可以轻松连接用于提供一个负电压，如果需要，也可以得到极性与输入相反的输出电压。例如，可以设计一个变换器输出为 5 V,12 V 和 - 12 V。

变压器通过改变二次侧对初级侧匝数比，还可以提供电压升压或降压增益的可能性。正如我们将来要学习的，此操作可能带来严重后果。

以便作为所述 DC-DC 变换器的输入，隔离可以在 AC 输入整流前的 AC 输入侧插入 50/60 Hz 变压器。然而，这样低频率的变压器将非常笨重且效率较低。这就是为什么优选 DC-DC 变换器的变压器结构，其工作在几十或几百千赫兹（kHz），或甚至更高的开关频率。在这样的频率时，变压器的尺寸非常小。

为了分析带变压器的变换器，通过图 1.42 的模型表示它的电源等效电路。漏感和绕组电阻影响变换器的导通损耗。漏感引起开关管电压应力，并产生不需要的寄生电容振荡。对于大多数变换器，使用具有最小漏感的变压器。如果软开关时，有可能以"变换"漏电感作为谐振缓冲器的一部分，以减少损耗。变压器磁芯损耗的计算如 1.3.6.2 中所述。然而，由于这些寄生元件不影响的变换器的基本操作，起初均将它们忽略，在下面的章节中，将分析带变压器的变换器，也将逐步认识漏电感的不良影响。

另一方面，磁化电感 L_m 在带有变压器的变换器工作过程中起着非常关键的作用。通常情况下，磁环电感 L_m 的阻抗大于变换器工作频率的范围，使得磁化电流 $i_m(t)$ 远小于变压器初级绕组的电流。磁化电流和磁芯内磁场是成比例关系的。如果 $i_m(t)$ 太大，例如初级线圈电压大于设计变换器时的电压，磁芯磁场也会增加，磁芯将饱和。磁化电感将朝着衰减到零的方向变化，造成变压器短路。电感在任何情况下，磁化电感服从伏·秒平衡法则，它在稳态开关周期内通过它的平均电压为零。

图 1.42 模型中忽略寄生电阻和漏感得到的模型如图 3.62 所示，包含初级和次级绕组，圈数分别为 N_p 和 N_s，磁化电感为 L_m。为方便起见，在下面的章节中使用符号 N_p 和 N_s 分别表示初次级绕组。

在图 3.62(a) 和图 3.62(b) 中，i_{sec} 表示电流实际通过次级绕组的方向，v_{sec} 表示实际电压极性。用 n 表示匝比，$n = \dfrac{N_p}{N_s}$，如 1.3.6.2 节所讨论，两个图中电压和电流参考同样的等式成立

$$v_1 = nv_2 \text{ 和 } i_2 = ni_1\text{；也就是 } v_{pr} = nv_{sec} \text{ 和 } i_{sec} = ni_{pr}$$

3.7.2 正激变换器的推导

正激变换器本质上是一个隔离的降压变换器。它可以在降压变换器的结构中插入变压器得到，如图 3.63（a）所示。正如我们看到的，二极管 D 会使次级绕组短路。为了避免这种情况，结合二极管 D_1，如图 3.63（b），使得当 D 导通时，D_1 将处于截止状态，变压器输出端存在一定的输出电压。

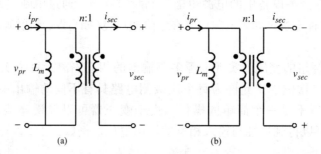

图 3.62 变压器的简化等效模型

用简化等效模型代表变压器，得到的电路如图 3.63（c）。要注意的是，该变换器无法正常工作，当 S 处于导通状态 [参见图 3.63（d）]，i_{pr} 将按照图中所示的方向流动，同时，L_m 将由电流 i_m 充电。由于 i_{pr} 进入初级绕组 N_p 的"·"节点（结束端），根据图 3.62（a），意味着 i_{sec} 将从次级绕组 N_s 的·节点流出，即 D_1 导通。根据 v_{sec} 的极性，D 处于反向偏置。当 S 断开 [参见图 3.63（e）] 时，电感电流 i_m 必须继续流动（电感电流的突然中断将导致更大的电压尖峰，正比于 di_L/dt）。由于目前 $i_{pr}(t) = -i_m(t)$，意味着实际的初级电流从初级线圈的"·"节点出，次级电流必须从次级线圈"·"节点入。但是 i_{sec} 由 D_1 阻止当前的流动方向，即 D_1 截止。磁化电流经过自身寄生电阻找到路径，导致能量损失并产生热量。但是更令人苦恼的是磁化电感不可能完全放电。因此，在后续的开关周期循环开始时，磁化电流的初始值较大，以此类推，导致磁化电流不断增加，达到之前所叙述的磁芯饱和。这就是为什么需要添加一个额外的磁复位电路，可以由变压器的第三绕组和二极管 D_2 组成。该绕组的圈数为 N_m，在开关管断开后其极性为复位电路提供 L_m 放电的路径。为了保证初级线圈和第三绕组具有良好的耦合性，也就是，为了避免二者之间的磁通损耗，采用线扎一起缠绕（双线并绕）方式。

最后，还可以消除降压变换器的一个缺点，即开关管的源极和漏极均不连接到地，移动开关管的位置如图 3.63（f）所示。此时，开关管的连接像升压变换器中电路应用。

图 3.63（f）中电路表示正激变换器。由于根本上来说它是一个降压变换器，它也是脉动的输入电流（即它是一个电压驱动型变换器），需要使用输入滤波器。并且，输出为电流吸收特性，可表示为

$$n_1 = \frac{N_p}{N_s}, \quad n_2 = \frac{N_m}{N_s}$$

通过复位电路，在每个开关周期磁化电感均能完全放电，这样，在每个周期，$i_m(t)$ 总是从

零开始并且在开关周期结束之前复位到零。类似于降压变换器,正激变换器当电流通过输出电感器 L 从未降到零时工作在 CCM,当开关管和二极管同时处于关断状态时变换器工作在 DCM。如果输入使用电容器,和具有输入电容的降压变换器一样,也可以满足容性不连续电压模式工作。

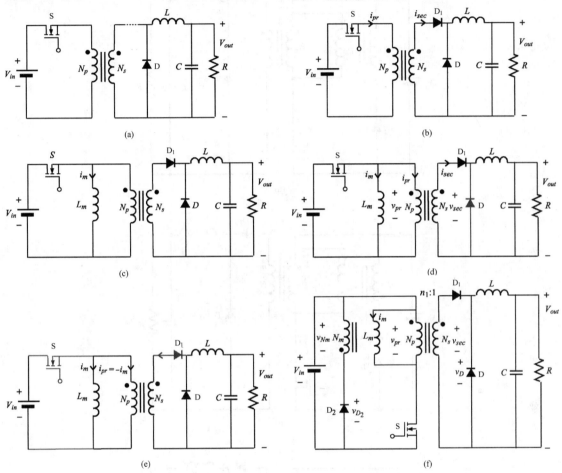

图 3.63　正激变换器的推导。(a)和(b)带变压器的降压变换器;(c)带变压器的
　　　　　降压变换器等效电路;(d)带变压器的降压变换器导通拓扑;(e)带
　　　　　压器的降压变换器关断拓扑;(f)带磁复位电路正激变换器-等效电路

　　正激变换器的起源于 1956 年 Paynter 的论文中,他使用初级侧含有两个晶体管电路,一个用于传输功率和一个用于电路"复位"。

3.7.3　CCM 工作的正激变换器

3.7.3.1　第一个开关阶段

　　当 S 接通时,输入电流 $i_{in}(t)$ 的一部分流过初级绕组,一个部分通过磁化电感[参见图 3.64(a)]

$$i_{in}(t) = i_{pr}(t) + i_m(t)$$

　　初级侧回路的 KVL 得出

$$V_{in} = v_{pr}(t) = v_m(t)$$

磁化电感电压 $v_m(t)$ 定义为任何电感器的端电压,即极性 + − 为通过电感器电流的箭头指示方向。

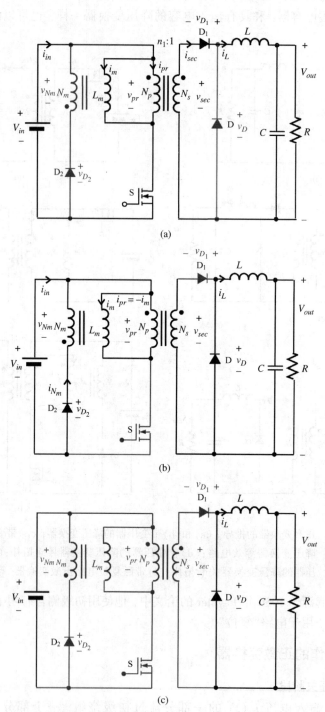

图 3.64　CCM 模式下正激变换器的等效稳态开关拓扑。(a) $0 \leqslant t < DT_s$(S 导通,D 截止);
(b) $DT_s \leqslant t < DT_s + T_m$(S断开,D导通,$D_2$ 截止);(c)$DT_s + T_m \leqslant t < T_s$(S断开,D导通,$D_2$ 截止)

从 $v_m(t) = L_m \dfrac{\mathrm{d}i_m}{\mathrm{d}t}$，得到磁化电流的表达式

$$i_m(t) = \frac{V_{in}}{L_m}t, \quad 0 \leqslant t < DT_s$$

在第一开关周期末达到最大值

$$I_{m,\max} = \frac{V_{in}}{L_m}DT_s$$

没有电流可以流过绕组 N_m：由于 i_{pr} 从绕组 N_p 的"·"端流入（终端），根据绕组 N_p 和 N_m 相互耦合，电流必须从 N_m 绕组的"·"端流出（终端）。但是 D_2 阻止电流的朝着该方向继续循环，D_2 为截止状态。

变压器次级电压为

$$v_{sec} = \frac{N_s}{N_p}v_{pr} = \frac{N_s}{N_p}V_{in} = \frac{1}{n_1}V_{in}$$

次级电流 i_{sec} 流经 D_1。二极管 D 由于第二阶段电压 v_{sec} 处于反向偏置。由二次侧回路的 KVL 得到通过输出电感器的电压

$$v_L = v_{sec} - V_{out} = \frac{N_s}{N_p}V_{in} - V_{out}, \quad 0 \leqslant t < DT_s$$

得到输出电感电流以斜率 $\dfrac{1}{L}\left(\dfrac{N_s}{N_p}V_{in} - V_{out}\right)$ 从最小值开始增大

$$i_L(t) = I_{L\min} + \frac{1}{L}\left(\frac{N_s}{N_p}V_{in} - V_{out}\right)t, \quad 0 \leqslant t < DT_s$$

在 DT_s 时刻达到最大值

$$I_{L\max} = I_{L\min} + \frac{1}{L}\left(\frac{N_s}{N_p}V_{in} - V_{out}\right)DT_s$$

对于合适工作状态，要设计 $\dfrac{N_s}{N_p}$，比如 $\dfrac{N_s}{N_p}V_{in} > V_{out}$。

在此拓扑中，由 v_{sec} 得到 D 上的电压

$$V_D = v_{sec} = \frac{1}{n_1}V_{in}$$

考虑到图中所定义的 V_D 的极性，显然，一个正的值表示二极管处于截止状态。

输入电流流过开关管 S，该电流还可以表达为

$$i_S(t) = i_{pr}(t) + i_m(t) = \frac{N_s}{N_p}i_{sec}(t) + i_m(t) = \frac{1}{n_1}i_L(t) + i_m(t) = \frac{1}{n_1}\left[I_{L\min} + \frac{1}{L}\left(\frac{N_s}{N_p}V_{in} - V_{out}\right)t\right] + \frac{V_{in}}{L_m}t$$

注意图中定义的 v_{Nm} 和 v_{pr} 的极性，通过复位绕组的电压为

$$v_{Nm} = -\frac{N_m}{N_p}v_{pr} = -\frac{N_m}{N_p}V_{in} = -\frac{N_m}{N_s}\frac{N_s}{N_p}V_{in} = -\frac{n_2}{n_1}V_{in}$$

根据 KVL，意味着通过 D_2 的电压为

$$v_{D2} = V_{in} - v_{Nm} = V_{in} + \frac{n_2}{n_1}V_{in} = \left(1 + \frac{n_2}{n_1}\right)V_{in} = \left(1 + \frac{N_m}{N_p}\right)V_{in}$$

主要的电流和电压波形如图 3.65 所示。

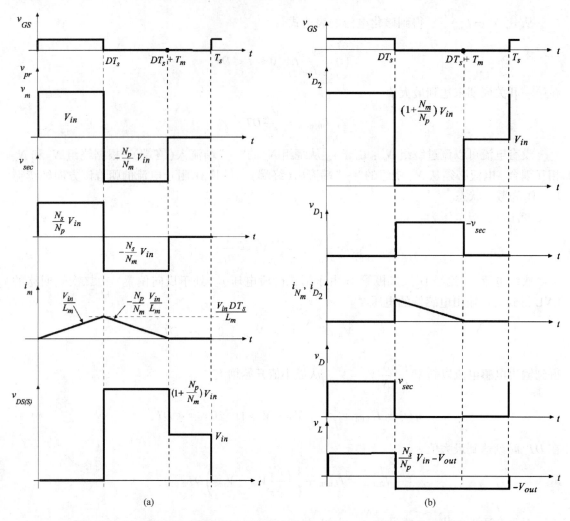

图 3.65　CCM 模式下正激变换器的稳态波形($N_m = N_p$)。(a)第一部分;(b)第二部分

3.7.3.2　第二个开关阶段

当开关 S 断开时,意味着即将开始第二个开关阶段,磁化电感电流 $i_m(t)$ 继续以相同的方向流动[参见图 3.64(b)]。按照保持规定的电流方向这一规则,电流通过初级绕组 $i_{pr}(t)$ 定义为如图 3.64(a)所示相同的方向,即

$$i_{pr}(t) = -i_m(t)$$

初级电流方向的变化也意味着二次侧电流 $i_{sec}(t)$ 方向的变化,其正试图朝着与第一开关阶段相反的方向流动,也就是说,将从绕组 N_s 的"·"端流入(结束端)。然而,二极管 D_1 会阻止这样的电流流动。因此,在第二个开关阶段,D_1 截止且 $i_{sec}(t) = 0$。通过输出电感器的电流也必须继续流动,因此二极管 D 导通。

通过耦合绕组 $N_m - N_p$ 的电流 $i_{Nm}(t)$ 将出现在复位绕组 N_m 中。根据该绕组的极性,感应电流将按如图 3.64(b)所示流动[记住图 3.62(b)中电流方向;实际 $i_{pr}(t)$ 从绕组 N_p 的"·"端流出,因此电流 $i_{Nm}(t)$ 必须从绕组 N_m 的·端流入]。电流 $i_{Nm}(t)$ 将导致二极管 D_2 导通。在该阶段中

$$i_{in}(t) = -i_{Nm}(t)$$

意味着磁化电感的能量不会变为热量损失，而是反馈到输入端。

由于电压 V_{in} 施加到绕组 N_m 上

$$v_{Nm}(t) = V_{in}$$

意味着

$$v_m = v_{pr} = -\frac{N_p}{N_m} v_{Nm}(t) = -\frac{N_p}{N_m} V_{in} = -\frac{N_p}{N_s}\frac{N_s}{N_m} V_{in} = -\frac{n_1}{n_2} V_{in}$$

由于

$$v_m = -\frac{n_1}{n_2} V_{in} = L_m \frac{\mathrm{d}i_m}{\mathrm{d}t}$$

根据公式，该负电压将决定磁化电流的减少

$$i_m(t) = I_{m,\max} - \frac{\dfrac{n_1}{n_2} V_{in}}{L_m}(t - DT_s) = I_{m,\max} - \frac{\dfrac{N_p}{N_m} V_{in}}{L_m}(t - DT_s)$$

电流 $i_m(t)$ 在 T_m 瞬时将下降到零，此时，所有在磁化电感中积累的能量均被释放到输入源。因此，该上述方程在 $DT_s \leqslant t < DT_s + T_m$ 内是有效的。

所述第二开关阶段的持续时间可以从条件 $i_m(DT_s + T_m) = 0$ 计算得出

$$T_m = I_{m,\max} \frac{L_m}{\dfrac{n_1}{n_2} V_{in}} = \frac{V_{in}}{L_m} DT_s \frac{L_m}{\dfrac{n_1}{n_2} V_{in}} = \frac{n_2}{n_1} DT_s = \frac{N_m}{N_p} DT_s$$

也就是说，它依赖于复位绕组匝数和第一开关阶段的持续时间，施加了在磁化电感 L_m 中积累的大量能量，但它并不依赖于 L_m 的自身(第一开关阶段 L_m 的充电电流斜率和第二开关阶段放电电流正比于 $1/L_m$)。如果 $N_m = N_p$，第二开关阶段的持续时间将等于第一开关阶段的持续时间。

也可以得到

$$i_{D2}(t) = i_{Nm}(t) = -\frac{N_p}{N_m} i_{pr}(t) = \frac{N_p}{N_m} i_m(t) = \frac{n_1}{n_2}\left[I_{m,\max} - \frac{\dfrac{n_1}{n_2} V_{in}}{L_m}(t - DT_s) \right]$$

在第二个开关阶段的初始得到其最大值：

$$I_{D2\max} = i_{D2}(DT_s) = \frac{n_1}{n_2} I_{m,\max} = \frac{n_1}{n_2}\frac{V_{in}}{L_m} DT_s = \frac{N_p}{N_m}\frac{V_{in}}{L_m} DT_s$$

通过开关 S 的电压为

$$v_{DS(S)} = V_{in} - v_m = V_{in} - \left(-\frac{n_1}{n_2} V_{in}\right) = \left(1 + \frac{n_1}{n_2}\right) V_{in} = \left(1 + \frac{N_p}{N_m}\right) V_{in}$$

注意，正激变换器中施加在开关管上的电压远大于降压变换器。在大多数正激变换器设计中，由于 $N_m = N_p$，开关管 S 以及复位电路二极管 D_2 的电压应力(参考第一开关阶段中的得到的 v_{D2} 公式)均为两倍输入电压。包括变换器的额外损失，这也是我们必须为隔离付出的额外代价。在设计晶体管时，也必须考虑到寄生振荡("振铃")，由于变压器漏感和寄生电容之间的共振，实际增加了的电压应力。

通过 D_1 的电压[如图 3.64(b)定义的极性]等于

$$v_{D1} = -v_{sec} = -\frac{N_s}{N_p}v_{pr} = -\frac{N_s}{N_p}\left(-\frac{N_p}{N_m}V_{in}\right) = \frac{N_s}{N_m}V_{in} = \frac{1}{n_2}V_{in}$$

由

$$v_L(t) = -V_{out}, \quad DT_s \leqslant t < DT_s + T_m$$

得出

$$i_L(t) = I_{L\max} - \frac{V_{out}}{L}(t - DT_s) = I_{L\min} + \frac{1}{L}\left(\frac{N_s}{N_p}V_{in} - V_{out}\right)DT_s - \frac{V_{out}}{L}(t - DT_s)$$

$$= I_{L\min} + \frac{1}{L}\frac{N_s}{N_p}V_{in}DT_s - \frac{V_{out}}{L}t \quad DT_s \leqslant t < DT_s + T_m$$

3.7.3.3 第三个开关阶段

当磁化电流 $i_m = 0$ 时复位绕组电流 i_{Nm} 也降为零，D_2 自然截止。变换器进入第三个开关阶段[参见图 3.64(c)]。在这种拓扑中

$$v_m(t) = v_{pr}(t) = v_{sec}(t) = v_{D1}(t) = 0, \quad DT_s + T_m \leqslant t < T_s$$

输入电流也为零且通过 S 和 D_2 的电压由下式给出：

$$v_{DS(S)}(t) = v_{D2}(t) = V_{in}, \quad DT_s + T_m \leqslant t < T_s$$

输出电感器上的电压不受拓扑变化的影响；由公式给出

$$v_L(t) = -V_{out}, \quad DT_s + T_m \leqslant t < T_s$$

即通过公式得到电感电流的特征

$$i_L(t) = I_{L\max} - \frac{V_{out}}{L}(t - DT_s), \quad DT_s + T_m \leqslant t < T_s$$

观察表明输入-输出的直流电压比将不依赖于 T_m 值。

3.7.3.4 输入-输出直流电压变换比的推导

事实上，从第二到第三开关周期过渡阶段不影响输出电感电压方程，也就意味着像我们期望的——电感去磁过程不影响输出电感的电压二次平衡。由于当 $0 \leqslant t < DT_s$ 时，$v_L(t) = \frac{N_s}{N_p}V_{in} - V_{out}$，并且当 $DT_s \leqslant t < T_s$ 时 $v_L(t) = -V_{out}$，可以得到

$$\left(\frac{N_s}{N_p}V_{in} - V_{out}\right)DT_s + (-V_{out})(T_s - DT_s) = 0$$

得到

$$V_{out} = D\frac{N_s}{N_p}V_{in} = D\frac{1}{n_1}V_{in}$$

这是我们期望得到的结果，毕竟正激变换器可以看成是 Buck 变换器与 $N_p:N_s$ 变压器的级联。假定转换效率为 100%，可得到

$$I_{in} = D\frac{N_s}{N_p}I_{out} = D\frac{1}{n_1}I_{out}$$

3.7.3.5 最大占空比的限制

通过建立励磁电感的二次电压平衡方程，我们可以得到 T_m 的值。由于在第一个开关周期

内 $V_m(t) = V_{in}$，持续时间 DT_s，在第二个开关周期内 $v_m = -\dfrac{n_1}{n_2}V_{in}$，持续时间 T_m，最后一个开关周期 $V_m = 0$，持续时间 $T_s - DT_s - T_m$，可得到

$$V_{in}DT_s + \left(-\frac{n_1}{n_2}V_{in}\right)T_m + 0(T_s - DT_s - T_m) = 0$$

有

$$T_m = \frac{n_2}{n_1}DT_s = \frac{N_m}{N_p}DT_s$$

事实上，在每个开关周期中，必须留出励磁电感的去磁时间，这缩短了第一个开关周期的最大可能时间。经分析可以得到，对于一种可能的工作模式，第三个开关拓扑结构的持续时间不能为零，也就是

$$T_s - DT_s - T_m > 0$$

或者

$$T_m = \frac{n_2}{n_1}DT_s = \frac{N_m}{N_p}DT_s < T_s - DT_s$$

有

$$D < \frac{1}{1+\dfrac{n_2}{n_1}} = \frac{1}{1+\dfrac{N_m}{N_p}}$$

这表明减少第一个拓扑结构持续时间的隐含条件。例如，当 $N_m = N_p$ 时，最大的可能占空比为 0.5。减少占空比周期的可能区间意味着降低变换器在线电压或负载改变时的调节能力，这是正激变换器的一个附带缺点。一个低于标准的占空比也意味着我们需要设计高变比的变压器 $\dfrac{N_s}{N_p}$，为了得到需要的负载电压 $\left(V_{out} = D\dfrac{N_s}{N_p}V_{in}\right)$，意味着较大的原边电流 $\left(i_{pr}(t) = \dfrac{N_s}{N_p}i_{sec}(t)\right)$，也就是，更大的开关电流应力。对于允许的 D_{max} 限制，不得不考虑输入电压范围内最低时设计 $\dfrac{N_s}{N_p}$。

如果要保持占空比具有较大的调节区间，可以选择一个匝数比主绕组少得多的复位绕组 ($N_m < N_p$)，正如我们发现 $V_{DS(S)max} = \left(1+\dfrac{N_p}{N_m}\right)V_{in}$，这以开关管承受极大的电压应力为代价。例如，通过选择 $N_m/N_p = 0.1$，我们能够在一个大范围内控制占空比 D，最大为 0.9，但是电压应力会从 V_{in} 增加到 11 倍的 V_{in}，这当然是不能接受的。这就是大多数设计者选择 $N_m = N_p$ 并将占空比可调范围限制到 0.5 以下的原因。假如，在设计中 $N_m = N_p$，把 D 增加到 0.5 以上，意味着变压器电感在开关周期结束时没有足够的时间完全消磁。在下一个周期，变压器电感对输入电压起阻碍作用，电感电流将不会从零开始增加，而是从一个初始电流 $i_m(0)$，这样，在第一个拓扑结束时，此电流值是 $i_m(0) + \dfrac{V_{in}}{L_m}DT_s$，并且将按此理继续。如图 3.66 所示电流在每个周期都会增加，在没有复位回路使用情况下，变压器最终将饱和。

设计一种低占空比的正激变换器有利于降低开关的电压应力。但是，这不仅会降低调节能力并且还会增加流过开关管的电流，导致需要更大电流的开关管。即在第一个开关周期内，

$i_{in}(t) = i_S(t)$。对于给定的某个输出功率和输入电压，有确定的 I_{in} 值。如果 DT_s 阶段的时间较短，会导致较高的有效值电流 $I_{S,rms} = \sqrt{\dfrac{1}{T_s}\displaystyle\int_0^{DT_s} i_{in}^2(t)\,\mathrm{d}t}$（一个开关周期的等效平均输入电流值 I_{in} 较短时间流过，因此，对于开关电流等于输入电流的周期内，电流具有较大的值）。因此，我们必须在开关管电压应力和电流应力之间权衡。$N_m > N_p$ 的选择同样会在

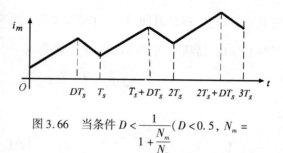

图 3.66   当条件 $D < \dfrac{1}{1 + \dfrac{N_m}{N_p}}$（$D < 0.5$，$N_m = N_p$）不成立时的励磁电流波形

二极管 D_2 上施加更大的电压应力 $V_{D2\max} = \left(1 + \dfrac{N_m}{N_p}\right) V_{in,\max}$。

即使我们在标称输入电压进行优化设计（通过权衡上述所有因素），例如通过选择 $N_m = N_p$，变换器在较高母线电压不会处于最佳工作状态。对于较高的 V_{in}（大于标称电压），反馈回路会给定一个相对于额定情况较小的占空比，于是，复位时间也会较短。选择 $N_m = N_p$ 时电压的开关响应，也就是让 D 近似等于 0.5。此种情况的 $r_{DS(on)}$，对应于此导通状态的开关导通损耗。根据在高母线电压工作的特点，选择 $N_m < N_p$（如 $\dfrac{N_m}{N_p} < \dfrac{1-D}{D}$，并且在高电压时 $D < 0.5$），会有效地实现较低的开关管电压等级。换句话说，当母线电压低时，变换器工作在接近于最优状态；但是在母线电压高时，总是可利用的关断时间并没有充分利用，开关电压峰值比较高，在开关的 $r_{DS(on)}$ 上损失了不必要的能量。

3.7.4   DCM 工作的正激变换器和 CCM 与 DCM 的设计考虑

由于正激变换器的二次侧结构本质上是 Buck 变换器的输出电路。意味着正激变换器与 Buck 阶段类似的方式进入 DCM。如果 L 足够小，电感电流 $i_{L(t)}$ 在第三个开关周期（$DT_s + T_m \leqslant t < T_s$）内降为零。由于 $i_L(t)$ 是从整流二极管 D 流过，意味着在 $DT_s + T_m + D_2 T_s$ 瞬间通过 D 的电流变为零并且二极管会自然关断。如图 3.67(d) 所示变换器进入第四个周期。

变换器第四个拓扑的大部分波形与第三个周期的拓扑类似（毕竟，原边电路的工作不依赖于输出电感的值），除了在第四个开关周期，对于图 3.67(d) 的极性定义，我们有

$$v_L(t) = 0; \quad i_L(t) = 0; \quad DT_s + T_m + D_2 T_s \leqslant t < T_s$$

$$v_D = V_{out}; \quad v_{D1} = V_{out}; \quad DT_s + T_m + D_2 T_s \leqslant t < T_s$$

DCM 工作下稳态的 $v_L(t)$，$v_D(t)$，$v_{D1}(t)$ 和 $i_L(t)$ 波形如图 3.68 所示（只需记录在第一个开关周期 $v_{sec} = \dfrac{N_s}{N_p} V_{in}$，并且在第二个开关周期 $-v_{sec} = \dfrac{N_s}{N_m} V_{in}$）。

输出电感电流在第一个开关周期结束时到达最大值

$$I_{L\max} = i_L(DT_s) = \frac{1}{L}\left(\frac{N_s}{N_p} V_{in} - V_{out}\right) DT_s$$

在第一个开关周期的主电流由下式得到：

$$i_{pr}(t) = \frac{N_s}{N_p} i_{sec} = \frac{N_s}{N_p} i_L(t) = \frac{1}{L}\frac{N_s}{N_p}\left(\frac{N_s}{N_p} V_{in} - V_{out}\right) t \quad 0 \leqslant t < DT_s$$

在 DCM 工作状态时，较小的 L 会导致流过开关 S 的电流较大。

$$i_S(t) = i_{in}(t) = i_{pr}(t) + i_m(t)$$

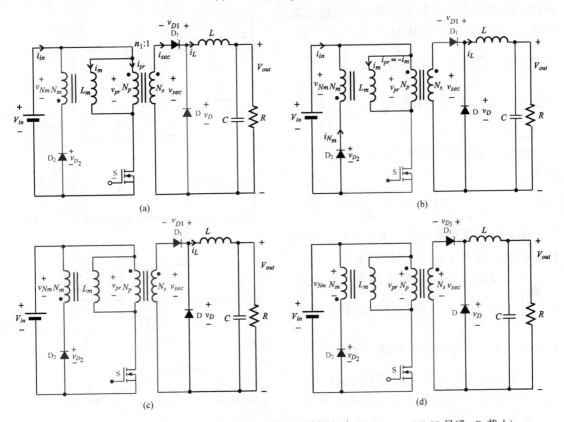

图 3.67　DCM 模式工作的正激变换器稳态开关拓扑等效电路。(a)$0 \leqslant t < DT_s$(S 导通，D 截止)；
(b)$DT_s \leqslant t < DT_s + T_m$(S断开，D导通，$D_2$截止)；(c)$DT_s + T_m \leqslant t < DT_s + T_m + D_2 T_s$(S断
开，D 导通，D_2 截止)；(d)$DT_s + T_m + D_2 T_s \leqslant t < T_s$（S 断开，D 导通，$D_2$ 截止）

为了得到在 DCM 工作状态的正激变换器输入输出电压变化率，可以再次采用 3.1 节中
Buck 变换器的步骤，以电感 L 的二次电压平衡为起点。但是，通过输入输出的关系，我们将
正激变换器可作为等效 Buck 变换器，其输入电压是 $V_{sec} = \dfrac{N_s}{N_p} V_{in}$。通过 $v_L(t)$（参见图 3.68）波
形的特征可以加强此观点：相对于 Buck 变换器，除了在第一个拓扑时 $v_L(t)$ 的值是
$\left(\dfrac{N_s}{N_p} V_{in} - V_{out} \right)$ 而不是 $(V_{in} - V_{out})$，波形与 DCM 模式工作的 Buck 变换器一样。因此，如果对于

Buck 变换器我们得到 $V_{out} = \dfrac{2}{1 + \sqrt{1 + \dfrac{4k}{D^2}}} V_{in}$，$k = \dfrac{2L}{RT_s}$，对于正激变换器公式为

$$V_{out} = \frac{2}{1 + \sqrt{1 + \dfrac{4k}{D^2}}} \frac{N_s}{N_p} V_{in}, \quad k = \frac{2L}{RT_s}$$

在 CCM/DCM 边界，$i_L(t)$ 在周期结束时刚好为零。那么，平均输出电感电流 I_{Lav}，或者简
写为 I_L，也是平均输出电流，可以通过下式计算：

$$I_{out} = I_L = \frac{I_{L\max}}{2} = \frac{\Delta I_L}{2} = \frac{1}{2}\frac{1}{L_{bound}}\left(\frac{N_s}{N_p}V_{in} - V_{out}\right)DT_s = \frac{1}{2}\frac{1}{L_{bound}}V_{out}(1-D)T_s$$

在此，通过计算第三个开关周期的电感电流等式 $i_L(T_s) = 0$，在 CCM/DCM 边界情况下，$i_L(T_s) = 0$，也就是 $i_L(T_s) = I_{L\max} - \dfrac{V_{out}}{L_{bound}}(T_s - DT_s) = 0$ 并且二次电压平衡 $\left(\dfrac{N_s}{N_p}V_{in} - V_{out}\right)DT_s + (-V_{out})(1-D)T_s = 0$。

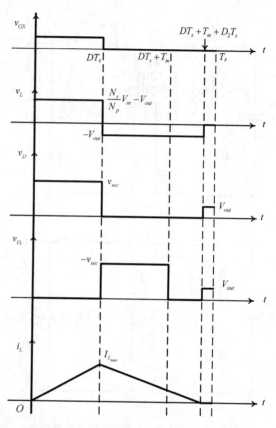

因此，在 CCM/DCM 边界情况下的 L 值为

$$L_{bound} = \frac{1}{2}\frac{1}{I_{out}}V_{out}(1-D)T_s = \frac{1}{2f_s}R(1-D)$$

如果我们设计变换器使其 $L > L_{bound}$ 将工作在 CCM，并且 $L < L_{bound}$ 对应 DCM。或者，在 L 确定情况下设计的变换器在负载电阻 $R < \dfrac{2Lf_s}{1-D}$ 时 CCM 工作并且对于负载电阻满足不等式 $R > \dfrac{2Lf_s}{1-D}$ 情况下 DCM 工作。

正激变换器的设计纲要依照 Buck 变换器。在计算占空比范围之前，必须选择 N_p，N_m（通常，我们选择 $N_m = N_p$，意味着 D 只能选择比 0.5 小的值）和 N_s 值。在晶体管 S 和二极管 D 的电压应力由下式给出：

图 3.68　DCM 工作下正激变换器的稳态波形

$$V_{DS(S)\max} = \left(1 + \frac{N_p}{N_m}\right)V_{in,\max}$$

$$V_{D\max} = \frac{N_s}{N_p}V_{in,\max}$$

对于 CCM 最大的输出电感电流是

$$I_{L\max} = I_{out,\max} + \frac{\Delta I_{L,\max}}{2} = I_{out,\max} + \frac{1}{2}\frac{1}{Lf_s}V_{out}(1-D_{\min})$$

并且对于 DCM

$$I_{L\max} = \Delta I_{L,\max}$$

这也是流过二极管 D 的最大电流，此值在第二个开关周期的初始时达到。原边电流的最大值在第一个开关周期结束时达到，由下式给出：

$$I_{pr,\max} = \frac{N_s}{N_p}I_{L\max}$$

意味着通过晶体管的最大电流为

$$I_{S\max} = I_{pr,\max} + I_{m,\max} = \frac{N_s}{N_p}I_{L\max} + \frac{V_{in,\max}}{L_m}D_{\min}T_s$$

在此，L_m 是通过在变压器电流假定一个确定的纹波设计，例如 10% 的原边电流。

设计 Buck 变换器的其他推导的设计公式对于正激变换器依然有效。通过假定一个确定的纹波设计输出电感，ΔI_L 作为一个输出电流的比例差值。电感的选择必须保证比流过它的最大电流更大的饱和电流额定值，并且位于变换器的开关频率合适的频率点。

电容的选择基于最大负载电压纹波，它的参数可以由下计算：

$$\Delta V_1 = \frac{\Delta I_L}{8C}T_s, \quad \Delta V_2 = r_C\Delta I_L, \quad \Delta V_3 = \max\left(\frac{\Delta I_L}{DT_s}L_C, \frac{\Delta I_L}{(1-D)T_s}L_C\right)$$

其中，L_c 是电容的等效串联电感，r_c 是它的等效串联电阻。我们开始设计时依据第一个条件（这是设计 Buck 变换器输出滤波器的典型方法），因为 L_c 和 r_c 在选择电容之前并不确定。然后，计算总的输出电压纹波并检查其是否在要求的值之内。采用多个电容器并联使用有利于减小总的等效串联电阻。

在任何变换器输出端电容的设计中一个重要的条件是在突然加载时的保持时间。负载变化引起负载电流的变化 ΔI_{out} 和负载电压变化 ΔV_{out}。反馈回路响应并使负载电压返回其稳态值之前存在较短的非零时间 τ。这段时间一般近似为 $1/(0.1f_s)$。在这段时间内，输出端电容必须保持负载电压，使 ΔV_{out} 仍然保持在可以接受的纹波值之内，一般是 1% 的 V_{out}。这意味着电容值必须至少为

$$C_{\min} = \frac{\Delta I_{out}}{0.01xV_{out}}\tau$$

另外，在设计正激变换器时，必须选择二极管 D_1 和 D_2。这些二极管最大的电压应力由下得到：

$$V_{D1\max} = \frac{N_s}{N_p}V_{in,\max}$$

$$V_{D2\max} = \left(1 + \frac{N_m}{N_p}\right)V_{in,\max}$$

之前已经得到它们的最大电流应力

$$I_{D1\max} = I_{L\max}$$

$$I_{D2\max} = \frac{N_p}{N_m}\frac{V_{in,\max}}{L_m}D_{\min}T_s$$

（从 3.1 节的分析得出：当输入电压最大时占空比最小）。

为离线应用选择集成电路的控制器，倾向于选择电压型的控制器，因为它在轻载时可以稳定工作，更适合宽负载范围的离线使用者。由于电压型控制不具备内在的电流限制功能，故需要增加类似的功能电路。

3.7.5* 多路输出正激变换器

变压器允许使用更多的副边绕组。在每个副边绕组具有一个整流电路和一个负载（如图 3.69 所示）。

根据每个负载的实际值，不同的输出可能工作在不同的模式下，一些在 CCM 模式，一些在 DCM 模式。这对于多路输出变换器不是可忽略的事，因为每个负载可以区别于另外一个而

独立改变。例如，通过将其置于控制回路里只调节一路输出(叫做主输出)而将其他输出(叫做从输出)取决于主闭环特性是可能的。

3.7.6* 其他的磁芯复位策略

在讨论利用变压器第三绕组复位磁芯时，注意到一些缺点。我们不得不在最大允许占空比，复位二极管电压应力及开关管电流应力之间反复权衡。

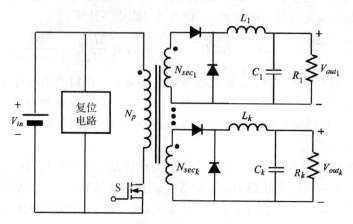

图3.69 多输出正激变换器

在全范围输入电压内设计一个优化的复位电路是困难的。为了实现需要的负载电压，PWM 电路会在低输入电压$\left(V_{out} = D\dfrac{N_s}{N_p}V_{in}\right)$时，设置较大的占空比。这意味着需要较高的复位电压。在高输入电压，D 设置为较小的值，需要较低的复位电压。因此，如果选择一个采用复位电压 V_{reset} 的复位电路，在励磁电感的二次电压平衡等式中可以在周期 DT_s 时计算进去，L_m 被充电并且在周期结束时必须完全放电

$$V_{in}DT_s + (-V_{reset})(T_s - DT_s) = 0$$

我们得到

$$V_{reset} = \frac{D}{1-D}V_{in}$$

在占空比最大时的复位电压最大值

$$V_{reset,\max} = \frac{D_{\max}}{1 - D_{\max}}V_{in,\min}$$

(再次注意 $D_{\max}$ 是由 $V_{in,\min}$ 决定的)。

在第二个开关周期时有 $V_{DS(S)} = V_{in} + V_{in} = V_{in} + V_{reset}$，当开关电压应力最大时，可得到

$$V_{DS(S),\max} = V_{in,\min} + V_{reset,\max} = \frac{1}{1 - D_{\max}}V_{in,\min}$$

复位电路只能在不同需求之间权衡得到。由于必须实现母线电压最小的设计，当应力最大时，很明显如果变换器在高母线电压时，我们面对晶体管的过度选择，这导致在此种工作情况时一个较大的导通损耗。大多数情况下，通过接受超过 $2V_{in}$ 的开关电压应力，变压器第三绕组的磁复位电路可以具有 $0.6 \sim 0.7$ 的占空比。

3.7.6.1　磁芯复位的箝位电路

另外一种不采用变压器第三绕组的磁芯复位方法是使用箝位电路。此种方案可以回溯到 1975 年，在 20 世纪 80 年代至 90 年代得到发展。它可以使占空比延伸到 0.5 以上。一种简单的箝位电路由 RCD(电阻 R_c，电容 C_c，二极管 D_c)类型形成。当晶体管处于导通状态时，励磁电感磁化。当开关关断时，励磁能量流入储存电容 C_c 里。这个简单、便宜的解决方案的缺点在于只有一部分能量反馈到输入源中，大部分能量以热的形式耗散在箝位电阻 R_c 上。在实际的变换器中，即使变压器的漏感被设计得非常小，在第一个开关拓扑仍有能量存储在 L_{lk} 中，$\frac{1}{2}L_{lk}i_{pr}^2(DT_s)$，这增加了晶体管关断时需要耗散的励磁能量。每个开关周期耗散的能量是 $\frac{V_{Cc}^2}{R_c}\frac{1}{f_s}$。对于励磁以及漏磁电感需要耗散的能量值的计算，箝位电容上的电压，V_{Cc} 可以通过设计 C_c 和 R_c 进行调整。在晶体管关断时的电压 $V_{in}+V_{Cc}$。对于平均有效值为 110 V 的线电压，晶体管的管压降很容易到 330 V(考虑所有寄生参数)，需要至少 400 V 电压应力的晶体管。对于平均值为 220 V 的线电压，晶体管至少需要具有 800 V 的电压应力。仙童半导体公司建议对于 150 W 输出电源变换器线电压为 110 V 时使用 FQP6N50 或者 FQP6N60，在 220 V 时使用 FQP6N70。对于 250 W 输出电源变换器线电压为 110 V 时使用 FQP9N50 或者 FQP12N60，在 220 V 时使用 FQP6N80 或者 FQP7N80；对于 300 W 输出电源变换器线电压为 110 V 时使用 FQP12N60，在 220 V 时使用 FQP7N80。RCD 箝位电路解决方案适用于在输入电压低的应用中。

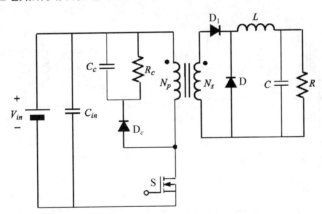

图 3.70　正激变换器的 RCD 型箝位电路

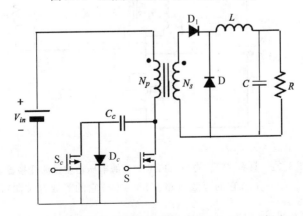

图 3.71　正激变换器的有源箝位电路(由 Carsten 提出)

已经提出了一些主动式的箝位电路。除了一个箝位电容，还包括一个额外的晶体管 S_c，实现励磁电感的退磁。当开关 S 关断时，S_c 导通并且存储在励磁电感和漏感中的能量给箝位电容 C_c 充电。在电容电流反向后，将电容的能量反馈到电网中。

3.7.6.2　由开关和复位电容组成的有源箝位电路的工作

稍有不同之处的有源箝位电路如图 3.72(a) 所示。它的工作方式为在主开关周期之外允许电感电流复位磁芯的电磁力。在能量从初级侧传递到次级侧的开关周期内有源箝位电路不起作用[如图 3.72(b) 所示]。在此过程中，箝位二极管的电压为 $V_{DS(Sc)} = V_{in} + V_{Cc}$，$V_{Cc}$ 是箝位电容两端的电压。有源箝位电路在主开关关断时工作。因此 S 与 S_c 不会同时导通。

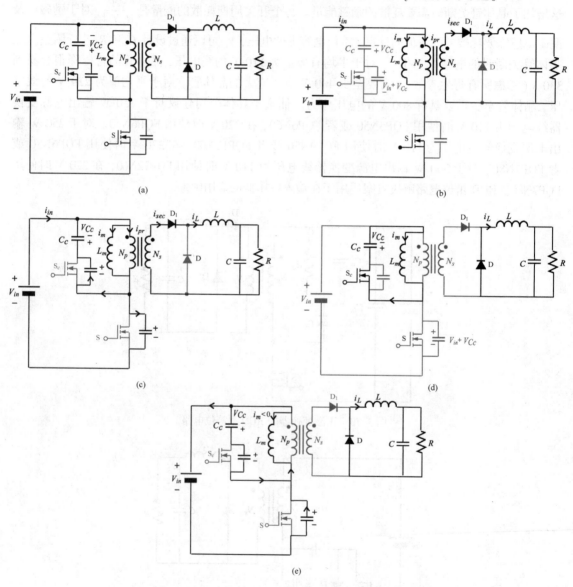

图 3.72　具有 ZV 开关 MOSFET 的有源电压箝位正激变换器。
(a) 它的等效电路；(b) ~ (e) 它的等效开关阶段

当晶体管 S 关断时，先前的原边电流仍在流动[如图 3.72(c)所示]。原边正的励磁电流会分为两路电流，一路以如图所示的极性流过 S 的寄生并联电容，并为 S_c 的并联电容放电。在某一瞬间，串联电容上的电压与 S_c 寄生电容上的电压之和为零(当 S 两端的电压为 V_{in}，并且 C_c 的电压降低为 V_{Cc} 以满足 KVL)，意味着 $V_{pr} = 0$。那么，i_{sec} 将为零，开始电感电流的换向过程，i_L 从 D_1 到 D(如 D_1 关断，D 导通)，本开关周期中能量通过变压器从电源侧到负载侧的传递。

但是，i_m 即便由于反向施加的电压而开始减小，但仍在流动，继续为 S_c 的寄生电容放电直到其电压为零并且为 S 的寄生电容充电直到其电压达到最大的值 $V_{DS(S)} = V_{in} + V_{Cc}$。以这种方式，像在图 1.47(c)讨论的一样：(i)S 两端的电压在晶体管关断时刻保持为零并且允许通过并联电容的充电缓慢增加；并且(ii)S_c 两端的电压在它导通之前变为零。也就是说，我们实现了所有开关的零电压开关。

当 S_c 两端电压为零时，S_c 导通[如图 3.72(d)所示]。通过简单的 KVL 等式，我们可以发现减小的电流 i_m，有唯一的路径从 S_c 流到 C_c。箝位电容的电压施加到励磁电感两端，作为一个负向电压持续施加在 L_m 两端，起到去磁的作用。L_m 的能量传递到 C_c 上。在 i_m 到达零时通过关断 S_c 停止箝位电路的工作。

但是如果允许箝位电路多工作一会，这个电路会为我们提供额外的好处。在磁化电流为零之后，由于箝位(水池)电容 C_c 的作用变为负，换句话说，L_m 被反向充电。C_c 与 L_m 之间的谐振过程持续，并且图 3.72(b)中的 i_m 变换方向(从正向变为负向)。电流 i_m 变为它的最小值(负向的最大值)，C_c 两端的电压开始变小。

当 S_c 被关断时[如图 3.72(e)所示]，励磁电感的能量(反方向充的电)被用来为 S_c 的并联电容充电并且为 S 的并联电容放电。励磁电流(反向的)会流过两个寄生电容而分为两路电流。在图 3.72(e)中展示实际的电流方向，除了 i_m，它被写为 $i_m < 0$。让我们再次明确源于励磁电流的这些电流与当 S[如图 3.72(c)所示]关断时的电流方向相反流过并联电容。S_c 寄生电容以图中所示的极性进行充电，S 进行放电。既然 L_m 中储存的能量用于此目的，在设计中必须保证有足够的能量。以这样的方式，假设 S_c 零电压关断并且为下一个 S 零电压开启做准备。在此区间的某一时刻，当 S 两端的电压将为 V_{in} 时，S_c 寄生电容的电压变为 V_{Cc}，以图中所示的极性，导致原边电流变为零。进而，S 的电容继续放电，S 两端的电压在 V_{in} 之下减小，并且 S_c 寄生电容两端的电压变得比 V_{Cc} 大(必须符合 KVL)，引起 L_m 两端的电压变为正值。电流 i_m 开始从它的最小值(负的)向零增加。即使一个正向电压施加在原边，也会引起一个负 i_m 增加，由于 S 仍然处于关断状态且原边电流反向，所以 D_1 处于截止状态。谐振电路必须以下述方式设计，在开关周期开始之前实现 S 寄生电容的两端电压为零，当 S 导通时，一个新的周期开始。

由于只有励磁电流流过晶体管 S_c，并且励磁电流只是输入电流的一部分，可以选择与晶体管 S 相比额定电流更加低的 S_c。

如果忽略短时的过渡周期，图 3.72(c)和(e)中所示的过渡阶段，当寄生电容充放电过程中，可以在周期 DT_s 中，有 $v_{Lm} = V_{in}$，并且在 $(1 - D)T_s$ 中，有 $v_{Lm} = -V_{Cc}$，可以得到电压平衡等式

$$V_{in}D + (-V_{Cc})(1 - D) = 0$$

因此有

$$V_{Cc} \approx \frac{V_{in}D}{1 - D} = \frac{\dfrac{N_p}{N_s}V_{out}}{1 - D}$$

开关管上的最大电压应力为

$$V_{DS(S,S_c)} = V_{in} + V_{Cc} = V_{in} + \frac{1}{1-D}\frac{N_p}{N_s}V_{out}$$

因为随着输入电压的升高,占空比减小以保持恒定的输出电压,这意味着晶体管上的电压应力在整个输入电压变化范围内近似保持恒定。

我们发现该箝位电路的一个优势在于保证晶体管的软开关工作,进而通过降低开关损耗以提高效率。将在第 3 章研究软开关方法中进一步详细讨论这个箝位电路。通过发展有源箝位电路为全谐振箝位电路(包括一个晶体管,一个二极管,一个谐振电容和一个谐振电感),将在第 3 章中介绍所有主动或者被动的开关导通、截止以实现零电压开关。

其他的有源箝位电路应用在正激变换器的变压器的副边。

如果尝试比较不同复位电路的方案,可以发现增加第三绕组的方案是最复杂的,需要更加复杂的变压器设计并且要求开关管具有较高电压应力的特点。在考虑器件应力同时也暗含电磁能量在电阻上的消耗,RCD 方案是最简单的。箝位电容的电压以占空比最大情况下计算得出并且在所有输入电压范围内保持近似恒定。在高输入电压下,晶体管电压应力(输入电压和箝位电容电压之和)最大。即使有源箝位方案需要一个额外的有源开关,通过其驱动可以在整个输入电压范围内提供恒定开关电压应力的优点,减少了占空比对开关应力的影响。不同的应用展示了有源箝位方案提供的最高效率。

3.7.6.3　一种谐振无源箝位电路

一种简单的不需要额外有源开关的非耗散谐振复位电路在 2007 年被 Maxim 公司提出[参见图 3.73(a)]。它整合了一个电容 C_d 与副边的二极管 D_1 并联。它的稳态工作模式如下所述:在第一个开关周期内[参见图 3.73(b)],如任何正激变换器一样,能量通过二极管 D_1 从输入端传递到负载,并且为励磁电感充电。在 DT_s 时,励磁电流达到最大值 $I_{m,\max}$。C_d 两端的电压被箝位在零点。当开关管在 DT_s 时刻关断,开关两端的电压快速升为 V_{in},D_1 截止,并且 D 导通以保证输出电感的电流与开关关断之前时刻保持相同的方向流通[参见图 3.73(c)]。谐振过程在 L_m 与反射的电容 C_d 之间开始。类似正弦的电流为励磁电感去磁并给 C_d 充电。这个振荡电路的谐振周期为

$$T_r = 2\pi\sqrt{L_m\left(\frac{N_s}{N_p}\right)^2 C_D}$$

(为最大限度地提高精确度,MOSFET 管的并联电容和变压器原边寄生电容可以计算在反射电容 $\left(\dfrac{N_s}{N_p}\right)^2 C_D$ 内)。

当 $i_m(t)$ 过零点时,C_D 两端的电压到达最大值,同时与之并联的晶体管也到达其最大值[参见图 3.73(e)]。

$$V_{DS(S)\max} = V_{in} + I_{m,\max}\sqrt{\frac{L_m}{\left(\dfrac{N_s}{N_p}\right)^2 C_D}}$$

(为最大限度地提高精确度,MOSFET 管的并联电容和变压器原边寄生电容可以计算在反射电容 $\left(\dfrac{N_s}{N_p}\right)^2 C_D$ 内)。

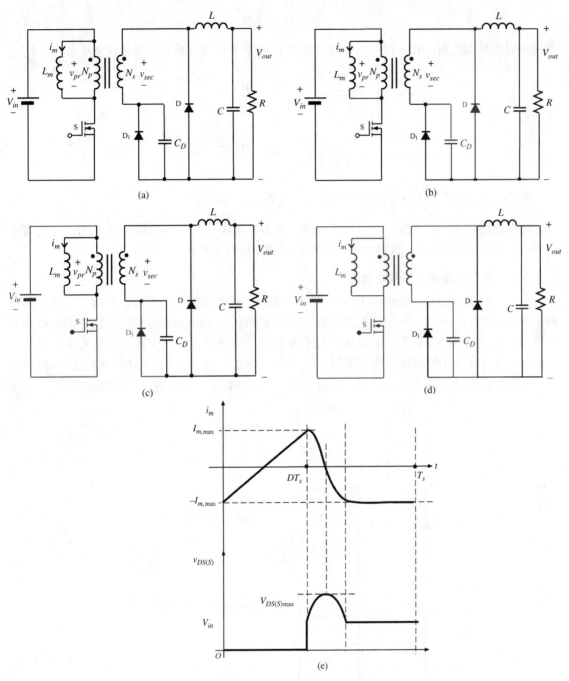

图 3.73　无源非耗散型谐振复位电路。(a)具有描述复位电路的正激变换器；
(b)~(d)等效开关阶段；(e)励磁电流和正激变换器开关管电压的图

当 C_D 两端的电压再次变为零时，振荡在半个谐振周期 T_r 之后结束。在这个时刻，励磁电感被反向充电到最大值(励磁电流达到 $-I_{m,max}$)。变换器进入第三个开关周期[参见图 3.73(d)]：晶体管承受 V_{in}，D_1 两端电压为零，所以 D_1 准备下个开关周期的导通。

电路设计如下：

$$\frac{T_r}{2} < (1-D)T_s$$

使得在周期结束之前，电容 C_D 完全放电，允许 D_1 在下个周期开始时导通。这意味着

$$\pi\sqrt{L_m\left(\frac{N_s}{N_p}\right)^2 C_D} < (1-D)T_s$$

或者

$$\left(\frac{N_s}{N_p}\right)^2 C_D < \frac{(1-D)^2 T_s^2}{\pi^2 L_m}$$

但是，一个小的 $\left(\frac{N_s}{N_p}\right)^2 C_D$ 的选择会增大开关管两端的峰值电压。

谐振电路中第三绕组的存在降低了成本，谐振复位电压的使用也降低了 EMI。变换器可以设计成占空比超过 0.5，这对宽输入电压范围的变换器是有益的。

3.7.6.4　两个晶体管的正激变换器

另外一种流行的复位机制源于 1975 年在飞利浦的应用文档中介绍的具有两个晶体管的正激变换器(如图 3.74 所示)。原边包含两个 MOSFET 管，S_a 和 S_b 同时工作，所以它们的控制非常简单。两个额外的二极管，D_a 和 D_b 被用在电路中。设计公式和一个开关的具有第三绕组复位电路在 3.7.4 节中介绍的正激变换器在 $N_s = N_p$ 情况是一样的。两个晶体管的正激变换器在小于 0.5 的占空比情况下可以工作。但是，每一个 MOSFET 的电压应力被限制在 V_{in}。

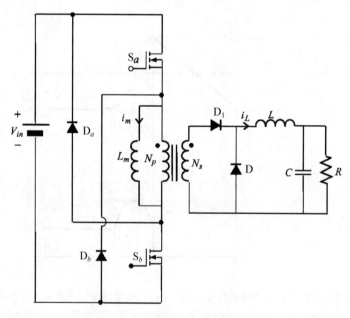

图 3.74　双晶体管正激变换器

在第一开关周期，S_a 和 S_b 导通，D_1 处于导通状态，能量从原边传输到负载，i_m 以斜率 V_{in}/L_m 增加。当晶体管关断时，能量传输中断，并且假设没有漏感，D_1 迅速截止，D 导通。在第二个开关周期中，励磁电流 i_m 正向偏置二极管 D_a 和 D_b，并且励磁电感 L_m 承受电压为 $-V_{in}$，电流 i_m 通过 L_m、D_a、D_b 和源流通。励磁电流以斜率 $-V_{in}/L_m$ 降低，并且励磁能量反馈到母线上。当励磁电流降为零时，也就是说，磁芯被完全复位，D_a 和 D_b 截止并且变换器进入第三个开关周期。

由于这个电路中 i_m 以相同的斜率增加和减小，这意味着第二个周期和第三个周期的持续时间均为 DT_s。在限制中(第三个开关周期零持续时间)，D 为 0.5 左右。因此，在这个电路中占空比永远比 0.5 小。但是两个晶体管的正激变换器具有一个重要优势：每一个主开关管两端的电压在关断状态下被限制在 V_{in}(在第二个开关周期，导通状态的二极管 D_a 和 D_b "箝位"晶体管电压为 V_{in})。这在实现相当高的输入电压应用中非常重要。原因在于，在相同电流时，两个低电压的 MOSFET 的导通损耗比一个高电压的要小。两个晶体管方案的一个缺点在于高压侧晶体管的位置，门极和源极并不连接到地，因此需要一个更加复杂的驱动电路。

3.7.7　实用设计案例：范例分析

3.7.7.1　带有 RCD 箝位电路的一种正激变换器

在仙童半导体公司 2000 年的一份应用文档中介绍了一个 180 W 的具有三路常规输出电压，+5 V，+12 V 和 – 12 V 的正激变换器的设计。输入电压由 220 V 交流线电压整流得到。两个副边绕组，带有两个副边侧电路以得到 5 V 和 12 V 输出。最小输入电压为 200 V。我们使用公式 $V_{out} = D \dfrac{N_s}{N_p} V_{in}$。并且计算正向整流压降和假设最大的占空比 0.5，绕组数选为 $N_p = 50$(50 匝 AWG23 2 层)，$N_{s1} = 3$(3 匝平板)用于 5 V 输出，并且 $N_{s2} = 7$(7 匝 4 AWG35，4 线并联)用于 12 V 输出。选择一个 RCD 类型的箝位电路用于原边。一种电流模式的控制器 KA3842 用于控制晶体管的工作。– 12 V 输出电压采用被动变压调整器 KA7912。晶体管是一个 800 V/7A 的 MOSFET FQP7N80。

3.7.7.2　按 USA 标准输入电压范围在消费电子应用中采用具有复位变压器绕组和同步整流的正激变换器

在 2007 年，提出了一种基于仙童半导体公司 FS7M0880 控制器的双路输出 130 W 正激变换器。此变换器是在美国应用的一种高端机顶盒的一部分。因此，它的设计输入电压范围是美国标准线电压(由 85 ~ 135 V 的范围)整流得到的电压范围。输出电压是 7 V 和 12 V。12 V 输出被用于一种下行多路输出变换器的输入电压，产生 3.3 V 和 5 V。为了提供 12 V/10 A 和 7 V/1.6 A，正激变换器的输出功率必须为 $[(12 \times 10) + (7 \times 1.6)] = 131.2$ W，假设效率为 85% 时，意味着输入功率必须在 154 W 左右。选择一种正激变换器用于这种低输出电压/高输出电流的应用中，这种含有输出电感的变换器具有输出电流脉动小的特性。输出端电容的纹波电流小，可以采用较小的输出端电容。

工作区间在美国标准线电压范围内时，一种计算输入电解电容值的规则是允许每负荷的电容为 3 μF/W。对于一个输入功率 154 W，这需要一个 462 μF 的电容。选择一个 680 μF 的电容，实现一个 26 V 的输入电压峰-峰值纹波。因此，最小平均输入电压 $V_{in, min}$ 为

$$V_{in, min} = \sqrt{2} \times 85 - 26/2 = 107 \text{ V}$$

同步整流，在此变压器的同步驱动副边绕组用于实现 MOSFET 的自驱动，用于 12 V/10 A 的输出进而减小整流损耗。由于 1.6 A 的负载电流很小，对于 7 V/1.6 A 的输出副边电路，使用一种简单的肖特基整流二极管，导通损耗较小，满足一个更昂贵的类似同步整流的方案。

选用了一种仙童半导体公司的电流型 PWM 控制器 FS7M0880。开关频率内部固定为 66 kHz。芯片集成了主开关：一个 8 A，800 V MOSFET。最大占空比固定在 0.5；考虑安全余

量，占空比可以考虑范围$[0.45,0.55]$。变换器具有保护功能例如电流限制，过载保护，过压保护或者软启动。

由 $D < \dfrac{1}{1+\dfrac{N_m}{N_p}}$，和 $D_{\max} = 0.55$，得到 $N_m = 0.82N_p$，隐含 $V_{DS(S)\max} = \left(1+\dfrac{N_p}{N_m}\right)V_{in,\max} =$

$\left(1+\dfrac{1}{0.82}\right)\times\sqrt{2}\times 135 = 423.7$ V。发现集成的晶体管（800 V）的电压具有很好的裕度系数（在此我们通过开关电压应力的出发点考虑最恶劣的情况，因为 $D_{\max} = 0.45$ 会产生一个较高的变比 N_m/N_p，也就是，晶体管电压应力会比此计算的低）。

变压器设计的等式证明可以在任何一本相关的书中找到。在此我们直接给出最后的公式，用于正激变换器。"区域产品"表明变压器磁芯的体积如下：

$$\left(\frac{78.72P_{in}}{B_m f_s}\right)^{1.31} \times 10^4 = \left(\frac{78.72 \times 154}{0.22 \times 66 \times 10^3}\right)^{1.31} \times 10^4 = 7895 \text{ mm}^4$$

在此 B_m 是磁密度，选为 0.22 T，并且 P_{in} 的单位是 W。选择 TDK EER35 的变压器磁芯满足上述结果。EER35 的有效截面积 $A_E = 107$ mm^2。最小原边匝数通过下述公式计算：

$$N_{p,\min} = \frac{V_{in,\min}D_{\max}}{A_E f_s B_m} = \frac{(\sqrt{2} \times 85 - 26/2) \times 0.45}{107 \times 10^{-6} \times 66 \times 10^3 \times 0.22} = 31$$

（$D_{\max}$ 在上式中取 0.45，为了得到在任何工作情况下原边需要的最少绕组匝数）。

选择 $N_p = 32$。也就是 $N_m = 0.82$，$N_p = 26$ 匝。

由于 $V_{out} = D\dfrac{N_s}{N_p}V_{in}$，得到对于 12 V 的输出，假设整流二极管的压降为 0.2 V，我们需要原边绕组匝数为 $N_{s(for\_12\ V\_output)} = \dfrac{N_p(V_{out} + V_{drop\_on\_recifier})}{V_{in,\min}D_{\max}} = \dfrac{32(12 + 0.2)}{107 \times 0.45} = 8$ 匝。

在上式中，考虑不论是 D_1 还是 D。在所有开关周期中有电压下降，输出电感上的电压二次平衡，可以计算此电压下降，得到下述等式：

$$\left(\frac{N_s}{N_p}V_{in} - V_{drop} - V_{out}\right)DT_s + (-V_{out} - V_{drop})(T_s - DT_s) = 0$$

上式用于计算 N_s。

同样，对于 7 V 输出，考虑肖特基二极管上具有更大的压降，得到 $N_{s(for\_7V\_output)} = 5$ 匝。

3.7.7.3　采用具有同步整流的 MAX8541 电压型控制器设计正激变换器

2003 年，Maxim 公司的应用手册提出了一个 50 W、从通信工业输入电压范围 36 ~ 75 V、输出电压 25 V、负载电流 20 A 的正激变换器设计。变换器工作在 300 kHz 的开关频率。一个复位变压器绕组被用做复位电路。最大占空比被限制在 0.5，考虑到降额，在下述的计算中占空比采用 0.45。

通过等式

$$\frac{N_s}{N_p} = \frac{V_{out} + V_{drop\_on\_rectifier}}{V_{in,\min}D_{\max}} = \frac{2.5 + 0.2}{36 \times 0.45} = 0.17$$

选用一个 Copper 电器产品 200 μH 1：1：0.313：0.188 变压器 CTX03-16222。对于最大输入电压 75 V 的最小占空比计算如下：

$$D_{\min} = \frac{V_{out} + V_{drop\_on\_rectifier}}{V_{in,\max} \dfrac{N_s}{N_p}} = \frac{2.5 + 0.2}{75 \times 0.188} = 0.19$$

从公式开始设计输出电感

$$I_{L\min} = i_L(T_s) = I_{L\max} - \frac{V_{out}}{L}(T_s - DT_s)$$

可得

$$L = \frac{V_{out}}{\Delta I_L}(1 - D)T_s$$

一般规则电感纹波取负载电流的 30%（例如，$\Delta I_L = 6$ A），可得

$$L_{\min} = \frac{V_{out} + V_{drop\_on\_rectifier}}{\Delta I_{L\max}}(1 - D_{\min})T_s = \frac{V_{out} + V_{drop\_on\_rectifier}}{\Delta I_{L\max} f_s}(1 - D_{\min})$$

$$= \frac{2.7(1 - 0.19)}{0.3 \times 20 \times 300 \times 10^3} = 1.215 \text{ } \mu\text{H}$$

（当然，对于较小的输入电压值，变换器工作在一个较大的占空比。那么，输出电感电流纹波会比最大允许值小。例如，如果 $D = 0.3$，纹波会是 $\Delta I_L = \dfrac{V_{out} + V_{drop\_on\_rectifier}}{L f_s}(1 - D) =$

$\dfrac{2.7(1 - 0.3)}{1.215 \times 10^{-6} \times 300 \times 10^3} = 5.18$ A）。

流过电感的最大电流是 $I_{L\max} = I_{out} + \dfrac{\Delta I_L}{2} = 23$ A。

同时考虑电感的开关频率，上述条件要求选择具有最低直流寄生电阻的 2.2 μH/32 A 铁氧磁芯的电感，它适用于面积受限制的，典型的 HC2 2R2 绕组。

电容可通过具有输出电压纹波的等式计算得到

$$\Delta V_1 = \frac{\Delta I_L}{8C}T_s, \quad \Delta V_2 = r_C \Delta I_L, \quad \Delta V_3 = \max\left(\frac{\Delta I_L}{DT_s}L_C, \frac{\Delta I_L}{(1-D)T_s}L_C\right)$$

在此，L_C 是电容等效串联电感，r_C 是它的等效串联电阻。但是，上述三元件的输出电压并不具有相位，可以将它们简单代数相加。我们可以使用第一个公式开始设计，通过知道电容的等效串联电阻和电感，首先选择电容后，可以检查全部的输出电压纹波情况。选择三个并联的 680 μF POSCAP，每一个电容的 $r_C = 0.035$ Ω。注意最大的输出电压纹波分量为 $\Delta V_2 = r_{C,overall}\Delta I_L$，即使通过并联电容以减小电容并联 ESR，$r_{C,overall} = (r_C/3)$。在此应用中输出电压纹波在负载电压为 2.5 V 时相当大。在要求更加严格的应用中，为了减小纹波，需要更多的并联电容。

MAX8541 控制器驱动一个 n 沟道的 MOSFET。考虑电压应力，选择一个与原边绕组一样圈数的复位绕组，两倍的最高输入电压，一个 200 V 的 MOSFET 适合作为主开关。由于 $I_{pr} = \dfrac{N_s}{N_p}I_{out}$，励磁电流很小，可以得到开关电流的有效值为 $\dfrac{N_s}{N_p}I_{out}\sqrt{D_{\max}}$。选择 IRF640 MOSFET 200 V，18 A，导通电阻为 0.18 Ω。

同步整流二极管 D_1 通过副边绕组自驱动并且通过整流管 D 由控制芯片产生的信号通过驱动变压器驱动。他们的电压比通过公式 $V_D = V_{D1} = v_{sec} = \dfrac{V_{out}}{D}$ 计算得到。必须考虑由漏感产生的微小尖刺。由于使用 MOSFET 实现整流，整流产生的功率耗散通过考虑 MOSFET 的 $r_{DS(on)}$ 由典型晶体管的公式计算得到

$$P_D = (1 - D)I_{out}^2 r_{DS(on)}; \quad P_{D1} = DI_{out}^2 r_{DS(on)}$$

选用一组 2xIRF7832，30 V/20A MOSFET（$r_{DS(on)} = 0.004\Omega$）为所有的同步整流器。

与 Buck 电源类似，正激电源阶段可以通过取决于输出端电容寄生电阻的左半侧平面为零建立小信号开关控制/输出传递函数模型和两个极点。对于上述设计，极点的频率为

$$\frac{1}{2\pi\sqrt{LC}} = \frac{1}{2\pi \sqrt{2.2 \times 10^{-6} \times (3 \times 680 \times 10^{-6})}} = 2376 \text{ Hz}，左半平面的零点频率为 } \frac{1}{2\pi r_c C} =$$

$$\frac{1}{2\pi \times (0.035/3) \times (3 \times 680 \times 10^{-6})} = 6687 \text{ Hz}。在反馈回路的比较器设计使} -20 \text{ dB/decade 在}$$

穿越频率点大于45°的相位余量。并且，假设一个好的直流调整率，比较器需要具有高的低频增益。设计了一个有两个零点一个极点的积分器特性的传递函数的比较器。穿越频率选择为 5 kHz。设计的带宽决定对负载变化有足够快速的响应。

采用副边侧软启动电路，控制器也具有软启动：当加载时输出电压缓慢上升。也具有限电流和输出过压保护。当负载出现过压时，控制器关闭驱动脉冲并重新启动。

3.8* 　隔离型 Ćuk 变换器

在开始讨论隔离变换器时，让我们返回Ćuk变换器，并且讨论如何在它的结构中插入一个高频变压器以实现 DC-DC 隔离。

Ćuk变换器在图 3.29(e) 中介绍。为了简便，如图 3.75(a) 中重复叙述一次。把能量传输电容 C_1 分为两个电容 C_a 和 C_b，例如 $C_1 = C_a C_b / (C_a + C_b)$。很明显，图 3.75(b) 中的变换器与图 3.75(a) 中的一样，现在它看起来对称。如果增加一个 1:1 的高频变压器[如图 3.75(c) 所示]，直流输入输出电压比保持不变：$V_{out} = \dfrac{D}{1 - D} V_{in}$。如果打算改变直流电压比，可以采用一个

特别的 N_p 与 N_s 匝数的变压器，那么在正激变换器情况下，直流电压增益变为 $V_{out} = \dfrac{D}{1 - D} \dfrac{N_s}{N_p} V_{in}$。变压器的存在为我们提供了一个额外的选择：可以与副边绕组的极性反向以得到输出电压具有与输入电压相同的极性。当然，在这种情况下，考虑到副边绕组电流的新方向，也需要改变整流二极管 D 的位置。副边电流新的方向也会决定 C_b 两端电压[与图 3.75(c) 中相比反向]的新极性。隔离的Ćuk变换器如图 3.75(d) 所示，现在来分析它的稳态开关工作模式。

当开关断开时，通过给其充电将能量传输到电感 L_1[参见图 3.76(a)]。C_b 的极性决定了整流二极管的截止状态。电容 C_a 和 C_b 放电；C_b 被输出电感放电，C_a 被输出反馈到原边的电感电流放电（作为副边电流，有输出电感电流给出，进入副边绕组的同名端，原边电流必须从圆边绕组的同名端流出）。能量被传输到 L_2 和负载，晶体管传输输入电流和等效输出电流的和：$i_{L1}(t) + \dfrac{N_s}{N_p} i_{l2}(t)$。

当开关管关断时，输入电感放电；它的能量和输入能量给 C_a 和 C_b 充电，C_a 由输入电感电流充电，且 C_b 换算到副边的电感电流充电（作为原边电流，有输入电感电流给出，进入原边绕组的同名端，副边电流必须从副边绕组的同名端流出）。对于副边电流 i_{sec}，以相反的方向流入电感电流 I_{l2}，取决于整流二极管的导通。如果在第一个开关周期内，原边绕组电压的极性与

V_{Ca}相同，现在如我们在图中发现 N_p 的极性反转，包括副边电压的极性在同名端相加。结果，整流二极管导通，它承载输出电感电流并且使输入电感电流反向：$i_{L2}(t) + \dfrac{N_p}{N_s} i_{L1}(t)$。

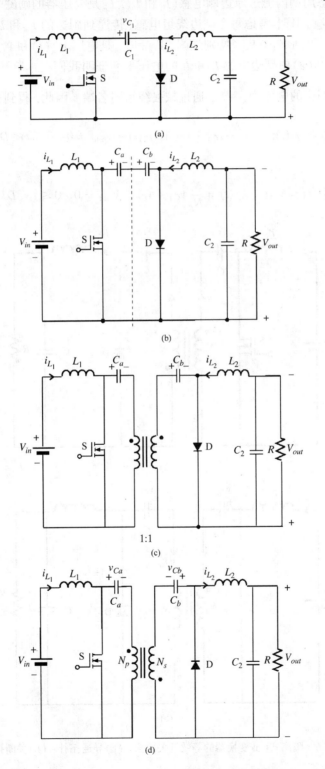

图 3.75　(a)非隔离Ćuk变换器；(b)和(c)逐步得到隔离式Ćuk变换器；(d)隔离式Ćuk变换器

由于变压器在全部开关周期内工作，励磁电流双方向流动，这点与正激变换器不同，使Ćuk变换器具有优势。可以选用无气隙的铁氧体磁芯使漏感变小。

通过考虑在稳态周期内流过原边侧电感（L_1 和 L_m，L_m 是变压器的励磁电感）的平均电压为零，可得到 $V_{Ca} = V_{in}$。同样，考虑每个副边绕组电感（传递到副边的 L_m 和 L_2）两段的平均电压在稳态周期内为零，得到 $V_{Cb} = V_{out}$（特别强调，V_{Ca} 和 V_{Cb} 是电压 $V_{Ca}(t)$ 和 $V_{Cb}(t)$ 的平均电压）。

通过在如图 3.76(a) 中副边电感 L_1 和 L_2 的电压平衡证明我们在本节开始猜测的输入对输出电压关系。得到副边的电压为 $\dfrac{N_s}{N_p} V_{Ca}$，通过减去绕组同名端。因此，得到 KVL 等式

$$V_{in} = v_{L1}(t); \qquad -\frac{N_s}{N_p} v_{Ca} - v_{Cb} + v_{L2}(t) + V_{out} = 0 \qquad 0 \leqslant t < DT_s$$

或

$$v_{Li}(t) = V_{in}; \qquad v_{L2}(t) = \frac{N_s}{N_p} v_{Ca} + v_{Cb} - V_{out} = 0 \qquad 0 \leqslant t < DT_s$$

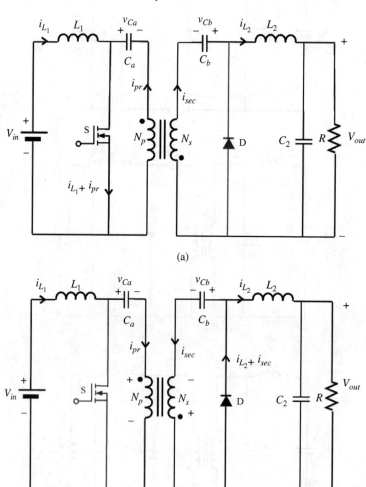

图 3.76　隔离式 Ćuk 变换器的等效开关阶段。(a) 导通拓扑；(b) 关断拓扑

对于第二个开关周期[如图 3.76(b)所示]，副边电压施加在原边绕组为 $\dfrac{N_s}{N_p}V_{Cb}$，通过同名端相加。KVL 等式被如下推导：

$$V_{in} = v_{L1}(t) + v_{Ca} + \frac{N_p}{N_s}v_{Cb}; \quad v_{L2}(t) + V_{out} = 0 \quad DT_s \leqslant t < T_s$$

或

$$v_{L1}(t) = V_{in} - v_{Ca} - \frac{N_p}{N_s}v_{Cb}; \quad v_{L2}(t) = -V_{out} \quad DT_s \leqslant t < T_s$$

两个电感的电压二次平衡等式可写为

$$V_{in}D + \left(V_{in} - v_{Ca} - \frac{N_p}{N_s}v_{Cb}\right)(1-D) = 0; \quad \left(\frac{N_s}{N_p}v_{Ca} + v_{Cb} - V_{out}\right)D + (-V_{out})(1-D) = 0$$

在此

$$\left(v_{Ca} + \frac{N_p}{N_s}v_{Cb}\right)(1-D) = V_{in}; \quad \left(\frac{N_s}{N_p}v_{Ca} + v_{Cb}\right)D = V_{out}$$

或者，进一步

$$v_{Ca} + \frac{N_p}{N_s}v_{Cb} = \frac{V_{in}}{1-D}; \quad v_{Ca} + \frac{N_p}{N_s}v_{Cb} = \frac{N_p}{N_s}\frac{V_{out}}{D}$$

让上述两个等式右侧项相等，可得到输入输出直流电压增益公式

$$V_{out} = \frac{D}{1-D}\frac{N_s}{N_p}V_{in}$$

如果正激变换器需要两个二极管，一个用于流过反馈到二次侧的输入电流(在第一个开关周期时)，另外一个用于流过输出电感电流(在第二个开关周期内)，Ćuk 变换器只需要一个整流二极管但是具有一个较大的电流率。它的电压可以由下计算：

$$V_{D,stress} = v_{sec} + V_{Cb} = \frac{N_s}{N_p}V_{Ca} + V_{Cb} = \frac{N_s}{N_p}V_{in} + V_{out} = \frac{N_s}{N_p}\frac{1-D}{D}\frac{N_p}{N_s}V_{out} + V_{out} = \frac{V_{out}}{D}$$

(结果出人意料，Ćuk 变换器的输出部分和 Buck 变换器完全一致)。

两类变换器的开关管上的电压应力在一个相当的水平上：通过忽略在漏感与寄生电容之间的振荡("振铃")，开关上的输出电压如下：

$$V_{DS(S)} = V_{Ca} + v_{pr} = V_{in} + \frac{N_p}{N_s}v_{sec} = V_{in} + \frac{N_p}{N_s}V_{Cb} = V_{in} + \frac{N_p}{N_s}V_{out}$$

$$= V_{in} + \frac{N_p}{N_s}\frac{N_s}{N_p}\frac{D}{1-D}V_{in} = \frac{1}{1-D}V_{in}$$

(出乎意料的是 Ćuk 变换器的输入部分与 Boost 变换器一样)，也就是，例如在 $D = 0.5$ 时，有 $2V_{in}$ 的电压应力，这与相同占空比情况下的正激变换器类似。

隔离 Ćuk 变换器与正激变换器相比包含更多的元器件，但是它的输入和输出电流都不是有规律的振荡。因此，输入端不再需要滤波器。

一个隔离的变压器通过采用多个副边绕组和整流电路相连就可以实现多输出的 Ćuk 变换器。

在隔离 Ćuk 变换器中，就像在 3.4.6 节中讨论的非隔离版本一样，输入和输出电感可以绕

在同一个磁芯上，以节省体积和质量。更重要的是通过耦合两个电感可以调整输入和输出电流纹波，一个对另外一个起作用。输入和输出电感甚至可以绕在变压器磁芯上。整个变换器的整体的磁芯结构如图 3.77 所示。

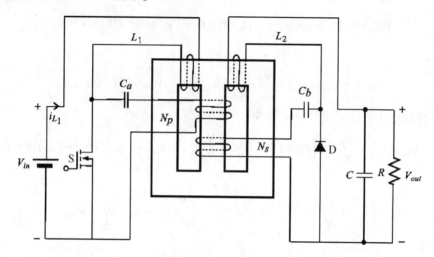

图 3.77　Ćuk变换器的整体磁结构

隔离型Ćuk变换器不适宜在高负载电流低电压情况下应用，因为串联电容在二次侧的大电流路径上。在一些应用中在其等效串联电阻上的电压降非常显著。

3.9　反激变换器

3.9.1　反激变换器推导

反激变换器是一种具有隔离器件的 Boost-Buck 变换器。为了更快地说清楚，将使用"隔离器件"而不是"变压器"。我们会发现这个器件与正激或者Ćuk变换器中的变压器工作模式不同。

为了设计这种新的变换器，返回到一个 Boost-Buck 变换器的原理图［在此重复，为了方便，参见图 3.78（a）］并且分开电感 L 为两个并联的电感（例如，电感 L 由两组并联的线绕成），也就是它们的等效电感仍是 L［参见图 3.78（b）］。通过并不改变输入到输出电压比 $V_{out} = \dfrac{D}{1-D}V_{in}$，现在打散两个电感的结构使之成为 1:1 变比的两个线圈，成为一个隔离的结构［参见图 3.78（c）］。如果我们也想改变输入到输出的电压变比，可以通过采用 N_p 圈的原边绕组和 N_s 圈的副边绕组而改变绕组比。可以得到 $V_{out} = \dfrac{D}{1-D}\dfrac{N_s}{N_p}V_{in}$。确实，随后证明这个公式的正确性。我们可以在图 3.78(d)中对这个电路中实施一些改变。首先，可以改变副边绕组的极性，以获得一个相反的输出电压。当然，正如我们在Ćuk变换器推导中所做的一样，也改变输出二极管的方向以允许副边电流的循环流动。然后，把上桥臂的晶体管的源极连到原边的地上。这有利于采用一个像 Boost 变换器中用的简单驱动电路。得到如图 3.78(e)中的反激变换器。

为了实现输入到输出的直流隔离，控制电路同样需要一个器件以实现隔离：一个光耦或者变压器必须配合应用在控制电路结构中。

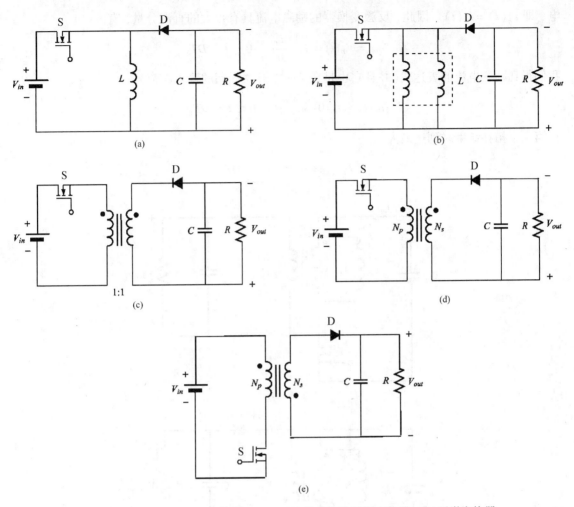

图 3.78 （a）Buck-Boost 变换器；（b）~（d）为分解的反激变换器；（e）反激变换器

反激变换器是最传统的变换器之一。一些电力电子的历史学家发现，在 19 世纪此电路被 Hertz 证明电磁波存在时使用而成为一种基本的反激变换器。这种变换器的工作源头可以追溯到 20 世纪初的福特 T 型汽车的点火系统中。对于所有隔离开关型电源，反激变换器具有最少的元器件数量。由于它没有输出电感，一种多输出版本对于每一路负载只需要一个额外的绕组、二极管和电容。反激变换器在低功率应用中是最广泛的电路之一，特别从 20 W 到几百瓦，从电池工作的数字相机到 DVD 播放器的适配器、电视机、计算机显示器、打印机、激光器、火花点火发动机等。它适宜低功率，高输入电压的应用中以一般交流电压整流之后作为输入电压。但是，我们知道它的效率很低，限制了其在中大功率场合中的使用。

3.9.2 反激变换器的 CCM 和 DCM 工作

3.9.2.1 CCM 分析

当开关导通时[参见图 3.79(a)]，原边绕组两端的电压极性由输入电压确定。由于反向同名端的作用使得副边绕组两端电压极性如图所示。结果，D 反向偏置而处于截止状态。副边电流保持为零，意味着原边电流也为零，因为 $i_{pr}(t) = \dfrac{N_s}{N_p} i_{sec}(t)$，励磁电感被输入电流充

电，即 $i_{in}(t) = i_m(t)$。因此，反激变换器的励磁电流具有很大的直流分量，有

$$V_{in} = v_m(t) = L_m \frac{\mathrm{d}i_m}{\mathrm{d}t}, \quad 0 \leqslant t < DT_s$$

我们得到励磁电流的表达式（并且它也是在第一个开关周期的输入电流）

$$i_m(t) = i_m(0) + \frac{V_{in}}{L_m}t, \quad 0 \leqslant t < DT_s$$

在第一个拓扑结束时到达最大值

$$I_{m,\max} = i_m(0) + \frac{V_{in}}{L_m}DT_s$$

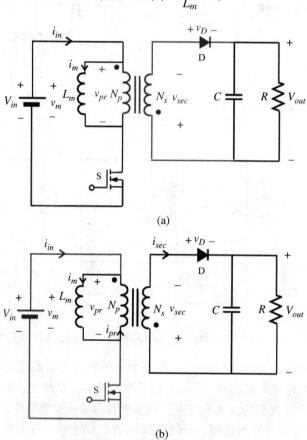

(a)

(b)

图 3.79　CCM 模式下反激变换器的等效开关阶段

CCM 工作状态时反激能量阶段的稳态波形如图 3.80 所示。根据图中定义的极性，两个绕组的电压为

$$v_{pr}(t) = V_{in}; \quad v_{sec}(t) = \frac{N_s}{N_p}v_{pr}(t) = \frac{N_s}{N_p}V_{in}$$

开关必须传输输入电流，等于励磁电流。

以图中的极性为准，二极管两端的电压可以给出

$$v_D = -[v_{sec}(t) + V_{out}] = -\left[\frac{N_s}{N_p}V_{in} + V_{out}\right]$$

电容必须保持负载电压，正如在拓扑类升降压或者 Boost 变换器中的一样。

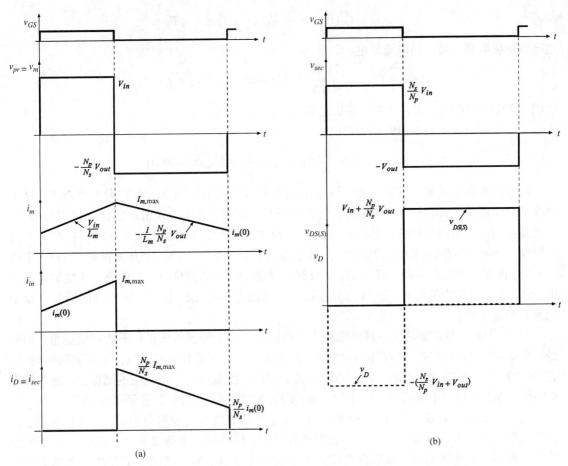

图 3.80　CCM 状态下反激变换器的稳态波形（$\frac{N_s}{N_p} = 0.8$）。(a) 第一部分；(b) 第二部分

当开关管关断时 [参见图 3.79(b)]，输入电流停止流动，但励磁电流仍在持续。结果是 $i_{pr}(t) = i_m(t)$，引起副边电流如图所示方向流动。励磁电流会引起主绕组在结束点时反向（与前一个开关周期状态相反）。所以，D 正向导通，以允许副边电流流动。通过从第一个开关周期保持绕组电压的极性定义（我们必须对于从一个开关周期到另一个没有改变元器件两端的电压极性非常注意。变换器在每个周期内有多个开关拓扑，在开始研究之前我们必须定义电压的极性。当分析每个开关阶段，如果某个电压实际与定义极性相反，应该在它的表达式/值前增加负号），可得到

$$v_{sec}(t) = -V_{out}; \quad v_{pr}(t) = \frac{N_p}{N_s} v_{sec}(t) = -\frac{N_p}{N_s} V_{out}, \quad DT_s \leqslant t < T_s$$

（原边与副边电压导致相反的表达式。因为我们早先确定绕组的同名端实际上是相反的极性，与图中所示两个电压的极性相反）。

晶体管的两端电压为

$$v_{DS(S)} = V_{in} - v_{pr}(t) = V_{in} + \frac{N_p}{N_s} V_{out}$$

从等式

$$v_m(t) = v_{pr}(t) = -\frac{N_p}{N_s} V_{out}, \quad DT_s \leqslant t < T_s$$

这导致励磁电感会被下述电流放电：

$$i_m(t) = I_{m,\max} - \frac{1}{L_m}\frac{N_p}{N_s} V_{out}(t - DT_s); \quad DT_s \leqslant t < T_s$$

以图 3.79(b)中的电流方向为准，这也是原边电流。

二极管流过反馈到副边的原边电流

$$i_D(t) = i_{sec}(t) = \frac{N_p}{N_s}\left[I_{m,\max} - \frac{1}{L_m}\frac{N_p}{N_s} V_{out}(t - DT_s)\right]$$

可以发现在正激变换器和反激变换器中隔离器件的基本不同点。在正激变换器中，这个器件是变压器：它从输入到负载传输能量。当开关关断时，必须处理留在励磁电感中的能量，也就是需要一个机构去复位磁芯。在反激变换器中，这个器件的工作完全不同。在第一个开关周期，励磁电感存储输入的源能量。没有能量传输到负载。在第二个开关周期，当输入电压断开时，能量被传输到负载。换句话说，反激变换器中的隔离器件是一对电感。它的表现像在Boost-Buck 变换器中的电感。这就是不需要额外励磁电感的复位电路。这个特性增加了反激变换器的简单性。

但是，具有空气隙磁芯的一对电感需要存储能量。一个理想的磁材料不能存储能量。即便是一个真正的磁性材料也只能存储很少的能量。因此，一个无磁性的空气隙，例如与高磁通的磁芯串联的气隙是需要的。高磁通磁芯的目的在于为磁密度提供一个低磁阻的通路，以使存储在空隙中的能量能够简单链接，进而到外部的电子线路。特别是所有的能量存储在气隙里。

同样注意励磁电流只流向一个方向，也就是，在所有的开关周期内为正，如我们所说，它需要承担一个很大的直流分量。因为必须具有气隙，使得耦合电感很笨重。我们会在下节中分析使用耦合电感的结果。如果变换器应用于大功率场合，为了增加能量存储能力气隙将会更大。这也是另外一个限制反激变换器在大中型电源工业品中应用的原因。

通过建立在稳态周期中励磁电感的电压二次平衡式，在导通时间 DT_s 内 $v_m(t) = V_{in}$，并且在关断时期 $(1-D)T_s$ 内 $v_m(t) = -\frac{N_p}{N_s}V_{out}$，可以得到

$$V_{in}DT_s + \left(-\frac{N_p}{N_s}V_{out}\right)(1-D)T_s = 0$$

得到

$$V_{out} = \frac{D}{1-D}\frac{N_s}{N_p}V_{in}$$

这证明了本节开头的假设。在假设效率为 100% 的情况下，它导致输入与输出平均电流的比率为

$$\frac{I_{in}}{I_{out}} = \frac{V_{out}}{V_{in}} = \frac{D}{1-D}\frac{N_s}{N_p}$$

在这些公式基础上，也可以写出晶体管和二极管的电压应力为

$$v_{DS(S)} = V_{in} + \frac{N_p}{N_s}V_{out} = V_{in} + \frac{N_p}{N_s}\frac{D}{1-D}\frac{N_s}{N_p}V_{in} = \frac{1}{1-D}V_{in} = \frac{N_p}{N_s}\frac{1}{D}V_{out}$$

$$v_{D,stress} = \frac{N_s}{N_p}V_{in} + V_{out} = \frac{N_s}{N_p}\left(\frac{1-D}{D}\frac{N_p}{N_s}V_{out}\right) + V_{out} = \frac{1}{D}V_{out}$$

由于输入电流在第一个开关周期中等于励磁电流并且在第二个开关周期中为零, 平均输入电流可以计算得到

$$I_{in} = \frac{1}{T_s}\left[\int_0^{DT_s} i_m(t)\mathrm{d}t + \int_{DT_s}^{T_s} 0\,\mathrm{d}t\right] = \frac{1}{T_s}[I_m DT_s + 0(1-D)T_s] = DI_m$$

在此 I_m 代表励磁电流 $i_m(t)$ 的平均值, 励磁电流纹波在上式中忽略不计。那么有

$$I_m = \frac{I_{in}}{D} = \frac{1}{1-D}\frac{N_s}{N_p}I_{out}$$

由实际的 V_{in}, V_{out} 和 N_s/N_p 决定的, 反激变换器中晶体管和二极管的电压应力比在正激变换器中的小。但是, 由于反激变换器的输出部分与升压 Buck 变换器类似, 输出端电容必须在一个大的纹波电流情况下选择, 导致与正激变换器相同部分相比元器件较大。与派生出反激变换器的升压 Buck 变换器的情况类似, 输入和输出电流纹波非常明显, 特别是当我们尝试在大功率工业产品中使用反激变换器, 导致效率的降低。

稳态开关周期的励磁电流纹波可以从之前的一个公式中得到

$$I_{m,\max} = i_m(0) + \frac{V_{in}}{L_m}DT_s$$

或者

$$I_{m,\min} = i_m(0) = i_m(T_s) = I_{m,\max} - \frac{1}{L_m}\frac{N_p}{N_s}V_{out}(1-D)T_s,$$

得到

$$\Delta I_m = I_{m,\max} - I_{m,\min} = \frac{V_{in}}{L_m}DT_s = \frac{1}{L_m}\frac{N_p}{N_s}V_{out}(1-D)T_s$$

由于我们已经得到励磁电流的平均值是 $I_m = \dfrac{1}{1-D}\dfrac{N_s}{N_p}I_{out}$, 这意味着最大和最小励磁电流可以得到

$$I_{m,\max} = I_m + \frac{\Delta I_m}{2} = \frac{1}{1-D}\frac{N_s}{N_p}I_{out} + \frac{1}{2}\frac{1}{L_m}\frac{N_p}{N_s}V_{out}(1-D)T_s$$

$$I_{m,\min} = I_m - \frac{\Delta I_m}{2} = \frac{1}{1-D}\frac{N_s}{N_p}I_{out} - \frac{1}{2}\frac{1}{L_m}\frac{N_p}{N_s}V_{out}(1-D)T_s$$

3.9.2.2　DCM 工作的特殊性

总之, 考虑变换器 CCM 工作。但是, 与在 Boost-Buck 变换器中电感量的减少产生的影响类似, 如果反激电源的耦合电感中的励磁电感减小, 会达到在第二个开关周期结束之前, 励磁电感完全放电到负载的情况。在此情况下, $i_m(t)$ 在周期 T_s 之前为零。所以, 流过整流二极管的副边电流降为零并且 D 截止, 意味着变换器进入 DCM 状态。在 CCM/DCM 边界处(当 $i_m(t)$ 降为零时刚好开关周期结束)的条件 $I_{m,\min} = 0$:

$$I_{m,\min} = I_m - \frac{\Delta I_m}{2} = \frac{1}{1-D}\frac{N_s}{N_p}I_{out} - \frac{1}{2}\frac{1}{L_{m,bound}}\frac{N_p}{N_s}V_{out}(1-D)T_s = 0$$

得到 $L_{m,bound}$ 的值为

$$L_{m,bound} = \frac{1}{2}\left(\frac{N_p}{N_s}\right)^2\frac{V_{out}}{I_{out}}(1-D)^2T_s = \frac{1}{2}\left(\frac{N_p}{N_s}\right)^2 R\frac{1}{f_s}(1-D)^2$$

或者，一个确定 L_m 值设计的变换器进入 DCM 状态时的负载电阻等于

$$R_{bound} = \left(\frac{N_s}{N_p}\right)^2 \frac{2L_m f_s}{(1-D)^2}$$

或者，如果 R 保持不变，当占空比等于

$$D_{bound} = 1 - \left(\frac{N_s}{N_p}\right)\sqrt{\frac{2L_m f_s}{R}}$$

当 R 和 D 给定，$L_m < \frac{1}{2}\left(\frac{N_p}{N_s}\right)R\frac{1}{f_s}(1-D)^2$ 时变换器在 DCM 工作，或者 L_m 和 D 给定时 $R >$ $\left(\frac{N_s}{N_p}\right)\frac{2L_m f_s}{(1-D)^2}$，或者 R 和 L_m 给定时 $D < 1 - \left(\frac{N_s}{N_p}\right)\sqrt{\frac{2L_m f_s}{R}}$。

结果在意料之中，就是如果以等效电感 $\left(\frac{N_s}{N_p}\right)^2 L_m$ 转换 L_m 到副边侧，通过用 $\left(\frac{N_s}{N_p}\right)^2 L_m$ 替代 Boost-Buck 的 L_m，反激变换器的副边侧会变成与 Boost-Buck 变换器一样。

一般地，以 $D_2 T_s$ 表示 DCM 工作的第二个开关周期。就像我们发现的（参见 3.3.2 节）Boost-Buck 变换器 $D_2 = \sqrt{k}$，这里 $k = \frac{2L}{RT_s}$，基于上述原因，可以说对于反激变换器

$$k = \frac{2\left(\frac{N_s}{N_p}\right)^2 L_m}{RT_s}$$

也就是

$$D_2 = \sqrt{\frac{2\left(\frac{N_s}{N_p}\right)^2 L_m f_s}{R}}$$

对 DCM 工作（参见图 3.81）的电感 L_m 建立二次电压平衡。在导通周期 DT_s 时 $v_m(t) = V_{in}$，在第二个开关周期 DT_s 时 $v_m(t) = -\frac{N_p}{N_s}V_{out}$，在第三个开关周期 $(T_s - DT_s - D_2 T_s)$（最后一个等式取决于第三个开关周期，$v_{sec}(t) = 0$）时 $v_m(t) = 0$，可以得到

$$V_{in}DT_s + \left(-\frac{N_p}{N_s}V_{out}\right)D_2 T_s + 0(T_s - DT_s - D_2 T_s) = 0$$

进而

$$V_{out} = \frac{D}{D_2}\frac{N_s}{N_p}V_{in}$$

代入之前得到的 D_2 等式，可得到 DCM 状态下的如下等式：

$$V_{out} = \frac{D}{\sqrt{\dfrac{2\left(\frac{N_s}{N_p}\right)^2 L_m f_s}{R}}}\frac{N_s}{N_p}V_{in} = \frac{DV_{in}}{\sqrt{\dfrac{2L_m f_s}{R}}}$$

也就是，直流电压增益直接与占空比成比例。

在第三个开关周期 [参见图 3.81(c)]，$v_{DS(S)} = V_{in}$ 并且 $v_D = -V_{out}$。

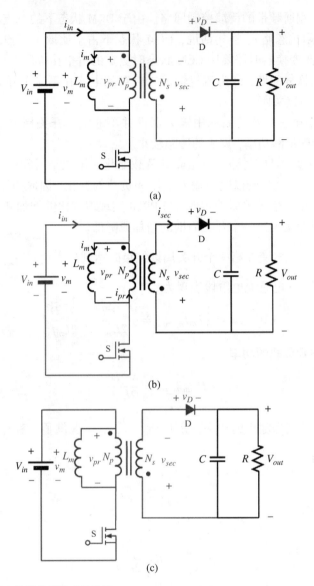

图 3.81　DCM 下反激变换器的等效开关阶段。(a)$0 \leqslant t < DT_s$；(b)$DT_s \leqslant t < DT_s + D_2 T_s$；(c)$DT_s + D_2 T_s \leqslant t < T_s$

　　如果在任何线电压和各种负载范围内 DCM 工作而设计一个较小的励磁电感值，这导致 DCM 下的电感电流纹波 $\Delta I_m = \dfrac{V_{in}}{L_m} DT_s$ 比 CCM 时大得多。在 DCM 时，$I_{m,\max} = \Delta I_m$。两种模式下在占空比相同的情况下，DCM 状态时的励磁电流最大值会比较大。所以，晶体管和二极管的电流应力会比较大，这使得 DCM 状态下需要开关管具有较大的额定电流值。由于铁心损耗与励磁电流交流分量的幅值成正比，在 DCM 状态下励磁电流较大的纹波引起较大的磁通变化导致更多的磁芯损耗。在此情况下，需要权衡磁芯损耗比磁芯饱和影响更为明显。

　　对于 Boost-Buck 变换器 CCM 和 DCM 工作时的比较，依然适用于反激变换器。CCM 下的变换器具有较高的效率，此时具有较低的开关额定电流和较小的输出端电容纹波电流。较低的峰值电流也增强了 CCM 状态下变换器的可靠性。与之对应的，由于开环控制到输出传递函数的左半平面的零点出现在较高的频率，相比较 DCM 状态下更容易实现闭环反馈控制。能够实现一个稳定的具有宽通频带的反馈控制回路。由于 DCM 状态下的直流电压增益取决于电控比和负载(即使寄生阻抗忽略),换句话说,DCM 状态下占空比取决于输入电压和负载,当控制 DCM 状态下的反激变换器时需要比 CCM 状态时更宽的占空比范围。DCM 状态下不存在输出整流二极管的反向恢复问题,因为流过输出二极管的电流在第二个开关周期结束时已经为零,这时二极管能够自然关断。

在 DCM 状态下,第三个开关周期中隔离器件并不通电。开关周期中的存储能量达到最大。因此,对于一个确定的功率,需要的磁芯较小。

占空比 D 可以改变,以应对输入电压或者负载变化。第二个时间段内 D_2T_s,负载的变化并不取决于占空比(占空比改变以适应输入电压和负载的变化,因此 D_2 也保持恒定)。所以,电压的调整通过改变第三个开关周期实现:当 PWM 实现占空比的增加和减小,由于第三个开关周期的降低或增加而实现第一个开关周期的增加或降低。

正如我们发现,励磁电流在第一个开关周期结束时达到最大值:$I_{m,\max} = \dfrac{V_{in}}{L_m}DT_s$。此时存储在励磁电感中的能量,在电感充电阶段表现为

$$W_{m,\max} = \frac{1}{2}L_m I_{m,\max}^2 = \frac{V_{in}^2 D^2 T_s^2}{2L_m} = \frac{V_{in}^2 D^2}{2L_m f_s^2}$$

提供一个周期内传输到负载的功率:

$$P_{transferred} = \frac{V_{in}^2 D^2}{2L_m f_s}$$

忽略损耗,认为这就是输出的功率,等于 $P_{out} = \dfrac{V_{out}^2}{R}$,这提供了一种计算 DCM 状态下直流电压增益表达式的可行方法。

$$\frac{V_{in}^2 D^2}{2L_m f_s} = \frac{V_{out}^2}{R}$$

在此

$$\frac{V_{out}}{V_{in}} = D\sqrt{\frac{R}{2L_m f_s}}$$

那么,采用表达式为 $D = \dfrac{V_{out}}{V_{in}}\sqrt{\dfrac{2L_m f_s}{R}}$,我们仍可以得到,在 DCM 下流过励磁电感的最大电流可以表示为

$$I_{m,\max} = \frac{V_{in}}{L_m}DT_s = \frac{V_{in}}{L_m}\frac{V_{out}}{V_{in}}\sqrt{\frac{2L_m f_s}{R}}\frac{1}{f_s} = \frac{V_{out}}{L_m}\sqrt{\frac{2L_m f_s}{V_{out}}I_{out}}\frac{1}{f_s} = \sqrt{\frac{2V_{out}I_{out}}{L_m f_s}}$$

通过励磁电感中能量存储的表达式,发现此能量与励磁电感值成反比。由于 DCM 工作状态下的变换器的 L_m 设计得较小,这意味着 DCM 状态的反激变换器能够比 CCM 状态存储更多的能量。这是在能量存储能力与电流应力之间权衡得到的结果:通过减小 L_m 可以传输更多能量,但是 $I_{m,\max}$ 更大,会引起在变压器、开关管和整流二极管中更大的峰值电流。

3.9.3 耦合电感器漏感的影响

由于正激变换器中的隔离器件是变压器用于传输能量,可以采用纯净的制造工艺以使得

几乎所有的原边磁通切割副边绕组。所以，仔细绕制的变压器具有特别小的漏感。在反激变换器中，耦合电感被人为地设计气隙，从而在第一个开关周期中存储能量。一部分不可忽略的原边磁通并没有到达副边绕组。我们用模型中的"漏感"表示这种情况。漏感可以达到励磁电感的 1% ~ 3% 左右。让我们研究一下漏感对变换器工作的影响。

1.3.6 节已经说明在耦合电感模型中原边漏感与原边绕组是串联的。重新画出包含漏感 L_{l1} 和开关输出端电容 C_{oss} ($C_{oss} = C_{ds} + C_{gd}$，在此漏源和栅漏电容在 1.3.6 节中已经定义) 的反激变换器模型 (如图 3.82 所示)。为了尽可能精确，我们将变压器寄生输入端电容叠加到 C_{oss}。

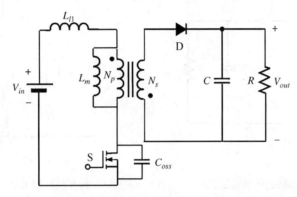

图 3.82　包含耦合电感漏感和开关输出端电容的反激变换器等效电路

在第一个开关周期内，输入电流等于流过漏感的励磁电流。当开关在 DT_s 周期内关断时，存储在漏感中的能量为

$$W_{Ll,\max} = \frac{1}{2}L_{l1}I_{m,\max}^2$$

通过漏感的定义，这就是没有传输到副边绕组的能量。当开关关断时中断了流过 L_{l1} 中的电流 $I_{in} = I_m$，在漏感两端产生一个很高的电压冲击：$L_{l1}\dfrac{\mathrm{d}i_m}{\mathrm{d}t}$。在第二个开关周期开始时，此冲击电压会叠加到晶体管两端电压 $V_{in} + \dfrac{N_p}{N_s}V_{out}$ 上。这导致晶体管需要具有相当大的额定电压，并且增加额外的导通损耗。同时，电压 $V_{in} + \dfrac{N_p}{N_s}V_{out}$ 对开关管输出端电容充电后，振荡 (振铃) 会发生在 C_{oss} 和 L_{l1} 之间。这些阻尼振荡会持续一段时间，直到漏感中存储的所有能量耗散在环路的寄生电容中，主要为原边绕组的寄生电阻 (如图 3.83 所示)。这意味着所有漏感中存储的能量成为损耗，影响变换器的效率和发热量。有一些解决方案以消除漏感引起的这些问题。

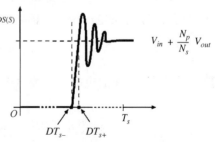

图 3.83　晶体管关断时漏感引起其
两端的电压尖刺和振荡

3.9.3.1　耗散型吸收电路解决方案

为了保护开关和减小额外的电压应力，通常采用耗散型吸收电路。即使漏感的能量耗散在吸收电路中，尽管此时并没有设计保护电路，至少通过可选的吸收电路限制了晶体管的电压值。额外的能量损耗进一步降低了反激变换器的效率，这成为在大功率应用中不采用这种变换器的另外一个原因。

最简单的耗散型吸收电路由一个二极管 D_s，一个电容 C_s 和一个电阻 R_s 组成（如图 3.84 所示）。

当开关关断时，晶体管的电压在 DT_{s+} 周期内快速达到 $V_{in} + \dfrac{N_p}{N_s} V_{out}$。存储在励磁电感中的能量开始传输到负载。由漏感引起的振荡会进一步为 C_{oss} 充电。但是，一旦 C_{oss} 两端电压变为 $V_{in} + V_s$，D_s 关断，开关管的电压箝位在 $V_{in} + V_s$（如图 3.85 所示）。

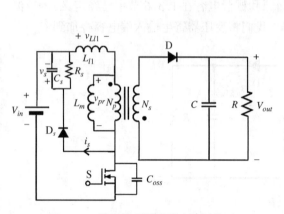

图 3.84　带有处理漏感影响的耗散型
　　　　RCD 吸收电路的反激变换器

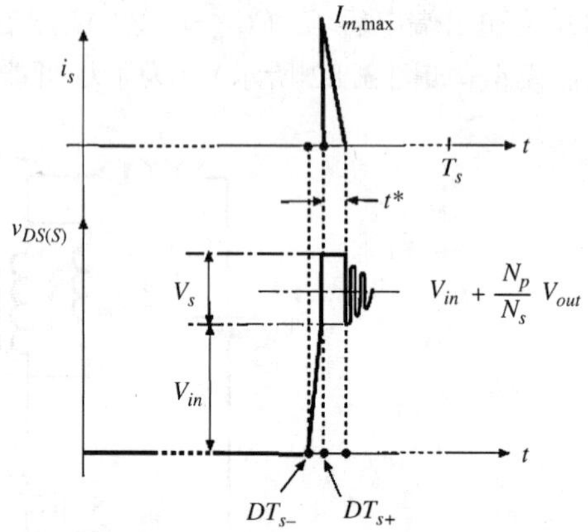

图 3.85　具有耗散型 RCD 吸收电路时，漏感放电
　　　　电流和开关关断时刻开关管两端的电压

在权衡设计中，可以很快发现如何选择吸收电路电容的平均电压 V_s。一般地，选择 V_s 约为两倍的 $\left(\dfrac{N_p}{N_s} V_{out} \right)$。根据图 3.80(a)，在第二个开关周期内原边绕组的电压为 $\left(-\dfrac{N_p}{N_s} V_{out} \right)$（在绕组结束的反向同名端），$L_{l1}$ 两端电压，在 D_s 导通状态中，满足 KVL 等式

$$v_{Ll1} + v_{pr} + v_s = 0$$

或者

$$v_{Ll1} = -(v_{pr} + v_s) = -\left(-\frac{N_p}{N_s} V_{out} + V_s \right)$$

在此忽略了吸收电路电容的电压纹波。

当 D_s 导通时，漏感开始放电。由于 C_{oss} 两端电压被箝位在 $V_{in} + V_s$，此时输入电流不流动。电流 i_s 和流过 L_{l1} 的电流相同。忽略放电回路的寄生电阻，从等式

$$v_{Ll1} = L_{l1} \frac{\mathrm{d}i_s}{\mathrm{d}t} = -\left(-\frac{N_p}{N_s} V_{out} + V_s \right)$$

我们可以得到漏感放电电流的表达式

$$i_s(t) = I_{m,\max} - \frac{\left(-\dfrac{N_p}{N_s} V_{out} + V_s \right)}{L_{l1}} (t - DT_s)$$

（很明显，需要选择 $V_s > \dfrac{N_p}{N_s} V_{out}$，进而保证漏感的放电）。这个电流在 DT_{s+} 时刻从原边电流值开始，也就是在励磁电感能量开始传输的时刻，$i_s(DT_{s+}) = I_{m,\max}$，并且在漏感完全放电时变为零。用 t^* 表示 L_{l1} 放电的时间。由 $i_s(DT_s + t^*) = 0$，可得到

$$t^* = \frac{I_{m,\max} L_{l1}}{-\dfrac{N_p}{N_s} V_{out} + V_s}$$

漏感能量被传输到吸收电路电容并被吸收电路电阻消耗掉。每个开关周期的放电电流，$I_{S,av}$ 或者简化为 I_s，可以根据图 3.85 由下计算：

$$I_s = \frac{1}{T_s} \int_{DT_s}^{DT_s+t^*} i_s(t)\mathrm{d}t = \frac{1}{T_s}\frac{I_{m,\max}t^*}{2} = \frac{1}{T_s}\frac{I_{m,\max}}{2}\frac{I_{m,\max}L_{l1}}{-\dfrac{N_p}{N_s}V_{out}+V_s} = \frac{I_{m,\max}^2 L_{l1}f_s}{2\left(-\dfrac{N_p}{N_s}V_{out}+V_s\right)}$$

每个周期传输到吸收电路的能量（以功率为单位）为 $V_s I_s$，为消耗在 R_s 的能量。因此，可以写出等式

$$V_s I_s = V_s \frac{I_{m,\max}^2 L_{l1}f_s}{2\left(-\dfrac{N_p}{N_s}V_{out}+V_s\right)} = \frac{V_s^2}{R_s}$$

这提供给我们 R_s 的设计方程

$$R_s = V_s \frac{2\left(-\dfrac{N_p}{N_s}V_{out}+V_s\right)}{I_{m,\max}^2 L_{l1}f_s}$$

由图 3.85 可知，通过选择较低的 V_s，可以降低开关管的电压应力。但是，如果我们分析 $V_s I_s$ 的公式 $V_s I_s = V_s \dfrac{I_{m,\max}^2 L_{l1}f_s}{2\left(-\dfrac{N_p}{N_s}V_{out}+V_s\right)}$，可以得到当 V_s 较小时，$\dfrac{V_s}{\left(-\dfrac{N_p}{N_s}V_{out}+V_s\right)}$ 的值较大，也就是，这样的选择会引起在吸收电路电阻上严重的能量损耗。因此，应该通过在开关管电压应力和吸收电路能量损耗之间权衡进而选择 V_s。

我们应该设计一个能使 V_s 纹波很小的吸收电容电路（开关应力由 V_s 的最大值计算得出，而不是由上述计算得到的平均值，所以希望 V_s 的纹波能够小到可以忽略不计）。因为 C_s 由 R_s 充电，根据 KCL 原理建立 $R_s - C_s$ 电路的一般特点可得到

$$\frac{v_s}{R_s} = -C_s \frac{\mathrm{d}v_s}{\mathrm{d}t}$$

可得

$$C_s \approx \frac{V_s(T_s - DT_s)}{\Delta V_s R_s}$$

或者更大值的 C_s

$$C_s \approx \frac{V_s T_s}{\Delta V_s R_s} = \frac{V_s}{\Delta V_s R_s f_s}$$

吸收电路 $R_s - C_s$（例如，$R_s C_s$）的时间常数必须比 $(1-D)T_s$ 小得多，以便能够快速耗散吸收电路的能量并在第二个开关周期期间抑制振铃。

考虑一个设计例子。特定的变换器为：输入母线交流电压为 $85 \sim 265$ V，负载电压 5 V，输出功率为 10 W，开关频率为 67 kHz。

输入电压的范围（交流侧整流得到）为 $[120,\ 375\ \text{V}]$。设计 $\dfrac{N_p}{N_s} = 15$，也就是 $V_{in,\max} + \dfrac{N_p}{N_s}V_{out} = 450$ V，选择 $V_s = 2\dfrac{N_p}{N_s}V_{out} = 150$ V，意味着晶体管最大电压应力为 375 V + 150 V = 525 V。假设 $L_{l1} = 150\ \mu\text{H}$。设计变换器 $L_m = 7.5$ mH，以使其在任何线电压均工作在 CCM 模式。由 $\dfrac{V_{out}}{V_{in}} =$

$\dfrac{D}{1-D}\dfrac{N_s}{N_p}$，进一步得到 $D_{\min}=0.166$（在最大输入电压时求得）并且 $D_{\max}=0.3846$（在最低输入电压得到），那么

$$I_{m,\max}=\frac{1}{1-D_{\max}}\frac{N_s}{N_p}I_{out}+\frac{1}{2}\frac{1}{L_m}\frac{N_p}{N_s}V_{out}(1-D_{\max})T_s=0.26\,\mathrm{A}$$

（对于最小占空比，由 0.22 A 的励磁电流计算得到）

吸收电路电阻计算如下：

$$R_s=V_s\frac{2\left(-\dfrac{N_p}{N_s}V_{out}+V_s\right)}{I_{m,\max}^2L_{l1}f_s}=150\frac{2(150-15\times5)}{0.26^2\times150\times10^{-6}\times67\times10^3}=33\,\mathrm{k\Omega}$$

耗散功率为 $\dfrac{V_s^2}{R_s}=\dfrac{150^2}{33\times10^3}=0.68\,\mathrm{W}$，这个数值在输出功率 10 W 中不能忽略。

吸收电路电容由下式计算：

$$C_s\approx\frac{V_s}{\Delta V_sR_sf_s}=\frac{150}{2\%\times150\times33\times10^3\times67\times10^3}=22.6\,\mathrm{nF}$$

能够接受 2% 的吸收电路电容纹波电压。

3.9.3.2 变压器第三绕组解决方案

正如分析所知，必须设计一个吸收电路，其电容电压 V_s 比 $\left(\dfrac{N_p}{N_s}V_{out}\right)$ 大，能够为漏感放电。如果比率 $\dfrac{N_p}{N_s}$ 太大，V_s 会得到一个很高的值。晶体管的电压应力 $V_{in}+V_s$ 会变得非常大。在此类应用中，我们倾向于介绍变压器的第三绕组，一个类似于正激变换器中使用的电路。一般地，额外的绕组与主绕组具有相同的圈数，这两个绕组紧密耦合。当晶体管关断时，主绕组中不传到第二绕组的(被用做漏感模式)部分磁通传到第三绕组并且至少一部分漏感能量返回到输入侧，减少晶体管的电压应力。

3.9.3.3 双晶体管反激变换器

当输入电压很高时，可采用两个晶体管实现反激变换器，在原边侧的 S_a 和 S_b。它们有相同的信号驱动，且开关同步。两个二极管 D_a 和 D_b，被增加在原边电路[参见图 2.86(a)]。在 DCM 状态下采用这种结构。

当开关导通时[参见图 3.86(b)]，能量以与一个晶体管的反激变换器同样的方式存储在 L_m 中。励磁电感电压的极性(主电压 V_{pr})如图所示；因此，二极管 D_a 和 D_b 反向截止。

当开关关断时，S_a 和 S_b 的并联电容由输入电流充电(等于励磁电流)。同样的电路与图 3.86(b)类似，不同之处在于原边电流流过两个开关管的并联电容。当每个晶体管电容电压达到 V_{in} 时，D_a 和 D_b 导通[参见图 3.86(c)]。S_a 和 S_b 两端的电压不能超过输入电压(它们被箝位到 V_{in})。由于励磁电流不能够流过晶体管，它通过原边绕组流过，引起副边电流流过导通的整流二极管。原边绕组电压到达峰值(变为 $v_{pr}(t)=\dfrac{N_p}{N_s}v_{sec}(t)=-\dfrac{N_p}{N_s}V_{out}$，由之前在图 3.79 中定义的 V_{sec})，以至于 D_a 和 D_b 变为正向截止。励磁电流的一部分 i_{L_n}，会流过 D_a 和 D_b，在路径中

为漏感放电到输入电源中，依据 KVL 等式

$$-V_{in} = v_m(t) + v_{Ll1}(t) = -\frac{N_p}{N_s}V_{out} + v_{Ll1}(t) = -\frac{N_p}{N_s}V_{out} + L_{l1}\frac{di_{Ll1}}{dt}$$

（为了允许漏感放电，DCM 工作下的变换器设计必须满足 $V_{in} > \frac{N_p}{N_s}V_{out}$。不要忘记漏感比励磁电感小得多，也就是它存储了很少的能量）。

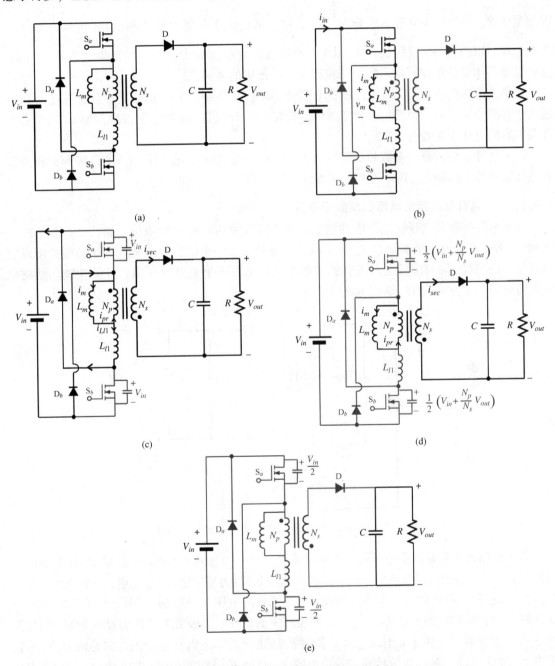

图 3.86　（a）两个晶体管的反激变换器和它的等效开关阶段；（b）$0 \leqslant t < DT_s$；

（c）和（d）$DT_s \leqslant t < DT_s + D_2 T_s$；（e）$DT_s + D_2 T_s \leqslant t < T_s$

副边电流满足等式

$$i_{sec}(t) = \frac{N_p}{N_s} i_{pr}(t) = \frac{N_p}{N_s}[i_m(t) - i_{Ll1}(t)]$$

正如在单晶体管反激变换器中,励磁电感放电到负载侧。电流 $i_m(t)$ 和 $i_{sec}(t)$ 减小。在 $i_{Ll1}(t)$ 变为零的时刻,意味着漏感被完全放电,流到副边的电流等于励磁电流。二极管 D_a 和 D_b 截止[参见图 3.86(d)]。开关管寄生电容的充电使得它们快速满足原边侧电路的 KVL 等式。假设理想晶体管,每个并联电容电压变为 $\frac{V_{in}}{2} + \frac{1}{2}\frac{N_p}{N_s}$。即使由于散落的电感和电容(包括 D_a 和 D_b)会在过程中出现振荡,振铃会在 V_{in} 以下,所以晶体管电压应力比经典的反激变换器小得多。这就是双晶体管结构在高输入线电压应用中广泛使用的原因。

当励磁电流变为零时,整流二极管 D 截止[参见图 3.86(e)],也就是,变换器进入 DCM 模式中典型的第三开关周期内。由于 KVL,设定理想开关管(这实际上极少发生),每个并联开关电容的电压快速变为 $V_{in}/2$。

除了这种结构含有较多数量的器件之外,它同样有高电位开关管(S_a)的门极和源极并没有直接连到地上的缺点,这需要一个更加复杂的驱动。

3.9.3.4* 具有有源箝位电路的反激变换器

为了消除在耗散型吸收电路中的能量损失,可以使用一种主动箝位电路代替(如图 3.87 所示)。箝位电源由一个 MOSFET,反并联的二极管 D_s,一个电容 C_s 组成。漏感的能量可以通过箝位电路回收,同时降低主开关管的关断电压应力。这个电路也提供软开关功能。励磁电流仅流向同一个方向,所以励磁电流纹波较小。

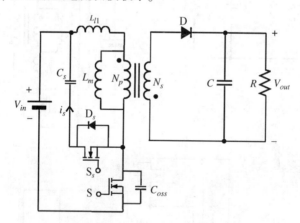

图 3.87 具有回收漏感能量有源箝位电路的反激变换器

箝位电路开关只有在变换器开关关断状态下工作。当开关 S 关断时,励磁电流(因为箝位电路没有工作,等于流过漏感的电流,也就是原边电流)为寄生电容 C_{oss} 充电,直到电压上升为 $V_{in} + V_{Cs}$,这里 V_{cs} 是 C_s 的平均电压。因此,主开关管的电压缓慢增加(另外,开关管以 ZVS 方式关断)。当 C_{oss} 的电压到达 $V_{in} + V_{Cs}$ 时,箝位开关的反并联二极管 D_s,伴随着 D_s 导通,箝位开关 S_s 可以 ZVS 导通。由于 C_s 比 C_{oss} 大得多,特别是励磁电流(仍然等于流过漏感的电流)为箝位电容充电。另外,漏感能量传输到箝位电容中,抑制主开关管两端的电压冲击。当原边电压降为 $\frac{N_p}{N_s}V_{out}$,整流二极管 D 导通并且存储在耦合电感中的能量开始传递到负载。此电路具有一些更多的开关状态(在一个新开关周期开始前, L_{l1} 中的能量为 S 并联电容的放电以实现主开关管在下个周期时 ZVS 导通, 为此我们甚至增加一个小的串联电感 L_r, 用于增加电感 L_{l1}, 制造出足够的能力来为 C_{oss} 放电)。所有这些额外的状态会在第 3 章中介绍反激变换器的软开关方法时讨论。在此, 只需注意主动箝位电路允许漏感中的能量通过箝位电容反馈, 主开关管两端的电压被箝位在 $V_{in} + V_{Cs} = V_{in} + \dfrac{N_p}{N_s} V_{out} + V_{Ll1}$。

主动箝位电路的使用扩展了反激变换器功率增加到 200 ~ 500 W 的应用范围。

3.9.4 * 反激变换器的小信号模型

由于反激变换器由 Boost-Buck 变换器衍生而来, 在我们仍然考虑耦合电感的变比为 $\dfrac{N_s}{N_p}$ 情况下, 它的交流小信号模型与 Boost-Buck 变换器相同。例如, 对于 CCM, 根据图 3.79(a) 和图 3.79(b), 在寄生电阻忽略的情况下, 得到状态方程组

$$L_m \frac{\mathrm{d}i_m}{\mathrm{d}t} = v_{in}; \qquad C \frac{\mathrm{d}v_{out}}{\mathrm{d}t} = -\frac{1}{R} v_{out}; \qquad 0 \leqslant t < DT_s$$

$$L_m \frac{\mathrm{d}i_m}{\mathrm{d}t} = -\frac{N_p}{N_s} v_{out}; \quad C \frac{\mathrm{d}v_{out}}{\mathrm{d}t} = \frac{N_p}{N_s} i_m - \frac{1}{R} v_{out}; \quad DT_s \leqslant t < T_s$$

得到平均状态方程组

$$L_m \frac{\mathrm{d}i_m}{\mathrm{d}t} = d(t) v_{in}(t) - [1 - d(t)] \frac{N_p}{N_s} v_{out}(t)$$

$$C \frac{\mathrm{d}v_{out}}{\mathrm{d}t} = [1 - d(t)] \frac{N_p}{N_s} i_m(t) - \frac{1}{R} v_{out}(t)$$

如果用 Boost-Buck 变换器的电感 L 替换 L_m, $i_m(t)$ 替换 $i_L(t)$, 不考虑变比 $\dfrac{N_s}{N_p}$, 上述等式就是 Boost-Buck 功率级的平均状态方程。因此, 图 2.17 中图形平均化的 CCM 状态 Boost-Buck 变换器的小信号模型可以直接转化成反激变换器的平均小信号模型(参见图 3.88), 用 r_L 表示耦合电感主线圈中的寄生电阻, $v_{out}(t)$ 和 $v_C(t)$ 的极性, 以及右侧 DC + AC 变压器反转极性(因为反激变换器提供正向输出)。

我们在第 2 章得到的 Boost-Buck 变换器的小信号开关传递函数, 通过采用上述公式得到图形化的平均值模型改造方法, 可以简单地变为反激变换器相应的传递函数。

同样, 可以得到 DCM 状态下反激变换器的平均小信号模型和开关交流传递函数。

特别让人感兴趣的公式是开关输入阻抗 $Z_{in}(s)$ 的公式。由于平均模型的输入部分不受耦合电感变比 $\dfrac{N_s}{N_p}$ 的影响, 结果反激变换器具有与 2.5.2 节中计算得到的 Boost-Buck 功率级相同的小信号输入阻抗:

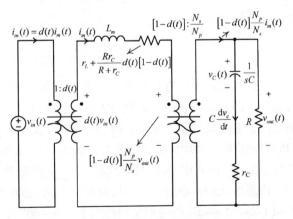

图 3.88　CCM 下反激变换器的图形化平均值模型

$$Z_{in}(s) = \frac{\hat{V}_{in}(s)}{\hat{I}_{in}(s)}\Bigg|_{\hat{D}(s)=0, \hat{I}_{out}(s)=0} = \frac{R}{M^2}$$

在 3.9.2.1 节中发现 DCM 状态下的反激变换器 DC 电压增益是 $M = \dfrac{V_{out}}{V_{in}} = D\sqrt{\dfrac{R}{2L_m f_s}}$，代入之前得到的等式得到

$$Z_{in}(s) = \frac{R}{D^2 \dfrac{R}{2L_m f_s}} = \frac{2L_m f_s}{D^2}$$

因此，DCM 状态下的反激变换器具有纯阻性的输入阻抗。这意味着反激变换器与 Boost-Buck、Ćuk 和 SEPIC 变换器一样，当工作在非连续模式时，根本上是提供一个跟随输入电压的输入电流。这些变换器在 DCM 工作时，不需要额外的控制环路而实现整流功能进而使吸收电流跟随电压。它们可以应用在 AC-DC 整流器中，因为电流跟随电压，自然地提供一个高的功率因数。由于反激变换器具有少量的器件、DC 隔离，并且易于实现多路输出而经常用于低功率整流器。当然，正如之前讨论的，它的缺点是具有较高的输入和输出电流脉动，以及在 DCM 状态时励磁和开关电流应力会增大。

3.9.5 反激变换器的设计：范例分析——实际考虑

对于设计在 CCM 和 DCM 状态时的反激变换器，应该遵循 3.3 节中设计 Boost-Buck 变换器的过程。唯一需要设计的其他器件是耦合电感。在 CCM，或者 CCM/DCM 边界时的 DCM 设计，应该使用之前得到的 DC 电压增益公式，$V_{out} = \dfrac{D}{1-D}\dfrac{N_s}{N_p}V_{in}$。通过计算占空比的最大值，它会利于我们计算耦合电感变比（计算匝数比，需要确定在最低输入电压值时得到需要的输出电压。如果输入电压较大，需要通过减小占空比得到需要的输出电压）。可以通过将效率因数引入到等式中来计算所有损失的圈数

$$\frac{N_s}{N_p} = \frac{1 - D_{\max}}{D_{\max}}\frac{V_{out}}{\eta V_{in,\min}}$$

或者，可以精确计算：(1)通过引入二极管的压降 V_F 到等式中来，得到副边绕组的电压；(2)通过引入晶体管的导通压降 $V[r_{DS(on)}]$ 和原边电流传感器的压降 V_{sensor}（如果有）得到原边绕组的电压，得到如下公式：

$$\frac{N_s}{N_p} = \frac{1 - D_{\max}}{D_{\max}}\frac{V_{out} + V_F}{V_{in,\min} - V[r_{DS(on)}] - V_{sensor}}$$

我们经常假设在电流反馈模式下检测原边电流电阻上的压降约为 0.99 V。一个好的电流检测电阻即使在高频中也必须是无感的。这些要求使得选择合适的电阻很难。碳化膜和大多数金属膜电阻被排除。Supertex 公司的应用文档建议选择块状金属电阻。并且当印制电路板 (PCB) 制造时，必须保证长距离的走线不增加额外的电感。由于开关管在设计开始时还没有选择，在上述等式中必须根据经验假设一个压降 $V[r_{DS(on)}]$。

许多形状的铁心适合用于反激耦合电感：POT 铁心、E 铁心、EP 铁心或者 RM 铁心。一份 West Coast Magnetic 的应用文档提出了 410 – 407 系列。由于反激变换器的耦合电感只在 B – H 平面的第一象限工作，需要一个相当大的铁心。选择的磁芯的磁导率应该由开关频率确定。

对于 50 kHz 左右的开关频率，铁心的磁通密度应该在 2000 G 以下。开关频率到 500 kHz 时这个值应该增加到 3000 G。铁心的气隙由励磁电感计算（取决于 CCM 和 DCM 工作的选择）和原边绕组匝数。线圈在线轴中的缠绕方式可以影响漏感和绕组间的寄生电容。多股分层绕组等技术的应用，铜箔绕组和双向绕组可以减小寄生参数的影响。

磁性元件的损耗取决于物理尺寸。对于小尺寸的磁性元件它的影响低并且对于较大的磁性元件影响较大，与对数坐标对应。可以接受一种效率在 95% ~ 97% 左右的磁性元件，并且提供可考虑的体积。太多的能量损耗（如低效率）会引起绝缘烧毁。另外，在设计中追求过高的效率会大大增加磁性元件的体积。

相对于选择输出端电容，针对不等式"$\Delta V_{out} = \Delta V_C + r_C I_{D\max}$ 小于输出电压特定的百分比"的求解（参见 3.3 节），2009 年 Supertex 的应用文档提供了一些建议。其中的一个方法是采用（尽可能多的）并联钽电容来得到计算必需的电容（一种昂贵的解决方案）。另外一个是通过增加在上述不等式中的 ΔV_{out} 并且一个由很小的寄生电阻的电感和一种便宜的电容组成的额外的 LC 滤波器减少昂贵电容的采用，进而使负载电压的纹波大小满足要求。另外一种方法是分段上述不等式中的负载电压纹波要求值（例如 ΔV_C 的 50% 到 $r_C I_{D\max}$ 的 50%）并且采用并联的电解电容，第一个值由 ΔV_C 的要求得到并且之后的由电容的 ESR 要求得到。

为取代采用 n 沟道 MOSFET 作为主开关管，仙童半导体公司在 2000 年提出采用一种 QFET（例如一种 600 V 电压 QFET FQP7N60 在一个 60 W 的采用交流整流作为输入的反激变换器中的应用）来降低开关损耗。

在设计中，没有仔细考虑选择一个很高的开关频率值，进而减小耦合电感和输出端电容的体积。必须同时考虑 PWM IC 控制器的动态范围，也就是它能产生的最宽的脉冲（开关频率的一种功能：高的 f_s 意味着短的 T_s，得到最宽脉冲的上限值 $D_{\max}T_s$）和最窄脉冲（由它内部的频率确定）的范围。如果此范围比在低输入电压/高负载（最大 DT_s）时需要的脉冲宽度和在高输入电压/轻载（最小的 DT_s）的脉冲宽度由控制器传递的范围大，控制器会开始周期跳跃（通过在一些周期内停止导通开关实现）。这会改变变换器的有效时钟频率，最终导致 EMI 滤波器和输出端电容的变大。一般地，在 Buck 或 Boost-Buck 变换器中，必须需要一个输入 EMI 滤波器。

在制造 PCB 时，需要使具有大的开关电流（大的 di/dt）的环路范围尽可能小，以减小变换器的 EMI 辐射。

反激变换器不应在空载工作，因为在第二个开关周期内，耦合电感能量被传输到输出端电容，它在没有负载的情况下会失效。

由于经常在低功率工业品中使用，在半导体公司中有大量的应用文档介绍反激变换器的设计。在此列出这些设计中的一些实际问题。

3.9.5.1　采用集成稳压器 SI9108（Vishai Siliconix 公司）设计反激变换器

研究由 Vishai Siliconix 公司在一份关于集成电流模式稳压器应用文档中提出的设计例子。技术指标为：$V_{in} = 24 \sim 100$ V。总输出功率为 3 W，具有两路输出，一个 + 12 V 一个 - 12 V，每一路提供 125 mA 的电流。反激变换器工作在 $f_s = 100$ kHz 下的 DCM 状态。应用文档提出的理想效率为 75%，40% 的功率余量和耦合电感公差总额，意味着设计的反激变换器需要处理总共 $P = \dfrac{3}{0.75} 1.4 = 5.6$ W 的功率。

首先选择在 CCM/DCM 临界状态的最大占空比。在临界状态，当第一个开关周期结束时励磁电感和最大励磁电流分别由下式给出：$L_{m,bound} = \frac{1}{2}\left(\frac{N_p}{N_s}\right)^2 \frac{V_{out}}{I_{out}}(1 - D_{bound})^2 \frac{1}{f_s}$ 和 $I_{m,\max} = \frac{V_{in}}{L_m} D_{bound} \frac{1}{f_s}$。$L_{m,bound}$ 在最大 D_{bound} 时得到最小值，并且 $I_{m,\max}$ 在 D_{bound} 小时也较小。综合考虑，选择 $D_{bound,\max} = 0.55$。

采用此值，正如在 CCM/DCM 临界状态一样，我们可以通过 CCM 状态时的公式得到耦合电感的匝数比。当整流二极管导通时，从二次侧"看"耦合电感的输出电压（V_{out} + 是整流正向压降），所以在下述公式中应该将二极管的正向压降 0.6 V 考虑在内来更新输出电压

$$\frac{N_s}{N_p} = \frac{1 - D_{bound,\max}}{D_{bound,\max}} \frac{V_{out}}{V_{in,\min}} = \frac{1 - 0.55}{0.55} \frac{12.6}{24} = 0.4295$$

由于我们在计算总的输入功率时已经将效率计算在内，所以上式中没有计算它。可以通过选择匝数比的近似实现，例如，$N_p = 95$ 匝，$N_s = 40$ 匝。那么，再次计算 $D_{bound,\max}$ 得到 0.555。结果最小的占空比的值在最大输入电压 100 V 时计算得到为 0.23。

用以保证在 DCM 状态时在任何输入电压和负载以及它们的区间内的励磁电感的最大值可以由下式得到：

$$L_{m,bound} = \frac{1}{2}\left(\frac{N_p}{N_s}\right)^2 \frac{V_{out}}{I_{out}}(1 - D_{bound,\max})^2 \frac{1}{f_s} = \frac{1}{2}\left(\frac{N_p}{N_s}\right)^2 \frac{V_{out}^2}{P_{\max}}(1 - D_{bound,\max})^2 \frac{1}{f_s}$$

$$= \frac{1}{2}\left(\frac{95}{40}\right)^2 \frac{12.6^2}{5.6}(1 - 0.555)^2 \frac{1}{10^5} = 158 \ \mu H$$

在此，我们同样在负载电压中增加整流二极管的压降来得到从二次绕组"看"向的输出电压。

最大励磁电流值（流过原边绕组的电流）为

$$I_{m,\max} = \frac{V_{in}}{L_m} D \frac{1}{f_s}$$

或者，由 $V_{out} = \frac{DV_{in}}{\sqrt{\frac{2L_m f_s}{4}}}$，得到

$$I_{m,\max} = \frac{V_{in}}{L_m} D \frac{1}{f_s} = V_{out}\sqrt{\frac{2L_m f_s}{R_{\min}}}\frac{1}{L_m f_s} = \sqrt{\frac{2P_{\max}}{L_m f_s}} = \sqrt{\frac{2x5.6}{158x10^{-6}x10^5}} = 0.84 \ A$$

这意味着平均值 $I_{m,\max}\sqrt{\frac{D}{3}} = 0.23$ A（2.6 节给出的电流有效值的计算公式）。

对于上述设计得到的 L_m、N_p、N_s 和 $I_{m,rms}$，选择 Vishay Dale 的变压器 LPE-4658-A409。磁芯是 EFD10，其材料是 3F3。原边绕组数量为 95 匝提供 1000 Gs（0.1 T）的磁通密度。副边 +12 V 和 -12 V 输出的绕组都是 40 匝（副边绕组的极性会被反向以得到负电压输出。反向输出电路的整流二极管方向也会调转）。一个 34 匝的辅助绕组用于反馈电路——SI9108DN02 控制器的供电电源（10 V）。原边有一个 1 Ω 的电阻用于检测需要控制的输入电流。增加一个 RCD 吸收电路用于处理漏感的能量。

流过开关管的最大电流为 0.84 A。开关的最大电压，忽略由于漏感产生的额外电压应力，为 $V_{in,\max} + \frac{N_p}{N_s} V_{out} = 100 + \frac{95}{40}12 = 128.5$ V。选择 Vishay Siliconix 公司的一种型号为 VN0605T 的 n 沟道 MOSFET 作为开关管。

流过整流管的最大电流为 $\frac{N_p}{N_s}I_{S,\max} = \frac{95}{40}0.84 = 1.995$ A。二极管承受的最大电压为 $\frac{N_s}{N_p}V_{in,\max}$ +

$V_{out} = \frac{40}{95}100 + 12 = 54$ V。两路输出电路的二极管选择 Liteon 公司的肖特基二极管, 型号为 B160。

为了使输出电压纹波小于负载电压的 1%, 输出端电容由 3.3 节中的公式计算得到 6.5 μF。每一路输出端电容由 Murata 公司的低 ESR, 25 V, 10 μF 的陶瓷电容, 型号为 GRM43-2X5R106K25 和 VishayVitramon 公司, 型号为 VJ0805Y104KXAAT, 50 V, 0.1 μF 的电容并联组成。

三个 Vishay Sprague 公司、型号为 595D685X0050C2T, 50 V, 6.8 μF 的电容串联作为输出滤波电容(因为输出电压达到 100 V)。

设计的反激变换器的 PCB 在这篇应用文档中提供。占用了 2 平方英尺的空间, 最大的元器件高度小于 1/4 英寸。

3.9.5.2　用于电池供电的 CCD(电荷耦合器)的反激变换器

Maxim 公司的一份应用文档介绍了一款用于 CCD 设备, 例如数码相机的反激变换器设计。电源是四节 AAA 碱性电池。那么输入电压为 3.5 ~ 6.5 V。在此应用中, 多路输出电压是必需的。当前设计中, 需要三路输出: 0.015 A 的 + 15 V, 0.1 A 的 + 5.5 V, 0.015 A 的 – 7.5 V。选用一种电流模式 PWM 控制器 MAX752。它提供 170 kHz 的开关频率。对于小电流(0.015 A)输出电流, 选用了低成本小电流二极管 1N4148(正向压降 1 V)。对于稍重负载输出电路(5.5 V, 0.1 A), 选择一种稍贵的 0.5 V 压降的肖特基二极管 1N6817。耦合电感选择了 Coilronics 的三副边绕组的 CTX01-13177。

需要注意的是在最低输入电压(3.5 V)时, 集成控制器 MAX752 并不能提供足够门极电压以使 n 沟道 MOSFET 导通。当输入电压低于 4.75 V 时, 采用"引导"技术的两个二极管增加到变换器的输出。这样门极电压会永远大于 5.5 V。高的门极电压减小了开关的导通电阻, 所以内部损耗减小, 进而提高了效率。

为了解决晶体管关断时刻的电压尖刺, 一个耗散型 RCD 吸收电路或者一个小电容连接在耦合电感的原边和副边之间。对于后者, 当开关关断并且原边绕组电压极性反向时, 允许存储在励磁电感中的能量开始通过整流二极管传输到输出侧。采用这种方式, 漏感能量被输入到输出而不是被损耗掉。

这个变换器只适用于输入变化小并且只对一路输出(5.5 V, 0.1 A)进行负载调整的情况。输出电压由反馈回路控制。另外两路输出没有经过反馈控制。结果, 所有的输出根据第一路输出对输入电压的调节而调节来适应输出电压的变化。15 V 和 – 7.5 V 两路输出电压会由于负载的不同而变化。但是, 对于很多电池应用场合中, 主要关注输入电压的变化, 所以这种控制电路是一种好的选择。

3.9.5.3　为电信业设计的一种反激变换器(Unitrode/Texas Instruments 应用文档)

这是一种 50 W, 5 V 输出电压工作在 CCM 模式下的反激变换器的设计例子。输出电压范围是 32 ~ 72 V(额定值是 45 V)。负载可以从零(空载)到 10 A。开关频率是 70 kHz。

最大占空比是 0.45, 选择匝比为

$$\frac{N_s}{N_p} = \frac{1 - D_{\max}}{D_{\max}}\frac{V_{out} + V_F}{V_{in,\min} - V[r_{DS(on)}]} = \frac{1 - 0.45}{0.45}\frac{5.8}{31} = 0.2286$$

V_F 是整流二极管的压降，设为 0.8 V，$V[r_{DS(on)}]$ 是开关管的导通压降，设为 1 V。选择 $\dfrac{N_s}{N_p} = 0.2$ 得到 $D_{max} = 0.48$ 和 $D_{min} = 0.29$。

为了进一步设计，在最大负载最低输入电压时，励磁电流纹波的峰–峰值设定为原边峰值电流的一半。那么最大的励磁电流(原边电流)由下式计算：

$$I_{m,max} = I_m + \frac{\Delta I_m}{2} = \frac{1}{1 - D_{max}} \frac{N_s}{N_p} I_{out,max} + \frac{I_{m,max}}{4}$$

也就是

$$I_{m,max} = \frac{4}{3} \frac{1}{1 - D_{max}} \frac{N_s}{N_p} I_{out,max} = \frac{4}{3} \frac{1}{1 - 0.48} 0.2 \times 10 = 5.128\,A, \quad \Delta I_m = 2.564\,A$$

由于 $\Delta I_m = \dfrac{V_{in,min} - V[r_{DS(on)}]}{L_m}$（这里我们从输入电压中减去在第一个开关周期内晶体管的管压降来得到原边绕组的准确电压值），可得到

$$L_m = \frac{V_{in,min} - V[r_{DS(on)}]}{\Delta I_m} D_{max} \frac{1}{f_s} = \frac{32 - 1}{2.564} 0.48 \frac{1}{70 \times 10^3} = 82.9\,\mu H, \quad 选为 L_m = 80\,\mu H$$

注意采用此值的励磁电感，除了空载情况下，变换器不会工作在 CCM 模式。根据之前得到的不等式，CCM 状态的条件是 $R\_for\_CCM\_operation < \left(\dfrac{N_s}{N_p}\right)^2 \dfrac{2L_m f_s}{(1 - D)^2}$。这意味着对于我们输入电压为 32 V 的情况（例如，针对最小输入电压，计算 D_{max}），在电阻 $R = 0.2^2 \dfrac{2 \times 80 \times 10^{-6} \times 70 \times 10^3}{(1 - 0.48)^2} = 1.6568\,\Omega$，也就是，在负载电流没有减小到 3 A 左右，变换器会保持 CCM 工作状态。但是，如果变换器的输入电压最大时(72 V，这对应着最小占空比，0.29 V)，在 $R < 0.887\,\Omega$，也就是负载不小于 5.6 A，它才工作在 CCM 模式。这意味着对任何输入电压范围内变换器工作在 CCM 模式，负载电流必须大于 5.6 A。

如果需要反激变换器在低负载电流时工作在 CCM 模式，必须增大 L_m 等同于耦合电感的铁心。大的铁心会占用更多的空间。另外，必须限制占空比，使其最大值 D_{max} 在较小的值(为了实现这个目的，不能使用公式 $R\_for\_CCM\_operation < \left(\dfrac{N_s}{N_p}\right)^2 \dfrac{2L_m f_s}{(1 - D)^2}$，因为改变 D 必须重新设计 $\dfrac{N_s}{N_p}$。所以我们改造这个公式让公式中既有 D 还有 $\dfrac{N_s}{N_p}$

$$R\_for\_CCM\_operation < \left(\frac{N_s}{N_p}\right)^2 \frac{2L_m f_s}{(1 - D)^2} = \frac{(1 - D)^2}{D^2} \frac{V_{out}^2}{V_{in}^2} \frac{2L_m f_s}{(1 - D)^2} = \frac{V_{out}^2}{V_{in}^2} \frac{2L_m f_s}{D^2}$$

这样，一个较小的占空比会产生较大的边界负载电阻或者较小的边界负载电流)。通过设计较小的最大占空比得到一个理想的较大的 $\dfrac{N_s}{N_p}$，在电路中得到较大的电流，也就是更多的导通损耗和较大磁芯一样，因为它的体积(在 cm^4 范围内的磁芯)是与峰值电流成比例的。在一般情况下，我们不能在空载情况下保持 CCM 状态，因为这需要一个无穷大的 L_m。如果，在轻载情况下，变换器进入 DCM 状态，考虑开环小信号传递函数的右半平面的零点考虑在内的话，为 CCM 设计的反馈回路，仍能够保持稳定。

在选择的开关频率点计算励磁电感，可以选择一种 Philips 公司锰锌铁氧体 3C85 作为铁心

材料。磁性等效面积可以通过假定峰值磁通密度比饱和磁通密度(对于选择的材料在 100℃时为 0.33 T)。根据任何介绍变压器设计的书中公式计算得到(磁芯面积与励磁电感和峰值电流成比例,并且与最大磁通密度成反比)。对于此应用设计,选择一种 Philips 公司的 EFD30。原边绕组的最大匝数可以由公式 $\dfrac{L_m I_{m,\max} 10^4}{B_m A_{eff,core}}$ 计算得到,式中磁通密度 B_m 单位是特斯拉,有效截面积 $A_{eff,core}$ 单位是 cm^2。一种可以选择的设计,$N_p = 20$,由于我们之前设计比为 0.2,得到 $N_s = 4$。气隙面积可以采用介绍变压器设计书中的方法计算得到。它与 N_p^2 和 $A_{eff,core}$ 成正比,与 L_m 成反比。在应用文档中,选择 0.043 cm 的气隙,均匀分布在磁芯的中间和两条外部引脚之间。根据应用文档中的推荐方法,原边绕组由两条 21AWG 并联的漆包线绕成,第一层靠近磁芯绕制,第二层在副边绕组绕制。副边绕组由四条标准的 18AWG 漆包线并联单层绕制。

开关管承受的电压应力为 $V_{in,\max} + \dfrac{N_p}{N_s}(V_{out} + V_F) + V_{Ll1}$,也就是 $72 + 5 \times (5 + 0.8) + 30\% \times 72 = 12.6$ V,在此假设由于漏感引起的电压冲击是 30% 的输入电压。这个值增加了 30% 的安全余量,意味着我们必须选择至少 160 V 额定电压的晶体管。计算得到最大开关电流 5.128 A。为了简化,通过忽略输入(励磁)电流纹波开关电流的平均值近似为 $I_m\sqrt{D} = \dfrac{1}{1 - D_{\max}}\dfrac{N_s}{N_p}I_{out,\max}$ $\sqrt{D_{\max}} = 3.846\sqrt{0.48} = 2.67$ A;或者,由于最大励磁电流在周期 DT_s 内流过导通的开关管可以获得这个有效值的降额设计;$I_{m,\max}\sqrt{D} = 5.128\sqrt{0.48} = 3.55$ A。选择一款 n 沟道 MOSFET 管 IRF640(额定电压 200 V,额定电流 18 A,$r_{DS(on)} = 0.18$ Ω)作为主开关管。一种 RCD 吸收电路,由 0.22 μF 电容、2 kΩ,3 W 的电阻和一个 2 A,200 V 快恢复二极管 SF24 组成,用于限制在开关管关断时由于漏感引起的电压应力。

整流二极管承受电压应力 $\dfrac{N_s}{N_p}(V_{in,\max} - V[r_{DS(on)}]) + V_{out} = 19.2$ V,流过二极管的最大平均电流是最大负载电流 10 A,二极管导通时峰值电流为 $\dfrac{N_p}{N_s}I_{m,\max} = 25.64$ A,也就是,正向重复峰值电流等于反射的原边峰值电流。选择 Motorola 公司的双肖特基二极管 MBR2535CTL,额定电压 35 V,额定平均整流正向电流 12.5 A/每引脚(也就是,总共 50 A 的正向额定电流)。正向重复电流 25 A/每引脚(也就是总共 50 A 的正向重复电流)。由于二极管的寄生电容在整流二极管关断时会与耦合电感的寄生电感产生振荡,一个 RC 吸收电路(5.1 kΩ,3 W 电阻和 0.015 μF,50 V 陶瓷电容)与二极管并联来消除振荡。

一个输入端电容 C_{in},计算出来用于限制输入电压纹波为一个选定的值 ΔV_{in}(由于以上设计 $D \approx 0.5$,输入端电容的纹波电流有效值近似等于输入电流的有效值),结果得到两个 80 V,150 μF 的并联铝电解电容和一个用于为高频纹波提供短路的 100 V,1 μF 的陶瓷电容并联。

通过输出端电容的平均电流采用与 Boost-Buck 变换器同样的方法计算,结果为 13.2 A。四个并联的 Sanyo 公司的 OSCON 6SH330M 6.3 V,330 μF 的铝电解电容器被用于输出端电容来保证输出纹波电压峰峰值低于 50 mV。另外,变换器输出增加一个输出滤波器(2 μH,11 A 电感;33 μF,10 A 钽电容)来减小输出噪声。

变换器的原边侧采用 Unitrode 公司的电流型控制器 UCC3809。它同时利用外部连接 0.01 μF 的陶瓷电容实现软启动:由于电容电压缓慢上升,占空比线性增加到输出电压调整需要的值。输出电压达到稳态值大约经过 3 ms 的延迟。

在这篇应用文档中的反激变换器是输入－输出隔离的。误差放大器加到反激变换器的副边侧：一个精确参考 UC3965 和低偏置误差放大器 IC 芯片。输出电压由一个电阻电路分压得到并且与精确参考比较。误差放大器由内部缓冲驱动输入，并且输出驱动一个光耦二极管（H11AV1 Motorola）。然后，信号到达 UCC3809 控制器来控制主开关管的工作。光耦的选用实现反馈电路的输入输出隔离。

3.10　推挽变换器

为了增加变换器的功率等级，需要对磁芯进行很好的优化。如果磁通密度和励磁电流同时出现正向和反向值，可以利用整个的 B－H 磁芯曲线，这样磁芯可以充分磁化，对于一定的功率，减小变压器体积。这种方式可以在变换器中实现多个主动开关。

3.10.1　降压型的推挽变换器（电压驱动）

图 3.89 中所示推挽变换器可以看成两个工作在反向状态的正激变换器合并而成。原边电路包含两个由相互反向的信号驱动的功率 MOSFET（原边开关管的交替导通方式让人联想到"推-挽"操作）。甚至理论上，每个晶体管可以以 0.5 的占空比工作，采用一个很短的时间来防止所有开关管导通，引起短路电流冲击的危险。这就是在 S_1（类似 S_2）关断与 S_2（类似 S_1）导通之间增加死区时间，至少等于晶体管的关断时间的原因。推挽变换器很明显，所有晶体管的门极连接到参考地上，实现简单的驱动电路。采用一种高频的中心抽头变压器。接下来的分析我们把中心抽头变压器的两部分当成两个独立的绕组。原边的两个绕组以同样的方向绕线。理论上，两个原边绕组是相同的，每个 N_p 匝。类似地，两个副边绕组也是近似一样的，每个 N_s 匝。由于变压器不用于存储能量，它可以集成非常大的励磁电感，以减小励磁电流。对于每个副边绕组，连接一种 Buck 的整流电路（采用 LC 滤波）。推挽变换器同样可以采用桥式整流器（如图 3.90 所示）。

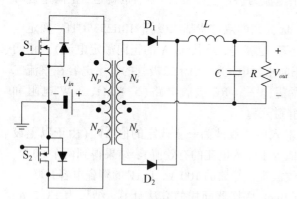

图 3.89　具有中心抽头变压器副边的
Buck（电压反馈）推挽变换器

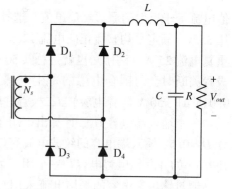

图 3.90　一个具有桥式全波整流器
副边电路的推挽变换器

3.10.2　CCM 下的推挽变换器

如图 3.91 所示，分别定义原边绕组的电压为 v_{pr1} 和 v_{pr2}，副边绕组的电压为 v_{sec1} 和 v_{sec2}，副边滤波器的输入电压为 v_D。在开始分析时，在并不知道真实极性之前，选择任意极性作为参考方向。记住一旦选择了确定的参考方向，必须在电路分析过程中，在所有开关阶段，保持不变。如果在分析每个开关阶段，发现一个电压与选择的参考值相反，我们只需在它的数值前增加负号(意味着它与参考方向反向)。开关的主要波形如图 3.92 所示。

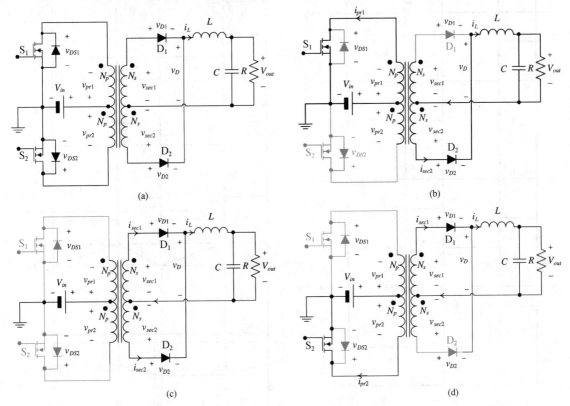

图 3.91　(a)具有已定义电压极性的推挽变换器;(b)等效开关阶段一: $0 \leqslant t < DT_s$;(c)等效开

关阶段二和四; $DT_s \leqslant t < \dfrac{T_s}{2}$ 和 $\dfrac{T_s}{2} + DT_s \leqslant t < T_s$;(d)等效开关阶段三: $\dfrac{T_s}{2} \leqslant t < \dfrac{T_s}{2} + DT_s$

时间阶段 $[0, DT_s]$

当 S_1 在新的稳态周期开始时导通和 S_2 关断时，原边电流 i_{pr1} 会按照图 3.91(b)中所示方向流动，从原边绕组的异名端到同名端，得到与之相同极性的原边电压如图中所示：

$$v_{pr1} = V_{in}$$

它会产生副边电压， $\dfrac{N_s}{N_p}v_{pr1}$ ，在上边绕组中与同名端相反的参考方向，也就是说与我们定义的方向相反。因此，与选择的 v_{sec1} 相对应

$$v_{sec1} = -\frac{N_s}{N_p}v_{pr1} = -\frac{N_s}{N_p}V_{in}$$

由于下边的副边绕组在相同的磁芯中绕制，在下边的绕组中具有同样的副边电压， $\dfrac{N_s}{N_p}v_{pr1}$ ，与它的同名端方向相反。由于这恰是我们选择的 v_{sec2} 的极性，意味着

$$v_{sec2} = \frac{N_s}{N_p}v_{pr1} = \frac{N_s}{N_p}V_{in}$$

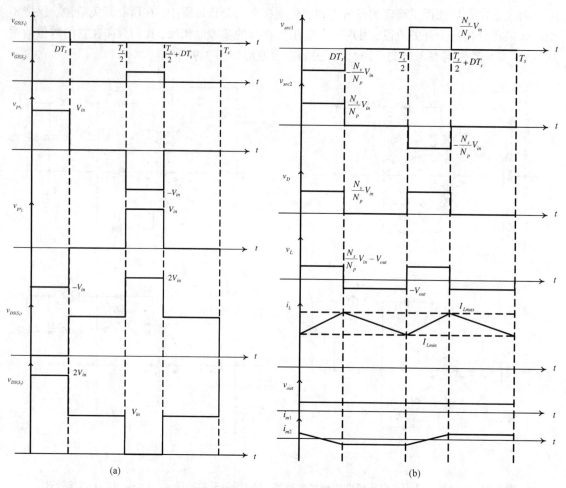

图 3.92　（a）和（b）开关图：CCM 下推挽变换器的主要稳态波形（在一个开关关断和另

一个开关导通之间一直存在一个死区时间，例如 $D < 0.5$。此图中 $\frac{N_s}{N_p} = 0.5$）

因为原边电流 i_{pr1} 由原边绕组的同名端流出，副边电流 i_{sec1} 和 i_{sec2} 必须进入副边绕组的同名端。这样的 i_{sec1} 环流不被二极管 D_1 允许，也就是 D_1 截止。电流 i_{sec2} 可以以正确方向流过导通的 D_2。输入源的能力通过变压器传输到输出电流。在这个阶段，下端的副边整流器工作，也就是

$$v_D = v_{sec2} = \frac{N_s}{N_p} v_{pr1} = \frac{N_s}{N_p} V_{in}$$

$$i_L(t) = i_{sec2}$$

在一个能量传输周期针对一个具有 Buck 变换器输出类似的变换器，整流电路的输入能量为电感充电并且提供负载电压。在输出电路中应用 KVL

$$v_L = v_D - V_{out} = \frac{N_s}{N_p} V_{in} - V_{out}$$

（忽略寄生参数中的压降）。

由于 S_2 关断，没有电流通过原边侧的下部分流过。但是，增大的电流 i_{sec2} 产生一个变

化的磁通引起下侧原边绕组两段电压$\frac{N_p}{N_s}v_{sec2} = \frac{N_p}{N_s}\frac{N_s}{N_p}V_{in} = V_{in}$与同名端极性相反（因为$v_{sec2}$在下侧副边绕组的同名端具有负极性）。由于极性与开始选择的v_{pr2}的极性相反，可得到

$$v_{pr2} = -V_{in}$$

对下侧原边电路写出 KVL 等式：

$$v_{DS2} - V_{in} + v_{pr2} = 0, \quad \text{即 } v_{DS2} = V_{in} - v_{pr2} = V_{in} - (-V_{in}) = 2V_{in}$$

二极管 D_1 两次的电压可以在上侧副边环路中的 KVL 等式得到两倍的 v_{sec1}

$$v_{D1} = -2\frac{N_s}{N_p}V_{in}$$

时间阶段$\left[DT_s, \frac{T_s}{2}\right]$

对于我们研究的所有变换器，为了调整的需要，在能量传输阶段之后（电感 L 充电）必须跟随一个 L 放电的自由环流阶段。在推挽变换器中，通过关断原边所有的开关管实现[如图 3.91(c)所示]。这样，没有电流流过原边侧绕组。通过假设两个副边绕组以及 D_1 和 D_2 是理想状态，电感电流 i_L 会分为两个相等的电流，$i_{sec1} = i_{sec2} = \frac{i_L}{2}$，使得两个整流二极管连续导通。电流通过两个副边绕组，产生大小相等，方向相反的磁通密度，使得铁心中的磁通密度为零。所以

$$v_{pr1} = v_{pr2} = v_{sec1} = v_{sec2} = 0$$

这意味着

$$v_{DS1} = v_{DS2} = V_{in}$$

由于

$$v_D = v_{sec1} = v_{sec2} = 0$$

电感电压为

$$v_L = -V_{out}$$

完成电感的放电。

时间阶段$\left[\frac{T_s}{2}, \frac{T_s}{2} + DT_s\right]$

对于第二个半周期，变换器的工作模式与第一个周期对称，仅仅是两个原边开关的极性以及两个副边二极管反向。

由于 S_2 在 $\frac{T_s}{2}$ 时刻反向，并且 S_1 仍然关断[如图 3.91(d)所示]，原边电流流过下边的原边绕组，有

$$v_{pr2} = V_{in}$$

相对于初始选择的参考方向，通过变压器传输，得到副边绕组两端电压为

$$v_{sec2} = -\frac{N_s}{N_p}v_{pr2} = -\frac{N_s}{N_p}V_{in}$$

$$v_{sec1} = \frac{N_s}{N_p}v_{pr2} = \frac{N_s}{N_p}V_{in}$$

因为原边侧电流 i_{pr2} 进入原边绕组的同名端, 流过副边绕组的电流必须由同名端流出。由于二极管 D_2 电流 i_{sec2} 无法这样流动, D_2 因此关闭, 但是电流 i_{sec1} 能够流过 D_1。变换器进入一个新的能量传输阶段, 能量通过变压器和上侧整流二极管传输到输出。

整流电路输入电压为

$$v_D = v_{sec1} = \frac{N_s}{N_p} v_{pr2} = \frac{N_s}{N_p} V_{in}$$

电感充电电流由下式给出:

$$i_L(t) = i_{sec1}$$

由此产生的电感两端的电压

$$v_L = v_D - V_{out} = \frac{N_s}{N_p} V_{in} - V_{out}$$

随时间变化流过上侧副边绕组的电流产生变化的磁通产生一个电压 v_{pr1}, 考虑定义的极性, 此电压等于

$$v_{pr1} = -\frac{N_p}{N_s} v_{sec1} = -\frac{N_p}{N_s} \frac{N_s}{N_p} V_{in} = -V_{in}$$

意味着开关 S_1 两端的电压为

$$v_{DS1} = V_{in} - v_{pr1} = V_{in} - (-V_{in}) = 2V_{in}$$

D_2 两端的电压

$$v_{D2} = v_{sec2} - v_{sec1} = -2\frac{N_s}{N_p} V_{in}$$

时间阶段 $\left[\dfrac{T_s}{2} + DT_s, \ T_s\right]$

两个开关管又同时关断以中断输入侧到负载侧以调整为目的的能量传输。变换器的等效电路再次如图 3.91(c)。电感电流通过整流二极管 D_1 和 D_2 环流, 电感在放电阶段。此开关阶段由第二个开关接地相同的方程组描述

$$\begin{aligned}
v_{pr1} &= v_{pr2} = v_{sec1} = v_{sec2} = 0 \\
v_{DS1} &= v_{DS2} = V_{in} \\
v_D &= v_{sec1} = v_{sec2} = 0 \\
v_L &= -V_{out}
\end{aligned}$$

输入-输出电压变比

在稳态周期 T_s 内对电感 L 建立电压二次平衡等式, 在理想情况下(没有寄生损耗), 根据图 3.92 得到

$$\left(\frac{N_s}{N_p} V_{in} - V_{out}\right)(DT_s) + (-V_{out})\left(\frac{T_s}{2} - DT_s\right) + \left(\frac{N_s}{N_p} V_{in} - V_{out}\right)\left[\left(\frac{T_s}{2} + DT_s\right) - \frac{T_s}{2}\right]$$
$$+ (-V_{out})\left[T_s - \left(\frac{T_s}{2} + DT_s\right)\right] = 0$$

可以简化为

$$2\left[\left(\frac{N_s}{N_p} V_{in} - V_{out}\right)(DT_s) + (-V_{out})\left(\frac{T_s}{2} - DT_s\right)\right] = 0$$

也就是

$$\left(\frac{N_s}{N_p}V_{in} - V_{out}\right)D + (-V_{out})\left(\frac{1}{2} - D\right) = 0$$

这与半周期电压二次平衡等式一样。结果可以通过变换器的每半周期对称的工作模式得到。因此，以后对于工作在这样对称方式的变换器，只需要直接写出半周期的电感二次电压平衡等式即可。

通过上述等式，可得到推挽变换器的直流电压增益如下：

$$V_{out} = 2D\frac{N_s}{N_p}V_{in}$$

发现推挽变换器的输出电压是相同变压器变比的正激变换器的两倍。推挽变换器的晶体管的电压应力限制在 $2V_{in}$，这是非隔离 Buck 变换器的两倍，但是比正激变换器的小。推挽变换器的不足在于需要两个主晶体管。

3.10.3　推挽变换器中的非理想因素

在此之前，我们认为所有的元器件都是理想的。通过考虑变换器元器件的直流寄生阻抗，变换器的直流电压变换率可以采用与 Buck 变换器相同的方法得到（对于推挽变换器唯一的不同之处是 $2\frac{N_s}{N_p}$ 项）。

当原边侧开关管关断并且漏极电流减小时，由于寄生的电感和漏感而产生电压冲激，额外增加了开关管的电压应力。

在上述分析中，我们没有考虑变压器励磁电感的影响。即便励磁电流很小，它也增加了开关管的电流应力。一个更加准确的推挽变换器模型如图 3.93 所示，这里我们为原边电流选择任一方向作为参考方向。

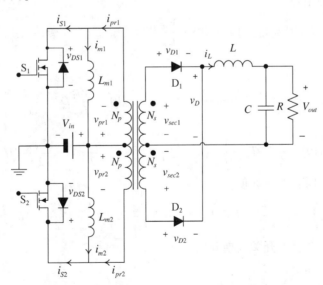

图 3.93　包括励磁电感的推挽变换器等效电路

L_{m1} 和 L_{m2} 的电压在四个开关阶段内的值如下（它们的极性与两个励磁电流 i_{m1} 和 i_{m2} 在 1.4 节中选择的极性相同）：

$$v_{Lm1} = -v_{pr1} = -V_{in}; \qquad v_{Lm2} = v_{pr2} = -V_{in} \qquad 0 \leqslant t < DT_s$$

$$v_{Lm1} = -v_{pr1} = 0; \qquad v_{Lm2} = v_{pr2} = 0 \qquad DT_s \leqslant t < \frac{T_s}{2}$$

$$v_{Lm1} = -v_{pr1} = V_{in}; \qquad v_{Lm2} = v_{pr2} = V_{in} \qquad \frac{T_s}{2} \leqslant t < \frac{T_s}{2} + DT_s$$

$$v_{Lm1} = -v_{pr1} = 0; \qquad v_{Lm2} = v_{pr2} = 0 \qquad \frac{T_s}{2} + DT_s \leqslant t < T_s$$

因此，在一个开关周期中所有的电压首先是负值 $-V_{in}$，然后是零，再是正值 V_{in}，然后是零。这意味着励磁电流在第一个开关拓扑中从正值变为负值，在第三个开关阶段增加到正值之前的开关拓扑中以负的最小值保持（理想中）不变，然后保持（理想中）正值直到周期结束。即便励磁电流在每个周期中不为零，对于正激变换器也没有关系：平衡的双向磁通意味着整个开关周期的平均励磁电流为零。

励磁电流可以通过电压 v_{Lm1} 和 v_{Lm2} 的峰值得到。对于第一个开关拓扑：

$$i_{m1}(t) = i_{m1}(0) + \frac{1}{L_{m1}} \int_0^t v_{Lm1} \mathrm{d}t = i_{m1}(0) + \frac{1}{L_{m1}} \int_0^t (-V_{in}) \mathrm{d}t = i_{m1}(0) - \frac{V_{in}}{L_{m1}} t \qquad 0 \leqslant t < DT_s$$

$$i_{m2}(t) = i_{m2}(0) + \frac{1}{L_{m2}} \int_0^t v_{Lm2} \mathrm{d}t = i_{m2}(0) + \frac{1}{L_{m2}} \int_0^t (-V_{in}) \mathrm{d}t = i_{m2}(0) - \frac{V_{in}}{L_{m2}} t \qquad 0 \leqslant t < DT_s$$

正如我们以后将会讨论的，当 $L_{m1} = L_{m2} = L_m$ 时，在理想状态下上侧和下侧绕组的两个励磁电流是相等的。在这个开关拓扑结束时它们的值为

$$i_{m1}(DT_s) = i_{m2}(DT_s) = i_m(0) - \frac{V_{in}}{L_m} DT_s$$

对于第二个开关拓扑

$$i_{m1}(t) = i_{m2}(t) = i_m(0) - \frac{V_{in}}{L_m} DT_s \qquad DT_s \leqslant t < \frac{T_s}{2}$$

在第三个开关周期

$$i_{m1}(t) = i_{m2}(t) = i_m\left(\frac{T_s}{2}\right) + \frac{1}{L_m} \int_{T_s/2}^t v_{Lm} \mathrm{d}t = i_m(0) - \frac{V_{in}}{L_m} DT_s + \frac{1}{L_m} \int_{T_s/2}^t (V_{in}) \mathrm{d}t$$

$$= i_m(0) - \frac{V_{in}}{L_m} DT_s + \frac{V_{in}}{L_m}\left(t - \frac{T_s}{2}\right) \qquad \frac{T_s}{2} \leqslant t < \frac{T_s}{2} + DT_s$$

在这个开关阶段结束时具有下述值：

$$i_{m1}\left(\frac{T_s}{2} + DT_s\right) = i_{m2}\left(\frac{T_s}{2} + DT_s\right) = i_m(0) - \frac{V_{in}}{L_m} DT_s + \frac{V_{in}}{L_m}\left(\frac{T_s}{2} + DT_s - \frac{T_s}{2}\right) = i_m(0)$$

并保持这个值直到一个新的开关周期开始。

励磁电流的纹波如下：

$$\Delta I_m = i_m(0) - i_m(DT_s) = \frac{V_{in}}{L_m} DT_s$$

由于对称的工作模式

$$i_m(0) = \frac{\Delta I_m}{2} = \frac{V_{in}}{2L_m} DT_s; \quad i_m(DT_s) = -\frac{\Delta I_m}{2} = -\frac{V_{in}}{2L_m} DT_s$$

因此, 在第一个开关拓扑时励磁电流可以写为

$$i_{m1}(t) = i_{m2}(t) = \frac{V_{in}}{2L_m} DT_s - \frac{V_{in}}{L_m} t \qquad\qquad 0 \leqslant t < DT_s$$

并且第三个开关周期的励磁电流为

$$i_{m1}(t) = i_{m2}(t) = -\frac{V_{in}}{2L_m} DT_s + \frac{V_{in}}{L_m}\left(t - \frac{T_s}{2}\right) \qquad\qquad \frac{T_s}{2} \leqslant t < \frac{T_s}{2} + DT_s$$

根据图 3.93 和图 3.91(b) 所示, 当 S_1 导通时的第一个能量传输阶段和图 3.91(d) 所示, 当 S_2 导通时的第二个能量传输阶段, 通过上述励磁电流的表达式, 可以计算流过原边侧开关管的更加精确的电流

$$i_{S1}(t) = i_{pr1}(t) - i_{m1}(t) = \frac{N_s}{N_p} i_{sec2}(t) - i_{m1}(t) = \frac{N_s}{N_p} i_L(t) - i_{m1}(t) = \frac{N_s}{N_p}\left[i_L(0) + \frac{1}{L}\int_0^t v_L(t)\mathrm{d}t\right] - i_{m1}(t)$$

$$= \frac{N_s}{N_p}\left[i_L(0) + \frac{1}{L}\int_0^t \left(\frac{N_s}{N_p}V_{in} - V_{out}\right)\mathrm{d}t\right] - i_{m1}(t) = \frac{N_s}{N_p}\left[i_L(0) + \frac{1}{L}\int_0^t \left(\frac{N_s}{N_p}V_{in} - V_{out}\right)\mathrm{d}t\right] - \left(\frac{V_{in}}{2L_m}DT_s - \frac{V_{in}}{L_m}t\right)$$

$$= \frac{N_s}{N_p}\left[i_L(0) + \frac{1}{L}\left(\frac{N_s}{N_p}V_{in} - V_{out}\right)t\right] - \left(\frac{V_{in}}{2L_m}DT_s - \frac{V_{in}}{L_m}t\right) \qquad 0 \leqslant t < DT_s$$

当第一个开关阶段结束 $t = DT_s$ 时得到最大值。

$$i_{S2}(t) = i_{pr2}(t) + i_{m2}(t) = \frac{N_s}{N_p} i_{sec1}(t) + i_{m2}(t) = \frac{N_s}{N_p} i_L(t) + i_{m2}(t) = \frac{N_s}{N_p}\left[i_L\left(\frac{T_s}{2}\right) + \frac{1}{L}\int_{T_s/2}^t v_L(t)\mathrm{d}t\right] + i_{m2}(t)$$

$$= \frac{N_s}{N_p}\left[i_L\left(\frac{T_s}{2}\right) + \frac{1}{L}\left(\frac{N_s}{N_p}V_{in} - V_{out}\right)\left(t - \frac{T_s}{2}\right)\right] + \left(-\frac{V_{in}}{2L_m}DT_s + \frac{V_{in}}{L_m}\left(t - \frac{T_s}{2}\right)\right) \quad \frac{T_s}{2} \leqslant t < \frac{T_s}{2} + DT_s$$

在第三个开关周期结束时得到最大值。

但是, 如果变压器的上侧和下侧绕组并不是理想的, 会出现磁通不平衡的现象。这样导致在每个周期之后磁芯磁通不会返回到 B – H 特性曲线的同一点。换句话说, 即使在上侧励磁电感和下侧励磁电感之间存在微小的电压不平衡会使一个开关周期内的励磁电流平均值不等于零, 励磁电流中会出现一个直流分量。在一段时间后, 这会导致磁饱和, 出现很大的原边电流, 此电流会因为发热而损坏晶体管。这是电流反馈模式较为适用推挽变换器的原因。这样持续检测输入电流(流过晶体管的电流)并且通过限制其最大值以防止过流而使晶体管失效。一种电流模式的控制方法也改变占空比, 此占空比保持变压器的二次电压平衡。另外, 在选用 MOSFET 作为原边侧开关管时, 它的负温度系数特性可使不平衡的问题没那么严重: 如果漏极电流增加, 温度上升, 引起漏极电流下降。

中心抽头的副边绕组并没有被很好地利用这是因为每一部分(两个副边绕组)在开关周期中轮流导通传输能量。在环流阶段, 当没有能量传输时, 副边电流通过副边绕组流过, 引起绕组能量损耗。

3.10.4　DCM 工作

当在 3.10.2 节中分析 CCM 工作时, 我们发现在第一个和第三个阶段输出电感电流增加, 在第二个和第四个阶段电流减小。从第一个和第三个阶段的电感电流等式中 $v_L = \frac{N_s}{N_p}V_{in} - V_{out}$ 会

引起

$$i_L(t) = i_L(0) + \frac{1}{L}\left(\frac{N_s}{N_p}V_{in} - V_{out}\right)t, \quad 0 \leqslant t < DT_s$$

$$i_L(t) = i_L\left(\frac{T_s}{2}\right) + \frac{1}{L}\left(\frac{N_s}{N_p}V_{in} - V_{out}\right)\left(t - \frac{T_s}{2}\right), \quad \frac{T_s}{2} \leqslant t < \frac{T_s}{2} + DT_s$$

并且

$$I_{L\max} = i_L(DT_s) = i_L\left(\frac{T_s}{2} + DT_s\right) = i_L(0) + \frac{1}{L}\left(\frac{N_s}{N_p}V_{in} - V_{out}\right)DT_s$$

[如图 3.92（b）所示]。

通过第二个和第四个拓扑的电感电压等式 $v_L = -V_{out}$ 中，可以得到在 CCM 模式工作中

$$i_L(t) = i_L(DT_s) - \frac{V_{out}}{L}(t - DT_s), \quad DT_s \leqslant t < \frac{T_s}{2}$$

$$i_L(t) = i_L\left(\frac{T_s}{2} + DT_s\right) - \frac{V_{out}}{L}\left[t - \left(\frac{T_s}{2} + DT_s\right)\right], \quad \frac{T_s}{2} + DT_s \leqslant t < T_s$$

具有

$$I_{L\min} = i_L\left(\frac{T_s}{2}\right) = i_L(DT_s) - \frac{V_{out}}{L}\left(\frac{1}{2} - D\right)T_s$$

通过上述在任何能量传输阶段的电感电流等式以及在环流阶段的电感电流等式，可以得到 CCM 状态下电感电流的纹波：

$$\Delta I_L = I_{L\max} - I_{L\min} = \frac{1}{L}\left(\frac{N_s}{N_p}V_{in} - V_{out}\right)DT_s = \frac{V_{out}}{L}\left(\frac{1}{2} - D\right)T_s$$

根据至今为止研究的其他变换器的情况，输出电感可以在第二个和第四个开关拓扑结束之前释放所有的能量，得到电感电流在 $\frac{T_s}{2}$ 和 T_s 之前分别到零。这个瞬间分别表示为 $DT_s + D_2T_s$ 和 $\frac{T_s}{2} + DT_s + D_2T_s$。这意味着推挽变换器进入一个新的开关阶段（如图 3.94 所示）。在这个阶段中，原边开关管和副边二极管都在截止状态，进入 DCM 状态。因此，在稳态时，在 DCM 状态下的推挽变换器在六个开关拓扑之间循环，由图 3.91（b）、图 3.91（c）、图 3.94、图 3.91（d）、图 3.91（c）和图 3.94 依次等效。

在图 3.94 中的等效阶段，对于 $DT_s + D_2T_s \leqslant t < \frac{T_s}{2}$ 和 $DT_s + D_2T_s \leqslant t < T_s$

$$v_{pr1} = v_{pr2} = v_{sec1} = v_{sec2} = 0$$

$$v_{DS1} = v_{DS2} = V_{in}$$

$$v_{Lm1} = v_{Lm2} = 0$$

$$v_L = 0$$

$$v_{D1} = v_{D2} = -V_{out}$$

$$v_D = V_{out}$$

和正激变换器情况相同（参见 3.7 节），和第二个和第四个阶段一样，推挽变换器的在第三个和第六个开关拓扑中持续的 DCM 状态不直接影响原边电路工作。不同在于流过晶体管的

最大电流，在 DCM 状态下比 CCM 的大，因为我们在设计 DCM 模式的变换器中选择了一个较小的输出电感 L。

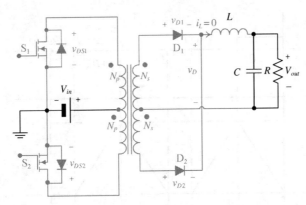

图 3.94　$DT_s + D_2 T_s \leqslant t < \dfrac{T_s}{2}$ 和 $\dfrac{T_s}{2} + DT_s + D_2 T_s \leqslant t < T_s$ 时间内的推挽变换器

等效开关阶段（典型的 DCM 模式下第三个和第六个开关周期）

因为在 DCM 下 $I_{L\min} = 0$，意味着

$$I_{L\max} = \frac{1}{L}\left(\frac{N_s}{N_p} V_{in} - V_{out}\right) DT_s$$

DCM 下 v_L，i_L，v_{D1}，v_{D2} 和 v_D 的开关波形如图 3.95 所示。

在 DCM 中，第一个和第四个开关拓扑时的电感电流由以下表达式给出：

$$i_L(t) = \frac{1}{L}\left(\frac{N_s}{N_p} V_{in} - V_{out}\right) t, \quad 0 \leqslant t < DT_s$$

$$i_L(t) = \frac{1}{L}\left(\frac{N_s}{N_p} V_{in} - V_{out}\right)\left(t - \frac{T_s}{2}\right), \quad \frac{T_s}{2} \leqslant t < \frac{T_s}{2} + DT_s$$

在第二个和第五个开关拓扑中表达式为

$$i_L(t) = i_L(DT_s) - \frac{V_{out}}{L}(t - DT_s) = I_{L\max} - \frac{V_{out}}{L}(t - DT_s), \quad DT_s \leqslant t < DT_s + D_2 T_s$$

$$i_L(t) = i_L\left(\frac{T_s}{2} + DT_s\right) - \frac{V_{out}}{L}\left[t - \left(\frac{T_s}{2} + DT_s\right)\right] = I_{L\max} - \frac{V_{out}}{L}\left[t - \left(\frac{T_s}{2} + DT_s\right)\right]$$

$$\frac{T_s}{2} + DT_s \leqslant t < \frac{T_s}{2} + DT_s + D_2 T_s$$

有

$$i_L(DT_s + D_2 T_s) = i_L\left(\frac{T_s}{2} + DT_s + D_2 T_s\right) = 0$$

得到

$$I_{L\max} - \frac{V_{out}}{L}(D_2 T_s) = 0$$

或者

$$\frac{1}{L}\left(\frac{N_s}{N_p} V_{in} - V_{out}\right) DT_s - \frac{V_{out}}{L} D_2 T_s = 0$$

这与在所有寄生电阻忽略情况下，DCM 稳态开关周期写出的半周期的输出电感的二次电压平衡式一样。

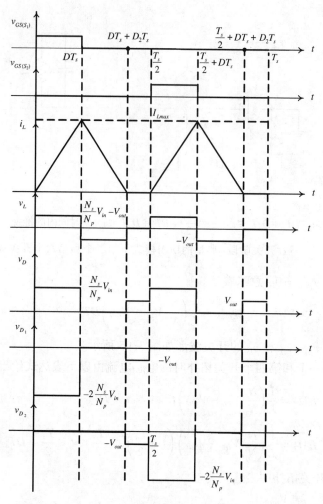

图 3.95　DCM 模式下推挽变换器稳态周期的开关图（图中 $\dfrac{N_s}{N_p} = 0.5$）

　　为了写出 DCM 工作下推挽变换器理想输入/输出电压变换变比，可以采用与 Buck 变换器中同样的程序，这个过程留给读者。注意，推挽变换器可看成两个每个工作半个周期的正激变换器组合而成，可以直接得到最终结果。这意味着如果我们得到正激变换器的 $V_{out} = $

$\dfrac{2}{1 + \sqrt{1 + \dfrac{4k}{D^2}}} \dfrac{N_s}{N_p} V_{in}$，$k = \dfrac{2L}{RT_s}$，通过用 T_s 替换 $2T_s$（因为这个公式代表了整个周期的正激电流，它

等同于推挽电路的半个周期）DCM 模式工作下的推挽变换器直流电压增益公式是

$$V_{out} = \dfrac{2}{1 + \sqrt{1 + \dfrac{4k'}{D^2}}} \dfrac{N_s}{N_p} V_{in}, \quad k' = \dfrac{L}{RT_s}$$

或者，更好地，不改变前面对 k 的定义：

$$V_{out} = \frac{2}{1 + \sqrt{1 + \dfrac{2k}{D^2}}} \frac{N_s}{N_p} V_{in}, \quad k = \frac{2L}{RT_s}$$

另外, 在设计 DCM 状态时可以从上述公式中找到已知 V_{in} 和 V_{out} 计算 D 和 k 的方法

$$1 + \sqrt{1 + \frac{4L}{RT_s D^2}} = \frac{2}{V_{out}} \frac{N_s}{N_p} V_{in}$$

得到

$$1 + \frac{4L}{RT_s D^2} = \left(\frac{2V_{in}}{V_{out}} \frac{N_s}{N_p} - 1 \right)^2$$

解得

$$D = \sqrt{\frac{Lf_s}{R} \frac{1}{\left(\dfrac{V_{in}}{V_{out}}\right)^2 \left(\dfrac{N_s}{N_p}\right)^2 - \dfrac{V_{in}}{V_{out}} \dfrac{N_s}{N_p}}} = \frac{N_p}{N_s} \frac{V_{out}}{V_{in}} \sqrt{\frac{Lf_s}{R} \frac{1}{1 - \dfrac{N_p}{N_s} \dfrac{V_{out}}{V_{in}}}} = \frac{V_{out}}{\dfrac{N_s}{N_p} V_{in}} \sqrt{\frac{k}{2} \frac{1}{1 - \dfrac{V_{out}}{\dfrac{N_s}{N_p} V_{in}}}}$$

$$= \frac{M}{\dfrac{N_s}{N_p}} \sqrt{\frac{k}{2} \frac{1}{1 - \dfrac{M}{\dfrac{N_s}{N_p}}}}$$

此结果可以再次与一种工作在 DCM 下的具有低功耗 Buck 变换器 $\left(D = M\sqrt{\dfrac{k}{1-M}} \right)$ 相比较, 不同之处: (i) 变比 $\dfrac{N_s}{N_p}$ 乘以 V_{in}, 正如讨论的, 因为对于正激的等效输入电压类似的, 一个推挽变换器的是 $\dfrac{N_s}{N_p} V_{in}$; (ii) 计入推挽电路半周期对称工作的 (等效为两个正激变换器工作) 因子 2。

从二次电压平衡式 $\left(\dfrac{N_s}{N_p} V_{in} - V_{out} \right) D - V_{out} D_2 = 0$, 可得到

$$D_2 = D \left(\frac{\dfrac{N_s}{N_p} V_{in}}{V_{out}} - 1 \right)$$

和 3.1 节讨论 Buck 变换器一样将效率系数考虑在内。

在 CCM/DCM 边界处, $i_L(t)$ 在每半周期结束时刚好为零。那么, 平均输出电感电流 I_{Lav} 或者简化为 I_L, 如果输出端电容寄生电阻忽略情况下也是平均输出电流, 可以由下计算:

$$I_{out} = I_L = \frac{I_{L\max}}{2} = \frac{\Delta I_L}{2} = \frac{1}{2} \frac{1}{L_{bound}} V_{out} \left(\frac{1}{2} - D \right) T_s$$

(推导过程与 3.7 节中正激变换器一样, 只需我们考虑半周期对称工作模式)。

因此, CCM/DCM 边界处 L 的值为

$$L_{bound} = \frac{1}{2} \frac{1}{I_{out}} V_{out} \left(\frac{1}{2} - D \right) T_s = \frac{1}{2f_s} R \left(\frac{1}{2} - D \right)$$

如果设计的变换器具有 $L > L_{bound}$ 工作在 CCM 模式, $L < L_{bound}$ 工作在 DCM 模式。二选一,

确定 L 值,当负载电阻 $R < \dfrac{2Lf_s}{\frac{1}{2}-D}$ 时工作在 CCM 模式,并且当负载电阻满足不等式 $R > \dfrac{2Lf_s}{\frac{1}{2}-D}$

时工作在 DCM 模式。与 3.1 节中讨论的 Buck 变换器一样,L 值的选择决定了在任何具体输入电压和负载范围内工作在 CCM 或 DCM。

3.10.5* 升压型的推挽变换器(电流驱动)

如果改变电感 L 与输入电压串联,得到一种电流驱动的推挽变换器(如图 3.96 所示)。它的优势与 Boost 变换器类似,输入电流脉动较小。

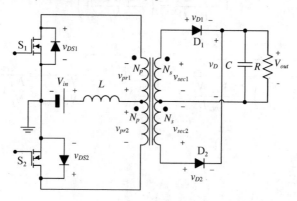

图 3.96　电流驱动推挽变换器

时间阶段 $[0, \delta T_s]$

两个开关导通[如图 3.97(a)所示],输入电感由源电压充电。输入电流分为(理论上)独立的电流 i_{pr1} 和 i_{pr2}。这些电流通过原边绕组以相反的方向流动,产生大小相等方向相反的磁通,其结果为

$$v_{sec1} = v_{sec2} = 0$$

同样产生原边零电压

$$v_{pr1} = v_{pr2} = 0$$

这样,伴随着特殊的 i_{pr1} 和 i_{pr2} 流动,没有电流流过副边绕组,二极管 D_1 和 D_2 截止并且输出端电容保持输出电压(这是升压输出变换器的特征)。

根据原边电路,可以写出

$$v_L = V_{in}$$

得到

$$i_L(t) = i_L(0) + \int_0^t \frac{V_{in}}{L} \mathrm{d}t; \quad 0 \leqslant t < \delta T_s$$

在副边电路中

$$v_D = V_{out}$$

$$v_{D1} = v_{D2} = -V_{out}$$

时间阶段 $\left[\delta T_s, \dfrac{T_s}{2}\right]$

根据开关电路（参见图 3.98），在 δT_s 时刻伴随着控制器的动作，S_2 关断［参见图 3.97(b)］。原边电流 i_{pr1}，流过原边绕组引起副边电流 i_{sec2} 通过二极管 D_2 的流动。副边电流 i_{sec1} 被因此而截止的二极管 D_1 隔断。输入的能量与存储在输入电感 L 的能量通过变压器传输到负载。因此，这个开关周期是能量传输阶段。根据图 3.97(b)

$$v_{sec2} = v_D = V_{out}$$

$$v_{pr1} = \frac{N_p}{N_s}v_{sec2} = \frac{N_p}{N_s}V_{out}; \quad v_{pr2} = -\frac{N_p}{N_s}v_{sec2} = -\frac{N_p}{N_s}V_{out}$$

$$v_L = V_{in} - v_{pr1} = V_{in} - \frac{N_p}{N_s}V_{out}$$

引起电感的放电，也就是 $i_L(t)$ 减小

$$i_L(t) = i_L(\delta T_s) - \int_{\delta T_s}^{t} \frac{\frac{N_p}{N_s}V_{out} - V_{in}}{L}\,\mathrm{d}t, \quad \delta T_s \leqslant t < \frac{T_s}{2}$$

根据在副边和原边回路中使用 KVL 原理，开关的电压应力由下式给出：

$$v_{D1} = v_{sec1} - V_{out} = -\frac{N_s}{N_p}v_{pr1} - V_{out} = -\frac{N_s}{N_p}\frac{N_p}{N_s}V_{out} - V_{out} = -2V_{out}$$

也就是，和 Boost 变换器一样，整流二极管被箝位在高电压（在电流驱动的推挽变换器中二极管的电压应力是 Boost 变换器中的两倍），这是这种变换器的缺点。

$$v_{DS2} = V_{in} - v_L - v_{pr2} = V_{in} - \left(V_{in} - \frac{N_p}{N_s}V_{out}\right) - \left(-\frac{N_p}{N_s}V_{out}\right) = 2\frac{N_p}{N_s}V_{out}$$

正如我们知道的，这种变换器在设计中选择 $N_s > N_p$；因此，晶体管的电压应力比 $2V_{out}$ 小。

时间阶段 $\left[\dfrac{T_s}{2}, \dfrac{T_s}{2} + \delta T_s\right]$

在第二个半周期的工作模式与第一个半周期的工作模式相对称，只是两个晶体管和与之对应的二极管互换角色。

在第三个开关阶段，所有的开关又处于导通状态，等效电路再次如图 3.97(a) 所示。输出电感从最小值朝着最大值充电。没有能量通过变压器传输。控制等式与第一个开关周期一样

$$v_{sec1} = v_{sec2} = 0$$

$$v_{pr1} = v_{pr2} = 0$$

$$v_L = V_{in}$$

得到

$$i_L(t) = i_L\left(\frac{T_s}{2}\right) + \int_{T_s/2}^{t} \frac{V_{in}}{L}\,\mathrm{d}t, \quad \frac{T_s}{2} \leqslant t < \frac{T_s}{2} + \delta T_s$$

$$v_D = V_{out}$$

$$v_{D1} = v_{D2} = -V_{out}$$

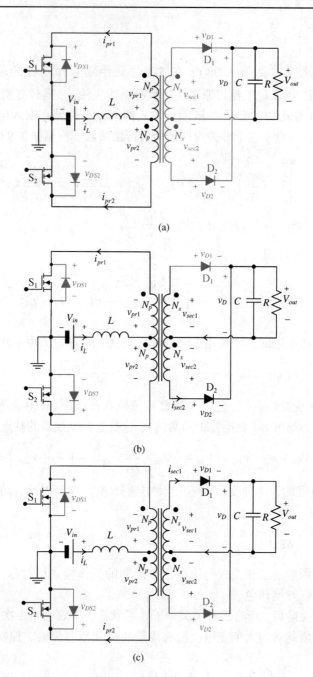

图 3.97 电流驱动推挽变换器开关阶段。(a)等效开关阶段一和阶段三：$0 \leq t < \delta T_s$ 和 $\dfrac{T_s}{2} \leq t < \dfrac{T_s}{2} + \delta T_s$；

(b)等效开关阶段二：$\delta T_s \leq t < \dfrac{T_s}{2}$；(c)等效开关阶段四：$\dfrac{T_s}{2} + \delta T_s \leq t < T_s$

以及

$$i_L(0) = i_L\left(\frac{T_s}{2}\right) = I_{L\min}$$

$$i_L(\delta T_s) = i_L\left(\frac{T_s}{2} + \delta T_s\right) = I_{L\max}$$

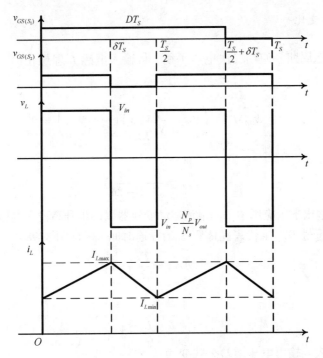

图 3.98　CCM 模式的电流驱动型推挽变换器开关图(图依据 $\frac{N_s}{N_p}=2$)

时间阶段 $\left[\dfrac{T_s}{2}+\delta T_s,\ T_s\right]$

　　伴随着控制器的控制，S_1 在第四个开关阶段关断并且 S_2 导通 [如图 3.97(c) 所示]。输入电流决定了原边电流 i_{pr2}，这引起副边电流 i_{sec1} 通过二极管 D_1 环流，电流 i_{sec2} 由 D_2 阻断。输入源和输入电感的能量在此通过 D_1，通过变压器传输到负载。电感 L 再次处于放电阶段。同样，通过第二个开关阶段得到方程组

$$v_{sec1} = v_D = V_{out}$$

$$v_{pr2} = \frac{N_p}{N_s}v_{sec1} = \frac{N_p}{N_s}V_{out}; \quad v_{pr1} = -\frac{N_p}{N_s}v_{sec1} = -\frac{N_p}{N_s}V_{out}$$

$$v_L = V_{in} - v_{pr2} = V_{in} - \frac{N_p}{N_s}V_{out}$$

电流 $i_L(t)$ 减小

$$i_L(t) = i_L\left(\frac{T_s}{2}+\delta T_s\right) - \int_{T_s/2+\delta T_s}^{t} \frac{\frac{N_p}{N_s}V_{out}-V_{in}}{L}\mathrm{d}t, \quad \frac{T_s}{2}+\delta T_s \leqslant t < T_s$$

开关管的电压应力由下给出：

$$v_{D2} = v_{sec2} - V_{out} = -\frac{N_s}{N_p}v_{pr2} - V_{out} = -\frac{N_s}{N_p}\frac{N_p}{N_s}V_{out} - V_{out} = -2V_{out}$$

$$v_{DS1} = V_{in} - v_L - v_{pr1} = V_{in} - \left(V_{in} - \frac{N_p}{N_s}V_{out}\right) - \left(-\frac{N_p}{N_s}V_{out}\right) = 2\frac{N_p}{N_s}V_{out}$$

输入–输出电压变比

对半个稳态周期 $\dfrac{T_s}{2}$ 使用二次电压平衡，将输入电感 L 理想化（没有寄生损耗），根据图 3.98

$$V_{in}\delta T_s + \left(V_{in} - \frac{N_p}{N_s}V_{out}\right)\left(\frac{T_s}{2} - \delta T_s\right) = 0$$

得到

$$V_{out} = \frac{N_s}{N_p}\frac{1}{1-2\delta}V_{in}$$

由于在高输出电压应用中采用电流驱动变换器以逐步升高输入电压，选择 $N_s > N_p$。

如果选择符号 DT_s 来代表晶体管 S_1 的导通时间，根据图 3.98

$$DT_s = \frac{T_s}{2} + \delta T_s$$

也就是

$$\delta = D - \frac{1}{2}$$

那么先前的输入–输出电压增益公式变为

$$V_{out} = \frac{N_s}{N_p}\frac{1}{1-2\delta}V_{in} = \frac{N_s}{N_p}\frac{1}{2(1-D)}V_{in}$$

表明由变压器变比 N_s/N_p 增强的变换器升压特性。

对于升压类型的变换器，总是需要一个相当大的输出端电容以滤除输出电流纹波，这使其在相同功率情况下功率密度比电压驱动的变换器低。

3.10.6 设计实例

国家半导体公司的一份应用文档中提出了一种采用控制器 LM5030 的电压驱动推挽变换器。这个设计的参数如下：

- 输入电压 $V_{in} = 48$ V，范围 $[35$ V，75 V$]$
- 两路输出
  （a）$V_{out1} = 12$ V 输出电压纹波 0.1V，I_{out1} 范围 $[0.5$ A，5A$]$
  （b）$V_{out2} = 3.7$ V，输出电压纹波 0.12 V，I_{out2} 范围 $[0.1$ A，0.5 A$]$
- 所有的输出以 CCM 模式工作

开关频率选择 250 kHz。二极管的正向压降初始假设为 $V_F = 0.9$ V 原边晶体管导通压降设为 $V_{DS(on)} = 0.2$ V，考虑具有两路输出，输出功率的最小与最大值通过下式计算：

$$P_{out} = (V_{out1} + V_F)I_{out1} + (V_{out2} + V_F)I_{out2}$$

得到范围

$$P_{out,min} = (12 + 0.9)0.5 + (3.7 + 0.9)0.1 = 6.91\,\text{W}$$
$$P_{out,max} = (12 + 0.9)5 + (3.7 + 0.9)0.5 = 66.8\,\text{W}$$

根据变换器直流增益，$V_{out} = 2D\dfrac{N_s}{N_p}V_{in}$，我们可以计算出结果 $D\dfrac{N_s}{N_p}$。但是为了分别得到 D

和 $\dfrac{N_s}{N_p}$，必须知道它们其中的一个。之前我们讨论过为了避免原边两个晶体管同时导通需要 $D < 0.5$。但是，V_{in} 值是一个范围。由于一旦设计完成 $\dfrac{N_s}{N_p}$ 为一个固定值并且 D 是唯一一个由控制器控制来获得需要的输出电压，这意味着直流增益公式，在计算 $\dfrac{N_s}{N_p}$ 时必须考虑在最小输入电压是由 PWM 得到的最大的占空比（如果通过在一般输入电压情况下设计 $\dfrac{N_s}{N_p}$，那么在较低的输入电压情况下采用设计的较小的 $\dfrac{N_s}{N_p}$ 将无法得到希望的输出电压，因为这需要一个相当大的 D，甚至会比 0.5 大）。选择 $D_{\max} = 0.365$。那么通过写出输出电感的电压二次平衡等式使得等式中增加开关管在导通状态时的压降因素。

$$\left\{ \frac{N_s}{N_p}\left[V_{in,\min} - V_{DS(on)}\right] - V_F - V_{out} \right\}D - (V_{out} + V_F)\left(\frac{1}{2} - D\right) = 0$$

可得到

$$\frac{N_s}{N_p} = \frac{v_{sec}}{v_{pr}} = \frac{\dfrac{V_{out} + V_F}{2D_{\max}}}{V_{in,\min} - V_{DS(on)}}$$

采用 N_{s1} 表示提供输出 V_{out1} 的第一个输出整流器的变压器副边绕组的匝数，得到

$$\frac{N_{s1}}{N_p} = \frac{v_{sec1}}{v_{pr}} = \frac{\dfrac{12 + 0.9}{2 \times 0.365}}{35 - 0.2} = 0.507$$

选择 $\dfrac{N_{s1}}{N_p} = 0.5$。

采用 N_{s2} 表示提供输出 V_{out2} 的第二个输出整流器的变压器副边绕组的匝数，得到

$$\frac{N_{s2}}{N_p} = \frac{v_{sec2}}{v_{pr}} = \frac{\dfrac{3.7 + 0.9}{2 \times 0.365}}{35 - 0.2} = 0.181$$

选择 $\dfrac{N_{s2}}{N_p} = 0.2$。

由于输出电压只会比 35 V 高，我们在输出电压增加时可以通过在 D 最大值以下调整而得到预想的输出电压。

那么，根据电压二次平衡，由输出电压的特定范围，我们得到一般的，最小的和最大的占空比的值

$$D = \frac{V_{out1} + V_F}{2\dfrac{N_{s1}}{N_p}\left[V_{in} - V_{DS(on)}\right]} = \frac{12 + 0.9}{2[0.5(48 - 0.2)]} = 0.269$$

$$D_{\min} = \frac{V_{out1} + V_F}{2\dfrac{N_{s1}}{N_p}\left[V_{in,\max} - V_{DS(on)}\right]} = \frac{12 + 0.9}{2[0.5(75 - 0.2)]} = 0.172$$

$$D_{\max} = \frac{V_{out1} + V_F}{2\dfrac{N_{s1}}{N_p}\left[V_{in,\min} - V_{DS(on)}\right]} = \frac{12 + 0.9}{2[0.5(35 - 0.2)]} = 0.37$$

注意我们已经在上式中蕴含了占空比内的部分损耗(开关管导通时候的寄生压降)。

我们发现推挽变换器在边界情况 $L_{bound} = \dfrac{1}{2}\dfrac{1}{I_{out}}V_{out}\left(\dfrac{1}{2} - D\right)T_s$ 下进入 DCM 状态。为了保持设计的电路在 CCM 工作两个输出电路的电感需要满足不等式

$$L_1 > \frac{1}{2}\frac{1}{I_{out1,\,min}}V_{out1}\left(\frac{1}{2} - D_{min}\right)T_s = \frac{1}{2}\frac{1}{0.5}12(0.5 - 0.172)\frac{1}{250\times 10^3} = 15.74\ \mu\text{H}$$

$$L_2 > \frac{1}{2}\frac{1}{I_{out2,\,min}}V_{out2}\left(\frac{1}{2} - D_{min}\right)T_s = \frac{1}{2}\frac{1}{0.1}3.7(0.5 - 0.172)\frac{1}{250\times 10^3} = 24.27\ \mu\text{H}$$

选择电感 $L = 25\ \mu\text{H}$ 电感量。在这种情况下,电感电流的最大纹波是

$$\Delta I_{L1\,max} = \frac{V_{out1}}{L}\left(\frac{1}{2} - D_{min}\right)T_s = \frac{12}{25\times 10^{-6}}(0.5 - 0.172)\frac{1}{250\times 10^3} = 0.63\ \text{A}$$

$$\Delta I_{L2\,max} = \frac{V_{out2}}{L}\left(\frac{1}{2} - D_{min}\right)T_s = \frac{3.7}{25\times 10^{-6}}(0.5 - 0.172)\frac{1}{250\times 10^3} = 0.194\ \text{A}$$

原边晶体管的电压应力为 $2V_{in}$。对此,由于漏感的影响我们需要增加峰值。假设峰值是 DC 值 V_{in} 的 30%,得到

$$V_{DS\,max} = 2.3\,V_{in,\,max} = 172.5\ \text{V}$$

对于第一路输出整流二极管的电压应力为:$V_{D\,max} = 2\,\dfrac{N_{s1}}{N_p}V_{in,\,max} = 2\times 0.5\times 75 = 75\ \text{V}$。

由于最大平均输出电感电流等于最大负载电流,两路输出电流的最大副边(整流二极管)电流以及最大原边电流可以由下计算:

$$I_{D\,max,1} = I_{out1\,max} + \frac{\Delta I_{L1\,max}}{2} = 5 + \frac{0.63}{2} = 5.315\ \text{A}$$

$$I_{D\,max,2} = I_{out2\,max} + \frac{\Delta I_{L2\,max}}{2} = 0.5 + \frac{0.194}{2} = 0.6\ \text{A}$$

$$I_{pr,\,max} = \frac{N_{s1}}{N_p}I_{D\,max,1} + \frac{N_{s2}}{N_p}I_{D\,max,2} = 2.78\ \text{A}$$

假设最大励磁电流(发生在第一个和第三个开关拓扑结束时)是最大原边电流的 10%,原边晶体管的最大电流应力为 $I_{S,\,max} = 1.1I_{pr,\,max} = 3.06\ \text{A}$。开关管最大平均电流为 $I_{S,\,rms,\,max} = I_{S,\,max}\sqrt{D_{max}} = 1.86\ \text{A}$。

同时考虑最大电压应力、最大电流应力、总体功率损失(导通损耗采用开关电流最大有效值计算得到)和最大允许工作温度,选择控制器的驱动能力(驱动电压 9 V,驱动电流 3 A),应用文档建议选择 MOSFET SUD19N20-90 作为原边侧晶体管。对于副边二极管,提出一种同步整流解决方案,使用在低输出电压大输出电流场合。

输出端电容设计使产生在电容等效串联电阻上的允许纹波的最大值为 $75\%\ r_C\Delta I_{L\,max}$ 并且保证在输出端电容电压的部分剩余纹波。对于第一路输出电路,建议一个 60 μF 的电容,等效串联电阻是 $r_{C1} = \dfrac{0.75\times \Delta V_{out1}}{\Delta I_{L\,max1}} = \dfrac{0.75\times 0.1}{0.63} = 0.119\ \Omega$。对于第二路输出,建议一个 15 μF 的电容,并且 $r_{C2} = \dfrac{0.75\times \Delta V_{out2}}{\Delta I_{L\,max2}} = \dfrac{0.75\times 0.12}{0.194} = 0.46\ \Omega$。

3.11　半桥变换器

3.11.1　Buck 半桥变换器拓扑

半桥变换器的原边侧包含两个 MOSFET 和两个隔直电容器。这两个大的隔直电容器，理想情况下相同，一般是电解电容，用于平分输入电压 V_{in}。两端的电压分别是 $V_{in}/2$，在开关周期中可以认为相等。由于所有的原边电流流过这些电容，它们非常笨重和昂贵。选择一种带有副边中心抽头的高频变压器。N_p 代表原边绕组的匝数，N_s 代表副边每个绕组的匝数。选择一种低频全桥式整流器。在下面章节中，当讨论全桥变换器时，我们会发现在不同的应用场合哪种整流器最为合适。半桥变换器适合中功率场合，最大达 1 kW。

变换器的图示如图 3.99 所示，其中 $C_1 = C_2$。它是一种电压驱动(Buck)电源。两个近似相同的 MOSFET 以互补的方式导通和关闭，具有相等的导通周期。一般地，在变压器原边产生对称的交流波形。它们产生正向和反向的励磁电流，使得整个磁芯 B – H 循环被利用，提高变压器铁心的利用率。在实际的设计当中，由于铁损而限制磁通量的变化。在 MOSFET 管关断时电感漏电流可以通过其并联二极管流过。通过这种方式，存储在漏感中的能量简单地反馈到电源。

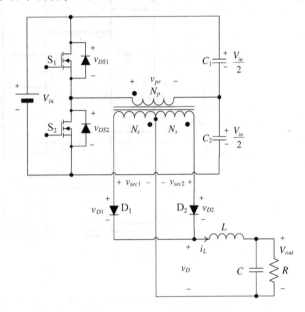

图 3.99　Buck 半桥变换器

这种半桥变换器中的开关管结构被叫做"图腾柱"。和推挽变换器类似，半桥电源工作在半周期对称模式下。上桥臂的开关管 S_1 和电源以及地都不相连。这样，需要一个相对复杂的驱动电路，这成为半桥变换器的一个缺点。即使这样，理论上两个晶体管可以以最大半周期的时间导通(如占空比达到 0.5)，实际中最大占空比因为受限而小于这个值。在一个晶体管关断和另一个导通之间的死区时间，至少等于 MOSFET 管的关断时间是必需的。这种不重叠的操作模式用以禁止输入电压通过晶体管(如防止"直通")，而产生破坏性的直通电流。

3.11.2　CCM 工作

半桥变换器的工作模式与推挽变换器非常相似。如图 3.99 所示，任意选择变压器原边和副边电压的极性，v_{pr}，v_{sec1} 和 v_{sec2}。在下边的分析中，会将中心抽头的副边绕组当成两个绕组。根据图 3.100 的开关图，在 CCM 下，变换器在一个周期中具有四个开关阶段。

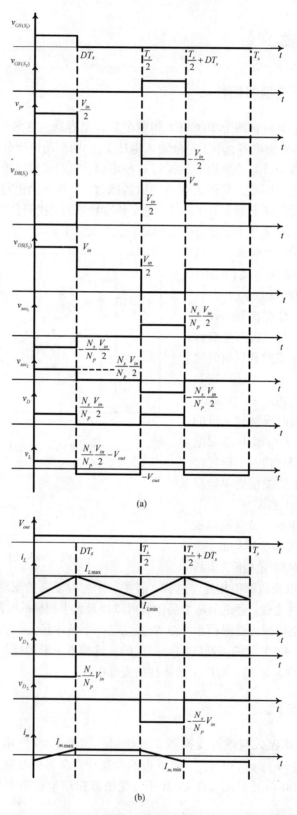

(a)

(b)

图 3.100　(a)和(b)开关图和 CCM 下半桥变换器的主要稳态波形

时间阶段$[0, DT_s]$

在第一个开关阶段，S_1 导通 S_2 截止，输入电流通过 S_1、变压器原边绕组和 C_2 流动，方向如图 3.101(a)所示。

$$i_{in} = i_{S1} = i_{pr} + i_m$$

原边电流 i_{pr} 流进绕组的同名端，在原边绕组产生于图 3.99 选择的相同极性的电压。根据 i_{in} 环路写出 KVL 方程

$$v_{pr} = V_{in} - V_{C2} = V_{in} - \frac{V_{in}}{2} = \frac{V_{in}}{2}$$

由于这个正向电压，励磁电流 i_m 会从最小值增大

$$i_m(t) = i_m(0) + \frac{1}{L_m} \int_0^t v_{pr} \mathrm{d}t = i_m(0) + \frac{1}{2} \frac{V_{in}}{L_m} t, \quad 0 \leqslant t < DT_s$$

在这个拓扑结束时达到其最大值

$$I_{m,\max} = i_m(DT_s) = i_m(0) + \frac{1}{2} \frac{V_{in}}{L_m} DT_s$$

采用已经定义的电压极性，原边电压等于推挽变换器的一半，会导致副边绕组产生下述电压：

$$v_{sec1} = -\frac{N_s}{N_p} v_{pr} = -\frac{N_s}{N_p} \frac{V_{in}}{2}$$

$$v_{sec2} = \frac{N_s}{N_p} v_{pr} = \frac{N_s}{N_p} \frac{V_{in}}{2}$$

由于原边电流，i_{pr} 流进原边绕组的同名端，副边电流，v_{sec1} 和 v_{sec2} 必须从副边绕组的同名端流出。i_{sec1} 这样的流动无法通过二极管 D_1，也就是说，D_1 截止。电流 i_{sec2} 可以通过 D_2 直接流过，D_2 正向导通。输入源的能量通过变压器传输到输出电路。在这个阶段，右侧副边整流器工作，也就是

$$v_D = v_{sec2} = \frac{N_s}{N_p} v_{pr} = \frac{N_s}{N_p} \frac{V_{in}}{2}$$

$$i_L(t) = i_{sec2}$$

对于类似降压变换器的输出电路，输入到整流电路的能量为电感充电并保证输出电压

$$v_L = v_D - V_{out} = \frac{N_s}{N_p} \frac{V_{in}}{2} - V_{out}$$

(此处忽略寄生器件上的压降)。输出电感电流从它的最小值 $i_L(0)$ 增大(这必须是一个正数，因为 CCM 模式下电感电流不降到零)

$$i_L(t) = i_L(0) + \frac{1}{L} \left(\frac{N_s}{N_p} \frac{V_{in}}{2} - V_{out} \right) t, \quad 0 \leqslant t < DT_s$$

在这个开关阶段结束时达到其最大值

$$I_{L\max} = i_L(DT_s) = i_L(0) + \frac{1}{L} \left(\frac{N_s}{N_p} \frac{V_{in}}{2} - V_{out} \right) DT_s$$

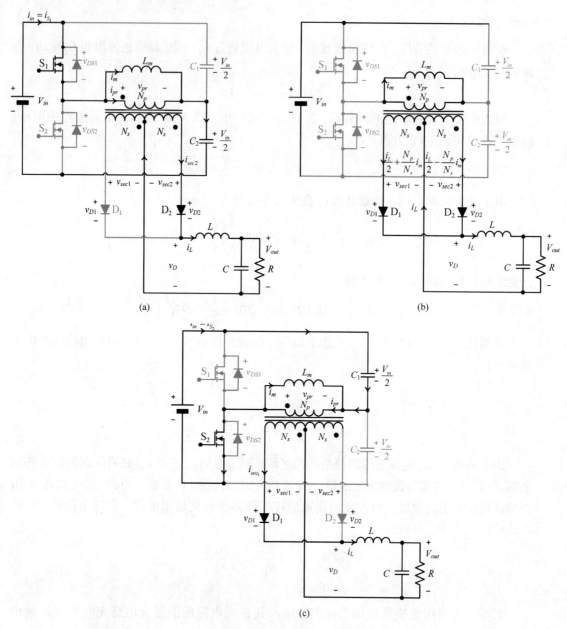

图 3.101 CCM 模式下一种半桥变换器的等效开关阶段。(a)第一个开关阶段:$0 \leqslant t < DT_s$;(b)第二个开关阶

段和第四个开关阶段:$DT_s \leqslant t < \dfrac{T_s}{2}$ 和 $\dfrac{T_s}{2} + DT_s \leqslant t < T_s$;(c)第三个开关阶段:$\dfrac{T_s}{2} \leqslant t < \dfrac{T_s}{2} + DT_s$

那么流过原边侧开关的电流为

$$i_{S1} = i_{pr} + i_m = \frac{N_s}{N_p} i_{sec2} + i_m = \frac{N_s}{N_p} i_L + i_m = \frac{N_s}{N_p} \left[i_L(0) + \frac{1}{L} \left(\frac{N_s}{N_p} \frac{V_{in}}{2} - V_{out} \right) t \right] + i_m(0) + \frac{1}{2} \frac{V_{in}}{L_m} t$$

由 V_{in},导通状态的 S_1 和截止状态的 S_2 组成的环路的 KVL 方程写成如下:

$$v_{DS2} = V_{in}$$

因此,原边侧开关的电压应力是推挽变换器对应的电压应力的一半。这是半桥变换器的一个显著优势。

二极管 D_1 的电压可以通过写出副边回路的 KVL 方程得到

$$v_{D1} + v_L + V_{out} - v_{sec1} = 0$$

解得

$$v_{D1} = -V_{out} - \left(\frac{N_s}{N_p} \frac{V_{in}}{2} - V_{out} \right) + \left(-\frac{N_s}{N_p} \frac{V_{in}}{2} \right) = -2 \frac{N_s}{N_p} \frac{V_{in}}{2} = -\frac{N_s}{N_p} V_{in}$$

时间阶段 $\left[DT_s, \dfrac{T_s}{2} \right]$

为了调整电压, 控制器会控制 S_1 在 DT_s 时刻关断。漏感会自然地通过 C_1 和 S_2 的反并联二极管放电到输入电压源 (漏感电流会保持先前第一阶段中的方向)。然后, 伴随着所有晶体管关断 [参见图 3.101 (b)] , 没有电流通过原边电路。存储在 L_m 的能量会理想化地保持恒定 (假设零寄生电阻), 也就是, 励磁电流会在此开关阶段中保持恒定

$$i_m(t) = I_{m,max} = i_m(0) + \frac{1}{2} \frac{V_{in}}{L_m} DT_s$$

它会通过原边绕组流过, 以同名端电感出线端流出的方向。

两个开关管的电压近似为 $\dfrac{V_{in}}{2}$, 假设两个 MOSFET 完全一致。

绕组两端的电压为零

$$v_{pr} = v_{sec1} = v_{sec2} = v_D = 0$$

输出电感电流必须保持流动。在承认两个整流电路完全一致的情况下, D_1 和 D_2 导通, 它在两个副边绕组平分相等。特别指出的是, 即使两个副边电流的和 (分别流过 D_1 和 D_2) 是 i_L, 由于励磁电流的关系, 它们之间具有微小的差别, 励磁电流使得一路副边电流比另外一路稍微大些 $\left(\dfrac{i_L}{2} + \dfrac{N_p}{N_s} i_m \text{ 和 } \dfrac{i_L}{2} - \dfrac{N_p}{N_s} i_m \right)$。

在这个环流阶段, 输出电感电压为

$$v_L = -V_{out}$$

输出电感放电。得到的电感电流为

$$i_L(t) = i_L(DT_s) - \frac{V_{out}}{L}(t - DT_s) = I_{Lmax} - \frac{V_{out}}{L}(t - DT_s), \quad DT_s \leqslant t < \frac{T_s}{2}$$

它在 $\dfrac{T_s}{2}$ 时刻最大。

$$I_{Lmin} = i_L\left(\frac{T_s}{2} \right) = I_{Lmax} - \frac{V_{out}}{L} \left(\frac{1}{2} - D \right) T_s$$

意味着输出电感电流的纹波可以由下式计算:

$$\Delta I_L = I_{Lmax} - I_{Lmin} = \frac{V_{out}}{L} \left(\frac{1}{2} - D \right) T_s$$

忽略小的励磁电流, 流过整流二极管的电流由下式给出:

$$i_{D1}(t) = i_{D2}(t) = \frac{i_L(t)}{2} = \frac{1}{2} \left[I_{Lmax} - \frac{V_{out}}{L}(t - DT_s) \right]$$

时间阶段 $\left[\dfrac{T_s}{2}, \dfrac{T_s}{2} + DT_s \right]$

开关 S_2 导通, 开始新的线电压到负载侧的能量传输阶段 [参见图 3.101 (c)]。输入电

流流过 C_1，原边绕组和 S_2。需要注意的是，要保持变压器原边与副边绕组电压的定义方向，以及电感电流的定义方向（包括 i_m）。在图 3.101（c）中，对于电路中的 i_{in} 与 i_{pr} 的方向，采用 KCL 方程

$$i_{in} = i_{S2} = i_{pr} - i_m$$

原边电流 i_{pr} 确定了原边绕组电压与定义方向相反。从原边环流的 KVL 方程，根据 v_{pr} 的定义

$$V_{in} = V_{C1} - v_{pr}$$

这样可得到

$$v_{pr} = V_{C1} - V_{in} = \frac{V_{in}}{2} - V_{in} = -\frac{V_{in}}{2}$$

由于此负电压，下述等式励磁电流 i_m 会从最大值减小

$$i_m(t) = I_{m,max} - \frac{1}{2}\frac{V_{in}}{L_m}\left(t - \frac{T_s}{2}\right) = i_m(0) + \frac{1}{2}\frac{V_{in}}{L_m}DT_s - \frac{1}{2}\frac{V_{in}}{L_m}\left(t - \frac{T_s}{2}\right), \quad \frac{T_s}{2} \leqslant t < \frac{T_s}{2} + DT_s$$

在开关拓扑结束时达到最小值

$$I_{m,min} = i_m\left(\frac{T_s}{2} + DT_s\right) = i_m(0) + \frac{1}{2}\frac{V_{in}}{L_m}DT_s - \frac{1}{2}\frac{V_{in}}{L_m}\left(\frac{T_s}{2} + DT_s - \frac{T_s}{2}\right) = i_m(0)$$

励磁电流的纹波由下式给出：

$$\Delta I_m = i_m(DT_s) - i_m(0) = \frac{1}{2}\frac{V_{in}}{L_m}DT_s$$

由于是对称工作

$$i_m(0) = -\frac{\Delta I_m}{2} = -\frac{V_{in}}{4L_m}DT_s; \qquad i_m(DT_s) = \frac{\Delta I_m}{2} = \frac{V_{in}}{4L_m}DT_s$$

因此

$$i_m(t) = I_{m,max} - \frac{1}{2}\frac{V_{in}}{L_m}\left(t - \frac{T_s}{2}\right) = \frac{V_{in}}{4L_m}DT_s - \frac{1}{2}\frac{V_{in}}{L_m}\left(t - \frac{T_s}{2}\right), \qquad \frac{T_s}{2} \leqslant t < \frac{T_s}{2} + DT_s$$

通过变压器，采用初始选择的参考方向，得到副边绕组的电压为

$$v_{sec1} = -\frac{N_s}{N_p}v_{pr} = \frac{N_s}{N_p}\frac{V_{in}}{2}$$

$$v_{sec2} = \frac{N_s}{N_p}v_{pr} = -\frac{N_s}{N_p}\frac{V_{in}}{2}$$

由于原边电流 i_{pr} 从原边绕组的同名端抽头流出，通过副边绕组的电流必须流进同名端。这样的环流无法使 i_{sec2} 通过二极管 D_2，D_2 处于关断状态，但是 i_{sec1} 可以流过 D_1：

$$v_D = v_{sec1} = \frac{N_s}{N_p}\frac{V_{in}}{2}$$

输出电感充电电流为

$$i_L(t) = i_{sec1}$$

产生的输出电感两端电压为

$$v_L = v_D - V_{out} = \frac{N_s}{N_p}\frac{V_{in}}{2} - V_{out}$$

由于

$$i_L(t) = I_{L\min} + \frac{1}{L}\left(\frac{N_s}{N_p}\frac{V_{in}}{2} - V_{out}\right)\left(t - \frac{T_s}{2}\right), \quad \frac{T_s}{2} \leqslant t < \frac{T_s}{2} + DT_s$$

那么，通过 S_2 的电流表达式为

$$i_{S2} = i_{pr} - i_m = \frac{N_s}{N_p}i_{sec1} - i_m = \frac{N_s}{N_p}i_L - i_m$$

$$= \frac{N_s}{N_p}\left[I_{L\min} + \frac{1}{L}\left(\frac{N_s}{N_p}\frac{V_{in}}{2} - V_{out}\right)\left(t - \frac{T_s}{2}\right)\right] - \left[\frac{V_{in}}{4L_m}DT_s - \frac{1}{2}\frac{V_{in}}{L_m}\left(t - \frac{T_s}{2}\right)\right], \quad \frac{T_s}{2} \leqslant t < \frac{T_s}{2} + DT_s$$

对于输入电路得到

$$v_{DS1} = V_{in}$$

并且从整流电路

$$v_{D2} = -V_{out} - v_L + v_{sec2} = -V_{out} - \left(\frac{N_s}{N_p}\frac{V_{in}}{2} - V_{out}\right) + \left(-\frac{N_s}{N_p}\frac{V_{in}}{2}\right) = -2\frac{N_s}{N_p}\frac{V_{in}}{2} = -\frac{N_s}{N_p}V_{in}$$

时间阶段 $\left[\frac{T_s}{2} + DT_s, T_s\right]$

由于所有原边晶体管关断，变换器再次由图 3.101（b）所示等效电路描述。因此

$$i_m(t) = I_{m,\min} = -\frac{V_{in}}{4L_m}DT_s$$

$$V_{DS1} \approx V_{DS2} \approx \frac{V_{in}}{2}$$

$$v_{pr} = v_{sec1} = v_{sec2} = v_D = 0$$

$$i_{D1} = \frac{i_L}{2} + \frac{N_p}{N_s}i_m$$

$$i_{D2} = \frac{i_L}{2} - \frac{N_p}{N_s}i_m$$

由于在第四阶段，励磁电流是负的，与第二阶段不同，D_1 通过的电流比 D_2 小。但是由于变压器采用很大的励磁电感，所以 i_m 与 i_L 相比很小。

输出电感电压为

$$v_L = -V_{out}$$

为电感放电。引起的电感电流为

$$i_L(t) = i_L\left(\frac{T_s}{2} + DT_s\right) - \frac{V_{out}}{L}\left[t - \left(\frac{T_s}{2} + DT_s\right)\right]$$

$$= I_{L\max} - \frac{V_{out}}{L}\left[t - \left(\frac{T_s}{2} + DT_s\right)\right], \quad \frac{T_s}{2} + DT_s \leqslant t < T_s$$

$I_{L\min}$ 在 T_s 时刻再次达到最小值。

通过忽略励磁电流，流过整流二极管的电流为

$$i_{D1}(t) = i_{D2}(t) = \frac{i_L(t)}{2} = \frac{1}{2}\left\{I_{L\max} - \frac{V_{out}}{L}\left[t - \left(\frac{T_s}{2} + DT_s\right)\right]\right\}$$

3.11.3 输入到输出电压变换比和 CCM 工作的半桥变换器设计

在稳态半周期 $\dfrac{T_s}{2}$ 中对理想电感 L(没有寄生损耗)运用电压二次平衡方程,根据图 3.100

$$\left(\frac{N_s}{N_p}\frac{V_{in}}{2}-V_{out}\right)D+(-V_{out})\left(\frac{1}{2}-D\right)=0$$

进一步可得到

$$V_{out}=2D\frac{N_s}{N_p}\frac{V_{in}}{2}$$

或者

$$V_{out}=D\frac{N_s}{N_p}V_{in}$$

结果可以预想到,推挽变换器原边绕组两端的电压在两个线到负载(line-to-load)能量传输阶段是 V_{in}。在半桥变换器中这个电压是 $\dfrac{V_{in}}{2}$,所以输出电压是推挽变换器中的一半。

如果考虑晶体管在导通阶段时的电阻上的压降 $V_{DS(on)}$,并且二极管导通时的正向压降 V_F,之前的电压二次平衡变为

$$\left[\frac{N_s}{N_p}\left(\frac{V_{in}}{2}-V_{DS(on)}\right)-V_F-V_{out}\right]D+[-(V_{out}+V_F)]\left(\frac{1}{2}-D\right)=0$$

得到更加精确的输入输出电压关系式为

$$V_{out}=2\frac{N_s}{N_p}\left(\frac{V_{in}}{2}-V_{DS(on)}\right)D-V_F$$

或者,我们可以通过在直流增益等式中插入效率系数来考虑损耗

$$V_{out}=D\frac{N_s}{N_p}\eta V_{in}$$

变换器的设计可以在 3.10.6 节中讨论的推挽变换器的设计方法为蓝本,只需要用 V_{in} 替换 $\dfrac{V_{in}}{2}$。为了计算 $\dfrac{N_s}{N_p}$,必须首先选择比 0.5 足够小的最大占空比保证低输入电压时的调整。那么可以计算

$$\frac{N_s}{N_p}=\frac{v_{sec}}{v_{pr}}=\frac{V_{out}}{\eta D_{\max}V_{in,\min}}$$

接下来,最小,额定和最大占空比通过输出电压的范围以下式的形式计算:

$$D=\frac{V_{out}}{\dfrac{N_s}{N_p}\eta V_{in}}$$

输出电感和电容采用推挽变换器中相同的公式设计得到,得到流过开关管的电流计算方法。我们必须记住晶体管的电压应力是推挽变换器的一半。在相同占空比和变压器变比情况下二极管的电压应力相同。

3.11.4 实际问题

半桥变换器最主要的优势是两个原边晶体管的中的每个电压应力都等于最大输入电压,

也就是推挽变换器中的一半。所以，与推挽变换器不同，半桥变换器可以应用在输入电压很高的场合。400 ~ 500 V 的 MOSFET 管可以低成本覆盖单相交流线电压整流之后的直流电压值（但是不能覆盖其两倍）。这是半桥变换器在应用中得到广泛使用的原因。

另外，半桥变换器的原边开关管必须承担在推挽变换器相同开关管的同比例的两倍电流，或者像在下节中介绍的全桥变换器。为了做比较，首先忽略输出电感纹波和励磁电流，以及电路中的寄生阻抗，也就是假设效率是 100%。在这些情况下，输出电感电流由平均值 I_L 给出，其等于输出电流。这意味着

$$I_{S1} = \frac{N_s}{N_p}I_L = \frac{N_s}{N_p}I_{out} \text{ 并且 } I_{S2} = 0 \text{ 在第一个开关周期 } DT_s \text{ 时间段中。}$$

$$I_{S2} = \frac{N_s}{N_p}I_L = \frac{N_s}{N_p}I_{out} \text{ 并且 } I_{S1} = 0 \text{ 在第三个开关周期也是 } DT_s \text{ 时间段中。}$$

$$I_{S1} = I_{S2} = 0 \text{ 在第二个和第四个开关拓扑中，每个持续 } \frac{T_s}{2} - DT_s \text{ 时间。}$$

那么流过晶体管的电流有效值是

$$I_{S1rms} = \sqrt{\frac{1}{T_s}\int_0^{T_s}[i_{S1}(t)]^2\mathrm{d}t} = \sqrt{\frac{1}{T_s}\left[\int_0^{DT_s}\left(\frac{N_s}{N_p}I_{out}\right)^2\mathrm{d}t + \int_{DT_s}^{T_s}0\mathrm{d}t\right]} = \sqrt{D}\frac{N_s}{N_p}I_{out}$$

$$I_{S2rms} = \sqrt{\frac{1}{T_s}\int_0^{T_s}[i_{S2}(t)]^2\mathrm{d}t} = \sqrt{\frac{1}{T_s}\left[\int_0^{T_s/2}0\mathrm{d}t + \int_{T_s/2}^{T_s/2+DT_s}\left(\frac{N_s}{N_p}I_{out}\right)^2\mathrm{d}t + \int_{T_s/2+DT_s}^{T_s}0\mathrm{d}t\right]} = \sqrt{D}\frac{N_s}{N_p}I_{out}$$

也是

$$I_{Srms} = \sqrt{D}\frac{N_s}{N_p}I_{out}$$

另外，输入电流由下式计算：

$$I_{in} = \frac{V_{out}I_{out}}{V_{in}} = D\frac{N_s}{N_p}I_{out}$$

我们可以得到结论，流过每个原边开关管的电流有效值是平均输入电流的 $\frac{1}{\sqrt{D}}$。对于推挽变换器（以及正如下节中发现的全桥变换器一样）$I_{Srms} = \sqrt{D}\frac{N_s}{N_p}I_{out}$ 但是 $I_{in} = \frac{V_{out}I_{out}}{V_{in}} = 2D\frac{N_s}{N_p}I_{out}$。换句话说，原边开关管的平均电流是输入电流的 $\frac{1}{2\sqrt{D}}$。因此，对于同样的输入电流，半桥变换器的晶体管承受的有效值电流应力比推挽变换器或者全桥变换器需要承担的两倍还多。因此，半桥变换器应用于低功率场合，其晶体管可以以较低的价格来满足额定电流。

和推挽变换器的情况一样，变压器铁心和原边绕组被充分利用。中心抽头式的副边绕组没有被充分利用，因为在每个半周期中只有半个绕组为输出提供能量。这与全波整流桥相比是一个不足。在没有输入到负载的能量传输的开关阶段，负载电流从副边绕组的中心抽头的环流产生无用的通态损耗。

原边电路中的大电容 C_1 和 C_2 的存在阻止了励磁电流直流成分的环流。因此，电流模式控制在半桥变换器中不是必需的。

再次分析二极管的寄生电容。在它们关断时，一个反向恢复电流（在现代二极管工艺中很小）出现。当变换器从第二个过渡到第三个开关周期时，或者从第四个到第一个，原边电流开始通过变压器漏感和一个二极管关断之间建立：D_2 在第三个开关周期开始，D_1 在第一个开关周期开始。这样，漏感与整流二极管寄生电容之间的振荡出现，产生在元器件选择是没有考虑在内的电压应力。应该采用一个 RC 箝位吸收电路来消耗振荡能量，但会产生能量损失。

整流二极管经常实现与 MOSFET 同步。在这种情况下，如果预偏置存在的话会出现一些问题。通过定义，当变换器的输出在电路导通之前已经存在电压时会发生。这会在另外一个单体输出和变换器输出之间存在前向通路时发生，例如冗余供电系统，电源模块并联或者具有备用电池总线情况下。如果输出端电容上具有这样的电压，同步二极管会在变换器开始供电之前导通。这会产生输出端电容的放电通路，引起启动振荡。需要增加一种预处理软启动特性，使输出电压增加到其稳态值并且不通过任何电容进入放电过程。

3.11.5　DCM 工作

在第二个和第四个开关阶段工作时，输出电感放电。为了分析简单，首先忽略励磁电流。当输出电感电流变为零时，分别在 $DT_s + D_2 T_s$ 和 $\frac{T_s}{2} + DT_s + D_2 T_s$ 时刻，变换器进入一个新的开关阶段，对于 DCM，在此阶段中原边和副边开关管截止（如图 3.102 所示）。

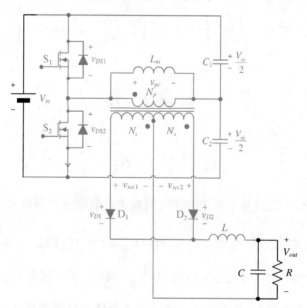

图 3.102　半桥变换器等效开关阶段 $DT_s + D_2 T_s \leq t < \dfrac{T_s}{2}$ 和 $\dfrac{T_s}{2} + DT_s + D_2 T_s \leq$

$t < \dfrac{T_s}{2}$（DCM模式下典型的第三个开关阶段和第四个开关阶段）

在这个开关阶段中，原边电路继续以之前的开关拓扑工作，$v_{pr} = v_{sec1} = v_{sec2} = 0$，但是

$$v_L = 0; \quad i_L = 0$$
$$v_D = V_{out}; \quad v_{D1} = -V_{out}; \quad v_{D2} = -V_{out}$$

因此，在 DCM 状态，变换器会周期性地进入六个开关阶段，依次如图 3.101(a)、图 3.101(b)和图 3.102 所示。在稳态 DCM 周期的主要波形如图 3.103 所示。

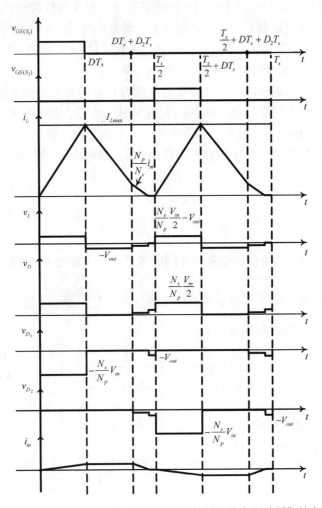

图 3.103 一种 DCM 模式下半桥变换器的开关图和稳态开关周期的主要波形

在实际中，此过程由于励磁电流而复杂。当输出电感在 $DT_s + D_2 T_s$ 时刻完全放电时，并不能立即中断。实际上，它继续通过原边绕组流动，方向与第二阶段中相同(从原边绕组同名端出线端流出)。这会减小试图流入副边绕组的同名端出线端电流。D_2 可以通过关断限制环流，D_1 将会流过非常小的电流 $\frac{N_p}{N_s} i_m$。励磁电感为负载放电，励磁电流减小。由于映射到副边的励磁电流减小，输出电感两端出现一个很小的电压。因此，在此阶段中，变换器并不工作在 DCM 状态。只有在励磁电感完全放电之后，变换器刚好进入 DCM 状态。这是第三个开关周期，正如图 3.103 中明确的 i_L，v_L，v_D，v_{D1}，v_{D2} 和 i_m 也就是 i_L 以及 v_L 只有在周期结束时是零的原因。在第二个半周期出现同样的工作模式。在 $\frac{T_s}{2} + DT_s + D_2 T_s$ 时刻，输出电感完全放电。励磁电流的最小值为 $I_{m,\min} = -\frac{V_{in}}{4L_m} DT_s$，以之前开关周期中(第五阶段)相同的方向流动。它流进原边绕组的同名结束端并完成环流。这产生从副边绕组同名结束端流出的副边电流$\frac{N_p}{N_s}i_m$。这个电流通过 D_2 环流，D_1 关断。同样，由于此减小的电流，一个很小的压降会出现在输出电感两端。当所有的励磁电感能量传输到负载，所有通过整流器和输出电感的环流停止，D_1 和 D_2 截止并且 L 两端的电压为零，也就是，只有此时变换器进入真正的 DCM 状态，针对第二个半周期，我们会发现图 3.103 中所示波形出现在第六个开关周期中。

如果负载和励磁电感的实际值不能使励磁电感有足够的时间分别在第一个半开关周期和第二个半开关周期结束时完全放电，即便 L 以 DCM 状态设计，变换器也不能进入 DCM 工作。

根据图 3.103，写出输出电感的半周期电压二次平衡等式。由于 L 上的压降取决于在第三和第六个开关拓扑开始时的励磁电感放电电流的大小，对平衡等式影响很小，我们在等式中忽略它们

$$\left(\frac{N_s}{N_p}\frac{V_{in}}{2} - V_{out}\right)DT_s + (-V_{out})D_2T_s = 0$$

正如希望的，我们得到与推挽变换器相同的等式，只需要把 V_{in} 替换为 $\frac{V_{in}}{2}$。这是因为在能量传输阶段原边绕组的电压是 $\frac{V_{in}}{2}$ 而不是推挽变换器中的 V_{in}。所以，通过把 V_{in} 变为 $\frac{V_{in}}{2}$，并引用 3.10 节中的结果。得到直流电压变比为

$$V_{out} = \frac{2}{1 + \sqrt{1 + \frac{2k}{D^2}}}\frac{N_s}{N_p}\frac{V_{in}}{2} = \frac{1}{1 + \sqrt{1 + \frac{2k}{D^2}}}\frac{N_s}{N_p}V_{in}, \quad k = \frac{2L}{RT_s}$$

在此占空比和 D_2 可以由下计算：

$$D = \sqrt{\frac{4Lf_s}{R}\frac{1}{\left(\frac{V_{in}}{V_{out}}\right)^2\left(\frac{N_s}{N_p}\right)^2 - 2\frac{V_{in}}{V_{out}}\frac{N_s}{N_p}}} = \frac{N_p}{N_s}\frac{V_{out}}{V_{in}/2}\sqrt{\frac{Lf_s}{R}\frac{1}{1 - \frac{N_p}{N_s}\frac{V_{out}}{V_{in}/2}}} = \frac{V_{out}}{N_s}\frac{V_{in}}{2}\sqrt{\frac{k}{2}\frac{1}{1 - \frac{V_{out}}{\frac{N_s}{N_p}\frac{V_{in}}{2}}}}$$

$$D_2 = D\left(\frac{\frac{N_s}{N_p}\frac{V_{in}}{2}}{V_{out}} - 1\right)$$

并且，和推挽变换器的变换类似，可得到

$$I_{out} = I_L = \frac{I_{L\max}}{2} = \frac{\Delta I_L}{2} = \frac{1}{2}\frac{1}{L_{bound}}V_{out}\left(\frac{1}{2} - D\right)T_s$$

因此，CCM/DCM 边界条件 L 的取值为

$$L_{bound} = \frac{1}{2}\frac{1}{I_{out}}V_{out}\left(\frac{1}{2} - D\right)T_s = \frac{1}{2f_s}R\left(\frac{1}{2} - D\right)$$

如果设计 $L > L_{bound}$ 变换器 CCM 工作，$L < L_{bound}$ DCM 工作。另外，一个已知 L 的变换器在负载电阻 $R < \frac{2Lf_s}{\frac{1}{2} - D}$ 时工作在 CCM，在 DCM 负载电阻满足不等式 $R > \frac{2Lf_s}{\frac{1}{2} - D}$。设计的 L 需要在

全部输入电压和负载范围内保证 CCM 或者 DCM 状态的设计方法参照 3.1 节。不要忘记之前讨论的在实际 DCM 下励磁电感的影响。

3.11.6 *　电流驱动半桥变换器

电流驱动半桥变换器可以看成两个降压类型半桥电源的组合。根据对偶原理，得到图 3.104(a)所示电路。原边电路包含两个与 MOSFET 串联的等效电感。副边电路可以是中心抽头整流器或者由 D_1 – D_4 组成的全波二极管桥式整流器。原边开关特性如图 3.104(b)所示。

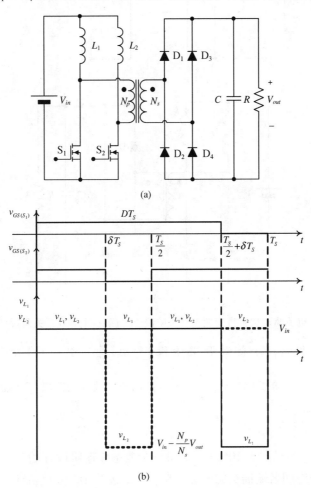

图 3.104　(a)电流驱动型半桥变换器作为双路 Buck 半桥变换器；(b)开关特性图(根据 $\dfrac{N_s}{N_p} = 2$ 绘制)

时间阶段：$0 \le t < \delta T_s$

在第一个开关阶段，所有开关管导通[参见图 3.105(a)]。输入电流分为两路相等的电流分别给两个电感充电。原边绕组电压 v_{pr} 为零。所以，原边绕组中没有电流环流并且副边绕组中也没有。同样，$v_{sec} = 0$ 并且四个整流二极管截止。这是一种典型的 Boost 变换器的首个开关周期，此处 $v_{L1} = v_{L2} = V_{in}$；$0 \le t < \delta T_s$。

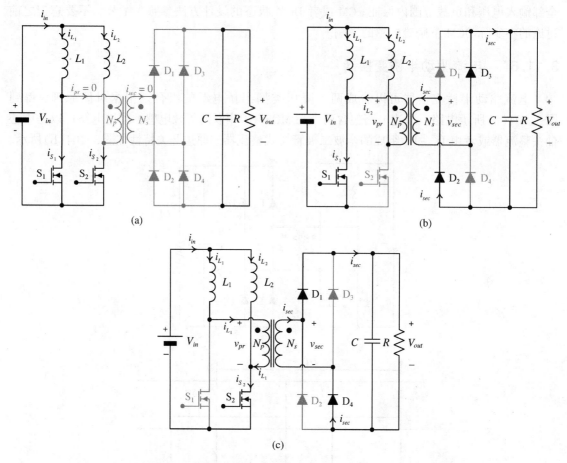

图 3.105　电流驱动型半桥变换器开关阶段。(a) 第一个等效开关阶段 $(0 \leqslant t < \delta T_s)$

和第三个等效开关阶段 $\left(\dfrac{T_s}{2} \leqslant t < \dfrac{T_s}{2} + \delta T_s \right)$；(b) 第二个等效

开关阶段 $\left(\delta T_s \leqslant t < \dfrac{T_s}{2} \right)$；(c) 第四个等效开关阶段 $\left(\dfrac{T_s}{2} + \delta T_s \leqslant t < T_s \right)$

时间阶段 $\left[\delta T_s, \dfrac{T_s}{2} \right]$

通过关断 S_2 [参见图 3.105(b)]，第一个能量传输阶段开始。电流 i_{L2} 流过原边绕组，传输流进副边绕组同名端抽头的电流。结果，二极管 D_2 和 D_3 导通，D_1 和 D_4 保持截止。由于只有输入电流的一般通过原边绕组环流，这个绕组中的导通损耗与 Buck 半桥变换器相比较小。电源和电感 L_2 中的能量传输到负载。

根据定义的原边和副边绕组的电压极性，我们在图 3.105(b) 中可以写出

$$v_{sec} = -V_{out}$$

$$v_{pr} = \frac{N_p}{N_s} v_{sec} = -\frac{N_p}{N_s} V_{out}$$

原边电路中的 KVL 方程为

$$V_{in} = v_{L2} - v_{pr} = v_{L2} + \frac{N_p}{N_s} V_{out}$$

在此

$$v_{L2} = V_{in} - \frac{N_p}{N_s} V_{out}, \quad \delta T_s \leqslant t < \frac{T_s}{2}$$

很明显

$$v_{L1} = V_{in}, \quad \delta T_s \leqslant t < \frac{T_s}{2}$$

整流二极管 D_1 和 D_4 需要承受相当大的输出电压。这是 Boost 变换器的一种典型缺点。开关管 S_2 承受电压为

$$v_{DS2} = V_{in} - v_{L2} = \frac{N_p}{N_s} V_{out}$$

时间阶段 $\left[\dfrac{T_s}{2}, \dfrac{T_s}{2} + \delta T_s \right]$

变换器工作在如图 3.105(a)所示的等效电路,满足等式

$$v_{L1} = v_{L2} = V_{in}, \quad \frac{T_s}{2} \leqslant t < \frac{T_s}{2} + \delta T_s$$

时间阶段: $\dfrac{T_s}{2} + \delta T_s \leqslant t < T_s$

开关 S_1 关断,电流 i_{L1} 流过变压器的原边绕组。副边电感电流从副边绕组的同名结束端流出。D_1 和 D_4 为电流提供通路[参见图 3.105(c)]。D_2 和 D_3 保持截止。根据原边和副边绕组电压的极性定义

$$v_{sec} = V_{out}$$
$$v_{pr} = \frac{N_p}{N_s} v_{sec} = \frac{N_p}{N_s} V_{out}$$

原边电流的 KVL 方程为

$$V_{in} = v_{L1} + v_{pr} = v_{L1} + \frac{N_p}{N_s} V_{out}$$

在此

$$v_{L1} = V_{in} - \frac{N_p}{N_s} V_{out}, \quad \frac{T_s}{2} + \delta T_s \leqslant t < T_s$$

显然

$$v_{L2} = V_{in}, \quad \frac{T_s}{2} + \delta T_s \leqslant t < T_s$$

D_2 和 D_3 承受输出电压。S_1 承受的电压为

$$v_{DS1} = V_{in} - v_{L1} = \frac{N_p}{N_s} V_{out}$$

根据图 3.104(b),得到输入输出电压变比公式为

$$V_{out} = \frac{N_s}{N_p} \frac{1}{1-D} V_{in}$$

这明显呈现 Boost 变换器的特性,通过变压器变比 N_s/N_p 强调。DT_s 表示每个原边开关管的导通时间。

在第一和第三开关阶段,每个原边晶体管只流过输入电流的一半。那么,在第二个开关周期或者第四个开关周期,每个晶体管分别流过输入电流。结果每个晶体管的有效电流较小。

原边绕组被充分利用。在每个能量传输阶段，漏感能量通过变压器自然地传输到负载（在每个能量传输阶段结束时，当非导电开关导通时，由导通的开关管 S_1，S_2，漏感和原边绕组组成一个回路。变压器的输入端承受电压为零。由漏感和等效到原边的负载组成等效电路。由漏感电流组成的原边电流通过这个电路环流并快速减小为零。副边电流跟随它。存储在漏感中的能量传输到输出电路中）。

因为每个电感在不同的半周期内传输能量到副边电路，电感 L_1 和 L_2 的纹波电流相位交错：L_2 在时间段 $\left[\delta T_s, \dfrac{T_s}{2}\right]$ 放电，而 L_1 在时间段 $\left[\dfrac{T_s}{2}+\delta T_s, T_s\right]$ 放电。结果，输入电流纹波很小，在原边电路中不需要很大的电感。

Boost 半桥变换器应用在低电压，高输入电流应用中，因为流过变压器原边绕组的电流是输入电流的一半并且流过原边晶体管的有效电流很小。另外，开关管承受较大的电压应力。这样的应用在 UPS 系统和采用低电压电池储能或者光伏场合中常见，这些场合中需要电池并且 DC-DC 变换器的输入电流没有脉动。DC-DC 变换器的作用是提高由电池提供的低电压。

3.12　全桥变换器

3.12.1　全桥拓扑

全桥变换器可以分为两类：在输出电路中串联电感，形成 Buck（电压驱动）的电源，或者在原边电流中串联电感，和输入电压串联，形成 Boost（电流驱动）电源。全桥变换器与已学的变换器相比提供最高的功率等级。它被用在大中功率等级应用中，从 750 W ~ 5 kW。

高频变压器的原边由四个开关管以"图腾柱"的形式连接组成（参见图 3.106）。一般地，这些开关管由 MOSFET 组成。在大功率，高电压应用中，使用 IGBT 或者现代晶闸管。两个下部的晶体管的门极连接到地上。但是，两个上部晶体管既不连接源/漏极也不连接到门极参考到地，这需要采用更加复杂的驱动电路。这是这种变换器的缺点。

四个理论上一致的 MOSFET 采用成对的形式导通和关断。开关管分为两对：S_1 和 S_4，S_2 和 S_3。S_1 和 S_4 同步，S_2 和 S_3 同步。两对开关管以相等开关周期工作。变换器以半周期对称的方式工作。所以，在变压器原边产生对称的交流波形。它们引起励磁电流具有正和负值，这样整个磁芯的 B - H 曲线得到利用，实现变压器磁芯高效利用。一般地，在实际设计中，磁通被铁心损耗限制。

即使理论上，两对晶体管可以以最大半周期的导通时间导通（例如，以最大 0.5 的占空比），实际上最大占空比被限制在一个较小的值。一段在一对晶体管关断和另外一对导通之间的死区时间，其中至少需要一个晶体管的关断时间。需要这种不同时导通工作模式以防止同一桥臂的 S_1 和 S_2，或者 S_3 和 S_4 同时导通使得输入电压之间在晶体管之间短路。以此限制"交替导通"产生有害的"直通"电流冲击。

整流电路可以是中心抽头型（如图 3.106 所示）或者全波整流桥型[如图 3.106(b) 所示]。在输入到负载能量传输阶段，在中心抽头整流器中一个单独的输出二极管导通（推挽变换器中的图 3.91 和图 3.97，半桥变换器的图 3.101，对于全桥变换器也一样）。在能量传输阶段，全桥整流器的两个输出二极管导通（半桥变换器的图 3.105，对于全桥变换器也一样）。我们可以发现中心抽头类型整流器中输出二极管的电压应力是全桥整流器中的两倍。这些现象为我们提供副边电路类型的应用场合的依据。对于低负载电压，不应该使用全波二极管桥式整流器，因为两个二极管的正向导通电压之和与输出电压相比很大。对于高电压应用，不使用中心抽头整流器，因为高压应用中二极管承受的电压应力使得需要很高的额定电压二极管，这样存在很大的导通损耗。正如在推挽和半桥变换器中讨论的一样，中心抽头副边绕组从没有被很好地利用。

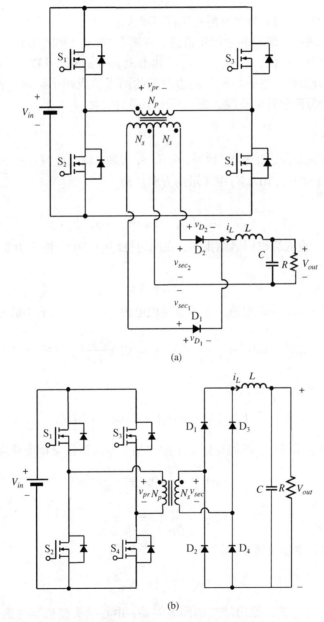

图 3.106 Buck 全桥变换器。(a) 中心抽头型整流器；(b) 全波桥式整流器

由于变压器必须传输而不是存储能量，它具有很大的励磁电感。因此，此时和半桥变换器中一样励磁电流很小。

电感漏电流在两个 MOSFET 关断时会通过其反并联二极管流过。这样，存储在漏感中的能量以简单的方式反馈到电源。

3.12.2　Buck 全桥变换器的 CCM 工作

通过用两个开关管替换半桥变换器原边的两个电容，得到如图 3.106 中的全桥变换器。这样，在输入到负载能量传输阶段原边绕组的电压是 V_{in} 而不是半桥变换器中的 $\dfrac{V_{in}}{2}$。其他的方面，全桥变换器的工作与 3.11 节中半桥变换器情况大致一样。

接下来我们讨论两种整流器的全桥变换器。在图 3.106(a) 和图 3.106(b) 中，任意选择原边绕组和副边绕组的电压极性，v_{pr}，v_{sec1} 和 v_{sec2} [如图 3.106(a) 所示] 和 v_{pr}，v_{sec} [如图 3.106(b) 所示]。在接下来的分析中，将中心抽头副边绕组的两半看成两个绕组。在 CCM 模式中，变换器在一个周期内经历四个开关阶段。在每两个半周期中对称。

时间阶段 $[0, DT_s]$

在第一个开关阶段，S_1 和 S_4 导通，S_2 和 S_3 关断，输入电流通过 S_1，变压器的原边和 S_4 以图 3.107(a) 和图 3.107(b) 中所示的方向流动。

在所有图中

$$i_{in} = i_{S1} = i_{S4} = i_{pr} + i_m$$

原边电流，i_{pr} 流入绕组同名结束端，在原边绕组中产生于图 3.106 中选择极性相同的电压

$$v_{pr} = V_{in}$$

由于此正向电压，励磁电流，i_m 通过励磁电感 L_m，从它的最小值 $i_m(0)$ 开始增加

$$i_m(t) = i_m(0) + \frac{1}{L_m} \int_0^t v_{pr} \mathrm{d}t = i_m(0) + \frac{V_{in}}{L_m} t, \quad 0 \leqslant t < DT_s$$

在这个拓扑结束时达到其最大值

$$I_{m,\max} = i_m(DT_s) = i_m(0) + \frac{V_{in}}{L_m} DT_s$$

对于定义的电压极性，我们得到对于中心抽头整流器型全桥变换器

$$v_{sec1} = -\frac{N_s}{N_p} v_{pr} = -\frac{N_s}{N_p} V_{in}$$

$$v_{sec2} = \frac{N_s}{N_p} v_{pr} = \frac{N_s}{N_p} V_{in}$$

并且对于桥式整流器型全桥变换器

$$v_{sec} = \frac{N_s}{N_p} v_{pr} = \frac{N_s}{N_p} V_{in}$$

由于原边电流 i_{pr} 流入原边绕组的同名终端，中心抽头整流器的副边电流必须从副边绕组的同名终端流出。这样流动的 i_{sec1} 无法流过 D_1，也就是 D_1 截止。电流 i_{sec2} 可以直接通过 D_2 流动，D_2 正向偏置并导通。在此阶段中，副边整流器的上桥臂工作，也就是

$$v_D = v_{sec2} = \frac{N_s}{N_p} v_{pr} = \frac{N_s}{N_p} V_{in}$$

这里 v_D 表示输出滤波电路的输入电压，极性定义与负载(V_{out})相反

$$i_L(t) = i_{sec2}$$

特别对于 Buck 变换器的输出电路，整流电路的输入能量为电感充电并保持负载电压

$$v_L = v_D - V_{out} = \frac{N_s}{N_p} V_{in} - V_{out}$$

(这里忽略寄生元件的压降)。

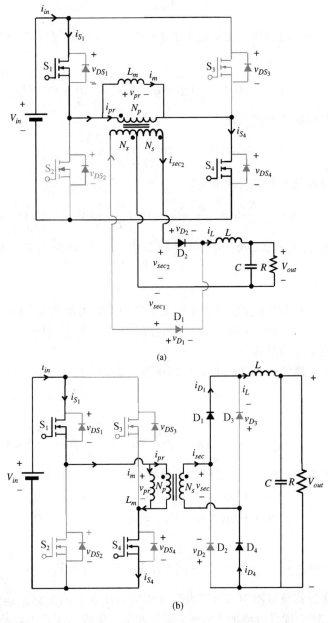

(a)

(b)

图 3.107　CCM 下全桥变换器等效开关阶段一($0 \leqslant t < DT_s$)。(a)具有
全波中心抽头整流器;(b)具有全波二极管桥式整流器

在桥式整流器衍生型中，电流 i_{sec} 从副边绕组的同名结束端流出，使 D_1 和 D_4 导通，它们是正向偏置的，关断 D_2 和 D_3，它们被副边绕组的电压反向偏置。所以

$$i_L(t) = i_{sec} = i_{D1} = i_{D4}$$

$$v_{sec} = \frac{N_s}{N_p} v_{pr} = \frac{N_s}{N_p} V_{in}$$

能量传输到电感和负载，可得到

$$v_L = v_{sec} - V_{out} = \frac{N_s}{N_p} V_{in} - V_{out}$$

所有电路中的输出电感电流从最小值 $I_L(0)$（具有正值，在 CCM 模式下电感电流不降为零）增大

$$i_L(t) = i_L(0) + \frac{1}{L}\left(\frac{N_s}{N_p} V_{in} - V_{out}\right)t, \quad 0 \leqslant t < DT_s$$

在此开关阶段结束时达到最大值

$$I_{L\max} = i_L(DT_s) = i_L(0) + \frac{1}{L}\left(\frac{N_s}{N_p} V_{in} - V_{out}\right)DT_s$$

通过原边导通状态开关管的电流为

$$i_{S1} = i_{S4} = i_{pr} + i_m = \frac{N_s}{N_p} i_L + i_m = \frac{N_s}{N_p}\left[i_L(0) + \frac{1}{L}\left(\frac{N_s}{N_p} V_{in} - V_{out}\right)t\right] + i_m(0) + \frac{V_{in}}{L_m}t$$

由 V_{in}，导通的 S_1 和关断的 S_2 的环路以及由 V_{in}，导通的 S_4 和关断的 S_3 组成的环路 KVL 方程为

$$v_{DS2} = v_{DS3} = V_{in}$$

因此，原边开关管的电压应力和半桥变换器相等且为推挽电源的一半，这是全桥变换器的显著优点。但是，增加了成本：全桥拓扑需要四个原边晶体管，不像推挽或者半桥电源那样只需要两个原边晶体管。

中心抽头整流器的二极管 D_1 两端电压可以有副边环路的 KVL 方程得到

$$v_{D1} + v_L + V_{out} - v_{sec1} = 0$$

得

$$v_{D1} = -V_{out} - v_L + v_{sec1} = -V_{out} - \left(\frac{N_s}{N_p} V_{in} - V_{out}\right) + \left(-\frac{N_s}{N_p} V_{in}\right) = -2\frac{N_s}{N_p} V_{in}$$

在桥式整流器中，通过忽略二极管导通状态的压降，可得到

$$v_{D2} + v_{D1} + v_L + V_{out} = v_{D2} + v_L + V_{out} = 0$$
$$v_{D4} + v_{D3} + v_L + V_{out} = v_{D3} + v_L + V_{out} = 0$$

得

$$v_{D2} = v_{D3} = -v_L - V_{out} = -\left(\frac{N_s}{N_p} V_{in} - V_{out}\right) - V_{out} = -\frac{N_s}{N_p} V_{in}$$

我们发现在桥式整流器中二极管承受电压应力比中心抽头整流器二极管承受电压应力较低。但是，这个优点也增加了成本：需要四个二极管而不是中心抽头型中的两个。

时间阶段 $\left[DT_s, \dfrac{T_s}{2}\right]$

为了调整电压，变换器会控制开关 S_1 和 S_4 在 DT_s 时刻关断。漏感通过 S_2 和 S_3 的反并

联二极管反馈能量到输入电压源中(特别对于电感电流在传输时刻, 通过漏感的电流会保持之前阶段中的与 i_{pr} 相同方向)。那么, 在所有晶体管关断时 [参见图 3.108 (a) 和图 3.108 (b)], 没有电流会流过原边电路。

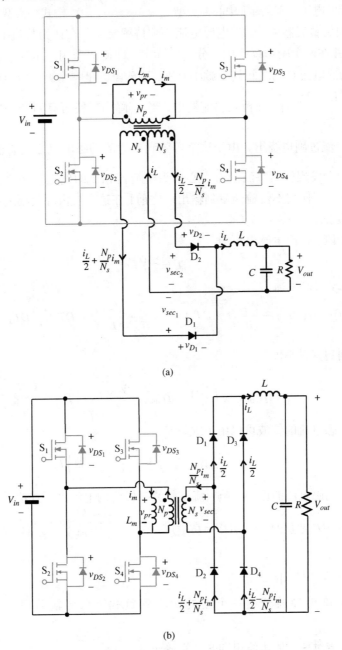

图 3.108　CCM 下全桥变换器等效开关阶段 $\left(DT_s \leqslant t < \dfrac{T_s}{2}\right)$。

(a)具有中心抽头整流器;(b)具有二极管桥式整流器

通过 L_m 的电流会保持理想状态的恒定(假设零寄生阻抗), 那么

$$i_m(t) = I_{m,\max} = i_m(0) + \frac{V_{in}}{L_m}DT_s$$

它会以从同名端流出的方向流过原边绕组。

每个原边开关管的电压近似为$\dfrac{V_{in}}{2}$，假设四个晶体管的一致性很好。

绕组两端的电压为零，对于中心抽头型$v_{pr}=v_{sec1}=v_{sec2}=0$，桥式整流型中是$v_{pr}=v_{sec}=0$。

在中心抽头整流器中，输出电感电流必须持续流动。在认为整流电路一致性很好时，D_1和D_2导通并在两个副边绕组中平分。实际上，即使两个副边电流（流过D_1和D_2）之和是i_L，由于励磁电流它们之间具有微小差别，励磁电流是一个副边电流较大并且一个较小$\left(\dfrac{i_L}{2}+\dfrac{N_p}{N_s}i_m \text{ 和 } \dfrac{i_L}{2}-\dfrac{N_p}{N_s}i_m\right)$。在桥式整流器中，当$v_{sec}$降为零使所有四个二极管导通。只有一个小电流$\dfrac{N_p}{N_s}i_m$流过副边绕组。由于这个等效到副边的励磁电流二极管流过很小的不相等的电流。我们会发现桥式整流器与中心抽头整流器相比的优点。在之后，副边绕组必须流过输出电流，即使它不传输能量到输出。之前，在这个自由环流周期内只有一个很小的电流流过副边绕组。

在这个阶段，输出电感电压为

$$v_L=-V_{out}$$

输出电感放电，电感电流为

$$i_L(t)=i_L(DT_s)-\frac{V_{out}}{L}(t-DT_s)=I_{L\max}-\frac{V_{out}}{L}(t-DT_s),\quad DT_s\leqslant t<\frac{T_s}{2}$$

在$\dfrac{T_s}{2}$时刻到其最小值

$$I_{L\min}=i_L\left(\frac{T_s}{2}\right)=I_{L\max}-\frac{V_{out}}{L}\left(\frac{1}{2}-D\right)T_s$$

意味着输出电感电流的纹波可以由下式计算：

$$\Delta I_L=I_{L\max}-I_{L\min}=\frac{V_{out}}{L}\left(\frac{1}{2}-D\right)T_s$$

通过忽略励磁电流的微小影响，流过整流二极管的电流由下式给出：

$$i_{D1}(t)=i_{D2}(t)=i_{D3}(t)=i_{D4}(t)=\frac{i_L(t)}{2}=\frac{1}{2}\left[I_{L\max}-\frac{V_{out}}{L}(t-DT_s)\right]$$

时间阶段$\left[\dfrac{T_s}{2},\dfrac{T_s}{2}+DT_s\right]$

开关管S_2和S_3导通开始一个新的输入到负载能量传输阶段［参见图3.109(a)和图3.109(b)］。

输入电流流过S_3、原边绕组和S_2，它等于

$$i_{in}=i_{S3}=i_{S2}=i_{pr}-i_m$$

此处我们保持i_m的定义方向。

原边电流i_{pr}决定了原边绕组两端的电压与分析开始时定义的方向相反

$$v_{pr}=-V_{in}$$

由于这个负电压，励磁电流i_m会根据下式从最大值开始减小：

$$i_m(t) = I_{m,\max} - \frac{V_{in}}{L_m}\left(t - \frac{T_s}{2}\right) = i_m(0) + \frac{V_{in}}{L_m}DT_s - \frac{V_{in}}{L_m}\left(t - \frac{T_s}{2}\right), \quad \frac{T_s}{2} \leqslant t < \frac{T_s}{2} + DT_s$$

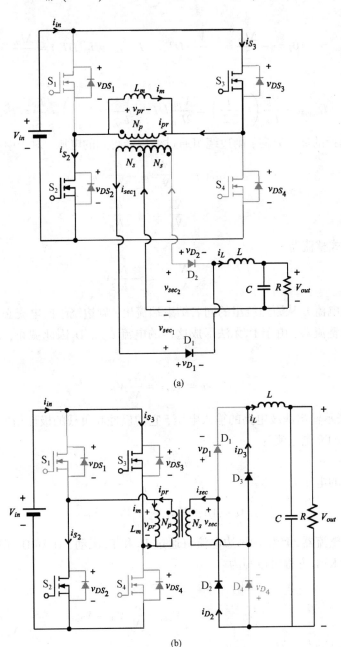

(a)

(b)

图 3.109 CCM 模式下全桥变换器的第三个等效开关阶段 $\left(\dfrac{T_s}{2} \leqslant t < \dfrac{T_s}{2} + DT_s\right)$

在这个开关拓扑结束时到其最小值

$$I_{m,\min} = i_m\left(\frac{T_s}{2} + DT_s\right) = i_m(0) + \frac{V_{in}}{L_m}DT_s - \frac{V_{in}}{L_m}\left(\frac{T_s}{2} + DT_s - \frac{T_s}{2}\right) = i_m(0)$$

励磁电流的纹波由下式给出:

$$\Delta I_m = i_m(DT_{s}) - i_m(0) = \frac{V_{in}}{L_m}DT_s$$

由于对称操作

$$I_{m,\min} = i_m(0) = -\frac{\Delta I_m}{2} = -\frac{V_{in}}{2L_m}DT_s; \quad I_{m,\max} = i_m(DT_s) = \frac{\Delta I_m}{2} = \frac{V_{in}}{2L_m}DT_s$$

因此

$$i_m(t) = I_{m,\max} - \frac{V_{in}}{L_m}\left(t - \frac{T_s}{2}\right) = \frac{V_{in}}{2L_m}DT_s - \frac{V_{in}}{L_m}\left(t - \frac{T_s}{2}\right) \quad \frac{T_s}{2} \leqslant t < \frac{T_s}{2} + DT_s$$

以初始选择的参考方向，副边绕组通过变压器得到的电压，对于中心抽头整流器为

$$v_{sec1} = -\frac{N_s}{N_p}v_{pr} = \frac{N_s}{N_p}V_{in}$$

$$v_{sec2} = \frac{N_s}{N_p}v_{pr} = -\frac{N_s}{N_p}V_{in}$$

并且，对于桥式整流器

$$v_{sec} = \frac{N_s}{N_p}v_{pr} = -\frac{N_s}{N_p}V_{in}$$

由于原边电流 i_{pr} 从原边绕组的同名结束端流出，副边绕组的电流必须进入同名终端。对于中心抽头整流器，由于 D_2 无法形成这样的电流 i_{sec2}。D_2 因此截止，但是 i_{sec1} 可以通过 D_1 流动

$$v_D = v_{sec1} = \frac{N_s}{N_p}V_{in}$$

这里 v_D 一般表示输出滤波电路的输入电压，它的极性和负载的极性相反。

输出电感的充电电流为

$$i_L(t) = i_{sec1}$$

输出电感的电压为

$$v_L = v_D - V_{out} = \frac{N_s}{N_p}V_{in} - V_{out}$$

对于桥式整流器，产生的副边电流将通过 D_2 和 D_3 流动，D_2 和 D_3 正向偏置。D_1 和 D_4 截止。KCL 和 KVL 方程可以写为

$$i_L(t) = i_{D2} = i_{D3} = i_{sec}$$

$$v_L = -v_{sec} - V_{out} = \frac{N_s}{N_p}V_{in} - V_{out}$$

得到输出电感电流为

$$i_L(t) = I_{L\min} + \frac{1}{L}\left(\frac{N_s}{N_p}V_{in} - V_{out}\right)\left(t - \frac{T_s}{2}\right), \quad \frac{T_s}{2} \leqslant t < \frac{T_s}{2} + DT_s$$

那么，通过 S_2 和 S_3 的电流可以表示为

$$i_{S2} = i_{S3} = i_{pr} - i_m = \frac{N_s}{N_p}i_L - i_m$$

$$= \frac{N_s}{N_p}\left[I_{L\min} + \frac{1}{L}\left(\frac{N_s}{N_p}V_{in} - V_{out}\right)\left(t - \frac{T_s}{2}\right)\right] - \left[\frac{V_{in}}{2L_m}DT_s - \frac{V_{in}}{L_m}\left(t - \frac{T_s}{2}\right)\right], \quad \frac{T_s}{2} \leqslant t < \frac{T_s}{2} + DT_s$$

从输入电路得到

$$v_{DS1} = v_{DS4} = V_{in}$$

从整流电路得到

$$v_{D2} = -V_{out} - v_L + v_{sec2} = -V_{out} - \left(\frac{N_s}{N_p}V_{in} - V_{out}\right) + \left(-\frac{N_s}{N_p}V_{in}\right) = -2\frac{N_s}{N_p}V_{in}$$

对于中心抽头整流器，并且

$$v_{D1} = v_{D4} = -V_{out} - v_L = -V_{out} - \left(\frac{N_s}{N_p}V_{in} - V_{out}\right) = -\frac{N_s}{N_p}V_{in}$$

对于桥式整流器的关断二极管。

时间阶段 $\left[\dfrac{T_s}{2} + DT_s,\ T_s\right]$

所有原边晶体管关断，变换器再次由图 3.108(a) 和图 3.108(b) 中的等效电路表示。因此

$$i_m(t) = I_{m,\,min} = -\frac{V_{in}}{2L_m}DT_s$$

$$V_{DS1} \approx V_{DS2} \approx V_{DS3} \approx V_{DS4} \approx \frac{V_{in}}{2}$$

在两种整流器类型中 $v_{pr} = v_{sec1} = v_{sec2}$ 和 $v_{pr} = v_{sec} = 0$。

$$i_{D1} = \frac{i_L}{2} + \frac{N_p}{N_s}i_m; \quad i_{D2} = \frac{i_L}{2} - \frac{N_p}{N_s}i_m$$

对于中心抽头整流器，D_2 承受略大于 D_1 的电流，i_m 和 $\dfrac{N_p}{N_s}i_m$，在这个开关阶段负向。与图 3.108(b) 中的二极管桥式整流器相似的二极管有

$$i_{D1} = \frac{i_L}{2} + \frac{N_p}{N_s}i'_m; \quad i_{D3} = \frac{i_L}{2} - \frac{N_p}{N_s}i'_m; \quad i_{D2} = i_{D4} = \frac{i_L}{2}, \quad i'_m = -i_m$$

实际折算到副边的励磁电流表示为 $\dfrac{N_p}{N_s}i'_m$，以图 3.108(b) 表示为 $\dfrac{N_p}{N_s}i_m$ 的电流相反的方向流动，这是因为在这个开关接地 i_m 是负值。

输出电感电压为

$$v_L = -V_{out}$$

表明电感在放电。得到的电感电流为

$$i_L(t) = i_L\left(\frac{T_s}{2} + DT_s\right) - \frac{V_{out}}{L}\left[t - \left(\frac{T_s}{2} + DT_s\right)\right]$$

$$= I_{L\max} - \frac{V_{out}}{L}\left[t - \left(\frac{T_s}{2} + DT_s\right)\right], \quad \frac{T_s}{2} + DT_s \leqslant t < T_s$$

它在 T_s 时刻再次到达最小值 $I_{L\min}$。

通过忽略微小的反射励磁电流，通过整流二极管的电流为

$$i_{D1}(t) = i_{D2}(t) = i_{D3}(t) = i_{D4}(t) = \frac{i_L(t)}{2} = \frac{1}{2}\left\{I_{L\max} - \frac{V_{out}}{L}\left[t - \left(\frac{T_s}{2} + DT_s\right)\right]\right\}$$

变换器的主要波形如图 3.110(a) 和图 3.110(b) 所示。

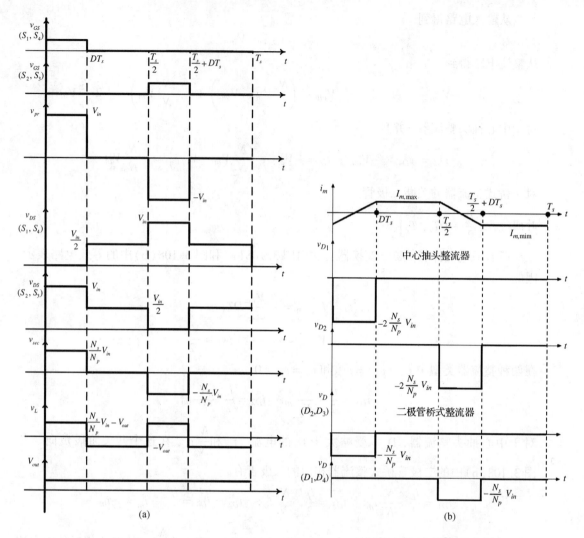

图 3.110 （a）和（b）CCM 下 Buck 全桥变换器开关图和主要稳态波形（根据 $\dfrac{N_s}{N_p} = 0.5$ 绘制）

3.12.3　输入/输出电压变换比和 CCM 工作的 Buck 全桥变换器的设计

对电感 L 在半个稳态周期 $\dfrac{T_s}{2}$ 中使用电压二次平衡，在理想情况下（没有寄生损耗），根据图 3.110

$$\left(\frac{N_s}{N_p}V_{in} - V_{out}\right)D + (-V_{out})\left(\frac{1}{2} - D\right) = 0$$

结果

$$V_{out} = 2D\frac{N_s}{N_p}V_{in}$$

因为在两个输入-负载能量传输阶段原边绕组的电压同样是 V_{in}，所以我们得到与推挽变换器相同的结果。因此，全桥变换器的输出电压与推挽变换器的类似并且是半桥变换器的两倍。与推挽变换器原边承受 $2V_{in}$ 电压的开关管不同，全桥电源的晶体管承受电压应力是 V_{in}。

另外，与推挽变换器两个开关管相比，全桥变换器中的四个原边开关管是必需的。

如果考虑在任何能量传输阶段两个晶体管导通状态下寄生电阻的压降 $V_{DS(on)}$，并且中心抽头整流器二极管的正向导通压降 V_F，之前的电压二次等式变为

$$\left[\frac{N_s}{N_p}\left(V_{in}-2V_{DS(on)}\right)-V_F-V_{out}\right]D+\left[-(V_{out}+V_F)\right]\left(\frac{1}{2}-D\right)=0$$

得到更加精确的输入-负载电压关系式

$$V_{out}=2\frac{N_s}{N_p}\left(V_{in}-2V_{DS(on)}\right)D-V_F$$

对于全波二极管桥式整流器，上式中需要使用 $2V_F$。

或者，可以在直流增益等式中增加效率系数来表示损耗

$$V_{out}=2D\frac{N_s}{N_p}\eta V_{in}$$

变换器的设计可以参考 3.10.6 节中推挽变换器的步骤。在选择 D_{max} 小于 0.5，计算

$$\frac{N_s}{N_p}=\frac{v_{sec}}{v_{pr}}=\frac{V_{out}}{\eta 2D_{max}V_{in,min}}$$

然后计算最小，额定和最大占空比如下：

$$D=\frac{V_{out}}{2\frac{N_s}{N_p}\eta V_{in}}$$

根据不同范围的 V_{in} 选择变比的值。

和在半桥变换器中的过程一样，当忽略电感电流的纹波、励磁电流，开关管的导通寄生电阻情况下，我们可以得到通过晶体管的电流有效值

$$I_{Srms}=\sqrt{D}\frac{N_s}{N_p}I_{out}$$

由于平均输入电流为

$$I_{in}=\frac{V_{out}I_{out}}{V_{in}}=2D\frac{N_s}{N_p}I_{out}$$

我们得到四个原边开关管的每个管子的有效电流是平均输入电流的 $\frac{1}{2\sqrt{D}}$。我们得到和推挽变换器一样的结果。和 3.11.4 表示的一样，这个有效电流应是半桥变换器的一半。

3.12.4　实际问题

之前我们在半桥变换器中讨论的，在漏感和整流二极管关断时的寄生电容之间的振荡问题，预偏置问题也出现在全桥变换器中。

在理想电路中，经过一个稳态周期，励磁电感两端的电压平均值是零。在实际中，原边使用的晶体管不是理想的，所以它们导通时两端的电压不是完全相等的。这意味着，在能量传输阶段原边电压是 $V_{in}-2V'_{DS(on)}$，在下个能量传输阶段中同样的开关周期，当下一组开关管导通时，原边电压的绝对值是 $V_{in}-2V''_{DS(on)}$。当然，在这种情况下稳态周期中励磁电感两端电压的平均值是非零的值。和我们在推挽变换器中讨论的一样，这种不平衡会在励磁电流中产生直流分量。在极端情况下，如果这个分量值很大，会导致变压器铁心饱和。为了防止这种情况，

可以在原边绕组中串联一个隔直电容,以此阻断电流直流分量的流动。电容值的选择采用折中的方法。它不能太小而在稳态工作中产生大的交流压降,但是也不能太大而影响传输阶段的效率。另外一种建议的解决方案是采用电流模式控制,此方法通过改变占空比保证开关电路保持相等而防止不平衡发生。另外,电流模式控制通过限制浪涌或过载电流来提供启动和过载保护。

　　理论上,全桥变换器在自由环流阶段输出电感的电流也可以降为零,进入 DCM 状态。但是,输出电感释放所有的能量到负载情况下效率不高。在图 3.108 中,我们发现当电流减小 $\dfrac{i_L}{2}$

到达等效电流 $\dfrac{N_p}{N_s}i_m$ 时,图 3.108(a)中的 D_2 或者图 2.108(b)中的 D_4 截止。等效的励磁电流会通过导通的二极管[图 3.108 中的 D_1 和图 3.108(b)中的 D_2 和 D_3]流向负载并且励磁电感开始放电。存储在励磁电感中的所有能量需要释放到负载而进入真正的 DCM(通过 L 的副边电流为零)。在全桥变换器中以高开关频率控制大量的能量,这种情况发生很特殊,由于响应系数 $k=\dfrac{2L_mf_s}{R}$ 为相当大的值。所以,我们不会再进一步分析 DCM,即使可以探求如之前变换器一样的 DCM 开发方法。

3.12.5* 其他晶体管控制方式:移相控制

　　环流阶段能够关断所有的原边开关管并可以用来保持上桥臂晶体管,S_1 和 S_3 在关断状态并且下桥臂 S_2 和 S_3 在导通状态,或者调转。在所有这些情况中,原边绕组的电压为零,终止母线到负载的能量传递。

　　图 3.111 中展示了另外一种控制方式。

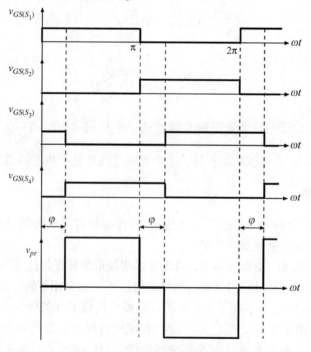

图 3.111　全桥变换器的移相控制

在这种方式中,每个开关在半周期内导通。当一个桥臂的上桥臂开关导通时,下桥臂的开关截止,也就是,当 S_1 导通, S_2 截止,并且当 S_3 导通, S_4 截止。实际中,下桥臂开关的导通时间稍小于半周期来防止直通。由于我们现在无法形容晶体管的占空比,为了介绍控制器件, S_4 在 S_1 之后延迟 $\omega t = \varphi$ 导通。由于两个开关管具有同时导通的阶段, S_4 在 S_1 以相同的延迟 φ 之后关断。 S_3 也是同样的导通和关断,相对于 S_2 分别采用同样的延迟 $\omega t = \varphi$。

因此,我们可以有下述四个可能的情况:

(i) $0 \leqslant \omega t < \varphi$ S_1 和 S_3 导通, S_2 和 S_4 关断 [参见图 3.112(a)]。没有电流流过原边开关,原边电压是零,对应自由环流阶段。

$$v_{sec} = 0$$

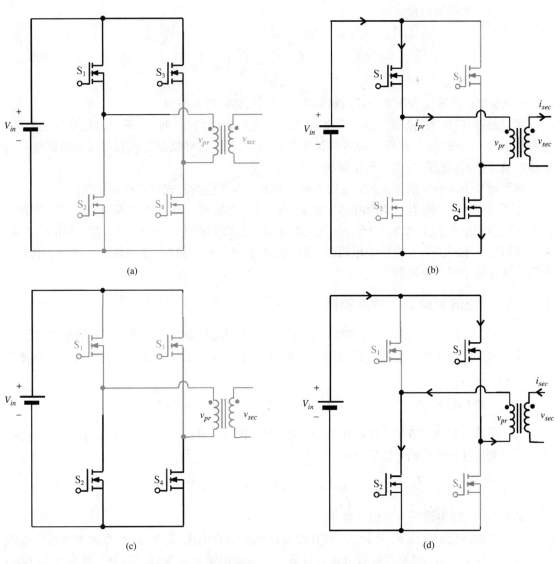

图 3.112 一种移相全桥变换器的开关阶段。(a) $0 \leqslant \omega t < \varphi$;
(b) $\varphi \leqslant \omega t < \pi$;(c) $\pi \leqslant \omega t < \pi + \varphi$;(d) $\pi + \varphi \leqslant \omega t < 2\pi$

(ii)$\varphi \leqslant \omega t < \pi$　S_1和S_4导通，S_2和S_3截止[参见图3.112(b)]。原边电压是V_{in}，对于第一个能量传输阶段。

$$i_{in} = i_{S1} = i_{S4} = i_{pr} + i_m$$

$$v_{sec} = \frac{N_s}{N_p} v_{pr} = \frac{N_s}{N_p} V_{in}$$

(iii)$\pi \leqslant \omega t < \pi + \varphi$　S_2和S_4导通，S_1和S_3关断[参见图3.112(c)]。原边开关管没有电流流过。原边电压是零，对应环流阶段。

$$v_{sec} = 0$$

(iv)$\pi + \varphi \leqslant \omega t < 2\pi$　S_2和S_3导通，S_1和S_4关断[参见图3.112(d)]。原边电压是$-V_{in}$对应第二个能量传输阶段。

$$i_{in} = i_{S3} = i_{S2} = i_{pr} - i_m$$

$$v_{sec} = \frac{N_s}{N_p} v_{pr} = -\frac{N_s}{N_p} V_{in}$$

因此，我们再次在变压器的原边和副边得到不对称的交流波形。

可以通过在$(0, \pi)$范围内简单调整φ来改变能量传输阶段和自由环流阶段持续的时间。这种控制方式叫做"相位控制"（或者叫移相控制）。当然，这种控制方式在母线和负载变化时对输出电压恒定的控制与占空比控制是等效的。

对于硬开关全桥变换器，无法发现一种控制方式与其他的方式相比有何优点。

在现代应用中，副边二极管由同步整流 MOSFET 管实现。在它们关断时，由于等效到副边的变压器漏感和 PCB 和 MOSFET 中的寄生电感相互影响产生的振荡而出现的高电压尖峰。最简单但是并不经济的方法是采用耗散式吸收电路解决这些尖峰（一个串联的二极管，电感和电阻并联在每个同步整流器上）。

3.12.6* 电流驱动型全桥变换器

图3.113(a)中展示了具有全波桥式整流器的电流驱动型全桥变换器。同样我们可以画出带有中心抽头整流器的原边开关管按照图3.113(b)中的波形工作：每个对角线的两个晶体管同时开关。

时间阶段 $0 \leqslant t < \delta T_s$

在第一个开关阶段，各对开关管导通[参见图3.114(a)]。电感电流等于输入电流，平均流过开关管的两个桥臂

$$i_{S1} = i_{S2} = i_{S3} = i_{S4} = \frac{i_L}{2} = \frac{i_{in}}{2}$$

结果，开关管电流的有效值会减小。

原边绕组的电压v_{pr}为零。这样在原边绕组中没有电流流动，并且在副本绕组中也没有。同样$v_{sec} = 0$，整流二极管截止。负载电压由输出端电容保证。这是一种典型的 Boost 变换器第一个开关阶段，在此

$$v_L = V_{in}$$

得到

$$i_L(t) = i_L(0) + \frac{V_{in}}{L}t \quad 0 \leqslant t < \delta T_s$$

电感电流在这个拓扑阶段结束时达到其最大值 $I_{L,\max} = i_L(0) + \frac{V_{in}}{L}\delta T_s$。

在理想器件情况下，每个整流二极管被箝位在最大电压 $\frac{V_{out}}{2}$。

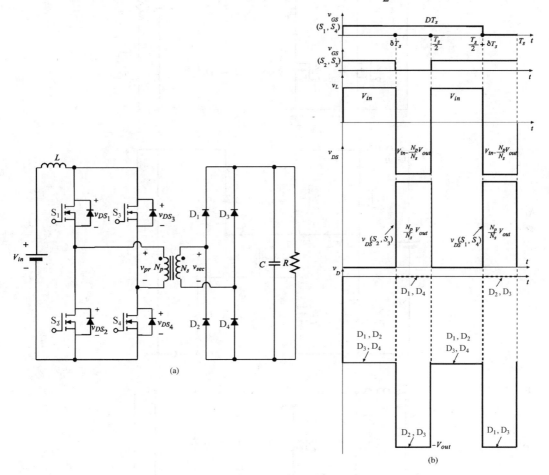

图 3.113　(a) 具有全波二极管桥式整流器的电流驱动型全桥变换器；(b) 它的开关图(根据 $\frac{N_s}{N_p} = 2$ 绘制)

时间阶段 $\left[\delta T_s, \dfrac{T_s}{2}\right]$

通过关断 S_2 和 S_3 [参见图 3.114(b)]，第一个能量传输阶段开始。输入电流流过原边绕组：

$$i_{in} = i_L = i_{S1} = i_{S4} = i_{pr}$$

产生一个从副边绕组同名结束端流出的电流。这样，二极管 D_1 和 D_4 导通，流过副边电流，D_2 和 D_3 仍保持断开。

$$i_{sec} = i_{D1} = i_{D4}$$

电源侧和电感 L 中的能量传输到负载。

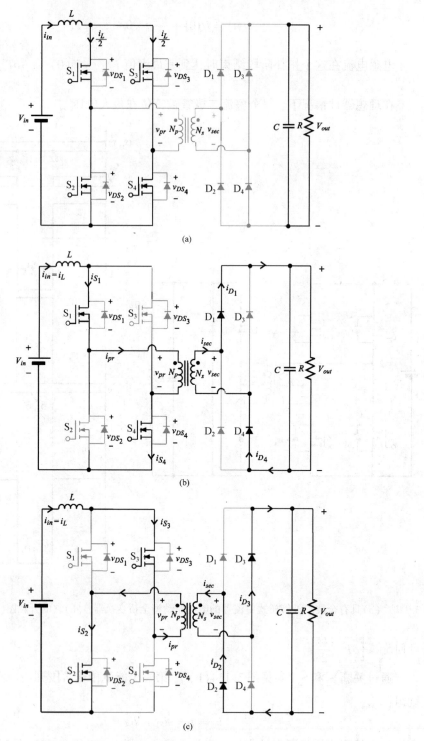

图 3.114　电流驱动型全桥变换器开关阶段。(a)第一阶段等效开关($0 \leqslant t < \delta T_s$)

和第三阶段等效开关$\left(\dfrac{T_s}{2} \leqslant t < \dfrac{T_s}{2} + \delta T_s\right)$；(b)第二阶段等效开关

($\delta T_s \leqslant t < \dfrac{T_s}{2}$)；(c)第四阶段等效开关$\left(\dfrac{T_s}{2} + \delta T_s \leqslant t < T_s\right)$

根据原边和副边绕组的电压极性定义，可以在图 3.114(b) 中写出

$$v_{sec} = V_{out}$$

$$v_{pr} = \frac{N_p}{N_s} v_{sec} = \frac{N_p}{N_s} V_{out}$$

原边回路的 KVL 方程为

$$V_{in} = v_L + v_{pr} = v_L + \frac{N_p}{N_s} V_{out}$$

在此

$$v_L = V_{in} - \frac{N_p}{N_s} V_{out}$$

根据上式，得到减小的电感电流

$$i_L(t) = I_{L,\max} + \frac{V_{in} - \dfrac{N_p}{N_s} V_{out}}{L}(t - \delta T_s), \qquad \delta T_s \leqslant t < \frac{T_s}{2}$$

在这个拓扑阶段结束时它达到其最小值 $I_{L,\min} = I_{L,\max} + \dfrac{V_{in} - \dfrac{N_p}{N_s} V_{out}}{L}\left(\dfrac{T_s}{2} - \delta T_s\right)$，得到电感 (输入) 电流的纹波值

$$\Delta I_L = \frac{-V_{in} + \dfrac{N_p}{N_s} V_{out}}{L}\left(\frac{1}{2} - \delta\right) T_s$$

整流二极管 D_2 和 D_3 承受大的输出电压。流过它们的电流是 $\dfrac{N_p}{N_s} i_L$。开关管 S_2 和 S_3 承受电压

$$v_{DS2} = v_{DS3} = V_{in} - v_L = \frac{N_p}{N_s} V_{out}$$

时间阶段 $\left[\dfrac{T_s}{2}, \dfrac{T_s}{2} + \delta T_s\right]$

变换器再次以图 3.114(a) 中所示等效电路工作，满足等式

$$v_L = V_{in}$$

电感电流再次从其最小值向最大值增加。所有原边侧开关管承担输入电流的一半

$$i_{S1} = i_{S2} = i_{S3} = i_{S4} = \frac{i_L}{2} = \frac{i_{in}}{2}$$

时间阶段：$\dfrac{T_s}{2} + \delta T_s \leqslant t < T_s$

开关管 S_1 和 S_4 关断，电流 i_L 流过变压器的原边绕组

$$i_{in} = i_L = i_{S3} = i_{S2} = i_{pr}$$

减小的副边电流流入副边绕组的同名结束端。D_2 和 D_3 流过此电流 [参见图 3.114(c)]，$\dfrac{N_p}{N_s} i_L$，D_1 和 D_4 保持关断状态。根据定义的原边和副边绕组两端的电压极性

$$v_{sec} = -V_{out}$$

$$v_{pr} = \frac{N_p}{N_s} v_{sec} = -\frac{N_p}{N_s} V_{out}$$

原边侧电路的 KVL 环路方程得到

$$V_{in} = v_L - v_{pr} = v_L + \frac{N_p}{N_s} V_{out}$$

得到

$$v_L = V_{in} - \frac{N_p}{N_s} V_{out}$$

也就是，电感再次进入放电阶段。

D_1 和 D_4 承受输出电压。S_1 和 S_4 承受下述电压：

$$v_{DS1} = v_{DS4} = V_{in} - v_L = \frac{N_p}{N_s} V_{out}$$

从图 3.113(b)中，输入输出电压变比方程为

$$V_{out} = \frac{N_s}{N_p} \frac{1}{2\left(\frac{1}{2} - \delta\right)} V_{in}$$

上式变换为

$$V_{out} = \frac{N_s}{N_p} \frac{1}{2(1-D)} V_{in}$$

注意晶体管的占空比可以由下式表示：

$$DT_s = \frac{T_s}{2} + \delta T_s$$

这个结果的变压器变比 N_s/N_p，明显呈现出变换器升压特性。这就是在大功率高负载电压应用中采用此种变换器的原因。

励磁电流可以采用我们在电压驱动型变换器中得到的方法计算。

原边和副边绕组被充分使用。在变压器漏感和二极管寄生电容之间的振荡会增加开关管的电压应力。作为一种典型的 Boost 绝缘变换器，在稳态周期中两个能量传输阶段引起的电压不平衡的励磁电流的直流分量并不危险，并由输入电感限制。

3.13 本章小结

- Buck 变换器是一种降压电路。它具有电压源型输入和电流源型负载。Buck 变换器的效率在 DCM 工作下比 CCM 工作低。在大功率应用中，建议采用 CCM 工作。工作在 CCM 下的 Buck 变换器呈现一种自负载调节特性，但是在 CCM 下针对负载变化需要很大范围内的占空比调整。伴随着负载电流的增加，功率级的导通功率损耗增加而控制电路的损耗保持不变。一般需要输入滤波电路来防止输入电流脉动。在 CCM，电容的纹波电流很小，近似等于电感电流的纹波。为了得到较小的输出电压纹波，工作在 CCM 下的 Buck 变换器的输出电路需要一个小的电容，但是在 DCM 下需要一个相当大的电容。功率级的 MOSFET 的源极和门极都不以地为参考，这就需要额外的驱动电路。Buck 变

换器具有应对输出故障情况的固有能力。在启动阶段，很容易限制占空比的增加来防止输入电流瞬时增大带来的危险。Buck 变换器适合采用电压型控制。因为开环控制－输出传递函数在右半平面没有零点，所以控制器容易设计。与开关频率相关的左半平面的零点值会决定反馈环路补偿器的实际类型来获得良好的单位增益带宽和大的相位裕量。

- Boost 变换器可以看成双重 Buck 变换器。它是一种升压电路，呈现电流源型输入和电压源型输出。它的输入电流没有脉动但是电容上具有很大的纹波电流，近似等于二极管纹波电流。对于所有电感充电阶段，单独的电容必须提供负载能量。这是在 Boost 变换器中与 Buck 变换器相比需要大得多的电容的原因。在 CCM 下，直流电压增益与占空比的关系图表明，当占空比使得直流电压增益最大时输出电压降为零。把输入电压升高几倍的能力是通过大幅度增加 D，但是这受到伴随着占空比增大功率极的损耗也增大的事实限制。在 Boost 变换器设计中最大占空比具有限值。设计 DCM 状态的 Boost 变换器，电感的值很小，引起电感在充电结束时的最大电感电流的增加，产生更大晶体管和二极管电流应力，以及更大的电容纹波电流。这就是在大功率场合我们推荐 CCM 模式 Boost 变换器的原因。但是，一些开关损耗在 DCM 下较小，因为开关以 ZCS 模式导通并且二极管也以 ZCS 关断而没有反向恢复电流。在 CCM 和 DCM 下导通损耗由于负载的增大而增加。因为门极参考地，晶体管驱动电流简单。控制-输出开关传递函数具有右半平面零点，这给设计具有好的通频带和相位裕量的闭环带来难度。Boost 变换器对输出故障的反应能力很低。为了防止故障的危险，需要额外的电路保护负载短路和空载状态。同样需要保护电路来限制启动时的输入电流。电流模式控制更适用 Boost 变换器，因为电压模式控制反应慢并且缺少需要的对输入或者输出侧的危险电流的限制能力。

- Boost-Buck 变换器通过电流型元器件(电感)的电压源以电压型为负载提供能量。根据占空比的值，它可以升压或者降压。负载电压的极性与输入电压极性相反，如果不需要同相极性，可以考虑一种四个同步开关的 Boost-Buck 变换器。Boost-Buck 变换器是一种使用在由电池供电需要负载电压在输入电压一定范围内的最简单的拓扑。多功能 Boost-Buck 变换器的不足之处是它具有 Buck 和 Boost 变换器的缺点：大脉动输入电流，在降压功率阶段，在很多应用中需要输入滤波器；在 Boost 变换器中，很大的电容纹波电流导致需要很大值的电容器，并且具有右半平面零点，需要在控制器设计中特别注意来保持好的增益和环路稳定性。由于在 Boost 变换器中，最大占空比受限：由于功率级的寄生阻抗，在占空比很大的情况下输出电压就接近零，并且占空比很大时效率相当低。Boost-Buck 变换器的开关管电压应力比同样输入和输出电压的 Boost 变换器大得多，这需要高额定电压的晶体管和二极管；因此，Boost-Buck 变换器更加劣势。大负载情况下 CCM 和 DCM 效率降低。在 DCM 下更低，因为功率级的电流应力在 DCM 下更大。但是，和在 DCM 模式下 Boost 变换器一样，部分开关损耗在 DCM 下的 Boost-Buck 变换器较小，因为开关管 ZCS 导通、二极管 ZCS 关断而没有反向恢复电流。在 DCM 下，第二个开关周期 $D_2 T_s$，与占空比 D 的值无关，这是升降压功率级的一个特性。和 Buck 变换器中一样，MOSFET 的源极或者门极都不以地为参考。一些应用中采用低侧开关来解决这个问题，但这是输出电压参考输入电压而不是输入的地。

- Ćuk变换器通过电压型器件(一个电容器)以电流源到电流漏型的方式变换能量。与降压 Boost 变换器类似, Ćuk 变换器是反向功率级, 提供与输入电压极性相反的负载电压, 并且对输入电压升压或者降压, 这取决于占空比的值。变换器的步升(step-up)能力受功率级寄生电阻的影响但是直流电压变换增益在相同占空比情况下与 Buck 变换器相比稍大。Ćuk 变换器的主要优点是它的非波动输入和输出电流。但这带来了一定的代价, 功率级需要有四个无源元件, 两个感应器和两个电容器。它们组成了两个等效的低通滤波器, 在某些情况下可以将一个与另外一个耦合。为了获得直流增益公式, 我们需要两个方程来表示每一个感应器伏·秒平衡。一个电流与通过每个开关的输入输出电流和相位等。两个开关均受限于一个高电压。在能量转换电容中的波纹电流很大, 在输出端电容中的波纹电流很小。开环小信号转换函数是四阶的。两个感应器的寄生直流电阻保证开环输出控制函数的零点位于左半平面, 以产生最小相位动态响应, 类似于 Buck 变换器。开环线性输出传递函数有两个零点, 左半平面的一个是由于输出端电容器的等效串联电阻, 另一个零点频率非常高, 这是由晶体管和二极管的寄生电阻造成的, 该零点也可位于左半平面, 这取决于与晶体管相关的寄生电阻实际值。由于门极是接地的, 所以晶体管的驱动电路简单。该变换器可以工作在 CCM、DCVM(不连续电容电压模式)或 DICM(不连续电感电流模式)。在 DCVM 模式中, 能量转换电容器的电压值在晶体管传导过程中降到零点, 从而创建第三个切换拓扑, 两个开关都接通。在 DICM 模式下, 二极管导通时, 电感电流的总和降到零, 从而在切换拓扑中, 两个开关都处于断开状态。只有在特定情况下, DICM 操作意味着两个电感传导中断。对于一个特定的提供符合的转换, DICM 在相对低负荷周期工作, 而 DCVM 在相对高负荷周期工作。对于一个为提供可变负荷所设计的变换器, DCVM 可能用在高负荷, 而 DICM 可能用在轻负载。Ćuk 变换器是专门通过选择一个足够小的能量转换电容值而 DCVM 设计的。它可以是通过选择两个电感的等效电感足够小的值专门为 DICM 设计。DCVM 中的能量转换电容两端的电压高, 对每个开关都产生一个大的电压应力(相当于 CCM 操作的两倍, 高于一个 DICM), 每个开关的电流应力低, 类似于一个 CCM 操作。在 DICM 中, 每个开关的电压应力低, 类似于一个 CCM 操作, 但是要求开关具有高的额定电流。DCVM 中的操作适用于低电压大电流的应用场合, 而 DICM 中的操作适用于低电流高电压的应用场合。不连续传导模式中的 Ćuk 变换器适用于功率因数校正的应用。通过在 Ćuk 变换器中使用一个耦合电感器, 可以获得较小的输入或输出电流波动, 甚至可以使其中的一个纹波减小到零。但也存在一个孤立的 Ćuk 变换器的版本, 当输入输出电流都保持非跳变特征, 它允许 DC-DC 隔离和多路输出。隔离变压器的磁感电流有正值和负值, 与之前的变换器相比具有优势。如果说之前的变换器用了两个二极管, 那么 Ćuk 变换器只包含一个整流二极管, 但具有较大的额定电流。因为在次级的大电流电路中有串联电容器, 隔离的 Ćuk 变换器不适用于大电流低电压的应用场合。通过在传输上使用输入输出电感器, 可以获得隔离式 Ćuk 变换器的磁集成结构。

- SEPIC 变换器是电流驱动的, 它将能量从电流型电源转化为电压降压特性输出。类似于 Buck-Boost 变换器和 Ćuk 变换器, 它提供了降低和抬高输入电压的能力。但是, 与正激变换器不同, SEPIC 变换器不改变电压极性: 负载电压的极性和输入电压保持一致。在所需负载电压处于特定输入电压范围内的相关应用中, SEPIC 变换器是一种理想的调节器。但它的优势也带来了一定的代价：SEPIC 变换器包含 Boost 输出，也就是说，它会出现一个非常脉动的输出电流，需要一个比在Ćuk变换器更大的输出端电容器，且具有非最小相位的瞬态响应。事实上，像一个 Boost 变换器一样，小信号控制到输出的传递函数在连续运行中显示了一个真正的右半平面零点，由于拓扑电感 L_1 在充电过程中 V_{in} 从负载分离，存在两个复右半平面零点，以及在 C_1 充电过程中电感 L_2 的开关拓扑的负载断开。在一个 SEPIC 变换器的电容器 C_1 进行在 CCM 和 DCM 操作，即输入电压低于电容 C_1 两端电压的Ćuk变换器。SEPIC 变换器也有两种类型的不连续传导方式：DCVM 和 DICM。SEPIC 和Ćuk变换器的主要特点在 DCM 状态时相同（参见表3.2）。

表3.2　DCM 模式中Ćuk和 SEPIC 变换器的主要特性

DCVM	DICM
$k_{DCVM} = 2RC_1 f_s$	$k_{DICM} = \dfrac{2L_{eq}}{R} f_s$
$M_{DCVM} = \dfrac{I_{in}}{I_{out}} = \dfrac{V_{out}}{V_{in}} = \dfrac{\sqrt{k_{DCVM}}}{1 - D}$	$M_{DICM} = \dfrac{V_{out}}{V_{in}} = \dfrac{I_{in}}{I_{out}} = \dfrac{D}{\sqrt{k_{DICM}}}$
$R_{in,eq} = \dfrac{(1 - D)^2}{2C_1 f_s}$	$R_{in,eq} = \dfrac{2L_{eq} f_s}{D^2}$
通常适用于高占空比	通常适用于低占空比
通常用于大负载	通常用于小负载
开关电流应力小	开关电流应力大
电压应力大	电压应力小
应用：低电压，大电流	应用：高电压，低电流

由于 SEPIC 和Ćuk变换器的 DCM 操作都具有输入电流低谐波含量的特点，并且输入电流遵循正弦输入电压，因此二者都非常适用于功率因数调节器。在 DCM 模式工作中，这两种变换器也非常适合作为太阳能电池（或风能）调节器，因为它们很容易允许从太阳面板获得最大功率。通过调整占空比，使变换器的输入阻抗等于光伏面板的等效电阻，可以保证最大传输功率。

- Zeta 变换器也是一种可以简单地通过改变占空比，将输入电压减小或增大到所需输出电压的不可逆 DC-DC 变换器。与具有相同功能的 SEPIC 变换器不同，Zeta 变换器具有电流吸收输出特性。因此，Zeta 变换器是需要恒定输入电流一类应用的理想电源，如电池充电器或 LED 灯。Zeta 变换器的非脉冲输出电流可以满足负载电压纹波小时的输出端电容器使用要求。大脉冲输入电流要求使用输入端电容器。开关既没有门限也没有接地源。在实践中，采用 p 沟道 MOSFET 或 n 沟道 MOSFET 的栅压自举电路。用同步开关代替通常的肖特基二极管，可以提高效率和减小电路的封装。使用一个耦合电感，而不是两个独立的电感有助于减少电感电流纹波和提高瞬态响应，而且可以允许在闭环设计中设置较高交叉频率。小信号开环控制输出的传递函数不存在右半平面的零点，这一点与 SEPIC 变换器不同。这允许在反馈回路中使用一个简单的补偿电路，实现更宽的回路带宽，使更小输出端电容具备更好的瞬态响应。与 SEPIC 变换器类似，Zeta 变换器将在小负载或小占空比条件下进入 DICM 模式。而且，在第二开关阶段也将是与占空比值无关的。

表 3.3 给出了 Ćuk，SEPIC 和 Zeta 变换器的开关管的电压和电流应力，以及能量转移电容器两端的电压。

表 3.3　Ćuk，SEPIC 和 Zeta 变换器(CCM 和 DICM 模式)中电压和电流应力

	$V_{S\max}，V_{D\max}$	$I_{S\max}，I_{D\max}$	V_{C1}
Ćuk变换器	$V_{in} + V_{out}$	$I_{L1\max} + I_{L2\max}$	$V_{in} + V_{out}$
SEPIC 变换器	$V_{in} + V_{out}$	$I_{L1\max} + I_{L2\max}$	V_{in}
Zeta 变换器	$V_{in} + V_{out}$	$I_{L1\max} + I_{L2\max}$	V_{out}

- 正激变换器是一个包含高频变压器的 Buck 变换器。这是一个隔离变换器，具有输入源和负载之间的直流隔离功能。在许多工业应用中都要求隔离，例如：变换器的输入端连接到电网的整流 AC 电压的离线工具；或当几个电源系统连接到一起时，隔离可以消除接地回路以及噪声干扰。与 Buck 变换器相比，在正激变换器中的隔离在带来好处的同时，也带来了一些缺陷。首先，变压器的泄漏电感和磁芯处有更多的损耗。其次，必须在变压器上添加第三个绕组，并在每个开关周期重置磁芯。它使得磁化能量可以返回到能量源，从而避免其以热量形式耗散。励磁电感对放电时间的需求，严重限制了占空比范围以及变换器的线路和负载调节能力。励磁电感的放电过程中，开关管上也产生了额外的电压应力。在增加占空比范围和增加晶体管电压应力之间需要权衡。在最好的情况下，我们可以获得占空比小于 0.5 和 $2V_{in}$ 晶体管电压应力(Buck 变换器的两倍)的折中。复位电路还包含一个附加的二极管，以承受大的电压应力($2V_{in}$ 案例中，第三绕组与初级绕组的匝数相等)。我们需要在晶体管的电压应力和电流应力之间进行权衡。即使进行输入电压低端范围的优化设计(计算该值处的最大占空比和输入输出匝数比)，变换器将在线路的电压范围的高端处失效。另外，可以使用两个晶体管的解决方案，在这种情况下，占空比可以达到最大 0.5，但开关受限于 V_{in}。磁芯将无法复位，磁感电感的电流将随周期而增加，直到变压器饱和。对于正确的操作，即使线路或负载调节需要一个更大的值，也必须保证占空比不超过设计的最大值，将需要一个更大的值。这就是为什么我们要设计最恶劣的操作条件。否则，磁芯无法复位。为了使变换器在占空比高于 0.5 的情况下，开关管没有很大的电压应力，可以使用耗散(RCD)或有源箝位电路，也可以使用耗散谐振电路。RCD 的箝位方案适用于低输入电压的应用。谐振箝位电路可以在变换器的初级侧或次级侧使用。有源箝位的解决方案需要一个额外的具有驱动和控制的有源开关，但它在整个输入电压范围内带来了几乎恒定的开关电压应力。第三，泄漏电感产生的振荡为开关增加了更多的电压。第四，与 Buck 变换器相比，正激变换器由于必须增加一个二极管(不包括箝位电路)，进一步降低了其效率。尽管有这些缺点，正向变换器经常被使用在需要 50～500 W 功率范围的应用中。与 Buck 变换器不同，正向变换器中的晶体管可以移动到一个有利位置，就像在 Boost 变换器中一样，只需一个简单的驱动。正激变换器的设计与 Buck 变换器类似。在选定允许的最大占空比的变压器后，通过计算它的匝数比，将结果用于占空比范围的最终计算中。然后，大多数的设计步骤与 Buck 变换器的 CCM 和 DCM 操作相同。在任何变换器中，输出端电容的设计也必须考虑到负载阶跃响应的时间要求。变压器结构中引入变换器可以实现多路输出。然而，多个输出的控制(交叉规则)是一个复杂的问题。最新版的正激变换器使用 MOSFET 的同步整流器，并工作在通常高达 500 kHz 的开

关频率，若实现软开关，开关频率可以更高。同步整流器的存在使变换器无法工作在 DCM。

- 反激变换器是一个 Buck-Boost 变换器，通过引入耦合电感实现线电压和负载之间的直流隔离。耦合电感的作用是在第一个开关阶段储存能量，它的磁芯必须通过一个空气隙实现，以提高能量的存储能力。空气隙允许耦合电感能够在达到饱和前，储存更多的能量。在正激变换器中，无磁芯复位机制是必要的，因为磁芯电感存储的能量会自然转移到第二级开关的负载中。反激变换器是所有隔离的变换器中最简单的结构，零件数最少。由于无须输出电感器，多输出版本采用非常经济的方式来实现，即每个包含多次级绕组的整流电路都只有一个电容和二极管。晶体管的源端是初级侧接地，因此可以使用一个简单的驱动电路。反激变换器通常是用电池供电的，离线低功耗应用高达 200 W。由于效率低，它不适用于较高的功率，类似于 Buck-Boost 变换器，它限制了大的输出和输入纹波电流。输出端电容必须足够大，以滤除输出的纹波电流。为了储存能量，空气间隙必须大。在更高的功率条件下，空气间隙会变得非常大，磁感电感必须很小，以储存更多的能量，增加很多的初级电流峰值，这进一步限制了反激变换器应用的最大功率水平。如果设计工作在 DCM，磁感电感较小，变换器将能够处理更多的功率。或者说，在相同的输出功率条件下，磁芯会更小，这是因为在 DCM 中，能量储存能够最大化。但代价是更高的磁感电流，这也意味着晶体管和二极管承受更多的电流应力。设计时，需要权衡较大的功率处理能力和更大的电流应力之间的 L_m 值。整流二极管的纹波电流和由此产生的输出端电容的纹波电流，在 DCM 模式中比在 CCM 中大。在 DCM 设计中，输出端电容更大。更大的励磁纹波电流也带来了更多的磁芯损耗。在 DCM 操作中，磁芯损耗比磁芯饱和更能限制电路设计。对于 Boost 或 Buck-Boost 变换器，由于开环小信号控制电压传递函数的零点位于右半平面，所以 CCM 操作的闭环设计更难。在 DCM 操作的变换器设计中，这个零点在高频处，所以对稳定的闭环设计影响小。在 DCM 的设计中，反馈回路可以在一个宽的带宽范围内设计为稳态。由于在 DCM 操作中，占空比随输入电压和负载变化，因此 DCM 设计比 CCM 要求更宽的占空比范围。典型的反激变换器，磁感电流只有一个方向，即磁芯是在一个方向通电。在 DCM 中，当磁芯未通电时，存在第三个开关间隔。在 DCM 中，直流电压增益正比于占空比。当负载恒定时，第二开关阶段的持续时间与占空比无关，仅仅取决于反射式二级磁感电感、负载电阻和开关频率的值（即使负载保持不变，占空比可以随线性电压的干扰变化）。类似于 Buck-Boost、Ćuk 型和 SEPIC 型变换器，当工作在 DCM 时，反激变换器相当于一个有输入阻抗的电阻，其输入电流取决于输入电压，不需要额外的控制回路。因此，可以看成一个理想的功率因子校正器。由于其组成需要较少的元件，并且具有直流隔离和多路输出的能力，尽管其输入和输出电流存在脉冲以及更多的磁芯损耗，工作在 DCM 中的反激变换器还是经常用于低功率 AC-DC 整流中。反激变换器结构简单，但它存在一个很严重的缺点：耦合电感存在漏感，那么当晶体管关断时，随着这些漏感会引起电压尖峰和抖动。开关上产生的电压要求使用具有较高额定电压的晶体管，这也导致了更高的传导损耗。采用不同的方法，例如耗散的 RCD 缓冲器，能缓解上述问题，但由漏感引起附加损耗的能量限制了较大功率反激变换器的进一步使用。利用箝位电路回收漏感能量的办法可使反激变换器使用功率高达 500 W。反激变换器应该带负荷操作，否则在第二级开关阶段，被传送到输出的耦合电感能量可能击穿输出端电容。

- 大功率应用中优先选择包含变压器的隔离变换器，该变压器利用了整个 B – H 回路。这些变压器能够提供更高的功率密度。推挽变换器具有两种形式：电压驱动（降压特性）和电流驱动（升压特性）。电压驱动可视为由两个具有反相操作的正向变换器组成。两晶体管通过接地栅极连接，因此只需一个简单的驱动电路。两晶体管不会同时接通以防出现击穿性的电流尖峰。它们所能承受的电压是输入电压的两倍。在一个开关周期期内，磁芯的磁感电流会在一个开关周期内出现正值和负值。在一个周期后，即使磁感电流不归零也是无妨的，因为在一个转换周期内由于双向流量的平衡，磁感电流的平均值最终为零。然而，在实际的变压器中，上部和下部绕圈并不完全相同，这样会出现流量的不平衡（简称为失衡），从而导致磁感电流产生一个直流分量，造成磁芯饱和。对于上述问题，可以通过引入一个电流模式控制来解决。因为变压器仅将能量转换成一个大的励磁电感，因此磁感电流是很小的。每个循环周期，推挽变换器采用四开关拓扑结构操作实现，这里的每循环周期是由两个对称的半周期组成，前半周期，第一个正向变换器电路工作，后半周期，第二个正向变换器工作。该变换器占空比下限值低于 0.5。推挽变换器既可以工作在 CCM，又可以工作在 DCM 模式，两种操作模式的特点与已讨论过的降压和正向变换器相同。电流驱动变换器具有输入源串联电感，具有提高型电压增益。在两个初级侧开关导通阶段，输入电感充电。该变换器具有非脉冲式输入电流，然而，输出二极管承受两倍的负载电压。为了获得更高的精度，在设计变换器电感的伏·秒平衡时，应该考虑初级侧开关和整流二极管的传输损耗。

- 半桥变换器可以看成是由两个交替工作的正向变换器组成，每个正向组件的活动开关都有一个相对于输入源的不同位置。低级晶体管同接地栅极连接，因此仅需要一个简单的驱动。对于高级晶体管，由于它既不连接源，也不连接接地栅极，所以它需要一个更复杂的驱动。这两种初级侧晶体管所能承受的低电压等同于输入电压，但同时在相同的输入电流条件下，它们必须处理的 RMS 电流是推拉变换器有源开关产生的两倍。因此，半桥变换器以其结构简单的特点被广泛应用于较高电压和中等功率的离线应用中，那么具有足够额定电压和电流的 MOSFET 是可以低成本实现的。半桥变换器能提供很高的利用率和主要变压器绕组。在一个中心抽头整流器的拓扑结构中，中心抽头次级绕组没有得到很好的利用。甚至在续流阶段，当变压器没有能量传递，依旧有负载电流循环通过次级绕组，因此会产生导通损耗。需要表明的是，每个晶体管的最大占空比必须低于 0.5 以避免产生初级侧开关跨导，跨导可击穿输入源。也就是说，在其他变换器采用同步整流器的情况下，若预偏压情况可能发生，那么调节器必须增加预偏压软启动功能，这在将冗余（并行）电源模块作为系统部分的变换器中是常见的情况。例如，得克萨斯仪器提供具有 1 MHz 开关频率的 PWM 控制器，UCC28250，可用于半桥、全桥、推拉或交叉型正向变换器，其特点之一是具有预偏压软启动。在初级侧电路存在的大电容 C_1 和 C_2 阻止了磁感电流直流分量的循环。这就是为什么半桥变流器不能缺少一个简单的电压模式控制。变压器的泄漏电流和整流二极管的寄生电容之间的振荡，三极管关闭、软切换的方法可以避免振荡引起的电压过载。严格来讲，即使我们设计的输出电感器指向一个 DCM 操作，例如每半个周期对负载完全放电，只有当磁感电感存储的能量完全放电到负载时，变换器才会进入 DCM 模式工作。只有在每半个周期的结束，实际的负载值才允许磁感电感完全放电，这意味着输出电感电流不会降到零，那么变换器将不在真正的 DCM 模式下工作。电流驱动型半桥变换器是 Buck 型半桥变换器的对偶型。电流驱动型半桥变换器属于 Boost 变换器:当初级侧开关接通时初级电感充电;当切换阶段初级侧其中之一晶体管闭合时,输入负荷能量通过变压器进行能量转移。漏感(泄漏电感)能量被自然转移到负载上。由于匝电压高于电流驱动半桥电源而通过初级侧晶体管的 RMS 电流与通过初级绕组电流都较小,因此该变换器被用于实现低电压、大电流输入的电压升压。输入电流波动很小,更确切地说,该变换器源电流是无脉冲的。这也是为什么电流驱动半桥变换器是电池和负载之间接口的很好选择。

- 截至目前,在所有研究的变换器中,全压变换器能提供最高的功率电平,它被用于提供离线应用中常见的中、大功率电平, 750 W ~ 5 kW。它不仅具有最小闸电压(类似于半桥电源),而且也能提供最小开关电流(类似于推拉器)。它所输出的电压是半桥变换器的两倍,然而,相比半桥和推挽变换器,全桥变换器的组成元件(开关和驱动)也是最多的。全桥变换器上的晶体管既没有接地参考也没有源参考。初级侧工作需借助于 MOS-FET 或在大电压下借助于 IGBT 或现代晶闸管。初级侧电路的两对开关在相同的导通期间都被进行操作,从而在操作过程中能够提供半周期对称。作为结果,整个循环有良好的变压器磁芯利用率。对于电压驱动(Buck)全桥变换器,每个晶体管的最大占空比必须低于 0.5 以避免初级侧出现跨导。全波中心抽头的拓扑结构或能量全波晶体管桥式电路可以实现整流电路,在前者结构下,能量传递开关阶段负载电流仅通过一个二极管,而后者能量传递开关拓扑中负载电流流过两个二极管。桥式整流中的二极管承受的电压是前型整流二极管的一半。桥式整流器的次级绕组几乎没有产生传导损耗。变压器铁心和初级绕组被很好地用于上述两种整流电路中。桥式整流器被用于高电压应用当中,而中心抽头整流器则是低输出电压应用中的首选。在续流阶段开始,漏感中能量回流到供应源中。整流二极管在截止时,在漏感和寄生电容之间的振荡可采用现代软开关方式避免产生。如果次级二极管采用同步整流器实现,在预偏压情况可能发生的前提下,调节器必须增加预偏压软启动特征。由于初级侧开关组的晶体管不可能完全相同,那么采用一个电流模式控制可以防止失衡现象出现。此外,电流模式控制由于能限制浪涌和过载电流,因此可提供启动和过载保护。在实践中,由于全桥变换器是专为大功率和高开关频率而设计的,因而 DCM 操作很少发生。相移控制而非占空比控制:初级侧的开关每半个周期导通一次。为避免跨导,下部开关的导通时间限制在半个周期以内。每个右侧开关相对于其对角线左侧开关都有一个延迟。在两对角线开关关断的切换阶段中,能量通过变压器从线负荷转移。续流阶段出现在两边的上侧或下侧开关关断时刻。移相控制时现代 ZVS 全桥变换器发展的关键,使其能够应用于 5 kW 的功率水平。全桥变换器有两种形式:电压驱动(Buck)和电流驱动(Boost)。在电流驱动全桥变换器中,初级侧所有晶体管导通的开关阶段,输入电感开始充电。在对角线对立的两组初级侧开关关断的切换阶段,能量通过变压器从线负荷转移。输入电感的存在使得输入电流具有非跳动性。整流电路中的二极管受限于大输出电压。由于用于初级侧开关的晶体管并不完全一致,因此导致了初级绕组加载电压的失衡,但这种失衡并不危险。由上述失衡产生的磁感电流中的直流分量受限于输入电感。

Buck、推挽型、半桥型和全桥型变换器的特点比较如表 3.4 所示。

表 3.4　降压式推拉，半桥和全桥变换器的特性

	$\dfrac{V_{out}}{V_{in}}$	V_{DSmax}	初级开关数	D_{max}	接地开关	开关电压应力
推拉	$2D\dfrac{N_s}{N_p}$	$2V_{in}$	2	<0.5	2	低
半桥	$D\dfrac{N_s}{N_p}$	V_{in}	2	<0.5	1(低者)	高
全桥	$2D\dfrac{N_s}{N_p}$	V_{in}	4	<0.5	2(低者)	低

全桥变换器的中心抽头型整流器和桥式整流器汇总如表 3.5 所示(半桥变换器中整流二极管的电压应力 V_D 是表 3.5 中的一半)。

表 3.5　全桥转换器的中心抽头整流器和桥型整流器的特性

	次级绕组利用率	同步滤波二极管数	能量转换阶段二极管电压	V_D	适用负载电压
中心抽头	差	2	V_F	$2\dfrac{N_s}{N_p}V_{in}$	低电压
桥型	好	4	$2V_F$	$\dfrac{N_s}{N_p}V_{in}$	低电压

习题

3.1　设计一个 CCM 工作下的 Buck 变换器，要求：$V_{in}=300$ V，$V_{out}=150$ V，$I_{out}=100$ A，输入纹波电流小于 0.1 A，输出纹波电压小于 1.5 V。变换器工作在 100 kHz 开关频率下。忽略所有直流寄生电阻。
(答案：需要一个输入滤波器。D = 0.5。$\Delta I_{Lin}=\dfrac{I_{out}}{32L_{in}C_{in}f_s^2}$，$\Delta V_{Cin}=\dfrac{I_{out}}{4f_sC_{in}}$。假设输入电压纹波为 3 V。
$C_{in}=8.33$ μF。$L_{in}=37.5$ μH。假设输出电流纹波为 0.1 A。$L=\dfrac{V_{out}(1-d)T_s}{\Delta I_L}=7.5$ mH。$\Delta V_{out}=\dfrac{V_{out}(1-D)}{8LC}T_s^2$。$C=0.0833$ μF)。

3.2　设计一个 48 V 转 5 V，35 W 的 Buck 变换器；V_{in} 范围是 [38.4 V，57.6 V]。工作频率 100 kHz(注意：这种变换器设计由 Texas Instruments 支持，采用 UC3578 控制器，用于电话机市场)。
(答案：$D_{nom}=0.104$，$D_{min}=0.087$，$D_{max}=0.13$，根据效率 $\eta=85\%$，优化为 $D_{nom}=0.122$，$D_{min}=0.102$，$D_{max}=0.153$。100 V 的肖特基二极管。满载 1.75 A 的电感纹波电流，$L=25.6$ μH——考虑可能的空载工作旋转 50 μH 余量。注意：我们选用公式 $L=\dfrac{V_{out}(1-D_{min})T_s}{\Delta I_L}$，因为：(a)假设在任何输入电压下，包括最恶劣情况下输入纹波电流小于 1.75 A；(b)不能用 $V_{out}(1-D)$ 替换 $(V_{in}-V_{out})D$，因为电压二次平衡是在假设效率 100% 情况下写出的。对于 0.0375 V 的输出电压纹波和 1.75 A 的电流纹波，$C>58.3$ μF，输出端电容等效串联电阻 <21 mΩ)。

3.3　设计 110 V 转 375 V，900 W Boost 变换器，参数：Pout 在 [75 W，1200 W] 范围内。
(提示：假设 $f_s=100$ kHz，$\eta=85\%$)。
(答案：最大平均输入电流 12.83 A，晶体管有效电流 10.78 A)。

3.4　设计一种输入电压 $V_{in}=100$ V，负载 $R=200$ Ω，占空比 $D=0.75$，工作频率 100 kHz 的 Boost 变换器。输入电感 $L=1$ mH。求出：
(a)输出电压

(b)平均输入电流

(c)电感电流纹波

(d)平均二极管电流

(e)电容电流有效值

(f)假设最大输出电压纹波为 1% 时的电容值

(答案:对于 100% 效率:400 V, 8 A, 0.75 A, 2 A, 3.46 A, 3.75 μF)。

3.5　设计 Boost-Buck 变换器,参数:$V_{in}=28$ V,范围[24 V, 32 V],$V_{out}=12$ V(与 V_{in} 极性相反),负载功率 [12 W, 120 W]。选择开关频率 100 kHz。设计电感使在最大输入电压和最小负载时,变换器工作在 CCM/DCM 临界状态。

(答案:假设 $\eta=85\%$, $D=[0.306, 0.37]$, $I_{Lav,max}=15.87$ A, $L=28.9$ μH, $I_{Smax}=I_{Dmax}=17.18$ A, $V_{Smax}=V_{Dmax}=44$ V,选择 IRF142 MOSFET,MUR2510 极快恢复二极管,$I_{Crms,max}=7.6$ A, $C=2.2$ mF)。

3.6　设计 Boost-Buck 变换器,指标:$V_{in}=28$ V,范围[24 V, 32 V],$V_{out}=12$ V(与 V_{in} 极性相反),负载功率 [0, 120 W],使它在任何线电压和负载情况下工作在 DCM 模式。选择开关频率 100 kHz。

(答案:假设 $\eta=85\%$, $L=2.89$ μH,选择 $L=2.2$ μH。$D_{max}=0.355$, $D_{2max}=0.605$; $I_{Smax}=I_{Dmax}=\Delta I_{L,max}=$ 39.27 A, $V_{DS(S)max}=V_{Dmax}=44$ V,选择 $C=1.8$ mF, 额定电压 25 V, $r_C=2.5$ mΩ, 保证 $\Delta V_{out}=0.02+$ 0.098$=0.118<0.01 V_{out}=0.12$ V)(注意比习题 3.5 中高的开关电流应力)。

3.7　采用电容上的安·秒二次平衡推导Ćuk变换器的直流电压增益公式。

(提示:根据图 3.32 展开导通和关断状态的 $i_{C1}(t)$)。

3.8　根据下述参数设计Ćuk变换器:$V_{in}=48$ V, $R=10$ Ω, $D=0.4$, $C_1=100$ μF, $f_s=20$ kHz。忽略输入和输出电感纹波以及所有寄生阻抗。假设效率 100%。计算:

(a)输出电压和功率

(b)平均输入和输出电感电流

(c)输入端电容平均电压

(d)输入端电容电压纹波,输入端电容电压的最大值和最小值

(e)晶体管和二极管上的最大电压应力

(答案:$V_{out}=32$ V, $P_{out}=102.4$ W, $I_{l2av}=3.2$ A, $L_{L1av}=2.133$ A, $V_{C1av}=80$ V, $V_{C1max}=80.32$ V, $V_{C1min}=$ 79.68 V, $\Delta V_{C1}=0.6399$ V, $V_{DSmax}=V_{Dmax}=80.32$ V)。

3.9　给出一种Ćuk变换器的设计:$V_{in}=48$ V, $R=10$ Ω, $D=0.4$, $f_s=20$ kHz。忽略输入和输出电感纹波和所有寄生阻抗。假设效率 100%。计算 C_1 使变换器工作在 CCM 和输入端电容性 DCM 边界状态。计算这种情况下的 V_{C1max}。

(答案:0.4 μF; $\Delta V_{C1}=160$ V, $V_{C1max}=160$ V。结论:在输入端电容性 DCM 状态我们采用一个很小的电容,但是产生开关管电压应力的最大电容电压,增加了设计值)。

3.10　一种Ćuk变换器可以设计用来提供负载电阻 10 Ω 的 250 W 功率。输入电流 10 A。变换器工作在输入容性 DCM 状态,占空比 0.7 开关频率 25 kHz。通过忽略输入和输出电感纹波,输出端电容电压纹波,并且所有的寄生阻抗,假设效率 100%,计算:

(a)平均输入和输出电压和输出电感电流

(b)输入端电容值

(c)确认变换器工作在输入容性 DCM 状态

(d)输入端电容电压为零的时间

(e)输入端电容两端的最大电压

(答案:$V_{in}=25$ V　$V_{out}=50$ V　$I_{out}=5$ A　$C_1=\left(\dfrac{I_{in}}{I_{out}}\right)^2\dfrac{(1-D)^2}{2Rf_s}=0.72$ μF; $k_{Cuk}=0.36<k_{Cuk,bound}=D^2=$ 0.49; $t_{disch}=24$ μs; $t_{on}-t_{disch}=4$ μs; $V_{C1max}=166.666$ V)。

3.11 设计一个 Ćuk 变换器, 输入电压为 30 V, 输出电压为 20 V 时, 其输出功率 300 W。该变换器开关频率为 25 kHz, 在 CCM/输入电容 DCM 模式边界运行。忽略输入和输出电感纹波, 输出电容器电压纹波以及所有的寄生电阻, 并假设转换为 100%, 计算:

(a)占空比

(b)输入电容的值及其两端的平均电压

(c)开关管的最大电压应力。

(答案:0.4, 2.4 μF, 100 V, 50 V)。

3.12 设计一个 Ćuk 变换器, 电压 5 V 下的输出功率为 1 W, $L_1 = 10$ μH, $L_2 =$ μH, 开关频率为 1 MHz。负载功率的变化范围为 0.5 ~ 1.5 W。假设在任何负载下其工作都在 DICM 下, 则其开关周期内的最大占空比 D 是多少?

(答案:$D < 0.225$)。

3.13 一种 SEPIC 变换器设计为输入电压 $V_{in} = 30$ V, 参数如下: $L_1 = L_2 = 150$ μH, $D = 0.45$, 并且工作在 50 kHz 开关频率。求解工作在 CCM 和 DCM 交界负载电阻值。

(答案: 24.79 Ω)。

3.14 一个 SEPIC 变换器设计以满足下述指标: $V_{in} = 30$ V, $V_{out} = 270$ V, $P_{out} = 364.5$ W, 输入和输出电感电流纹波是 6 A, 电容纹波电压是 0.81 V。工作在 CCM, 开关频率 100 kHz。假设效率 100%, 计算:

(a)平均输入输出电感电流

(b)占空比

(c)输入输出电感; 证明在特定负载下变换器 CCM 工作

(d)在多大负载下变换器从 CCM 变为 DICM

(e)电感电流最大值

(f)开关电流最大值(采用两种计算方法)

(g)流过 C_1 的电流有效值 $I_{C1,rms}$, 耦合电容电流纹波最大值 $I_{C1,rms,max}$

(h)满足输出电压纹波要求的电容值(假设电容的寄生串联电阻是零)

[答案: (a)12.15 A, 1.35 A, $R = 200$ Ω; (b)0.9; (c)45 μH, 45 μH, $L_{eq} = 22.5$ μH, $k_{DICM,SEPIC} = 0.0225 > 0.01$; (d)450 Ω; (e)15.15 A, 4.35 A; (f)19.5 A; (g)4.05 A, 6.32 A; (h)15 μF, 15μF]。

3.15 设计一种 SEPIC 变换器, 指标: $P_{out} = 150$ W, $V_{in} = 50$ V, $R = 42.98$ Ω, 输入电感电流纹波 8.9 A, 输出电流纹波 6.06 A, 输出电压纹波是输出电压的 1%, 耦合电容的电压纹波是平均耦合电容电压的 1%。变换器工作在 DICM, 占空比 0.4, 工作频率 30 kHz。假设效率 100%, 计算:

(a)平均输入和输出电感电流

(b)第二个开关拓扑持续时间 D_2

(c)满足电流纹波指标的输入电感值

(d)满足电流纹波指标的输出电感值

(e)最小输入电感电流 I

(f)输入和输出电感电流的最大值

(g)通过开关最大电流时的 L_{eq} 值(采用两种方法计算)

(h)满足电压纹波指标的两个电容值, 假设电容的串联寄生电阻是零

[答案: (a)3 A, 1.87 A; (b)$D_2 = 0.25$; (c)$L_1 = 74.9$ μH; (d)$L_2 = 110$ μH; (e)0.1 A; (f)9 A, 5.96 A; (g)$L_{eq} = 44.56$ μH, 14.96 A; (h)$C_1 = 78.23$ μF, $C_2 = 58.44$ μF]。

3.16 Zeta 变换器, 在输入电压范围[9 V, 15 V]时提供 1 W, 12 V 并且工作在开关频率 340 kHz, 假设效率 100%, 计算:

(a)最小和最大占空比

(b)输入电感电流的最大平均值

(c)采用两个 22 μH 电感耦合在同样的磁芯时输入电感电流纹波

(d)最大输入电感电流

(e)开关管最大电流和开关管电流有效值

(f)1% 纹波电压是能量传输电容值

(g)纹波电压峰–峰值 0.025 V 时的输出端电容值

[答案:(a)0.444 和 0.57;(b)1.333A;(c)0.34 A。注意由于耦合性,每个电感的纹波与两个分用磁性的电感相比为一半;(d)1.5 A。注意最大电流出现在最小电压时,也就是,电流纹波必须在最大占空比时计算;(e)2.67 A 和 1.77 A;(f)14 mF;(g)6.6 mF。注意耦合电感的方式影响计算电流纹波的公式]。

3.17 如果考虑效率为 90%,习题 3.16 中哪项会受到影响?

(答案:最大开关电路 2.82 A 等)。

3.18 一种 Zeta 变换器设计满足指标 $V_{in} = 311$ V 并且 $R = 5$ kΩ 如下:$L_1 = 10$ mH,$L_2 = 5$ mH 并且工作在开关频率 100 kHz。

(a)占空比是多少时工作在 CCM/DCM 边界状态

(b)在此情况下输出电压是多少

(c)输入电感电流和纹波是多少

(d)输出电感电流和纹波是多少

(e)证明电感电流的和在开关周期结束时变为零

[答案:(a)$D_{bound} = 0.635$;(b)541 V;(c)0.1882 A;0.1975 A,(d)0.108 A;0.395 A;(e)$I_{L1min} + I_{L2min}$ = 0。注意一个电感电流在关断拓扑中变为负值并不一定产生二极管导通状态的变化;变换器在上述例子中并不改变工作模式]。

3.19 找到另外一种方式证明在 Zeta 变换器中下述等式:$I_S = I_{L1} = I_{in}$ 和 $I_D = I_{L2} = I_{out}$(提示:写出所有电容的安培·秒平衡等式)。

3.20 根据下述要求设计正激变换器:V_{in} 是美国单相交流电压(90 ~ 132 V 有效值)整流之后的电压,额定值为 110 V 有效值,$V_{out} = 5$ V,输出功率范围是 10 ~ 100 W,变换器工作在 CCM 状态下。最大输出电感电流纹波为输出电流的 10%。最大输出电压纹波是负载电压的 1%。变换器工作频率 $f_s = 100$ kHz,采用第三绕组变压器进行铁心复位。假定效率为 80%。

(答案:$V_{in} = 156$ V,范围[127V,187V]。$D_{max} = 0.5$,考虑安全余量为 0.45。$D_{nominal} = 0.32$,范围[0.26,0.39];$N_s/N_p = 1/8$,$N_p = N_m$;$L = 20$ μH,$C = 200$ μF,16 V,0.025 Ω;$V_{D1max} = V_{Dmax} = 23$ V,$I_{D1max} = I_{Dmax}$ = 21 A,D 和 D_1 是 40 V,25 A 的肖特基二极管 MBR2540。$V_{D2max} = 374$ V,$I_{D2max} = 0.26$ A,D_2 是 600 V,5 A 快恢复二极管。在励磁电流为最大原边电流 10% 情况下,$V_{DS(S)max} = 374$ V,$I_{Smax} = 2.87$ A;S 是 400 V,10 A,0.55 Ω MOSFET IRF740)。

3.21 设计变换器输出电感,使之满足习题 3.20 中任何线电压和负载要求范围内变换器工作在 DCM 状态下。

(答案:在最坏情况下:最大负载电流,最低输入电压 $L_{max} = 0.76$ μH)。

3.22 在负载电流高达 100 A 情况下再次解答上题。假设在 CCM 状态下,在任何负载下,找出负载范围与输出电感最小值之间的关系(或者假设 DCM 状态下输出电感的最大值)。

(答案:$L_{max} = 0.15$ μH)。

3.23 考虑一种用于笔记本电脑应用的反激变换器:输入电压是范围 90 ~ 270 V 有效值内类正弦交流整流后得到,输出电压是 $V_{out} = 15$ V,负载电流范围 0 ~ 2 A。变换器工作开关频率是 100 kHz。计算使变换器在所有线电压和负载范围内工作在 DCM 状态下的最大励磁电感。

(答案:假设 $\eta = 85\%$,在 CCM/DCM 工作边界最大占空比 0.4,$\dfrac{N_s}{N_p} = 0.208$,选为 0.2,$L_{m, max} = 337.5$ μH)。

3.24 与习题 3.23 的情况相同,假设在所给的线电压和负载范围内工作在 CCM 下计算最小励磁电感。讨论在任何负载下保持 CCM 工作的可能性。

（答案：假设 $\eta = 85\%$，最大占空比 0.4，$\dfrac{N_s}{N_p} = \dfrac{1 - D_{max}}{D_{max}} \dfrac{V_{out}}{\eta V_{in,\,min}} = 0.208$，选择 0.2。$D_{min} = \dfrac{1}{1 + \dfrac{N_s}{N_p} \dfrac{\eta V_{in,\,max}}{V_{out}}} =$

0.188。对于 CCM 工作：$R < \left(\dfrac{N_s}{N_p}\right)^2 \dfrac{2 L_m f_s}{(1 - D)^2}$。在空载（负载电阻 R 无限大），需要一个无限大的励磁电

感。在轻载情况下变换器总是进入 DCM 工作状态。在 10% 负载情况下保持 CCM 工作状态，$L_{m,\,CCM,\,min} =$

$\dfrac{1}{2} \left(\dfrac{1}{2}\right)^2 \dfrac{V_{out}}{I_{out,\,min}} (1 - D_{min})^2 \dfrac{1}{f_s} = 6.18$ mH）。

3.25　证明工作在 DCM 下的电压驱动型推挽变换器的直流电压增益公式。

（答案：提示。从低损耗推挽变换器的输出电感的二次电压平衡等式 $\left(\dfrac{N_s}{N_p} V_{in} - V_{out}\right) D - V_{out} D_2 = 0$，

$$M = \frac{V_{out}}{V_{in}} = \frac{N_s}{N_p} \frac{D}{D + D_2}$$

写出半周期的平均输出电感电流 $\dfrac{1}{T_s/2} \displaystyle\int_0^{T_s/2} i_L(t)\,\mathrm{d}t = (D + D_2) I_{L\max}$，得到

$$I_{out} = I_L = (D + D_2) \frac{1}{L} \left(\frac{N_s}{N_p} V_{in} - V_{out}\right) D T_s = \frac{N_s}{N_p} \frac{D}{M} \frac{1}{L} \left(\frac{N_s}{N_p} \frac{1}{M} - 1\right) V_{out} D T_s$$

进而 $\left(\dfrac{N_p}{N_s}\right)^2 \dfrac{L}{R D^2 T_s} M^2 + \dfrac{N_p}{N_s} M - 1 = 0$。用 $\dfrac{1}{N}$ 替换 M，解 N 的等式，然后返回 M）。

3.26　计算工作在 CCM 下的推挽变换器需要的最小电感，指标如下：V_{in} 范围 $[127\text{ V},\ 187\text{ V}]$，$V_{out} = 12$ V，工作负载 $1 \sim 15$ A。假设效率为 85%。变换器工作在 250 kHz。

（答案：对于 $\dfrac{N_s}{N_p} = 0.15$，$L_{min} \approx 6$ μH——事实上，为了变压器设计方便选择 $\dfrac{N_p}{N_s}$ 的整数结果）（提示：在式

$D = \dfrac{V_{out}}{2 \dfrac{N_s}{N_p} \eta V_{in}}$ 中插入效率系数）。

3.27　设计半桥变换器的输出电感，指标：V_{in} 范围 $[127\text{ V},\ 187\text{ V}]$，$V_{out} = 5$ V，工作负载 $1 \sim 15$ A。效率假设 75%。变换器工作在 100 kHz。在任何工作情况下输出电感纹波电流小于 0.2 A。

（答案：假设 $D_{max} = 0.4$，在此附近计算 $\dfrac{N_s}{N_p}$ 得到 $\dfrac{N_s}{N_p} = 0.14286$，例如，$\dfrac{N_p}{N_s} = 7$，$L_{bound} = 6.25$ μH，$L = 62.5$ μH）。

3.28　证明电流驱动型半桥变换器直流输入-输出电压增益方程。
　　　（提示：采用电压二次平衡原理）。

3.29　证明电流驱动型全桥变换器直流输入-输出电压增益方程。
　　　（提示：采用电压二次平衡原理）。

3.30　设计全桥变换器的输出电感，指标：全范围输入线电压，也就是 V_{in} 范围 $[127\text{ V},\ 381\text{ V}]$，$V_{out} = 48$ V，负载 $5 \sim 25$ A。假设效率 85%。变换器工作在 100 kHz。在任何工作条件下输出电感纹波小于 2 A。

（答案：假设 $D_{max} = 0.4$，$\dfrac{N_p}{N_s} = 2$，$D_{min} = 0.148$，$D_{max} = 0.444$，$L = 84.48$ μH）。

3.31　分析证明，采用输入、输出和励磁电感的二次电压平衡，对于非隔离Ćuk变换器，电容 C_a 和 C_b 的平均电压是：$V_{Ca} = V_{in}$，$V_{Cb} = V_{out}$。

参考文献

Adams, J. (September 2001) *Flyback transformer design for the IRIS40xx Series*, Application Note AN-1024a, International Rectifier, http://www.irf.com/technical-info/appnotes/an-1024.pdf (accessed April 11, 2011).

Andreycak, B. (October 1994) *Active clamp and reset technique enhances forward converter performance*, Unitrode Corporation, http://focus.ti.com/lit/ml/slup108/slup108.pdf (accessed March 28, 2011).

Barbi, I. (February 2011) *Reflection on the static gain of the basic DC-DC converters with inclusion of the efficiency*, Private correspondence.

Barbi, I. (February 2011) *On the origin of the name of ZETA converter*, Private Correspondence.

Barbi, I., *Half-bridge in DCM*, Private Correspondence.

Barbi, I. and Cruz Martins, D. (2000) *Eletronica de Potencia. Conversores CC-CC Basicos Nao Isolados*, Edicao do Autor, Florianopolis, Brasil.

Been, Y.S. (October 2007) *Design tutorial: power-supply optocoupler basics*, *EE Times Design*, http://www.eetimes.com/design/power-management-design/4012201 (accessed February 2011).

Bowling, S. (2006) *Buck-boost LED driver using the PIC16F785 MCU. Application Note AN1047*, Microchip Technology Inc., http://ww1.microchip.com/downloads/en/AppNotes/01047a.pdf (accessed December 2010).

Brown, J. (March 2006) *Smart rectification benefits half-bridge converters*, Power Electronics Technology, Vishay Siliconix, http://powerelectronics.com/mag/603PET21.pdf (accessed June 2011).

Burgoon, D. (2007) *Buck-Boost Controller Simplifies Design of DC/DC Converters for Handheld Products*, Design Note 424, Linear Technology, Milpitas, CA, http://cds.linear.com/docs/Design%20Note/dn424f.pdf (accessed May 9, 2012)

Ćuk, S. (1978) Discontinuous inductor current mode in the optimum topology switching converter. IEEE Power Electronics Conf. Record, June 1978, Syracuse, NY, pp. 105–123.

Ćuk, S. (1978) Switching DC-to-DC converter with zero input or output current ripple. Proc. IEEE Industry Application Society Annual Meeting, Oct. 1978, Toronto, Canada, pp. 1131–1146.

Ćuk, S. and Middlebrook, R.D. (1977) A new optimum topology switching DC-to-DC converter. IEEE Power Electronics Conf. Record, June 1977, Palo Alto, CA, pp. 160–179.

Davoudi, A., Jatskevich, J., and Chapman, P.L. (2008) Computer-aided dynamic characterization of fourth-order PWM DC-DC converters. *IEEE Transactions Circuits and Systems*, **55**(10), 1021–1025.

de Britto, J.R., Demian, A.E. Jr., de Freitas, L.C. *et al.* (2007) Zeta DC/DC converter used as LED lamp drive. Proc. of European Conference on Power Electronics and Applications, September 2007, Aalborg, Denmark, pp. 1–7.

DeNardo, A., Femia, N., Petrone, G., and Spagnuolo, G. (2010) Optimal buck converter output filter design for point-of-load applications. *IEEE Transactions on Industrial Electronics*, **57**(4), 1330–1341.

Dennis, M. (2001) *UC3578 Telecom buck converter reference design*, Application Note SLUU095, Texas Instruments, http://encon.fke.utm.my/nikd/latest/sluu095.pdf (accessed November 2010).

Dickson, L.H. (2001) *Magnetics designs for switching power supplies. Section 5: Inductor and flyback transformer design*, Texas Instruments, http://focus.ti.com/lit/ml/slup123/slup123.pdf (accessed April 11, 2011).

Dinwoodie, L. (2003) *Design review: isolated 50 watt flyback converter using the UCC3809 primary side controller and the UC3965 Precision Reference and Error Amplifier*, Application Note U-165, Unitrode Products from Texas Instruments Inc., www.nalanda.nitc.ac.in/industry/AppNotes/Unitrode/slua086.pdf, or http://focus.ti.com/lit/ug/sluu096/sluu096.pdf (accessed April 11, 2011).

Falin, J. (2010) *TPS61175 SEPIC design*, Application Report SLVA337, Texas Instruments, http://focus.tij.co.jp/jp/lit/an/slva337/slva337.pdf (accessed February 2011).

Falin, J. (2010) *Designing DC/DC converters based on ZETA topology*, Analog Applications Journal, Texas Instruments Inc., 2Q 2010, 16–21, http://focus.ti.com/lit/an/slyt372/slyt372.pdf (accessed February 2011).

Feucht, D.L., *Cuk-Based Converter Concepts, Part 3: SEPIC converter design*, http://www.en-genius.net (accessed January 2011).

Gu, W. and Zhang, D. (2008) *Designing a SEPIC converter*, Application Note 1484, National Semiconductor, http://www.national.com/an/AN/AN-1484.pdf (accessed February 2011).

Huber, L. and Jovanović, M.M. (2000) A design approach for server power supplies for networking applications. Proc. IEEE Applied Power Electronics Conf., New Orleans, LA, February 2000, pp. 1163–1169.

Jozwik, J.J. and Kazimeirczuk, M.K. (1989) Dual SEPIC PWM switching-mode DC/DC power converter. *IEEE Transactions on Industrial Electronics*, **36** (1), 64–70.

Kazimierczuk, M.K. (2008) *Pulse-width Modulated DC-DC Power Converters*, John Wiley and Sons Ltd, Chichester, UK.

Kessler, M.C. (May 2010) *Synchronous inverse SEPIC topology provides high efficiency for noninverting buck/boost voltage converters*, Analogue Dialogue, 44–05, http://www.analog.com/library/analogDialogue/archives/44-05/sepic.html (accessed February 2011).

Kollman, R. (2010) *Power tip 21: watch that capacitor rms ripple current rating*, Texas Instruments, http://www.eetimes.com/design/power-management-design.

Koo, G.B. (2006) *Design guidelines for RCD snubber of flyback converters*, Application Note AN-4147, Fairchild Semiconductor, www.fairchildsemi.com/an/AN/AN-4147.pdf (accessed April 11, 2011).

Lee, Y.S. (1993) *Computer-Aided Analysis and Design of Switch-Mode Power Supplies*, M. Dekker, Inc., New York.

Lei, W.H. and Man, T.K., *A general approach for optimizing dynamic response for buck Converter*, Application Note AND8143/D, On Semiconductor, http://www.cpdee.ufmg.br/~porfirio (accessed November 2010).

Leu, C.S., Hua, G., and Lee, F.C. (1991) Comparison of the forward circuit topologies with various reset schemes. Proc. of Virginia Power Electronics Center Seminar, Sept. 1991, Blacksburg, VA, pp. 101–109.

Lin, B.T. and Lee, Y.S. (1997) Power factor correction using Ćuk converters in discontinuous-capacitor voltage mode operation. *IEEE Transactions Industrial Electronics*, **44** (5), 648–653.

Massey, R.P. and Snyder, E.C. (1977) High voltage single-ended DC-DC converter. IEEE Power Electronics Conf. Record, June 1977, Palo Alto, CA, pp. 156–159.

Maxim (January 2001) *Flyback converter serves battery-powered CCD applications*, Application Note 665, Maxim, www.maxim-ic.com/app-notes/index.mvp/id/665 (accessed April 11, 2011).

Maxim (August 2003) *50W voltage-mode forward converter design with the MAX8541*, Maxim Application Note 2039, http://www.maxim-ic.com/app-notes/index.mvp/id/2039 (accessed March 28, 2011).

Maxim (March 2007) *Designing single-switch, resonant-reset, forward converters*, Application Note 3983, Maxim, http://www.maxim-ic.com/app-notes/index.mvp/id/3983 (accessed March 28, 2011).

Maxim (November 2001) *DC-DC converter tutorial*, Application Note 2031, Maxim http://www.maxim-ic.com/app-notes/index.mvp/id/2031 (accessed March 28, 2011).

Middlebrook, R.D. (1979) Modelling and design of the Ćuk converter. Proc. Sixth Nationa Solid-State Power Conversion Conf., Powercon 6, May 1979, Miami Beach, FL, pp. G3.1–G3.14.

Middlebrook, R.D. and Ćuk, S. (1978) Isolation and multiple output extensions of a new optimum topology switching DC-to-DC converter. IEEE Power Electronics Conf. Record, June 1978, Syracuse, NY, pp. 256–264.

National Semiconductor (January 2005) *LM2611 1.4MHz Cuk Converter*, http://www.national.com/ds/LM/LM2611.pdf (accessed January 2011).

Niculescu, E., Niculescu, M.C., and Purcaru, D.M. (2007) Modelling the PWM SEPIC converter in discontinuous conduction mode. Proc. of the 11th WSEAS International Conf. on Circuits, July 2007, Agios Nikolaos, Crete, Greece, pp. 98–103.

Palczynski, J. (1993) *Versatile low power SEPIC converter accepts wide input voltage range*, Design Note DN-48, UNITRODE, http://focus.ti.com/lit/an/slua158/slua158.pdf (accessed February 2011).

Palczynski, J. (1999) *UC2577 controls SEPIC converter for automotive applications*, Design Note DN-49, UNITRODE, http://focus.ti.com/lit/an/slua181/slua181.pdf (accessed February 2011).

Panov, Y. and Jovanović, M.M. (2001) Design considerations for 12-V/1.5-V, 50-A voltage regulator modules. *IEEE Transactions on Power Electronics*, **16** (6), 776–783.

Paynter, D. (1956) An unsymmetrical square-wave power oscillator. *IRE Transactions on Circuit Theory*, **3** (1), 64–65.

Polivka, W.M., Chetty, P.R.K., and Middlebrook, R.D. (1980) State-space average modelling of converters with parasitic and storage-time modulation. IEEE Power Electronics Conf. Record, June 1980, Atlanta, GA, pp. 119–143.

Qiao, M., Parto, P., and Amirani, R. (2002) *Stabilize the buck converter with transconductance amplifier*, Application Note AN-1043, International Rectifier, www.irf.com/technical-info/appnotes/an-1043.pdf (accessed November 2010).

Ridley, R. (2006) Analyzing the Sepic converter. *Power Systems Design Europe* (November), 14–18.

Sclocchi, M., *Switching power supply design: LM5030 push–pull converter*, Application Note National Semiconductor, http://www.datasheetarchive.com/datasheet-pdf/075/DSAE0018259.html (accessed May 2011).

Severns, R. (2000) History of the forward converter. *Switching Power Magazine* (July), 20–22.

Severns, R.P. and Brown, G. (1985) *Moden DC-DC Switchmode Power Converter Circuits*, Van Nostrand Reinhold Company Inc., New York.

Sipex (July 2007) *Zeta converters basics baased on Sipex's SP6125/6/7 controllers*, Application Note ANP29, Sipex Corporation, http://www.bing.com/search?q=ANP29&pc=conduit&form=CONBDF&ptag=A1ABE2870D3204E8590F&conlogo=CT1619836 (accessed February 2011).

Supertex (March 2009) *Designing high-performance flyback converters with the HV9110 and HV9120*, Application Note AN-H13, Supertex Inc., http://www.supertex.com/pdf/app_notes/AN-H13.pdf (accessed April 11, 2011).

Texas Instruments (July 2011) *Advanced PWM controller with pre-bias operation*, Texas Instruments, http://focus.ti.com/lit/ds/slusa29c/slusa29c.pdf (accessed June 2011).

Tse, K.K., Ho, M.T., Chung, H.S.H., and Hui, S.Y.R. (2002) A novel maximum power point tracker for PV panels using switching frequency modulation. *IEEE Transactions on Power Electronics*, **17** (6), 980–989.

Vidal-Idiarte, E., Martinez-Salamero, L., Guinjoan, F. *et al.* (2004) Sliding and fuzzy control of a boost converter using a 8-bit microcontroller. *IEE Proceedings – Electrical Power Applications*, **151** (1), 5–11.

Vishay Siliconix (July 2002) *Designing a wide input range DCM flyback converter using the Si9108*, Application Note AN730, Vishay Siliconix, www.vishay.com/docs/71180/71180.pdf (accessed April 11, 2011).

Vorperian, V. (2006) *Analysis of the Sepic Converter*, Ridley Engineering Inc., www.switchingpowermagazine.com (accessed February 2011).

Vuthchhay, E. and Bunlaksananusorn, C. (2008) Dynamic modeling of a Zeta converter with state-space averaging technique. Proc. of 5th International Conf. Electrical Engineering, Electronics, Computer, Telecommunications and Information Technology, ECTI-CON, May 2008, Krabi, Thailand, pp. 969–972.

Walding, C. (2007) Forward-converter design leverages clever magnetics. *Power Electronics Technology* (July), 22–29.

Walker, E., *Design review: a step-by-step approach to AC line-powered converters*, http://focus.ti.com/lit/ml/slup229/slup229.pdf (accessed February 2011).

Watson, R., Lee, F.C., and Hua, G.C. (1966) Utilization of an active - clamp circuit to achieve soft switching in flyback converters. *IEEE Transactions on Power Electronics*, **11** (1), 162–169.

West Coast Magnetics *Flyback converter design*, Application Notes ALNT 1440, West Coast Magnetics, http://www.wcmagnetics.com/images/pdf/wcmappnotes.pdf (accessed April 11, 2011).

Wolfs, P.J. (1993) A current-sourced DC-DC converter derived via the duality principle from the half-bridge converter. *IEEE Transactions on Industrial Electronics*, **40** (1), 139–144.

Yang, I.S. (July 2000) *The use of QFETs in a flyback converter*, Application Note AN9008, Fairchild Semiconductor, www.fairchildsemi.com/an/AN/AN-9008.pdf.

Yang, I.S. (July 2000) *A 180W, 100 KHz forward converter using QFET*, Application Note AN 9015, Fairchild Semiconductor, http://www.fairchildsemi.com/an/AN/AN-9015.pdf (accessed April 11, 2011).

Yoshida, K., Ishii, T., and Nagagata, N. (1992) Zero voltage switching approach for flyback converter. Proceedings 14th International Telecommunication Energy Conf., Washington DC, October 1992, pp. 324–329.

第4章 DC-DC变换器的衍生结构

第3章阐述了基本DC-DC变换器，然而正如第1章所述，不同的应用产生特殊的需求，而主要变换器又不能满足所需。例如：有时我们需要某类电源，其输出电压对输入电压的升降比数倍于Buck变换器和Boost变换器，甚至超过隔离变换器；或者，有时候需某类电源，能够输出特别大的负载电流；还有许多例子。这就是为什么在基本变换器的基础上，衍生了很多新的变换器，它是在经典变换器的拓扑结构上做一些改动，或从基本变换器拓扑的不同连接上衍生出来。

新的DC-DC变换器能够满足专用的需求，但这些优点的获取总是要附加代价的，或增加了电流或电压的应力，或增加所需要的元器件数量。

4.1 推挽、半桥和全桥变换器的倍流整流器(Current Doubler Rectifier，CDR)

正如3.10节至3.12节所述，在推挽、半桥和全桥变换器中，输出电感和变压器次级绕组流过负载电流。特别是在输出电压非常低的电源中(比如给集成电路供电的电源)，负载电流可能会很大，造成大功率损耗。

在阐述全波整流带中心抽头变压器的次级绕组时，曾说每个续流阶段的输出电流是均匀分布在两个次级绕组上的。然而，实际上变压器的漏感导致特性差异很大：在一个能量转换阶段之后，在有源输出阶段输出电流的那一部分电路，将继续输出更大一部分电流，而另一半整流电路的电流将缓慢建立起来，这决定于变压器漏感储存能量的大小。最终，经过一段时间之后，两个整流二极管和次级绕组才分别负担一半大小的负载电流(在此，不考虑磁化电流的影响)。我们将讨论更多的实际转换过程，包括从有源输出阶段到续流阶段。此时，只注意电流分布的不均匀，它造成次级绕组的电流有效值很大，意味着次级绕组和整流二极管更大的导通损耗，同样的讨论对全波桥式二极管整流器也是有效的。

对于推挽、半桥和全桥变换器，可采用倍流整流器。它也可以用于零电压开关的正激变换器(由于其典型工作，被称为正激/反激变换器，将在软开关技术章节中阐述)，这些变换器的共同特点是变压器次级绕组工作电压是双极性变化的。倍流整流器包含一个单端次级绕组，两个输出电感和一个输出电容(参见图4.1)，初级绕组、次级绕组和两个电感的工作电压，以及电感电流也在图中标记出来。

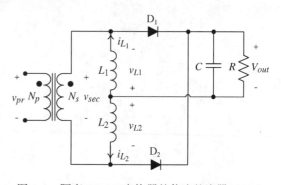

图4.1 隔离DC-DC变换器的倍流整流器(CDR)

4.1.1　倍流整流器的周期运行

以下分析稳态开关周期中 CDR 的工作。

(1) 等效开关阶段 1 (有源输出阶段, 也称为功率输出阶段): $0 \leqslant t < DT_s$

在第一个开关周期 [参见图 4.2(a)], 初级电流从同名端流入, 电压极性如图 4.1 所示, 二极管 D_2 工作在关态。电流 i_{L1} 流过二极管 D_1 和负载。根据基尔霍夫电压定律 (KVL), $v_{L1} + V_{out} = 0$, 也就是

$$v_{L1} = -V_{out}$$

此开关拓扑表明电感 L_1 放电, $i_{L1}(t)$ 线性下降:

$$i_{L1}(DT_S) = i_{L1}(0) - \frac{V_{out}}{L_1}DT_S$$

电压和电流波形如图 4.3 所示。

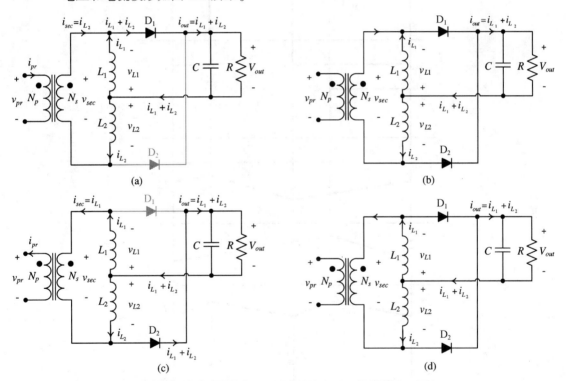

图 4.2　CDR 开关阶段的等效电路。(a) 开关阶段 1 (有源输出阶段), $0 \leqslant t < DT_s$;

(b) 开关阶段 2 (续流阶段), $DT_s \leqslant t < \dfrac{T_s}{2}$; (c) 开关阶段 3 (有源输出阶段),

$\dfrac{T_s}{2} \leqslant t < \dfrac{T_s}{2} + DT_s$; (d) 开关阶段 4 (续流阶段) $\dfrac{T_s}{2} + DT_s \leqslant t < T_s$

次级电流从变压器次级绕组的同名端流出。电流 i_{L2} 将流过次级绕组、二极管 D_1 和负载

$$i_{sec}(t) = i_{L2}(t)$$

$$v_{L2} = v_{sec} - V_{out} = \frac{N_s}{N_p} v_{pr} - V_{out}$$

在推挽和全桥变换器中，变压器初级绕组电压为 V_{in}，在半桥变换器中为 $\dfrac{V_{in}}{2}$。

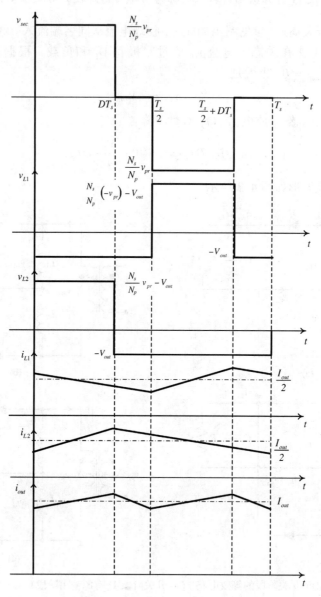

图 4.3　CDR 的电压和电流波形 $\left(\dfrac{N_s}{N_p} = 0.25 , L_1 = L_2 \right)$

在此阶段，干线输入能量通过变换器传输到负载。因此也称之为有源输出或功率输出阶段。电感 L_2 充电，$i_{L2}(t)$ 从最小值增大至最大值，在此开关拓扑结束时

$$I_{L2max} = I_{L2min} + \frac{\frac{N_s}{N_p} v_{pr} - V_{out}}{L_2} DT_s$$

电感 L_2 的电流纹波由下式给出：

$$\Delta I_{L2} = I_{L2\max} - I_{L2\min} = \frac{\dfrac{N_s}{N_p}v_{pr} - V_{out}}{L_2}DT_s$$

对于推挽和全桥变换器，可得到

$$\Delta I_{L2} = \frac{\dfrac{N_s}{N_p}V_{in} - V_{out}}{L_2}DT_s$$

两个电感电流的总和流过二极管 D_1。输出电流等于此总和

$$i_{out}(t) = i_{L1}(t) + i_{L2}(t)$$

假设两个滤波电感完全相同（$L_1 = L_2$）且两个整流二极管也相同，则每个电感分别承担一半的负载电流（需采用电流控制模式，如峰值电流型，以保证两个输出电感的电流平均值大小相等），变压器每个次级绕组也分别流过一半的负载电流。

（2）等效开关阶段 2（续流阶段）：$DT_s \leqslant t < \dfrac{T_s}{2}$

随着 PWM 对初级开关的指令，当初级绕组电压降至 0，次级绕组电压也变为零：$v_{sec} = 0$。因此，二极管 D_2 不再处于反向偏置[参见图 4.2（b）]。两个二极管皆导通，此时

$$v_{L1} = -V_{out}$$
$$v_{L2} = -V_{out}$$

也就是说，两个电感皆放电且电感电流下降。电流 $i_{L1}(t)$ 将继续之前的流通路径。甚至，理论上来说，D_2 必须载运通过 L_2 的所有电流。由于变压器的寄生效应（漏感），次级绕组仍留存一部分电流，所以 $i_{L2}(t)$ 的一部分将流过次级绕组。D_1 的电流等于 i_{L1} 和初级反射到次级的泄漏电流之和。

（3）等效开关阶段 3（有源输出阶段，也称为功率输出阶段）：$\dfrac{T_s}{2} \leqslant t < \dfrac{T_s}{2} + DT_s$

只考虑典型的变换器，第二个半周期的工作与第一个半周期对称。因此，原边绕组电压的极性发生了变换；次级电压的极性与图 4.1 标注的相反。这导致 D_1 反向偏置而 D_2 正向偏置[参见图 4.2（c）]。初级电流从同名端流出（回顾推挽、半桥及全桥变换器的工作）；所以，次级绕组的电流从同名端流入，根据 KVL 方程，v_{sec} 和 v_{pr} 如之前定义的那样

$$v_{L1} = -v_{sec} - V_{out} = -\frac{N_s}{N_p}v_{pr} - V_{out}$$

由于在推挽和全桥变换器中 $v_{pr} = -V_{in}$，在半桥变换器中 $v_{pr} = -\dfrac{V_{in}}{2}$，所以

$$v_{L2} = -V_{out}$$

结果是 L_1 充电 L_2 放电。下降的电流 $i_{L2}(t)$ 只流过二极管 D_2 而不流过变压器次级绕组。上升的电流 $i_{L1}(t)$ 将流过变压器次级绕组，二极管 D_2 和负载。因此，与第一个开关阶段相同，次级绕组只流过一半的负载电流而 D_2 将流过所有的负载电流，这一电流等于两个电感电流之和

$$i_{out}(t) = i_{L1}(t) + i_{L2}(t)$$
$$i_{sec}(t) = i_{L1}(t)$$

此外，每个电感分别承担一半的负载电流。在这一阶段，电流 $i_{L1}(t)$ 从它的最小值增加至它的最大值

$$I_{L1max} = I_{L1min} + \frac{-\dfrac{N_s}{N_p} v_{pr} - V_{out}}{L_1} DT_s$$

由此式可得，电流 $i_{L1}(t)$ 的纹波与第一个开关阶段（假设 $L_1 = L_2$）时电流 i_{L2} 的纹波相等。例如，对全桥和推挽变换器，可得到

$$\Delta I_{L1} = I_{L1max} - I_{L1min} = \frac{-\dfrac{N_s}{N_p} v_{pr} - V_{out}}{L_1} DT_s = \frac{\dfrac{N_s}{N_p} V_{in} - V_{out}}{L_1} DT_s$$

（4）等效开关阶段 4（续流阶段）：$\dfrac{T_s}{2} + DT_s \leqslant t < T_s$

随着 PWM 开关的指令，变压器初级 $v_{sec} = v_{pr} = 0$；两个整流二极管均处于通态[参见图 4.2(d)]。电流 $i_{L2}(t)$ 继续流过二极管 D_2。理论上，D_1 将不得不流过 L_1 的电流，但是，实际上，部分电流（初级反射到次级的漏感电流）将流过次级绕组。D_2 的电流等于 i_{L2} 和漏感电流之和。

由于

$$v_{L1} = -V_{out}$$
$$v_{L2} = -V_{out}$$

可得两个电感电流都是下降的。

上述分析表明，在所有的开关阶段，次级绕组流过的最大电流只有负载电流的一半。两个电感分别载运一半的负载电流（忽略漏感电流）。忽略电感电流纹波，可得

$$I_{L1} = I_{L2} = \frac{I_{out}}{2}$$

至此，可以指出倍流整流器的一些优点。变压器次级绕组不需要中心抽头，简化了变压器结构；流过次级绕组的电流只有负载电流的一半，次级绕组的铜耗减少；更重要的是，在保持相同电感应力的情况下可将负载电流增加一倍，因为电感电流是变压器全波整流和二极管全桥整流的一半；在整流器中采用两个电感提供了更好的散热性能。

为了保证 CDR 正常工作，电流在两个滤波电感的分流必须平衡，也就是说，其平均值在一个周期内必须相等，故电压控制是不合适的。峰值电流型控制可用于倍流整流器。例如德州仪器建议采用 UCC3895 相移 PWM 控制器或者 UCC3808 推挽 PWM 控制器。

4.1.2　具有倍流整流器（CDR）的变换器的电压变换比

根据图 4.3，对 L_1 或 L_2 任一电感应用伏·秒平衡方程，可得

$$\left(\frac{N_s}{N_p} v_{pr} - V_{out} \right) D + (1 - D)(-V_{out}) = 0$$

即

$$V_{out} = D \frac{N_s}{N_p} v_{pr}$$

其中 $D < 0.5$。

对于推挽和全桥变换器：$V_{out} = D\dfrac{N_s}{N_p}V_{in}$，对于半桥变换器：$V_{out} = \dfrac{1}{2}D\dfrac{N_s}{N_p}V_{in}$，即当采用全波整流器时，输出电压只有一半。这是预期的结果，因为我们的目标是在相同功率下增加电流输出能力的。如果希望在采用变换器实现更大的输出电流的同时输出更大的功率，可以倍增 N_s，这样可以和采用全波整流器一样输出相同电压。

4.1.3　电流纹波率

电流倍增器的主要优点之一是可以减少输出电流 i_{out} 的纹波。回顾第 3 章设计输出电容的方法是：给定可接受的输出电压纹波 ΔV 和已知电感的纹波电流，用方程 $\Delta V = \dfrac{\Delta V}{8C}T_s + r_C\Delta I$ 可计算出输出电容 C。如果可以使两个输出电感"交错"工作而降低输出电流纹波，CDR 只需要一个比全波整流器小很多的滤波电容。从分析图 4.3 所示的输出电流的波形：$i_{out}(t) = i_{L1}(t) + i_{L2}(t)$，可看出 $i_{out}(t)$ 的电流纹波比 $i_{L1}(t)$ 或 $i_{L2}(t)$ 要小很多；还可以看出输出电流 $i_{out}(t)$ 的纹波频率是 $i_{L1}(t)$ 和 $i_{L2}(t)$ 纹波频率的两倍。这是因为两个电感的工作都是：一个在充电时，另一个在放电。或者可以用另一种方式看待这一过程：电流 $i_{L1}(t)$ 以 $\dfrac{T_s}{2}$ 的延迟重复着 $i_{L2}(t)$ 的工作，即两个电感是交错工作的。

为了计算电流纹波率 K，根据图 4.3

$$\Delta I_{out} = I_{out,\max} - I_{out,\min} = [i_{L1}(DT_s) + i_{L2}(DT_s)] - [i_{L1}(0) + i_{L2}(0)]$$
$$= [i_{L1}(DT_s) - i_{L1}(0)] + [i_{L2}(DT_s) - i_{L2}(0)]$$

根据上述开关阶段 1 的分析，取 $L_2 = L_1 = L$，可以得到

$$i_{L1}(DT_s) - i_{L1}(0) = \frac{-V_{out}}{L_1}DT_s$$

$$i_{L2}(DT_s) - i_{L2}(0) = \frac{\dfrac{N_s}{N_p}v_{pr} - V_{out}}{L_2}DT_s$$

即

$$\Delta I_{out} = \frac{-V_{out}}{L}DT_s + \frac{\dfrac{N_s}{N_p}v_{pr} - V_{out}}{L}DT_s$$

根据电流纹波率定义：$K = \dfrac{\Delta I_{out}}{\Delta I_L}$，有

$$K = \frac{\dfrac{-V_{out}}{L}DT_s + \dfrac{\dfrac{N_s}{N_p}v_{pr} - V_{out}}{L}DT_s}{\dfrac{\dfrac{N_s}{N_p}v_{pr} - V_{out}}{L}DT_s} = \frac{\dfrac{N_s}{N_p}v_{pr} - 2V_{out}}{\dfrac{N_s}{N_p}v_{pr} - V_{out}} = \frac{\dfrac{N_s}{N_p}v_{pr} - 2D\dfrac{N_s}{N_p}v_{pr}}{\dfrac{N_s}{N_p}v_{pr} - D\dfrac{N_s}{N_p}v_{pr}} = \frac{1 - 2D}{1 - D}$$

$K(D)$ 的函数关系如图 4.4 所示。可以看出，对相同的变换器，电流纹波率决定于占空比：在滤波电容 C 之前，输出电流纹波在占空比 D 最大时达到最小值。

可是，占空比的大小决定于变压器匝比的设计。为了分析变压器匝比对电流纹波率的影响，考虑一个计算实例：一个全桥变换器的输入电压范围为 $[36\ \text{V}, 72\ \text{V}]$，要求负载电压为

4 V(典型电压为3.3 V,考虑输出二极管0.7 V的压降)。首先选择 $\dfrac{N_s}{N_p} = \dfrac{1}{2}$,从 $V_{out} = D\dfrac{N_s}{N_p}V_{in}$,可得:当 $V_{in,max} = 72\ V$,$D_{min} = 0.111$;当 $V_{in,max} = 36\ V$,$D_{max} = 0.222$,相应的电流纹波率 K 变化范围为 $0.875 \sim 0.715$。然后选择 $\dfrac{N_s}{N_p} = \dfrac{1}{3}$,占空比变化范围为:$[0.166, 0.333]$,相应的电流纹波率 K 变化范围为:$[0.8, 0.5]$。对于 $\dfrac{N_s}{N_p} = \dfrac{1}{4}$,占空比变化范围为:$[0.222, 0.444]$,相应的电流纹波率 K 变化范围为:$[0.715, 0.201]$。最后,为了从 36 V 得到需要的 4 V 电压,因为占空比 D 的值不能超过 0.5,则不能设计 $\dfrac{N_s}{N_p} = \dfrac{1}{5}$ 的变压器。从上面的分析讨论可以看出小的匝比有助于降低电流纹波率。

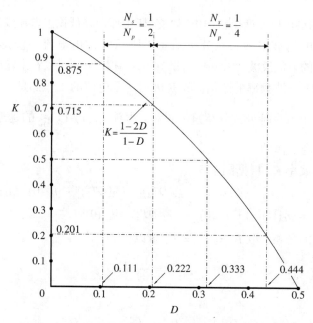

图 4.4　电流纹波率随占空比衰减的曲线(以实际计算为例,输入电压范围[36 V, 72 V],

输出电压3.3 V,整流二极管正向压降为0.7 V,两种变换器的匝比: $\dfrac{1}{2}$ 和 $\dfrac{1}{4}$)

4.1.4* 　其他结构的倍流整流器(CDR)

在图4.1所示的倍流整流器中,二极管是以共阴极方式连接的,其实以共阳极方式连接也是可以的,如图4.5所示其工作不受影响。

或者还可以采用图4.6的电路结构,初级开关配置成全桥方式。由于在低压大电流输出时通常采用同步整流,图 4.6 中采用同步 MOSFET SR_1 和 SR_2 代替了二极管。MOSFET 源极都是接地的,这样可以采用简单的驱动电路从而简化电路结构并节省空间。德州仪器公司应用此原理设计了 UCC37324 芯片来驱动这些晶体管。

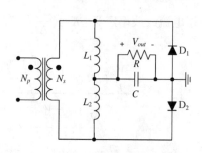

图 4.5　二极管共阳极方式连接的 CDR

此电路结构稳态时的开关阶段工作如图 4.7(a) ~ (d)所示。其中忽略了磁化电流。采用

了传统的占空比控制或移相控制。在有源输
出阶段中[参见图 4.7(a)和 4.7(c)]，SR_1
或 SR_2 要载运所有负载电流。这就产生了两
个分立的电感电流路径。变压器次级绕组的
电流和流过 L_1 或 L_2 的电流相等，为负载电流
大小的一半(假设输出电感之间和同步 MOS-
FET 之间的特性是完全相同的)。在续流阶
段[参见图 4.7(b)和 4.7(d)]，受变压器漏
感的影响，有一些电流流过变压器的次级绕
组。在此阶段电流 i_{sec} 等于初级漏感电流 i_{lk}
反射到次级的电流，保持上一个有源开关阶

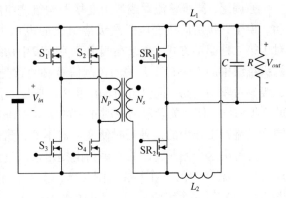

图 4.6　同步整流全桥变换器的倍流整流器

段的电流方向。这在两个同步 MOSFET 中产生很小的电流不平衡(应用 KCL 的结果)。所以，
在图 4.7(b)中，在续流阶段开始时，SR_1 载运的电流为 $i_{L1} - i_{sec}$，SR_2 载运的电流为 $i_{L2} + i_{sec}$。在
图 4.7(d)中，SR_1 载运的电流比电感电流 i_{L1} 大，SR_2 载运的电流比 i_{L2} 小。最终，漏感向负载放
电，SR_1 和 SR_2 分别载运一个电感的电流，即一半的负载电流。

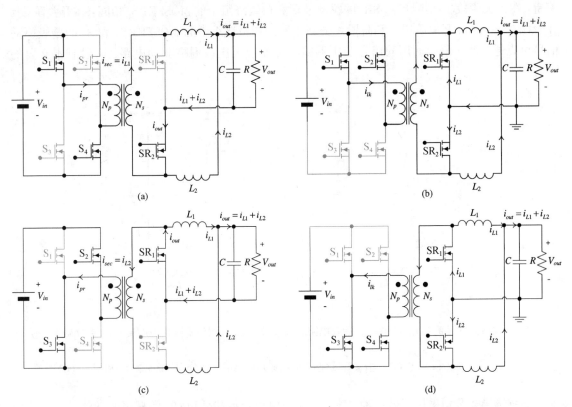

图 4.7　同步整流 CDR 的开关阶段等效电路。(a)开关阶段 1(有源输出阶段)

$0 \leqslant t < DT_s$；(b)开关阶段 2(续流阶段)$DT_s \leqslant t < \dfrac{T_s}{2}$；(c)开关阶段 3(有源输

出阶段)，$\dfrac{T_s}{2} \leqslant t < \dfrac{T_s}{2} + DT_s$；(d)开关阶段 4(续流阶段)$\dfrac{T_s}{2} + DT_s \leqslant t < T_s$

　　原理上，同步整流器或者由变换器次级绕组的电压自驱，或者由控制原边开关的 PWM 驱动。由于在续流阶段变压器次级绕组上的电压为零，第一种驱动方法不能用于上述变换器。对于第二种驱动方式，由于在四个开关阶段中初级绕组中的开关的驱动波形与次级开关不同，初级绕组中的 MOSFET 开关的控制信号必须首先通过逻辑门控制，再通过信号变压器转换至次级参考驱动电路，提供驱动 SR$_1$ 和 SR$_2$ 栅极的信号。这一过程的延迟时间太长，远大于确保的延迟时间，使开关阶段结束时正常的次级 MOSFET 关断未完成而初级 MOSFET 却提前导通。同步整流器工作中的这种延时使变换器不能正常工作。

　　为解决这个问题，TI 的应用指南提出了改进。在续流阶段，采用非对称的工作方式，只导通同步整流器中的一个［参见图 4.8（a）和图 4.8（b）］而不是同时导通 SR$_1$ 和 SR$_2$（参见图 4.7），在第一个续流阶段［参见图 4.8（a）］，SR$_1$ 和 SR$_2$ 保持前期有源开关阶段的状态：SR$_1$ 关断而 SR$_2$ 导通。次级绕组电流流过的路径和有源输出阶段相同。在第二个续流阶段，SR$_1$ 导通而 SR$_2$ 关断，故电流路径依旧和此前的有源阶段相同。所以，在续流阶段，每个同步 MOSFET 必须承担所有的负载电流，而图 4.7 所示的在两个续流阶段每个 MOFSET 只承担一半的负载电流。缺点是在续流阶段次级绕组现在必须承担一半的负载电流，提高了电流有效值通过它。优点是 SR$_1$ 的驱动波形和初级绕组中的 MOSFET S$_3$ 的驱动波形相同：在开关阶段 1 和 2 关断，在开关阶段 3 和 4 导通。SR$_2$ 的驱动波形和初级绕组中的 MOSFET S$_1$ 相同：在开关阶段 1 和阶段 2 导通，在开关阶段 3 和阶段 4 关断。所以初级绕组中的 MOSFET S$_1$ 和 S$_3$ 的栅极驱动信号可以通过为了隔离而用的信号变压器简单地变换至次级栅极驱动电路，而没有不必要的延时。

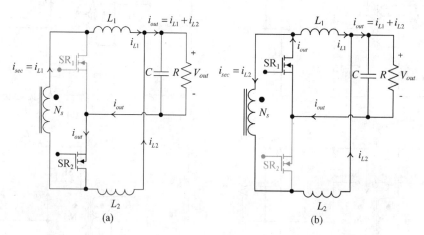

图 4.8　CDR 同步整流器的非对称工作等效电路。（a）开关阶段 2（续流阶段），$DT_s \leq t < \dfrac{T_s}{2}$；（b）开关阶段 4（续流阶段），$\dfrac{T_s}{2} + DT_s \leq t < T_s$［这两个阶段原边电路的工作分别如图 4.7（b）和图 4.7（d）所示］

　　仙童半导体公司采用了另一种方案：从输出电感获得 SR$_1$ 和 SR$_2$ 的栅极驱动信号。电路如图 4.9 所示。SR$_1$ 和 SR$_2$ 的栅极分别由相应的输出电感驱动。为了保护 MOSFET，栅极驱动信号必须限制在 ±20 V 之内。提供栅极驱动信号的输出电感和次级绕组的匝比，$\dfrac{n_{s1}}{n_{p1}}$ 和 $\dfrac{n_{s2}}{n_{p2}}$，必须采用如下方式计算：在最恶劣条件（输入电压最大）下，当输出电感上的电压为最大值时，n_{s1} 和 n_{s2} 上的电压低于 20 V。在每个有源输出阶段，都有一个输出电感在充电。对于对称工作的变换器，两个电感在充电模式时的最大电压是相同的。所以，在这种情况下，两个匝比是相等的。但是有些变换器(如下文所述)是非对称工作的，其输出电感在充电时的电压不同，此时匝比要分别计算。

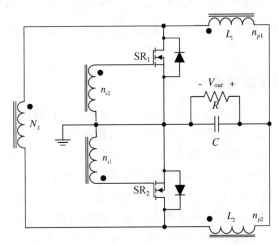

图 4.9　次级输出电感驱动的同步 MOSFET 整流器

4.1.5　倍流整流器的缺点

到目前为止，我们只阐述了倍流整流器的优点。除了需要两个输出电感，而不像普通隔离变换器次级电路只需要一个电感之外，CDR 似乎是一种理想电路。然而，在电力电子中几乎没有"理想电路"，所有优点都伴随着要附加一些代价。

回顾电感电流的纹波计算公式，例如，对具有 CDR 的全桥变换器：$\Delta I_L = \dfrac{\dfrac{N_s}{N_p}V_{in} - V_{out}}{L}DT_s$，

而输出电压 $V_{out} = D\dfrac{N_s}{N_p}V_{in}$。反射到变压器原边绕组的电流纹波为

$$\Delta I_{pr} = \frac{N_s}{N_p}\frac{\dfrac{N_s}{N_p}V_{in} - V_{out}}{L}DT_s$$

忽略磁化电流，这也将是原边开关的电流纹波。原边开关的电流应力为 $I_{S\max} = I_{Sav} + \dfrac{\Delta I_{pr}}{2} =$

$I_{Sav} + \dfrac{1}{2}\dfrac{N_s}{N_p}\dfrac{\dfrac{N_s}{N_p}V_{in} - V_{out}}{L}DT_s$。由于对相同的设计，采用 CDR 的变换器的输出电压 V_{out} 是采用全波整流方式的变换器的一半，因此，采用 CDR 将增大开关的电流应力。

考虑一个数值例子：一个全桥变换器，$V_{in} = 48$ V，$V_{out} = 3.3$ V，假设整流二极管压降为 0.7 V，次级绕组上的电压为 4 V。如果匝比 $\dfrac{N_s}{N_p} = \dfrac{1}{4}$，采用倍流整流器，则占空比 $D = 0.33$。

表达式 $\dfrac{N_s}{N_p}V_{in} - V_{out}$，结果为 8 V。对具有全波整流的全桥变换器，设计条件相同，输出电压

$V_{out} = 2D\dfrac{N_s}{N_p}V_{in} = 8\ \text{V}$，也就是说，表达式 $\dfrac{N_s}{N_p}V_{in} - V_{out}$ 的结果只有 4 V。在这个例子中，原边开关

的电流纹波只是加倍了。但是对其他 V_{in} 和 V_{out}、$\dfrac{N_s}{N_p}$ 和 D 的数值，差别可能会更显著。当采用 CDR 而不是全波整流时，为了保持相同电流应力，必须选择大得多的输出电感，作为使用 CDR 的代价。

4.1.6* 三倍流或多倍流整流器

倍流整流器可以扩展成三倍流整流器，如图 4.10 所示。初级绕组和初级绕组之间的隔离是通过高频三相变压器来实现的，初级绕组和次级绕组都采用三角形连接，磁路结构由含三个桥臂的单独磁芯实现。在每个桥臂上绕着一个初级绕组和对应的次级绕组。三个桥臂的横切面是完全相同的，因此每个桥臂的磁通密度也是一样的。原边开关的稳态以这种方式定义是为了保证三个桥臂的磁通平衡。故流过所有三条桥臂交流磁通总和的第四条桥臂是不必要的。这一紧凑、容量小的磁芯结构有助于降低磁芯损耗。初级电路可以采用三相电路实现，这是全桥变换器的一种直接扩展：与采用两个桥臂不同，每个桥臂由上下两个 MOSFET 构成，三个桥臂采用这样一种结构。上下两个开关是互补工作的。每个 MOSFET 的电压应力与输入电压相同，这又与全桥变换器一样。在后面的章节中我们将看到一种更合适的初级电路结构，其专门为三绕组变压器和三倍流整流器设计。

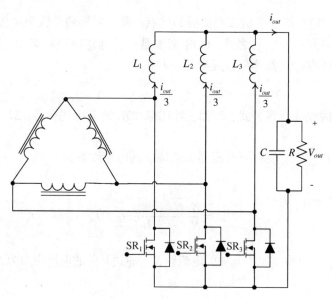

图 4.10　三倍流整流器

变压器次级包含三个完全相同的同步 MOSFET 和三个电感。由于每个电感只承担三分之一的输出电流，这一结构适用于低压大电流输出场合，如微处理器的应用。例如，第一个三倍流整流器就是为输入 48 V，输出 1 V，负载电流 100 A 的电源设计的，其开关频率为 300 kHz。由于三倍流整流器的散热性能优良，在相同的散热条件下它能传输更多的负载电流。

最后，倍流整流电路能够扩展成多倍流整流电路，如图 4.11 所示。变换器包含有 n 个原边绕组和 n 个副边绕组，次级边都采用多边形连接方式。适宜的次级电路将在后续章节中讨论，其中有 n 个电感，每个电感承担 $1/n$ 的负载电流，同时包含 n 个同步 MOSFET。这种电路

结构允许在最小的输出电压条件下输出最大可能的负载电流,同时转换效率也是最佳的,唯一的代价是电路元器件的数量增加了。

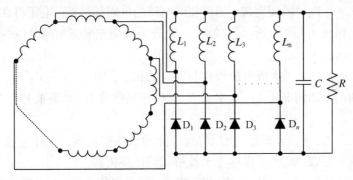

图 4.11　多倍流整流器

4.2　倍压和多倍压整流器

许多工程应用需要大的直流电压输出,根据能量守恒原理,在给定的输入功率下,输出电压越大,变换器的负载电流越小。

4.2.1　全波桥式倍压整流器

一个简单的全波桥式倍压整流器由以下组件构成:一个高频隔离变压器的单端次级绕组,两个互补工作的二极管和两个相同的电容器,如图 4.12(a)所示。

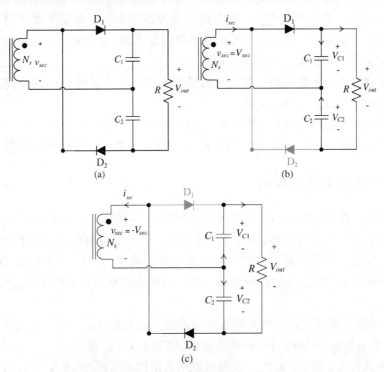

图 4.12　全波桥式倍压整流器。(a)电路结构;(b)第一个开关阶段的等效工作($v_{sec} = V_{sec}$);(c)第二个开关阶段的等效工作($v_{sec} = -V_{sec}$)

整流器的初级绕组可以属于任何隔离 DC-DC 变换器，使次级绕组上产生双极性电压。当次级绕组的实际电压极性和图 4.12(a)定义相同时，即 $v_{sec} = V_{sec}$，次级电流从同名端流出，C_1 充电至直流电压 $V_{C1} = V_{sec}$（瞬间完成，如果忽略电路的电阻耗；实际电压将在有限的时间内达到几乎等于 V_{sec}）[如图 4.12(b)所示]。在上一个开关周期充电至相同电压的 C_2 向负载放电。在此开关阶段 $i_{sec} = i_{C1} + i_{C2}$，$i_{load} = i_{C2}$。

在第二个开关阶段中，当次级电压极性与定义的相反，即 $v_{sec} = -V_{sec}$ 时，次级电流从同名端流入，C_2 充电理论上达到电压 $V_{C2} = V_{sec}$，C_1 此时向负载放电[如图 4.12(c)所示]。在此开关阶段 $i_{sec} = i_{C1} + i_{C2}$，$i_{load} = i_{C1}$。

输出电压理论上为：$V_{out} = 2V_{sec}$。所以称此电路为倍压整流器。由于它使用了次级绕组双极性电压的全部两个半波，此电路也称为全波桥式倍压整流器。

从负载看，两个电容（$C_1 = C_2 = C$）相互串联，等效电容为 $C/2$；而等效阻抗将增加一倍，使得负载电流在理论上只有次级电流的一半：假设两个电容完全相同，两个二极管也完全相同，则 $i_{C1} = i_{C2} = \dfrac{i_{sec}}{2}$，而且，在每个开关阶段，负载电流与每个电容的电流相等。这是在本节开始讨论时期望的结论。所以，倍压整流器的负载电流是第 3 章中讨论的普通整流器的一半。

尽管在每个开关阶段，一个电容充电时另一个电容向负载放电，降低了输出电压的纹波，但其负载电压纹波依旧很大。而且，$v_{sec} = 0$ 时，DC-DC 变换器也需要相应的开关控制电路，导致每个二极管被相邻电容上的电压反向偏置。在此阶段两个电容同时放电，负载电压的纹波将更大。所以，负载电压的平均值比理论上的 $2V_{sec}$ 要小。

在此电路中，两个二极管和次级绕组载运了电容电流之和，即双倍的负载电流。在关态时每个二极管的反向电压等于负载电压，即双倍的次级绕组电压。与第 3 章中讨论的全波二极管桥式整流器相比，这是一个缺点：虽然都使用单端形式的次级绕组[1]，而全波二极管桥式整流器中的二极管只承受与次级绕组相同的电压。

最初，倍压整流器用于采用阴极射线管的黑白电视机产生超过 5 kV 的电压，后来，它在彩色电视机中用来产生超过 10 kV 的电压。

我们不研究这些电路用于开环（非调整）电子系统产生大的升压，而只对它的隔离和非隔离模式感兴趣，因为多倍压整流器结合 DC-DC 变换器可构成直流增益大的电源。

4.2.2　Greinacher 倍压整流器

在 1.1.8 节中，我们已经介绍了开关电容变换器的"创始者"。H. Greinacher 在 1919 年提出时不是为了设计 DC-DC 变换器而是为了设计一个能够产生输出电压多倍于输入电压（200 ~ 300 V）的电路，用于他的新仪器——测量镭和 X 射线的离子计。原电路中没有电源调整和负载调整部分，但我们可以将它作为次级电压为双极性的隔离变换器的整流器，其初级开关可以采用 PWM 控制。

Greinacher 倍压整流器包含和桥式倍压整流器相同的元器件：一个单端的次级绕组，两个相等的电容器和二极管，但采用另一种电路结构[如图 4.13(a)所示]。

在第一个开关阶段，当 $v_{sec} = V_{sec}$，次级电流从绕组同名端流出[参见图 4.13(b)]，根据次

---

[1]　原文是"次级波形"，疑有误——译者注。

级绕组的电压极性,二极管 D_1 反向偏置。电容器 C_1 在前一个开关阶段充电至 $V_{C1} = V_{sec}$ 且极性如图 4.13 所示。在此阶段,它与次级绕组串联通过二极管 D_2 向负载放电(或者更精确地说,向由 C_2 和 R 构成的并联电路放电)。理论上,电容 C_2 上的电压为 $2V_{sec}$。实际上,由于放电回路的损耗(电容的等效串联电阻和二极管正向压降产生的损耗)电压会稍低,所以 D_2 是正向导通的。在 $v_{sec} = -V_{sec}$ 的开关阶段,D_1 正向导通,C_1 充电至电压 V_{sec}。次级电流从同名端流入,D_2 将被负载电压反向偏置。电容 C_2 必须保证输出电压(取决于 C_2 和 R 大小)。C_2 将向负载放电,负载电压出现纹波,使得直流电压低于理论上的 $2V_{sec}$。

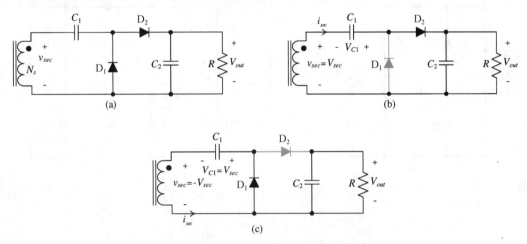

图 4.13　(a)Greinacher 倍压整流器电路结构;(b)第一个开关阶段的等效
工作($v_{sec} = V_{sec}$);(c)第二个开关阶段的等效工作($v_{sec} = -V_{sec}$)

在 DC-DC 变换器中,在 $v_{sec} = 0$ 的开关阶段,电容向负载放电的过程更加明显,增大了电压的纹波并进一步降低了电压平均值。

二极管的电压应力由 C_2 上的最大电压决定,即几乎等于 $2V_{sec}$,二极管的电流与次级绕组电流相等。

将两个极性相反的 Greinacher 倍压整流器在同一个单端次级绕组电压上相连,可得到图 4.14(a)所示的四倍压电路。第一个倍压器由 C_1、C_2、D_1 和 D_2 构成,第二个倍压器由 C'_1、C'_2、D'_1 和 D'_2 构成,四倍压器的输出是两个倍压器输出的串联。

第一个开关阶段的等效电路如图 4.14(b)所示。当 $v_{sec} = V_{sec}$,D'_1 正向导通,使电容 C_1^l 被一部分次级电流 i_{sec2} 充电至电压 $V'_{C1} = V_{sec}$,电压极性如图 4.14 所示。C_1 在 v_{sec} 极性相反的前一个开关阶段充电至 V_{sec}。使得 D_1 反向偏置。在此阶段,次级电流另一部分,i_{sec1}(有 $i_{sec} = i_{sec1} + i_{sec2}$)流过电容 C_1,二极管 D_2 导通。C_1 与次级绕组串联向电容 C_2 和负载放电。电流 i_{sec1} 分成两部分 $i_{sec1} = i_{sec3} + i_{sec4}$。电流 i_{sec3} 将电容 C_2 充电至电压 $2V_{sec}$。电容 C'_2 在 v_{sec} 极性相反的前一个开关阶段中充电至电压 $2V_{sec}$。在此开关阶段,二极管 D_2 反向偏置决定它的极性。电流 i_{sec4} 通过电容 C'_2 向负载放电(由次级绕组、C_1、D_2、负载和 C_2 构成的回路,C_1 与次级绕组、C'_2 串联,向负载放电)。我们再次看到,在一个输出电容充电时,另一个电容放电,降低了总电压的纹波。

第二个开关阶段的等效电路如图 4.14(c)所示。当实际电压极性与图 4.14(a)中定义的相反时,即 $v_{sec} = -V_{sec}$,D_1 正向导通,使一部分次级电流 i_{sec1} 充电 C_1,充电至电压 $V_{C1} = V_{sec}$,电压极性如图 4.14(c)所示。C_1 和 C_2 的电压极性(在前一个开关阶段充电)使得 D_2 反向偏置。之

前充电的电容 C'_1 上的电压极性，使得 D'_1 反向偏置。次级电流的另一部分 i_{sec2}，流过 C'_1，使 D'_2 导通。电容 C'_1 与次级电压串联，向电容 C'_2 和负载放电。电流 i_{sec2} 分成两部分：$i_{sec2} = i_{sec3} + i_{sec4}$。电流 i_{sec4} 将电容 C'_2 充电至电压 $2V_{sec}$（实际电压低于 $2V_{sec}$，因为充电时间太短，不能使电容达到饱和，这是 D'_2 偏置的条件），电流 i_{sec3} 对 C_2 和负载放电（放电环路由 C_1、次级绕组、C_2、负载和 D_2 组成，C_1 与次级绕组及 C_2 串联向负载放电）。所以，在此阶段，C'_2 充电而 C_2 放电。

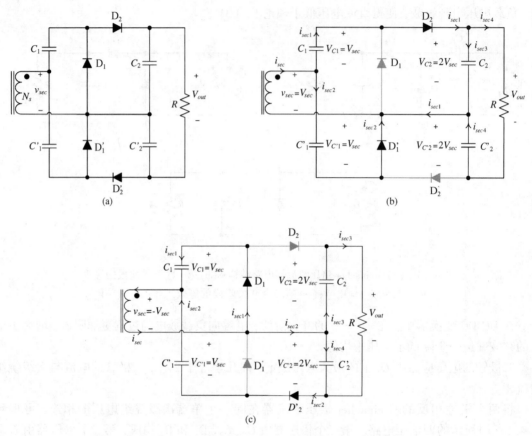

图 4.14　（a）Greinacher 四倍压整流器电路结构；（b）第一个开关阶段的等
效电路（$v_{sec} = V_{sec}$）；（c）第二个开关阶段的等效电路（$v_{sec} = -V_{sec}$）

在这两个开关阶段，负载电压 $V_{out} = V_{C2} + V'_{C2} = 4V_{sec}$。若电容和相应的二极管完全相同，则次级电流将被分成两个相等的部分。对于 4 倍 V_{sec} 输出负载电压的理想电路，理论上得到负载电流（第一个开关阶段的 i_{sec4}，第二个开关阶段的 i_{sec3}）等于次级电流的四分之一。当然，由于输出电容的等效串联电阻产生损耗，而且每个阶段时间都太短使电容不能饱和充电，因此，实际的直流电压比 $4V_{sec}$ 小，这种情况与倍压整流器电路相似。

和倍压整流器一样，在 DC-DC 变换器中，实际负载电压的平均值要更低，因为存在续流阶段，干线没有能量传输到电容而负载又要持续地从电容提取能量。

从图 4.14（b）和图 4.14（c）可以看到，二极管的电压应力为 $2V_{sec}$（每个输出电容的最大电压），二极管的电流约为次级绕组的一半（假设电路相同元件的参数完全相同，使得 $i_{sec1} = i_{sec2} = \dfrac{i_{sec}}{2}$）。

图 4.15 所示电路由一个 Greinacher 倍压整流器和一个单级整流电路(电容 C_3 和 D_3)组成, 留给读者分析证明这是一个三倍压整流器。

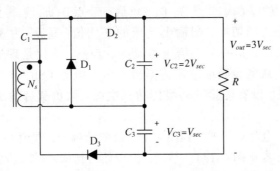

图 4.15　Greinacher 倍压器和一阶整流器组成的三倍压整流器

4.2.3　三倍压器及常规的 Cockcroft-Walton 多倍压器

将 Greinacher 倍压电路中的二极管顺时针旋转 $45°$, 电容 C_2 旋转 $90°$, 再增加一个电容 C_3 和一个二极管 D_3, 可以得到 Cockcroft-Walton 三倍压器, 如图 4.16(a) 所示。其不同开关阶段 v_{sec} 的极性如图 4.16(b) 和图 4.16(c) 所示。

当 $v_{sec} = -V_{sec}$ [参见图 4.16(c)], 次级绕组的电压使 D_1 正向导通。电容 C_1 理论上充电至电压 $v_{sec} = V_{sec}$。当 $v_{sec} = V_{sec}$ [参见图 4.16(b)], 次级绕组的电压使 D_1 反向偏置。此前充电的电容 C_1 使 D_2 导通。次级绕组的电压与 V_{C1} 串联, 施加在 C_2 上。理论上 C_2 充电至电压 $V_{C2} = 2V_{sec}$。再看看图 4.16(c), D_1 的导通和 C_2 此前充电的电压极性, 决定了 D_2 反向偏置而 D_3 正向导通。在由节点 0, 1, 3, 2 构成环路中, 电容 C_2 和 C_3 并联, D_3 导通。理论上 C_3 充电至电压 $V_{C3} = 2V_{sec}$。接着如图 4.16(b) 所示, 此前 C_3 的充电电压极性决定了 D_3 为反向偏置。

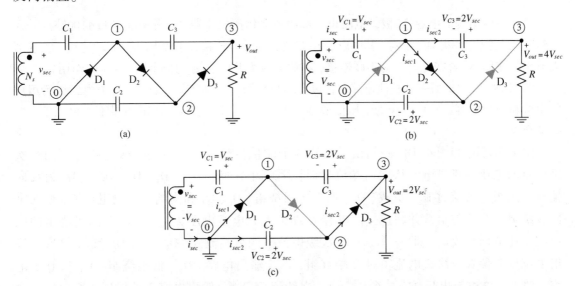

图 4.16　(a) Cockcroft-Walton 三倍压器电路结构; (b) 第一个开关阶段的等效电路($v_{sec} = V_{sec}$); (c) 第二个开关阶段的等效电路($v_{sec} = -V_{sec}$)

根据上述分析,当 $v_{sec} = V_{sec}$ 时,根据环路的 KVL 方程,对节点 0、次级绕组、节点 1、节点 3、负载,节点 0(地),得到:$V_{out} = v_{sec} + V_{C1} + V_{C3} = 4V_{sec}$。当 $v_{sec} = -V_{sec}$ 时,根据环路的 KVL 方程。对节点 0、C_2、节点 2、D_3、负载、节点 0(地),得到:$V_{out} = V_{C2} = 2V_{sec}$。如果电路在这两个状态之间切换,则输出电压的平均值(直流)为 $3V_{sec}$,纹波电压在 $2V_{sec}$ 和 $4V_{sec}$ 之间,也就是说,这是一个三倍压整流器。当然,这仅是理论分析的结果,因为电容没有饱和充电和负载从电容吸取电流将不得不考虑电容 ESR。对于可控的 DC-DC 变换器,由于存在续流阶段,没有能量从初级传输到次级,而负载持续从电容吸取能量,负载的直流电压将更低。

可将更多的二极管-电容单元增添到图 4.16(a)的结构中,理论上可得到空载电压为输入电压 n 倍的电压倍增器(参见图 4.17)。然而,由于任何新增添的二极管的正向压降和电容的 ESR 都会产生导通损耗,每个附加级的组件实际增加的输出电压比它前一级增加的值都要小,而且在有负载的情况下,平均输出电压将更低,这就是为什么实际的电压最大上升比是有限值的。不过,该电路允许实现非常高的输出电压,1932 年 Cockcroft-Walton 在他们的粒子加速器中采用了该电路(第 1 章中已阐述)。

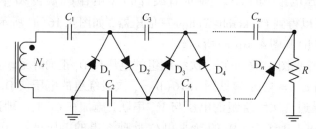

图 4.17　Cockcroft-Walton 多倍压整流器

4.2.4* 单电容倍压器

其他不同结构的电容-二极管电路也可以组成多倍压整流器,每种都有各自的优缺点。在 1.5 节中已给出"串并联"结构,其中电容在充电时为并联连接,在放电时为串联连接,实现增大电压的作用(电容在充电时为串联连接,在放电时为并联连接,达到降低电压的作用)。

图 4.18(a)示出另一种整流电路,它包含多个元器件:两个次级绕组,两个由二极管组成的全桥和一个电容。它可以作为电压倍增器。由于没有串联电容,输出阻抗很低,可用于大功率场合。

图 4.18(b)和图 4.18(c)给出了它的两个能量传输开关阶段的等效电路。当两个次级绕组的电压为正且电流从同名端流出时[参见图 4.18(b)],D_1、D_3、D_5 和 D_7 为反向偏置。次级电流流过 D_2、负载、D_8、低端次级绕组、D_6、D_4 和高端次级绕组环流,使两个次级绕组串联后与负载并联连接。电容 C 理论上充电至电压 $2V_{sec}$。当两个次级绕组的电压与上述方向相反时,即 $v_{sec} = -V_{sec}$,次级电流从同名端流入,D_2、D_4、D_6 和 D_8 被次级绕组电压反向偏置。次级电流流过高端绕组、D_3、输出电路、D_5、低端绕组、D_7 和 D_1,电容 C 理论上充电至电压 $2V_{sec}$。当 $v_{sec} = 0$,在续流阶段时,输出电容必须保证负载电压。这取决于电阻 R 的范围和占空比,给定输出直流电压时,电容 C 可根据负载电压纹波的最大值进行调整。

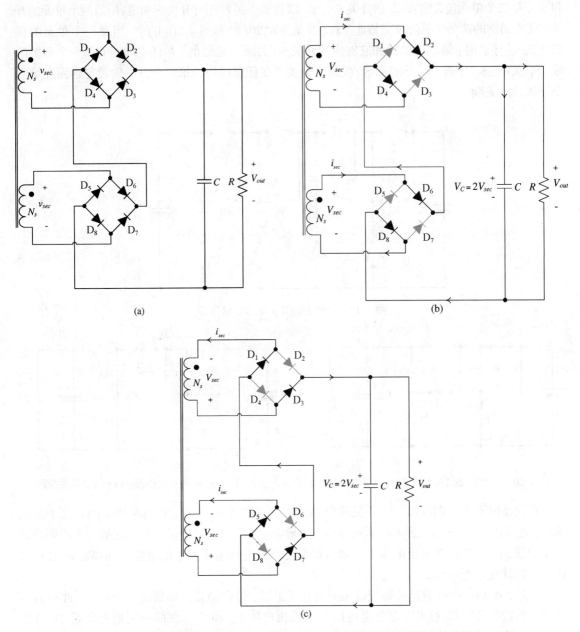

图 4.18　单电容倍压器。(a)结构；(b)正次级电压开关阶段等效电路
($v_{sec} = V_{sec}$)；(c)负次级电压开关阶段等效电路($v_{sec} = -V_{sec}$)

4.2.5　斐波那契开关电容多倍压器

图 4.19 所示为斐波那契开关电容多倍压器。它包含 n 个单元，每个单元由一个电容和三个开关组成：C_k、S_{k1}、S_{k2} 和 S_{k3}，其中 $k = 1,2,3,\cdots,n$。根据 n 的值（$n = 0,1,2,3,\cdots$），电压可被增大至 $1,2,3,5,8,\cdots N_n$ 倍，其中 N_n 由公式 $N_n = N_{n-1} + N_{n-2}$ 给出，也就是说输出直流电压以斐波那契数列的方式增长，C 为输出电容。

从最简单的 $n = 2$ 开始分析。电路由两个单元组成，第一个单元包含电容 C_1 和开关 S_{11}、S_{12}

和 S_{13}，第二个单元包含电容 C_2 和开关 S_{21}、S_{22} 以及 S_{23}。另外还有开关 S 和电容 C。两个单元的开关在每个周期的两个开关阶段交替地工作[参见图 4.20(a)和图 4.20(b)]。当第一个单元的顶部开关 S_{11} 导通时，第二个单元和它对应的开关 S_{21} 关断。类似地，在任意周期的第一个开关阶段，S_{12} 关断，S_{13} 导通，S_{22} 导通而 S_{23} 关断。开关 S 在任意周期的第一个开关阶段导通而在第二个开关阶段关断。

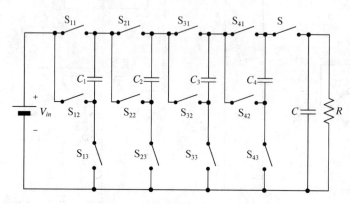

图 4.19　斐波那契开关电容多倍压器

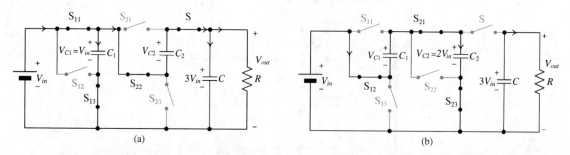

图 4.20　二单元斐波那契开关电容多倍压器的周期性开关阶段。(a)第一开关阶段；(b)第二开关阶段

在启动时首个周期的第一个开关阶段，电容 C_1 充电至电压 V_{in}。在首个周期的第二个开关阶段，V_{in} 与此前充电的电容 C_1 串联，向 C_2 传输能量，C_2 充电至电压 $2V_{in}$。在第二个周期的第一个阶段，C_1 被再次充电至电压 V_{in}，输入压与此前充电到电压 $2V_{in}$ 的电容 C_2 串联，向 C 传输能量并将其充电至电压 $3V_{in}$。

此后，电路在所有的开关周期以相同的方式工作，包含稳态。根据图 4.20(a)，此后的每个第一阶段，电容 C_1 被再次充电至电压 V_{in}，输出电压 V_{in} 和 C_2（在前一周期充电至 $2V_{in}$）串联，向 C 传输能量并将其充电至电压 $3V_{in}$。所以，在第一个开关阶段，C_1 和 C 充电而 C_2 放电；根据图 4.20(b)，此后的每个第二阶段，输入电压 V_{in} 与充电至 V_{in} 的电容 C_1 串联，将电容 C_2 充电至电压 $2V_{in}$。输出电容 C（在其他阶段充电至电压 $3V_{in}$）在此阶段必须保证负载电压稳定，而不直接发生干线对输出能量的转移。所以，在第二个开关阶段，C_1 和 C 放电而电容 C_2 充电。忽略输出电压的纹波，可以说此电路使输入电压增至 3 倍。

同样，我们可以解释四单元斐波那契开关电容多倍压器的工作[如图 4.21(a)和图 4.21(b)所示]。

在每个开关周期的第一阶段，奇数单元($k=1,3,5,\cdots$)的开关 S_{k1} 和 S_{k3} 处于导通状态而开关 S_{k2} 处于关断状态，偶数单元($k=2,4,\cdots$)的开关 S_{k1} 和 S_{k3} 处于关断状态而开关 S_{k2} 处于导通状态。开关 S 在任意周期的第一个开关阶段导通而在第二个开关阶段关断。

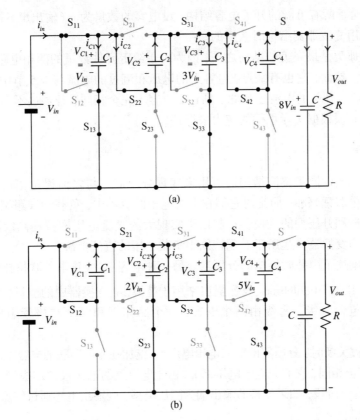

图 4.21　四单元斐波那契开关电容多倍压器的周期性开关阶段。(a)第一开关阶段；(b)第二开关阶段

在启动的第一个开关周期，C_1 在第一个开关阶段充电至电压 V_{in}，然后，在第二个开关阶段，V_{in} 与 C_1 串联将 C_2 充电至 $2V_{in}$。在启动瞬间的第二个周期，C_1 被再次充电至电压 V_{in} 而输入 V_{in} 与 C_2 串联在第一开关阶段将电容 C_3 充电至电压 $3V_{in}$。在第二个开关阶段，V_{in} 与 C_1 串联再次将电容 C_2 充电至 $2V_{in}$。同时，V_{in} 与 C_1 串联，再和 C_3 串联，将 C_4 充电至 $5V_{in}$。

从第三个周期开始，多倍压器的工作方式在所有周期是相同的，根据图 4.21(a)，后续周期的每个第一阶段，输入电流被分成 i_{C1} 和 i_{C2}，$i_{in} = i_{C1} + i_{C2}$，电容 C_1 被电流 i_{C1} 再次充电至 $V_{C1} = V_{in}$(通过导通的开关 S_{11} 和 S_{13})。通过开关 S_{11}、S_{22}、S_{31} 和 S_{33}，输入电压通过 C_3 与电容 C_2 串联。C_2 被在其他阶段充电至电压 $2V_{in}$。电流 i_{C2} 被分成两部分，$i_{C2} = i_{C3} + i_{C4}$。电流 i_{C3} 从输入源 V_{in} 和 C_2 将 C_3 充电至 $V_{C3} = V_{in} + V_{C2} = 3V_{in}$。通过导通的开关 S_{11}、S_{22}、S_{31}、S_{42} 和 S，输入电压、C_2 和 C_4 与输出电容 C 串联。C_4 在其他阶段充电至 $5V_{in}$，所以，i_{C4} 将 C 充电至 $V_C = V_{in} + V_{C2} + V_{C4} = V_{in} + 2V_{in} + 5V_{in} = 8V_{in}$。

根据图 4.21(b)，在后续每个周期的第二个开关阶段，输入电流流过开关 S_{12}、S_{21} 并分成两部分 $i_{in} = i_{C2} + i_{C3}$。这使得流过开关 S_{23} 的电流 i_{C2} 从输入源 V_{in} 和 C_1(已经被至充电至 V_{in})将 C_2 充电至 $V_{C2} = V_{in} + V_{C1} = V_{in} + V_{in} = 2V_{in}$。通过导通的开关 S_{12}、S_{21}、S_{32}、S_{41} 和 S_{43}，输入电压与电容 C_1 和 C_3 串联通过 C_4。电容 C_3 在其他阶段已充电至 $3V_{in}$，因此 i_{C3} 将 C_4 充电至电压 $V_{C4} = V_{in} + V_{C1} + V_{C3} = V_{in} + V_{in} + 3V_{in} = 5V_{in}$。在此阶段，负载电压的稳定由输出电容保证。

忽略输出电压的纹波，假设充电的时间足够长使得电容饱和充电，四单元斐波那契倍压器增大输出电压至输入电压的 8 倍，与本节开始时给出的方程相符合。

事实证明，对于所有可能的开关电容结构，设电容的数量为 n（输出电容除外），最大直流电压增益是在采用斐波那契结构时获得的。

看起来斐波那契是最完美的结构之一，因为对于给定元件数量的两相电路中，它提供了最大的电压转换比。然而，它也有缺点：电容上的电压和流过的电流与 1.5 节中所研究的串并联结构中的不同，流过开关的电流也如此。所以，电容不完全相同，开关也不会完全一样。变换器的每个元件都必须根据实际承受的应力来设计。

4.2.6　分压器

类似电容-二极管/同步整流结构还可用来实现分压器。与之前讨论倍压器相似，我们不对分压的非调整电路感兴趣，而是对它们在电力电子的应用中，负载和线路调节的内在特点感兴趣。倍压器一般和升压型的变换器一起用于实现大的直流电压增益提高线路电压。而分压器一般和降压型的变换器一起用于实现特别小负载电压的直流电源。

在 1.5 节曾阐述了串并联结构的分压器。另一种电容-二极管串并联拓扑电路的分压器示于图 4.22。它由 R. D. Middlebrook 首次提出来用于替换 Ćuk 变换器中的能量传输电容，专门用于降低电压。它包含 n 级。每级由一个电容，一个晶体管和两个二极管组成。所有晶体管共地。

当 MOSFET 被关断时，分压器的输入电压电压 V_{in} 施加在 n 个串联的电容上[如图 4.22(b) 所示]。如果电容完全相同，它们充电至电压 V/n。由于电容上的电压极性二极管 D_{21}、D_{22}、D_{23}，$\cdots$ 被反向偏置。在这个阶段，如果变换器输出端为降压类型，则输出电感通过整流二极管向负载放电，确保负载电压。

当晶体管导通时[参见图 4.22(c)]，电容上电压的极性使二极管 D_{11}、D_{12}、D_{13}，$\cdots$ 反向偏置，电容并联放电。由于它们的电压极性，D 关断，其上的电压为 V/n，故将施加到变换器整流桥上的电压降低了 n 倍。这 n 个电容同时向输出电感和负载放电，输出电感在此阶段充电。

每个垂直二极管 D_{11}、D_{12}、D_{13}，$\cdots$ 都流过输入电流，每个水平二极管 D_{21}、D_{22}、D_{23}，$\cdots$ 和每个 MOSFET 都只流过负载电流的 $1/n$。

4.2.7*　"经济"电源和 4×8 电源

为了介绍分压器的其他用途，先介绍"经济"电源的经典电路[参见图 4.23(a)]。该电路有两个电压输出但是只有一个变压器。一个中心抽头的变压器向两个整流器提供能量。高端输出电压是通过输出电容 C_1 从次级绕组经过二极管全桥整流的电压。低端输出电压在每个半周期交替地从半个次级绕组之一和低端二极管与电容 C_2 整流得到的电压。该电源在两个能量转换阶段的等效电路如图 4.23(b) 和图 4.23(c) 所示。

当 $v_{sec} = V_{sec}$ 时[参见图 4.23(b)]，第一路输出 $C_1 - R_1$ 通过正向导通的 D_4 和 D_2 连接至次级绕组。由于次级绕组的电压极性，二极管 D_3 和 D_1 反向偏置。此时，理论上 C_1 充电至电压 V_{sec}。同时，第二路输出 $C_2 - R_2$ 通过个 D_2 连接至次级绕组两端，此时，理论上 C_2 充电至电压 $V_{sec}/2$。同样的过程也发生在 $v_{sec} = -V_{sec}$ 时的开关阶段[如图 4.23(c) 所示]，唯一不同是 D_4 由 D_3 替代，D_2 由 D_1 替代。通常，在隔离变换器的次级电路中，当 v_{pr} 和 v_{sec} 的极性发生变换，相应的 i_{pr} 和 i_{sec} 也将改变方向。此时，次级输出 $C_2 - R_2$ 通过 D_1 连接至高端次级绕组。在此阶段，C_1 充电至电压 V_{sec}，C_2 充电至电压 $V_{sec}/2$。所以，高端整流器接收来自两个能量转换阶段的整个次级绕组的能量。低端整流器从一个能量转换阶段的下半个次级绕组和另一个能量转换阶段的上半个次级绕组提取能量。

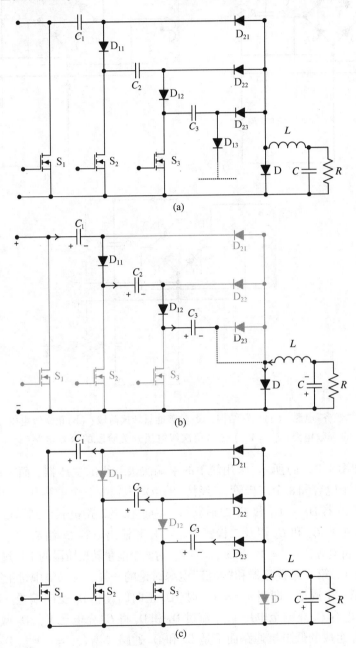

图 4.22　插入 Buck 末端变换器的电容-二极管分压器。(a)电路图；(b)第一个开关阶段(晶体管关断)；(c)第二个开关阶段(晶体管导通)

在续流阶段，两个负载只从输出电容中提取电流，以使输出平均电压会比理论值 V_{sec} 和 $V_{sec}/2$ 低。所以"经济"的电源可以提供两路输出电压，其中一路是另一路的一半。高端二极管载运第一路负载电流，而桥路低端二极管交替地载运两路负载的电流。所有二极管要承受较高的电压 V_{sec}。

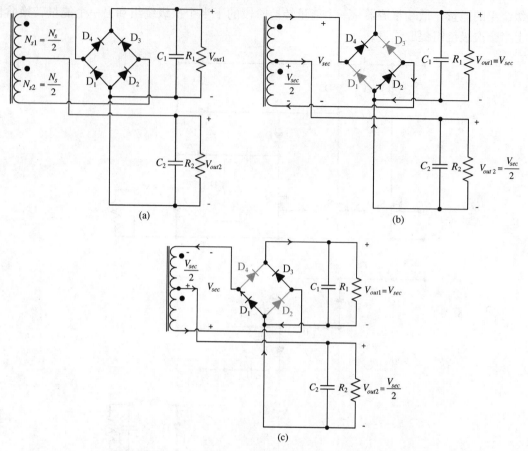

(a)

(b)

(c)

图 4.23　"经济"电源。(a)电路结构；线-负载能量转换阶段；(b)正次级电压开关阶段
的等效电路($v_{sec} = V_{sec}$)；(c)负次级电压开关阶段的等效电路($v_{sec} = -V_{sec}$)

4×8 电源[如图 4.24(a)所示]采用简单的单端次级绕组的变压器，而不用中心抽头的变压器，但是需要 4 个电容和 8 个二极管，"经济"的电源只需要 2 个电容和 4 个电容。第一路输出在二极管全桥整流器 $D_1 \sim D_4$ 和 C_1 之后获得。为了在第二路负载得到双倍电压输出，需采用两个倍压器，由电容 C_3 和 C_4 以及二极管 $D_5 \sim D_8$ 和输出电容 C_2 组成。

现在只需要分析电源在 $v_{sec} = V_{sec}$ 和 $v_{sec} = -V_{sec}$ 时两个能量转换阶段的工作过程[如图 4.24(b)和图 4.24(c)所示]。第一路整流器和"经济"电源讨论的一样，故只集中讨论第二路整流器。

在启动时的第一个周期，即当 $v_{sec} = V_{sec}$ 时，D_5 正向偏置和 D_6 反向偏置。次级绕组的一部分电流流过 D_5 将电容 C_4 充电至电压 V_{sec}，流过 D_5 和 D_8 将 C_2 充电至 V_{sec}。D_7 截止，因为电流只会流过由 D_5 和 D_8 组成的低阻抗通路而不是 C_3 和 D_7 通路。当 $v_{sec} = -V_{sec}$，D_6 正向导通 D_5 反向偏置。和前一阶段相似，电流优先流过由 D_6 和 D_7 构成的低阻抗通路而不是 C_4 和 D_8 通路，所以 D_8 截止。电流流过 D_6 将电容 C_3 充电至电压 V_{sec}，流过 D_6 和 D_7 将 C_2 充电至电压 V_{sec}。C_3 将按照图中所示的极性充电，由流过 D_6 的充电电流决定。所以，在启动瞬间的第一个周期之后，理论上 C_3、C_4 和 C_2 将充电至电压 V_{sec}。

后续周期的工作方式如图 4.24(b)和图 4.24(c)所示。当 $v_{sec} = V_{sec}$，D_5 正向偏通 D_6 反向偏置。次级绕组电流分成两部分：$i_{sec} = i_{sec1} + i_{sec2}$；第一部分 i_{sec1} 将充电第一个整流器的输出电容，第二部分也分成两部分，$i_{sec2} = i_{sec3} + i_{sec4}$。电流 i_{sec3} 将电容 C_4 充电至电压 V_{sec}。次级绕组的

电压和 C_3 上的此前充电的电压串联。所以 C_2 将理论上充电至电压 $2V_{sec}$，实现倍压的功能。二极管 D_7 和 $C_2 - R_2$ 输出电流 i_{sec4}。C_2 充电至大于 C_4 的电压，使 D_8 截止（阴极的"正"比阳极的"正"更正）。或者，可以通过 D_5、D_8、D_7 和 C_3 回路，解释二极管 D_8 的状态，即在第一个开关周期启动瞬间开关之后 C_3 的电压极性决定了 D_8 反向偏置。

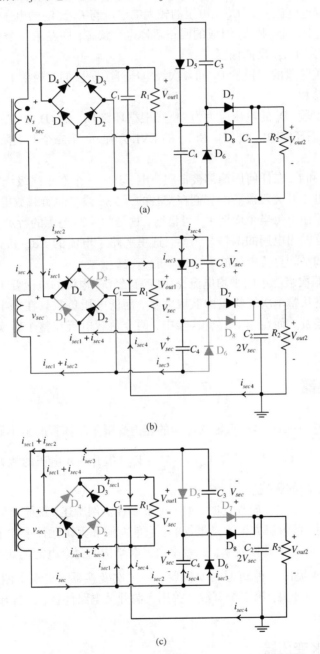

图 4.24　"4×8"电源。(a)结构；(b)稳态工作时正次级电压开关阶段的等效电路（$v_{sec} = V_{sec}$）；(c)稳态工作时负次级电压开关阶段的等效电路（$v_{sec} = -V_{sec}$）

当 $v_{sec} = -V_{sec}$，D_6 正向偏置 D_5 反向偏置。和此前阶段分析的一样，次级绕组电流分成两部分：$i_{sec} = i_{sec1} + i_{sec2}$，第一部分电流将第一个整流器的输出电容充电至电压 V_{sec}；第二部分电流也分成两部分：$i_{sec2} = i_{sec3} + i_{sec4}$，电流 i_{sec3} 将 C_3 充电至电压 V_{sec}。次级绕组电压与此前充电至电压 V_{sec} 的 C_4 串联，所以，在这个阶段 C_2 将理论上充电至电压 $2V_{sec}$，实现倍压的功能。二极管 D_8 和 $C_2 - R_2$ 输出流过电流 i_{sec4}。C_2 充电至的较大的电压与 C_3 充电的电压相比较，使 D_7 截至。或者，可以通过 D_6、D_7、D_8 和 C_4 组成的回路解释这一状态，即在第一个开关周期启动瞬间之后 C_4 的电压极性决定了 D_7 反向偏置。

正次级电压开关阶段的二极管 D_2 和负次级电压开关阶段的二极管 D_1 流过电流 $i_{sec1} + i_{sec4}$，即两个负载电流的总和。

在第一个开关阶段，D_6 的电压应力为 $2V_{sec}$（根据环路 D_5、C_4、D_6 和 C_3 的 KVL 方程），D_8 的电压应力为 V_{sec}（根据环路 D_5、C_3、D_7 和 D_8 的 KVL 方程）。第二个开关阶段，D_5 和 D_7 的电压应力分别为 $2V_{sec}$ 和 V_{sec}。

倍压器中的 C_3 和 C_4 在任何周期都被再次充电，其中一个在正次级绕组电压开关阶段，另一个在负次级绕组电压开关阶段。而它们在交替的开关阶段中向负载放电。

使用两个倍压器使得每半个周期 V_{sec} 可倍增，这是"4×8"电源的特点。因此，第二路输出电压理论上是第一路输出电压的两倍。当然，这里忽略了电流的 ERS 和充电未饱和，而在续流阶段对电压纹波和平均直流电压的影响也不能忽视。

通过"4×8"电源次级绕组的平均电流比相应的"经济"电源的电流要大。这是因为"经济"电源的高电压负载是从整个次级绕组中获取能量，而低电压负载只在每半个开关周期从次级绕组的一半处获取能量。而在"4×8"变换器中，两个负载电流在整个转换阶段都是从整个次级绕组获取的。

4.3　二次变换器

Buck 变换器（$V_{out} = DV_{in}$）降低输入电压的能力受限于晶体管的最小导通时间，因其限制了占空比 D 的最小值。Boost 变换器（$V_{out} = \dfrac{1}{1-D}V_{in}$）提升输入电压的能力受限于效率下降和大占空比 D 时寄生电阻的影响。

当某些应用需要大的电压转换比时，如 1.1 节多种实例所述，最简单的解决方案是采用两个变换器级联。然而，此解决方案不是最佳的：它使有源和无源元件增加了一倍，还增加了电路的复杂度和大大地降低了转换效率，此效率由级联结构的每个电源的效率计算得到。

Maksimović 和 Ćuk 提出一种新型的变换器——二次变换器，实现了两个变换器级联的功能，但仅使用一个有源开关，第二个有源开关用无源开关电路代替，这样还节省了第二个开关的控制和驱动电路。

4.3.1　二次 Buck 变压器

两个 Buck 变换器（T_1、D_1、L_1、C_1 和 T_2、D_2、L_2、C_2）的一种级联结构如图 4.25（a）所示。它和图 4.25（b）的画法是一样的。当两个晶体管导通时，二极管截止，电感 L_1 从输入电压充电，电感 L_2 从 C_1 充电，C_1 充当了第二个变换器电压输入的角色。当两个晶体管关断时，通过 D_1，L_1 给电容 C_1 充电，它是第一个变换器的输出；通过 D_2，L_2 给 C_2 和负载充电。电容 C_1 上的

平均电压是 DV_{in}，C_2 和负载上的平均电压是 $DV_{c1} = D^2 V_{in}$。注意，我们可以将 T_1 从起始位置挪到 ⓐ ~ ⓑ 位置，然后用一个无源开关 D_3 代替，不用改变工作方式就可以得到如图 4.26(a) 所示的二次 Buck 变换器。

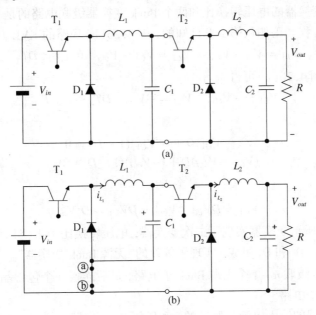

图 4.25　(a) 和 (b) 两个 Buck 变换器级联

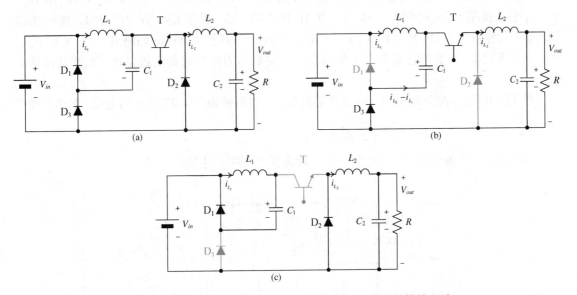

图 4.26　(a) 二次 Buck 变换器；(b) 第一个开关阶段等效电路
$(0 \leqslant t \leqslant DT_s)$；(c) 第二个开关阶段等效电路 $(DT_s \leqslant t \leqslant T_s)$

　　事实上，当晶体管导通时 [如图 4.26(b) 所示]，L_1 从输入电压充电和 L_2 从 C_1 充电，电容 C_1 的在此前开关阶段充电的电压极性决定了 D_1 和 D_2 的反向偏置条件。D_3 导通，因为 C_1 上的电压比负载电压高，所以 D_3 阴极的负极性比它的阳极负极性更"负"，使得二极管正向偏置。当晶体管截止时 [参见图 4.26(c)]，输入电流的回路被打断(在典型的 Buck 变换器关断阶段，输入电压断开与本电路的连接），电感电流通过二极管 D_1 和 D_2 继续流通。C_1 被 i_{L_1} 充电，电压极性如图中所示，它决定了 D_3 的反向偏置。在这个阶段，D_3 阳极的负极性比它的阴极更"负"，因为 V_{in} 比 V_{C_1} 大，电感 L_1 的能量传输至 C_2 和负载。

现在验证新的变换器的电压转换比和两个 Buck 变换器级联电路的是一样的。对两个电感要应用伏·秒平衡方程。正如从第 1 章已知的，图 4.26(b) 环路的 KVL 方程有

$$V_{L1} = V_{in} - V_{C1}; \quad V_{L2} = V_{C1} - V_{out} \quad 0 \leqslant t < DT_s$$

根据 KVL 方程，从图 4.26(c) 可得

$$V_{L1} = -V_{C1}; \quad V_{L2} = -V_{out} \quad DT_s \leqslant t < T_s$$

两个伏·秒平衡方程

$$(V_{in} - V_{C1})D + (-V_{C1})(1 - D) = 0$$
$$(V_{C1} - V_{out})D + (-V_{out})(1 - D) = 0$$

解得

$$V_{C1} = DV_{in}; \quad V_{out} = DV_{C1} = D^2 V_{in}$$

可看到，图 4.26(a) 所示变换器实现了二次变换器，电压转换比是占空比的函数。另外，电路的左边部分由 L_1、C_1、D_1 和 D_3 组成，实现了等效的"无源 Buck 变换器"。所以，如果想得到一个 D^n 的转换比，可以级联 $n - 1$ 个无源 Buck 子电路，最后连接一个包含晶体管、二极管、电感和电容的有源 Buck 子电路。

二次 Buck 变换器的输入电流是脉动的，和任何 Buck 电路一样。

开关元件要承受如下的电压应力：$V_{D1} = V_{in}$；$V_{D3} = V_{in}$；$V_T = V_{in} + V_{C1} = V_{in} + DV_{in} = (1 + D)V_{in}$，它是按图 4.26(c) 用 V_{in}、D_1、C_1、T、D_2 组成的电路，根据 KVL 方程得到的。这比 Buck 变换器中晶体管的应力（V_{in}）稍大；$V_{D2} = V_{C1} = DV_{in}$，可从图 4.26(b) 回路 D_3、C_1、T 和 D_2 得到。由于流过 L_2 的平均电流为 I_{out}，所以在一个周期的 DT_s 导通期流过晶体管的平均电流是 DI_{out}。

将无源 Buck 电路和 Buck-Boost 变换器级联，可以得到如图 4.27 所示的电源，其电压变换比为 $V_{out} = D\left(-\dfrac{D}{1 - D}\right)V_{in} = -\dfrac{D^2}{1 - D}V_{in}$。

留做练习，可通过两个电感的伏·秒平衡方程来证明上述等式。

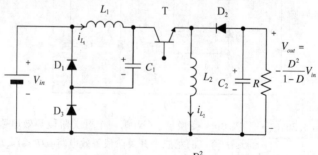

图 4.27　电压增益 $V_{out} = -\dfrac{D^2}{1 - D}V_{in}$ 的变换器

4.3.2* Buck-Boost 二次变换器（占空比 <0.5）

与获得二次 Buck 变换器的过程相似，可以级联两个 Buck-Boost 变换器和通过简单的处理

得到如图 4.28(a)所示的只包含一个有源开关的电源。下文证明当占空比小于 0.5 时此电路就是一个二次 Buck-Boost 变换器。

当晶体管导通时[参见图 4.28(b)]，电容 C_1 和 C_2 的电压极性，使二极管 D_1 和 D_3 反向偏置。第一个电感 L_1 从输入电压充电。第一个 Buck-Boost 变换器的输出电容 C_1 向第二个 Buck-Boost 变换器的电感充电。第二个 Buck-Boost 变换器的输出电容 C_2 用来保证输出电压。

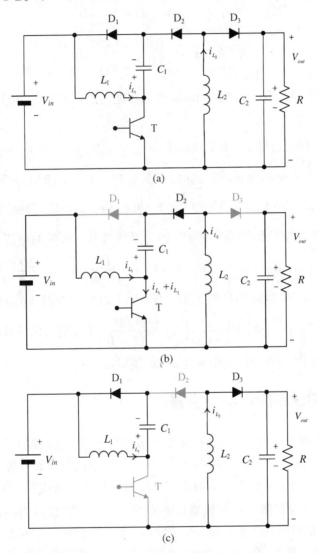

图 4.28　(a)二次 Buck-Boost 变换器($D < 0.5$)；(b)稳态时第一个开关阶段等效电路
(T导通；$0 \leqslant t < DT_s$)；(c)稳态时第二个开关阶段等效电路(T截止；$DT_s \leqslant t < T_s$)

当晶体管关断时[参见图 4.28(c)]，电感电流 i_{L1} 必须继续流通，二极管 D_1 导通。L_1 放电，给电容 C_1 充电，这是第一个 Buck-Boost 变换器在关断阶段的典型工作。电容 C_1 的电压极性使得 D_2 关断。电感电流 i_{L2} 也必须找到一条通路保证流通。当 $D < 0.5$ 时，由于平均输出电压小于 V_{in}，正如随后看到的，D_3 是正向偏置，所以 i_{L2} 会使其导通，D_2 被反向偏置，使电感 L_2 向 C_2 和负载放电，这是二次 Buck-Boost 电路在关断状态时的典型工作。

对这两个等效开关阶段应用 KVL 方程：

$$V_{L1} = V_{in}; \quad V_{L2} = V_{C1}, \quad 0 \leqslant t < DT_s$$
$$V_{L1} = -V_{C1}; \quad V_{L2} = -V_{out}, \quad DT_s \leqslant t < T_s$$

电感 L_1 和 L_2 的伏·秒平衡方程为

$$V_{in}D + (-V_{C1})(1 - D) = 0$$
$$V_{C1}D + (-V_{out})(1 - D) = 0$$

解得

$$V_{C1} = \frac{D}{1-D}V_{in}; \quad V_{out} = \frac{D}{1-D}V_{C1} = \left[\frac{D}{1-D}\right]^2 V_{in}$$

这表明电容 C_1 确实承担着第一个 Buck-Boost 变换器输出电容的功能，电压转换比取决于占空比 D。

开关的电压应力的绝对值 V_{D1} 由下式给出：$V_{D1stress} = V_{in} + V_{C1} = V_{in} + \frac{D}{1-D}V_{in} = \frac{1}{1-D}V_{in}$，它是通过对由 D_1、V_{in}、T 和 C_1 构成的环路［参见图 4.28（b）］应用 KVL 方程可得；$V_{DS(T)} = V_{in} + V_{C1} = V_{in} + \frac{D}{1-D}V_{in} = \frac{1}{1-D}V_{in}$，通过对由 D_1、V_{in} 和 C_1 构成的环路［参见图 4.28（c）］应用 KVL 方程得到的。D_1 和 T 相应的结果是一样的，因为晶体管和二极管的电压应力在简单的 Buck-Boost 变换器中是一样的；$V_{D2} = -V_{in} + V_{out} = -V_{in} + \frac{D^2}{(1-D)^2}V_{in} = \frac{2D-1}{(1-D)^2}V_{in}$，它是通过对由 D_1、D_2、D_3 和负载构成的环路［参见图 4.28（c）］应用 KVL 方程得到的；V_{D3}，以绝对值表示，为 $V_{D3stress} = V_{C1} + V_{out} = \frac{D}{1-D}V_{in} + \left[\frac{D}{1-D}\right]^2 V_{in} = \frac{D}{(1-D)^2}V_{in}$，它是通过对由 C_1、D_2、D_3 和负载及 T 构成的环路［参见图 4.28（b）］应用 KVL 方程得到的。

4.4* 双开关 Buck-Boost 变换器

DC-DC 变换器有很多应用，有些已经在 1.1 节中讨论过，它们需求的输出电压在输入电压范围之内。例如，消费类电子产品中 2.9～5.5 V 的锂电池电压必须转换成 5 V 直流电压。或者，在通过 PFC 应用中，需要变换器的输出电压可能位于线电压最小值和最大值之间。在这种情况下，既能升压又能降压的变换器是必要的。可以采用 Buck-Boost、Ćuk、SEPIC 或者 Zeta 变换器。然而，所有这些变换器都有一个缺陷，就是在任何一个开关阶段都没有线-负载能量的直接传输通路。例如，在 Buck-Boost 变换器中，输入线能量首先在一个开关阶段传输到电感的磁场中，然后在接下来的开关阶段再传输到负载上去，因此增加了器件的应力。只有 Buck 和 Boost 变换器在一个开关阶段才有直接的线-负载能量传输通路。通过最小化间接转换部分能量，可以降低元件的电压应力和减少需要存储的能量。

4.4.1 升降压交错式双开关 Buck-Boost 变换器

能否用一种简单结构将 Buck 和 Boost 变换器结合起来，同时实现升压和降压变换，而且线-负载的间接能量转换最小化。交错 Boost 开关单元和 Buck 开关单元得到如图 4.29 所示的变换器。它包含了两个外部控制的开关 S_1 和 S_2。当 S_2 在所有开关阶段都导通时，此变换器像

Boost 变换器工作[如图 4.30(a)所示]。D_2 被输入电压反向偏置，所以总是处于关断状态。当 S_1 在所有开关阶段都关断时，此变换器像 Buck 变换器工作[参见图 4.31]。D_1 流过电感电流，所以它总是处于导通状态。下面分析其工作模式。

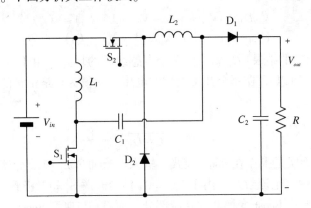

图 4.29　升降压交错式双开关 Buck-Boost 变换器

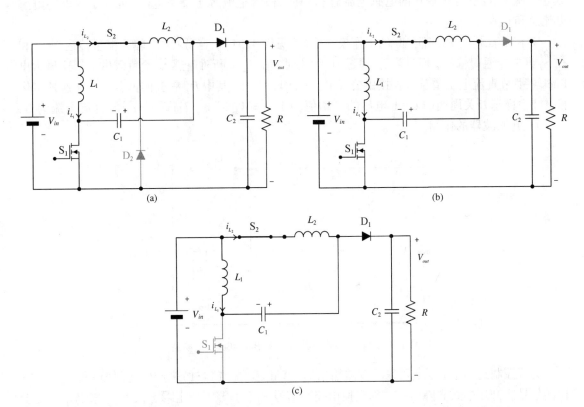

图 4.30　(a)Boost 模式的双开关 Buck-Boost 变换器；(b)开关导通阶段；(c)开关关断阶段

　　根据 PWM 的功能，图 4.30(a)中的开关 S_1 在 $D_1 T_s$ 期间导通[参见图 4.30(b)]，而在 $(1 - D_1) T_s$ 期间关断[参见图 4.30(c)]，D_1 是开关的占空比。在这两个开关阶段的等效电路中，没有示出关态二极管 D_2。

　　开关导通时高效电路应用 KVL 给出

$$V_{L1} = V_{in}; \quad V_{L2} = V_{in} - V_{C1}, \quad 0 \leqslant t < D_1 T_s$$

对图 4.30(c)电路应用 KVL 给出

$$V_{L1} = V_{in} + V_{C1} - V_{out}; \quad V_{L2} = V_{in} - V_{out}, \quad D_1 T_s \leqslant t < T_s$$

两个电感的伏·秒平衡方程为

$$V_{in}D_1 + (V_{in} + V_{C1} - V_{out})(1 - D_1) = 0$$
$$(V_{in} - V_{C1})D_1 + (V_{in} - V_{out})(1 - D_1) = 0$$

解出 $V_{C1} = 0$，这是期望的结果：C_1 属于由两个电感组成的环路。由于电感电压在一个开关周期的平均电压值为 0，所以 C_1 在每个开关周期的电压平均值为 0 是正常的。因此，从两个等式得出直流电压增益

$$V_{out} = \frac{1}{1 - D_1} V_{in}$$

也就是说，该变换器确实是工作在 Boost 模式。输入电流通过 L_1 和 L_2 分流，这就允许采用较小的电感来获得相同的输入电流纹波。由于 $V_{C1} = 0$，使得开关 S_1 和二极管 D_1 承受的电压应力相同，因为它们对应着典型 Boost 变换器的相应部分。而且，与典型 Boost 变换器一样，晶体管电流等于输入电流(等于现在的电感电流总和)和二极管电流等于负载电流(也等于这里的电感电流总和)。

S_1 在所有开关阶段都关断的工作模式下(参见图 4.31)，容易看出，输入能量传输到 L_2 和在 S_2 开关导通时输出，而且当 i_{l2} 通过 D_2 续流时，在 S_2 关断时电感 L_2 给负载供电。这显示出 Buck 特性；直流电压增益可直接由公式 $V_{out} = D_2 V_{in}$ 给出，其中 D_2 是 S_2 的占空比。在这种工作模式下，稳态开关周期中 C_1 上电压的平均值为 $V_{C1} = V_{in} - V_{out}$，而电感 L_1 的直流电流为 0。$L_1 - C_1$ 起滤波器的作用。

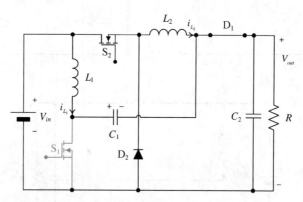

图 4.31　Buck 模式下的双开关 Buck-Boost 变换器

为了控制这两个开关，可采用双路输出的 PWM 芯片(TL1451)来产生控制 D_1 和 D_2，占空比的信号。升压模式和降压模式的变换由控制信号 $v_{ctr}(t)$ 等于特定瞬态值 V_{trans} 来确定，大于 V_{trans} 时在升压模式而在小于 V_{trans} 时在降压模式工作。知道负载电压所需数值和采样输入电压的实际值，控制器就能决定工作模式。

另一种双开关 Buck-Boost 变换器可以采用交错开关 Buck 开关单元和 Boost 开关单元来实现(参见图 4.32)。在升压模式下(S_2 始终导通)，L_1 充当 Boost 变换器的电感，而 L_2 充当滤波电感；在降压模式下(S_1 始终关断)，L_1 和 L_2 充当着降压变换器的电感。留给读者作为练习，分析这两个工作模式的开关过程。

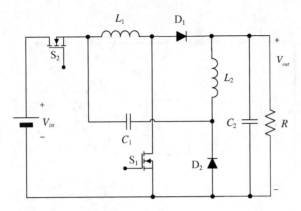

图 4.32　Buck 交错 Boost 的变换器(双开关 Buck-Boost 变换器)

4.4.2　正输出电压的 Z 源 Buck-Boost 变换器

将一个 Z 源网插入到有两个开关的变换器中得到图 4.33(a)所示的电路。Z 源网络由两个相等的电感 L_1 和 L_2,两个相等的电容 C_1 和 C_2,以双 Z 形式配置而成。变换器有两个有源开关 S_1 和 S_2,每个都是独立控制的,二极管 D_1 保证流过 S_1 和续流二极管 D 的电流单向循环。电源输入和负载有一个公共的地。S_1 和 S_2 的开关波形如图 4.33(b)所示,两个开关的占空比分别为 D_1 和 D_2,从而,在一个稳态周期,变换器要经历四个开关阶段:S_1 导通 S_2 关断,在 D_1T_s 期间[参见图 4.34(a)];S_1 和 S_2 都关断[参见图 4.34(b)]以及 S_1 关断 S_2 导通,在 D_2T_s 期间[参见图 4.34(c)];S_1 和 S_2 关断[与图 4.34(b)描述的一样]。在每个周期中,两个开关都关断的时间是 $(1 - D_1 - D_2)T_s$,这是由于电路的是对称性:$i_{L1}(t) = i_{L2}(t)$ 和 $v_{C1}(t) = v_{C2}(t)$。

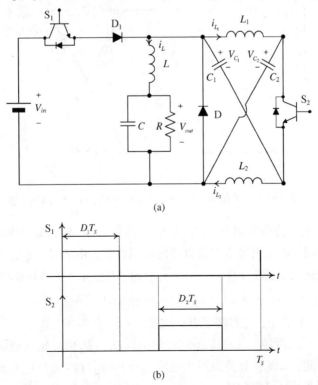

(a)

(b)

图 4.33　正输出电压的 Z 源 Buck-Boost 变换器。(a)电路图;(b)开关波形

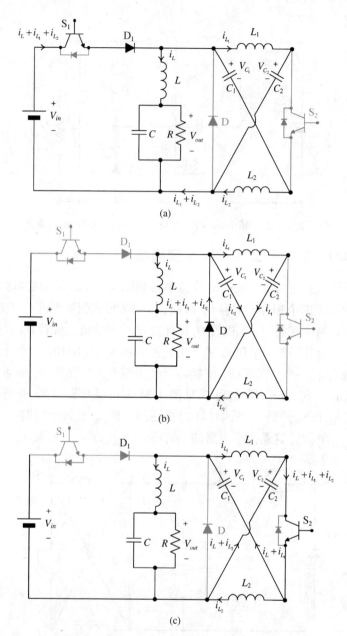

图 4.34　Z 源 Buck-Boost 变换器的开关阶段。(a) S_1 导通 S_2 关断；(b) S_1 和 S_2 关断；(c) S_1 关断 S_2 导通

　　在第一个开关阶段的持续时间为 D_1T_s，所有电感和电容，包括输出电容，都被输入电源充电。所以，在这个阶段，部分能量从干线直接传输到负载。由于 C_1 或 C_2 上电压的极性，D 被反向偏置。S_1 必须载运大电流 $i_{L1}(t) + i_{L2}(t) + i_L(t)$。对图 4.34(a) 环路应用 KVL 方程，得

$$v_L(t) = V_{in} - V_{out}; \quad v_{L1}(t) = v_{L2}(t) = V_{in} - V_C$$

式中 V_C 表示 C_1 或 C_2 上电压，它忽略了电压纹波。

　　在第二和第四个开关阶段，总的持续时间为 $(1 - D_1 - D_2)T_s$，输入电源与电路断开。所有电感通过 D 续流，因此，二极管 D 要载运大电流 $i_{L1}(t) + i_{L2}(t) + i_L(t)$。电感处在放电过程，电容 C_1 和 C_2 充电。根据图 4.34(b) 有

$$v_L(t) = -V_{out}; \quad v_{L1}(t) = v_{L2}(t) = -V_C$$

第三个开关周期的持续时间是 $D_2 T_s$，输入电源也是与电路断开。二极管 D 被和 Z 源网中的电容和电感电压的极性反向偏置（电感处于充电状态）。再次提醒电容 C_1、C_2 和负载通过开关 S_2 组成一个串联电路。串联的电容 C_1 和 C_2 处于放电状态，提供了负载电流 i_L，C_1 和 C_2 分别还向电感 L_1 和 L_2 放电，放电电流分别为 $i_{L1}(t)$ 和 $i_{L2}(t)$（再次提醒在开关瞬间流过电感电流的方向保持不变）。在这个开关阶段，开关 S_2 不得不载运大电流 $i_{L1}(t) + i_{L2}(t) + i_L(t)$。根据图 4.34(c) 所示等效环路的 KVL 方程

$$v_L(t) + V_{out} - V_{C2} - V_{C1} = 0$$

根据由 L、负载、C_2、开关 S_2 和 C_1 组成环路的 KVL 方程，可得

$$v_L(t) = 2V_C - V_{out}$$

和

$$v_{L1}(t) = v_{L2}(t) = V_C$$

分别根据由 L_1、C_1、S_2 和 L_2、C_2、S_2 构成环路的 KVL 方程，得到电感 L 和 L_1 或 L_2 的伏·秒平衡方程

$$(V_{in} - V_{out})D_1 + (-V_{out})(1 - D_1 - D_2) + (2V_C - V_{out})D_2 = 0$$
$$(V_{in} - V_C)D_1 + (-V_C)(1 - D_1 - D_2) + V_C D_2 = 0$$

注意式中 V_C 表示 C_1 或 C_2 的电压。用第二个方程的结果代入至第一个方程，得到 $V_C = V_{out}$。这是期望的结果，因为 C_1 属于由电感 L、L_2 和负载构成环路的组分，而 C_2 属于由电感 L、L_1 和负载构成环路的组分。由于在一个稳态周期中电感上的平均电压为 0，根据 KVL 方程可得出 C_1 或 C_2 上的电压等于 V_{out}。解出上述任何一个方程，得

$$V_{out} = \frac{D_1}{1 - 2D_2} V_{in}$$

还可以写成

$$V_{out} = \frac{D_1 T_s}{T_s - 2D_2 T_s} V_{in}$$

它给出两个开关的持续时间是可控的证明。

因此，该变换器输出电压的极性和输入电压的极性相同。通过选择两个晶体管不同的占空比就可以得到将输入电压降压或者升压的变换器，也就是说图 4.33 所示电路可像 Buck-Boost 变换器一样工作。例如，假设变换器的开关频率为 100 kHz，即 $T_s = 10$ μs，若选择稳态工作时 $D_1 T_s = 4$ μs，$D_2 T_s = 1$ μs，那么输出电压结果为 $V_{out} = 0.5 V_{in}$，也就是说得到了一个降压变换器。或者，选择稳态工作时 $D_1 T_s = 7$ μs，$D_2 T_s = 2.5$ μs，可得 $V_{out} = 1.4 V_{in}$，表明这是个升压变换器。

从图 4.34(c) 可得，开关 S_1 的电压应力为

$$V_{DS(S1)} = V_{in} - V_L - V_{out} = V_{in} - (2V_C - V_{out}) - V_{out} = V_{in} - 2V_{out}$$

二极管 D 的电压应力（V_D 的绝对值）为

$$V_{Dstress} = V_L + V_{out} = (2V_C - V_{out}) + V_{out} = 2V_{out}$$

从图 4.34(a) 可得，开关 S_2 的电压应力为

$$V_{DS(S2)} = V_{in} - V_{L1} - V_{L2} = V_{in} - 2(V_{in} - V_C) = -V_{in} + 2V_{out}$$

二极管 D 承受着第一个开关阶段的输入电压，$V_D = V_{in}$。

从图 4.34(b)可得，在第二和第四开关阶段，S_1 的电压应力为 V_{in}，S_2 的电压应力为

$$V_{DS(S2)} = -V_{L1} - V_{L2} = 2V_C = 2V_{out}$$

不同的开关阶段，开关承受的电压应力是不同的。为了得到最大的电压值，即开关周期的电压应力，必须根据应用电路实际的输入电压和输出电压值用这些公式计算，如表 4.1 所示。

表 4.1　Z 源 Buck-Boost 变换器开关电压应力的绝对值

阶段	开关		
	S_1	S_2	D
I	—	$V_{in} - 2V_{out}$	V_{in}
II, IV	V_{in}	$2V_{out}$	—
III	$V_{in} - 2V_{out}$	—	$2V_{out}$

Z 源网络变换器的复杂性和升降压交错式双开关 Buck-Boost 变换器的复杂性是一样的。而且它还具有线-负载直接通路的开关周期的特性，从而最大限度地减少了间接转换能量的数量。但是 Z 源变换器的脉动很大，像 Buck 电路一样的输入电流。开关器件的电压应力(参见表 4.1)和传统的 Buck-Boost 变换器中的晶体管和二极管相比较(应力为 $V_{in} + V_{out}$)，要根据各种应用的输入电压和负载电压的实际值计算。

4.5* 开关电容/开关电感集成的基本变换器

4.5.1 基于开关电容/开关电感结构的变换器系列

将第 3 章阐述的开关电容或开关电感单元集成到基本变换器中将衍生变换器的新系列。对于给定的输入电压，可得到比传统变换器输出电压更低或者更高的电源。基于开关单元的变换器可作为二次变换器的替代选择，两类变换器都只包含一个可控开关，无源元件数量相差不多，开关的电流和电压应力也相差不多。

4.5.1.1 开关电容/开关电感基本单元

图 4.35 所示的开关电容/电感单元可用于降压变换器结构。它们可插入到一些基本的非隔离的变换器(Buck，Boost，Buck-Boost，Ćuk，SEPIC，Zeta)中，当变换器的主开关 S 导通时，开关单元根据图 4.36 左侧等效电路工作，当变换器的主开关关断时，开关单元的等效电路如图 4.36 右侧所示。这表明，开关电容单元 Dw1[参见图 4.36(a)]的电容在开关 S 关断时串联充电，当开关导通时并联放电[参见图 4.36(a)]。图 4.35(b)和图 4.35(c)所示开关单元中的电感在 S 导通时串联充电，当开关关断时[参见图 4.36(b)和图 4.36(c)]并联放电。

图 4.37 所示的开关电容和开关电感单元可用于升压变换器结构。它们可插入到一些基本的非隔离的变换器中，当变换器的主开关导通时，开关单元按照图 4.38 左侧等效电路工作，当主开关关断时，开关单元按图 4.38 右则所示等效电路工作。这表明，开关单元 Up1 和 Up2[参见图 4.37(a)和图 4.37(b)]中的电容在开关 S 关断时并联充电，当开关 S 导通[参见图 4.38(a)和图 4.38(b)]时串联放电。开关单元 Up3[参见图 4.37(c)]中的电感在 S 导通时并联充电，在 S 关断时串联放电。

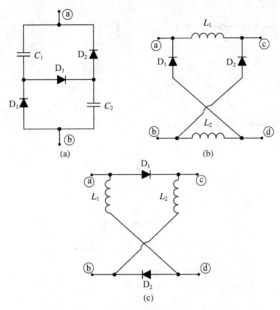

图 4.35 用于降压变换器的开关电容和开关电感单元。(a) Dw1 单元；(b) Dw2 单元；(c) Dw3 单元

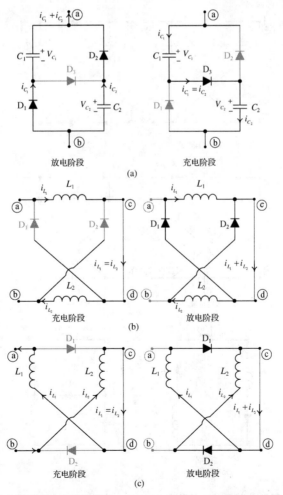

图 4.36 降压开关单元的开关阶段。(a) Dw1 单元；(b) Dw2 单元；(c) Dw3 单元

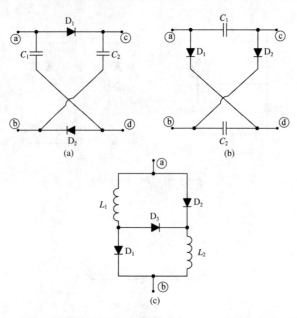

图 4.37 用于升压变换器的开关电容和开关电感单元。(a)Up1 单元；(b)Up2 单元；(c)Up3 单元

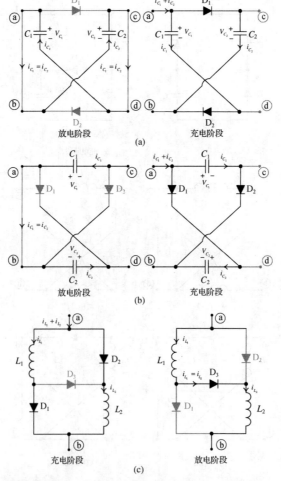

图 4.38 升压开关单元的开关阶段。(a)Up1 单元；(b)Up2 单元；(c)Up3 单元

　　在上述开关单元中，需要选择相等的电容和相等的电感，这暗示忽略电容电压的纹波，总是 $V_{C1} = V_{C2} \triangleq V_C$ 和 $i_{L1} = i_{L2} \triangleq i_L$。注意不同开关单元的对偶性的含义，例如，开关升压单元 Up1、Up2、Up3，可分别由降压开关单元 Dw1、Dw2、Dw3 替代，只需要用降压单元的电容替代升压单元的电感，用降压单元的电感替代升压单元的电容。

　　为了获得具有陡峭直流电压转换比很大的、新的降压和升压变换器，可以将上述定义的开关单元插入到表 4.2 所对应的基本变换器中。注意，不是所有组合都是可行的，它限于此前讨论过的，在基本变换器主开关状态之后开关单元的工作情况。

表 4.2　基本变换器中插入开关电容或开关电感的方法

	基本变换器					
	Buck	Boost	Buck-Boost	Ćuk	Sepic	Zeta
Cell Dw1	*		*	*	*	
Cell Dw2	*			*		*
Cell Dw3					*	
Cell Up1		*	*			
Cell Up2				*		*
Cell Up3		*	*	*	*	*

4.5.1.2　开关电容/开关电感集成的 Buck 变换器

　　将开关电容单元 Dw1 的端点ⓐ,ⓑ,ⓒ和ⓓ插入到 Buck 变换器中，可得到如图 4.39 所示的新的电源。附加输入电感 L_{in} 是为了平滑输入电容的充电电流，否则要用额定值很大的电容。将开关电感单元 Dw2 的端点ⓐ,ⓑ,ⓒ和ⓓ插入到 Buck 变换器中，可得到图 4.40(a)的电路。实际上，在这种情况下，可以删除 Buck 变换器的整流二极管和输出电感，因为它们被开关单元的电感和二极管替代了。这两种新型变换器的工作原理如下所述。

　　当图 4.39(a)电路中的开关 S 导通时，就建立了一条线-负载之间的直接传输的通路。因此，新的变换器保持了 Buck 变换器的重要优点之一。另外，电容 C_1 和 C_2（在其他开关阶段已经充电至图中所示的电压极性）并联向负载供电[参见图 4.39(b)]。由于电容 C_1 和 C_2 的电压极性，二极管 D_3 和 D 反向偏置。开关 S 载运了输入电流和两个电容的电流之和，即 $i_S = i_{in} + i_{C1} + i_{C2} = i_L$。

　　当开关 S 关断时，电容 C_1 和 C_2 串联充电，电流 $i_{in} = i_{C1} = i_{C2}$[参见图 4.39(c)]。输出电感电流通过整流二极管续流。由于 C_1 上的电压极性，D_2 反向偏置。由于电容 C_2 上的电压极性，D_1 截止。

　　对图 4.39(b)和图 4.39(c)的回路分别应用 KVL 方程，有

$$v_{Lin}(t) = V_{in} - V_{C1} = V_{in} - V_{C2} = V_{in} - V_C; \quad v_L(t) = V_{C1} - V_{out} = V_{C2} - V_{out} = V_C - V_{out}; \quad 0 \leqslant t < DT_s$$

$$v_{Lin}(t) = V_{in} - V_{C1} - V_{C2} = V_{in} - 2V_C; \quad v_L(t) = -V_{out}; \quad DT_s \leqslant t < T_s$$

电感 L_{in} 和 L 的伏·秒平衡方程为

$$(V_{in} - V_C)D + (V_{in} - 2V_C)(1 - D) = 0$$
$$(V_C - V_{out})D + (-V_{out})(1 - D) = 0$$

解得

$$V_C = \frac{V_{in}}{2 - D}; \quad V_{out} = DV_C$$

即

$$V_{out} = \frac{D}{2 - D} V_{in}$$

　　与传统的 Buck 变换器电路相比,新的变换器降低了输入电压大约$(2-D)$倍,这是以增多元器件数量为代价:增加了两个电容和三个二极管。增加输入电感使输入电流不脉动,输入滤波器在传统 Buck 变换器中也是必需的。

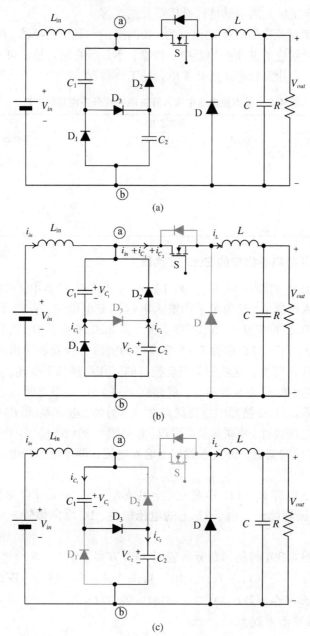

图4.39　(a)开关电容单元 Dw1 集成到 Buck 变换器;(b)新变换器的导通
阶段$(0 \leqslant t < DT_s)$;(c)新变换器的关断阶段$(DT_s \leqslant t < T_s)$

　　下文评估开关的电压应力。根据图 4.39(c),$V_{DS(S)} = 2V_C = \dfrac{2}{2-D}V_{in}$,也就是说,晶体管的电压应力比 Buck 变换器中相应的晶体管要承受的输入电压大一些,$V_{D1} = V_{D2} = V_C = \dfrac{V_{in}}{2-D}$。

根据图 4.39(b)，$V_{D3} = V_C = \dfrac{V_{in}}{2-D}$，$V_D = V_{C1} = V_{C2} = V_C = \dfrac{V_{in}}{2-D}$，也就是说，整流二极管承受的电压应力比传统 Buck 变换器中相对应的整流二极管的电压应力低(在上述公式中，二极管的电压用绝对值表示，因为我们只对它们承受的应力感兴趣)。

当 $0 \leqslant t < DT_s$，图 4.40(a)所示变换器在开关阶段的等效电路如图 4.40(b)所示；当 $DT_s \leqslant t < T_s$ 时，如图 4.40(c)所示。当开关 S 导通时，由于输入电压的极性，D_1 和 D_2 反向偏置。电感 L_1 和 L_2 串联从输入电压充电。在图 4.40(b)中，有

$$v_{L1}(t) + v_{L2}(t) = V_{in} - V_{out}$$

或者

$$v_{L1}(t) = v_{L2}(t) = \frac{V_{in} - V_{out}}{2}, \quad 0 \leqslant t < DT_s$$

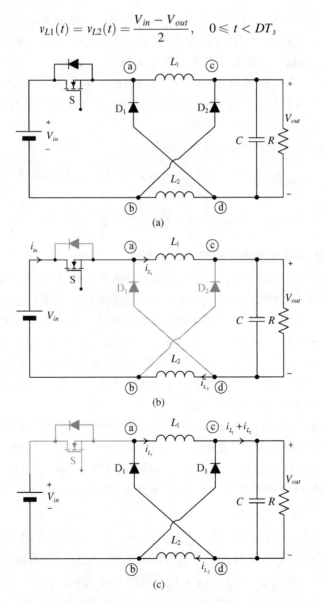

图 4.40　(a)开关电感单元 Dw2 集成到 Buck 变换器；(b)新变换器的导通
阶段($0 \leqslant t < DT_s$)；(c)新变换器的关断阶段($DT_s \leqslant t < T_s$)

当开关 S 关断时,电感电流必须继续流动,不改变电流方向,接通二极管 D_1 和 D_2,使两个电感并联向负载供电。根据图 4.40(c),有

$$v_{L1}(t) = v_{L2}(t) = -V_{out}, \quad DT_s \leqslant t < T_s$$

由任意一个电感的伏·秒平衡方程,可得

$$\frac{1}{2}(V_{in} - V_{out})D + (-V_{out})(1 - D) = 0$$

解得

$$V_{out} = \frac{D}{2 - D}V_{in}$$

由此看出,开关电感单元集成到 Buck 变换器实现了此前开关电容单元集成到 Buck 变换器具有相同的直流电压增益,只增加了两个元件(一个电感和一个二极管),与传统的 Buck 变换器相比,它的缺点是输入电流脉动很大,这与 Buck 变换器相似。

根据图 4.40(c),在由输入电压、S、D_1、负载和 D_2 构成的回路中,开关必须承受电压 $V_{DS(S)} = V_{in} + V_{out}$,稍大于电压 V_{in},式中 V_{in} 也是传统 Buck 变换器开关晶体管承受的电压应力,因为输出电压比输入电压低得多。

从图 4.40(b)可得,二极管电压应力的绝对值为

$$V_{D1stress} = V_{in} - V_{L2} = V_{in} - \frac{V_{in} - V_{out}}{2} = \frac{V_{in} + V_{out}}{2},$$

$$V_{D2stress} = V_{out} + V_{L2} = V_{out} + \frac{V_{in} - V_{out}}{2} = \frac{V_{in} + V_{out}}{2}$$

4.5.1.3　开关电容/开关电感集成的 Boost 变换器

将开关电容单元 Up1 的端子ⓐ,ⓑ,ⓒ和ⓓ插入到基本 Boost 变换器,可以得到如图 4.41(a)所示的集成电路结构。附加输出电感 L_{out} 用于避免输出电流在电容 C_1 和 C_2 从并联连接方式变换至串联连接方式时的快速变化,得到非脉动的输出电流。由于采用开关单元的二极管,升压阶段的整流二极管不再需要,可节省一个元件。将开关电感单元 Up3 插入到传统 Boost 变换器,可得到如图 4.42 所示的新结构。由于开关单元有电感 L_1 和 L_2,传统升压变换器的输入电感可以删除,而不影响输入电流的非脉动性。然而,图 4.42 所示电路有脉动的输出电流,与 Boost 变换器相似。下文将分析这两个电路。

在开关导通阶段[参见图 4.41(b)],输入电感从电源充电,如同典型的 Boost 变换器。电容 C_1 和 C_2 在前一个开关周期已经充电至图示的电压极性。所以二极管 D_1 和 D_2 反向偏置(因为通过开关 S,C_2 与 D_1 并联而 C_1 与 D_2 并联)。通过开关 S,电容 C_1 和 C_2 串联向负载放电。所以,晶体管比传统 Boost 变换中相应的晶体管(只流过输出电流)载运了更大的电流(输入电流和输出电流之和),根据 KVL 方程

$$v_L(t) = V_{in}; \quad v_{Lout}(t) = V_{C1} + V_{C2} - V_{out} = 2V_C - V_{out}, \quad 0 \leqslant t < DT_s$$

在开关关断阶段[参见图 4.41(c)],电源输入和输入电感同时给输出供电。另外,它们给并联的电容 C_1 和 C_2 充电,$i_{in} = i_{C1} + i_{C2} + i_{out}$,根据 KVL 方程

$$v_L(t) = V_{in} - V_{C1} = V_{in} - V_{C2} = V_{in} - V_C; \quad v_{Lout}(t) = V_{C1} - V_{out} = V_{C2} - V_{out} = V_C - V_{out},$$
$$DT_s \leqslant t < T_s$$

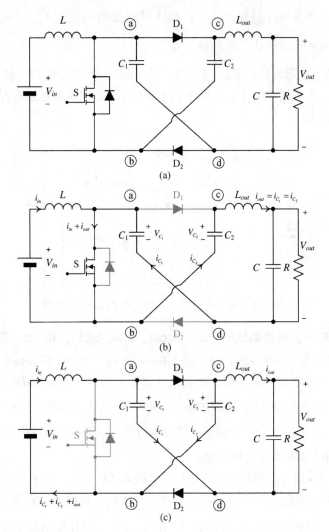

图 4.41　(a)开关电容单元 Up1 集成到 Boost 变换器；(b)集成变换器开关导通
　　　　　阶段($0 \leqslant t < DT_s$)；(c)集成变换器开关关断阶段($DT_s \leqslant t < T_s$)

这两个开关阶段的 $v_L(t)$ 和 $v_{Lout}(t)$ 满足伏·秒平衡方程

$$V_{in}D + (V_{in} - V_C)(1 - D) = 0$$

$$(2V_C - V_{out})D + (V_C - V_{out})(1 - D) = 0$$

解得

$$V_C = \frac{1}{1 - D}V_{in}$$

此结果是预期的，因为电容 C_1 和 C_2 可看成升压变换器的输出电容，得到

$$V_{out} = (1 + D)V_C = \frac{1 + D}{1 - D}V_{in}$$

根据图 4.41(b)所示电路，当开关 S 导通时，二极管的电压应力(同样，只计算电压的绝对值) $V_{D1stress} = V_{C2} = V_C = \frac{1}{1 - D}V_{in}$，$V_{D2stress} = V_{C1} = V_C = \frac{1}{1 - D}V_{in}$，与传统升压变换器中相应的二极管电压应力相似。然而，每个二极管必须载运等于 $i_{out} + i_C$ 的电流，这大于 Boost 变换器

二极管的电流 i_{out}。从图 4.41(c)可见，开关晶体管承受电压应力 $V_{DS(S)} = V_{C1} = V_{C2} = V_C = \frac{1}{1-D}V_{in}$，这也和 Boost 变换器相应的晶体管相似。

图 4.42 所示的变换器留给读者作为练习，它与图 4.41 中变换器一样提供了相同的直流电压转换比。所以，开关电容和开关电感单元集成的 Boost 变换器都具有直流电压增益比传统 Boost 器大 $(1 + D)$ 倍的特点。

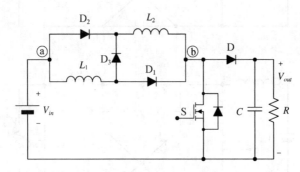

图 4.42   开关电感单元 Up3 集成的 Boost 变换器

4.5.1.4   开关电容/开关电感集成的 Buck-Boost、Ćuk、SEPIC 和 Zeta 变换器

根据表 4.2，可以将开关单元插入到 Buck-Boost、Ćuk、SEPIC 和 Zeta 变换器中获得新的具有更大升压和降压直流增益的变换器。在此只考虑几个例子，其他的留给读者作为练习。

将开关单元 Dw1 插入到 Ćuk 变换器的端点ⓐ和ⓑ，就得到如图 4.43(a)所示的新电路结构。Ćuk 变换器的能量传输电容被删除了，因为可以用开关单元中的两个电容来实现，换句话说，开关单元替代了 Ćuk 变换器的耦合电容。

当晶体管导通时，输入电感被电源充电[参见图 4.43(b)]。由于开关 S 缩短了电路的死区时间，电容 C_1 和 C_2 在前一个开关阶段已充电，并联向负载供电。D_3 和 D 被电容 C_1 和 C_2 的电压极性反向偏置，根据电路的对称性，$i_{C1} = i_{C2} = \frac{1}{2}i_{out}$。晶体管运载了输入电流和输出电流之和，这与传统 Ćuk 变换器相同。

当晶体管关断时，输入电感的电流保持它原来的流动方向，二极管导通[参见图 4.43(c)]。电容 C_1 和 C_2 串联充电，即 $i_{C1} = i_{C2} = i_{in}$。D_1 和 D_2 被电容电压的极性反向偏置。由于通过 L_1 和 L_2 的电流(i_{in} 和 i_{out})方向相反，二极管 D 导通，它载运了输入电流和输出电流之和，这也和传统 Ćuk 变换器相同。

由于电路的对称性，$V_{C1} = V_{C2} = V_C$。忽略电容电压的纹波(由两个电容周期性充放电产生)，对图 4.43(b)和图 4.43(c)所示等效环路应用 KVL 方程有

$$v_{L1}(t) = V_{in}; \quad v_{L2}(t) = V_C - V_{out}, \quad 0 \leqslant t < DT_s$$

$$v_{L1}(t) = V_{in} - V_{C1} - V_{C2} = V_{in} - 2V_C; \quad v_{L2}(t) = -V_{out}, \quad DT_s \leqslant t < T_s$$

从电感 L_1 和 L_2 的伏·秒平衡方程可得

$$V_{in}D + (V_{in} - 2V_C)(1 - D) = 0$$

$$(V_C - V_{out})D + (-V_{out})(1 - D) = 0$$

解得

$$V_C = \frac{1}{2}\frac{V_{in}}{1-D}; \quad V_{out} = DV_C = \frac{1}{2}\frac{D}{1-D}V_{in}$$

即开关单元的每个电容上的电压是传统Ćuk变换器能量传输电容上电压的一半。输出电压比传统Ćuk变换器陡峭的输出电压低两倍，同时保留开关上相同的电流应力。根据图4.43(b)，D_3 和 D 承受的电压应力等于 $V_C = \frac{1}{2}\frac{V_{in}}{1-D}$ 是Ćuk变换器中整二极管电压应力的一半，在图4.43中，S 承受的电压应为 $V_{C1} + V_{C2} = 2V_C = \frac{V_{in}}{1-D}$，与Ćuk变换器一样，$D_1$ 和 D_2 承受的电压应力为 $V_C = \frac{1}{2}\frac{V_{in}}{1-D}$。

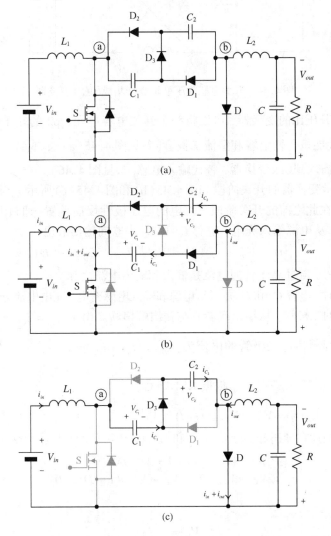

图 4.43　(a)开关电容降压单元 Dw1 集成到Ćuk变换器；(b)集成变换器开关导通阶段$(0 \le t \le DT_s)$；(c)集成开关变换器开关关断阶段$(DT_s \le t < T_s)$

在开关导通阶段，流过电容 C_1 和 C_2 的电流为 $\frac{i_{out}}{2}$；在开关关断阶段为 i_{out}，说明在开关周期中有较大的电流纹波。所以，Ćuk变换器传输电容中电流的纹波的缺点仍存在。

将开关单元 Dw2 的端子ⓑ，ⓓ，ⓐ和ⓒ插入到Ćuk变换器中，替代输出电感和整流二极管，得到如图 4.44 所示新的电路结构，它留给读者来证明此新的变换器的直流电压增益与上述电路是相同的，即 $V_{out} = \dfrac{1}{2}\dfrac{D}{1-D}V_{in}$。

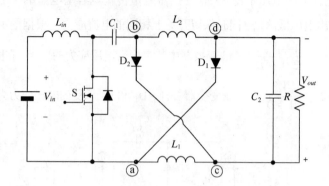

图 4.44　开关电感降压单元 Dw2 集成的 Ćuk 变换器

为得到大直流升压比的变换器，可以将一个开关电容单元 Up2 的端子ⓐ，ⓒ，ⓑ和ⓓ插入到 Ćuk 变换器，替代能量传输电容和整流二极管[参见图 4.45(a)]；或者将一个开关电感单元 Up3 的端子ⓐ和ⓑ插入到 Ćuk 变换器，替代输入电感[参见图 4.46]。

图 4.45(a)所示变换器的开关阶段如图 4.45(b)和图 4.45(c)所示。当 S 导通时，D_1 和 D_2 被开关单元的电容在此之前的开关阶段已充电的电压极性反向偏置（通过开关 S，D_1 和 D_2 分别与电容并联）。L_1 从电源输入充电，电容 C_1 和 C_2 串联向输出放电

$$v_{L1}(t) = V_{in}; \quad v_{L2}(t) = 2V_C - V_{out}, \quad 0 \leqslant t < DT_s$$

式中 $V_{C1} = V_{C2} \triangleq V_C$。流过晶体管的电流是输入和输出电流之和。

当开关 S 关断时，电容 C_1 和 C_2 并联从电源和输入电感充电，充电电流分别为 i_{C1} 和 i_{C2}。输出电感电流流过导通的二极管，从输出端看它与输出端串联。由于 $i_{C1} = i_{C2} = i_C$，$i_{in} = i_{C1} + i_{C2} + i_{out} = 2i_C + i_{out}$，这显示流过二极管的电流为：$i_{D1} = i_{in} - i_{C1} = i_{in} - \dfrac{i_{in} - i_{out}}{2} = \dfrac{i_{in} + i_{out}}{2}$，$i_{D2} = i_{iout} + i_{C1} = i_{out} + \dfrac{i_{in} - i_{out}}{2} = \dfrac{i_{in} + i_{out}}{2}$，根据 KVL 方程

$$v_{L1}(t) = V_{in} - V_C; \quad v_{L2}(t) = V_C - V_{out}, \quad DT_s \leqslant t < T_s$$

上述两个等式描述在导通和关断阶段 L_1 和 L_2 的电压可帮助我们给出伏·秒平衡的两方程组

$$V_{in}D + (V_{in} - V_C)(1 - D) = 0$$
$$(2V_C - V_{out})D + (V_C - V_{out})(1 - D) = 0$$

解得

$$V_C = \frac{V_{in}}{1 - D}$$

这与 Ćuk 变换器的能量传输电容上的平均电压相同，同时

$$V_{out} = (1 + D)V_C = \frac{1 + D}{1 - D}V_{in}$$

也就是说，图 4.45 所示的变换器比 Boost 变换器增大了 $(1 + D)$ 倍的输出电压，或者说比 Ćuk 变换器增加了 $\dfrac{1}{1-D}V_{in}$ 的增益。由此可见该变换器和图 4.41 所示从 Boost 变换器衍生变换器的

相似性：相同的元件数，相同的开关电压应力和相同的直流增益，仅仅是电容 C_1 和 C_2 的位置和 D_1 和 D_2 位置变换了。

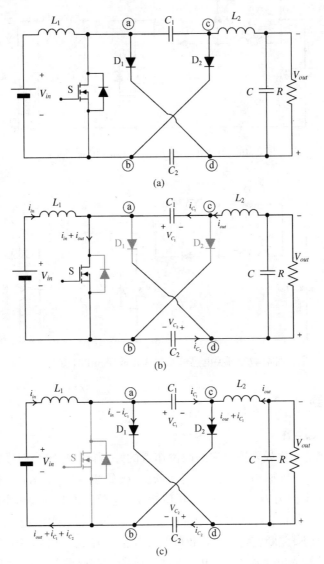

图 4.45　(a) 开关电容单元 Up2 集成到 Ćuk 变换器；(b) 集成变换器开关导通
阶段 $(0 \leqslant t < DT_s)$；(c) 集成变换器开关关断阶段 $(DT_s \leqslant t < T_s)$

电容 C_1 和 C_2 各自的电流在开关导通阶段为 i_{out}，开关关断阶段为 $\dfrac{i_{in} - i_{out}}{2}$，再次表明在开关状态转换时有很大的电流纹波；然而，比 Ćuk 变换器能量传输电容的电流脉动要小。

留给读者证明图 4.46 所示变换器的直流电压转换比为 $V_{out} = D\dfrac{1 + D}{1 - D}V_{in}$。

从表 4.2 中得出的变换器的最后一个例子是将 SEPIC 变换器的输入电感用开关电感单元 Up3 替代，得到如图 4.47 所示的开关电感集成的 SPEIC 变换器。留给读者去证明其直流电压增益为 $V_{out} = D\dfrac{1 + D}{1 - D}V_{in}$。

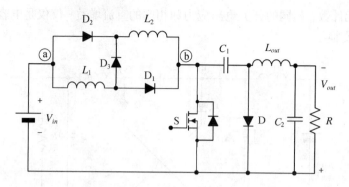

图 4.46　开关电感单元 Up3 集成到Ćuk变换器

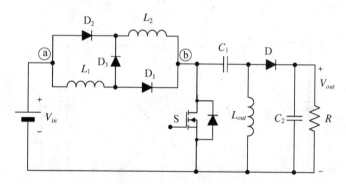

图 4.47　开关电感单元 Up3 集成到 SEPIC 变换器

4.5.2　KY 变换器

4.5.2.1　一阶 KY 变换器

KY 变换器(此名称是由最先提出它的两位作者的姓名首字母组合而成的)包含两个开关晶体管 S_1 和 S_2，一个能量传输电容 C_c，一个整流二极管 D 和一个 Buck 型的 LC 输出[参见图 4.48(a)]。S_1 的占空比为 D，S_2 与 S_1 的相位相反，也就是说其开关占空比为($1-D$)。C_c 的容值足够大，为了直流分析，可认为它两端的电压 V_{C_c} 在开关周期内保持不变。

当 S_1 导通的同时 S_2 关断[参见图 4.48(b)]，D 被电容 C_c(在上一个开关阶段充电)上的电压极性反向偏置。输入电流从 C_c 放电，在这一阶段它和电源是串联的。电源和电容 C_c 的能量被传输到电感 L 和负载，根据 KVL 方程得到

$$V_L = V_{in} + V_{Cc} - V_{out}, \quad 0 \leqslant t < DT_s$$

当 S_1 关断的同时 S_2 导通[参见图 4.48(c)]，电源向负载传输能量的同时给电容 C_c 充电，使得 $V_{C_c} = V_{in}$。所以，在两个开关阶段都有一条直接的线–负载的能量传输通路，增加的输入能量也只被处理一次。根据图 4.48(c)，有

$$V_L = V_{Cc} - V_{out}, \quad DT_s \leqslant t < T_s$$

所以

$$(V_{in} + V_{Cc} - V_{out})D + (V_{Cc} - V_{out})(1 - D) = 0$$

考虑 V_{C_c} 的电压值，解得

$$V_{out} = (1 + D)V_{in}$$

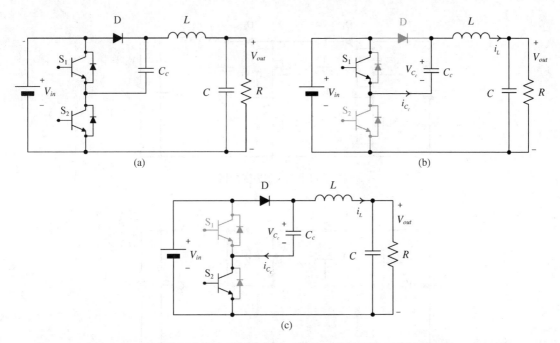

图 4.48　(a)一阶 KY 变换器；(b)开关导通阶段($0 \leqslant t < DT_s$)；(c)开关关断阶段($DT_s \leqslant t < T_s$)

因此，尽管 KY 变换器的电路结构类似 Buck 变换器，却具有升压的特性。这可以解决升压变换器没有 Boost 变换器的典型缺点，如控制传递函数的右半平面零点(这是由于在开关导通阶段负载和电源电路断开的原因)。

在开关导通阶段 $V_L = 2V_{in} - V_{out} = 2V_{in} - (1 + D)V_{in} = (1 - D)V_{in} > 0$，也就是说，电感处在充电状态；在开关关断阶段 $V_L = V_{in} - V_{out} = V_{in} - (1 + D)V_{in} = -DV_{in} < 0$，即电感处于放电状态。

从电路的结构看，KY 变换器可看成是 Buck 变换器和一个简单开关电容集成的电路，或者是一个双开关变换器。

从图 4.48(b)和图 4.48(c)，考虑到 $V_{Cc} = V_{in}$，发现晶体管和二极管承受的电压应力都等于 V_{in}，这是 Buck 变换器的典型特点。

4.5.2.2　二阶 KY 变换器

一阶 KY 变换器可推广到二阶 KY 变换器，它由 S_{11}、S_{12}、C_{c1} 和 D_1 构成的原来的开关单元，再添加一个由两个开关晶体管 S_{21} 与 S_{22}，一个能量传输电容 C_{c2} 和一个整流二极管 D_2 组成相似的开关单元构成(如图 4.49 所示)。

两种不同的 PWM 控制策略应用到二阶 KY 的变换器上，可以得到不同的直流电压变换比。在第一种控制策略中，开关晶体管 S_{11} 和 S_{21} 同时关断和导通，也是用相同的占空比 D。开关晶体管 S_{12} 和 S_{22} 也是同时开通和关断的，有相同的占空比($1 - D$)。然后，两个能量传输电容在开关关断阶段[参见图 4.50(b)]被并联充电至电压 $V_{Cc1} = V_{Cc2} = V_{in}$，在开关导通阶段与输入电源串联给负载供电[参见图 4.50(a)]。此时出现轻微的不平衡，因为第一个电容是通过二极管 D_1 充电的，而第二个电容是通过两个二极管(D_1 和 D_2)充电的，倍增了充电电路的二极管正向电压。电感的伏·秒平衡方程为

$$(V_{in} + V_{Cc1} + V_{Cc2} - V_{out})D + (V_{Cc2} - V_{out})(1 - D) = 0$$

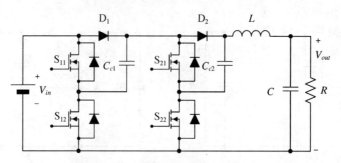

图 4.49　二阶 KY 变换器

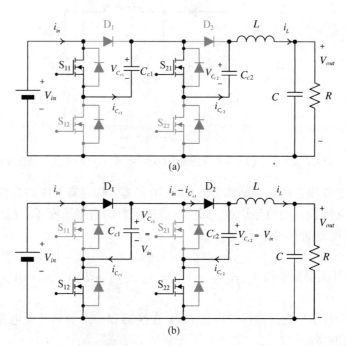

图 4.50　二阶 KY 变换器的第一种控制策略。(a)开关导通阶段($0 \leqslant t < DT_s$)；(b)开关关断阶段($DT_s \leqslant t < T_s$)

由于 $V_{Cc1} = V_{Cc2} = V_{in}$，在这种条件下变换器的直流电压转换比为

$$V_{out} = (1 + 2D)V_{in}$$

除了 S_{22} 之外，所有开关的电压应力都是 V_{in}，S_{22} 的电压应力为 $(V_{in} + V_{Cc1}) = 2V_{in}$。

若要更精确计算，可以考虑当 C_{c1} 和 C_{c2} 充电时，导通二极管的正向压降 V_F

$$V_{Cc1} = V_{in} - V_F; \quad V_{Cc2} = V_{in} - 2V_F$$

代入到电感的伏·秒平衡方程，有

$$[V_{in} + (V_{in} - V_F) + (V_{in} - 2V_F) - V_{out}]D + [(V_{in} - 2V_F) - V_{out}](1 - D) = 0$$

解得

$$V_{out} = (1 + 2D)V_{in} - (2 + D)V_F$$

为了计算占空比的值稳态，将上述方程转换为

$$1 + 2D = \frac{V_{out} + 1.5V_F}{V_{in} - 0.5V_F}$$

在第二种 PWM 控制策略中，S_{12} 和 S_{21} 具有相同的开关占空比 D，S_{11} 和 S_{22} 占空比也同为 $(1-D)$。在第一个开关阶段[参见图 4.51(a)]，S_{12} 和 S_{21} 导通而 S_{11} 和 S_{22} 关断，在第二个开关阶段[参见图 4.51(b)]，S_{12} 和 S_{21} 关断而 S_{11} 和 S_{22} 导通。

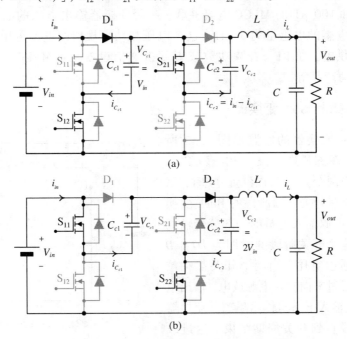

图 4.51　二阶 KY 变换器的第二种控制策略。(a)开关导通阶段($0 \leqslant t < DT_s$)；(b)开关关断阶段($DT_s \leqslant t < T_s$)

在开关导通阶段，C_{c1} 通过二极管 D_1 从电源充电至电压 $V_{Cc1} = V_{in}$。在开关关断阶段，D_1 被电容 C_{c1} 的电压极性反向偏置。和输入电压串联的 C_{c1} 通过 D_2 连接至 C_{c2}。所以，C_{c2} 充电至电压 $V_{Cc2} = 2V_{in}$，这表明在第一个开关阶段 D_2 被电容 C_{c2} 上的电压极性反向偏置。因此，在第一个开关阶段，输入电源和 C_{c2} 串联向负载传输能量。在第二个开关阶段，电源输入和 C_{c1} 串联向负载传输能量。可见，变换器具有线-负载能量直接传输的通路。

考虑二极管导通时的正向压降，得到 $V_{Cc1} = V_{in} - V_F$ 和 $V_{Cc2} = V_{in} + V_{Cc1} - V_F = 2(V_{in} - V_F)$。电感 L 的伏·秒平衡方程为

$$(V_{Cc1} + V_{Cc2} - V_{out})D + (V_{Cc2} - V_{out})(1-D) = 0$$

电容电压的纹波被忽略了，因为电容的容量相当大，可认为在电容上的电压保持不变。考虑电容上的直流电压，忽略二极管的正向压降，可得

$$(3V_{in} - V_{out})D + (2V_{in} - V_{out})(1-D) = 0$$

解得

$$V_{out} = (2 + D)V_{in}$$

所以，在第二种控制策略中，得到了稍大的直流电压增益，但是两个开关的电压应力为 $2V_{in}$：第二个开关阶段 S_{21} 上的电压和第一个开关阶段 D_2 的电压都是 $V_{Cc2} = 2V_{in}$。其他开关的应力是 V_{in} 或 $V_{Cc1} = V_{in}$。

例如，假设输入电压 $V_{in} = 12$ V，一阶变换器的输出电压 $V_{out} = 18$ V，输出功率为

50 W；二阶变换器的输出电压 V_{out} = 28 V，输出功率 70 W；晶体管 S_1、S_{11} 和 S_{21} 采用 MOSFET IRFZ44NS，晶体管 S_2、S_{12} 和 S_{22} 采用 MOSFET FDB6676；二极管型号为 MBR2045 或使用同步整流器，电路的开关频率为 195 kHz，输出电容由 1000 μF 的 RUBYCON 电容和 100 μF 的 MLCC 电容并联；一阶变换器输出电感的电感量为 2.5 μH，二阶变换器输出电感的电感量为 5 μH。这个电压和功率规格的电源可用于低压电池组向高电压模拟电路供电，如 RF、音频功放或者便携通信设备，如 MPEG-3 播放器、蓝牙设备、个人数字辅助产品等。

4.5.3　Watkin-Johnson 变换器

Watkin-Johnson 变换器的电路如图 4.52 所示。它由两个单刀双掷开关 S_1、S_2 和电感 L 以及输出电容组成。当两个开关都在位置 ⓐ 时，该电路的运行像工作在开关导通阶段的 Buck 变换器，电感 L 充电，电源输入能量的一部分传输到负载。变换器在这个开关阶段的时期为 DT_s，D 为两个开关的导通占空比。当两个开关都在位置 ⓑ 时，电感 L 反过来向输入电源放电，输出电容保证负载电压，输入电路与输出隔离。变换器维持这个开关阶段直到开关周期结束。通过改变占空比，更多或更少的能量被传输到负载，使电路有调整的能力。

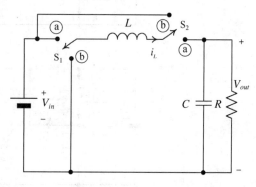

图 4.52　Watkin-Johnson 变换器

当然，这种工作方式需要一个能接受双向能量传输的输入电源。如果输入电路由二极管全桥整流电网的交流电压组成的话，输入电流的逆循环就不可能发生。

上述两个等效开关阶段的 KVL 方程为

$$v_L(t) = V_{in} - V_{out}, \quad 0 \leqslant t < DT_s$$
$$v_L(t) = -V_{in}, \quad DT_s \leqslant t < T_s$$

得到电感 L 的伏·秒平衡方程

$$(V_{in} - V_{out})D + (-V_{in})(1 - D) = 0$$

故 Watkin-Johnson 变换器的直流电压转换比公式为

$$V_{out} = \frac{2D - 1}{D} V_{in}$$

可见，如果 D < 0.5 则负载电压与输入电压的极性相反，如果 D > 0.5 则负载电压和输入电压极性相同。所以，元件数很少的 Watkin-Johnson 变换器，通过简单地控制占空比就能输出双极性的电压。当需要反向负载电压，变换器可以升压输出也可以降压出，决定于 D 在范围 $[0,0.5]$ 内的取值。当需要正向的负载电压时，变换器只能提供降压输出，占空比的取值范围为 $[0.5,1]$，在这个 D 的范围内，Watkin-Johnson 变换器像 Buck 变换器一样工作，但是 Buck 变换器的输出特性为 V_{out} = DV_{in}，需要很小的 D 才能得到陡峭的输出电压，这伴随着很多代价，回忆 3.1 节。与 Buck 变换器不同，只选择一个比 0.5 大一点的 D，Watkin-Johnson 变换器就可获得陡峭的降压。

通过增加开关电容，开关电感或开关耦合电感单元，整合非隔离式的变换器（如 Boost 变换器）与隔离式变换器（如反激变换器），可得到一大类新的直流电压转换比很大的硬开关变换器。

4.6* Sheppard-Taylor 变换器

Sheppard-Taylor 变换器的电路如图 4.53 所示。除了包含输入电感 L_1、整流二极管 D_4 和由 L_2 和 C_2 组成的 Buck 型的输出外，还包含一个开关单元，该单元由两个同时关断和导通，占空比为 D 的有源开关 S_1 和 S_2、三个二极管 $D_1 \sim D_3$ 和一个能量传输电容 C_1 组成。

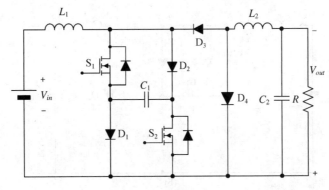

图 4.53 Sheppard-Taylor 变换器

4.6.1 连续导通模式（CCM）工作

当工作在连续导通模式时，变换器通过如图 4.54（a）和图 4.54（b）所示的开关阶段循环工作。

当 S_1 和 S_2 导通，D_1、D_2 和 D_4 被电容 C_1 的电压极性（在前一个开关阶段充电）反向偏置。输出电感电流 i_{out} 必须维持上一开关阶段结束时的电流流向，故 D_3 导通。电感 L_1 充电，电容 C_1 向负载放电。忽略电容 C_1 上的电压纹波，根据 KVL 方程，有

$$v_{L1}(t) = V_{in} + V_{C1}; \quad v_{L2}(t) = V_{C1} - V_{out}, \quad 0 \leqslant t < DT_s$$

当 S_1 和 S_2 关断，输入电感电流 i_{in} 迫使 D_2 和 D_1 导通。故电容 C_1 被电源和输入电感如图 4.54 所示的极性充电。电压 V_{C1} 使 D_3 关断，输出电感电流需要保持原有的电流流向，迫使 D_4 导通，结果负载电压与输入电压极性相反，对图 4.54（b），根据 KVL 方程，有

$$v_{L1}(t) = V_{in} - V_{C1}; \quad v_{L2}(t) = -V_{out}, \quad DT_s \leqslant t < T_s$$

电感 L_1 和 L_2 的伏·秒平衡方程为

$$(V_{in} + V_{C1})D + (V_{in} - V_{C1})(1 - D) = 0$$
$$(V_{C1} - V_{out})D + (-V_{out})(1 - D) = 0$$

解得

$$V_{C1} = \frac{1}{1 - 2D}V_{in}; \quad V_{out} = \frac{D}{1 - 2D}V_{in}$$

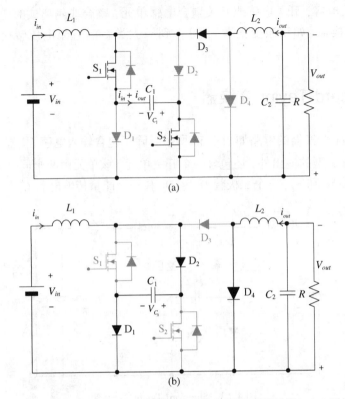

图 4.54　在 Sheppard-Taylor 变换器时 CCM 工作的开关阶段。(a)开关
导通阶段($0 \le t < DT_s$)；(b)开关关断阶段($DT_s \le t < T_s$)

　　显然，当 D 在 0.5 附近时，可以得到巨大的直流增益。但是，由于电路的寄生参数，此情况不会发生，实际的电压增益比理想的要差得很远(这和升压变换器 D 接近 1 的情况相似)。

　　Sheppard-Taylor 变换器的特点是和 Ćuk 变换器一样输入电流和输出电流没有脉动。但是，Sheppard-Taylor 变换器可以通过微调改变占空比来调节输出电压。为了说明这点，只需比较一下这两种变换器的直流电压增益：$\dfrac{D}{1-2D}$ 和 $\dfrac{D}{1-D}$。在开环状态下，当 $D = 0.2$，Sheppard-Taylor 变换器可以降低电压至 $0.33V_{in}$，Ćuk 变换器降低电压至 $0.25V_{in}$；当 $D = 0.4$，Sheppard-Taylor 变换器可提供负载电压 $2V_{in}$，Ćuk 变换器提供负载电压为 $0.66V_{in}$。此例表明 Sheppard-Taylor 变换器增强了对占空比变化的敏感度，即如果输入电源具有大的干扰可以通过很小的占空比变化调节过来，获得恒定的负载电压。

　　然而，上述优点不足以掩盖 Sheppard-Taylor 变换器比 Ćuk 变换器需要增加很多元件的缺点(一个有源开关，三个二极管)。但在 AC-DC 电路的 PFC 应用中，隔离形式的 Sheppard-Taylor 变换器可以突显其优点。正如在第 3 章所述，对这种应用我们倾向于将变换器工作在断续导通模式(DCM)。

4.6.2　断续导通模式(DCM)工作

　　首先要提示，在 3.4 节至 3.6 节已阐述过相似的变换器，当输入电感或输出电感在开关周期完全放电时，Sheppard-Taylor 变换器可以在断续电感电流模式(DICM)工作。在第一种情况下，电路的输入部分工作在 DICM，类似 Boost 变换器工作在 DCM，而 Buck 型的输出部分，工作在连续导通模式（CCM）。在第二种情况下，输入电路工作在 CCM，而输出工作在 DICM。

Sheppard-Taylor 变换器也可以工作在断续的电容电压模式（DCVM）。此时，变换器循环地经过三个开关阶段，如图 4.55（a）~（c）所示。DCVM 的主要稳态开关波形如图 4.56 所示。对于稳态分析，可以忽略输入和输出电感的电流纹波，因为电感是为了降低输入和输出电流的脉动所设计的，即认为 $i_{in}(t) \approx I_{in}$ 和 $i_{out}(t) \approx I_{out}$。

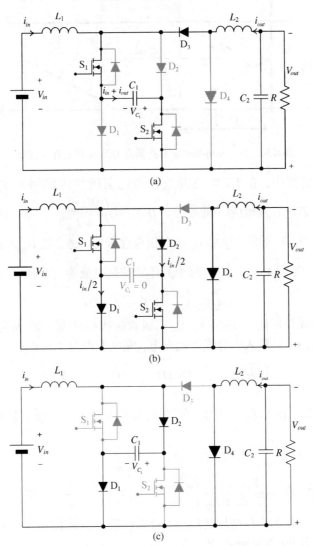

图 4.55　Sheppard-Taylor 变换器在 DCVM 时的开关阶段。
（a）$0 \leqslant t < D_1 T_s$；（b）$D_1 T_s \leqslant t < D T_s$；（c）$D T_s \leqslant t < T_s$

在新的开关周期开始时，S_1 和 S_2 同时导通 [参见图 4.55（a）]。因为工作在 CCM，D_1、D_2 和 D_4 不导通，D_3 导通。流过开关和能量传输电容的电流为 $I_{in} + I_{out}$（忽略电流纹波）。在前一个开关阶段充电的电容 C_1，根据下式开始放电：

$$v_{C1}(t) = V_{C1\max} - \frac{I_{in} + I_{out}}{C_1} t, \quad 0 \leqslant t < D_1 T_s$$

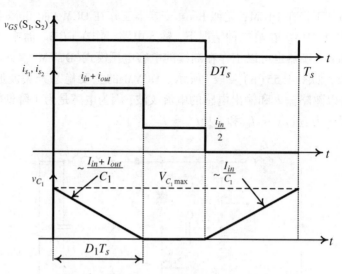

图 4.56　Sheppard-Taylor 变换器在 DCVM 时的开关波形

如果设计的 C_1 足够小, 在 PWM 使开关关断之前的特定瞬间 D_1T_s, C_1 完全放电。因 $v_{C1}(D_1T_s) = 0$, 可计算电容放电的时间 $t_{disch} = D_1T_s = \dfrac{C_1V_{C1max}}{I_{in} + I_{out}}$。

当 $v_{C1}(t)$ 降低至 0, D_3 不再被电容 C_1 的电压极性维持导通, 且 D_1 和 D_2 不再反向偏置, D_4 的电流为电感电流 [参见图 4.55(c)]。每个晶体管载运电流为 $\dfrac{I_{in}}{2}$, 且

$$v_{C1}(t) = 0, \quad D_1T_s \leqslant t < DT_s$$

在 DT_s 瞬间, PWM 控制使 S_1 和 S_2 关断。二极管的状态保持不变 [参见图 4.55(c)]。如果忽略输入电流的纹波, C_1 被输入电源线性地充电, 充电方程为

$$v_{C1}(t) = \frac{I_{in}}{C_1}(t - DT_s), \quad DT_s \leqslant t < T_s$$

在开关周期结束时, 电容 C_1 的电压达到它的最大值 $V_{C1max} = v_{C1}(T_s) = \dfrac{I_{in}}{C_1}(1 - D)T_s$。代入以前得到的公式 $D_1T_s = \dfrac{C_1V_{C1max}}{I_{in} + I_{out}}$, 可得

$$D_1 = \frac{1}{T_s}\frac{C_1}{I_{in} + I_{out}}\frac{I_{in}}{C_1}(1 - D)T_s = \frac{I_{in}}{I_{in} + I_{out}}(1 - D)$$

为了得到 DCVM 工作的直流电压转换比, 可以将变换器的快速开关部分作为一个单元与端电压 $v_1(t)$ 和 $v_2(t)$ 分开(参见图 4.57)。

一个稳态开关周期的 $v_1(t)$ 和 $v_2(t)$ 平均值, 用 V_1 和 V_2 表示, 可以从此前 $v_{C1}(t)$ 的表达式中计算出来, 对每个开关周期, 有

$$V_1 = \frac{1}{T_s}\int_0^{T_s} v_1(t) = \frac{1}{T_s}\left[\int_0^{D_1T_s}(-v_{C1}(t))\mathrm{d}t + \int_{DT_s}^{T_s} v_{C1}(t)\mathrm{d}t\right]$$

$$= \frac{1}{T_s}\left[\int_0^{D_1T_s}\left(-V_{C1max} + \frac{I_{in} + I_{out}}{C_1}t\right)\mathrm{d}t + \int_{DT_s}^{T_s}\frac{I_{in}}{C_1}(t - DT_s)\mathrm{d}t\right]$$

或者

$$V_1 = \frac{1}{T_s}\left[-V_{C1\max}D_1T_s + \frac{I_{in}+I_{out}}{2C_1}D_1^2T_s^2 + \frac{I_{in}}{2C_1}(1-D)^2T_s^2\right]$$

式中 $V_{C1\max} = \dfrac{I_{in}}{C_1}(1-D)\,T_s$，$D_1 = \dfrac{I_{in}}{I_{in}+I_{out}}(1-D)$，即 $I_{in}+I_{out} = \dfrac{I_{in}}{D_1}(1-D)$，可得

$$V_1 = -\frac{I_{in}}{C_1}(1-D)T_sD_1 + \frac{(1-D)I_{in}}{D_1}\frac{1}{2C_1}D_1^2T_s + \frac{I_{in}}{2C_1}(1-D)^2T_s = \frac{I_{in}}{2C_1}(1-D)(1-D-D_1)T_s$$

显然，在 DCVM 中，$D_1 < D$。

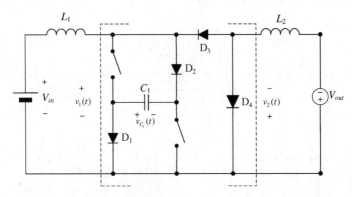

图 4.57 DCVM 模式下直流增益计算时 Sheppard-Taylor 变换器的结构

相似地，注意第二个和第三个开关阶段中当 D_4 导通时，$v_2(t) = 0$，我们有

$$V_2 = \frac{1}{T_s}\int_0^{T_s} v_2(t)\mathrm{d}t = \frac{1}{T_s}\left[\int_0^{D_1T_s} v_{C1}(t)\mathrm{d}t\right] = \frac{1}{T_s}\left[\int_0^{D_1T_s}\left(V_{C1\max} - \frac{I_{in}+I_{out}}{C_1}t\right)\mathrm{d}t\right]$$

$$= \frac{I_{in}}{C_1}(1-D)T_sD_1 - \frac{(1-D)I_{in}}{D_1}\frac{1}{2C_1}D_1^2T_s = \frac{I_{in}}{2C_1}(1-D)T_sD_1$$

由于在整个稳态开关周期中电感 L_1 和 L_2 的平均电压为 0，根据图 4.57，变换器输入和输出电压的平均值 V_{in} 和 V_{out} 是相等的，分别为 V_1 和 V_2，得到变换器的直流转换比为

$$M_{DCVM} = \frac{I_{in}}{I_{out}} = \frac{V_{out}}{V_{in}} = \frac{\dfrac{I_{in}}{2C_1}(1-D)T_sD_1}{\dfrac{I_{in}}{2C_1}(1-D)(1-D-D_1)T_s} = \frac{D_1}{1-D-D_1}$$

再次使用公式 $V_{out} = V_2 = \dfrac{I_{in}}{2C_1}(1-D)\,T_sD_1$，以及 $V_{out} = RI_{out}$，可得

$$\frac{I_{in}}{I_{out}} = \frac{2C_1R}{(1-D)T_sD_1}$$

通过均衡之前的两个方程 $\dfrac{I_{in}}{I_{out}}$ 和引入讨论 DCVM 时与 Ćuk 变换器相同的标记

$$k_{DCVM} = \frac{2RC_1}{T_s} = 2RC_1f_s$$

可得

$$\frac{D_1}{1-D-D_1} = \frac{k_{DCVM}}{(1-D)D_1}$$

或者，经过简单的代数运算后得到

$$D_1^2 + \frac{k_{DCVM}}{1-D}D_1 - k_{DCVM} = 0$$

给出第一个开关阶段的闭环表达式（只有正值才有物理意义）

$$D_1 = -\frac{k_{DCVM}}{2(1-D)} + \frac{1}{2}\sqrt{\left(\frac{k_{DCVM}}{1-D}\right)^2 + 4k_{DCVM}} = \frac{k_{DCVM}}{2(1-D)}\left(\sqrt{1+\frac{4(1-D)^2}{k_{DCVM}}} - 1\right) = \frac{2(1-D)}{\sqrt{1+\frac{4(1-D)^2}{k_{DCVM}}} + 1}$$

然后，可得到闭环形式的直流电压增益

$$M_{DCVM} = \frac{D_1}{1-D-D_1} = \frac{\dfrac{2(1-D)}{\sqrt{1+\dfrac{4(1-D)^2}{k_{DCVM}}} + 1}}{1 - D - \dfrac{2(1-D)}{\sqrt{1+\dfrac{4(1-D)^2}{k_{DCVM}}} + 1}} = \frac{2}{\sqrt{1+\dfrac{4(1-D)^2}{k_{DCVM}}} + 1 - 2}$$

$$= \frac{2}{\sqrt{1+\dfrac{4(1-D)^2}{k_{DCVM}}} - 1} = \frac{k_{DCVM}}{2(1-D)^2}\left[\sqrt{1+\frac{4(1-D)^2}{k_{DCVM}}} + 1\right]$$

对于工作在 DCVM 的变换器，必须根据 k_{DCVM} 设计 C_1，因为在开关关断之前电容已经放电至 0，即必须满足不等式

$$D_1 = \frac{k_{DCVM}}{2(1-D)}\left(\sqrt{1+\frac{4(1-D)^2}{k_{DCVM}}} - 1\right) < D$$

不等式转化为

$$k_{DCVM} < D^2 + \frac{Dk_{DCVM}}{1-D}$$

得出在 DCVM 工作时简单的闭环公式为

$$k_{DCVM} = 2RC_1f_s < \frac{D^2(1-D)}{1-2D}$$

即

$$C_1 < \frac{D^2(1-D)}{2Rf_s(1-2D)}$$

4.6.3 隔离型 Sheppard-Taylor 变换器

隔离型 Sheppard-Taylor 变换器如图 4.58 所示。二极管 D_3 由以下两个二极管替代：一个是变压器初级的 D'_3，另一个是变压器次级的 D''_3。隔离型变换器可以工作在 CCM，但是从 AC-DC PFC 整流应用来看，工作在 DICM 会更好，如上述非隔离形式的变换器中所讨论的那样。例如，图 4.59(a) ~ (c) 给出了 DICM 的变换器开关阶段。

在第一个开关阶段，两个开关导通。电容 C_1 已经在上一个开关周期的第二个开关阶段充电，通过变压器和二极管 D'_3、D''_3 向负载传输能量。由于电容 C_1 的电压极性，D_1 和 D_2 被反向偏置，D'_3 被正向偏置。由于初级电流从变压器绕组的同名端流入，次级电流必须从次级绕组

的同名端流出，迫使 D_3'' 导通［参见图 4.59(a)］。反射到次级电容 C_1' 上的电压极性使 D_4 反向偏置。D_3'' 承担载运输出电感电流，电感电流方向与上一个周期最后一个开关阶段的方向相同。

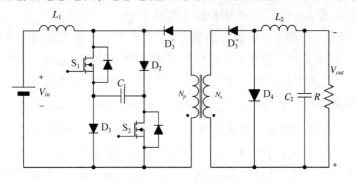

图 4.58　隔离的 Sheppard-Taylor 变换器

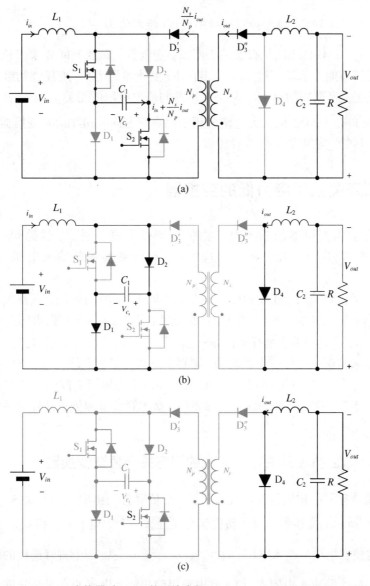

(a)

(b)

(c)

图 4.59　在隔离 Sheppard-Taylor 变换器时 DICM 的开关阶段。(a)$0 \leqslant t < DT_s$；(b)$DT_s \leqslant t < D_1 T_s$；(c)$D_1 T_s \leqslant t < T_s$

当开关在 PMW 控制下关断，电容 C_1 通过 D_1 和 D_2 充电［参见图 4.59（b）］。D_3' 被电容 C_1 的电压极性反向偏置，所以中断了流过变压器原边初级绕组的电流。D_3'' 停止导通，而 D_4 导通并承担输出电感的电流，C_1 从输入电压和输入电感充电。

如果电感 L_1 的设计值很小，正如 3.2 节所述，在开关阶段结束之前电流 i_{L1} 已经降至 0［参见图 4.59（c）］。C_1 依旧充电，没有更多电流流过它。输出电感电流通过二极管 D_4 继续原来的电流方向流通，开关上的电压在第二个开关阶段结束时达到最大值 $V_{C1\max}$。

除了 4.6.1 节所述的调节性的优点之外，隔离型 Sheppard-Taylor 变换器与 Ćuk 变换器相比还有一个优点：它可以应用在输出电压需要很低的场合。在低压大电流应用中，隔离型 Ćuk 变换器是不合适的。根据 3.8 节中图 3.75(d)，连接至变压器次级的电容 C_b 将要承担很大的电流输出，在其寄生电阻上将产生很大的损耗。隔离 Sheppard-Taylor 变换器在变压器的次级没有电容，这是由于增加了二极管 D_3''，它在第一个开关拓扑已导通。

在开关关断时，反射到 Ćuk 变换器初级的电压（绝对值为 $\dfrac{N_p}{N_s}V_{Cb} = \dfrac{N_p}{N_s}V_{out}$）与开关导通初级电压（绝对值为 $V_{Ca} = V_{in}$）相比是很低的。所以，变压器去磁的时间要求很长，要求最大占空比较小，即电压调节能力下降。对 Sheppard-Taylor 变换器的情况，变压器初级的电压从导通阶段的 $+V_{C1}$ 变换至关断阶段的 $-V_{C1}$，故去磁电流与输出电压值无关。

上述说明在 PFC AC-DC 低压大电流应用中隔离型 Sheppard-Taylor 变换器比 Ćuk 变换器的优点更吸引人，尽管它使用的元件数量较多。

4.7* 有源开关电压应力低的变换器

有许多应用要求变换器的输入电压指标达到极大值。例如，铁路牵引机车上，电源电压高达数千伏，功率达千瓦。在 PFC 应用中，设计变换器的输入电压和输出功率也要求很大。

在这些典型场合要采用全桥变换器。但是，回顾 3.12 节的讨论，在开关关断时，原边的四个开关必须承受输入电压。如果使用相应的击穿电压 V_{BV} 很高（假设市场上可以找到满足指标的产品）的晶体管，它们很大的导通阻抗（$r_{DS(on\_nominal)} = kV_{BV}^{2.5\sim2.7}$，根据 1.3.3 节）将产生巨大的导通损耗。如果将两个晶体管串联起来，则每个晶体管只承受输入电压的一半。但是，为了使晶体管的电压完全一样（实际不可能），必须增加两个晶体管之间的电压平衡电路，否则将出现动态失衡。当然，这种途径的代价是昂贵的，晶体管数量加倍和额外的平衡电路使元器件数量大大增加。

4.7.1 具有 $V_{in}/2$ 初级开关电压应力的四开关全桥型变换器

将两个全桥变换器的初级桥臂连接起来，每个桥臂分别由串联的开关 S_1、S_2 和 S_3、S_4 组成，得到图 4.60 所示的变换器。每个桥臂又分别连接一个大电容 C_{in1} 和 C_{in2}。这两个串联电容的大小相等，这使它们均分输入电压，即 $V_{C in1} = V_{C in2} = \dfrac{V_{in}}{2}$。两个桥臂连接的节点处电压为输入电压的一半。一个隔直大电容 C_b 加入到电路以防止输入电流的直流部分进入变压器初级绕组。C_b 在稳态时充电至输入电压的一半。图中每个 MOSFET 都包含一个内建的反向二极管和寄生电容的等效模型。

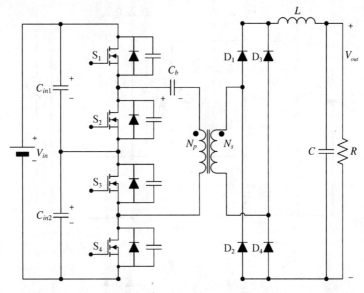

图 4.60　初级开关应力为二分之一输入电压的四开关全桥变换器

通常全桥变换器在第一个半开关周期的 DT_s 持续期间，当 S_1 和 S_4 导通而 S_2 和 S_3 关断时，能量从电源输入直接传输到负载[参见图 4.61(a)]。忽略电容 C_b 上的电压纹波，得到

$$v_{pr}(t) = V_{in} - V_{Cb} = V_{in} - \frac{V_{in}}{2} = \frac{V_{in}}{2}$$

当 S_1 关断而 S_2 导通时，能量传输被中断，次级电路开始续流，其他开关保持开关状态不变[图 4.61(b)]。在此阶段，$v_{pr}(t) = 0$。

在第二个半周期的开关阶段，当 S_2 和 S_3 导通而 S_1 和 S_4 关断时，变换器初级电流流动方向发生变化，与能量传输开关阶段的方向不同，在这一周期的最后开关阶段 $v_{pr}(t) = -\dfrac{V_{in}}{2}$，$S_3$ 关断而 S_4 导通，再次表明 $v_{pr}(t) = 0$。

注意，在所有开关阶段，开关关断时承受的最大电压等于 V_{Cin1} 或 V_{Cin2}，即 $\dfrac{V_{in}}{2}$。表明额定通态阻抗相当低（与 $V_{BV}^{2.5 \sim 2.7}$ 成比例），导通损耗显著下降，说明采用两个额外的输入电容是合理的。当然，实际可用晶体管的通态阻抗不是电压应力的线性函数，因为市场上的开关只有一些系列规格，极难找到合适的晶体管，其电压应力恰好是其击穿电压 $V_{BV}^{2.5 \sim 2.7}$ 的一半。导通损耗近似与导通阻抗和电流成比例。现在讨论的电路在能量传输阶段通过开关的电流比传统的全桥变换器要大。但是，它减小图 4.60 所示变换器的标称通态电阻值超过半数从而降低了它对功耗的负面效果（当然，标称寄生电阻的准确值取决于市场上能买到合适的晶体管）。总之，导通损耗是降低的。

插入一个谐振电感与 C_b 串联可实现所有初级开关的零电压开关。通过使用额外的电容和二极管，可以得到三电平变换器。它们与图 4.60 所示的电路特别相似，特点也是原边开关的电压应力为输入电压的一半。

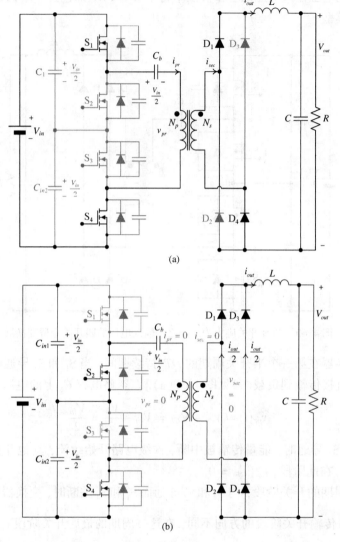

图 4.61　开关应力为二分之一输入电压的变换器在第一个半周期的等效开关
阶段。(a)能量传输阶段;(b)开关续流阶段(忽略磁化电感)

4.7.2　初级侧开关应力为三分之一输入电压的变换器

　　图 4.60 所示的电路可用三个桥臂 SP1、SP2、SP3 来推广,将三个桥臂串联,每个桥臂由一对串联晶体管组成(参见图 4.62)。每对晶体管处于反相工作模式。负载电压的调节通过改变每对晶体管的占空比来实现。每个开关组之间的开关顺序相差 120° 相位。每个桥臂分别连接一个大电容 C_{in1}、C_{in2} 和 C_{in3}。而这三个输入电容又串联连接在输入电压之间。由于它们具有相同的电容,各自分担相同的线电压

$$V_{Cin1} = V_{Cin2} = V_{Cin3} = \frac{V_{in}}{3}$$

　　开关对的中点连接至三角形变压器的初级绕组,通过两个相等的大容量隔直电容 C_{b1} 和 C_{b2},在稳态时,它们的电压为 $\dfrac{V_{in}}{3}$,次级电路是 4.1.6 节所示的三倍流器。

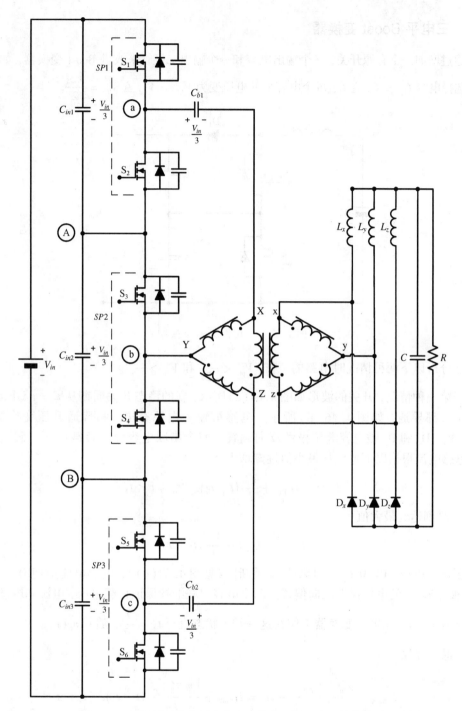

图 4.62　初级侧开关电压应力为三分之一输入电压的变换器

对于每个开关对，当一个晶体管导通时，另一个晶体管关断，关断时晶体管上的电压和一个输入电容上的电压相等，为 $\dfrac{V_{in}}{3}$。该变换器可进一步实现初级侧开关应力为 V_{in}/n 的变换器，由于该变换器和 $V_{in}/3$ 开关电压应力的变换器一样也工作在软开关状态。

4.7.3 三电平 Boost 变换器

可通过增加一个有源开关、一个输出电容和一个输出二极管来改进 Boost 变换器，如图 4.63 所示。选择电容 $C_1 = C_2 \triangleq C$，每个电容上的电压变为 $V_{C1} = V_{C2} \triangleq V_C = \dfrac{V_{out}}{2}$。

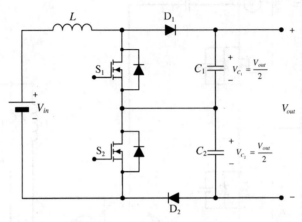

图 4.63 三电平 Boost 变换器

现在分析以下两种情况时电路的工作：$V_{in} < \dfrac{V_{out}}{2}$ 和 $V_{in} > \dfrac{V_{out}}{2}$。

对于第一种情况，开关的波形如图 4.64(a) 所示，新的稳态开关周期从 $t = t_0$ 开始，此时两个开关管都导通，如图 4.46(b) 所示。电感被输入电源充电，和普通升压变换器一样，$v_L(t) = V_{in}$。D_1 和 D_2 被电容电压极性反向偏置。两个串联电容保证负载电压。假设工作在 CCM，电感电流根据以下方程从最小值逐渐增大

$$i_L(t) = I_{L\min} + \frac{V_{in}}{L}(t - t_0), \quad t_0 \leqslant t < t_1$$

在 t_1 时刻达到最大值

$$I_{L\max} = I_{L\min} + \frac{V_{in}}{L}(t_1 - t_0)$$

为了调节电压，PWM 在 t_1 时刻使 S_2 关断［参见图 4.64(c)］，电感电流迫使 D_2 导通，而 D_1 仍然被电容 C_1 的电压极性反向偏置。两个电容串联继续保证负载电压，电源和电感的能量传输至电容 C_2，C_2 充电。变换器工作在这一开关状态直至 $t_2 = \dfrac{T_s}{2}$。随着 $v_L(t) = V_{in} - V_{C2}$，电感放电，根据方程

$$i_L(t) = I_{L\max} + \frac{V_{in} - V_{C2}}{L}(t - t_1) = I_{L\max} + \frac{V_{in} - \dfrac{V_{out}}{2}}{L}(t - t_1), \quad t_1 \leqslant t < \frac{T_s}{2}$$

在 $t_2 = \dfrac{T_s}{2}$ 再次达到最小值。由于 $V_{in} < \dfrac{V_{out}}{2}$，电感电流下降。

当 $t_2 = \dfrac{T_s}{2}$ 时，S_2 导通。变换器再次根据图 4.64(b) 所示电路工作，电感充电。电感电流流过两个导通开关，从最小值增大。PWM 将在 $t = t_3$ 时结束此阶段。根据电路的对称性，$t_3 - \dfrac{T_s}{2} = t_1 - t_0$。电感电流在第三个开关阶段再次达到最大值。

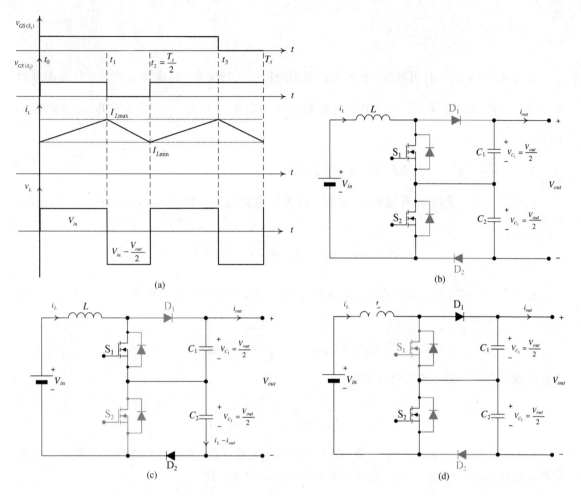

图 4.64　$V_{in} < \dfrac{V_{out}}{2}$ 时三电平 Boost 变换器的工作。(a)开关波形；开关阶段；(b)电感充电，

$$t_0 \leqslant t < t_1 \text{ 和 } \frac{T_s}{2} \leqslant t < t_3 ; (c) \text{电感向} C_2 \text{放电}, t_1 \leqslant t < \frac{T_s}{2} ; (d) \text{电感向} C_1 \text{放电}, t_3 \leqslant t < T_s$$

当 $t = t_3$ 时，S_1 关断[参见图 4.64(d)]。当 D_2 仍然被电容 C_2 上的电压极性反向偏置时，电感电流将迫使 D_1 导通。两个串联的电容继续保证负载电压。电源和电感的能量传输至电容 C_1，使 C_1 充电。变换器工作在此阶段直至开关周期结束，电感电压为 $v_L(t) = V_{in} - V_{C1}$，电感电流的方程如下：

$$i_L(t) = I_{L\max} + \frac{V_{in} - V_{C1}}{L}(t - t_3) = I_{L\max} + \frac{V_{in} - \dfrac{V_{out}}{2}}{L}(t - t_3), \quad t_3 \leqslant t < T_s$$

通过限定第一个和第三个开关阶段的总的持续时间为 DT_s，此时间内电感充电，与分析基本 Boost 变换器时定义的相似，即

$$(t_1 - t_0) + \left(t_3 - \frac{T_s}{2}\right) = DT_s$$

电感的伏·秒平衡方程为

$$DV_{in} + \left(V_{in} - \frac{V_{out}}{2}\right)(1 - D) = 0$$

即

$$V_{out} = \frac{2}{1-D} V_{in}$$

从图 4.64(b)~(d)可看出，在所有的开关阶段，每个开关，晶体管或者二极管在关断时都承受一个电容的电压，所以三电平变换器的开关电压应力为 $\frac{V_{out}}{2}$，即基本 Boost 变换器的一半。

当 $V_{in} > \frac{V_{out}}{2}$ 时，开关波形如图 4.65(a)所示。

在第一个开关阶段 S_1 导通而 S_2 关断，即等效电路与此前图 4.64(c)一样，电感上的电压为

$$v_L(t) = V_{in} - V_{C2} = V_{in} - \frac{V_{out}}{2}, \quad t_0 \leqslant t < t_1$$

由于 $V_{in} > \frac{V_{out}}{2}$，故在此阶段 $v_L(t) > 0$，也就是说，电感处于充电状态

$$i_L(t) = I_{L\min} + \frac{V_{in} - \dfrac{V_{out}}{2}}{L}(t - t_0)$$

在此阶段结束时电感电流达到最大值

$$I_{L\max} = I_{L\min} + \frac{V_{in} - \dfrac{V_{out}}{2}}{L}(t_1 - t_0)$$

在 $t = t_1$ 时刻，PWM 使 S_1 关断，两个开关都在关断状态[参见图 4.65(b)]，两个二极管导通流过电感电流，电感放电，电感和电源的能量传输至负载

$$v_L(t) = V_{in} - V_{out}, \quad t_1 \leqslant t < \frac{T_s}{2}$$

在后续的半周期，从 $t_2 = \dfrac{T_s}{2}$ 开始，当 S_2 导通而 S_1 仍然在关断状态时[此前图 4.64(d)曾描述其等效电路]，电感 L 再次充电

$$v_L(t) = V_{in} - V_{C1} = V_{in} - \frac{V_{out}}{2}, \quad \frac{T_s}{2} \leqslant t < t_3$$

当 S_2 在 t_3 时刻关断时，电感 L 再次进入放电状态，等效电路和图 4.65(b)相同

$$v_L(t) = V_{in} - V_{out}, \quad t_3 \leqslant t < T_s$$

通过此前 $(t_1 - t_0) + \left(t_3 - \dfrac{T_s}{2}\right) = DT_s$ 情况使用相同的占空比，可以给出电感的伏·秒平衡方程

$$\left(V_{in} - \frac{V_{out}}{2}\right)D + (V_{in} - V_{out})(1 - D) = 0$$

解得

$$V_{out} = \frac{2}{2-D} V_{in} = \frac{1}{1-0.5D} V_{in}$$

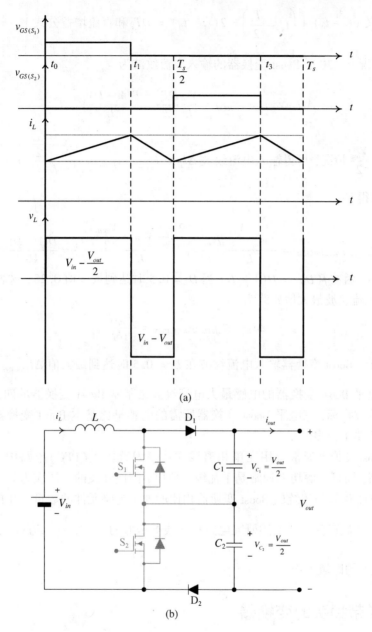

图 4.65　$V_{in} > \dfrac{V_{out}}{2}$ 时三电平 Boost 变换器的工作。(a) 开关波形；(b) 电感放电阶段，$t_1 \leqslant t < \dfrac{T_s}{2}$ 和 $t_3 \leqslant t < T_s$

　　当然，由于开关波形是假设 $V_{in} > \dfrac{V_{out}}{2}$ 给出的，即 $V_{out} < 2V_{in}$，上述直流电压增益公式表明，和期望的一样，不管占空比怎么变化，也不能将输入电压增大两倍。

　　由此可见，开关的电压应力也限制在 $\dfrac{V_{out}}{2}$ 之内。

　　除了对给定输出电压时可以使用低电压等级的开关外，三电平 Boost 变换器还有更多优点。对此，可回顾第一个典范案例 $\left(V_{in} < \dfrac{V_{out}}{2} \right)$，输入电流纹波 $\Delta I_L = I_{L\max} - I_{L\min} = \dfrac{V_{in}}{L}(t_1 - t_0)$，

根据占空比定义 $(t_1 - t_0) + \left(t_3 - \dfrac{T_s}{2}\right) = 2(t_1 - t_0) = DT_s$ 和直流增益公式 $V_{out} = \dfrac{2}{1-D}V_{in}$，可得在 $V_{in} < \dfrac{V_{out}}{2}$ 情况下三电平 Boost 变换器的输入电流纹波为

$$\Delta I_{L\_three\_level\_Boost\_I} = \frac{V_{in}}{L}\frac{DT_s}{2} = \frac{D(1-D)}{4L}V_{out}T_s$$

对于 $V_{in} > \dfrac{V_{out}}{2}$ 情况，可得输入电流纹波 $\Delta I_L = I_{L\max} - I_{L\min} = \dfrac{V_{in} - \dfrac{V_{out}}{2}}{L}(t_1 - t_0)$，考虑到 $V_{out} = \dfrac{2}{2-D}V_{in}$，可得

$$\Delta I_{L\_three\_level\_Boost\_II} = \frac{V_{in} - \dfrac{V_{out}}{2}}{L}\frac{DT_s}{2} = \frac{\dfrac{2-D}{2}V_{out} - \dfrac{V_{out}}{2}}{L}\frac{DT_s}{2} = \frac{D(1-D)}{4L}V_{out}T_s$$

根据图 3.6，函数 $f(D) = D(1-D)$ 当 $D = 0.5$ 时达到最大值 0.25，这表明三电平 Boost 变换器的输入电流纹波最大值始终为

$$\Delta I_{L\_three\_level\_Boost\_\max} = \frac{V_{out}T_s}{16L}$$

回顾 3.2 节，Boost 变换器输入电流纹波在 $D = 0.5$ 时达到最大值 $\Delta I_{LBoost\_\max} = \dfrac{V_{out}T_s}{4L}$。

所以，三电平 Boost 变换器的电感最大电流纹波是基本 Boost 变换器的四分之一，换句话说，给定电流纹波指标，三电平 Boost 变换器所需的电感量比基本 Boost 变换器所需要的电感量低四倍，体积要小很多。

三电平 Boost 变换器通常应用在单相离线式功率因数校正(PFC)电路中，其输出电压在 400 V 或者更高，而且电源功率通常是千瓦级。所以，能使开关的电压应力只有输出电压的一半是非常经济的，尽管与传统的 Boost 变换器相比增加了电路元件的数量。在单相 PFC 变换器中，输入电压是整流正弦波。上述研究电路将在线电压低的 $V_{in} < \dfrac{V_{out}}{2}$ 的区域和输入电压达到峰值的 $V_{in} > \dfrac{V_{out}}{2}$ 的区域工作。

4.8* 电感带抽头的变换器

在寻求更大直流电压增益的降压或升压变换器中，另一种方法是用带抽头的电感代替基本变换器的电感。这样，Buck 和 Boost 变换器的简单性保持住了，但是在磁性器件匝比 n 中引入了输入输出电压比的变量，也就是说，增加了设计的自由度。通过设计不同 n 值的变换器，相同的占空比可得到不同的直流增益。

不同于变压器，带抽头的电感是包含气隙的，所以它能储存能量。带抽头的电感是通过在电感绕圈上增加一个连接点实现的。每个外部抽头的电压与其匝数成正比的，两个外部抽头上的电压总和是整电感上的电压。根据连接到抽头的元器件的不同，有三种配置：二极管连接至抽头[参见图 4.66(a)]，有源开关连接至抽头[参见图 4.66(b)]以及输入电压线连接至抽头[参见图 4.66(c)]。

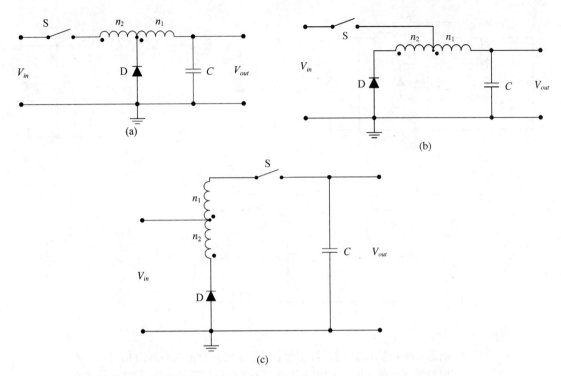

图 4.66　电感带抽头的 Buck 变换器的连接方式。(a)二极管连接至
抽头;(b)有源开关连接至抽头;(c)输入电压线连接至抽头

带抽头的电感的匝比 n 定义为

$$n = \frac{n_1 + n_2}{n_1}$$

其中 n_1 和 n_2 为两个子线圈的匝数,两个子线圈电感分别为 L_2 (对应匝数 n_2 的线圈)和 L_1 (对应匝数为 n_1 的线圈)。定义整个电感上的电压为 v_L,电感 L_1 和 L_2 上的电压分别为

$$v_{L1} \stackrel{\triangle}{=} v_{n1} = \frac{n_1}{n_1 + n_2} v_L = \frac{1}{n} v_L; \quad v_{L2} \stackrel{\triangle}{=} v_{n2} = \frac{n_2}{n_1 + n_2} v_L = \frac{n_2}{n_1} \frac{n_1}{n_1 + n_2} v_L = \frac{n-1}{n} v_L$$

下面分析基本电感带抽头的 Buck 和 Boost 变换器。

4.8.1　电感带抽头的 Buck 变换器和 VRM(电压调节模块)

4.8.1.1　二极管连接抽头和开关连接抽头的 Buck 变换器

考虑电感带抽头的 Buck 变换器的二极管-抽头方式[参见图 4.67(a)]。采用同步整流开关 S_p(底部开关)代替二极管。稳态是典型的 Buck 变换器工作:有源开关(顶部开关) S_a 在 $0 \leqslant t < DT_s$ 期间导通[参见图 4.67(b)],在 $DT_s \leqslant t < T_s$ 期间关断[参见图 4.67(c)]。

在开关导通阶段,电路特性像传统 Buck 变换器,整个电感 L 充电

$$v_L(t) = V_{in} - V_{out}$$

对于 CCM 工作,电感电流,同时也是顶部开关的电流,由以下表达式给定:

$$i_L(t) = I_{L\min} + \frac{V_{in} - V_{out}}{L} t, \quad 0 \leqslant t < DT_s$$

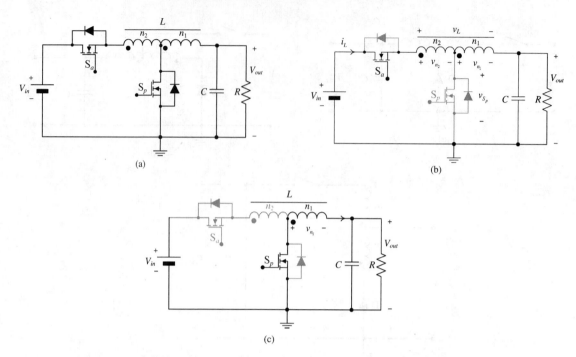

图 4.67　电感带抽头的 Buck 变换器，二极管连接至抽头。(a) 电路图；(b) 开关导通
阶段等效电路，$(0 \leqslant t < DT_s)$；(c) 开关关断阶段等效电路，$(DT_s \leqslant t < T_s)$

该电流在 $t = DT_s$ 时达到最大值 $I_{L\max}$。

底部开关上的电压为

$$v_{DS(Sp)} = V_{in} - v_{n2}(t) = V_{in} - \frac{n-1}{n}v_L(t) = V_{in} - \frac{n-1}{n}(V_{in} - V_{out}) = \frac{V_{in} + (n-1)V_{out}}{n}$$

在开关关断阶段，只有带抽头的电感右边的线圈向负载放电，根据 KVL 方程

$$v_{n1}(t) = -V_{out}, \quad DT_s \leqslant t < T_s$$

考虑到此前得出的 $v_{n1} = \frac{1}{n}v_L$，可得

$$v_L(t) = -nV_{out}, \quad DT_s \leqslant t < T_s$$

由于 $\dfrac{v_{n1}}{v_L} = \dfrac{i_L}{i_{n1}} = \dfrac{n_1}{n_1 + n_2} = \dfrac{1}{n}$，流过右边线圈的电流，同时也是底部开关的电流，根据如下等式：

$$i_{n1}(t) = ni_L(t) = n\left[I_{L\max} - \frac{nV_{out}}{L}(t - DT_s)\right], \quad DT_s \leqslant t < T_s$$

顶部开关的电压为

$$v_{DS(Sa)} = V_{in} - v_L(t) - V_{out} = V_{in} - (-nV_{out}) - V_{out} = V_{in} + (n-1)V_{out}$$

和前述一样，可以从电感 L 的伏·秒平衡方程找到直流电压转换比

$$(V_{in} - V_{out})D + (-nV_{out})(1-D) = 0$$

即

$$V_{out} = \frac{D}{D + n(1-D)}V_{in}$$

如果电感上没有抽头，则 $n_2 = 0$，$n = 1$，可得到基本 Buck 变换器的直流增益。当然，还可以得到 Buck 变换器在开关关断时开关的电压应力 V_{in}。

通过使用带抽头的电感，可扩展实际占空比，从上述的等式得到

$$D = \frac{nV_{out}}{V_{in} + (n-1)V_{out}}$$

为了调节在输入电压大范围变化时的输出电压，可使用设计变量 n 令占空比在小范围变化即可。图 4.68 给出直流电压增益 $\dfrac{V_{out}}{V_{in}}$ 以 n 作为参变量 D 的函数。由图可见，增大 n 可以使用大的占空比实现相同的电压增益；例如，如果想降低输入电压 5 倍，对于基本 Buck 变换器需要占空比 $D = 0.2$，而如果使用电感抽头 Buck 变换器，当 $n = 2$ 时，$D = 0.33$；当 $n = 5$ 时，$D = 0.55$。换句话说，带抽头的电感解决了 Buck 变换器的一个问题，不能实现非常陡峭的电压降，因为，实际上不能无限制地降低占空比而不严重影响效率。此外，当开关频率超过 1 MHz，占空比小于 0.1 时很难维持对电路的控制，因为 PWM 控制器有最小可控导通时间。而且在极短的周期内栅极驱动开关导通和关断也难完成（在频率为 1 MHz，$D = 0.1$ 时，顶部开关的导通时间为 $0.1\ \mu s$）。

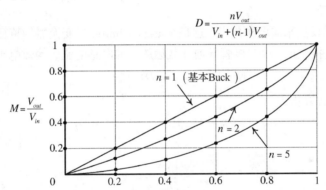

图 4.68 二极管连接至抽头的电感抽头 Buck 变换器的直流电流增益随占空比 D 和匝比 n 的变化曲线

带抽头的电感还有助于将底部开关的电压应力从传统 Buck 变换器的 V_{in} 降低至

$$\frac{V_{in} + (n-1)V_{out}}{n} = \frac{V_{in} + (n-1)\dfrac{D}{D + n(1-D)}V_{in}}{n} = \frac{D + n(1-D) + (n-1)D}{n[D + n(1-D)]}V_{in}$$

$$= \frac{1}{D + n(1-D)}V_{in}$$

然而，顶部开关的电压应力增加至 $(n-1)V_{out}$。

以上解决方案还有一些缺点。首先，顶部开关的驱动比传统 Buck 变换器更难。对后者，可对顶部开关使用自举栅极驱动电路，因为，在每个开关周期的开始，开关导通之前，它的源极通过正在传导续流的输出电流的底部开关连接到地了。在带抽头的电感解决方案中，其源极在关断时是一个负电压，因为线圈 n_2 上的电压 $v_{n2} = \dfrac{n-1}{n}v_L = \dfrac{n-1}{n}(-nV_{out}) = -(n-1)V_{out}$，所以，必须采用一个光耦隔离的栅极驱动而不是简单的自举电路，这明显限制了驱动的速度。

其次，当开关关断时，抽头电感的漏感会和高端开关的寄生电容产生谐振，产生巨大的电压尖峰。为了防止开关被过载应力损坏，顶部开关需一个显著超定额的开关，这就降低了电源效率，不过可采用降低损耗的箝位电路来解决这一问题。

留给读者来证明开关连接至抽头的电感抽头 Buck 变换器［参见图 4.66(b)］的直流电压增益为

$$V_{out} = \frac{nD}{1 + D(n - 1)} V_{in}$$

4.8.1.2 汽车用线-抽头(Watkin-Johnson 型)型抽头电感的 Buck 变换器

图 4.66(c)所示线-抽头型电感抽头 Buck 变换器是 Watkin-Johnson 型电源。

当 S 导通，匝数为 n_1 的线圈(等效电感为 L_1)从电源输入充电，同时，电源的能量传输至负载，电感 L_1 的电压可写成

$$v_{n1}(t) = V_{in} - V_{out}, \quad 0 \le t < DT_s$$

匝数为 n_2 的线圈(等效电感为 L_2)的电压为

$$v_{n2}(t) = (n - 1)v_{n1}(t) = (n - 1)(V_{in} - V_{out})$$

二极管反向偏置。

当 S 关断，电感反过来向电源放电，这是 Watkin-Johnson 型变换器的特征。二极管阴极的电压变成负的，阳极连接至地，故二极管导通并载运放电的电感电流。等效电感 L_2 的电压为

$$v_{n2}(t) = -V_{in}, \quad DT_s \le t < T_s$$

L_2 的伏·秒平衡方程为

$$(n - 1)(V_{in} - V_{out})D + (-V_{in})(1 - D) = 0$$

得

$$V_{out} = \frac{nD - 1}{D(n - 1)} V_{in}$$

当然，这是通过引用 $v_{n1}(t)$ 和 $v_{n2}(t)$ 都到 $v_L(t)$ 得到两个相同的公式，然后写出整个线圈 L 的伏·秒平衡方程。

根据定义，n 总是大于 1 的。如果 $nD < 1$ 时，变换器的负载电压极性为负；如果 $nD > 1$，变换器只能降压输出，输出电压为正。输出电流始终是相同的正方向。所以对于无源负载 $nD > 1$ 是有用的。考虑大的直流降压比，$nD > 1$ 的设计可用于汽车应用中，实现将 48 V 电池电压转换为车辆的电子模块使用的 3 V 负载电压。例如，选择 n = 2，这是一个很容易制造的对称的带抽头的电感(中心抽头)，可以实现陡峭的降压变换器，其占空比很大，D = 0.52 (与传统 Buck 变换器的 0.07 和二次 Buck 变换器的 0.26 相比)。在现代车辆中，渴望使用功率高达几千瓦量级的多功能电子系统。电感带抽头的 Watkin-Johnson 变换器，以其较少的元器件数量，是一种优选的电源方案。

4.8.1.3 电压调节器模块(VRM)

电源调节器模块是用于微处理器电源的 DC-DC 降压变换器。它按 CPU(中央处理器)器的需求，将 +5 V 或 +12 V 电压转换为低得多的电压。为了减少热耗散，电压必须尽可能低。通常，所需要的电压在启动时由微处理器指令控制。VRM 直接焊接在处理器的母板(中央印制电路板)上。量产的 VRM 也可用于提供专用输出电压的装量。

在 21 世纪的第二个 10 年, 对 VRM 的要求越来越严格。在 21 世纪第一个 10 年, VRM 的输出电压等级为 1.5 V 左右, 可接受的纹波为 130 mV, 负载电流为 50 A(奔腾 IV)。变换器必须处理可能的大电流负载阶跃, 且它们的闭环控制回路需要提供约 50 A/μs 的电流转换速率。Intel 双核 Xeon 处理器 7000/7100 VRM/EVRD 11.0 要求连续负载电流 130 A, 峰值电流 150 A。VRM 的开关频率增加到兆赫级。在 21 世纪的第二个 10 年, VRM 将需要提供 0.8 V 超过 150 A 的电流, 稳态输出电压纹波更小(低于 10 mV), 在负载极快速响应的瞬间极精密的调整(误差 20 mV 之内)。

很明显, 基本的 Buck 变换器不能满足上述所有的需求, 但是仍然保持着很高的电源处理效率。已经试过不同的解决方案。首先是同步整流 Buck 变换器, 用同步 MOSFET 代替整流二极管。本节讨论的电感带抽头的同步 Buck 变换器可以提供陡降压而不使用极低的占空比, 减小了效率下降。然而, 在使用更多的同步整流器并联起来减小大电流负载的导通损耗的同时, 栅极驱动的损耗却增加了。一个具有多并联单元的同步 Buck 变换器系统, 采用交错工作模式(与前一个单元的顶部开关的导通相比, 每个单元的开关导通开始阶段被延迟)可以增大输出功率并降低纹波。多相 Buck 变换器需要采用复杂的控制方法, 软开关技术可以考虑用于提高隔离和非隔离解决方案的效率。必须采用快速瞬态响应设计。

4.8.2　电感带抽头的 Boost 变换器

用带抽头的电感替代 Boost 变换器的中的电感, 可得到如图 4.69 所示的电路。当开关导通时, 二极管被电感电压极性反向偏置[参见图 4.69(b)]。输入电流流过左边的线圈(电感量为 L_2)桥臂, 电压为

$$v_{n2}(t) = V_{in}, \quad 0 \leqslant t < DT_s$$

由于 $v_{L2} = v_{n2} = \dfrac{n-1}{n} v_L$, 整个电感线圈上的等效电压为

$$v_L = \frac{n}{n-1} v_{n2} = \frac{n}{n-1} V_{in}, \quad 0 \leqslant t < DT_s$$

开关关断时, 电感电流迫使二极管导通[参见图 4.69(c)], 电源和电感的能量传输至负载, 正如典型的 Boost 变换器在关断阶段一样

$$v_L = V_{in} - V_{out}, \quad DT_s \leqslant t < T_s$$

使用通常的方法, 可以得到直流电压增益公式

$$\frac{n}{n-1} V_{in} D + (V_{in} - V_{out})(1-D) = 0$$

故

$$V_{out} = \frac{n-1+D}{(n-1)(1-D)} V_{in} = \left[\frac{1}{1-D} + \frac{1}{n-1} \frac{D}{1-D} \right] V_{in}$$

可见, 在普通 Boost 变换器增益 $\dfrac{1}{1-D}$ 的基础上增加了 $\dfrac{1}{n-1} \dfrac{D}{1-D}$。通过设计带抽头的电感, 使 $n_2 \ll n_1$, $n = 1 + \dfrac{n_2}{n_1}$ 接近于 1, 可实现很大的升压。例如, 当 $n_2 : n_1 = 0.5$, 则 $V_{out} = \left[\dfrac{1}{1-D} + 2 \dfrac{D}{1-D} \right] V_{in}$, 其特性如图 4.70 所示。

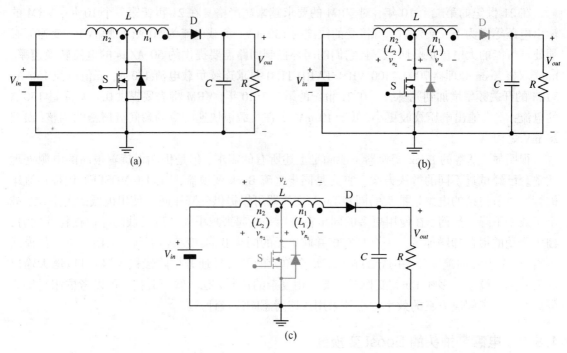

图 4.69　电感带抽头的 Boost 变换器。(a)电路图；(b)开关导通阶段等
效电路,$0 \leqslant t < DT_s$;(c)开关关断阶段等效电路,$DT_s \leqslant t < T_s$

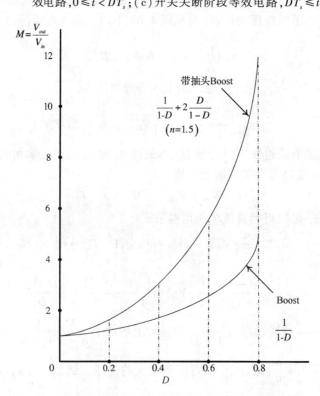

图 4.70　电感带抽头的 Boost 变换器与基本 Boost 变换器的
增益比较(忽略两种电路中寄生电阻参数的影响)

根据图 4.69(c)，开关上的电压应力为

$$V_{DS(S)} = v_{L1}(t) + V_{out} = \frac{1}{n}v_L + V_{out} = \frac{1}{n}(V_{in} - V_{out}) + V_{out} = \frac{V_{in} + (n-1)V_{out}}{n}$$

与传统 Boost 变换器的开关电压应力的 V_{out} 相比，要好很多。

当然，当负载电路和输入电压断开时，带抽头电感的 Boost 变换器在开关导通阶段的充电过程类似传统 Boost 变换器在交流小信号控制传递函数中呈现一个右半平面零点。

4.9* 有中心抽头电感的电流驱动双桥变换器

从 3.12.6 节已知电流驱动的全桥变换器。它是一个 Boost 型变换器，其交流小信号控制的传递函数有一个右半平面零点。输入电感必须设计得相当大，因为输入电流的变化范围很大。从电感充电电流(只来自输入电源、电感和寄生电阻构成的电路)到电感向负载供电的电流变化。

在这一节将解决这一问题，代价是电路的元器件数量要增加，而且能实施调节而允许的输入电压范围很窄。

变换器如图 4.71 所示，其由两个初级的桥，一个高频变压器和一个次级电路(通常是一个整流器)构成。开关 $S_1 \sim S_4$、电感 L 和变压器初级绕组组成电流驱动全桥变换器结构。开关 S_1、S_2 和电容 C_1、C_2 以及初级线圈组成电流驱动半桥变换器。这两个电容相同且容量相当大，$C_1 = C_2$；电容上电压的平均值是输入电压的一半，$V_{C1} = V_{C2} = \frac{V_{in}}{2}$，由于电容的周期性充放电，电容上有小的纹波。两个桥在每半个开关周期互补工作。为了连接右边两个桥，采用 MOS-FET 实现双向开关，两个开关 S_5 和 S_6 串联。输入电感中心抽头，即两个线圈电感相同和等效电压相等，即 $L_1 = L_2$，$v_{L1} = v_{L2} = \frac{v_L}{2}$。

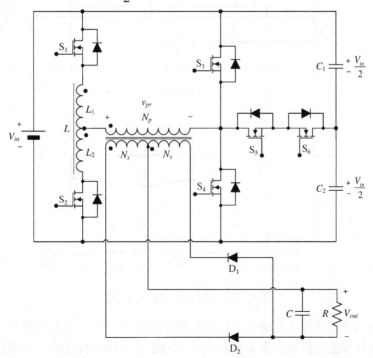

图 4.71　有中心抽头输入电感的电流驱动双桥变换器

　　开关的波形如图 4.72 所示。开关 S_1 和 S_2 采用互补的 50% 占空比方波驱动。它们的导通时间略有重叠，以防止中心抽头的电感发生开路，这会因电感电流的突然中断而产生巨大的电压尖峰。开关 S_3 和 S_4 在每个半周期由控制电路设定的持续时间 $D\dfrac{T_s}{2}$ 内交替工作：S_4 和 S_1 在同一个半周期内工作，产生全桥第一个干线–负载能量传输通路（正初级电压）。S_3 和 S_2 在同一个半周期内工作，产生全桥第二个干线–负载能量传输通路（负初级电压）。开关 S_5 和 S_6 同时导通的时间段为 $\left[D\dfrac{T_s}{2},\dfrac{T_s}{2}\right]$ 和 $\left[\left(\dfrac{T_s}{2}+D\dfrac{T_s}{2}\right),T_s\right]$，在此时间内半桥电路部分工作，为开关周期的第一个半周期内提供正的初级电压，在另一个半周期内提供负的初级电压。

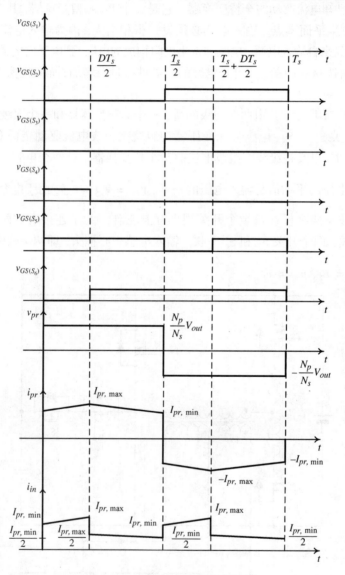

图 4.72　双桥变换器的开关波形

　　输出电压的调节是通过从全桥到半桥改变整流电路的工作回路来实现的，即从初级侧的一桥到另一桥地改变能量传输到负载的回路。不同于传统的全桥变换器和半桥变换器，在所

有的开关阶段, 变压器初级绕组上都有电压。在每个半周期的 $D\dfrac{T_s}{2}$ 期间, 中心抽头的输入电

感充电, 在 $(1-D)\dfrac{T_s}{2}$ 期间放电, 为电压调整创造了必须的条件。

　　根据开关波形, 在每个稳态周期, 变换器要经历四个开关阶段 [参见图 4.73(a)~(d)]。

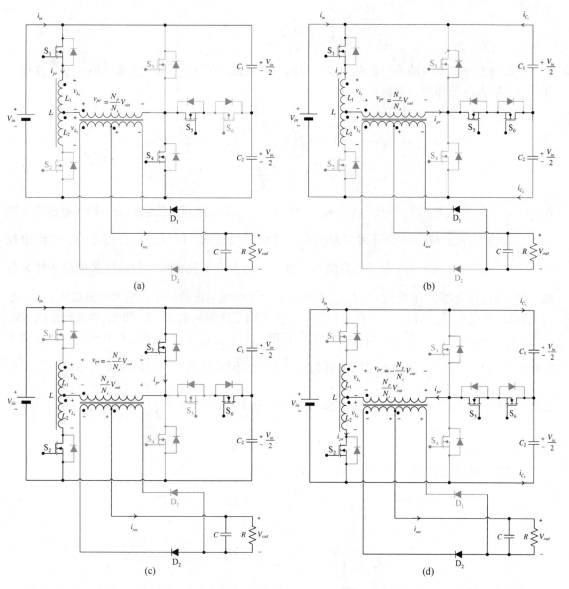

图 4.73　双桥变换器的开关阶段。(a) $0\leqslant t<\dfrac{DT_s}{2}$; (b) $\dfrac{DT_s}{2}\leqslant t<\dfrac{T_s}{2}$;

(c) $\dfrac{T_s}{2}\leqslant t<\dfrac{T_s}{2}+\dfrac{DT_s}{2}$; (d) $\dfrac{T_s}{2}+\dfrac{DT_s}{2}\leqslant t<T_s$

　　当开关 S_1 和 S_4 导通 [参见图 4.73(a)], 能量通过全桥部分从初级传输到次级。输入电感充电。图中所示初级绕组电流 i_{pr} 的流动方向使 D_1 导通, 流过次级电流。图中所示初级绕组上

的电压极性为 $v_{pr}(t) = \dfrac{N_p}{N_s}V_{out}$，式中 N_p 和 N_s 分别为初级和次级绕组的线圈匝数。输入电源的一部分能量传输到负载，另一部分能量给带抽头的电感充电，初级环路的 KVL 方程如下：

$$v_{L1}(t) = V_{in} - v_{pr}(t) = V_{in} - \frac{N_p}{N_s}V_{out}, \quad 0 \leqslant t < \frac{DT_s}{2}$$

或者

$$v_L(t) = 2\left(V_{in} - \frac{N_p}{N_s}V_{out}\right), \quad 0 \leqslant t < \frac{DT_s}{2}$$

初级绕组电流和带抽头的电感的电流相同。它从最小值 $I_{pr,\min}$ 增大至最大值 $I_{pr,\max}$。在这一开关阶段输入电流和原边电流相等：$i_{pr}(t) = i_{in}(t)$。

开关 S_2、S_3 和 S_6 上的电压为

$$V_{DS(S2)} = V_{in} - v_L = V_{in} - 2\left(V_{in} - \frac{N_p}{N_s}V_{out}\right) = 2\frac{N_p}{N_s}V_{out} - V_{in}$$

$$V_{DS(S3)} = V_{in}; \quad V_{DS(S6)} = V_{C2} = \frac{V_{in}}{2}$$

在 $t = \dfrac{DT_s}{2}$ 时，S_4 关断而 S_6 导通［参见图 4.73（b）］。半桥电路开始传输能量。初级电流等于流过电感 L_1 的电流，按上一个开关周期的电流方向继续流动；所以，D_1 保持导通，初级电压 $v_{pr}(t) = \dfrac{N_p}{N_s}V_{out}$，维持上一个开关阶段的电压极性。输入电源和带抽头的电感的能量传输至负载。初级电流（电感 L_1 的电流）从 $I_{pr,\max}$ 下降至 $I_{pr,\min}$。初级电流的一半由输入电流提供，另一半由电容 C_1 放电提供：$i_{pr}(t) = i_{in}(t) + i_{C1}(t)$。为了满足由输入电源、$C_1$ 和 C_2 构成环路的 KVL 方程：$V_{in} = V_{C1} + V_{C2}$，C_1 放电，C_2 被输入电流充电 $i_{C2}(t) = i_{in}(t)$。由于 $i_{C2}(t) = i_{in}(t)$，结果在此阶段 $i_{in}(t) = \dfrac{i_{pr}(t)}{2}$，即输入电流继承初级电流特性但其值为一半。由于输入电流不是电感电流，当在 $\dfrac{DT_s}{2}$ 瞬间电路开关状态变化时，它可以从 $I_{pr,\max}$ 下降至 $\dfrac{I_{pr,\max}}{2}$。在此开关阶段结束时，下降到 $\dfrac{I_{pr,\min}}{2}$。

由 L_1、初级绕组和 C_1 所构成环路的 KVL 方程为

$$v_{L1}(t) = V_{C1} - v_{pr}(t) = \frac{V_{in}}{2} - \frac{N_p}{N_s}V_{out}, \quad \frac{DT_s}{2} \leqslant t < \frac{T_s}{2}$$

或者

$$v_L(t) = 2\left(\frac{V_{in}}{2} - \frac{N_p}{N_s}V_{out}\right), \quad \frac{DT_s}{2} \leqslant t < \frac{T_s}{2}$$

经稳态周期分析后，发现 V_{in} 和 V_{out} 之间的关系，以及上述 $v_{L1}(t)$ 表达式是负值，证实在这一开关阶段电感是放电的，也就是说，证实此前观察到的电感电流从这个开关阶段开始时的最大值下降至第二个开关阶段结束时的最小值。

关断阶段开关上的电压为

$$V_{DS(S2)} = V_{in} - v_L = V_{in} - 2\left(\frac{V_{in}}{2} - \frac{N_p}{N_s}V_{out}\right) = 2\frac{N_p}{N_s}V_{out}; \quad V_{DS(S3)} = V_{C1} = \frac{V_{in}}{2};$$

$$V_{DS(S4)} = V_{C2} = \frac{V_{in}}{2}$$

第二个半周期从 S_1、S_5 关断和 S_2、S_3 导通开始[参见图 4.73(c)]。输入电流与初级电流相等 $i_{pr}(t) = i_{in}(t)$，流过变压器初级的电流方向与流第一个半周期相反。此时初级电流与流过电感 L_2 的电流相等；但是，为了保持一致性，在图 4.72 中，当给出 i_{pr} 图时，我们保持第一个半周期有效的电流方向。初级电流的实际方向如图 4.73(c)所示，原边绕组上的电压与图 4.71 所定义的电压极性方向相反。由于初级电流从绕组的同名端流出，使得 D_2 导通，流过次级电流和 $v_{pr}(t) = -\dfrac{N_p}{N_s}V_{out}$。全桥电路确保能量从输入传输至负载。同时，一部分输入能量给输入电感充电。根据初级环路的 KVL 方程

$$v_{L2}(t) = V_{in} + v_{pr}(t) = V_{in} - \frac{N_p}{N_s}V_{out}, \quad \frac{T_s}{2} \leqslant t < \frac{T_s}{2} + \frac{DT_s}{2}$$

即

$$v_L(t) = 2\left(V_{in} - \frac{N_p}{N_s}V_{out}\right), \quad \frac{T_s}{2} \leqslant t < \frac{T_s}{2} + \frac{DT_s}{2}$$

初级电流在它的新方向从它的最小值 $I_{pr,\min}$ 增大至最大值 $I_{pr,\max}$；输入电流如下所述[因为 $i_{pr}(t) = i_{in}(t)$，如图 4.73(c)所示]。在 $\dfrac{T_s}{2}$ 瞬间，输入电流从 $\dfrac{I_{pr,\min}}{2}$ 跳变至 $I_{pr,\min}$。

关断阶段开关的电压应力为

$$V_{DS(S1)} = V_{in} - v_L = V_{in} - 2\left(V_{in} - \frac{N_p}{N_s}V_{out}\right) = 2\frac{N_p}{N_s}V_{out} - V_{in};$$

$$V_{DS(S4)} = V_{in}; \quad V_{DS(S5)} = V_{C1} = \frac{V_{in}}{2}$$

在 $\dfrac{T_s}{2} + \dfrac{DT_s}{2}$ 时期，S_3 关断而 S_5 导通[参见图 4.73(d)]。半桥电路再次工作，输入电源和中心抽头输入电感向负载传输能量。在这个半周期，电容 C_2 通过变压器向负载放电，电容 C_1 从电源充电，$i_{pr}(t) = i_{in}(t) + i_{C2}(t) = i_{C1}(t) + i_{C1}(t)$，$i_{in}(t) = i_{C1}(t)$。这样，在开关周期结束时，两个电容上的电压依旧是 $\dfrac{V_{in}}{2}$，初级电流是输入电流的一半，输入电感放电

$$v_{L2}(t) = V_{C2} + v_{pr}(t) = \frac{V_{in}}{2} - \frac{N_p}{N_s}V_{out}, \quad \frac{T_s}{2} + \frac{DT_s}{2} \leqslant t < T_s$$

开关关态时开关的电压应力为

$$V_{DS(S1)} = V_{in} - v_L = V_{in} - 2\left(\frac{V_{in}}{2} - \frac{N_p}{N_s}V_{out}\right) = 2\frac{N_p}{N_s}V_{out}; \quad V_{DS(S3)} = V_{C1} = \frac{V_{in}}{2};$$

$$V_{DS(S4)} = V_{C2} = \frac{V_{in}}{2}$$

为了得到直流电压增益的表达式，可以使用电感 L_1 或 L_2 的伏·秒平衡方程，或者使用整个电感 L 的伏·秒平衡方程。不管选择哪种方式，考虑到半周期的对称性，可得到等式

$$\left(V_{in} - \frac{N_p}{N_s}V_{out}\right)\frac{DT_s}{2} + \left(\frac{V_{in}}{2} - \frac{N_p}{N_s}V_{out}\right)\left(\frac{T_s}{2} - \frac{DT_s}{2}\right) = 0$$

解得

$$V_{out} = \frac{N_s}{N_p}\frac{1+D}{2}V_{in}$$

现在可以验证在第一个开关阶段的电压 $v_{L1}(t)$ 或者第三个开关阶段的 $v_{L2}(t)$ 是正的

$$v_{L1}(t)_{first-stage} = v_{L2}(t)_{third-stage} = V_{in} - \frac{N_p}{N_s}V_{out} = V_{in} - \frac{N_p}{N_s}\frac{N_s}{N_p}\frac{1+D}{2}V_{in} = \frac{1-D}{2}V_{in} > 0$$

以及第二个开关阶段的 $v_{L1}(t)$ 和第四个开关阶段的 $v_{L2}(t)$ 是负的

$$v_{L1}(t)_{second-stage} = v_{L2}(t)_{fourth-stage} = \frac{V_{in}}{2} - \frac{N_p}{N_s}V_{out} = \frac{V_{in}}{2} - \frac{N_p}{N_s}\frac{N_s}{N_p}\frac{1+D}{2}V_{in} = -\frac{D}{2}V_{in} < 0$$

至此，得到一个直流电压增益正比于占空比的表达式，这是典型的 Buck 衍生变换器，但不能用于 Boost 衍生变换器。

更有甚者，相比之下，Boost 变换器的输入电感在充电时和负载是断开连接的，而双桥变换器的输入电感和充电(或放电)时通过变压器和负载保持连接，这意味着输出电压的变化产生占空比的校正，将立即影响能量传输而使负载电压恢复到它的稳态值。所以，电流驱动的双桥变换器的交流小信号控制传递函数没有右半平面零点，是这电源的重要优点之一。

另外，对有中心抽头输入电感器相同的电路，在所有开关周期，从电感充电阶段到电感放电阶段的输入电流变化，反射到负载的影响小于电流驱动的全桥变换器。所以，对于要求相同的输入电流纹波，使用较小值的输入电感就足够了。

然而，双桥变换器也有一些重要的缺点。从直流增益表达式 $V_{out} = \frac{N_p}{N_s}\frac{1+D}{2}V_{in}$ 可看出，占空比的最大值 $D = 1$，可得 $V_{out} = \frac{N_p}{N_s}V_{in}$，也就是说，对于给定的负载电压，输入电压必须满足关系

$$V_{in,min} > \frac{N_p}{N_s}V_{out}$$

另一方面，占空比的最小值 $D = 0$，可得 $\frac{1}{2}\frac{N_p}{N_s}V_{in}$，也就是说，对于给定的负载电压，输入电压必须满足关系

$$V_{in,max} < 2\frac{N_p}{N_s}V_{out}$$

这意味着双桥变换器的输入电压变化范围限制在 2:1。

开关 S_1 和 S_2 在第二个和第四个开关阶段分别达到最大值，即开关承受的最大电压为 $2\frac{N_p}{N_s}V_{out} = 2\frac{N_p}{N_s}\frac{N_s}{N_p}\frac{1+D}{2}V_{in} = (1+D)V_{in}$，这比传统的电流驱动全桥变换器相同开关的开关应力 $\frac{N_p}{N_s}V_{out}$ 要大得多。

在最近的十年中，已开发了具有各自优缺点的很多新拓扑结构的隔离变换器。由于这些新的变换器通常采用软开关或谐振箝位电路用于恢复漏感的能量、限制二极管反向恢复效应、箝位开关电压应力和降低开关损耗等。

4.10 本章小结

- 倍流整流器可用来倍加具有双极性次级电压的隔离 DC-DC 变换器的负载能力。正如 1.3 节所述一些论文建议将其应用在于超过 25 A 的负载(采用自然冷却的场合)，或者应用在于超过 100 A 的负载(有附加冷却单元的场合)，如 1.3 节讨论的使用场合。用

单端配置的绕组取代中心抽头的次级电感，可简化变换器的结构。使用双滤波电感器使散热分布更好，适用于高密度封装的电源。次级绕组和两个电感之一，只载运一半负载电流，减小了次级绕组的损耗。类似全波中心抽头或二极管桥式整流器，二极管载运了全部负载电流。为了维持两个输出电感电流具有相等的平均值，必须使用如峰值电流型的电流型控制。两个输出电感的交错工作，消除了输出电流的纹波，从而减小了输出电压的纹波，这就允许选取较小值的输出电容。变压器匝比的设计影响占空比的设计和纹波衰减的效果。更高的匝比 $N_p : N_s$，将产生更大电流纹波率。低的输出电流纹波产生低的噪声，进而使变换器输出时辐射较低。因为 CDR 适合低压大电流的应用，所以整流器常用同步的 MOSFET。同步整流器用 PWM 控制器驱动，通过信号变压器初级绕组开关的指令控制。或者，每个 MOSFET 的栅极可以用正在充电阶段的输出电容的电压来驱动。电感和栅极之间需要一个变压器将栅极电压限制在最大值 ±20 V 之间。除了需要两个输出电感之外，CDR 还有其他的缺点：初级开关的电流应力要么更大，要么采用更大感值的输出电感，才能维持和全波整流器电流应力一样的水平。这种电路可以扩展到三倍流整流器，甚至通过采用 n 绕组结构的高频变压器，n 个电感，每个电感分担 $1/n$ 的和 n 个同步 MOSFET 一起载运负载电流，适用于特别大的负载电流而输出电压又很低的多倍流整流器。这种电路结构的散热性能最好，在相同的散热条件下，可以提供更大的电流输出。

- 多倍压/分压整流器是由电容和二极管或同步 MOSFET 组成的电路。其目的是多倍提升或降低输入电压。它可以用于次级电压波形为双极性的隔离变压器。或者，作为非隔离变压器的独立电路。多倍压整流器（也称为电压泵）和多倍分压整流器在开环（不受调制的）电路中有很多应用。但是，我们只对它们在电源中的应用感兴趣。多倍压器可当成整流电路插入到初级绕组开关由 PWM（或者等效的）芯片控制的 DC-DC 变换器中，或者，也可以插入到 Boost 或 Buck 型的非隔离的变换器中以得到大的直流增益；或者，插入已开发的开关电容直流电源。在所有这些输出-负载、线-负载调整的变换器中，实际输出电压要低于没有负载、非调整结构的多倍压整流器的电压。实际的输出电压值取决于它的纹波。由于电容的（没有饱和充电）寄生电阻和二极管的导通压降，多倍压/分压器的倍增级数的数目不能选得很大，因为后续的电容-二极管单元所增加的电压都比前一个单元增加的电压要小。两倍压、三倍压和四倍压电路适合使用。为了得到大的直流增益，采用简单的子电路比一个大匝比的变压器要好得多，因为后者的效率很低。给出了电容和二极管不同的配置：全波倍压器、Greinacher 结构、Cockcroft-Walton 多倍压器等，它们的特点很相似。根据能量转换原理，对于给定的输入功率，负载电压的倍增意味着负载电流的降低。在所有可能的开关电容结构中，给定元件数量下，斐波纳契变换器的直流电压增益最高。对于给定的电容数量 n（不包括输出电容），最大可实现的理想直流增益由 n 阶斐波纳契变换器给出，串联数量 1, 2, 3, 5, 8, …, N_n，其中 N_n 由公式 $N_n = N_{n-1} + N_{n-2} (n = 0,1,2,3,4\cdots)$ 给出。然而，元件所承受的电压和电流不相同。

- 通过级联两个基本的变换器可以得到二次变换器，采用简单的变换元器件，用无源开关替代变换器中的晶体管，使新电源的电压增益和级联的变换器一样。二次变换器的优点是可以提供和级联变换器一样大的升压或降压比，但只采用一个有源开关，减小了第二个晶体管的驱动和控制电路。用同步 MOSFET 代替二极管，和用一个外部控制的二次变换器开关电路仍然比要控制两个级联变换器开关电路更经济。二次 Buck 变换器是"无源 Buck 电路"和常规(有源)Buck 电路的级联。直流增益正比于占空比的平方。大功率对占空比的依赖可以用更多级联的无源 Buck 和有源 Buck 来实现。或者,采用另一种结构,在无源 Buck 之后紧接一个 Buck-Boost 变换器。占空比小于 0.5 的二次 Buck-Boost 变换器也是由一个"无源 Buck-Boost"和一个常规的 Buck-Boost 变换器的级联构成。

- 对于需要在输入电压范围之内的负载电压的应用,可采用诸如 Buck-Boost、Ćuk、SEP-IC、或者 Zeta 变换器,直流增益为 $\dfrac{D}{1-D}$,其值的大小取决于 D。但是,所有这些变换器都没有线-负载能量直接传输通路。所以,和 Buck、Boost 变换(其特点是:在开关阶段具有线-负载能量传输的直接通路)相比其代价是元器件的应力大和电感需要存储大能量。通过交错的 Boost 开关和 Buck 开关,可得到双开关 Buck-Boost 变换器。根据实际的线路输入电压和输出电压的需求,控制器可控制此变换器在 Boost 模式也可以在 Buck 模式工作。在 Boost 模式工作时,有一个晶体管在整个开关阶段始终关断;在 Buck 模式工作时,有一个晶体管在整个开关阶段始终导通。由于增加了元器件的数量,双开关变换器比基本 Boost 变换器要贵得多。然而,在双开关变换器的两种模式下,均包含线-负载的能量直接传输通路,从而最大限度地减小间接传输能量,因而降低了电感存储能量的要求。另一种双开变换器是通过在开关电路中插入 Z 源网络来实现,包含在开关结构中以双 Z 型连接的两个电感和两个电容。电路的复杂性与前例相似,但是输入电流的脉动增大了。根据控制器两个晶体管决定的占空比,Z 源变换器可以像 Boost 或 Buck 变换器工作,包含一个线-负载能量能直接传输的开关阶段。输入电源和负载共地,输出电压的极性和输入电压一样,也就是说,与基本的 Buck-Boost 变换器不一样,Z 源 Buck-Boost 变换器具有不反向的特点。所有开关载运的电流都增大了,因为增加了 Z 源网络中无源元件的充放电。为了和 Buck-Boost 变换器相对应的部位比较开关电压应力,必须根据实际的输入电压和输出电压值用表 4.1 的公式计算。

- 通过集成任一种传统的变换器(Buck、Boost、Buck-Boost、Ćuk、SEPIC、Zeta)可得到一类新的大直流增益的非隔离变换器,它们具有崭新特性的开关电容和开关电感单元。这些单元由两个电容和两个或三个二极管,或者由两个电感和两个或三个二极管组成,可用于升压也可用降压场合。每个系列包含三种可能的集成单元。两个单元类型之间具有对偶性。对于降压单元,它们的电容/电感在两个开关阶段之一必须串联电源充电,或者通常从变换器的左侧并联向负载放电时充电,或者在另一个开关阶段通常向变换器的右侧电路放电。对于升压单元,它们的电容/电感在两个开关阶段之一必须并联充电,然后在另一个开关阶段串联放电。表 4.2 示出了传统变换器中可能集成的开关单元。新的变换器包含一个单独的有源开关。这些变换器对可能集成的单元的要求是:不管升压还是降压,给定直流电压增益,受控制开关的开关状态可以决定集成开关单元的状态。这类变换器可以和二次变换器比较:设计目的、复杂性、开关应力和直流增益。

KY 变换器用一个类似 Buck 输入输出的电路获得了典型 Boost 变换器才有的升压增益。这种变换器与 Boost 变换器和其他 Boost 型的变换器相比有两个重要的优点:(1)传递函数没有右半边平面的零点；(2)在两个开关阶段中，有一个提供了线-负载能量传输的直接通路，即一部分能量不用传输两次。一阶 KY 变换器包含一个由两个晶体管、一个二极管和一个能量传输电容组成的单元；二阶 KY 变换器包含两个上述单元，晶体管反相工作。一阶 KY 变换器可以看成是双开关变换器，或者是集成了简单开关电容单元的 Buck 变换器。二阶 KY 变换器采用两种不同的 PWM 控制策略，产生略为不同的电压增益和开关上略为不同的电压应力。KY 变换器的缺点来源于它的元器件数量众多和较低的直流电压增益：一阶 KY 变换器电路比传统 Boost 变换器的元器件数量多，二阶 KY 变换器电路比两个级联的 Boost 变换器的元器件数量多。

Watkins-Johnson 变换器使用很少的元件数量获得了双极性电压输出，它通过控制占空比大于 0.5 得到正负载电压，小于 0.5 得到负负载电压。它的输入电流是双向的，所以只适合输入电压可以接受双向能量流动的应用。通过使控制器工作在稳态时占空比比 0.5 稍大的状态，对给定的输入电压可以得到极低的输出电压，这比 Buck 变换器优越，因为后者需要极低的占空比。

- Sheppard-Taylor 变换器的输入输出电流没有脉动，与 Ćuk 变换器相似。与后者相比，前者的元器件数量较多：增加了一个有源开关和三个二极管。然而，Sheppard-Taylor 变换器也有独特的优点。在 CCM 工作时，它的直流电压转换比对占空比的变化更敏感。在电压调节时，大的输入电压变化只需要小的占空比变化就能保持电压输出不变。在通用线路应用时是一个很大的优势。在它的隔离型中，Sheppard-Taylor 变换器更适合于低压大电流场合，与隔离 Ćuk 变换器相比：(1) Ćuk 变换器次级电容的 ESR 在电流时会产生很大的导通损耗；(2) Ćuk 变换器的初级绕组的电压在低压输出时会从导通阶段的很大值变换至关断阶段的很小值。所以，磁芯的去磁时间变得很长，降低了导通阶段可能的持续时间，即限制了最大可能的占空比，结果是制约了调节能力。Sheppard-Taylor 变换器没有次级侧电容(然而在开关导通阶段导通时，增加一个次级侧二极管)，而且磁化电流与输出电流没有关系，磁化电感的电压只是能量传输电容的电压。Sheppard-Taylor 变换器可工作在 CCM 或少量几种断续模式：输入电感电流断续或输出电感电流断续的 DICM 和 DCVM。在所有这些情况下，不管是隔离还是非隔离形式，都特别适用于 PFC AC-DC 应用。

- 有许多应用，例如铁路牵引或者功率因数校正 AC-DC 整流，它们的电源电压可能是千伏级，功率为千瓦级。此时全桥变换器的初级四个开关在关断时必须承受输入电压。所以晶体管必须具有很高的击穿电压，因而具有很大的额定导通电阻，产生大的导通损耗。在高电压应用时，要满足高频开关和额定电压要求的晶体管在市场上不一定能找到。为了降低所选择晶体管的额定电压，可以用两个晶体管串联作为一个开关。但是，这种解决方案不仅倍增了有源开关的数量，同时还需要一个电压平衡电路以避免由于晶体管实际不可能 100% 完全相同而造成的动态失衡。旋转全桥变换器由两个串联开关构成的一个桥臂，和另一个由两个开关构成的桥臂串联，可形成新的衍生的全桥变换器。每个桥臂连接一个大输入电容，两个串联的输入电容连接输入电源，两个开关桥臂的中间节点连接至高频变压器的初级绕组。在这新结构中，每个初级绕组承受的电压在关断时为输入电压的一半，故可以使用击穿电压为 1/2 输入电压的晶体管。由于通过直流导通阻抗与 $V_{BV}^{2.5\sim2.7}$ 成比例，虽然初级电流的有效值增大了，但此方案却显著地降低了导通损耗，说明增用电容是值得的。三电平变换器是另一个等效的解决方案，它用电容和箝位二极管组合的电路确保开关上的电压在关断时只有输入电压的一半。这一结构可以扩展至三分之一初级侧开关应力的变换器，使用三个开关对，每个开关对连接一个输入电容，一个三角形连接的变压器，和一个三倍流整流器。还可以将这一结构扩展至1/N原边开关应力的变换器。

三电平 Boost 变换器用于单相 PFC 整流器，其输出电压在 400 V 或更高，功率等级可能是千瓦级。与基本 Boost 变换器相比，它包含三个额外的电路器件：一个有源开关、一个二极管和一个输出电容。增加了元器件的数量而在经济上仍是可行的：（1）关断时开关承受的电压是输出电压的一半，即开关的电压应力是基本 Boost 变换器的一半，使得可以选用一半击穿电压等级的开关；（2）为保证相同的输入电流纹波，三电平 Boost 变换器输入电感值比传统 Boost 变换器的输入电感小四倍。

- 使用带抽头的电感取代基本变换器中的电感，可得到大直流增益的新变换器。磁性元件的匝比增加了设计的自由度，因为电感带抽头的变换器的直流增益同时取决于占空比和匝比。通过选择合适的匝比，可得到需要的直流电压增益而不用选择极低或极高的占空比。基于带抽头的电感的 Buck 和 Boost 变换器保持了基本 Buck 和 Boost 变换器具有的简单性和低元件数量，增加了直流增益陡峭的优点。同时，它们还保持着在开关阶段中具有线-负载能量直接传输的通道。连接带抽头电感的元件有三种配置：二极管连接抽头、有源开关连接抽头和线连接至抽头。任意一种抽头结构用于 Buck 变换器都可以实现很低的电压输出，而占空比用稳态设计值，不影响效率和开关的驱动和控制。尤其是 Watkins-Johnson 结构的线连接至抽头的 Buck 变换器，可用于汽车电子实现 48 V 降压至现代汽车很多电子负载所需要的 3 V。这是因为在千瓦级功率时它用元器件数量少和高效率。Watkins-Johnson 结构也可以使用带中心抽头的电感（即带抽头的电感的两个桥臂相等）。然而，带抽头的电感方案存在开关和关断时电感的漏感和开关的寄生电容之间发生振荡的缺点，产生电压过应力，如果设计没有考虑超过此电压峰值，将会损坏开关。使用箝位（ZVS）方案可以解决这一问题。电感带抽头的 Boost 变换器在小信号传递函数时有一个右半平面的零点。

  电压调节模块（VRM）是给微处理器供电的降压 DC-DC 变换器。它们必须具有非常陡峭的直流电压比，以提供需要的低电压输出。这些设计极具挑战性，因为近年来额外的要求愈发苛刻：很高的输出电流，很低的稳态输出电压纹波，很窄的瞬态响应时间，负载变化时快速瞬态响应等。VRM 的开关频率为几兆赫兹，电感带抽头的同步 Buck 变换器是可行方案。

  在隔离和非隔离方案中使用软开关技术可以提升效率，多个单元并联交错构成的多相变换器的转换效率更高。

- 为了克服传统变换器拓扑结构的缺点，开发了很多不同的复杂隔离变换器。但是，除了更复杂之外，还出现其他制约因素。例如，电流驱动双桥变换器，包含六个初级侧开关和两个大的初级侧电容，在全桥和半桥变换器之间每半开关周期交替工作。输入电感是带中心抽头的。在每个开关周期都具有线-负载能量传输通道，输入电感根据不同的占空比分别充电或者放电。在所有开关阶段，输入电感在相同的电路都具有初级绕组反射负载的作用。变换器的直流电压增益和占空比成比例，占空比对负载电压的交流小信号传递函数没有右半平面的零点。对于相同的输入电流纹波，其输入电感小于电流驱动全桥变换器。此特性使其瞬态响应更快。双桥变换器的缺点是输入电压变化范围受限于 2∶1。

最近几年出现了其他一些效率更高的隔离变换器，采用电压谐振箝位电路和软件开关技术。

习题

4.1　证明图 4.15 所示电路为三倍压整流器。

　　（提示：在每个能量传输开关阶段，一个输出电容在充电，另一个电容在向负载放电）。

4.2　证明当 $n = 4$ 时，图 4.17 所示电路为四倍压整流器。

　　（提示：一步一步证明，和 4.2.3 节一样）。

4.3　使用电感的伏·秒平衡定律，证明图 4.27 所示电源的电压增益为 $V_{out} = -\dfrac{D^2}{1 - D}V_{in}$。

4.4　求图 4.27 所示变换器的开关电压应力。

　　（答案：$V_{D1} = V_{in}$；$V_{D3} = V_{in}$；$V_{D2} = \dfrac{D}{1 - D}V_{in}$；$V_{DS(T)} = \dfrac{1}{1 - D}V_{in}$ ）。

4.5　画出图 4.31 所示变换器工作在 Boost 模式和 Boost 变换时的等效开关电路，并给出这两个模式下的直流电压增益公式，分别证明 Boost 和 Buck 的特点。

4.6　证明图 4.42 所示变换器的直流电压增益为 $V_{out} = \dfrac{1 + D}{1 - D}V_{in}$。

4.7　证明图 4.44 所示变换器的直流电压增益为 $V_{out} = \dfrac{1}{2}\dfrac{D}{1 - D}V_{in}$。

4.8　证明图 4.46 所示变换器的直流电压增益为 $V_{out} = D\dfrac{1 + D}{1 - D}V_{in}$；证明开关和整流二极管流过的电流为输入和输出电流的和；证明每个开关的电压应力为 $\dfrac{1 + D}{1 - D}V_{in}$。

4.9　证明图 4.47 所示变换器的直流电压增益为 $V_{out} = D\dfrac{1 + D}{1 - D}V_{in}$；证明开关和整流二极管的电流为输入和输出电感电流的和；证明每个开关的电压应力 $\dfrac{1}{D}V_{in}$。

4.10　证明图 4.66(b) 所示的开关连接至电感抽头 Buck 变换器的电压增益为 $V_{out} = \dfrac{nD}{1 + D(n - 1)}V_{in}$。

参考文献

Anon, *The 4 × 8 Power Supply*, http://rawfire.torche.com/~opcom/psu/4×8_power_supply.html (accessed July 28, 2011).

Asano, M., Abe, D., and Koizumi, H. (2011) A common grounded Z-source buck-boost converter, *Proc. IEEE International Symposium on Circuits and Systems (ISCAS)*, Rio de Janeiro, Brazil, pp. 490–493.

Axelrod, B., Berkovich, Y., and Ioinovici, A. (2008) Switched-capacitor/switched-inductor structures for getting trans-formerless hybrid DC-DC PWM converters, *IEEE Transactions on Circuits and Systems – I*, **55** (2), 687–696.

Balogh, L. (1999) *The current-doubler rectifier: an alternative rectification technique for push–pull and bridge convert-ers*, Design Note, DN-63, UNITRODE, http://valvolodin.mylivepage.ru/file/?fileid=5345 (accessed July 28, 2011).

Barbi, I., Gules, R., Redl, R., and Sokal, N.O. (2004) DC-DC converter: four switches $V_{pk}=V_{in}/2$, capacitive turn-off snubbing, ZV turn-on, *IEEE Transactions on Power Electronics*, **19** (4), 918–927.

Bigelow, K. (1996) *Voltage multipliers*, AC Electronic Page: Elements of a power supply, 2000–2009, http://www.play-hookey.com/ac_theory/ps_v_multipliers.html (accessed July 28, 2011).

Chen, J., Maksimović, D., and Erickson, R.W. (2006) Analysis and design of a low-stress buck-boost converter in universal-input PFC applications, *IEEE Transactions on Power Electronics*, **21** (2), 320–329.

Darroman, Y. and Ferré, A. (2006) 42-V/3-V Watkins-Johnson converter for automotive use, *IEEE Transactions on Power Electronics*, **21** (3), 592–602.

Huber, L. and Jovanovic, M.M. (1999) Forward converter with current-doubler rectifier: analysis, design, and evaluation results, Proc. Applied Power Electronics Conf. (APEC), Dallas, TX, pp. 605–610.

Hwu, K.I. and Yau, Y.T. (2009) KY converter and its derivatives, *Proceedings of the IEEE Transactions on Power Electronics*, **24** (1), 128–135.

Ismail, E.H., Sabzali, A.J., and Al-Saffar, M.A. (2008) A high-quality rectifier based on Sheppard-Taylor converter operating in discontinuous capacitor voltage mode, *IEEE Transactions on Industrial Electronics*, **55** (1), 38–48.

Kondrath, N. and Kazimierczuk, M.K. (2009) Analysis and design of common-diode tapped inductor PWM buck converter, in *Proc. of Electrical Manufacturing and Coil Winding Conf.*, Nashville, TN, September 29–30.

Livescu, C.D. (August 2002) *Current doubler topology – myth and reality*, http://www.smps.com/Knowledge/Idoubler/idoubler.shtml (accessed July 28, 2011).

Livescu, C.D. (September 2008) *Designing asymmetric PWM half-bridge converters with a current doubler and synchronous rectifier using FSFA-series Fairchild power switches (FPS^{TM})*, Fairchild Semiconductor, Application Note AN-4153, http://www.fairchildsemi.com/sitesearch/fsc.jsp?text=FSFA&as (accessed July 28, 2011).

Makowski, M.S. and Maksimović, D. (1995) Performance limits of switched-capacitor DC-DC converters, *IEEE Power Electronics Specialists Conf. Record (PESC)*, pp. 1215–1221.

Maksimović, D. and Ćuk, S. (1991) Switching converters with wide DC conversion range, *IEEE Transactions on Power Electronics*, **6** (1), 151–157.

Mappus, S., (March 2003) *Control driven synchronous rectifiers in phase shifted full bridge converters*, Application Note SLUA287, Texas Instruments, http://focus.ti.com/lit/an/slua287/slua287.pdf (accessed July 28, 2011).

Mappus, S., (September 2004) *Current doubler rectifier offers ripple current cancellation*, Application Note SLUA323, Texas Instruments, http://www.myelectricengine.com/projects/arcjet/arcsupply/do (accessed July 28, 2011).

Middlebrook, R.D. (1988) Transformerless DC-to-DC converters with large conversion ratios, *IEEE Transactions on Power Electronics*, **3** (4), 484–488.

Nagaraja, H.N., Kastha, D. and Petra, A. (2011) Design principles of a symmetrically coupled inductor structure for multiphase synchronous buck converters, *IEEE Transactions on Industrial Electronics*, **58** (3), 988–997.

Song, W. and Lehman, B. (2007) Current-fed dual-bridge DC-DC converter, *IEEE Transactions on Power Electronics*, **22** (2), 461–469.

Song, T.T., Chung, H.S.H., and Ioinovici, A. (2007) A high-voltage DC-DC converter with $V_{in}/3$ voltage stress on the primary switches, *IEEE Transactions on Power Electronics*, **22** (6), 2124–2137.

Ueno, F., Inoue, T., Oota, I., and Harada, I. (1991) Emergency power supply for small computer systems, *Proc. IEEE International Symposium on Circuits and Systems (ISCAS)*, pp. 1065–1068.

Vasquez, N., Estrada, L., Hernandez, C., and Rodriguez, E. (2007) The Tapped Inductor boost converter, *IEEE International Symposium on Industrial Electronics. (ISIE)*, pp. 538–543.

Wang, H., Chung, H., Tapuchi, S., and Ioinovici, A. (2009) A class of single-step high-voltage DC-DC converters with low voltage stress and high output current capacity, *Proc. IEEE Applied Power Electronics Conf. (APEC)* pp. 1868–1875.

Xu, M., Zhou, J., and Lee, F.C. (2004) A current-tripler DC/DC converter, *IEEE Transactions on Power Electronics*, **19** (3), 693–700.

Yao, K., Ye, M., Xu, M., and Lee, F.C. (2005) Tapped Inductor buck converter for high step-down DC-DC conversion, *IEEE Transactions on Power Electronics*, **20** (4), 775–780.

Zhang, M.T., Jiang, Y., Lee, F.C., and Jovanovic, M.M. (1995) Single-phase three-level boost power factor correction circuit, *IEEE Applied Power Electronics Conf. (APEC)*, pp. 434–439.

Zhang, Z., Meyer, E., Liu, Y.F., and Sen, P.C. (2011) A nonisolated ZVS self-driven current tripler topology for low-voltage and high-current applications, *IEEE Transactions on Power Electronics*, **26** (2), 512–522.

Zhao, L., Zhang, B., Ma, H., and Liu, X. (2005) Research and experiment of Sheppard-Taylor topology, *IEEE Industrial Electronics Conf. (IECON)* pp. 1235–1240.

术 语 表

dc voltage conversion ratio, DCIM　直流电压变换比, DCIM

dc voltage gain, CCM　直流电压增益, CCM

dc voltage gain versus duty-cycle　随占空比变化的直流电压增益

DICM operation condition　DICM 运行的条件

energy transferring inductor current ripple, CCM　能量传送电感电流纹波, CCM

equivalent input resistance, DICM　等效输入电阻, DICM

input inductor current ripples, CCM　输入电感电流纹波, CCM

isolated　隔离的

main characteristic of Ćuk and SEPIC converters in DCM　DCM 模式工作的 Ćuk 和 SEPIC 的主要特性

maximum power point tracking, DICM　最大功率点追踪, DICM

non-minimal phase response　非最小相位响应

power factor preregulor, DICM　功率因数预调器, DICM

ripple in the capacitor voltage, CCM　电容器电压的纹波, CCM

ripple in the current through C_1, CCM　通过 C_1 的电流纹波, CCM

rms current through C_1, CCM　通过 C_1 的电流有效值, CCM

rms value of the switch current, CCM　开关电流的有效值, CCM

steady-state main waveforms, CCM　稳态主要波形, CCM

steady-state main waveforms, DICM　稳态主要波形, DICM

voltage and current stresses in Ćuk, SEPIC and Zeta converters　Ćuk, SEPIC 和 Zeta 变换器的电压和电流应力

Sheppard-Taylor converter　Sheppard-Taylor 变换器

closed-form design formula for DCVM operation　DCVM 运行的封闭的设计公式

fast switching part, DCVM　快速开关部分, DCVM

isolated version　隔离形式

application in PFC　PFC 的应用

comparison with the Ćuk converter in PFC　和

PFC 中的 Ćuk 变换器比较

discontinuous input inductor current mode　不连续输入电感电流模式

notation k_{DCVM}　符号 k_{DCVM}

sensibility at changes in the duty-cycle, CCM　占空比变化的敏感性, CCM

switching diagram in DCVM operation　DCVM 工作的开关波形

Shoot-through　击穿

Short-circuit protection　短路保护

Snubber　缓冲器

active　有源

passive　无源

voltage clamping　电压箝位

Soft-start　软启动

Soft-switching　软开关

zero-current switching(ZCS)　零电流开关

zero-voltage switching　零电压开关

Space exploration　空间探索

Spacecraft　航天器

Square-wave converter　方波变换器

State-space equation　状态空间方程

average state-space equations　平均状态空间方程

Boost in CCM(of)　CCM 的 Boost 变换器

Buck in CCM(of)　CCM 的 Buck 变换器

Buck-Boost in CCM(of)　CCM 的升降压变换

canonical averaged mode　典型的平均模式

Boost in CCM(of)　CCM 的 Boost 变换器

Buck in CCM(of)　CCM 的 Buck 变换器

Buck-Boost in CCM(of)　CCM 的升降压变换

Ćuk converter in CCM(of)　CCM 的 Ćuk 变换器

dc + ac transformer　直流 + 交流变压器

disturbance　干扰

full-order averaged model, DCM operation　全阶平均模型, DCM 工作

average equations without neglecting the inductor current dynamics　考虑电感电流动态效应的平均方程

Boost in CCM(of)　CCM 工作的 Boost 变换器

Buck in CCM(of)　CCM 工作的 Buck 变换器

Buck-Boost in CCM(of)　CCM 工作的升

反侵权盗版声明

电子工业出版社依法对本作品享有专有出版权。任何未经权利人书面许可，复制、销售或通过信息网络传播本作品的行为；歪曲、篡改、剽窃本作品的行为，均违反《中华人民共和国著作权法》，其行为人应承担相应的民事责任和行政责任，构成犯罪的，将被依法追究刑事责任。

为了维护市场秩序，保护权利人的合法权益，我社将依法查处和打击侵权盗版的单位和个人。欢迎社会各界人士积极举报侵权盗版行为，本社将奖励举报有功人员，并保证举报人的信息不被泄露。

举报电话：（010）88254396；（010）88258888

传　　真：（010）88254397

E-mail：　dbqq@phei.com.cn

通信地址：北京市海淀区万寿路 173 信箱

　　　　　电子工业出版社总编办公室

邮　　编：100036